AF267775

EXPLOITATION

DU PÉTROLE

HISTORIQUE — EXTRACTION — PROCÉDÉS DE SONDAGE
GÉOGRAPHIE ET GÉOLOGIE
RECHERCHES DES GITES — EXPLOITATION DES GISEMENTS
CHIMIE — THÉORIES DE LA FORMATION DU PÉTROLE

PAR

L.-C. TASSART

INGÉNIEUR DES ARTS ET MANUFACTURES
ANCIEN RÉPÉTITEUR A L'ÉCOLE CENTRALE DES ARTS ET MANUFACTURES
INGÉNIEUR D'EXPLOITATIONS DE PÉTROLE

PARIS (VIᵉ)

H. DUNOD ET E. PINAT, ÉDITEURS

49, Quai des Grands-Augustins, 49

1908

EXPLOITATION
DU PÉTROLE

EXPLOITATION
DU PÉTROLE

HISTORIQUE — EXTRACTION — PROCÉDÉS DE SONDAGE
GÉOGRAPHIE ET GÉOLOGIE
RECHERCHES DES GITES — EXPLOITATION DES GISEMENTS
CHIMIE — THÉORIES DE LA FORMATION DU PÉTROLE

PAR

L.-C. TASSART

INGÉNIEUR DES ARTS ET MANUFACTURES
ANCIEN RÉPÉTITEUR A L'ÉCOLE CENTRALE DES ARTS ET MANUFACTURES
INGÉNIEUR D'EXPLOITATIONS DE PÉTROLE

PARIS (VIᵉ)
H. DUNOD ET E. PINAT, ÉDITEURS
49, Quai des Grands-Augustins, 49

1908

PRÉFACE

L'industrie du pétrole est aujourd'hui considérable; l'extraction, en tonnes, a, en effet, été pour 1906 :

	tonnes
États-Unis	16.000.000
Russie	8.000.000
Sumatra-Java	1.400.000
Roumanie	890.000
Galicie	760.000
Inde	560.000
Japon	175.000
Allemagne	80.000
Divers	100.000
TOTAL	27.965.000

Les États-Unis, seuls, estiment la valeur du pétrole extrait sur leur territoire à 84.157.000 dollars, pour 1905, soit environ 436.000.000 de francs[1].

Mais les États-Unis, outre le pétrole, extraient aussi dans leurs champs pétrolifères, ou dans leur voisinage, du gaz combustible naturel dont la valeur était, en 1905, de 41.562.000 dollars, soit, au total, 125.790.000 dollars, ou 670.000.000 de francs, et la valeur totale du pétrole extrait aux États-Unis, depuis 1859, est estimée à 1.442.000.000 de dollars, soit 7.500.000.000 de francs.

Le mouvement annuel total de fonds que représente l'industrie du pétrole, y compris les redevances fiscales et les sous-produits de toutes natures qui dérivent de ce produit naturel, ne doit pas être loin de 3.000.000.000 de francs, autant qu'une statistique de ce genre peut être exacte. Ces chiffres se passent de commentaires.

1. La production des États-Unis pour 1907 atteindra et peut-être dépassera 20.000.000 de tonnes correspondant à peu près à une valeur de 500 millions de francs.

Malgré l'importance de cette industrie, les Français y sont restés, jusqu'à présent, à peu près étrangers, et il n'y a guère qu'un petit nombre d'entreprises françaises qui, en dehors du raffinage pratiqué en France, pour les besoins du pays, se soient occupées de la production du pétrole. Cette industrie offre cependant des perspectives d'accroissement très importantes, et l'on ne peut expliquer cette abstention que par le peu de réussite des quelques entreprises d'extractions commencées par des Français à l'étranger, la plupart du temps, dans des conditions déplorables.

Faire connaître en France cette industrie, afin de permettre aux intéressés de se mettre en garde contre les aléas qu'elle présente tout en leur en montrant les avantages et les inconvénients, leur indiquer la marche à suivre, pour diminuer dans une très grande mesure les chances d'insuccès, car il ne peut être question de les faire disparaître complètement, tel est le but de ce livre.

Dans un premier volume, nous nous occuperons spécialement de ce qui a trait au pétrole brut, et tout d'abord, nous examinerons les procédés de sondages les plus employés pour l'extraction du pétrole, puis nous passerons en revue les différentes régions où le pétrole est exploité, ainsi que celles où les indices de sa présence ont été signalés; nous examinerons ensuite la façon de conduire les recherches, ainsi que les soins à prendre dans l'exploitation des sondages; les propriétés chimiques du pétrole brut et les principaux corps qui entrent dans sa composition, et nous terminerons par l'examen des différentes théories qui ont été émises pour expliquer la genèse du pétrole.

Nous verrons que certaines de ces théories permettent d'admettre que le pétrole se forme encore, de nos jours, en sorte que si elles étaient confirmées, tout à l'inverse de la houille, dont les réserves sont limitées, le pétrole serait, au contraire, un combustible pouvant parer aux besoins futurs, tout en nécessitant des recherches de plus en plus délicates, à mesure que les gisements superficiels seront épuisés.

Dans un second volume, nous étudierons ce qui a trait aux produits tirés du pétrole brut, principalement le pétrole raffiné, raffinage et épuration, ainsi que les méthodes d'analyse, les méthodes de transport qui sont les mêmes pour le pétrole brut que pour le pétrole raffiné, et aussi les méthodes de distribution du pétrole raffiné. Enfin nous terminerons en examinant les prix de revient du pétrole brut et les prix de vente du pétrole raffiné, ainsi que les bénéfices qui en résultent, tout en ayant égard aux charges fiscales qui grèvent ce produit dans un grand nombre de pays.

Nous devons ici remercier toutes les personnes — et elles sont nombreuses — qui ont mis obligeamment à notre disposition les renseignements qu'elles possédaient, tout en nous excusant pour celles que nous pourrions involontairement oublier. Et, tout d'abord, nous devons ici exprimer toute notre reconnaissance au Président de la Oill Well Supply C° de Pittsburg (Pa., U. S.), qui nous a communiqué un grand nombre de renseignements sur le sondage à la corde, nous permettant ainsi de donner une monographie à peu près complète de ce procédé de sondage, ce qui, à notre connaissance, n'avait pas été fait jusqu'à ce jour. Nous devons remercier M. Holland S. Beavis, propriétaire du *Oil Investors' Journal*, qui nous a fourni, sur les gisements du Texas, des indications précieuses; le directeur du Geological Survey, de Washington, le directeur du Geological Survey of India, le directeur du Geological Survey of California, le directeur du Geological Survey of Canada, ainsi que M. J. Obalski, ingénieur des mines de l'État du Canada, qui a bien voulu revoir les épreuves de la partie qui concerne cette contrée, le Ministère Di Agricoltura, Industria, E. Commercio d'Italie, le *Petroleum Reviev*, le *Moniteur des Pétroles Roumains*, qui nous a permis de reproduire un certain nombre des documents publiés par ses soins, M. de Gennes, de la Sullivan C°, le bureau of Steam Engineering, Navy Departement (Washington D. C.), M. Arrault, entrepreneur de sondage, le directeur du *Pacific Mining* et *Oil Reporter*, etc., etc.

Enfin, nous ne devons pas oublier nos aimables éditeurs, MM. Dunod et Pinat, qui n'ont rien négligé pour faire de cet ouvrage une encyclopédie aussi complète que possible de l'*Industrie du Pétrole*.

INTRODUCTION

Dans le cours de cet ouvrage, nous aurons nécessairement à faire
appel à quelques notions de géologie ; les lecteurs désireux de s'initier aux
détails intimes des phénomènes géologiques feront bien d'avoir recours
aux ouvrages spéciaux sur la matière. Pour ceux qui ne disposent que de
peu de temps, ils trouverout, dans la *Géologie pratique* de L. de Launay
à peu près toutes les indications nécessaires ; pour ceux qui disposent de
plus de loisir, ils pourront consulter avec fruit le *Traité de Géologie* de
M. de Lapparent et la *Science Géologique* de M. de Launay ; l'ouvrage si
remarquable de M. Suess, la *Face de la Terre*, leur donnera sur les
diverses transformations de l'écorce terrestre des détails fort intéressants,
sous une forme d'une pureté littéraire très remarquable, qui font certains
chapitres aussi captivants que les plus belles œuvres de l'imagination,
dès qu'on est un peu initié au vocabulaire géologique.

Mais, pour les lecteurs pressés qui désirent être rapidement initiés
aux résultats mêmes, sans être obligés de consulter de nombreux ouvrages,
ce qui leur occasionne une perte de temps que la plupart des industriels
et des commerçants sont désireux d'éviter, il nous a semblé convenable
de résumer ici brièvement les quelques notions de géologie strictement
indispensables, et de donner, en même temps, la définition des principales
expressions géologiques dont le lecteur peut même simplement avoir
oublié la signification exacte.

La terre est loin d'avoir toujours eu la physionomie que nous lui
connaissons, ses matériaux, primitivement à l'état gazeux, se sont peu à
peu condensés donnant naissance à un noyau liquide entouré d'une
atmosphère incandescente, représentant à ce moment en plus petit, ce
que le soleil est actuellement pour nous ; puis, le refroidissement se
poursuivant il s'est formé, à la surface du bain liquide, des parties solides
scoriacées qui, refondues sans doute à plusieurs reprises, se sont finalement soudées entre elles pour constituer la première écorce du globe.

Pour certains géologues, cette première croûte de solidification serait le gneis et les micaschistes du terrain dit archéen; pour d'autres, au contraire, en aucun point cette première croûte n'apparaîtrait, elle aurait été ensevelie sous des terrains plus récents et n'apparaîtrait en nul point à nos yeux, ayant été en grande partie, sinon en totalité, refondue.

Cette première écorce a dû se disloquer à mesure que le refroidissement provoquait la diminution de volume du noyau interne, sur lequel, devenue trop grande, elle ne pouvait plus s'appliquer et des matières pâteuses se sont injectées à travers ses fentes formant des épanchements au dehors.

L'atmosphère extérieure finalement séparée du noyau incandescent interne a dû se refroidir rapidement; d'où des condensations énormes de vapeur d'eau et autres produits volatils, souvent revolatilisés et condensés à nouveau, et ce mélange aqueux, où existaient des principes chimiques actifs, se précipitant avec impétuosité, déterminait la désagrégation violente des roches superficielles en certains points plus élevées, et la formation des premiers sédiments par l'entraînement des débris ainsi formés vers les points bas.

On conçoit que cette atmosphère portée à une température imcomparablement plus élevée qu'aujourd'hui et ou la pression devait être très considérable formait un agent d'érosion des roches infiniment plus actif que l'atmosphère actuelle, et il ne semble guère possible de se faire une idée exacte de l'intensité des phénomènes qu'elle pouvait provoquer.

Le refroidissement continuant, l'écorce déjà épaissie par les premiers sédiments s'est plissée plus ou moins irrégulièrement, les eaux affluant brusquement dans les points bas ainsi créés, tandis qu'émergaient des sommets immédiatement rabotés par des forces d'abrasion extrêmement puissantes, mais dont l'énergie allait en s'atténuant avec l'âge.

Les couches sédimentaires, formées des débris des terrains archéens (primitif), ainsi que des roches cristallines provenant des épanchements du noyau interne à travers les fissures, et aussi des terrains sédimentaires plus anciens, formaient les matériaux que les eaux entassaient peu à peu pour former de nouvelles couches de terrain.

Ces couches, plus ou moins modifiées par les actions chimiques ou physiques subséquentes, formaient suivant le point considéré des argiles, des grès, des poudingues (galets agglomérés dans une pâte), tandis que les organismes animaux concouraient également à la construction du sol en donnant naissance aux calcaires et aux récifs coralliens.

L'ordre de superposition des couches indique dans la plupart des cas leur âge relatif, la couche la plus profonde étant la plus ancienne sauf cependant dans certains cas où dans les mouvements de dislocation, il y a eu renversement. Mais, comme l'action de sédimentation a été parfois interrompue et non pas partout au même moment, il a fallu avoir recours a un autre moyen de classification pour reconnaître l'âge relatif des couches déposées dans des parties très distantes.

Ce moyen, la paléontologie l'a fourni en examinant les débris animaux ou végétaux (fossiles) enfouis dans les couches terrrestres au moment de leur formation ; et, en tenant compte des modifications que les organismes ont subies à travers les âges, on a établi une chronologie qui, sans être d'une exactitude absolue permet du moins de déterminer d'une façon relativement exacte l'âge d'une couche où un nombre de fossiles suffisant et suffisamment caractéristiques ont été retrouvés.

Il ne faudrait pas croire cependant qu'aucun des organismes actuels ne représente des formes anciennes ; ainsi les lingules ont encore actuellement la même forme que dans les âges les plus reculés où l'on retrouve leurs traces.

Il y a donc certains fossiles dont la forme varie et qui plus rapidement sont plus aptes à indiquer avec exactitude l'âge d'une couche.

L'ensemble des terrains sédimentaires reposant sur le terrain Archéen ou primitif a été divisé en trois groupes :

Premier groupe : terrain primaire ;

Deuxième groupe : terrain secondaire ;

Troisième groupe : terrain tertiaire ;

qui sont aussi appelés :

1° Paléozoïque (faune ancienne);

2° Mésozoïque (faune moyenne) ;

3° Néozoïque (faune nouvelle).

Ces groupes ont ensuite été subdivisés suivant le tableau suivant :

1° TERRAINS PRIMAIRES OU PALÉOZOIQUES

Précambrien ;

Silurien	Cambrien, Ordovicien, Gothlandien ;
Dévonien	Gedinien, Coblentzien, Eifelien, Givetien, Frasnien, Famenien ;
Carbonifélien	Dinantien, Muscovien, Westphalien, Ouralien ;
Permien	Autunien, Pendjabien, Thuringien.

2° TERRAINS SECONDAIRES OU MÉSOZOIQUES

Triasique....................................		Werférien, Virglorien, Tyrolien, Juvatien ;
Jurassique..........	Liasique...............	Rhétien, Hettangien, Sinémurien, Charmouthien, Toarcien ;
	Médio-jurassique.......	Bajocien, Bathonien ;
	Supra-jurassique.......	Callovien, Oxfordien, Séquanien, Kiméridgien, Portlandien ;
Crétacique	Infra-crétacé...........	Neocomien, Barremien, Aptien, Albien ;
	Supra-crétacé..........	Cenomanien, Turonien, Emscherien, Aturien, Danien.

3° TERRAINS TERTIAIRES OU NÉOZOIQUES

Éogène...............	Eocène	Thanetien, Sparnacien, Ypresiens, Lutetien, Bartonien, Ludien ;
	Oligocène.............	Samoisien, Stampien, Aquitanien ;
Néogène	Miocène	Burdigalien, Helvetien, Tortonien, Sarmatien, Pontien ;
	Pliocène..............	Plaisantien, Astien, Sicilien.

4° TERRAINS QUATERNAIRES

Pleistocène...................................	Paléolithique, Neolithique.

Sous l'effet de compression qui s'exerçait dans l'écorce solide, à mesure que le noyau liquide, se refroidissant, lui enlevait son support des plissements plus ou moins capricieux occasionnaient dans la croûte solide des modifications de forme très variées.

Les accidents élémentaires rencontrés le plus fréquemment ont reçu des dénominations spéciales.

Dans le cas où une fracture simple s'est produite, avec glissement des deux parties contiguës comme dans la figure A, la cassure xy a reçu le

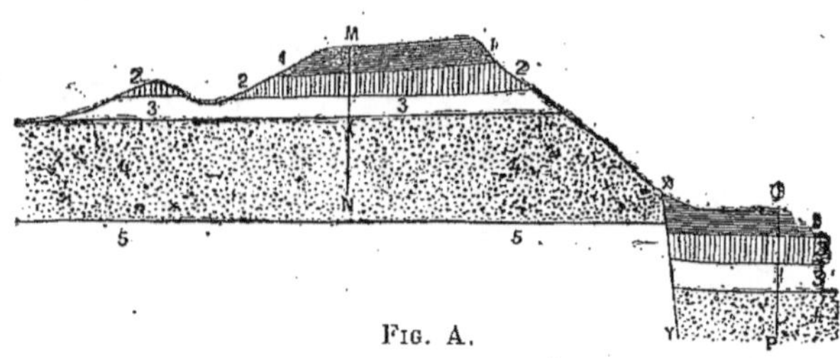

Fig. A.

nom de faille ; on voit que les terrains 1, 2, 3, 4, 5 qui étaient primitivement sur le même niveau se sont déplacés ; mais une coupe en MN ou UP donnerait la même succession de terrains.

Il est bien clair que la direction xy de la cassure n'est pas toujours verticale et qu'elle peut avoir toutes les inclinaisons possibles.

Dans le cas de plissements ayant affecté par exemple, les terrains

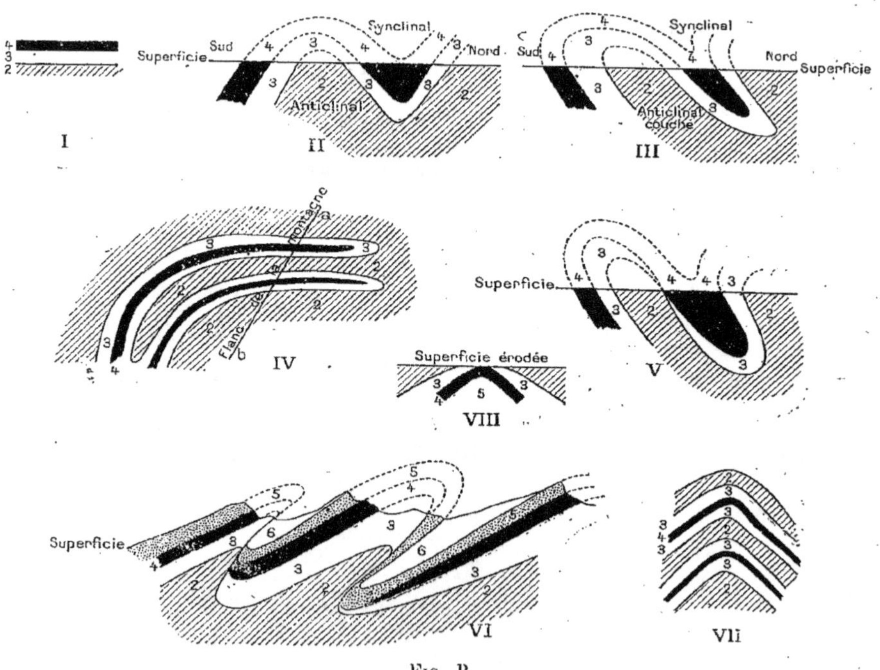

Fig. B.

2, 3, 4, primitivement disposés comme dans I (*fig.* B[1]), lorsque les plissements sont réguliers, on y distingue II, l'anticlinal, plis en relief et le synclinal ou plis en creux, les parties saillantes figurées en pointillé

1. Les deux figures A et B sont empruntées à l'ouvrage de M. De Launay, *la Science géologique.*

ayant pu disparaître sous l'action de l'érosion, et, sur la superficie, la formation du pli disparu se traduit par la succession des couches 4, 3, 2, 3, 4, 3, 2.

Si le plissement a été plus accentué, il peut se produire un anticlinal et un synclinal couchés comme dans III, bien entendu, l'un des deux éléments seul eut avoir été couché.

Deux plis juxtaposés peuvent avoir été couchés l'un sur l'autre jusqu'à ce que leurs axes soient devenus horizontaux comme dans IV et, si leur base a été enlevée sur le flanc de la montagne qui subsistera, la seule trace indiquant cet accident sera l'ordre de succession des terrains 2, 3, 4, 3, 2, 3, 4, 3, 2.

Dans V, se trouve figuré un pli, couché et étiré, et la partie ainsi étirée a reçu le nom de faille d'étirement ou faille limite la succession des couches sur le sol arasé est alors 4, 3, 2, 4, 3, 2.

La juxtaposition de plusieurs plissements ainsi étirés peut donner la succession figurée en VI, ou structure imbriquée, rappelant la disposition des tuiles d'un toit.

Enfin, des plis couchés comme ceux de IV peuvent avoir été plissés une seconde fois, et l'on obtient les superpositions anormales de terrains figurés en VII et en VIII.

On désigne sous le nom de *métamorphisme* toute modification de la nature d'un terrain survenue après sa formation au fond des eaux, sous l'action d'agents physiques (pression, chaleur, etc.) ou d'agents chimiques.

Ainsi la pression peut transformer la craie en marbre, une argile, en schistes et en ardoise, la chaleur avec ou sans le concours de solutions siliceuses peut transformer une argile en jaspe, la chaleur étant fournie par des roches éruptives arrivées dans le voisinage à l'état de fusion.

Ces quelques exemples montrent jusqu'à quelle complication peut arriver la texture des terrains à étudier ; il y aurait encore à citer bien des accidents, comme les *charriages*, ou transports horizontaux de lambeaux de terrains après plissements ou fractures, les *discordances*, résultant du dépôt horizontal d'un nouveau terrain sur un autre déjà plissé, etc. ; mais ce que nous avons dit est suffisant pour comprendre la plupart des dispositions des couches dans les terrains que nous aurons à examiner.

ERRATA

Pages :	ligne :	au lieu de :	lire :
13	9	Temper serew	Temper screw
22	3	lave	love
39	la figure 54 a la tête en bas		
45	4 du bas	charger	changer
56	note	dans la manœuvre de montée	et dans, etc.
67	note	figure 32	figure 31
99	2 du bas	un pignon conique K	un pignon conique K portant des ergots coulissant dans des rainures longitudinales du tube J
113	4 du bas	fig. 8	fig. 7
118	9 du bas	fonçage	forage
120	5		supprimer le mot : soit
165	12 titre	Sud-Ouest	Sud-Est
165	10 du bas	Treuton	Trenton
207	15	Nord-Ouest	Nord-Est
271	avant dernière ligne	Vintah	Uintah
272	8 du bas	d°	d°
341	3 du bas	Itaio	Italo
346	dernière ligne de la 3° colonne	Tergu Oena	Tirgu Ocna
347	légende	Sarmotique	Sarmatique
356	d°	d°	d°
359	5 du bas	Stavropocolos	Stavropoléos
418	2	Kula	Kala
476	4	Krakatan	Krakatau
480	16	de Babalan	de la rivière, etc.
509	Tableau col. 9	les erreurs latérales sont calculées en supposant une erreur angulaire de 0ᵍ,05 dont le sinus est 1/1200	
521	24	considérable	considérable pour les recherches à exécuter en un point absolument déterminé
585	5 du bas	Dimethylethylythylène	Diméthyléthyléthylène
637	2° tableau	Edeleau	Edeleanu
700	2 du bas	la note est à la page suivante	
704	la note du bas de la page appartient à la page suivante.		

L'INDUSTRIE DU PÉTROLE

EXPLOITATION DU PÉTROLE

CHAPITRE I

HISTORIQUE GÉNÉRAL AUX ÉPOQUES ANCIENNES

Le pétrole apparaissant naturellement à la surface du sol en de nombreuses régions, devait attirer l'attention de l'homme, dès qu'il commença à rechercher l'utilisation des matériaux qui l'environnaient. Aussi n'est-il pas surprenant que son existence soit mentionnée dans les archives les plus anciennes de l'humanité.

Dans la Bible il en est question à plusieurs reprises (Gen., xiv, 10). « Il y avait dans la vallée de Sidim beaucoup de puits de bitume. Et les rois de Sodome et Gomorrhe s'enfuirent et y tombèrent; et ceux de leurs gens qui échappèrent s'enfuirent sur la montagne » (Gen., xi, 3). « Et ils se dirent l'un à l'autre : Allons faisons des briques et les cuisons au feu. Et ils eurent des briques au lieu de pierres et le bitume leur fut au lieu de mortier » (Job, xxix, 6). « Quand des ruisseaux d'huile découlaient pour moi du rocher[1]. » « Quand les Hébreux allèrent en Perse ils trouvèrent des puits où les prêtres cachaient le feu sacré dont ils se servaient pour leurs sacrifices » (Maccabées).

Les anciens historiens s'en sont aussi occupés, notamment :

Hérodote (450 av. J.-Ch.) qui mentionne la présence du pétrole aux environs de Babylone et dans l'île de Zante, Pline qui parle de l'emploi du pétrole d'Agrigente pour l'éclairage, et Plutarque qui indique la présence du pétrole sur les bords de l'Oxus.

Il semble que la production de gaz naturels, dans la région voisine de Grenoble (France), était connue des Romains. Massadi, vers 950, parle du

---

1. Certains auteurs prétendent qu'il s'agit ici d'huile d'olive, l'olivier poussant dans des terrains très ingrats.

pétrole de Bakou ; mais il est certain, ainsi que les traditions concernant les adorateurs du feu en font foi, que son emploi remonte à une époque beaucoup plus reculée, et l'on peut estimer d'après d'autres témoignages, moins probants toutefois, que ses propriétés combustibles étaient connues dans cette région au moins mille ans avant Jésus-Chrit.

On a tout lieu de croire que le temple existant encore actuellement à Surakhani remonte à six cents ans avant Jésus-Christ ; les feux sacrés de ce temple étaient alimentés par les gaz naturels drainés à travers le sol par des canaux, communiquant par des conduits maçonnés avec les autels et les brûleurs distribués dans différentes parties de l'édifice.

Marco Polo, dans ses écrits datant du xviⁱᵉ siècle, mentionne que l'huile de pétrole était en si grande abondance à Bakou, qu'on pouvait y charger cent navires à la fois.

En Italie, une concession fut accordée en 1400 pour l'exploitation du pétrole à Miano.

Au xvᵉ siècle, on employait en Bavière sous le nom d'huile de Saint-Quirinin, du pétrole provenant de Tegernsee.

Le pétrole de Modène fut découvert en 1640 par Ariosto de Ferare.

En Angleterre, Thomas Shirley mentionne vers 1667 la présence des gaz naturels dans le Lancashire.

Le pétrole était certainement connu en Amérique à une époque très éloignée. Les Indiens le connaissaient parfaitement, et l'on pense qu'antérieurement même à l'occupation indienne, d'autres peuplades, disparues depuis, l'avaient exploité avant eux. Des puits primitifs qu'on rencontre dans les régions pétrolifères américaines, et dont l'âge est assez difficile à préciser attestent en tout cas l'antique origine de son exploitation.

Vers le commencement du xviⁱᵉ siècle, le Franciscain Joseph de la Roche d'Allion, mentionne la présence du pétrole dans ce qui est aujourd'hui l'État de New-York, et sur une carte de cette contrée, faite en 1670, on trouve indiquée une source de bitume aux environs de Cuba (N.-Y). Sur une autre carte, publiée en 1755, la présence du pétrole dans l'État de New-York et celui de Pensylvanie est clairement indiqué. Le commandant français du Fort-Duquesne en 1750, écrivant au général Malcolm, décrit une fête des Indiens Sénécas, qui, pour en rehausser l'éclat, enflammèrent le pétrole surnageant sur un ruisseau.

Oléarius décrivant le voyage d'une ambassade envoyée d'Allemagne en Perse en 1656, dit avoir vu plus de trente puits de pétrole près de Scamachia.

En Roumanie, le pétrole semble avoir été employé depuis de longues années. Les Ruthènes s'en servaient déjà pour graisser les roues des chars et aussi comme remède. Son emploi dans la contrée est relaté dans les écrits du xviⁱᵉ siècle, et la tradition rapporte que le pétrole y était employé à l'éclairage dans le courant du xviⁱⁱᵉ siècle. Le missionnaire Brandinus (1640) parle d'une exploitation de pétrole en Roumanie située à Lucacesti.

Dans l'Inde le pétrole était également connu à une époque reculée.

Une curieuse légende ayant trait au pétrole de Yenangyoung, localité située sur les bords de l'Irawadi ; et que nous rapportons ci-dessous, en fait foi.

« Le roi Alaunsitha avait dix ans quand il forma le projet d'aller visiter le mont Meru, centre de l'Univers. A cet effet il fit construire une magnifique embarcation qu'on mit cinq ans à terminer. En arrivant près d'une montagne, appelée Minlin, on s'arrêta, et sept des reines demandèrent la permission de descendre à terre. Cette permission leur fut accordée à la condition qu'elles ne resteraient pas longtemps absentes. Sur le rivage elles trouvèrent un liquide à l'odeur agréable qui sortait du rocher.

« Elles s'amusèrent à s'en éclabousser, oubliant dans cet amusement, l'époque fixée pour le retour. Pour cette désobéissance, les reines furent punies de mort. Mais, avant de mourir, afin d'éviter le retour du même malheur, elles demandèrent au ciel, que le liquide qui avait été la cause indirecte de leur mort, changea de nature, et que son odeur devint repoussante. Ainsi naquit le pétrole. »

Cette légende se trouve également rapportée sous une autre forme :

« On dit qu'un puit ayant été creusé, il se remplit à la suite d'un tremblement de terre d'une eau parfumée.

« Un prêtre du pays prophétisa qu'elle se changerait un jour en un liquide nauséabond, mais, que ce serait là encore un grand profit pour la contrée et pour les vingt-quatre possesseurs des puits. »

Le reste de la légende est à peu près semblable à la précédente. Il y est encore parlé de sept dames nobles, de leur désobéissance et de leur châtiment.

Cette seconde légende, semble simplement avoir été arrangée et agrémentée de détails précis, comme celui des vingt-quatre possesseurs de puits, pour servir de base aux revendications de propriétés, faites par certains habitants.

Il est, néanmoins, remarquable de trouver dans cette deuxième légende certains détails comme la délimitation du champ productif, qui semblent concorder très approximativement avec la réalité.

Le capitaine Baker à la suite d'une ambassade auprès du roi de Burmah, vers 1750, parle de deux cents familles occupées à extraire l'huile de la terre aux environs de Sale-Myo.

En 1782, Hunter indique l'usage du pétrole aux Indes pour le calfatage des Navires.

A Bakou, en 1823, les frères Boubinine distillaient le pétrole pour en extraire l'huile lampante.

D'après ce que nous venons de dire, on peut voir que le pétrole était déjà connu fort anciennement et avait même été exploité pour différents objets, y compris l'éclairage, mais son exploitation réellement industrielle ne commence guère qu'avec le xixe siècle[1].

---

1. Si l'on se reporte à la Genèse, chap. vi, 14 : « Fais-toi une arche de bois de Gopher ; tu feras l'arche par loges, et tu l'enduiras de bitume par dedans et par dehors », l'usage, et par suite l'extraction du bitume (pétrole) serait antérieur au déluge biblique, soit à l'année 2379 avant J.-C. (Bosanquet). Mais le récit babylonien du déluge, d'après Berose, et les débris de la bibliothèque de Ninive (voir Suess, *La face de la Terre*), font remonter ce phénomène à 3800 avant J.-C.

CHAPITRE II

PROCÉDÉS EMPLOYÉS POUR L'EXTRACTION DU PÉTROLE BRUT

Avant de passer en revue les différentes régions pétrolifères, il est utile de jeter un coup d'œil rapide sur les moyens employés pour l'extraction du pétrole.

Ces moyens sont partout à peu près les mêmes, et d'un bout à l'autre du monde, aussi bien aux Indes, qu'en Chine, en Amérique qu'en Europe, le procédé revient au forage, dans le sol, d'un trou cylindrique qui permet d'atteindre la couche pétrolifère, d'où le pétrole, suivant la pression gazeuse à laquelle il est soumis, au sein de la terre, jaillit avec force, s'écoule naturellement, ou est extrait à l'aide de pompes ou de sceaux de forme appropriée.

Les systèmes de sondages varient avec la nature des couches à traverser et la profondeur à atteindre, aucun système ne permettant d'exploiter économiquement les différents gîtes pétrolifères.

Dans certaines régions, les couches pétrolifères sont atteintes à l'aide de puits creusés à la main ; ce procédé, très employé autrefois, tend à disparaître de plus en plus, et il n'y a plus guère qu'en Roumanie, où ce genre de travail soit encore appliqué d'une façon courante ; quoique le sondage, tende, ici même, à le faire disparaître.

Le pétrole est donc extrait des couches pétrolifères soit à l'aide de puits creusés à la main soit à l'aide de sondages.

PREMIÈRE PARTIE

PUITS CREUSÉS A LA MAIN

Bien que ce procédé d'extraction soit dangereux et puisse sembler quelque peu barbare, il a été employé, avec différentes variations, dans un assez grand nombre de contrées.

Depuis le simple fossé de quelques mètres de profondeur, jusqu'aux puits les plus profonds de Roumanie, qui atteignent jusqu'à 300 mètres, chose qui au premier abord peut sembler assez difficile à croire, toutes les profondeurs ont été atteintes avec des moyens assez peu différents.

L'excavation à la main a été pratiquée par les Indiens en Amérique par les Hindous aux Indes Anglaises, et vraisemblablement par les Égyptiens, les Perses et les peuples de la Judée. Mais c'est certainement en Roumanie que ce mode de travail a reçu sa plus grande extension, et ce sont les moyens encore actuellement employés dans ce pays que nous décrirons, nous réservant d'ajouter quelques mots sur les procédés employés par les Hindous, qui ont d'ailleurs complètement abandonné ce genre d'exploitation.

En Roumanie, il n'y a pas eu moins de 3.000 puits creusés à la main d'exécutés. Les statistiques actuelles n'ont pas conservé les traces de tous ces puits, mais une visite sur les anciens chantiers, où le sol est littéralement criblé de trous à peu près comblés, qui font que le sol ressemble à une ruche d'abeille, permet d'affirmer que le chiffre de 3.000 est un minimum qui a certainement été dépassé.

Les puits creusés à la main sont appelés par abréviation « puits à main » ou simplement « puits », pour les distinguer des sondages ou forage exécutés à l'aide d'un trépan fixé à l'extrémité d'une tige-battante.

Les puits à main sont ou carrés ou ronds, ils ont un diamètre, ou un côté de dimension variable, comprise entre 1^m,20 et 1^m,50 comptée pour l'excavation.

Le trou du puits a un orifice circulaire lorsque les terrains sont assez consistants pour qu'un simple clayonnage, en menues branches, permette de maintenir le sol, servant plutôt à le protéger du choc des seaux qui serviront a remonter les déblais et le pétrole, qu'à résister réellement à la poussée des terrains. Ce mode de consolidation des parois, n'est guère employé qu'en Moldavie, et il n'y en a que fort peu d'exemples en Muntenie, à l'ouest de la vallée du Buzeu, où les terrains ne se prêteraient pas à ce mode de travail, et en Moldavie même il n'est pas absolument général.

Lorsque l'ouverture du puits est carrée les parois sont maintenues par des planches qui sont généralement en hêtre, elles sont en chêne lorsque les terrains sont très ébouleux, ou quelquefois quand le puits est très profond ; quant au sapin il n'est employé que très rarement, sa durée étant très limitée.

Les planches employées ont de 5 à 8 centimètres d'épaisseur, dans des terrains très ébouleux on leur a donné quelquefois 0^m,10 ; la largeur est de 0^m,15. La longueur varie, bien entendu, suivant les dimensions de l'orifice du puits, elle est le plus généralement de 1^m,20 et aux deux extrémités est ménagé un tenon placé suivant l'axe longitudinal, qui a toute l'épaisseur de la planche et seulement la moitié de la largeur, en sorte que sur les quatre faces du puits les planches peuvent se juxtaposer jointives, la somme des largeurs des tenons qui se juxtaposent aux angles du puits, étant la même que la somme des largeurs des planches.

L'ouvrier creuse le puits à la pelle et à la pioche ; ces outils ont des manches assez courts pour ne pas gêner l'ouvrier, dans l'espace restreint qu'il a à sa disposition, et la pioche employée ressemble plutôt à un pic de mineur, qu'à une pioche ordinaire.

L'ouvrier, par les fortes chaleurs, travaille nu au fond du puits, n'ayant qu'un chapeau en fer-blanc, mince protection contre la chute des corps étrangers qui peuvent être projetés accidentellement dans le puits.

Dès que la profondeur est un peu grande, et dès le commencement du travail, quand le sol contient de fortes quantités de gaz, il faut aérer le puits, pour cet objet on emploie un énorme soufflet de forge (*fig*. 1) ayant une capacité de 500 litres environ, et, si l'aérage est insuffisant, un deuxième soufflet du même genre lui est adjoint. L'air est conduit au fond du puits à l'aide de tuyaux en fer-blanc ayant 0^m,15 de diamètre, s'emboîtant les uns dans les autres, comme les tuyaux de zinc employés dans nos contrées pour la descente des eaux de pluies provenant des toitures; ils sont fixés dans un angle du

Fig. 1. — Installation pour le creusage d'un puits à main.

puits. Ces tuyaux sont très peu résistants; souvent déformés par l'usage, ils s'emboîtent mal, et il y aurait avantage à les remplacer par des tuyaux en tôle plus épaisse avec des joints mieux étudiés.

Le soufflet est mû par un ouvrier à l'aide d'une pédale.

La remonte et la descente, pour l'ouvrier ainsi que pour des débris de la fouille, s'effectue à l'aide d'un treuil formé par deux branches fourchues, plantées dans le sol aux extrémités de la diagonale de l'ouverture du puits, supportant un arbre placé en travers et dont seule la partie portant sur les fourches a été grossièrement arrondie ; deux manivelles rudimentaires terminent les extrémités de l'arbre et elles ont des dimensions suffisantes pour que 4 hommes, 2 à chaque manivelle, puissent actionner le treuil.

La remonte des débris de la fouille se fait à l'aide de seaux en bois, qui peuvent contenir une soixantaine de litres.

Pour effectuer la montée et la descente, l'ouvrier met un pied dans le seau et se tient à la corde, ou bien il s'assied sur un bâton passé dans une boucle à l'extrémité du câble; ou encore il passe une jambe dans la boucle et s'attache à la corde. Comme l'éclairage naturel est insuffisant, dès que le puits a atteint une certaine profondeur, cet inconvénient est palié par l'emploi d'un miroir de 50 centimètres de côté environ, placé dans un cadre en bois, qui peut tourner autour d'un axe horizontal et d'un axe vertical, le tout représenté par une branche fourchue implantée dans un morceau de bois fixé au bâti du treuil de diverses manières.

Pendant la descente ou la montée de l'ouvrier, ou pendant la montée ou la

Fig. 2. — Manège employé pour extraire les déblais et, plus tard, le pétrole.

descente des seaux, un ouvrier surveille afin d'éviter les accidents et diriger le mouvement des hommes manœuvrant le treuil, ainsi que le miroir.

Dès que la profondeur atteint 60 mètres, la manœuvre du treuil devient lente et pénible, aussi est-il remplacé par un manège constitué d'une façon aussi rudimentaire que le treuil lui-même (*fig.* 2). Sur un arbre ayant environ 4 mètres de long sont placées trois roues en bois, la première à 1^m,80 du sol, et les autres à 1 mètre les unes des autres. Sur la jante de ces trois roues sont cloués des rondins à 10 centimètres les uns des autres, formant ainsi un tambour assez semblable à une cage d'écureuil. L'arbre est placé verticalement, maintenu en bas par une traverse de bois, et à sa partie supérieure par la traverse horizontale d'un portique. A la partie inférieure de l'arbre est fixé une perche à laquelle on attelle un cheval par l'intermédiaire d'un palonnier, celui-ci parcourt une piste circulaire recouverte de planches et tracée à l'intérieur du portique. Le manège est situé à proximité du puits. Les deux extrémités du câble, enroulé sur le tambour, passent chacun sur une poulie supportée par un cadre en bois, placé au-dessus de la diagonale de l'ouverture du puits et l'enroulement est fait de telle sorte que l'un des brins monte quand l'autre descend.

Quand les puits sont très profonds, on emploie deux manèges; l'un, qui sert pour les déblais, est muni d'un câble métallique; l'autre, qui sert pour l'ouvrier est muni d'un câble en chanvre.

Malgré la rusticité de ces moyens, les puisatiers roumains atteignent la profondeur de 300 mètres, maximum qui n'a pas été dépassé, mais les puits de 200 mètres de profondeur ne sont pas rares, et le puits de 150 mètres est tout à fait fréquent.

Il arrive souvent que l'ouvrier, malgré tous ses efforts, arrivé au voisinage de la couche de pétrole ne peut creuser jusqu'à elle, étant à moitié asphyxié (quelquefois tout à fait) par les gaz qui se dégagent en abondance et que les soufflets sont impuissants à combattre; l'ouvrier alors, s'il le peut, perfore la dernière couche à l'aide d'une pince en fer à bout aiguisé qu'il enfonce à coups de masse. C'est par l'ouverture ainsi pratiquée, la plupart du temps dans une couche de roche dure, que le pétrole jaillit dans le puits. A ce moment, et quelques fois même d'une façon inopinée, pendant ce travail, un afflux violent de sable et de pétrole se produit, remontant quelques fois de plus de 50 mètres dans le puits et ensevelissant l'homme s'il a été gagné de vitesse, et n'a pu échapper à l'étreinte mortelle de cette boue pétrolifère.

Le travail des puits à mains est pénible; aussi les puisatiers ne travaillent-ils guère que cent cinquante jours par an, chômant toutes les fêtes du calendrier et quelques-unes qui leur sont personnelles. Il ne faut pas d'ailleurs, s'en étonner trop, car il est peu probable qu'ils pourraient résister à un travail plus suivi. Dans ces conditions, un puits de 150 mètres de profondeur en terrain moyen peut être creusé en un an. C'est-à-dire avec une moyenne d'avancement de 1 mètre par jour de travail réel. Les venues d'eau sont étanchées à l'aide d'argile bourrée derrière le revêtement en bois du puits; ce moyen ne peut combattre que des afflux d'eau de peu d'importance et beaucoup de puits ont été abandonnés à cause de l'impossibilité de franchir les niveaux aquifères.

Le travail de creusage se paie 7 francs du mètre, jusqu'à 20 mètres et augmente de 7 francs à chaque 20 mètres d'augmentation de profondeur. Soit : 7 francs, du mètre de 0 à 20 mètres ; 14 francs, de 20 mètres à 40 mètres ; etc. Les planches de revêtement coûtent 3 francs le cent environ, quand elles sont en hêtre; il y a, en outre, différents autres frais et un puits de 250 mètres de profondeur, coûte environ une vingtaine de mille francs. Ce prix varie d'ailleurs dans de très larges mesures avec la nature du terrain.

Un puits à main est considéré comme rémunérateur dès qu'il produit

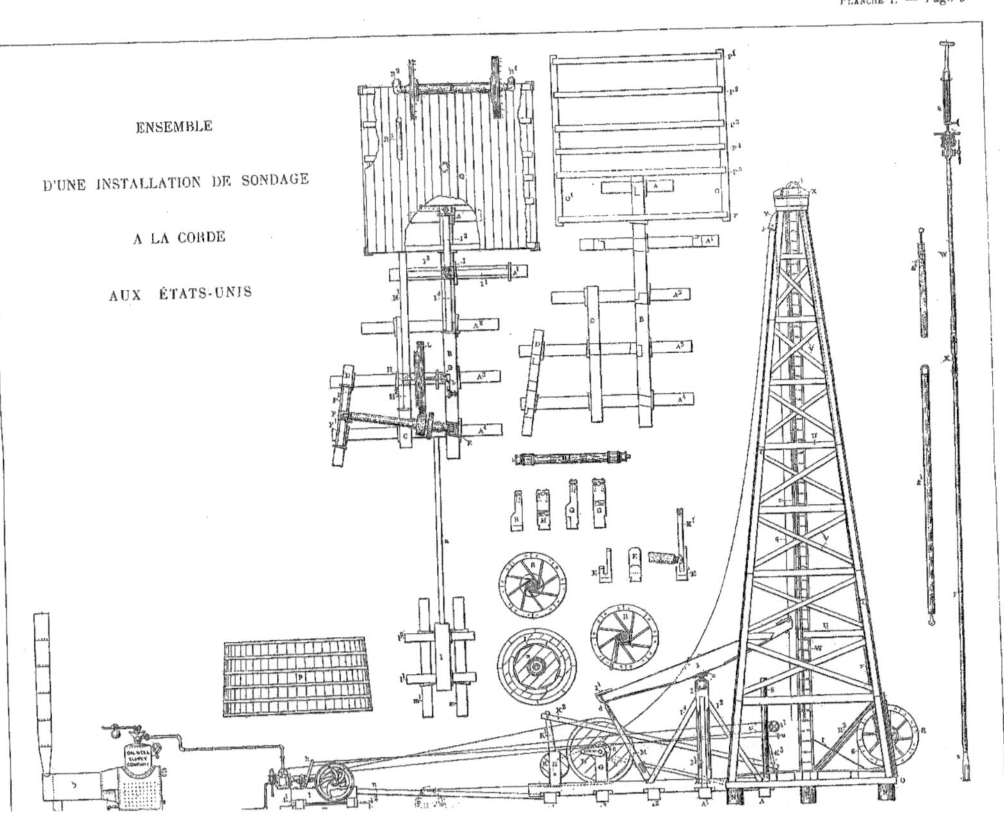

ENSEMBLE
D'UNE INSTALLATION DE SONDAGE
A LA CORDE
AUX ÉTATS-UNIS

200 litres de pétrole par jour et que sa profondeur ne dépasse pas 100 mètres ; mais certains puits ont eu des productions beaucoup plus considérables et des personnes dignes de foi affirment que certains puits de Bustenari ont produit jusqu'à 10 et 15.000 kilogrammes par jour.

Tout rudimentaire qu'est le puits à main, c'est un auxiliaire précieux pour les recherches de pétrole, car il permet de déterminer d'une façon précise la direction des stratifications et la nature des couches traversées.

Différentes personnes ont essayé de perfectionner l'outillage employé dans le creusage de ces puits, en employant soit des treuils perfectionnés, soit des ventilateurs centrifuges. Les ouvriers sont généralement très réfractaires à ce genre de perfectionnement ; ils se plaignent, d'ailleurs, non sans quelque apparence de raison, que le ventilateur centrifuge fait plus de bruit que le soufflet, bruit qui se répercutant par le tuyau empêche les communications à la voix. De plus, le ventilateur n'a pas, comme le soufflet, une réserve d'air, en sorte que l'ouvrier au fond du puits, ressent immédiatement les effets d'un arrêt du ventilateur, même s'il est de courte durée.

DEUXIÈME PARTIE

PROCÉDÉS DE SONDAGE

I. — SONDAGE A LA CORDE OU PROCÉDÉ AMÉRICAIN

Le sondage à la corde fut, en réalité, appliqué en Chine bien longtemps avant de trouver son emploi en Amérique, et l'abbé Huc a donné, dans le texte de ses *Voyages dans l'Empire Chinois* (1855), une description très complète de l'organisation d'un chantier de sondage dans cette contrée.

Les moyens employés dans cette contrée sont trop rudimentaires pour intéresser autrement qu'au point de vue historique, mais les résultats obtenus, dans des conditions de travail aussi primitives, sont très remarquables, et font le plus grand éloge de la dextérité des ouvriers chargés de les mettre en œuvre.

C'est incontestablement à l'Amérique que revient l'honneur d'avoir amélioré le procédé par l'emploi d'outils bien appropriés au travail à exécuter, et de l'avoir amené à un point de perfection tel que, s'il ne peut s'appliquer à tous les terrains, il permet cependant, dans un grand nombre de cas, d'exécuter rapidement et économiquement les sondages pour la recherche du pétrole.

Dans son principe, le procédé consiste à forer un trou dans le sol à l'aide d'un trépan attaché à l'extrémité d'un câble qui se déroule d'un treuil au fur et à mesure de l'approfondissement.

La planche I donne la vue d'ensemble d'une installation de sondage à la corde par le procédé américain, telle qu'elle se fait actuellement aux États-Unis.

Le câble est relié, pendant la période où le trépan travaille, à l'extrémité d'un levier de battage J qui le maintient suspendu dans le trou de sonde. Le levier est animé d'un mouvement oscillatoire autour d'un axe horizontale I, situé en son milieu et communique au câble un déplacement vertical de montée et de descente que celui-ci transmet à son tour au trépan, qui vient frapper la roche à la fin de la course descendante.

La nécessité d'avoir un outil d'un poids assez élevé pour broyer les roches les plus dures qu'on soit exposé à rencontrer, et aussi d'assurer le guidage du trépan dans une position bien verticale, amène à surmonter celui-ci, d'une tige de fer y, qui fournit en même temps, le poids de surcharge et le guidage nécessaires.

Pour conserver au système tout le mérite de la rapidité d'opération qu'il peut posséder, on se trouve naturellement conduit à établir à la surface du sol un chevalement en charpente TUVX, supportant une poulie, sur laquelle glisse le câble pendant les mouvements de remonte et de descente du trépan, et ayant une hauteur supérieure à l'ensemble du trépan et des tiges de surcharge. On peut ainsi retirer les outils du trou de sonde en une seule fois, sans être obligé d'arrêter pour en démonter les principaux éléments.

Les parties essentielles qui constituent l'ensemble du système sont donc :

Un échafaudage d'une hauteur suffisante muni d'une poulie à sa partie supérieure; au pied de cette charpente un treuil R servant à enrouler le câble r qui supporte les outils ;

Un levier de battage dont une extrémité se trouve juste à l'aplomb du forage à exécuter et, par conséquent, sur la même verticale que l'un des bords de la poulie supérieure;

Un trépan z et ses tiges de surcharge y, x, w.

Enfin, des outils de forme convenable qui substitués au trépan serviront à remonter les débris de roche accumulés au fond du forage &[1], &[2].

Installations de la surface. — Le terrain à l'endroit où l'on veut installer le forage étant convenablement dressé, on installe une série de cadres en bois reposant sur des pieux N enfoncés dans le sol.

Ces différents cadres doivent supporter : le chevalement ou derrick, le treuil de manœuvre G, le levier de battage J et la machine à vapeur l, destinée à fournir la force nécessaire au forage et à la manœuvre des outils.

La hauteur du derrick est de 25 mètres, et la base a généralement $6^m,00 \times 6$ mètres.

Le cadre qui supporte le derrick est formé de traverses convenablement disposées sur lesquelles on assemble un plancher jointif Q, dit plancher de manœuvre.

Aux quatre angles sont disposés quatre poutres T, formant une pyramide à base carrée, qu'on entretoise entre elles pour former le chevalement.

Les autres cadres, qui servent de support aux autres parties de l'installation, sont disposés dans le prolongement d'une même face du derrick.

Celui qui est le plus près du derrick proprement dit est le cadre supportant l'arbre qui reçoit le mouvement de la machine à vapeur par poulie et courroie et qui le communique aux autres organes, savoir : le treuil de forage R, le levier de battage J et le treuil de curage E. Il est en effet plus commode d'effectuer le curage à l'aide d'un câble auxiliaire plutôt que d'employer le câble qui supporte le trépan.

La section du câble de curage est alors beaucoup plus petite que celle du câble de forage, les efforts qu'il a à supporter étant beaucoup moindre, et l'adjonction de ce dispositif qui ne nécessite qu'une faible dépense supplémentaire, augmente dans une large mesure la rapidité du travail. Le trépan et les tiges de surcharge restent alors constamment attachés au câble de forage, sauf quand il faut changer le trépan, soit pour lui en substituer un de diamètre moindre, soit parce que son tranchant étant émoussé, il faut en mettre un autre dont le tranchant a été fraîchement affilé à la forge.

Le cadre qui supporte la machine à vapeur, $ll_1l_2m_1m_2$, est placé dans le prolongement des deux autres cadres, et à une certaine distance. Un fort arc-boutant en bois n maintient l'écartement de ce dernier cadre et des précédents, en résistant à la tension de la courroie.

PIÈCES DE CHARPENTE CONSTITUANT LE DERRICK, POUR SONDAGES DE GRANDES PROFONDEURS

(Les dimensions indiquées sont celles des bois bruts avant emploi)

a. — PIÈCES EN BOIS DUR

NOMBRE DE PIÈCES	LETTRES DE LA FIGURE	NOMS DES PIÈCES	SECTIONS EN CENTIMÈTRES	LONGUEUR EN MÈTRES
4	$A_1A_2A_3A_4$	Mud sill. — Traverse de fondation.....	40×45	4,80 (A_1A_2) 6 (A_3A_4)
2	mm_1	Engine mud sill. — Traverse de fondation de la machine..............	40×45	4,20
2	l_1l_2	Engine pony sill. — Traverses secondaires pour la machine à vapeur	40×40	3,60
1	D	Sand reel tail sill. — Traverse de queue de treuil de pompe à sable..........	35×35	4,80
1	F	Piece for tail post. — Support d'extrémité de treuil de pompe à sable.....	30×35	1,50
2	GE	Jack post et knuckle post. — Support fixe et support à genouillère pour treuil de pompe à sable	40×45	4,80
1		Jack post cap. — Chapeaux de supports de treuil de pompe à sable.........	30×35	1,50
2	R_1R_2	Bull weel post. — Support de treuil de forage.................	$25,4 \times 25,4$	3,35
3		Keys. — Éclisses....................	$7,6 \times 12,7$	4,80
1	M	Pitman. — Bielle....................	10×10 et 10×23	3,60
1	X	Crown block. — Traverse du haut du derrick.................		
1		Sand sheave pulley block. — Bloc de poulie de curage.................	10×35	4,80
1	K_1	Levier de treuil de curage...........	15×20	2,40
1	J_1	Adjuster board. — Planche d'ajustage...	5×30	1,50
1	K_3	Sand reel handle. — Levier de treuil de curage.................	5×15	20

b. — PIÈCES EN BOIS DE PIN

NOMBRE DE PIÈCES	LETTRES DE LA FIGURE	NOMS DES PIÈCES	SECTIONS EN CENTIMÈTRES	LONGUEUR EN MÈTRES
1	A	Nose sill. — Traverse de nez..........	40×40	3
1	D	Main sill. — Traverse principale.......	45×45	8
1	C	Sub sill. — Traverse auxiliaire........	45×45	4,80
2	OO_1	Derrick mud sills. — Traverses de fondation du derrick..................	30×30	6,40
6	PP_5	Derrick floor sills. — Lambourdes du plancher du derrick................	25×25	6,40
1	J	Walking beam. — Levier de battage...	35×70	3,70
1	I	Samson post. — Support de levier de battage........................	40×40	4
2	I_1I_1	Samson post brace. — Arc-boutants de support de levier de battage......	16×21	4,20
1	I_2	— —	»	4,80
1	I_3	— —	»	3,60
1	l_1	Engine block. — Bloc de fondation de la machine à vapeur.............	50×50	2,40
1	S	Head ache post. — Pieu de sécurité....	18×18	4,20
1	R_3	Bull wheel post brace. — Etançon de de support du treuil de forage.......	15×20	4,20
1	n	Bumper. — Arc-boutant entre la machine à vapeur et les cadres de fondations...........................	16×16	1,20
20	Q	Derrick floor. — Planches du derrick...	5×30	6,10
2		Jack post braces. — Etançons........		
6	N	Fondation posts.— Pieux de fondation...	40×45	1,20
16	T	Derrick legs. — Jambes du derrick....	5×20	4,80
14		— —	5×30	4,80
2		— —	5×20	6
8		— —	5×30	5,40
4	u	Derrick girts. — Entretoises du derrick.	$3,5 \times 25$	4,80
4		— —	5×30	5,10
8		— —	$3,5 \times 25$	4,80
20		— —	$3,5 \times 25$	3,60
14	v	Derrick braces. — Croisillons du derrick.	5×15	5,60
8		— —	$3,5 \times 15$	5,60
8		— —	$3,5 \times 15$	5
8		— —	$3,5 \times 15$	4,80
8		— —	$3,5 \times 15$	3
8		— —	$3,5 \times 15$	2,70

ORGANES PRINCIPAUX DU SONDAGE AMÉRICAIN A LA CORDE

k,	Sand reel. — Treuil de curage ou treuil de pompe à sable.
L,	Band wheel. — Poulie recevant le mouvement par courroie.
M,	Pitman. — Bielle.
R,	Bull wheel. — Treuil de forage.
b,	Shaft crank and wrist pin. — Manivelle et manneton de la manivelle.
c,	Sadle. — Articulation du levier de battage.
d,	Stirrup. — Etrier de la bielle.
f,	Brake lever. — Levier de frein du treuil de forage.
g,	Brake band. — Bande du frein du treuil de forage.
k,	Levier de changement de marche de la machine à vapeur.
o,	Chaudière.
p,	Tank. — Réservoir à pétrole en bois.
q,	Sand line. — Corde de curage.
r,	Cable. — Câble de forage.

$t\text{-}t_1$,	Telegraph. — Corde et poulie commandant l'admission de vapeur de la machine.
u,	Commande du levier k de chargement de marche.
v,	Rope socket. — Douille d'extrémité de câble de forage.
w,	Sinker bar. — Tige de surcharge supérieure.
x,	Jars. — Coulisse.
y,	Auger stem. — Tige de surcharge inférieure.
z,	Drilling bit. — Trépan.
&,	Temper screw. — Vis de rallonge du câble de forage.
$\&_1$,	Bailer. — Cuillère.
$\&_2$,	Sand pump. — Pompe à sable.

Les différents organes disposés à la surface du sol se succèdent dans l'ordre suivant :

La chaudière o, la machine à vapeur l, la band wheel L avec le treuil de curage K à côté d'elle ; puis le levier de battage J, supporté par un poteau I, convenablement étançonné ; le pieu de sécurité S servant également de support à différents organes accessoires ; puis, sur la face opposée du derrick, la la bull wheel R ou treuil de forage.

Chaudière à vapeur (*fig.* 3). — La chaudière est construite d'une

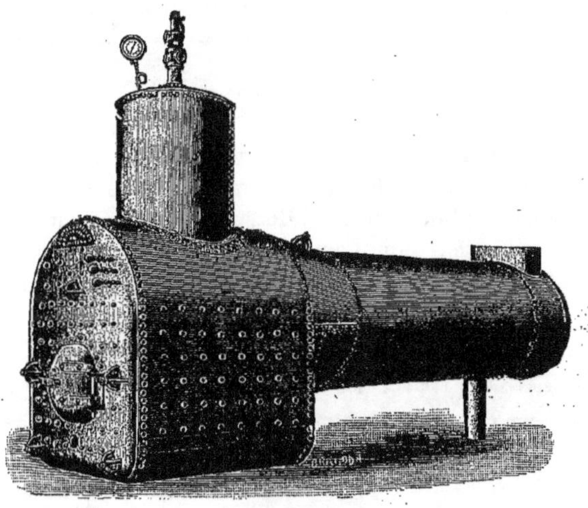

Fig. 3. — Chaudière américaine.

façon très robuste, avec des dimensions plus grandes que celles qu'on emploie habituellement pour les forces correspondantes.

Le foyer est très développé ; la chambre de vapeur très grande, pour éviter l'entraînement d'eau, même avec les eaux les plus mauvaises ; les coutures longitudinales sont à double rang de rivets.

Les chaudières sont essayées à une pression d'eau de $11^{kg},5$ et à une pression de vapeur de $8^{kg},75$ par centimètre carré.

La chaudière est toujours disposée à une certaine distance, de façon à éviter les incendies qui pourraient se produire par suite de l'inflammation des gaz, ou du pétrole, sortant du sondage, au contact de la flamme du foyer. Il est même prudent de placer la chaudière en un point un peu plus élevé que le reste de l'installation, si la disposition des lieux s'y prête.

PRINCIPALES CARACTÉRISTIQUES DES CHAUDIÈRES EMPLOYÉES
DANS LES SONDAGES DE RECHERCHE DE PÉTROLE

(Dimensions en millimètres)

FORCE EN CHEVAUX	15	20	25	30	40
Diamètre du corps cylindrique	762	914	1.016	1.067	1.118
Longueur du foyer	1.219	1.270	1.270	1.270	1.270
Hauteur —	762	914	1.016	1.067	1.118
Largeur —	762	914	1.016	1.067	1.118
Diamètre du dôme	559	762	762	813	864
Hauteur —	610	813	864	914	914
Diamètre de la cheminée	400	457	508	559	610
Longueur de la chaudière	3.962	4.266	4.561	4.866	4.866
Longueur des tubes	2.133	2.438	2.743	3.048	3.048
Longueur de la cheminée	7.000	7.800	7.800	9.140	9.600
Nombre des tubes de 75 millimètres de diamètre	30	36	43	48	54
Poids de la chaudière en kilogrammes	1.995	2.910	3.447	4.082	4.444

Machine à vapeur (*fig.* 4 et 5). — La machine à vapeur a une force pouvant varier de 12 à 70 chevaux, pour les forces de plus de 40 chevaux, on emploie deux chaudières pour fournir la vapeur.

Les deux figures ci-dessus, donnent de cette machine une idée suffisante, pour rendre toute description inutile. Elle est d'une construction simple et robuste, deux excentriques commandent la coulisse de renversement de marche, qu'un levier permet de manœuvrer.

DIMENSIONS ET PUISSANCES DES MACHINES A VAPEUR
POUR LES PUISSANCES LES PLUS EMPLOYÉES : 12, 15, 20, 30, 70 CHEVAUX

	PUISSANCES				
	12 CHEVAUX	15 CHEVAUX	20 CHEVAUX	30 CHEVAUX	70 CHEVAUX
Nombre de tours par minute	175	175	150	150	125
Diamètre du cylindre, en millimètres	203	229	254	254	406
Longueur de la course, —	305	305	305	305	406
Diamètre de la poulie, —	762	762	762	762	762
Poids en kilogrammes	1.050	1.480	1.360	1.950	2.500

Transmission du mouvement. — La transmission du mouvement entre la machine à vapeur et les différents organes s'effectue de la façon suivante :

Fig. 4. — Machine à vapeur (coupe).

OIL WELL SUPPLY CO
PITTSBURG, PA.
MANUFACTURED
AT
OIL CITY, PA.
No 4161
16 x 12

Une courroie passant sur la poulie de la machine à vapeur met en mouvement la poulie L; sur l'extrémité de l'arbre de cette poulie se trouve calée une manivelle qui servira à transmettre au levier, par l'intermédiaire d'une bielle M, le mouvement alternatif de battage.

Contre la jante de cette poulie et dans la partie où ne frotte pas la courroie, on peut appuyer à volonté une poulie K calée sur l'arbre du treuil de curage; on peut donc par frottement obtenir le mouvement de ce dernier; enfin une poulie à gorge (indiquée sur la vue en plan, planche I) est appliquée contre la poulie L et sur cette gorge, on peut placer un câble, qui va donner le mouvement au treuil de forage R (le treuil de forage est la bull wheel et le câble de commande le bull rope).

Pour mettre en place ce câble ou l'enlever, il faut arrêter le moteur.

Telles sont les dispositions, peut-être un peu primitives, adoptées pour la transmission de mouvement; elles conviennent particulièrement bien aux régions où ce système de sondage fut appliqué tout d'abord, régions souvent éloignées de tout centre habité et de toute station de chemin de fer, mais où le bois était presque toujours en abondance.

Amorçage du trou de sonde. — Lorsque l'installation des engins de la surface est terminée, on commence par préparer dans les terrains meubles un avant-puits ayant à peu près 90 centimètres de côté pour atteindre la roche solide, si celle-ci n'est qu'à quelques mètres du sol, et l'on y installe bien verticalement un conducteur tubulaire destiné à guider les outils de forage au début du travail.

Le conducteur tubulaire est en bois (*fig.* 6) ou en métal; autrefois il était

FIG. 6. — Conducteur en bois.

le plus souvent en bois et, bien qu'aujourd'hui, on emploie encore ce genre de conducteur, on le constitue généralement par un tube en fer, la fonte employée autrefois ayant été complètement abandonnée.

La section du conducteur est hexagonale pour le conducteur en bois (*fig.* 6), circulaire pour le conducteur en métal; dans tous les cas, elle doit être un peu supérieure à la section de début du forage qu'on veut exécuter. Le conducteur qu'il soit en bois ou en métal, est solidement mastiqué dans le fond de l'avant-puits et étroitement entretoisé contre les parois latérales; il doit être fixé dans une position absolument verticale et on ne saurait prendre trop de soins à cet égard.

Si le rocher est à une trop grande profondeur, on doit renoncer à creuser l'avant-puits à la main et l'on devra également forer cette portion du sondage, en faisant suivre le trépan d'aussi près que possible par le tubage, qu'on enfonce au besoin à coups de mouton.

Quelquefois même l'enfoncement au mouton précède le travail du trépan.

Fonctionnement du forage à la corde. — Si l'on ne peut creuser l'avant-puits à la main, le travail de forage doit commencer immédiatement dès la surface du sol. Comme il n'y a pas assez de place entre l'extrémité du levier de battage et le sol pour pouvoir disposer les outils de forage, on doit employer un autre moyen.

Il y a deux procédés pour tourner la difficulté :

1° La corde qui porte le trépan est passée sur la poulie supérieure ; (crown pulley), puis enroulée deux ou trois fois sur le treuil de forage; un homme est placé au bout libre de la corde. Le treuil étant mis en mouvement, si l'homme tend la corde, le frottement entraînera celle-ci et les outils monteront; si la corde est relâchée, elle se desserrera du treuil et les outils tomberont. En alternant les périodes de tension et de relâchement on obtient le battage.

2° La corde qui soutient les outils est enroulée sur le treuil après son passage sur la crown pulley et la longueur du câble est réglée de façon que le trépan touche le fond du trou. Une corde est alors attachée sur le brin allant de la crown pulley au tambour, d'une part, et d'autre part, au bouton de la manivelle de la *band wheel;* la bielle étant, bien entendu, détachée et le levier de battage n'étant pas mis en place ou bien étant relevé pour dégager l'emplacement du forage. On conçoit que, si l'on fait tourner cette manivelle à l'aide de la machine à vapeur, la corde qui y est fixée, tirera le câble de forage, puis le relâchera, on obtiendra donc un battage par tour de roue. La figure 7 indique ce genre de fonctionnement appliqué à l'enfoncement d'un tube.

Dès qu'on a atteint par ce procédé une profondeur suffisante pour pouvoir loger toute la série des pièces qui constituent l'ensemble de l'appareil de frappe, on abandonne, cet expédient pour faire le battage à l'aide du levier lui-même.

L'amorçage du trou de sonde, quand il est fait à l'aide du trépan, est exécuté avec un câble auxiliaire de faible longueur ; quand on veut commencer le forage proprement dit à l'aide du levier de battage, on commence par enrouler sur le treuil de forage le câble de forage.

Les câbles qu'on emploie pour le forage sont le plus souvent en manille quoique, dans ces dernières années, on ait commencé à employer les câbles métalliques avec âme en chanvre.

Le diamètre du câble varie naturellement suivant la profondeur que l'on veut atteindre et le diamètre du forage.

Les diamètres les plus couramment employés sont : 63, 50, 43 et 30 millimètres. Le câble employé pour la commande du treuil de forage et

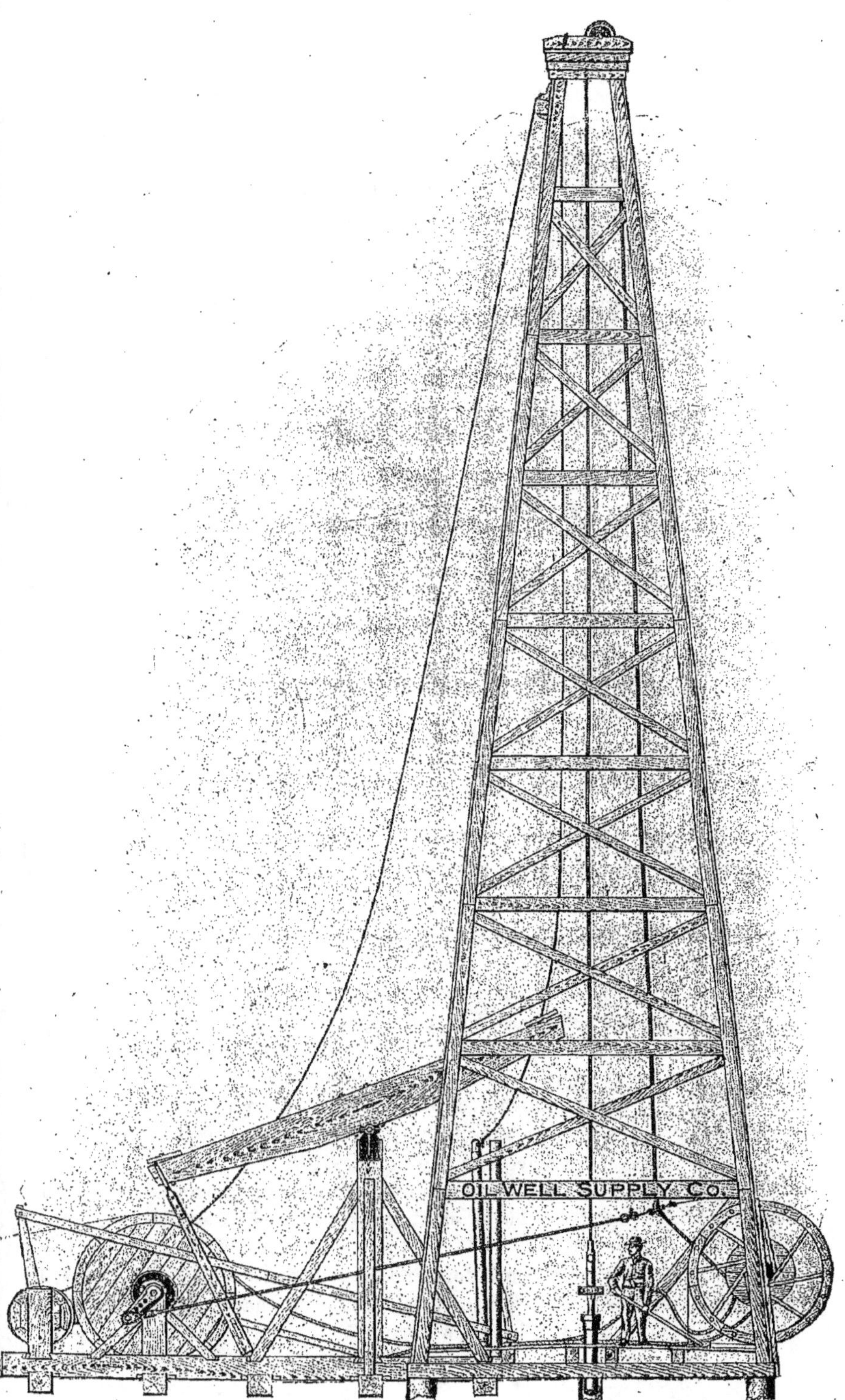

FIG. 7. — Fonctionnement du systéme à la corde en «Spuding», pour enfoncer un tube.

qui est placé dans la poulie à gorge que porte ce treuil a comme diamètre de 76 à 51 millimètres.

Le câble du treuil de curage a comme diamètre de 30 à 13 millimètres.

Lorsqu'on emploie des câbles métalliques les diamètres employés sont :

Pour le câble de forage, 32 à 10 millimètres;

Pour le curage, 15 à 10 millimètres ; .

Il est prudent, quand les câbles marchent à une grande vitesse de leur donner un diamètre plus fort que lorsque les manœuvres se font lentement ; le tableau suivant indique les diamètres à employer d'après la vitesse de marche.

POIDS QUE PEUVENT SUPPORTER LES CABLES EN MANILLE

(D'après C.-W. Hunt)

POUR LE TRAVAIL DU FORAGE SUIVANT LA VITESSE DE MONTÉE ET DE DESCENTE DES CABLES

DIAMÈTRE EN MILLIMÈTRES	CHARGE DE RUPTURE EN KILOGRAMMES	CHARGES EN KILOGRAMMES			DIAMÈTRE MINIMUM DES POULIES EN MÈTRES		
		A	B	C	A	B	C
25	3.175	90	181	453	1.016	0,304	0,203
28	4.083	110	226	550	1.140	0,329	0,228
32	4.988 [1]	136	272	679	1.270	0,371	0,254
35	5.424	170	340	800	1.197	0,410	0,279
38	6.256	200	408	810	1.524	0,432	0,304
44	8.615	239	500	1.100	1.634	0,450	0,329
51	9.960	280	550	1.360	1.778	0,460	0,371

C,   pour des vitesses d'enroulement du câble jusqu'à 30 mètres par minute
B,   —   —   94   —
A,   —   —   243   —

1. Pour un câble de manille de 32 millimètres de diamètre, M. Duboul a trouvé comme charge de rupture 5.600 kilogrammes.

On emploie quelquefois un câble en manille pour commencer le sondage, et l'on ne met en place le câble métallique que plus tard. Les câbles métalliques ont en effet moins d'élasticité que les câbles en manille et pour de faibles profondeurs, il faut leur donner des sections proportionnellement plus grande qu'il n'est nécessaire pour supporter le poids des outils; lorsque la longueur du câble devient assez grande cet inconvénient disparaît, l'allongement pour un même effort étant proportionnel à la longueur du câble.

On a, du reste, employé avec succès les câbles métalliques pour approfondir des forages qui avaient atteint la profondeur de 900 mètres et qui avaient été forés au système Canadien Galicien.

Le câble ayant été enroulé sur le treuil de forage on passe son extrémité libre sur la poulie du haut du chevalement, qui est disposée de telle sorte que le brin descendant se trouve bien à l'aplomb du centre de forage. On fixe à l'extrémité du câble une douille en fer à laquelle seront vissés les outils. Ils sont disposés dans l'ordre suivant : la tige de surcharge supérieure W, la coulisse X, la tige de surcharge inférieure Y et enfin le trépan Z. Ces différentes parties sont réunies par des joints à vis, qui le plus souvent sont coniques, de façon à rendre plus rapide les opérations de vissage et de dévissage ; la partie mâle du joint à vis appartient toujours à la pièce inférieure du joint, pour éviter que des débris quelconques ne viennent s'y loger, ce qui arriverait infailliblement si la douille filetée avait son orifice tourné vers le haut ; à chaque opération de vissage ou de dévissage les pas de vis doivent être soigneusement essuyés et graissés.

Sur les différentes pièces, des portées carrées sont ménagées aux extrémités près des joints, elles servent à fournir une prise solide aux tourne-à-gauches, employés pour visser ou dévisser les joints, et aussi à permettre la prise des crochets, pour enlever et descendre les outils. Les portions carrées sont un peu moins larges que les joints proprement dits afin que les outils puissent être facilement saisis par les pieds de bœufs et clefs de retenue.

La bielle du levier de battage M est alors fixée après la manivelle b de l'arbre de la band wheel et, à l'autre extrémité du levier de battage, qui se trouve au-dessus du forage, on attache la vis de rallonge (temper screw) (*fig.* 8) qui porte à sa partie inférieure les mâchoires qui doivent servir à fixer le câble pendant le battage ; à l'endroit où celui-ci est pincé par les mâchoires on l'entoure d'un chiffon ou d'une petite corde pour éviter son usure.

Il faut alors régler la longueur du câble de telle sorte que le trépan puisse venir frapper la roche dans les meilleures conditions possibles, pour cela on opère de la façon suivante :

Le câble est d'abord tendu de façon que, le trépan touchant juste le fond du puits, les deux fourchettes de la coulisse[1] soient en contact ; on descend alors le câble de 15 centimètres environ et on le saisit par les mâchoires de la vis de rallonge, celle-ci étant à sa position haute et la tête du balancier à la position basse.

Pour placer la tête du balancier à la position basse, on met la manivelle de la band wheel à la position haute, et la bielle (pitman) est connectée avec la manivelle ; comme la bielle reste toujours attachée à son

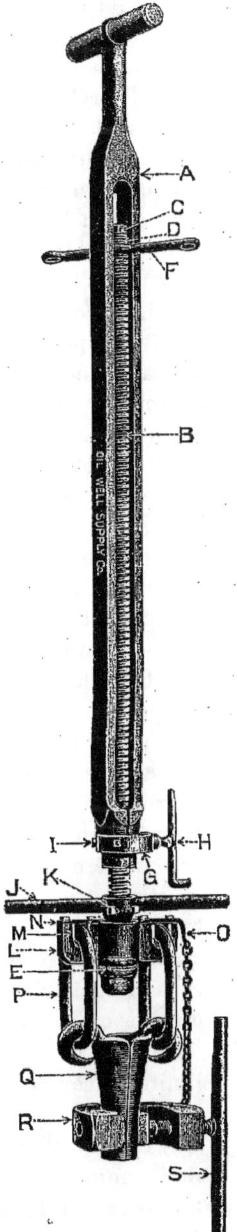

Fig. 8. — « Temper screw ». Vis de rallonge.

---

1. Voir la disposition de la coulisse, figure 17.

autre bout avec l'extrémité du balancier, tout se trouve prêt pour commencer le travail à l'aide du balancier de battage. Avant de mettre la machine en route on lave 7 ou 8 mètres de câbles sur le plancher du derrick, pour donner de la liberté à la tête du balancier et en même temps pour permettre plus facilement la rotation du câble.

A chaque coup, on doit en effet faire tourner légèrement le trépan, afin d'assurer un travail régulier sur toute la surface du fond du forage, et obtenir un trou bien rond. On arrive à ce but en faisant tourner la mâchoire qui tient le câble à l'aide d'une broche qu'on passe dans les anneaux qui la supportent (Anneaux P de la *fig.* 8).

La machine est mise alors en mouvement, d'abord lentement, puis en accélérant peu à peu l'allure jusqu'à la vitesse de régime, la course de la tête du balancier est d'environ 60 centimètres. Quand le mouvement de montée commence, le câble tire vers le haut, l'étrier supérieur de la coulisse seulement, et cela pendant une course de 15 centimètres, puisqu'on a laissé 15 centimètres de mou au câble ; quand ces 15 centimètres sont parcourus les deux étriers du jar sont en contact et l'étrier inférieur relié au trépan par la tige de surcharge inférieure, commence à monter. Cette partie est en quelque sorte lancée vers le haut par le choc qui se produit à ce moment entre les deux étriers, et s'élève plus vite que la barre attachée au câble, et cela grâce à la course de 25 centimètres environ que possèdent les étriers. En redescendant, le trépan vient frapper le fond du trou.

Cette façon de procéder était autrefois généralement suivie ; aujourd'hui on préfère souvent régler la longueur du câble de façon que le trépan ne touche pas le fond du puits, quand la tête du balancier est à la partie basse ; la distance qu'on laisse entre le trépan et le fond du puits varie avec la longueur du câble ; elle est d'une dizaine de centimètres au commencement. Le trépan ne touche donc plus le fond du forage que grâce à l'élasticité du câble.

L'opération du forage étant ainsi commencée, le balancier continue son va-et-vient, et le foreur, tenant à la main la broche qui fait tourner le câble, tourne autour du trou faisant tourner le trépan ; le câble mou s'enroule alors autour de la partie haute du câble travaillant et, quand les tours de cordes ainsi formés deviennent gênants, le foreur tourne en sens inverse. Afin d'éviter qu'en cas de rupture de la bielle le balancier entraîné par le poids des outils ne vienne frapper les ouvriers, un pieux placé au-dessous de lui limite sa course, ce pieux s'appelle headache post (pieux de mal de tête) ou life preserver (sauve-vie).

Le travail se continue ainsi jour et nuit par postes de douze heures, de midi à minuit et de minuit à midi ; le dimanche est jour de repos et en même temps se fait le changement de postes entre les équipes, qui se composent chacune d'un foreur et d'un chauffeur forgeron ; il y a en plus un maître foreur pour surveiller les deux équipes.

A mesure que cela devient nécessaire avec l'approfondissement du trou, on laisse descendre le trépan en agissant sur la vis qui est au-dessous de la

tête du levier (temper screw) en agissant sur le levier J (*fig.* 8). Quand il
faut remonter les outils, soit parce que les débris amortissent trop le coup
du trépan, soit parce que le trépan étant émoussé, le travail ne progresse
plus assez rapidement, on opère de la façon suivante : on arrête la machine,
et on dispose le mou du câble sur le plancher de façon que rien n'arrête sa
montée quand on l'enroulera sur le treuil. Le foreur met alors en place le
câble qui commande le treuil, et, le mécanicien étant près de la machine, le
foreur se place près du frein du treuil de forage, la machine est mise en
route ; le balancier et le treuil sont tous deux en mouvement pendant que le
câble s'enroule ; au moment opportun la machine est arrêtée et le foreur
appliquant le frein, le poids des outils passe du balancier au treuil ; il y a là
une manœuvre assez délicate, car si l'on n'arrête pas à temps il peut en
résulter un accident.

On desserre les mâchoires Q qui tiennent le câble, en agissant sur la vis
de serrage avec le levier S, on démonte la bielle d'après la manivelle, et on
remonte la tête du balancier jusqu'à ce qu'elle dégage complètement le trou

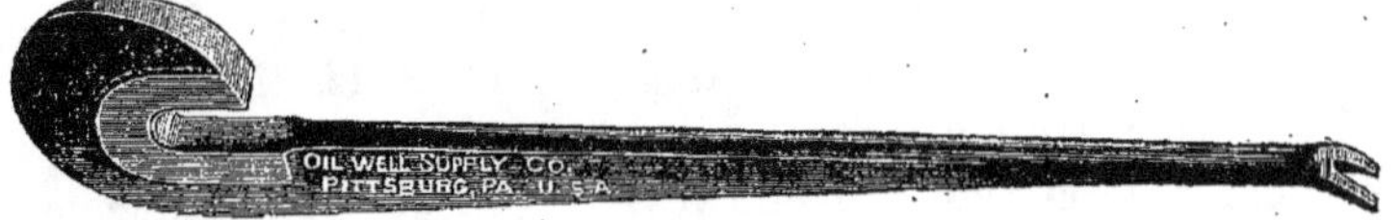

Fig. 9. — Tourne-à-gauche.

de sonde, en faisant basculer le levier autour de son axe horizontal, pour
laisser libre passage aux outils ; la machine est alors remise en route et la
remonte s'opère.

Quand la tête du trépan arrive au niveau du plancher de manœuvre, on
arrête, on saisit le haut du trépan avec un tourne-à-gauche, et le bas de la
tige de surcharge inférieure, avec un autre tourne-à-gauche.

Le tourne-à-gauche (*fig.* 9), qui maintient la tête du trépan, bute contre
une broche fixée dans le plancher du derrick, et, avec un levier dont l'un des
bouts s'enfonce dans des trous percés dans une bande de fer circulaire fixée
au plancher, on fait abattage sur
l'autre tourne-à-gauche pour desserrer
le joint. Au lieu de maintenir la tête
du trépan avec un tourne-à-gauche on
peut aussi se servir d'une clef de
retenue.

Un autre dispositif plus perfectionné est représenté sur la figure 10.

Le vissage et le dévissage s'effec-
tuent dans ce dispositif à l'aide d'une

Fig. 10. — Chariot et crémaillère circulaire
pour le vissage et le dévissage des tiges.

crémaillère circulaire sur laquelle glisse un chariot qu'on fait avancer à
l'aide d'un levier qui fait prise sur les dents. Le chariot marche toujours

dans le même sens, et c'est en faisant permuter les tourne-à-gauche qu'on opère le vissage ou le dévissage. Pour le vissage c'est le tourne-à-gauche supérieur qu'on pousse avec le chariot, comme cela est représenté dans la figure, et, pour le dévissage, c'est la branche du tourne-à-gauche inférieur qu'on met en contact avec le chariot mobile.

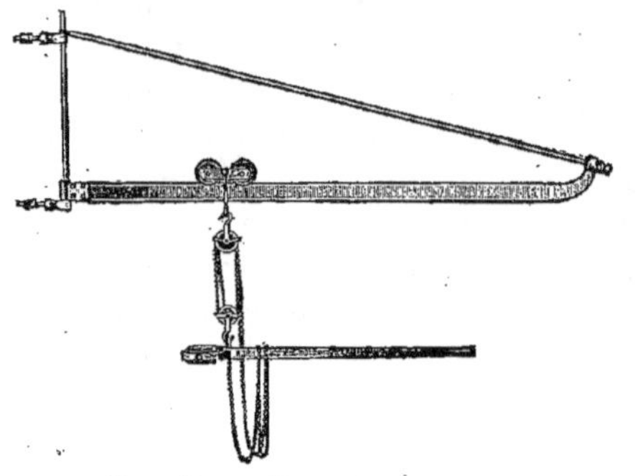

Fig. 11. — Grue de manœuvre pour les trépans.

Le trépan étant dévissé, on suspend les tiges le long du chevalement, et l'on remonte le trépan à l'aide du câble qu'on a dévissé d'après les tiges. On peut aussi, pour remonter le trépan, se servir du câble de curage ou d'une petite grue auxiliaire (*fig.* 11); à cet effet le tourne-à-gauche qui maintient le trépan est souvent pourvu d'un anneau auquel on accroche le crochet du palan de la petite grue (*fig.* 12). On ne dévisse le trépan que s'il est nécessaire de le changer; s'il s'agit simplement de procéder au curage, on place les tiges le long du chevalement sans rien démonter.

Pour opérer le curage, on enlève la corde qui commande le treuil de forage qui doit rester immobile pendant cette opération et on met la machine en route; puis, par le moyen du levier K_3, qui est relié au treuil de curage[1], on met en contact la poulie de celui-ci avec la poulie qui reçoit le mouvement de la machine à vapeur, et le treuil se met à tourner en enlevant la cuillère

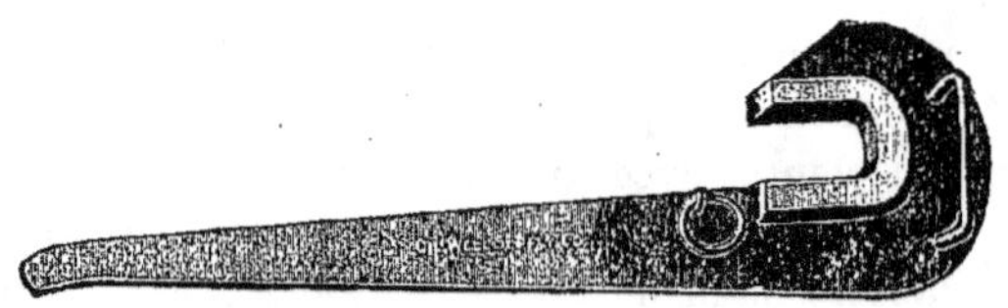

Fig. 12. — Tourne-à-gauche avec anneau.

qui vient se placer au-dessus du forage; à ce moment, on écarte la poulie du treuil, et le poids de la cuillère la fait descendre dans le forage; s'il est nécessaire de modérer la vitesse de descente, on applique la poulie du treuil contre une pièce de bois qui fait office de frein.

Ce mouvement s'opère toujours avec le même levier qui, lorsqu'il est à sa position moyenne, laisse le treuil libre de tourner pour la descente sous l'action du poids des appareils de curage, lorsqu'il est tiré du côté du derrik produit le mouvement de montée et, lorsqu'il est tiré en sens opposé, immobilise le treuil par l'action du frein.

Quand la cuillère est arrivée au fond du trou, on la remonte et on répète

1. Voir planche I.

cette manœuvre autant de fois qu'il le faut pour obtenir un nettoyage complet. Le trou étant nettoyé, on redescend les outils de forage, après avoir mis un nouveau trépan, si cela est nécessaire, et l'on recommence le travail. Pendant la période de battage le trépan émoussé est aiguisé à nouveau pour recommencer le travail à la prochaine reprise.

Telle est la marche générale des opérations du forage.

Outils et accessoires employés dans le système de sondage à la corde. — Il nous reste à décrire avec un peu plus de détails les différents outils et accessoires dont nous avons parlé précédemment, ce sont :

La vis de manœuvre (*temper screw*) (*fig.* 8). — Cette vis B est prise entre deux mâchoires portant des coussinets mobiles filetés, qu'on peut ainsi enlever quand ils sont usés ; les mâchoires sont serrées à l'aide d'un étrier I et d'une vis H, quand la vis a été dévissée à fond pour allonger le câble lors de l'approfondissement du forage, on la raccourcit en desserrant les mâchoires et en les faisant glisser le long de la vis ; on gagne ainsi le temps du vissage en sens inverse.

La partie inférieure de la vis est munie d'une tête sur laquelle repose un collier M et entre ces deux parties se trouvent en E, soit des billes, soit des rouleaux ; le collier étant relié à la partie qui soutient le câble ; on pourra donc, malgré le poids des outils, faire tourner facilement celui-ci, grâce aux billes qui diminuent le frottement.

Le câble est porté par deux mâchoires Q supportées par deux anneaux P accrochés dans deux encoches pratiquées dans deux oreilles du collier L qui repose sur le frottement à billes décrit plus haut ; les deux mâchoires sont serrées par un étrier fendu R muni d'une vis de serrage S accroché à l'extrémité d'une chaîne O.

Au bas de la vis est un tourne-à-gauche J qui permet de faire tourner la vis pour visser ou dévisser et régler ainsi exactement la hauteur du trépan.

La *douille du câble* (*rope socket*), qui est fixé à l'extrémité du câble et sert à soutenir les outils.

Le câble est fixé à la douille de différentes façons, soit avec des rivets traversant la partie supérieure de cette douille qui est fendue pour pincer le câble, soit, quand la douille est en deux pièces, par le moyen d'un nœud fait à l'extrémité du câble et qui se loge entre les deux parties de la douille réunies par un pas de vis.

Le câble est quelquefois fixé dans la douille à l'aide de coins serrés par des vis (*fig*. 13).

On peut aussi, au lieu de faire un nœud, visser dans la partie infé-

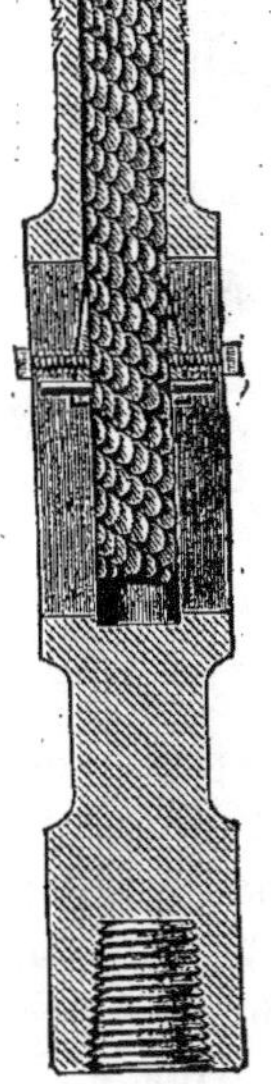

Fig. 13. — Douille de câble «rope socket».

rieure du câble une vis conique qui le serre contre la douille (*fig.* 14, 15 et 16).

La *barre de surcharge supérieure ou sincker bar*, qui se visse immédiatement au-dessous de la douille, et à 2 1/2 à 5 1/2 (63 à 140 millimètres) pouces de diamètre et une longueur variant de 6 à 16 pieds (1ᵐ,80 à 4ᵐ,86).

La *coulisse ou jar* (*fig.* 17). — Elle se trouve entre la barre de surcharge supérieure et la barre de surcharge inférieure et donne au système l'élasticité nécessaire. Elle est constituée par deux anneaux longs et étroits agencés comme les deux maillons d'une chaîne. La partie inférieure n'a donc pas nécessairement les mêmes phrases de mouvement que la partie supérieure et peut monter pendant que l'autre descend ou inversement.

Nous avons vu (p. 22) que la coulisse peut fonctionner de deux façons différentes, mais qui néanmoins sont à peu de chose près les mêmes, soit qu'on laisse

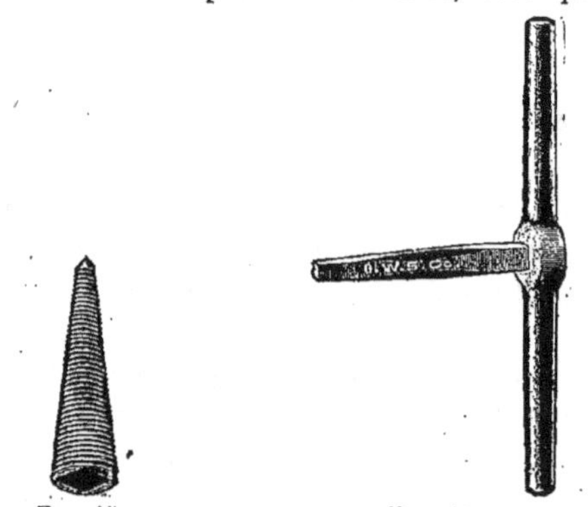

Fıg. 14.   Fıg. 15.   Fıg. 16.

Fıg. 14 : Douille de câble. — Fıg. 15 : Vis conique qui s'enfonce dans l'extrémité du câble, mis en place dans la douille, à l'aide de la clef, Fıg. 16.

Fıg. 17. Coulisse ou «jar».

un peu de mou au câble, soit au contraire que le câble ait été réglé un peu court.

Quand on laisse du mou au câble, les deux anneaux ne sont pas au contact, quand le trépan frappe le fond du forage, et, le câble remontant, il se produit, entre les deux anneaux, un choc, assez sec qui lance en quelque sorte le trépan vers le haut, et les deux anneaux ne sont au contact qu'au moment où ce choc se produit.

Quand le câble est réglé un peu court, les deux anneaux viennent en contact au moment où le trépan redescendant va atteindre le fond du forage ; mais, comme la barre de surcharge supérieure a une masse assez importante et qu'elle tend à allonger le câble grâce à sa vitesse aquise, la pression entre les deux anneaux n'est pas très considérable au début et la puissance du choc du trépan sur la roche, au moment du contact, n'est pas sensiblement diminuée. Mais dès que le trépan s'enfonce un peu la tension du câble augmente immédiatement par deux causes différentes, d'abord parce que le trépan ne peut s'enfoncer qu'en allongeant le câble, et ensuite, parce que presque au même moment le câble commence à remonter.

Dans le premier mode de fonctionnement, c'est par un choc déterminant la remonte du trépan que la coulisse opère; dans le second, c'est par une tension plus graduée que le trépan est rappelé vers le haut, les deux anneaux de la coulisse restant alors presque constamment en contact.

L'action du trépan sur la roche est plus longue dans le premier cas, plus sèche dans le second, et on peut alors augmenter le nombre de coups par minute, tout en ménageant davantage le câble, qui, fonctionnant presque toujours tendu, est moins exposé à fouetter contre les parois du puits, se trouve soustrait en grande partie à l'action désorganisante des chocs brusques et par suite est moins sujet à l'usure.

Autrefois, quand le premier mode d'action était seul employé, la course libre des deux anneaux de la coulisse, l'un dans l'autre, était d'environ 25 centimètres aujourd'hui, avec le second mode, employé presque exclusivement, la coulisse n'a plus qu'une course de 10 centimètres.

La *barre de surcharge inférieure ou Auger Stem*, qui se visse après la coulisse; elle a de 2 1/2 à 5 1/2 pouces de diamètre et une longueur de 16 à 48 pieds (4ᵐ,86 à 14ᵐ,60).

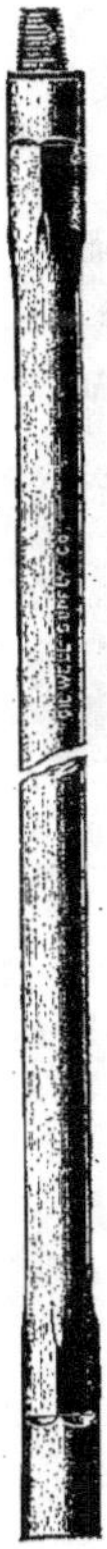

Les diamètres des barres varient avec le diamètre du forage (*fig.* 18).

Fig. 18.
Barre de surcharge.

DIAMÈTRE DU FORAGE		DIAMÈTRE DES BARRES	
en pouces	en millimètres	en pouces	en millimètres
4 1/4	107	3	76,2
5	127	3 1/4 à 3 1/2	82 à 79
5 5/8	142	3 1/2 à 3 3/4	79,55 à 92
6 1/4	158	4 à 4 1/4	101 à 107
6 5/8	168	4 1/4 à 4 1/2	107 à 114
7 5/8	193	4 1/4 à 4 1/2	—
8 1/4	209	4 1/4 à 5 1/2	107 à 139
10	254	4 1/4 à 5 1/2	—

Les poids des barres suivant leurs diamètres sont :

Diamètre en pouces	Poids en kilogrammes par mètre	
3	79,2	
3 1/4	92,4	
3 1/2	108,9	
3 3/4	125,4	
4	131,9	
4 1/2	181,5	
5	224,4	
5 1/2	270,6	Ne se font que jusqu'à
5 3/4	297	40 pieds (12ᵐ,19).

Comme exemple une tige de 5 pouces de diamètre et de 14^m,60 de long pèse 3.276 kilogrammes.

Les *trépans*, qui servent à percer la roche.

Les trépans varient de forme, suivant qu'ils doivent travailler dans des terrains meubles ou des roches dures.

Pour traverser la partie meuble des terrains supérieurs on se sert d'un trépan court et large ayant 13 pouces (33 centimètres), et même plus, de largeur de lame (*fig.* 19).

Les trépans employés pour les terrains plus durs sont plus longs et moins larges(*fig.* 20).

Un trépan de 8 à 10 pouces (203 à 254 millimètres) de largeur de lame a une longueur de 4 1/2 à 5 1/2 pieds (1^m,37 à 1^m,67).

Fig. 19.
Trépan pour
les terrains
meubles.

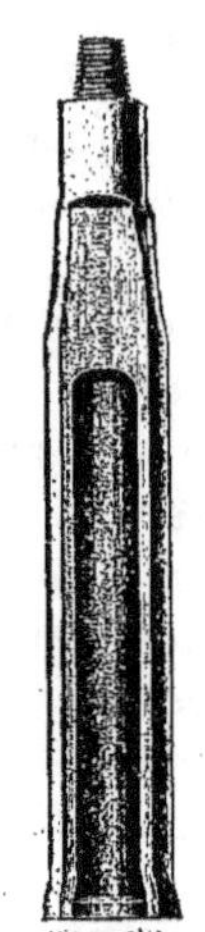
Fig. 20.
Trépan pour
les roches
dures.

LARGEUR ET POIDS DES TRÉPANS EMPLOYÉS DANS LES TERRAINS MEUBLES (*fig.* 20)

Largeur en pouces	Largeur en millimètres	Poids en kilogrammes
10	254	110
12	305	136
13	330	181
14	356	226
16	406	272
18	457	317

LARGEUR ET POIDS DES TRÉPANS EMPLOYÉS DANS LES ROCHES DURES (*fig.* 21)

Largeur en pouces	Largeur en millimètres	Poids en kilogrammes
4	102	90,7
5	127	159
6 1/4	158,75	272
7 5/8	193,65	363
8 1/4	209,55	408
10	254	453
12	305	543
14	356	634
18	457	815

On prend toujours les trépans par paire de mêmes dimensions, pour pouvoir en affûter un pendant que l'autre travaille.

Les trépans portent des joues sur leurs faces latérales et à l'affûtage, en faisant les tranchants, on élargit légèrement le bas du trépan pour que le trou ait un diamètre légèrement supérieur à la largeur du corps de la lame ; on évite ainsi qu'il y ait coinçage de l'outil dans le forage.

Des jauges, exactement calibrées, servent à vérifier les largeurs des taillants des trépans après chaque affûtage et chaque fois qu'on remonte un trépan pour une cause quelconque.

Il ne faut pas qu'il y ait une différence de plus de 1 à 2 millimètres entre la largeur du taillant et la jauge correspondante.

La figure 21 donne la disposition des trépans surtout employés en Californie, où les terrains éboulent facilement; le taillant est relativement plus large que la lame, pour qu'il puisse se dégager plus facilement.

La figure 22 donne la disposition d'un trépan avec taillant en croix employé dans les terrains fissurés, à stratifications inclinées, ou pour redresser un trou dévié.

Les cuillères et pompes à sable. — Les outils employés au curage du trou de sonde sont désignés sous le nom de cuillère ou de pompe à sable (sand pump).

Les cuillères (Bailers) (*fig.* 24) sont des cylindres métal-

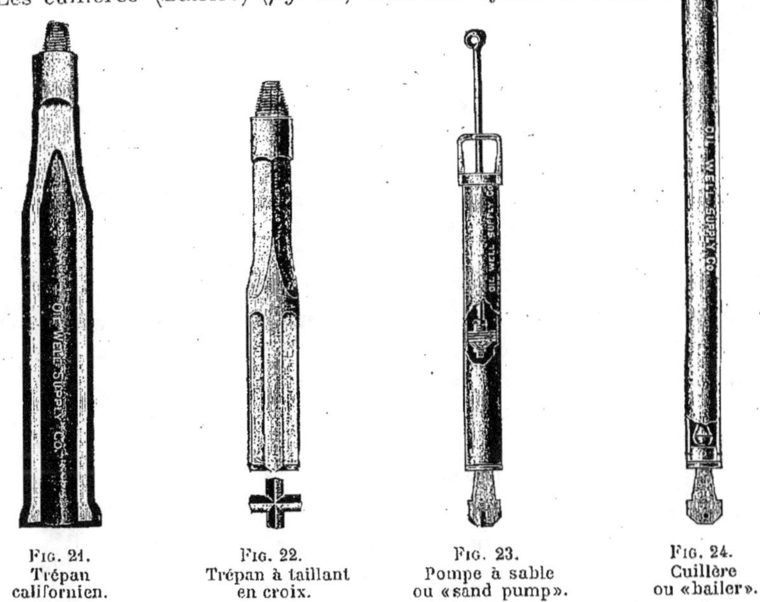

<table>
<tr><td>Fig. 21.
Trépan
californien.</td><td>Fig. 22.
Trépan à taillant
en croix.</td><td>Fig. 23.
Pompe à sable
ou «sand pump».</td><td>Fig. 24.
Cuillère
ou «bailer».</td></tr>
</table>

liques d'un diamètre inférieur à celui du forage et dont la longueur varie de 6 à 8 mètres.

Il y a un anneau à la partie supérieure pour les attacher à l'extrémité du câble et à la partie inférieure se trouve une soupape, ayant une tige faisant saillie vers le bas et qui soulève la soupape quand la cuillère arrive au fond du trou.

Cette tige est souvent terminée en forme de bêche pour ameublir les débris, les mettre plus facilement en suspension dans l'eau, qui emplit toujours le fond du forage, et faciliter leur entrée dans le cylindre métallique.

Les cuillères sont aussi quelquefois munies d'une autre soupape à la partie supérieure.

Les pompes à sable (sand pumps) (*fig.* 23) ont une construction générale analogue à celle des cuillères, mais à l'intérieur du cylindre métallique se meut un piston dont la tige a une longueur plus grande que la longueur du cylindre métallique, et c'est à l'extrémité de cette tige que s'attache le câble qui sert à monter et descendre la pompe à sable dans le trou de forage.

Quand la pompe à sable arrive au fond du trou le piston descend au fond du cylindre, quand on tire sur le câble le piston remonte aspirant la boue dans le cylindre, qui est muni d'une soupape à sa partie inférieure pour retenir les débris aspirés par le piston.

Avant de remonter une cuillère ou une pompe à sable, on donne plusieurs petits mouvements de va-et-vient au câble pour faciliter l'entrée des débris dans l'appareil.

Durée des manœuvres. — En terrain moyen les opérations du forage ont à peu près la durée suivante :

A 100 mètres de profondeur, la durée de la remonte du
trépan est de.. 3 minutes
La durée de la descente .... 4 —
La durée du curage .... 30 —
La durée du battage.. 2 heures

                        Durée totale...................... 2ʰ,37

La profondeur moyenne gagnée est d'environ $0^m,50$.

Emplois des élargisseurs. — Les élargisseurs servent surtout à élargir un trou de sonde au-dessous d'un tubage déjà mis en place. Comme le trépan ordinaire avec lequel on commence le travail, a dû passer au travers du tube, le trou qu'il a foré a un diamètre inférieur à celui du tubage; pour que celui-ci puisse continuer à descendre, il faut donc employer des outils spéciaux pour élargir le trou au-dessous du tubage.

Les élargisseurs (reamers) sont aussi employés pour élargir un trou foré à un diamètre trop faible, ou irrégulièrement foré, avant d'y descendre le tubage[1]. Dans ce cas, ils doivent plutôt prendre le nom de trépans élargisseurs, pour les distinguer des élargisseurs proprement dits qui, travaillent au-dessous des tubes. Les Américains appellent les premiers *reamers*, les seconds *under reamers*. Les trépans élargisseurs, ou reamers, sont constitués, ou par un trépan dont les joues très développées sont seules coupantes (*fig.* 25) et qui est destiné à arrondir un trou dont la section est elliptique, ou par un trépan double du modèle précédent (*fig.* 26) ayant des joues à deux hauteurs différentes et dans des positions rectangulaires ; dans ce cas,

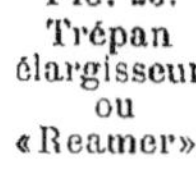

Fig. 25.
Trépan
élargisseur
ou
«Reamer».

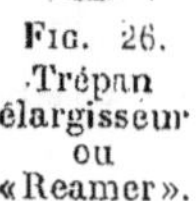

Fig. 26.
Trépan
élargisseur
ou
«Reamer».

____

1. Dans ce cas, on se contente parfois d'employer un trépan ayant deux tranchants en forme de croix.

il est plutôt destiné à redresser un trou foré obliquement. Pour redresser un trou de sonde, on se sert également d'une longue clo-
che à bords épais, fendue
suivant une génératrice
et dont les bords infé-
rieurs sont coupants.

On se sert encore
d'une longue cuillère à
bords tranchants.

On emploie aussi
quelquefois avec les dif-
férents outils dont nous
venons de parler, et quelquefois avec un trépan
ordinaire, des couronnes
métalliques qu'on fixe sur
la barre de surcharge
inférieure à l'aide de coussinets coniques filletés,
extérieurement et inté-
rieurement, et vissés entre
la tige et les couronnes
métalliques, les rendant
ainsi solidaires. Les couronnes ont un diamètre
presque égal à celui du
forage et assurent la bonne
direction du trépan ou
de l'outil qui doit re-
dresser le forage (*fig.* 27).

Parmi les élargis-
seurs proprement dits, le
plus simple et celui qui
donne le moins de chances
d'accidents est celui de
Mac Cleary (*fig.* 28). Il
se compose d'un trépan
dont les joues très déve-
loppées guident la lame
sur presque toute la cir-
conférence du trou du

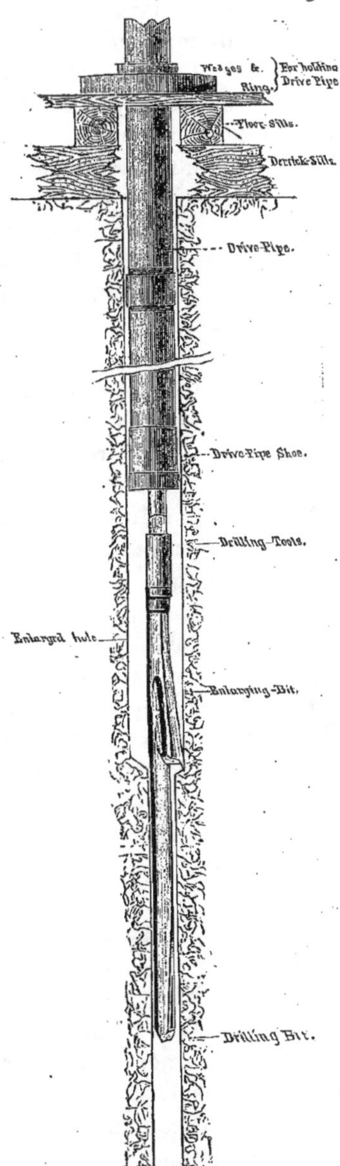

Fig. 28. — Élargisseur Mac Cleary.

forage à élargir, à une certaine hauteur et d'un seul
côté du trépan se trouve un ergot portant un taillant

Fig. 27. — Trépan élargisseur travaillant avec des
couronnes guides, pour

à sa partie inférieure qui sert à élargir le trou en entaillant la paroi. C'est donc, en réalité, un trépan à taillant auxiliaire excentrique.

La largeur totale de l'outil est inférieure au diamètre du tubage déjà en place et au travers duquel il doit passer.

Le tube étant légèrement soulevé du fond du trou qu'il s'agit d'élargir, on descend le trépan ; la lame centrale s'engage dans le trou de faible diamètre précédemment foré et l'ergot qui fait saillie attaque le terrain autour du trou central. On bat comme avec un trépan ordinaire, à condition toutefois, que la hauteur du battage soit inférieur à la distance qui sépare le tranchant de la lame inférieure du tranchant latérale de l'ergot, afin que la lame de petite largeur ne sorte pas du trou qui lui sert de guide.

L'élargisseur de Mack (*fig.* 29) se compose d'une pincette dont les deux bouts sont tranchants. En travail les deux branches de la pincette sont écartées par un coin central qu'un ressort maintient entre les tranchants qui sont plus épais que les branches de la pincette. Pour faire descendre l'outil dans le trou, on relève le coin en bandant le ressort ; le coin vient se loger entre les deux branches qui sont plus minces ; on descend alors l'outil dans le tube. Quand il a atteint le bas du tubage, les branches, qui ne sont plus pressées l'une contre l'autre, par la paroi du tube, sont écartées par le coin que le ressort pousse vers le bas. En même temps un petit levier, qui était couché quand le ressort était serré, tourne et vient faire saillie sur l'une des branches de la pincette.

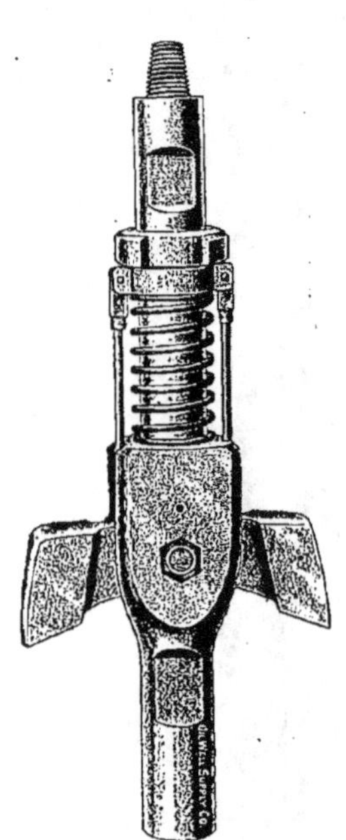

Fig. 29. — Élargisseur de Mack.

Fig. 30. — Élargisseur russe.

Quand on relèvera l'outil après son travail terminé, ou quand il devient nécessaire d'affûter à nouveau les tranchants, ce petit levier viendra buter contre le bord du tube et basculera en bandant le ressort et en faisant rentrer le coin entre les parties minces des deux branches de la pincette qui pourra alors renter dans le tube.

Un autre élargisseur dit élargisseur russe (russian under reamer) (*fig.* 30 est constitué par deux lames disposées de part et d'autre d'une tige centrale, ayant leurs tranchants tournés vers le bas et pouvant tourner autour d'un axe horizontal ; elles ont toutefois leur course limitée vers le haut par deux épaulements contre lesquels un ressort les applique dans leur position de

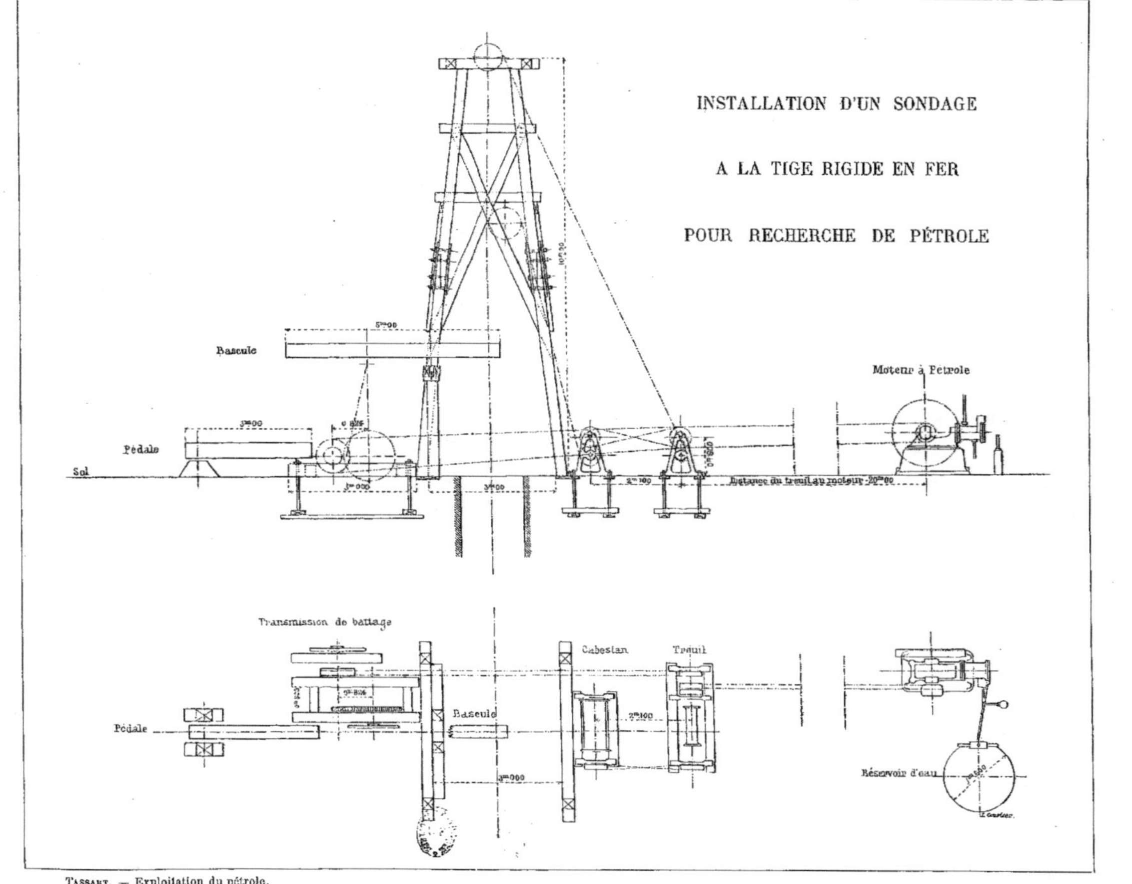

Tassart. — Exploitation du pétrole.

pas très considérable, aussi ce dispositif n'est-il pas adopté d'une façon générale.
La figure 111 indique la disposition générale adoptée dans les recherches

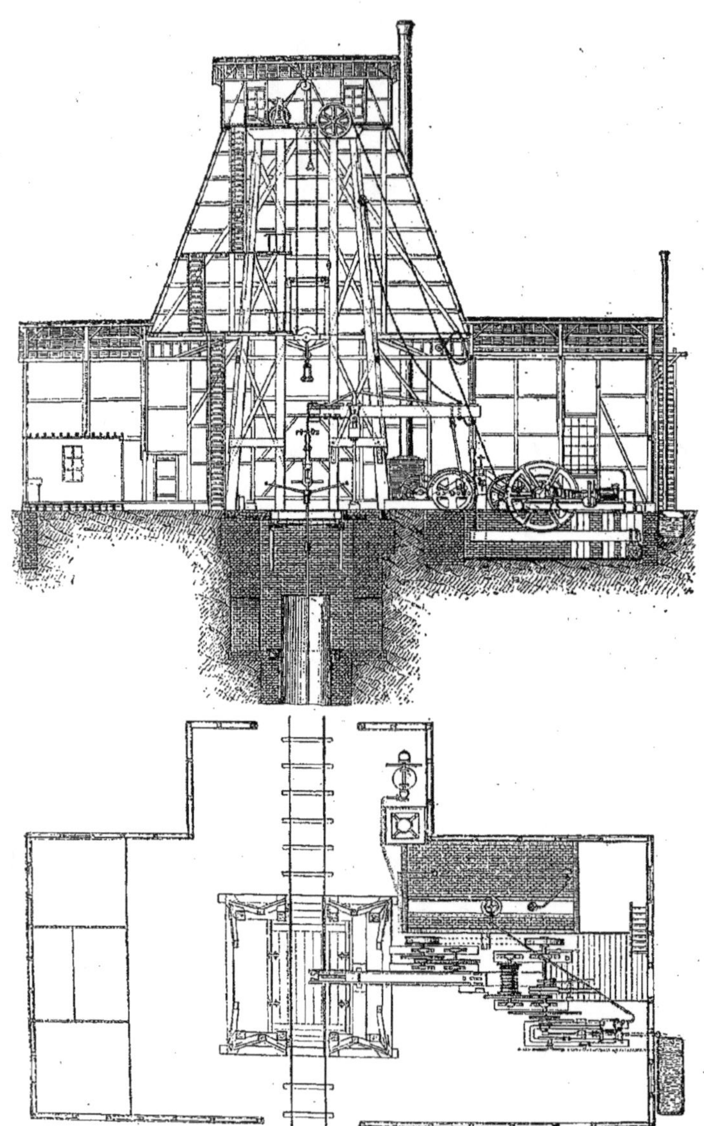

Fig. 111. — Installation pour forage profond
dans les recherches minières.

de mines. Il est inutile de dire que, pour le cas particulier du pétrole, la
chaudière ne devrait pas être à l'intérieur de baraquement.

La figure 112 donne la disposition de commande par cylindre à vapeur attelé directement au levier de battage (cylindre de battage) la course du balancier étant limitée par un butoir contre lequel le balancier vient frapper à la fin de la course descendante du piston à vapeur, c'est-à-dire à la fin de la course ascendante des tiges, disposition qui peut être indispensable avec certains genres d'appareils à chute libre dits coulisses à réaction ; d'ailleurs, la commande du levier par cylindre de battage n'a pour ainsi dire jamais été employé dans les recherches du pétrole.

Le sondage ordinaire à tige pleine pour la recherche du pétrole est sur-

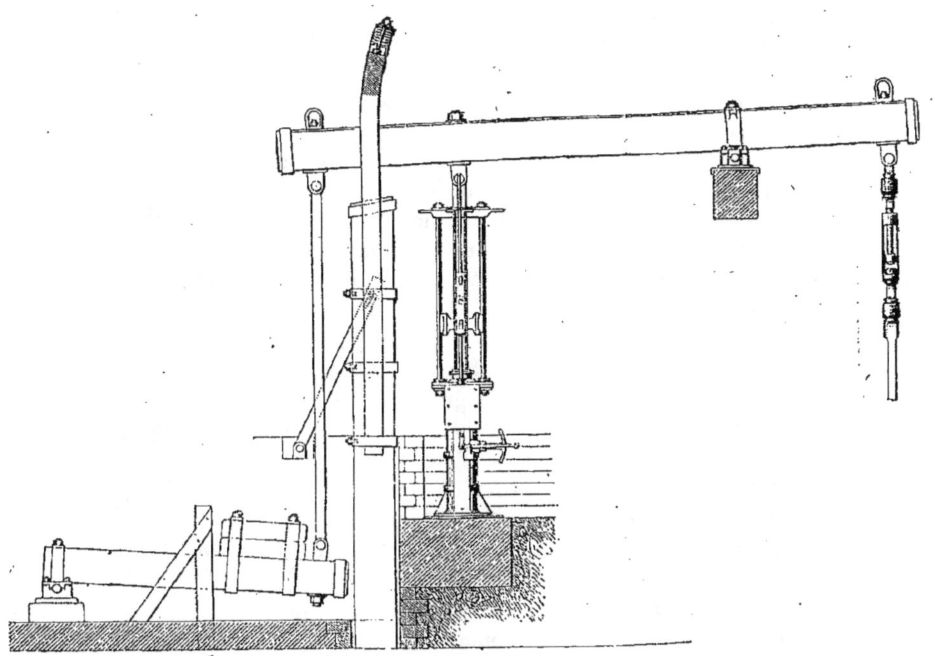

Fig. 112. — Mise en mouvement du levier par un cylindre à vapeur attelé directement (cylindre batteur). Sur la gauche, est le levier d'équilibre relié au levier de battage, et qui est chargé plus ou moins pour équilibrer les tiges.

tout employé à Bakou, tandis qu'en Amérique il ne l'a pour ainsi dire pas été ; à Bakou, au contraire, on peut dire que son emploi est la règle, l'emploi des autres systèmes étant plutôt l'exception. Le système à tige rigide ordinaire, à chute libre, puissant, lent, mais sûr, semble s'adapter aux mœurs et aux habitudes du pays mieux que tous les autres ; il demande, en effet, moins d'habileté et d'initiative de la part du sondeur.

La profondeur des puits de Bakou atteint aujourd'hui 450 mètres ; on doit arriver à cette profondeur avec un diamètre de 356 millimètres rendu nécessaire par le mode d'extraction du pétrole à l'aide de bailers, pompes à sable, Jelonkas ou Zelonkas qui doivent avoir de grandes dimensions pour fournir une quantité de pétrole importante ; le diamètre des tubes de départ doit donc être relativement considérable pour permettre les rétrécissements nombreux qui surviennent à chaque nouvelle colonne de tubes qu'on est obligé de descendre, il est, la plupart du temps, de 660 millimètres à 711 millimètres.

Comme les terrains à traverser sont difficiles, car on rencontre beaucoup de couches ébouleuses et de sables boulants, le tubage doit suivre de très près le trépan : une longueur non tubée de 4 à 6 mètres au-dessus du front d'attaque est tout ce qu'on peut se permettre avec quelque sécurité.

Le trépan qu'on emploie diffère des modèles courants par sa forme ramassée, on en a diminué la hauteur autant que possible (*fig.* 113).

L'emploi de l'élargisseur est ici indispensable pour permettre l'enfoncement des tubes qui suivent le trépan, il se place immédiatement au-dessus du trépan; il est du modèle dit élargisseur russe (*fig.* 31); à la suite de l'élargisseur vient la maîtresse tige qui a 6 mètres de long et dont la section carrée a de 76 à 101 millimètres de côté; elle pèse à elle seule de 300 à 500 kilogrammes. Enfin, pour terminer la partie frappante, au haut de la maîtresse tige se trouve vissée la coulisse qui est généralement du modèle dit à baïonnette.

L'ensemble de la partie frappante constituée par le trépan, l'élargisseur, la maîtresse tige et la partie inférieure de la coulisse, a un poids de 1.000 kilogrammes. Sur la maîtresse tige on met deux lanternes guide, afin d'assurer la verticalité du trou de sonde. La coulisse se prolonge à sa partie supérieure par les tiges en fer de section carrée ayant 32 millimètres de côté; lorsqu'on est arrivé à 400 mètres, le poids seul des tiges représente 3.200 kilogrammes.

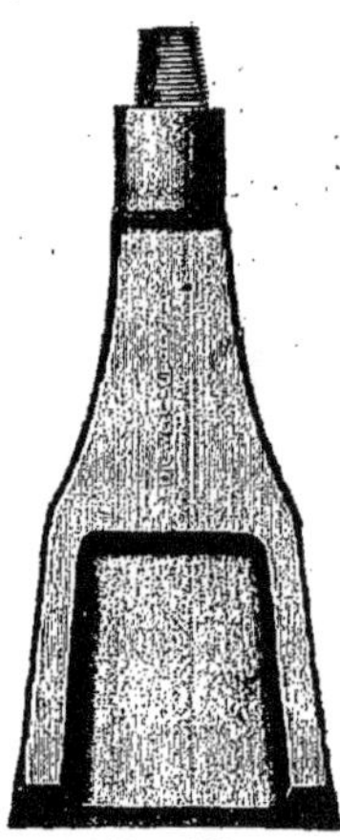

Fig. 113.
Trépan russe.

On frappe de 30 à 40 coups par minute. Dans les terrains tendres on obtient un avancement moyen de 6 à 8 mètres par jour; mais, dans les roches dures et les sables très compacts, l'avancement se trouve réduit à une longueur de 35 à 70 centimètres.

Le diamètre des élargisseurs est supérieur au diamètre intérieur des tubes de 50 à 76 millimètres.

Afin de permettre aux tubes de suivre le trépan de plus près, un ingénieur russe, M. Biering, a imaginé un trépan élargisseur composé de deux lames fonctionnant comme celles de l'élargisseur russe, mais qui se rejoignent; le trépan proprement dit est supprimé; les deux lames sont maintenues écartées par des ressorts et, comme elles se croisent, elles occupent le diamètre total du puits quand elles sont déployées [1].

Les tiges sont reliées au levier de battage comme à l'ordinaire par une vis de rallonge (temper Screw) et un étrier tournant.

---

1. Le dispositif est à peu près le même que celui de la figure 32.

Le derrick (tour du forage) a 20 mètres de haut à peu près ; il est constitué le plus souvent en bois brut et lourdement charpenté ; on le recouvre complètement de planches ; on y ménage, à la hauteur des planchers de manœuvre, des portes donnant à l'extérieur sur une échelle, afin de permettre au personnel de s'échapper en cas d'irruption soudaine de gaz ou de pétrole.

On commence aussi à employer des derricks en bois équarris plus légers, du type américain ; ceux-ci, en cas d'incendie, ont l'avantage de brûler plus vite et la durée du sinistre et ses conséquences sont ainsi diminuées.

On commence toujours le forage en établissant un avant-puits, cylindrique ou octogonal, dont les parois sont soit maçonnées, soit recouvertes de planches maintenues par de forts cadres en bois ou des cornières de fer ; ses dimensions sont : diamètre ou côté, longueur maximum 4 mètres ; hauteur 6 mètres. C'est dans cet avant-puits que se font ordinairement les manœuvres du tubage.

Les treuils de manœuvre sont réunis sur un seul cadre en bois ; l'arbre principal muni d'une poulie folle et d'une poulie fixe reçoit le mouvement du moteur.

Deux treuils, l'un à mouvement lent, l'autre à mouvement rapide, reçoivent par engrenages le mouvement de l'arbre principal ; il n'y a qu'un équipage de commande coulissant sur l'arbre principal, qui peut donner le mouvement soit à l'un des treuils, soit à l'autre, ou dans la position moyenne, ne donner le mouvement à aucun d'eux. Le treuil à mouvement lent sert à la manœuvre des tiges ; le treuil à mouvement rapide sert au curage et aussi à pomper l'huile dans le forage à l'aide d'une pompe à sable ou d'une cuillère.

Les deux treuils sont munis de freins puissants à colliers.

Les outils sont manœuvrés à l'aide d'une chaîne.

Le levier de battage peut être soit reculé, soit écarté, latéralement pour permettre la manœuvre des outils et des tubes.

SONDAGE HYDRAULIQUE — SYSTÈMES DIVERS
SONDAGE AU DIAMANT

IV. — PROCÉDÉ FAUVEL

La perte de temps qui résulte, avec les systèmes que nous avons déjà examinés, de la nécessité pour opérer le curage du trou de sonde, de remonter le trépan et de descendre un instrument spécial, a fait chercher une méthode permettant d'enlever les détritus pendant le travail même du forage. Fauvel songea le premier à employer un courant d'eau qui, amené, par l'intérieur de tiges creuses, jusqu'au trépan et remontant à la surface entre les tiges et les parois du trou, entraînerait continuellement les débris produits par le battage du trépan.

Il n'y a plus besoin alors de remonter le trépan que lorsque celui-ci est émoussé, et l'efficacité du battage est accrue par ce fait que, le trou étant constamment tenu propre, rien ne vient amortir le choc du trépan sur le terrain à forer ; il faut bien entendu que le courant d'eau ait une vitesse suffisante pour entraîner tous les débris produits par le trépan, sans qu'on soit obligé de prolonger le battage pour les réduire en parties trop fines, ce qui ferait alors perdre en partie le temps gagné par le curage hydraulique. Une vitesse de courant d'eau, dans la partie annulaire, de $0^m,10$ à $0^m,30$ par seconde est suffisante ; on peut alors enlever même des graviers assez gros.

L'appareil de Fauvel fut mis en pratique pour la première fois à Perpignan, en 1846 ; en vingt-trois jours, malgré une installation défectueuse et de nombreuses ruptures de tiges, il atteignit dans la craie une profondeur de 170 mètres, soit un avancement journalier de $7^m,40$.

Son appareil était constitué par des tubes formant tige creuse et portant à leur extrémité inférieure des trépans de formes diverses percées de canaux destinés à amener l'eau près du tranchant de la lame. Les tubes et le trépan, reliés par des joints à vis, étaient animés d'un mouvement alternatif produisant le battage.

A la partie supérieure des tiges, l'eau était amenée par un tuyau de caoutchouc qui se fixait sur un bout de tube recourbé formant joint à rotule, pour permettre la rotation du trépan, elle ressortait par l'espace annulaire compris entre les tiges creuses et les parois du trou, un tuyau fixé dans le sol à la partie supérieure du sondage évitait les dégradations des parois par le courant d'eau à sa sortie, et le conduisait dans une fosse où les boues se déposaient.

L'absence de tout intermédiaire élastique entre les tiges et le trépan limitait forcément la profondeur qu'on pouvait atteindre sans crainte de trop nombreux accidents.

Les Allemands perfectionnèrent bientôt ce procédé par l'adjonction d'un joint à chute libre ; Fauck, Kobrich et d'autres s'occupèrent activement de la question.

Fauck constitua son joint à chute libre par une coulisse à baïonnette ordinaire (*fig.* 114) enfermée dans un tube qui se prolongeait jusque vers l'élargissement de la lame du trépan. L'eau amenée par les tiges entrait dans cette chemise en *bb*, et glissait, en *a*, le long de la coulisse *f*, *g*, *h*, jusqu'au trépan *d*. Mais l'eau avec ce système n'arrivait pas immédiatement au contact du fond de trou et le curage laissait un peu à désirer.

Antérieurement, Fauck avait essayé une coulisse genre OEynhausen formée par une tige coulissant dans une douille. La course de la coulisse étant limitée par une clavette fixée à la douille et traversant une rainure longitudinale de la tige.

Kobrich (*fig.* 115) fit une coulisse à baïonnette avec une douille *bfea* et une tige *gd* creuse, la douille étant à la partie supérieure. La rainure en baïonnette de la douille est fermée extérieurement par une chemise *ee* qui enveloppe la douille.

Pour le joint Schumacher (*fig.* 116) la douille est à la partie inférieure, et le joint se fait par des cannelures circulaires pratiquées à l'extrémité de

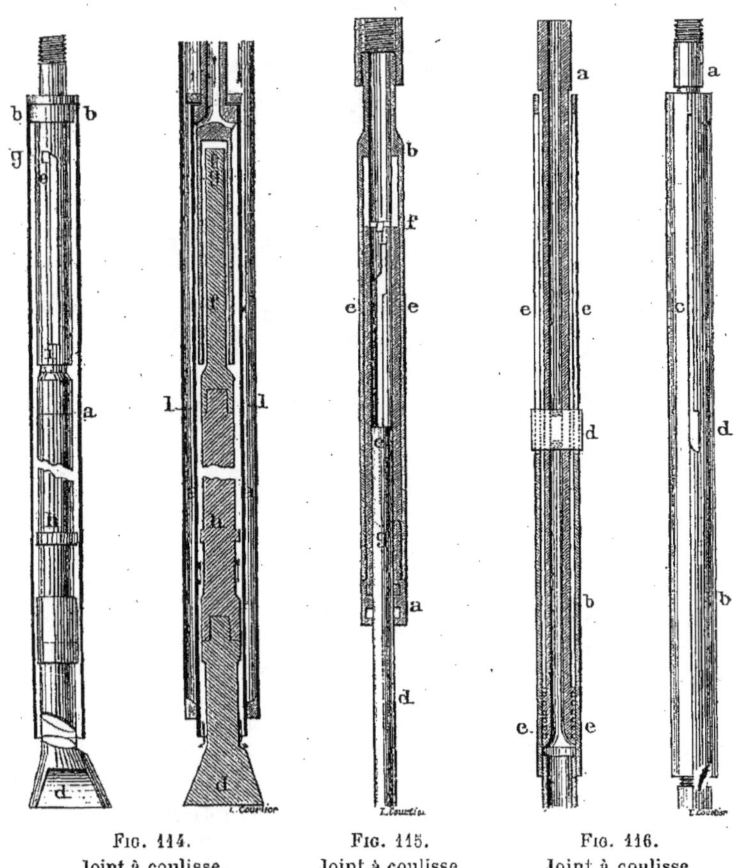

FIG. 114.
Joint à coulisse,
à circulation d'eau, de Fauck.

FIG. 115.
Joint à coulisse
de Kobrich.

FIG. 116.
Joint à coulisse
Schumacher.

la tige *ee* ; cette partie coulissant dans une portion *b* de la douille *b, a*, qui n'est pas fendue ; la fente à baïonnette est au-dessus dans une partie *d, a*, qui ne vient pas en contact avec l'eau.

Tous ces joints à chute libre avaient l'inconvénient de s'user rapidement et de fonctionner d'une façon incertaine, aussi ce ne fut que lorsqu'un ingénieur Suisse, Leschot, pensa à utiliser le diamant dans les sondages, que le curage par un courant d'eau reçut réellement de nombreuses applications. Mais, pour les recherches de pétrole, le forage au diamant est toujours resté une exception, et le forage hydraulique n'apparaît comme un facteur important dans ces recherches, en Europe, qu'avec les appareils Raky, Rapid, Express, et en Amérique, principalement au Texas et en Californie, avec le procédé Chapman et ses analogues.

V. — PROCÉDÉ RAKY

Un des points faibles du système de forage à curage hydraulique était l'emploi d'une coulisse de construction forcément compliquée, pour permettre à la fois le jeu du trépan et le passage de l'eau. Ces organes délicats s'usaient rapidement sous l'influence de l'eau boueuse au milieu de laquelle ils évoluaient et nécessitaient des arrêts pour leur visite et leur réparation. De plus, le battage était forcément lent pour permettre le jeu de la coulisse.

Dans le système Raky, la coulisse a été supprimée, et c'est l'ensemble des tiges et du trépan tout entier qui vient frapper le fond du forage.

Afin d'éviter les ruptures, la hauteur de chute a été réduite à 10 ou 15 centimètres, le nombre de coups à la minute étant

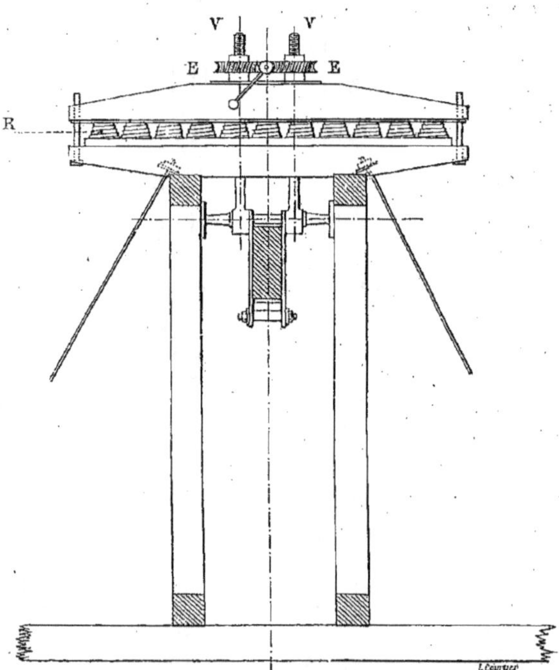

Fig. 117. — Suspension élastique du levier de battage dans le procédé Raky.

par compensation notablement augmenté et atteignant 80, 100 et même 130. Pour diminuer encore la brutalité du choc de toute la masse contre le fond du trou et les fouettements contre le tubage ou les parois du trou, la tige n'est jamais abandonnée à elle-même, elle est constamment tendue et suspendue sur des ressorts qui amortissent les réactions. Cette suspension élastique (*fig.* 117) indispensable au bon fonctionnement du système est réalisée par des ressorts fixés entre deux traverses horizontales. La traverse inférieure, qui constitue le support fixe de l'appareil de battage, est maintenue par les pieds droits de fort équarrissage ; au-dessus, se trouvent les ressorts R, dont le nombre et la puissance varient avec le poids des tiges à équilibrer ; sur le tout repose une traverse à laquelle est suspendu le levier de battage. A cet effet l'axe d'oscillation du levier, qui est fixé vers son milieu et à sa partie supérieure, est soutenu par deux tiges VV, taraudées en sens inverses, qui passent au travers des deux traverses et viennent s'engager dans deux écrous E,E, dont la périphérie est formée par deux roues à dentures hélicoïdales engrenant avec la même vis sans fin.

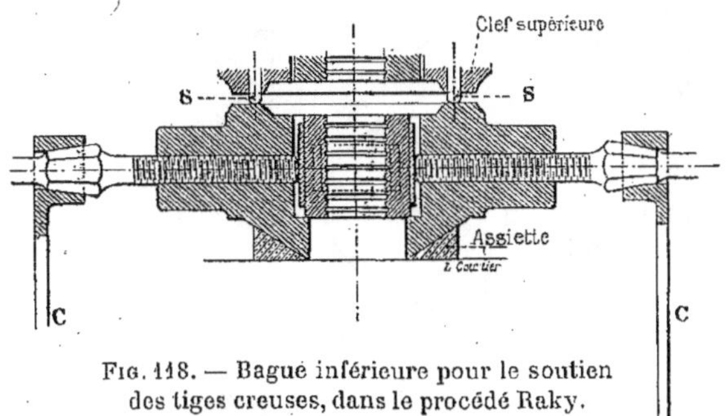

Fig. 118. — Bague inférieure pour le soutien des tiges creuses, dans le procédé Raky.

Cette vis sans fin étant placée entre les deux roues hélicoïdales, les fait tourner en sens inverse, et en agissant sur elle il est facile d'élever ou d'abaisser le balancier qui, de plus, s'il est soumis à un effet violent, comprime les ressorts intercalés entre les deux traverses ce qui amortit les chocs.

L'axe d'oscillation du balancier est guidé par deux robustes coulisses

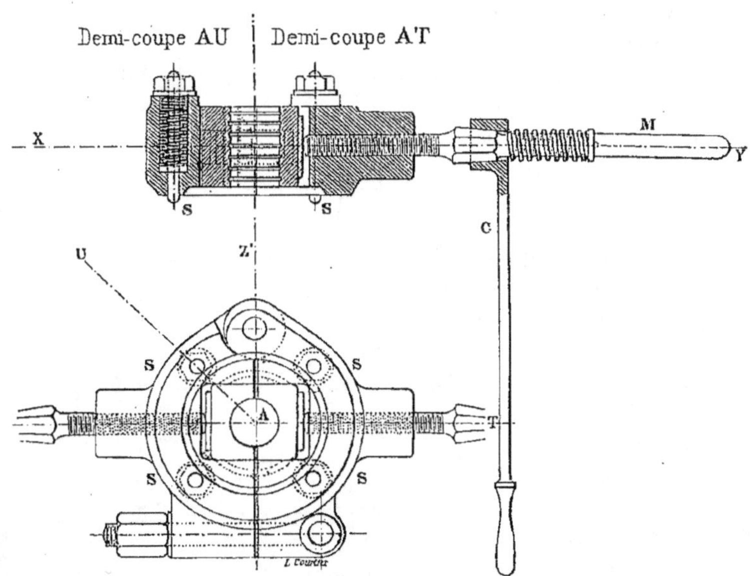

Fig. 119. — Bague supérieure pour le soutien des tiges creuses, dans le procédé Raky.

verticales, afin d'éviter que les efforts latéraux ne viennent fausser les tiges de suspension et le système élastique.

Les tiges qui supportent le trépan sont creuses pour livrer passage à l'eau de curage ; elles ont de 40 à 60 millimètres de diamètre extérieur, suivant la profondeur du forage, et l'épaisseur de leurs parois est de 5 à 8 millimètres.

Afin d'augmenter la puissance du choc du trépan, celui-ci est surmonté d'une tige de surcharge creuse dont le poids varie de 300 à 2.000 kilogrammes.

Les tiges sont suspendues à l'extrémité du balancier par deux bagues (*fig.* 118 et 119) placées l'une sur l'autre, la bague inférieure, qui est conique vers le bas, reposant sur une assiette conique en métal fixée au balancier ; à l'intérieur des bagues se trouvent des coussinets (*fig.* 120) qui peuvent serrer sur les tubes par le moyen de vis M qui traversent les bagues.

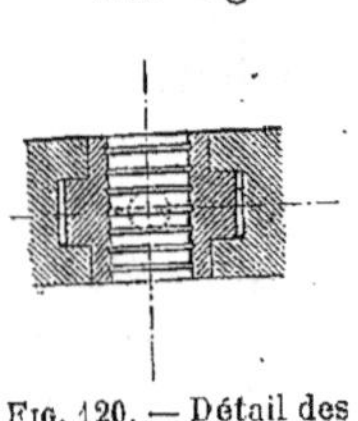

Fig. 120. — Détail des coussinets, coupe verticale perpendiculaire ou plan vertical des axes des vis de serrage.

La bague supérieure, quand elle est libre de prendre sa position naturelle, est maintenue écartée de la bague inférieure, de 15 millimètres environ, par de petites tiges à ressorts S qui appuient sur la bague inférieure.

Pour réaliser la descente de la tige, qui est supposée maintenue par les coussinets de la bague inférieure serrés à bloc, l'ouvrier sondeur serre les coussinets de la bague supérieure ; puis il desserre les coussinets de la bague inférieure. La tige tire sur la bague supérieure, et les ressorts qui la maintenaient écartée de la bague inférieure se compriment et les deux bagues viennent en contact ; la tige est donc descendue de 15 millimètres. En serrant à nouveau la bague inférieure et desserrant la bague supérieure, celle-ci s'écarte de 15 millimètres de la bague inférieure, et le tout est prêt pour réaliser à nouveau, au moment voulu, une descente de 15 millimètres.

Dans les roches très dures, quand il est nécessaire de procéder à un allongement plus lent de la tige de sonde, celui-ci est obtenu à l'aide des écrous de suspension du balancier, qui permettent de descendre les tiges d'une quantité aussi minime qu'on le veut.

La commande du balancier se fait par une courroie sans fin qui agit sur une poulie commandant la bielle qui actionne le balancier (*fig.* 121). La

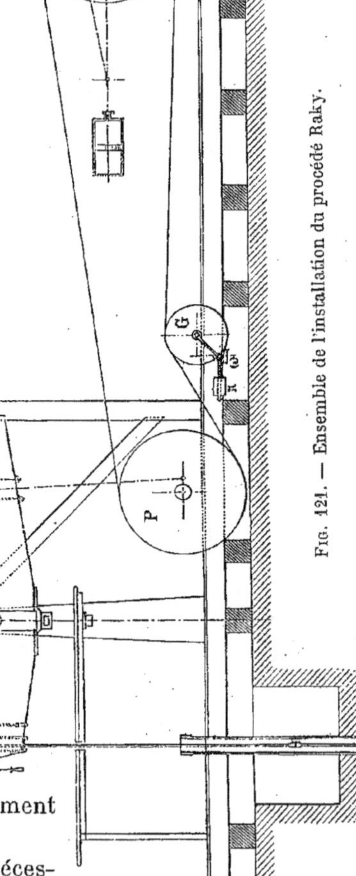

Fig. 121. — Ensemble de l'installation du procédé Raky.

courroie est maintenue tendue par un galet G, qui est appliqué contre la courroie par un contrepoids π.

Dans les premiers appareils de Raky, la poulie qui commande la bielle, portait une came réglable, qui agissait sur le contrepoids du galet au moment où commençait la descente des tiges et supprimait son action; les tiges tombaient par leur propre poids et le galet était de nouveau appliqué pour la remonte des tiges. Ce dispositif a été reconnu inutile; le fonctionnement de l'appareil est maintenant le suivant : Le balancier étant au plus bas de la course de forage et arrêté, les tiges sont réglées de façon que le trépan soit à 5 ou 6 centimètres au-dessus du fond du trou, et le mouvement de battage provoqué par la courroie, toujours en prise, est continu ; vers la fin de la course descendante des tiges, celles-ci, en vertu de leur force vive, tirent sur le balancier, font fléchir les ressorts, et le trépan vient frapper le fond du trou pour rebondir aussitôt.

Pendant le battage et sans l'interrompre, les tiges sont descendues au fur et à mesure du besoin à l'aide des bagues qui servent également à donner aux tiges le mouvement de rotation continu nécessaire à la régularité du forage. Lorsqu'en allongeant les tiges à l'aide des bagues un manchon de connexion des tiges arrive à leur contact, le mouvement d'allongement est continué par le moyen des tiges de suspension du balancier ; puis, les bagues de suspension sont démontées et remontées au-dessus du manchon, le balancier est relevé et l'opération continue.

Dans les terrains favorables à ce système de sondage, l'avancement peut être très rapide. Il est de 1 mètre à l'heure dans les terrains de dureté moyenne, non compris la durée du tubage ni la durée des réparations. L'avancement moyen en travail courant, compris tubage, est de 8 à 20 mètres par jour, si le tubage se fait aisément, mais les difficultés du tubage peuvent, comme dans tout autre système, retarder considérablement les opérations.

VI.—SYSTÈME EXPRESS (ALBERT FAUCK)

Dans ce système, le battage est encore obtenu par un balancier, mais les outils n'y sont pas directement suspendus. Les tiges sont accrochées à un câble plat qui passe sur une poulie fixée à l'extrémité du balancier et dont l'autre extrémité est fixée à un tambour permettant de régler sa longueur.

Avec une course réduite, le nombre de coups est de 150 à la minute et a même atteint, paraît-il, dans certains cas, 250 coups.

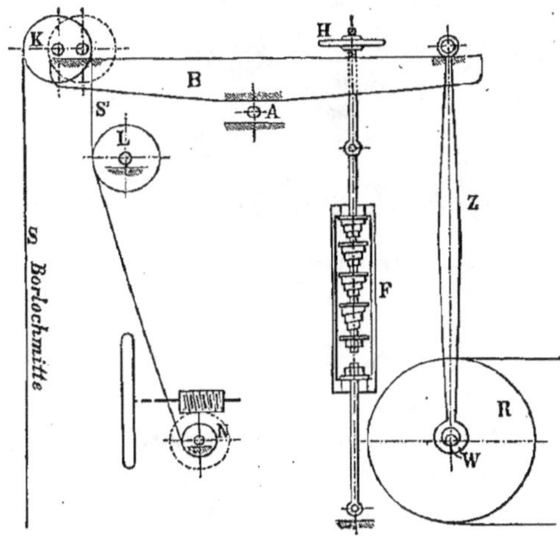

Fig. 122. — Principe du fonctionnement du système Express (Albert Fauck).

La poulie R reçoit le mouvement du moteur par une courroie et le communique à la bielle z par un excentrique ; celle-ci à son tour met en mouvement le balancier B. Le câble auquel est suspendue la tige de sonde est fixé en N au tambour de réglage, sur lequel on agit à la main avec un volant ; il

Fig. 123. — Ensemble de l'appareil de battage, système Express (Albert Fauck)
pour des profondeurs de 500 à 1.500 mètres.

passe le long de la poulie L, puis sur la poulie K fixée à l'extrémité du levier de battage, pour redescendre ensuite vers le trou de sonde.

Afin de diminuer la force nécessaire pour élever les outils, des ressorts puissants F agissent sur le balancier du côté de la bielle, et leur tension est réglée à l'aide d'un écrou à volant H ; leur nombre et leur puissance varient avec la profondeur et le diamètre du forage.

Le tambour de réglage étant fixé au sol, lorsque le balancier est mis en mouvement, la poulie K tourne dans un sens ou dans l'autre sous l'action du câble, en même temps qu'elle s'élève ou qu'elle s'abaisse. Les outils sont ainsi alternativement élevés et abaissés.

Le déplacement des outils est 2 fois plus grand que celui de l'axe de la

Fig. 124. — Treuil à vapeur pour le système Express (Albert Fauck) pour des profondeurs de 500 à 1.500 mètres.

poulie et, par suite, sensiblement 4 fois l'excentricité de l'excentrique qui commande la bielle; la course étant ordinairement de 8 centimètres, l'excentricité de l'excentrique est de 2 centimètres seulement.

Dans les schistes argileux moyens, l'avancement peut atteindre 10 mètres par jour; un forage de 900 mètres a été exécuté en cent quatre-vingt-quinze jours.

La figure 123 donne la disposition d'ensemble de l'appareil de battage.

La figure 124 donne la disposition du treuil employé.

VII. — SYSTÈME RAPID

Dans le système Rapid de la maison Trauzl, de Vienne, qui n'a pas non

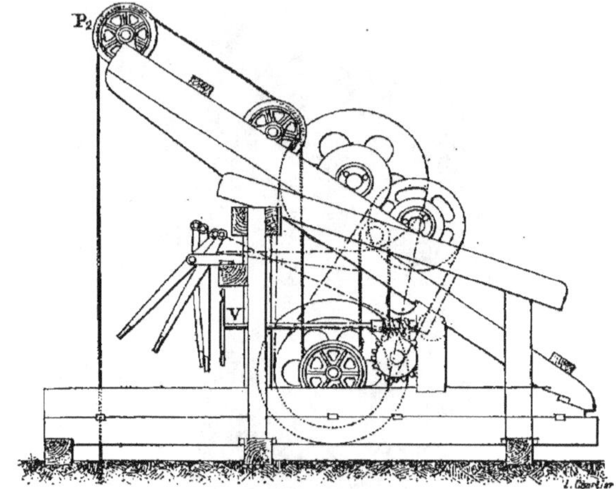

Fig. 125. — Installation du système Rapid.

plus de chute libre, on a réduit au minimum le poids des pièces en mou-

Fig. 126. — Vue de la charpente et des organes de manœuvre du système Rapid.
(Les courroies ne sont pas en place.)

vement, en laissant immobile la pièce qui remplace le levier de battage et
qui ne joue plus que le rôle de support.

Le câble ou la chaîne qui supporte les tiges creuses passe sur deux poulies (*fig.* 125 et 126) et redescend pour embrasser une poulie fixée sur un arbre

coudé, qui reçoit le mouvement de la machine. Le câble étant fixé à son autre extrémité sur un treuil maintenu immobile, la poulie qui tourne excentriquement tire et relâche alternativement le câble et provoque ainsi le mou-

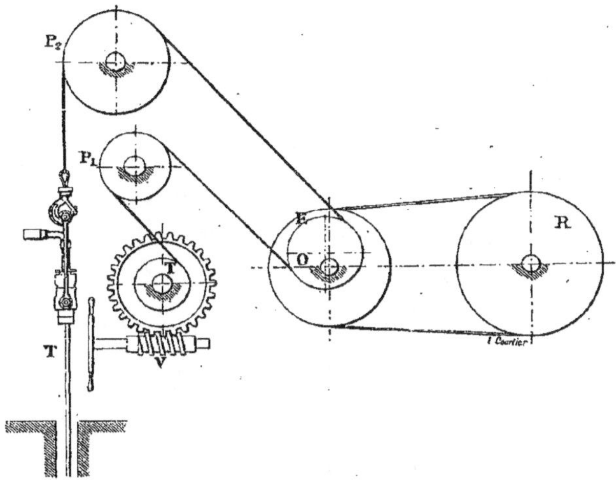

Fig. 127. — Principe de fonctionnement du système Rapid.

vement de battage des outils. Le treuil sur lequel est fixé le câble de battage peut tourner dans un sens ou dans l'autre, par le moyen d'une vis sans fin et d'une roue dentée à pas hélicoïdal (V et T) ; on peut ainsi régler la position du trépan et allonger le câble au fur et à mesure de l'approfondisse-

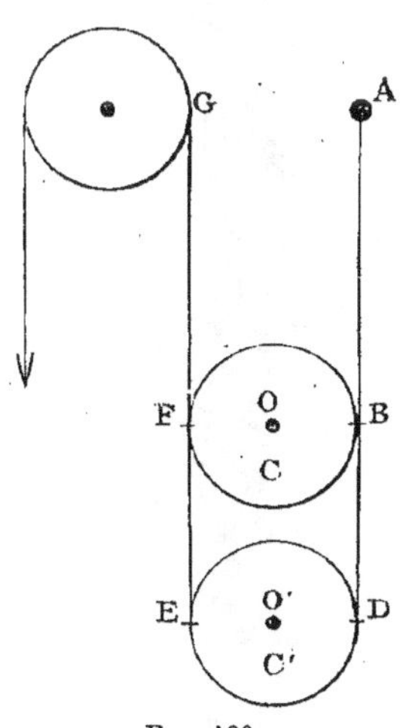

Fig. 128.

ment. Le treuil de manœuvre des tiges est également fixé sur la même charpente et une série de leviers permet de commander les différents mouvements en laissant immobiles les organes dont le mouvement n'est pas nécessaire. La figure 127 indique le principe de fonctionnement de l'appareil, la poulie R communique, par courroie, le mouvement à une autre poulie E calée sur le même arbre que l'excentrique O qui produit le mouvement de battage. Le câble qui supporte les tiges creuses T passe sur la poulie P_2, l'excentrique O la poulie P_1 et vient s'enrouler sur le treuil T, manœuvrable à la main par la vis sans fin V qui règle la descente du trépan. La disposition n'est pas la même que dans la figure 125, mais tous les organes s'y retrouvent aisément.

Comme dans le système précédent, la course des outils est quatre fois l'excentricité de la poulie motrice[1], ce dont on peut facilement se rendre compte en examinant la figure 128 où O et O' re-

1. Au lieu d'un excentrique, on emploie généralement une poulie fixée sur le maneton d'un arbre coudé.

présentent les positions extrêmes du centre de la poulie qui agit sur le câble fixé en A. Dans la première position O, la longueur du câble entre A et G est :

$$AB + BCF + FG ;$$

dans la seconde position O' :

$$AD + DC'E + EG ;$$

mais :

$$AD = GE = AB + BD = AB + OO',$$
$$AB = GF,$$
$$BCF = DC'E ;$$

la différence :

$$(AD + DC'E + EG) - (AB + BCF + FG)$$

se réduit donc à :

$$2(AB + OO') - 2AB = 2OO'.$$

OO', course totale du centre, est le double de l'excentricité; le déplacement des outils est donc quatre fois l'excentricité.

On peut frapper avec ce système jusqu'à 200 et même 250 coups par minute avec une course de 80 millimètres.

La figure 129 donne la disposition du trépan à circulation d'eau, employé avec le système « Rapid », aussi bien qu'avec le système Express.

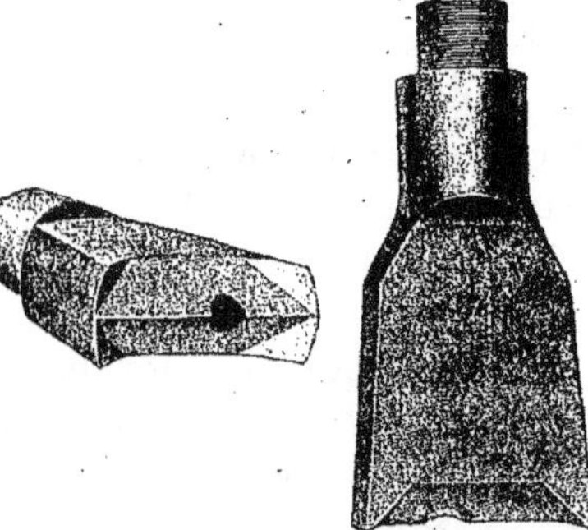

FIG. 129.

Trépan employé dans les systèmes Rapid et Express.

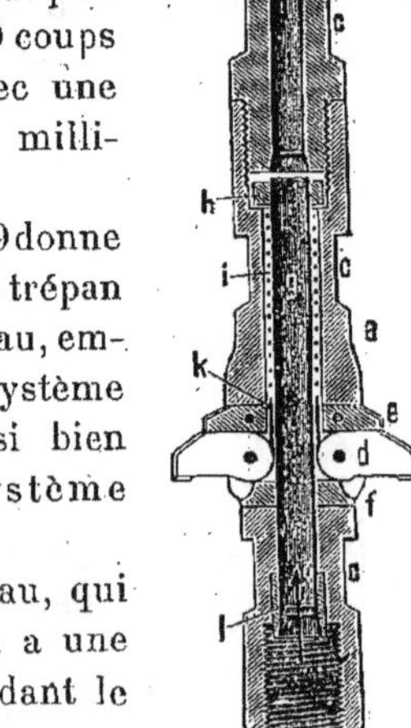

FIG. 130.

Élargisseur à circulation d'eau.

La figure 130 est l'élargisseur à circulation d'eau, qui surmonte le trépan; d est une lame mobile, il y en a une de chaque côté, reposant sur l'épaulement e, pendant le travail; dans le corps bca se trouve logé un tube g, pour la circulation de l'eau. Un butoir k, surmonté d'un ressort i, maintient les lames écartées. Deux écrous lh maintiennent le tube central. Dans la figure, la circulation de l'eau se fait en remontant par l'intérieur des tiges, elle peut aussi se faire en sens inverse.

On peut également, avec ce système, se procurer des échantillons du terrain ; on emploie alors le trépan (*fig.* 131) évidé en son centre où se loge

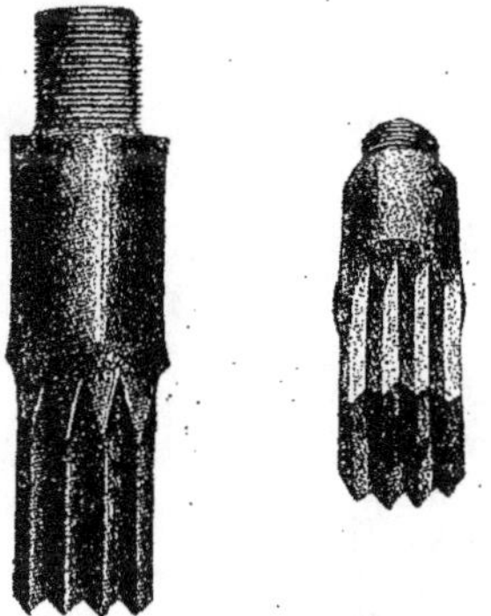

FIG. 131.
Trépan carottier.

la carotte ; dans ce cas, on fait arriver l'eau de curage par l'espace annulaire, et elle ressort par les tiges. Il faut évidemment que le diamètre des carottes soit inférieur au diamètre des tiges creuses pour que les débris entraînés par le courant ne puissent les obstruer.

On peut aussi, avec le treuil tel qu'il est disposé forer à sec[1], on augmente alors la longueur de la chute, en employant une plus grande excentricité pour la poulie de commande, et la course totale des outils est de 20 centimètres ; dans ce cas, on emploie une coulisse. On emploie les mêmes outils qu'avec le système canadien ordinaire.

Les tranchants des trépans pour des formations moyennement dures

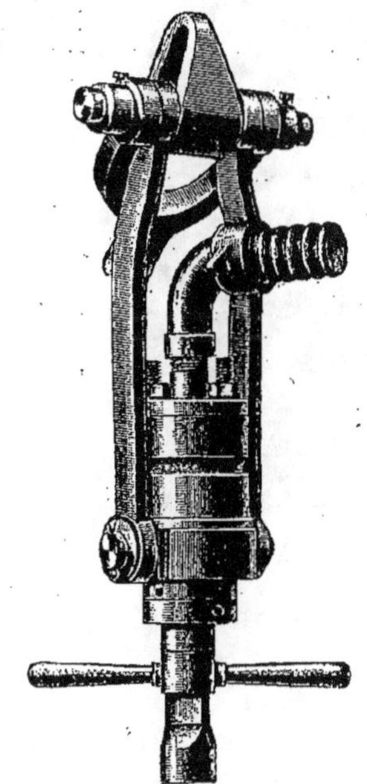

FIG. 132.
Joint tournant auquel sont fixées
les tiges, pour permettre
l'arrivée d'eau.

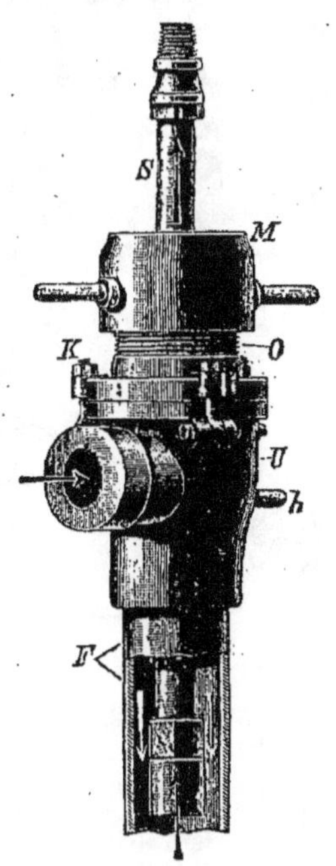

FIG. 133.
Tête de tube employée pour
faire arriver l'eau
extérieurement aux tiges

doivent avoir leurs faces à 90° ; dans les roches très dures, les faces sont affi-

---

1. Expression qui signifie qu'il n'y a pas circulation d'eau, mais que néanmoins le trou de sonde est plein d'eau.

lées à 120°. On ne donne un angle de tranchant de moins de 90°, que dans les formations très tendres.

La figure 132 donne la disposition de la tige de sonde à rotule, qui permet à la fois l'arrivée de l'eau et la rotation des tiges.

La figure 133 montre la tête de tube employée quand le courant d'eau

Fig. 134. — Installation du système Rapid dans un derrick
pour la recherche du pétrole.

arrive par l'extérieur des tiges de sonde; le presse-étoupe est formé par l'écrou M, qui serre sur la tige S; en k' sont des boulons à œillets qui permettent de dégager rapidement l'orifice du tubage.

La figure 134 montre la disposition de la charpente de battage à l'intérieur d'un derrick.

VIII. — SYSTÈME DES CHARBONNAGES RHEIN-PRUSSEN (*fig.* 135 et 136)

Dans ce système, qui se rapproche beaucoup du système précédent (sys-

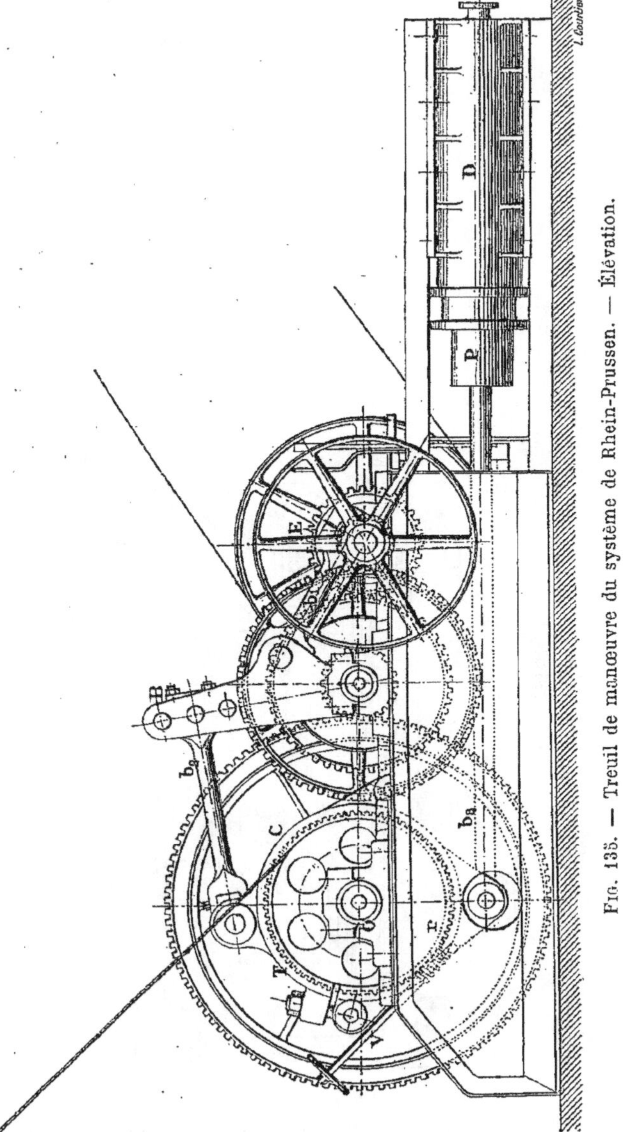

Fig. 135. — Treuil de manœuvre du système de Rhein-Prussen. — Élévation.

tème Rapid), c'est le treuil lui-même qui communique au câble de forage son mouvement alternatif.

Le mouvement alternatif n'est pas communiqué directement au treuil; la bielle b_2 qui donne ce mouvement est attelée sur un fort collier C en fonte, portant une vis sans fin V qui engrène avec une roue dentée Tr fixée sur l'axe du treuil. On peut donc, pendant le mouvement même de battage régler la longueur du câble en agissant sur la vis sans fin V.

Le poids des tiges est équilibré par un piston à vapeur PD, dans lequel on règle l'arrivée de vapeur à une pression déterminée à l'aide d'un détendeur.

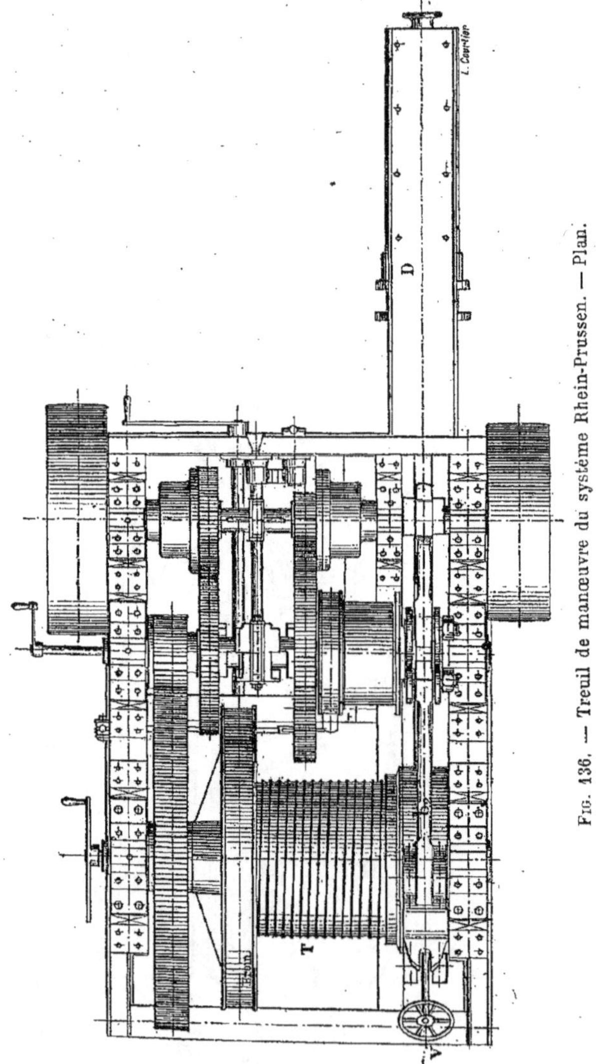

Fig. 136. — Treuil de manœuvre du système Rhein-Prussen. — Plan.

Le treuil qui règle la longueur du câble sert aussi aux manœuvres ; à cet effet, la vis sans fin est déplacée de telle sorte qu'elle ne soit plus en prise avec la roue dentée et on engrène avec un autre équipage denté qui détermine la rotation du treuil.

Ici le câble passe toujours sur la poulie haute du derrick, en sorte qu'on peut mettre en place de grandes longueurs de tuyaux, ce qui diminue le nombre des arrêts, ainsi que leur durée, il n'y a plus en effet, au moment où il faut effectuer la remonte des tiges, à changer les attaches de celle-ci ; elles sont toujours attachées au câble de manœuvre.

La hauteur de chute est d'environ 20 centimètres ; le nombre de coups est de 80 à la minute aux faibles profondeurs et de 60 seulement quand la profondeur devient un peu considérable. Le trépan est chargé par une première tige d'un poids plus considérable que les autres, et le mouvement est réglé de façon que la tension du câble arrive au moment opportun pour empêcher le fouettement des tiges ; c'est pourquoi on ne peut descendre sans danger au-dessus de 60 coups à la minute.

IX. — SYSTÈME CHAPMAN

Le système Chapman a été appliqué en Californie, mais surtout au Texas, où son emploi s'est généralisé.

Il consiste soit à forer un trou par un trépan animé d'un mouvement de

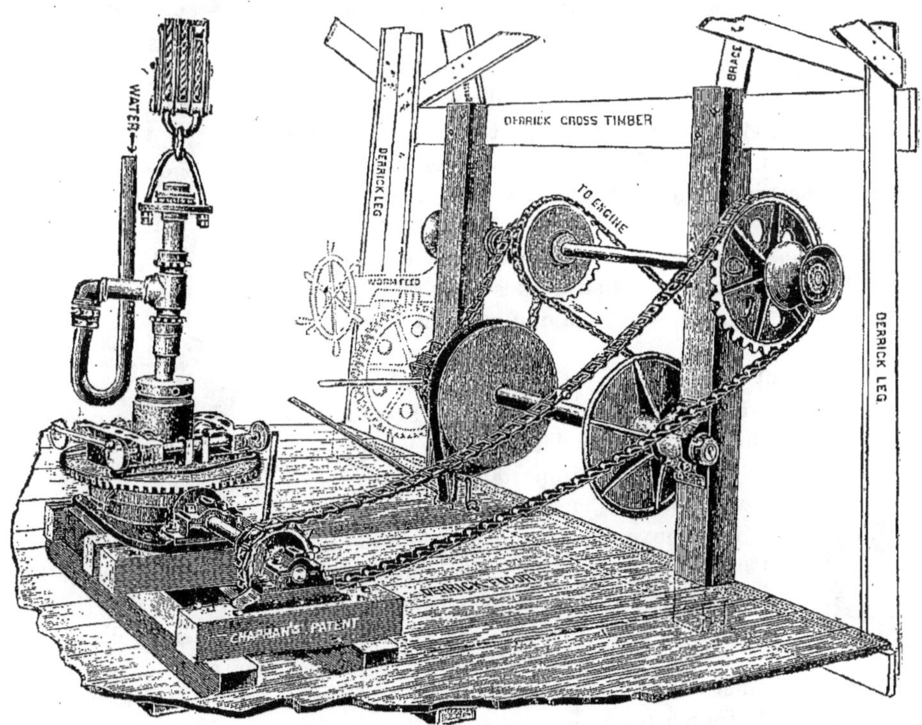

Fig. 137. — Installation générale du système Chapman.

rotation, pendant qu'un courant d'eau vient enlever les détritus, soit à enfoncer directement le tubage qui fait alors lui-même office de tige de sonde, le pied du tubage étant muni d'une couronne dentée qui attaque la roche, l'eau servant toujours à enlever les détritus.

Le premier système est employé quand les terrains qui, quoique ébouleux, peuvent permettre de retirer le trépan et de descendre le tubage définitif, sans affaissement des parois pendant le temps de l'opération.

Dans les terrains ébouleux et surtout les sables boulants, on a remarqué que l'on arrivait à de meilleurs résultats en employant pour le curage non pas de l'eau propre, mais de l'eau chargée d'argile qui colmate les pores du terrain et rend les parois du forage plus stables.

Lorsque, malgré toutes les précautions, on ne peut éviter les éboulements, on enfonce directement le tubage.

La figure 137 indique la disposition adoptée pour mettre en mouvement les tiges où les tubes qui doivent être animées d'un mouvement de rotation. L'appareil consiste en un fort plateau en fonte ayant environ 1 mètre de diamètre, qui reçoit le mouvement d'un pignon denté conique, lequel est relié à la machine par une série de renvois par chaîne et poulies dentées. Le centre du plateau est percé d'un trou qui doit laisser passage aux tubes. Sur ce plateau coulissent des chariots qui doivent serrer le tube faisant fonction de tige de sonde. La tête du tube est fermée par un tampon à vis au milieu duquel est fixé l'ajutage d'arrivée d'eau au moyen d'un raccord permettant à l'orifice de conserver une position fixe sans être entraîné par le mouvement de rotation des tiges (*fig.* 138). A la partie supérieure se trouve un étrier avec roulement à bille qui sert à la manœuvre des tiges à l'aide de moufles tout en permettant un mouvement facile de rotation.

Généralement il y a deux pompes et deux chaudières, de façon à ne jamais être obligé d'arrêter la circulation d'eau, en cas d'accident, à une pompe ou une chaudière, ce qui est important avec des terrains éboulant facilement.

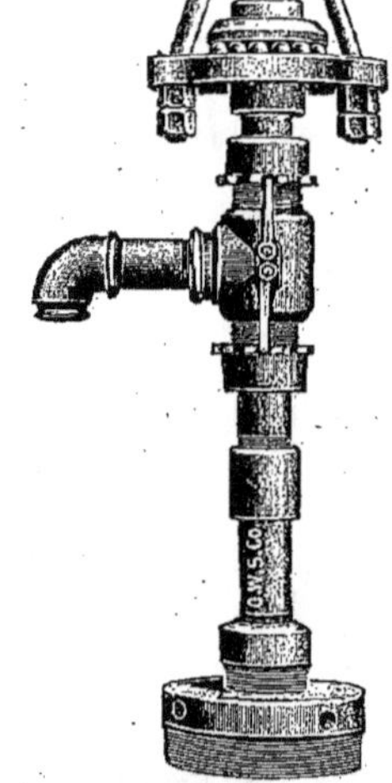

Fig. 138.
Tête de tube du système
Chapman.

Le mouvement lent et progressif de descente des tubes est obtenu à la main à l'aide d'une vis sans fin commandée à la main (worm feed) sur la figure.

Pour la manœuvre rapide de montée et de descente, elle se fait à la machine à l'aide d'une chaîne mise en place au moment du besoin et qui commande le treuil lequel est muni d'un frein à lame puissante.

Fig. 139.
Trépan en queue
de poisson
« fish tail bit ».

La figure 139 montre le système de trépan employé qui, à cause de sa forme particulière, a reçu le nom de « fish tail bit », trépan en queue de poisson; les figures 140, 141, 142 et 143 montrent d'autres formes de trépan également usitées.

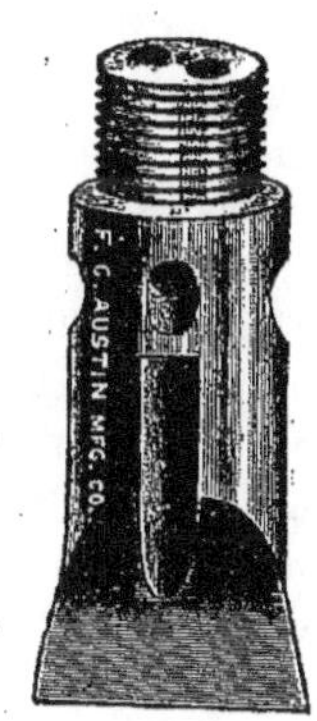

FIG. 140.   FIG. 141.   FIG. 142.   FIG. 143.

La figure 144 donne la disposition des couronnes dentées employées pour l'enfonçage direct des tubes.

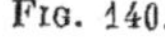

L'appareil Chapman peut être employé avec des tubes de diamètres variant entre 2 et 1/2 pouces et 12 pouces.

Il existe d'autres systèmes analogues au Chapman qui ne varient que par des détails de construction; la figure 145 donne un modèle de bloc de serrage pour les tubes et les tiges à animer d'un mouvement de rotation dans le système Austin. Les griffes

FIG. 144.
Sabot denté
pour garnir le
bas des tubes.

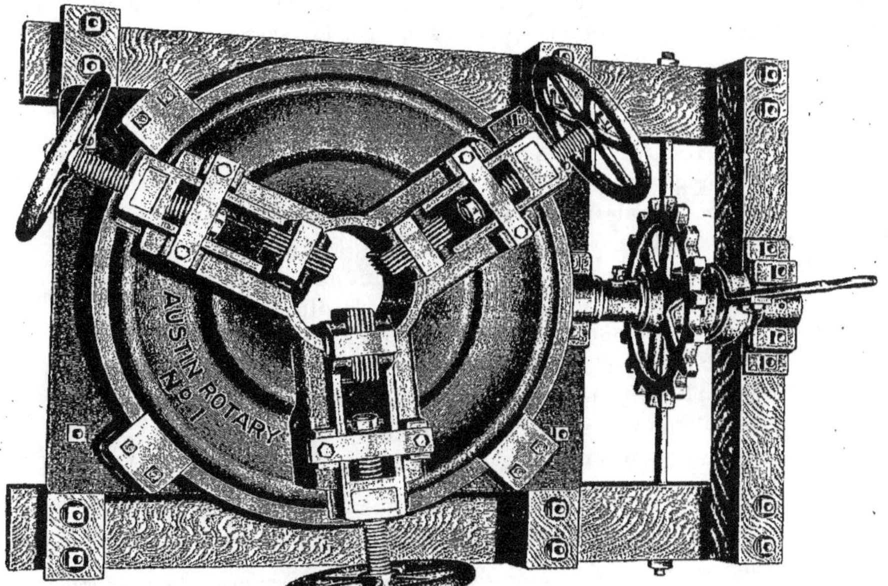

FIG. 145. — Équipage commandant la rotation des tubes. — Système Austin.

qui doivent maintenir les tubes y sont bien apparentes. Sur le côté se trouve la roue dentée qui reçoit le mouvement de la machine et qui le transmet au plateau par un équipage d'angle caché sur la figure par le plateau lui-même. L'embrayage à griffe qui permet à volonté d'arrêter ou de mettre le plateau en route se trouve à l'extrémité de l'arbre près de la roue dentée.

La méthode de forage rotatif à injection d'eau avait été employée depuis plusieurs années aux recherches d'eau avant d'être appliquée aux recherches de pétrole, et c'est surtout au Texas que son emploi pour ce dernier objet se répandit le plus rapidement. Cette méthode est très rapide dans les terrains ébouleux et inconsistants ou boulants ; elle permet, en effet, des avancements allant jusqu'à 60 mètres en vingt-quatre heures ; mais dans les roches dures et surtout les silex, ce système est à peu près impuissant, ne permettant des avancements que de quelques centimètres par jour ; aussi certains derricks furent-ils équipés pour employer le système à la corde quand il y avait à traverser des roches compactes. Les figures 146 et 147 donnent le détail du montage dans ce cas particulier[1].

La pression de l'eau maintient le sol qui tend à s'ébouler à l'intérieur du forage, surtout en employant pour le curage une eau légèrement boueuse qui colmate le terrain ; mais, par contre, les traces de pétrole et de gaz peuvent difficilement être constatées. Pour les voir aisément il faudrait vider l'eau du forage, et c'est une opération à laquelle on se résout difficilement à cause des risques d'éboulements des terrains.

Au Texas un grand nombre de forages exécutés avec ce système ont été ruinés par des éruptions gazeuses d'une extrême violence qui arrivaient même à enliser tout le matériel de la surface. Pour obvier aux inconvénients qui accompagnent ces éruptions violentes de gaz à travers les forages, on emploie au Texas un dispositif connu sous le nom de « Decker preventer ».

Ce dispositif consiste à fixer solidement au sol une première longueur de tubage à laquelle se trouve fixé un presse-étoupe qui fait joint hermétique sur la tige rotative ou les tubes eux-mêmes, quand on les emploie comme tige de forage.

Une ouverture latérale pratiquée au-dessous du presse-étoupe est munie d'une valve par laquelle sort le courant de boue, l'arrivée se faisant par la tige ou le tube central. On peut donc, en fermant plus ou moins cette valve, injecter de la boue sous pression, celle-ci n'étant limitée que par la puissance de la pompe de refoulement. Avec ce dispositif on peut lutter contre des pressions gazeuses beaucoup plus considérables.

En injectant de la boue dans les couches qui fournissent du gaz, on arrive à les colmater sur une épaisseur suffisante pour l'empêcher de gagner le puits. Cette injection de boue peut également se faire sur des couches ébouleuses et leur donner de la tenue.

Cette méthode qui répond à certains besoins du sondage au Texas n'est

1. Pour traverser les roches dures, on garnit quelquefois la partie inférieure des tubes d'un sabot en acier extrêmement dur, et l'on jette au fond du forage, de la grenaille d'acier trempé, qui, par la rotation du sabot, use la roche.

évidemment pas sans inconvénients, car elle peut, si elle est appliquée par des mains inexpérimentées, conduire à aveugler un horizon pétrolifère qui eût été productif ou même à noyer complètement certaines couches. Quoi qu'il en soit, il faut reconnaître qu'elle permet dans certains cas d'éviter

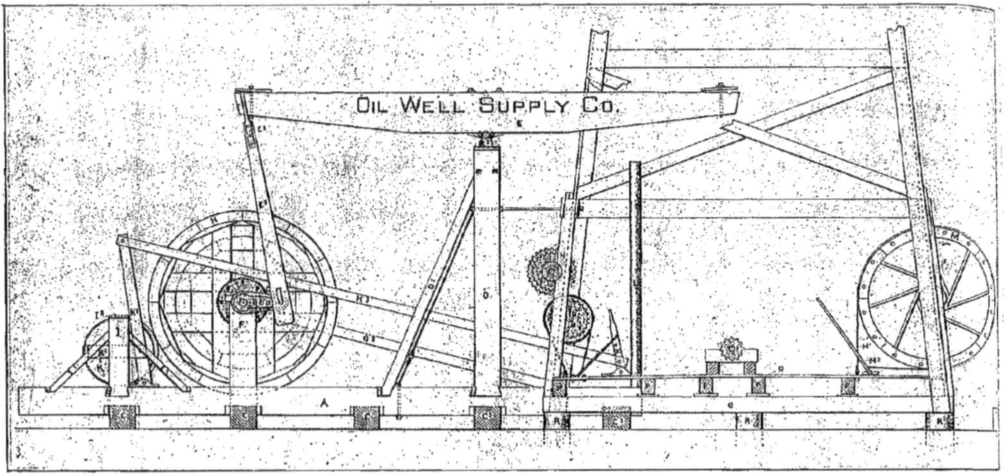

Fig. 146. — Montage mixte pour le forage à la corde et le forage système Chapman. — Élévation.

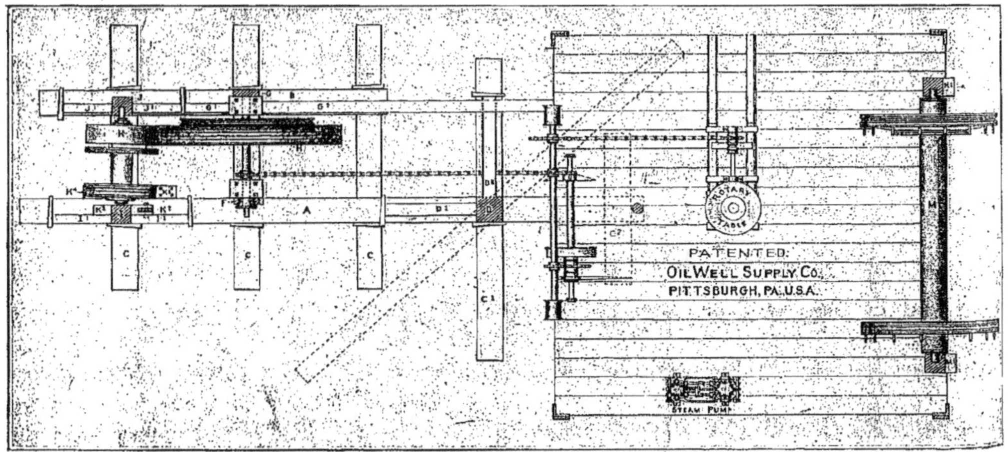

Fig. 147. — Montage mixte pour le forage à la corde et le système Chapman. — Plan.

la ruine totale du forage quitte à aller chercher à une profondeur plus grande un autre horizon pétrolifère dépourvu de symptôme d'éruptions gazeuses trop violentes [1].

1. On emploie de la boue plus ou moins épaisse, suivant la porosité et la tendance à l'éboulement des couches. Il y a avantage à employer une boue aussi claire que possible, afin que les débris remontés par le courant d'eau se déposent plus facilement, mais il est prudent d'avoir en réserve de la boue plus épaisse, maintenue bien fluide par un agitateur mécanique, pour pouvoir immédiatement arrêter un afflux de gaz trop violent ou un éboulement

Les figures 148, 149 et 150 donnent le détail du montage de l'appareil dit
« Decker preventer » par abréviation de « decker gas blow-out preventer ».

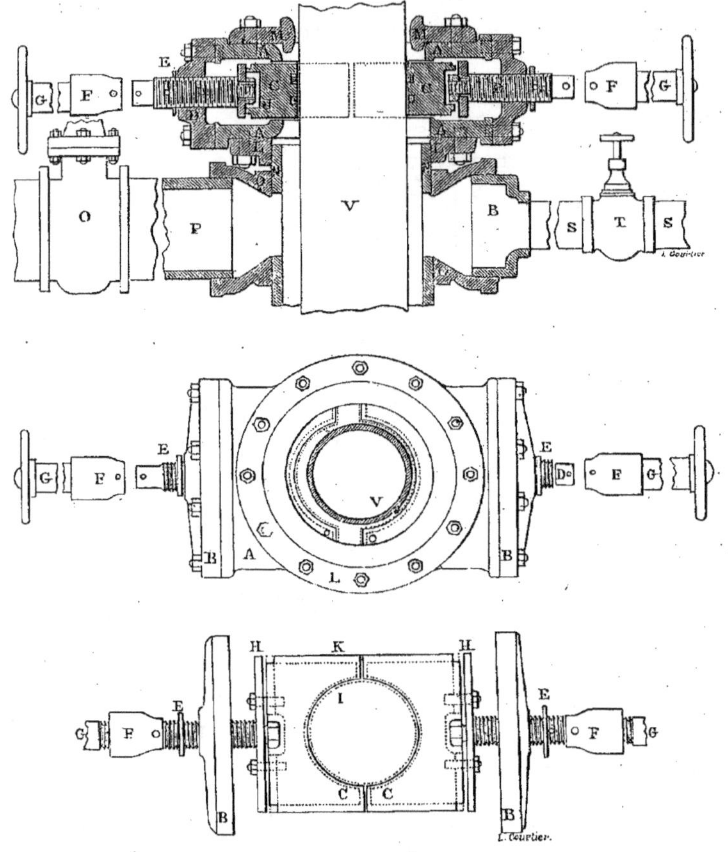

Fig. 148, 149 et 150. — Decker preventer.

Fig. 148. Coupe verticale. — Fig. 149. Vue en plan. — Fig. 150. Détail des tiroirs.

A, corps de l'appareil. — M, couvercles des tiroirs. — C, valves tiroirs serrant le tube central.
— D, vis de commande des valves C. — F, tige à laquelle se fixe un tube allongé G, pour
permettre la manœuvre de l'extérieur du derrick. — H, plaque de garde de l'écrou de vis
de commande. — L, plaque de jonction avec le tube de fonte N qui porte les ajutages O
et les tubes BP auxquels sont fixés les valves Q et T de décharge. — N, tube de fonte
qui se visse sur le tube de fer enfoncé à demeure dans le sol. — O, valve de 6 pouces. —
T, valve de 2 pouces. — V, tube ou tige de forage.

Le Decker preventer est placé au-dessous du plancher qui supporte l'appareil de rotation.

Dans les forages du Texas on met des tubes perforés (crépines) à chaque
niveau pétrolifère qu'on veut exploiter.

Les trous de ces crépines ont 12 millimètres de diamètre, on met

autour une toile métallique et sur la toile métallique on enroule jointive-
ment un fil de fer n° 14 (2 millimètres de diamètre). Quand toutes les crépines sont en place, on envoie dans le tube de l'eau limpide (non pas l'eau
boueuse qui a servi pendant le forage) de façon à nettoyer les couches que
l'on veut exploiter, et à les débarrasser de la boue qui les a plus ou moins
pénétré pendant le forage.

Un modèle de crépine avec recouvrement en fil de fer spécial est

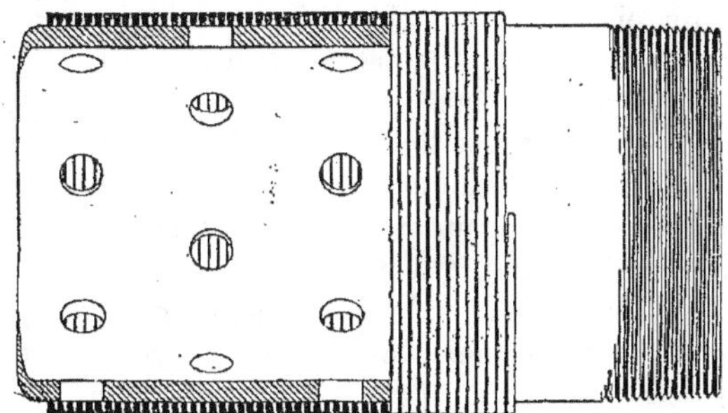

FIG. 151. — Crépine garnie de fil de fer d'une forme spéciale [1].

représenté (*fig.* 151). Le fil de fer porte, de distance en distance, de petits
épaulements qui règlent uniformément l'intervalle séparant deux spires
successives. Comme ce système a l'inconvénient d'empêcher qu'on puisse
donner au tube un mouvement de rotation sans risquer d'arracher ou de
déplacer le fil de fer, on a employé un autre système où les trous des crépines
sont fermés partiellement par de petits bouchons à vis munis de fentes très
fines et ne dépassant pas la surface extérieure du tuyau.

X. — SYSTÈMES OU LA PROPULSION DU TRÉPAN, AUSSI BIEN QUE LE CURAGE, S'OBTIENNENT PAR UN COURANT D'EAU

Il devait naturellement venir à l'esprit d'employer un courant d'eau non
seulement pour enlever les détritus provenant de l'action du trépan sur la
roche, mais encore pour faire mouvoir le trépan lui-même dans son mouvement de battage vertical, les tiges n'étant plus animées que d'un mouvement de rotation.

Cette idée fort ingénieuse n'est pas absolument nouvelle et déjà, en 1867,
un brevet avait été pris pour le même objet par Babzberge et ultérieurement
en 1880 par Hoppe, mais elle n'a réellement été appliquée que récemment.

Dans un premier système (*fig.* 152), le trépan est surmonté d'un piston,

1. Ce genre de crépine est fabriqué par la Southern Car Manufacturing et Suply C° (Beaumont-
Texas), il a pour but d'arrêter les particules de sable entraînées par le pétrole.

à tige creuse, qui glisse dans un cylindre. Dans la tige creuse du piston vient pénétrer le tube d'amenée d'eau A, lequel est terminé par un ressort V.

La tige creuse du piston P est séparée en deux parties par une cloison transversale T au-dessus et au-dessous de laquelle sont percés des orifices aa' bb' qui peuvent être alternativement découverts par un tiroir cylindrique S coulissant extérieurement à la tige et dont la course est limitée par une clavette C glissant dans une rainure de la tige. Extérieurement à la tige du piston, vers le fond du cylindre, se trouve un second ressort R ; les 2 ressorts servent à faire mouvoir le tiroir extérieur à la tige.

Supposons le tiroir à sa position haute ; les orifices supérieurs sont alors ouverts : l'eau arrive sous le piston et soulève le trépan. Le piston, en montant, amènera bientôt la clavette du tiroir cylindrique, qui est placée au-dessus de la cloison transversale, à toucher le ressort supérieur et le tiroir poussé vers le bas fermera les orifices supérieurs et ouvrira les orifices inférieurs ; l'eau s'échappera alors dans le trou de sonde pour le curage et le trépan tendra à descendre par son poids ; mais l'eau presse sur la cloison de la tige cylindrique du piston, puisque les orifices supérieurs d'écoulement sont fermés, et de plus, le coup de bélier provoqué par la fermeture brusque des orifices d'échappement vient ajouter son action à celle de la pression, et le trépan est lancé vers le bas.

Vers la fin de la course descendante le tiroir cylindrique rencontre le ressort inférieur et ouvre à nouveau les orifices supérieurs en fermant les orifices inférieurs et le cycle recommence. Un ressort M est intercalé entre la tige du piston et le trépan E, pour adoucir et régulariser la percussion.

On a essayé également une turbine placée à la tête du trépan pour le mettre en mouvement.

Dans le système de Pruszkowski, qui fonctionne d'une façon un peu analogue au premier système indiqué plus haut, le tiroir cylindrique qui ouvre et ferme les orifices d'échappement d'eau est constitué par une sorte de sirène tournant autour de la tige sous l'action du courant d'eau qui sort des orifices percés obliquement dans les parois de la tige.

Ce tiroir cylindrique est maintenu à ses deux extrémités par des roulements à billes de façon que le frottement qui s'oppose à la rotation du tiroir soit réduit au minimum. A chaque fermeture un coup de bélier lance le trépan vers le fond, celui-ci est rappelé vers le haut par un ressort ; on peut obtenir ainsi 50 coups par seconde.

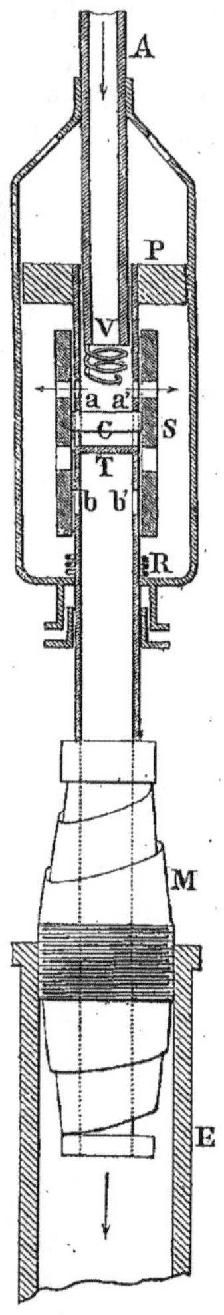

Fig. 152.
Appareil de propulsion du trépan par le courant d'eau destiné au curage.

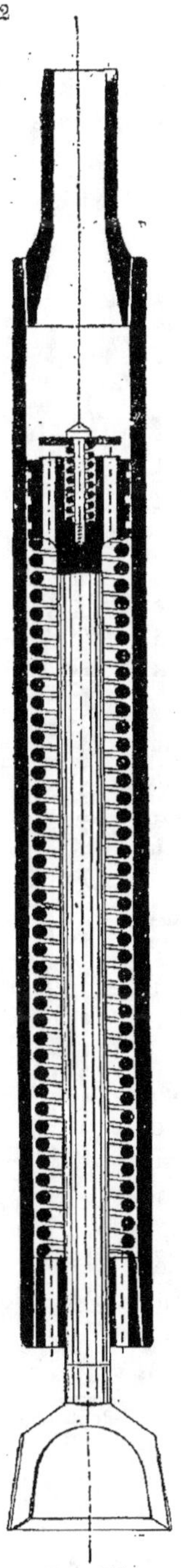

XI. — SYSTÈME VOLSKY

Le système Wolsky est le premier qui ait fourni une solution suffisamment pratique du problème de la propulsion hydraulique du trépan, pour permettre une application suivie du procédé, et déjà un assez grand nombre de sondages ont été exécutés par ce moyen, donnant des résultats au moins égaux à ceux obtenus par les autres systèmes employés dans les mêmes contrées.

Les avantages du procédé de mise en mouvement du trépan seul, c'est-à-dire d'un élément percutant de faible poids avec une course réduite et un grand nombre de chocs, sur les systèmes où le poids percutant est plus considérable en même temps que la course est plus longue et le battage plus lent, peut se résumer de la façon suivante :

La quantité de travail disponible dans le système de forage à chute libre, où les outils travaillants pèsent environ 1.500 kilogrammes, ont une chute de $0^m,150$ de hauteur et donnent 120 coups par minute, est de 6 chevaux.

Pour le système canadien, avec des outils pesant 1.000 kilogrammes, une chute de $0^m,60$ et 50 coups par minute le travail disponible est de 6,6 chevaux ; pour le système à la corde avec un poids d'outils de 1.800 kilogrammes, une course de $0^m,50$ et 60 coups à la minute, il est de 14,4 chevaux[1].

Avec le système Wolsky, si l'on débite 5 litres d'eau par seconde à la pression de 20 kilogrammes, le travail disponible est de 13 chevaux et avec un débit de 8 litres par seconde et une pression de 25 kilogrammes, le travail disponible est de 26 chevaux et, bien qu'il y ait à tenir compte des différentes pertes de travail, frottement dans les conduites, pertes de charge dans les orifices d'écoulement, pertes par vibration, etc., il semble naturel de penser qu'il sera possible d'employer au forage proprement dit de la roche une quantité de travail supérieur aux chiffres indiqués plus haut.

Le dispositif adopté dans le système Wolsky est le suivant (*fig.* 153) : le trépan est surmonté d'un piston qui se meut dans une gaine cylindrique et provoque le mouvement de va-et-vient du trépan, d'une part, par l'action d'un ressort qui tend à rappeler le piston vers le haut et d'autre part, par l'action de l'eau agissant sur le piston et qui tend à le projeter vers le bas.

Fig. 153.
Principe du fonctionnement du système Woslky.

1. Cette puissance de 14,4 chevaux n'est développée que pour les diamètres de 17 pouces ; pour les diamètres plus petits, la puissance disponible est notablement plus faible.

Pour rendre l'action de l'eau sur le piston intermittente, il est surmonté d'une soupape qui, lorsqu'elle est levée, laisse passer librement l'eau jusqu'au trépan où elle met les débris en suspension et les entraîne au jour par l'extérieur de la tige creuse, entre cette tige et le tubage, et lorsqu'elle est fermée, permet à la pression de s'exercer sur le piston. La fermeture de la soupape se produit quand la vitesse de l'eau est suffisamment grande pour que l'action de sa pression sur la surface supérieure de la soupape, en même temps que la diminution de pression sur sa face inférieure qui provient de l'étranglement de la veine liquide entre le clapet d'une part et son siège de l'autre, peuvent vaincre la résistance du ressort, et il se produit un coup de bélier qui pousse le trépan contre la roche. Une fois le choc effectué, la colonne d'eau rebondit en arrière, et il se produit une diminution de pression sur le clapet qui détermine sa réouverture sous l'action des ressorts qui tendent à l'écarter de son siège.

Le nombre de coups par minute dépend de la pression de la pompe, de la puissance du ressort de la soupape, qui influe sur l'intensité du choc proportionnellement à sa valeur, et de la distance du clapet à son siège, qui agit proportionnellement à son cube.

Pour limiter la hauteur de la colonne d'eau intéressée dans le choc en coup de bélier et permettre le fonctionnement régulier de la pompe, il y a sur la tige un réservoir d'air qui est constitué par une enveloppe métallique qui entoure la tige en un certain point, laissant un vide annulaire entre elle et la tige qui est perforée d'un grand nombre de trous et recouverte d'une enveloppe de caoutchouc (*fig.* 154). L'air est refoulé sous pression, entre l'enveloppe métallique et la couverture de caoutchouc, à l'aide d'une pompe de compression analogue à celle employée pour gonfler les pneumatiques. Le réservoir d'air est empli à une pression convenable avant la descente des outils. La distance qui sépare le réservoir d'air du trépan est de 10 à 20 mètres. La quantité d'eau envoyée au début, avant que la soupape n'ait commencé à fonctionner, est notablement supérieure à celle que débite l'appareil quand le trépan s'est mis en marche ; elle est environ

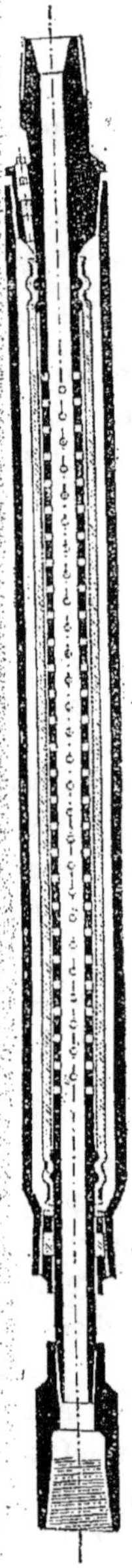

Fig. 154.
Réservoir d'air
système
Wolsky.

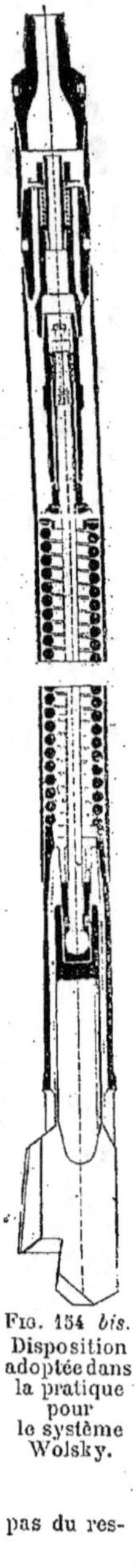

Fig. 154 *bis.*
Disposition
adoptée dans
la pratique
pour
le système
Wolsky.

1. Du ressort qui maintient la soupape écartée de son siège et non pas du ressort qui rappelle le trépan.

trois fois plus grande que le débit de marche pendant la percussion. Il y a donc là un moyen commode de rincer énergiquement le trou quand on le désire, il suffit d'arrêter la pompe un instant, puis de la remettre en marche ; tant que le débit n'est pas arrivé à trois fois la valeur de marche, le trépan ne bouge pas et c'est un simple lavage qui s'effectue.

Il est possible avec ce système de battre de 600 à 1.000 coups à la minute.

La pression du coup de bélier sur le piston du trépan est considérable et peut atteindre 200 à 300 kilogrammes, il faut donc que, entre le réservoir d'air et le trépan, tous les joints soient parfaitement étanches, car la moindre perte dans cette partie de l'appareil entraîne une diminution considérable de l'efficacité du système.

Dans les terrains de Boryslaw, le système Wolsky a permis de forer 555 mètres en cent vingt jours ou 4^m,60 par jour, y compris les opérations de tubage.

Avec ce mode de forage les tiges sont immobiles et par suite moins sujettes à rupture, et les installations du derrick sont beaucoup plus simples, puisque le balancier et sa charpente si encombrants ont disparus.

En principe, les tiges pourraient toujours être suspendues après le treuil de relevage, et donner, par suite, une grande rapidité de manœuvre, mais à cause du réglage précis qu'il est nécessaire de réaliser dans la position du trépan, à cause de sa faible course, il est préférable d'avoir un petit treuil spécial manœuvrable à la main pour régler la descente de l'outil.

La figure 153 représente le principe théorique de fonctionnement de l'appareil ; dans la pratique, on lui donne la forme représentée par la figure 155, où il est aisé de retrouver les différents organes[1] ; le trépan fixé à l'appareil est un trépan excentrique.

SONDAGE AU DIAMANT

La première idée d'employer le diamant au sondage en le sertissant dans une couronne métallique qui, placée à l'extrémité d'une tige creuse, animée d'un mouvement de rotation, use la roche dont les débris sont enlevés par un courant d'eau, revient à un ingénieur suisse Leschot, dont les premiers essais datent de 1862.

Les Américains appliquèrent le procédé, puis les Anglais et enfin les Allemands.

Dans le système de forage au diamant, l'outil foreur est le plus généralement constitué par une couronne métallique dans laquelle les diamants sont sertis et qui n'attaque au fond du forage qu'une zone circulaire de la roche. Le milieu reste inattaqué et est isolé du reste du terrain par une rainure circulaire creusée par le travail de l'outil. Cette partie centrale ou carotte

---

1. On remarque que la soupape n'est pas fixée sur le piston qui termine la tige du trépan.

vient se loger dans l'intérieur du tube qui prolonge la couronne et qui sert en même temps à l'arrivée d'eau.

La partie qui loge la carotte, et qui a un diamètre égal au diamètre intérieur de la couronne, n'a qu'une longueur limitée, quelques mètres en général, au-dessus, les tiges creuses ont un diamètre plus réduit. Quand la carotte a rempli complètement la partie élargie de la tige, dite tube carottier, celle-ci, qui y est coincée par des dispositifs variables avec chaque système, est remontée avec les tiges. La figure 155 indique le dispositif adopté pour le forage au diamant ; le tube N est destiné à soutenir les terrains meubles de la surface, il est terminé par un sabot tranchant O, et enfoncé au mouton, le tube M est un premier tubage mis en place dans une première période de forage à plus grand diamètre, le tube P est celui qui surmonte la couronne à diamant X et dont la partie inférieure V forme le tube carottier. L'eau arrive par l'intérieur du tube P et ressort entre le tube P et le tube M, après avoir lavé le fond du forage.

Bien que jusqu'ici le forage au diamant n'ait joué qu'un rôle tout à fait secondaire dans les recherches de pétrole, il ne faut pas oublier que c'est par le sondage au diamant que le sondage le plus profond (à Paruschowitz, 2.003 mètres) a été exécuté et qu'il s'applique à peu près à tous les terrains. Aussi pourrait-il être appelé à jouer, dans l'extraction du pétrole, un rôle plus important, et, dans les recherches, il pourrait être, dans certains cas, un adjuvant utile pour la délimitation des gîtes.

Nous ne décrirons qu'un seul des nombreux systèmes de sondage au diamant, afin de donner une idée du principe de leur fonctionnement.

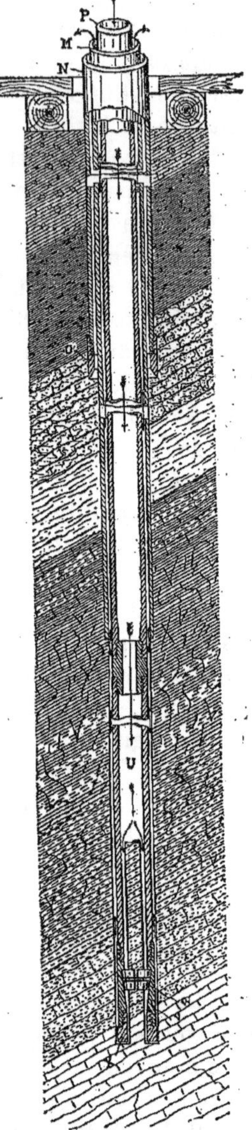

Fig. 155. — Fonctionnement général du système de forage au diamant.

XII. — SYSTÈME SULLIVAN

Le système de sondage Sullivan a spécialement pour but les forages à petit diamètre, évitant ainsi dans la majorité des cas, le tubage indispensable pour des diamètres de plus grande dimension[1].

1. Ceci ne serait vrai pour les recherches de pétrole, qu'au cas où l'on se proposerait, dans un forage de reconnaissance, de déterminer simplement la nature des couches à traverser pour atteindre le pétrole.

Les diamètres des trous et ceux des carottes que l'on retire avec les différents appareils que fabrique la Société Sullivan sont :

PROFONDEUR EN MÈTRES	DIAMÈTRE DU TROU EN MILLIMÈTRES	DIAMÈTRE DE LA CAROTTE EN MILLIMÈTRES
90 à 150	39,2	23,8
200 à 450	45,6	28 .
400 à 450	52,5	34,5
1.200 (ou minerai tendre)	71,6	51 [1]

Pour les sondages très profonds, on emploie plusieurs diamètres successifs. Ainsi, pour une profondeur de 1.800 mètres, les tiges auront les diamètres suivants :

PROFONDEUR EN MÈTRES	DIAMÈTRE DU TROU EN MILLIMÈTRES	DIAMÈTRE DE LA CAROTTE EN MILLIMÈTRES
0 à 300	95	70
300 à 1.000	79	55,7
1.000 à 1.800	71,6	47,2

Ces diamètres successifs ne correspondent qu'à la profondeur de 1.800 mètres ; ils ont surtout pour but de réaliser pour la tige creuse porte-outil une sorte de solide d'égale résistance, résistant mieux aux différents efforts que la tige a à supporter. Pour une profondeur moindre que 1.800 mètres les diamètres successifs pourraient être différents.

Couronne à diamants. — La partie travaillante dite couronne à diamants est formée par un cylindre d'acier de qualité spéciale, fabriquée pour cet emploi. Le diamètre de la couronne est de très peu inférieur au diamètre du trou à forer. Ce cylindre est fileté du côté où il doit se rattacher aux tiges de forage.

Le nombre et le poids des diamants varient avec les dimensions de la couronne employée.

DIAMANTS EMPLOYÉS (QUALITÉ CARBON)[2]

DIAMÈTRE DU FORAGE EN MILLIMÈTRES	NOMBRE DE DIAMANTS	POIDS EN DÉCIGRAMMES	PRIX APPROXIMATIF POUR UNE COURONNE
39,2	6	12	1.800
45,6	8	24	3.600
52,5	8	32	4.800
71,6	8	40	6.000

1. Les couches pétrolifères étant le plus souvent dans des couches tendres, ce serait le diamètre à employer de préférence.

2. La qualité Carbon est la seule à recommander ; les prix sont variables avec les cours ; ils ont beaucoup augmenté dans ces dernières années.

Quand la roche est très dure on met deux diamants supplémentaires diamétralement opposés sur la paroi cylindrique extérieure de la couronne d'acier. Toutes les couronnes qu'on emploiera successivement doivent avoir rigoureusement les mêmes diamètres extérieurs, afin d'éviter tout coincement lors de la descente des couronnes dans le trou de forage.

Les diamants sont placés sur la face annulaire de la couronne alternativement à l'intérieur et à l'extérieur de la couronne. Si l'on numérote

Fig. 156. — Différentes phases de travail de fixage des diamants dans une couronne.

1, 2, 3, 4, 5, 6 les six diamants d'une couronne, numéros indiquant l'ordre dans lequel on les rencontre en suivant la circonférence :

1 sera sur le bord extérieur ;
2   —   intérieur ;
3   —   extérieur ;
4   —   intérieur, etc.

Les diamants placés sur le bord extérieur couvrent un peu plus de la demi-largeur de la couronne annulaire. Ceux placés à l'intérieur couvrent aussi un peu plus de la demi-largeur. Il y a donc une petite zone de travail attaquée par les diamants intérieurs et par les diamants extérieurs, on est assuré ainsi de ne laisser inattaquée aucune des parties de la zone qu'on doit enlever.

Pour poser des diamants sur une couronne vierge, on procède de la façon suivante :

On visse d'abord la couronne sur le bloc à sertir qui lui servira de support pendant tout le travail (fig. 156-1re partie) ; puis, on divise la couronne en autant de parties égales qu'on doit employer de diamants et l'on marque les points de division par un coup de pointeau (*fig.* 156, 2ᵉ partie). On fait alors avec le foret à main, à l'extérieur, un trou dirigé suivant un rayon de cylindre en chaque point où l'on doit placer un diamant ; pour les diamants à placer à l'intérieur de la couronne, on fait un trou dirigé suivant la génératrice du cylindre.

Chaque diamant est examiné séparément et le trou à forer pour le recevoir doit avoir un diamètre qui correspond aux dimensions du diamant qu'il faut loger ; on place les plus gros diamants à l'extérieur où le travail dans le terrain est plus dur que pour ceux placés à l'intérieur ; les diamants extérieurs sont placés les premiers. Les trous ainsi percés doivent être notablement plus petits que les diamants à loger. On agrandit le trou foré à l'aide de burins de façon à loger le diamant dans l'alvéole ainsi formée ; le diamant doit s'y loger très exactement ; il doit faire une saillie de $0^{mm},35$ à $0^{mm},40$ sur les faces extérieure, intérieure et annulaire de la couronne (*fig.* 156, 3ᵉ partie).

Une fois le diamant logé bien exactement dans son trou (*fig.* 156, 4ᵉ partie), on ramène le métal tout autour de lui ; à cet effet on fait une petite entaille dans le métal de la couronne à 3 millimètres de la face du diamant en employant un burin à tranchant mousse ; avec un burin peu coupant et un mattoir, on refoule lentement le métal à petits coups. Si l'on a été obligé en certains points d'enlever une partie plus importante de métal pour ménager le passage des saillants du diamant, on en comble les vides avec de petits coins faits avec des morceaux de clou à cheval ou de fil cuivre.

Le diamant doit être placé, de telle sorte qu'il ait une arête coupante sur la partie annulaire et un côté large sur les surfaces cylindriques extérieure ou intérieure (*fig.* 156, 5ᵉ partie). On commence par sertir sur la partie annulaire, et on termine par les faces cylindriques. La 6ᵉ partie de la figure 156 montre la disposition d'une couronne dont tous les diamants sont montés.

Le sertissage doit se faire progressivement tout autour du diamant de façon que la pression exercée par le métal qu'on refoule ait constamment la même valeur sur tout le pourtour du diamant ; car le diamant résiste parfaitement à une pression considérable régulièrement répartie, mais il peut éclater, si on le presse fortement en un seul point ou sous l'influence d'un choc.

Quand on pose les diamants intérieurs, on protège les diamants extérieurs déjà placés en les recouvrant avec une petite lame de tôle repliée.

On pratique ensuite sur la couronne des rainures entre les diamants pour faciliter l'écoulement de l'eau. Ces rainures sont dirigées dans un sens opposé à celui de la rotation, c'est-à-dire que ces rainures ont un pas à droite si la tige est animée d'un mouvement de rotation du même sens que les aiguilles d'une montre placée sur la tête des tubes et regardée de haut en bas.

Chaque fois que la couronne est retirée du trou de sonde, on examine la couronne pour voir s'il y a lieu de refaire le sertissage. Quand la couronne commence à être usée, on retire les diamants pour les replacer sur une autre couronne.

Pour enlever les diamants d'une vieille couronne, on coupe le métal à 4 millimètres du diamant à la scie ou à la lime; puis, on refoule le métal pour dégager le diamant; en employant un burin, on enlève de petits copeaux de métal; quand le diamant est suffisamment dégagé; on le fait sortir de son trou avec une petite tige de cuivre rouge sur laquelle on donne de petits coups.

Tiges. — Les tiges sont constituées par des tubes d'acier réunis par des joints à vis.

Tube carottier. — Il est constitué par un tube poli à l'intérieur dans lequel passe la carotte ; au haut, il se visse sur les tiges, au bas, il porte un extracteur destiné à arracher la carotte lors de la remonte des tiges. Cet extracteur est soit à griffes (*fig.* 157), soit à anneau brisé conique (*fig.* 158) ; lors de la descente, il s'ouvre le long de la carotte ; à la montée, il se ferme, coupe la carotte et la maintient dans le tube carottier.

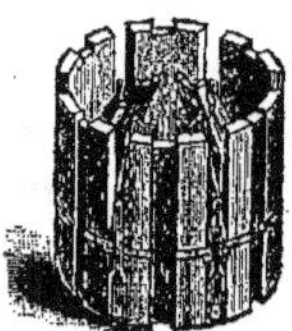

FIG. 157.
Extracteur
à griffes.

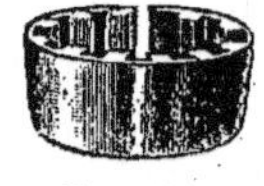

FIG. 158.
Extracteur
à anneau brisé.

L'extracteur à cossette (ou à griffes) est employé pour les roches tendres, l'extracteur à anneau brisé pour les roches dures.

Au-dessous du tube carottier muni de l'extracteur, se visse la couronne à diamants.

Appareil de forage. — Les tiges, portant au bas la couronne à diamant et le tube carottier, muni de son extracteur, doivent être animées d'un mouvement de rotation et de descente au fur et à mesure de l'approfondissement du trou.

Ces mouvements de rotation et de descente doivent pouvoir varier dans la plus large mesure, indépendamment l'un de l'autre, de façon à s'adapter exactement aux meilleures conditions de travail correspondant à la nature de la roche. Ces mouvements doivent de plus pouvoir être modifiés instantanément au passage d'une roche dans l'autre.

Afin de permettre le mouvement de rotation sans gêner l'arrivée d'eau, les tiges sont terminées à leur partie supérieure par un ajutage tournant muni d'un presse-étoupe qui peut être garni d'un roulement à billes pour diminuer les frottements.

Les tiges traversent à leur partie supérieure un tube J, dans lequel elles sont serrées par un manchon à vis L. Ce tube tourne, commandé par un pignon conique K, en entraînant les tiges. Le tube J porte une rainure dans laquelle peut coulisser une clavette que porte le pignon K, celui-ci tourne dans une position fixe et la tige J peut tourner et descendre ou monter tout en tournant, elle porte à sa partie supérieure une couronne métallique épaisse I, maintenue entre deux roulements à bille ; l'un sur la face supérieure,

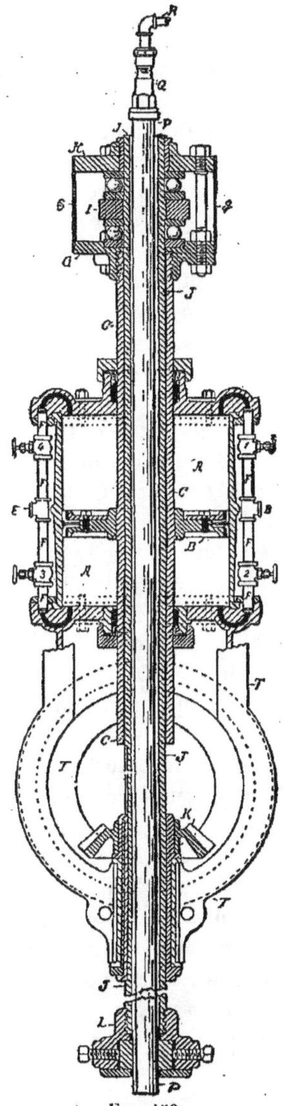

FIG. 159.

Appareil de mise en mouvement des tiges (rotation, descente, montée).

l'autre sur la face inférieure. Ces deux roulements à billes sont enfermés entre deux plaques G et H réunies par trois boulons S. La plaque inférieure est vissée à l'extrémité de la tige creuse d'un piston de pompe hydraulique B, qui entraîne le tout dans un mouvement général de montée ou de descente (*fig.* 159).

Tous ces organes, disposés concentriquement, sont donc en partant du centre : la tige de sonde P, le tube commandant le mouvement de rotation J, la tige de piston hydraulique creuse C, commandant le mouvement de montée et de descente.

La presse hydraulique qui commande le mouvement de montée et de descente est constituée par un cylindre A, dans lequel se meut un piston B. L'eau arrive à la partie supérieure par le robinet 1 et sort par le robinet 4 ; à la partie inférieure, elle arrive par le robinet 2 et sort par le robinet 3.

L'arrivée de l'eau venant de la pompe de refoulement se fait en D ; la sortie à l'échappement du cylindre se fait en E.

Lorsque les robinets 1 et 3 sont ouverts, les robinets 2 et 4 étant fermés, la pression s'établit à la partie supérieure, l'eau arrivant de la pompe dans le cylindre par le robinet 1, l'eau contenue dans la partie inférieure du cylindre pouvant s'échapper par le robinet 3.

Les tiges descendent alors non seulement par leur poids, mais encore sous l'action de la poussée de l'eau, qui s'exerce sur la partie supérieure du piston. En faisant varier la pression de l'eau, pression qui est indiquée par un manomètre, on fait varier la force qui appuie la couronne à diamant sur le fond du forage. Mais il arrive un moment où, la profondeur augmentant, le poids seul des tiges donnerait sur le fond du forage une pression trop considérable. On établit alors la pression sur la partie inférieure du cylindre, pour cela, il suffit

d'étrangler l'échappement de l'eau sortant de la partie inférieure du cylindre ; en la fermant complètement, le mouvement de descente serait arrêté instantanément.

La pression indiquée par le manomètre placé sur l'arrivée d'eau, en même temps que la vitesse de l eau qui sort, permettent de se rendre compte du régime de marche de l'appareil.

Quand le piston est arrivé à la partie inférieure du cylindre, il faut le remonter pour pouvoir continuer à actionner le mouvement de descente des tiges. A cet effet, on arrête le mouvement de rotation, on desserre les vis du collier inférieur L et on établit la pression sous la partie inférieure du piston. Les robinets 2 et 4 sont ouverts; les robinets 1 et 3 sont fermés; l'ensemble du piston de sa tige creuse et du tube commandant le mouvement de rotation remontent en coulissant le long des tiges. Quand le piston est arrivé au haut de sa course, on resserre les vis du collier L, et l'on peut recommencer.

Pendant cette manœuvre, les tiges appuient au fond du trou. On remet le moteur en marche et l'on continue le travail avec la pression sur la face inférieure ou supérieure du piston, suivant le cas.

L'avancement est mesuré sur une règle graduée le long de laquelle se déplace la tige creuse du piston hydraulique.

Par un réglage convenable de la pression sur l'une ou l'autre face du piston, on conçoit qu'il soit possible de faire varier à volonté et instantanément, la pression de la couronne à diamant sur la roche à attaquer. Cette pression peut varier depuis une valeur nulle jusqu'à 2.200 kilogrammes. Dans les roches tendres, schistes, ardoises, grès tendre, le poids des tiges est suffisant et même à une certaine profondeur, on doit équilibrer ce poids en partie en mettant la pression sous le piston.

La vitesse de rotation varie de 2 tours à la minute à 300 tours; dans les roches bien homogènes et moyennement dures on peut aller à 600 tours; afin d'éviter le dévissage des tiges, la machine ne peut tourner que dans un sens.

Quand on est descendu d'une longueur égale à celle du tube carottier, il faut remonter les tiges pour enlever la carotte; on place alors une mâchoire de sûreté qui embrasse les tiges à l'orifice du forage, et on remonte les tiges jusqu'à ce que le premier joint apparaisse et on le dévisse; on dégage ensuite le trou de sonde en déplaçant l'appareil de sondage. La sondeuse Sullivan (voir *fig.* 160) est à cet effet monté sur deux glissières et on la fait reculer par un levier à cliquet engrenant avec une crémaillère horizontale.

Le treuil de relevage est porté par la machine elle-même; il est constitué par un tambour métallique commandé par différents engrenages pour varier la vitesse et la puissance. Le tambour du treuil est maintenu par un frein puissant garni de bois.

Pour relever les tiges on visse à leur partie supérieure la vis d'enlevage.

Suivant la hauteur du chevalet, on enlève les tiges par une, par deux ou par trois à la fois, ou même par longueur plus grande. Quand le tube carottier arrive à la surface on sort la carotte et on peut l'examiner.

Pour redescendre les tiges, on procède dans un ordre inverse.

Si pendant le mouvement de descente il est nécessaire de continuer l'in-

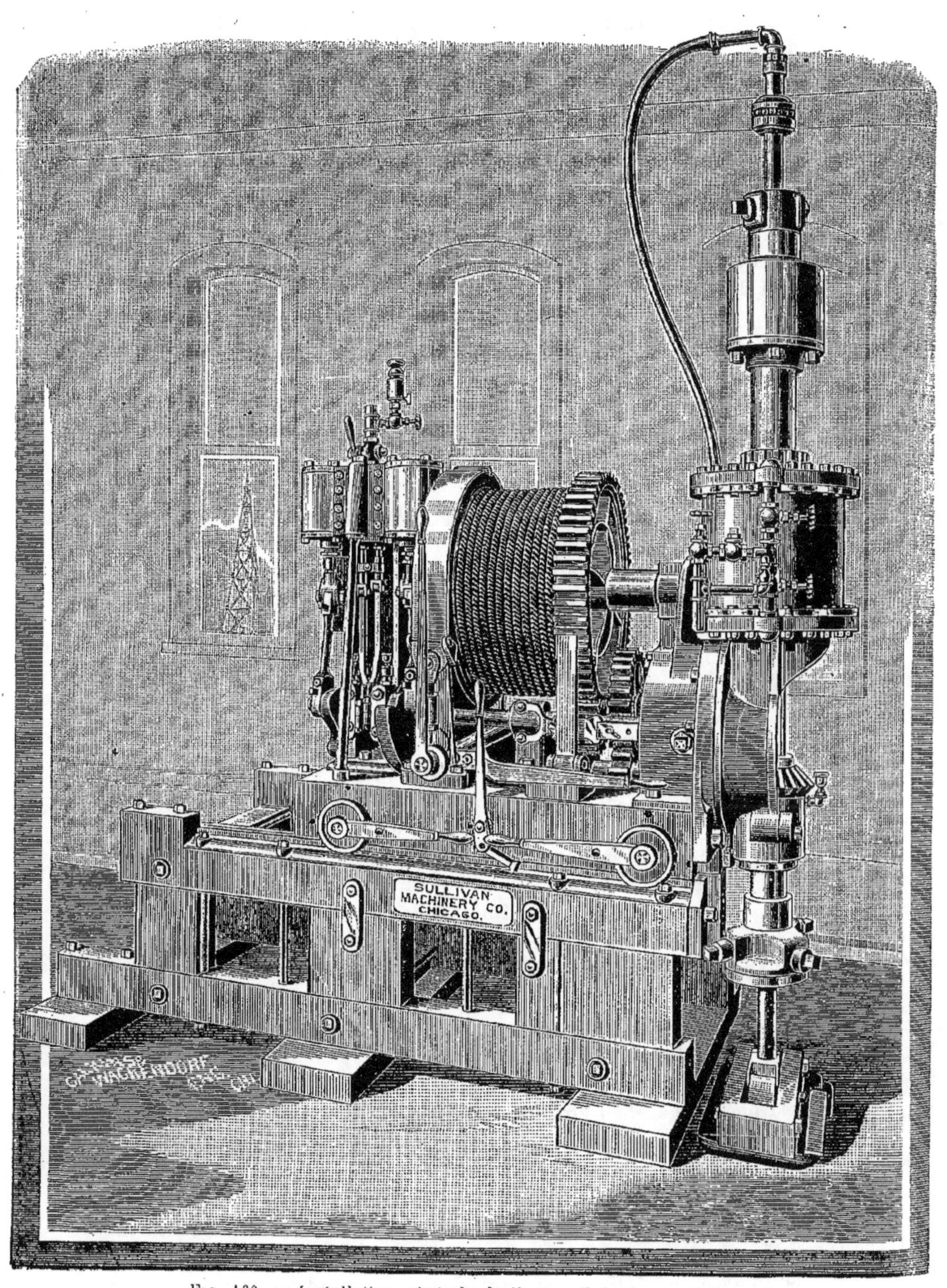

Fig. 160. — Installation générale de l'appareil de forage Sullivan.

jection d'eau, les tiges sont suspendues à l'aide de l'agrafe de relevage (*fig.* 161).

Pendant les manœuvres de vissage et de dévissage les tubes sont maintenus par un collier de tube ou une pince qui les immobilise.

Installation du sondage. — L'appareil de sondage est placé sur un plancher ayant 3^m,60 $\times$ 3^m,60, soutenu par quatre sommiers ; un trou est pratiqué dans le plancher à l'endroit du forage pour laisser passer les outils ; au-dessus est disposé un chevalet qui pour une profondeur de 300 mètres peut être simplement constitué par trois perches de 12 mètres de long.

Les terrains meubles de la surface sont traversés à l'aide de tubes de chassage et, si la profondeur à franchir est considérable, plusieurs tubes de chassage successifs, de diamètres décroissants, entrant les uns dans les autres, sont employés. Il est possible avec cette dernière disposition d'atteindre une profondeur de 100 mètres et même davantage.

Le trou où se place le premier tube de chassage est amorcé à la pioche, et, le tube à enfoncer étant muni d'un sabot tranchant à sa partie inférieure, il est enfoncé avec un mouton manœuvre à l'aide de la machine. Le mouton étant fixé à l'extrémité d'une corde, celle-ci fait deux ou trois tours sur le tambour du treuil, en tirant et lâchant successivement son autre extrémité ; on bat ainsi de 25 à 30 coups à la minute.

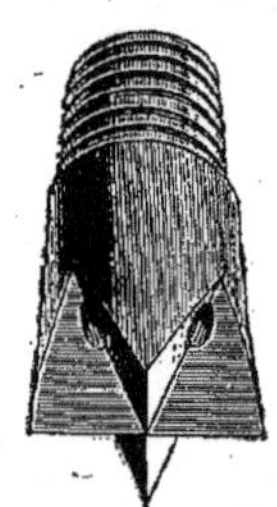

Fig. 161 *bis*.
Casse-pierres.

Fig. 161.
Agrafe de relevage.

On descend dans le tube de chassage un tube de lavage qui suit le sabot tranchant et qui est simplement constitué par les tubes de tige. Le courant d'eau fourni par la pompe est assez fort pour enlever des cailloux de 38 millimètres de diamètre.

Quand on rencontre des pierres de plus grandes dimensions, on les casse à l'aide d'un casse-pierres (*fig.* 161 *bis*) vissé au bout du tuyau de lavage, l'injection d'eau continue pendant l'opération.

Quand on arrive à la roche solide, on commence le forage proprement dit. La couronne à diamant et le tube carottier sont mis en place, et on visse les tiges à la suite ; elles sont descendues au fur et à mesure à l'aide du treuil de la machine et du frein. Les tiges passent au travers d'une mâchoire de sûreté, destinée à prévenir les chutes ; cette mâchoire est maintenue ouverte par une pédale sur laquelle on appuie le pied pendant la descente des tiges.

La dernière tige à mettre en place est passée dans le tube de commande de la machine de forage qui est avancée au-dessus du trou de sonde, on descend ensuite avec précaution jusqu'au fond. Si le fond du trou est sale, on fait fonctionner l'injection d'eau avant d'arriver au fond, et au besoin on fait tourner lentement.

Quand la couronne à diamant a gagné le fond on met en marche.

Lorsque, dans le cours du forage, à des roches solides succèdent des terrains ébouleux ou des sables aquifères boulant, on cimente ces couches pour éviter le tubage (le plâtre peut aussi être employé). A cet effet dans un récipient placé à quelques mètres du sol, on met de l'eau et du ciment à prise lente, de façon à former une boue liquide, qu'on injecte dans le trou de sonde en réunissant simplement le réservoir aux tiges par un tuyau ; on remonte les tiges peu à peu, le ciment imprègne le terrain ébouleux ; on continue ensuite à remonter les tiges en faisant passer de l'eau pour laver la partie supérieure du forage.

Quand le ciment est pris, on fore au travers. Quand on atteint une nouvelle tranche ébouleuse, on recommence.

On fore ainsi de proche en proche dans un véritable tuyau de ciment.

D'après M. Nelson Boyd, on a fait un forage au diamant sur la propriété de l'Anglo-Galician Oil C°, à Polona (Galicie), le forage fut entrepris par l'Aqueous Diamond Boring C°. La force employée était de 12 chevaux ; le nombre de tours des tiges était de 120 à la minute ; l'eau de curage était refoulée à une pression de 1 et 1/3 atmosphère ; le débit de l'eau était de 1 et 1/2 mètre cube à l'heure dont 25 0/0 était perdu, donnant une dépense de $0^m,34$ à l'heure environ. A 200 mètres l'enlèvement des tiges et leur descente prenait deux heures ; on répétait l'opération tous les 3 mètres.

Le diamètre du début était de 9 et 1/2 pouces, il fut foré jusqu'à 116 pieds avec le trépan, après tubage de cette partie on continua au diamant.

Dans les schistes, on forait $0^m,27$ à l'heure ; on arrivait au total à $5^m,90$ par vingt-quatre heures.

Dans les grès, on forait $0^m,828$ à l'heure ; on obtenait, manœuvres comprises, $16^m,25$ par vingt-quatre heures (il y avait quatre heures de perdues pour enlever les carottes).

TROISIÈME PARTIE

TUBAGE DES TROUS DE SONDE

Les terrains au travers desquels passe un forage n'ont pas toujours une tenue suffisante pour pouvoir rester longtemps sans un soutien qui les empêche de s'ébouler ; souvent même, leur nature foisonnante, délitable, ou boulante, oblige à les maintenir, aussitôt que possible après que le trépan s'est frayé un chemin à travers les couches traversées.

De plus, l'objet même qu'on se propose dans les recherches de pétrole, à savoir la captation d'un liquide dans une couche située plus ou moins profondément dans le sol, oblige à isoler les nappes aquifères supérieures, car, si on laissait l'eau gagner la couche productive, on aurait le double inconvénient d'extraire une quantité de liquide beaucoup plus considérable qu'il n'est nécessaire, et de s'exposer à noyer la couche pétrolifère, ce qui pourrait, ou réduire sa production, ou la faire cesser complètement, et même compromettre totalement la richesse du gîte dans un rayon assez étendu autour du forage. Enfin, en admettant même qu'il n'y ait, ni eau à isoler, ni terrain à soutenir, un tube serait encore nécessaire pour amener le pétrole au jour, soit qu'il s'écoule naturellement, soit qu'on soit obligé de recourir à un dispositif particulier de pompage ou d'extraction.

D'une façon générale, on rencontre dans un forage pour le pétrole, trois nécessités auxquels le tubage doit faire face. A la surface du sol les premiers terrains de formation récente, qu'on traverse, s'éboulent facilement, et doivent être soutenus. Plus bas se trouvent des nappes aquifères, qui doivent être isolées. Enfin, un tubage spécial est nécessaire pour amener le pétrole au jour.

Il faut donc un tubage de retenue, un tubage d'isolement, un tubage d'extraction. Ces trois tubages sont désignés par les américains sous les noms de drive pipe, casing, tubing.

Si le pétrole est à faible profondeur, il peut se faire que le premier tubage de soutien puisse également remplir le rôle de tubage d'isolement des couches aquifères. Si, au contraire, la couche de pétrole est profondément située, et qu'il y ait plusieurs couches aquifères à isoler, sans qu'on sache exactement à quel point on trouvera le pétrole, ou si l'on a des terrains très ébouleux, le casing se composera de plusieurs tubes concentriques, mis en place successivement.

La division si nette des Américains, pour le tubage, en drive pipe, casing, tubing, correspond aux conditions particulières des gisements de pétrole de cette contrée, au moins dans les régions qui ont été primitivement exploitées. Dans ces régions, une fois les terrains superficiels traversés et maintenus par le drive pipe, enfoncé le plus souvent à coup de mouton, les terrains sous-jacents avaient une tenue suffisante pour se passer de soutien, et, n'eût été la nécessité d'isoler les couches aquifères supérieures, aucun tubage de soutien n'était nécessaire, on arrivait au voisinage de la couche pétrolifère sans avoir besoin de tubage et on ne mettait en place le casing que pour isoler l'eau. Une fois la couche pétrolifère atteinte on descendait le tubage pour l'extraction du pétrole.

La figure 162 donne la disposition des tubages pour un forage destiné à la captation des gaz naturels ; la figure 163 est la partie basse du tubing d'un puits à pétrole, coulant ou jaillissant naturellement ; les autres tubages drive pipe et casing sont disposés comme pour le puits à gaz, si le pétrole ne jaillit pas naturellement un piston de pompe est descendu dans le tubing, dont les autres dispositions restent les mêmes que pour un puits coulant ou jaillissant naturellement.

On peut voir dans la première figure 162 le tubage de retenue drive pipe,

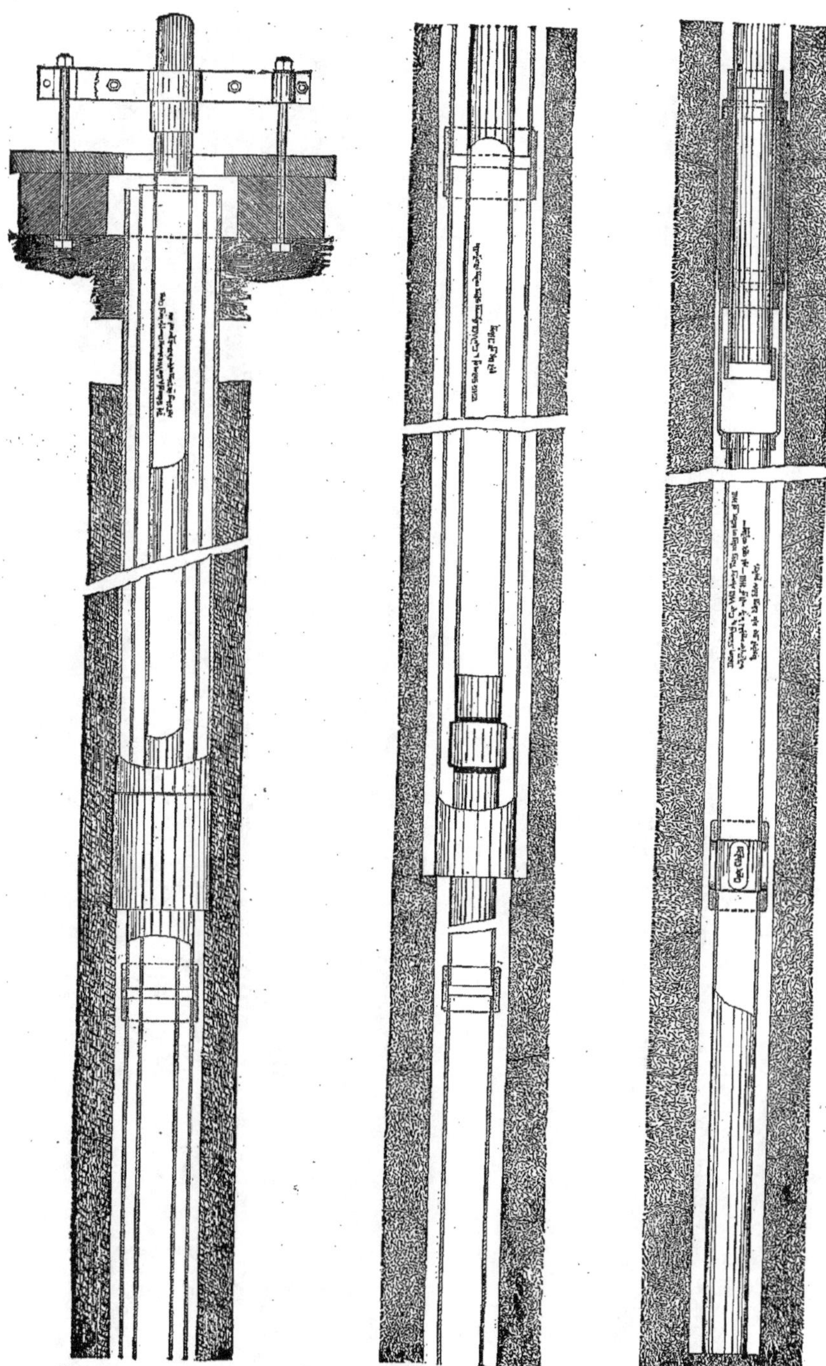

Fig. 162. — Disposition du tubage dans un forage destiné à la captation du gaz naturel.

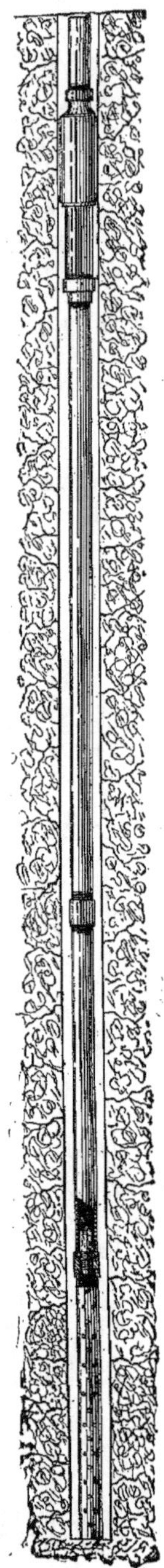

Fig. 163. — Partie basse du tubage
d'un forage pour le pétrole.

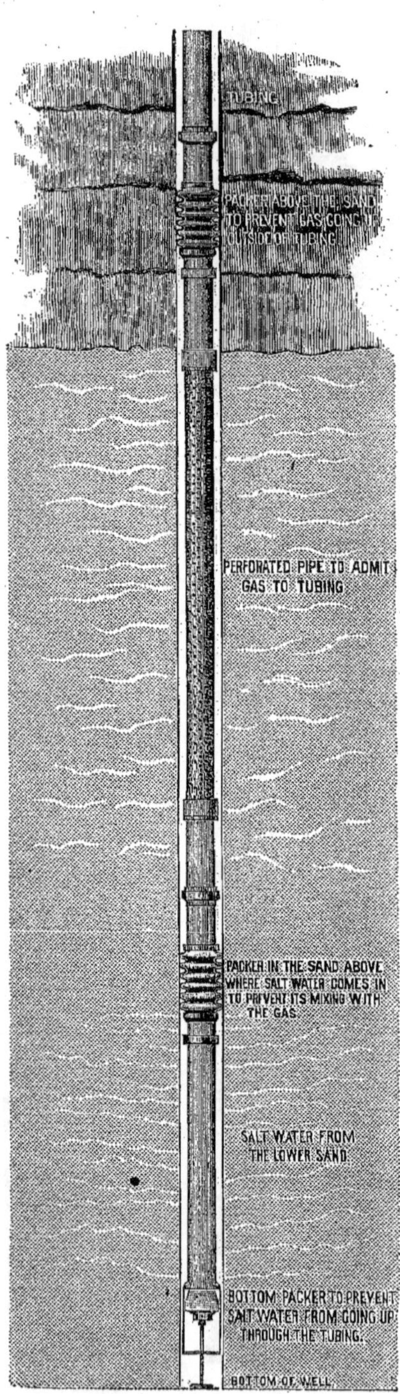

Fig. 164. — Disposition d'un tubing
pour puits à gaz, avec 3 polkers.

à la partie supérieure. Ce tube est muni d'un sabot, pour faciliter son passage dans les couches à traverser; ensuite on voit le tube d'isolement (casing) qui s'arrête à un certain niveau, où il a été jugé convenable d'isoler les couches aquifères; enfin, au centre le tube d'extraction ou tubing. Tout cet ensemble conserve la même apparence générale, qu'il s'agisse de gaz ou de pétrole.

On remarquera que, dans les trois genres de puits que nous examinons, le drive pipe et le casing ont la même disposition; seul le tubing a des dispositions différentes.

Dans le cas d'un puits pompé (pumping well) le tubing peut ne porter aucun garnissage extérieur, et à l'intérieur se trouvent le clapet de pied, et le piston à clapet, de la pompe élévatoire, le bas du tube étant muni d'une crépine (perforated pipe ou anchor).

Dans le cas du puits coulant naturellement (*fig.* 163), on voit à l'extérieur du tubage un isolateur (packer), qui a pour but d'empêcher le pétrole ou le gaz qui s'en dégage de s'écouler entre le tubing, les parois du forage, et plus haut, entre le tubing et le casing. Outre que le pétrole pourrait se perdre dans les fissures du terrain, la faculté d'ascension du pétrole serait notablement diminuée, ainsi que nous le verrons plus loin, à propos de l'extraction du pétrole par l'air comprimé. On trouve également à la partie inférieure une crépine et un clapet.

Dans le puits à gaz, le tubing porte aussi extérieurement un packer pour forcer le gaz à venir dans le tube central dans lequel il pénètre par de larges orifices, percés dans une forte bague en fonte intercalée dans le tubing à une hauteur convenable, ou par les trous plus nombreux d'une crépine.

Le packer, qui est représenté sur la figure 162, est constitué par une bague en caoutchouc comprimée par le poids du tubing, qui forme à cet endroit une sorte de presse étoupe.

La figure 164 indique la disposition d'un tubing pour puits à gaz muni de trois packers. Un packer à la partie inférieure, formé par un coin qui pendant la descente est maintenu écarté par une monture légère, qui se rompt quand le tubing arrive au fond; celui-ci coiffe le cône, et par son poids, forme joint, avec lui, empêchant l'eau d'entrer par la partie inférieure du tubage. Immédiatement au-dessus se trouve un autre packer à la partie extérieure du tube destiné à empêcher l'eau des niveaux inférieurs de se mélanger au gaz, en montant par l'extérieur du tube. Au-dessus de ce second packer se trouve une crépine pour l'admission du gaz dans la colonne montante; enfin, un troisième packer placé au-dessus de la crépine, empêche le gaz de s'échapper par l'extérieur du tubing.

D'une façon générale le tubage proprement dit du puits, qu'il s'agisse de soutenir les parois ou d'isoler les nappes aquifères supérieures, peut s'exécuter suivant trois modes différents : par tubage complet (*fig.* 165), par tubage télescopique (*fig.* 166), par tubage en colonnes perdues (*fig.* 167).

Dans le premier dispositif les tubes sont descendus aussi loin que le frottement du terrain le permet, et, quand un tube refuse de descendre, même en exerçant une forte pression sur son extrémité supérieure, ou par battage à coup de mouton, on en descend un autre de plus petit diamètre à son intérieur. On continue ainsi en rétrécissant le diamètre des tubes qu'on place à l'intérieur du forage, jusqu'à ce que le niveau désiré soit atteint, ou jusqu'à ce que le diamètre du forage soit trop rétréci pour permettre un appro-

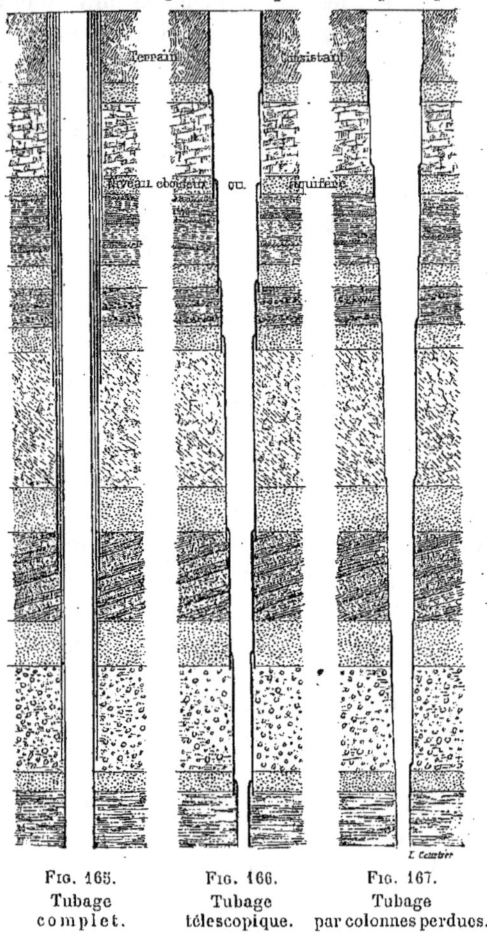

Fɪɢ. 165.
Tubage
complet.

Fɪɢ. 166.
Tubage
télescopique.

Fɪɢ. 167.
Tubage
par colonnes perdues.

fondissement subséquent. Ce mode de tubage est cher, mais il offre l'avantage de donner une résistance considérable au système de soutènement et de résister particulièrement bien aux accidents par aplatissement, ou torsion qui accompagnent souvent les premières éruptions, souvent extrèmement violentes, qui se produisent quand on atteint un niveau pétrolifère non encore exploité. Il offre, en outre, une plus grande facilité pour retirer les tubes du puits si le forage est abandonné.

Dans la disposition télescopique (*fig.* 166), dès qu'un tube refuse de s'enfoncer, on en introduit un second, et, quand celui-ci à son tour ne veut plus descendre, avant d'en introduire un autre, on recoupe la partie supérieure un peu au-dessus de la partie inférieure du tube précédent.

Dans le système par colonnes perdues (*fig.* 167), on se contente de tuber les parties ébouleuses ou aquifères. Ces portions de tubes s'enfoncent à la partie inférieure dans une couche résistante, et l'on recoupe leur partie supérieure un peu au-dessus du niveau supérieur de la partie ébouleuse. Ce système est le plus économique, mais les tubes ainsi mis en place ne peuvent presque jamais être retirées; il n'est pour ainsi dire pas employé dans les recherches de pétrole.

Quel que soit le système de tubage auquel on ait recours, il s'agit toujours de descendre dans le forage les tubes qui doivent en garnir l'intérieur.

Nous avons déjà décrit un certain nombre des engins qui sont employés à cet effet, nous ne ferons donc que compléter leur description en examinant ceux dont nous n'avons pas encore parlé.

Les tuyaux qu'on emploie dans les tubages sont aujourd'hui presque toujours à parois métalliques, autrefois les tubes en bois ont été employés, mais ils sont à peu près abandonnés.

Les tubes en fer sont ou des tubes soudés longitudinalement et réunis par des manchons à vis, ou des tubes faits de tôles cintrées et réunies par des rivets, sur une couture longitudinale, et assemblés à leurs extrémités par des manchons qu'on fixe également par des rivets.

Les dispositifs particuliers adoptés dans la construction de ces tubes seront décrits au chapitre *Exploitation*.

En Amérique, dans les premières exploitations, où les opérations de tubage étaient remarquablement simples, puisqu'il n'y avait qu'à battre au mouton une longueur relativement faible de tube de retenue (drive pipe), pour maintenir les couches superficielles, et que la descente des autres tubes (casing et tubing) se faisait aisément grâce à la tenue remarquablement bonne des terrains qu'on avait à traverser, il n'était pas nécessaire de prévoir des dispositifs particuliers pour la manœuvre du tubage. Mais, lorsqu'on eut affaire à des terrains plus difficiles, on eut à se préoccuper de cette nécessité. Cette question n'était d'ailleurs pas nouvelle, car ces difficultés avaient déjà été rencontrées dans des forages entrepris pour d'autres recherches minières.

Afin de rendre plus aisée la manœuvre des tubes et diminuer l'encombrement du plancher du derrick, on ménage au-dessous du sol un avant-puits où se feront les manœuvres du tubage. Cet avant-puits, de section suffisante pour que les hommes puissent s'y remuer à l'aise et pour qu'on puisse y disposer les vérins ou les vis nécessaires à la manœuvre des tubes, devra avoir ses parois convenablement soutenues; on emploie à cet effet, soit un revêtement en planches, soit un revêtement en maçonnerie.

Le revêtement en maçonnerie est incontestablement le meilleur; quand on l'emploie et qu'on se trouve dans une région où les éruptions violentes sont à craindre, il est sage de lier le premier tube mis en place avec les parois latérales du puits par un solide massif en béton. On a, en effet, vu les gaz et l'eau, ou la boue même, chassés avec violence de l'intérieur d'un forage, se frayer un passage à l'extérieur du tubage, ameublir le sol environnant et provoquer l'enfouissement du derrick et de tout le matériel de forage, comme cela a eu lieu notamment à Caddo, au Texas[1].

Pour manœuvrer les tubes, on se sert de mâchoires en fonte, qui font prise en haut du tube ; ces mâchoires sont munies d'anneaux, qui sont saisis par le crochet d'un palan, qui sert à soutenir les tubes, et à les faire monter, ou descendre, pour faciliter leur mise en place (*fig.* 168).

On peut aussi employer un appareil dit tampon accroche-tube ; cet appareil porte deux crochets, pouvant pivoter autour d'articulations situées à leur partie supé-

Fig. 168.
Collier de manœuvre
des tubes.

rieure (*fig.* 169 et 170). Ils font prise dans deux ouvertures diamétralement opposées, ménagées dans la partie haute du tube.

L'appareil porte deux guides, situés sur un diamètre perpendiculaire à celui des crochets. Une fois le tube descendu et maintenu par le terrain, en baissant un peu l'appareil, on dégage les crochets qui pendent alors verticalement. On fait faire à l'appareil un quart de tour pour que les crochets ne puissent plus rencontrer les ouvertures du tube, on peut alors, soit remonter l'appareil, soit enfoncer le tube en frappant à l'aide du disque en fonte T, qui forme la partie supérieure du tampon accroche-tube et qui a un diamètre supérieur à celui du tube.

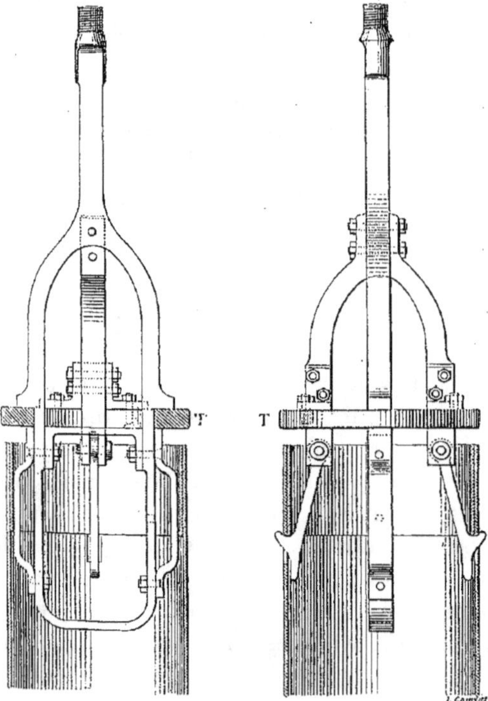

Fig. 169.   Fig. 170.
Tampon accroche-tube vu suivant deux coupes axiales
perpendiculaires.

1. En Amérique, et en particulier avec le sondage à la corde, l'avant-puits est très peu employé.

On peut aussi, pour la descente des tubes à l'intérieur d'un forage, se

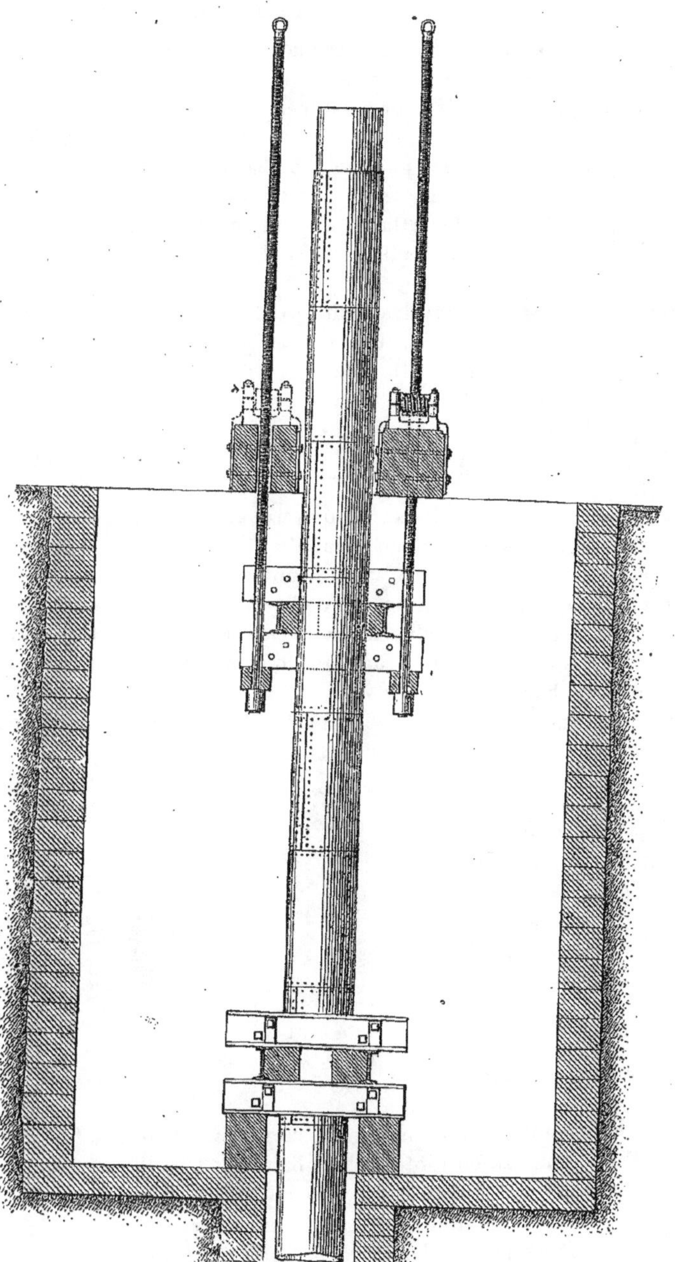

FIG. 171. — Descente des tubes par leur propre poids.

servir de tampons en bois ou en fonte, quand on emploie un tampon en bois, la tête du tube est fixée au tampon par des broches en fer ; quand le tampon est en fonte, les broches sont en bois.

On laisse un espace libre de quelques centimètres entre la tête du tube et l'élargissement du tampon ; quand le tube est arrivé à destination on casse les broches par un coup sec ; puis on peut battre sur la tête du tube avec le tampon. Souvent le tampon peut coulisser d'une certaine quantité le long de la tige pour faciliter le battage ; la course est alors limitée à la partie inférieure par une clavette qui traverse la tige, et à la partie supérieure, par un épaulement.

Quand les tubes peuvent descendre par leur propre poids et qu'ils ont un grand diamètre ou une grande longueur et, par conséquent, un poids considérable, on emploie la disposition de la figure 171.

Les tubes sont serrés dans un collier soutenu par deux longues tiges filetées qui passent chacune dans un écrou dont la tête forme une roue hélicoïdale qu'on fait tourner à l'aide de vis sans fin commandées par des manivelles.

Au fond de l'avant-puits se trouve un autre collier, qu'on serre pour maintenir le tube pendant qu'on remonte le collier supérieur le long du tube, quand on a descendu les vis de toute la longueur de leur course ; la figure 172 indique la disposition des colliers.

Les tubes à vis lorsqu'ils ne sont pas trop lourds sont manœuvrés à l'aide de palans accrochés à un anneau tournant fixé à un étrier qui surmonte un petit bout de tube à vis (*fig.* 173).

On peut également descendre des tubes lourds à l'aide de vérins hydrau-

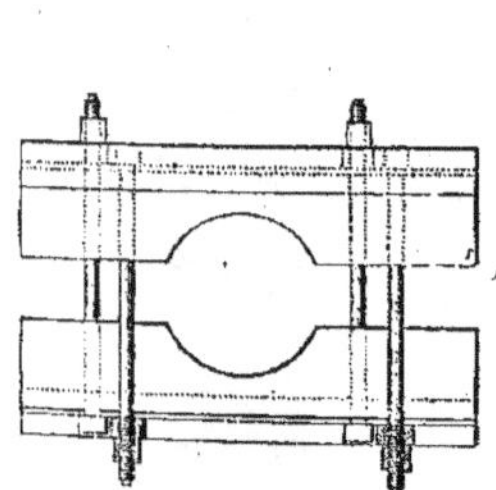

FIG. 172.
Collier de retenue
pour la descente des tubages.

FIG. 173.
Tête de tube
à vis.

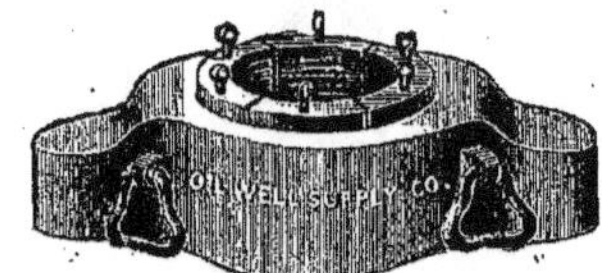

FIG. 174.
Anneau
de manœuvre.

liques et d'anneaux en fonte munis de mordaches coniques filetées, qui s'enfoncent entre l'anneau en fonte et le tube (*fig.* 174) ; l'enfonçage par battage au mouton peut se faire soit par une mâchoire fixée aux outils de forage (*fig.* 8), soit par un mouton suspendu à un câble.

On enfonce également les tubes par pression sur la partie supérieure à l'aide de tiges filetées, ou pour les efforts plus grands en employant des vérins.

1.

Les figures 175 et 176 indiquent les dispositions adoptées en pareil cas.
Afin de faciliter la descente des
tubes, leur partie inférieure est
munie d'un sabot coupant en
acier, qui est fixé soit par des
rivets, soit par un pas de vis;
dans les deux cas, l'extrémité du
tube se loge dans une rainure
ménagée à la partie haute du

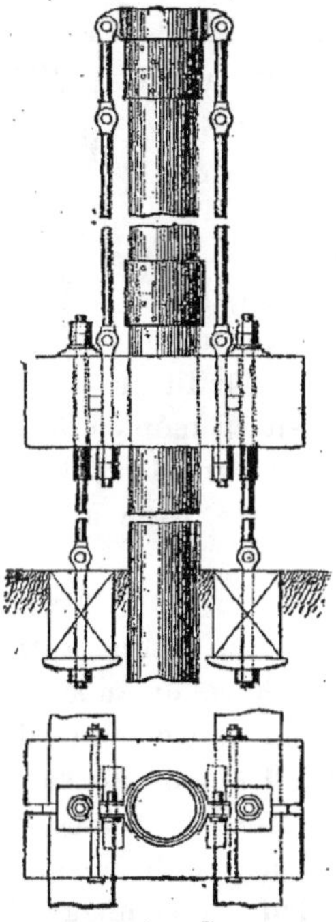

Fig. 175. — Enfonçage des tubes
par pression, à l'aide de boulons.

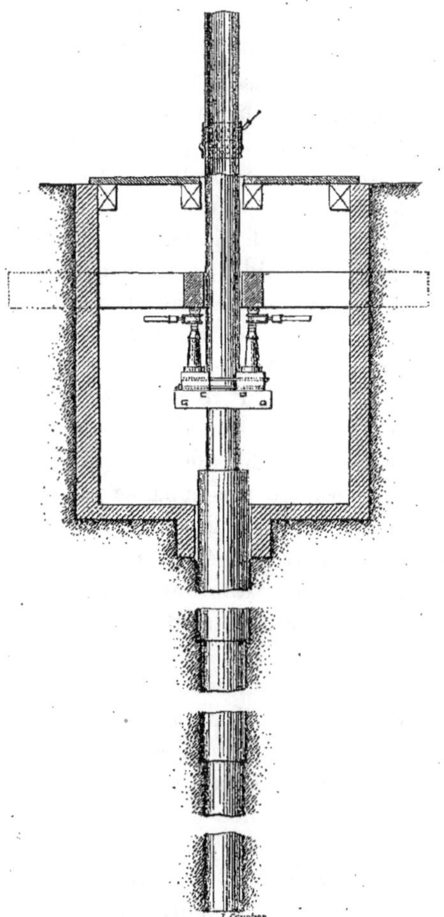

Fig. 176. — Enfonçage des tubes
par pression, à l'aide de vérins.

sabot, et le bout du tube appuie bien exactement sur le fond de la rainure,
afin d'éviter le cisaillement des rivets ou du filet de vis. De plus, le fond
de la rainure a une pente vers l'extérieur,
afin que sous l'effort de pression, ou de
battage, les bords du tube tendent à s'é-
carter et non pas à rentrer vers l'intérieur,
où ils pourraient former un bourrelet
gênant pour la continuation du travail. La
figure 177 donne la disposition d'un sabot
à vis. La figure 178 représente la tête en fonte placée sur le haut du tubage,

Fig. 177. — Sabot
à vis.

Fig. 178. — Bloc de
tête de tube à vis.

quand ce dernier est enfoncé, soit au mouton, soit à la presse, il a pour but d'éviter toute déformation à la tête du tube.

Les tubes à descendre dans un forage atteignent souvent un poids considérable qui peut quelquefois aller jusqu'à 50 tonnes dans les puits profonds et larges (à Bakou par exemple); il faut alors des mâchoires et des moyens d'action particulièrement puissants.

Afin de diminuer le poids de la colonne on fixe à sa partie inférieure un obturateur; quand le tube est à joint vissé on peut employer le dispositif de la figure 179. C'est un disque en fonte, peu épais, qui forme joint à la partie inférieure; le tube, en descendant dans le trou de sonde plein de liquide, perd ainsi, en poids, le poids du liquide déplacé. De plus, en cas de fausse manœuvre, si le tube vient à tomber, les mâchoires ayant lâché prise, la chute est ralentie, et si un accident n'est pas complètement évité, les conséquences en sont considérablement diminuées.

Fig. 179. — Obturateur pour partie inférieure de tube à vis.

Quand on emploie des tubes rivés ou quand on a déjà recoupé des tubes dans le sondage et que les bords pourraient arrêter la descente des tubages mis en place ultérieurement, on peut munir le bas du tube d'un cône en bois qui facilite le passage à la hauteur des bords supérieurs des tubes coupés, et fait en même temps l'office d'obturateur, pour diminuer le poids de la colonne. Quand les tubes sont en place les obturateurs sont cassés à l'aide d'une masse fixée à l'extrémité des tiges de forage.

A mesure qu'on descend les tubes, on doit s'assurer de leur verticalité, on arrive à ce résultat en descendant dans le tube un disque ayant à peu près le diamètre du tube et qui est maintenu au centre du tubage par des guides à ressorts assez simples. La surface supérieure du disque est recouverte d'une substance plastique. Quand le disque est amené au bas du tube où il est maintenu par deux oreilles que traversent des câbles, dont les extrémités remontent en haut, on descend un fil à plomb passant par un œillet placé bien au centre de la tranche supérieure du tubage. Le fil à plomb étant arrivé presque au contact du disque, ce dont on se rend compte par la longueur du câble de soutien, et après que le temps nécessaire à l'amortissement des oscillations s'est écoulé, on le descend brusquement, pour marquer un point d'impact sur le disque; quand celui-ci est remonté, on peut se rendre compte par l'emplacement de la trace laissée par le fil à plomb, si le tube est bien vertical.

D'autres dispositifs plus précis, mais plus compliqués, ont été imaginés pour le même objet; mais ils sont d'un maniement délicat.

En Californie, où l'on rencontra des difficultés particulières pour la mise en place des tubages, qui devaient souvent être descendus au fur et à mesure que le trépan attaquait des couches plus profondes, on a été conduit à modifier le derrick ordinaire employé pour le sondage américain à la corde. On a muni l'installation de ce derrick d'un treuil spécial pour la manœuvre des tubages ; ce treuil, dit Calf Wheel, est placé du côté du derrick où se trouve installé le balancier de battage.

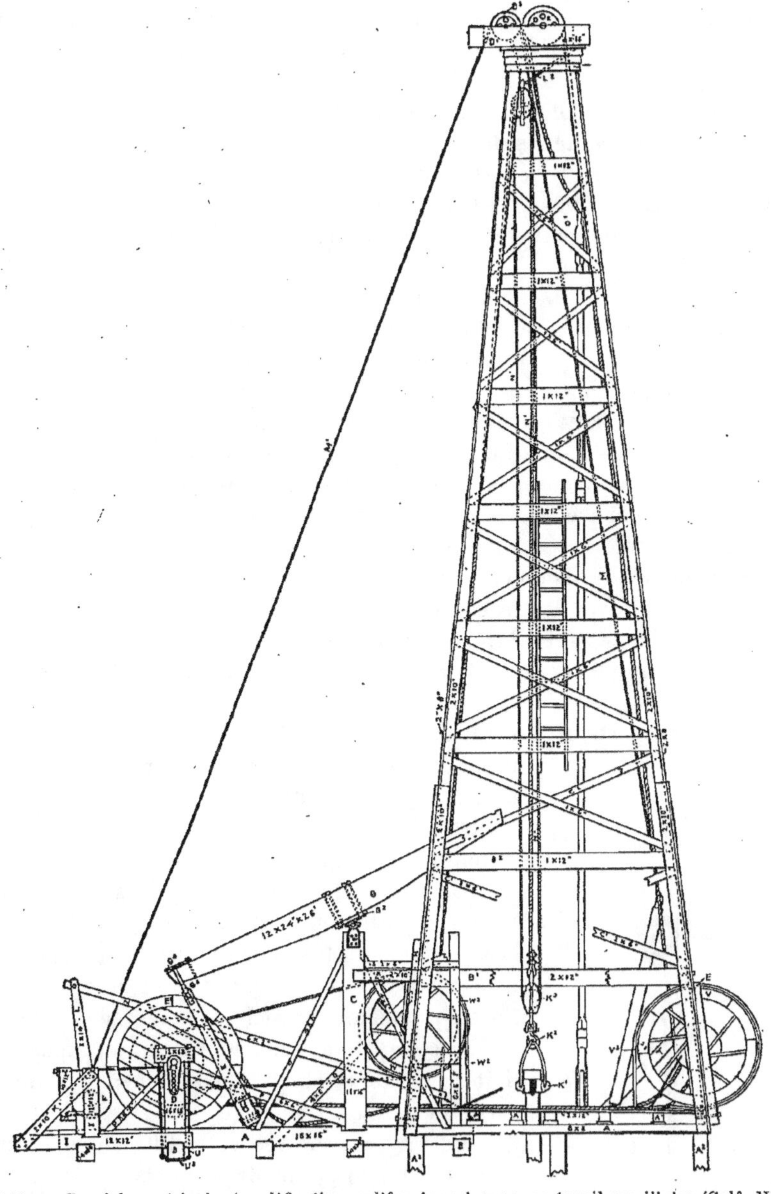

FIG. 180. — Derrick américain (modification californienne) avec un treuil auxiliaire (Calf. Wheel), pour la manœuvre des tubages. — La figure indique la disposition des engins pendant la manœuvre des tubes.

La figure 180 donne la disposition du derrick ainsi modifié : on y voit le tubage soutenu par le câble qui s'enroule sur la Calf Wheel; il agit sur le tube par l'intermédiaire d'un palan.

Le derrick ainsi constitué comprend donc, en réalité, trois treuils :

La bull Wheel, pour la manœuvre des outils ;

La calf Wheel, pour la manœuvre du tubage ;

Le treuil de la pompe à sable (sand reel).

Quand on emploie les tubes à vis, il n'y a au fur et à mesure de la descente qu'à visser un tube à la suite du précédent. Quand on emploie des tubes rivés (*fig.* 181), il faut procéder au rivetage des bagues, qui doivent réunir deux longueurs successives de tube.

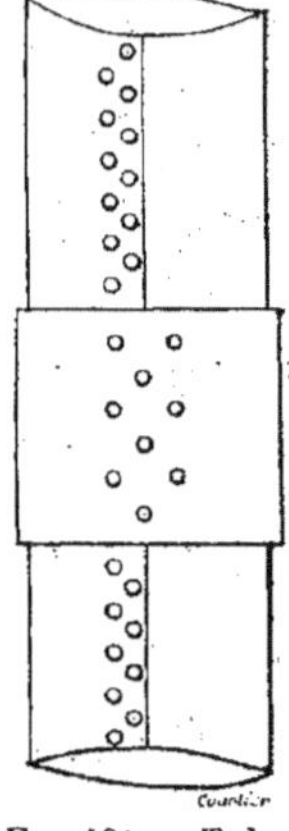

Fig. 181. — Tubes rivés.

Les tuyaux rivés sont faits par viroles de 2 à 3 mètres ; ces viroles sont ajoutées en haut du tubage au fur et à mesure de sa descente dans le trou de sondage. La partie inférieure étant maintenue par des mâchoires en bois placées sur le plancher du derrick et serrées avec des boulons, si le tube tend à descendre de lui-même. La virole supérieure est ou emboîtée dans la partie inférieure, ou emboîtée dans le manchon qui la termine, et qui a été mis en place préalablement.

On doit toujours, avant de mettre une virole en place, s'assurer que les trous qu'elle possède à sa partie haute seront bien en rapport avec les trous de la partie basse du tube qui doit la surmonter, s'il n'en était pas ainsi, on régulariserait les trous, pour que le travail au moment de la mise en place ne soit pas retardé.

Les deux portions du tubage étant superposées, on fait coïncider les trous de rivets en faisant tourner plus ou moins la partie supérieure, des broches sont enfoncées dans les trous pour maintenir la position pendant l'opération du rivetage.

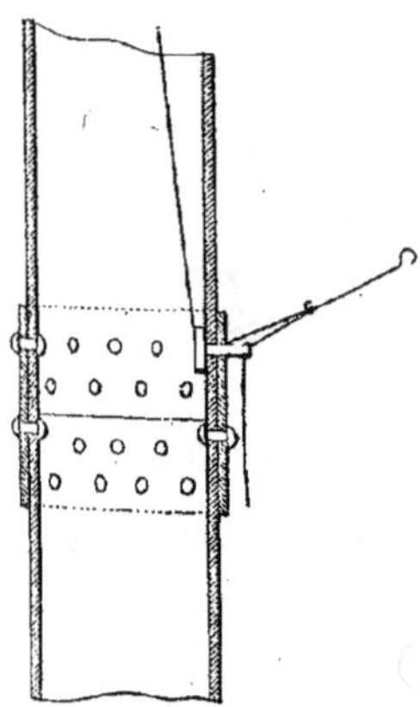

Fig. 182. — Mise en place d'un rivet.

On prend alors un rivet qui est en fer de très bonne qualité, on l'attache avec un fil et on le descend dans le tuyau, on passe un crochet par un trou de rivet et on accroche le fil qu'on tire à l'extérieur, amenant ainsi le rivet en place (*fig.* 182); on descend alors dans le tuyau un appareil qui doit serrer le rivet et le maintenir pendant qu'on écrasera la tête au marteau.

Ce rivoir peut recevoir différentes formes, il peut se composer de deux coins dont les parties biaises sont en contact, les parties minces des deux coins étant l'une en haut, l'autre en bas; les pentes pour les deux coins étant les mêmes, leurs parties externes sont parallèles.

Ces deux coins sont maintenus chacun par une tige ; en faisant monter l'une et descendre l'autre, on augmente la largeur de l'ensemble ou on la diminue, suivant que c'est le cône qui a sa pointe en haut qui monte ou qui descend; on peut ainsi serrer le rivet, aplatir sa tête au marteau, desserrer le rivoir et le retirer du tuyau.

Le rivoir peut aussi être composé de trois coins (*fig.* 183) : le coin central et deux coins latéraux. Le coin central, en montant ou en descendant, applique les coins latéraux contre les parois du tube.

Le serrage dans ce système peut être plus énergique, puisque le coin qui doit le produire ne frotte pas contre les parois du tube.

Il est avantageux, aussi bien dans le rivetage des tubes eux-mêmes que dans leur assemblage, d'employer des rivets à têtes fraisées. Les rivets ne faisant pas saillies à l'intérieur ne risquent pas d'être arrachés au passage par les outils.

On peut aussi placer les rivets par l'extérieur comme dans le système Hulster. Les rivets employés en une queue fendue, on introduit la partie fendue vers l'intérieur du tube, et on écrase le rivet sur le rivoir, la partie fendue se loge dans un léger fraisage à l'intérieur.

Les tubes soudés ou sans soudure sont réunis par des joints à vis.

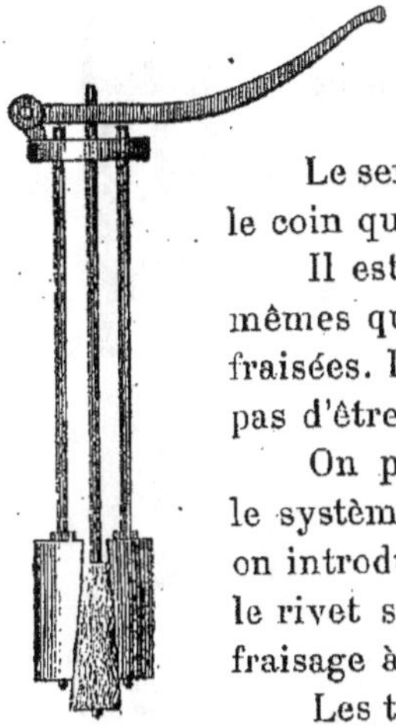

FIG. 183.
Rivoir formé
de 3 coins.

Les deux extrémités des tubes à réunir, étant filetées à l'extérieur, sont réunies par un manchon de couplage, fileté à l'intérieur. Quand on emploie la réunion par manchon, comme ceux-ci font sailli sur les tubes, il faut que le trou du forage soit notablement plus large que les tubes.

Pour un tubage ainsi constitué, il faut pour un diamètre de tubes de 9 et 5/8 pouces employer un trépan de 13 pouces, pour un diamètre de tubes de 7 et 5/8 pouces, un trépan de 10 pouces et pour un diamètre de tubes de 5 et 5/8 pouces, il faut un trépan de 7 et 1/2 pouces.

Les diamètres indiqués ci-dessus sont les diamètres intérieurs, les diamètres extérieurs des manchons d'accouplement sont respectivement : 10,84, — 8,63, — 6,63 pouces.

Le jeu entre les manchons et les parois du trou de sonde est donc de 2,19, — 1,37, — 0,87 pouces, et cela pour parer aux irrégularités du fonçage; il faut donc des opérateurs habiles pour que cela soit suffisant.

Si les tubes ont été aplatis pendant leur descente; pour leur rendre leur diamètre primitif, on se sert de redresseurs.

Le redresseur à galets (*fig.* 184 et 185), qu'on descend à l'extrémité des tiges de sonde est un appareil très puissant pour ce genre de travail.

On peut également employer l'appareil (*fig.* 186), constitué par une olive en fonte qui est forcée dans la partie aplatie pour la redresser; comme l'eau qui se trouve dans le tubage peut quelquefois gêner le passage de l'appareil

il est quelquefois constitué (*fig.* 187), par un cylindre pointu portant des
cannelures, pour laisser libre passage à l'eau. Ces différents
redresseurs à parties métalliques très développées, sont très
gênants pour la continuation du travail, si par accident ils restent
au fond du forage, aussi, préfère-t-on
souvent employer comme redresseur une olive en bois, garnie de
deux fers plats entourant l'olive,
suivant deux plans diamétraux per-

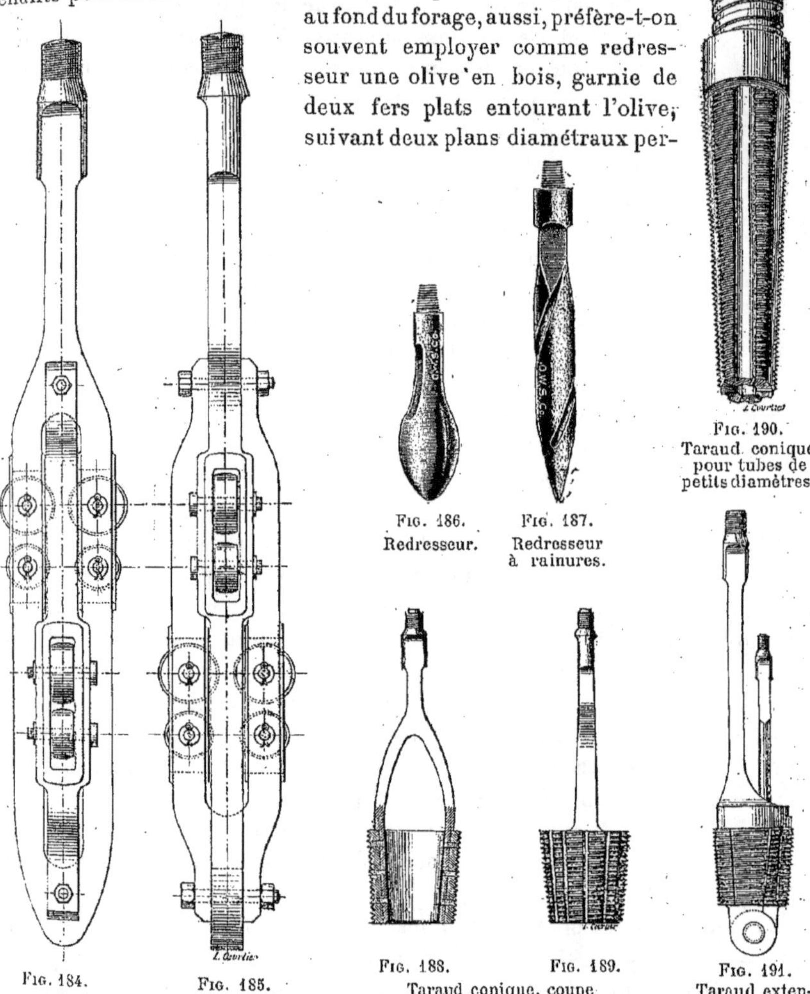

Fig. 190.
Taraud conique
pour tubes de
petits diamètres.

Fig. 186.
Redresseur.

Fig. 187.
Redresseur
à rainures.

Fig. 184.
Fig. 185.
Redresseurs à galets.

Fig. 188.
Fig. 189.
Taraud conique, coupe
et élévation.

Fig. 191.
Taraud exten-
sible, à coins.

pendiculaires entre eux, et passant par l'axe de la tige de soutien. Il devient alors
facile, en cas d'accident, de briser l'appareil au fond du forage et de le remonter
par morceaux, ou d'en noyer les débris dans le terrain formant la paroi du forage.

Quand on veut remonter des tubes soit qu'on abandonne le forage, soit
que des tubes aient été endommagés à la suite d'une chute, on fait prise sur
l'extrémité supérieure du tube à l'aide de tarauds coniques (*fig.* 188, 189 et 190),

ou de tarauds extensibles à coins (*fig.* 191), qu'on fixe à l'extrémité d'une forte tige de sonde ; on fait ensuite effort à l'aide de vérins ou de palans.

Pour faire prise sur les tubes, on peut également employer soit la navette de Kind représentée par la figure 192 ; elle se compose d'une grosse olive en bois ayant presque le diamètre du tubage, recouverte d'un cylindre en tôle ouvert aux deux bouts. Avant de descendre l'appareil dans le tuyau à enlever, le cylindre est empli de gravier dur. L'olive en bois est fixée à la tige de sonde et une cordelette est attachée au cylindre, quand le tout est amené à la profondeur voulue, le cylindre est soulevé à l'aide de la cordelette et le gravier coince l'olive contre le tube, il n'y a plus qu'à faire effort sur la tige de sonde.

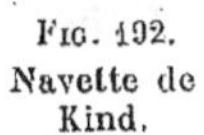

Fig. 192.
Navette de
Kind.

Un arrache-tuyau fondé sur le même principe que le rivoir cité précédemment (*fig.* 183) a aussi été employé ; c'est l'arrache-tuyau Alberti. Le coin central au lieu d'être à face plane est conique et en fonte, il est relié à la tige de sonde ; autour, se trouvent répartis un certain nombre de coins en bois, maintenus relevés pendant la descente, par des cordelettes attachées à un seul câble. Quand le tout est descendu au point où il faut faire prise, les coins en bois sont abandonnés à eux-mêmes, et la tige de sonde avec le coin central est tirée vers le haut. Les coins en bois serrés entre le coin en fonte et l'intérieur du tuyau maintiennent la prise.

Un arrache-tuyau surtout employé en Amérique est le mandrel socket (*fig.* 193 et 194) : il est constitué par une tige cylindrique terminée par un renflement ovoïde qui a très peu de chose près le diamètre du tube à enlever ; sur la partie cylindrique coulisse un cône creux métallique. Le tuyau est pris entre la partie ovoïde et le cône creux ; la figure 193 est une vue extérieure de l'appareil ; la figure 194, une vue en arrachement, qui indique la position des pièces au moment où l'appareil fait prise sur le tuyau.

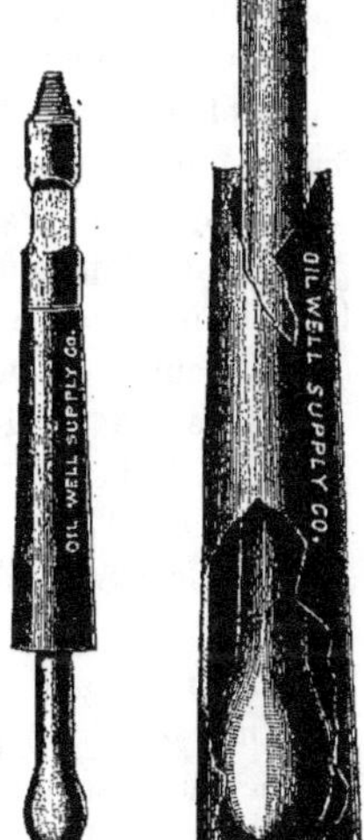

Fig. 193.   Fig. 194.
Mandrels Socket.

Fig. 193. Vue pendant la descente. — Fig. 194. Vue en arrachement, au moment où l'appareil fait prise sur le tube.

QUATRIÈME PARTIE

VITESSE D'APPROFONDISSEMENT ET PRIX DE REVIENT DES FORAGES AVEC LES DIFFÉRENTS SYSTÈMES DE SONDAGE

SONDAGE A LA CORDE

Le sondage à la corde, tel qu'il est pratiqué en Amérique avec des ouvriers bien au courant du procédé, a permis d'obtenir des avancements rapides. Parmi les forages les plus remarquables à ce point de vue, on peut citer celui qui a été exécuté par MM. Isett et Mildren pour la Sheldahl Oïl Cᵒ, où une profondeur de 272 mètres a été forée en cinq jours, soit avec un approfondissement journalier de 54ᵐ,40.

Ce système a également permis d'atteindre des profondeurs relativement grandes, et l'on peut citer parmi les sondages les plus profonds exécutés aux États-Unis avec ce système, les puits à gaz des comtés d'Elk et Mac Kean (Pensylvanie), qui atteignent 600 et 700 mètres, certains puits à pétrole ou du comté de Marion dans la Virginie occidentale qui vont chercher le pétrole à 1.000 mètres (1899). Dans le comté de Greene, dans le même État, on est allé à 1.115 mètres ; enfin, à West Elizabeth, on a atteint une profondeur de 1.800 mètres.

Dans ce puits, le casing a une longueur de 300 mètres et un diamètre de 155 millimètres, la température au fond du forage est de 54° C.

On a employé pour exécuter ce forage 2 machines et 2 chaudières de 25 chevaux chacune, la courroie avait 400 millimètres de large : il y avait 3 câbles et 3 bull Wheel pour commander le treuil de forage, les outils étaient soutenus par 2 câbles de forage ayant comme diamètre 54 millimètres et 73 millimètres, dont le poids total était de 5.400 kilogrammes ; les outils employés étaient ceux de l'assortiment ordinaire ; le coût total du puits a été de 200.000 francs, soit 112 francs du mètre courant, ce qui est un prix remarquablement bas pour un semblable travail.

Un sondage à la corde fait en Angleterre à Port Clarence, en 1887, et ayant traversé des terrains constitués par des alluvions, des grès, des marnes, du gypse, de l'anhydride, du sel, des marnes salifères, a atteint la profondeur de 330 mètres en vingt et un jours.

Ce forage a été exécuté par contrat ;

Le prix total payé a été de 25.000 francs, ce qui donne pour le prix du mètre foré la somme de 76 francs ; l'avancement par vingt-quatre heures a été de 15ᵐ,71 ; le diamètre du sondage était de 200 millimètres.

Nous donnons ci-après quelques exemples de résultats obtenus comme durée de travail, pour des forages à la corde exécutés dans différentes régions des États-Unis :

Forage exécuté dans le comté de Neosho, près de Chanute (état de Kansas). — Profondeur, 229^m,20 ; exécuté en dix-huit jours, soit avec un approfondissement de 12^m,72 par vingt-quatre heures. Le tubage, de 152 millimètres de diamètre, a 190 mètres de long. Il produit 5 barils par jour.

Forage exécuté dans le comté de Wood (état d'Ohio), aux environs de Portage. — Profondeur, 385 mètres ; exécuté en dix-neuf jours, soit 20^m,30 par jour ; le tubage a 8 pouces 1/4 de diamètre (210 millimètres) et 91 mètres de long ; le reste du forage n'est pas tubé et a un diamètre de 160 millimètres. Il a été torpillé avec 110 litres de nitroglycérine et donna 5 barils par jour.

Forage exécuté a Findlay, comté de Hanckok (état d'Ohio). — Profondeur, 352 mètres ; foré en treize jours, soit à raison de 27 mètres par jour. La longueur du drive pipe est de 8 mètres ; son diamètre, 210 millimètres ; le reste du forage a un diamètre de 160 millimètres ; le casing a une longueur de 90 mètres pour isoler l'eau. Il fut torpillé avec 96 litres de nitroglycérine et ne donna que de l'eau salée.

Forage exécuté près de Higbee, comté de Greene (état de Pensylvanie). — Profondeur, 935 mètres ; terminé en soixante et onze jours, soit à raison de 13 mètres par vingt-quatre heures, a produit 10 barils par jour.

Forage exécuté près de Saint-Thomas, comté de Washington (état de Pensylvanie). — Profondeur, 693 mètres ; foré en soixante et un jours ; soit, à raison de 11^m,40 par jour. Diamètre du forage, 330 millimètres jusqu'à 103 mètres, 253 millimètres jusqu'à 212 mètres, 203 millimètres jusqu'à 470 mètres, 170 millimètres jusqu'à la fin. A produit 15 barils par jour.

Forage exécuté près de Hundred, comté de Wetzel (état de la Virginie occidentale). — Profondeur, 986 mètres ; exécuté en soixante et un jours, soit à raison de 16^m,16 par jour. Tubage, 254 millimètres jusqu'à 35 mètres, 203 millimètres jusqu'à 370 mètres, 153 millimètres jusqu'à 986 mètres.

FORAGE EXÉCUTÉ DANS LE COMTÉ DE MONTGOMERY, ÉTAT DE KANSAS
PRÈS DE INDEPENDANCE

		Mètres
Terrain détritique	jusqu'à	4,60
Schistes et coquilles calcaires	—	37
Calcaire	—	42,60
Schistes noirs	--	44,40

		Mètres
Schistes graveleux	jusqu'à	52,30
Calcaire	—	55,40
Schistes marneux	—	69,60
Calcaire	—	82,30
Grès aquifère contenant du gaz	—	87,10
Schistes	—	100,80
Calcaire	—	102,30
Schistes marneux	—	142,80
Calcaire	—	152
Schistes calcaires	—	160,80
Calcaire	—	162
Schistes	—	164,30
Calcaire	—	169,30
Schistes	—	178,20
Grès aquifère	—	195
Schistes graveleux	—	206,80
Calcaire	—	214,90
Schistes noirs	—	216,50
— calcaires	—	220,70
Sable gris pétrolifère	—	222,30
Schistes graveleux	—	226
Sable gris	—	232
Schistes noirs	—	239
Big Lime (calcaire du grand banc)	—	249,50
Schistes noirs	—	251,80
Calcaire	—	260,50
Schistes avec gaz et eau	—	261,10
Calcaire	—	266,80
Schistes noirs	—	270
Grès aquifère	—	272,70
Schistes marneux	—	291,50
— bruns	—	294,30
— marneux graveleux	—	302
—	—	306
— marneux	—	317
Calcaire brun	—	340
Sable à gaz	—	340,90
Schistes durs graveleux	—	347,70
Grès à gaz	—	353,60

Ce forage a été exécuté en dix-huit jours, soit avec un avancement moyen de 19^m,60 par jour ; il a été tubé avec une colonne de 8 et 1/4 pouces (209 millimètres) de 12^m,30 (drive pipe), une colonne de 6 et 1/4 pouces (159 millimètres) de 290 mètres de long, pour isoler l'eau au-dessous du niveau aquifère de 272 mètres. Il a produit, pendant les premières vingt-quatre heures, 512.000 mètres cubes de gaz, la pression était de 34 kilogrammes par centimètre carré.

La vitesse de sondage avec le procédé à la corde varie d'une façon assez notable dans un même sondage avec la nature des terrains rencontrés, surtout quand ils sont de nature variable ; il faut alors, à chaque instant, changer le régime du battage pour l'approprier convenablement au terrain traversé.

Le tableau suivant donne les vitesses d'approfondissement relevées à différentes profondeur d'un sondage.

SONDAGE A LA CORDE, SYSTÈME AMÉRICAIN

TEMPS NÉCESSAIRES POUR FORER 1 MÈTRE A DIFFÉRENTES PROFONDEURS

(Les terrains traversés étaient principalement des grès de Hamilton et de Helderberg [1])

PROFONDEUR	TEMPS REQUIS POUR FORER UN MÈTRE	PROFONDEUR	TEMPS REQUIS POUR FORER UN MÈTRE
mètres	h. min.	mètres	h. min.
12,40 à 32,60	5, 24	180 à 200	4, 20
36 à 75	3, 36 (beaucoup de lits de schistes)	213	2, 35 (schistes)
86	4, 20	216	26
93	2, 35	220	7, 10
98	4, 20	252	4, 20
101	5, 50	228	6, 50
106	8 (grès très dur)	233	4, 40
109	5	249	4, 45
120 à 127	3, 40	258 à 286	7, 10
130 à 167	14	286 à 306	7, 10
173	3, 40 (schistes)	310 à 382	7

Dans un rapport de Carll, en 1880, nous trouvons les évaluations suivantes pour le prix d'installation et d'exécution d'un sondage à la corde :

	Dollars
Derrick	350
Courroies, tuyaux, etc.	100
Chaudière, 20 chevaux ; machine, 15 chevaux	750
Forage, 1.500 pieds à 65 cents par pied (457 mètres)	975
Casing, 300 pieds à 80 cents par pied ($91^m,50$)	240
Tubing, 1.600 pieds à 20 cents par pied	320
Torpille	100
Joint étanche (packer)	25
Piston de la pompe à huile	8
Tête de tubage	3
Tuyautage pour l'huile	5
Réservoir de 25 barils	25
Réservoir de 250 barils	110
Abri des réservoirs	25
Dépenses pour le tubage	20
Dépenses diverses	50
TOTAL DOLLARS	3.106 ou 15.530 fr.

Soit une dépense totale de 32 francs par mètre ; dans ce prix se trouve compris l'amortissement des outils de forage. A cela il faut ajouter les tiges de pompe et quelques menus accessoires pour une valeur de 100 dollars (518 francs).

On voit que dans ce forage, qui a une profondeur totale de 457 mètres, il n'y a que $91^m,50$ de tube de retenue (Casing) ; il reste donc une hauteur

1. D'après l'*Engineering and Mining Journal*.

considérable, 365ᵐ,5, qui n'a pas de tubage pour soutenir les parois du forage, ce qui indique bien la physionomie générale des forages pour pétrole aux États-Unis.

Les prix payés aux entrepreneurs de sondage varient naturellement avec les régions et avec la profondeur à laquelle on veut aller.

Dans le district de Washington, où les puits ont une profondeur moyenne, l'entrepreneur de forage fournit la main-d'œuvre, le câble, les outils, le charbon.

Le propriétaire fournit :

Le derrick	3.000 fr.
Une chaudière, 20 chevaux	3.000
Une machine à vapeur, 20 chevaux	1.200
Les accessoires de tuyautage	400
TOTAL	7.600 fr.

L'entrepreneur de sondage reçoit de 7 fr. 50 à 9 fr. 60 par mètre foré.

Le chef sondeur est habituellement payé 20 francs par jour; le forgeron, 18 francs ; ces salaires sont acquittés par l'entrepreneur.

Dans l'État du Kansas, le prix de revient d'un sondage s'établit de la façon suivante :

260 mètres à 14 francs le mètre, pour le forage	3.600ᶠ »
12 mètres de tubes de 8 et 1/4 pouces, à 10 fr. 33	124 »
90 mètres de tubes, 6 et 1/4 pouces, à 8 fr. 44	759 ,60
210 mètres de tubes, 5 pouces, à 5 fr. 30	1.113 »
Tube de pompe, 260 mètres, à 2 fr. 30	598 »
Pompe	110 »
Tiges de pompes, 260 mètres, à 0 fr. 70	182 »
Réservoir de 250 barils	800 »
Divers	100 »
TOTAL	7.386ᶠ,60

ou, en moyenne, pour une profondeur de 260 mètres, 28 fr. 50 par mètre.

Au Kansas, les entrepreneurs, pour le forage seul, en fournissant seulement les outils de forage, le charbon et la main-d'œuvre, demandent 15 francs du mètre, l'avancement est, en général, de 30 mètres par jour de travail effectif pour aller à 300 mètres. Le climat est favorable au transport et les terrains se comportent bien pendant le forage.

Dans la contrée de Bradford un puits de 1.800 pieds (547 mètres) a été foré en soixante-dix jours, dont cinquante jours de forage. L'avancement par jour de forage a été de 10ᵐ,90. L'avancement moyen, y compris le temps du tubage et des réparations, 7ᵐ,80.

L'entrepreneur qui ne fournit que la main-d'œuvre, les outils de forage proprement dits et le charbon reçoit de 25 à 30 francs par mètre.

Le forage proprement dit du puits précédent reviendrait donc à 16.410 francs.

Le matériel employé pour le forage à la corde varie naturellement avec

la difficulté de travail du terrain à traverser ; en Amérique, il est compris
à peu près dans les limites suivantes :

Francs

Partie métallique du derrick	250 à 1.500
Derrick complet, y compris les bois...................	3.000 à 4.000
Chaudière et machine........................:	3.000 à 5.000
Assortiments d'outils.....:	3.000 à 25.000
TOTAL	9.250 à 35.500

Lorsque les terrains se prêtent bien à l'emploi du système de forage à
la corde, ce procédé donne donc des résultats très satisfaisants comme rapidité et comme économie ; mais, quand les terrains sont très bouleversés,
foisonnants et boulants, le système peut perdre une grande partie de ses
avantages.

En Roumanie, où les terrains sont beaucoup plus difficiles à forer que
la moyenne des terrains des États-Unis, le système à la corde n'a pas donné,
à beaucoup près, des résultats aussi satisfaisants.

Le matériel employé était naturellement, au début, celui employé par
les Américains eux-mêmes et, bien que mis en œuvre par des ouvriers
habitués à son emploi, et que, surtout dans ces dernières années, un assez
grand nombre de sondages aient été exécutés par ce procédé, le meilleur
résultat qui y ait été obtenu est le forage d'un puits de 220 mètres de profondeur en vingt-deux jours et tubé en une seule colonne. La vitesse d'approfondissement a donc été de 10 mètres par jour, tubage compris. Il y a loin
de ces 10 mètres aux 54 mètres forés par jour dans le puits de la Sheldahl
Oil C°, qui a sensiblement la même profondeur. Non seulement la vitesse
maximum d'avancement a été moindre en Roumanie qu'en Amérique, mais
une proportion relativement grande de forages exécutés par ce procédé, ont
eu des accidents et ont dû être abandonnés.

La National Supply C° de Pitsburg propose, pour l'emploi du système à
la corde en Roumanie, un matériel renforcé dont le détail est le suivant :

OUTILS DE FORAGE

3 douilles pour câble en chanvre ;
1 —   —   métallique ;
1 barre de surcharge supérieure (Sinker barr) : poids, 590 kilogrammes ;
      diamètre, 107 millimètres ; longueur, 6 mètres ;
2 coulisses (Jar) : course, 127 millimètres ; diamètre, 160 millimètres ; poids
      d'une coulisse, 227 kilogrammes ;
2 barres de surcharge inférieure : diamètre, 127 millimètres ; longueur,
      9^m,15 ; poids, 1.000 kilogrammes chaque ;
1 paire de tourne-à-gauche (clef de manœuvre), avec anneau et poignée ;
1 trépan de 17 pouces (432 millimètres) pesant 680 kilogrammes ;
1   —   —   — 500   —   ;
2   —   13   —   (330   —   );
2   —   10   —   (254   —   );
2   —   8   —   (203   —   );
1 paire de blocs de battage ;

1 clef pour les précédents ;
1 clef à bascule ;
1 grue pour la manœuvre des trépans ;
1 cuillère de 12 pouces de diamètre (304 millimètres) : longueur, 20 pieds
    (6 mètres) ;
1 cuillère de 10 pouces de diamètre (254 millimètres) : longueur, 20 pieds
    (6 mètres) ;
1 cuillère de 8 pouces de diamètre (203 millimètres) : longueur, 20 pieds
    (6 mètres) ;
1 pompe à sable de 12 pouces de diamètre (304 millimètres) ;
1   —   10   —   (254   —   ) ;
1   —   8   —   (203   —   ) ;
1 vis de rallonge (Temper Screw) ;
1 griffe pour la précédente, pour câble métallique ;
1 garniture métallique pour Spudding ;
1 paire de mâchoires à saisir les tubes, pour tubes de 18 pouces ;
1   —   —   —   14   —   ;
1   —   —   —   10   —   ;
1   —   —   —   8   —   ;
1 anneau en fonte pour soulever les tubes, avec mâchoires, pour tubes de
    18 pouces, 14 pouces, 10 pouces, 8 pouces ;
1 assortiment de calibres pour trépans ; têtes de tubes pour le battage au
    mouton, pour tubes de 18 pouces, 14 pouces, 10 pouces et 8 pouces ;
1 élargisseur Mack de 17 pouces de diamètre ;
1   —   13   —   ;
1   —   10   —   ;
1   —   8   —   ;
1 sabot pour tubes de 18 pouces de diamètre ;
1   —   14   —   ;
1   —   10   —   ;
1   —   8   —   ;
1 crémaillère de manœuvres, pour tourne-à-gauche ;
1 lot de ferrures, pour derricks et treuils.

OUTILS DE SECOURS

1 coulisse de pêchage : diamètre, 160 millimètres ; course, 610 millimètres ;
1 douille à griffe (Slip Socket) ;
1 couteau coupe-câbles ;
1 harpon simple pour câbles ;
1 douille à combinaison (Combination Socket) ;
1 cisaille à câbles ;
1 Boot Jack ;
1 redresseur de tubes, pour tubes de diamètre de 13 pouces ;
1   —   —   —   10   —   ;
1   —   —   —   8   —   .

CABLES

2.000 pieds (610 mètres) de câble de Manille de 2 pouces 1/4 de diamètre
    (57 millimètres) ;
  85 pieds (26 mètres) de câble pour commande du treuil de forage,
    2 pouces 1/2 de diamètre (63 millimètres) ;
 500 pieds (152 mètres) de câble métallique pour manœuvrer les tubes :
    diamètre, 1 pouce 1/4 (20 millimètres) ;
2.400 pieds (152 mètres) de câble métallique pour le curage : diamètre,
    5/8 de pouce (16 millimètres) ;
  12 mètres de câble sans fin, métallique : diamètre, 20 millimètres.

TUBAGE

700 pieds (211 mètres) de tubes de 18 pouces de diamètre : épaissseur, 11 millimètres ;
1.000 pieds (305 mètres) de tubes de 14 pouces de diamètre : épaisseur, 11 millimètres ;
1.500 pieds (456 mètres) de tubes de 11 pouces de diamètre : épaisseur, 11 millimètres ;
2 vérins hydrauliques de 100 tonnes chacun ;
2 palans triples ;
1 palan simple.

FOURNITURES DIVERSES

Pour forgerons, charpentiers, etc.

La dépense, pour le matériel précédent, se répartit de la façon suivante :

	Francs
Outillage	27.500
Bois pour le derrick	2.500
Machine et la chaudière	5.000
Tubage	35.000
Total	70.000

Pour les outils et le matériel autres que le bois du derrick et la chaudière, il y aurait, en outre, à payer le transport. De plus, bien que l'outillage soit assez largement prévu, il y aurait lieu de renforcer certains assortiments pour être à peu près sûr de ne pas avoir d'arrêts du fait du manque d'outils. Il serait également prudent de prévoir une colonne de tubes de 8 pouces et une de 2 et 1/2 pouces pour la pompe, afin de pouvoir s'en servir au besoin comme tige de secours et pouvoir installer une pompe; si cela est nécessaire; en sorte que la dépense totale, avec toutes ces adjonctions, ne s'écarterait pas beaucoup de 100.000 francs.

Le diamètre initial des tubes prévus est de 18 pouces, dimension très rarement employée aux États-Unis, où le diamètre initial dépasse rarement 10 pouces. Le derrick devrait, bien entendu, être du modèle Californien et comporter un deuxième treuil (Calf Wheel) pour la manœuvre des tubages.

Toute la spécification précédente indique que les Américains considèrent les terrains de Roumanie, comme difficiles à forer, et le matériel qu'ils indiquent, est à peu près ce qui se fait de plus puissant en sondage à la corde.

Si l'on compare, en effet, les tubages prévus pour le matériel précédent et qui devrait pouvoir aller jusqu'à 600 à 700 mètres, sans qu'on soit cependant assuré d'atteindre cette profondeur, avec le forage exécuté à Saint-Thomas (voir p. 122), qui a la même profondeur, on voit que, tandis que ce dernier débute avec un diamètre de 330 millimètres, celui qui a été prévu pour la Roumanie devrait commencer avec un diamètre de 18 pouces ou 457 millimètres, ce qui donne une idée de la marge à réserver pour les puits roumains. Le grand diamètre est d'ailleurs imposé, en outre, par la nécessité d'employer la cuillère pour extraire le pétrole, à cause de la grande quantité de sable que le pétrole amène généralement avec lui en Roumanie. Mais la difficulté de travail envisagée en Roumanie, se traduit aussi par les épaisseurs considérables données aux tubes, épaisseurs qui ne sont pas, à beaucoup près, employées aux États-Unis. Il ne faudrait pas compter, d'ailleurs, atteindre la vitesse d'approfondissement réalisée à Saint-Thomas, soit 11^m,40 par jour et, si elle était seulement de 2 mètres par jour, il faudrait encore en être très satisfait.

SYSTÈME CANADIEN

Ce système est particulièrement bien approprié aux conditions de travail qu'on rencontre dans la région où il a pris naissance et il est intéressant d'en étudier le fonctionnement dans cette contrée.

Dans les environs de Petrolea, on peut forer un puits à 500 pieds (152 mètres) et l'équiper complètement après torpillage en sept jours.

Ce qui donne un avancement journalier de 23 mètres au minimum ; les terrains à traverser sont :

	Pieds
Alluvions	100
Calcaires supérieurs	50
Schistes	150
Calcaire moyen	15
Schistes	50
Calcaire inférieur	70
Grès	70
Total	505

Récemment on a foré des puits dans cette région avec un prix de revient ne dépassant pas 130 £ ou 3.250 francs, soit 21 francs du mètre courant, tout compris.

Les alluvions et la première couche de calcaire sont traversés en quatre heures, soit un avancement de 11^m,20 à l'heure ; le reste du forage se fait donc avec un avancement journalier de 18 mètres environ.

Dans ces terrains avec le système par câble, il faut vingt heures pour traverser les premières couches de surface ; l'avancement horaire n'est donc que de 2^m,25, ce qui est déjà très considérable, mais ne peut se comparer au résultat remarquable fourni par le système canadien.

Le prix d'entreprise pour les forages dans les environs de Petrolea est

1.

de 30 cents par pied, ce qui représente 5 francs par mètre. Ce coût du forage proprement dit est, pour 125 mètres, de 760 francs; il reste donc, d'après le prix total indiqué plus haut, une somme de 2.490 francs pour les autres frais.

Pour faire le même forage avec le système à la corde, les entrepreneurs demandent 10 francs du mètre.

A Oil Spring district pétrolifère, voisin de celui de Petrolea et où les conditions de travail sont sensiblement les mêmes, on fore un trou de 120 millimètres à 130 mètres au prix de 5 francs du mètre ; ce sont les mêmes conditions qu'à Petrolea.

Le propriétaire fournit les tubes du casing et du tubing.

Le prix d'une installation complète de forage pour celle à 300 mètres a un diamètre de 152 millimètres, par le système Canadien est, d'après H. Brumell :

Une chaudière et une machine de 20 chevaux	4.000 fr.
Ferrures du derrick	450
Charpente du derrick	485
Courroies	250
Tiges en bois de frêne, 304 mètres	115
Horn socket	35
Two legged socket	60
Sinrker bar, 3 et 1/2 pouces	265
— 3 pouces	210
— 2 et 1/2 pouces	175
Jar, 1 et 1/4 pouce	130
— 1 et 1/8 —	115
Fisching jars, 1 pouce	75
2 dutchman subs	90
3 trépans, 6 pouces	270
3 — 4 et 3/4 pouces	210
Trépan de surface, 12 pouces	65
1 élargisseur, 8 pouces	80
1 — 6 —	70
1 — 5 —	65
2 tourne-à-gauche, pour trépans	50
— — tiges	20
20 paires de joints pour tiges	350
Chaîne de suspension des outils	70
Bout en fonte pour le balancier	30
Mouvement de rallonge de la chaîne	75
1 pied de bœuf	10
Poids de surcharge du câble	20
1 sand pump (pompe à sable), 11 mètres de long	135
Suspension de pompe à sable	20
Crochets pour les outils	15
Leviers à chaînes	15
Crochet pour tubage	40
Boulons d'assemblage des poulies	20
Boulons	20
Chaîne pour les tiges	15
Une cuillère de 12 pouces	90
— 8 —	70
30 mètres de tige en fer	225
TOTAL	8.605 fr.

D'après une autre source, les frais de sondage au Canada sont les suivants :

FRAIS POUR UN PUITS DE 142 MÈTRES DE PROFONDEUR

PRIX DE TOUTE L'INSTALLATION DE FORAGE

Chaudière, machine, derrick, tiges, outils, etc................	8.750 fr.
Main-d'œuvre de forage..................................	500
Tube de pompe de 1 et 1/4 pouce, y compris les valves, presse-étoupe, tige de pompe...................................	500
Tubage de 4 et 5/8 pouces pour 87 mètres, jusqu'au roc solide (calcaire Dévomen supérieur)	575
Chevalet à 3 pieds pour le pompage, torpillage, tiges de transmission, tuyaux..	925
TOTAL........................	11.250 fr.

La durée pour le forage d'un puits de cette profondeur est de quinze jours environ.

Le premier sondage Canadien, exécuté par des foreurs venus du Canada en Galicie, a donné 145 mètres d'avancement en cent quarante heures de travail (à Uherce), soit environ 24 mètres par jour.

M. Zipperlen a fait un sondage de 510 mètres en cinquante jours, le diamètre initial était de 300 millimètres, le diamètre final de 110 ; y compris le tubage, la durée totale du travail était de soixante et un jours donnant un avancement moyen journalier de $8^m,36$.

En Galicie, l'avancement du système Canadien varie de 8 à 30 mètres par jour suivant la dureté de la roche.

Les foreurs du Canada qui viennent en Galicie sont payés, en moyenne, 25 francs par jour ; les foreurs du pays reçoivent 250 francs par mois.

Dans les contrats de forage le prix est de 20 à 30 francs du mètre. Le foreur fournit ses outils, et la main-d'œuvre de forage ; le propriétaire fournit la machine, la chaudière, le derrick.

Le prix d'une installation de sondage Canadien pour aller à 500 mètres est de :

Derrick...	2.000 fr.
Tiges..	5.500
Chaudière et machine 15 chevaux...........................	6.000
Outils et installation de la pompe...........................	10.000
TOTAL........................	23.500 fr.

A Boryslaw, un puits a été creusé jusqu'à 1.136 mètres.

Commencé en mai 1901, le travail dura deux ans et quatre mois. Le diamètre initial était de 508 millimètres, à 84 mètres de profondeur, le diamètre était réduit à 254 millimètres, le diamètre au fond du forage était de 127 millimètres.

Les vitesses d'avancement ont été de :

PROFONDEUR	DURÉE	AVANCEMENT MOYEN JOURNALIER
Mètres	Semaines	Mètres
0 à 100......................	7	2,05
100 à 200......................	7	2,05
200 à 300......................	7	2,05
300 à 400......................	9	1,58
400 à 500......................	10	1,43
500 à 600......................	10	1,43
600 à 700......................	10	1,43
700 à 800......................	10	1,43
800 à 900......................	12	1,19
900 à 1.000......................	17	0,84
1.000 à 1.100......................	17	0,84
1.100 à 1.136......................	4	1,28
Total..................	120	

A 1.100 mètres on perdit deux semaines pour repêcher un trépan.

Le forage jusqu'à 970 mètres fut fait au système Canadien à tige de fer ; il fut terminé avec le système à câble en employant un câble métallique en acier de 22 millimètres de diamètre.

Il semble, d'après les résultats des deux dernières moyennes journalières, que le gain en vitesse d'avancement après le changement de système était très appréciable.

A Boryslaw, les prix des sondages sont approximativement par mètre :

	Couronnes[1]
Jusqu'à 800 mètres...	120
800 à 850 —	140
850 à 900 —	160
900 à 950 —	180
950 à 1.000 —	200

Quand le propriétaire met à la disposition du sondeur les appareils de sondage et les tubes, et que celui-ci ne fournit que la main-d'œuvre et le combustible, on paie 70 couronnes par mètre.

A Tustanowice, un puits commencé à 18 et 1/4 pouces, était réduit à 12 et 1/2 à 60 mètres.

L'eau fut arrêtée à 376 mètres avec un tube de 229-216.

Le puits fut continué avec un diamètre de 8 pouces jusqu'à 595 mètres, ensuite à 6 pouces jusqu'à 795 mètres ; un tube de 5 pouces fut conduit jusqu'à 1.128 mètres.

---

1. 1 couronne = 1 fr. 05.

Les vitesses de forage obtenues furent les suivantes :

		Mètres				Mètres
1er mois	....	213,5	12e mois	....	22,5
2e —	....	161	13e —	....	31,2
3e —	....	75,5	14e —	....	4,47
4e —	....	58,9	15e —	....	37,3
5e —	....	49,9	16e —	....	40,0
6e —	....	40,2	17e —	....	27,6
7e —	....	43,6	18e —	....	17,8
8e —	....	48,2	19e —	....	24,5
9e —	....	56,4	20e —	....	26,9
10e —	....	29,4	21e —	....	35
11e —	....	24,4	22e —	....	23

A 1.105 mètres des traces abondantes d'huile furent rencontrées avec de fortes pressions gazeuses et l'huile vint ensuite abondamment.

Un puits foré à cette profondeur coûte environ 200.000 francs.

Un autre puits a été foré jusqu'à 1.070 mètres avec des tiges de fer, puis continué par le système du câble.

Le prix de l'installation d'un sondage du système canadien en Roumanie à tiges de fer est un peu supérieur à celui du système canadien en Galicie. Il se décompose de la façon suivante :

Charpente, derrick, balancier, treuils, 1 de levage et 1 de curage.	7.000 fr.
Tiges et outils..	10.000
Chaudière et machine 20 chevaux	8.000
TOTAL...............................	25.000 fr.

Si l'on tient compte du fait que la pompe est comprise dans le devis que nous avons donné précédemment pour le sondage canadien en Galicie, on voit que le prix est supérieur d'environ 5.000 francs.

Les résultats obtenus par le système canadien en Roumanie sont réunis dans le tableau suivant :

PROFONDEUR EN MÈTRES	DIAMÈTRES	AVANCEMENT JOURNALIER PAR 24 HEURES EN MÈTRES
200	500 à 300	1,80
250	500 à 300	1,50
400	500 à 200	1,20

Pour un sondage exécuté dans la région de Campina par le système canadien, on peut estimer les dépenses pour une profondeur de 400 mètres un diamètre initial de 500 millimètres et un diamètre final de 200 millimètres de la façon suivante :

Tubage, par mètre, de puits terminé...........................	65 fr.
Main-d'œuvre de forage.......................................	30
Amortissement et entretien du matériel......................	8
Chauffage...	9
TOTAL................................	112 fr.

Ce prix de revient, qui ne comprend pas les frais d'administration, est plutôt élevé.

SYSTÈME DE SONDAGE ORDINAIRE A LA TIGE RIGIDE EN FER

Le système de sondage ordinaire à la tige rigide en fer, lent, mais sûr, n'est guère employé, d'une façon générale, pour les recherches de pétrole, qu'en Russie, où il convient admirablement au tempérament des ouvriers qu'on emploie.

En dehors de cette contrée, il a été employé pour le pétrole à quelques recherches isolées, et ce système, sans disparaître, est employé de moins en moins fréquemment, les nouveaux systèmes à curage hydraulique tendant de plus en plus à avoir la préférence pour les nouvelles recherches minières qu'on entreprend en Europe.

On peut compter qu'un outillage un peu complet pour aller à 600 mètres, profondeur qu'on doit considérer aujourd'hui comme un minimum pour les recherches de pétrole, sauf indications contraires et bien certaines fournies par l'étude géologique du terrain, est d'environ 40.000 francs.

A cela, il faut ajouter le prix du derrick et le coût du transport de tous ces matériaux à pied d'œuvre.

Des nombreux sondages qui ont été exécutés à la tige rigide, on peut déduire que les prix moyens, tous frais payés, sont en Europe, dans les contrées qui ne sont pas d'un accès trop difficile, par mètre :

```
Jusqu'à 300 mètres.............................................  100 fr.
De 300 à 500    —    .........................................  130
De 500 à 700    —    .........................................  150
```

Mais ces chiffres ne sont que des moyennes, et l'on peut s'en écarter notablement, soit en dessous, soit en dessus, suivant la nature du terrain, les accidents qu'on peut avoir à réparer, et la facilité plus ou moins grande du tubage.

Comme sondage profond exécuté à la tige en fer, on peut citer celui qui a été exécuté pour le compte du Creusot à Charmoy (Saône-et-Loire) et qui, poussé à 1.170 mètres, a coûté 300 francs du mètre, l'avancement moyen ayant été de 0^m,70 par jour.

Le sondage de Sperenberg près Berlin, terminé en 1871, a été poussé à 1.270 mètres, et a coûté 175 francs du mètre, l'avancement moyen journalier ayant été de 1^m,50.

Le sondage de Leith, qui est allé à 1.338 mètres, a coûté 300 francs du mètre avec un avancement de 1^m,50 par jour, mais ces deux sondages ont été exécutés dans des terrains faciles, surtout celui de Sperenberg exécuté presque en entier dans le sel gemme.

D'une façon générale, l'avancement des forages à la tige rigide est d'environ 2 mètres par jour à la surface pour ne plus être que de 0^m,50 à 1.000 mètres de profondeur.

Nous examinerons avec un peu plus de détail les sondages exécutés à Bakou avec la tige rigide, puisque, dans cette région, ils sont spécialement employés pour la recherche du pétrole.

Ces sondages commencent généralement avec un diamètre de 660 millimètres pour se terminer vers 450 mètres à 350 millimètres.

Si nous prenons comme terme de comparaison un sondage ayant à peu près les mêmes dimensions, et exécuté en France, nous voyons que le sondage de Bray-Dunes commence à 650 millimètres, s'est terminé à 443 mètres avec un diamètre de 350 et que l'avancement moyen a été de 1^m,70 par jour et le prix de revient de 102 francs du mètre.

Le prix du revient de sondage à Bakou dépasse presque toujours 300 francs, et l'avancement journalier dépasse rarement 1 mètre.

Ceci est dû aux difficultés particulières du terrain, mais aussi à la moindre habileté des ouvriers employés et aussi au prix relativement élevé des matériaux en Russie.

Cependant, toutes choses égales d'ailleurs, il ne faudrait pas compter sur un avancement dépassant 1^m,20 par jour et un prix inférieur à 200 francs.

A Bakou, les sondages se font très fréquemment par contrat; les conditions de ces contrats sont à peu près les suivantes :

Le propriétaire fournit le derrick, le treuil, la machine à vapeur, la chaudière, la lumière électrique pour l'éclairage, la voie d'accès au puits, les fondations du derrick, les tubes, le ciment nécessaire au cimentage du puits, si ce travail doit être exécuté.

Il fournit également les outils nécessaires à l'enlèvement des tubes et à leur coupage.

L'entrepreneur s'engage à commencer le forage à un diamètre déterminé (26 pouces le plus souvent, 662 millimètres) et à arriver à une profondeur de 200 sagènes ou 426 mètres à un diamètre déterminé (14 pouces = 355 millimètres.

Si l'entrepreneur est arrivé au plus petit diamètre spécifié avant que la profondeur correspondante ne soit atteinte, il doit fournir le reste des tubes pour atteindre cette profondeur de 200 sagènes.

Chaque colonne doit franchir 30 sagènes (63^m,90) en moyenne au-dessous de la précédente.

Si le propriétaire fait arrêter les travaux pour extraire du pétrole avec la pompe à sable, pour essayer le débit d'un niveau pétrolifère rencontré avant la profondeur de 200 sagènes, l'entrepreneur est relevé de l'obligation d'arriver à cette profondeur avec un diamètre déterminé.

Ceci a pour raison que des tubes qui pouvaient encore s'enfoncer librement avant l'arrêt du travail pour l'essai de pompage se trouvent souvent immobilisés après l'arrêt du travail de forage; pendant le pompage, le sable vient s'accumuler derrière les tubes, étant entraîné vers le forage par le courant liquide, eau ou pétrole, qui afflue vers le puits.

Si le propriétaire fait arrêter les travaux pendant une période quelconque, il doit à l'entrepreneur une indemnité de 30 roubles par jour de suspension de travail; inversement, l'entrepreneur paie au propriétaire 30 roubles par jour, s'il arrête le forage.

S'il y a des arrêts du fait du propriétaire, l'entrepreneur est relevé de l'obligation d'arriver à la profondeur de 200 sagènes avec un diamètre de tube déterminé.

Les prix payés à l'entrepreneur sont de 80 roubles par sagène jusqu'à la profondeur de 100 sagènes; à partir de cette profondeur, le prix augmente de 10 roubles [1] par sagène avec chaque augmentation de profondeur de 10 sagènes (80 roubles = 208 francs pour $2^m,13$ ou 98 francs par mètre) :

Entre 100 et 110 sagènes	90 roubles par sagène
— 110 et 120 —	100 —

Si l'on dépasse 200 sagènes (ou 426 mètres), le prix par sagène augmente de 20 roubles par chaque augmentation de profondeur de 10 sagènes :

De 200 à 210 sagènes.....................	190 roubles par sagène
210 à 220 —	200 —

Si l'on fait le calcul du prix du forage pour un puits de 200 sagènes, on voit qu'on paie au sondeur 21.500 roubles ou 58.050 francs.

Pour le tubage avec 8 colonnes de tubes se succédant à 30 sagènes les unes des autres, on arrive au prix de 20.000 roubles (54.000 francs).

Soit, en tout, environ 40.000 roubles, auxquels il faut ajouter les frais incombant au propriétaire, soit 7.000 roubles environ (17.900 francs).

On peut donc estimer un puits à Bakou à 47.500 roubles pour une profondeur de 200 sagènes (soit 130.000 francs).

Le prix au mètre courant foré et tubé ressort ainsi à 307 francs par mètre courant.

Si le puits est foré par le propriétaire lui-même et que l'outillage de forage soit amorti sur un assez grand nombre de puits, le prix de revient est certainement beaucoup moins élevé. Mais la surveillance difficile des ouvriers, les nombreuses chances d'accident au personnel et au matériel pendant ces délicates opérations, les chances d'incendie et d'autres causes encore font que beaucoup de propriétaires préfèrent avoir recours à l'entreprise.

---

1. L'augmentation de 10 roubles par sagène correspond à une augmentation de 12 fr. 40 par mètre; cette augmentation ayant lieu par chaque période de $21^m,30$.

Les prix cités précédemment sont une moyenne et les prix ci-dessous fournis par le Nephtianoe Dielo serviront à fixer les idées.

PROFONDEUR EN MÈTRES	PRIX EN FRANCS	PRIX PAR MÈTRE EN FRANCS
473	162.500	344
452	136.200	310
477	181.000	379
477	118.900	250
438	116.900	268
515	177.600	345
464	135.200	292
512	162.000	317
485	156.800	323
514	151.000	294
480	182.800	372
493	155.900	316
486	138.000	284
465	148.500	320

Ces prix comprennent les opérations de forage, l'usure des outils et le tubage, mais ne comprennent pas la fourniture de la vapeur pour le treuil de forage, qui est d'environ 50 francs par mètre foré.

Les tubages successifs pour un forage de 282 mètres sont les suivants :

DIAMÈTRES		LONGUEUR EN MÈTRES	POIDS EN KILOGRAMMES
EN POUCES	EN MILLIMÈTRES		
26	662	25	3.400
24	612	77	7.600
22	560	128	11.300
20	508	176	15.600
18	478	240	17.900
16	407	280	22.700
TOTAL..........................			78.500

Pour un forage de 282 mètres, le prix se compose de :

Tubage... 31.300 fr.
Rivetage et mise en place.................................... 4.600
Forage (outils et main-d'œuvre)............................ 31.400

ou 129 francs par mètre.

Vapeur... 12.400 fr.
Frais généraux.. 6.500
TOTAL............................... 86.200 fr.

ou 382 francs par mètre.

Pour un forage de 435 mètres :

Tubage.. 80.700 fr.
Main-d'œuvre.. 62.200

ou 143 francs du mètre.

Vapeur et frais généraux................................... 37.100
                          TOTAL............................. 180.000 fr.

ou 415 francs par mètre.

La durée du forage d'un puits de 450 mètres environ est d'à peu près vingt mois, soit un approfondissement d'environ $0^m,90$ par jour de travail.

Afin qu'on puisse se faire une idée de la durée de travail d'un forage à Bakou, nous donnons ci-dessous le tableau par district du nombre de puits en forage pendant l'année 1903, du nombre de puits achevés pendant cette année et de ceux qui n'étaient pas achevés à la fin de l'année.

Nous donnons également, pour ceux qui ont été terminés pendant l'année 1903, l'année pendant laquelle les travaux ont été commencés.

	PUITS		
	FORÉS (1903)	TERMINÉS	NON TERMINÉS
Balachany........................	178	32	146
Sabountchy.......................	339	95	245
Romany...........................	138	34	104
Bibi Eibat.......................	157	36	121
Binigadi.........................	4	1	3
TOTAUX............	817	198	619

Parmi les puits terminés en 1903 :

Puits commencé en 1892... 1
—   1897... 1
—   1898... 4
—   1899... 10
—   1900... 39
—   1901... 56
—   1902... 72
—   1903... 15
                  TOTAL.............................. 198

En 1903, il y avait 710 puits en réparation ou en approfondissement :

Balachany.. 172
Sabountchy... 320
Romany... 101
Bibi Eibat... 116
Bungadi.. 1
                  TOTAL............................. 710

On voit donc qu'en moyenne la durée de travail pour un puits est de deux ans, soit, en défalquant les jours d'arrêt, une durée effective de travail de six cents jours, donnant une vitesse d'approfondissement, tubage compris, de 0^m,80 environ par jour.

Si l'on se reporte à ce qui a été dit pour les forages exécutés à la tige rigide dans d'autres contrées, on voit que la vitesse d'approfondissement est à Bakou notablement inférieure à celle qu'on obtient ailleurs, ce qui est dû en partie aux difficultés particulières du terrain et en partie aussi aux mœurs du pays.

Nous donnons ci-dessous le devis du matériel nécessaire pour exécuter un sondage allant à 600 mètres, avec le système à tige rigide :

	Francs
Chaîne de manœuvre, poulie de câble, poulie de chaîne et accessoires.	2.000
Treuil de sondage...	2.000
Ferrures de bascule...	600
Têtes de sonde, 50, 40, 35 et 27 millimètres......................	140
Agrafes de relevée, 50, 40, 35 et 27 millimètres.................	160
— ordinaires, 50 et 27 millimètres........................	140
Supports de sonde, 50 et 27 —	120
Tourne-à-gauche de manœuvre, à vis de pression, 50 et 27 millimètres...	100
Tourne-à-gauche à dévisser, 65, 50 et 27 millimètres.............	80
— simple, 50 et 27 millimètres	60
Tube conducteur	150
1 barre de raccord, 65/50 millimètres, longueur 4 mètres........	170
1 — , 65/50 — , — 1 —	100
3 — , 50 — , — 4 —	500
1 — , 50 — , — 1 —	100
1 — , 50/40 — , — 4 —	110
1 — , 50/40 — , — 1 —	60
1 — , 40/35 — , — 4 —	80
1 — , 40/35 — , — 1 —	50
1 — , 35/27 — , — 4 —	70
1 — , 35/27 — , — 1 —	40
1 — , 27 — , — 1 —	40
1 — , 27 — , — 2 —	50
100 — , 27 — , — 6 —	6.000
2 trépans de 450 millimètres....................................	1.000
2 — 400 —	900
2 — 350 —	850
2 — 300 —	800
2 — 250 —	600
2 — 200 —	500
1 cuillère à soupape, 350 millimètres...........................	500
1 — à boulet, 350 —	700
1 — à soupape, 280 —	450
1 — à boulet, 280 —	500
1 — à mouche, 280 —	450
1 — à boulet, 180 —	250
1 — à mouche, 180 —	250
Outils de secours { 1 harpon pour câble	100
1 caracole à vis...	300
1 pince à vis..	500
1 caracole de 27 millimètres...................................	40
1 cône taraudé de 27 millimètres..............................	250
1 — de 40 —	250
À REPORTER.....................................	21.760

	Francs
Report..	21.760
1 détente renforcée...	40
Ferrures pour le treuil de battage et accessoires (arbre, roue, pignon, volant-poulie, plateau-manivelle, bielle, vis de rallonge, 1 barre de 27 millimètres, $0^m,50$, lanterne-guide, chute libre) ..	3.000
Treuil de curage..	2.500
Câble pour le curage (en acier)...............................	600
1 élargisseur pour tubes de 400 millimètres....................	1.000
1 — — de 300 —	600
1 — — de 200 —	500
Outils pour le rivetage des tuyaux............................	2.000
Total......................................	32.000

Si les terrains sont particulièrement difficiles, il y aurait à prévoir une installation spéciale pour la manœuvre des tubes. Treuil spécial, palans, vérins, colliers en fonte, etc.

Ce devis ne comprend ni la machine à vapeur, ni la chaudière, ni la charpente en bois[1].

SYSTÈMES A CURAGE HYDRAULIQUE ET A PERCUSSION

En Alsace, où l'on a essayé comparativement le système Rapid et le système canadien, on a obtenu les résultats suivants :

Avec 8 centimètres de chute, on frappait 125 à 130 coups par minute.

On est descendu à 250 mètres en quarante et un jours avec le système canadien et en seize jours avec le système Rapid ; à 400 mètres en cent quarante jours avec le système canadien, et en vingt-neuf jours avec le système Rapid.

Avec le système canadien, il fallait que les tubes suivissent le trépan à 25 mètres ; avec le système Rapid, on pouvait laisser 100 mètres sans être tubés.

Les maximums journaliers d'approfondissement ont été $17^m,60$ avec le système canadien et 54 mètres avec le système Rapid.

On a également exécuté, à l'aide du système Rapid, un sondage pour recherche de pétrole à Zeitieh (Égypte), qui a atteint la profondeur de 963 mètres. A Nurshan, en Bohême, on est allé à 820 mètres.

Un appareil à système hydraulique à percussion pour aller à 400 mètres, coûte environ 30.000 francs, sans la charpente.

SYSTÈME ROTATIF A CURAGE HYDRAULIQUE

Le système rotatif hydraulique a donné au Texas, où les terrains lui conviennent parfaitement, des résultats remarquables. A Powel, les forages, qui

---

1. Le devis précédent a été établi en employant des tiges plus légères qu'on ne le faisait autrefois ; il y a une tendance, actuellement, à alléger le matériel.

SONDAGE EXÉCUTÉ A POTOK (GALICIE) PAR LE SYSTÈME RAPID, POUR LA RECHERCHE DU PÉTROLE EN 1899 (AVANT-PUITS 9 MÈTRES)

DATES	AVANCEMENT JOURNALIER	PROFONDEUR TOTALE	TUBAGE DIAMÈTRE en millimètres	LONGUEUR TUBÉE	HEURES D'ARRÊT	OBSERVATIONS
Août						
Mercredi 2.......	4,80	13,80	304	8,00	»	Sables.
Jeudi 3.......	4,60	18,40	»	13,50	»	»
Vendredi 4.......	5,90	24,30	»	16,50	»	Schistes bleus.
Samedi 5.......	9,51	33,81	254	24,76	»	»
Lundi 7.......	16,84	50,65	»	»	12	Schistes.
Mardi 8.......	»	»	234	49,00	»	»
Mercredi 9.......	21,00	71,65	»	58,98	»	»
Jeudi 10.......	20,00	91,65	»	86,99	»	»
Vendredi 11.......	»	»	»	»	24	»
Samedi 12.......	11,00	102,65	»	100,20	8	»
Lundi 14.......	18,35	121,00	»	114,87	»	»
Mardi 15.......	»	»	»	»	»	»
Mercredi 16.......	12,00	133,00	177	120,11	»	Schistes et grès.
Jeudi 17.......	16,00	149,00	»	144,51	»	»
Vendredi 18.......	21,70	170,70	»	163,42	»	»
Samedi 19.......	22,00	192,70	»	183,70	»	»
Lundi 21.......	14,20	216,90	»	199,86	»	»
Mardi 22.......	14,50	221,40	»	210,41	»	»
Mercredi 23.......	19,20	240,60	»	220,44	»	»
Jeudi 24.......	»	»	»	»	»	»
Vendredi 25.......	3,80	244,40	»	236,62	»	»
Samedi 26.......	5,00	249,40	»	248,70	»	Schistes très durs.
Lundi 28.......	8,80	257,20	»	251,57	»	»
Mardi 29.......	4,50	261,70	»	261,70	»	»
Mercredi 30.......	»	»	»	»	24	»
Jeudi 31.......	»	»	»	»	24	»
Septembre						
Vendredi 1.......	6,80	268,50	»	»	8	Schistes très durs et grès aquifères.
Samedi 2.......	18,60	287,10	»	»	»	»
Lundi 4.......	17,00	304,10	»	»	»	»
»	»	»	»	»	96	»
»	»	»	»	»	36	»
Jeudi 14.......	21,80	325,90	152	316,78	»	»
Vendredi 15.......	16,00	341,90	»	338,81	»	»
Samedi 16.......	8,60	350,50	»	350,28	»	»
Lundi 18.......	11,60	362,10	»	»	»	Schistes et grès.
Mardi 19.......	17,00	379,10	»	374,83	16	»
Mercredi 20.......	6,50	385,60	»	380,28	22	»
Jeudi 21.......	2,00	387,60	»	»	»	»
Vendredi 22.......	15,40	403,00	»	390,55	»	Grès.
Samedi 23.......	14,00	417,00	»	»	»	»
Lundi 25.......	3,40	420,40	»	395,85	20	»
Mardi 26.......	7,30	427,70	»	»	15	»
Mercredi 27.......	4,40	432,10	»	»	»	»
Jeudi 28.......	1,95	434,05	»	»	»	»
Vendredi 29.......	»	»	»	»	»	»
Samedi 30.......	»	»	»	»	24	»
Octobre						
Lundi 2.......	2,00	436,05	»	»	»	»
Mardi 3.......	»	»	»	»	»	»
Mercredi 4.......	»	»	»	»	»	»
Samedi 5.......	1,70	437,75	127	425,30	»	»

ont 240 mètres de profondeur moyenne, sont terminés en quelques jours et coûtent 5.000 francs ; le dernier tubage a 4 pouces de diamètre ; le pétrole coule naturellement. Le forage proprement dit coûte 2 francs du mètre jusqu'à 90 mètres et 5 francs du mètre de 90 à 150 mètres[1].

Le prix d'un appareil rotatif comprenant la chaudière, la machine à à vapeur, l'appareil de levage, les outils accessoires, la table de rotation, est d'environ 16.000 francs ; quand on emploie deux chaudières et deux pompes pour éviter toute chance d'arrêt, le prix est de 20.000 francs. Tous les appareils nécessaires pour pouvoir employer à la fois le système à câble et le système rotatif coûtent 28.000 francs. Ces prix ne comprennent pas les bois de charpente.

1. Ces prix ne sont atteints que dans les terrains exceptionnellement favorables au système.

CHAPITRE III

DISTRIBUTION GÉOGRAPHIQUE ET GÉOLOGIQUE DU PÉTROLE

PREMIÈRE PARTIE. — **AMÉRIQUE**

I

ÉTATS-UNIS

I. — HISTORIQUE DES DÉBUTS DE L'INDUSTRIE DU PÉTROLE

Aux États-Unis, l'extraction de l'huile de schiste précéda l'industrie du pétrole ; aussi, vers 1854, le Dr Newberry, qui habitait Méca (Ohio), où l'on recueillait une huile sortant du sol, pour la vendre au prix de 1 dollar le gallon pour des emplois pharmaceutiques, trouvant qu'elle ressemblait à l'huile de schiste brute, en envoya-t-il un échantillon à M. Everett, fabricant d'huile de cannel coal à Canfield (Ohio), pour l'examiner. Cela n'eut toutefois pas de suite.

En 1845, M. P.-G. Stranaban, en creusant un puits pour avoir de l'eau, avait aussi trouvé du pétrole dans l'État de Pensylvanie, à Oxbow Hill, près de Union City ; il n'attacha pas d'importance à sa découverte.

Dans la région de Oil Creek, des puits donnaient depuis longtemps un mélange de pétrole et d'eau ; à l'aide de couvertures, on absorbait le pétrole, qui était exprimé ensuite. M. J.-D. Augier eut l'idée, pour perfectionner ce procédé, de creuser plusieurs puits suivant la pente du terrain, et de les équiper en vases florentins, pour laisser écouler l'eau et garder le pétrole ; il obtint ainsi 6 gallons de pétrole par jour, ce qui fut considéré comme un grand succès.

De 1845 à 1855, aux environs de Tarentum, un certain nombre de forages avaient été faits pour recueillir des eaux salées qui servaient à obtenir du sel, mais souvent ces forages donnaient en même temps des quantités assez importantes de pétrole qui gênaient considérablement la fabrication, et il arriva même que M. Kier, l'un des exploitants, ayant foré un puits pour obtenir du sel, ne trouva que du pétrole. Le gendre de M. Kier était pharmacien, sa femme étant atteinte de consomption prenait comme remède « l'huile américaine » et en éprouvait un soulagement marqué, son mari eut alors l'idée que l'huile qui sortait du puits de son beau-père devait être aussi de « l'huile américaine »; après examen par un chimiste, cette supposition fut reconnue exacte, et il se mit à débiter cette huile comme remède; peu après, il la distilla et la traita de la même façon que l'huile de schiste; il obtint ainsi un produit qu'il reconnut propre à l'éclairage et au nettoyage des laines, et il se mit à en fabriquer de petites quantités, qu'il livra à la consommation.

MM. Brewer et Watson, ayant probablement eu vent de la chose, firent analyser de leur côté l'huile de Oil Creek et, ayant reconnu qu'elle pouvait aussi donner un produit propre à l'éclairage, ils fondèrent une société pour son exploitation.

Le 10 novembre 1854, ils achetèrent à M. G. Eveleth, de New-York, 105 acres de terre à la jonction de la rivière Pine Creek avec Oil Creek, et la Société « The Pennsylvania Rock Oil C° » fut enregistrée le 30 décembre 1854; elle subit différentes transformations et devint, en 1857, « The Seneca Oil C° », et M. E.-L. Drake fut engagé au printemps suivant pour forer à Titusville des puits pour la recherche du pétrole.

En mars 1858, M. Drake, appelé on ne sait pourquoi « colonel » Drake dans la région de Oil Creek, commença les travaux; il semble qu'il chercha à approfondir un ancien puits abandonné, mais qu'il n'y put parvenir tout d'abord, à cause des sables mouvants qu'il rencontra. C'est alors qu'il eut l'idée, pour surmonter cette difficulté, d'enfoncer dans le sable un tube en fer, en battant avec un mouton, tout en retirant le sable de l'intérieur du tube. Le procédé du « drive pipe » était trouvé.

On a tout lieu de croire qu'il occupa tout son temps, pendant la saison de 1858, à enfoncer son tube, au travers des 36 pieds (11 mètres environ) de terrain mou qui le séparaient du rocher, et en préparant le derrick et les différents accessoires qui devaient lui permettre de continuer le forage quand il aurait atteint le terrain solide. Les travaux furent suspendus quelque temps à cause de la désertion du personnel, et l'on engagea M. William Smith et ses deux fils, qui avaient une grande expérience du forage des puits pour la recherche de l'eau salée, pour continuer les travaux. Ils arrivèrent à Titusville avec leurs outils vers le milieu du mois de juin 1859; après quelques accidents, ils parvinrent à creuser 33 pieds jusqu'au 28 août 1859, et rencontrèrent une crevasse dans laquelle les outils s'enfoncèrent de 20 centimètres; ce jour-là était un samedi, la suite des travaux fut remise au lundi suivant. Mais, le lendemain après midi, dimanche par conséquent, le fils Smith étant venu faire un tour au chantier, trouva le puits plein d'un liquide noirâtre qu'il reconnut être du pétrole[1]. Le but était atteint.

---

1. Cette histoire du premier puits *foré* avec l'intention formelle de trouver du pétrole a été établie, après une minutieuse enquête, par M. Peckham; elle semble être la version exacte de ce qui fut l'origine de l'extraction du pétrole aux États-Unis.

Le branle étant ainsi donné, il y eut une telle affluence de travailleurs, que la surproduction amena l'avilissement des prix.

En 1860, la production était de 200 barils par jour ; en 1861, de 700 barils par jour, et, vers la fin de l'année, des puits jaillissants la portèrent à 7.000 barils par jour. Le prix du pétrole tomba à 20 cents, puis 10 cents par baril (0 fr. 40 environ par 100 kilogrammes).

Les succès obtenus en Pensylvanie amenèrent à travailler dans la vallée de Muskingum, dans l'État de l'Ohio et aussi dans la Virginie Occidentale.

On fit aussi à la même époque des tentatives d'exploitation en Californie, notamment dans la région de Santa-Barbara (Los Angeles), mais les entreprises conduites probablement avec peu de soin, firent faillite pour la plupart, et la production resta pendant longtemps de quelques mille barils par jour.

Au confluent des rivières Clarion et Allegheny, les recherches commencèrent en 1863, mais ce fut seulement en 1868, qu'un puits particulièrement productif, aux environs de Parker, attira l'attention sur cette région appelée depuis « Lower Country », par opposition à la « Upper Country » où avait débuté la production du pétrole. La « Lower Country » comprenant les comtés de Butler, Armstrong et Clarion.

En 1867, M. C.-D. Angel, qui extrayait du pétrole à Belle-Island, sur la rivière Allegheny, à 25 milles au-dessous de Oil Creek, avait remarqué que, dans la région dite Upper Country, les puits les plus productifs étaient généralement situés sur une bande de terrain étroite, allant de Scrubgrass, sur la rivière Allegheny, à Petroleum Center sur la rivière de Oil Creek; il pensa que cette distribution pouvait bien se rencontrer aussi dans la nouvelle région de la « Lower Country », et que la bande passant par Saint-Petersburg, dans le comté de Clarion, Parker et Bar Creek dans le comté de Butler, devait être productive. Cette bande était presque parallèle à la précédente. Ce fut là l'origine de la théorie des bandes « Belt Theory ».

D'autres opérateurs appliquèrent cette théorie un peu à tort et à travers et, en cherchant l'extension de la zone pétrolifère de « l'Upper Country », ils arrivèrent de proche en proche, et après des fortunes diverses, aux environs de la ville de Bradford (comté de Mac Kean). Mais, là, les résultats heureux se firent longtemps attendre, et il fallut de nombreuses tentatives infructueuses avant de trouver le pétrole dans cette région, qui devait cependant devenir l'une des plus productives des États-Unis.

En 1862, des recherches avaient déjà été faites dans cette région, mais sans succès; les travaux du premier forage avaient été arrêtés à une profondeur de 200 pieds.

En 1866, plusieurs habitants de la ville de Bradford s'étaient associés pour approfondir le puits précédemment foré; ils le poussèrent à 875 pieds; ils forèrent un autre puits à 900 pieds à Shepherd Farm, dans la vallée de Tuna Creek. Les deux puits précédents étaient de 150 pieds trop courts, pour atteindre la couche pétrolifère qui se trouvait sous leurs pieds.

D'autres puits furent forés sans plus de succès, et les travaux furent abandonnés.

En 1871, MM. James et E. Buts constituèrent une nouvelle société, la « Foster Oil C° », et forèrent un puits à Gilbert Farm, à 3 kilomètres au nord de Bradford.

Ils commencèrent à avoir des traces de pétrole à 751 pieds, et au mois de novembre ils eurent un débit de 10 barils par jour. D'autres puits furent entrepris, mais les résultats furent médiocres, et les recherches ne commencèrent à donner de bons résultats qu'en 1874, quand MM. Butts et Forster, ayant foré un puits à Archy Buchanam Farm, à 4 kilomètres au nord-est de Bradford, obtinrent 70 barils par jour. Quatre ans plus tard, cette région produisait 23.700 barils par jour. En 1880, la Pensylvanie produisait 72.214 barils par jour, et la région de Bradford comptait dans ce total pour 63.000 barils.

En 1879, dans la région des comtés de Venango, Warren, Clarion et Butler, 475 puits furent forés, dont 122 furent improductifs, soit 25,7 0/0. La région de Bradford était de beaucoup la plus régulière et la plus productive de Pensylvanie, car, pendant la même période, 2.536 puits furent forés dont 76 seulement furent improductifs, soit 3 0/0 environ.

La production journalière des puits de la région de Bradford était au début de 20 barils par jour; dans la région de Venango, la production était plus faible, cependant quelques-uns d'entre eux produisirent jusqu'à 2.000 et 3.000 barils par jour. De 1875 à 1879, 6.249 puits furent forés dans la région de Bradford; 236 ou 3,77 0/0 furent improductifs. Pour la même période, dans la région de Venango, il y avait 25 0/0 de forages improductifs.

Dans l'État d'Ohio, à Méca, les recherches de pétrole commencèrent dès 1860; les terres furent louées moyennant une redevance de 1/10 à 1/4 du pétrole brut. Les forages qui y furent exécutés donnèrent de 10 à 20 barils par jour, mais les résultats étaient peu encourageants, car, en 1880, le résultat total de ce chantier se soldait plutôt en perte.

La production du pétrole s'est développée peu à peu aux États-Unis d'une façon remarquable. Aux États de Pensylvanie, de l'Ohio et de New-York sont venus s'ajouter, dans la liste des États producteurs de pétrole, ceux de la Virginie Occidentale, du Kentucky, du Tennessee, de l'Indiana et dans ces dernières années, les États de Kansas, de Californie, du Texas, de la Louisiane, et les Territoires Indiens.

Le développement de la production du pétrole, dans l'État de Californie, a été remarquablement rapide; quant à la région Texas-Louisiane, sa production s'est révélée tout à coup, en 1901, d'une façon qui tient du prodige.

Le développement de la région Kansas, Territoires Indiens, est gênée par la difficulté des communications.

De cet ensemble de faits, il résulte que les États-Unis maintiendront facilement pendant de longues années leur taux de production et pourront même l'accroître si cela est nécessaire, car, en dehors des régions exploitées, il en existe encore de nombreuses où le pétrole a été signalé. Dans certaines de ces régions, les recherches, même ayant donné de bons résultats, ont été arrêtées faute de moyens de communications suffisants, et dans d'autres, beaucoup plus nombreuses, aucune recherche n'a encore été entreprise.

Le tableau suivant indique, pour l'ensemble des États-Unis, la progression de la production depuis l'année 1859, jusqu'à l'année 1906, en nombres de barils américains de 42 gallons :

Années	Nombre de barils	Années	Nombre de barils
1859	2.000	1883	23.449.633
1860	500,000	1884	24.218.438
1861	2.113.609	1885	21.858.785
1862 [1]	3.056.690	1886	28.064.841
1863	2.611.309	1887	28.283.483
1864	2.116.109	1888	27.612.025
1865	2.497.700	1889	35.163.513
1866	3.597.700	1890	45.823.572
1867	3.347.300	1891	54.292.655
1868	3.646.117	1892	50.509.657
1869	4.215.000	1893	48.431.066
1870	5.260.745	1894	49.344.516
1871	5.205.234	1895	52.892.276
1872	6.293.194	1806	60.960.361
1873	9.893.786	1807	60.475.516
1874	10.926.345	1898	55.364.283
1875	12.162.514	1899	57.070.850
1876	9.132.669	1900	63.620.529
1877	13.350.363	1901	69.389.194
1878	15.396.868	1902	88.766.916
1879	19.914.146	1903	100.461.337
1880	26.286.123	1904	117.063.421
1881	27.661.238	1905	134.715.000
1882	30.510.830	1906	123.000.000 [2]

II. — ZONE PÉTROLIFÈRE DE LA RÉGION DES APPALACHES [3]
(APPALACHIAN FIELD)

Ce champ pétrolifère comprend toutes les exploitations qui produisent le pétrole dit communément de Pensylvanie (Pennsylvania Oil).

Il s'étend depuis Wellsville, et on peut même dire Short-Tract, dans l'État de New-York (comté de Alleghany) au nord-est, jusqu'en Alabama, en traversant la Pensylvanie, la Virginie Occidentale, le sud-est de l'Ohio, le Kentucky et le Tennessee (voir planche III).

Le Kentucky, dans ce groupement, prend de plus en plus d'importance, le Tennessee, se développe lentement, les autres États maintiennent difficilement leur production.

---

1. En plus des chiffres indiqués jusqu'en 1862, on estime à 10.000.000 de barils, la quantité de pétrole perdu, faute d'écoulement commercial.

2. La diminution de production en 1906 est due à la baisse subite de la production du Texas, mais cette diminution eût été largement compensée, si le manque de débouchés n'avait pas paralysé l'extraction en Californie, dans les territoires indiens, et en Illinois.

3. Monts Alleghénis ou Alleghanys.

Le pétrole produit dans l'État de New-York est rattaché à la Pensylvanie et particulièrement au champ pétrolifère de Bradford, qui s'étend sans discontinuité jusqu'aux environs de Olean et Carrollton (comté de Cataraugus).

Un champ indépendant se trouve à l'est du champ de Bradford, dans le comté de Alleghany, aux environs de Richburg ; en 1901, plus au nord, on a trouvé du pétrole aux environs de Short-Tract.

A 8 kilomètres à l'est du lac de Canaudaigua, on a foré un puits en 1865, et l'on a obtenu du pétrole ; jusqu'ici, ce puits est le point nord-est extrême de la production du pétrole dans l'État de New-York.

Le tableau suivant indique la production totale du champ pétrolifère des Appalaches depuis l'année 1889 jusqu'en 1904, en barils de 42 gallons :

Années	Barils de 42 gallons	Années	Barils de 42 gallons
1889	22.355.225	1897	35.230.271
1890	30.073.307	1898	31.717.425
1891	35.848.777	1899	33.068.356
1892	33.432.377	1900	36.295.433
1893	31.365.890	1901	33.618.171
1894	30.783.424	1902	32.018.787
1895	30.960.639	1903	31.558.248
1896	33.971.902	1904	31.408.567 [1]

La production a d'abord crû d'une façon rapide jusqu'en 1882 où elle atteint 30.000.000 de barils ; elle baisse ensuite pour tomber à 26.000.000 de barils en 1888 ; en trois ans, elle remonte à 36.000.000 de barils ; puis, après des fluctuations diverses jusqu'en 1899, elle redescend d'une façon ininterrompue et arrive, en 1904, à 32.000.000 de barils.

Tout l'ensemble des régions pétrolifères comprenant non seulement la région des Appalaches proprement dites, mais encore celles de l'Indiana, de l'Illinois, du nord de l'Ohio et du sud du Canada, se trouve situé dans une contrée d'une remarquable unité géologique.

Au nord, elle est limitée par le territoire où affleure le grand massif des terrains archéens, qui a souvent été désigné sous le nom de « bouclier canadien », dont les couches plongent dans la direction sud qui, seule, nous intéresse, sous les couches du précambrien, du cambrien, du silurien, du dévonien et du carbonifère. Bien que les formations précambriennes semblent s'étendre d'une façon à peu près continue sur toute la surface considérée, il y avait encore dans la région des monts Alleghanys et parallèlement à leur direction, une zone exondée où le précambrien manque, et qui formait l'amorce des plissements futurs.

Les formations cambriennes, au contraire, n'ont recouvert que peu à peu cette région, en mordant progressivement sur elle par la périphérie, et finissant par la recouvrir entièrement à la fin du cambrien. Le silurien recouvre toute la région, et c'est vers la fin de cette époque, que les Appalaches ont dû définitivement fermer la communication entre l'Atlantique et

---

1. En 1905, la production a été de 29.336.960 barils indiquant une baisse nouvelle et une des plus fortes qui ait été enregistrée.

la mer intérieure qui s'était formée au centre du continent américain nord. Bien que présentant quelques lacunes en certains points, le dévonien recouvre encore à peu près toute la zone pétrolifère, et il en est de même du carboniférien qui, cependant, tend à occuper une surface plus restreinte. Le crétacé, qui prendra plus tard vers l'ouest, en dehors de la région qui nous occupe, une extension considérable, n'est représenté ici que par quelques lambeaux cantonnés le long de la côte de l'Atlantique, où se trouvent également des formations tertiaires.

Toute la région que nous venons d'examiner et qui s'étend depuis les plaines côtières de l'Atlantique, à l'est, jusqu'aux plaines basses de la vallée du Mississipi, à l'ouest, et depuis l'Alabama, au sud, jusqu'au Canada, au nord, peut géologiquement être appelée le bassin des Appalaches. En ce qui concerne la topographie souterraine, elle est divisée à peu près en deux parties égales par une ligne qui, partant de l'Alleghany-River, traverse la Pensylvanie, le Maryland, la West Virginia, et suit les escarpements occidentaux du grand plateau de Cumberland, à travers le Tennessee, la Georgie et l'Alabama.

A l'est de cette ligne, les roches sont très bouleversées par des failles et des plissements très accentués, dirigés d'une façon générale nord-est sud-ouest, et ayant provoqué des rejets parfois considérables. A l'ouest, les modifications orogéniques sont beaucoup moins accentuées, les stratifications sont presque plates et les quelques plissements qui existent ont une allure tellement molle, qu'ils sont à peine discernables.

Cette dernière partie, qui forme la transition entre les parties montagneuses des Appalaches et les basses terres du Mississipi, a été désignée sous le nom de Plateau des Alleghanys, et c'est dans cette région que se trouvent principalement développés les différents champs pétrolifères.

Bien que, suivant la mode des opérateurs en pétrole aux États-Unis, nous désignions, dans le tableau ci-après, sous le nom de sable, certaines formations où se trouve le pétrole, il ne faut pas oublier que ce sont très souvent des grès, plus ou moins fortement constitués, et qui ont reçu le nom de sable, parce que leurs débris ont pris cette forme sous l'action du trépan ; ainsi, les formations de Potsdam et de Medina sont très souvent gréseuses. A côté des sables ou grès, se trouvent des grès d'une nature spéciale qui ont reçu le nom de *grit*. Le *berea grit*, par exemple, qui a une importance pétrolifère considérable, aussi bien pour sa texture que pour la continuité de la couche qui le forme, malgré sa faible épaisseur relative, est formé par un grès poreux dont les grains sont angulaires et la cassure fortement rugueuse. Il est constitué par du quartz et du feldspath orthose, souvent kaolinisé, réunis par un ciment argileux imprégné d'oxyde de fer, qui ne remplit pas cependant tous les intervalles, ce qui le rend très absorbant aussi bien pour l'eau que pour le pétrole.

Le tableau suivant indique la répartition géologique des niveaux pétrolifères dans la région des Appalaches ; ils appartiennent principalement aux terrains carbonifère et dévonien et aussi, mais avec moins d'extension, au silurien et au cambrien.

TABLEAU GÉOLOGIQUE DES TERRAINS PÉTROLIFÈRES DE LA RÉGION DES APPALACHES

GROUPES DE TERRAINS	RÉGIONS où les terrains produisent du pétrole	RÉGIONS où les terrains produisent du gaz	NIVEAUX PÉTROLIFÈRES	
Terrains de Greene	»	»	»	
Terrains de Washington	»	»	Calcaire supérieur de Washington.	
Terrains de Monongahela	Etat de Virginie occidentale. — Comtés de Ritchie, Jackson.	Etat de Virginie occidentale. — Comtés de Marshall, Marion, Pleasants, Ritchie.	Grès de Waynesburg. — Charbon de Waynesburg. — Calcaire du Grand Banc. — Sable de Carol. — Sable de Pittsburg. — Charbon de Pittsburg.	CARBONIFÈRE
Terrains de Pittsburg	Etat de Pensylvanie. — Comtés de Indiana, Westmoreland, Washington, Greene, Fayette. Etat de Virginie occidentale. — Comtés de Marshall, Wetzel, Harrison, Doddridge, Tyler, Pleasants, Wood, Ritchie, Wirt, Roane.	Etat de Pensylvanie. — Comté de Indiana. Etat de Virginie occidentale. — Comtés de Marshall, Marion, Harrison, Pleasants, Ritchie, Wirt.	Sable de Morganton. — Grès de Macksburg. — Sable de Hurryup ou Island Run Sand. — Premier sable de Cow Run. — Sable de Mahoning ou Dunkard.	
Terrains d'Allegheny	Etat de Pensylvanie. — Comtés de Washington, Greene. Etat de Virginie occidentale. — Comtés de Wetzel, Marion, Doddridge, Tyler, Pleasants, Wood, Ritchie, Wirt, Roane. Dans le sud-est de l'Etat d'Ohio.	Etat de Virginie occidentale. — Comtés de Brooke, Ohio, Marshall, Wetzel, Monongalia, Marion, Harrison, Doddridge, Pleasants, Wood, Ritchie, Lewis, Gilmer, Roane, Kanawha. Dans le sud-est de l'Etat d'Ohio.	Sable inférieur de Dunkard. — Sable inférieur de Freeport ou second sable de Caw Run. — Calcaire ferrugineux. — Gaz Sand des comtés de Marion et Monongahela.	
Terrains de Pottsville	Etat de Pensylvanie. — Comtés de Lawrance, Beaver, Washington, Greene. Etat de Virginie occidentale. — Comtés de Ohio, Wetzel, Marion, Doddridge, Tyler, Pleasants, Wood, Ritchie, Gilmer, Calhoun, Wirt, Roane, Mingo. Dans le sud-est de l'Etat de Ohio et le Kentucky, aussi au Kansas et Territoires Indiens.	Etat de Pensylvanie. — Comtés de Cambria, Washington. Etat de Virginie occidentale. — Comtés de Hancock, Brooke, Ohio, Marshall, Wetzel, Monongalia, Marion, Harrison, Doddridge, Pleasants, Wood, Ritchie, Gilmer, Calhoun, Wirt, Mason, Cabel, Putnam, Roane, Kanawha, Mingo. Dans le sud-est de l'Etat d'Ohio.	Grès de Homewood ou Tionesta ou sable de Johnson Run. — Grès supérieur de Connoquenessing ou sable salé supérieur. — Grès inférieur de Connoquenessing ou sable salé moyen.	
Terrains de Mau-Chunk	Etat de Pensylvanie. — Comtés de Lawrance, Beaver, Washington, Greene. Etat de Virginie occidentale. — Comtés de Wetzel, Marion, Doddridge, Tyler, Pleasants, Wood, Ritchie, Wirt, Roane, Mingo. Dans le sud-est de l'Etat d'Ohio, et l'est du Kentucky.	Etat de Pensylvanie. — Comté de Washington. Etat de Virginie occidentale. — Comtés de Brooke, Ohio, Marshall, Wetzel, Monongalia, Marion, Harrison, Doddridge, Pleasants, Wood, Ritchie, Gilmer, Roane, Kanawha, Mingo.	Conglomerat de Sharon ou Olean ou sable salé inférieur. — Calcaire Mountain.	
Terrains de Pocono	Etat de Pensylvanie. — Comtés de Mac Kean, Mercer, Jefferson, Butler, Lawrance, Beaver, Washington, Greene. Etat de Virginie occidentale. — Comtés de Haucock, Brooke, Ohio, Marshall, Wetzel, Monongalia, Marion, Doddridge, Tyler, Pleasants, Wood, Ritchie, Broxton, Gilmer, Calhoun, Wirt, Jackson, Cabel, Putnam, Roane, Kanawha, Lincoln, Mingo. Dans le Kentucky et l'Ohio.	Etat de Pensylvanie. — Comtés de Mac Kean, Jefferson, Butler, Elk, Clearfield, Alleghany, Cambria, Westmoreland, Washington, Greene, Fayette. Etat de Virginie occidentale. — Comtés de Haucock, Brooke, Ohio, Marshall, Wetzel, Monongalia, Marion, Harrison, Doddridge, Wood, Gilmer, Calhoun, Jackson, Cabel, Roane, Kanawha, Lincoln, Mingo.	Sable de Keener. — Calcaire sableux. — Sable de Big Injun ou inférieur d'Olean. — Sable de Squaw. — Sable à gaz supérieur. — Berea Grit ou Pithole Grit ou sable de Butler.	
Terrains de Catskill	Etat de Pensylvanie. — Comtés de Mac Kean, Warren, Crawford, Mercer, Venango, Forest, Clinton, Jefferson, Clarion, Butler, Beaver, Allegheny, Armstrong, Greene. Etat de Virginie occidentale. — Comtés de Wetzel, Monongalia, Marion, Harrison, Doddridge, Tyler, Wood, Ritchie, Lewis, Wirt, Mingo. Dans les Etats de ouest Kentucky, Ohio sud, Indiana sud et ouest New-York.	Etat de Pensylvanie. — Comtés de Mac Kean, Crawford, Forest, Clinton, Jefferson, Clarion, Butler, Elk, Beaver, Alleghany, Armstrong, Westmoreland, Washington, Greene, Fayette. Etat de Virginie occidentale. — Comtés de Ohio, Marshall, Harrison, Wetzel, Monongalia, Marion, Doddridge, Wood, Lewis, Kanawha.	Schistes de l'Ohio. — 1e Sable ou sable de Ganz ou sable de 100 pieds. — Sable de 30 pieds. — 2e Sable ou sable de 30 pieds. — Sable gris ou Stray Sand ou sable de Bowlder. — 3e Sable ou sable de Gordon. — 3e Sable ou 2e Stray Sand. — 4e Sable. — 5e Sable ou sable de Mac Donnald. — 6e Sable ou sable de Bayard. — 6e Sable ou sable d'Elisabeth.	DEVONIEN
Terrains de Chemung	Etat de Pensylvanie. — Comtés de Tioga, Potter, Warren, Erié, Venango, Forest, Elk, Clinton, Jefferson.	Etat de Pensylvanie. — Comtés de Tioga, Potter, Mac Kean, Warren, Erié, Venango, Forest, Elk, Clinton, Jefferson, Indiana.	1e Sable de Warren. — 2e Sable de Warren. — Sable de Clarendon ou Tiona. — Sable de Speechley. — Sable de Balltown ou Cherry Grove. — Sable de Shefield ou sable de Cooper. — Sable de Bradford ou Deer Lick Sand.	
Terrains de Portage	»	Etat de Virginie occidentale. — Comté de Mason.	Sable de Elk ou Waugh ou Porter. — Sable de Kane. — Schistes noirs.	
Terrains de Genese	Dans les Etats de Kentucky, Indiana (sud), Ontario, New-York (aussi au Canada).	Etat de Virginie occidentale. — Comtés de Mason, Pocono.	»	
Terrains de Tully	»	»	Calcaire de Hamilton. — Corniferous Limestone ou calcaire supérieur de Heldelberg.	
Terrains de Hamilton	»	»		
Terrains de Marcellus	»	»		
Silurien supérieur	»	»	Calcaire inférieur de Helderberg. — Sable d'Oriskany. — Calcaire de Guelph.	SILURIEN
Silurien moyen	»	»	Calcaire du Niagara. — Calcaire de Clinton. — Grès de Clinton.	
Silurien inférieur	Etat de Pensylvanie. — Comté de Dauphin. Dans les Etats de Ontario, Ohio, Indiana, New-York.	»	Sable rouge de Medina. — Sable supérieur blanc de Medina. — Sable blanc de Medina. — Sables d'Oswego. — Schistes de Pulasky ou Hudson River. — Schistes d'Utica. — Calcaire supérieur du Trenton. — Calcaire inférieur du Trenton.	
Cambrien	Dans les Etats de Alabama, Georgie et l'île de Terre-Neuve.	»	Sable de Potsdam. — Schistes et sables de Quebec.	CAMBRIEN

On se rendra facilement compte, d'après les trois tableaux ci-dessous, de l'activité développée dans les travaux de forage pour la région des Appalaches.

Le premier tableau indique le nombre total de puits forés dans les différentes régions ; le deuxième tableau donne le nombre de puits improductifs forés chaque année ; enfin, le troisième indique la moyenne journalière de production des puits nouvellement forés dans leur première année d'existence.

Ainsi qu'il est facile de le prévoir, la production des puits nouveaux dans les nouvelles régions est très supérieure à celle qui est obtenue dans les districts où de nombreux forages ont à la fois épuisé et le pétrole et les gaz.

NOMBRE DE PUITS FORÉS PAR ANNÉE, DE 1892 A 1904, DANS LES PRINCIPAUX DISTRICTS DE LA RÉGION PÉTROLIFÈRE DES APPALACHES

DISTRICTS	1892	1893	1894	1895	1896	1897	1898	1899	1900	1901	1902	1903	1904
Bradford.....	37	52	284	578	769	696	488	642	404	264	254	335	297
Alleghany....	21	41	82	258	331	350	264	597	575	455	533	620	683
Middlefield....	131	91	215	401	594	481	388	558	583	490	459	580	603
Venango et Clarion....	131	243	734	1.783	1.614	990	772	1.535	1.494	1.082	1.146	1.495	1.540
Butler et Armstrong.....	342	298	755	1.292	1.153	802	497	699	764	534	599	602	615
Sud-ouest de la Pensylvanie et Virginie Occidentale.	1.230	1.065	1.481	2.364	2.744	2.255	2.017	2.925	3.598	3.424	2.950	2.609	2.913
Sud-ouest de l'Ohio.....	76	190	215	460	619	498	336	1.796	1.427	1.460	1.781	2.233	2.308
Total....	1.968	1.980	3.763	7.136	7.824	6.072	4.792	8.752	8.845	7.709	7.722	8.474	8.859

NOMBRE DE PUITS IMPRODUCTIFS FORÉS DANS LES PRINCIPAUX DISTRICTS DE LA RÉGION PÉTROLIFÈRE DES APPALACHES

DISTRICTS	1892	1893	1894	1895	1896	1897	1898	1899	1900	1901	1902	1903	1904
Bradford.....	10	8	46	76	78	114	63	100	52	86	66	46	48
Alleghany....	6	22	28	39	46	51	52	134	126	74	72	101	72
Middlefield....	35	17	31	58	104	122	94	103	153	112	94	118	104
Venango et Clarion....	40	56	124	283	261	162	136	216	197	143	147	206	216
Butler et Armstrong.....	94	88	204	354	347	295	205	221	218	176	187	167	160
Sud-ouest de la Pensylvanie et Virginie Occidentale.	243	206	357	653	865	640	559	755	976	989	956	861	974
Sud-ouest de l'Ohio......	34	46	85	125	200	196	160	391	438	538	609	745	809
Total....	462	443	875	1.588	1.901	1.580	1.269	1.920	2.160	2.418	2.131	2.214	2.383

PRODUCTION MOYENNE JOURNALIÈRE DES PUITS DANS LEUR PREMIÈRE ANNÉE
DE PRODUCTION (EN BARILS DE 42 GALLONS)

DISTRICTS	1892	1893	1894	1895	1896	1897	1898	1899	1900	1901	1902	1903	1904
Bradford	5,6	8,0	8,0	6,8	13,7	12,09	12,60	7,56	6,45	4,79	4,62	4,50	3,43
Alleghany	5,1	2,2	4,0	5,8	6,1	4,45	3,48	5,40	10,85	4,71	3,68	3,62	3,25
Middlefield	5,0	8,2	9,0	7,8	12,2	32,58	10,00	4,90	12,38	7,11	4,33	4,83	4,03
Venango et Clarion	5,8	6,3	5,2	4,3	4,2	4,0	3,34	3,07	3,10	2,60	2,69	2,97	2,75
Butler et Armstrong	43,0	24,3	22,0	19,3	17,0	13,69	7,30	7,80	10,68	7,62	11,44	7,02	5,71
Sud-ouest de Pensylvanie et Virginie Occidentale	90,7	72,1	43,5	38,4	39,4	61,36	49,63	34,06	37,40	29,98	29,56	24,26	22,49
Sud-ouest de l'Ohio	42,1	13,7	12,5	15,9	13,8	12,13	19,74	22,39	15,67	12,15	12,56	12,43	11,75

Les différents centres de production sont loin d'avoir la même importance, ainsi que le fait voir le tableau suivant :

Année 1904	Barils
État de New-York	938.000
Pensylvanie	12.300.792
West Virginia	12.644.686
Sud-ouest Ohio	5.526.571
Kentucky et Tennessee	998.224

ÉTATS DE PENSYLVANIE ET NEW-YORK

La production dans l'État de New-York n'est qu'une faible partie de celle de l'État de Pensylvanie ; ainsi, en 1904, sa production fut de 938.234 barils contre 12.300.792 pour la Pensylvanie ; aussi les deux productions sont-elles réunies dans une même statistique.

Depuis 1859, la production des deux États a été la suivante (en barils de 42 gallons) :

Années	Barils de 42 gallons	Années	Barils de 42 gallons
1859	2.000	1882	30.053.500
1860	500.000	1883	23.128.389
1861	2.113.609	1884	23.772.209
1862	3.056.690	1885	20.776.041
1863	2.611.309	1886	25.798.000
1864	2.116.109	1887	22.356.193
1865	2.497.700	1888	16.488.668
1866	3.597.700	1889	21.487.435
1867	3.347.300	1890	28.458.208
1868	3.646.117	1891	33.009.236
1869	4.215.000	1892	28.422.377
1870	5.260.745	1893	20.314.513
1871	5.205.234	1894	19.019.990
1872	6.293.194	1895	19.144.390
1873	9.893.786	1896	20.584.421
1874	10.926.945	1897	19.262.066
1875	8.787.514	1898	15.948.464
1876	8.968.906	1899	14.374.512
1877	12.135.475	1900	14.559.127
1878	15.163.462	1901	13.831.996
1879	19.685.176	1902	13.183.640
1880	26.027.631	1903	12.518.134
1881	27.376.509	1904	12.239.026

1. En 1905, la production de la Pensylvanie a été de 10.437.195 barils, celle de l'État de New-York, 1.117.582.

Dans tout l'Etat de Pensylvanie, depuis le commencement de l'industrie pétrolifère, il n'y a pas eu moins de 75.000 forages d'exécutés sur lesquels on peut compter que 35 0/0 n'ont jamais rien produit.

Les champs pétrolifères de Pensylvanie sont divisés généralement en quatre parties principales qui ont reçu les dénominations de Bradford, Midle (Milieu), Lower (Basse), Country et région du sud-ouest ou de Washington.

1° La région de **Bradford** (comté de Mac Kean) est principalement située dans le comté de Mac Kean ; cependant elle s'étend dans l'État de New-York vers Olean, d'une part, et vers Carolton, d'autre part (comté de Cattaraugus).

Le champ principal de Bradford, placé presque entièrement à l'est de cette ville, forme une vaste surface à peu près entièrement productive qui s'étend au sud jusqu'à La Fayette et Marshburg.

Le développement du district pétrolifère de Bradford date de 1875 ; dans l'année 1876, il produisit 400.000 barils et 6.300.000 en 1878[1].

Les dépendances du champ de Bradford sont le district de Kinzua sur la frontière du comté de Waren et Windfall-run-Field (champ de la Bonne-Aubaine), près Eldred, à l'est du champ principal.

Plus loin, dans la même direction, on trouve le centre de Smethport.

En s'éloignant encore vers l'est, on trouve dans la partie ouest du comté de Potter, le long de la frontière du comté d'Alleghany (New-York), quelques puits avec de petites productions.

Plus à l'est encore, dans le comté de Tioga, on trouve le centre productif de Waltrous ou Gaines, dont le développement est récent. Les premières recherches en ce point datent de 1880 environ ; 4 ou 5 puits furent forés à cette époque sans résultats ; en 1886, un puits fut foré à 800 mètres au nord-est du champ pétrolifère actuellement exploité ; à la profondeur de 400 mètres environ, on obtint une production de 2 barils par jour. A 5 kilomètres à l'est, un puits donna un peu de gaz ; il a été approfondi récemment, et l'on a trouvé que la pression du gaz pouvait monter en ce point à 14 kilogrammes par centimètre carré.

Au printemps de 1898, on fora un puits à 800 mètres du puits de 1886, et à 240 mètres on trouva de l'huile en petite quantité. En pompant, on améliora la production jusqu'à 25 barils par jour.

Depuis, on a foré d'autres puits, et la production de cette petite région était de 400 barils par jour en 1900.

Le pétrole trouvé en ce point est d'excellente qualité, léger et peu coloré ; on l'a payé au puits jusqu'à 12 francs le baril. Après avoir produit 100.000 barils en 1900, la production du comté de Tioga est tombée à 15.000 barils en 1904.

Dans le comté d'Érié, sur le bord du lac du même nom, des puits

---

1. Actuellement, le champ de Bradford produit 8.000 barils par jour.

fournissent du gaz depuis longtemps ; on y trouve également du pétrole, mais en petite quantité ; ces puits sont situés vers la ville d'Érié et celle de Moorheads.

Aux environs de Union City, dans le même comté, des puits ont donné de petites quantités d'huile très lourde.

Un puits foré en 1859 donnait encore de l'huile en 1880.

Dans les environs de la ville de Bradford, le sable le plus productif, connu sous le nom de troisième sable, se trouve à la profondeur de 525 mètres et elle devient d'autant plus grande qu'on s'éloigne davantage vers le sud. Les formations traversées pour atteindre cet horizon pétrolifère sont :

		Mètres
Terrains de Pocono	jusqu'à	40
— de Catskill	—	117
— supérieurs de Chemung	—	505
Sable pétrolifère de Bradford	—	525

Comme cela a été indiqué précédemment, la production initiale journalière des puits de la région de Bradford, était au début, jusque vers 1880, de 20 barils par jour ; si l'on se reporte au tableau de la page 153, il est facile de voir que cette production initiale a considérablement diminué.

2° Le **Middle Field** s'étend dans les comtés de Warren, Forest et le sud-ouest du comté de Mac Kean.

Les principales localités productives du comté de Warren, à l'est, sont situées autour de Warren, Clarendon, Stoneham, Tiona et Barnes ; le pétrole de cette région a une densité de 48° B. (788), la profondeur des puits varie de 250 à 350 mètres.

C'est dans le comté de Warren, dans la partie sud-ouest, que se trouve le champ pétrolifère, autrefois célèbre, de Cherry Grove ; le premier puits foré dans ce district fut entrepris au commencement de 1882 ; au mois d'août, il y avait 300 forages d'exécutés et la production était de 50.000 barils par jour ; elle ne tarda pas, d'ailleurs, à décroître considérablement.

Au nord-est du comté de Forest se trouve la région de Foxburg.

Au sud-ouest du comté de Mac Kean, on trouve des puits à gaz et aussi une petite production de pétrole, aux environs de Kane, Westmore, Ludlow, Sergeant Wilcox ; au sud de Lafayette, il y a un petit champ séparé.

Dans le district de Start Well, on a obtenu, à 600 mètres de profondeur, dans les sables de Kane, 4 barils par jour.

Dans le comté d'Elk, on trouve les champs de Ridgway, Johnson-Burg, Roy et Archer.

Quoique le débit des régions du Middle Field ait beaucoup diminué, cette région est intéressante, car elle fournit du pétrole de bonne qualité ; certains puits des environs de Tiona donnent même de l'huile qui peut être utilisée à l'éclairage sans aucun traitement préalable.

La densité du pétrole dans le Middle Field varie de 0,785 à 0,798.

La profondeur des forages est de 300 mètres environ.

3° Le **Lower Field** comprend le sud du comté de Warren, l'ouest du comté de Forest, le comté de Venango, le comté Clarion, le comté de Butler, le comté de Beaver, le comté de Lawrance et le comté de Armstrong.

Dans le sud-ouest du comté de Warren, où se trouve cantonnée la production du Lower Field, on trouve le pétrole aux environs de Tidioute. Cette région s'étend sur le sud-est du comté de Crawford, aux environs de Titusville et aussi dans le même comté, aux environs de Willson's Mills (Lake Creek Field).

Les environs de Titusville ont donné de l'huile depuis que Drake y a fait son forage en 1859 ; ce puits n'avait que 69 1/2 pieds de profondeur et attaquait seulement la première couche pétrolifère ; il a été approfondi deux fois. La densité de l'huile de cette région est de 0,800 environ.

Dans le comté de Mercer, les résultats ont été peu satisfaisants.

Dans le comté de Venango, on trouve de nombreux champs de production.

Celui d'Oil Creek peut être considéré comme le prolongement de celui de Titusville.

En dehors de la région de Oil Creek, on trouve d'autres bandes pétrolifères dans une direction à peu près parallèle ayant de 200 à 400 mètres de large et de 1 à 5 kilomètres de longueur, notamment à Scrubgrass, Foster ou Coal City, Rockland, East Sandy, Fork. O., Bradleytown.

La densité moyenne des huiles de cette région est d'environ 0,817 ; cependant, aux environs de Franklin, on trouve un pétrole de densité supérieure allant jusqu'à 0,900 et qui donne d'excellentes huiles de graissage ; on peut même employer certaines d'entre elles telles qu'elles sortent du puits.

Les puits de la région de Franklin produisent peu, mais durent longtemps ; en 1890, la production de ce champ était de 70.000 barils.

Certains puits du comté de Armstrong donnent du pétrole d'une densité très faible, 0,775, à peine teinté et qui peut brûler dans les lampes directement.

Le gaz a été exploité à Petrolia et à Leechburg sur le Kiskinitas.

Dans le comté de Lawrence, les succès ont été variables ; les meilleurs résultats ont été obtenus aux environs de Pleasant Hill.

Dans l'angle nord-ouest du comté de Forest, qui est limité par l'Alleghany River, on trouve les exploitations de Hickory et Tionesta.

Plus à l'est, on trouve l'exploitation de Balltown.

La densité des huiles de cette région est de 0,795 à 0,805.

La région pétrolifère qui s'étend au-dessous, dans la direction nord-est-sud-ouest et qui passe dans les comtés de Clarion, Butler et Armstrong, est plus spécialement désignée sous le nom de district de Butler.

Le premier puits foré dans le comté de Butler date de 1871 ; il était situé à Bear Creek ; de là l'extension des travaux gagna Petrolia ; vers 1875, les environs de Karns City produisaient 15.000 barils par jour.

En 1884, le puits Christie, à Thorn Creek, donna 10.000 barils par jour.

Dans la région de Butler, les puits ont une profondeur moyenne de 300 mètres ; ils sont plus profonds dans la partie du sud que dans la partie nord.

Dans la partie ouest du comté de Butler se trouvent les districts pétrolifères de Baldridge, Harmony, Zelienople, Evans City, Gladrun, Renfrew.

En 1905, un forage situé à 5 kilomètres à l'ouest de la ville de Butler, donna 250 barils en 3 heures. Au bout de 8 jours, il donnait encore 60 barils à l'heure, mais sauf un autre forage dans son voisinage immédiat, qui donna de bons résultats, tous ceux qui furent entrepris ne donnèrent que de petites quantités de pétrole.

Dans le comté de Clarion se trouve le champ important de Foxburg qui s'étend vers le nord jusqu'aux environs de Clarion.

Dans ce comté se trouve la ville de Parker, qui est devenue un centre important de transaction, on désigne souvent sous le nom de « parker oil » le pétrole léger obtenu dans le champ de Foxburg et dans le comté de Butler. Ce pétrole a été longtemps importé en France.

Le pétrole de cette région a une densité de 0,780 à 0,805.

Dans le comté de Armstrong, un champ pétrolifère nouveau a été ouvert en 1892 aux environs de Pinhook.

Vers le centre du comté de Armstrong, aux environs de Kitanning, se trouve un champ de gaz important qui ne produit que peu de pétrole.

Dans la partie inférieure de ce comté, vers le confluent de l'Alleghany River et du Conemaugh River, le pétrole qu'on retirait des puits à sel, vers 1839, servait à l'éclairage des derricks.

Le bassin pétrolifère compris dans les comtés de Butler, Clarion et Armstrong a fourni la presque totalité du pétrole américain, de 1869 à 1877.

Dans le comté de Beaver se trouve le champ autrefois important de Smith's Ferry, au point où l'Ohio franchit la limite de l'État ; ce champ pétrolifère s'étend dans l'État d'Ohio. Le pétrole de cette région provient de deux niveaux différents, le Pottsville Conglomerate, qui donne de l'huile lourde, et le Pithole Grit, qui donne de l'huile légère et peu colorée. L'huile légère pèse 59° B. (743) ; elle peut brûler dans les lampes telle quelle.

Le champ de Smith's Ferry fut le premier exploité dans ce comté, et bien que certains puits continuent encore à produire, la plupart ont été abandonnés ; le pétrole fut d'abord produit par le grès de Pottsville et, plus tard, d'un niveau plus profond, le grès de Berea (Berea Sandstone ou Smith's Ferry sand, Berea Grit). Sur les rives de l'Ohio, vers la frontière du comté d'Alleghany, se trouve le champ de Shannopin, où le premier forage fut entrepris vers 1883, mais ce ne fut que vers 1886, que les forages les plus producteurs furent creusés ; ils donnèrent de 400 à 2.000 barils par jour, les forages commencent d'ailleurs à s'épuiser ; le pétrole y est extrait du sable de 100 pieds (Hundred foot sand ou Shannopin sand), qui se trouve à une trentaine de mètres au-dessous du Berea sand. La partie supérieure de ce niveau est silicifiée et stérile.

A Hookstown, au sud-ouest de Smith's Ferry, plusieurs forages avaient été entrepris vers 1886, sans grands résultats, mais en 1889, les résultats devinrent plus satisfaisants.

A New Sheffield, au nord de Shannopin, les forages ont donné de grandes quantités de gaz ; la pression initiale était de 35 à 45 kilogrammes par centimètre carré, et deux ans après, elle était de 25 à 30 kilogrammes. Mais sur ces entrefaites, l'exploitation du champ pétrolifère de Shannopin provoqua une chute de pression telle que son exploitation fut à peu près abandonnée.

A Georgetown, Monaca, Rochester, Beaver Falls, Big Traverse Creek, de petites quantités de pétrole et de gaz ont été obtenues.

Le champ pétrolifère de Hookstown se trouve sur les deux flancs d'un anticlinal à assez large allure, de même à Smith's Ferry ; le champ pétrolifère de Shannopin est, au contraire, pour la plus grande partie, sur le flanc et sur le fond d'un synclinal peu profond, le champ à gaz de New Sheffield étant en amont pendage par rapport à lui.

On extrait aussi du pétrole dans les environs de Legionville.

Le comté de Jefferson n'a pas donné de grands résultats ; on signale cependant en différents points la présence du gaz et du pétrole.

4° La région de **Washington** comprend les comtés de Alleghany, Washington, Westmoreland, Greene.

Dans le comté d'**Alleghany** se trouve situé Tarentum, sur les bords mêmes de l'Alleghany, et c'est le pétrole trouvé en ce point qui fut d'abord raffiné par M. Kier à Pittsburg. Près de Karns, il y a des puits qui ont trente ans d'existence et qui donnent encore 12 barils par jour.

Les autres points de production du pétrole sont : Thornhill, Wildwood, Glenshaw, Elizabeth.

A West-Elizabeth, on a fait un forage de recherche, qui a atteint la profondeur de 1.680 mètres, et dont il a été question précédemment.

Comté de Washington. — Le premier puits foré dans le comté de Washington fut exécuté à West Amity, en 1861 ; il fut abandonné à 270 mètres ; peu après, d'autres recherches furent entreprises à Prosperity, Lone Pine et South Strabane, mais sans résultats. En 1884, le premier forage producteur du comté fut entrepris sur la propriété Gantz, du district de Washington, et le sable pétrolifère producteur rencontré à 670 mètres, reçut le nom de Gantz sand. En 1885, un forage exécuté au nord de Washington, sur la propriété Gordon, trouva un niveau sableux pétrolifère à 730 mètres, qui reçut le nom de Gordon sand ; le forage donna 104 barils de pétrole pendant quelques temps. A partir de cette époque, les travaux s'étendirent rapidement.

Les principaux champs pétrolifères de ce comté sont : Washington, Tailorstown, Mac Donald, ce dernier découvert en 1891, et qui donna des résultats très remarquables ; il produisait, à lui seul, en janvier 1902, 30.000 barils par jour. On peut citer aussi Murdocksville, Burgettstown, Mac Gurdy, Ellwood.

La densité des huiles de cette région est, en général, voisine de 0,780.

Au sud de Burgettstown, certains puits ont donné 100 barils par jour.

Dans le champ de Mac Donald, cité plus haut, certains puits ont produit en tout plus de 1.000.000 de barils durant leur existence, et quelques-uns continuent encore à produire.

Le champ pétrolifère de Washington se trouve situé sur le flanc est de l'anticlinal de Washington, il s'étend sur une longueur de 8 kilomètres et une largeur de 1 kilomètre 1/2 ; la plupart des puits se trouvent au point où la pente douce du fond du synclinal se rencontre avec la pente plus abrupte du flanc de l'anticlinal qui, en ce point, a une déclivité de 4 0/0, chose rare dans la contrée.

A l'extrémité nord du champ pétrolifère de Washington, à l'ouest de Gamble, le pétrole se trouve au fond du synclinal, et au nord de Linden, un certain nombre de forages ont donné du gaz dans le fond de ce même synclinal.

Comté de Westmoreland. — A Greensburg, on produit de l'huile de graissage.

Plus à l'ouest, on trouve plusieurs bandes de terrain orientées nord-est-sud-ouest qui produisent du gaz ; les plus importantes sont celles qui passent à Grapeville et Muraysville.

Comté de Greene. — Les principaux centres de production sont : Waynesburg, Freeport, Whiteley, Nineweth, Bistoria, Deep Valey, Dunkard.

A Blaksville et Mont-Moris se trouvent les prolongements, dans ce comté, des districts pétrolifères du comté de Monongalia, de l'État de Virginie occidentale. A Whiteley Creek, aux environs de Mapleton, deux puits donnaient du gaz provenant du Gantz Sand, tandis que d'autres forages situés plus haut sur l'anticlinal donnaient une bonne production de pétrole.

A Waynesburg, sur le flanc ouest de l'anticlinal de Belle Vernon, il y a du gaz en quantité et sous forte pression, mais le synclinal voisin ne contient pas de pétrole.

Aux environs de Nineweth, un forage a donné dans le sable de Gordon 300 barils par jour. Vers 1890, cette région était assez productive et quelques puits creusés à cette époque donnent encore assez de pétrole pour être exploités. Près de Bistoria, sur la Joshua Wood Farm, un puits donna, en mars 1898, 1.000 barils par jour ; à la fin de l'année, il donnait encore 300 barils par jour ; un autre puits, à 14 kilomètres au nord de Waynesburg, connu sous le nom de Fonner Well, donna 1.400 barils par jour au commencement de 1898, tandis que les puits forés dans le voisinage n'ont qu'une faible production.

Certains districts pétrolifères de Pensylvanie sont aussi quelquefois désignés sous les noms de « district des White Sands » et « district des Black Sands », ou district des sables blancs et district des sables noirs.

Le district des White Sands s'étend au sud du comté de Mac Kean.

Le district des Black Sands comprend les bassins de Bradford et Alleghany.

Les sables blancs sont, la plupart du temps, fins, gris, verdâtres, ceux de quelques régions étant cependant grossiers et caillouteux.

Les sables noirs ont une couleur qui varie du brun au noir et ont un grain généralement fin.

ÉTAT DE VIRGINIE OCCIDENTALE (WEST VIRGINIA)

Les champs pétrolifères de la Virginie occidentale forment la continuation de ceux de l'État de Pensylvanie et du sud-ouest de l'Etat d'Ohio.

Le nombre total des puits produisant actuellement dans cet État est d'environ 15.000.

L'exploitation dans la Virginie est souvent gênée par le manque d'eau, tandis que les gaz naturels s'y trouvent en abondance; aussi l'emploi des moteurs à gaz s'y est-il de plus en plus développé, surtout pour le pompage du pétrole; pour remédier également à l'inconvénient du manque d'eau, une station électrique a été installée à Folsom, qui donne d'excellents résultats. Dans la Virginie occidentale, comme en Pensylvanie, l'extraction du sel à l'aide de puits a précédé l'exploitation du pétrole, et sa présence concurremment à celle du sel y était connue bien avant son exploitation.

Le premier puits foré pour le pétrole fut exécuté sur le « Rathbone tract », le long du Burning Spring Run, affluent de la Little Kanawha River; il fut entrepris par les frères Rathbone, à la fin de 1859, peu après le fameux puits du « colonel » Drake. Terminé au mois de mai de 1860, il avait une profondeur de 100 mètres et produisait 100 barils par jour; le second forage, terminé à la fin de 1860, donna 50 barils par jour.

Les travaux furent arrêtés par la guerre de Sécession et le matériel ainsi que le pétrole extrait furent brûlés par les confédérés.

Les travaux furent ensuite repris, et la production de la Virginie occidentale se développa lentement jusqu'en 1889, époque à laquelle un puits foré à Mannington, à 30 kilomètres des anciens forages, donna du pétrole dans le Big Injun Sand. Depuis ce moment, la production s'est développée rapidement; mais, après avoir atteint 16.000.000 de barils, en 1900, elle semble plutôt avoir une tendance à la décroissance.

Le tableau ci-dessous indique la progression de la production de 1876 à 1905 :

PRODUCTION DE LA VIRGINIE OCCIDENTALE, DE 1876 A 1905
(EN BARILS DE 42 GALLONS)

Années	Barils de 42 gallons	Années	Barils de 42 gallons
1876	120.000	1891	2.406.218
1877	172.000	1892	3.810.086
1878	180.000	1893	8.445.412
1879	180.000	1894	8.577.624
1880	179.000	1895	8.120.125
1881	151.000	1896	10.019.770
1882	128.000	1897	13.090.045
1883	126.000	1898	13.615.101
1884	90.000	1899	13.910.630
1885	91.000	1900	16.195.675
1886	102.000	1901	14.177.126
1887	145.000	1902	13.899.395
1888	119.000	1903	12.899.395
1889	544.000	1904	12.644.686
1890	492.000	1905	11.578.110

Les comtés de la Virginie occidentale qui produisent du pétrole sont ceux de : Hancock, Brooke, Marshall, Wetzel, Monongalia, Marion, Tyler, Harrison, Doddridge, Pleasants, Wood, Wirt, Ritchie, Lewis, Gilmer, Calhoun, Roane, Cabell, Kanawha.

Tous ces comtés sont situés dans la partie nord-ouest de l'État où se trouve le fond du bassin carbonifère des Appalaches. Les bords de ce grand bassin lenticulaire, qui a son grand axe dirigé nord-est sud-ouest, et les terrains qui le forment ont été soumis à de nombreux plissements peu accentués et dont les pentes sont peu inclinées. C'est dans ce bassin que se trouvent les gisements de pétrole et de gaz de la Virginie occidentale.

Presque tous les pétroles de la Virginie occidentale donnent une forte proportion de produits lampants ; ils ne sont pas sulfureux et se raffinent aisément.

La profondeur où se trouve le pétrole varie considérablement : dans le comté de Pleasants, on le trouve à partir de 100 à 150 mètres ; dans le comté de Marion, il se trouve de 660 à 1.000 mètres.

La densité du pétrole varie de 895, dans certains districts du comté de Wood, à 725, dans le comté de Marshall.

Les deux tableaux ci-après permettent de se rendre compte du développement de l'industrie pétrolifère dans l'État de la Virginie occidentale.

Le premier tableau indique, par année, le nombre de forages exécutés ; dans le second, se trouve le nombre des puits improductifs ; en le comparant avec le tableau précédent, il est facile de se rendre compte des localités où les recherches ont été le plus souvent fructueuses.

NOMBRE DE PUITS FORÉS, DE 1893 A 1904, DANS LES DIFFÉRENTES RÉGIONS
DE L'ÉTAT DE LA VIRGINIE OCCIDENTALE

DISTRICTS	1893	1894	1895	1896	1897	1898	1899	1900	1901	1902	1903	1904
Comté de Brook ..	»	»	»	»	»	»	»	»	»	11	»	»
Burning Springs.	»	»	»	12	37	34	62	77	110	118	140	100
Comté de Cabel...	»	»	»	»	»	»	»	»	»	»	»	33
Comté de Calhoun.	»	»	»	»	»	»	»	»	32	42	37	170
Garner.........	»	»	»	»	»	»	»	52	38	»	»	»
Comté de Hancock.	»	»	»	»	»	»	»	»	»	»	71	50
Mannington.....	97	254	472	419	709	681	878	824	651	416	417	585
Comté de Marshall.	»	»	»	»	»	»	»	»	16	198	74	84
Comté de Pleasants.	»	»	»	103	85	135	393	472	475	332	303	290
Comté de Ritchie..	»	»	»	40	186	220	169	161	160	316	315	296
Sandfork	»	»	»	»	»	»	»	18	171	76	43	57
Sistersville......	465	400	588	620	303	225	514	871	571	254	98	139
Comtés de Tyler et Wetzel réunis...	»	»	»	»	»	»	»	228	288	301	430	394
Comté de Wood...	»	39	»	282	373	391	370	240	129	118	138	92
Divers............	34	50	251	130	»	14	26	24	16	11	6	4
Total.....	596	743	1.311	1.606	1.693	1.700	2.412	2.967	2.657	2.493	2.072	2.294

NOMBRE DE PUITS IMPRODUCTIFS FORÉS, DE 1893 A 1904, DANS LES DIFFÉRENTES RÉGIONS
DE L'ÉTAT DE VIRGINIE OCCIDENTALE

DISTRICTS	1893	1894	1895	1896	1897	1898	1899	1900	1901	1902	1903	1904
Comté de Brooke..	»	»	»	»	»	»	»	»	»	7	»	»
Burning Springs.	»	»	»	4	16	10	12	27	37	43	42	29
Comté de Cabel ...	»	»	»	»	»	»	»	»	»	»	»	20
Comté de Calhoun.	»	»	»	»	»	»	»	»	15	9	5	31
Garner.........	»	»	»	»	»	»	»	12	14	»	»	»
Comté de Hancock.	»	»	»	»	»	»	»	»	»	»	33	22
Mannington.....	22	65	106	116	128	145	171	169	154	129	133	171
Comté de Marshall.	»	»	»	»	»	»	»	»	1	39	20	52
Comté de Pleasants.	»	»	»	43	41	47	70	145	129	136	98	106
Comté de Ritchie..	»	»	»	17	40	52	34	51	57	71	71	94
Sandfork	»	»	»	»	»	»	»	5	55	20	19	32
Sistersville......	40	27	138	211	112	77	143	182	150	73	35	33
Comtés de Tyler et Wetzel réunis...	»	»	»	»	»	»	»	57	81	73	103	119
Comté de Wood...	»	27	»	62	85	86	99	81	54	43	61	32
Divers............	13	22	83	43	»	11	20	19	13	6	4	4
Total.....	75	141	327	490	422	428	549	748	760	649	624	742

Comté de Hancock. — Dans ce comté, se trouve le district pétrolifère de Turkey Foot et Wellsville.

Comté de Brooke. — On trouve du pétrole aux environs de Wellsburg.

Comté de Marshall. — Les principales localités où l'on trouve le pétrole sont : Majorsville, Fish Creek, Cameron, Garner, Little Germany, Belton, Mondsville.

Dans le district de Little Germany, où les terrains sont très durs et très compacts, les puits coûtent fort cher. On compte qu'un puits poussé à 200 mètres revient à 40.000 francs ; de plus, quand on a atteint la couche productive, la quantité de pétrole qui suinte naturellement est insignifiante, et ce n'est qu'après que le puits a été torpillé que la production devient satisfaisante ; on obtient alors environ 70 barils par jour.

La densité du pétrole de ce comté est de 60° B. à 63° B.

Comté de Wetzel. — On trouve le pétrole à Littleton, Pine Grove, Smithfield, Fallen Timber, Folsom, Piney Fork, Burton.

La production maximum qu'un puits aie atteint dans la région de Littleton, est de 400 barils par jour.

Aux environs de Burton, à Churches Fork, un puits donna 1.000 barils le premier jour et, quelques semaines plus tard, il ne donnait plus que 40 barils ; il fut alors torpillé et donna 300 barils par jour, pendant huit jours ; puis sa production retomba peu à peu à 70 barils.

A 3 kilomètres de ce point, un puits foré à la même profondeur n'a donné que du gaz.

Dans la région de Folsom, on a obtenu des puits donnant au début jusqu'à 600 barils par jour.

En janvier 1904, on chercha une extension du champ pétrolifère de Pine Grove, et un puits fut foré à 3 kilomètres vers le nord-est. Ce puits donna 400 barils par jour. Neuf autres puits furent forés aux environs ; l'un d'eux donna une bonne production, les autres donnèrent une production insignifiante. La dépense totale avait été de 700.000 francs.

Comté de Monongalia. — On trouve le pétrole à Blaksville, Flat Run, Cros Road, Mount Moris, Doll's Run.

A l'ouest de Blaksville, un puits a donné 240 barils le premier jour.

Comté de Marion. — On trouve le pétrole à Fairview, Mannington et au sud-ouest, où le champ de Folsom s'étend dans ce comté.

Dans le district du Sable de 30 pieds, à 7 kilomètres à l'ouest de Mannington, un puits a donné 250 barils par jour ; un peu plus loin, la Delmar Oil C° a obtenu 600 barils par jour.

A Fairwiew, on obtient par pompage, pour certains puits, jusqu'à 400 barils par jour.

Un puits, qui avait été abandonné dans cette région, fut repris en 1902 et approfondi jusqu'au cinquième Sable et donna une bonne production ; ceci fut le signal de l'approfondissement de tous les puits du voisinage et plusieurs donnèrent de bons résultats.

Comté de Harrison. — Le champ pétrolifère de Folsom s'étend dans le coin nord-ouest de ce comté ; on trouve aussi du pétrole à Grass Run, Marshville, Wallace, Wolf Summit, Benton.

Comté de Doddridge. — Le champ de Folsom s'étend dans l'extrémité nord de ce comté ; on trouve aussi le pétrole à Sedan, Flint, Salem, Long Run, Leopold, Centerpoint.

A Sedalia, en novembre 1904, un puits a donné 50 barils par jour, il était foré jusqu'au Big Injun Sand.

A Salem, on a obtenu jusqu'à 300 barils par jour.

Comté de Tyler. — On trouve le pétrole à Sisterville, Wick, Centerville, Little Buffalo Creek, Elk Fork, Indian Creek.

Aux environs de Wick, le pétrole se trouve dans le Big Injun Sand et donne, en moyenne, 75 barils par jour.

Le champ pétrolifère de Sistersville s'étend dans l'État d'Ohio.

Comté de Pleasants. — On trouve le pétrole à Saint-Mary, Rock Run, Eureka, Calcuta, Volcano.

Comté de Ritchie. — On trouve le pétrole à Whisky Run, Bigknot Run, le long de Bonds Creek entre Cairo et Ritchie Mines, le long de Grass Run et South Fork Hugues River.

En 1897, à Whisky Run, un puits donna, dans le Big Injun Sand, 250 barils par jour ; d'autres puits forés dans les environs donnèrent de bons résultats. En 1904, les nouveaux puits forés dans les environs donnèrent de très bons résultats.

A Big Knot Run, dans le Keener Sand, le premier puits donna, au début, 800 barils par jour.

En 1903, au nord de Cairo, un puits a donné, à son début, 300 barils par jour.

Comté de Lewis. — On trouve le pétrole à Finks, Weston, Bealls Mills, Sand Fork.

Aux environs de Weston, les puits semblent avoir une production qui décline rapidement.

Comté de Calhoun. — On trouve le pétrole à Yellow Creek, Centerdistrict, Grantsville, Rush Run, Roswels Run.

La production vient principalement du Berea Grit et Maxon Sand.

La délimitation du champ de Yellow Creek a été assez difficile ; elle a nécessité plus d'une année de recherches.

Comté de Cabel. — Les recherches n'ont donné de résultats qu'à Milton, où il y a du pétrole et du gaz.

Dans les essais qu'on a faits aux environs de Milton, pour étendre le champ pétrolifère, les recherches ont été pénibles.

Sur 29 puits forés vers 1904, 11 seulement furent productifs, soit 60 0/0 de puits secs ; la plus forte production a été de 300 barils par jour.

La surface reconnue productive est de 50 hectares.

Un puits foré à 5 kilomètres au nord-est de ce champ n'a rien donné ; il avait traversé les formations de Biglime et Berea Grit ; seul le niveau inférieur donna des traces de gaz et du pétrole.

A 25 kilomètres à l'est, dans le comté de Putnam, un puits poussé jusqu'à 800 mètres et ayant traversé le Berea Grit n'a rien donné que de fortes pressions gazeuses ; on espère cependant trouver le pétrole qu'on suppose dans le voisinage.

Comté de Kanawha. — Le long de la vallée du Great Kanawha, principalement aux environs de Charleston, on a extrait exclusivement du sel pendant une longue période, les gaz qu'on rencontrait en même temps que le sel étaient employés à l'évaporation des saumures, et le pétrole qu'on recueillait était rejeté à la rivière avant que ce produit eût reçu un emploi industriel.

La production du pétrole n'y a jamais été considérable ; à Bronstoron, on extrait surtout du gaz.

SUD-OUEST DE L'ÉTAT D'OHIO

Les comtés de l'État d'Ohio qui se rattachent aux Appalachian Fields sont ceux de Lorain, Cuyahoga, Lake, Ashtabula, Trumbull, Columbiana, Jefferson, Harrison, Belmont, Muskingum, Noble, Monroe, Morgan, Washington, Athens, Meig, Gallia, ils se trouvent sur la frontière est-sud-est de l'État.

D'autres comtés vers le nord-ouest produisent aussi du pétrole, mais ils sont classés dans la région dite de Lima Indiana ; enfin, vers le centre de l'État, se trouve une zone qui produit à peu près exclusivement du gaz.

Au point de vue géologique, les niveaux pétrolifères de l'Ohio se classent de la façon suivante :

Carbonifère...	Houiller.	Sable de Goose Run. Sable de Mitchell. Premier sable de Cow Run. Sable de 500 pieds ou de Macksburg. Second sable de Cow Run.	
		Conglomérat de Pottsville.	Salt Sand. Sable de Maxton.
	Carbonifère inférieur.	Calcaire de Maxville. — Calcaire de Mountain.	
		Groupe de Logan.	Sable de Keener., — de Big Injun. Squaw Sand.
		Berea Grit.	
Dévonien..................		Schistes de l'Ohio.	
Silurien...................		Sable d'Helderberg, inférieur. — de Clinton.	
Ordovicien		Calcaire du Treuton.	

La région de l'État d'Ohio, qui se rattache au champ des Appalaches, tire sa production du carbonifère, et les autres centres, des horizons géologiques inférieurs.

Les comtés de Washington et Noble (environs de Macksburg) sont ceux où le pétrole a été exploité tout d'abord, et son extraction remonte à 1861 ; de cette région, les travaux s'étendirent peu à peu, en suivant le cours de la rivière Ohio, à la fois vers le nord-est et le sud-est.

Les territoires pétrolifères du sud-est de l'Ohio sont très irréguliers, et les forages sont souvent improductifs en des points où toutes les apparences feraient plutôt espérer de bonnes productions; heureusement les forages se font à bon marché.

La plus grande partie de la production dans les États du sud-est de l'Ohio vient du Keener Sand, puis, par rang d'importance, viennent le Big Injun Sand et le Berea Sand.

De Scio à Marietta, les sables pétrolifères appartiennent à plusieurs horizons; en allant du nord au sud, on rencontre comme niveaux producteurs : Cow Run Sand ou Upper Mahoning, second Cow Run Sand ou Lower Mahoning, Mendenhal Sand, Salt Sand, Keener Sand, Big Injun Sand, Squaw Sand, Berea Sand.

En face de Saint-Mary (Western Virginia), on a trouvé du pétrole dans le Gordon Sand.

La production du sud-ouest de l'Ohio, depuis 1885, a été la suivante (en barils de 42 gallons) :

Années	Barils de 42 gallons	Années	Barils de 42 gallons
1885	661.580	1896	3.365.365
1886	703.945	1897	2.877.493
1887	372.257	1898	2.147.610
1888	297.774	1899	4.764.135
1889	317.037	1900	5.475.589
1890	1.108.334	1901	5.470.850
1891	422.883	1902	5.136.366
1892	1.190.302	1903	5.585.858
1893	2.601.394	1904	5.526.146
1894	3.183.370	1905	5.016.646
1895	3.693.248		

NOMBRE DE PUITS FORÉS DANS LE SUD-EST DE L'ÉTAT D'OHIO
DE 1891 A 1904

DISTRICTS	1891	1892	1893	1894	1895	1896	1897	1898	1899	1900	1901	1902	1903	1904
Barnesville	»	»	»	»	»	»	»	»	»	36	35	24	47	24
Benwood	»	»	»	»	»	»	»	»	»	»	»	16	17	15
Bowerton	»	»	»	»	»	»	»	»	»	115	50	58	»	»
Cadiz	»	»	»	»	»	»	»	»	»	139	72	56	37	80
Chester Hill	»	»	»	»	»	»	»	»	»	290	580	522	543	520
Corning	»	»	127	92	197	239	87	42	77	81	68	50	21	48
Dillonvale	»	»	»	»	»	»	»	»	»	»	»	»	»	40
Graysville	»	»	»	»	»	»	»	»	»	»	»	26	30	20
Homeworth	»	»	»	»	»	»	»	»	»	6	38	20	18	19
Island Creek	»	»	»	»	»	»	»	»	»	42	33	46	99	68
Jackson Ridge	»	»	»	»	»	»	»	»	»	»	»	42	59	108
Jerusalem	»	»	»	»	»	»	»	»	»	»	»	20	38	60
Jewett	»	»	»	»	»	»	»	»	60	»	23	26	40	9
Leetonia	»	»	»	»	»	»	»	»	»	»	»	»	»	31
Lewisville	»	»	»	»	»	»	»	»	»	»	»	28	90	96
Macksburg	14	55	47	103	80	185	188	92	128	110	122	194	215	325
Marietta	5	10	4	5	102	95	70	133	652	500	364	458	509	530
New Matamoras	»	»	»	»	»	»	»	»	»	»	»	»	»	30
Plum Run	»	»	»	»	»	»	»	»	»	»	»	44	146	59
Rinards Mills	»	»	»	»	»	»	»	»	»	»	»	111	174	87
Scio	»	»	»	»	»	»	»	14	843	93	75	28	21	42
Steubenville	»	»	»	6	62	25	83	29	»	»	»	»	»	»
Trail Run	»	»	»	»	»	»	»	»	»	»	»	»	»	62
Union Town	»	»	»	»	»	»	»	»	»	»	»	»	55	26
Wellsville	»	»	»	»	»	»	»	»	»	14	»	»	»	»
Divers	8	24	12	9	19	75	70	56	36	»	»	15	74	»
TOTAL	27	86	190	215	460	619	498	366	1.796	1.426	1.460	1.781	2.233	2.308

NOMBRE DE PUITS IMPRODUCTIFS FORÉS DANS LE SUD-EST DE L'ÉTAT D'OHIO
DE 1891 A 1904

DISTRICTS	1891	1892	1898	1894	1895	1896	1897	1898	1899	1900	1901	1902	1908	1904
Barnesville	»	»	»	»	»	»	»	»	»	15	11	19	32	14
Benwood	»	»	»	»	»	»	»	»	»	»	»	10	7	6
Bowerton	»	»	»	»	»	»	»	»	»	8	15	5	»	»
Cadiz	»	»	»	»	»	»	»	»	»	60	15	21	10	19
Chester Hill	»	»	»	»	»	»	»	»	»	82	217	217	231	211
Corning	»	»	21	12	27	33	18	24	23	11	29	17	9	23
Dillonvale	»	»	»	»	»	»	»	»	»	»	»	»	»	21
Graysville	»	»	»	»	»	»	»	»	»	»	»	1	4	3
Homeworth	»	»	»	»	»	»	»	»	»	6	11	4	2	5
Island Creek	»	»	»	»	»	»	»	»	»	17	16	12	37	28
Jackson Ridge	»	»	»	»	»	»	»	»	»	»	»	3	12	48
Jerusalem	»	»	»	»	»	»	»	»	»	»	»	7	27	35
Jewett	»	»	»	»	»	»	»	0	39	»	9	6	14	5
Leetonia	»	»	»	»	»	»	»	»	»	»	»	»	»	23
Lewisville	»	»	»	»	»	»	»	»	»	»	»	14	24	36
Macksburg	8	24	16	65	33	67	86	55	52	50	48	78	62	97
Marietta	2	5	1	»	36	51	37	47	230	174	141	151	164	171
New Matamoras	»	»	»	»	»	»	»	»	»	»	»	»	»	10
Plum Run	»	»	»	»	»	»	»	»	»	»	»	5	13	3
Rinards Mills	»	»	»	»	»	»	»	»	»	»	»	21	24	14
Scio	»	»	»	»	»	»	»	»	29	5	26	12	3	15
Stenbenville	»	»	»	2	20	9	28	17	»	»	»	»	»	»
Trail Run	»	»	»	»	»	»	»	»	»	»	»	»	»	9
Union Town	»	»	»	»	»	»	»	»	»	»	»	»	»	13
Wellsville	»	»	»	»	»	»	»	»	»	10	»	»	»	»
Divers	4	7	8	6	9	40	27	17	18	»	»	6	17	»
TOTAL	14	36	46	85	125	200	196	160	391	438	538	609	715	809

Comté de Lorain. — On trouve le pétrole à Grafton, Belden et Ehart. Le pétrole de Grafton est assez léger, mais peu abondant.

La densité varie de 26° B. à 36° B.

Le premier forage date de 1860, le pétrole extrait de ce comté sert surtout pour le graissage, la production est actuellement insignifiante.

Comté de Cuayahoga. — Sur les bords du lac Érié, on trouve du gaz aux environs de Cleveland et sur les bords de Rock River.

Comté de Lake. — Sur les bords du lac Érié, aux environs de Fairport, Harbord, on trouve du gaz.

Comté d'Ashtabula. — Sur les bords du lac Érié, à Ashtabula Harbor, on trouve du gaz, ainsi qu'à Jefferson.

Les schistes de l'Ohio, qui s'étendent sur toute la surface de ce comté, contiennent, d'une façon à peu près générale, du pétrole et du gaz, mais à cause de la grande diffusion de ces produits, ils ne peuvent être commercialement exploités qu'en un petit nombre de localités.

En 1900, à Jefferson, un forage a été poussé à 600 mètres et a donné du gaz en assez grande quantité ; la pression statique étant de 60 kilogrammes par centimètre carré, une dizaine de forages ont été exécutés depuis, la plus grande production constatée ayant été de 60.000 mètres cubes par jour.

Comté de Trumbull. — On trouve du pétrole à Mecca ; c'est probablement le plus ancien champ pétrolifère de l'Ohio ; le pétrole se trouve en ce point, le long de la rivière de Cuyaoba, le premier forage date de 1860, il avait 20 mètres de profondeur.

Malgré différentes tentatives de forages faites à plusieurs reprises, la production est à peu près nulle.

Comté de Columbiana. — Dans la partie sud-ouest du comté, à l'ouest du district pétrolifère de Smith's Ferry (Pensylvanie), on a eu quelques puits productifs.

On trouve également du pétrole dans le même comté, à Homeworth et Leotonia.

A Homeworth, les puits ont 200 mètres de profondeur et donnent environ 30 barils par jour.

Un assez grand nombre de sondages de recherches ont été exécutés dans ce comté depuis 1860, mais la plupart n'ont donné aucun résultat ; quelques-uns ont donné de petites quantités de gaz.

Comté de Jefferson. — Dans ce comté, on trouve du pétrole à Empire, Knoxville, Island Creek, Dillonvale, Gould, Toronto, Porthomer.

Aux environs d'Empire, les puits ont donné de très bons résultats ; encouragés par eux, on chercha à relier les deux centres pétrolifères d'Empire et Knoxville qui ne sont pas très éloignés. Les puits situés sur la ligne directe entre ces deux centres n'ont donné que des résultats médiocres, d'autres placés un peu à l'ouest de cette direction ont donné des résultats plus satisfaisants. Un puits situé à 4 kilomètres au nord du champ reconnu de Knoxville a donné, en juillet 1904, 25 barils par jour.

A Dillonvale, dans les couches du Big Limestone, on a trouvé dans le Berea Grit, en 1904, des productions de 30 barils par jour. Cependant les résultats ne sont pas toujours satisfaisants, car, sur une vingtaine de puits forés, vers 1903, il n'y en a que 6 qui aient donné une production intéressante.

Les recherches pour le pétrole et pour le gaz ont été très nombreuses dans ce comté, et presque chaque district (Township) a eu un forage profond d'exécuté sur son territoire ; les résultats obtenus n'ont pas été en proportion des efforts qui ont été faits. Partout où le pétrole ou le gaz ont été trouvés, ils venaient du Berea Grit.

Comté de Harrison. — Dans ce comté, on trouve du pétrole à Scio, Hopedale, Cadiz, Jewett, Bowerton, Philadelphia Road.

Le premier puits foré à Scio date de août 1898 ; il donna 15 barils par jour, ce puits fut entrepris par H. A. Snyders qui, en 1872, avait déjà entrepris un forage au même point, qui ne donna pas de résultats, simplement parce qu'il ne fut pas conduit assez profondément.

Comté de Belmont. — On trouve du pétrole à Union Town, Saint-Clair, Colerain, Barnesville, Temperanceville. Dans tout le comté, le niveau producteur est le Berea Grit.

Les recherches à Barnesville, commencèrent en 1887 ; en 1889, les forages donnèrent du gaz en quantité notable, certains d'entre eux ayant produit jusqu'à 3.000 mètres cubes par jour et en 1893, un forage donna 25 barils par jour ; la densité du pétrole était de 46°B. (797). A Temperanceville, le champ fut ouvert en 1899, et donna du pétrole à 40°B. (825) ; les puits sont assez profonds et vont jusqu'à 500 et 650 mètres. Le premier forage exécuté à Colerain date de 1894 ; il donna 30 barils par jour, à 600 mètres ; le champ de Colerain est de peu d'étendue (1.500 mètres $\times$ 400).

Comté de Muskingum. — On trouve du pétrole à Otsego et Blue Rock. Ce comté n'a jamais été un grand producteur de pétrole ou de gaz, quoique de nombreux forages de recherches y aient été exécutés, quelques-uns avec raison et beaucoup plus sans raison aucune.

Comté de Monroe. — On trouve du pétrole à Jérusalem, Woodfield, Monroe, Grayville, Antioch, Wanamaker.

Le champ pétrolifère limité au nord à Antioch, qui comprend la localité de Wanamaker, vers le milieu, et qui va jusqu'à l'Ohio, s'étend sur l'autre rive, dans la Virginie Occidentale, les deux champs pétrolifères ainsi formés de part et d'autre de la rivière Ohio, ont reçu la dénomination commune de champ de Sistersville.

En 1890, un puits fut foré non loin de Sistersville, en Virginie, au lieu dit Pole Cat, et donna une grande quantité d'eau salée ; en avril 1891, un autre forage fut entrepris sur la rive opposée de l'Ohio, et, par conséquent, dans l'État d'Ohio, en face de Sistersville ; il donna 10 barils de pétrole par jour, avec une grande quantité d'eau salée, mais, par un pompage énergique, la quantité de pétrole obtenue put être temporairement amenée à 70 barils par jour. D'autres forages entrepris subséquemment donnèrent des résultats analogues et finalement, on essaya de pomper l'eau salée du premier puits de Pole Cat, pour voir s'il ne viendrait pas de pétrole. Pendant plusieurs semaines, la pompe débita 3.500 barils d'eau salée par jour ; à la fin, il vint des traces de pétrole qui augmentèrent peu à peu et, finalement, le forage donna 500 barils de pétrole par jour ; ce succès attira de nombreux exploitants et le champ se développa rapidement. Plusieurs sondages de cette région ont donné jusqu'à 1.500 barils par jour.

Aux environs d'Antioch, un puits a donné 500 barils par jour dans la formation du Big Injun Sand.

A Woodsfield un puits, donna 200 barils par jour ; un autre puits, non loin de là, ne donna qu'une production insignifiante ; 3 autres donnèrent des résultats plus satisfaisants. En remontant vers le nord, on obtint de meilleurs résulats.

Comté de Noble. — On trouve du pétrole à Olive Green, Dudley, Moundsville.

Dès 1814, aux environs de Caldwell, un forage pour la recherche du sel donna du pétrole, mais bien que d'autres recherches aient été entreprises vers 1860, le développement de ce comté ne date que de 1897.

Comté de Washington. — On trouve du pétrole à Lawrence, le long de Wolf Creek, à New-Port, aux environs de Lower Salem, Macksburg, Elba, Cow Run, Flint Mils.

Dans ce comté, la présence du pétrole aurait été signalée dès 1814.

En 1819, le docteur Hildreth écrivait au sujet des forages exécutés pour la recherche du sel le long de la Little Muskinguin River.

« Ils ont foré deux puits qui ont maintenant 120 mètres de profondeur, l'un donne de l'eau pure et l'autre donne de grandes quantités de pétrole, vulgairement désigné sous le nom d'huile de Sénéca. Cette huile donne des profits assez considérables, car elle est employée dans les lampes des ateliers et des usines. »

A Marietta, il se faisait un commerce assez important de ce produit, de 1848 à 1857, le prix de vente était de 33 cents par gallon et, de 1857 à 1860, il atteignit 40 cents. Ce commerce disparut après la mise en exploitation des champs pétrolifères de Pensylvanie.

Le champ pétrolifère de Macksburg fut un des premiers développé à la suite de la découverte des champs pétrolifères de Pensylvanie, et, dès 1860, un forage fut entrepris le long de la rivière Duck Creek, à peu de distance au sud de Macksburg. A 18 mètres, il donna du pétrole ayant une densité de 887, qui fut employé au graissage. Le puits fut approfondi et, à 140 pieds de profondeur, une nouvelle couche de sable pétrolifère fut trouvée ; ce sable, qui est le premier sable de Cow Run, est connu, à Macksburg, sous le nom de sable de 140 pieds ; d'autres niveaux furent trouvés à 300 pieds, 500 pieds et 800 pieds, et suivant la même règle, furent désignés par la profondeur à laquelle ils avaient d'abord été atteints.

Le territoire de Macksburg se développpa peu à peu jusqu'en 1874, où un forage ayant donné 150 barils par jour, provoqua une recrudescence d'activité qui dura peu. En 1879, un forage poussé à 1.500 pieds atteignit le pétrole dans le Berea Grit, ce qui amena une augmentation du nombre des forages jusqu'en 1885, époque à laquelle le champ fut reconnu à peu près dans toutes les directions ; à cette époque, la production était de 80.000 barils par jour.

Peu de champs pétrolifères ont un aussi grand nombre de niveaux producteurs ; quoiqu'un certain nombre n'aient pas donné de grandes quantités de pétrole, ces niveaux sont :

1° Sable superficiel (le premier exploité) ;

2°   —   de 140 pieds ou premier sable de Cow Run ;

3°   —   de Buell Run ;

4°   —   de 300 pieds ou de Dunkard (?) ;

5°   —   de Peaker ;

6°   —   de 500 pieds ;

7°   —   de 700 pieds ou de Schramm (?) ;

8°   —   de 800 pieds ou second sable de Cow Run ;

9°   —   de Berea Grit ou sable de Macksburg.

Le sable n° 1 n'a qu'un intérêt historique.

Le sable n° 2 (sable de 140 pieds) est un des meilleurs producteurs, il se trouve à 330 pieds au-dessous du houiller de Macksburg et à 100 pieds au-dessous du calcaire de Ames.

Le sable n° 3 est un niveau accidentel.

Le sable n° 4, équivalent du sable de Dunkard, en Virginie Occidentale, est ici de peu d'intérêt.

Le sable n° 5 est un petit producteur.

Le sable n° 6 est un des trois niveaux importants du champ de Macksburg, il se trouve à 730 pieds au-dessous du houiller de Macksburg.

Le sable n° 7 est un petit producteur.

Le sable n° 8 n'a que peu d'importance.

Le sable n° 9 (Bérea) se trouve de 1.665 à 1.675 pieds au-dessous du houiller de Macksburg.

La répartition de ces différents niveaux producteurs au milieu des terrains avoisinants, est indiquée par les résultats indiqués ci-dessous, d'un forage exécuté à Macksburg :

Terrains traversés	Profondeur en pieds
Houiller de Macksburg	15
Schistes	23
— sableux	140
Calcaire bleu	153
Schistes bleus	163
Calcaire bleu	175
Schistes bleus	220
Red « Cave » : { Red Rock / Schistes bleus / — rouges }	255
Schistes bleus	270
— rouges	277
— bleus	315
Calcaire bleu	343
Sable de 140 pieds (premier sable de Cow Run)	378
Schistes bleus	410
— noirs	420
— bleus	425
— rouges	452
— bleus	456
Calcaire	470
Schistes	542
Calcaire aquifère	554

Terrains traversés	Profondeur en Pieds
Sable de 300 pieds (Dunkard)	632
Schistes	685
Sable de 500 pieds	702
Schistes	741
Sable	750
Calcaire	775
Sable grossier (sable de 800 pieds)	826
Schistes	905
Salt Sand : { Sable dur. / Schistes noirs. / Grès blanc dur. }	1.095
Schistes durs	1.116
Sable noir grossier (Salt Sand et Big Injun)	1.330
Schistes clairs	1.623
— noirs	1.634
— — coquillers	1.678
Sable de Macksburg (Berea)	1.695

Le territoire de Cow Run fut développé vers 1861, mais ce ne fut que vers 1869 qu'il prit une certaine importance.

Le territoire de Cow Run est constitué par une calotte dont la pente sur les bords est très reconnaissable ; les roches des niveaux productifs sont à 100 mètres plus haut que le niveau environnant.

A Woolf Creek, 15 puits forés à 240 mètres de profondeur ont donné ensemble 1.000 barils par jour au début. Ces puits sont forés avec des machines portatives. L'huile obtenue avait la qualité moyenne des huiles de Pensylvanie.

On trouve encore du pétrole en certains points des comtés d'Athènes, Morgan, Meigs et Gallia.

ÉTATS DE KENTUCKY ET DE TENNESSEE

Les indications pétrolifères sont nombreuses dans ces deux États et connues depuis fort longtemps ; elles ont été signalées le long de Paint Creek, affluent de la Big Sandy River, dans le comté de Johson, aux environs de Salyersville dans le comté de Magoffin, dans les comtés de Lincoln, Rockcastle, Pulaski, Casey, Green, Adair, Russel, Metcalfe.

Quelques puits furent forés, en 1830, pour la recherche du sel ; d'autres le furent lors de la fièvre du pétrole qui sévit sur toute l'Amérique vers 1865 et 1878.

Aux environs de Standford, des puits furent autrefois forés, mais les travaux ne furent pas sérieusement suivis et furent bientôt abandonnés ; dans le comté de Wayne, un forage, entrepris vers 1818 pour rechercher le sel, donne encore aujourd'hui de petites quantités de pétrole. Près de Monticello, les puits furent forés dès 1865 ; ils donnèrent de l'huile de graissage ayant une densité de 904.

En 1866, le pétrole fut trouvé dans le comté de Clinton ; il fut aussi reconnu par des forages : dans la région du comté de Cumberland, dans la région de Glasgow, à Bowling Greene (Warren), à Mamoth Cave (Edmonson), à Brandensburg (Meade), à Cleverport (Bourbon), Henderson (Henderson).

Dans l'État de Tennessee, les cours d'eau qui arrosent les comtés de Clay, Fentress, Overton, Jackson, Putnam, et qui sont pour la plupart des affluents de la rivière Obey ou de la rivière Cumberland, laissent voir sur leurs rives de nombreux affleurements pétrolifères. Des puits furent forés dans ces régions, et le pétrole obtenu fut en grande partie perdu par manque de moyens de transports.

Les rivières des comtés de Trousdale, Macon, Summer, Jackson, dans l'État de Tennessee, laissent voir fréquemment des traces d'huile. (Vers 1877, des puits forés dans le comté de Dickson donnèrent à 200 mètres du pétrole pesant 806.)

La statistique suivante indique la progression de la production dans les États de Kentucky et de Tennessee :

PRODUCTION DES ÉTATS DE KENTUCKY ET DE TENNESSEE, DE 1883 A 1904

Années	Barils de 42 gallons	Années	Barils de 42 gallons
1883	4.755	1894	1.500
1884	4.148	1895	1.500
1885	5.164	1896	1.650
1886	4.726	1897	322
1887	4.791	1898	5.568
1888	5.096	1899	18.200
1889	5.400	1900	62.250
1890	6.000	1901	137.259
1891	9.000	1902	185.331
1892	6.500	1903	554.286
1893	3.000	1904	998.284 (dont 2.525 pour le Tennessee) [1]

PUITS FORÉS DANS L'ÉTAT DE KENTUCKY EN 1904

COMTÉS	NOMBRE	PUITS IMPRODUCTIFS	PUITS PRODUCTIFS	PRODUCTION DU PREMIER JOUR en barils de 42 gallons	PUITS PRODUISANT DU GAZ
Bath	17	9	8	27	»
Barren	10	8	2	5	»
Carter	7	7	»	»	»
Clinton	5	4	»	»	1
Cumberland	96	54	42	3.600	»
Estil	17	6	10	40	1
Floyd	13	8	5	51	»
Johnson	8	8	»	»	»
Knott	1	1	»	»	»
Lawrence	6	5	»	»	1
Lee	1	1	»	»	»
Menifee	27	12	»	»	15
Morgan	1	1	»	»	»
Powell	15	15	»	»	»
Rowan	5	3	2	20	»
Rockcastle	7	6	»	»	1
Russel	9	9	»	»	»
Withley	3	0	3	30	»
Wolfe	8	2	6	100	»
Wayne	347	80	258	»	9
TOTAL	603	239			

1. En 1905, la production de Kentucky et du Tennessee a été de 1.217.337 barils.

On voit donc que, bien que des traces de pétrole fussent connues depuis longtemps en de nombreux points de la contrée et que même certains forages aient donné des résultats encourageants, la production a été très lente à se développer.

Cela est dû, en grande partie, au manque de transport, et il n'y a guère que dans ces dernières années que l'industrie s'est un peu relevée de l'abandon où elle était tombée, puisqu'en 1897 les deux États n'avaient donné que 322 barils.

Les deux principaux champs de production de l'État de Kentucky sont ceux de Steubenville à 8 kilomètres au nord de Monticello et de Coopersville à 18 kilomètres au sud-est; tous deux dans le comté de Wayne; dans ce comté, le pétrole est produit par le Beaver Creek Sand, qui se trouve immédiatement au-dessus des schistes noirs du Dévonien et qui doit correspondre au Berea Grit ou au groupe de Venango.

Dans les comtés de Wayne et Withney, le niveau producteur correspond aux Salt Sands du Carbonifère inférieur.

Dans les comtés de Bath, Baren, Estil, Menifee et Wolfe, les sables producteurs sont compris dans l'étage dit de Ragland, qui est immédiatement au-dessous des schistes noirs du Dévonien.

A Suny Brook et dans le comté de Cumberland, un étage situé encore plus bas est exploité ; il est compris entre 80 et 250 mètres au-dessous des schistes noirs du Dévonien.

Les densités des pétroles des différentes régions du Kentucky sont les suivantes :

Glasgow (comté de Barren)	43° B.	ou	811
Cloyds' landing (comté de Cumberland)	41° B.	ou	820
Cartwright (comté de Clinton)	41° B.	ou	820
Coopersville (comté de Wayne)	40° B.	ou	825
Sunnybrook —	41° B.	ou	820
Lower Otter Creek —	40° B.	ou	820
Parnell —	32° B.	ou	865
Dans le comté de Floyd, la densité varie de	38 (834) à 42		(815)
Dans le comté de Withney, la densité varie de	24° B. (910) à 36° B.		(844)

Dans l'État de Tennessee, la production est très peu développée ; elle vient tout entière du champ pétrolifère de Bobs Bar, dans le comté de Fentress ; en dehors de cette région, il n'y a qu'une production insignifiante.

A Poplar Grove, au nord de Bobs Bar, quelques forages ont donné des résultats intéressants.

Dans le comté de Picket, 6 puits de recherches ont été entrepris, en 1904, qui n'ont donné aucun résultat.

L'histoire du commencement de l'exploitation du champ de Bobs Bar est assez curieuse: dans ce champ, qui est situé à 27 kilomètres à l'ouest de Jameston, le premier puits fut foré en 1896 jusqu'à la profondeur de 82 mètres et donna du pétrole, tous les puits forés autour ne donnèrent absolument rien, quoique, en deux ans, le premier forage ait donné 13.000 barils d'huile avec une production moyenne de 20 barils par jour d'une huile ayant une densité de 846.

III. — ZONE PÉTROLIFÈRE DE LA RÉGION LIMA-INDIANA

NORD-OUEST DE L'ÉTAT D'OHIO (LIMA OHIO)

La région pétrolifère du nord-est et l'État d'Ohio comprend les comtés de William, Fulton, Lucas, Ottowa, Putnam, Henry, Wood, Sandusky, Seneca, Hancock, Van Wert, Allen, Wyandot, Mercer, Auglaize, Shelby.

Elle se prolonge du reste vers l'ouest dans l'État d'Indiana ; elle porte les noms de Lima, Lima-Indiana, Buckeye ou district de Trenton-Rock.

Le pétrole de cette région est caractérisé par la présence de composés sulfurés en quantité assez notable pour en rendre le raffinage difficile ; aussi, lors du commencement de son exploitation, fut-il en grande partie employé comme combustible.

Les premiers forages entrepris dans le nord-ouest de l'État d'Ohio avaient pour but la recherche du gaz naturel, le pétrole qu'ils donnaient quelquefois étant un produit secondaire qui, obstruant souvent les conduites, était plutôt regardé avec défaveur. L'industrie du pétrole débuta, dans cette partie de l'État, vers l'automne de 1885, mais il est difficile d'indiquer quel fut le premier puits à pétrole, puisque beaucoup de forages en produisaient avec le gaz et que certains d'entre eux étaient classés par les uns comme puits à pétrole, et par les autres comme puits à gaz.

Après que le gaz eût été trouvé dans les comtés de Hancock et de Wood, le comté de Allen entreprit aussi des recherches et, en avril 1885, un forage situé aux environs de Lima, atteignit le calcaire du Trenton, mais au lieu de donner du gaz, il donna de petites quantités de pétrole, au grand désappointement des propriétaires. Après avoir été torpillé, il fournit 18 barils de pétrole par jour ; ce résultat fut regardé comme peu satisfaisant, surtout à cause de l'odeur désagréable et de la forte densité du pétrole obtenu, de plus, le réservoir d'où il provenait était un calcaire et les couches productives de la Pensylvanie étaient des sables et des grès ; tout cela déroutait les entrepreneurs de forages. Néanmoins, un second forage fut entrepris, cette fois, avec l'intention de reconnaître la production du nouveau champ pétrolifère qui semblait avoir été découvert et, en 1886, ce forage étant terminé, donna 26 barils par jour ; mais ce ne fut que l'année suivante, que l'exploitation du pétrole reçut un grand développement.

Dans la région de Findlay, les recherches pour le gaz avaient commencé en 1884, et les forages donnaient presque tous en même temps de petites quantités de pétrole, mais ce ne fut qu'en 1885, qu'un forage fut entrepris spécialement pour rechercher le pétrole, après torpillage, par 94 litres de nitroglycérine ; il donna d'abord 300 barils par jour, production qui tomba bientôt à 35 barils.

En 1886, un puits fut foré à North Baltimore, pour rechercher du gaz ;

après avoir été torpillé, il donna 12 à 13 barils de pétrole par jour, et comme le pétrole obtenu avait une densité inférieure à celui de Lima (820 au lieu de 840), cela encouragea les recherches.

A la suite de ces diverses découvertes, les travaux de recherches de pétrole se généralisèrent dans le nord-ouest de l'Ohio et bientôt plusieurs champs pétrolifères importants se trouvèrent en exploitation.

Dans cette région, la stratification des couches est généralement assez régulière et forme une succession de plateaux séparés par de petites dépressions ; l'épaisseur des couches pétrolifères est généralement de 130 à 180 mètres.

Le grand anticlinal de Cincinnati, qui traverse la région pétrolifère, a soulevé la formation du Trenton en une immense vague dont la crête fournit du gaz, tandis que les pentes latérales produisent du pétrole.

Les terrains traversés par les forages dans la région de Lima (Ohio) sont en moyenne :

	Mètres
Alluvions récentes	20
Calcaire de Helderberg, supérieur	
Schistes du Niagara	90
Calcaire du Niagara	
Calcaire de Clinton	
Schistes rouges de Medina	22
Schistes gris et quelques lits minces de grès (Hudson River)	130
Schistes noirs tendres d'Utica, formant la couverture imperméable	90
Calcaires du Trenton	60
TOTAL	412

Les couches productives du Trenton se trouvent quelquefois très près de la partie supérieure de cette formation ; dans d'autres cas, il faut traverser les 60 mètres formant l'épaisseur maximum de ce terrain pour trouver soit le pétrole, soit le gaz.

Des échantillons du Trenton Rock, obtenus des puits qui ont donné les plus fortes productions, soumis à l'analyse donnent :

Carbonate de chaux	62	53[1]	56[2]
Carbonate de magnésie	30	44	39
Fer et alumine	8	3	5
TOTAL	100	100	100

Le calcaire du Trenton est donc fortement magnésien, il est à remarquer que la quantité de carbonate de magnésie contenue dans le calcaire du Trenton diminue quelquefois avec la profondeur, ainsi à Bowling Green, tandis qu'à la surface il contient 52 0/0 de carbonate de chaux et 36 0/0 de carbonate de magnésie, à 30 mètres au-dessous de la surface supérieure du Trenton, il n'y a plus que 7 0/0 de carbonate de magnésie. Le caractère magnésien de la roche est très important, car où il se produit, la roche est poreuse et fournit un réservoir naturel au pétrole ; hors du territoire productif de l'Ohio, le calcaire du Trenton perd son caractère magnésien et le carbonate de chaux y forme plus de 75 0/0 de la masse.

1. Échantillon provenant du champ pétrolifère de Lima.
2.   —   —   Findlay.

PRODUCTION DU NORD-OUEST DE L'ÉTAT D'OHIO (LIMA-OHIO)

Années	Barils de 42 gallons	Années	Barils de 42 gallons
1886	1.064.025	1896	20.575.138
1887	4.650.375	1897	18.682.677
1888	9.682.683	1898	16.590.416
1889	12.153.189	1899	16.377.174
1890	15.014.882	1900	16.884.358
1891	17.315.978	1901	16.176.293
1892	15.169.507	1902	15.877.730
1893	13.646.804	1903	14.893.853
1894	13.607.844	1904	13.350.060
1895	15.850.609	1905	16.346.660

NOMBRE DE PUITS FORÉS DANS LE NORD-OUEST DE L'ÉTAT D'OHIO (LIMA-OHIO)

COMTÉS	1891	1892	1893	1894	1895	1896	1897	1898	1899	1900	1901	1902	1903	1904
Allen....	96	38	20	63	215	226	212	279	785	940	692	764	938	495
Auglaize.	376	176	214	348	482	308	303	239	276	235	90	48	65	73
Hancock.	140	91	80	340	493	679	432	301	497	805	667	737	720	489
Hardin ..	»	»	»	»	»	»	»	»	»	»	1	»	2	»
Lorain...	»	»	»	»	»	»	»	»	»	13	»	»	»	»
Logan...	»	»	»	»	»	»	»	»	»	»	1	»	»	»
Lucas....	»	»	3	22	20	92	232	182	189	157	122	106	145	122
Medina ..	»	»	»	»	»	»	»	»	»	12	»	»	»	»
Mercer...	»	32	39	247	387	261	118	90	129	184	89	208	242	174
Ottawa...	»	8	»	»	3	15	38	18	31	50	86	49	78	63
Putnam..	»	»	»	»	»	»	»	»	»	»	8	5	1	2
Sandusky	233	319	428	543	994	851	258	269	452	478	243	274	374	409
Seneca ..	»	29	14	7	78	238	53	67	55	87	31	46	45	71
Shelby...	»	»	1	»	»	»	7	84	25	5	1	»	»	»
Van Wert.	»	1	»	4	130	149	14	9	33	46	161	450	422	248
Wood....	622	732	760	885	1.646	1.592	791	837	1.055	1.097	883	811	983	895
Wyandot.	»	11	8	8	37	40	22	12	22	41	34	30	57	120
Divers...	107	9	2	5	4	7	6	7	10	6	»	»	»	»
TOTAL..	1.574	1.446	1.569	2.472	4.489	4.458	2.486	2.394	3.559	4.156	3.109	3.528	4.072	3.131

NOMBRE DE PUITS SECS FORÉS DANS LE NORD-OUEST DE L'ÉTAT D'OHIO (LIMA-OHIO)

COMTÉS	1891	1892	1893	1894	1895	1896	1897	1898	1899	1900	1901	1902	1903	1904
Allen....	11	3	4	13	47	52	43	43	96	82	56	39	35	23
Auglaize.	44	19	30	50	68	62	59	44	72	49	18	9	12	5
Hancock	25	13	4	64	84	103	73	38	58	68	72	51	54	28
Hardin...	»	»	»	»	»	»	»	»	»	»	1	»	2	»
Lorain...	»	»	»	»	»	»	»	»	»	6	»	»	»	»
Logan...	»	»	»	»	»	»	»	»	»	»	1	»	»	»
Lucas....	»	»	»	7	9	11	12	14	19	19	13	12	15	9
Medina...	»	»	»	»	»	»	»	»	»	2	»	»	»	»
Mercer...	»	10	15	57	40	43	32	10	16	16	9	21	22	17
Ottawa...	»	8	»	»	2	5	6	2	4	4	14	7	20	11
Putnam...	»	»	»	»	»	»	»	»	»	»	»	2	»	»
Sandusky.	35	34	39	47	70	41	19	9	21	25	23	14	16	16
Seneca...	»	10	7	»	10	10	6	1	2	35	3	5	6	6
Shelby...	»	»	»	»	»	»	2	7	4	2	1	»	»	»
Van Wert	»	1	»	1	13	24	4	1	6	9	14	56	40	20
Wood....	92	77	97	139	203	181	114	91	79	87	68	64	70	56
Wyandot...	»	4	6	5	15	15	11	4	10	14	6	2	7	32
Divers...	43	4	1	1	3	3	3	6	8	6	»	»	»	»
TOTAL...	250	183	203	384	564	550	384	270	395	424	290	282	299	223

Comté de Wood. — Pendant une longue période, ce comté fut le plus productif du champ pétrolifère du nord-ouest de l'Ohio, cependant, en 1902, il fut dépassé par les comtés de Allen et Hancock.

Les principaux centres de production sont North Baltimore, Prairie, Depot, Bowling Greene qui a donné les puits les plus productifs de l'Ohio, Bloomdale, Cygnet, Portage, Hoskins, Bradnen, Six Point.

Ce comté est celui qui a la plus grande surface de terrain pétrolifère de tout l'État d'Ohio, ces terrains sont répartis en deux zones dirigées nord-sud et situées l'une au milieu du comté, l'autre sur la limite est. La première zone s'étend depuis North Baltimore, au sud, jusqu'à Hoskins, au nord, en passant par Cygnet, Portage, Bowling Green ; la seconde comprend les territoires de Prairie Depot, Six Point, Bradnen, Pemberville.

Le long de la première zone, se trouve un pli du calcaire du Trenton, qui plonge vers l'ouest et dont la pente est de 66 mètres sur 120 mètres, mesurée entre deux forages, la partie est du pli est, au contraire, horizontale, sur une distance d'au moins 1 kilomètre ; en fait, c'est un des plissements les plus importants du calcaire du Trenton, dans la partie nord-ouest de l'Ohio ; il avait été reconnu par le docteur Orton qui, ayant déterminé sa présence à l'est de Bowling Green, avait prédit le développement d'un champ pétrolifère dans ce territoire.

La plupart des forages de cette contrée donnent de 40 à 500 barils par jour, au début, quoique certains d'entre eux aient produit jusqu'à 5.000 barils.

D'après les maîtres sondeurs, les puits les plus productifs soit en pétrole, soit en gaz, se trouvent en des points où le calcaire du Trenton est très crevassé et les fragments de calcaires rejetés lors du torpillage des puits, montrent une structure caverneuse qui, d'après l'examen des surfaces, semble avoir été produite par dissolution.

Comté de Allen. — Les principaux centres de production sont Shawne, Perry, Bath, Ottawa Townships ; qui constituent le champ pétrolifère local de Lima, quoique ce nom soit généralement donné à l'ensemble du champ pétrolifère du nord-ouest de l'Ohio ; les autres districts producteurs sont ceux de Monroe, Richland, Jackson, Auglaize, German, Marion, Amanda, Spencer.

Il semble qu'il y ait un plissement peu accusé du calcaire du Trenton, qui s'étend au travers de ce comté depuis Spencerville jusqu'à Lima, dans une direction à peu près est-ouest.

Le premier forage ayant donné une production importante, a été foré à la fin de 1887, près de Lima, il donna 1.000 barils en 24 heures ; six mois plus tard, il produisait encore 150 barils et avait donné en tout plus de 60.000 barils. L'année suivante, un forage donna 2.700 barils par 24 heures. La majeure partie des bons puits ne donne pas, au début, plus de 500 barils par jour, la moyenne étant de 25 à 100 barils.

La durée de production des forages est très variable ; cependant, un forage exécuté à Spencerville, en 1887, produisait encore en 1902, mais dans d'autres points, le déclin est si rapide que le bénéfice est souvent nul.

Comté de Hancock. — Ce comté produisait autrefois du gaz seulement.

Les principaux centres de production du pétrole sont ceux de Marion, Findlay, Cass, Allen, Union, Portage, Liberty, Eagle, Orange, Townships.

En 1890, un puits foré dans Allen Township pour rechercher du gaz produisit, au début, 1.000 barils par jour.

Dans Marion Township, on a obtenu un certain nombre de puits donnant 200 barils par jour ; ces puits ont trouvé le pétrole à un niveau de 230 pieds au-dessous de la partie supérieure du Trenton Rock.

A Findlay, en 1901, un puits a donné, après approfondissement, 500 barils par jour.

A 8 kilomètres à l'est de Findlay, un puits a donné, en 1901, des quantités énormes de gaz.

Les zones pétrolifères du comté de Hancock sont la continuation vers le sud de la zone pétrolifère centrale du comté de Wood, qui se divise en deux branches, en traversant la limite qui sépare les deux États, les deux branches continuant toujours à suivre une direction à peu près nord-sud.

Dans ce comté, le calcaire du Trenton forme un anticlinal très vaste, à peu près plat, dirigé approximativement nord-sud et dont le sommet est dans Cass Township, l'axe de l'anticlinal est incliné vers le nord. La pente, de part et d'autre de l'axe, est faible et régulière. Il y a cependant, sur la surface générale de ce grand anticlinal, deux accidents nettement accusés : l'anticlinal local de Findlay (Findlay Arch) et le plissement de Cass (The Hog Back).

L'anticlinal de Findlay n'est pas, à proprement parler, un anticlinal spécial, c'est un point où la pente de l'anticlinal général varie plus rapidement, l'accroissement de profondeur étant de 45 mètres, sur une longueur de 600 mètres environ.

Le Hog Back est un plissement d'une trentaine de mètres d'élévation, qui se prononce sur une largeur de 120 mètres à l'est et 200 mètres à l'ouest.

Il est assez remarquable de voir sur un anticlinal général, faiblement accusé, les zones pétrolifères coïncider avec deux accidents particuliers de même orientation que l'anticlinal général, quoique de faible importance.

Comté de Van Wert. — Pendant un certain temps, on avait cru que les champs pétrolifères de la région de Lima et ceux de l'Indiana étaient séparés par une zone improductive, les découvertes faites dans les comtés de Van Wert et Mercer, d'une part, dans l'Ohio et de Adams dans l'Indiana, ont réuni ces deux champs de production en un seul.

Les principaux centres de production sont Ohio City, Venedocia, Willshire.

Plusieurs puits dans ce comté ont donné de 100 à 300 barils par jour au début. La production de ce comté est peu importante ; le pétrole est lourd, ayant une densité de 850.

Comté de Wyandot. — Les principaux centres pétrolifères sont Upper Sandusky, Crawford, Buggettstown.

Au sud de Upper Sandusky un puits qui avait donné, au début, 1.000 barils le premier jour et qui s'était bouché n'a plus donné après nettoyage que 20 barils par jour en pompant.

Aux environs de Crawford, un puits, qui avait donné 1.000 barils le premier jour, est tombé, en quelques heures, à une production très ordinaire. La production de ce comté est peu importante.

Comté de Lucas. — A Waterville, en 1901, un puits a donné 20 barils par jour.

Dans Oregon Township, on a obtenu de bons résultats en 1902.

Comté de Mercer. — La zone productive de pétrole dans ce comté s'étend le long de la frontière de l'Indiana, au sud du champ d'Ohio City (comté de Van Wert Ohio).

On exploite aussi aux environs de Celina.

Comté de Sandusky. — Les principaux centres de production sont ceux de : Gybsonburg, Helena, ouverts en 1887 ; Madison, Washington, Jackson, Woodville.

Tous les territoires pétrolifères forment une seule zone qui est la continuation de la zone pétrolifère du comté de Wood.

Comté de Seneca. — On exploite principalement à Seneca et Fostoria. A Fostoria, en janvier 1904, un puits a donné 100 barils par jour au début ; cette zone pétrolifère est la continuation, vers le sud, de celle du comté de Sandusky.

Comté d'Auglaize. — Les points principaux d'extraction sont : Cudesville, Buckland, Moulton, Saint-Marys.

Les autres comtés n'ont qu'une production peu importante.

ÉTAT D'INDIANA

Le premier forage qui donna du pétrole dans l'État d'Indiana avait été exécuté à Terre Haute (comté de Vigo), pour rechercher de l'eau ; les résultats incertains obtenus dans cette région n'encouragèrent pas les recherches et ce n'est qu'en 1885 que des forages furent entrepris dans le nord-est de l'État, cette fois pour rechercher du gaz naturel dont on avait trouvé une grande quantité dans l'État voisin d'Ohio. Quelques-uns des forages donnèrent du pétrole en même temps que du gaz, mais l'industrie pétrolifère ne se développa réellement qu'à partir de 1891. La recherche du gaz semblait plus profitable pour les capitalistes, d'autant plus que la région pétrolifère du calcaire du Trenton, dans l'État d'Ohio, donnait une quantité de pétrole très supérieure à sa consommation et que le prix de ce pétrole était très bas. Le premier forage ayant fourni du pétrole en quantité payante, fut foré en 1890, près de Keystone (comté de Wells), il donna 60 barils par jour et, au bout de trois mois, ne donna plus que 25 barils ; il fut alors torpillé et donna 100 barils et, au bout de neuf mois, retomba à 25 barils ; en 1896, il donnait encore 6 barils par jour. La région pétrolifère se développa ensuite peu à peu et en 1903-1904, il y eut une augmentation considérable de la production, due à l'extension des terrains pétrolifères de Delaware et Grant.

PRODUCTION DU PÉTROLE DANS L'ÉTAT D'INDIANA

Années	Barils	Années	Barils
1889	33.375	1898	3.730.907
1890	63.496	1899	3.848.182
1891	136.634	1900	4.874.392
1892	698.068	1901	5.757.086
1893	2.335.293	1902	7.480.896
1894	3.680.666	1903	9.186.411
1895	4.386.132	1904	11.339.124
1896	4.680.732	1905	10.964.247
1897	4.122.356		

NOMBRE DE PUITS FORÉS DANS L'ÉTAT D'INDIANA, DE 1891 A 1904

COMTÉS	1891	1892	1893	1894	1895	1896	1897	1898	1899	1900	1901	1902	1903	1904
Adams	2	70	88	119	110	111	42	37	51	133	175	291	317	262
Allen	»	»	»	»	»	»	»	»	»	»	»	»	4	»
Blackford	21	9	40	72	122	221	72	139	175	202	258	358	394	222
Davies	»	»	»	»	»	»	»	»	»	10	6	»	»	»
Delaware	»	»	»	»	»	»	»	»	»	13	42	77	122	952
Gibson	»	»	»	»	»	»	»	»	»	»	»	»	7	42
Grant	»	3	»	13	111	118	44	66	201	240	568	1.050	1.383	1.068
Hamilton	»	»	»	»	»	»	»	»	»	10	1	1	7	»
Huntington	»	»	»	14	26	63	30	34	45	147	75	164	312	332
Jay	9	117	202	257	245	206	52	53	61	105	70	94	213	329
Madison	»	»	»	»	»	»	»	»	»	56	105	95	65	50
Marion	»	»	»	»	»	»	16	55	11	9	»	2	»	»
Martin	»	»	»	»	»	»	»	»	»	16	2	3	»	»
Miami	»	»	»	»	»	»	178	35	25	49	7	7	2	8
Randolph	»	»	»	»	»	»	»	»	»	8	18	59	128	113
Wabash	»	»	»	»	»	»	1	56	15	5	6	2	4	1
Wells	31	96	212	713	648	461	181	206	473	579	470	729	735	387
Divers	2	»	»	1	5	»	70	13	»	»	»	»	»	»
TOTAL	65	295	542	1.189	1.267	1.180	686	694	1.057	1.582	1.802	2.932	3.693	3.766

NOMBRE DE PUITS IMPRODUCTIFS FORÉS DANS L'ÉTAT D'INDIANA, DE 1891 A 1904

COMTÉS	1891	1892	1893	1894	1895	1896	1897	1898	1899	1900	1901	1902	1903	1904
Adams	1	12	28	20	12	14	13	4	7	13	18	35	30	25
Allen	»	»	»	»	»	»	»	»	»	»	»	»	2	»
Blackford	7	3	6	12	12	31	23	25	24	36	47	75	41	21
Davies	»	»	»	»	»	»	»	»	»	10	6	»	»	»
Delaware	»	»	»	»	»	»	»	»	»	4	19	50	48	121
Gibson	»	»	»	»	»	»	»	»	»	»	»	»	4	17
Grant	»	1	»	4	7	4	1	5	11	13	80	108	94	91
Hamilton	»	»	»	»	»	»	»	»	»	7	»	»	7	»
Huntington	»	»	»	4	7	7	1	6	3	13	6	23	10	8
Jay	2	47	47	68	71	63	19	16	15	41	20	20	33	52
Madison	»	»	»	»	»	»	»	»	»	38	45	54	19	15
Marion	»	»	»	»	»	»	5	6	1	3	»	»	»	»
Martin	»	»	»	»	»	»	»	»	»	13	»	1	»	»
Miami	»	»	»	»	»	»	12	17	11	4	3	4	1	3
Randolph	»	»	»	»	»	»	»	»	»	3	5	33	50	27
Wabash	»	»	»	»	»	»	»	13	6	3	2		1	1
Wells	5	18	30	72	55	39	20	17	25	37	40	40	40	19
Divers	»	»	»	1	2	»	36	5	»	»	»	»	»	»
TOTAL	15	76	111	181	166	158	130	114	103	238	291	443	380	400

Sauf le district pétrolifère de Terre-Haute, dans le comté de Vigo, les autres champs pétrolifères de l'Indiana se rattachent à ceux du nord-ouest de l'Ohio et en sont le prolongement.

Les comtés de l'Indiana qui produisent du pétrole sont ceux de Grant, Wells, Blackford, Adams, Huntington, Madison, Jay, Delaware, Randolph, Jasper, Vigo, Martin, Dubois, Wabash, Carroll, Miami.

Les gaz et le pétrole, qu'on recueille dans l'État d'Indiana se trouvent dans le calcaire de Trenton dans les mêmes conditions que dans l'État de l'Ohio.

Il y a cependant quelques exceptions, et quelques districts tirent leur pétrole du Corniferous Limestone, comme au Canada. Ces districts sont ceux de Jasper County, Terre-Haute, Loogoobe Pool, Birdseye (comté de Dubois), ceux du comté de Crawford et de Perry.

Comté de Grant. — Les principaux centres de production sont : Marion, Franklin, Pleasant, Landersville, Van Buren.

Le premier puits qui donna du pétrole dans le comté de Grant, fut terminé en 1890, il avait été commencé pour rechercher du gaz et fut abandonné à cause de l'absence de pipe line pour transporter le pétrole.

Le district qui entoure Marion et qui produisit autrefois une quantité énorme de gaz n'est plus exploité aujourd'hui que pour le pétrole ; l'exhaustion du gaz naturel permettant de faire cette exploitation interdite tant que le territoire peut produire du gaz[1], les recherches de pétrole furent entreprises.

1. En mars 1898, la State supreme Court passa un acte, dit Waste-Gas Decision, interdisant la recherche du pétrole dans les territoires à gaz. Cette décision empêcha toute recherche pour le pétrole dans les comtés de Madison et Delaware.

Entre Upland et Gas City, plusieurs Compagnies qui exploitaient du gaz naturel ont peu à peu été conduites à exploiter du pétrole, par suite de l'épuisement du gaz.

Aux environs de Hanfield jusqu'à Van Buren au nord-est et presque jusqu'à Marion au sud-ouest des recherches de pétrole ont été entreprises ; aux environs de Fairmont on a obtenu des forages donnant une bonne production.

Ces travaux de recherches de pétrole contribuèrent pour une bonne partie à la notable augmentation de production de l'État d'Indiana en 1903 et 1904.

Comté de Wells. — Les principaux centres de production sont : Crompton, Nottingham, Chester, Jackson, Liberty Center.

En juin 1891, il y eut trois forages de terminés, et, avant cette époque, une dizaine d'autres avaient été entrepris ; la production était de 900 barils pour ce mois de juin ; jusqu'à la fin de l'année, il y eut 35 forages de terminés et la production de décembre fut de 16.000 barils.

Comté de Blackford. — Les districts pétrolifères les plus importants sont ceux de Washington, Licking, Hartford City, Monroe.

Le premier puits de ce comté qui donna du pétrole fut foré en 1887, il avait été entrepris pour rechercher du gaz, il donna 35 barils par jour ; à cause du manque de débouchés, les recherches furent peu actives jusqu'en 1892.

En 1901, à Byrd farm, district de Washington, un puits a donné 200 barils par jour ; à Hartford City, un puits a donné 300 barils par jour.

Comté de Adam. — Les principaux centres de production sont : Geneva, Monroe, Jefferson, Blue Creek.

Le premier puits foré dans ce comté fut exécuté à Geneva, en 1892, et donna 100 barils au début.

A Hunsicker farm Jefferson Township, deux puits donnèrent chacun 100 barils par jour au début ; à Blue Creek, en 1901 (Timibleson farm), un forage donna 400 barils par jour ; aux environs de Monroe un puits a donné, à la profondeur de 350 mètres une production, de 50 barils par jour, en 1903.

Comté de Huntington. — Le champ pétrolifère de ce comté s'étend surtout à sa limite sud le long de la frontière qui le sépare du comté de Grant ; on exploite donc surtout une extension de champ de Van Buren (Grant) qui s'étend jusqu'à Warren.

Comté de Madison. — Les districts les plus importants sont Alexander, Monroe, Summitville, Richland.

En 1902, à Summitville, un puits a donné 120 barils par jour ; mais non loin de là 14 puits forés ne donnèrent rien ; du reste, en 1902, sur 95 puits forés, 54 ne donnèrent aucun résultat ; en 1901, sur 104 puits, 45 ne donnèrent rien.

Cependant, en 1901, à Richland Township, un puits donna 100 barils par jour.

Comté de Jay. — Les résultats des recherches du comté de Jay ne sont pas très favorables :

En 1901, sur 70 puits forés 20 furent improductifs ; en 1902, sur 90 puits, 20 furent improductifs.

Les points qui ont donné quelques résultats sont Pike, Township et Jakson Township, Geneva.

Comté de Delaware. — Les débuts de l'exploitation pétrolifère dans ce comté furent pénibles :

En 1902, sur 77 puits forés, 50 furent secs. Il y avait cependant quelques centres productifs, notamment à Albany, mais, à Niles, en 1903, on a obtenu 200 barils par jour ; et à Muncie, un puits foré dans le Calcaire de Trenton, fut poussé plus profondément que cela n'avait été fait jusqué là et fit découvrir un second niveau pétrolifère, à 60 mètres au-dessous de celui déjà exploité dans cet horizon ; d'autres puits furent aussitôt poussés dans cette nouvelle zone et donnèrent jusqu'à 800 barils par jour.

La production moyenne de ce nouveau niveau est d'environ 45 barils par jour et par puits. Près de la ville de Liberty, un puits a donné 300 barils le premier jour. La découverte de ce nouvel horizon a été le point de départ d'une augmentation de la production de l'Etat d'Indiana. Certains puits ont, en effet, donné dans cette nouvelle couche, jusqu'à 1.000 barils par jour.

Comté de Randolph. — Le principal centre productif est aux environs de Parker ; il s'étend du côté de Salem (Delaware) ; en 1903, dans cette région, un puits a donné 400 barils par jour.

Comté de Jasper. — Dans ce comté, on trouve le pétrole à deux niveaux différents dans le Corniferous Limestone et le Calcaire du Trenton ; on trouve souvent un pétrole très épais difficilement vendable.

Certaines régions ont des puits ne dépassant pas 40 mètres de profondeur.

Comté de Vigo, District de Terre-Haute. — Les puits sont très profonds ; ils ont jusqu'à 510 mètres, il y a fort peu de puits, et le pétrole produit est très épais, il provient du calcaire de Hamilton.

Le premier forage qui donna du pétrole dans ce comté fut un puits artésien foré en 1865, il avait une profondeur de 480 mètres ; jusqu'en 1870, quatre forages furent exécutés, qui donnèrent tous de grandes quantités d'eau sulfureuse avec plus ou moins de pétrole ;. en mai 1888, un forage donna, par jaillissement, une assez grande quantité de pétrole, ce qui provoqua une recrudescence d'activité dans les forages, sans grand résultat.

Comté de Martin. — La production va en décroissant ; les recherches datent de 1897 : elles furent entreprises à la suite de la découverte de gaz à Pétersburg (Pike). Le pétrole a 32° B.

La profondeur des puits est de 150 mètres ; ils atteignent le Corniferous Limestone ; 2 puits, en 1901, donnèrent chacun 7 barils par jour ; sur 26 puits forés en 1901, 3 donnèrent du pétrole, 10 du gaz, et 13 furent secs.

Comté de Wabash. — Deux puits forés en 1898, à 12 kilomètres à l'est de Peru ont donné 200 barils chacun par jour ; au mois de mars ou avril, avec 10 puits, la production était de 500 barils par jour, soit 50 barils par puits et par jour.

En juillet 1897, le champ de Peru avait été découvert dans le comté de Miami, le premier forage donna 100 barils par jour, mais il éveilla peu d'attention et ce ne fut que quand deux ou trois autres forages eurent donné les mêmes résultats, que les recherches prirent de l'activité, mais le développement fut alors rapide, et au mois de novembre 1897, la production était de 100.000 barils.

Depuis, en 1901, on a foré à Treaty (Wabash), pour chercher une connection entre le champ de Van Buren (Grant) et celui de Peru (Miami), mais sans résultats ; à Lafontaine il n'y eut que des traces de pétrole.

Dans le comté de Caroll, à 50 kilomètres au nord-ouest du champ de Peru (Miami), on a foré sans grands résultats.

Dans le comté de Dubois, on a obtenu quelques traces de pétrole.

IV. — KANSAS. — OKLAHOMA. — TERRITOIRES INDIENS

La zone pétrolifère qui s'étend sur une longueur de 400 kilomètres dans l'Etat de Kansas, d'Oklahoma et les Territoires Indiens (*fig*. 195), se trouve située dans le sud-est du Kansas, les territoires des Ossages, des Cherokées, des Creek, des Chikasaw et des Choctaw ; elle s'étend, probablement, dans d'autres parties de l'Oklahoma et des Territoires Indiens, où des indications pétrolifères sont signalées en différentes localités, en dehors de cette grande zone, notamment dans les montagnes de Whichita, à Fort Sill, à Guthrie et aux environs de la ville d'Oklahoma. Dans le Kansas, la zone productive comprend les comtés de Miami, de Franklin, de Linn, d'Anderson, de Coffey, de Bourbon,

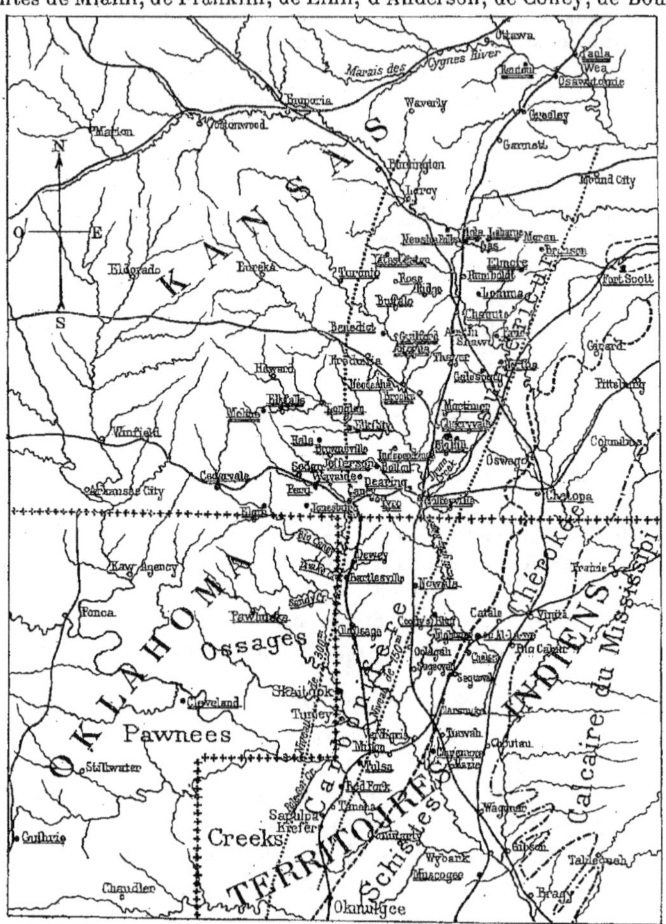

Nota.— Les noms soulignés, sont ceux des localités ou le pétrole a été signalé, ceux qui le sont deux fois sont ceux des localités qui ont produit du gaz en grande quantités

Fig. 195. — Zone pétrolifère du Kansas et des territoires indiens.

de Allen, de Woodson, de Neosho, de Wilson, de Labette, de Montgommery, de Chautauqua et d'Elk.

PRODUCTION DU KANSAS

Années	Barils		Années	Barils
1889	500		1898	71.980
1890	1.200		1899	69.700
1891	1.400		1900	74.714
1892	5.000		1901	179.151
1893	18.000		1902	331.749
1894	40.000		1903	932.214
1895	44.000		1904	4.250.779
1896	113.000		1905	12.013.495 [1]
1897	81.000		1906	21.194.156 [2]

TERRITOIRE INDIEN

Années	Barils		Années	Barils	
1891	30		1898	»	
1892	80		1899	»	
1893	10		1900	6.472	
1894	130		1901	10.000	
1895	37		1902	37.000	
1896	170		1903	138.911	Territoire indien
1897	625		1904	1.336.748	et Oklahoma

RÉSULTATS DES TRAVAUX DE FORAGE DANS L'ÉTAT DE KANSAS, EN 1905

DISTRICTS	NOMBRE DE FORAGES				PRODUCTION MOYENNE DU PREMIER JOUR par puits productif
	TERMINÉS	SECS	DONNANT DU GAZ	DONNANT DU PÉTROLE	Barils
Allen	16	»	3	13	10,08
Chautauqua	284	30	19	235	27,65
Coffey	16	3	6	7	9,86
Elk	29	9	5	15	12,60
Franklin	63	4	4	55	14,03
Labette	1	1	»	»	»
Miami	392	16	35	341	7,47
Montgommery	322	54	117	151	22,69
Neosho	246	39	46	161	10,75
Wilson	87	16	30	41	12,56
Divers	62	25	37	»	»
TOTAL	1.185	197	302	1.019	Moyenne générale.. 15,58

RÉSULTATS DES TRAVAUX DE FORAGE DANS L'OKLAHOMA ET LES TERRITOIRES INDIENS EN 1906

TERRITOIRES INDIENS	NOMBRE DE FORAGES				PRODUCTION MOYENNE DU PREMIER JOUR par puits productif
	TERMINÉS	SECS	DONNANT DU GAZ	DONNANT DU PÉTROLE	Barils
Cherokées	1.480	139	44	1.297	30,16
Creek	178	43	18	117	23,43
Oklahoma	»	»	»	»	»
Osage	507	111	24	372	91,73
Divers	360	56	17	287	74,55
TOTAL	2.525	349	103	2.073	Moyenne générale.. 46,97

1-2. Y compris l'Oklahoma et les territoires indiens.

ÉTAT DU KANSAS

La présence du pétrole avait été signalée dans cet État, à une époque assez éloignée, des suintements pétrolifères étaient connus dans le comté de Miami, le long de la frontière qui sépare ce comté de l'État de Missouri, à Ossawatomie, dans la vallée du Wea ; aux environs de Paola, dans les puits à sel de cette même région, dans le comté de Linn qui se trouve au sud du comté de Miami. Mais bien que des tentatives d'exploitation aient été faites à différentes époques, le véritable développement de cette région n'eut lieu qu'à une époque récente, entre 1903 et 1905. Le premier puits foré pour la recherche du pétrole fut exécuté par G.-W. Brown, dont l'attention avait été attirée par les suintements de pétrole de la vallée du Wea, à 17 kilomètres au nord de Paola, où, sur les bords d'un petit affluent du Wea, se trouvaient des affleurements de schistes, laissant suinter du pétrole, qui couvrait d'irisations les eaux du ruisseau ; le travail commencé en 1860 ne donna que de l'eau salée avec des traces de pétrole ; deux autres puits forés ensuite donnèrent des résultats analogues puis les travaux furent abandonnés à cause de la guerre de la Sécession.

Quelques puits furent exécutés vers 1865, mais sans résultat ; en 1870, un fermier du comté de Johson constata la présence du pétrole, dans un puits qu'il avait creusé pour se procurer de l'eau ; mais cela n'attira pas davantage l'attention et aucune recherche ne fut entreprise.

En 1873, l'exploitation du gaz naturel commença aux environs de Iola (comté d'Allen) et devint, par la suite, une exploitation importante.

En 1882, un puits fut foré à l'est de Paola (comté de Miami), mais sans succès ; en 1884, un puits foré à Indépendance et poussé à 318 mètres ne donna aucun résultat ; en 1887, un puits fut foré aux environs de Humboldt, dans le comté de Allen, il donna une certaine quantité de gaz.

En 1888, plusieurs puits furent forés aux environs de Paola, pour rechercher du gaz, et plusieurs d'entre eux donnèrent assez de pétrole pour alimenter une petite raffinerie qui fonctionna pendant quelques années.

En 1890, à Cherryvale (comté de Montgommery), un puits fut foré pour rechercher du gaz, mais l'exploitation dut en être abandonnée, les niveaux aquifères n'ayant pas été convenablement isolés. La même année, à Coffeyville, dans le même comté, deux puits forés donnèrent du gaz, l'eau ne fut isolée qu'avec difficulté ; mais, quand cette opération eut été couronnée de succès, en approfondissant un des puits, on obtint 113.000 mètres cubes de gaz par vingt-quatre heures ; d'autres puits ayant été forés pour rechercher du gaz, une exploitation fut installée ; la même compagnie entreprit des sondages aux environs d'Indépendance, à 7 kilomètres à l'est de la ville, les trois premiers puits ne donnèrent aucun résultat, et la compagnie était sur le point de liquider, lorsqu'en forant à 5 kilomètres à l'ouest de la ville, elle obtint de ce puits 140.000 mètres cubes de gaz par jour.

Les recherches continuèrent à Sycamore et Larimer, mais sans succès ; à Bolton, un puits donna 425.000 mètres cubes de gaz par vingt-quatre heures en juin 1902 ; en février 1903, un puits, dans la même région, donna 50 barils de pétrole par jour ; puis, d'autres forés aux environs, donnant aussi de bons résultats ; les recherches se firent de plus en plus nombreuses et furent le point de départ du grand développement de la production du pétrole au Kansas.

Pendant ce temps, les recherches avaient continué aux environs de Paola et, en 1892, un puits donna 12 barils par jour, puis baissa à 4 barils ; un second donna 8 barils, un troisième, terminé en 1893, fut sec.

Guffey et Galey reprirent cette affaire et l'étendirent par des locations de terrains faits dans des comtés de Wilson, Allen, Neosho, Elk, Mongommery, Chautauqua ; en 1895, ils cédèrent leur affaire à la Forest Oil C° ; ils avaient foré 103 puits, dont 65 productifs, 10 puits à gaz, 25 abandonnés.

En 1897, la Forest Oil C° avait obtenu les résulats suivants :

COMTÉS	PUITS				TOTAL
	DOUTEUX	PRODUCTIFS (pétrole)	PRODUCTIFS (gaz)	ABANDONNÉS	
Neosho	3	16	2	19	40
Wilson	9	63	13	59	144
Elk	1	»	»	2	3
Lin	»	»	»	4	4
Bourbon	»	»	»	4	4
Montgommery	3	1	»	14	18
Chautauqua	»	3	1	7	11
TOTAL	16	83	16	109	224

En janvier 1901, la Prairie Oil C° racheta l'exploitation.

En 1893, au nord de la gare de Peru (comté de Chautauqua), un puits fut abandonné à 180 mètres, après avoir donné des traces de gaz et de pétrole ; à moins de 200 mètres de ce puits, sur trois côtés différents, à l'ouest, à l'est et au sud, il y a, aujourd'hui, des puits productifs ; ce puits fut vendu pour le prix du tubage, et le nouveau possesseur, en approfondissant, trouva du gaz en assez grande quantité, un autre puits donna du pétrole ; un troisième fut sec (1894).

A la suite de toutes les recherches entreprises, les exploitations du Kansas s'étendirent rapidement à partir de 1903 et la production, qui, pour cette année, fut de 900.000 barils, passa à 10.000.000 de barils en 1905.

Concurremment au développement de l'industrie du pétrole, l'exploitation du gaz naturel se développa, et une compagnie importante, la Kansas Natural Gas Company, absorba une grande partie des sociétés déjà existantes ; son capital de 60.000.000 de francs lui permit de faire des installations considérables ; en 1905, elle possédait, dans l'État de Kansas, 900 puits pouvant débiter 70.700.000 mètres cubes de gaz par jour et, dans les Territoires Indiens, 150 puits pouvant donner 8.500.000 mètres cubes de gaz par jour.

Certains puits ont donné des productions de gaz très considérables : l'un d'eux, foré près de Caney, au commencement de 1904, donna 566.000 mètres cubes de gaz en vingt-quatre heures ; en novembre 1904, un puits situé dans la région d'Indépendance fut acheté sur la base d'une production journalière de 935.000 mètres cubes.

Les principaux champs d'exploitation sont : le champ de Iola Laharpe, qui produit principalement du gaz ; — le champ de Humboldt, qui donne à la fois du pétrole et du gaz ; — le champ de Chanute, qui donne surtout du pétrole ; — celui d'Érié, donnant du gaz ; — le champ de Bolton, qui s'étend sur une longueur de 5 kilomètres, qui donne en majeure partie du pétrole et où se trouvent les puits qui ont eu la plus forte production de la région, soit 500 barils par jour ; ce champ est assez irrégulier, et, les uns à côté des autres, se trouvent des puits productifs et des puits improductifs ; — le champ de Waiside, donnant du pétrole ; — le champ de Caney, qui donne du pétrole et du gaz ; — le champ de Tyro, qui n'est peut-être qu'une extension du précédent ; — le champ de Coffeyville, qui a 16 kilomètres de long : au début, il ne produisait que du gaz ; le champ est au voisinage même de la ville ; — le champ d'Indépendance, qui a donné les plus fortes productions de la contrée pour les puits à gaz ; — le champ de Drum Creek, non loin du précédent qui, par exception semble ne produire à peu près exclusivement que du pétrole ; — le champ de Cherryvale, qui produisit d'abord du gaz, mais des points à production de pétrole y ont été récemment découverts ; le champ pétrolifère s'étend presque sur tout le pourtour de la ville ; — le champ de Neodesha où le gaz et le pétrole sont produits simultanément.

Un fait à remarquer dans l'histoire du développement du Kansas, au point de vue du gaz naturel et du pétrole, c'est que les recherches y furent extrêmement laborieuses et, en beaucoup de régions, les premiers pionniers abandonnèrent leurs recherches. Mais c'est surtout aux environs de Iola que la prospection fut pénible. Le premier puits y fut foré, en 1873, à 220 mètres ; il donna un peu de gaz et d'eau salée, l'eau fut employée dans un sanatorium et le gaz servit à l'éclairage. Une compagnie fut alors formée à Iola pour rechercher du gaz. Le troisième puits donna 2.100 mètres cubes de gaz par jour, mais il donna, en même temps, de l'eau salée ; un quatrième donna les mêmes mauvais résultats, et la Compagnie vendit ses droits à un nouvel entrepreneur qui fora 4 puits ; ce ne fut que le quatrième, terminé en décembre 1893, qui donna des résultats satisfaisants. Il avait fallu vingt ans pour réussir, quoique le champ de production de gaz Iola soit un des plus riches qu'on ait découvert.

Un puits foré en 1895 donna 283.000 mètres cubes de gaz par vingt-quatre heures.

Le champ à gaz d'Iola s'étend sur une longueur de 16 kilomètres et sur une largeur de 8 kilomètres. Ce qui explique en partie la difficulté des premières recherches, c'est qu'elles étaient placées tout à fait à l'une des extrémités du champ à gaz.

TABLEAU INDIQUANT LA BAISSE DE LA PRESSION DU GAZ (PRESSION STATIQUE) DANS UNE RÉGION DU CHAMP DE IOLA, OÙ LA CONSOMMATION EST TRÈS CONSIDÉRABLE (PRESSION INDIQUÉE EN KILOGRAMMES PAR CENTIMÈTRE CARRÉ).

NUMÉROS DES PUITS	1900		1901			1902			1903	
	SEPTEMBRE	DÉCEMBRE	AVRIL	AOUT	DÉCEMBRE	AVRIL	AOUT	DÉCEMBRE	AVRIL	AOUT
1.............	19	15	13	14	10	6	6	9	7	4
2.............	17	14	13	12	11	9	10	5	4	4
3.............	16	18	13	12	9	10	9	7	6	5
4.............	»	10	10	9	8	9	8	3	0,2	0,1
5.............	»	10	»	8	8	6	3	3	»	»

Le relevé des pressions statiques initiales faites pour les puits à gaz de

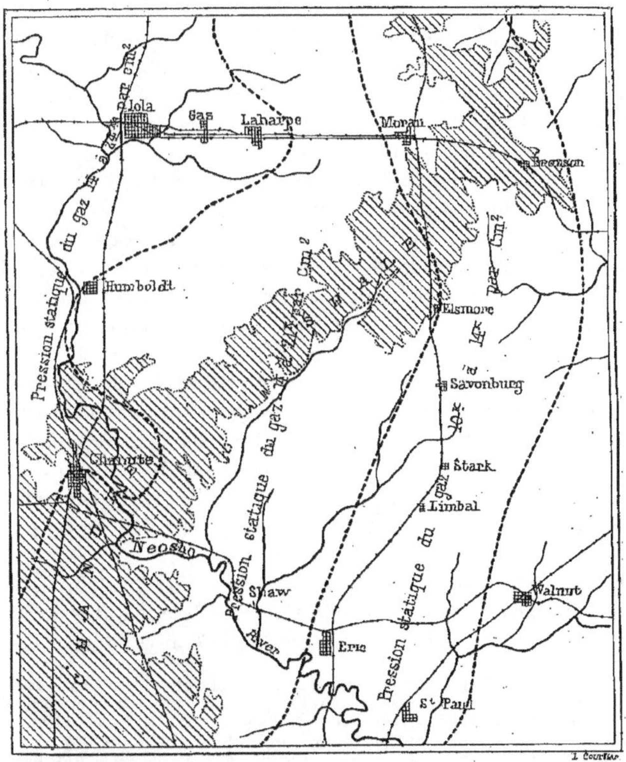

FIG. 196. — Répartition de la pression des puits à gaz dans la région de Chanute.

la région de Chanute (*fig.* 196) montre que les plus hautes pressions sont obtenues dans la partie ouest du champ, et les plus basses dans la partie est;

de plus, si l'on joint les points d'égale pression, on obtient une courbe qui a, à peu près, la même allure que les affleurements des couches géologiques, ainsi qu'on peut le voir dans ladite figure 196.

TERRITOIRES INDIENS ET OKLAHOMA

Ces deux divisions territoriales situées au sud de l'État du Kansas ont récemment été réunies pour former un nouvel État sous le nom Oklahoma. Les terrains pétrolifères qui se trouvent surtout situés dans le nord de ce territoire forment le prolongement naturel du bassin pétrolifère du Kansas.

Les premières recherches datent de 1886[1], où un premier puits foré à Chelsea (Territoire des Cherokées) donna des quantités de pétrole suffisantes, pour servir de prétexte à la formation d'une compagnie (United States Cᵒ); 11 puits étaient forés en 1891, à 9 kilomètres à l'ouest de Chelsea, qui donnaient des quantités de pétrole assez importantes, à 120 mètres de profondeur; mais les difficultés de régularisation des baux par le Gouvernement retardèrent les travaux pendant six ans[2]; cependant, à la fin de 1905, il y avait 154 forages exécutés. La zone explorée s'étendit peu à peu jusqu'à Coody's Bluff, à 24 kilomètres au nord de Chelsea, le long de la vallée de la rivière Verdigris, où 600 puits ont été forés.

Sur le territoire des Indiens Ossage, au nord-ouest de Bartlesville, un puits donna 5 barils par jour; en 1896, deux autres forages exécutés, l'un près de la frontière nord qui sépare ce territoire de l'État de Kansas, au sud de Jonesburg, l'autre au sud-ouest de Bartlesville donnèrent aussi du pétrole et, en 1905, 715 puits avaient été exécutés, dont 502 productifs, 38 donnant du gaz et 175 abandonnés; la moyenne de la production était de 18 barils par jour et par puits.

Sur le territoire des Pawnies, au sud du territoire des Ossages, un puits fut foré à Cleveland en 1904, qui donna du gaz à la profondeur de 405 mètres et du pétrole à 480 mètres; il fut foré jusqu'à 495 mètres, puis torpillé avec 50 litres de nitroglycérine; mais cette opération fut mal faite et le tubage fut endommagé; aussi la production ne fut-elle, après l'opération, que de 50 barils, mais elle se montra stable, car, au bout d'un an, ce puits débitait encore 35 barils.

Les recherches continuées aux environs de Cleveland amenèrent la découverte de cinq centres de production, sur lesquels il y avait, en 1905, 300 puits productifs[3]. Beaucoup de recherches coûteuses ont été faites le long de

---

1. Un forage aurait, paraît-il, été exécuté en 1872 par Barnes et Fossett aux environs de Atoka (Choctaw nation) tout à fait au sud des Territoires Indiens, non loin de la frontière nord de l'Etat du Texas et des traces de pétrole auraient été trouvées à 450 mètres, Barnes obtint une concession de 80.000 hectares, mais sa mort interrompit les travaux qui ne furent pas continués.

2. La United States Cᵒ obtint la concession connue sous le nom de *biglease* qui s'étendait sur tout le territoire des environs de Chelsea jusqu'à Coody's Bluff au nord. Cette concession fut réduite à six sections et six autres sections furent acquises ultérieurement en confirmité avec les nouveaux règlements. En 1893, Michael Cudahy obtint une concession de 80.000 hectares aux environs de Bartlesville qui furent réduits à 640 hectares.

3. Sur le territoire des Osages, une concession de 1.800.000 acres fut confirmée au nom de H.-B. Foster par un acte du Congrès du 16 mars 1896 et fut prorogée pour 10 ans par un acte du

la frontière qui sépare l'Oklahoma des territoires indiens, mais, sauf à Gotebo, au sud-ouest de Oklahoma City, aucun champ pétrolifère important n'a été découvert en dehors de celui de Cleveland. Le pétrole est trouvé dans les couches dites Redbeds, qui ont la fâcheuse propriété de s'ébouler très facilement.

Sur le territoire des Indiens Creeks, à Tulsa, 16 forages furent exécutés en 1905, et l'un d'eux donna 175 barils par jour, mais, pendant l'année 1906, la production a considérablement augmenté dans la région de la Creek Nation, grâce à la découverte d'un nouveau champ pétrolifère au sud de Tulsa.

Quelques forages avaient été exécutés à Okmulgee, en 1904, et de petites quantités de pétrole avaient été trouvées à 400 mètres de profondeur ; au nord de Sapulpa (sud-ouest de Tulsa), du pétrole avait aussi été rencontré à la même profondeur. En décembre 1905, Robert Galbreath et Franck Chessley forèrent un puits sur la Ida-E-Farm, section 10, Township 17, Range 12, à 24 kilomètres au sud de Tulsa ; pendant les travaux, les apparences étant favorables, ils prirent en location tout le terrain du voisinage et, le 1er mars 1906, quand le puits fut terminé, il donna 75 barils par jour ; un second puits donna 800 barils et pendant plusieurs mois, les deux forages donnèrent ensemble 700 barils par jour.

Ces travaux avaient été exécutés en grand secret, mais deux nouveaux forages ayant donné chacun 1.200 barils par jour, la nouvelle se répandit dans le pays et les exploitants affluèrent. Les travaux furent poussés avec activité et certains forages donnèrent 1.600 et 2.500 barils de pétrole par jour. Au commencement de 1907, il y avait 190 forages d'exécutés, 13 étaient secs, 9 donnaient du gaz et le reste produisait du pétrole en quantité abondante. La surface du champ producteur est d'environ 3.000 hectares, il s'étend sur les sections 2, 3, 4, 5, 8, 9, 10, 15, 17, 21, 22. La partie la plus productive correspond aux sections 10, 15, 22.

Au mois de février 1907, le champ pétrolifère de Glenn avait produit 576.386 barils, ou 20.585 barils par jour. Le développement rapide de ce champ pétrolifère, dans une contrée à peu près inhabitée, a déterminé la création d'une nouvelle ville à proximité, le long du chemin de fer, c'est la ville de Kiefer[1].

congrès du 16 mars 1906 pour une surface de 680.000 acres. Des contestations entre les associés retardèrent les travaux jusqu'en 1902, jusqu'à l'organisation par J.-J. Curl de la Almeda Oil Cº. Les contestations qui existaient à cette époque pour la mise en valeur des autres Territoires Indiens, avec le secrétaire de l'Intérieur, à l'autorité duquel, le territoire des Osages se trouvait en partie soustrait, attirèrent les exploitants vers cette région, ce qui explique le rapide développement de la région de Cleveland où un forage a donné 3.000 barils par jour.

1. Nous reproduisons ci-dessous le prospectus annonçant la naissance de cette nouvelle cité, il donnera une idée de la rapidité toute américaine de son développement :

Achetez un lot de terrain dans la nouvelle ville florissante de Kiefer. — Territoire Indien
(Le champ pétrolifère de Glenn)

Kiefer est sur le chemin de fer de Frisco, à 4 milles au sud de Satulpa ; il marque la place du fameux champ pétrolifère de Glenn.

Kiefer est la destination du train spécial de la compagnie du chemin de fer de Frisco pour le transport du pétrole qui quitte Tulsa chaque matin à 7ʰ,30 et revient à 6ʰ,30.

Kiefer est le point de déchargement des centaines de wagons de matériel envoyés aux exploitants du champ pétrolifère de Glenn.

Kiefer est le point d'où le pétrole est expédié du champ pétrolifère de Glenn pour les raffineries de Port Arthur Texas

Kiefer est le nom du champ pétrolifère de Glenn sur le chemin de fer de Frisco. C'est l'Eldorado

A Beggs, à 20 kilomètres au sud-ouest de Glenn, trois forages ont été entrepris au commencement de 1907 ; l'un, poussé à 500 mètres, ne donna rien ; le second, à 800 mètres, au sud-ouest du précédent, donna à 540 mètres, 3 barils par jour ; le troisième, à 525 mètres, donna 60 barils.

Dans le courant de 1906, des recherches ont été exécutées à Wewoka, capitale des Indiens Seminoles, plusieurs forages ont été entrepris, les deux premiers furent abandonnés, à cause d'accidents divers, le troisième donna, à 415 mètres, 74.000 mètres cubes de gaz par 24 heures, et à 490 mètres, il donna, par écoulement naturel, 100 barils par jour, en avril 1907.

A Muscogoe, de 1903 à 1905, 50 forages furent entrepris dont la moitié produisirent du pétrole, d'une densité remarquablement légère, comprise entre 795 et 810, et à peine teinté en jaune pâle ; plusieurs puits ont donné, au début, jusqu'à 200 barils par jour ; mais cette production ne dura pas.

A la fin de 1906, il y avait dans le champ de Muscogoe, 40 forages productifs, la production totale pour l'année avait été de 160.000 barils ; la profondeur des puits est de 310 mètres environ, la majeure partie du pétrole a une densité de 820. Jusqu'au commencement de 1907, deux niveaux pétrolifères étaient connus, un à 215 mètres et un autre à 320 mètres, qui était seul exploité, il donnait 60 barils par jour et par puits, tandis que le premier ne donnait que 12 barils.

Le second niveau pétrolifère doit être au-dessous de la formation de Boone et il doit être dans les schistes de Euréka, qui contiennent des lits de grès intercalés. Ces schistes se retrouvent à Caney (Kansas), où ils se trouvent à 160 mètres au-dessous des calcaires du Mississipi. En avril 1907, un nouveau niveau pétrolifère fut trouvé à 530 mètres par un forage qui donna 200 barils par jour ; un autre forage, à la même époque, a trouvé du pétrole à 12 kilomètres au nord de Muscogoe.

Ces nouveaux résultats permettent d'espérer un développement plus intense de ce champ pétrolifère qui, jusque-là, n'avait donné que des résultats très ordinaires.

des hommes de pétrole, le point de distribution de leurs approvisionnements ; il se développe plus vite que n'importe quelle ville du sud-ouest.

La nouvelle ville de Kiefer est située sur le côté ouest du chemin de fer de Frisco, dans une splendide vallée avec des collines à pentes douces vers l'est et le sud, où il est possible de construire de charmantes habitations ayant des vues étendues sur toute la contrée y compris le champ pétrolifère. La ville commerçante est dans la vallée.

Kiefer a un drainage parfait, les conditions sanitaires sont excellentes. L'eau y est bonne, le gaz naturel abondant et au plus bas prix, il possède tous les avantages possibles pour en faire une ville ultra-florissante.

La municipalité de Kiefer s'occupe de tracer les rues, de faire les trottoirs, les égouts, embellissant la ville de toutes les manières.

Kiefer n'a que cinq semaines d'existence et déjà c'est une ville florissante où les constructions poussent aussi vite que les ouvriers qui sont au bout du marteau ou de la scie peuvent aller.

Il y a déjà dans la ville : les bureaux de la Barnes Oil C°, les magasins de la Kiefer Mercantil C°, une maison de banque pour la Bank of Kiefer, un magasin à deux étages, un établissement de droguiste, et beaucoup d'autres constructions.

Des personnes de Kansas songent à construire un hôtel de 40 chambres, d'autres pensent à construire des habitations à vendre ou à louer, une seconde banque est sur le point de s'établir.

W.-M. EVERTS, agent de vente de terrains.
Kiefer Townsite C°, Kiefer, Ind. Ty.

D'autres recherches ont été entreprises à Eufaula au sud de Muscogoe (territoire Choctaw), à Lawton, Walters, Pauls Valey, Sulphur.

Le règlement établi par le Département de l'Intérieur des États-Unis pour la location des terrains des Territoires Indiens est le suivant :

Toutes les locations doivent être faites dans la forme approuvée par le Département de l'Intérieur et doivent stipuler la faculté d'occuper la surface de terrain nécessaire pour l'exécution des travaux qui sont projetés. Tout locataire doit donner des garanties pour le paiement des redevances.

Ces garanties doivent être :

Pour 20 à 40 hectares..	5.000 fr.
« — 40 à 60 —	7.500
— 60 à 80 —	10.000

Pour chaque 20 hectares en supplément, la garantie s'augmente de 1.000 francs.

Le Secrétaire de l'Intérieur est libre de demander le dépôt de cette garantie, quand cela lui semble expédient. Aucune location ne peut être sous-louée, transférée, ou engagée sans le consentement et l'approbation du Secrétaire de l'Intérieur.

Tout locataire doit payer en acompte sur la redevance, au commencement de chaque année, une somme au moins égale à 1 fr. 50 par hectare pour la première et la seconde année ; 3 francs pour la troisième et la quatrième ; 7 fr. 50 pour la cinquième année et les suivantes.

Tous les locataires doivent payer la redevance de 10 0/0 de la valeur du pétrole extrait mensuellement, le payement devant être exécuté avant le 25 du mois suivant. La valeur moyenne des cours pendant le mois de production constitue la base de calcul de la redevance.

La redevance sur la production du gaz naturel sera fixée, à la fin de chaque année, par le Secrétaire de l'Intérieur ou plus souvent s'il le juge nécessaire. Tout locataire est requis de tenir un compte complet et exact de ses opérations et de le communiquer à la fin de chaque mois, au propriétaire et au Secrétaire de l'Intérieur. Les droits du locataire sont de rechercher, d'extraire, d'entreposer, de transporter, de raffiner et d'expédier tout le pétrole et le gaz naturel qu'il peut extraire, d'occuper sur son territoire tout le terrain qui lui est nécessaire, d'obtenir l'eau dont il a besoin et d'employer le pétrole et le gaz dont il a besoin pour son exploitation. Le propriétaire a le droit d'obtenir gratuitement le gaz nécessaire au service de son habitation.

Si le locataire ne paie pas la redevance dans les soixante jours de l'échéance, le bail devient nul.

Le locataire doit faire toute diligence dans le forage de ses puits et les exécuter en bon ouvrier ; il ne doit commettre aucun dégât et doit rendre la propriété à la fin du bail. Il ne doit enlever à cette époque aucune construction, sauf les chaudières, les outils, les tuyaux, les pompes, les réservoirs et les machines.

Le locataire ne doit permettre aucune déprédation sur la propriété, ni vendre ni donner de l'alcool aux habitants.

Il doit soigneusement boucher les puits abandonnés, de façon à supprimer efficacement tout afflux d'eau des couches supérieures dans les horizons pétrolifères. Les sommes dues pour les redevances seront garanties par les outils et les meubles. Si après de loyaux efforts pour trouver du pétrole, les efforts du locataire ne sont pas couronnés de succès, il peut résilier son bail avec l'approbation du Secrétaire de l'Intérieur, moyennant le paiement de toutes ses obligations échues[1].

Les découvertes successives de nombreux centres pétrolifères dans les régions du Kansas, de l'Oklahoma et des territoires indiens, ont excité surtout pour ces derniers une activité considérable dans les travaux de forage. L'ensemble des forages exécutés et les résultats qu'ils ont donné sont indiqués ci-après :

1. Ce règlement a été complété par les clauses suivantes :

1° Aucune personne ou société n'aura l'autorisation de louer pour des recherches de pétrole ou de gaz plus de 4.800 acres au total. Explication : la surface d'une location par une société sera débitée à tous les actionnaires de la société. Si après des efforts raisonnables et de bonne foi le locataire ne réussit pas à trouver du pétrole en quantité rémunératrice, il peut, à tout moment, avec l'approbation du secrétaire de l'Intérieur, rendre et terminer sa location, et la dite surface lui sera créditée, lui donnant la faculté de louer en remplacement une surface égale.

2° Aucune location ne sera admise pour plus de quinze ans.

3° Tout locataire original sera tenu de fournir un engagement avec deux ou plus de garanties ou l'engagement d'une corporation financière, régulièrement autorisée à transactionner sur le Territoire, pour le paiement des rentes et des redevances. Ces engagements correspondront à 500 dollars pour chaque 40 acres ou fractions de 40 acres avec un minimum total de 1.000 dollars.

4° Aucune location, ou intérêt en résultant, ou usage direct ou indirect ne sera consenti par contrat de travail ou de forage, ou autrement assigné ou transférer sans le consentement du secrétaire de l'intérieur.

5° Toute location devra pourvoir pour un paiement de redevance par année et d'avance d'au moins 15 cents par année et par acre pour la première et la seconde année, de 30 cents par acre pour la troisième année et la quatrième et 75 cents par acre pour les années suivantes.

6° Toutes les locations doivent prévoir le paiement mensuel d'une redevance de 10 0/0 de la valeur du pétrole extrait.

La redevance pour chaque puits producteur de gaz quand le gaz est utilisé sera de 150 dollars par an, payable à la fin de l'année. Le défaut d'utilisation du gaz d'un forage ne pourra être une cause de déchéance pour une location faite pour rechercher du pétrole; mais si le locataire désire conserver le droit d'exploiter le gaz, il doit payer 50 dollars par an pour chaque puits à gaz non utilisé.

7° Tout locataire est tenu de forer au moins 1 puits sur chaque territoire loué dans les douze mois qui suivront l'approbation de sa location. Le locataire aura toutefois la faculté de retarder pendant 5 ans les travaux de forage en payant à l'Agent Indien des Etats-Unis (Union Agency) pour l'usage et le bénéfice du locataire, en addition à l'avance annuelle requise de la redevance une somme de 1 dollar par acre et par an pour chaque territoire non exploité. Le secrétaire de l'Intérieur a néanmoins le droit de requérir le travail immédiat si les intérêts du propriétaire lui semblent être menacés.

8° Aucune rente, redevance etc., approuvée par le secrétaire de l'Intérieur ne sera payée directement au propriétaire Tous ces paiements seront effectués à l'Agent des Etats-Unis (Union Agency) ou a toute autre personne désignée par le secrétaire de l'Intérieur.

9° Tout locataire doit fermer ou enclouer chaque puits à pétrole ou à gaz dans les trois jours de leur abandon ou de leur non-usage et chaque jour de retard entraînera une amende de 10 dollars par jour et par puits non fermé ou non encloué.

10° Chaque locataire est tenu de prouver sa capacité financière de développer le territoire loué.

11° Dans le cas de la location par une société, un état des actions doit être fourni, indiquant le capital actuellement souscrit et le montant payé en argent sur chaque action ou si elles sont en propriété le genre et la valeur par action, les sommes en caisse et en compte ailleurs et leur provenance, les propriétés autres que l'argent comptant, les dettes et autres obligations.

12° Aucun locataire ne pourra établir un forage à moins de 45 mètres des limites de sa location.

Tous renseignements seront fournis par le département de l'Intérieur.

NOMBRE DE FORAGES EXÉCUTÉS DANS LA RÉGION KANSAS, OKLAHOMA,
TERRITOIRES INDIENS (MID CONTINENT), PENDANT L'ANNÉE 1906

	COMPLÉTÉS	SECS	DONNANT DU GAZ
Oklahoma et territoires indiens......	2.779	350	163
Kansas............................	775	151	264
TOTAL...............	3.554	501	427

Les travaux se sont cependant ralentis à la fin de l'année, surtout dans le Kansas ; en mai 1906, il y a eu 404 forages terminés dans l'Oklahoma et les territoires indiens, et 94 dans le Kansas ; en décembre 1906, 180 pour la première section et 50 pour la seconde.

Le manque de débouchés certains était la cause de ce ralentissement des travaux, mais depuis cette époque, les travaux pour relier les territoires indiens au golfe du Mexique par des pipe lines ont été commencés, leur point de départ sera Tulsa ; cette région pourra donc, dans la suite, recevoir tout le développement dont elle est susceptible.

ASPECT GÉNÉRAL DE LA ZONE PÉTROLIFÈRE DU KANSAS, DE L'OKLAHOMA ET DES TERRITOIRES INDIENS

La zone pétrolifère du Kansas, de l'Oklahoma et des Territoires Indiens occupe une partie de la surface du bassin houiller dit bassin houiller de l'Ouest intérieur (Western Interior Coal field), dont l'ensemble comprend le sud de l'État de Iowa, le nord-ouest du Missouri, le sud-est du Nebraska, l'est du Kansas, l'est de l'Oklahoma, une partie des Territoires Indiens et l'ouest de l'Arkansas ; il est limité au sud par la région des Montagnes d'Arbuckle et d'Ouachita. Un peu plus loin, se trouve un autre lambeau de terrain houiller entièrement séparé, qui s'étend dans une partie du nord du Texas.

A la base se trouve la série des terrains du Mississipi, appelée communément calcaire du Mississipi, qui correspond, en réalité, au terrain de Boone, ainsi nommé d'après une localité de l'Arkansas ; il affleure dans la région Est et est constitué de calcaire avec nombreuses inclusions de silex de formes diverses. Les puits qui atteignent ce calcaire sont généralement arrêtés à ce point, car il ne semble contenir ni pétrole ni gaz. Un puits à Neodesha, qui a non seulement traversé son épaisseur entière, mais qui a pénétré dans les terrains inférieurs, n'a révélé la présence d'aucun de ces deux minéraux[1] ; ce calcaire semble devoir exister au-dessous de toute la formation du carbonifère supérieur.

1. Ce seul résultat est certainement insuffisant pour déclarer qu'il n'y a pas de pétrole au-dessous des terrains du Mississipi (depuis la rédaction de cette note un nouveau niveau a été découvert à Muscogee, comme il est dit précédemment, qui semble très nettement appartenir au silurien).

Le calcaire du Mississipi a une pente à peu près régulière vers le nord-ouest, avec des irrégularités peu importantes. Les terrains situés au-dessus de la série du Mississipi appartiennent à la série Pensylvanienne qui commence par les schistes Cherokées, dont l'épaisseur est d'à peu près 130 mètres, qui contiennent des grès en couches parfois très importantes, et qui constituent le principal horizon pétrolifère du Kansas et des Territoires Indiens ; à ses affleurements, les suintements de pétrole et les gisements de bitume et d'asphalte sont fréquents. Dans les environs de Iola, l'épaisseur des schistes cherokées va en augmentant du sud-ouest au nord-est. Les grès et les sables qui se trouvent dans ce terrain sont très irrégulièrement répartis, et il est impossible de reconnaître la présence de couches régulières et continues ; au contraire, la plus grande partie des sondages exécutés tendent à prouver que les grès et sables se trouvent répartis soit en lentilles complètement isolées au milieu des schistes, soit en couches de peu d'étendue, se transformant graduellement en schiste sur tout leur pourtour (*fig.* 197).

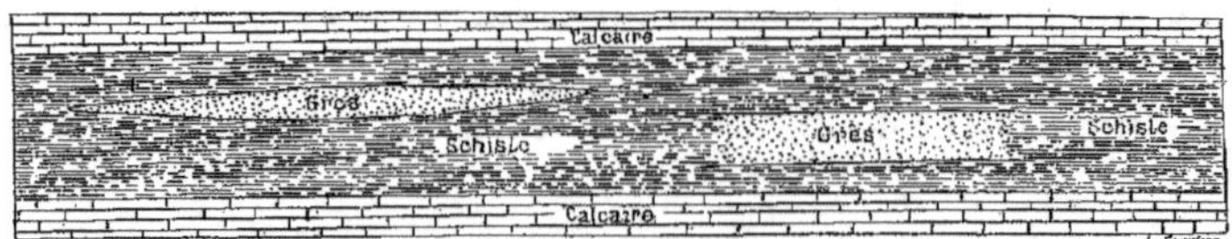

Fig. 197. — Distribution des couches de grès dans les schistes Cherokées.

La Kansas and Texas Oil C° fora un puits dans le 1/4 sud-est de la section 32 T. 26 S. — R. 18 E. qui ne donna rien ; les puits forés ensuite tout autour, à une distance de 100 mètres, donnèrent tous du pétrole, et l'un d'eux, à 150 mètres, produisit même, au début, 300 barils par jour ; à une petite distance, un autre groupe de puits donna du pétrole, tandis qu'un forage à une trentaine de mètres ne donna que du gaz.

Dans la vallée de la rivière Neosho, le pétrole est généralement *au-dessus* du gaz, mais cela n'est pas toujours le cas, ainsi que la figure 198 peut le montrer ; de même, la disparition de couches de sables d'un forage à l'autre y est très marquée.

Le premier forage qui trouva du gaz aux environs de Chanute avait été fait pour rechercher du pétrole, et *c'est après qu'il eut traversé une première couche de sable pétrolifère qu'il produisit inopinément du gaz en grande quantité.*

La figure 199, qui représente les diagrammes d'un groupe de forages, montre bien aussi la distribution irrégulière des couches de sables, ainsi que la situation des couches à gaz placées tantôt au-dessus et tantôt au-dessous des couches pétrolifères.

Après les schistes Cherokées, viennent les terrains de Fort Scott, qui ont aussi reçu le nom de calcaires d'Oswego. Ils comprennent deux couches de calcaire ; celle qui est à la partie inférieure a 1ᵐ,50 d'épaisseur, elle sert à faire du ciment hydraulique ; la couche supérieure a 4 mètres d'épaisseur ;

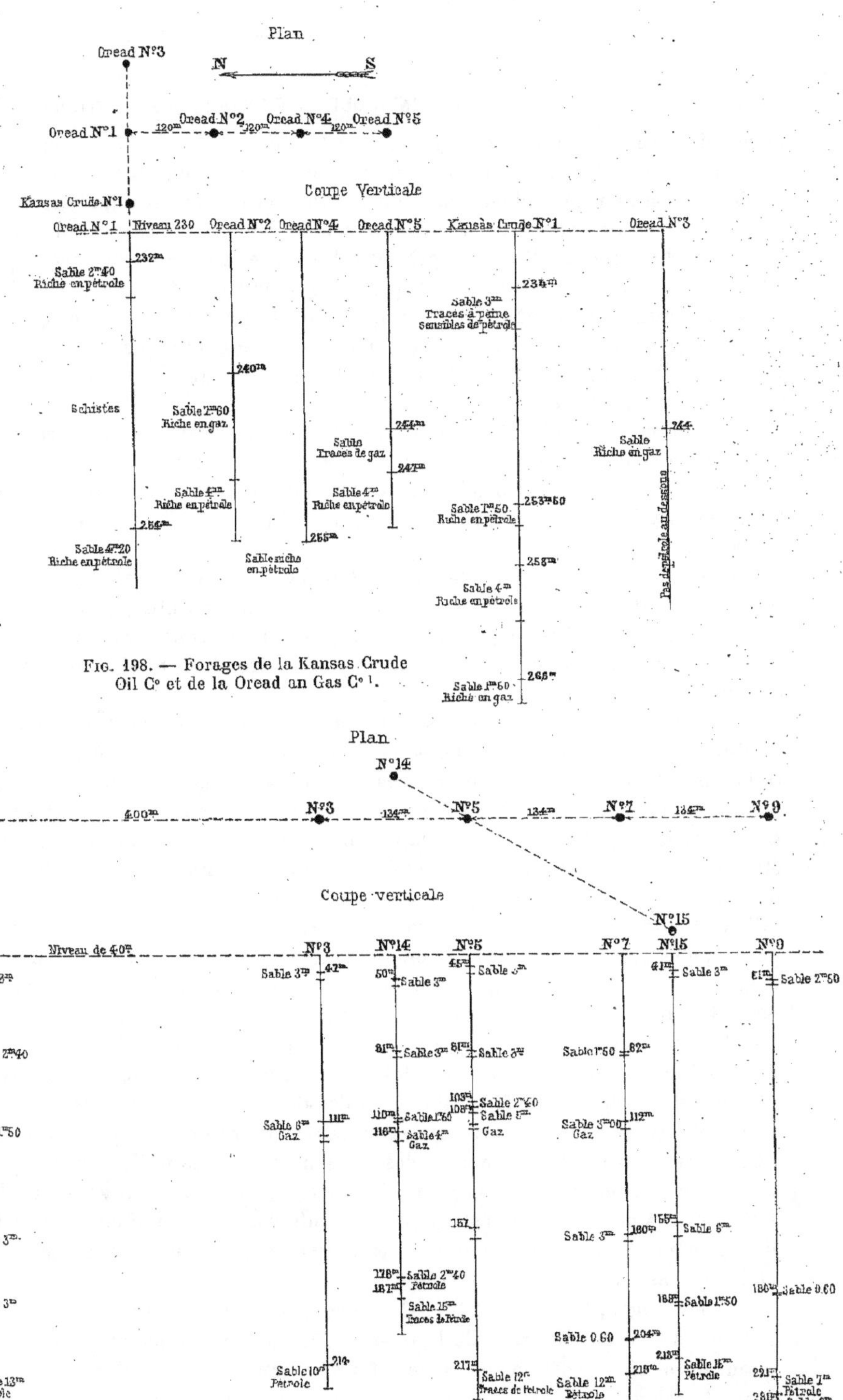

Fig. 198. — Forages de la Kansas Crude
Oil C° et de la Oread an Gas C° [1].

Fig. 199. — Forages exécutés à l'est de Chanute (Kansas) [2].

1-2. Le terrain, dans les zones où se trouvent exécutés les forages figurés dans les figures 198
et 199, est très sensiblement horizontal.

entre elles, se trouve une couche de schiste calcaire de 2 mètres d'épaisseur. Bien que cette formation soit mince, elle est aisément reconnaissable. Au-dessus viennent les schistes de Labette, qui contiennent accidentellement du grès, le calcaire des Pawnee, les schistes de Bandera, le calcaire de Parsons, les schistes de Dudley avec grès et calcaire, le calcaire de Bronson, qui a 24 mètres d'épaisseur environ, et que son importance et la nature variée de ses diverses assises ont fait diviser en calcaire de Hertha, schistes de Galesburg, calcaire de Denis, schistes de Cherryvale contenant quelques lits de grès, calcaire de Drum, qui contient des silex en assez grande quantité, surtout à sa partie inférieure.

Au-dessus de cette formation importante du calcaire de Bronson viennent le schiste de Chanute contenant de nombreuses intercalations de grès, le calcaire de Iola, les schistes de Cincreto qui sont de nature particulièrement argileuse, le calcaire de Allen, les schistes de Vilas et le calcaire de Piqua.

Il est à remarquer que dans les parties les plus riches, soit en pétrole, soit en gaz, il n'y a aucune indication superficielle; de plus, dans la plus grande partie de ce bassin pétrolifère, les plissements sont très peu accentués; et aucun anticlinal ou synclinal n'a pu être déterminé d'une façon certaine.

La géologie de la partie des Territoires Indiens dans l'est et dans le nord-est est plus compliquée que dans le reste du champ pétrolifère Kansas-Oklahoma, tandis que plus au nord les couches sont assez régulières, le calcaire du Mississipi, qui affleure dans la région des Cherokées à l'est de la rivière Neosho, est plié et interrompu par des failles, l'inclinaison générale étant dirigée vers l'ouest; au-dessus de ce calcaire viennent les couches de la série pensylvanienne, qui produisent le pétrole récolté à Chelsea, Bartlesville et Redfork; elles plongent vers l'ouest avec une pente de 15 à 20 mètres par kilomètre, mais plus au sud vers Muscogoe, le sable productif appartient à un autre horizon géologique. Dans cette dernière région, il y a discordance entre les couches du calcaire du Mississipi et les couches pensylvaniennes, et les plissements et failles assez accentués qui intéressent la couche du calcaire du Mississipi se sont produits à la fois avant le dépôt des couches pensylvaniennes et pendant leur formation. Au-dessous du calcaire du Mississipi se trouvent les schistes, les grès et les calcaires du Silurien supérieur et de l'Ordovicien, qui ont eux-mêmes des plissements et des failles encore plus accusés et qui ont subi des érosions importantes. La direction générale des failles et des plis est sud-ouest, et ces accidents vont en s'atténuant dans cette direction en même temps que le terrain disparaît de plus en plus sous des couches plus récentes (voir *fig.* 195).

A Muscogoe, il y a vers 240-260 mètres une couche de sable (salt sand), qui donne à la fois du gaz et de l'eau salée; le gaz n'y est pas en très grande quantité, quoique certains puits aient fourni jusqu'à 28.000 mètres cubes par jour; le sable pétrolifère se trouve dans tous les puits à peu près à la même profondeur de 300 mètres, mais il y a une grande différence entre la répartition des terrains traversés par les divers puits, ce qui résulte de l'allure moins régulière des couches. Depuis la surface jusque vers 210 mètres, le terrain est constitué par des schistes et des grès avec du calcaire en faible quantité ; à partir de cette profondeur, le calcaire devient prédominant quoiqu'il y ait toujours des alternances de schistes et de grès ; le sable pétrolifère se trouve à peu près constamment entre les profondeurs de 306 et 308 mètres. D'après l'étude des affleurements et les résultats des forages exécutés à Tohlequah et Fort Gibson, le calcaire rencontré à 210 mètres est à un niveau qui semble correspondre à une zone située de 30 à 60 mètres plus haut que le haut des couches du Mississipi, dont l'épaisseur dans cette région varie de 60 à 90 mètres. Le sable pétrolifère doit donc se trouver très près de la base du calcaire du Mississipi et, si l'on rapproche ce fait de ce qu'il n'offre pas de très grandes irrégularités de profondeur, tandis que les couches du Silurien sont très disloquées, il semble naturel d'admettre que ce niveau pétrolifère se trouve à la base des terrains du Mississipi[1].

En dehors de la région de Muscogoe, les sables producteurs de pétrole des territoires indiens ont été classés de la façon suivante :

Pleasanton Shales Sands........ { 1er sable de Cleveland.
Calcaire de Oologah (Big Lime).
2e sable de Cleveland.
Sable de Peru (probablement le même que le précédent).

Calcaire d'Oswego ou Fort Scot.

Cherokées Shales .... { Sable de Red Fork.
Sable de Bartlesville (probablement le même que le sable de Glenn).
Sable de Burgess.

Calcaire du Mississipi.

Le sable de Burgess, qui se trouve à la limite supérieure du Mississipi dont il suit probablement toute la surface, n'a été reconnu qu'à Owasso, Skaitook et Turley.

Le sable de Bartlesville s'étend sur une surface assez considérable, qui comprend le nord des territoires indiens et le sud du Kansas, il existe à Cleveland.

Le sable de Red Fork a été trouvé à Glenn, Red Fork et Tulsa.

Le sable inférieur de Cleveland est probablement le même que celui de Peru (Kansas), l'étendue de ce sable, aussi bien que du sable supérieur, est assez mal connue, faute de documents. Mais, dans la région de Peru, il est accompagné par un nombre assez considérable de lentilles sableuses indépendantes.

---

1. La découverte récente d'un nouveau niveau pétrolifère Muscogoe à 530 mètres, soit à 200 mètres au-dessous du second, comme cela a été indiqué précédemment, semble nettement impliquer que ce niveau appartient au silurien. Les couches du terrain du Mississipi n'ont pas, en effet, plus de 160 mètres et la différence des deux niveaux est de 200 mètres ; certains auteurs considéraient même le second niveau de Muscogoe comme appartenant déjà au silurien.

La zone pétrolifère du Kansas et des Territoires Indiens a été divisée en trois régions : celle des sables peu profonds, celle des sables intermédiaires et celle des sables profonds ; cette division n'a pas, du reste, un caractère de précision absolue.

Ces trois zones se succèdent du nord au sud. Aux sables peu profonds correspond en général du pétrole plus lourd que pour les sables des niveaux inférieurs.

Dans le nord, vers Paola, le premier sable productif se trouve à 90 mètres ; cependant, par place, sa profondeur ne dépasse pas 30 à 60 mètres. Vers la rivière du marais des Cygnes, le premier sable productif est à 100 mètres de profondeur, et le dernier à 150 mètres ; l'épaisseur de ces sables varie de 3 à 10 mètres, et la densité du pétrole est comprise entre 875 et 865.

La région des sables intermédiaires correspond aux comtés de Neosho, Allen, Woodson, Wilson et une partie de Montgommery.

La région des sables profonds correspond aux comtés de Montgommery, de Chautauqua et aux Territoires Indiens.

Les profondeurs moyennes des puits dans ces régions sont :

		Mètres
Bartlesville (Territoires Indiens)		400 à 490
Bolton (comté de Montgommery)		330 à 370
Cancy —		330 à 370
Cherryvalle —		210 à 245
Coffeyville —		180
Drum Creek —		140
Fredonia —		330 à 350
Independance —		130 à 180
Neodesha —		240 à 280
Sycamore —	210 à 270 et	330 à 370
Tyro —		400
Wayside —	210 à 270 et	440 à 440

Les exploitations pétrolifères du comté de Chautauqua sont, en réalité, plutôt une continuation des exploitations situées sur les Territoires Indiens.

A Coffeyville, dans le comté de Montgommery, le premier sable est à 50 mètres ; le deuxième, à 150 mètres; et le troisième, à 200 mètres. Tous trois sont également productifs, et la densité du pétrole est comprise entre 890 et 859.

Plus au sud dans la région des sables profonds, dans le territoire compris entre Coody's Bluff et Chelsea, la pente générale des terrains est renversée ; la profondeur des sables productifs étant de 150 à 180 mètres à Coody's Bluff et de 100 à 150 seulement à Chelsea.

Le pétrole, dans cette région, a une densité variant entre 854 et 839.

Il y a cependant certaines anomalies dans la répartition des densités entre les trois régions des sables de différentes profondeurs.

Ainsi, à Chanute, Humboldt, Neodeshar, la profondeur des sables est assez grande, étant comprise entre 180 et 240 mètres, et la densité varie de 933 à 870. Cependant, d'une façon générale, dans la région des sables profonds, il n'y a pas de pétrole d'une densité supérieure à 865.

Le pétrole le plus léger se trouve à Muscogoe : densité, 795-810 ; à Elgin : densité, 820 ; et à Tulsa : densité, 834.

V. — ÉTATS DU TEXAS ET DE LA LOUISIANE

Rien ne peut mieux peindre le développement extraordinairement rapide des champs pétrolifères de la Louisiane et du Texas (*fig.* 200) que les statistiques reproduites plus loin, et seule l'histoire de la Californie pourrait fournir l'exemple d'un résultat analogue.

La production, pour ainsi dire nulle en 1896 prend une certaine importance en 1900, puis en 1901 commence soudainement le formidable accroissement qui amène en 1905, pour l'ensemble des deux États, une extraction de 5.780.000 tonnes, qui les place à la tête de tous les centres américains de production de pétrole ; car, si, administrativement, les productions de la Louisiane et du Texas doivent être séparées, géographiquement et géologiquement il semble naturel de les réunir.

Il y a cependant, dans l'histoire des champs pétrolifères Texas-Louisiane, quelque chose d'inquiétant, qui tient, il est vrai, en partie, à l'exploitation intensive, aux États-Unis, de tout nouveau centre découvert : c'est l'irrégularité de leur énorme production.

En 1902, c'est Beaumont[1] qui tient la prédominance et semble devoir égaler si non supasser les fastes les plus célèbres de l'histoire pétrolifère de Bakou : il donne alors 17.420.000 barils pour l'année 1902, puis météore aussi éphémère que brillant, il diminue soudainement d'importance et sa production en 1905 tombe à 1.600.000 barils. En 1903, c'est Sour Lake et Saratoga qui prennent la tête et donnent 8.848.000 barils, et l'ensemble de ces deux champs semble montrer plus de stabilité, puisqu'en 1905 ils donnent encore 6.000.000 de barils, quoique Sour Lake marque une tendance inquiétante, à décroître.

En 1904, c'est Batson à son tour qui cueille la palme du succès, avec 10.900.000 barils ; puis ce sont, en 1905, Humble au Texas et Jennings en Louisiane, qui viennent étonner les exploitants par leurs productions surprenantes ; mais, tandis que Jennings semble montrer des qualités de stabilité particulières, Humble, qui a produit, dans l'année 1905, 18.066.000 barils, la plus forte production qui ait été enregistrée pour un seul champ, sans en excepter le fameux champ de Kern River en Californie, voit sa production jour-

1. Spindle Top.

nalière subir des fluctuations énormes, passant de 130.000 barils par jour en juin 1905 à 8.000 barils en février 1906.

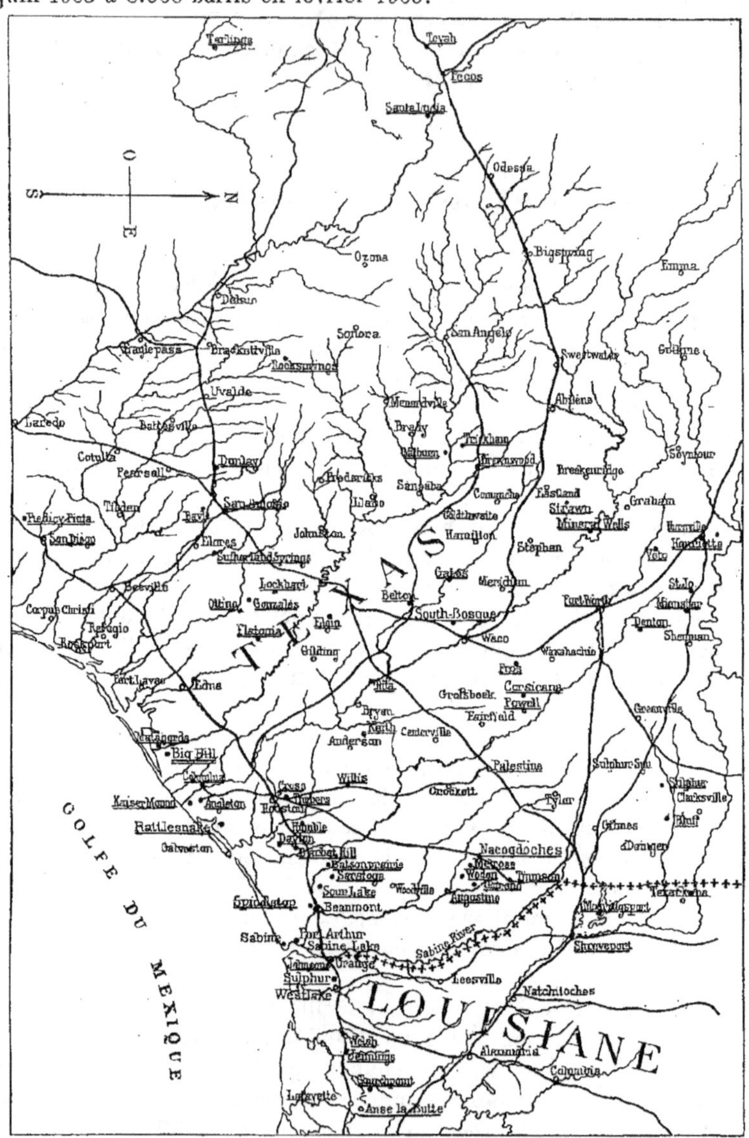

Les noms soulignés sont ceux des localités où le pétrole a été signalé.

Fig. 200. — Carte des localités pétrolifères des États du Texas et de la Louisiane.

Il semble que l'on assiste à un merveilleux feu d'artifice où les fusées les plus étonnantes illuminent tour à tour le ciel, mais sans être assuré quand l'une s'éteint qu'une autre viendra lui succéder [1].

Si le champ de Jennings semble avoir une plus grande stabilité, c'est que le territoire de ce centre pétrolifère est entre les mains d'un petit nombre de producteurs qui n'entreprennent à la fois qu'un nombre raisonnable de forages. Les énormes productions réalisées dans les autres champs pétrolifères l'ont été, en réalité, aux dépens même des producteurs qui ont successivement noyé le marché, tout en étant obligés de faire de grandes dépenses de matériel, pour extraire et entreposer une production énorme qui ne devait être que temporaire. Il semble donc que, surtout au Texas, où les champs pétrolifères sont assez dispersés et d'une étendue relativement faible, il ne faille pousser l'extraction sur les anciens champs, bien reconnus, qu'au fur et à mesure que la découverte de nouvelles zones viendra donner l'assurance que la production pourra être maintenue, afin d'éviter des fluctuations et des incertitudes qui sont surtout préjudiciables aux entrepreneurs de forages eux-mêmes.

PRODUCTION DU TEXAS ET DE LA LOUISIANE, DE 1889 A 1905 [2] (EN TONNES)

ANNÉES	TEXAS	LOUISIANE	TOTAL
1889	6	»	6
1890	7	»	7
1691	7	»	7
1892	6	»	6
1893	7	»	7
1894	7	»	7
1895	7	»	7
1896	188	»	188
1897	8.580	»	8.580
1898	71.000	»	71.000
1899	85.700	»	85.700
1900	108.900	»	108.900
1901	525.000	»	525.000
1902	2.350.000	71.200	2.421.200
1903	2.340.000	119.000	2.459.000
1904	2.895.000	860.000	3.755.000
1905	4.460.000	1.320.000	5.780.000

1. Depuis que ces lignes ont été écrites, la diminution de production des champs pétrolifères du Texas n'a fait que s'accentuer et la production totale du Texas et de la Louisiane s'élève seulement à 19.772.000 barils en 1906 contre 40.600.000 en 1905. Le détail de la production est indiquée dans diverses notes des pages suivantes.

2. En 1906, le Texas a produit......... 1.710.000 tonnes
— la Louisiane — .... 1.057.000 —
Total................. 2.767.000 tonnes.

PRODUCTION DU PÉTROLE BRUT AU TEXAS, PAR DISTRICT, EN NOMBRE DE BARILS[1]
DE 1895 A 1905 (EN BARILS DE 42 GALLONS)

ANNÉES	CORSICANA	POWEL	HUMBLE	BEAUMONT	SOUR LAKE	SARATOGA	BATSON	MATAGORDA	HENRIETTA	TOTAL
1895...	»	»	»	»	»	»	»	»	»	50
1896...	1.450	»	»	»	»	»	»	»	»	1.450
1897...	65.975	»	»	»	»	»	»	»	»	65.975
1898...	544.620	»	»	»	»	»	»	»	»	546.070
1899...	668.483	»	»	»	»	»	»	»	»	669.013
1900...	829.560	6.479	»	»	(Sour Lake et Sara-		»	»	»	836.039
1901...	763.424	37.121	»	3.593.113	toga ensemble		»	»	»	4.393.658
1902...	571.059	46.812	»	17.420.949	44.838	»	»	»	»	18.083.658
1903...	401.817	100.143	»	8.600.905	8.848.159	»	4.518	»	»	17.955.572
1904...	374.318	129.329	»	3.433.842	6.442.357	739.239	10.904.737	151.934	65.455	22.241.413
1905...	312.595	131.051	18.066.428	1.600.379	3.369.012	2.922.215	3.790.629	68.200	101.661	30.423.203

STATISTIQUE DES TRAVAUX DE FORAGE AU TEXAS, POUR 1905[2]

	PUITS			
	FORÉS pendant l'année 1905	PRODUCTIFS au 31 décembre 1905	NON PRODUCTIFS	ABANDONNÉS
Humble..............................	449	116	87	246
Dayton..............................	47	11	3	36
Batson..............................	107	260	12	231
Saratoga..............................	43	66	10	22
Sour Lake..............................	21	83	76	30
Spindletop..............................	21	80	2	64
Corsicana et Powell..............................	68	50	18	41
TOTAL..............................	756	666	208	670

1. En 1906, la production a été la suivante :

Corsicana..	336.387
Powell..	675.842
Henrietta..	111.072
South Bosque..	1.000
Humble..	3.570.846
Batson..	2.388.288
Sour Lake..	2.143.723
Saratoga..	2.170.152
Matagorda..	1.000
Hoskin Mounds..	100.000
Spindletop..	1.075.755
Dayton..	92.460
TOTAL..	12.666.526

2. Voici le nombre et la production des forages au 31 décembre 1906 :

RÉGION DE LA CÔTE 1° TEXAS	Nombre des forages	Production moyenne journalière par forage, en barils
Batson..	293	24,39
Humble..	175	35,15
Sour Lake..	108	49,87
Saratoga..	108	56,39
Spindletop..	79	41,45
Dayton..	15	23,73
Matagorda..	1	10
Hoskins Mounds..	1	210

2° LOUISIANE		
Jennings..	83	158,03
Anse la Butte..	4	16
Welsh..	7	21,43
Caddo..	1	150

RÉGION DU NORD DU TEXAS		
Corsicana (pétrole léger)..	449	2
— (— lourd)..	316	6,17
Henrietta (— léger)..	123	2,47
South Bosque (pétrole léger)..	3	4

PRODUCTION DU PÉTROLE BRUT EN LOUISIANE, DE 1902 A 1905, PAR DISTRICT[1]
(EN BARILS DE 42 GALLONS)

ANNÉES	JENNINGS	WELSH	ANSE-LA-BUTTE	TOTAL
1902.....................	548.617	»	»	548.617
1903.....................	892.609	25.162	»	917.771
1904.....................	2.905.527	35.892	»	2.941.419
1905.....................	10.827.822	11.300	10.000	10.149.122

C'est dans le comté de Bexar, dans le sud-ouest du Texas, près de San-Antonio, qu'on obtint au Texas la première production officiellement constatée : en 1889, elle était de 48 barils; la densité du pétrole obtenu était de 30° B. (875). Jusqu'en 1898, il n'y eut que 2 puits productifs près de San-Antonio, dont la profondeur était de 90 mètres environ.

On extrayait aussi de l'asphalte dans le comté de Burnet et des gaz étaient employés industriellement dans le comté de Bexar.

Le champ de Corsicana, dans la région nord-ouest du Texas, commença à se développer vers 1897.

En 1898, 374 puits avaient été forés, dont 342 productifs et 32 stériles. Le champ a environ 5 kilomètres de long et 1.200 mètres de large, en 1897; la production était de 65.000 barils et 544.000 barils en 1898.

Les puits ont une profondeur de 300 mètres environ et sont souvent forés en dix jours le terrain qui surmonte les couches pétrolifères étant principalement constitué par de l'argile tendre (marnes et argiles de Ponderosa); près de la surface, il y a quelques couches minces de calcaire.

Au début, les puits produisent 10 à 30 barils par jour pour baisser de moitié peu de temps après; la couche pétrolifère est constituée par un sable quartzeux contenant de nombreux fossiles de foraminifères.

En 1898, le Texas produisait, en outre, dans les comtés de Nacogdoches, Bexar et Hardin, 1.450 barils d'huile lourde propre au graissage.

Dans le comté de Nacogdoches, les puits avaient 90 mètres de profondeur et donnaient, en moyenne, 10 barils par jour de pétrole ayant une densité de 26° B. (899), un point éclair de 280 F. (138° C.) et une viscosité de 54,4; il pouvait donner 27 0/0 de pétrole lampant.

Dans le comté de Hardin, les puits étaient également peu profonds et donnaient à peu près 10 barils par jour.

---

1. En 1906, la production a été :

Jennings...	7.051.688
Welsh...	35.000
Anse la Bute...	15.000
Caddo...	4.650
TOTAL...................................	7.106.338

Conditions géologiques des gisements pétrolifères du Texas et de la Louisiane. — Malgré les quantités considérables de pétrole que ces États ont fournies, les surfaces exploitées sont relativement restreintes.

A Beaumont[1] la surface du terrain pétrolifère est de 120 hectares ;

A Sour Lake, 160 hectares ;

A Saratoga, 200 hectares ;

A Welsh, 30 hectares ;

A Jennings, 50 hectares (Louisiane).

Ces indications ne doivent d'ailleurs être considérées que comme des évaluations approximatives, les extensions découvertes récemment pour certaines exploitations, notamment à Jennings, tendant à les augmenter légèrement.

Les formations salifères qui accompagnent le pétrole, au Texas et en Louisiane, appartiennent à différentes époques, depuis l'éocène jusqu'au pleistocène.

L'épaisseur de ces formations est, au total, d'environ 1.800 mètres :

Eocène	1.000 mètres
Néogène	600 —
Pleistocène	200 —

Les formations sont régulières avec une pente générale vers la mer, mais dans le voisinage des salines, dont les dépôts salins sont principalement confinés dans l'éocène, quoiqu'il y en ait dans des terrains plus récents, la structure diffère quelque peu, car les salines sont en général des bassins déprimés entourés par de petites collines.

Les élévations typiques de ces petites collines (dites mounds) sont principalement localisées sur le bord de la mer, elles ont au maximum 50 mètres d'élévation au-dessus du sol environnant, et leur surface est d'environ 100 hectares en moyenne. Les plus typiques sont celles de Rayburn, de Bistineau, de King, de Chicot, de Winnfield, de Palestine, de Steen, de Grand-Saline.

A une certaine distance des rivages du golfe du Mexique, il y a des affleurements de terrain crétacé. Le terrain est constitué par du calcaire laminé et des lits de grès en contact avec les terrains tertiaires ; en général, il y a des dolomitisations importantes dans ces régions et, en contraste avec la stratification presque horizontale des autres terrains, la pente des calcaires est de 30°, ainsi qu'on peut le constater à Bayou Chicot (Louisiane), par exemple.

A Big Hill, dans le comté de Matagorda (Texas), la dolomie fut trouvée entre 200 et 300 mètres, elle contenait de nombreux cristaux de soufre dans des poches, et, subséquemment, on y a trouvé du pétrole commercialement exploitable, et de grandes quantités de gaz. A 300 mètres, un forage a donné

1. Lee Hager, *Engineering and Mining Journal.*

un dégagement gazeux estimé à 150.000 mètres cubes par vingt-quatre heures, principalement constitué par de l'hydrogène sulfuré et de l'acide sulfureux, il est accompagné d'eau salée dont la température est de 39° C.

A Bryan Heights, dans le comté de Brazoria, les forages ont rencontré, à 150 mètres, du gypse contenant de nombreuses inclusions de soufre, et il y a eu un afflux de gaz en même abondance que précédemment, constitué principalement d'hydrogène sulfuré à la profondeur de 200 mètres.

A Kaiser's Mound, dans le même comté, un puits qui, à 210 mètres, donna 20 barils d'huile par jour, avait rencontré de la dolomie. Cette dolomie semble être plutôt le résultat d'un apport des eaux souterraines qu'une altération de roches existantes ; elle se présente en filons, en masses irrégulières, ou comme ciment dans les sables et les argiles, sa distribution est toujours très irrégulière, ainsi que les puits forés dans diverses régions signalées ci-dessous permettent de le constater.

A Diamon's Mound, certains puits ont traversé les terrains suivants :

Sables et argiles	40 mètres
Gypse	100 —
Gypse avec inclusions de soufre	10 —
Sable boulant	3 —
Sel	150 —

A 1.500 mètres au sud, un autre puits rencontra la dolomie entre 150 et 300 mètres, et à quelque distance à l'est existe un pointement de dolomie contenant de nombreux cristaux de sphalerite (blende). Tous les puits forés dans cette région donnèrent d'ailleurs des quantités plus ou moins importantes de pétrole.

Dans le comté de Chambers, à Barber's Hill, tous les puits qui ont été forés ont rencontré de la dolomie, du gypse et des traces de pétrole.

A Dayton Hill, dans le comté de Liberty, les terrains traversés sont les suivants :

Sables et argiles	180 mètres
Dolomie pétrolifère	3 —
Gypse	3 —
Sel	150 —
Total	336 mètres

A Blue Ridge, dans le comté de Fort Bend, on a traversé un conglomérat de 120 mètres d'épaisseur constitué par des graviers agglomérés par de la dolomie et du gypse et contenant de nombreuses inclusions de sel, de pyrite et de soufre. Il y avait de nombreuses traces de pétrole.

A Batson's Prairie, dans le comté de Hardin, le pétrole a été trouvé dans la dolomie poreuse, et de nombreux lits de gypse ont été traversés plus tard. L'eau salée à la température de 128 F. (55° C.) a envahi en partie le sable pétrolifère.

A Saratoga, on trouve de nombreuses inclusions dolomitiques, et dans les environs existent des sources salées ayant une température de 180 F. (82° C.).

A Big Hill, dans le comté de Jefferson, un puits a traversé de la dolomie interstratifiée avec du gypse, entre les profondeurs de 100 et 400 mètres; au-dessous, jusqu'à 650 mètres, se trouvait du gypse avec du soufre, et des cristaux de galène et de blende étaient mêlés aux argiles de la surface. Ce forage a donné de l'huile en petite quantité; un autre puits foré à 500 mètres au nord-est n'a rencontré que du sable et de l'argile.

A High Island, dans le comté de Chambers, un puits a traversé le gypse entre 270 et 390 mètres, ensuite il pénétra dans une masse de sel jusqu'à 780 mètres sans la traverser complètement. D'autres puits rencontrèrent du gypse et des couches d'argiles et de sable cimenté par du gypse et de la dolomie; on trouva aussi du sel, des eaux chaudes sulfurées, de la calcite, de la baryte, de la blende et de la galène. Ces puits donnèrent de petites quantités de pétrole et de gaz (acide sulfureux et acide sulfhydrique).

Les collines de Hackberry, Vurton, Sulphur, Anse-la-Butte, Five Island, Belle Isle, Week's Island, Averry's Island, Jefferson's Island, qui se trouvent sur le territoire de la Louisiane, sont très semblables à celles du Texas; à Sulphur, il y a de grandes quantités de soufre.

Les terrains traversés dans cette dernière localité sont :

Argile, sable boulant et graviers	133 mètres
Dolomie	12 —
Sable avec cristaux de gypse et de soufre	6 —
Soufre et gypse	12 —
Soufre pur	6 —
Soufre et gypse	12 —
TOTAL	180 mètres

Le pétrole se trouve dans la dolomie.

A Belle Isle, le sel est rencontré à 30 mètres de profondeur; au-dessus du sel, il y a dans l'argile des cristaux de blende et de galène ainsi que des masses de sel cristallisées, dont les cristaux ont jusqu'à 30 centimètres de long. La masse supérieure du sel est imprégnée par du pétrole légèrement coloré en jaune et ayant une densité de 39° B. (830).

De l'examen des résultats fournis par les forages exécutés dans les différentes régions signalées plus haut et de la géologie générale de la contrée, il résulte que les salines du crétacé dans le nord du Texas et de la Louisiane, celles de l'éocène près de la rivière Sabine, celles du tertiaire supérieur près de Navasota Jasper, etc.; celles du quaternaire près du golfe du Mexique, présentent toutes des apparences analogues et semblent dues aux mêmes causes. Toutes résultent de soulèvements, sur des surfaces restreintes, des terrains sous-jacents, accompagnés de failles, de déplacements et de plissements; les terrains avoisinants n'ayant pas subi de modifications importantes.

Dans toutes les parties qui ont subi ces modifications locales assez intenses, certains minéraux se retrouvent souvent simultanément, ce sont :

le sel, le gypse, le soufre, la dolomie, le pétrole, l'hydrogène sulfuré, l'acide sulfureux, les hydrures de carbone gazeux, les eaux salées chaudes et certains sulfures métalliques.

Il convient aussi de noter avec attention que le Texas est traversé du nord-est au sud-ouest par une grande faille dite faille de Balcones, ayant occasionné un rejet d'au moins 200 mètres. En plusieurs points de cette faille du côté affaissé, il y a de nombreuses émergences de roches ignées, basaltes, phonolithes, etc., et des blocs de terrains crétacés ont été repoussés à la surface dans des régions limitées, donnant des formations en dôme analogues à celles qu'on trouve dans les collines pétrolifères du sud (mounds). La production de cette faille semble avoir eu lieu à l'époque éocène.

Il semble probable qu'une faille [1] analogue existe sous la plaine cotière du Texas et, à cause de la nature plastique des dépôts tertiaires, consistant principalement en argile, en sable et en marnes, la faille ne s'est pas manifestée à l'extérieur, pendant que des blocs du crétacé inférieur étaient poussés dans les assises tertiaires supérieures.

DISTRICTS PÉTROLIFÈRES DU TEXAS

District pétrolifère de Corsicana et Powell. — Les deux exploitations de Corsicana et Powell se trouvent dans le comté de Navaro, dans la région nord-est du Texas.

Le champ de Corsicana, qui se trouve à l'est même de la ville, fut le premier centre exploité au Texas, et son début date de 1896-1897, la zone pétrolifère y est assez étendue, ayant 5 kilomètres de long sur 800 mètres de large ; le pétrole extrait est relativement léger, sa densité variant de 820 à 840 ; la profondeur des puits est de 300 mètres environ.

En 1900, vers Powell à 5 kilomètres à l'est de Corsicana, une nouvelle zone fut découverte donnant du pétrole plus lourd, d'une densité variant de 910 à 895 les puits avaient 210 mètres de profondeur.

En 1905, une nouvelle extension du champ de Powell fut reconnue ; elle est entièrement séparée de l'ancien champ et se trouve à 12 kilomètres à l'est de Corsicana. Le premier puits foré dans ce nouveau district donna 75 barils par jour. La profondeur des puits dans cette nouvelle extension est de 230 mètres, le sable pétrolifère a une épaisseur de 10 mètres. Tous les puits des anciens champs sont pompés, tandis que, dans la zone nouvelle, les puits coulent naturellement ; les premiers puits y donnèrent 30 barils par jour.

Les champs de Corsicana et Powell montrent une régularité de production supérieure à celle des autres champs du Texas : le maximum mensuel pour Corsicana a été de 27.500 barils, et le minimum 24.500 ; pour Powell, 14.000 et 9.000.

---

1. Ou plusieurs.

1. En 1906, la production du champ de Corsicana s'est légèrement améliorée passant de 311.554 barils à 336.387 barils avec une moyenne de production mensuelle à peu près constante de

District pétrolifère de Beaumont (Spindletop). — Le grand développement de l'industrie pétrolifère au Texas date du jour où le puits Lucas commença à donner des quantités de pétrole qui n'avaient pas encore été obtenues dans cette région.

Le 10 janvier 1901, ce puits commença à jaillir par un tube de 6 pouces de diamètre, lançant un jet de pétrole de 50 mètres de hauteur et produisant 70.000 barils par jour; la densité du pétrole était de 920.

Le point où se produisit cette découverte inattendue est une petite élévation connue sous le nom de Spindletop, à 7 kilomètres au sud de Baumont, dont le sommet est à 20 mètres au-dessus du niveau de la mer.

Le puits avait été foré par MM. A.-F. Lucas, J.-M. Guffey et J.-H. Galey.

On connaissait depuis longtemps dans cette localité des émanations de gaz naturels qui se produisaient au sommet d'une petite colline élevée de 7 à 8 mètres au-dessus du terrain avoisinant; de même, on avait reconnu plusieurs sources ferrugineuses acides, et diverses tentatives de forage avaient été faites sans résultats, les moyens employés n'ayant pas permis de s'enfoncer à une profondeur suffisante à travers les formations ébouleuses de la surface.

Le principal niveau pétrolifère est constitué par une couche de carbonate de chaux contenant du soufre natif, et la température du pétrole qu'on en tire est de 27° C.

A la suite de la découverte du capitaine Lucas ! on se livra à une gigantesque spéculation sur les terrains, et on estime à 150.000 hectares la surface du sol qui fut louée aux environs pour rechercher le pétrole; de toute cette surface, à peine 200 hectares avaient une réelle valeur.

A la fin du mois de juin 1901, il y avait 14 puits productifs à une profondeur de 300 à 310 mètres. Deux puits furent abandonnés avant d'avoir atteint le pétrole; une éruption violente de gaz, qui dura huit heures pour l'un d'eux, s'étant produite à 45 mètres, rejeta les tubes de forage et détruisit les puits. Dans tout le comté de Jefferson, où se trouve situé « Spindletop », il y avait, à la fin de juin, 220 puits forés (compris les puits stériles ou abandonnés pour diverses causes).

A la fin de 1901, 20.000.000 de francs avaient été dépensés pour les forages, les conduites, les raffineries, et 3.593.000 barils de pétrole avaient été extraits; en 1903, la production fut de plus de 17.000.000 de barils; puis, elle commença à décroître, l'eau salée ayant envahi un certain nombre de puits qui furent abandonnés. La première propriété atteinte fut celle de Hogg Swayne.

Vers le mois de juillet 1904, 600 puits avaient été forés sur la région de Spindletop, dont la moitié était resserrée sur une surface de 12 hectares.

28.000 barils. Le champ pétrolifère de Powell a fourni en 1906, 675.842 barils contre 132.000 barils en 1905, indiquant une amélioration considérable; la production mensuelle qui était de 18.000 barils au mois de janvier 1906 est montée à 78.000 barils au mois de juillet pour redescendre à 61.000 barils au mois de décembre.

Depuis le commencement de l'exploitation jusqu'à la fin de 1905, la production totale a été de 35.000.000 de barils.

La profondeur à laquelle on trouve le pétrole à Spindletop varie de 265 mètres au centre du champ à 360 mètres sur les bords; si l'on s'éloigne un peu, les forages même poussés à 750 mètres ne donnent plus trace de la formation calcaire qui contient le pétrole de l'horizon supérieur; l'épaisseur de la couche productive est de 20 mètres environ.

L'analyse du calcaire pétrolifère de Spindletop donne[1] :

Chaux	54,89
Acide carbonique	42,45
Soufre libre et en combinaison organique	1,58
Acide sulfurique	0,21
Silice	0,40
Oxyde de fer	0,50
Oxyde d'alumine	0,50
Magnésie	traces

Dans le sable, qui surmonte la couche de carbonate de chaux, on trouve souvent des cristaux de soufre natifs de la dimension d'une petite noix.

Les terrains rencontrés par le puits Lucas sont :

	m. c.
Argile jaune	10,90
Sable grossier	17,20
Argile bleue, assez dure	52,80
Sable gris fin	77,70
— caillouteux	80,75
— gris grossier	92,60
Argile bleue	107,30
Sable grossier, gris, avec pyrites	114,90
Argile bleue	121,10
Sable fin, gris, avec lignite	134,10
Marne	136,80
Sable gris concrétionné et assez forte proportion de lignite	155
Grès tendre	155,60
Argile grise et hydrogène sulfuré	161
Grès dur, avec inclusions de calcite	161,30
Sable gris	168,80
— dur compact, avec pyrites	169
Grès dur et concrétions calcaires	169,15
Argile grise	183,30
Sable compact	183,50
Argile grise et concrétions calcaires	200,50
Calcaire coquillier	201,50
Argile grise	207
Grès gris pétrolifère	209
Argile grise et concrétions calcaires	211
— dure	218
Calcaire et partie de calcite	218,60
Argile grise dure, concrétions calcaires et pyrites	260
Grès et pyrites	266
Calcaire dur	266,60
Sable boulant pétrolifère remontant à 100 pieds dans le tubage	274
Argile dure	310
Calcaire et inclusions gréseuses	326
Éruption gazeuse et pétrole pendant 1 heure.	
Sable mêlé de concrétions calcaires et fossiles	344

1. M. S.-H. Worrell, de l'Université du Texas.

PUITS HIGGINS N° 1, A SPINDLETOP

	m. c.
Argile bleue	9,15
Sable fin boulant	15,60
— argileux	30,50
— excessivement fin	36,60
Argile caillouteuse	42,60
Sable fin et eau salée	47,80
Argile bleue	51,80
Sable grossier	54,90
— caillouteux	61
— fin	74,60
— grossier avec cailloux noirs	85,50
— — et argile	109,90
— —	127,80
— fin et coquilles	129,60
— gris	135,80
— grossier et coquilles, avec traces de pétrole	163
— — —	169,50
— — et pétrole	175,50
— fin gris	181,50
— grossier et coquilles	240
Argile et coquilles	246
Sable argileux et coquilles	252
— et coquilles	258
— bleu coquiller	274,30
— jaune, traces de pétrole	281
— fin	287,30
Schistes bleus et coquilles	293
Sable brun, traces de pétrole	305
Schistes bleus, 1 baril de pétrole en 2 jours	312
Roc pétrolifère (probablement calcaire)	315
— et soufre —	318

Les 14 puits productifs qui existaient au commencement de juin 1901 donnaient, par jour, de 3.000 à 70.000 barils chacun. Il semblerait donc, d'après ces chiffres, que les puits donnaient ou de grandes quantités de pétrole ou rien; mais ceci est dû au fait, qui se répéta souvent dans les premières années de développement intensif du Texas, que tout puits qui ne donnait pas 500 barils par jour était considéré comme stérile et abandonné. Cette pratique se répéta sur tous les nouveaux champs pétrolifères qui furent successivement découverts; même à Batson Prairie, quelque temps plus tard, des puits produisant 100 barils par jour ne furent pas exploités.

Diverses tentatives furent faites pour chercher à étendre la zone productive en surface et en profondeur. Mais un puits foré à 450 mètres de Spindletop ne donna rien, et un puits foré dans la direction de Beaumont et poussé jusqu'à 750 mètres, ayant coûté 120.000 francs, fut abandonné.

Ces insuccès et d'autres de même nature montrèrent que, si le champ de Spindletop était très riche, il était très limité, et les travaux se concentrèrent vers les parties où l'on avait déjà obtenu de bonnes productions.

District de Sour Lake. — Le champ pétrolifère de Sour Lake est situé à 30 kilomètres au nord-ouest de Beaumont, dans le comté de Hardin.

Des suintements de pétrole et des sources sulfureuses avaient été signalés depuis longtemps dans cette région, et les Indiens avaient employé, autrefois, le pétrole qu'ils recueillaient à la surface du sòl, pour se peindre le corps.

Les premières recherches entreprises pour trouver du pétrole datent de 1892; à cette époque, du pétrole ayant une densité de 960 avait été trouvé à une profondeur de 70 mètres dans une couche de sable grossier.

Vers 1895, un forage donna 30 barils par jour à la profondeur de 90 mètres; en 1899, un puits fut abandonné à 200 mètres, quoique ayant donné du pétrole plus léger (910).

Au commencement de 1901, la Compagnie J.-M. Guffey fora un puits qui donna de l'eau, de la boue et un peu de pétrole à 270 mètres de profondeur; puis en novembre 1901, la Great Western Oil C° trouva dans un forage à 260 mètres, une forte venue d'eau sulfureuse chaude (38°C.), avec des traces de pétrole et vers 300 mètres quatre couches de sable pétrolifère, puis encore de l'eau sulfureuse et des couches de pyrite séparées par de l'argile; enfin, en mars 1902, la même Compagnie obtint à 300 mètres un puits jaillissant qui, après avoir été obstrué plusieurs fois, donna un jet de pétrole qui s'éleva au-dessus du derrick, le diamètre du tubage était de 205 millimètres.

La profondeur des puits actuellement forés varie entre 200 et 300 mètres.

Les couches successivement traversées sont :

	m. c.
Argiles contenant des traces de pétrole	50
Sable grossier avec pyrite de fer	0,80
Argile et grès avec pyrite de fer	18
Argile pétrolifère	13
Terrain boulant	12
Galets	0,30
Argiles et schistes	10
Argiles	3
Schistes durs	0,60
Grès durs	1,20
Terrain boulant avec traces de pétrole	12
Argiles	15
Grès	1
Calcaires	0,60
Argile bleue	0,90
Sables boulants	11
Argiles schisteuses pétrolifères	12
— — dures, avec fortes pressions gazeuses et pétrole	15
— dures, fortes pressions gazeuses et fortes traces de pétrole	2
Schistes durs et sable pétrolifère.	
TOTAL	178,40

La densité du pétrole de Sour Lake varie de 910 à 960; il est assez sulfuré.

Cinq niveaux pétrolifères ont été reconnus, qui donnent un pétrole d'autant plus léger qu'ils sont plus profondément situés; à 70 mètres, la densité est de 960; à 150 mètres, 920; à 180 mètres, 910; et au-dessous, 909.

Des tentatives de forages profonds n'ont pas donné des résultats aussi satisfaisants qu'on l'espérait, cependant des forages poussés jusque vers 600 mètres ont donné du pétrole ayant une densité de 875.

District de Saratoga. — Le champ pétrolifère de Saratoga est situé à 14 kilomètres au nord-ouest de Sour Lake (comté de Hardin), dans une contrée boisée (*fig.* 201) dont l'altitude ne dépasse pas 12 mètres. A une époque déjà ancienne, les couches asphaltiques et les émanations gazeuses de ce territoire avaient été signalées, un petit lac occupait le centre de la région et, comme à Sour Lake l'eau était chargée de produits minéraux, ses bords rocheux contrastaient avec la nature du sol environnant, indiquant que les couches inférieures avaient été en ce point soulevées par un mouvement orogénique.

Vers 1860, quelques recherches furent entreprises, sans dépasser une

Fig. 201. — Un puits jaillissant à Saratoga.

profondeur de 60 mètres, et donnèrent du pétrole en petite quantité ; mais le manque de communications et la nature même du pétrole trouvé, qui avait une densité de 950, ne pouvaient inciter à continuer les recherches que dans l'espoir de trouver de grandes quantités de pétrole, et rien jusqu'alors n'avait fait soupçonner que cela fût facilement réalisable.

D'autres recherches entreprises en 1895 furent encore abandonnées, et ce ne fut qu'en 1902 que la Saratoga Oil and Pipe line C° fora le puits Hook n° 1 près des puits précédents, qui à 500 mètres de profondeur donna 300 barils par jour. A partir de ce moment, l'exploitation se développa assez rapidement.

La densité du pétrole de Saratoga varie entre 965 et 930, la surface du champ pétrolifère est d'environ 100 hectares.

Dans les puits forés à Saratoga, on rencontre souvent, avec des traces de pétrole qui apparaissent vers 150 mètres, de forts dégagements gazeux qui gênent plus ou moins les travaux, quelques-uns de ces puits ont donné jusqu'à 425.000 mètres cubes par jour.

De plus, le pétrole se trouvant dans des sables fluides et des schistes très fragmentés, il faut des précautions spéciales pour éviter que le puits ne se bouche trop fréquemment. Un exemple récent de ces difficultés est celui d'un puits foré au commencement de 1906, jusqu'à 455 mètres ; il fut muni d'une crépine de 60 mètres de long, après une extraction de pétrole à la pompe à sable qui dura vingt-quatre heures, le puits eut un premier jaillissement donnant 500 barils à l'heure, pendant sept heures ; puis il fut obstrué par le sable entraîné ; après nettoyage, il jaillit encore pendant trois heures pour se boucher de nouveau ; nettoyé encore, il jaillit pendant trois heures, et se

Fig. 202. — Champ pétrolifère de Batson (Le Camp des Mineurs).

boucha complètement. Cette fois, il fallut près d'un mois pour le nettoyer ; après cette opération, il ne donna plus que 1.000 barils par jour[1].

District de Batson. — Le champ pétrolifère de Batson (*fig.* 202) est situé à 12 kilomètres à l'ouest de Saratoga.

La première année, Batson donna 4.518 barils (1903) ; la seconde, la production fut de 10.094.000 barils (1904) ; la troisième, elle tomba à 3.700.000 barils.

La production journalière, qui fut de 150.000 barils en mai 1904, est tombée à 8.000 barils en mars 1906.

La densité du pétrole varie de 910 à 920 ; cependant certains puits ont donné du pétrole ayant une densité de 890.

La production des puits varie beaucoup avec leur situation ; certains puits ont vu leur production de pétrole disparaître devant l'invasion de l'eau

1. Dans la dernière quinzaine de février 1907, un forage a donné 700 barils par jour, — puis il cessa de couler le 2 mars ; après nettoyage, il donna 1.500 barils par jour contenant 30 0/0 d'eau, soit 1.050 barils de pétrole.

salée, tandis que, dans leur voisinage immédiat, à quelques mètres de distance, un puits donnait 7.000 barils dans les premières vingt-quatre heures, à 350 mètres de profondeur [1].

District pétrolifère de Humble. — L'histoire du champ de Humble (*fig.* 203) est certainement une des plus curieuses de tous les centres pétrolifères, pourtant si intéressants, du Texas. Inconnu au commencement de 1905, il donne, au mois de juin 1905, 130.000 barils par jour ; la production totale de ce mois étant de 3.500.000 barils, chiffre qui n'avait jamais été atteint en un mois par aucun champ pétrolifère américain, puis la production baisse

Fig. 203. — Vue d'une partie du champ pétrolifère de Humble (Texas).

continuellement, pour tomber à 8.000 barils en février 1906. En 1905, le champ de Humble avait produit 18.000.000 de barils.

Ce champ est situé dans le comté de Harris, à 2 kilomètres de la station de Harris et à 30 kilomètres nord-est de Houston, le sol de la contrée est à 30 mètres au-dessus du niveau de la mer, et l'exploitation est située au point dit Echols Ridge, où de nombreuses indications pétrolifères couvrent le sol sur une surface ayant 3 kilomètres de long sur 2 kilomètres de large.

Le premier puits fut foré en 1901 et ne donna que du gaz ; un autre puits, entrepris après celui-ci, fut complètement détruit par une éruption gazeuse ; 4 puits furent forés vers la fin de 1904, et dans les premiers jours de 1905, il n'y avait que deux puits ayant produit en tout 2.000 barils de pétrole, qui avaient été emmagasinés dans des fosses creusées dans le sol,

1. Un forage situé à 100 mètres au nord du champ a donné, en mars 1907, 800 barils par jour, ce qui semble pronostiquer une amélioration de situation de ce centre d'exploitation.

rien n'ayant encore été vendu ; ce ne fut que vers la fin du mois de février que la production commença à acquérir de l'importance.

Le 1er juin, la production est de 98.000 barils par jour ; le 15 juin, elle atteint 130.000 barils ; le 30 juin, elle baisse à 110.000 barils ; puis, elle continue à baisser, donnant 77.000 barils le 1er août, 56.000 barils le 15, et la décroissance continue toujours.

A la fin d'août, plus de 400 puits avaient été forés en sept mois d'une activité fiévreuse. Les puits forés dans cette région, qui atteignent le plus généralement une profondeur de 400 mètres, ne semblent pas montrer de très grandes qualités de stabilité et, si la production a pu atteindre, en 1905, une valeur aussi considérable, c'est grâce aux jaillissements de puits nouveaux forés sur de nouveaux territoires.

Une première extension se produisit en septembre 1905 par la réussite d'un forage exécuté à 600 mètres à l'ouest du champ, qui, à 600 mètres de profondeur, donna 200 barils par jour au début ; une autre extension de 800 mètres au nord-est eut lieu en octobre 1905 ; enfin, une autre encore, en janvier 1906, causée par un forage qui donna au début 7.000 barils par jour.

La surface productive du champ de Humble est la plus grande de tous les champs pétrolifères du Texas : elle a environ 4 kilomètres dans sa plus grande dimension qui est dirigée nord-est-sud-ouest.

Certains forages, dans ces derniers temps, poussés jusqu'à 700 mètres de profondeur, n'ont pas donné tous les résultats qu'on en attendait.

Beaucoup de puits on été envahis par l'eau salée et, malgré les résultats remarquables qui ont été obtenus, beaucoup d'opérateurs y ont fait des opérations désastreuses.

Les sommes dépensées à Humble, en 1905, atteignent environ 30.000.000 de francs, sur lesquels 17.000.000 ont été dépensés rien que pour les forages.

En novembre 1905, il y eut neuf éruptions gazeuses, d'une force particulièrement intense, dans les forages ; dans cinq cas, les puits furent perdus, et souvent le derrick et les outils. Une des éruptions, celle du puits Simms et Farish n° 2, dura plusieurs jours, et une espèce de cratère de plus de 10 mètres de diamètre se creusa où tous les outils disparurent ; seule la chaudière fut sauvée.

Nous trouvons, dans l'*Oil Investor Journal*, un compte rendu d'un accident de ce genre qui donne une idée exacte de l'intensité que ce genre de phénomène peut atteindre.

« Le 13 décembre 1904, au puits Higgins n° 2, le tubage de 10 pouces avait été arrêté à 150 mètres, et l'on continuait à forer ; à 240 mètres, on avait constaté une forte pression gazeuse, mais rien ne faisait prévoir qu'une catastrophe fût imminente.

« Le tubage avec lequel on forait avait été retiré pour changer le trépan, quand, soudainement, la boue commença à déborder par l'orifice du tube de 10 pouces, s'éleva peu à peu et finalement fut violemment expulsée en totalité; le gaz souffla alors avec une telle intensité que le bloc de fonte qui servait à communiquer le mouvement de rotation pour le forage fut lancé vers le haut du derrick et retomba sur le sol en démolissant le derrick et écrasant tous les tubes et les organes qu'il avait rencontrés dans sa chute. Le tube de 10 pouces ne fut cependant pas arraché, des blocs de pierre furent projetés par l'orifice du forage, retombant dans un rayon de 200 mètres autour du derrick.

« Le puits se boucha plusieurs fois, mais le gaz chassa les blocs qui obstruaient l'orifice, et le bruit des explosions ainsi produites était entendu à 3 kilomètres du forage ; on estime à 56.000 mètres cubes par heure le débit du gaz dans cette circonstance.

« Vers le soir, le puits se boucha complètement, et cette fois la force du gaz ne fut pas suffisante pour vaincre l'obstacle ; mais, pendant la nuit, le gaz se fraya un chemin jusqu'à une couche sableuse située entre 150 et 180 mètres et, vers le matin du 14 décembre, tous les puits des environs qui étaient arrivés à cette profondeur montrèrent des symptômes d'éruptions gazeuses.

« Au puits Sharp n° 1, le gaz sortit autour du tubage formant un petit volcan de boue ; le plancher du derrick fut projeté en l'air ; les fondations du derrick furent minées par le courant de boue, mais le tubage résista cependant. »

L'air comprimé avait été d'abord employé à Humble pour extraire le pétrole des puits qui ne jaillissaient pas et, quoique ce moyen ait donné de bons résultats dans diverses exploitations du Texas et de la Louisiane, notamment à Jennings, ce système fut abandonné à cause du mélange d'eau et de pétrole d'une décantation difficile, qu'il produisait; la grande quantité d'eau extraite concurremment au pétrole dans le champ de Humble est probablement la cause de cet insuccès.

District pétrolifère de Dayton. — Le champ de Dayton est situé dans le comté de Liberty ; les premiers travaux y furent exécutés en 1902 par la Taylor Dayton Oil C°, qui fora deux puits à 1.500 mètres au nord du champ pétrolifère actuellement exploité, ces deux puits furent forés à 346 et 428 mètres. Ils furent abandonnés; le dernier avait traversé vers la fin des couches de sel; en 1904, la West Liberty Oil C° fora deux puits à 500 mètres environ du champ actuel, qui furent abandonnés.

Une partie de la propriété de la West Liberty Oil C° fut louée à la Société Higgins Paraffine, qui forma une association sous le nom de Higgins Oil and Fuel C° and Paraffine Oil C°. Les puits forés alors se trouvent sur l'extrémité nord-est du champ, le premier forage fut abandonné à 200 mètres après avoir donné quelques traces de pétrole; deux autres forages furent poussés à 360 mètres; ils se trouvaient à 3 kilomètres à l'est du champ et ne donnèrent rien.

Un autre forage entrepris en collaboration avec la Black Development C°, à 1.500 mètres à l'ouest du champ, ne donna rien. La Higgins Paraffine C° fora un puits à 1.500 mètres au nord-est qui fut abandonné à 300 mètres;

enfin, en avril 1904, un puits foré par cette Compagnie un peu au sud du premier qu'elle avait entrepris donna enfin du pétrole. Plus de 500.000 francs avaient été dépensés rien que par la Higgins Paraffine Cⁱ et ses collaborateurs avant de trouver le pétrole en avril 1905.

Les couches traversées par les forages sont très irrégulières, et les puits, dans une surface restreinte, donnent ou de l'eau, ou du pétrole, ou du gaz, ou rien.

La pression des gaz est souvent considérable ; en octobre 1905, un puits foré à une centaine de mètres à l'est des puits de la Higgins Cⁱ fut complètement mis hors de service par une éruption gazeuse, un autre puits foré à 2 mètres du précédent donna une forte production d'eau salée avec quelques traces de pétrole.

Un puits foré en octobre 1905, à 180 mètres à l'ouest des puits de la Compagnie Higgins, donna 800 barils par jour au début, puis baissa au bout de quelques jours à 500 barils, puis à 200 barils ; le pétrole qu'il donnait avait une densité de 916.

Sur 40 puits forés en 1905, 12 seulement produisirent du pétrole ; la production qui, à un moment, était de 1.500 barils par jour, est tombée à 300 barils[1].

District de Matagorda. — Le district pétrolifère de Matagorda est situé sur une petite éminence, à 5 kilomètres de la ville de Matagorda, qui porte le nom de Big Hill.

Cette région produisait du gaz, en quantité assez importante, depuis 1901. qui était exploité à la profondeur de 300 mètres et était employé pour alimenter les stations de pompe de la Colorado River.

C'est en 1904 que l'attention fut attirée vers ce point au point de vue de la production du pétrole, et, dans cette année, la production fut de 151.000 barils, mais elle tomba à 68.000 barils en 1905, et la statistique de 1905 indique une décroissance inquiétante pour l'avenir de cette exploitation[2].

PRODUCTION DE L'ANNÉE 1905

Mois	Barils
Janvier	37.758
Février	6.000
Mars	6.511
Avril	3.900
Mai	3.300
Juin	2.700
Juillet	2.666
Août	2.015
Septembre	1.050
Octobre	775
Novembre	750
Décembre	775
TOTAL	68.200

1. En 1906 la production journalière a fléchi à 253 barils, mais au mois de décembre elle s'est légèrement relevée à 350 barils ; pendant ce mois un forage à 195 mètres donna au début 1.500 barils par jour, mais sa production baissa rapidement à 100 barils.

2. La production de 1906 est comptée pour 1.000 barils et vient d'un seul forage productif ; les travaux de recherche continuent.

District pétrolifère de South Bosque. — Ce district est situé dans le comté de Mac Lenan, aux environs de Waco, à 112 kilomètres au sud-ouest de Corsicana.

En 1890, un puits, qui avait été foré pour rechercher de l'eau, traversa une couche de sable pétrolifère de 3 mètres d'épaisseur, mais aucune recherche ne fut faite à cette époque; ce ne fut qu'en 1904 que des puits furent forés jusqu'à 150 mètres de profondeur, qui donnèrent 4 barils par jour de pétrole, d'une densité de 900 à 815; 3 puits forés ultérieurement ne donnèrent aucun résultat.

La densité du pétrole de South Bosque est de 816.

Le développement de ce champ se poursuit lentement[1].

District de Hoskins Mounds. — Ce nouveau champ pétrolifère, qui s'étend sur une élévation ayant à peu près 400 mètres de superficie, est situé dans le comté de Brazoria, à une dizaine de kilomètres à l'est de Angleton; les travaux ont commencé en 1905 et 10 forages ont été exécutés, dont un seul donna du pétrole, en octobre 1905; à 180 mètres de profondeur, il débitait 140 barils à l'heure, au début. Les 100.000 barils produits en 1906 viennent de ce seul forage.

District pétrolifère de Henrietta. — Ce champ de production est situé dans le comté de Clay, sur la frontière nord du Texas et à 240 kilomètres nord-ouest du champ pétrolifère de Corsicana.

Les recherches avaient été commencées depuis plusieurs années sans résultats très satisfaisants.

Cependant, en 1904, la production monta à 65.455 barils.

Il y avait, à la fin de 1904, 80 puits productifs donnant, en moyenne, chacun 20 barils par jour.

En 1905, la production monta à 101.000 barils.

La profondeur à laquelle se trouve le pétrole n'est que de 90 mètres; la couche productive est un sable gris.

La densité est de 860[2].

D'après une liste publiée par l'Université du Texas, on trouve du pétrole dans les localités suivantes du Texas :

Comté de Anderson : New Palestine;

Comté d'Elgin : aux environs d'Elgin;

---

1. En 1906, la production a été de 1.000 barils; au 31 décembre 1906: il y avait 3 forages productifs donnant ensemble 12 barils par jour, il y avait un forage en exécution.

2. Le développement considérable de la production des Territoires Indiens, situés au nord du Texas, survenu pendant l'année 1906 a attiré l'attention sur les régions frontières des deux Etats et, en particulier, sur la région de Henrietta, un forage y a donné, en mars 1907, 120 barils par jour de pétrole à 820, à la profondeur de 228 mètres. A la fin de 1906, il y avait dans la région de Henrietta une centaine de forages exploitant le pétrole à 80 mètres environ et donnant à peu près 300 barils par jour, la densité étant à peu près de 860. Le champ pétrolifère a 5 kilomètres de long nord-sud et 15 kilomètres est-ouest.

Comté de Bell : près de Belton ;

Comté de Bexar : Dulning Place, à 12 kilomètres au sud de San-Antonio ;
J. Lin Survey, à 16 kilomètres au sud de San-Antonio. Ce comté ne produit qu'une petite quantité de pétrole lourd ;

Comté de Brazoria : Kaiser Mound, près Columbia, donne de petites quantités d'huile de graissage de bonne qualité ;

Comté de Brewster : schistes bitumineux, à 10 kilomètres à l'est de Terlinga ;

Comté de Brown : Brownwood ;

Comté de Burleson : environs de Rita ;

Comté de Caldwell : environs de Lockhart ;

Comté de Clay : à 3 kilomètres de Huruville, au nord de Henrietta ;

Comté de Coleman : environs de Trickham ;

Comté de Cooke : ouest de Muenster ;

Comté de Coryel : Gatesville ;

Comté de Denton : 10 kilomètres de Denton ;

Comté de Duval : Piedras Pinteas, près de Benavides ;

Comté de Edwards : près de Rock Springs ;

Comté de El Paso : à 20 kilomètres au nord de Vanhorn ;

Comté de Gonzales : environs de Ottine ;

Comté de Grimes : environs de Keith, environs de Lamb Spring ;

Comté de Hardin : Saratoga, Sour Lake ;

Comté de Jack : 16 kilomètres au nord de Jacksboro ;

Comté de Jefferson : Beaumont (Spindletop) ; sur les rives du lac Sabine, entre les embouchures des rivières Sabine et Neches ;

Comté de Live Oak : Atacosta Creek, 18 kilomètres au nord de Oakville ;

Comté de La Fayette : Schwah's Bluff ;

Comté de Mac Culloch : environs de Milburn ;

Comté de Mac Lenan : environs de Waco ;

Comté de Mac Mullen : Crowther ;

Comté de Medina : environs de Dunlay ;

Comté de Montagne : Saint-Jo ;

Comté de Nacogdoches : Oil Spring, 10 kilomètres au sud de Melrose ; Chireno ;

Comté de Navarro : Corsicana ; Powell, Frost ;

Comté de Nueces : Puerto Richard, King's Branch ;

Comté de Palo Pinto : environs de Strawn, à 2 kilomètres au nord de Mineral Wells ;

Comté de Pecos : à 25 kilomètres au nord de Fort Stockton ; à 52 kilomètres au nord de Fort Stockton. Dans cette région, il y a des excavations creusées par les Commanches pour se procurer du pétrole qui a une densité de 920 ; des recherches ont été commencées section 19 block 140 ;

Comté de Reeves : vallée de Pecos, aux environs de Pecos City, à 15 kilomètres au nord de Toyah ;

Comté de San-Augustine : San-Augustine;

Comté de Schelby : environs de Tunpson;

Comté de Tarrant : environs de Fort Worth;

Comté de Travis : Walnut Creek, à 15 kilomètres au nord de Austin;

Comté de Wilson : Sutherland Springs.

Des recherches ont été entreprises dans un assez grand nombre de localités du Texas, notamment près de San-Diego, dans le comté de Duval, dans le nord-ouest du Texas où les premiers travaux datent de 1905. En novembre, il y avait 5 puits forés, dont 2 productifs : l'un, à 60 mètres de profondeur, donnait 15 barils par jour; l'autre, à 150 mètres, donna 5 barils à l'heure pendant quelques heures, puis s'obstrua. Les pressions gazeuses sont très fortes; un puits fut perdu à la suite d'une éruption gazeuse.

A Pierce Junction, un puits à 675 mètres fut perdu, à la suite d'une éruption gazeuse qui rejeta une partie du tubage.

A Davis Hill, à 19 kilomètres au nord-ouest de Batson, un puits foré à 340 mètres donna, en février 1906, 5.000 barils par jour d'eau sulfureuse; après avoir été tamponné, puis approfondi, il ne donna aucun résultat satisfaisant; un autre à 330 mètres fut abandonné. A 16 kilomètres au sud de Alvin (comté de Brazoria), des travaux ont été entrepris.

A Hutchins (comté de Dallas), dans le nord du Texas, un forage a été entrepris.

PRODUCTION DE LA LOUISIANE, PAR MOIS, DE 1902 A 1905

MOIS	1902	1903	1904	1905
Janvier	»	46.560	54.018	1.382.736
Février	»	65.108	32.983	1.170.036
Mars	»	82.900	35.713	930.508
Avril	»	83.725	60.343	789.378
Mai	25.000	75.279	82.722	801.018
Juin	60.000	97.137	82.398	837.147
Juillet	75.000	95.473	76.354	823.286
Août	92.894	78.017	339.577	774.779
Septembre	68.723	67.345	519.486	652.481
Octobre	81.257	66.630	528.797	700.822
Novembre	70.707	63.994	555.860	669.031
Décembre	75.038	95.603	573.168	596.624
TOTAL	548.617	917.771	2.941.419	10.127.822

DISTRICTS PÉTROLIFÈRES DE LA LOUISIANE

District pétrolifère de Jennings. — Le champ pétrolifère de Jennings (*fig.* 204) est situé près de la station postale d'Evangeline, qui se trouve près de la ligne du Southern Pacific Railroad, entre les stations de Jennings et Mermentau, à l'est de Jennings.

La région est formée par un anticlinal recouvert de terrains récents et dont la direction est nord-est-sud-ouest.

Les recherches commencèrent à Jennings vers le milieu de l'année 1901 ; un premier forage donna des traces de pétrole à 330 mètres, puis à 450 ; à 540 mètres, après avoir traversé une couche de schistes de 1 mètre d'épaisseur, la quantité de pétrole augmenta ; les schistes devenant sableux à une profondeur un peu plus grande, une couche de sable de 15 mètres d'épaisseur fut recoupée et le puits commença à jaillir. Il fut plusieurs fois obstrué par le sable et se boucha complètement après un jaillissement qui dura cinq heures. Dans l'opération du curage, le puits fut endommagé et dut être abandonné.

D'autres Compagnies se formèrent et, au mois de mai 1902, le champ commença à se développer ; mais ce ne fut qu'au mois de juillet 1904, qu'après la découverte d'un niveau pétrolifère plus profondément situé, que la production prit toute son extension. Ce nouveau niveau pétrolifère se trouve à 580 mètres ; le premier forage qui atteignit ce niveau donna 5.000 barils par jour au début, à travers un tubage de 60 millimètres de diamètre ; en septembre, un autre débuta à 16.000 barils par jour, à une profondeur de 578 mètres ; la moyenne de production de ce puits pour les quatre premiers mois de son existence a été de 12.000 barils par jour environ, ce qui est probablement le maximum produit dans un temps égal pour tous les puits forés aux États-Unis.

En 1905, la production fut de 11.000.000 de barils.

La densité du pétrole de Jennings est d'environ 800 ; la qualité est supérieure à celle de beaucoup des champs pétrolifères du Texas.

La pression des gaz est souvent très forte dans les forages et provoque des accidents ; de plus, les couches pétrolifères étant constituées par un sable très fluide, il y a de fréquentes obstructions qu'on empêche autant que possible en plaçant des crépines à l'extrémité du tubage. Le forage est facile ; les couches traversées étant constituées par des couches de sable et d'argile.

La production du champ de Jennings semble avoir une stabilité plus

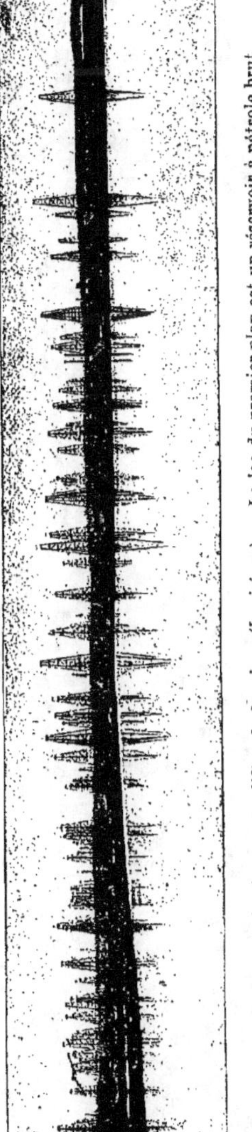

Fig. 204. — Panorama du champ pétrolifère de Jennings (Louisiane). — Le lac du premier plan est un réservoir à pétrole brut de la Cⁱᵉ Evangeline, contenant 800.000 barils de pétrole.

grande que celle des autres champs pétrolifères du Texas ; elle marque cependant une tendance à la décroissance, puisque la production journalière

Fig. 205. — Champ pétrolifère de Jennings. — Puits n° 2 de la Cie Wilkins, ayant produit 2.674.424 barils de pétrole.

qui a atteint 40.000 barils est descendue, en février 1906, à 19.000 barils ;
il est vrai qu'en mars 1906 cette production est remontée légèrement à
20.800 barils[1].

De plus, au mois de février 1906, un puits a encore donné un jaillisse-

1. En mars 1907, elle est tombée à 11.900 barils par jour.

ment de 8.000 barils par jour au début, ce qui peut laisser espérer une amélioration dans la production.

Le champ pétrolifère de Jennings possède plusieurs forages qui ont

Fig. 206. — Champ pétrolifère de Jennings (Louisiane). — Puits Evangeline n° 1, ayant produit plus de 2.000.0000 de barils de pétrole.

produit des quantités considérables de pétrole. Le forage Wilkins, n° 2, que
représente la figure 205, est celui qui a donné, jusqu'à ce jour, la production
la plus remarquable, il a été foré sur la Valle Tract, dans un lot de terrain
qui a à peine un demi-hectare, loué par la Compagnie Wilkins. Cette société
fit un premier forage qui ne donna aucun résultat, elle s'entendit alors avec

la Heywood Oil C°, qui consentit à entreprendre un second forage moyennant une participation dans la production. Ce nouveau forage Wilkins, n° 2, fut foré à 584 mètres, au diamètre de 6 pouces (153 millimètres), il fut terminé

Fig. 207. — Champ pétrolifère de Jennings (Louisiane). — Puits n° 3
de la Southern Oil C°.

le 20 novembre 1904 et donna, au début, 1.000 barils à l'heure (un réservoir de 1.200 barils fut rempli en 59 minutes); à cause du manque de réservoir, il fallut modérer sa production à 15.000 barils par jour et jusqu'à la fin de 1904, il donna 512.000 barils; pendant l'année 1905, il produisit 1.786.985 barils, en 1906, sa production baissa à 375.135 barils, et l'ensemble de sa production jusqu'au 31 décembre 1906 représente 2.674.121 barils.

Jusqu'au milieu de 1906, il coula naturellement; il fut ensuite muni d'un dispositif d'extraction à l'air comprimé.

Sa production par mois, en barils, pour 1906, a été :

Mois	Barils	Mois	Barils
Janvier	63.734	Juillet	44.366
Février	57.736	Août	26.660
Mars	49.643	Septembre	16.925
Avril	36.265	Octobre	13.982
Mai	27.239	Novembre	10.723
Juin	18.098	Décembre	9.759 [1]

Il cessa deux fois de couler naturellement et, pendant que les tubes étaient descendus dans le forage pour commencer le pompage, les deux fois, les outils furent projetés par une éruption nouvelle.

Le forage Evangeline n° 1, représenté par la figure 206, a donné plus de 2.000.000 de barils.

La figure 207 donne la vue du jaillissement du puits n° 3 de la Compagnie Southern Oil C°, qui a également fourni une belle production.

District pétrolifère de Caddo. — Le champ pétrolifère de Caddo est situé à 35 kilomètres au nord de Shreveport, dans la région connue sous le nom de Caddo Island, dans le coin nord-ouest de la Louisiane, près des frontières du Texas et de l'Arkansas.

Les premiers travaux datent du mois de juillet 1904; en mars 1905, un forage donna un peu de pétrole, et les travaux furent continués.

La Producers Oil C° fora un puits qui donna du gaz à 250 mètres de profondeur; il fut décidé de forer plus profondément après avoir isolé la couche productive de gaz par un tubage.

Le second puits de cette Société fut complètement détruit par une éruption gazeuse en mai 1905; le derrick et les machines furent enlizés, par suite de l'échappement de l'eau et du gaz par l'extérieur du tubage, et rien ne subsista à la surface du sol des appareils de forage; un petit étang de 80 mètres de diamètre se forma au milieu duquel le gaz continua à jaillir avec force soulevant des vagues qui venaient se briser sur le bord de l'excavation. Le gaz ayant pris feu accidentellement en juillet, les flammes s'élevaient au centre du bassin à 10 mètres de hauteur, sur une surface de 10 mètres de diamètre. Ce phénomène dura cinq mois; puis l'afflux de gaz cessa subitement.

Le puits n° 3 de la même Compagnie fut fermé, quand il eut atteint la couche gazeuse; après que trois valves eurent été brisées par la force de l'éruption du début, le puits resta fermé pendant quelques jours, mais la pres-

1. Oil investors Journal.

sion montant constamment, on ouvrit un peu la valve pour laisser le gaz s'échapper ; en voulant la fermer de nouveau, la valve fut cassée, et le puits continua à déverser le gaz dans l'atmosphère ; le gaz prit feu au commencement de décembre 1905 ; il brûlait encore au mois de janvier.

D'autres forages ont été exécutés dans la région ; mais, tandis que plusieurs donnèrent du gaz en grande quantité, ceux qui donnèrent du pétrole n'en donnèrent que des quantités relativement faibles. Cependant, un puits foré à 540 mètres de profondeur, au nord-ouest du territoire à gaz, n'a donné que de faibles quantités de gaz, et le pétrole s'est élevé de 30 mètres dans le tubage ; aucun essai de pompage n'ayant encore été fait, le pouvoir de production de ce forage est inconnu.

Une Société a été formée pour utiliser le gaz du district de Caddo et un *pipe line* a été installé pour conduire le gaz à Shreveport. Un seul puits a donné à la profondeur de 200 mètres 112.000 mètres cubes de gaz par jour. La surface de la zone des terrains à gaz doit être assez considérable, car un forage exécuté à 5 kilomètres des premiers a donné du gaz en grande quantité.

Le gaz du champ de Caddo donne à l'analyse[1] :

Méthane	95,00
Azote	2,56
Acide carbonique	2,34
Soufre	0,10
TOTAL	100,00

La densité du pétrole trouvé à Caddo est de 840[2].

Plusieurs forages ont donné, de temps à autre, un peu de pétrole, sans que leur production ait eu une très longue durée ; en juin 1907, un forage a donné 100 barils par jour, à 640 mètres.

District pétrolifère de Anse-la-Butte. — Le champ pétrolifère de Anse-la-Butte (*fig.* 208) est sur la rive droite du Bayou Teche, au nord de Beaux Bridge, à 9 kilomètres au nord de Lafayette.

Les recherches dans cette région commencèrent en 1902 ; les premiers puits ne donnèrent que de petites quantités de pétrole qui furent cependant suffisantes pour alimenter les chaudières du chantier.

Les puits furent poussés plus profondément pour rechercher un niveau plus riche et, au mois d'août 1905, un puits à 535 mètres donna, au début,

---

1. Professeur Francis-C. Phillips, de l'Université de Pensylvanie.
2. Pendant l'année 1906, les travaux de recherche ont continué très activement dans la région de Caddo, mais jusqu'ici sans grand succès. Au commencement de février 1907, les deux seuls forages producteurs de pétrole avaient vu baisser leur production de 150 à 100 barils. Cependant, un forage poussé à 670 mètres de profondeur, avait donné au début, au mois d'août 1906, 300 barils par jour, mais avec beaucoup d'eau. Au commencement de février 1907, un forage avait donné 10 barils de pétrole par jour, mais cela ne dura que quelques jours. Au mois de mars 1907, sur trois forages terminés, l'un, poussé à 845 mètres, n'a rien donné, les deux autres ont fourni 480.000 et 34.500 mètres cubes de gaz par vingt-quatre heures.

500 barils par jour; mais la production baissa presque immédiatement à
100 barils. Un autre puits, celui de la Heywood Brothers Oil C°, donna, en
décembre 1905, 100 barils par jour à 550 mètres.

Plus de 20 puits ont été forés dans cette région jusqu'à la fin de 1905; à

Fig. 208. — Champ pétrolifère de Anse-la-Butte (Louisiane).

ce moment, la production était de 250 barils par jour qui, si elle se maintient,
donnera, en 1906, une quantité de pétrole supérieure à celle de 1905.

District pétrolifère de Welsh. — Le champ pétrolifère de Welsh
est situé à 24 kilomètres à l'ouest de Jennings; les recherches furent commencées en 1900; mais les travaux se sont ralentis en 1905, à la suite d'essais
infructueux faits pour trouver un niveau inférieur plus productif.

Au commencement de 1906, il n'y avait que 3 puits productifs pour tout
le champ donnant à peu près 50 barils par jour, ce qui correspondrait à une
production un peu supérieure à celle de 1905.

Des recherches ont été entreprises en différents points de la Louisiane,
notamment à Calcasieu, à Lake Charles, Cowley, Lafayette, Sulphur; du pétrole
et du gaz ont été obtenus en plus ou moins grande quantité, mais sans donner
lieu à une exploitation suivie.

La baisse importante et continue de la production dans les deux États
du Texas et de la Louisiane devait, naturellement, inciter les producteurs
de pétrole à faire des recherches actives pour suppléer, par la découverte de
nouveaux champs d'extraction, à l'instabilité des anciens centres de production; aussi, les forages de découverte ont-ils été nombreux, mais jusqu'ici
sans rien mettre au jour qui puisse être comparable de près ou de loin aux
découvertes sensationnelles des dernières années.

Parmi les régions où des forages de recherche ont été exécutés, sans
parler de celles qui se trouvent au voisinage immédiat des champs pétrolifères régulièrement exploités, on peut citer :

Au sud de Liberty (comté de Liberty), un forage, à 124 mètres, donnant
des traces de pétrole ;

A l'est de Couroe, un forage sans résultat (comté de Liberty) ;

A Cheetham (comté de Colorado), un forage à 700 mètres, donnant des traces de pétrole ;

A l'ouest de Columbia (comté de Brazoria), un forage à 238 mètres, sans résultat ;

A Rattlesnake Hill, 10 kilomètres nord-est de Hoskins Mounds (comté de Brazoria), un forage à 520 mètres, sans résultat ;

A Rice, à 16 kilomètres au nord de Corsicana, 7 forages ayant donné quelques traces de pétrole ;

A Hockley, dans le nord-ouest du comté de Harris, deux forages ont donné, à 245 mètres, des traces importantes de pétrole ;

A Seabrook, dans le comté de Harris, un forage a donné un peu de pétrole ;

A Piedros Pintas, à 100 kilomètres nord-ouest de Corpus Cristy (comté de Duval), un forage, à 215 mètres, n'a rien donné ;

A Mitchell's Lake, à 19 kilomètres sud de San-Antonio (comté de Bexar), un forage, à 330 mètres, a donné 3 barils de pétrole par jour, à 35° B. ;

Aux environs de Milburn (comté de Mac Culloch), un certain nombre de forages de recherche ont été exécutés : deux au sud-est, dont un arrêté à 400 mètres, sans résultat ; deux au nord, ayant donné de petites quantités de pétrole lourd ; un au nord-ouest, ayant donné, à 210 mètres, des traces de gaz ;

A Trickam (comté de Coleman), un forage a donné lieu à un dégagement violent de gaz, avec beaucoup d'eau salée et un peu de pétrole ;

A Belton, un forage sans résultat ;

A Splendora (comté de Montgommery), à 30 kilomètres sud-est de Couroe, 3 forages sans résultat ;

A Belton, un forage sans résultat ;

A Sulphur Springs, à 6 kilomètres nord de Groesbeck, un forage sans résultat ;

A Mound Prairie, près Sommerville, un forage sans résultat ;

A Waters, à 16 kilomètres au nord de Austin (comté de Travis), un forage sans résultat.

Toutes les localités précédentes sont dans l'État du Texas ; dans celui de la Louisiane, on peut citer :

Castor Springs, Oberlin (comté de Calcasieu), Windfield, au nord-est de Shreveport, où un forage, à 246 mètres, n'a rien donné ;

Napoleonville (comté de Assumption), où un forage à 710 mètres n'a rien donné et où un autre a été entrepris ;

Le sud-ouest du comté de Terrebonne, où des travaux de recherche n'ont encore donné aucun résultat.

VI. — ÉTAT DE CALIFORNIE

L'État de Californie (planche IV)
s'étend le long de la côte de l'océan
Pacifique, entre le 32°30 et le 42° parallèle de latitude nord, sur une largeur moyenne de 320 kilomètres
environ ; parallèlement à la côte et à
une distance de 100 kilomètres à peu
près, s'étend d'un bout à l'autre de
l'État une chaîne côtière (Coast Range)
précédée, depuis la baie de San-Francisco jusqu'au sud de l'État, par plusieurs petites chaînes parallèles qui
se développent entre la principale
chaîne et la côte.

Vers l'intérieur des terres, à peu
près à 250 kilomètres de San-Francisco, se trouve la chaîne de la Sierra
Nevada.

La ligne de faîte des Coast Range
a une courbure dont la concavité est
tournée vers l'intérieur des terres ;
celle de la Sierra Nevada a une courbure inverse, en sorte qu'entre ces
deux chaînes existe un bassin elliptique qui n'a de débouché vers la mer
qu'à la hauteur de San-Francisco, à
travers une coupure des Coast Range,
à peu près au tiers supérieur de la
longueur du bassin qui forme la grande
vallée centrale de la Californie.

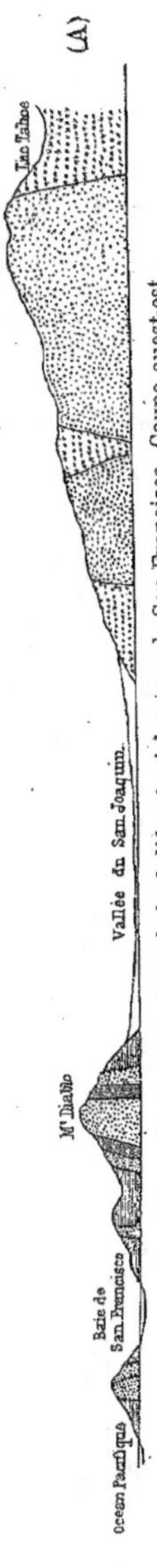

C'est principalement dans la partie
sud de la vallée centrale, le long des
Coast Range, que se développent les
exploitations pétrolifères de la Californie, qui, dans ces dernières années,
se sont développées d'une façon véri-
tablement remarquable, puisque la
production a passé de 500.000 tonnes, en 1900, à 5.000.000 de tonnes, en
1905, décuplant ainsi sa valeur dans une période de cinq ans.

Fig. 209. — Profil géologique de la Californie, à hauteur de San-Francisco. Coupe ouest-est.

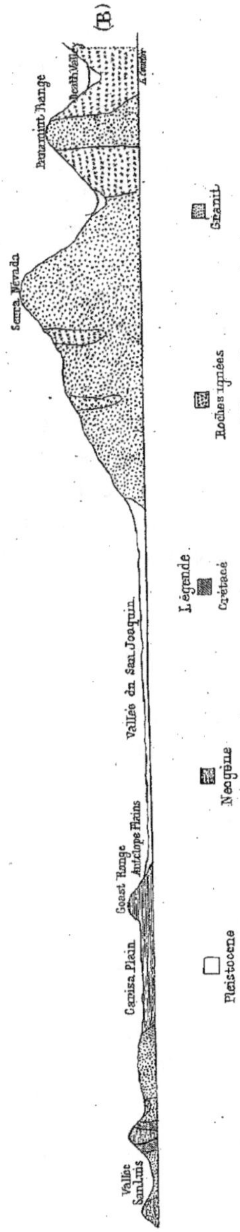

Fig. 210. — Profil géologique de la Californie, à hauteur de Sans-Luis Obispo. Coupe ouest-est.

Le bassin elliptique de la grande vallée centrale se termine, au sud, vers Los Angeles, et les exploitations de cette région sont situées entre les Coast Range (San-Bernardino Range) et la côte.

Du nord et du sud de la vallée centrale, les eaux s'écoulent vers l'exutoire unique formé par la baie de San-Francisco, deux cours d'eau principaux y conduisent les eaux de ces régions : le Sacramento au nord, le San-Joaquin au sud.

La structure géologique générale de la Californie est assez simple, quoique les détails en soient dans certaines régions assez compliqués ; la portion centrale de la Sierra Nevada est formée par des granits, et les Coast Range montrent vers leurs sommets de nombreux affleurements de roches ignées ; entre ces deux bordures de terrains anciens, des couches d'un âge plus récent forment le grand bassin central et aussi, vers l'ouest, les pentes extérieures des Coast Range.

Sur les flancs ouest de la Sierra Nevada se trouvent des bandes minces d'affleurement de terrains antérieurs au crétacé et allant jusqu'au dévonien, tandis que la partie centrale de la vallée est formée par des terrains pleistocènes qui recouvrent tous les terrains d'une époque plus reculée.

Les puits des exploitations situées le long des Coast Range traversent principalement des terrains des époques pleistocène et éocène, schistes, argiles et grès ; dans le comté de Ventura, les puits atteignent un calcaire de l'époque éocène et aussi des schistes un peu plus anciens ; à Oil City, le pétrole se trouve dans le terrain de Tejon (crétacé) ; dans le comté de Colusa, c'est dans le crétacé qu'on le trouve, et le gisement de New Hall (Los Angeles) est à peu de distance d'intrusions granitiques ; mais toutes les autres exploitations tirent leurs produits des terrains du pliocène et du miocène.

Les coupes (*fig.* 209, 210) reproduites ci-dessus donnent la configuration générale des terrains perpendiculairement à la côte et respectivement à hauteur de San-Francisco (*fig.* 209) et San-Luis Obispo (*fig.* 210).

PRODUCTION DE LA CALIFORNIE DEPUIS 1876 (EN TONNES)

Années	Tonnes	Années	Tonnes
1876	1.550	1891	42.000
1877	1.690	1892	50.200
1878	1.975	1893	61.200
1879	2.580	1894	91.800
1880	5.200	1895	157.000
1881	12.900	1896	163.000
1882	16.700	1897	248.000
1883	18.500	1898	293.000
1884	34.000	1899	344.000
1885	42.300	1900	562.000
1886	48.000	1901	1.143.000
1887	87.500	1902	1.957.000
1888	90.500	1903	3.420.000
1889	39.400	1904	3.984.000
1890	40.000	1905	4.975.000

La production totale de la Californie depuis l'origine de l'industrie du pétrole a été de 16.990.000 tonnes, et il est aisé de voir, d'après la statis-

tique ci-dessus, que, dans les deux dernières années, elle a produit autant
que dans les trente années précédentes.

PRODUCTION DE LA CALIFORNIE PAR DISTRICTS, 1902-1905 (EN TONNES) [1]

	1902	1903	1904	1905
Coalinga	70.000	299.000	715.000	1.245.000
Santa-Maria et Lompoc	16.250	29.100	94.000	743.300
Kern River	1.248.000	2.295.000	2.453.000	1.960.000
Los Angeles	144.000	111.300	168.000	410.000
Sunset	21.000	49.500	51.000	54.000
Midway	7.000	4.100	128	700
Mac Kittrick	89.500	190.000	263.000	101.000
Newhall et Ventura	87.500	95.700	93.200	70.000
Fullerton et Brea Canyon	168.000	200.000	20.600	245.000
Whittier et Puente	96.300	128.000	105.000	134.500
Summerland	13.250	18.350	16.800	10.500
Sargents	»	»	4.900	2.800
Halfmoon Bay	»	»	130	280
Arroyo Grande	»	»	»	700
Total	1.957.800	3.420.000	3.984.758	4.975.780

STATISTIQUE DES PUITS DE LA CALIFORNIE

	PUITS PRODUCTIFS			EN FORAGE 31 déc. 1905	NOUVEAUX DERRICKS	PRODUCTION MOYENNE PAR PUITS ET PAR JOUR en barils (1905)
	1903	1904	1905			
Kern River	796	660	680	6	5	56
Santa-Maria et Lompoc	21	18	73	42	1	204
Los Angeles et Salt Lake	1.000	1.074	300	20	12	27
Coalinga	110	138	243	26	9	99
Fullerton et Brea Canyon	138	106	150	3	2	32
Puente et Whittier	178	128	94	8	6	31
Newhall	22	65	52	1	1	7
Ventura	306	255	246	2	2	4
Summerland	198	199	120	1	1	1,7
Sunset	102	31	38	3	4	28
Midway	24	33	21	3	3	9
Mac Kittrick	75	65	90	2	1	21
Sargents	»	3	5	2	0	11
Arroyo Grande	»	»	1	3	4	13
Halfmoon Bay	»	2	3	1	1	4
Total	2.970	2.777	2.116	123	52	Moyenne générale. 46

1. La production de la Californie, pour 1906, a été la suivante :

	Tonnes
Coalinga	1.275.000
Santa-Maria	810.000
Kern River	1.650.000
Los Angeles	255.000
Sunset	75.000
Midway	750
Mac Kistrick	75.000
New Hall et Ventura	60.000
Fullerton	255.000
Whithier	112.000
Summerland	8.400
Sargents	4.250
Half Moon Bay	300
Arroyo Grande	1.500
Total	4.582.200

En 1856, on commença dans le sud de la Californie à recueillir les bitumes qui suintaient en différentes places et en choisissant ceux qui étaient les plus fluides, on parvint à obtenir par le raffinage différents produits qui furent utilisés pour l'éclairage, le graissage, le chauffage et comme mortier dans les constructions. Quelques raffineries, dont quelques-unes assez importantes, prirent naissance, mais disparurent peu après ; les résultats financiers n'ayant pas été très satisfaisants.

En 1865, à la suite d'une prospection faite par le professeur Benjamin Siliman, et où celui-ci fut souvent trompé, principalement en ce qui concerne la qualité de l'huile qu'on pouvait trouver, de nombreux forages furent entrepris, dans les comtés de Humboldt, Mendocino, Santa-Clara, Santa-Cruz, Contra Costa, Colusa, Santa-Barbara, Ventura, etc.

Seul le comté de Ventura donna une production intéressante.

A la suite des nombreuses déconvenues qui avaient été subies, les recherches furent presque complètement abandonnées jusqu'en 1892. A cette époque, un puits fut creusé à la main, à Los Angeles, près d'un gisement d'asphalte, par M. E.-S. Doheny, et donna une petite production de pétrole lourd ; de nombreux puits furent forés dans les environs qui donnèrent d'assez bons résultats, et les recherches s'étendirent avec un renouvellement d'ardeur vers les contrées avoisinantes.

VALLÉE DU SACRAMENTO

Bien que des recherches aient été faites en un certain nombre de localités de la vallée du Sacramento, elle ne possède pas encore de centre régulièrement exploité ; il y a cependant d'assez nombreuses indications pétrolifères ; les plus importantes sont celles qui sont indiquées ci-dessous :

Comté de Solano. — Au sud de la base des Portrero Hills, il y a des dégagements de gaz naturels, soit dans des sources où l'eau bouillonne sous l'action des bulles de gaz qui se dégagent, soit dans des fissures du sol ; toutes ces émanations sont sur un alignement dirigé nord-ouest sud-est et semblent indiquer une ligne de fracture. Un puits domestique creusé près de Goodyear, dans les environs de Vacaville, a donné du gaz ; il traverse des schistes noirs, sentant fortement le pétrole, dont les couches sont fortement inclinées, et qui affleurent dans le lit de la rivière Ulatis Creek, non loin de Vacaville.

Comté de Colusa. — Il y a, au pied des collines de certaines régions, des dégagements gazeux, souvent associés à des venues d'eau salée, comme par exemple à la tête de Salt Creek, à l'ouest des villages de Arbuckle et Williams.

A Stoval Ranch, à 12 kilomètres à l'ouest de Williams, un puits foré en

1885 à 45 mètres donna de l'eau salée et du gaz. Les terrains traversés étaient :

Argile de surface	9 mètres
Schistes	9 —
Grès tendre	27 —

Dans la vallée de Freshwater, un puits foré en 1865, à 250 mètres (?), donne encore un peu d'eau salée et des gaz ; en ce point, les grès et les schistes plongent à 70° vers le nord-est.

Près de Michael Ranch, un puits fut foré sans résultats ; à 3 kilomètres au sud, un autre donna des gaz. Près de Mountain House, on signale des suintements de pétrole ; de même à Bear Creek, où il sort d'une roche serpentineuse, à quelque distance de couches de grès fortement imprégnées de pétrole, et non loin d'émanations gazeuses, qui se produisent au sein même de la rivière, dont elles font bouillonner les eaux.

A Sites' Station, un puits foré en 1886 donna de l'eau et du gaz, ayant traversé 7 mètres de sol arable, 22 mètres de schistes et 70 mètres de schistes ardoisiers ; à 4 kilomètres au nord, on signale des sources salées donnant aussi du gaz.

Les fossiles trouvés dans les environs et déterminés par le Dr J.-G. Cooper sont : *Trigonia Tryoniana*, Gabb. ; *Actœnina California*, Gabb. ; *Dentalinum Stramineum*, Gabb. ; *Ammonites Batesi*, Trask. ; *Cucullœa Truncata*, Gabb. ; *Lunatia Avellana*, Gabb. ; *Arca Brewercana*, Gabb., appartenant au crétacé.

Comté de Glenn. — La seule localité de ce comté où l'on signale des dégagements gazeux est Rideout Ranch, près de Norman, où un puits foré à 300 mètres traversa alternativement des sables et des argiles, et ne donnait, en 1892, que des traces de gaz.

La formation salifère se trouve dans ce comté tout le long des collines, à l'ouest de la vallée.

Comté de Téhama. — Il y a des gaz inflammables à 1 kilomètre au nord de Stony Creek Buttes, dans le Stark Ranch, qui est à 11 kilomètres au sud-ouest de Red Bluff ; à 20 kilomètres au nord-ouest, on en signale à Oakwood Colony.

A Tuscan Spring, les sources gazeuses se présentent dans les mêmes conditions qu'à Petersen Ranch, près de Sites' Station (Colusa).

Comté de Butte. — Un puits situé au nord-ouest de Oroville a donné du gaz.

Comté de Yuba. — La présence de gaz inflammables est signalée à Bukeye Mill.

Comté de Sutter. — Un puits près de Yuba City a donné du gaz.

En 1864, à 9 kilomètres de Sutter City, en creusant un puits pour rechercher du charbon, il se produisit un dégagement de gaz provoquant une explosion et causant la mort de plusieurs ouvriers ; dans les environs, un forage donna du gaz qui brûla pendant longtemps à l'orifice du tube qui avait 15 centimètres de diamètre.

Comté de Placer. — Sur le Blair Placer, un puits donna des traces de gaz.

Le nombre des puits de recherches exécutés dans la vallée du Sacramento pour trouver du pétrole, est indiqué par comté dans le tableau ci-dessous :

Comtés	Nombre de puits	
Colusa	18	(Traces de pétrole vert t jaunâtre).
Glenn	3	(Traces de pétrole).
Solano	3	(Un peu de gaz).
Tehama	2	(Rien).

VALLÉE DU SAN-JOAQUIN

Les terrains pétrolifères de la vallée de San-Joaquin appartiennent aux époques éocène, miocène et pliocène.

Les roches de l'époque éocène sont principalement constituées par des grès durs et des schistes brun foncé contenant quelques lits de calcaires, et c'est dans cette formation que se trouvent les couches de houille les plus importantes de la Californie ; le seul point où le pétrole ait été trouvé en quantité abondante dans cette formation est Oil City, près de Coalinga.

Les roches du néogène inférieur sont constituées par des grès et des schistes contenant des fossiles du miocène et d'autres schistes remarquables en ce qu'ils sont presque absolument siliceux. Le professeur Lawson pense qu'ils sont formés de cendres volcaniques provenant des éruptions nombreuses qui ont eu lieu en Californie pendant l'époque néogène ; au milieu d'eux se trouvent des lits de quartz et de calcaire siliceux, et, en de nombreux points de la vallée, des sources de bitume épais sortent de ces schistes pour former des lits d'asphalte impurs.

Les roches du néogène moyen sont des grès relativement tendres, des schistes bleus et des argiles.

Sur le côté est de la vallée du San-Joaquin, les roches du néogène sont quelque peu différentes, les grès sont mélangés de lits d'argile et sont principalement constitués de matériaux granitiques quelque peu mélangés d'éléments volcaniques.

A Oil City, près de Coalinga, les schistes du néogène inférieur sont très disloqués ; leurs strates ont des inclinaisons comprises entre 40° et la verticale, tandis que les couches qui les surmontent ont des pentes qui ne dépassent pas 20°.

A l'est des mines de houille de Coalinga, les couches du néogène moyen reposent sur les couches de l'éocène.

La même discordance des couches du néogène et de l'éocène est observée dans les comtés de Los Angeles, Orange et Ventura.

Les couches du néogène sont moins disloquées à l'est de la vallée qu'à l'ouest ; leur inclinaison sur le côté est n'est que de 15° au maximum, tandis que du côté ouest elle est rarement inférieure à 20° et atteint souvent 70°, aussi le développement du gisement pétrolifère de l'est de la vallée à Kern River est-il plus considérable et son exploration est-elle plus facile que dans les autres régions de l'ouest.

Indépendamment des champs pétrolifères qui sont en pleine exploitation, il y a, dans la vallée du San-Joaquin, de nombreux indices de la présence du pétrole dans les couches sous-jacentes, les dégagements gazeux, les couches d'asphalte, de bitume et les suintements de pétrole ont été signalés en de nombreux points de la vallée.

Comté de San-Joaquin. — A Stocton, sur les rives mêmes du San-Joaquin, des forages donnent du gaz en quantité suffisante pour qu'un seul puits suffise à fournir à plusieurs familles le feu et la lumière qui leur sont nécessaires.

L'un de ces forages a traversé les couches suivantes :

COURT-HOUSE WELL, 1890

	Profondeur en mètres
Sable grossier	284
Argile foncée	296
Marne blanche	310
Sable fin boulant gris	318
Sable grossier	327
Schistes bitumineux (gaz)	336
Grès tendre gris	344
Argile grise	354
Sable grossier	367
Argile sableuse ferrugineuse	376
Sable boulant	392
Grès tendre (gaz)	398
Argile grise	403
Sable fin	413
Sable	419
Argile avec cailloux quartzeux	432
Sable fin	444
Argile fine sableuse	456
Sable grossier	468
Grès tendre argileux	476
— dur argileux (gaz)	489
— tendre friable	498
— — argileux friable (gaz)	507
Sable fin (gaz)	520
Argile dure (gaz)	550
Grès tendre friable (gaz)	573
Echantillon manquant	579
Sable grossier	586

Le tubage fut perforé aux différents niveaux gazeux et le puits donna

850 mètres cubes de gaz par jour au début; le diamètre du puits est de 12 pouces en haut et 8 pouces au fond.

A Robert Island, à 21 kilomètres à l'ouest de Stocton, un forage a donné de l'eau et des gaz en 1883; de même, à Cutler Salmon Ranch, sur la route de French Camp et à Pope Salmon Ranch, à 16 kilomètres au sud-ouest de Stockton. A Latrop Junction, un forage a donné 70 mètres cubes de gaz par vingt-quatre heures.

Comté de Contra-Costa. — A Byron Springs, du gaz sort en même temps que l'eau minérale.

Comté de Stanislau. — A 2 kilomètres à l'est de Modesto, un forage a donné de petites quantités de gaz.

Comté de Merced. — A une certaine distance de la rivière San-Joaquin, aux environs de Merced, les forages qui ont été faits donnent du gaz, ceux qui sont situés le plus près de la rivière ne donnent que de l'eau.

Comté de Fresno. — A White's Bridge, dans le nord du comté, un forage a donné du gaz et de l'eau minérale.

Fig. 211. — Champ pétrolifère de Coalinga.

District pétrolifère de Coalinga. — Le champ pétrolifère de Coalinga (*fig.* 211), qui a une surface d'environ 1.000 hectares, s'étend au nord et à l'ouest de la ville de Coalinga, à une distance variant de 7 à 13 kilomètres le long du bord est des Coast Range, à la limite de la vallée du San-Joaquin. Il se trouve à peu près entièrement au nord de la branche sud de la rivière de Los Gatos, connue sous le nom de Alcade Creek.

La production a augmenté régulièrement dans ces dernières années, plaçant le comté de Coalinga au second rang des champs de production de la Californie.

PRODUCTION DU CHAMP DE COALINGA, DE 1897 A 1906 (EN TONNES)

Années	Tonnes
1897	9.110
1898	9.500
1899	57.200
1900	69.300
1901	101.500
1902	70.000
1903	299.000
1904	715.000
1905	1.245.000
1906	1.275.000

La production moyenne par puits, qui était de 48 barils par jour en 1903, s'est élevée à 94 barils en 1904 et à 99 barils en 1905.

Deux zones géologiques entièrement distinctes produisent le pétrole de ce territoire : la zone du néogène moyen, qui suit le pied des collines et plonge doucement vers l'est et le sud-est, qui est productive à peu près en tous les points du champ d'exploitation, mais dont les limites, en ce qui concerne la partie pétrolifère, sont assez mal déterminées, et la zone des terrains éocènes, dans le district de Oil City (section 20, township 19, range 15), le premier exploité de la région, et dont les strates plongent rapidement vers le sud-est.

L'ensemble de ces terrains est constitué de la façon suivante :

Crétacé : grès concrétionnés sans fossiles ;

Schistes bleus, argileux ou sableux, suivant les localités ; il fournit le pétrole léger ;

Miocène : schistes pâles poreux et siliceux, produisant le pétrole lourd et l'asphalte ;

Grès tendre et couches gypseuses et calcaires, en stratification discordante ;

Sables contenant un grand nombre de fossiles d'Ostrea Titan, Liropecten, Tamiosa ;

Sables bruns et noirs, contenant de nombreux échantillons de bois pétrifiés ;

Pliocène : grès tendre bleu gris et conglomérat.

Le premier puits fut foré dans la partie nord dite de Oil City, en 1890 ; les terrains traversés étaient :

Schistes foncés, traces de pétrole et gaz	19 mètres
Grès tendre et couches minces de calcaire, grande quantité de gaz	15 —
Schistes très colorés, pétrole et gaz	40 —
TOTAL	74 mètres

Pompé à l'aide d'un moulin à vent, il donna 10 barils par jour les deux premiers jours et 7 le troisième, les recherches furent abandonnées.

En 1891-1892, 4 puits furent forés à Coalinga, par MM. Rowland et Lacy, à 120 mètres de profondeur; les terrains traversés étant constitués de schistes tendres foncés et de grès tendre, il donna 9 barils de pétrole par jour; cette quantité paraissant insuffisante, les travaux furent encore délaissés.

En 1895, la Compagnie Producers and Consummers Oil C° de Selma, fora 2 puits à 209 mètres et 212 mètres (section 20, township 19, range 15), un peu au sud-est des précédents; ils produisirent 15 et 20 barils par jour. La densité du pétrole était de 34° B. (854).

En 1896, MM. Chancelor et Canfield commencèrent à forer sur la section 17, au nord des puits précédents; ils obtinrent une petite production; ils louèrent le terrain de la Producers C° (1/4 nord-ouest, section 20) et forèrent un peu à l'est des anciens puits; ils obtinrent à 272 mètres un jaillissement de 300 barils par jour.

A partir de ce moment, les travaux se multiplièrent et, à la fin de 1897, la production était de 9.000 tonnes et devait s'accroître rapidement dans les années suivantes [1].

La densité du pétrole qu'on extrait du champ pétrolifère de Coalinga est assez variable; dans la région de Oil City, la densité est de 854, et la couleur est verte; dans la partie nord-est, sections 21, 22, 28, le pétrole a une densité de 26° B. (899); dans la section 31, la densité est de 16 à 18° B. (960 à 947).

Au début, on se contenta de puits peu profonds donnant 50 barils par jour en moyenne; on craignait, en allant trop profondément, d'atteindre une couche aquifère, pouvant ruiner l'exploitation; mais, quand cette crainte fut surmontée, on obtint des puits jaillissants qui donnèrent 1.500 barils par jour.

Avec ces puits profonds, on trouva des variations de densité sur des surfaces très restreintes, un puits de la Commercial Petroleum C°, section 31, township, 19, range 15, produisit 200 barils par jour de pétrole de 21° B. (928), tout à côté d'un puits qui donnait 100 barils par jour de pétrole à 17° B. (953).

En 1903, un puits de la section Seven Oil C° donna près de 2.000 barils par jour au début, et sa production alla encore en augmentant; une grande partie du pétrole fut perdue faute de réservoirs.

Il arrive souvent sur le champ pétrolifère de Coalinga que des puits qui doivent, par la suite, donner des productions très importantes, ne donnent, au moment où le sondage atteint la couche pétrolifère, que de très petites quantités de pétrole. Par exemple, un puits foré par la Compagnie Califor-

---

1. En 1897, la Compagnie Home Oil fut organisée pour forer sur le 1/4 nord-est de la section 20, township 19 sud, range 15 est; le puits n° 3 de cette Compagnie est le fameux Blue Goose qui, terminé en 1898, à 425 mètres, donna un jaillissement de 500 à 1.000 barils par jour, qui fit une grande sensation dans toute la contrée.

nia Monarch (section 26, township 19, range 15) devait être abandonné, quoique de très petites quantités de pétrole eussent paru sur l'eau du forage, mais, lorsqu'on vida l'eau, le pétrole s'éleva soudain dans le puits et se mit à jaillir quelques instants après. Aussi la pratique constante de cette exploitation est-elle de forer très profondément dans la couche productive et de perforer les tubes sur toute la hauteur des couches susceptibles de produire du pétrole.

Le puits de la Company limited est perforé sur 600 pieds (183 mètres) de sables productifs, un puits de la Compagnie Independance, produisant 3.000 barils par jour, a un tube perforé sur une longueur de 300 pieds ($91^m,50$).

Dans les environs du champ pétrolifère de Coalinga, il y a des indices pétrolifères nombreux, notamment dans la contrée de White Creek et tout le long du pied des Coast Range, en s'éloignant vers le sud. Aux environs de la mine de charbon de San-Joaquin, qui est à peu près exactement à l'ouest de la ville de Coalinga, il y a des affleurements de couches imprégnées de pétrole, et l'une d'elles a même été recoupée par les galeries de l'exploitation. Dans le voisinage de Alcade, qui se trouve sur la branche sud de la rivière de Los Gatos, il y a des sources sulfureuses et salées et des suintements de bitume. Une douzaine de puits ont été forés, allant jusqu'à 270 mètres, donnant presque tous beaucoup d'eau et peu de pétrole.

A Wartham Creek, plusieurs forages de recherches ont été exécutés.

A Canours Canon (section 28, township 22 sud, range 16 est), il y a des suintements de pétrole ; et à Kreyenhagen Ranch, près de la frontière du comté de Kings, les terrains pétrolifères qui affleurent sont analogues à ceux de Tar Canon (comté de Kings), et les fossiles qu'ils renferment indiquent qu'ils appartiennent aux époques miocène et pliocène; de plus, ces terrains présentent des traces évidentes de métamorphisme.

Comté de Kings. — On signale des affleurements d'asphalte entre Asphalto (comté de Kern) et Tar Canon, sur une distance de plus de 150 kilomètres; en plusieurs points, il y a des suintements de pétrole d'une densité élevée.

Les stratifications qui donnent naissance à ces suintements pétrolifères sont des schistes et des grès qui montrent des traces évidentes de métamorphisme; les schistes ne contiennent aucun fossile; les couches supérieures des grès contiennent au contraire les fossiles suivants :

Dosinia Conradi, Gabb, miocène ; *Ostrea Titan*, Con, miocène; *Ostrea Bourgeoisi*, Remond, pliocène; *Pectens Discus*, Con, miocène.

D'après les affleurements des pentes sud, on peut estimer l'épaisseur des couches de grès et de schistes à 210 mètres.

Kettleman Plain. — Cette plaine est comprise entre les collines qui forment le Tar Canon et une petite ligne de monticules, qui la sépare de la vallée proprement dite de San-Joaquin river. Le fond de la plaine a une altitude de 150 mètres, et les petites collines une altitude de 300 mètres. Le haut des collines est constitué par des grès bleus dont les fossiles appartiennent à l'âge du pliocène et du miocène. D'après l'examen de certains ravins, les couches discordantes qui forment le sous-sol de la vallée du San-Joaquin appartiennent au pliocène et sont des formations d'eau douce.

Dans ces régions, une vingtaine de puits de recherches ont été forés dans les divisions suivantes :

Township....	22	Range....	16	Sections....	33, 32
—	23	—	17	—	12, 15, 18
—	22	—	17	—	1, 4
—	21	—	17	—	28
—	22	—	18	—	30

Deux ou trois puits ont donné jusqu'à 15 barils par jour d'un pétrole de 30° B. de densité (835); d'autres n'ont donné que des traces de pétrole ayant des densités variables; un échantillon curieux a été recueilli, il a 20° B. (934) de densité et a une couleur jaune ambrée.

Comté de Tulare. — Près de Tulare Lake, plusieurs puits donnent du gaz, comme à Sevilla Colony, à 25 kilomètres au sud-ouest de Pixley, à Lamberton Ranch, en ce dernier point des fossiles trouvés à 300 mètres de profondeur (*Ammicola Turbiniformis*, pliocène; *Spherium Dentatum*, époque actuelle) indiquent que les terrains de remplissage de la vallée sont très récents.

Comté de Kern. — Le comté de Kern produit à lui seul à peu près la moitié du pétrole de la Californie; mais, tandis que les champs pétrolifères les plus nombreux, mais les moins importants, se trouvent au pied des Coast Range, sur le côté ouest de la vallée du San-Joaquin (Sunset, Midway, Temblor, Mac Kittrick), celui dont l'importance l'emporte de beaucoup sur tous ceux du comté et même de la Californie entière, le district pétrolifère de Kern River, se trouve sur le côté est de la vallée du San-Joaquin, du côté de la Sierra Nevada.

Les centres pétrolifères du comté de Kern sont, en commençant par ceux qui sont situés du côté ouest de la vallée du San-Joaquin et en allant du nord au sud :

District de Devil's Den (caverne du Diable). — Cette région, située au pied des Coast Range, vers la vallée du San-Joaquin, sur une longueur de 50 kilomètres environ, forme la liaison entre les régions pétrolifères de Kreyenhagen et Avenal, dans le comté de Kings, et celle de Temblor qui peut être considérée comme une dépendance de Mac Kittrick et Asphalto, dans le comté de Kern. Tout le long des Coast Range dans cette partie de la vallée du San-Joaquin, il y a des affleurements d'asphalte, des suintements de pétrole, des sources salées et des sources sulfureuses.

On y retrouve, comme à Coalinga, les terrains du néogène moyen, du néogène inférieur et de l'éocène.

Des forages ont été entrepris en différents points, notamment à Antelope Valley; un petit nombre seulement de ces forages ont été terminés; ils ont donné de petites quantités de pétrole.

District de Mac Kittrick et Temblor. — Ce district, qui comprend les subdivisions territoriales township 29 sud, ranges 20 et 21, township 30 sud, ranges 21 et 22, township 30 sud, range 20, township 31 sud, ranges 22 et 23, a une longueur de 30 kilomètres et rejoint au sud le district de Midway.

Tout le long du flanc est des Coast Range, où ce district est situé, le terrain appartient au néogène moyen, tandis que plus haut apparaissent les schistes du néogène inférieur.

La partie qui fut développée en premier lieu et qui est connue sous le nom de champ de Mac Kittrick, est située tout à fait au pied dés derniers contreforts des Coast Range, non loin de la station du chemin de fer.

En 1866, des bancs d'asphalte furent exploités, et la Buena Vista Petroleum C° construisit une petite distillerie à peu près à 5 kilomètres du site actuel du village de Mac Kittrick, le pétrole qui alimentait cette raffinerie était tiré de puits creusés à la main à une petite profondeur; il avait une densité de 990; cependant, en creusant un peu plus profondément, jusqu'à 10 mètres, on obtenait un pétrole plus léger, pesant 930. Après qu'une dizaine de mille de kilogrammes de pétrole raffiné eurent été obtenus, la raffinerie fut contrainte de cesser ses opérations, les frais de transports et des difficultés de toute nature rendant cette exploitation onéreuse.

Un peu plus tard, Blodjget et Weil, de Bakersfield, forèrent un puits à 90 mètres et obtinrent une petite quantité de pétrole; en 1887, Hambleton fit un forage qui atteignit 172 mètres, et le pétrole monta dans le forage jusqu'à l'orifice du tubage. La Buena Vista Petroleum C° établit à nouveau une raffinerie avec trois chaudières et fut encore contrainte de cesser ses opérations. Un peu plus tard, la Standard Asphalt C° installa une raffinerie de douze chaudières et fut sauvée de la ruine par la découverte d'un gisement d'asphalte à 2 kilomètres au sud-est de Mac Kittrick. La raffinerie fut brûlée, et une autre construite à 2 kilomètres au sud-est de l'emplacement précédent qui prit le nom d'Asphalto, l'ancien site étant désigné sous le nom de Mac Kittrick; les opérations de raffinage cessèrent vers 1900.

En 1893, la Buena Vista C° fora un puits à 120 mètres qui donna 3 barils par jour; en 1898, Melton et Mac Whorter construisirent une raffinerie pour fabriquer de la peinture et de la graisse de voiture. La Compagnie Eldorado fora quelques puits en 1899; l'un d'eux ayant donné, paraît-il, une certaine quantité de pétrole; enfin, en 1899, Treadwell fora un puits sur un terrain sousloué à Mac Whorter et consorts et obtint une bonne production à 137 mètres; ce puits fut terminé en mai 1899. À partir de ce moment, le champ se développa rapidement et, en 1900, il y avait 16 puits productifs.

Les terrains traversés appartiennent au néogène moyen et sont très inclinés, la pente variant de 30 à 60° dans une direction de N. 30° E.; la direction des couches étant N. 60° O.

Aux environs de Mac Kittrick se trouvent des terrains salifères et des couches imprégnées d'asphalte. Les terrains salifères affleurent dans la section 33, township 30 sud, range 22 est; à 3 kilomètres à l'ouest de la station de Mac Kittrick, une falaise de terrains sédimentaires, avec couches de schistes siliceux semblant appartenir au néogène moyen, contient des affleurements bitumineux. L'asphalte qui fut exploité à Asphalto se présente soit en couches superficielles, soit en veines, dans les terrains du néogène moyen. Les couches superficielles formées par des épanchements de pétrole lourd ont de 2 à 30 centimètres d'épaisseur, les veines ont de 2 centimètres à 2 mètres d'épaisseur.

Un certain nombre de sondages de recherches ont été exécutés dans les environs de Mac Kittrick, jusqu'au champ de Midway au sud, et aussi dans la région nord où se trouve le champ de Temblor, à 20 kilomètres au nord-ouest de la station de Mac Kittrick, où des résultats intéressants ont été obtenus; mais tous les travaux sont paralysés par le manque de débouché.

La densité du pétrole de Mac Kittrick varie de 972 à 940, et le champ est assez difficile à exploiter; les parties riches étant réparties en taches de peu d'étendue; ainsi, un puits connu sous le nom de Big Shamrok a produit de 500 à 1.500 barils par jour, tandis que tous les puits forés aux environs n'ont rien donné d'approchant; un autre puits a donné des quantités considérables d'eau sulfurée chaude, coulant à plein jet par un tubage de 20 centimètres et, bien que les puits voisins aient été affectés pendant un certain temps par cet afflux d'eau considérable, il fut possible, après quelques tentatives infructueuses, d'exclure l'eau de ces puits qui donnèrent à nouveau du pétrole, tandis que le premier continuait à déverser des torrents d'eau.

L'un des dépôts superficiels d'asphalte à Asphalto a 4 hectares de superficie et 4 mètres d'épaisseur.

Les veines d'asphalte sont exploitées par puits et galeries, elles n'ont quelquefois aucune relation avec la stratification; dans d'autres cas, au contraire, elles sont parallèles aux strates; la densité de l'asphalte est de 1,10.

District de Midway. — Ce district s'étend entre Mac Kittrick et Sunset, sur une longueur d'environ 10 kilomètres; la largeur de la portion productive ne paraît pas dépasser de beaucoup 1 kilomètre; la profondeur des puits varie de 180 à 460 mètres, la densité du pétrole varie de 970 à 922; les difficultés de transport ont presque complètement arrêté les travaux; la production obtenue jusqu'ici ne peut donc donner aucune idée de la valeur de ce centre de production. Un puits sur la section 25, 32-23 a donné au début 400 barils par jour[1].

District de Sunset. — Le district de Sunset (planche V) se trouve au sud de celui de Midway, auquel il succède le long des pentes est des Coast Range, au point où les dernières ondulations de cette chaîne de montagnes viennent se perdre dans la vallée du San-Joaquin.

---

1. En 1906, un forage exécuté un peu en dehors des limites de la zone reconnue (section 24), a donné du pétrole en assez grande quantité, à 530 mètres, ce qui laisse espérer une extension du champ pétrolifère sur une largeur plus considérable.

Légende

- —— Limite des divisions territoriales
- —— Limite des sections
- —— Limite des concessions
- o ..... Puits douteux
- ⊙ ..... Puits forés antérieurement au premier puits productif
- ✧ ..... Puits abandonnés
- ● ..... Puits productifs
- ◉ ..... Puits Monarch N°1 premier puits productif
- — — Périmètre des premières concessions accordées

R. 24 E — R. 24.0 — R. 23.0

T. 32. S — T. 12 N — T. 11 N.

Limite des champs pétrolifères de Sunset et Midway.

CHEMIN DE FER DE SUNSET VERS BAKERSFIELD

TASSART. — Exploitation du pétrole.

L'histoire de la mise en valeur de ce champ pétrolifère est intéressante par les nombreuses difficultés qui ont été surmontées, grâce à une ténacité et une persévérance remarquables des premiers exploitants.

Dès 1877, les gisements d'asphalte et les suintements de pétrole avaient attiré l'attention sur cette localité, et les terrains 1/4 sud-est de la section 13, township 11, range 24, 1/4 sud-ouest, 18, 11-23, furent loués en mars 1877, mais aucun travail ne fut exécuté, et les baux tombèrent en désuétude ; loués de nouveau en 1887 par M. Swift, les baux furent encore abandonnés. En mars 1887, John Hambleton et consorts louèrent 1.000 hectares qu'ils rétrocédèrent à la Sunset Oil C°. En 1888, John Hambleton, Jewet Blodget et autres louèrent le 1/4 nord-est 20, 11-23 ; le 1/4 sud-est 13, 11-24 ; le 1/4 sud-ouest 18, 11-23 (Voir planche V). M. Bernard sous-loua et fit le premier forage sur la section 21 ; en même temps, la Sunset Oil C° forait un puits sur la même section qui donnait 1/4 de baril par jour. M. de Witt fora sur le sud-ouest 2, 11-24, jusqu'à 90 mètres au point appelé Salt Marsh[1], et aussi sur la section 13, 11-24, puis ensuite sur le 21, 11-23. Le puits foré par Bernard après beaucoup d'accidents, pertes d'outils, etc., arriva à 390 mètres et fut abandonné ; celui-ci entreprit un nouveau forage sur le 13, 21-24 qui fut encore abandonné ; il en fit un autre et à 39 mètres trouva une abondante venue d'eau, et découragé vendit ses droits à Jewett et Blodget.

Jewett et Blodget forèrent alors sur la section 13 ; ils allèrent à 90 mètres, mais n'ayant pas de confiance dans les apparences du terrain, ils abandonnèrent. Pendant ce temps, six forages furent exécutés à petite profondeur sur le 21, 11-23 allant jusqu'à 45 mètres ; ils trouvèrent du pétrole lourd et se mirent à fabriquer de l'asphalte, avec ce pétrole lourd et l'asphalte de surface ; le tout était cuit dans des chaudières ouvertes, la raffinerie était sur la section 21, mais, après plusieurs incendies, elle fut construite sur le site actuel, section 13.

En 1893, Jewett et Blodget forèrent 3 puits sur la section 28, 11-23 jusqu'à 270 mètres ; ils les abandonnèrent, à cause de fortes venues d'eau, quoique ayant trouvé du pétrole susceptible de donner une bonne huile de graissage ; ils forèrent alors des puits pour les Compagnies Monarch, Acme and Barret, Pitsburg.

Le puits de la Monarch C°, foré sur la section 2, 11-24, terminé en juillet 1900, donna 80 barils par jour : c'était le commencement du développement définitif.

Les terrains traversés par un des sondages exécutés en 1893 sont les suivants :

	m. c.
Tuf calcaire sulfureux provenant probablement de sources minérales.	13,60
Grès bleu dur, traces d'huile et d'eau salée.....................	24,40
— gris et eau salée................................	48,80
— tendre bleu, beaucoup d'eau salée	122,60
— bleu..	128
— grossier...	134
Sable bleu...	136
— aquifère	250

1. Cette partie de terrain est sur le champ actuellement exploité.

Ce puits donnait 100 barils d'eau salée et 6 barils d'huile par jour.

Les terrains traversés dans le sondage du puits Monarch n° 1 sont :

	m. c.
Alluvions et sables aquifères.	79,30
Schistes durs.	81,10
Argile bleue.	95
Sable brun (traces de pétrole).	105
— pétrolifère.	107,90
Schistes durs.	109,20
Argile bleue.	117,20
Sable pétrolifère.	121
Argile bleue.	149
Sable pétrolifère.	151

Il donna par jaillissement 80 barils par jour.

Dans la partie sud du district de Sunset, les collines sont formées par des plissements très prononcés des couches stratifiées, la pente des strates atteignant parfois 60°, la direction des couches est Sud-est Nord-ouest. Dans les parties les plus hautes des collines, il y a quelques sources d'eau potable, mais vers les parties basses toutes les sources sont ou salées ou sulfureuses.

Les roches les plus anciennes que l'on rencontre sont des grès du crétacé ; puis, au-dessus, des terrains de l'époque éocène et ceux du néogène inférieur.

Les terrains plus anciens que le néogène inférieur, où l'on trouve des schistes sableux et des grès à concrétions calcaires sphériques, sont très bouleversés et ressemblent aux terrains du nord de Coalinga, dans le comté de Fresno.

Au-dessus se trouvent les schistes pâles du néogène inférieur ; ils sont peu colorés, siliceux, friables, happant à la langue, et dans les parties inférieures les feuillets sont souvent silicifiés à leur surface extérieure ; ils contiennent de 90 à 99 0/0 de silice. Quelques lits de grès d'une épaisseur variant de quelques centimètres à 1 mètre se trouvent disséminés dans les schistes pâles, fortement silicifiés par endroit, ils présentent parfois des clivages parallèles aux strates des schistes dans lesquels ils sont noyés. Toutes ces couches sont plus foncées à l'intérieur qu'à l'extérieur ; elles blanchissent par l'exposition à l'air, sans doute par suite de la disparition de quelque composé bitumineux ; elles sont moins bouleversées que les couches sous-jacentes ; leur ligne de plus grande pente est dirigée N. 5° à 35° E., la pente variant de 20 à 80°. En plusieurs points, elles laissent suinter du pétrole plus ou moins épais et donnent passage à des sources salées et sulfureuses.

Au-dessus se trouvent des couches presque horizontales de grès siliceux dur, de grès tendre avec couches de gypse, de grès tendre, friable, de travertins et de tufs calcaires.

Il y a, dans la région de Sunset, des dépôts de soufre provenant sans doute de la décomposition de l'hydrogène sulfuré et des dépôts de gypse souvent mélangés de calcaire et d'argile marneuse formant des couches de plus de 1 mètre d'épaisseur.

La densité du pétrole de Sunset varie de 995 à 950, il est surtout employé comme combustible ; la profondeur des puits suivant les points du champ est comprise entre 230 et 305 mètres, la zone productive est très étroite ; en différents points, la pression des gaz est assez forte pour donner des puits jaillissants qui entraînent beaucoup de sable. La première couche pétrolifère est à peu près seule exploitée, certains puits en ont cependant rencontré une seconde. La difficulté des communications et le manque de débouché paralysent dans une certaine mesure le développement de ce centre pétrolifère aussi bien que celui de Midway situé au nord.

Au sud de Sunset, à San-Emidio, se trouvent une source sulfureuse très importante et des schistes bitumineux dont le bitume, en s'écoulant, a formé un petit dépôt de brai.

District de Kern River. — Le champ pétrolifère de Kern River (planche VI) est situé au nord de la ville de Bakersfield, au point où la Kern River sort des collines qui forment les derniers contreforts de la Sierra Nevada, pour entrer dans la vallée du San-Joaquin dont elle est un affluent.

La statistique suivante indique le rapide développement de ce champ pétrolifère.

PRODUCTION DU CHAMP DE KERN RIVER (EN TONNES)

Années	Tonnes
1900	119.000
1901	504.000
1902	1.248.000
1903	2.295.000
1904	2.453.000
1905	1.960.000
1906	1.650.000

La décroissance indiquée pour 1905 et pour 1906 est due au manque de débouché, ce qui a obligé à restreindre la production.

Contrairement à ce qui se passe dans presque tous les districts pétrolifères de quelque importance, il n'y a pour ainsi dire pas de puits jaillissants ; partout, il faut avoir recours à la pompe pour extraire le pétrole, le débit des puits n'est pas considérable ; il est de 60 barils par puits et par jour seulement ; mais ce débit se maintient avec une constance remarquable.

La densité du pétrole varie de 993 à 953, et, dans certains cas, il est tellement épais qu'il ne peut être pompé qu'après que le forage a été réchauffé à l'aide de la vapeur.

En 1891, M. J. Barker fora un puits qui donna du gaz, il y avait été conduit en constatant qu'une source minérale voisine donnait du gaz inflammable ; ces émissions gazeuses sont, du reste, assez fréquentes dans la région, ce puits fut abandonné, et aucune recherche ne fut faite jusqu'en 1899, époque à laquelle M. Elwood, visitant la contrée et frappé des similitudes qu'elle présentait avec la région pétrolifère de Sunset, traita avec un fermier nommé Thomas Means pour l'exploration de ses terrains[1].

Le premier forage, exécuté à l'entreprise et poussé jusqu'à 106 mètres, donna une moyenne de 15 barils par jour. La nouvelle de ce résultat se répandit rapidement, et de tous côtés des demandes de locations pour les terrains environnants affluèrent, des terrains furent achetés à 50.000 francs l'hectare et des redevances de 50 0/0 furent consenties ; mais, après une première période fiévreuse, les choses prirent un cours plus normal, et, dix-huit mois après le commencement du premier forage, il y avait, à Kern River, 250 forages productifs, ayant donné plus de 100.000 tonnes de pétrole.

La rapidité réellement prodigieuse de ce développement est due, en grande partie, à la grande régularité du gisement, dont les couches productives affectent la forme d'une soucoupe renversée dont le bord est serait un peu relevé, et à la grande épaisseur des sables productifs. La profondeur des puits varie de 180 mètres à 360 mètres, la plus faible profondeur correspondant aux puits de l'est du champ. L'épaisseur totale des sables productifs est de 100 mètres environ vers le centre de l'exploitation ; les sables alternent avec des couches d'argiles et de schistes, ils tendent à disparaître vers la périphérie du champ.

Dans un puits foré dans la région nord-est du champ les terrains traversés ont été les suivants :

	Mètres
Alluvions	9
Argile bleue	114
Sable aquifère	119
Argile bleue	137
Sable (traces de pétrole)	145
Argile bleue	152
Sable (traces de pétrole)	161
Argile bleue	173
Sable pétrolifère	196
Argile bleue	200
Sable pétrolifère	213

et pour un puits de la région nord-ouest :

	m. c.
Cendres volcaniques	3
Sable granitique	33
Argile bleue et sables	51,80
— fissurée	57,90
Sable bleu grossier	61
— grossier et argile	82,20
Conglomérat et sable aquifère	143
— et gaz	154
Sable aquifère	212
Argile	216
Sable aquifère	228
Argile fissurée, pétrole et gaz	231

1. Ce premier contrat qui devait provoquer la découverte du champ pétrolifère de Kern River est le suivant :

En tant que Jonathan Elwood et J.-M. Elwood sont désireux de prospecter pour le pétrole, le gaz et autres minéraux, sur la rive ouest de la Kern River, section 3, township 29, rangée 28 est,

Il y a fort peu d'affleurements dans la région de Kern River, cependant des grès et des schistes peu colorés, formés principalement de débris granitiques, se montrent en certains endroits. Ces roches ressemblent beaucoup à celles que l'on trouve à quelques kilomètres au nord du champ pétrolifère et qui reposent directement sur le granit.

D'après les renseignements fournis par les forages, la pente des couches est dirigée S. 60° O. dans la partie nord du champ, l'inclinaison étant de 10° environ ; dans la partie sud, la direction de la pente est S. 20° O., elle est inférieure à 10°. Des recherches faites immédiatement vers le nord du champ reconnu n'ont pas donné de résultats ; à Posso Creek, à 12 kilomètres au nord de la Kern River, et dans Coton Creek, un affluent de la Kern River, à 12 kilomètres du champ pétrolifère de Kern River, les résultats ont également été négatifs.

CÔTE DU PACIFIQUE

Bien que les principales exploitations pétrolifères de la Californie se trouvent dans la grande vallée centrale, c'est-à-dire à l'est des Coast Range, il y a à l'ouest de ces chaînes de montagnes, le long de la côte de l'océan Pacifique, de nombreuses localités où le pétrole est ou reconnu, ou exploité.

Mais, tandis que vers le sud se trouvent des exploitations importantes, telles que celles de Summerland et surtout Los Angeles, sur le rivage même ou non loin de lui, et celles des Puente Hills à une petite distance de la côte, il n'y a dans la partie nord de la côte, au-dessus de San-Francisco, aucune exploitation digne d'être signalée.

Cela tient surtout à ce que, pour des raisons diverses, les recherches n'ont pas été poussées dans cette contrée aussi activement que dans la partie méridionale, car certains points se signalent par des apparences superficielles d'une réelle importance.

Les principales localités à signaler dans la région de la côte du Pacifique sont, en partant du nord, indiquées ci-dessous pour chaque comté :

Comté de Humbolt. — A Mattole, en 1865, 25 forages furent exécutés ; les recherches furent abandonnées à cause de difficultés administratives ; les recherches furent reprises en 1892, puis en 1900, et du pétrole de 860 de densité fut rencontré à 350 mètres.

appartenant à T.-A. Means, il est agréé que ce droit leur est accordé pour quatre-vingt-dix-neuf ans, à partir de la date du présent engagement et aux conditions suivantes. C'est-à-dire qu'ils paieront toutes les dépenses de forage, de développement et d'emmagasinage des produits ci-dessus ; le partage se fera un quart pour Means et trois quarts pour les Elwood, Kern River, Kern Country, Cal (25 mai 1899). (*Pacific Oil Reporter*.)

Dans toute la vallée de Mattole, il y a de nombreuses exsudations pétrolifères et des sources de gaz naturel ; elles sont distribuées sur trois lignes parallèles dirigées dans une direction sud-ouest, elles coïncident avec des lignes de fractures qui sont très nombreuses dans la région très bouleversée où se trouve cette vallée.

Comté de Mendocino. — Des suintements pétrolifères ont été reconnus en différentes localités et des travaux de recherches ont été exécutés à Point Arena dès 1880 ; le long de la côte du Pacifique, des couches d'asphalte ont été rencontrées, mais l'exploitation est jusqu'ici sans importance.

Comté de Napa. — Dans la vallée de Harris Canon, sur le versant ouest des Blue Mountain Range, à 9 kilomètres de Monticello, une source de pétrole produit 16 litres de pétrole par vingt-quatre heures, d'une densité de 964 ; elle sort de fissures d'un grès bleu reposant sur des schistes brun foncé.

Comté de San-Mateo. — Des recherches ont été faites à différentes époques dans ce comté, et récemment les forages faits à Half Moon Bay, sur la côte du Pacifique, semblent laisser entrevoir la possibilité d'une exploitation assez importante. Ce qui rend cette contrée intéressante est la faible densité du pétrole qui s'y trouve (770) qui en fait un produit d'une beaucoup plus grande valeur commerciale que le pétrole trouvé couramment dans les autres parties de la Californie.

Il y a, dans le comté de San-Mateo, de nombreux points où la présence du pétrole a été signalée.

Des gisements d'asphalte ont été reconnus sur le Savage Ranch, à 3 kilomètres au sud-ouest de Spanishtown, mais c'est surtout aux environs de Half Moon Bay que sont concentrés les efforts. Un premier forage avait été fait à une époque déjà éloignée, dont aucun renseignement n'a été conservé ; en 1875, un forage fut exécuté à 3 kilomètres à l'est de Half Moon Bay ; en 1890, sur la propriété Purissima, à Tunitas Creek, le premier forage productif de la région fut obtenu à une profondeur de 150 mètres ; il donnait du pétrole ayant 815 de densité ; d'autres puits forés dans les environs, donnèrent 2 barils par jour.

En 1896, à 3 kilomètres à l'ouest de Half Moon Bay, un forage poussé à 360 mètres donna du pétrole lourd ; ce forage alla jusqu'au granit, et une couche de sable faiblement pétrolifère fut rencontrée en contact immédiat avec la roche.

En 1897, un autre forage fut abandonné ; la même année, trois forages furent exécutés à Clam Rock, à 3 kilomètres au sud de Half Moon Bay, qui furent abandonnés à la suite d'incidents et d'accidents divers.

En 1898, M. Mac Nee fora 3 puits à 14 kilomètres de Half Moon Bay, à

Draffin's Beach, qui trouvèrent le granit à faible profondeur ; les terrains traversés étaient :

	m. c.
Alluvions récentes	0,90
Argile jaune	6,40
— bleue	12,20
Sable aquifère	18,20
— bleu	27,50
Argile bleue	27,50
Sable pétrolifère	34,70
Granit	45,60
Quartz bleu	48,20
Granit	54,20
Quartz	39,80
Granit	61

Les travaux de recherches continuèrent, mais sans beaucoup de suite ; cependant, en 1900, un puits poussé à 490 mètres, à Tunitas Creek, quoique n'ayant pu recouper un affleurement pétrolifère important près duquel il était situé, donna néanmoins 20 barils par jour avec une grande quantité de gaz et des projections fréquentes ; enfin, en 1904, un forage donna un jaillissement important[1].

Comté de Contra Costa. — Bien que l'existence du pétrole soit connue dans ce comté depuis longtemps et que des forages y aient été exécutés dès 1864 et que d'autres y aient été entrepris à différentes époques qui ont presque tous donné de petites quantités de pétrole, il n'y a encore aucune exploitation importante dans ce comté.

Comté de Santa-Clara. — Depuis 1870, le district des sources de bitume de Sargent est exploité pour la fabrication de l'asphalte, et des sondages ont été exécutés dès 1878. Jusqu'à présent, il y a trois petits centres de production : Los Gatos, Moody's Gulch et Sargent. Le dernier, qui est le plus important, produit quelques mille tonnes par an.

Comtés de San-Luis Obispo, de San-Benito et de Monterey. — Dans toute cette région existe un horizon géologique qui se signale immédiatement à l'attention par le nombre et l'importance des manifestations pétrolifères ; cet étage dit de Monterey, principalement constitué par des schistes siliceux, appartient au miocène ; à la base se trouvent quelques lits calcaires et au-dessous les schistes calcaires de l'éocène.

Dans les parties où le bitume et le pétrole sortent immédiatement des schistes très compacts de Monterey, les conditions ne sont pas très favo-

---

1. Pendant le tremblement de terre du 18 avril 1906, plusieurs sources sulfureuses et des exsudations pétrolifères prirent naissance sur l'anticlinal qui passe par le champ pétrolifère de Halfmoon Bay ; et sur l'Océan, au large de Purissima, du pétrole couvrit les flots (Purissima est à l'extrémité sud de Halfmoon Bay).

rables pour la formation de bassins pétrolifères importants, car il manque alors une couche suffisamment poreuse pouvant servir de réceptacle.

Mais, lorsqu'au contact de ces schistes se trouvent les grès plus récents de la formation de Pismo, les sables de cet étage peuvent donner lieu à d'importants dépôts de pétrole; les grès ainsi imprégnés deviennent plus résistants aux agents atmosphériques, et, aux environs de Edna (San-Luis Obispo), ils font saillie sur les terrains avoisinants.

Tout cet horizon pétrolifère forme la majeure partie du San-Luis Range, depuis Point Bouchon jusque vers Arroyo Grande et Sisquoe; il s'étend même dans les montagnes de Santa-Lucia, à l'est de Cuesta Pass, et il se retrouve encore vers le nord, au delà de Santa-Margarita, et dans la vallée de la Salinas River.

Dans cette partie, le long des Santa-Lucia Range, il est confiné entre la crête des montagnes et la rivière de Salinas et forme dans cette région la zone de collines, dites San-Antonio Hills, qui sépare la rivière de Salinas de son affluent le San-Antonio; ces collines, de schistes siliceux, se prolongent vers le nord entre les Santa-Lucia Range et les Soledad Hills, pour former la vallée de la Carmelo River, jusqu'au bord de l'Océan. Mais plus on avance vers le nord et plus les indications pétrolifères deviennent rares, et il n'y en a pas de connues dans la région de la Carmelo River.

Plus au sud, au point où la San-Antonio River entre dans la vallée de la Salinas River, un banc de sable pétrolifère et de roches bitumineuses s'étend sur 2 kilomètres de long et une épaisseur de 60 mètres environ ; un peu au nord de ce point, vers San-Lucas, il y a d'autres indications ainsi que dans la vallée de l'Arroyo Seco.

Vers le sud, les grès de Pismo sont très développés dans la portion est des San-Luis Range, et ils sont imprégnés de pétrole ; en beaucoup d'endroits, des carrières ont été ouvertes en plusieurs points, pour exploiter des grès bitumeux qui semblent exister en quantité inépuisable.

Les suintements pétrolifères de cet horizon se retrouvent dans le See Canyon et entre Mallagh Landing et Pismo, tout le long de la côte de l'Océan.

La formation de Monterey s'étend aussi à l'ouest, vers la rivière de San-Juan, et elle doit probablement se retrouver sous la plaine de Carissa et les montagnes de Temblor, qui séparent cette plaine de la vallée du San-Joaquin, formant ainsi liaison entre les régions pétrolifères du comté de San-Luis Obispo et celles du comté de Kern.

En de nombreux points entre San-Luis Obispo Creek et Arroyo Grande, le pétrole imprègne les grès. On le trouve dans les conglomérats et les sables de Passo Rooles, qui forment une colline au nord de Arroyo Grande et, près de la ville même, les schistes de Monterey sont fortement imprégnés.

A Tar Spring Creek, à 16 kilomètres au nord de Arroyo Grande, se trouve une source de bitume d'une importance exceptionnelle, ayant formé un lit d'asphalte important au milieu de la vallée, une grande partie de ce bitume a été exploitée, mais les exsudations nouvelles forment un lit visqueux où viennent s'enlizer les animaux de la contrée. La partie ouest des San-Luis Range est, au contraire, dépourvue de manifestations pétrolifères, sauf dans la branche nord de Los Ossos Canyon.

Des forages ont été exécutés en un certain nombre de localités : Park-field et San-Ardo (comté de Monterey), Arroyo Grande et Tar Springs (comté de San-Luis Obispo), Big Panoche, Little Panoche, Hollister (comté de San-Benito); mais, jusqu'ici, il n'y a guère qu'à Arroyo Grande, que les résultats soient un peu satisfaisants; dans tous les autres points, on a obtenu des traces de pétrole, des gaz et des eaux salines et sulfureuses chaudes.

En janvier 1906, il y avait à Arroyo Grande 4 forages en exécution, l'un d'eux poussé jusqu'à 850 mètres a donné du pétrole lourd.

Comté de Santa-Barbara. — Il y a dans ce comté deux centres de production importants, l'un dit de Santa-Maria, qui se développe dans la région Los Alamos, Lompoc, Graciosa et qui, récemment découvert, s'est développé d'une façon extrêmement rapide ; l'autre, plus au sud, est le champ de Summerland, sur les bords mêmes de l'océan Pacifique, qui existe depuis un certain nombre d'années et a montré une remarquable stabilité de production.

District de Santa-Maria. — Le premier puits foré dans ce district fut creusé sur le Careaga Rancho et commencé en avril 1899, creusé jusqu'à 600 mètres, il fallut remplacer la chaudière devenue trop faible pour cette profondeur, il dut être abandonné à cause d'une déviation de tubage après avoir donné plusieurs centaines de barils de pétrole.

Le deuxième sondage, commencé en août 1900, alla à 745 mètres, mais donna moins de pétrole que le précédent, et il fut reconnu que ce puits était vers le bord de la zone productive, et le troisième sondage fut placé à 20 mètres du premier; le 27 août 1901, le pétrole fut trouvé à 470 mètres ; 500.000 francs avaient été dépensés.

Une vingtaine de puits furent ensuite forés dans la région à des profondeurs variant de 450 à 550 mètres; beaucoup d'entre eux donnèrent au début une belle production, mais qui tombait rapidement à une moyenne de 40 ou 50 barils par jour ; aussi fut-on conduit à chercher plus profondément une couche plus riche. La Compagnie la Graciosa Oil C° fut la première à entrer dans cette voie, et à 945 mètres elle obtint 400 barils par jour.

Les puits de la Western Union C° (première Société installée dans la région) furent approfondis entre 980 et 1.100 mètres; 2 de ces puits donnèrent près de 1.000 barils par jour au début.

En décembre 1904, un forage remarquable fut exécuté par la Union Oil C° à quelques kilomètres au sud de Santa-Maria. A 680 mètres, une pre-mière couche productive fut recoupée qui semblait pouvoir produire de 400 à 500 barils par jour; mais les propriétaires considérant ce résultat comme insuffisant isolèrent la nappe par une colonne de tube et continuèrent à forer; à 880 mètres, une seconde couche fut recoupée ; comme tous les réservoirs de la Société étaient pleins à ce moment, on tenta de fermer le puits, mais la pression était si considérable que 30 mètres de tubages furent projetés au dehors et le pétrole se mit à jaillir non seulement par le tube, mais en dehors du puits à travers le terrain avoisinant, entraînant une quantité considérable de sable qui couvrit bientôt le sol sur une épaisseur de plus de 1 mètre. La quantité de pétrole débitée par ce forage au début était d'environ 10.000 barils par jour.

Pendant l'année 1905, quatrième de l'existence du champ, 750.000 tonnes de pétrole ont été extraites.

Suivant leur situation et leur profondeur, les forages produisent du pétrole d'une densité comprise entre 960 et 887, les puits les plus profonds donnant le pétrole le plus léger.

Les prix des forages à la profondeur de 1.000 mètres environ ne coûtent guère que 100.000 francs en moyenne, le forage étant relativement facile; la durée du travail est de neuf à treize mois.

Un fait intéressant à signaler est que le pétrole produit par les forages les plus profonds arrive au jour à une température très élevée, un thermomètre placé dans le jet à l'arrivée au réservoir indique une température de 65° C.

District de Summerland. — Le champ pétrolifère de Summerland (*fig.* 212) s'étend tout le long du rivage, mais la plus grande partie des forages a été exécutée à l'aide d'estacades qui s'avancent au-dessus de la mer, et sur lesquelles sont érigés les derricks (planche VII).

Cette disposition expose les installations à être détruites par les lames lors des gros temps, et plusieurs fois des derricks ont été emportés; ils sont d'ailleurs reconstruits ensuite. Pour forer un puits dans la zone maritime, un tube de grand diamètre est d'abord enfoncé dans le sable jusqu'à ce que l'eau de mer ne pénètre plus à l'intérieur du forage, puis le travail est continué comme à l'ordinaire.

Les puits forés sur le rivage rencontrent les terrains suivants :

Argile jaune	30 mètres
Sable aquifère	36 —
Argile bleue	45 —
Sable aquifère	54 —
Argile bleue	69 —
Sable pétrolifère	74 —
Schistes bleus	90 —
Oil sand	120 —

Les couches de sable pétrolifère plongent vers l'océan, sous un angle de 40° environ, dans une direction qui s'écarte peu du sud.

A une distance de 100 mètres de la laise de haute mer, les couches pétrolifères sont horizontales, elles contiennent des lentilles d'argile; à une distance de 180 mètres, il existe un horizon pétrolifère plus près de la surface du sol que ceux qu'on avait jusqu'alors exploités; il y a donc en ce point trois horizons pétrolifères (*fig.* 213).

Il est probable que les gisements de Summerland appartiennent au néogène moyen, et qu'ils se trouvent situés, en stratification discordante,

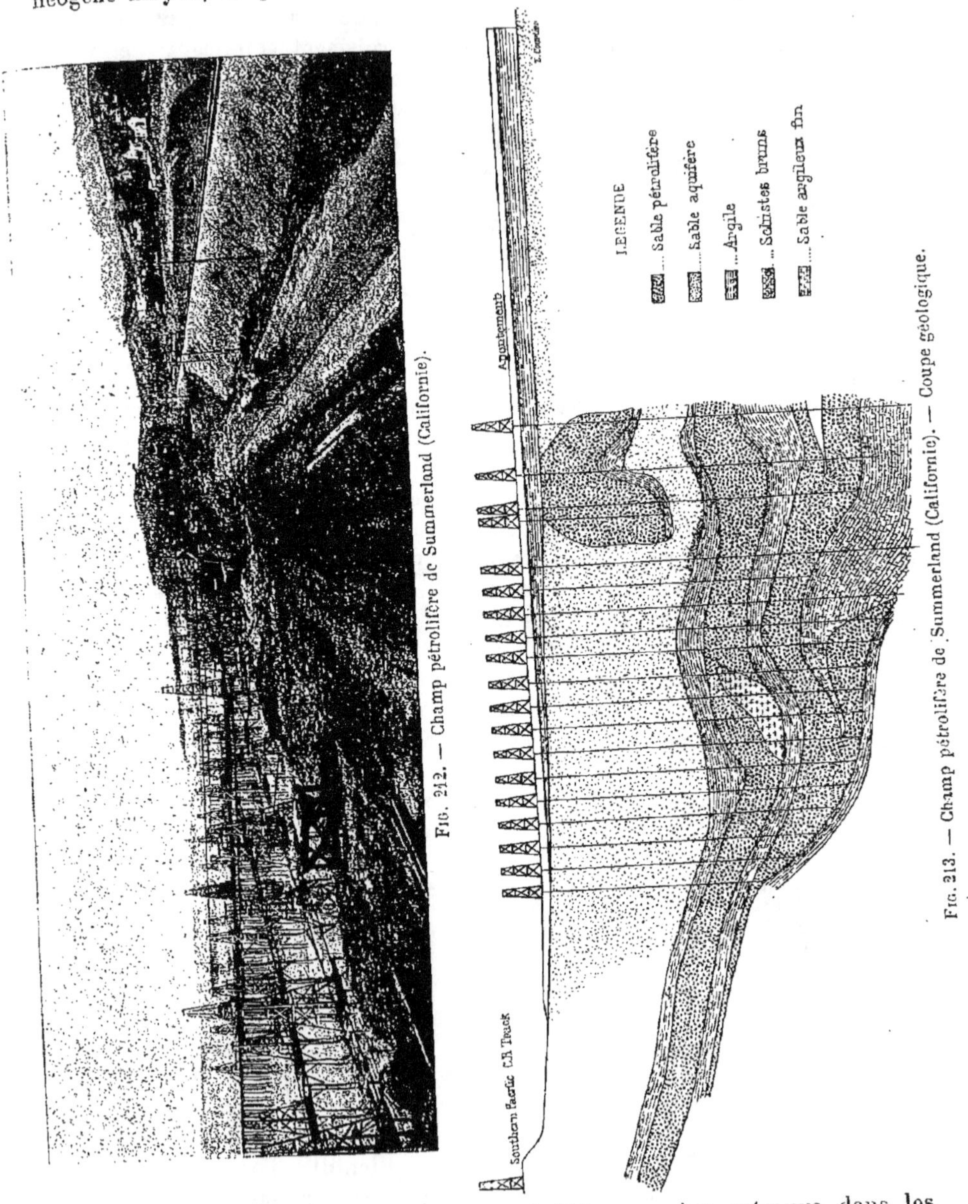

Fig. 212. — Champ pétrolifère de Summerland (Californie).

Fig. 213. — Champ pétrolifère de Summerland (Californie). — Coupe géologique.

sur les schistes siliceux du néogène inférieur, qu'on retrouve dans les collines au nord de Summerland et près de Carpinteria, à 10 kilomètres à l'est.

En général, la profondeur des puits est de 45 à 120 mètres, quelques-uns vont jusqu'à 150 mètres le plus profond à 240 mètres.

Le coût du forage de ces puits est de 15 francs du mètre, non compris le tubage.

La densité de l'huile varie de 990 à 960, la plus légère venant des puits les plus profonds, elle est employée à la fabrication de l'asphalte.

Comté de Ventura. — Le comté de Ventura est probablement celui où l'on fit les premières tentatives d'extraction de pétrole en Californie, car, dès 1864, des travaux furent entrepris dans la vallée d'Ojai, mais les difficultés, considérables, pour l'époque, qui se présentèrent, firent abandonner l'entreprise. Tout le matériel envoyé devait en effet aller doubler le cap Horn pour venir en Californie et, de plus, les emplois et le raffinage du pétrole lourd étaient inconnus. Depuis, les travaux ont été repris avec plus de succès.

Les exploitations pétrolifères du comté de Ventura (planche VIII) se développent dans la vallée de la rivière Santa-Clara, qui prend sa source dans les montagnes de San-Fernando et entre dans le comté de Ventura qu'elle parcourt de l'est à l'ouest après avoir traversé une portion assez étendue du comté de Los Angeles.

Les centres d'exploitations sont situés sur les deux rives de la Santa-Clara River, mais, tandis que ceux du sud avoisinent le bord même de la rivière, ceux du nord sont dispersés dans les ravins, parcourus par les tributaires nord, jusqu'à une distance assez grande vers l'intérieur des montagnes, et beaucoup d'exploitations sont de ce fait assez difficilement accessibles.

Les exploitations du nord de la Santa-Clara River se trouvent de l'est à l'ouest, dans les vallées de Piru Creek et le sous-affluent Modelo Canyon ; Hopper Canyon (dit aussi Buckhorn Canyon) et le sous-affluent Arroyo Circo ; Sespe Creek et les sous-affluents Pole Canyon, Little Sespe, Tar Creek ; Santa-Paula Canyon et les sous-affluents Timber Canyon et Sisar Creek ; Adams Canyon ; Salt Marsh Canyon ; Wheeler Canyon ; Alissa Canyon ; Lyon Canyon et Ojai Creek ; les exploitations les plus occidentales étant aux environs de la ville de Nordhoff.

Les exploitations les plus productives sont celles du sud de la Rivière Santa-Clara et celles qui avoisinent la rivière Santa-Paula. Beaucoup de ces puits qui sont très anciens ont été abandonnés, après épuisement de la couche productive, mais ils sont, en général, caractérisés par une grande durée et une grande stabilité de production qui compensent les difficultés de forage et de transport qui existent dans la région.

La nature très bouleversée des couches géologiques de la contrée, entraîne comme conséquence une grande dispersion et une petite étendue pour les exploitations et bien que la contrée abonde en indications pétrolifères de toute nature, aucun centre d'exploitation d'une surface un peu importante, n'a encore été découvert ; mais cela ne veut pas dire qu'il soit impossible que l'avenir ne réserve pas une semblable découverte; car l'étude géologique très difficile de cette contrée est loin d'être complète.

Les terrains reconnus dans cette région sont :

Éocène : grès blancs et jaunâtres (pétrolifères) formation de Sespe (Crownstone) :

> Grès fauves ;
> Schistes foncés ;

Néogène inférieur[1] :

> Grès blanchâtre prédominant,
> Schistes,   } pétrolifère ;
> Conglomérats,

Néogène moyen[2] :

> Schistes siliceux avec interstratification de grès pétrolifère ;
> Schiste argileux ;
> Conglomérat.

Tous ces terrains sont très bouleversés par deux systèmes de plissements : les plus importants sont dirigés nord-ouest, sud-est; les moins importants, mais les plus nombreux, sont dirigés sud-ouest nord-est; aussi la statigraphie est-elle très compliquée. Les figures 214, 215 et 216, qui sont des coupes faites dans des directions à peu près parallèles et perpendiculairement à la vallée principale de la Santa-Clara River, donnent une idée de cette complication.

Outre les plissements signalés, il y a de nombreuses failles parallèles aux directions de plissement, provoquant des fragmentations de couches, des chevauchements; certains blocs ainsi séparés ayant une pente inverse à celle de l'anticlinal dont ils proviennent.

Il n'y a donc rien de surprenant que les terrains, avec une telle contexture, ne permettent de découvrir que des exploitations de surface restreinte, très dispersées de propection difficile, le tout heureusement compensé par une durée remarquable des puits.

Les points où les suintements pétrolifères ont été constatés sont tellement nombreux que leur nomenclature ne serait qu'une longue liste fastidieuse, sans grande utilité. Il faut cependant relater, à 5 kilomètres à l'ouest de Filmore, l'existence d'une solfatare où la roche contient jusqu'à 30 0/0 de soufre et où à quelques mètres de profondeur, la roche est tellement chaude qu'il est impossible de la manipuler à la main. Il y a, du reste, sur presque

---

1. Le miocène inférieur porte aussi le nom de terrain de Vaqueros.
2. Le pliocène porte aussi le nom de terrain de Fernando.

toutes les lignes de failles des traces d'émanations sulfureuses manifestement évidentes.

Dans la vallée d'Ojai, il y a des dépôts de bitume et d'asphalte d'une

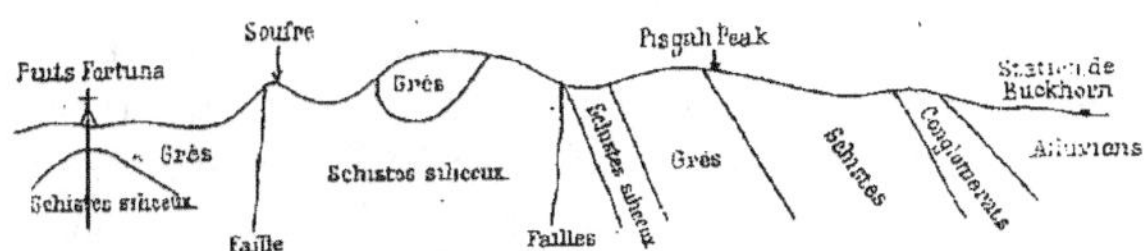

Fig. 214. — Coupe nord-sud passant par la station de Buckhorn, parallèlement à la vallée de Buckhorn Canyon et sur la rive gauche.

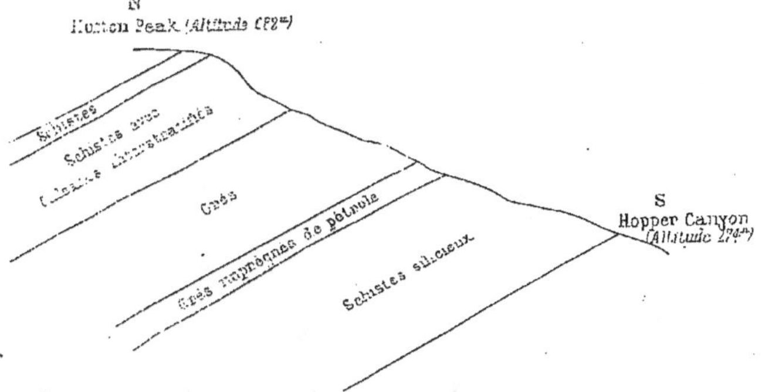

Fig. 215. — Coupe nord-sud faisant suite, vers le nord, à la précédente, mais sur la rive droite.

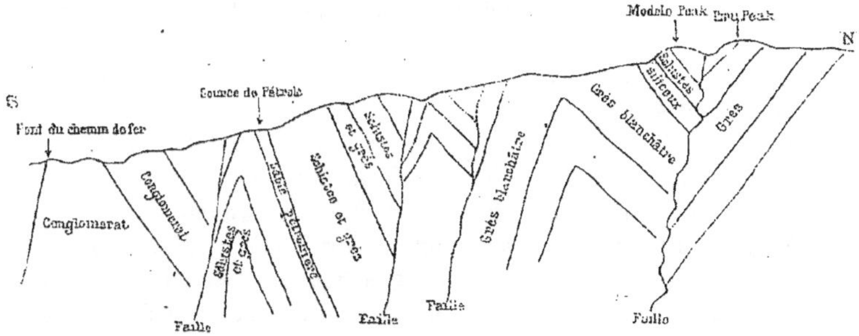

Fig. 216. — Coupe nord-sud passant par le pont du chemin de fer de Piru, sur la Piru Creek.

étendue et d'une puissance particulièrement remarquables, ce sont ces dépôts qui avaient tout d'abord attiré l'attention des premiers prospecteurs et qui, n'eussent été les conditions de fragmentation particulière des terrains de la contrée, eussent certainement correspondu en profondeur à un dépôt important de pétrole exploitable.

La densité du pétrole est très variable ; elle est comprise entre 972 et 825, ce qui fait qu'une partie est très propre au raffinage, condition rarement réalisée en Californie et qui tend à encourager les recherches dans un territoire où les difficultés de travail sont loin de faire défaut.

District de Newhall. — Les exploitations qui font suite, vers l'est, aux exploitations du sud de la Santa-Clara river de ce district, sont réparties dans un certain nombre de ravins des montagnes de San-Fernando, les principaux centres sont situés dans Pico Canyon, à 9 kilomètres à l'ouest de Newhall, dans Wiley Canyon à 5 kilomètres au sud-ouest de Newhall, dans Placeritas

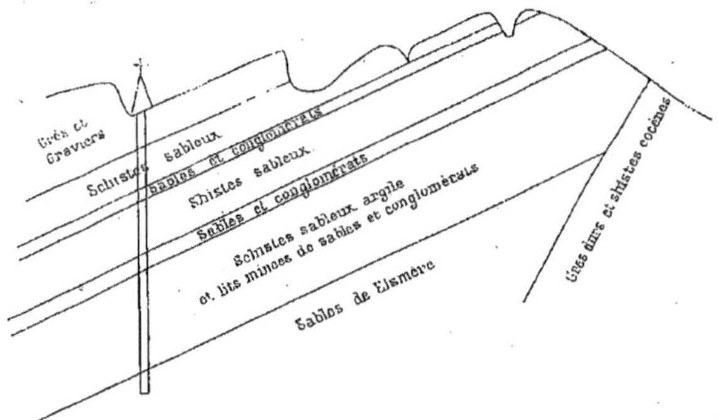

Fig. 217. — Coupe des terrains de Elsmere Canyon, comté de Newhall (Californie).

Canyon à 6 kilomètres à l'est de Newhall et dans Elsmere Canyon, au sud-est de Newhall.

L'exploitation de Pico Canyon est la plus ancienne de la Californie, le premier puits y ayant été foré en 1869.

Le principal horizon pétrolifère de la région appartient au néogène moyen ; il est constitué par des grès et des schistes, mais quelques puits atteignent les grès du néogène inférieur ; dans Elsmere Canyon, des grès contenant des fossiles du néogène moyen sont en stratification discordante sur des grès durs qui, selon toute probabilité, appartiennent à l'éocène et doivent être de la même formation que ceux de Sespe Ventura (la figure 217 indique la disposition de ces terrains).

Dans Placeritas Canyon, le pétrole a été trouvé en petite quantité dans des conglomérats, des schistes et des granits fissurés ; il est très léger et de couleur jaune pâle. Il paraîtrait, d'après certains sondages, que les roches cristallines surmontent des roches sédimentaires. L'exploitation de Placeritas Canyon est abandonnée ; les puits n'y avaient qu'une durée éphémère.

La densité du pétrole du district de Newhall varie de 986 à 820.

Comté de Los Angeles.

PRODUCTION DU CHAMP PÉTROLIFÈRE DE LA VILLE DE LOS ANGELES (EN TONNES)

Années	Tonnes	Années	Tonnes
1893	13.000	1900	156.000
1894	52.000	1901	163.000
1895	117.000	1902	141.000
1896	156.000	1903	111.300
1897	182.000	1904	168.000
1898	154.000	1905	410.000 [1]
1899	156.000		

District pétrolifère de la ville de Los Angeles (planche IX). — Quoiqu'il puisse paraître surprenant qu'une exploitation pétrolifère se soit développée au centre même d'une cité moderne (*fig.* 218), il faut reconnaître qu'en ce

FIG. 218. — Champ pétrolifère de Los Angeles (Californie).

qui concerne Los Angeles, ce qui est plus surprenant encore, c'est que cela ne se soit pas fait plus tôt. Toute la région abonde en effet en indications superficielles; aux environs de la ville, une exploitation agricole, La Brea, tire son nom de dépôts de bitume qui furent exploités dès les premières époques de l'occupation espagnole et dont les produits étaient utilisés pour imperméabiliser les toitures et au centre même de la ville, près de Hoover Street, un dépôt de brai fut utilisé dès longtemps comme combustible.

En 1856-1857, un forage fut exécuté au rancho La Brea, à l'ouest de Los Angeles, sans succès; en 1863, M. Baker fit exécuter un sondage près de Hoover Street, également sans succès; il dut y avoir dans cette seconde tentative de gros vices d'organisation qui la firent échouer; la somme dépensée (325.000 francs) et le fait qu'un puits foré, en 1899, à 300 mètres de l'ancien forage, donna une des plus fortes productions de Los Angeles indiquent que la tentative ne fut pas sérieuse.

1. En 1906, la production de la région de Los Angeles a été de 238.000 tonnes, et la part revenant à la ville elle-même a encore diminué notablement.

Les recherches furent alors complètement abandonnées pour de nombreuses années.

En 1892, MM. Doheny et Cannon commencèrent un forage au coin de Patton Street et State Street; un puits fut d'abord creusé à la main (et MM. Doheny et Cannon mirent eux-mêmes la main à la pioche) jusqu'à 45 mètres; puis un petit appareil de forage fut installé, et à 68 mètres le pétrole fut rencontré.

Le champ pétrolifère de Los Angeles se développa ensuite rapidement : à la fin de 1893, 100.000 barils avaient été extraits et, en 1895, il y avait 300 forages dans une surface de 40 hectares, ce premier centre porte le nom de Vieux Champ (Old Field) ou de Second Street Park Field. En 1896, un deuxième horizon pétrolifère fut découvert au-dessous du premier, à 300 mètres; le premier sable pétrolifère a une épaisseur de 36 mètres, dont 13 mètres productifs; le second, entièrement productif, a 9 mètres d'épaisseur.

Le Vieux Champ s'étendit dans la direction des couches jusqu'à Victor Street, où il se trouva interrompu par des dislocations causées par une faille; des recherches furent faites plus à l'est et, en novembre 1896, un puits foré au coin de Abode Street, et College Street qui donna de bons résultats, amena le développement rapide d'une nouvelle zone pétrolifère dite Champ de l'Est (Eastern Extension).

Les terrains traversés dans les deux champs pétrolifères de Second Street Park et de Eastern Extension sont les suivants :

SECOND STREET PARK OU OLD OU CENTRAL, FIELD

		Mètres
Schistes argileux et sableux plus ou moins durs	jusqu'à	185
Sable pétrolifère et argile sableuse	—	237
Argile bleue compacte	—	299
Sable pétrolifère	—	311
— aquifère	—	»

NOUVEAU CHAMP (NEW FIELD OU EASTERN EXTENSION)

		m. c.
Schistes sableux	jusqu'à	99
Schistes argileux, bitumineux	—	116
— durs	—	116,90
— argileux	—	120,90
Sable pétrolifère	—	137
Schistes durs	—	138,10
— argileux, compacts	—	147,50
— durs	—	148
Sable pétrolifère	—	156
Schistes durs	—	156,60
— argileux, compacts	—	168

Le développement vers l'ouest du Champ Central fut un instant arrêté près de Miramar Street, où les couches étaient disloquées, mais cette difficulté fut heureusement surmontée et le champ continua à s'étendre.

La planche IX indique la situation du champ central de Los Angeles et de ses extensions successives, vers l'est et vers l'ouest; la direction générale des couches est N. 85° O.; la pente des couches est à peu près constante avec des variations cependant assez notables dans les régions où le terrain est disloqué par des failles; à l'extrémité ouest du Champ Central, la pente varie entre 40 et 70°; à l'extrémité est, la pente varie de 35 à 70°.

Dans le Nouveau Champ de l'Est, la statigraphie est plus irrégulière que dans le Vieux Champ, la direction moyenne des couches restant sensiblement la même, les courbes de niveaux de la couche pétrolifère, indiquées sur la planche IX pour différentes altitudes, permettent de se rendre compte aisément des diverses particularités de ce changement de pente et de direction. La longueur du champ pétrolifère de Los Angeles comprise dans les limités de la ville est de 5 kilomètres, la largeur étant d'à peu près 150 mètres; immédiatement à l'ouest de la limite de la ville se trouvent les puits de la concession Maltman et ceux de la Compagnie Hercule.

Dans la région comprise entre Los Angeles et le rivage de l'océan Pacifique c'est-à-dire à l'ouest de la ville, un nombre assez grand de forages de recherches avaient été exécutés à différentes époques, notamment sur le rancho La Brea, près la station d'Ivy, au rancho Bonita Meadow, à Houser Station, sans donner de grands résultats, quoique des gaz, des eaux sulfureuses et du pétrole en petite quantité y aient été fréquemment rencontrés. Mais, vers la fin de 1904, les puits exécutés sur les propriétés de Salt Lake et Arturus donnèrent des jaillissements très importants allant jusqu'à 800 barils par jour, aussi la production de 1905 montre-t-elle une notable augmentation sur celles des années précédentes; mais, malgré de nombreux forages entrepris au commencement de 1906, l'augmentation ne continue pas, et la production semble rester stationnaire, quoiqu'il ne puisse y avoir rien de surprenant, que de nouvelles découvertes faites dans une zone qui semble assez riche viennent de nouveau provoquer une marche ascendante.

La majeure partie du pétrole extrait à Los Angeles était consommée sur place et, si les puits du champ ouest, qui était le plus productif, donnaient encore assez souvent 60 barils par jour, ceux du vieux champ ne donnaient plus guère que 3 à 4 barils par jour, aussi la découverte de puits beaucoup plus productifs dans l'ouest de la zone a-t-elle amené l'abandon des anciens puits, et un grand nombre de derricks ont été abattus dans le centre de la ville.

Les couches pétrolifères de Los Angeles appartiennent au néogène moyen, et le pétrole qu'elles produisent a une densité de 990 à 960; il est utilisé comme combustible.

Région pétrolifère des Puente Hills (comtés de Los Angeles et Orange). — Bien que quelques recherches aient été faites à l'est de Los Angeles, entre autres celles entreprises à Rapeto Hills, où trois puits dont l'un a 360 mètres, ont été exécutés, il n'y a aucune exploitation entre la ville de Los Angeles et les collines de Puente Hills.

Sur ces collines, situées sur la limite des comtés de Los Angeles et d'Orange, se trouvent les exploitations de Whittier, Puente et Fullerton ; elles forment l'extrémité nord des montagnes de Santa-Anna, dont elles sont séparées par la vallée de la Santa-Anna River ; leur altitude maximum est de 500 mètres, tandis que les terrains de la vallée ont une altitude variant de 130 à 60 mètres, et vers le nord elles sont limitées par la vallée San-Gabriel qui a une altitude moyenne de 180 mètres.

Le massif de Puente Hills a une forme sensiblement triangulaire (*fig.* 219 à 224) ; la plus grande dimension, dirigée O. 30° N., a environ 30 kilomètres, et la hauteur du triangle dirigée vers N. 30° E. a à peu près 15 kilomètres.

Il n'y a que vers le sommet nord-est du triangle que l'on trouve des granits et des roches éruptives ; tout le reste du massif est constitué par des roches sédimentaires, qui sont, par ordre d'ancienneté décroissante :

1° Des grès passant du blanc au brun pâle et au jaune, contenant quelques couches minces de schistes et de conglomérat et, à la partie supérieure, une couche de schistes très siliceux [1].

Ces couches appartiennent au néogène inférieur.

2° Des couches de schistes avec quelques couches de grès, dont la partie supérieure est constituée par des lits minces de schistes argileux et de sables.

Les couches sableuses de la partie inférieure constituent l'horizon pétrolifère principal des puits de Puente Hills et leurs affleurements ont une forte odeur de pétrole. L'ensemble de ces couches appartient au néogène moyen.

3° Des couches de conglomérat et de grès et quelques lits de schistes.

Les conglomérats dominent d'une façon très marquée et leurs éléments sont principalement des débris granitiques à mica noir ; ils appartiennent encore au néogène moyen ; deux puits forés par la Santa-Fe Railroad C° tirent leur pétrole de cet horizon.

Tout le terrain des Puente Hills est très disloqué, cependant on peut reconnaître deux directions de plissements, l'une parallèle à la plus grande dimension, et l'autre qui lui est perpendiculaire ; les premiers sont les plus marqués ; en certains points, on constate l'existence de plis renversés, mais il ne semble pas que ces renversements aient affecté de grandes surfaces.

Les puits de la Puente Oil C°, vers le centre de Puente Hills, sont situés sur les deux côtés d'un anticlinal, et ces deux portions semblent être aussi productives l'une que l'autre ; il est probable qu'il y a également en ce point un anticlinal secondaire croisant l'anticlinal principal.

Les puits de la Central Oil C° se trouvent à l'extrémité ouest de l'anticlinal méridional, tandis que les puits de la Puente Oil C° se trouvent sur l'anticlinal septentrional. Ces deux anticlinaux parallèles et situés non loin de la limite sud des collines de Puente ne sont d'ailleurs séparés que par une distance de 500 mètres environ.

Aux puits de la Central Oil C°, la pente nord de l'anticlinal est constituée

1. *Oil and gas yieldings formations of California*, Watts 1901.

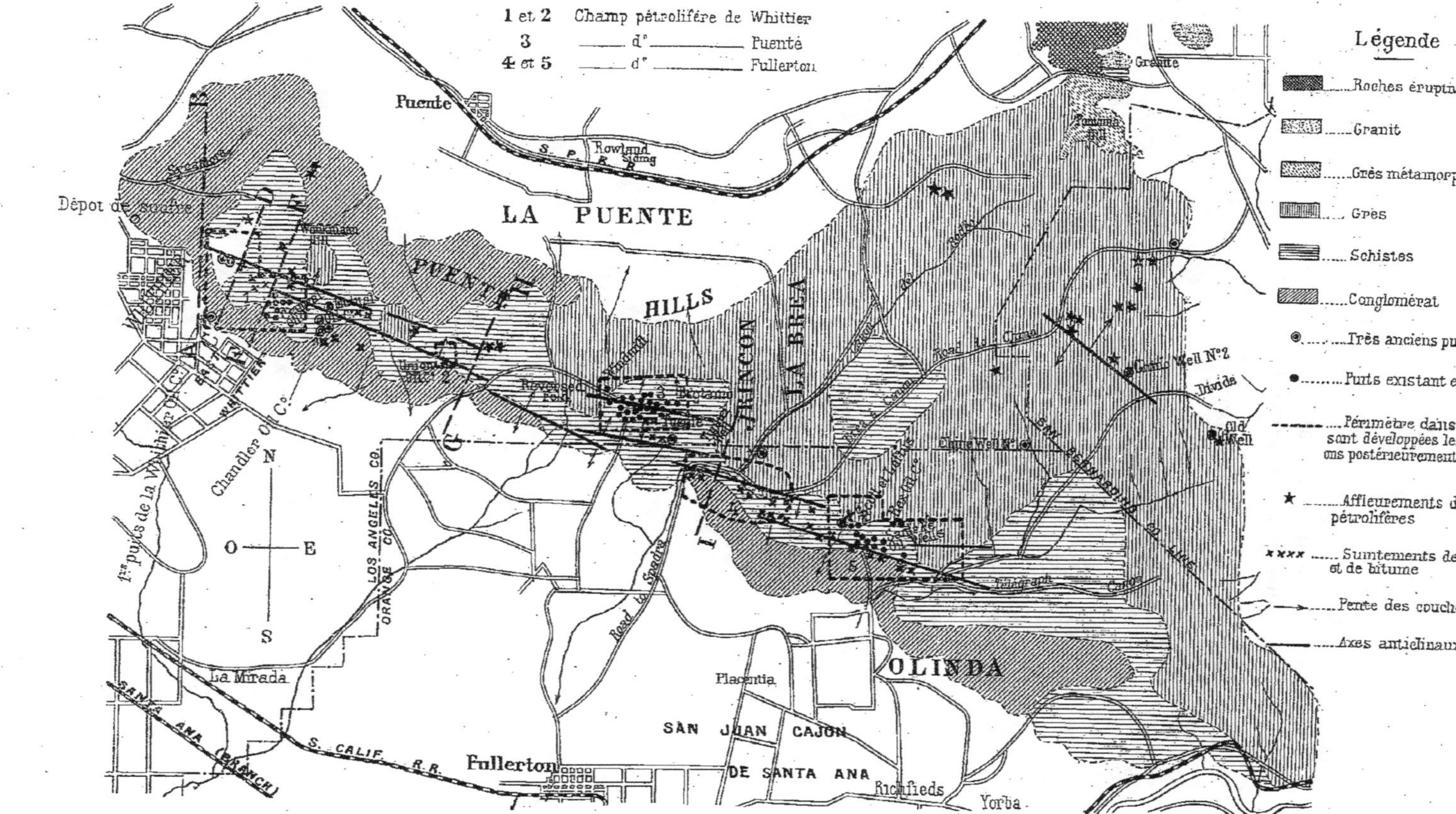

FIG. 219. — Région pétrolifère des Puente Hills.

L. Courtier.

par des grès, tandis que, sur la pente sud, les grès sont recouverts par des conglomérats ; les puits de la pente sud sont les plus productifs.

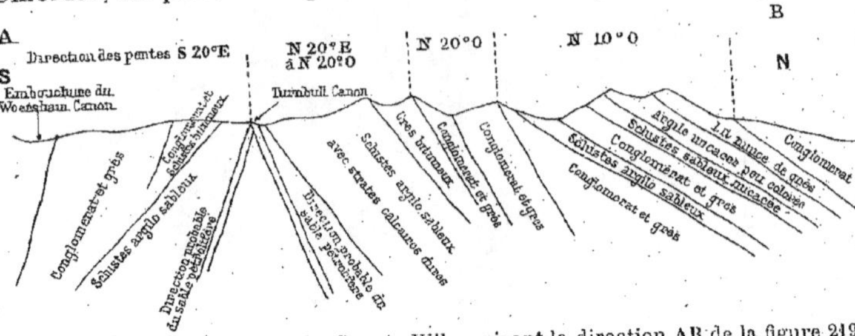

FIG. 220. — Coupe géologique des Puente Hills, suivant la direction AB de la figure 219.

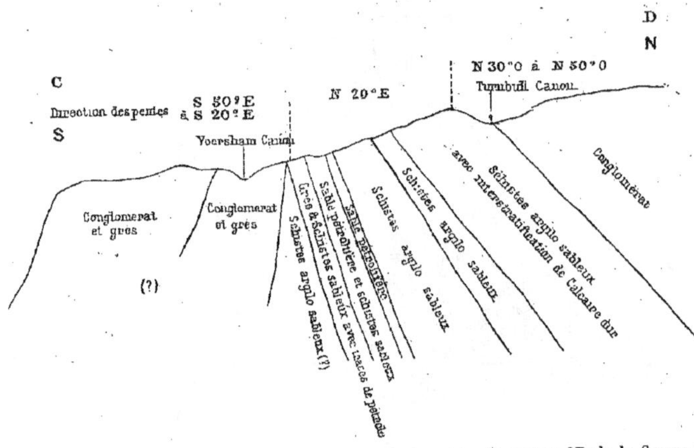

FIG. 221. — Coupe géologique des Puente Hills, suivant la direction CD de la figure 219.

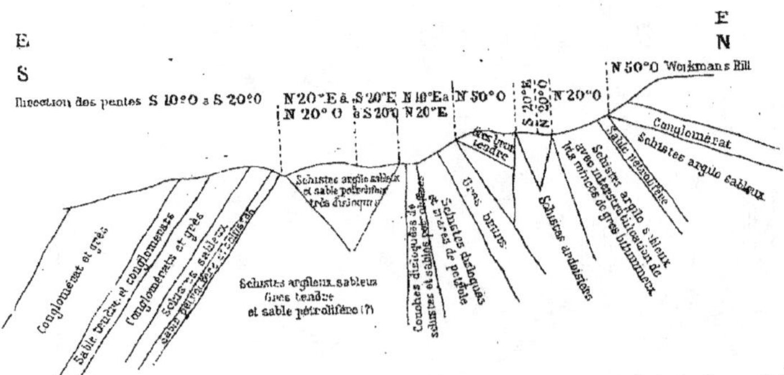

FIG. 222. — Coupe géologique des Puente Hills, suivant la direction EF de la figure 219.

D'une façon générale, les gisements de pétrole semblent suivre la direction des plissements principaux, c'est-à-dire une direction environ E. 10° à 20° S.

La pente générale des couches est assez abrupte; elle est voisine de 60°, sauf pour les terrains les plus récents; et pour certaines strates du centre de l'anticlinal, elle est même en certains points, très voisine de la verticale.

En plus de 60 points différents sur les Puente Hills, on voit, soit des suintements de pétrole, soit des sables imprégnés d'asphalte et de goudrons pétrolifères plus ou moins épais; la majeure partie de ces indications

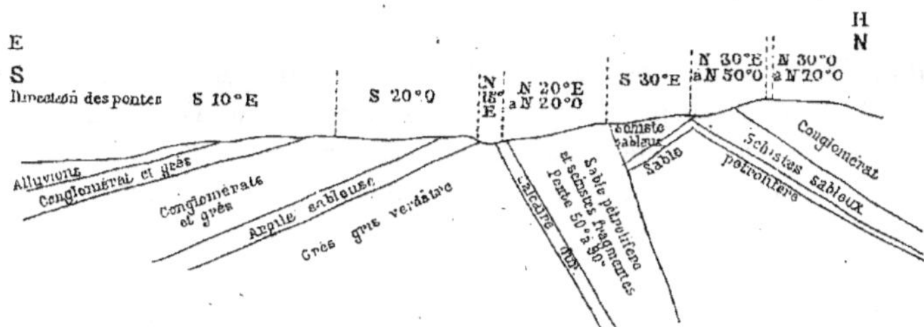

Fig. 223. — Coupe géologique des Puente Hills, suivant la direction GII de la figure 219.

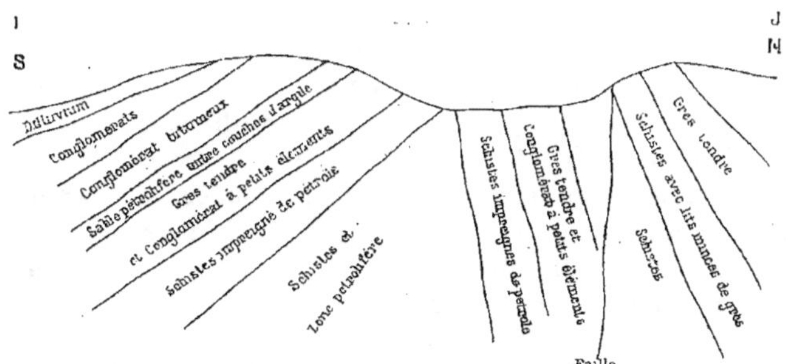

Fig. 224. — Coupe géologique des Puente Hills, suivant la direction IJ de la figure 219.

pétrolifères se trouve sur des anticlinaux reconnus ou sur leurs prolongements.

D'après tous les renseignements recueillis sur la constitution géologique des collines des Puente Hills, il semble naturel de les considérer comme étant formées d'un anticlinal général présentant à sa surface des anticlinaux secondaires parallèles.

Au nord de Whittier, à 2 kilomètres environ de cette localité, on a exploité du soufre sur le prolongement de l'anticlinal septentrional.

Les premières recherches pour le pétrole furent faites à Whittier, en 1888; mais elles furent abandonnées à la suite de divers accidents survenus aux forages. En 1890, un forage fut exécuté sur le bord est des Puente Hills

près d'un suintement de pétrole lourd (Old Well, vieux puits sur la carte) ;
les terrains traversés étaient :

		Mètres
Schistes bruns	jusqu'à	36
Sable aquifère	—	57
Schistes tendres aquifères	—	120
Sable	—	135
— et schistes	—	285
— et eau salée	—	300
— et schistes	—	360

L'eau fournie par ce forage était accompagnée d'un peu de pétrole. Un
autre puits foré au nord du précédent, sur la route de Brea Canon à Chino,
poussé à 240 mètres, traversa deux couches de sables pétrolifères.

En 1891, un forage fut entrepris à 3 kilomètres à l'est de Whittier, qui
traversa les terrains suivants :

		Mètres
Conglomérat	jusqu'à	60
Argile bleue	—	75
Sable fin pétrolifère	—	81
Argile bleue, sable et pétrole	—	90

Il donnait, au début, 3 barils par jour, et cette production se maintint
jusqu'en 1897 ; la densité du pétrole était de 946. Un autre puits fut foré
dans le voisinage et donna à peu près les mêmes résultats.

En 1895, la Central Oil Cⁱᵉ fut formée ; son premier forage fut terminé à
la fin de 1897, et donna 5 barils par jour, à la profondeur de 148 mètres ;
10 barils, à 223 mètres ; à 260 mètres, point où le forage fut arrêté, il donnait
6 barils par jour au début ; en juillet 1898, sa production avait augmenté
jusqu'à 25 barils par jour ; la densité du pétrole était de 930.

D'autres sociétés furent ensuite créées pour exploiter les différentes
parties des Puente Hills.

A Whittier, la densité du pétrole varie de 970 à 910 ; à Puente de 946 à
849 ; à Fullerton, de 972 à 849. La production de tous ces champs pétrolifères n'est pas poussée d'une façon aussi intense que dans d'autres champs
de la Californie, et ils sont susceptibles de produire beaucoup plus qu'ils ne
fournissent actuellement.

La longueur du champ de Whittier est de 4 kilomètres environ, sa
largeur varie de 200 à 400 mètres, le pétrole vient des terrains de Fernando
(pliocène) ; la profondeur des premiers puits forés ne dépassait pas 320 mètres ;
depuis, ils ont été poussés jusqu'à 1.000 mètres ; les puits les plus profonds
donnent le pétrole le plus léger. La production journalière des puits varie de
2 barils par jour pour les anciens puits, à 300 barils par jour pour les
nouveaux.

A La Habra, à l'est de Whittier, les forages vont à 600 mètres de profondeur, leur production est faible ; à Puente, le champ pétrolifère a une

longueur de 2 kilomètres et une largeur de 200 mètres ; après avoir exploité les premiers niveaux producteurs jusqu'à 300 mètres, les puits ont été approfondis jusqu'à 600 mètres, et ils ont alors produit jusqu'à 200 barils par jour, au début ; à Brea Canyon, les puits du sud qui sont dans des couches assez régulières, donnent une bonne production, ceux du nord, qui sont dans des couches très disloquées, ne donnent presque rien. Les profondeurs des puits varient de 180 à 600 mètres, et les productions de 12 à 1.000 barils par jour, pour le début.

A Fulerton, la profondeur maximum atteinte par les forages est de 1.000 mètres et les productions initiales ont été généralement très fortes, variant de 700 à 1.000 barils par jour.

Péninsule de San-Pedro (sud du comté de Los Angeles). — La péninsule de San-Pedro est située au sud-ouest des Puente Hills ; les indications pétrolifères qui y ont été signalées sont des couches argileuses avec quelques imprégnations de pétrole près de la ville de San-Pedro et des grès bitumineux à l'extrémité de la péninsule, à Point Firmin.

Tout le territoire de la péninsule est très bouleversé ; il est constitué par des schistes contenant de nombreuses strates calcaires ou siliceuses ; les imprégnations bitumineuses y sont assez fréquentes. A la partie supérieure des schistes, se trouvent des couches à Diatomées en stratification discordante avec les schistes. Ces diverses couches reposent sur des terrains métamorphisés, ainsi que les couches à glaucophane, et les quartz schisteux du rancho de Los Palos Verdes semblent en témoigner ; et au centre des montagnes de San-Pedro se trouvent des roches éruptives ainsi qu'à Portuguese Bend, le long de la côte, à l'ouest de Point Firmin, où elles se trouvent au-dessous de roches calcaires.

D'une façon générale, la structure de la péninsule de San-Pedro ne semble pas se prêter à l'existence de gisements pétrolifères importants ; les grès bitumineux de Point Firmin pourraient peut-être produire du pétrole en quantité importante, mais la partie qu'il faudrait exploiter s'étend au-dessous de l'océan, car les couches ont été érodées sur le continent.

Des recherches ont été faites en différentes parties du comté d'Orange : près d'Olive, non loin de Fullerton, un forage a donné des traces de pétrole ; près de Wanda, dans la même région, un forage a donné du gaz, des traces de pétrole et de l'eau ; sur le rivage de la baie de Newport, plusieurs forages ont traversé plusieurs couches d'asphalte et ont donné des eaux salées et sulfureuses.

Comté de San-Diego. — Des recherches ont été entreprises le long du rivage de l'océan Pacifique, entre Carlsbad et Oceanside, entre La Jola et Pacific Beach, et à Falsebay.

VII. — ÉTAT DE NEW MEXICO

Il y a de nombreuses indications pétrolifères dans cet État; mais jusqu'ici les recherches n'ont pas été très nombreuses.

La présence du pétrole a été signalée :

Dans le comté de Colfax, à Raton et Springer; dans le comté de San-Juan, à Farmington; dans le comté de Mac Kinley, à Manuelito; dans le comté de Guadaloupe, à Salado, Perea Grant, Santa-Rosa; dans le comté de Otero, à Alamogoso; dans le comté de Valentia, à Trinchera; dans le comté d'Eddy, dans toute la région qui s'étend entre la frontière du Texas et Carlsbad; dans le comté de Lincoln et d'Union où l'on trouve souvent du gaz en forant pour rechercher de l'eau.

Des recherches ont été faites dans les comtés d'Eddy, Guadaloupe, San-Juan.

Dans le comté de Colfax, aux environs de Raton, où on a fait un puits de recherches qui a été conduit à 800 mètres et qui a donné des traces d'huile; à cette profondeur, il dut être abandonné à la suite d'éboulements. Un autre puits, dans la même région, a dû être abandonné à la suite d'une déviation; un troisième a donné de grandes quantités de gaz.

A une faible profondeur se trouvent les schistes jaunâtres du crétacé du Montana et du Colorado; les grès pétrolifères doivent être à 1.000 mètres environ de profondeur.

Les basaltes de la région sont imprégnés de pétrole, et leurs cavités sont pleines d'huile épaisse vert foncé.

VIII. — ÉTAT DE MICHIGAN

A Port Huron, en face de Sarnia (Canada), se trouve une extension du champ pétrolifère canadien. Le pétrole est exploité dans le calcaire cornifère.

Des recherches ont été faites dans le Trenton, au sud de l'État, sans résultats bien certains.

Des indications pétrolifères ont été relevées dans d'autres parties de l'État, notamment à Sparta, Fowlerville, Rapid River et Ypsilanti.

IX. — ÉTAT DE UTAH

Plus de trois cents points ont été relevés dans cet État, où des indications pétrolifères plus ou moins importantes ont été constatées; les trois régions principales où elles sont surtout concentrées sont : le bassin de la Green River, la portion nord-ouest de Henry Mountains et la Vintah Indian Reservation.

Dans le lit du San-Juan River, affluent du Colorado, il y a aussi de nombreux affleurements de sables pétrolifères, mais cette région se trouvant privée de moyens de communications, son exploitation est difficile.

Outre les régions précédemment citées, celle de Salt Lake mérite une mention spéciale à cause des indices pétrolifères de toutes natures qu'on y rencontre.

Sur la rive ouest du lac, depuis Salt Lake City jusqu'à Promontory, sur une longueur de 100 kilomètres, il y a des affleurements de sable bitumineux et de nombreuses émanations gazeuses ; presque tous les puits creusés dans cette partie du territoire de l'Utah, pour avoir de l'eau, donnent du gaz naturel en plus ou moins grande quantité.

Au sud de Promontory, dans le lac même, il existe des sources qui laissent suinter de l'asphalte en quantité suffisante pour former à la surface du lac de petits îlots flottants, qui sont à peu près réparties sur un même alignement[1].

Au milieu du lac, à Antelope Island, il existe des bancs importants d'asphalte.

D'après le Dr Talmage, géologue de l'Université de l'État d'Utah, le Great Salt Lake est le vestige d'un ancien lac très étendu dit lac Bonneville, dont les eaux ont disparu par évaporation. Pendant cette période, les bords du lac très marécageux étaient couverts d'une végétation abondante et dans le lac même la vie animale avait atteint un développement inusité.

Primitivement, quand le lac avait son maximum d'étendue, ses rives étaient formées par les montagnes Whasatch et la Sierra Nevada ; la dépression ainsi définie fut peu à peu comblée et les débris végétaux et animaux enfouis alors ont dû donner naissance au pétrole[2].

On a exploité d'une façon intensive et on exploite encore aujourd'hui, dans le territoire de l'État de Utah, des bitumes solides connus sous les noms de gilsonite, elatérite, asphalte de sable, asphalte de calcaire, albertine, etc.

La gilsonite doit son nom à Samuel Gilson qui découvrit un important gisement de ce minéral près de Fort Duchesne, comté de Vintah ; la veine exploitée a 1^m,80 d'épaisseur et coupe très régulièrement le grès rouge dans lequel on la rencontre ; la direction de ces fissures, qu'on rencontre en assez grand nombre dans la région, est généralement la même, à peu près nord-ouest-sud-est, et elles recoupent les grés presque verticalement dans la plupart des cas.

La même gilsonite ou des variétés très voisines se trouvent dans les comtés de Carbon, Mintah, Utah, Whasatch, Rout et Garfield.

---

1. Plusieurs forages ont été exécutés soit dans les îlots avoisinant la côte, soit dans le lit du lac même, et ont indiqué la présence d'asphalte en lits irréguliers. En injectant de la vapeur dans les forages, l'asphalte liquéfiée remontait à la surface et donnait un débit de plusieurs barils par jour.

2. Un forage exécuté près de Farmington, sur le bord est du lac, a été poussé à 600 mètres, sans sortir des terrains détritiques et a été arrêté sur des conglomérats rendant le travail trop difficile. Il a donné de nombreux dégagements gazeux à différents niveaux, mais pas de pétrole. Dans le voisinage, quelques petits forages avaient fourni du gaz pendant un certain temps.

Un gisement important de grès bitumineux se trouve au nord de White Rock Agency ; il a une largeur d'à peu près 400 mètres et s'étend sur une longueur de 40 kilomètres.

La gilsonite donne à l'analyse :

Carbone..	78,00
Hydrogène...	11,00
Oxygène	8,00
Azote.,...	0,40
Cendres...	0,20

Des recherches ont été faites dans les comtés d'Emery et Green River[1].

On a trouvé du pétrole à Sinbad, à 35 kilomètres au sud-ouest de Green River Station et près de Bluff, dans le comté de San-Juan ; la densité du pétrole est généralement assez élevée.

X. — ÉTAT DE COLORADO

PRODUCTION (EN BARILS DE 42 GALLONS)

Années	Barils	Années	Barils
1887	76.000	1897	384.000
1888	298.000	1898	444.000
1889	316.000	1899	890.000
1890	369.000	1900	317.000
1891	665.000	1901	460.000
1892	824.000	1902	»
1893	594.000	1903	484.000
1894	515.000	1904	502.000
1895	438.000	1905	377.600
1896	361.000		

Le pétrole est connu à Florence, dans le comté de Frémont, à l'ouest de Canon City, à Oil Creek, au nord de Canon City, à Pagosa Spring (comté de Archuleta), près de la frontière sud de l'État; à Boulder (comté de Boulder) ; à l'ouest de Golden, on a signalé des suintements pétrolifères sortant de terrains archéens et, durant 2 kilomètres, des terrains sédimentaires voisins. Dans la région ouest : à Whiskey Creek, Rifle Creek, Piceance Creek, De Becque, Grand Junction.

Le champ pétrolifère de Florence, le plus anciennement exploité et celui qui produit encore la plus grande partie du pétrole que fournit l'État de Colorado, se trouve situé dans un bassin géologique ayant la forme d'une cuvette elliptique, dont le grand axe dirigé N. 15° O. a une longueur de 24 kilomètres, le petit axe n'ayant que 13 kilomètres.

---

1. Des forages de recherche ont été exécutés à Filmore, à 200 kilomètres sud de Salt Lake City, qui ont donné un peu de pétrole.

Le bassin pétrolifère de Florence est limité, au sud-ouest, par les pentes des Wet Mountains, et au nord, par les derniers contreforts sud des Front Range, tandis que vers l'est, la limite est formée par un plissement des couches plus anciennes sous-jacentes qui apparaissent au jour ; ce bassin est donc contenu dans l'angle rentrant formé par la disposition en échelons des Wet Mountains et des Front Range, le troisième côté du triangle étant formé par le plissement du crétacé. La profondeur de cette sorte de bassin, comptée jusqu'au grès de Dakota, est d'environ 2.400 mètres.

Les pentes qui forment la cuvette où se trouve le champ pétrolifère de Florence, ne sont ni symétriques, ni uniformes ; du côté de l'est, la pente est assez abrupte et atteint jusqu'à 20° (pente dirigée vers l'ouest) ; à la limite est de la ville de Florence, la pente n'est plus que de 5° et elle diminue encore vers l'est. C'est dans cette partie de faible pente des couches, que se trouve le pétrole, et c'est plus loin encore, vers l'est, que se trouve le point le plus profond de la cuvette.

Une étude attentive des couches révèle l'existence de plissements secondaires peu accentués, dirigés principalement nord-ouest ; d'autres plissements encore moins importants et n'ayant au plus qu'une largeur de 10 mètres, affectent exclusivement la partie supérieure des schistes.

Le pétrole se trouve dans la formation de Pierre (crétacé), entre 400 et 1.000 mètres, sans qu'il existe de niveaux bien déterminés.

Certains forages ont rencontré des crevasses ; l'une d'elles n'a pu être comblée par deux wagons de gravier.

Les couches productives sont loin d'être continues et semblent consister en amas lenticulaires, répartis sur plusieurs horizons, d'où résulte une grande incertitude dans la localisation des puits ; le pétrole de Florence a une densité de 32°B. (865) ; sa couleur est vert foncé.

Le puits le plus profond du champ pétrolifère de Florence est allé à 1.100 mètres, sans avoir complètement traversé les terrains de Fort-Pierre.

Quelques puits profonds ont donné quatre horizons productifs mal déterminés.

En 1904, il y avait, à Florence, 80 puits productifs et 120 abandonnés depuis 1887, il y a eu 500 forages d'exécutés, certains d'entre eux ont donné du pétrole pendant dix et vingt ans, la durée moyenne de production est de cinq ans.

Le pétrole était connu aux environs de Boulder depuis 1867 ; le long de la Little Thompson Creek, des exsudations pétrolifères sortent d'un grès du terrain de Pierre ; on a même signalé dans la région des suintements sortant des terrains archéens ; la forte odeur bitumineuse des calcaires et des shistes du Benton et du Niobrara avaient également attiré l'attention, mais ce n'est guère que vers 1901 qu'on entreprit un forage à 5 kilomètres au nord-est de Boulder, qui donna du pétrole d'une qualité remarquable.

A la suite de cette découverte, des forages furent entrepris depuis Fort Collins au nord jusqu'à Golden au sud.

Dans la région de Boulder, le terrain est constitué par les couches suivantes, en commençant par les plus anciennes :

	Mètres
Précambrien, Red Beds	600
Morrison	75
Dakota	105
Benton	150
Niobrara	90
Pierre	210

Les couches de Red Beds consistent principalement en grès grossiers et en conglomérats ; les terrains de Morrison en calcaires et grès marneux ; les terrains de Dakota contiennent à la base des conglomérats et au-dessus du grès gris ; le Benton est constitué par des schistes foncés bitumineux ; le Niobrara, par du calcaire ; et le terrain de Pierre, par des schistes passant du vert jaunâtre au brun et contenant des couches sableuses. Du côté de l'est, vers le pied des collines qui terminent les Montagnes Rocheuses, les couches se relèvent à 5 kilomètres environ du champ pétrolifère, où se trouve une colline constituée principalement de grès du Dakota.

Le champ pétrolifère de Boulder est situé à 5 kilomètres nord-est de la ville du même nom, et à 5 kilomètres est des pieds des collines du Front Range ; tout le terrain traversé par les forages se trouve dans les terrains de Fort-Pierre (crétacé), et le pétrole y existe à tous les niveaux, depuis la surface jusqu'à 1.000 mètres de profondeur.

La pente générale des couches de Fort-Pierre et des terrains inférieurs, est dirigée vers l'est, avec une tendance à des plissements secondaires qui peuvent se traduire soit par de vrais anticlinaux greffés sur le synclinal général, soit par un arrêt en terrasse, de la pente vers l'est. La direction de ces accidents secondaires est nord-sud ou nord-ouest sud-est ; comme ces accidents n'affectent pas uniformément toute la longueur des couches, ils se traduisent dans les affleurements, soit par une disposition en échelons, soit par une disposition en boucle.

Tous les puits producteurs du champ de Boulder se trouvent sur une bande étroite de terrain dirigée nord-sud, qui coïncide avec un pli monoclinal des schistes de Fort-Pierre, dans une situation analogue à celle reconnue par Orton, dans le Trenton de l'Ohio, et désignée par lui sous le nom de « Arested Anticlinal ».

Le terrain où l'on trouve le pétrole (Pierre) est principalement constitué de schistes, contenant quelques lits de grès et de sable, distribués d'une façon très irrégulière, et aucun horizon pétrolifère bien nettement défini ne semble exister[1].

---

1. Une étude plus attentive conduirait peut-être à une autre conclusion. Les plissements secondaires sont, en effet, peu accentués et difficiles à déterminer.

Beaucoup de puits ont été torpillés soit avec de la nitro-glycérine, soit avec de la dynamite sans que les résultats obtenus par cette opération soient bien concluants.

Le pétrole de Boulder a une densité de 43° B. (811).

En 1904, les résultats donnés par le champ de Boulder étaient peu satisfaisants.

Dans la région ouest des Montagnes Rocheuses, les recherches ont commencé en 1901, à Pagosa Spring, comté de Archuleta, où l'on trouve, d'après le professeur Lakes, des dykes d'origine volcanique plus ou moins imprégnés de pétrole. Les forages entrepris dans cette partie de l'État ont donné du pétrole de 19° B. de densité (940).

Près de De Beque, un puits a donné, à 180 mètres, un pétrole d'une qualité remarquable, ayant comme densité 40° B. (825). A Grand Junction (comté de Messa), deux puits ont été forés à 300 mètres de profondeur et ont donné du gaz qui fut bientôt remplacé par de l'eau, venant des niveaux inférieurs.

Plus loin, le long de la Grand River, on trouve des indications pétrolifères; à Rifle Creek, des schistes et des grès, d'une épaisseur de 30 mètres, contiennent du bitume, sur une longueur de 4 kilomètres; dans la même région, à Piceance Creek, des schistes bitumineux apparaissent à peu près dans le même horizon.

Dans la vallée même de la Grand River près de la ville de De Beque, le gaz sort des bords du rivage.

Un puits foré à Palissade a donné, dans des schistes noirs contenant des traces de charbon, du gaz et de l'eau salée; plus bas, dans le terrain de Dakota et les marnes jurassiques, il y eut des venues d'eau salée.

Aux environs de De Beque, un puits foré dans le tertiaire de Wahsatch et la partie supérieure du tertiaire de Laramie, a donné du pétrole.

Le puits de De Beque a traversé les couches suivantes :

	Mètres
Graviers	6
Schistes	36
Grès avec traces de gaz	38
— et traces de pétrole	60
— et eau salée	70
— et schistes	105
— , couche de charbon, eau	112
— fissuré	120
—	165 à 210

Les terrains qui constituent la région sont, en commençant par les plus récents : le tertiaire du Wahsatch supérieur et du Wahsatch inférieur; le crétacé de Laramie, contenant du charbon, de Montana, du Colorado, du Dakota; le jurassique et le triassique.

Vers la fin de 1902, les découvertes de Boulder et de De Beque avaient donné une impulsion assez énergique aux recherches, et le tableau suivant résume les opérations en cours à cette époque :

COMTÉS	PUITS EN FORAGE	DERRICKS INSTALLÉS
Boulder	21	39
De Beque	6	20
Fort Collins	4	10
Pagosa Springs	5	8
Rout County	1	2
Gunnison	1	4
Jefferson	3	6
Arapahoe	1	1
Comté de El Paso	1	1
— La Plata	1	3
— Saguache	1	1
— Elbert	1	1
— Logan	1	4
— Pueblo	1	1
TOTAL	48	101

XI. — ÉTAT DE WYOMING

PRODUCTION (EN BARILS DE 42 GALLONS)

Années	Barils	Années	Barils
1894	2.300	1900	5.500
1895	3.500	1901	5.500
1896	3.000	1902	»
1897	4.000	1903	»
1898	5.500	1904	11.500
1899	5.500	1905	8.000

Le pétrole est connu dans le comté de Frémont depuis 1833, où on l'employait comme produit pharmaceutique ; il a depuis été signalé en de nombreux points de l'État, ainsi que le gaz naturel. Des recherches assez nombreuses ont été faites en différentes parties de l'État, quelques-unes avec succès ; mais la plupart des régions où les recherches ont été faites manquent de moyens de communications, ce qui retarde la mise en valeur de territoires qui, dans d'autres États, mieux dotés de chemins de fer, seraient exploités depuis longtemps. De plus, l'abondance relative du charbon bitumineux est encore un empêchement à l'exploitation de champs pétrolifères, s'ils ne sont pas d'une richesse sortant de la moyenne.

Dans le comté de Minta, le long de la frontière ouest de l'État, le pétrole a été signalé d'abord par le capitaine Stansbury ; des recherches furent faites aux environs de Hilliard, dans l'extrême coin sud-ouest de l'État ; les recherches qui n'avaient été poussées qu'à une faible profondeur furent bientôt abandonnées.

M. Fiero découvrit aux environs de Cartes, au nord de Hilliard, à une vingtaine de kilomètres, une couche de sable pétrolifère près de la surface, et il en obtint 6 barils de pétrole par jour, cette huile était bonne comme huile de graissage et employée comme telle par la Pacific Railroad C°; des forages faits dans les environs ne donnèrent aucun résultat.

Vers 1900, l'Union Pacific Railroad C° fit creuser un puits pour rechercher de l'eau pour l'alimentation de ses locomotives, aux environs de la station de Spring Valley; elle trouva du pétrole à 190 mètres et à 340 mètres; la première couche donnait du pétrole léger; la seconde, du pétrole lourd.

Dans cette région, on trouve du pétrole à Evanston, Hilliard, Aspern, Cartes, Medicine Bute, et, plus au nord à Fossil et Twin Creek.

La région d'Evanston est parcourue par de nombreux plissements dirigés approximativement nord-sud et antérieurs à l'éocène dont les couches ne sont pas disloquées.

Les principaux anticlinaux se trouvent à Spring Valley, New Aspen, Almy.

Le crétacé de la région est classé en :

Laramie...	
Fox Hills...	
Fort-Pierre..	Crétacé.
Niobrara...	Région orientale.
Benton...	
Dakota...	
Laramie...	
Hilliar...	
Frontier...	Crétacé.
Benton...	Région occidentale.
Bear River...	
Dakota...	

Les anticlinaux de la région d'Evanston et Medicine Bute s'éteignent vers le nord, où les couches deviennent plus régulières; mais, en approchant de Fossil, de nouvelles dislocations apparaissent.

A l'est de la région d'Evanston, vers la station de chemin de fer de Rock Spring, plusieurs forages ont été exécutés sans grands résultats; le plus profond est allé à 600 mètres.

Au centre de l'État de Wyoming, dans le comté de Frémont, on a trouvé du pétrole en de nombreux points dans les régions de Shoshone, Lander, Little, Popo Agie River, Twin Creek. A Popo Agie, les premiers puits datent de 1884, et, en 1901-1902, on a obtenu un certain nombre de puits jaillissants.

A l'est de cette région, on trouve du pétrole à Dutton et le long des flancs des monts Rattle Snake; quelques forages ont été faits dans cette région.

Dans le comté de Natrona, le pétrole a été signalé dans la vallée de Poison Speeder Creek, non loin de Casper, où l'on a foré un puits en 1884.

Au nord-est du comté, le long de Salt Creek, on trouve du pétrole qui est une huile de graissage naturelle et qui est régulièrement exploitée.

On a trouvé du pétrole à Bonanza dans le comté de Bighorn, où, dans un rayon d'une vingtaine de kilomètres, on signale quatre centres qu'on prétend intéressants.

Dans le comté de Carbon, le pétrole a été signalé à 40 kilomètres au sud de Rawline, où l'on trouve des affleurements importants de grès pétrolifère.

Le pétrole se rencontre encore à Powder River, New Castle, Brenning où, dans un tunnel, des grès pétrolifères ont été trouvés, dans la vallée de la North Plate River.

Les propriétés des pétroles trouvés dans les différentes régions du Wyoming sont :

A Popo Agie : densité, 22 à 24° B. (922 à 910) ; point éclair, 35° C. ; point d'inflammation, 56° C. ;

A Salt Creek : densité, 26° B. (899) ; point éclair, 135° C. ; point d'inflammation, 170 ; par distillation, on obtient facilement de l'huile à cylindre dont le point éclair est 340° ;

A Bonanza, le pétrole est brun rouge, avec une forte fluorescence verte ; il contient 0,0419 de soufre ; il a une densité de 850 :

A Spring Valley, la densité du pétrole est de 833 à 810.

XII. — RÉGION DE L'ALASKA

Le pétrole a été reconnu à la surface du sol en de nombreux points de cette contrée, mais il n'a cependant pas donné lieu jusqu'ici à une exploitation régulière.

Des traces de pétrole ont été signalées sur les rives est de Cooks Inlet, principalement à l'embouchure de Innerskin Bay[1], entre le cap Itima et la montagne du même nom ; à Oil Bay, il y a de nombreuses exsudations pétrolifères ; l'une d'elles forme une source intermittente pouvant fournir plusieurs litres de pétrole par jour, un forage fut entrepris qui donna du pétrole à 150 mètres de profondeur ; plus bas, il donna du gaz et de l'eau.

Un second puits fut foré, en 1904, à 200 mètres à l'ouest du précédent ; il fut abandonné à 140 mètres, à cause des éboulements ; un troisième forage fut exécuté à une petite distance, au sud. Dans une petite anse située à l'est de Oil Bay (Dry Bay), un forage a été exécuté, en 1902, sans résultats ; à 3 kilomètres à l'ouest de ce point, existe une source de gaz de composition inconnue. Au nord de Dry Bay, à Chinitna Bay, il y a des sources de gaz et de pétrole.

Le pétrole se trouve aussi entre Icy Cap et le cap Yatag[2], au nord-ouest du glacier de Malaspina ; le long de cette partie de la côte, sur une longueur de 40 kilomètres, tous les petits courants d'eau sont couverts de taches d'huile.

Entre le cap Sukling et l'embouchure de la Coper River, il y a d'abondantes exsudations pétrolifères. C'est dans cette région, à Controller Bay, que les recherches les plus importantes ont été entreprises.

---

1. Appelée aussi Enochkin Bay, Inischen Bay, Innisken Bay.
2. Ou Yaktag.

Le champ pétrolifère[1] de Controller Bay est à 160 kilomètres environ de Mount Saint-Elias. Controller Bay est protégé, d'une part, par le Cap Suckling au sud-est et par les îles du groupe de Kayak au sud-ouest ; ses bords et ceux de la rivière Chilkat sont bas et plats, mais le terrain se relève dans la direction de Chugach Mountains au nord. Les suintements pétrolifères apparaissent dans des schistes argilo-calcaires avec lits accidentels de grès de calcaire et de conglomérats et de roches glauconieuses, ils s'étendent dans la péninsule entre Controller Bay et Chilkat Lake et vont à l'est au delà de Chilkat River ; ces schistes appartiennent au terrain tertiaire, mais leur épaisseur n'a pu être déterminée.

Les suintements pétrolifères sont très nombreux dans la région de Controller Bay, principalement à 6 kilomètres à l'est de Katalla, où des mares de pétrole se sont formées à leur voisinage.

Dans le haut de Buris Creek, les suintements sont moins accentués que les précédents, mais plus nombreux, et le pétrole émerge entre les lits de schistes calcaires glauconieux ; les ruisseaux entre Burls Creek et Chilkat River ont leurs bords jalonnés par des suintements.

Dans le voisinage de Mount Nitchawack, sur les diverses branches de Nitchawack River, quelques petits lacs de cette région sont parfois couverts de pétrole ; et, sur le cours inférieur de Katalla River, les gaz montent en bouillonnant à travers le courant, en quantité assez considérable, pour que ce bouillonnement soit entendu à une distance d'une centaine de pas.

Il y a de nombreuses sources sulfureuses, sur la rive nord de Chilkat River, à 1 mille environ du village indien de Chilkat.

Les travaux exécutés dans cette région sont :

Un premier puits foré à Controller Bay, en 1901, et abandonné par suite du manque d'outils ;

Un autre forage, fait en 1902, donna une importante production de pétrole à 75 mètres et surtout à 100 mètres ; en juillet 1903, il fut approfondi ;

Un puits, foré à 1.200 mètres du précédent, fut abandonné à 500 mètres sans production importante ; les outils ne permettaient pas d'aller plus loin, étant donné leur faible puissance.

Ces deux puits sont situés suivant la pente des couches, le second au-dessous du premier et, d'après ce qu'on peut voir, il eût fallu arriver à la profondeur de 1.000 mètres, pour retrouver dans le second puits les couches atteintes par le premier.

Un puits de recherche dans une des îles de la rivière Chilkat fut abandonné à 150 mètres sans avoir trouvé l'huile.

Dans le détroit de Shelikoff, à Cold Bay, en face de l'île Kodiak, il y a des suintements de pétrole sur la côte sud-ouest de la presqu'île d'Alaska. Trois sondages ont été exécutés en 1903, sur les bords de Oil Creek, puis un autre a été entrepris le long de Trail Creek, qui se jette dans Cold Bay.

---

1. M. C. Martin, of the U. S. Geological Survey.

On a aussi signalé du pétrole le long de la rivière Yukon (près Mulato) et aussi au cap Sabine sur les bords de l'océan Arctique.

Le pétrole de Controller Bay a une densité de 828, celui de Oil Bay a une densité de 956 et celui de Cold Bay 955.

XIII. — ÉTAT DE ILLINOIS

Un puits foré en 1865, aux environs de Chicago, a donné des traces de pétrole.

Cet État a toujours produit un peu de pétrole depuis une vingtaine d'années, sans qu'il y ait eu de changements notables dans l'importance de la production, jusqu'à la fin de 1904, quand plusieurs forages, aux environs de Casey, donnèrent de 5 à 15 barils par jour, à une profondeur de 100 à 120 mètres, la densité du pétrole était de 860. En décembre 1904, il y avait 12 forages d'exécutés.

Années	Barils	Années	Barils
1889	1.400	1897	500
1890	900	1898	360
1891	700	1899	360
1892	500	1900	200
1893	400	1901	250
1894	300	1902	200
1895	200	1905	181.000
1896	250		

Vers la fin de 1905, les travaux de recherche de pétrole aux environs de Casey (comté de Clark) furent poussés avec activité, et la conséquence fut la découverte d'un nouveau champ pétrolifère s'étendant le long de la frontière de l'Indiana depuis Westfield dans le nord-ouest du comté de Clarck jusqu'à Oblong dans l'ouest du comté de Crawford et embrassant une partie des comtés de Cumberland et de Jasper. Ce centre pétrolifère se trouve à hauteur de Terre Haute dans l'Indiana où le pétrole était exploité depuis longtemps.

Quatre cents puits furent forés dans la première moitié de 1906 et la production s'éleva à 2.000 barils par jour; les travaux continuèrent et la production atteignit 30.000 barils par jour vers la fin de 1906 [1].

Les puits ont une profondeur de 60 à 300 mètres; certains forages ont donné 70.000 mètres cubes de gaz par vingt-quatre heures.

La densité du pétrole varie de 26 à 34° B. (900 à 855).

Dans le champ de Litchfield (comté de Mongomery), on extrait du pétrole de graissage; sa densité est de 22° B.

---

1. En décembre 1906, il y eut environ 350 puits de terminés et 250 en janvier 1907. La quantité de pétrole livré aux pipe-lines pendant le mois de janvier, a été de 791.000 barils (25.500 par jour), la production est en accroissement et doit être voisine de 40.000 barils par jour. Les travaux se sont étendus dans les comtés de Clark, Cumberland, Crawford, Coles, Edgard, Lawrence, Clay, Randolph, Montgommery, Effingham. Les principaux centres de production sont : Westfield, Casey, Oblong, Bridgeport, Robinson, Stoy.

Les puits ont une profondeur de 200 mètres environ.

On produit aussi du pétrole à Washington (comté de Tozewell). Des indications pétrolifères ont aussi été signalées à l'ouest de Cauton (comté de Fulton) ; à Heslier (comté de Kukakees).

Des émanations gazeuses ont. été signalées dans les comtés de Bureau et de Randolph.

XIV. — ÉTAT DE CONNECTICUT

Du bitume solide a été reconnu dans les joints et veines de roches éruptives dans la vallée du Connecticut[1].

Quelques forages ont été entrepris aux environs de Forestville.

XV. — ÉTAT DE MICHIGAN

A Port Huron, comté de Saint-Clair, il y a une douzaine de forages qui produisent du pétrole ayant 38° B. (834) de densité ; le pétrole est trouvé à 160 mètres, dans un calcaire noirâtre ; la production de chaque forage est faible et atteint à peine un baril par puits et par jour.

XVI. — ÉTAT DE MISSOURI

On a foré quelques puits dans cet État vers 1865-1868, dans les comtés de Barton, Bates, La Fayette. Dans ce dernier comté, on fora jusqu'à 180 mètres, en traversant des couches de schiste, de charbon et de calcaire, avec quelques traces de pétrole.

Dans le comté de Ray, il y a plusieurs sources à la surface desquelles on voit des couches minces de pétrole: il y a également de l'asphalte dans cette région. On a fait des recherches à Braymer.

Dans les comtés de Clay, Vernon et Jackson, quelques forages ont donné du pétrole qui est surtout du pétrole de graissage ; en 1905, la production était de 3.000 barils.

XVII. — ÉTAT DE NEBRASKA

En faisant une recherche de charbon, on a trouvé des traces de pétrole à Ponca (comté de Dixon), à Decatur (comté de Burt).

A Willow Creek, dans l'ouest de l'État de Nebraska, on connaît des suintements de pétrole.

XVIII. — ÉTAT DE OREGON

Des recherches ont été faites dans la région de la Snake river, dans la partie centrale du comté de Crook, au nord du comté de Milhuir, à Sand Hollow à Willow Creek, à 20 kilomètres au nord de Vale.

---

1. J.-C. Percival, *Geol. of Connecticut.*

XIX. — ÉTAT DE WASHINGTON

Des recherches ont été entreprises dans ces dernières années en plusieurs points de cet État, notamment à Des Moines, Fairhaven, La Push, sur la rivière Hoh, à Grays Harbor, Spokane.

A La Push, on a trouvé une certaine quantité de pétrole, mais, cependant, jusqu'ici, il n'y a pas d'exploitation suivie.

XX. — ÉTAT DE NEVADA

Il existe des indications pétrolifères dans le comté de Lincoln et le long de la rivière Humbolt, en face de Elko ; on a fait, en ce point, des recherches sans grand succès.

XXI. — ÉTAT DE MONTANA

La découverte du pétrole en quantité exploitable à South Kootenay Pass, sur le territoire canadien, tout près de la frontière nord de l'État de Montana, attire naturellement l'attention vers cette région d'autant plus qu'il existe des suintements pétrolifères importants sur le territoire du Montana dans les environs du point où le pétrole a été trouvé au Canada. La South Kootenay Pass se trouve presque exactement au point où le méridien 114 ouest (Grenwhich) coupe la frontière canadienne.

Sur le parcours de la North Fork Hathead River se trouvent deux lacs, Kintla inférieur et Kintla supérieur ; entre ces lacs et sur la rive Est, des suintements de pétrole avaient déjà été constatés, et un grand nombre de claims avaient été pris, sans, pour cela, que les travaux eussent été entrepris avec grande activité ; le forage de deux puits productifs, l'un en 1901, l'autre en 1905, sur la partie canadienne de la région, donnera probablement une extension plus grande aux travaux de recherches.

Dans d'autres parties de l'État, il y a d'autres indications de la présence du pétrole : à 80 kilomètres au nord de Helena, se trouve un gisement important de schistes bitumineux ayant 10 kilomètres de long, sur une épaisseur variant de 2 à 4 mètres ; dans les comtés de Sweetgrass Carbon et Beaverhead, des indications pétrolifères ont été constatées ; et quelques travaux de recherches entrepris dans le comté de Carbon, au pied de Beartooth Mountain, ont donné du pétrole lourd.

XXII. — ÉTAT DE ARIZONA

On a signalé des traces de pétrole aux environs de Douglas.

XXIII. — ÉTAT DE ALABAMA

Des puits ont été forés en divers points de cet État, mais n'ont donné que de petites quantités de pétrole. Les recherches ont été faites à 12 kilomètres de Predmont (comté de Calhoun), dans la Tennessee Valley, à Mobile et sur la Gulf coast.

XXIV. — ÉTAT DE LA FLORIDE

On a signalé des traces de pétrole en différents points de la côte, notamment aux environs de Pensacola.

PRODUCTION DU GAZ NATUREL AUX ÉTATS-UNIS

Indépendamment de l'extraction du pétrole et quelquefois concurremment avec elle, il se fait aux États-Unis une extraction importante de gaz combustibles naturels.

Bien que la présence du gaz naturel dans les couches qui produisent le pétrole ait été signalée dans les pages précédentes à plusieurs reprises, il nous semble utile de dire spécialement quelques mots de cette industrie dont l'importance en dehors des États-Unis est à peine soupçonnée[1].

La valeur totale des gaz naturels extraits aux États-Unis, en 1905, a été de 41.562.855 dollars, soit plus de 200 millions de francs[2].

RELEVÉ DES CONSOMMATEURS DE GAZ NATUREL PENDANT L'ANNÉE 1905

NOMS DES ÉTATS	NOMBRE DE FOYERS domestiques alimentés	ÉTABLISSEMENTS INDUSTRIELS					
		FORGES	ACIÉRIES	VERRERIES	CÉRAMIQUE	DIVERS	TOTAL
Pensylvanie	257.416	43	66	109	43	2.584	2.845
Ohio	274.585	14	14	34	39	2.854	2.955
West Virginia	45.588	14	4	37	19	1.343	1.417
Indiana	63.194	5	2	52	11	161	231
New-York	67.848	»	2	4	»	444	447
Kansas	46.852	5	»	20	33	543	601
Kentucky et Tennessee	13.106	»	1	»	»	5	6
Californie	4.522	»	»	»	»	10	10
Oklahoma et Indian Territory	3.272	»	1	1	8	29	39
Arkansas et Wyoming	1.602	»	»	»	»	3	3
Colorado	715	»	»	»	»	3	3
South Dakota	316	»	»	»	»	2	2
Texas et Alabama	220	»	»	»	»	3	3
Missouri	213	»	»	»	»	3	3
Illinois	180	»	»	»	»	3	3
Louisiana	»	»	»	»	»	1	1
Total	779.638	81	90	257	153	7.998	8.569

1. En dehors des États-Unis, la production du gaz naturel ne se fait sur une assez vaste échelle qu'au Canada. Il y a encore lieu de citer les environs de Wells, en Autriche, et le comté de Sussex, en Angleterre ; mais dans ces deux dernières régions la production est pour le moment insignifiante.

2. En admettant un prix moyen de vente de 3 centimes au mètre cube, cela correspondrait à une production de plus de 6.600.000.000 mètres cubes.

VALEUR DE LA PRODUCTION DU GAZ NATUREL DANS LES DIFFÉRENTS ÉTATS DES ÉTATS-UNIS[1]

(EN DOLLARS)

ANNÉES	PENSYLVANIE	NEW-YORK	OHIO	WEST VIRGINIA	ILLINOIS	INDIANA	KANSAS	MISSOURI	CALIFORNIE	KENTUCKY et TENNESSEE
1882	75.000	»	»	»	»	»	»	»	»	»
1883	200.000	»	»	»	»	»	»	»	»	»
1884	1.100.000	»	»	»	»	»	»	»	»	»
1885	4.500.000	196.000	100.000	40.000	1.200	»	»	»	»	»
1886	9.000.000	210.000	400.000	60.000	4.000	300.000	6.000	»	»	»
1887	13.749.000	333.000	1.000.000	120.000	»	600.000	»	»	»	»
1888	19.282.000	332.000	1.500.000	120.000	»	1.300.000	»	»	»	»
1889	11.593.000	530.000	5.215.669	12.000	10.000	2.075.702	15.000	35.000	12.600	2.500
1890	9.551.025	552.000	4.684.000	5.400	6.000	2.302.500	12.000	10.000	33.000	30.000
1891	7.834.016	280.000	3.076.325	35.000	6.000	3.942.500	5.500	1.500	30.000	38.993
1892	7.376.281	216.000	2.136.000	70.500	12.988	4.716.000	40.795	3.775	55.000	43.175
1893	6.488.000	210.000	1.510.000	123.000	14.000	5.718.000	50.000	2.100	62.000	68.500
1894	6.279.000	249.000	1.276.100	395.000	15.000	5.437.000	86.600	4.504	60.350	89.200
1895	5.852.000	241.000	1.255.000	100.000	7.500	5.203.000	112.000	3.500	55.000	98.700
1896	5.528.000	256.000	1.172.000	640.000	6.375	5.043.635	124.750	1.500	55.682	99.000
1897	6.242.543	200.076	1.171.777	912.528	5.000	5.009.208	105.700	500	50.000	90.000
1898	6.806.742	229.078	1.488.308	1.334.023	2.498	5.060.969	174.640	145	65.337	103.133
1899	8.337.210	294.593	1.866.271	2.335.864	2.067	6.680.370	332.592	290	86.891	125.745
1900	10.215.412	335.367	2.178.234	2.959.032	1.700	7.254.539	356.900	547	79.083	286.243
1901	12.688.161	293.232	2.147.215	3.954.472	1.825	6.954.566	659.173	1.328	67.602	270.871
1902	14.352.183	346.471	2.355.458	5.390.181	1.844	7.081.344	824.431	2.154	120.648	365.656
1903	16.182.834	493.686	4.479.040	6.882.359	3.310	6.098.364	1.123.849	7.070	104.521	390.601
1904	18.139.914	522.575	5.315.564	8.114.249	4.715	4.342.404	1.517.643	6.285	114.195	322.404
1905	19.197.336	623.254	5.721.462	10.075.804	7.223	3.094.134	2.261.836	7.390	133.696	237.590

1. La statistique en valeur est la seule possible, beaucoup de ventes se faisant par abonnement, sans qu'il soit possible de contrôler d'une façon sérieuse la quantité de gaz consommé.

Les principales régions productives de gaz aux États-Unis se trouvent dans le voisinage des bassins pétrolifères ; elles accompagnent les régions productives de pétrole dans le bassin des Appalaches, de l'Ohio et de l'Indiana. Dans les Appalaches, le gaz est produit par les mêmes couches de grès et de sable qui donnent du pétrole ; dans l'Ohio et dans l'Indiana, le gaz vient du calcaire du Trenton et du calcaire de Clinton.

La composition moyenne des gaz combustibles naturels recueillis aux États-Unis est la suivante :

	PENSYLVANIE et WEST VIRGINIA	OHIO et INDIANA	KANSAS	LOUISIANE (CADDO)
		moyenne		
Méthane CH^4	80,85	93,60	93,65	95,00
Autres hydrocarbures	14,00	0,30	0,25	»
Azote	4,60	3,60	4,80	2,56
Acide carbonique	0,05	0,20	0,30	2,34
Oxyde de carbone	0,40	0,50	1,00	»
Hydrogène	0,10	1,50	0,00	»
— sulfuré	0,00	0,15	0,00	0,01
Oxygène	traces	0,15	0,00	»
Total	100,00	100,00	100,00	99,91
Densité	0,624	0,637	0,645	»
Pouvoir calorifique au mètre cube (g^d cal.)	10,280	9,780	9,840	»

État de Pensylvanie. — La production du gaz naturel en Pensylvanie a d'abord augmenté rapidement jusqu'en 1888 ; puis, cette production a subi une décroissance marquée jusqu'en 1896, époque à laquelle une augmentation lente et persistante a ramené la production, en 1905, à être ce qu'elle était en 1888 ; les régions qui ont fourni cette augmentation sont principalement situées dans les comtés de Armstrong et Clarion.

Les principaux champs de production de gaz de l'État de Pensylvanie sont : Mount Jewet, Kane, Wilcox, Roy et Archer, Johnsonburg, Millstone, Sheffield, Clarendon, West Hickory, Speechley, Brookville, Cande Creek, Newton, Marionville, Clarion, Millville, Harrisville, Centerville, Kittaning, Saxon Station, Baden, Economy, Bakerstown, Lardintown, Freeport, Tarentum, Leechburg, Apollo, Pine Run, Homewood, Murraysville, Grapeville, Latobre, Beaver, Hickory, Ridgeville, Jefferson, Cannonsburg, Washington, Manifold, Bellevernon, Brownsville, Fayette, Mount Moris, Webster, Bellsville, Dunkard, Masontown, Hadenton, Rider.

A la fin de décembre 1905, il y avait 7.000 forages produisant du gaz ; on avait foré dans l'année 765 puits productifs et 168 secs ; 262 forages avaient été abandonnés ; la longueur totale des conduites destinées à la canalisation de gaz naturel était de 19.400 kilomètres.

État de West Virginia. — La production suit une marche ascendante qui se prolongera sans doute pendant longtemps, étant donné la surface reconnue comme susceptible de donner du gaz.

Les puits forés dans cet État ont donné de très fortes productions individuelles; plusieurs puits ont produit chacun 700.000 mètres cubes de gaz par vingt-quatre heures; la pression initiale des gaz étant de 70 à 90 kilogrammes par centimètre carré, la profondeur des forages variant de 700 à 900 mètres. Les principales localités qui produisent du gaz dans cet État sont : Wellsburg, Elm Grove, Cameron, Fish Creek, Pine Grove, Connway, Jacksonburg, Big Moses, Sistersville, Folsom Sedalia et Cascara, Logausport, Pleasantville, Mannington Mount Moris, Jimtown, Goodhope, Benson, Jane Lew, Weston, Smithton, Camp, West Union, Grove, Hebron, Horseneck, Ellenbora, Mac Farlon, Taunersville, Grantsville, Stumptown, Saudy Creek, Brownstown Racine, Milton, Warfield, Moorsville, Plat Fork.

A la fin de décembre 1905, il y avait 1.582 forages productifs; 385 forages productifs avaient été exécutés dans l'année 1905; 28 forages n'avaient rien donné, et 77 avaient été abandonnés; la longueur totale des conduites pour le gaz naturel était de 6.400 kilomètres.

État de l'Ohio. — Le gaz naturel est produit dans l'État de l'Ohio en trois régions différentes dans la région du sud-est qui se rattache à la zone pétrolifère du champ des Appalaches, dans la région du nord-ouest qui est la région pétrolifère de Lima et, enfin, dans une région centrale où il n'y a jusqu'ici pas de production de pétrole (ou plus exactement une production très insignifiante d'huile).

A ces trois régions correspondent trois niveaux géologiques producteurs différents. Dans le sud-est c'est le Bereagrit et le Salt Sand ; dans le nord-ouest, c'est le calcaire du Trenton ; dans le centre le calcaire de Clinton.

Dans les environs de Findlay (comté de Hancock), des venues de gaz avaient été reconnues depuis longtemps le long des rives de la rivière Blanchard ainsi que dans les puits à eaux et dans les tranchées creusées pour faciliter l'écoulement des eaux. En 1836, dans une excavation de 3 mètres de profondeur, l'afflux de gaz fut assez abondant pour brûler pendant trois mois après avoir été enflammé. En 1838, dans la ville même de Findlay, un propriétaire capta le gaz qui se dégageait sur sa propriété et éclaira son habitation par ce moyen, cette installation rudimentaire fonctionnait encore en 1884. En 1866, il était employé à Gambier (comté de Coshocton) pour faire du noir de fumée et, en 1874, à East Liverpool pour les usages domestiques.

L'emploi industriel et courant du gaz naturel dans l'État de Pensylvanie détermina les habitants de l'État de l'Ohio à rechercher si les manifestations gazeuses depuis longtemps connues ne correspondraient pas à l'existence de ressources importantes de gaz naturel dans la profondeur du sol; une société fut formée et un premier forage exécuté à la fin de 1884, ne donna qu'une petite quantité de gaz. La Findlay Gas Light C° qui éclairait la ville à l'aide de gaz de houille, sentant sa situation menacée, commença de son côté, à faire des recherches; un premier forage lui donna une petite quantité de gaz qu'elle fit passer dans ses conduites; un troisième forage ne donna pas de bien meilleurs résultats, mais le quatrième produisit 35.000 mètres cubes de gaz par vingt-quatre heures avec un peu de pétrole, dont la quantité augmenta peu à peu jusqu'à 5 barils par jour, à la fin de 1885; plus tard, le pétrole augmenta jusqu'à 20 barils par jour, à la suite du forage dans le voisinage d'un sondage (sondage Karg), qui produisit une quantité importante de gaz, tout en déterminant une baisse de production du gaz dans le quatrième puits. Le septième forage donna 93.000 mètres cubes de gaz par jour, le huitième forage ne donna d'abord rien, ni gaz ni pétrole; mais, après avoir été torpillé avec 93 litres de nitro-glycérine, il donna 300 barils de pétrole par jour.

Le treizième forage fut le fameux forage Karg, situé près de la station du chemin de fer : à 338 mètres, il rencontra le calcaire du Trenton, mais ne donna que peu de gaz; en approfondissant à 348 mètres, l'afflux de gaz devint si considérable que les outils soulevés dans le forage ne permirent pas de continuer les travaux : il produisait alors 336.000 mètres cubes par vingt-quatre heures; le jet de gaz, ayant été allumé, se voyait, la nuit, à plus de 60 kilomètres, et le sifflement du jet s'entendait à près de 5 kilomètres [1].

En 1888, le dix-huitième puits était terminé, et les sondages s'étendaient depuis Bowling Green (comté de Wood) au nord jusqu'à Findlay, au sud sur une longueur de plus de 40 kilomètres et une largeur de 24.

Plusieurs Compagnies furent formées pour exploiter le nouveau combustible, et la concurrence fit baisser le prix de 5 francs par mois et par feu domestique à 2^{fr},50; plus tard, la fusion des diverses Sociétés amena un relèvement des cours; en 1902, le prix du gaz était de 5 centimes par mètre cube.

Pour attirer de nouvelles industries dans la contrée, le gaz leur fut accordé gratuitement pendant cinq ans, et le terrain leur était abandonné sans paiement; il semblait que le gaz devait exister en quantités illimitées; aussi fut-il gaspillé de toutes les manières; la municipalité elle-même donna l'exemple en laissant les becs de gaz allumés nuit et jour pour éviter la dépense de l'allumage et de l'extinction.

Mais, en 1888, le gaz commença à faire défaut, et il fallut arriver à une exploitation moins déraisonnable.

A Bowling Green, les mêmes exagérations se produisirent, et le champ de gaz y fut aussi mis à contribution d'une façon inconsidérée; aussi la pression baissa-t-elle rapidement : elle était de 31 kilogrammes par centimètre carré en 1887, de 27 kilogrammes en 1888, de 20 kilogrammes en 1889, et de 10 kilogrammes en 1890.

Le territoire à gaz qui avoisine la ville de Findlay est maintenant à peu

---

1. Il est à remarquer que la Findlay Municipal natural Gasplant refusa de faire l'acquisition de ce puits et en fit forer un à une distance de 18 mètres qui ne donna que des quantités de gaz insignifiantes.

près complètement épuisé, et la ville va chercher son gaz dans les comtés de Cass et Marion situés plus à l'est.

Le district à gaz du nord-ouest de l'Ohio (calcaire du Trenton) a 1.500 kilomètres carrés de superficie.

Dans le centre de l'Ohio, le gaz vient du calcaire de Clinton, et le pétrole ne s'y trouve qu'en très petites quantités, le seul champ pétrolifère exploité étant celui du Comté de Vinton. Il y a quatre centres de production du gaz : deux très importants, Sugar Grove au sud et Homer au nord, entre les deux, ceux de Thurston (comté de Fairfield) et Newark (comté de Licking) qui sont beaucoup moins importants ; le plus important de ces champs à gaz est celui de Sugar Grove qui a 25 kilomètres de long sur 17 de large.

La découverte du gaz à Sugar Grove suivit de près celle du champ de Findlay ; le même gaspillage se produisit ; un forage ayant été exécuté près du champ de course, celui-ci fut illuminé la nuit et des courses eurent lieu au milieu de cette illumination d'un nouveau genre [1].

Le gaz fut donné gratuitement aux industriels qui venaient s'installer dans la région [2] ; à partir de 1889, la diminution de la production obligea à employer des mesures plus conservatrices ; des compteurs à gaz furent installés chez les consommateurs pour contrôler la production, et ce changement était complet vers la fin de 1902 ; le tarif appliqué était de 1ᶜ,8 par mètre cube pour la consommation domestique et 1ᶜ,1 pour la consommation industrielle.

Dans le champ de Homer, le premier forage pour le gaz date de juillet 1900. A cette date, la pression statique était de 50 kilogrammes par centimètre carré ; en 1902, elle avait baissé à 14 kilogrammes.

Les principales localités de l'Ohio où l'on recueille du gaz sont : Liverpool, Wellsville, New Waterford, Homeworth, Jefferson, Alliance, Toronto, Knoxville, Empire, Scio, Jewett, Barnesville, Jerusalem, Woosfield, Harmony, Dudley, Wingett, Palmer, Vincent, Mac Connesville, Oakfield, Corning, Muddy Fork, Athens, Homer, Thurson, Sugar Grove, Newark.

A la fin de décembre 1905, il y avait, dans l'État de l'Ohio, 1.865 forages producteurs de gaz ; 342 forages producteurs, et 58 secs avaient été exécutés dans l'année ; 138 avaient été abandonnés ; la longueur des conduites de gaz était de 10.000 kilomètres.

État de Indiana. — En 1876, un puits foré pour rechercher du charbon fut abandonné à 180 mètres de profondeur ; il avait donné du gaz qui, enflammé, produisait une flamme de 0ᵐ,60 à l'extrémité d'un tube de 50 mil-

---

1. By this means, the track was lighted up at night as never race track was lighted before, and the trials of speed went forward under this wanton illumination. The idea was novel and the scene unique and brillant but the waste was barbaric all the same.

2. The strange folly that seems bound up in the heart of a municipal corporation when it obtains a good supply of gas, that it must find some one who can use the fuel up in the largest way and most rapidly to whom to give it without money and without price broke out also in Lancaster. An ill omened arch bearing the illuminated inscription « Free gas to manufacturers » spans the main street of the town at the Railroad Crossing (*Geol. surv. Ohio*, 1890).

limètres de diamètre; mais, néanmoins, aucune recherche pour le gaz ne fut entreprise jusqu'au moment où, en 1886, commença l'exploitation du champ à gaz de Findlay (Ohio). A cette époque, on reprit les travaux du puits abandonné, et, à 270 mètres, le gaz fut rencontré dans le calcaire du Trenton.

Les couches traversées étaient :

	Mètres
Calcaire du Niagara	60
Terrains de l'Hudson River et schistes d'Utica	210
Calcaire du Trenton	10

Les comtés où le gaz a été exploité sont ceux de Howard Tipton, Hamilton, Grant, Madison, Blackford, Delaware, Jay, Randolph.

Les profondeurs des puits sont partout à peu près les mêmes :

VILLES	COMTÉS	NIVEAU DU SOL	PROFONDEUR DES FORAGES
		Pieds	Pieds
Kokomo	Howard	839	904
Marion	Grant	841	900
Hartford	Blakford	895	889
Portland	Jay	904	965
Noblesville	Hamilton	770	843
Anderson	Madison	880	857
Muncie	Delaware	940	868
Winchester	Randolph	1.089	1.065

Dans son ensemble, la structure de la couche du calcaire du Trenton est celle d'un dôme.

L'eau qui accompagne le gaz a donné à l'analyse :

Chlorure de sodium	26 grains
— de magnésium	2 —
— de potassium	traces
Sulfate de soude	3 grains
Oxyde de fer	3 —
Iodure de magnésium	3 —
Sulfate de magnésie	3 —
— de chaux	10 —
Chlorure de calcium	traces
Pétrole	—

En 1886, la pression du gaz était de 23 kilogrammes par centimètre carré : elle était tombée à 3^{kg},5 en 1902, et, malgré l'emploi de ventilateur aspirant et de pompes aspirantes, la production n'a pas cessé de décroître, et les terrains qui, autrefois, produisaient du gaz produisent actuellement du pétrole à un niveau inférieur de 100 mètres environ à celui qui produisait du gaz.

A la fin de 1905, il y avait 4.000 puits produisant du gaz; 252 nouveaux puits avaient été forés et, en outre, 74 n'avaient rien donné; 730 forages avaient été abandonnés, il y avait 5.000 kilomètres de conduites à gaz.

Etat de Kansas[1]. — Le champ producteur de gaz s'étend depuis Paola par une série de zones productives jusqu'aux territoires indiens, dans les comtés de Miami, Allen, Keosho, Crawford, Wilson, Montgommery et Labette.

Les premiers champs importants furent exploités dans le comté de Allen aux environs de Iola, Gas City et La Harpe, et dans le comté de Montgommery aux environs de Cherryvale, Independance et Coffeyville.

Le gaz se trouve dans les grès et sables intercalés dans les schistes Cherokee qui sont à la base du terrain carbonifère. La formation qui produit le gaz n'est pas continue et les niveaux gazeux se répartissent d'une façon assez indéterminée dans les 130 mètres d'épaisseur des schistes Cherokées. La profondeur des forages s'accroît à mesure qu'on avance vers l'ouest, la profondeur variant de 210 à 350 mètres, certains d'entre eux ont produit 280.000 mètres cubes de gaz par vingt-quatre heures, la pression initiale du gaz est de 23 kilogrammes par centimètre carré.

A la fin de 1905, il y avait 1.286 forages productifs; 340 forages productifs avaient été forés et, en plus, 137 n'avaient rien donné, 83 puits avaient été abandonnés; il y avait 2.500 kilomètres de conduites à gaz.

État de la Louisiane. — Ainsi que cela a été dit (p. 229), les efforts faits pour développer à Caddo (Louisiane) la production du pétrole ont surtout contribué à amener au jour de grandes quantités de gaz naturel. Vers le milieu de l'année 1907 la production du gaz à Caddo était de 4.000.000 de mètres cubes par jour.

Il y a une dizaine de puits dont la production est particulièrement importante : ils fournissent chacun entre 24.000 mètres cubes et 800.000 mètres cubes par jour; le gaz vient surtout d'un niveau situé vers 240 mètres; cependant un forage a donné 700.000 mètres cubes par jour à la profondeur de 660 mètres.

Le gaz est employé à Shreveport pour la consommation domestique; deux Compagnies ont installé des conduites pour sa distribution.

II

CANADA. — TERRE-NEUVE

L'industrie pétrolifère du Canada, après avoir connu, vers 1862, des débuts florissants, où l'on obtint des puits donnant jusqu'à 7.000 barils par jour, n'a pas vu son développement justifier les espérances qu'un tel début avait pu faire concevoir. Bien qu'il y ait actuellement plus de 10.000 forages

1. Voir aussi, page 188, pour l'historique du développement de la production du gaz au Kansas.

productifs, ce qui suppose qu'un nombre bien plus considérable a été exécuté presque tous ces puits sont concentrés sur une surface assez restreinte dans le sud de la province d'Ontario (voir planche III), et leur production moyenne n'atteint guère qu'un cinquième de baril par puits et par jour ; certaines exploitations même n'arrivent pas à cette moyenne et, par exemple, une exploitation avec 362 puits donnait, vers 1901, 0,158 baril par puits et par jour.

Le bénéfice net moyen ne dépasse pas 5 0/0 de l'argent engagé dans cette industrie. Pour exploiter des puits à aussi faible production moyenne, il a fallu recourir au pompage par station centrale. Généralement la machine unique, qui commande, par renvoi de mouvement, tous les puits d'une région, dans un rayon pouvant s'étendre à $1^{km},5$ a une force de 50 chevaux et actionne une soixantaine de pompes donnant une dépense de force de 0,833 cheval par puits. Certaines exploitations commandent même d'une station centrale unique un plus grand nombre de puits : on peut citer une entreprise qui, avec 2 machines de 20 chevaux, actionne 270 puits, soit une dépense de force de 0,146 cheval par puits.

Mais l'économie même de ce système de pompage, ne suffirait pas à permettre l'exploitation d'un champ d'une richesse aussi faible, si les puits peu profonds n'étaient forés dans un terrain qui permette de les établir à peu de frais. Les puits forés actuellement ne coûtent pas plus de 4.000 francs à exécuter.

En dehors des anciennes régions pétrolifères de l'Ontario, le pétrole a été recherché dans le Nouveau-Brunswick et dans la Nouvelle-Écosse, jusqu'ici sans résultats bien satisfaisants ; mais de nouvelles régions où peu de travaux ont encore été exécutés et qui sont situées, d'une part, dans les Montagnes Rocheuses près de la frontière des États-Unis et, d'autre part, dans le nord de la province d'Alberta et du territoire de Mackenzie, peuvent laisser espérer que l'industrie pétrolifère du Canada, pourra, dans l'avenir, connaître des jours meilleurs.

PRODUCTION DU CANADA (EN TONNES)

Années	Tonnes	Années	Tonnes
1881	46.500	1893	104.000
1882	47.600	1894	108.000
1883	56.200	1895	94.500
1884	69.500	1896	95.000
1885	69.600	1897	92.200
1886	76.000	1898	99.000
1887	93.200	1899	105.000
1888	90.500	1900	92.500
1889	91.000	1901	98.500
1890	103.500	1902	69.000
1891	98.200	1903	62.600
1892	101.500	1904	69.000 [1]

1. En 1905, la production a été de 83.000 tonnes.

PRODUCTION DES DIFFÉRENTS CHAMPS D'EXPLOITATION DU CANADA (EN TONNES)
DE 1898 A 1904

CHAMPS D'EXPLOITATION	1898	1899	1900	1901	1902	1903	1904
Petrolia..............	66.700	68.700	70.400	56.700	51.700	46.600	36.200
Oil Spring...........	17.300	13.800	12.800	9.980	7.800	7.300	9.820
Bothwell.............	8.650	8.460	6.150	6.900	6.530	6.300	6.200
Plympton............	3.260	»	»	»	»	»	»
Dawn................	650	»	»	»	»	»	»
Euphemia............	680	»	»	»	»	»	»
Zone................	117	»	»	»	»	»	»
Dutton	»	482	624	1.380	1.152	2.700	1.850
Raleigh..............	»	»	»	»	320	151	426
Moore...............	»	»	»	»	»	»	4.310
Leamington..........	»	»	»	»	»	155	3.290
Wheatley............	»	»	»	»	»	156	585
Pelee Island	»	»	»	»	»	»	160
Blythes Wood........	»	»	»	»	»	»	87
Comber..............	»	»	»	»	»	»	12
Thamesville.........	»	»	»	»	»	»	650

D'après la statistique de la production du Canada, qui indique une décroissance à peu près constante depuis 1899, il pourrait sembler que, tout au moins dans les anciens districts exploités dans l'Ontario, il n'y a plus de résultats bien satifaisants à attendre.

Il resterait, il est vrai, les nombreux territoires où aucune recherche sérieuse n'a encore été faite, mais où les indices pétrolifères ont été signalés en assez grand nombre pour laisser espérer dans l'avenir la découverte de centres de production assez importants, quoique ces régions soient, pour le moment, à peu près complètement privées de moyens de communications.

Cependant il se pourrait bien que, dans cette contrée, qui fut une des premières à développer son industrie pétrolifère, les recherches et l'exploitation, n'aient pas été poussées avec toute l'énergie nécessaire.

En effet, si l'on prend la statistique de production d'une compagnie de formation relativement récente, la Canadian Oil Fields Cº, qui a repris les terrains dont une partie cependant avait été à peu près complètement exploitée depuis un certain nombre d'années, on voit que cette production croît d'une façon assez rapide.

Les terrains de cette Société se trouvent cependant dans cette partie des anciens territoires de l'Ontario dont la statistique totale est en décroissance; ils sont situés à Petrolia, Oil Springs et dans le district de Moore, et la production, qui, au moment de la reprise de la concession en 1901, était de 20.848 barils, est devenue successivement de 25.000 barils en 1903 (quatorze mois); 22.799, en 1904; 32.000 barils, en 1905; et cela en laissant un profit assez important.

LE PÉTROLE DANS LA PROVINCE D'ONTARIO

La plus grande partie du pétrole produit au Canada est extraite dans une

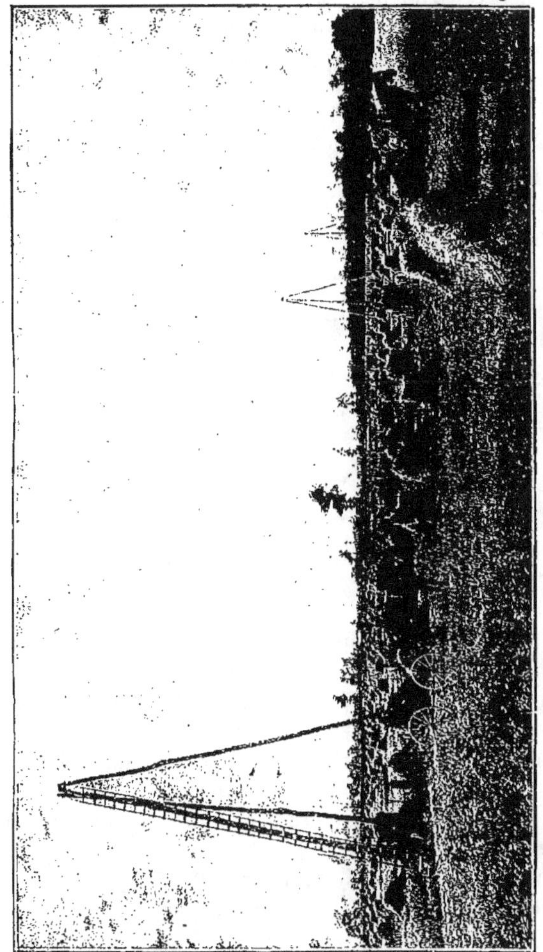

Fig. 225. — Exploitation pétrolifère au Canada, province d'Ontario.

zone relativement peu étendue, située dans la province d'Ontario (*fig.* 225);
elle comprend : dans le comté de Lambton, les districts d'Enniskillen et
Dawn; récemment l'exploitation s'est étendue aux districts voisins de Moore
et Sarnia; dans le comté de Kent, le district de Zone et son voisin Euphemia
du comté de Lambton.

Les principaux centres d'exploitation sont :

Dans le district d'Enniskillen, Petrolia, avec 8.000 puits; Oil Springs, avec 2.000 puits.

Dans le district de Zone : Bothvell, avec 300 puits.

Les terrains de la partie méridionale de la province d'Ontario, où se sont concentrées la majeure partie des recherches entreprises au Canada pour trouver soit du pétrole, soit des gaz naturels, s'étendent au sud d'une ligne passant par Kingston à l'extrémité nord-est du lac Ontario et Southampton vers le milieu de la côte est du lac Huron, et suivant à peu près le parallèle N.44° 30′; les couches géologiques qu'on y rencontre sont, en commençant par les plus récentes :

		Mètres	Épaisseur moyenne en mètres
Alluvions modernes		0 à 46	23
Dévonien	Portage et Chemung	8 à 60	34
	Hamilton	110	55
	Corniferous	50 à 90	70
	Orisnaky	2 à 8	5
Silurien	Lower Helderberg / Salina	90 à 300	195
	Guelph	40 à 48	44
	Niagara	30 à 40	35
	Clinton	9 à 46	27,50
	Médina	180 à 240	210
Cambro-silurien	Hudson River	150 à 270	210
	Utica	90 à 120	105
	Trenton / Black River	180 à 240	210

Le pétrole vient du Corniferous Limestone (calcaire cornifère), et les gisements se trouvent sur le sommet des anticlinaux.

Au début de l'industrie pétrolifère, les puits du Canada étaient creusés à la main dans la partie superficielle et cuvelés jusqu'au roc dur, puis, à partir de cette profondeur, le puits était foré à l'aide d'un appareil rudimentaire appelé « spring-pole ». Plus tard, le système américain de sondage à la corde fut introduit, et ce ne fut qu'ultérieurement que le système de forage dit canadien prit naissance.

La densité du pétrole du Canada varie de 840 à 870; il a une odeur sulfureuse et contient jusqu'à 2 1/2 0/0 de soufre, ce qui rend le raffinage assez difficile.

Tout le pétrole de la région de Lambton est distillé à Sarnia.

Dans la province d'Ontario, le pétrole fut découvert en 1860, dans le comté de Lambton, par M. Tripp, qui le trouva dans un puits creusé pour chercher de l'eau, et le premier puits jaillissant fut obtenu le 19 février 1862 par James Shaw à 49 mètres.

Les forages qui ont donné les productions les plus importantes sont les suivants, en les rangeant par ordre de profondeur croissante.

PROPRIÉTAIRES	SITUATION	PROFONDEUR EN MÈTRES	DÉBIT JOURNALIER EN BARILS
CANTON D'ENNISKILLEN — CONCESSION II [1]			
Purdy	Lot 19	38	1.000
Chaudler	— 18	41,50	100
Ce puits est approfondi par :			
Jewry et Eroy	à	46	2.000
Le premier puits jaillissant du Canada est le suivant :			
Shaw	Lot 18	49	3.000
Mac Lane	— 18	49,50	3.000
Sambour et Shamson	— 18	49,50	2.000
Campbel et Forsyth	— 18	49,50	1.000
Wilkers	— 18	49,50	2.000
Bradley	— 18	49,80	3.000
Webster et Shepley	— 18	51	6.000
Allen	— 17	53,80	2.000
Petit	— 19	54,30	3.000
Mac Call	— 17	57	1.200
Swaw	— 18	57,50	6.000
CONCESSION I			
Fiero	— 19	64,50	6.000
Black et Mathewson	— 17	72,50	7.500

Comté de Lambton. — District d'Enniskillen. — Champs pétrolifères de

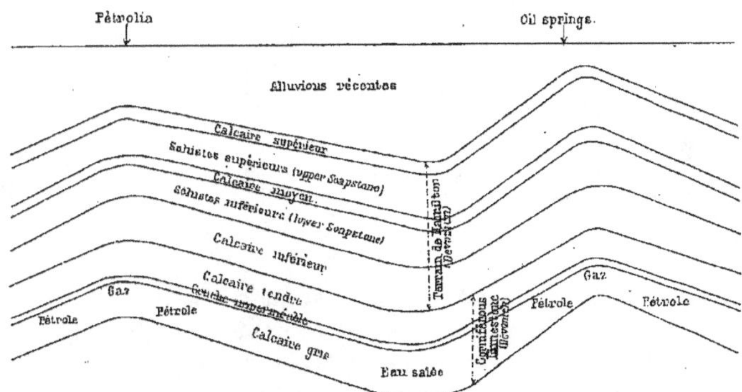

Fig. 226. — Coupe géologique entre Pétrolia et Oil Spring.

Petrolia et Oil Spring. — Dans le comté de Lambton, on trouve les deux champs pétrolifères de Petrolia et Oil Spring.

1. Au Canada, le Manitoba, le Saskatcheven et l'Alberta sont divisés en cantons quadrilatères, partagés eux-mêmes en 36 sections ayant une surface aussi approchée de 1 mille carré (2^{km2},5899) que le permet la convergence des méridiens ; le numérotage des sections suit le même ordre dans tous les cantons ; chaque section est divisée en 1/4 nord-ouest, nord-est, sud-ouest, sud-est, et chacun de ces quarts est encore divisé en 1/4, donnant par section 16 subdivisions légales.

Le champ pétrolifère de Petrolia (ou Petrolea) a environ 80 kilomètres carrés; il s'étend sur une longueur de 23 kilomètres environ dans une direction ouest-nord-ouest.

Entre le champ pétrolifère de Petrolia et celui de Oil Spring se trouve un synclinal très nettement indiqué (*fig.* 226), dépourvu de pétrole.

Le terrain, sous la ville même de Petrolia, a la constitution suivante :

	Pieds		m. c.
Alluvions récentes	104		31,80
Calcaire supérieur	40		12,20
Schistes supérieurs (upper soapstone)	130		39,80
Calcaire moyen	15	Hamilton	4,60
Schistes inférieurs (lower soapstone)	43		13,10
Calcaire inférieur	68		20,80
— tendre	40	Corniferous	12,20
— gris	25		7,70
TOTAL	465		141,30

Le pétrole vient du Corniferous Limestone.

Des puits plus profonds ont été forés pour rechercher s'il n'y avait pas d'horizon pétrolifère exploitable à une plus grande profondeur, l'un d'eux a rencontré les terrains suivants :

	Pieds		m. c.
Alluvions récentes	104		31,80
Calcaire	40		12,20
Schistes	130		39,80
Calcaire	15	Hamilton	4,60
Schistes	42		13,10
Calcaire	68		20,80
— tendre	40		12,20
— gris	25	Corniferous	7,70
— gris foncé	135		41,20
— blanc dur	500		152,25
(Ce dernier calcaire contient des couches de 2 à 5 pieds de grès dur.)			
Gypse	80	Onondaga et Oriskany	24,40
Sel et schistes	105		32,10
Gypse	80		24,40
Sel et schiste	140		42,80
TOTAL	1.505		459,15

Ces puits n'ont pas donné de résultats, mais il faut reconnaître que, eu égard à l'importance du problème qu'ils avaient l'intention de résoudre, la profondeur à laquelle on s'est arrêté est beaucoup trop faible.

Le champ pétrolifère de Oil Spring a environ 10 kilomètres carrés.

Les terrains traversés à Oil Spring sont les suivants :

1° A l'est :

	Pieds		m. c.
Alluvions récentes	60		18,30
Calcaire supérieur	35		10,70
Schistes (upper soapstone)	101	Hamilton	30,95
Calcaire moyen	27		8,25
Schistes (lower soapstone)	17		5,00
Calcaire inférieur	130	Corniferous	39,80
TOTAL	370		113,00

2° A l'ouest :

	Pieds		m. c.
Alluvions récentes	80	} Hamilton	24,45
Schistes (upper soapstone)	116		35,40
Calcaire moyen	27		8,25
Schistes (lower soapstone)	17		5,10
Calcaire inférieur	130	Corniferous...	39,80
Total	370		113,00

On trouve, dans ces puits, de l'eau salée à 252 pieds de profondeur (77 mètres).

C'est à Oil Spring, que le premier puits de James Shaw fut foré en 1862 ; d'autres à la suite donnèrent des résultats remarquables, surtout celui de Back and Mathewson qui produisit jusqu'à 7.500 barils par jour.

La zone pétrolifère de Petrolia et Oil Spring s'est étendue peu à peu à la suite des recherches successives, d'abord dans le district de Sarnia, puis dans celui de Moore.

District de Moore. — Dans ce district, les premières recherches ne furent pas encourageantes ; des puits forés à Coruna et à Courtright n'avaient donné que des gaz et de l'eau salée ; plus tard les recherches furent continuées, et la Canadian Oil Fields obtint de bons résultats. Notamment en 1904 : plusieurs puits lui donnèrent 20 barils par jour.

Dans les terrains avoisinant ceux de cette Compagnie, notamment à Bailey Farm, un puits donna 25 barils par jour.

La Petrolea Torpedo Cº sur la Wright Farm, a obtenu 150 barils par jour ; la valeur de l'huile produite par jour représentait 1.200 francs ; le puits avait coûté 3.000 francs.

Sur la Mac Cunbe Farm, on a obtenu 50 barils par jour.

District d'Euphemia. — Dans le district d'Euphemia, jusqu'en 1890, les résultats avaient été presque nuls ; ils se sont un peu améliorés ensuite.

Les terrains traversés sont les suivants :

	Pieds		m. c.
Alluvions récentes	53		16,40
Schistes, etc.	224	Hamilton	68,50
Calcaires	93	Corniferous...	28,40
Total	370		113,30

Comté de Kent. — *District de Zone.* — Le gisement de Bothwell pour 300 puits productifs donne 0,4 baril par jour en moyenne par puits ; la production de chaque puits est donc faible ; mais les puits étant peu profonds, il y a encore un bénéfice.

Le gisement est situé le long de la rivière Thames ; les puits s'étendent sur une longueur de 5 kilomètres, et la plus grande largeur de la zone productive est de 800 mètres. La profondeur moyenne des forages est de 120 mètres.

En 1902, un forage appelé « Gurd Gusher » a donné 150 tonnes par jour ou 1.200 barils, mais sa production baissa considérablement en 1903.

Dans le prolongement du champ de Bothwell, dans la direction de l'ouest et toujours dans le comté de Kent, on a continué les recherches, notamment à Thamesville, à Chatham, à Charing Cross.

A Thamesville, en 1903, un puits a donné 20 barils par jour.

En 1866, un puits creusé à 332 pieds avait déjà donné 30 barils par jour; d'autres forés ensuite n'avaient rien donné.

A Charing Cros, un puits foré en 1904 a donné 10 barils par jour.

Un puits qui avait été foré vers 1885 n'avait donné que des traces de gaz.

Près de Chatham, on a foré, en 1903, un puits qui, à 357 pieds de profondeur, a donné, au début, 800 barils par jour; mais sa production tomba peu après à 80 barils par jour.

Précédemment, on avait déjà fait des forages, antérieurs pour la plupart, à 1888, ils n'avaient donné que des eaux salées et sulfureuses en grande quantité; l'un de ces puits avait même été poussé à 1.000 pieds (305 mètres).

Les terrains traversés étaient les suivants :

	m. c.	
Argile de surface	18,00	
Schistes noirs	36,20	Portage.
—	61,00	Hamilton.
Calcaire	5,50	
Schistes	11,30	
Calcaire	173,00	
Total	305,00	

Dans le prolongement du champ de Bothwell, dans la direction de l'est, on a trouvé du pétrole à Dutton (comté d'Elgin, district de Dunwich).

Le champ pétrolifère est situé près du rivage du lac Érié; il y a 40 puits productifs; la profondeur de ces puits est d'environ 150 mètres.

En 1901, le champ de Dutton a produit 10.000 barils; mais, depuis, sa production a diminué.

A 13 kilomètres au nord de Petrolia, plusieurs puits furent forés à Wyoming, mais on n'obtint que des traces de pétrole et beaucoup d'eau salée.

Les terrains traversés étaient les suivants :

	Pieds		m. c.
Alluvions récentes	104		31,80
Schistes noirs	4	Portage	1,20
Calcaires	40		12,20
Schistes	130		39,90
Calcaires	15	Hamilton	4,60
Schistes	43		13,10
Calcaires	68		20,80
— tendre	40	Corniferous	12,20
— gris	36		11,00
Total	480		186,80

Aux environs de Warwick, au nord-est de Petrolia, on alla à 1.200 pieds sans résultats (368 mètres).

A Port Franks, sur les bords du lac Huron, on trouva du sel à 1.355 pieds (414 mètres).

Travaux de recherches dans l'Ontario. — Un grand nombre de forages ont été exécutés dans le sud de la province d'Ontario, la plupart du temps pour rechercher des gaz ou du pétrole, mais en dehors des régions qui ont été signalées comme productives ; aucun n'a donné de résultats bien satisfaisants, sauf ceux qui sont situés dans la région du Niagara, qui ont donné du gaz en assez grande quantité.

Le puits de recherches situé le plus à l'est de la partie méridionale de l'Ontario a été foré près de Bainsville, dans le comté de Glengarry, qui est situé entre la rivière Ottawa et le Saint-Laurent ; poussé à 152 mètres, il ne donna aucun résultat.

En 1890, un puits foré à Patterson's Creek (comté de Carletown, près Ottawa) jusqu'à 305 mètres ne donna que quelques traces très faibles de pétrole et de l'eau sulfureuse.

A North Gower, dans le même comté, un puits foré vers 1870 ne donna rien.

A 6 kilomètres à l'ouest de Pembroke (comté de Renfrew) sur la rive droite de la rivière Ottawa, à la hauteur de l'île des Allumettes, un puits fut foré en 1888 sans succès.

A Deseronto (comté de Hastings), sur les bords du lac Ontario, en face de l'île du Prince-Edward, un puits à 19 mètres donna un faible dégagement gazeux qu'on put enflammer à l'orifice.

A Whitby (comté d'Ontario), sur la rive nord du lac Ontario, un puits foré à 222 mètres donna à peu près 50 mètres cubes de gaz par jour ; plus à l'ouest, en suivant le bord du lac Ontario à Highland Creek (comté de York), un puits, en 1866, donna du gaz en petite quantité à 200 mètres.

Encore plus à l'ouest, toujours sur les bords du lac, dans la ville même de Toronto, deux puits furent forés à 368 et 376 mètres ; le dernier donna de l'eau salée ; ces deux puits sont intéressants, car ils vont jusqu'au terrain archéen, après avoir traversé les terrains de l'Hudson River, d'Utica et du Trenton ; à 13 kilomètres à l'ouest de Toronto, au village de Mimico, un forage donna, à 300 mètres, de petites quantités de gaz.

A Collingwood (comté de Simcoe), tout à fait au sud de Georgian Bay, 4 puits furent forés : ils donnèrent tous du gaz, et celui de l'un d'eux fut utilisé pour éclairer quelques maisons voisines ; aux environs de Collingwood, il y a des schistes calcaires bitumineux, contenant 12 0/0 de matière volatile qui furent exploités autrefois.

Dans la région sud-ouest de Collingwood, toujours dans le même comté, des puits ont été forés à Orilia, Barrie, Beeton ; en ce dernier point, il y a du gaz en assez grande quantité ; tous les puits de la région donnent du gaz en plus ou moins grande quantité, et un des forages qui y furent exécutés eut son tubage projeté au dehors du puits, par une éruption gazeuse, cependant aucun effort n'a été fait pour utiliser le gaz trouvé.

Aux environs de Delphi, à 10 kilomètres à l'ouest de Collingwood, un puits a donné 100 mètres cubes de gaz par jour, en 1888. Un peu plus haut, sur la rive ouest de Georgian Bay, un puits a donné un peu de gaz à Thornsbury.

A Milton, dans le comté de Halton, non loin de l'extrémité ouest du lac Ontario, un forage n'a donné aucun résultat.

Dans le comté de Wentworth, tout à fait à l'ouest du lac Ontario (district de Hamborough), un puits a donné des traces de pétrole ; près de Hamilton, plusieurs forages furent exécutés sans résultat.

Dans le comté de Waterloo, des forages exécutés à Waterloo et à Berlin n'ont rien donné.

Dans le comté de Wellington, à Erin et Eden, les recherches ne donnèrent aucun résultat.

A Brantford, dans le comté de Brant, un forage n'a donné aucun résultat.

Dans le comté d'Oxford, à Tilsonburg [1], des traces de pétrole et des eaux fortement salées ont été trouvées ; dans le même comté ; des forages exécutés à Burgessville, Norwich, Harrington, Woodstok, n'ont rien donné.

Dans le comté de Norfolk, plusieurs forages exécutés, vers 1870, n'ont donné que des eaux sulfureuses.

Dans le comté d'Elgin, sur la rive nord du lac Érié, des sondages exécutés à Vienna et Port Stanley, vers 1885, ne donnèrent aucun résultat ; plus tard, une petite exploitation devait se développer à Dutton, sur les bords du lac Érié, plus à l'ouest que les points où les premières recherches avaient été entreprises.

Dans le comté de Middlesex, des forages ont été exécutés à London, Sunside Hill, Strasbourg, Glencœ, Metcalfe, Park Hill, Sylvain ; à Glencœ et Park Hill, des couches de sel furent traversées ; à Ailsa Craig, un forage donna des traces de pétrole.

Comtés de Huron et Bruce : dans ces comtés, les forages qui ont été exécutés ont rencontré de puissantes couches de sel.

A Goderich, un puits foré à 460 mètres n'a pas traversé moins de 6 couches de sel d'une épaisseur totale de $37^m,50$.

D'autres forages ont rencontré la première couche de sel aux profondeurs suivantes :

Localités	Profondeur de la couche de sel en mètres
Haron Wingham	333
Brussels S.	296
Blyth	343
Clinton	350
Seaforth	314
Hensall	333
Exeter	396
Kincardine	289

A Saint-Mary, des traces de pétrole furent trouvées, et, à Stratford, on fora sans résultat.

---

1. En 1901, à Tilsonburg, un forage donna 3 tonnes par jour ; un forage exécuté ensuite ne donna que 800 kilogrammes par jour.

Dans l'île Manitoulin, au nord du lac Huron, le pétrole a, paraît-il, été trouvé à une profondeur de 120 mètres[1].

LE GAZ NATUREL AU CANADA (PROVINCE D'ONTARIO)

Depuis 1805, on connaissait les gaz inflammables émis par les sources minérales de Caledonia Springs, station thermale très fréquentée sur le chemin de fer du Pacific Canadian, entre Montréal et Ottawa, le long de la rivière Ottawa. L'une des sources minérales du Grand Hôtel, connue sous le nom de Gas Spring, donne à peu près 90 mètres cubes de gaz hydrocarboné par jour, mais aucune tentative n'a été faite pour utiliser le gaz naturel de cette région.

On a exploité le gaz naturel au Canada dans le comté de Welland et dans celui d'Essex, tous deux situés dans l'Ontario, mais l'importance de cette industrie a considérablement diminué dans ces dernières années ; dans le comté d'Essex, elle a presque complètement disparu ; dans le comté de Welland, la ville de Buffalo est encore alimentée par les puits de la région, mais la production est en décroissance.

Les gaz naturels du Canada ont à peu près la composition suivante :

	Volumes
Hydrogène	2,18
Gaz des marais	92,60
Oxyde de carbone	0,50
Gaz oléfiant	0,31
Acide carbonique	0,26
Azote	3,61
Oxygène	0,34
Hydrogène sulfuré	0,20
TOTAL	100,00

La densité du gaz est de 0,585.

STATISTIQUE DE LA PRODUCTION DU GAZ NATUREL AU CANADA

ANNÉES	NOMBRE DE PUITS	LONGUEUR DES CONDUITES A GAZ en milles	VALEUR DU GAZ en dollars
1893	107	117	238.000
1894	109	183	204.000
1895	123	248	282.000
1896	141	287	276.000
1897	140	297	308.000
1898	142	315	301.000
1899	150	341	440.000
1900	175	306	393.000
1901	158	368	342.000
1902	169	369	195.000
1903	»	»	202.000
1904	»	»	328.000
1905	»	»	528.868

1. Huit forages exécutés pendant 1906, dans l'Indian Reserve, près de Wegemkong Bay, à 16 kilomètres au nord de Manitowaning, auraient donné à peu près 60 barils par jour chacun, à la profondeur maximum de 180 mètres. Le pétrole aurait une densité de 855.

Dans la péninsule du Niagara (comté de Welland), l'exploitation du gaz naturel date de 1888.

Les puits forés par la Provincial Natural Gas and Fuel C° ont donné de 47.000 à 8.500.000 pieds cubes (1.340 à 248.000 mètres cubes par puits et par jour) de gaz par vingt-quatre heures.

Les terrains traversés étaient les suivants :

	Pieds		m. c.
Alluvions récentes	2		0,60
Calcaire gris foncé	23	Corniferous...	7,00
Dolomies grises et jaunes, schistes noirs et gypse	390	Onondaga.....	119,00
Dolomies grises	240		73,05
Schistes noirs	50	Niagara.......	15,25
Dolomies cristallisées	30	Clinton.......	9,15
Grès rouge	55		16,80
Schistes rouges	10		3,05
— bleus	5		1,50
Grès blanc	5	Medina.......	1,50
Schistes bleus	20		6,10
Grès blanc (gaz)	16		4,90
Total	846		257,90

Les puits forés par cette Compagnie ont donné 30.895.000 pieds cubes par vingt-quatre heures (874.000 mètres cubes).

Dans le comté d'Essex, situé à l'autre bout du rivage nord du lac Érié, l'industrie du gaz naturel débuta, en 1888, par un puits situé près de Kingsville, qui donna 280.000 mètres cubes de gaz par vingt-quatre heures ; depuis cette époque, on fora un certain nombre de puits, mais la production alla constamment en décroissant, et l'exploitation est à peu près complètement abandonnée.

PROVINCE DE LA NOUVELLE-ÉCOSSE

Gisement de bitume (albertite). — Un bitume d'une nature spéciale, qui a reçu le nom d'albertite, a été découvert en 1850 ; il semble tenir le milieu entre le charbon et le bitume et se trouvait dans un calcaire bitumineux dont il remplissait les fissures ; il ne contenait aucuns débris végétaux et se trouvait en filons et non pas en couches ; la roche encaissante contenait de nombreux restes de poissons-fossiles.

Bien qu'il ne fût connu qu'à l'état solide, il semble que, primitivement, il devait avoir la forme liquide, car dans certaines parties il formait le ciment d'un conglomérat.

L'épaisseur du filon qui a été exploité variait de 25 millimètres à 5 mètres ; ce filon fut exploité jusqu'à 450 mètres de profondeur et a produit 200.000 tonnes environ ; l'exploitation cessa par suite de l'épuisement du gîte. Il a servi surtout à enrichir le gaz d'éclairage.

Ce bitume donnait à l'analyse :

Matières volatiles	61,05
Carbone fixe	30,65
Vapeur d'eau	0,86
Cendres	7,44
Total	100,00

Le filon exploité se trouvait à Albert, comté d'Albert ; il y en avait aussi à Mathew Lodge (Moncton).

Région du Westmoreland. — La formation pétrolifère du Westmoreland, qui est exploitée à Memramcook, semble se prolonger à travers le New Brunswick dans la direction du nord-ouest.

Un des puits forés à Memramcook a donné 25 barils par jour.

La qualité du pétrole est bonne, et on a construit une raffinerie pouvant traiter 400 barils par jour et qui utilise le résidu comme combustible.

Le pétrole vient du terrain carbonifère inférieur, et la plus grande profondeur atteinte par les puits a été de 450 mètres environ.

La densité du pétrole est de 857.

Région de la presqu'île de Gaspé. — La presqu'île de Gaspé est formée de la série de terrains dits de Gaspé, constitués par des grès du silurien supérieur, au-dessus desquels se trouvent des grès, des schistes et des conglomérats dévoniens.

On y constate la présence de plusieurs anticlinaux courant à peu près sud-est-nord-ouest et dont les principaux passent par Perce et le cours supérieur de la rivière Saint-John, par la pointe Saint-Peter, par Tar Point et par le cap Haldiman.

Au voisinage de ces anticlinaux, le long des rivières Dartmouth, York, Douglas, il y a des suintements de pétrole en plus de cent points différents.

La présence du pétrole à Gaspé fut d'abord mentionnée, en 1844, par W.-E. Logan.

En 1865, deux puits furent forés, l'un à Sandy Beach, l'autre à Silverbrook ; ces puits rencontrèrent des traces d'huile, mais furent abandonnés à 180 mètres.

En 1889, les travaux furent repris par une autre Compagnie ; on fora à Sandy Beach, à Haldimantown, à Seal Cove et sur la rive sud de la baie de Gaspé, le long de la river York et de la river Saint-John et le long de Mississipi Brook, un petit affluent de la rivière d'York.

Plusieurs de ces puits allèrent à 600 mètres et 1.000 mètres ; quelques-uns donnèrent de l'huile ; mais, malgré l'effort considérable qui a été fait, on n'est pas encore arrivé à trouver un champ pétrolifère important bien défini (5.000.000 de francs ont été dépensés pour forer 52 puits).

Diverses localités de la Nouvelle-Écosse. — A Lake Ainslie, à la source de la rivière Margaree, non loin du rivage ouest, des recherches ont été faites à plusieurs reprises sans amener d'autres résultats que la découverte de gaz en quantité assez considérable.

A cap George (comté de Antigonish) et au nord de East Bay (cap Breton), lac de Bras d'Or, il y a des schistes bitumineux très riches. A Kempt, des calcaires contiennent des cavités tapissées de calcite et contenant du pétrole.

RÉGION DES PROVINCES D'ALBERTA ET BRITISH COLUMBIA
ET DU DISTRICT DE MACKENZIE

Dans cette contrée, on a reconnu deux zones pétrolifères qui s'étendent, l'une dans le nord de la province d'Alberta et se prolonge dans le territoire de Mackenzie, et une autre à peu près parallèle à la frontière des États-Unis et qui s'étend dans le sud des deux provinces d'Alberta et de British Columbia.

La première région, la plus septentrionale, va jusqu'aux bords de l'océan Glacial Arctique, les affleurements pétrolifères reconnus se trouvent le long de la rivière Mackenzie, du Great Slave Lac et de la Slave River ; toute cette première partie est sur le territoire de la province de Mackenzie ; le prolongement méridional s'étend dans la partie nord de la province d'Alberta, où des suintements de pétrole ont été reconnus depuis Victoria, sur la rivière Saskatchewan, jusqu'à Point Brûlé sur la rivière Athabasca et dans la région des Grand Rapids.

Cette zone pétrolifère avait déjà été signalée, en 1789, par Mackenzie et plus tard par John Richardson.

En 1882-1884, une mission géologique du gouvernement du Canada visita ces régions et constata la présence du bitume non seulement le long de la rivière Athabasca, mais aussi le long de la Peace River, qui se jette dans le lac Athabasca.

Les grès crétacés qui affleurent le long des rives sont complètement imprégnés de pétrole, qui suinte le long des strates. Les points où les affleurements pétrolifères sont les plus apparents sont : le confluent de la Little Buffalo River et de l'Athabasca River, où les gaz se dégagent en abondance au milieu de petites mares de pétrole ; en amont du point précédent, à peu près à mi-distance entre les embouchures de la Little Buffalo River et de la Pelican River ; sur la Peace River, entre Peace River Landing et Battle River ; sur la rive nord de la Little Slave River ; le long de la rivière Elk, affluent de la rivière Athabasca ; le long des rivages du lac Egg.

Afin de rechercher si les couches dévoniennes au-dessous du crétacé contiennent du pétrole en quantité exploitable, des forages ont été entrepris par le Gouvernement du Canada à Athabasca Landing, à Pelican River et à Victoria. La difficulté des communications et la rigueur du climat, en hiver, ont rendu ces travaux lents et pénibles.

Les terrains traversés par le forage de Pelican River sont indiqués dans le tableau ci-dessous :

	Profondeur en mètres
Alluvions récentes, sable, gravier	0 à 26
Schistes tendres, bleu foncé	26 à 31,80
Grès tendre	31,80 à 33
Schistes tendres, bleu (eau salée)	33 à 57,50
— durs, brun rouge	57,50 à 68,50
Grès (eau jaillissante)	68,50 à 71,50
— et schistes bruns	71,50 à 74,50
Schistes durs (eau en grande quantité et gaz)	74,50 à 77,10
— gris	77,10 à 85,30
— tendres, gris verdâtre	85,30 à 88,40
— bruns et schistes gris	88,40 à 94
— bruns	94 à 94,50
Grès durs (beaucoup d'eau et de gaz)	94,50 à 94,80
Schistes bruns avec grès	94,80 à 100
Grès	100 à 107
Schistes bruns	107 à 107,70
Grès imprégnés de bitume et gaz	107,70 à 111,20
— durs	111,20 à 125
Schistes bruns	125 à 130
— — durs	130 à 137
Grès (beaucoup d'eau et de gaz)	137 à 141,80
Schistes gris	141,80 à 146,50
— — ébouleux	146,50 à 151,80
— — collants	151,80 à 160
Oxyde de fer	160 à 162
Schistes gris	162 à 168,20
Grès	168,20 à 169,30
Oxyde de fer	169,30 à 170
Grès très durs	170 à 171,80
Schistes bruns	171,80 à 174,20
— gris avec intercalation de grès	174,20 à 179,80
— —, schistes bruns et grès intercalés (traces de bitume)	179,80 à 189
Schistes gris (gaz en grande quantité, sans odeur sulfureuse)	189 à 190,30
Grès très durs	190,30 à 195,70
Schistes tendres, gris	195,70 à 197,20
Grès durs	197,20 à 198,50
Schistes sableux, tendres	198,50 à 202,30
Oxyde de fer	202,30 à 204,60
Schistes tendres, gris	204,60 à 208,20
Grès durs	214 à 217,30
Schistes sableux, gris	217,30 à 219
Grès durs	219 à 220,30
—	220,30 à 223,30
Schistes tendres, gris	223,30 à 226,30
— gris avec grès intercalés (gaz et traces de bitume). (A 227 mètres, on isole les niveaux supérieurs, et il ne vient plus d'eau).	226,30 à 228
Schistes tendres, gris foncé (grande quantité de gaz et traces de bitume)	228 à 238
Schistes tendres, gris, et grès tendres (bitume)	238 à 244
— et grès (très forte venue de gaz produisant un sifflement qui s'entend à 3 kilomètres)	244 à 250
Pyrites de fer	250 à 250,30
(La venue du gaz est tellement violente que les ouvriers refusent de travailler ; des cailloux sont projetés avec force).	

Quoique les résultats de ce forage ne soient pas probants au point de vue de l'exploitabilité de la région, les résultats sont assez intéressants pour encourager de nouvelles recherches de la part du Gouvernement Canadien.

Les deux autres forages entrepris en même temps que le précédent ont été abandonnés à la suite de nombreux éboulements.

La deuxième région, qui s'étend dans la partie sud des deux provinces de British Columbia et d'Alberta, est voisine de la frontière des États-Unis ; elle commence à l'ouest dans les environs de New Westminster, sur le rivage de l'océan Pacifique, et va à l'est jusqu'à la frontière de la province de Assiniboia.

Dans les environs de New Westminster, et de North Vancouver, les indications sont assez importantes, et il en existe tout le long du cours inférieur de la Fraser River, jusqu'à Hope, où il y a des affleurements de schistes et de grès pétrolifères. Au delà de Hope, vers l'est, cette région s'étend dans les districts de Tulameen et Similkameen.

Plus loin encore vers l'est, des affleurements pétrolifères ont été signalés sur les pentes extérieures des Montagnes Rocheuses, à l'endroit où celles-ci franchissent la frontière entre le Canada et les États-Unis ; c'est-à-dire au point où le 114° de longitude ouest de Greenwich croise le 49 parallèle nord.

La région où se trouvent situés ces affleurements est délimitée à l'ouest par la North Fork of Flathead River, à l'Est par la Waterton River, au Nord par la ligne du Canadian Pacific Railway, qui va de Lethbridge, à l'Ouest, à Elko, à l'Est, en franchissant les Rocky Mountains à Crow Nest Pass ; au Sud, elle s'étend fort peu sur le territoire américain.

Le long du cours du Cameron Falls Brook, qui coule sur les pentes Est des Rocky Mountains et qui se jette dans le Waterton Lake, il y a des traces de pétrole dans les couches qui affleurent au niveau de l'eau.

Sur la pente Ouest des Montagnes Rocheuses, dans le lit de l'Akamina Brook, affluent de la North Fork of Flathead River, se trouvent des schistes durs, bleus, entre les feuillets desquels suinte du pétrole ; sur une portion assez étendue du lit de la rivière, et le long de la Sage Creek, qui coule un peu plus au nord, le même phénomène se reproduit.

Le pétrole recueilli dans cette région est d'une couleur jaune pâle.

Des recherches ont été faites le long de Pine Creek, qui coule sur les pentes Est des Montagnes Rocheuses, à 30 kilomètres au nord de la frontière, mais ces recherches ont été abandonnées à cause, dit-on, de la grande quantité d'eau trouvée dans les forages.

Sur le territoire des États-Unis (État de Montana), des suintements de pétrole se trouvent dans la vallée entre Upper Kintla Lake et Lower Kintla Lake.

Des recherches ont été entreprises en plusieurs points de cette région.

On signale également le pétrole à Bowmann Lake et à l'embouchure de l'Akamina River.

Les Rocky Mountains sont formés dans cette partie des terrains suivants : des grès à la partie supérieure ; puis, au-dessous, et successivement :

des schistes siliceux gris bleu, des schistes bleu vert, des grès, des schistes brun rouge, et des quartzites.

Le bord ouest des Montagnes Rocheuses est marqué par une faille presque verticale, qui a rejeté les terrains dont nous venons de parler à un niveau inférieur.

A l'est et le long des pentes inférieures des Montagnes Rocheuses et suivant le contour des différents éperons qui s'avancent vers l'est dans la plaine, les formations, relativement anciennes, dont nous venons de parler reposent sur des terrains crétacés d'un âge plus récent. Dans cette partie, une portion importante des terrains anciens fracturés profondément chevauche donc sur les terrains récents à peu près comme deux tuiles successives d'un toit.

Dans ces dernières années, un forage entrepris dans la région de Pincher Creek a, paraît-il, donné des résultats très satisfaisants, et plusieurs sociétés seraient actuellement occupées à y faire des recherches.

La densité du pétrole recueilli est de 845.

Le long du chemin de fer de Dunmore à Calgary se trouvent des gaz en quantité notable et un peu de pétrole, notamment à Medicine Hut[1], à Suffield, à Tilley, à Southesk.

A Cassils et à Langevin, des puits ont donné 1.500 mètres cubes de gaz par jour ; à Calgary, un forage a donné des gaz et du pétrole.

III

MEXIQUE

Bien que la présence du pétrole au Mexique eût été signalée depuis lontemps, aucune recherche sérieuse n'avait été faite jusqu'à ces dernières années, lorsque la découverte du pétrole, en grande quantité, dans le sud du Texas, et la similitude de terrains des deux contrées dans la partie qui avoisine le golfe du Mexique, vinrent attirer l'attention sur cette région.

Les points où l'on connaît des manifestations pétrolifères sont les suivants : dans l'État de Guerero, une veine d'albertite a été signalée ; dans les environs de Mexico, des traces de pétrole ont été relevées ; sur les bords de la lagune de Temapache ; sur la rive nord de la rivière Tuxpan ; sur les bords du golfe de Tampico ; sur la lagune de Alquitan, où l'on trouve du bitume flottant sur l'eau ; cette lagune a une surface de 6.000 mètres carrés environ au sud, une autre lagune de 150 hectares de superficie a aussi à sa surface des plaques de bitume ; dans toute cette région, il y a des émissions gazeuses intermittentes qu'on prétend être simultanées et qui, dit-on, s'enflamment

[1]. Medicine Hut est quelquefois orthographié Medicine Hat ; récemment, des forages y ont donné de petites quantités de pétrole et de grandes quantités de gaz.

spontanément ; dans l'État de Michoacan, sur les bords du lac Chapala ; sur la côte du Yucatan ; dans la Basse Californie, au cap Colnett ; dans l'État de Tabasco, district de San Juan Bautista.

Des recherches ont été commencées : dans l'île Carmen, sur les côtes de la Basse Californie ; dans la province de Verra Cruz.

A une trentaine de kilomètres à l'ouest de Tampico, des forages ont été poussés jusqu'à 680 mètres ; ils ont donné du pétrole ayant une densité de 1,0122.

Ce pétrole commence à distiller à 104° C.

De 104° à 144°, il donne 12 0/0 d'essence ayant une densité de 49° B. ; jusqu'à 360°, il donne 30,5 0/0 de pétrole lourd, d'une densité de 27°,5 B. ; le pétrole brut contient 8 0/0 d'eau.

Il y a actuellement trois Compagnies importantes engagées dans les recherches de pétrole au Mexique : la Compagnie mexicaine de Pétrole à Ebano, la Compagnie pensylvanienne à Dos Bocas, près de la lagune de Tamiahua, et la Compagnie anglaise, près de Tuxpan.

IV

ILE DE LA TRINITÉ

L'île de la Trinité abonde en manifestations pétrolifères de toutes espèces ; outre le lac de bitume si généralement connu, d'où l'on tire le bitume, dit de la Trinité, on trouve des émanations gazeuses, des suintements pétrolifères, et des bitumes dans beaucoup d'autres parties de l'île.

Le bitume se rencontre à Guaracaro, dans le district de Montserrat, près du gisement de charbon de Piparo. Il y est intercalé entre des couches d'argile ; il a 1 mètre d'épaisseur ; ce bitume fond à 300° ; il a une densité de 1,33 et donne seulement 9,4 0/0 de cendres. Près de San Fernando, sur la côte ouest, il y a dans des couches miocènes, de conglomérats et de sable calcaire, des imprégnations bitumineuses importantes ; dans ces mêmes terrains, il y a fréquemment du soufre. Tout le long de la côte sud de l'île, constituée par des sables, avec couches gréseuses à ciment calcaire, il y a de nombreuses inclusions bitumineuses.

Le lac d'où l'on extrait le bitume de la Trinité est situé dans la partie sud-ouest de l'île, non loin du rivage ; il fut signalé par sir Walter Raleigh, en 1595, Anderson en 1789, Nicolas Nugent en 1807. Sa superficie est d'une cinquantaine d'hectares. En certains points, où le sol dépasse le niveau du bitume, la végétation se développe, il y a même de petits cours d'eau où l'on trouve du poisson. La surface est assez solide pour que les voitures puissent y circuler ; par endroits, la surface est plus molle, et cela sans doute dans le voisinage des points d'émissions; il y a également une venue concomitante d'hydrogène sulfuré; tout autour de ces points on remarque des efflorescences salines. La profondeur du bitume est d'environ 5 mètres; d'après certaines estimations, il y a en ce point 4.000.000 de tonnes de bitume.

Au voisinage, il y a des volcans de boues, des sources sulfureuses et des exsudations pétrolifères; les volcans de boues existent, d'ailleurs, dans d'autres parties de l'île.

A La Brea, le pétrole recueilli a une densité de 971; à Aripero, sa densité est de 938; au sud, à une petite distance de la côte, il y a des émissions gazeuses sous-marines.

Près du lac de bitume, de nombreux bancs de grès bitumineux et des couches de sables contenant des matières charbonneuses, sont métamorphisés en une sorte de porcelanite; ces mêmes sables se retrouvent sur la côte sud, à Erin Cedros.

La partie nord de l'île de la Trinité est constituée par des micaschistes et des calcaires cristallins; au centre se trouvent des terrains néoconiens, éocènes et miocènes; la partie sud est surtout constituée par des sables et des grès du miocène supérieur. Dans les vallées de l'île généralement dirigées est-ouest, il y a des alluvions modernes.

Plusieurs forages ont été exécutés dans la région Mayaro-Guaya-guayase, dans la région sud-est de l'île, à des profondeurs variant de 200 à 400 mètres; ils ont produit de quelques barils à 80 barils par jour, la densité des pétroles étant comprise entre 850 et 950; ils étaient plus ou moins sulfurés; certains échantillons contenant jusqu'à 0,90 0/0 de soufre.

V

ILES BARBADES

En 1750, Griffith Hugues signalait déjà la présence du bitume dans les îles Barbades; dès cette époque, il était employé à des usages médicinaux. Les indications pétrolifères sont principalement concentrées dans les paroisses de Saint-André, de Saint-Joseph et de Saint-Jean, dans le district de Scotland, où le pétrole se trouve dans des strates argileuses, des grès et des calcaires coralliens.

A College Siding, on extrait du bitume qui se trouve dans des veines plongeant au sud de 5° à 10° et ayant une épaisseur de 3 à 5 centimètres, et dans des crevasses adjacentes se trouvent du gypse et de la calcite.

Le bitume est extrait à l'aide d'eau salée chaude; il vient flotter à la surface du bain; sa densité est 1,123; il fond à 210° F et laisse à la combustion 2,3 0/0 de cendres. Il existe dans la région une vingtaine de puits produisant à peu près 30.000 kilogrammes par an d'un pétrole épais et visqueux ayant une densité de 940 à 980.

Dans toute la région du bitume, se trouvent de nombreux dégagements de gaz naturel.

VI

ILE DE CUBA

Dans un grand nombre de régions de l'île, des dépôts d'asphalte, de bitume, et des affleurements de pétrole ont été relevés.

L'asphalte, qui souvent n'est autre chose qu'une sorte de brai sec plus ou moins analogue au bitume de la Trinité, a été exploité en beaucoup d'endroits; depuis la guerre hispano-américaine, un grand nombre de ces concessions d'asphalte ont été abandonnées.

Les points où la présence des hydro-carbures solides ou liquides a été constatée sont, par province :

Province de Pinar del Rio. — Les environs de Bahia de Honda, où existent de nombreux dépôts d'asphalte, notamment dans la propriété de Cacajicara, située à 12 kilomètres au sud-ouest de Bahia de Honda. A 12 kilomètres à l'ouest de Bahia de Honda, à Morrillo, existe une source de bitume.

Vers la baie de Cardenas, à 60 kilomètres à l'ouest de la Havane, du bitume a été trouvé sur la hauteur dite Loma de Chapopote ; dans les environs existent des dépôts d'asphalte. A mi-chemin entre Cabanas et Cayajabos existe un dépôt de bitume dur et compact.

Depuis la baie de Mariel jusqu'aux collines de San-Gabriel, il y a de nombreux affleurements de bitume. L'asphalte est particulièrement abondant le long de la rivière de Banes et, près du village de Banes, une mine a été autrefois exploitée.

Près de Santa-Lucia existent deux mines d'asphalte, à La Bomba et Mathilde; au nord de la Sierra de Oro existent également des dépôts d'asphalte.

Un échantillon d'asphalte de la province de Pinar del Rio donne à l'analyse :

Partie soluble dans le chloroforme	71,08
Matières combustibles autres que la partie soluble dans le chloroforme	2,80
Matières minérales	26,12
Total	100,00

Dans cette même province, un forage a été exécuté, en 1901, à La Union ; à 7 kilomètres au sud de Mariel, un autre forage fut poussé sans succès à

240 mètres ; dans le voisinage se trouve la mine d'asphalte connue de La Union.

Province de la Havane. — La principale mine d'asphalte de la province est à l'est de Bejucal, à 32 kilomètres au sud-est de la Havane, et dans cette région se trouvent plusieurs dépôts d'asphalte connus, mais non exploités.

Près de San-Francisco de Paula existent deux mines de bitume solide ; une troisième se trouve à 2 kilomètres, à Santa-Maria del Rosario.

A 16 kilomètres à l'est de la Havane, existent plusieurs mines d'asphalte abandonnées.

A 16 kilomètres au nord de Matanzas et à 2 kilomètres des mines de cuivre exploitées se trouvent des affleurements de bitume.

Dans la baie de Cardenas se trouvent des dépôts de bitume solide sur le rivage même.

Dans les environs de l'ancienne ville de Sabanilla de la Palma, à 50 kilomètres à l'est de Cardenas, existent de grandes étendues de terrain avec des exsudations de bitume liquide. Un puits creusé à 70 mètres a donné jusqu'à 1 tonne par jour.

Province de Santa-Clara. — A 30 kilomètres à l'est de Sagua la Grande près de Motei, existe un dépôt de bitume. Dans le district de Placetas, il y a deux affleurements d'asphalte ; à Camajuani, au lieu dit Ranchuelo, existe une mine de bitume.

Dans les environs mêmes de la capitale Santa-Clara, de nombreux gisements d'asphalte sont connus.

Dans le district de Yaguajay, plusieurs gisements d'asphalte solide et liquide ont été relevés le long de la rivière Jatibonico.

Dans l'est de la province, plusieurs forages ont été exécutés et ont atteint de 90 à 100 mètres de profondeur ; tous ont été abandonnés à la suite d'accidents divers ; en août 1881, du pétrole avait été rencontré à 90 mètres de profondeur ; il avait une densité de 0,754, il bouillait à 85° C. Dans toute cette région, il y a de nombreuses exsudations gazeuses.

La surface du terrain, jusqu'à 60 mètres, est formée par du calcaire à silex ; au-dessous se trouve une roche serpentineuse.

Près de Santa-Clara, à Sandalwood Spring, on recueille sur l'eau un pétrole ayant une densité de 901, de couleur jaune ambrée et ayant une odeur de bois de cèdre.

Province de Mantanzas. — Aux environs de Cardenas existent des mines d'asphalte de Dos Campanos, district de Guametas (Sabanila de la Palma) ; la densité de cet asphalte est de 1,046.

Plusieurs forages ont été exécutés, en 1888, à 12 kilomètres au sud de

Cardenas, allant à 90 et 100 mètres de profondeur ; quelques-uns de ces forages ont donné 5 barils par jours.

Province de Santiago de Cuba. — Près de Puerto Padre, du bitume est extrait, qui a une densité de 1,106.

Dix affleurements de pétrole ont été relevés dans Bario de Guisa (Bayamo) ; 1 dans Bario de Yatecas (Guantana) ; plusieurs des échantillons de couleur jaune pâle ont une densité de 755.

Un autre affleurement de pétrole a été relevé à El Mozote, près Manzanillo.

Province de Puerto Principe. — Plusieurs gisements d'asphalte existent entre Puerto Principe et Nuevitas.

VII

VENEZUELA

Il y a, au Venezuela, de nombreuses indications de la présence du pétrole et de l'asphalte.

L'asphalte a été signalé à Guanoço, Felicidad, dans les îles Pedernale, Pesquero, Del Plata, dans le delta de l'Orenoque, dans le golfe de Cariaco.

Tout autour du lac Maracaïbo, on a signalé de nombreuses exsudations pétrolifères, en particulier sur les bords du Mito Juan, affluent du San-Miquel, lequel se jette dans le Rio Tara, tributaire du Catalumbo, qui se jette dans le lac de Maracaïbo.

La région pétrolifère se trouve à 100 kilomètres en ligne directe du bord du lac de Maracaïbo et à 170 kilomètres en suivant la route fluviale.

Dans l'État des Andes, le long de la vallée de Caus, il y a plusieurs sources de pétrole qui découlent de grès semblant appartenir à la période dévonienne.

VIII

COLOMBIE

On connaît de nombreuses exsudations pétrolifères tout le long de la côte de la mer des Antilles ; Humboldt, en 1788, avait déjà signalé un volcan de boue à la baie Rio Arboletes ; le long de ce cours d'eau, à Tulera, près de son embouchure, il y a plus de 40 sources de pétrole. A 10 kilomètres de Rio Iquana, dans les montagnes de Gigantones, se trouvent quelques geysers et des traces de pétrole, de soufre et d'ozokérite.

Dans la province de Medina, il y a également des affleurements pétrolifères ; au pied de l'ancien volcan de Guaycarame, dans la partie des Cordillères qui se termine dans la plaine de Medina, à 12 kilomètres de la rivière Upia, tributaire du Meta, le pétrole sort de grès fissurés ; il a une densité de 926.

IX

ÉQUATEUR ET PÉROU

Des deux côtés du golfe de Guayaquil, au nord et au sud, le long des côtes, depuis le 2° degré de latitude sud jusque vers le 6°, il y a de nombreux suintements pétrolifères et plusieurs gisements de bitume et d'asphalte.

La baie de Guayaquil, formée d'alluvions récentes et abondamment pourvue d'eau est couverte d'une végétation luxuriante qui tranche sur l'aridité des contrées désertiques, qui s'étendent de part et d'autre sur la région sud de l'Équateur et la région nord du Pérou. C'est le long de ces côtes dénudées, à peine couvertes, par une végétation maigre et rabougrie, que l'on trouve les indications pétrolifères sur une étendue de terrain qui s'avance plus ou moins profondément dans les terres.

L'exploitation des exsudations superficielles a été faite depuis des temps immémoriaux par la population autoctone, par les mêmes moyens primitifs que les Peaux-Rouges du nord de l'Amérique appliquaient dans leurs régions ; et l'on retrouve, en des points assez nombreux de la côte, des vestiges de leurs anciens travaux consistant en fosses plus ou moins profondes, au fond desquelles ils récoltaient le liquide huileux plus ou moins résinifié qui leur servait à imperméabiliser les vases de terre où ils conservaient les liquides.

Les sables qui constituent les terrains avoisinant les côtes, vers Saint-Elena, d'une part, et vers Tumbez, de l'autre, reposent sur des argiles diversement colorées, tantôt grises, tantôt bleues, tantôt rougeâtres, qui appartiennent à l'époque tertiaire ; au milieu de ces argiles se trouvent des lits de schistes à inclusions quartzeuses et des bancs de sable d'une épaisseur variant de $0^m,50$ à 1 mètre imprégnées de bitume.

A marée basse, certains points des couches sableuses et des schistes d'où le bitume liquide découle deviennent apparents.

Non loin de Saint-Elena, à Volcaniceto, il y a du soufre natif, et une source minérale dont l'eau contient des chlorures, des bromures et des iodures, de même qu'une source qui se trouve plus au sud, de l'autre côté du golfe de Guayaquil, vers Tumbez (Pérou), à Hervidero.

Ces deux sources donnent à l'analyse, en grammes, par litre :

	VOLCANICETO	HERVIDERO
	gr. centigr.	gr. centigr.
Carbonate de calcium	0,0450	0,0125
Bicarbonate —	0,0648	0,0180
Carbonate de magnésium	0,0055	traces
Bicarbonate —	0,0073	»
Oxyde de fer	0,0110	0,0075
Bicarbonate de fer	0,022	0,0150
Silice	0,017	0,024
Iodure de calcium	0,08565	0,15944
Bromure —	0,31992	0,16387
Chlorure —	6,44547	0,708
— de potassium	0,5333	»
— de sodium	5,8726	13,1984

Dans la région de Saint-Elena, à San-Ramundo, se trouvent quelques fosses de 3 à 4 mètres de côté et de 3 à 4 mètres de profondeur, au fond desquelles on recueille du pétrole ; elles sont situées à 100 mètres environ du bord de la mer, et leur production pour chacune est d'environ 1.200 kilogrammes par mois. Non loin de là, à Santa-Paula, il y a une quarantaine de ces excavations, et l'une d'elles a produit jusqu'à 600 kilogrammes par jour.

Le pétrole qu'on recueille dans ces conditions a une densité de 920 à 950.

Aucune tentative sérieuse d'exploitation n'a été faite.

Du côté du Pérou, sur l'autre bord du golfe de Guayaquil, la zone pétrolifère qui se trouve également située dans une contrée déserte a une plus grande étendue ; on peut compter que l'on trouve des indications pétrolifères sur une longueur de côte de 400 kilomètres et en certains points jusqu'à 150 kilomètres à l'intérieur des terres.

Cette zone pétrolifère commence vers Tumbez, pour finir vers le cap Aguja.

Dans la partie nord, vers Zorritos, des travaux de recherches ont été commencés en 1867 : deux puits furent forés qui ne dépassèrent pas 80 mètres ; l'un d'eux donna 60 barils par jour.

En 1876, le second puits fut approfondi jusqu'à 150 mètres où l'on trouva du pétrole en quantité importante, mais la guerre vint arrêter les travaux qui furent repris plus tard ; en 1893, il y avait 40 puits, donnant, en tout, 100 barils par jour par pompage ; certains de ces puits ont fourni du pétrole pendant vingt-cinq ans. Le pétrole de Zorritos a une densité de 810 à 840.

C'est encore de cette région que vient la plus grande partie du pétrole exploité au Pérou.

En 1892, deux puits forés à Tucillal, à 4 kilomètres de Zorritos, vers l'intérieur des terres, donnèrent du gaz et des traces de pétrole ; le pétrole avait une densité de 940 ; on était allé à 120 mètres de profondeur.

A La Cruz, au nord de Zorritos, un puits fut creusé à 300 mètres sans résultats ; entre La Cruz et Zorritos, à Heath, un puits à 250 mètres donna du pétrole, ayant une densité de 859 ; à Siches, un peu au sud du district précédent, le pétrole trouvé avait une densité de 920.

Au cap Blanco, des excavations creusées dans le sol donnent du pétrole.

A Négritos, à 10 kilomètres au sud-ouest de Talara, les couches du terrain plongent à 45° vers l'intérieur des terres, ce qui rend les recherches assez difficiles. En 1874, il y eut 3 forages d'exécutés : l'un d'eux, à 140 mètres, donna 60 barils par jour pendant six mois ; un autre, à 100 mètres, donna 70 barils par jour. En ce point, une Compagnie anglaise obtint une concession de 1.500 kilomètres carrés.

On a foré en cet endroit une soixantaine de puits, à la profondeur de 200 mètres environ ; la densité du pétrole est de 36 à 39° B. ; à 18 kilomètres de Negritos, vers l'intérieur des terres, se trouve, à Brea, un gisement important d'asphalte signalé depuis de nombreuses années à cause du bitume qui suinte du sol. Dans la même région, à Lobitos, à 32 kilomètres au nord de Negritos, des recherches ont été entreprises, en 1902 ; 17 puits ont été forés ; 8 ont donné du pétrole à la profondeur de 320 mètres.

A Port Grau, des travaux de recherches ont été commencé, en 1897.

On a signalé des schistes bitumineux dans la province de Ica et des suintements de pétrole près du chemin de fer de Oraya.

Le Père Dominicain Reginald Van Scote signale la présence du pétrole à 60 kilomètres au sud-ouest de Canelos ; et au sud de la rivière Pastoza, il y a une source de pétrole donnant plusieurs litres par minute ; ce point est à 90 kilomètres de Barancas et à 80 kilomètres à l'est de Banos, au point où la route se dirige vers les montagnes.

La production du champ pétrolifère de Zorritos a été la suivante, en gallons (gallon américain = 3¹,785) :

Années	Gallons
1896	1.996.520
1897	2.874.980
1898	2.880.000
1899	3.745.000
1900	4.325.000
1901	3.135.000
1902	2.489.500
1903	2.060.000
1904	2.080.000
1905	1.584.000

X

RÉPUBLIQUE ARGENTINE

Tout le long des Andes, au bas des pentes qui descendent à l'est, vers la République Argentine, il y a de nombreux points où apparaissent du pétrole, des bitumes et des émanations gazeuses.

Dans la partie nord de la République Argentine, dans la province de Juguy, il y a plusieurs sources de pétrole, notamment aux environs de San-Pedro.

Dans la province de Salta, plusieurs gisements de bitume et d'asphalte ont été signalés, principalement dans le district de la Vina ; on prétend même qu'un puits foré, il y a déjà longtemps, a donné des quantités très importantes de pétrole.

Aux environs de Mendoza, à 35 kilomètres au sud-ouest (province de Mendoza), à Cachenta, des recherches ont été commencées, en 1886 ; en 1889, il y avait 5 puits productifs et 13 en 1893. Le pétrole avait une densité de 935 ; depuis, les travaux ont été abandonnés, la région semblant épuisée. Le pétrole se trouve en cet endroit dans les formations rhétiques.

Plus au sud, à Los Buitres, dans le district de San-Raphaël, il y a de nombreux suintements de pétrole et, sur les sources salines de la région, il n'est pas rare de trouver une pellicule mince de pétrole.

Des couches pétrolifères sont également signalées dans la province de Neuquen, au confluent des rivières Barancas et Grande, dans la Sierra Lotena, à Vachenta et La Carera, district de Mendoja.

Dans la région Garrapatal, La Brea, il y a des suintements de pétrole, des sources thermales et des sources sulfureuses.

XI

BRÉSIL

Tout le long de la côte, entre Porto Alegre au sud et l'embouchure de l'Amazone, existent des affleurements de schistes bitumineux de l'éocène et des roches du crétacé qui reposent sur des gneiss, des granits et autres roches cristallines qu'on retrouve aussi à l'intérieur ; les schistes bitumineux sont plus ou moins apparents, suivant les localités.

Les points où leur présence a surtout été constatée sont : l'île de Marahu, l'île de Tinhare, Soo Paulo, Jesu de Tremble, Ilheos, Piropora, Santa-Catharina, Moro de Taio.

Dans le bassin du Cumanu (province de Bahia) existent des dépôts de bitume, sans trace d'organisme ; ils ont été attribués (?) à la décomposition des matières végétales de marais anciens de mangliers.

-ni'b tnemidur ec te ,egassiarg ua elbanevnoc tnem...

DEUXIÈME PARTIE. — **EUROPE**

I

AUTRICHE-HONGRIE

Il n'y a qu'une seule région, dans l'empire d'Autriche-Hongrie, où l'industrie pétrolifère se soit développée : c'est la Galicie, car bien qu'il existe, à l'intérieur de la courbure des Carpathes et aussi dans la région des Alpes, des traces de pétrole assez nombreuses et que des recherches aient été faites en différents points et surtout en Hongrie, aucun centre d'exploitation courante n'a encore été découvert en dehors de la Galicie.

Dans la Bukovine même, qui forme la transition naturelle entre la Galicie et la Roumanie, aussi bien au point de vue géographique qu'au point de vue géologique, les recherches sont restées infructueuses ; il semble toutefois naturel de faire des réserves, en ce qui concerne cette dernière région où les travaux exécutés ne semblent pas suffisants pour éclairer complètement la situation.

1. — GALICIE

Tout le long du versant nord des Carpathes, existent en Galicie, de nombreuses localités, où les suintements pétrolifères sont connus depuis une époque très reculée (planche X).

Les habitants du pays, à l'aide de fosses peu profondes, en recueillaient autrefois de petites quantités, qu'ils employaient à des usages thérapeutiques, en partie même pour réaliser un éclairage très défectueux et aussi pour graisser les axes des roues des chariots, de construction fort primitive, qui leur servaient de véhicules. Mais ce dernier usage était fort restreint, car le pétrole recueilli était ou trop fluide, et il graissait mal, ou trop épais, et il ne graissait pas du tout. Cependant, un paysan de Boryslaw, en exposant le pétrole fluide qu'il recueillait à une chaleur ménagée, sur un feu doux et dans une marmite ouverte, avait trouvé le moyen d'obtenir un produit de consistance régulièrement convenable au graissage, et ce rudiment d'industrie devait devenir plus tard le point de départ de la première raffinerie de pétrole installée en Galicie et fonctionnant d'une façon régulière. Quelques essais avaient aussi été faits pour appliquer ce nouveau produit à l'éclairage : ainsi, dès le XVIᵉ siècle, le monastère de Krosno avait obtenu un privilège pour l'éclairage à l'aide du pétrole extrait à Weglooka et Bobrka, localités situées respectivement à 9 et 8 kilomètres au sud-ouest de Krosno.

La ville de Drohobycz, dans la Galicie orientale, obtint à peu près à la même époque le même privilège ; le pétrole qu'elle employait provenait de Boryslaw, localité située au sud de la ville, dans la même vallée, et qui devait devenir plus tard le centre de production de pétrole le plus important de toute la Galicie.

Comme le raffinage du pétrole était inconnu et qu'à l'état naturel il brûlait mal, on avait imaginé, pour tourner la difficulté, de le mélanger à des huiles végétales et principalement à l'huile de lin, et c'était ce mélange qui était utilisé dans des lampes rudimentaires.

Le même pétrole de Boryslaw était mélangé à l'asphalte extrait à Kosmacz pour former une substance employée à revêtir le sol des maisons et les cours des habitations de la contrée.

Mais tous ces emplois n'étaient guère que des tâtonnements dans la voie de l'utilisation rationnelle d'un produit dont la nature et les propriétés étaient complètement inconnues. Il semble cependant qu'une première raffinerie, assez perfectionnée pour l'époque, fut installée par Hecker, vers 1810, à Modrycz, près de Drohobycz, et qu'elle employait le pétrole extrait à Truskawiec, dans le voisinage de Boryslaw. Il est probable que les opérations auxquelles se résumait le raffinage consistaient simplement en une unique distillation, et qu'aucun traitement d'épuration chimique n'était appliqué au produit ainsi obtenu.

En 1811, Hecker fit à Prague, sur la Ringplatz, des expériences d'éclairage public avec le pétrole qu'il produisait à Modrycz et reçut à cette occasion une commande de la municipalité. Mais les guerres continuelles de cette époque troublée empêchèrent de donner suite à cette affaire, et l'emploi du pétrole distillé pour l'éclairage retomba dans l'oubli.

Lukasiewicz, en 1852-1853, fonda une distillerie à Boryslaw, en association avec un nommé Schreider, qui se trouvait être le continuateur du paysan qui, quelques années avant, fabriquait une huile de graissage de bonne qualité par un chauffage ménagé du pétrole ; il construisit plus tard une autre distillerie à Kleczany pour traiter le pétrole de cette région, puis une autre à Jaslo, puis enfin à Polanka, près Krosno, pour traiter le pétrole de Bobrka.

Le pétrole qu'on traitait dans ces raffineries était, au début, recueilli dans des puits creusés à la main, et ce ne fut qu'en 1862 que fut faite à Bobrka la première tentative de sondage, si l'on peut appeler ainsi la perforation par des moyens rudimentaires du grès pétrolifère qui se trouvait au fond d'un puits creusé à la main. Le premier puits ainsi traité produisit 3.000 kilogrammes par jour. L'année suivante (1863), un nouveau dérivé du pétrole, l'ozokérite, fut découvert à Boryslaw par Robert Doms ; mais ce ne fut que quelques années plus tard que son emploi se répandit de façon à provoquer une exploitation sérieuse.

En 1865, Fauk fora à Kleczany, à quelques kilomètres à l'ouest de New Sandec, au moyen du système américain à la corde, sans grand succès d'ailleurs.

En 1882, le système canadien fut introduit en Galicie, à Kryg, par Mac Garvey qui devait obtenir des succès remarquables par ce moyen dans l'exploitation des régions pétrolifères galiciennes, et, à partir de cette époque, de nombreux sondages furent exécutés dans la région à Libusza, Lipinski, Kobylanka, Dominiskowice, Scary, Sekowa, etc., et le développement de la région pétrolifère galicienne fut définitivement assuré.

PRODUCTION DE LA GALICIE, DE 1877 A 1905

Années	Tonnes	Suivant une autre source	Années	Tonnes
1877	12.000		1892	89.871
1878	25.000		1893	120.000
1879	30.000		1894	132.000
1880	32.000		1895	214.000
1881	40.000		1896	339.000
1882	46.000		1897	309.000
1883	51.000		1898	323.000
1884	60.000		1899	321.000
1885	67.000	42.540	1900	326.000
1886	80.000	47.817	1901	432.000
1887	75.000	64.882	1902	611.000
1888	90.000	71.659	1903	727.000
1889	108.000	91.650	1904	827.116
1890	97.000	87.717	1905	801.796
1891	105.000		1906	761.000

	1904	1905											
	Décembre	Janvier	Février	Mars	Avril	Mai	Juin	Juillet	Août	Septembre	Octobre	Novembre	Décembre
Boryslaw et Tustanowice	52.853	45.965	47.410	50.325	54.205	48.410	42.977	41.457	41.687	41.749	43.447	47.125	41.806
Schodnica	5.544	4.951	4.846	5.551	5.748	5.502	5.139	5.050	4.740	4.913	4.570	4.526	4.666
Urycz	2.201	1.894	1.890	2.179	1.778	1.626	1.702	1.653	1.480	1.500	1.582	1.519	1.544
Mraznica	»	330	629	349	320	280	448	300	280	220	200	150	140
Potok	1.962	1.760	2.010	2.010	2.048	2.010	2.320	1.937	1.867	1.393	1.695	1.526	1.901
Rogi	3.745	3.192	2.662	2.680	2.145	2.203	1.888	1.905	1.697	1.737	1.624	1.305	1.195
Rowne	155	113	142	122	143	156	138	140	152	123	150	135	123
Tarnava et Wielopole	2.422	2.328	2.562	1.562	1.924	2.316	2.034	1.984	2.575	2.720	4.047	4.354	4.494
Krosno	3.971	3.213	3.018	4.254	3.464	4.477	3.563	4.275	3.895	3.490	3.536	3.586	2.786
Diverses localités de l'Est	1.085	720	850	880	880	950	1.000	1.000	840	910	870	880	820
Diverses localités de l'Ouest	2.820	2.754	2.810	3.150	3.217	3.146	2.963	3.050	3.041	2.962	2.887	2.803	2.825
Total	76.758	67.220	68.800	73.052	75.872	71.076	64.173	62.751	62.254	61.717	64.608	67.909	62.303

STATISTIQUE DE LA PRODUCTION DU PÉTROLE EN GALICIE, D'APRÈS LE « JOURNAL NAPHTA »
QUANTITÉS EXPRIMÉES EN TONNES

	PRODUCTION	
	EN 1904	EN 1905
Boryslaw et Tustanowice.....................	546.017	546.556
Schodnica.................................	72.627	60.202
Urycz....................................	27.420	20.347
Mraznica.................................	4.915	3.646
Potok....................................	22.864	22.479
Rogi.....................................	47.531	24.434
Rowne....................................	2.454	1.609
Tarnawa, Wielopole, Zagorg...............	10.707	32.956
Krosno...................................	48.228	42.560
Diverses localités de l'Est..............	9.909	10.600
— — de l'Ouest	34.441	35.608
TOTAL.................	827.116	801.796

STATISTIQUE DE LA PRODUCTION DU PÉTROLE BRUT EN GALICIE, EN 1906
(EN TONNES)

	JANVIER	FÉVRIER	MARS	AVRIL	MAI	JUIN	JUILLET	AOUT
Boryslaw et Tustanovice......	42.000	38.000	46.000	50.718	45.360	46.100	48.760	44.270
Schodnica	4.000	4.000	4.300	4.140	4.270	4.120	4.070	4.250
Urycz.....................	1.400	1.200	1.200	1.240	1.270	1.240	1.250	1.140
Mraznica..................	»	»	»	»	120	»	»	»
Potok.....................	1.600	1.400	1.700	1.418	1.310	1.290	1.370	1.210
Rogi......................	1.200	1.600	2.200	1.935	1.152	855	790	640
Rowne.....................	150	100	80	90	191	133	93	145
Tarnawa et Wielopole.......	2.500	2.300	2 300	1.504	1.528	1.781	2.920	2.250
Krosno	3.400	2.700	3.120	2.618	4.919	3.170	2.500	2.400
Diverses localités de l'Est.....	1.100	1.200	1.100	1.130	960	1.070	1.170	1.200
— — de l'Ouest...	2.900	3.000	2.600	2.678	2.900	2.880	2.702	2.600
TOTAL............	60.250	55.300	64.600	67.471	63.843	62.639	65.723	60.105

PRODUCTION DE LA GALICIE EN 1896

	Tonnes
Marcinkowice Gorlice Zagorzany.............................	29.130
Skolyszyn Jaslo Krosno......................................	78.860
Rymanow Sanok	1.400
Olszanica Ustrzyki Chybow Sambor	13.030
Drohobycz (Boryslaw, Skole Kreschowice)	204.795
Stanislawow, Nadworna, Kolomea (Sloboda Rungurka)	12.530
TOTAL.......................	339.765

STATISTIQUE DES PUITS CREUSÉS A LA MAIN ET DES FORAGES EXÉCUTÉS EN GALICIE
DE 1894 A 1903

ANNÉES	PUITS CREUSÉS A LA MAIN			FORAGES				LONGUEUR des PIPE-LINES en kilomètres
				NOMBRE TOTAL	PRODUCTIFS		EN APPROFON-DISSEMENT	
	NOMBRE TOTAL	EN APPROFON-DISSEMENT	PRODUCTIFS		Pompés à la main	Pompés à la vapeur		
1894.........	673	20	82	1.614	199	744	181	111
1895.........	706	13	82	1.895	189	911	209	167
1896.........	592	12	50	1.974	169	1.016	237	218
1897.........	571	10	37	2.223	185	1.099	264	244
1898.........	560	11	45	2.416	183	1.224	273	251
1899.........	549	1	67	2.623	129	1.395	322	274
1900.........	223	3	67	2.703	186	1.578	257	279
1901.........	187	5	25	2.808	171	1.704	303	337
1902.........	77	5	18	2.795	165	1.773	295	406
1903.........	64	»	17	2.859	128	1.691	293	433

En 1904, on a foré en Galicie :

	Sondages
A 1.200 mètres...	1
1.100 —	2
1.000 —	33
900 —	84
800 —	71
Au-dessous de 800 mètres..	150
TOTAL...................................	341

Les localités productives de pétrole ont souvent varié, quant à leur
importance, et quelques-unes ont été abandonnées pendant un certain
nombre d'années, puis reprises après que des recherches mieux conduites
eurent montré qu'elles étaient loin d'être épuisées.

Les principales localités qui ont participé à la production du pétrole en
Galicie sont :

Années	Localités
1886.....	Kryg; Lipinki; Libusza; Siary; Sekowa; Kobylanka; Mecina; Wojtowa; Harklowa, environs de Gorlice; Lodyna, près de Ustrzyki; Bobrka et Ropienka, près de Dukla; Sloboda Rungurka, district de Kolomea.
1887.....	Le champ de Bobrka s'étendit à Wietrzno; Wegloka, près de Krosno; Wankowa et Ropienka, près de Olszanica.
1888.....	Rowne, près de Dukla (en plus des précédentes).
1890.....	Strzelbice; Sary-Sambor.
1891.....	Potok, près de Krosno.
1892.....	Torogzowka, près Krosno (Toroszowka); Brelikow, près d'Olszanica.
1894.....	Schodnica.
1896.....	La production est surtout concentrée dans la région de Stryj.
1897.....	Pasieczna, près Nadworna, intervient dans la production.
1900.....	La production se concentre vers Pasieczna; Boryslaw; Urycz; Bitkow.

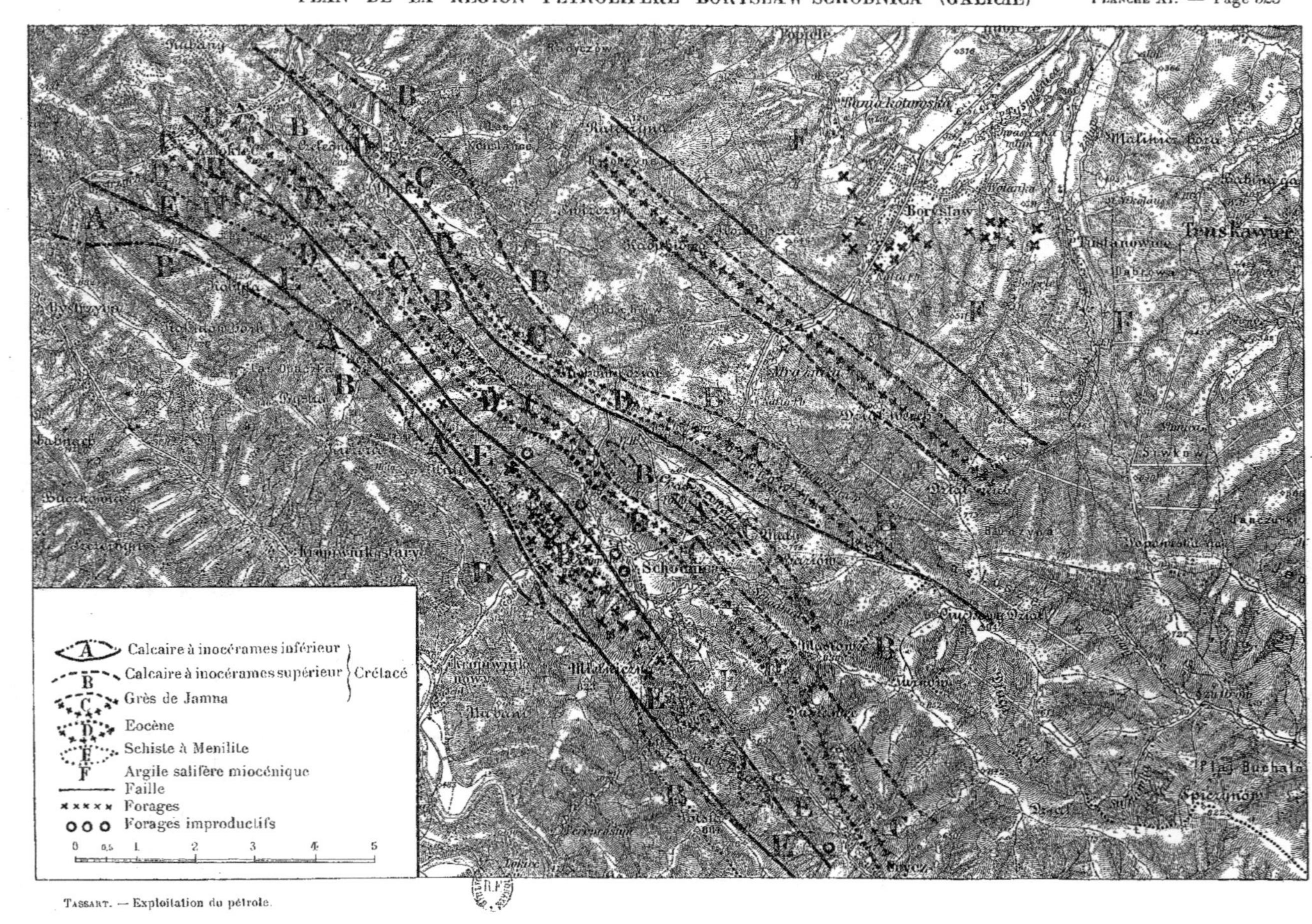

TASSART. — Exploitation du pétrole.

Années	Localités
1904.....	La région de Boryslaw (Boryslaw; Schodnica; Urycz; Mraznica), produit les 3/4 de l'extraction totale.
	Les autres localités donnant une production importante, sont : Potok; Rogi; Rowne; la région de Krosno.
	Les autres localités ne donnent que 1/20 de la production totale.
1905.....	La région de Boryslaw (Boryslaw; Schodnica; Urycz; Mraznica), produit toujours les 3/4 de l'extraction.
1906.....	Boryslaw et son voisinage immédiat restent prépondérants.

II. — RÉGION PÉTROLIFÈRE DE BORYSLAW

C'est actuellement le centre de production le plus important de Galicie, puisqu'à lui seul il donne plus des trois quarts du pétrole brut extrait dans toute la région des Carpathes galiciens.

La région pétrolifère de Boryslaw (*fig.* 227) se développe au sud-ouest

Fig. 227 — Vue du champ pétrolifère de Boryslaw.

de la ville de Drohobycz, dans le coude que forme le cours du Strij, affluent du Dniester, lorsque la direction de son lit passe du nord-ouest-sud-est au sud-ouest-nord-est, en contournant le massif du Chinchowy Dzial.

Les exploitations sont principalement concentrées dans la vallée du Tysménica, affluent du Dniester, qui passe dans le voisinage immédiat de Drohobycz, et dans la vallée de la Schodnica, affluent du Stryz, qui se trouve à peu près dans le prolongement de la vallée du Tysménica, sur l'autre flanc du Chinchowy Dzial, où tous deux prennent leurs sources, en coulant dans des directions diamétralement opposées peu après leur naissance.

Il y a bien, un peu plus au sud du cours du Stryz, le long de la vallée du Rumnik Zubrzyca, vers Kresciata et le mont Pohar, une extension de la zone pétrolifère, mais elle n'a qu'une faible importance.

Les principales localités où la présence du pétrole a été constatée dans cette région sont : Nahujowice, Popiele, Boryslaw, Wolanka, Tustanowice, Truskawiec, Mraznica, Opaka, Schodnica, Urycz, Orow.

La production est principalement concentrée à Boryslaw, et à Tustanowice, Truskawiec, à l'ouest de Boryslaw, ces deux dernières localités prennent de jour en jour une importance plus considérable et ont présentement une extraction supérieure à celle de Boryslaw.

Au début de l'exploitation des régions pétrolifères de Galicie, Boryslaw était loin d'avoir l'importance qu'il a acquise si rapidement pendant ces dernières années.

C'était un centre important pour l'exploitation de l'ozokérite, qu'on extrayait par des moyens très primitifs et presque barbares, mais le pétrole était relégué au second plan, et nombreux étaient ceux, même parmi les exploitants éclairés[1], qui doutaient de la possibilité d'une extraction importante de pétrole dans le voisinage immédiat de Boryslaw. Ce fut Mac Garvey qui, malgré l'opinion de beaucoup de techniciens peu clairvoyants, osa le premier entreprendre un sondage profond en 1899; ce sondage lui donna, à 600 mètres, 200 barils par jour; l'avenir de Boryslaw était décidé.

Les terrains du voisinage de Boryslaw (*fig.* 228) sont constitués par des alluvions modernes, dont l'épaisseur atteint une dizaine de mètres, qui recouvrent le salifère miocénique, au-dessous duquel se trouvent des conglomérats, des grès et des schistes de l'oligocène supérieur; puis viennent les schistes à ménilites, à silex cornés, vers la base de l'oligocène inférieur, puis l'éocène, le grès de Jamna du crétacé supérieur et les couches à Inocerames du crétacé.

Toute la région a été fortement plissée et disloquée et les plis très accentués sont séparés par de nombreuses failles très rapprochées les unes des autres; les plis sont parfois renversés et des lambeaux de terrains ont été repliés comme les feuillets d'un livre présentant plusieurs fois, sur la tranche, la même succession de terrains dans le même ordre, ou dans un ordre inverse (planche XI).

La direction à peu près constante des plis et des failles est nord-ouest-sud-est et les accidents contigus sont à peu près parallèles.

Dans les alluvions modernes se trouvent des restes de mammouth ; le miocène moyen salifère qui vient au-dessous des alluvions est constitué par des argiles grisâtres plus ou moins marneuses ou sableuses, contenant des lentilles

---

1. En 1893, c'était une opinion impossible à combattre chez les exploitants de la région que des sondages profonds n'avaient aucune chance de succès.

de grès, qui sont parfois pétrolifères ou contiennent des gaz hydro-carbonés. Le miocène salifère renferme, en outre, des lambeaux de terrains plus

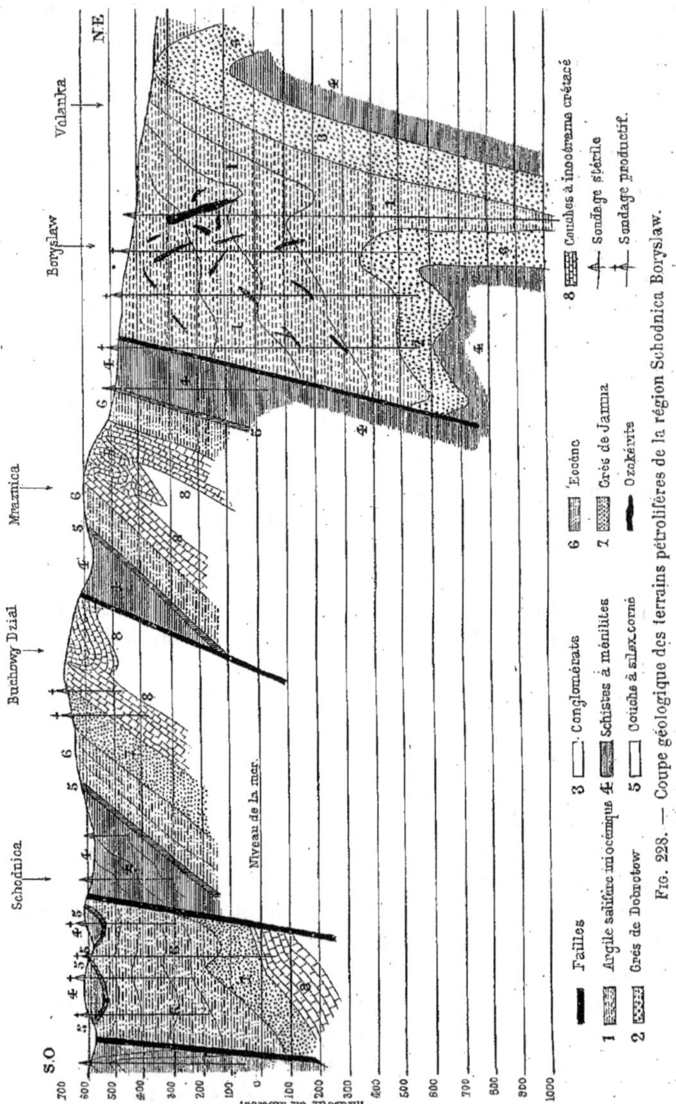

Fig. 228. — Coupe géologique des terrains pétrolifères de la région Schodnica Boryslaw.

anciens, Flysch carpathique, grès à hiéroglyphes, grès à silex corné ; ce terrain renferme des dépôts importants de gypse et de sel, ce dernier exploité à Drohobycz et à Stebnick au sud-est de Drohobycz. Il y a dans la région de nombreuses sources salines et sulfureuses, notamment à Truskawiec, où elles sont utilisées dans un établissement thermal.

Les lentilles de grès qui se trouvent isolées au milieu de la masse des argiles ne sont pas toutes pétrolifères et, à une petite distance, l'une peut contenir du pétrole, tandis que l'autre contient de l'ozokérite, des gaz, ou reste stérile ; les cristaux de sel qui s'y trouvent disséminés contiennent de fréquentes inclusions de pétrole ou d'ozokérite.

L'ozokérite, que les terrains miocéniques renferment en lits assez capricieusement répartis formant un réseau à mailles diversement orientées, est souvent une gêne dans l'exécution des sondages ; très plastique et cédant facilement à la pression, elle bloque souvent les tubages qui ne peuvent plus alors ni monter ni descendre, il faut alors verser du pétrole pour dissoudre la masse.

Au-dessous du miocène salifère moyen, les terrains de l'oligocène supérieur sont constitués par des grès qui passent progressivement au conglomérat à mesure qu'on s'avance vers le nord. Ces couches, qui constituent jusqu'à ce jour le principal horizon pétrolifère de Boryslaw, correspondent aux terrains de Magura et affleurent à Nahujowice, à 11 kilomètres au nord-ouest de Boryslaw. Elles se trouvent généralement à une profondeur de 700 mètres environ, dans le bassin pétrolifère de Boryslaw proprement dit ; cependant un forage exécuté dans la partie la plus riche en ozokérite et poussé jusqu'à 1.100 mètres ne les a pas rencontrées.

Près du ruisseau de Wortyszcze, aux environs de Truskawiec, se trouvent des affleurements d'argiles salifères, contenant de l'ozokérite ; plus au nord, se trouvent les conglomérats et les schistes à ménilites ; les conglomérats se retrouvent encore au nord-est de Boryslaw.

Les schistes à ménilites sont très épais et sont surtout constitués par des argiles fragmentées dont la couleur varie du brun noir au brun jaune ; il y a de nombreuses inclusions de silex cornés et de ménilites opalescentes.

Les silex cornés sont surtout abondants vers la base des schistes à ménilites, où ils forment la transition avec l'éocène ; dans les parties où les schistes à ménilites sont bitumineux, il y a lieu de remarquer que les efflorescences gypseuses sont plus fréquentes et qu'il y a également du sulfate basique et de l'alun de fer.

L'éocène est constitué par des schistes, des argiles rouges et vertes et des conglomérats à la partie inférieure ; il n'a pas encore été atteint par les sondages situés dans la région pétrolifère du voisinage immédiat de Boryslaw.

Les forages entrepris à Boryslaw ont été poussés très profondément dans ces dernières années, et les profondeurs de 1.000 et 1.100 mètres y sont devenues courantes. Un puits poussé au delà de 1.100 mètres avait été commencé au diamètre de 508 millimètres et terminé à celui de 127 ; le travail avait duré vingt-huit mois ; il a surtout donné des gaz et peu de pétrole.

Si les niveaux des terrains à ozokérite sont difficiles à traverser pour les sondages, les terrains inférieurs sont d'une bonne tenue et d'un travail relativement facile ; aussi n'est-il pas rare d'atteindre la profondeur de 900 à 1.000 mètres en quinze à dix-huit mois de travail.

Les sondages donnent toujours lieu, au moins jusqu'ici, à des puits coulant naturellement, et il a été jusqu'à présent inutile de recourir au pompage ou à l'extraction à la cuillère ; ce qui donne à Boryslaw un grand avantage sur les autres exploitations qui ne jouissent pas du privilège d'avoir des puits coulant naturellement ; de plus, dans les régions bien reconnues, il y a peu d'insuccès.

Plusieurs horizons pétrolifères ont été rencontrés, les plus profondément situés semblant les plus productifs ; mais cette loi est loin d'être absolument générale dans toutes les parties du bassin pétrolifère.

Dans les forages de Boryslaw, on évite autant que possible de tuber la couche pétrolifère proprement dite, car le pétrole très paraffineux de cette région bouche facilement les trous des crépines, quelque nombreux qu'ils puissent être et quelque grandes que soient leurs dimensions.

Si les terrains trop ébouleux obligent à tuber cette partie du forage, le tubage vient jusqu'à la surface, afin qu'il soit possible de le faire mouvoir facilement, pour détacher la paraffine qui s'accumule sur les parois extérieures ; les parois intérieures peuvent toujours être facilement nettoyées, la vapeur pouvant même être employée à cet effet en descendant dans l'intérieur du forage deux tubes concentriques qui permettent sa circulation ; le chauffage ainsi effectué provoque la dissolution de la paraffine dans le pétrole. Certains forages de Boryslaw ont produit jusqu'à 4.000 tonnes par jour à leur début, mais cette production est exceptionnelle, et, la plupart du temps, le débit originel est de 150 tonnes.

La production de Boryslaw, dans laquelle se trouve comprise la région Truskaviec-Tustanowice, qui tend depuis quelque temps à avoir la plus grande importance, est allée en augmentant rapidement ; dans ces dernières années, elle était de :

Années	Tonnes
En 1901	226.000
1902	335.000
1903	483.000
1904	546.000
1905	546.000

Un des derniers sondages de Boryslaw, qui est encore en activité, a produit en tout 100.000 tonnes, ce qui semble indiquer que cette région est loin d'être épuisée.

La région Tustanowiec-Truskawice, qui se trouve immédiatement à l'est de Boryslaw, s'est développée postérieurement au champ de Boryslaw proprement dit ; les résultats qui y ont été obtenus sont remarquables.

En 1905, plusieurs sondages ont donné au début de 100 à 200 tonnes par jour, soit 700 à 1.400 barils ; les profondeurs atteintes étaient de 750 à

1.170 mètres; en 1906, un forage à 872 mètres a donné 80 tonnes par jour.

En février 1906, la production de Boryslaw et Tustanowiec réunis a été de 38.000 tonnes, dont 20.000, soit plus de la moitié, ont été extraites à Tustanoviec.

Mraznica se trouve, comme Boryslaw, dans la vallée même du Tysmienica, à 2 kilomètres environ au sud-sud-est de Boryslaw et à mi-chemin à peu près entre cette dernière localité et Schodnica; les recherches y furent commencées, en 1902, et donnèrent du pétrole entre 300 et 600 mètres; cependant certains sondages poussés à 900 mètres n'ont rien donné; la configuration géologique des terrains, qui est très compliquée en cet endroit, n'est pas complètement déterminée.

En 1904, la production était de 5.000 tonnes; elle a baissé à 3.600, en 1905.

Le pétrole recueilli a une densité de 885 environ; en octobre 1905, un forage a donné au début 60 barils par jour à 700 mètres de profondeur.

En remontant la vallée du Tysmienica, à partir de Drohobycz, on rencontre d'abord Boryslaw; puis, en continuant vers le sud, Mraznica et, après avoir franchi la ligne de faîte qui sépare la vallée du Tysmienica de celle de la Schodnica, on trouve l'exploitation pétrolifère de Schodnica. La partie exploitée s'étend depuis Opaka jusqu'à Urycz, sur une largeur de 2 kilomètres environ et dans une direction nord-ouest-sud-est; Schodnica en occupe à peu près le centre.

C'est vers 1894 que Schodnica commença à produire des quantités importantes de pétrole et, en 1895, 50 0/0 du pétrole extrait en Galicie provenaient du voisinage immédiat de Schodnica. L'importance relative de ce chantier se maintint jusqu'en 1901; mais, à partir de cette époque, la mise en valeur intense de Boryslaw le relégua au second plan; jusqu'à cette époque, plus de 500 forages avaient été exécutés et les sondages qui avaient donné les meilleurs résultats avaient produit 140 barils par jour.

Tout le terrain susceptible de produire du pétrole dans des conditions rémunératrices semble avoir été exploré, sauf certaines portions qui appartiennent à la Société Schodnica, qui a dans cette partie de la Galicie une concession très étendue. La profondeur maximum atteinte est de 700 mètres; le premier horizon pétrolifère est rencontré vers 250 mètres, il est peu productif; celui de 450 mètres donne de meilleurs résultats, les puits maintiennent leur production avec assez de constance, mais le pétrole provenant de deux puits même très voisins diffère parfois très notablement de qualité; deux puits situés à Muschowate, distants d'une cinquantaine de mètres et tirant leur pétrole à la même profondeur de 450 mètres, donnent l'un un pétrole tellement paraffineux qu'il faut nettoyer le forage toutes les quarante-huit heures, l'autre un pétrole très léger et très riche en benzine.

Les principales concessions de Schodnica sont celles de Pasieczki, Muschowate, Zhar; les puits productifs ont traversé les terrains suivants : alluvions modernes; schistes à ménilites avec lits de grès tendres, grès aquifères, et silex cornés à la base, d'épaisseur et de pente très variables; argiles grises et vertes, avec lits minces de grès durs, dont l'épaisseur varie de 100 à 150 mètres; grès grossiers poreux, avec lits plus ou moins épais d'argile marneuse, dont l'épaisseur totale est de 30 à 40 mètres et qui renferme le premier horizon pétrolifère; argiles vertes et rouges avec grès d'une épaisseur de 60 à 80 mètres renfermant le deuxième horizon pétrolifère et correspondant à l'éocène inférieur; des schistes et une couche de grès très aquifère.

Peu de sondages ont été poussés plus profondément; cependant, au-dessous, se trouvent des marnes grises, des grès calcaires et des schistes gris; entre les niveaux 460 mètres et 590 mètres, et vers 580 mètres, il y a des traces de pétrole semblant indiquer la présence d'un troisième niveau pétrolifère dans les couches à Inocerames du crétacé inférieur.

La partie la plus riche du district est la concession Pasieczki, où un puits foré en 1895 donna au début un fort jaillissement et dont la production moyenne pendant six mois fut de 1.100 barils par jour, quoique le sondage fût en partie obstrué par les outils qui y étaient restés lors du premier jaillissement; ils furent enlevés dans le courant de 1896 et le puits fut nettoyé, mais, la production étant tombée à 8 barils par jour, il fut approfondi jusqu'à 460 mètres et la production se releva à 26 barils; à la fin de 1901, il avait donné 40.000 tonnes de pétrole ou 320.000 barils depuis le premier jaillissement; les puits voisins n'avaient donné que 8.000 tonnes au maximum.

Dans la région de Schodnica, trois failles à peu près parallèles sont nettement indiquées : la plus au nord passe un peu au nord de Opaka et du sommet du Chinchowy Dzial; celle du milieu passe à Zalokiec, un peu au sud de Schodnica et d'Urycz; celle du sud passe au nord des sommets des collines de Kobyla, Perspa, Mielnicze, Folsta; c'est surtout entre les deux dernières failles que se développent les terrains pétrolifères.

Les terrains de la zone de Schodnica appartiennent à des niveaux géologiques inférieurs à ceux de Boryslaw; l'oligocène inférieur y apparaît avec les schistes à ménilites qui contiennent des argiles souvent bitumineuses où se rencontrent des fossiles de *Meletta Crenata*, et des grès qui, vers la base, contiennent des silex cornés; l'éocène est représenté par des schistes diversement colorés des grès à hiéroglyphes et des conglomérats; le crétacé supérieur comprend les grès de Jamna avec schistes interposés, qui sont très apparents aux environs de Urycz; le crétacé inférieur (néocomien) est constitué par des argiles salifères et des grès souvent pétrolifères avec Inocerames, au-dessous desquels se trouvent des conglomérats, des grès calcaires avec hiéroglyphes, des schistes foncés et des marnes calcaires (Mergerkalk).

Malgré la diminution de son importance, Schodnica a encore produit dans les dernières années :

Années	Tonnes
1904	72.000
1905	60.000

III. — RÉGIONS PÉTROLIFÈRES DES ENVIRONS DE GORLICE

C'est à Kryg, localité située à l'est de Gorlice, que Mac Garvey employa pour la première fois, en Galicie, le système canadien pour exécuter un sondage, dont la bonne réussite détermina la généralisation de l'emploi du système ; en même temps, il détermina le développement de l'exploitation de la région avoisinante, et les travaux s'étendirent peu à peu aux localités voisines. C'est ainsi que prirent naissance les exploitations de Libusza, Lipinski, Kobylanka, Dominiskowice, Sciary Sekowa.

Dans la région de Kryg, la direction des plissements et des failles semble être à peu près est-ouest ; à Kobylanka, il y a un plissement secondaire, ce qui explique la productivité comparativement plus grande de cette localité.

Dans toute la région, il semble qu'il y ait deux zones pétrolifères sensiblement parallèles séparées par un espace improductif plus ou moins large, et les points où les résultats les plus satisfaisants ont été obtenus sont presque toujours placés au voisinage d'un changement plus ou moins brusque dans l'inclinaison des couches.

Certaines portions de cette région, qui n'avaient pas encore été exploitées par sondage, ont commencé à être explorées, et un sondage fait en 1906 a donné, à 250 mètres, 10 wagons par jour au début, semblant indiquer que cette région est encore susceptible de développements.

IV. — RÉGION DE SLOBODA RUNGURKA

Dès que les résultats satisfaisants obtenus à Kryg se furent confirmés, des forages furent entrepris à Sloboda Rungurka qui se trouve à l'autre extrémité de la région pétrolifère, dans l'est de la Galicie, à une vingtaine de kilomètres à l'ouest de Kolomea. Dès 1771, des puits avaient été creusés pour rechercher le sel et quelques-uns d'entre eux donnaient constamment des traces de pétrole ; en 1859, l'un d'eux fut approfondi jusqu'à 25 mètres, puis creusé jusqu'à 50 mètres en 1865, la quantité de pétrole produite au début augmentant chaque fois que la profondeur devenait plus grande et arrivant à une centaine de kilogrammes par jour. En 1884, un forage fut entrepris dans le puits lui-même qui, à cette époque, avait atteint la profondeur de 150 mètres à la suite de divers approfondissements et, à 210 mètres, il produisit 1.500 kilogrammes par jour.

La production de Sloboda Rungurka se développa jusqu'en 1887, époque à laquelle elle atteignit 200 tonnes par jour, devenant ainsi le centre principal de production du pétrole de toute la Galicie ; il fut relié à Kolomea par un chemin de fer ; mais peu à peu la production diminua et tomba à 15.000 tonnes en 1894 et 6.000 tonnes en 1901. Le chantier a peu à peu été abandonné, et les travaux sont à peu près suspendus depuis 1892.

Les forages les plus profonds n'ont pas dépassé 500 mètres. Un puits qui est allé à 508 mètres n'a pas donné de résultats.

Les terrains traversés sont les suivants :

		m. c.
Schistes gris et rouges	jusqu'à	85
— et grès	—	120
— durs	—	134
Grès dur (pétrole)	—	149
Schistes	—	151,50
Grès dur	—	161,50
— et marnes	—	213,50
— (pétrole)	—	257,50

La densité du pétrole de Sloboda Rungurka varie de 825 à 870.

V. — RÉGIONS PÉTROLIFÈRES DE KROSNO

A Bobrka (10 kilomètres au sud-ouest de Krosno), on connaissait depuis longtemps des dégagements gazeux et des traces de pétrole dans différents puits d'où on l'extrayait en petites quantités, quand ces faits parvinrent à la connaissance de Lukasiewitch qui s'occupait déjà de la question depuis une dizaine d'années; celui-ci fit faire d'abord quelques puits à main, puis il essaya d'approfondir par un système primitif de sondage à bras : il obtint ainsi 3.000 kilogrammes par jour; en 1870, la production était de 10.000 tonnes environ. Mais le développement sérieux ne commença qu'après qu'on eût employé le système de forage canadien vers 1886.

Wietrzno et Rowne, à 3 kilomètres au sud-est de Bobrka, se développèrent vers la même époque (Wietrzno, en 1886; et Rowne, en 1888). Wietrzno possédait bien des puits à main depuis 1865 et même quelques sondages faits depuis cette époque, mais ils avaient été presque tous improductifs et abandonnés à la suite de nombreux accidents, et ce ne fut qu'avec l'emploi du système canadien que l'exploitation se développa ; les premiers forages donnèrent à 200 mètres 2 tonnes par jour, plus tard un sondage donna 100 barils par jour. Le pétrole de Wietrzno a une densité de 865 à 870.

A Rowne, en 1903, un sondage a encore donné, à 780 mètres de profondeur, un rendement remarquable.

A Rogi, au nord-est de Rowne, un sondage a donné, en 1904, 40 tonnes par jour.

Dans la même région, à 10 kilomètres au nord de Krosno, à Weglowka, l'exploitation du pétrole commença en 1887.

Potok, à 8 kilomètres au nord-ouest de Krosno, commença à être exploité vers 1890; il donna d'assez bons résultats, quoique les sondages dussent être poussés assez profondément et dépassèrent même 650 mètres.

En 1901, toute la région avoisinant Krosno produisait 68.000 tonnes; elle a maintenu sa production d'une façon remarquable, contrairement à la plupart des autres exploitations galicéennes.

VI. — RÉGION DE SANOK

Dans la région de Sanok, les travaux furent entrepris, vers 1883, à Brelikow, à 20 kilomètres à l'ouest de Sanok, et ne donnèrent pas tout d'abord de résultats satisfaisants jusqu'en 1894, où un forage donna 40 barils par jour à 300 mètres ; à la même époque, les travaux étaient entrepris à Ustrzyki et à Ropienka où au commencement les forages ne coulaient pas naturellement, mais, depuis, il y eut des jaillissements.

Les travaux ont été poussés avec plus d'activité dans la région Tarnava, Wielopole, Zagorg, Poraz, depuis la fin de 1904.

Tous ces chantiers sont situés le long du cours de l'Ostawa, qui dans cette partie coule dans une direction à peu près exactement sud-nord et va se jeter dans le San, au sud de Sanok, dont les chantiers sont éloignés de 10 kilomètres environ.)

A Tarnawa, c'est principalement la Société Schodnica qui opère ; les sondages sont placés le long des rives de l'Ostawa. La profondeur de la zone pétrolifère la plus productive est d'environ 700 mètres.

L'exploitation se développe le long d'un anticlinal qui a été en partie érodé ; la largeur dans laquelle il est possible d'atteindre les couches productives ne semble pas dépasser une centaine de mètres.

En descendant le cours de l'Ostawa, on trouve, immédiatement après les chantiers de Tarnawa, ceux de Wielopole qui appartiennent à la même formation pétrolifère.)

Vers 600 mètres de profondeur, un sondage a donné 400 barils par jour au début, puis cette production est tombée à 50 barils.

Plus au nord, et toujours en descendant le cours de l'Ostawa, on trouve le chantier de Zagorz. Ici les puits sont généralement moins profonds, et vers 300 mètres on obtient déjà de bons rendements pour les forages.

Un forage a donné, au commencement de 1903, un rendement de 420 barils par jour au début.

Le chantier de Poraz se trouve également dans la même région : à 140 mètres de profondeur, on trouve déjà des quantités importantes de pétrole. Les forages ont été commencés à la fin de 1904. En 1906, un forage a atteint le pétrole à 600 mètres.)

VII. — BUKOVINE

La zone pétrolifère qui se développe le long des Carpathes, dans la Galicie, et qui se retrouve dans des conditions analogues en Roumanie, existe également en Bukovine, où elle forme le trait d'union entre ces deux parties, le tout ne formant, en réalité, qu'une seule et même zone dont les différences de gisements s'expliquent par la variation des faciès des couches géologiques de même âge et par la diversité des phénomènes géogéniques, qui, sur cette contrée étendue, n'ont pas eu partout exactement la même intensité, ni le même instant d'origine.

La région de la Bukovine n'est pas suffisamment connue pour que tous les indices pétrolifères qu'elle renferme aient pu être signalés et classés d'une façon systématique. Les quelques études qui ont été entreprises sur cette contrée semblent indiquer que les mêmes phénomènes généraux d'apparition se retrouvent ici comme dans les autres contrées pétrolifères : plus grande fréquence le long des anticlinaux, présence concomitante de sources salées, ou sulfureuses, de gypse, etc.

Deux régions semblent plus particulièrement riches en manifestations pétrolifères ; ce sont, d'une part, la vallée de la Moldavicza et, d'autre part, celle comprise entre Kimpolong (Campulung) et Brioza.

Dans la vallée de la Moldavicza, le pétrole est connu à Wama, Frumosa, Watra Moldavicza et Rus Moldavicza. Des sondages ont été entrepris dans cette vallée et, quoique poussés jusque vers 400 mètres, n'ont pas donné de résultats satisfaisants.

L'échec de ces recherches n'implique pas nécessairement la pauvreté des gîtes pétrolifères de cet endroit, car elles ne semblent pas avoir été conduites avec toute la méthode désirable ; de plus, bien que les capitaux qui y ont été consacrés aient été assez importants, ils n'étaient pas en rapport avec la surface à explorer, d'où des tâtonnements et une dispersion des forces, qui n'ont permis de faire en aucun point un effort réellement décisif.

VIII. — RÉGION CARPATHIQUE HONGROISE ET TRANSILVANIENNE

A l'intérieur de l'arc des Carpathes se trouvent aussi des indications pétrolifères, parfois même assez importantes, dispersées dans les terrains du crétacé et du tertiaire de ces régions. Mais, bien qu'un assez grand nombre de tentatives de sondages aient été faites, aucun résultat n'a permis, jusqu'ici, l'installation d'un centre d'exploitation important.

Au-dessous de la bande de territoire occupée par les exploitations galiciennes, le pétrole a été signalé à Zboro, Komarnik, Hunkocz, Borro, Mezo-Laborcz, Szina, Uzok, Sztauna, Korosmezo, Stebna, dans le cours de la Lopuszanka ; ces trois dernières localités peu éloignées des centres pétrolifères de Jablonica et Worochta, sur la frontière galicienne.

Plus en arrière, se trouvent les localités de Krasnizora, Huszt, Marmaros, Sziget, Konyha, Jod, Dragomurescei, Nagy Banya, Kovacs.

A Szibo, Szamos et Udvaredly, il y a de l'ozokérite dans les argiles et les grès de l'éocène inférieur, et dans la région est et nord-est de Gross Warden, des dépôts d'asphalte sont connus à Tataros, Bodonos, Hagymadfala, Uber-Derna.

Du côté de la Roumanie et près de la frontière, se trouvent des traces de pétrole sur le cours de la Putna, un peu avant du point où cette rivière franchit la frontière roumaine ; au nord de ce point également, le long de la frontière, il s'en trouve à Soosmezo, sur le cours de l'Oituz, où il existe des puits dont l'exploitation remonte au commencement du xviiie siècle.

Dans la vallée du Fékete Ugy, qui court parallèlement à la frontière roumaine, le pétrole a été signalé à Zabola, Gelencz, Rakottyas.

Aux bains de Korond, il y a des sources salées donnant des traces de pétrole.

Dans les environs de Schassburg et Hermanstadt, le pétrole a été signalé à Udvarheli, à Felso Bajam, Visukna où se trouvent à Salzburg des salines importantes, à Bolya, à Kis-Kapus, Algyogy.

Enfin, dans l'angle formé par le Danube et la frontière roumaine, il existe du pétrole à Roman, Bogsan, Resuza, Steierd, Uterich, au voisinage des couches de charbon. Dans cette même région, dans certains massifs de roches primitives, se trouvent aussi quelques légers suintements pétrolifères.

IX. — RÉGION HONGROISE OUEST ET SUD-OUEST

Le pétrole y est signalé à Resk, à 10 kilomètres à l'ouest d'Erlau, où il se trouve dans un tuf rhyolithique ; entre le cours de la Mur et de la Drave dans une région qui s'étend jusqu'en Autriche et est comprise entre Luttenberg et Polstrau, les indices sont surtout apparents dans les environs de Csakathura.

Dans la région de Varasd, à Ludberg, Lepavinu, à Ribejac où des forages ont donné de petites quantités de pétrole, à Ivanic un puits a donné du gaz en assez grande abondance.

Dans la région comprise entre les monts de Posega au nord et le cours de la Save au sud, il y a des traces de pétrole à Kutina, Novska, Nouveau Gradiska et Brod.

X. — COTE EST DE L'ADRIATIQUE

Tout le long de la côte de l'Adriatique, il y a de nombreux affleurements d'asphalte et de bitume. Les principaux se trouvent dans la presqu'île de Sabioncello, à Ponique et à Glinigrad, et sur la partie avoisinante de la terre ferme, à Vrankuk, sur la Narenta, vers Metcovio et Dracino, et un peu plus au nord, à Vergoraz. Dans l'île de Braza, le bitume se trouve dans une roche dolomitique du terrain jurassique. Cette roche contient :

Asphalte	7,12
Carbonate de chaux	58,10
— de magnésie	32,58
— de fer	1,10
Chlorures de sodium et de calcium	0,97
Total	99,87

Les points d'affleurement principaux sont : Mirce, Nerési, Scrib.

Sur la côte qui fait face à l'île de Braza, l'asphalte existe sur le cours du Cettina, notamment à Duare, à Monté Mosore et Morovicza, près de Spalato.

A Morovicza, l'asphalte se trouve dans les cavités d'un calcaire jurassique.

Il existe également dans l'île de Bua, à Subdolaz et Porto Mandolo où l'on a constaté la présence d'une dolomie bitumineuse, à Monté Promina, dans la vallée de la Kerba, aux environs de Zara et à Cumazo et Sticovo.

Dans le golfe de Fiume, l'asphalte se trouve à Albona, Carpano et Pinguente.

Dans les environs de Trieste, à Opschina, Sistania, Herpelje, Divazza[1].

XI. — AUTRICHE

Dans la vallée de l'Inn, il y a de nombreux affleurements d'asphalte :

A Hoering, au-dessus de Kufstein, sur la rive droite du cours d'eau, se trouve un calcaire bitumineux subordonné au lignite; près de là, au Grattenbergl, le calcaire alpin renferme beaucoup de bitume visqueux, accompagné de cristaux de carbonate de chaux en veines nombreuses. En amont d'Innsbruck, dans la région de Seefeld, qui se trouve à quelques kilomètres de l'Inn, sur la rive droite, il y a, à la limite séparant les roches éruptives du calcaire jurassique, un gisement bitumineux dont l'épaisseur varie de 20 centimètres à 1 mètre; il contient :

Bitume	26,41
Carbonate de chaux	22,45
Carbonate de magnésie	12,78
Oxyde de fer	1,91
Argile	6,67
Magnésie	1,42
Chaux	1,57
Acide sulfurique	1,20
Potasse	0,88
Soude	0,85
Silice	19,03

Sur la route de Partenkirchen à Imst, après Lermos, à la Fern Pass qui sépare la vallée de la Laisach de celle de l'Inn, près du lac de Birg, il y a des affleurements d'asphalte; un peu plus loin, il s'en trouve aussi à Ober Tarrentz, un peu avant de gagner Imst; il s'en trouve également dans la même vallée à Leibelfingen et près de Wanneck à Aschbach.

Dans la vallée de la Lech, l'asphalte existe à Stog et Ellebogen et entre Reute et le lac Plan.

Le long du Danube, dans la région de Lintz, Wells, Grieskirchen, les terrains miocènes fournissent du gaz combustible dont la composition est :

Méthane	84
Autres hydrocarbures	5
Hydrogène	3
Oxygène	0,6
Azote	2

Le même gaz se retrouve dans les sources salines de Bod Hall.

Dans la même région se trouvent quelques rares traces de pétrole; il y en a également dans la vallée d'Erlaf, associées avec un peu d'ozokérite, notamment à Gresten ainsi qu'à Nestelberg et à Thallern, vis-à-vis de Krems.

1. Des traces de pétrole existent dans le Montenegro, aux environs de Bucovica et Gradac, au nord-est de Cetinge. En Serbie, l'ozokérite est exploitée à Alcksina, sur la Binacha Morava, elle est également connue le long de la Kolubara, qui se jette dans le Danube, en amont de Belgrade.

Aux environs de Prague, à la station balnéaire de Kuchelbad, se trouvent disséminées des traces d'hydrocarbures solides; il s'en trouve également dans le terrain carbonifère de la région de Pilsen.

Dans le nord de l'Autriche à, Palkowitz, Chlebowitz, Stramberg, Wermsdorf, Hotzendorf, Friedland, Blauendorf, Baschka existent des bitumes; à Neutitschein et Libisch; de l'ozokerite à Malenowich, Zlin, Ungarisch Brod; à Wissek, Drbálowitz Bockowitz, Bohuslawitz des bitumes plus ou moins fluides ont été recueillis.

II

ROUMANIE

HISTORIQUE DE L'EXPLOITATION DU PÉTROLE EN ROUMANIE

L'exploitation du pétrole en Roumanie est assez ancienne, car elle remonte certainement au commencement du xvii° siècle; et il ne serait pas surprenant qu'elle fut de beaucoup antérieure à cette époque.

Anatole Demidoff indique dans une relation de voyage que la quantité de pétrole extraite annuellement à Pacuretti (Prahova) atteignait 23.000 tonnes par an, en 1837, chiffre qui, d'ailleurs, semble un peu élevé.

Depuis cette époque, dont l'histoire est assez incertaine, les exploitations se sont peu à peu développées et, bien que les moyens d'abord employés (les puits creusés à la main) fussent aussi rudimentaires que dangereux, ils permirent, grâce à l'habileté professionnelle acquise par les puisatiers roumains, d'extraire jusqu'à 25.000 tonnes par an, en 1885, époque à laquelle il n'y avait, pour ainsi dire, aucun sondage en activité.

La concurrence américaine et russe avait, pendant un certain temps, enrayé le développement de cette industrie, que le manque de moyens de communications venait encore entraver; peu à peu, cependant, des moyens plus perfectionnés furent employés et les ingénieurs roumains se mirent à étudier, avec une persévérance digne d'éloges, les modes de gisements un peu spéciaux où le pétrole se trouvait dans leur pays; grâce à un concours énergique d'efforts, l'incertitude qui planait sur le développement de cette industrie s'est peu à peu dissipée et la Roumanie, qui, au début, marchait très en arrière de la Galicie, est sur le point de l'égaler et même de la dépasser.

Mieux située que la Galicie, au point de vue économique, ayant déjà à sa disposition un plus grand nombre de chantiers en exploitation et de plus nombreuses zones où des recherches sont entreprises, ayant perfectionné son organisation technique au point que la Galicie n'aura bientôt plus rien à lui apprendre, la Roumanie, si l'effort actuellement développé se maintient et s'accroît, ne peut manquer de devenir, à brève échéance, un facteur important dans l'industrie pétrolifère du monde.

Les pétroles bruts roumains sont, à très peu d'exception près, presque complètement dépourvus de soufre et d'une odeur plutôt agréable, quoique d'un rendement moyen en huile lampante; leur raffinage facile et leurs densités assez voisines, ainsi que la faculté qu'ils ont de pouvoir, les uns ou les autres, fournir à peu près complètement toute l'échelle des produits susceptibles d'être tirés du pétrole brut, fournissent d'excellentes conditions pour le développement de l'industrie du raffinage.

Les recherches de nouveaux gîtes pétrolifères paraissent devoir toujours être un peu délicates en Roumanie, et certaines régions ne permettront pas sans difficultés l'exécution de sondages profonds; mais ce sont là des impedimenta que le développement croissant des perfectionnements techniques permettront de surmonter sans trop de difficultés.

L'examen du tableau suivant, indiquant la progression de la production du pétrole brut en Roumanie, depuis l'année 1857, permet de se rendre compte des différentes étapes franchies par cette industrie, et l'accroissement rapide obtenu dans les trois dernières années[1] indique, par sa continuité et son importance, une sérieuse préparation de l'ensemble des organes actifs de ce genre d'exploitation.

PRODUCTION DU PÉTROLE BRUT EN ROUMANIE, DEPUIS 1857

EN TONNES DE 1.000 KILOGRAMMES

Années	Tonnes	Années	Tonnes
1857	300	1882	18.000
1858	500	1883	18.000
1859	600	1884	27.000
1860	1.200	1885	25.000
1861	2.500	1886	22.000
1862	3.000	1887	24.000
1863	3.600	1888	28.000
1864	4.600	1889	38.000
1865	5.000	1890	41.000
1866	5.300	1891	50.000
1867	7.000	1892	56.000
1868	8.000	1893	57.000
1869	8.000	1894	64.000
1870	10.000	1895	76.000
1871	12.000	1896	80.000
1872	12.000	1897	110.000
1873	14.000	1898	180.000
1874	13.000	1899	250.000
1875	14.000	1900	250.000
1876	14.000	1901	270.000
1877	14.000	1902	310.000
1878	14.000	1903	384.000
1879	14.500	1904	494.000
1880	15.000	1905	615.000
1881	16.000	1906	887.000

Nous donnons également, ci-après, le tableau de la production par exploitation, pour les années 1905 et 1906, avec les nombres de forages et de puits existants et exécutés; il sera ainsi facile de se faire une idée de l'activité des travaux.

1. 1903, 1904 et 1905. Ceci était écrit avant que les résultats de 1906 ne fussent connus.

Nous donnons dans le tableau qui suit la situation détaillée de l'exploitation du pétrole en 1906, pour chaque raison sociale, pour chaque chantier, et totalisée ensuite par districts, ainsi que la situation des puits et des sondes à la fin de 1905 et à la fin de 1906, pour qu'on puisse les comparer.

N°	NOMS DES EXPLOITANTS	LOCALITÉS	A LA FIN DE 1905 PUITS A MAIN abandonnés	en œuvre	productifs	SONDES abandonnées	en œuvre	productives	TOTAL GÉNÉRAL en 1905 (tonnes)	TOTAL GÉNÉRAL en 1907 [ms. 1905] (tonnes)	A LA FIN DE 1906 PUITS A MAIN abandonnés	en œuvre	productifs	SONDES abandonnées	en œuvre	productives
	DISTRICT DE PRAHOVA															
1	Societatea « Steaua Română »	Buștenari	110	»	13	5	40	66	133.476	110.200	114	1	8	11	73	85
2	— « Buștenarii »	—	35	10	69	4	21	30	132.822	94.668	71	19	39	6	25	54
3	— « Sylva » (Telega Oil Cy.)	—	»	9	6	14	13	33	55.382	45.602	5	7	»	25	16	41
4	— « Internaționala »	—	»	6	20	»	8	9	31.473	35.335	»	8	16	2	8	12
5	V. E. Grigorescu et Vlădescu	—	5	3	5	»	2	2	9.444	9.494	5	4	4	»	1	4
6	Frații Seceleanu	—	»	»	»	3	10	7	10.888	11.714	»	»	»	6	4	11
7	Arnheemsche Petrol. Matschappij	—	8	»	»	1	3	6	10.942	18.016	»	»	»	»	2	9
8	Societatea Trajan	—	»	»	»	5	7	9	13.938	17.390	»	6	»	6	7	10
9	A. Van de Werk	—	»	1	1	»	1	1	3.737	5.181	»	1	1	»	»	2
10	Stănescu et Giuglescu	—	»	1	1	»	1	4	8.081	9.746	2	»	2	»	»	5
11	Societatea Aquila Franco Română	—	»	»	4	»	3	2	13.481	6.081	»	»	3	»	6	9
12	Toma Th. Rucăreanu	—	»	1	2	»	»	»	730	1.135	»	»	3	»	»	»
13	Frații Grigorescu et Albulescu	—	3	2	5	»	»	»	1.628	1.870	3	3	3	»	1	»
14	C. Nassopol fii	—	8	3	3	»	»	»	517	977	4	»	5	»	»	»
15	Cariagdi et Plăveanu	—	»	2	3	»	»	»	1.119	972	»	1	4	»	»	»
16	Theodor Mincu	—	9	3	3	»	»	»	253	1.867	11	2	2	»	»	»
17	Avram Rosenberg	—	1	»	1	»	»	»	360	468	1	»	2	»	»	»
18	V. E. Grigorescu et Gh. Stroe	—	»	»	1	»	2	1	3.921	1.539	»	»	1	1	»	2
19	Grigorescu, Tomșeneanu și Stroe	—	1	2	4	»	»	»	1.539	1.763	1	3	4	»	»	»
20	Zoze Negulescu	—	»	»	2	»	»	»	225	262	»	»	1	»	»	»
21	Societatea Trajan et Predinger	—	1	»	1	»	»	2	913	1.710	1	1	»	1	»	1
22	V. E. Grigorescu (N° 3)	—	1	1	1	»	»	»	263	239	»	1	2	»	»	»
23	Societatea Colombia	—	»	2	2	»	6	3	23.369	7.586	31	9	12	3	8	14
24	V. Grigorescu (A. Angelescu)	—	»	»	2	»	»	»	587	665	»	1	1	»	1	»
25	I. G. Bucșeneanu și fii et Haiman	—	1	»	»	1	»	2	1.046	1.185	2	»	»	»	1	1
26	Locot. Colonel Petraru	—	3	»	2	»	1	1	750	966	4	»	1	»	1	1
27	Marin I. Odoiu	—	»	»	1	»	»	»	369	246	»	1	1	»	»	»
28	G. Stroe, T. Stroe et I. Pisău	—	»	»	1	»	»	»	839	548	»	»	1	»	»	»
29	Societatea « Româno-Americană »	—	24	»	25	8	4	1	16.882	2.682	3	»	10	13	4	1
30	Societ. Trajan, Căpitănescu et Grigorescu	—	2	»	1	»	»	»	198	211	2	»	1	»	»	»
31	Societatea « Galo-Română »	—	»	3	»	»	4	1	7.433	447	2	»	»	1	3	4
32	Louis Pasquier	—	1	»	1	»	»	1	2.203	4.393	1	»	2	»	»	»
33	Ion Grigorescu et Al. D. Dumitrescu	—	»	»	2	»	»	»	154	155	»	»	»	5	2	2
34	Riske, Popescu et Ionescu	—	»	»	»	1	3	4	3.103	3.422	»	1	3	»	»	1
35	Familia Negulescu	—	»	1	3	»	1	»	1.709	764	»	»	2	»	»	»
36	Frații Paxinos	—	»	2	2	»	»	»	424	921	1	»	1	»	»	»
37	Nicolae I. Petre	—	1	»	1	»	»	»	680	524	»	»	»	»	»	»
38	Societatea « Mislișoara-Buștenari »	—	3	»	»	»	»	3	227	2.956	»	»	»	1	2	1
39	— « Ialomița »	—	»	»	»	»	2	2	381	982	»	1	1	»	»	1
40	Col. C. Văleanu	—	»	1	1	»	»	»	256	374	»	»	»	»	»	»
41	Popovici, Pușcariu et Weber	—	»	»	»	»	»	1	301	630	»	»	»	»	»	1
42	Sergiu Gogălniceanu et M. Zentler	—	»	»	4	»	1	»	548	44	»	4	6	»	»	»
43	Petre A. Naumescu	—	»	»	1	»	»	»	2.554	401	1	»	1	»	»	»
44	Maria A. Dimitriu	—	»	»	»	»	»	»	66	60	1	»	»	»	1	»
45	N. Poenaru-Jatan	—	»	»	»	»	»	»	24	»	30	»	»	»	1	»
46	Exploatarea petroliferă « Sofia »	—	»	»	»	»	»	1	1.908	216	»	1	»	»	1	1
47	Societatea « Tosca »	—	»	»	»	»	»	»	2.068	»	»	1	1	»	1	»
48	Schela « Melanie », Löwenton et Cavadia	—	4	3	4	»	2	»	97	»	2	1	1	»	1	»
49	Societatea « Montana »	—	»	»	3	»	1	1	879	2.229	»	»	»	»	»	»
50	I. Wagner	—	»	2	»	»	2	1	1.779	1.516	»	»	»	»	»	»
51	Societatea « Româno-Belgiană »	—							2.032	1.264						
	TOTAL du chantier de Boushténari		221	48	201	42	138	191	509.995	411.316	298	76	151	82	167	230
52	Soc. « Steaua Română »	Füget-Doftănețt	13	5	»	7	11	5	4.302	»[1]	10	»	»	3	16	3
53	Gogu Ștefănescu	Călinet	»	»	»	»	»	»	472	»	»	»	»	»	1	1
54	A. Van de Werk	—	»	»	»	»	»	»	913	»	»	»	1	»	1	1
55	Macarovici, Corbescu et C°	—	»	»	»	»	»	»	480	»	»	»	1	»	1	1
56	Stanislas Mihalik	—	»	»	»	»	»	»	1.205	»	»	»	»	1	1	3
	TOTAL du chantier de Călinet		»	»	»	»	»	»	3.070	»	»	1	»	1	3	
57	Societatea Steaua Română	Câmpina	89	5	9	37	26	35	82.426	77.545	96	»	7	41	41	42
58	Societatea Trajan	—	»	»	»	»	4	3	8.590	10.736	5	»	»	4	1	4
59	G. Ștefănescu et C°	—	»	»	»	3	1	1	1.971	1.370	»	»	»	1	1	1
60	G. B. Popp	—	»	»	»	1	1	1	197	509	»	»	»	1	»	1
61	Societatea Regatul Român [1]	—	11	»	»	6	3	3	9.018	4.730	11	»	»	11	8	»
	TOTAL du chantier de Campina		100	5	9	52	35	43	102.148	94.860	107	1	7	58	51	48
62	Moreni Cy.	Moreni	5	»	»	1	»	1	22.760	10.206	»	»	»	»	1	2
63	C. M. Pleyte	—	»	»	»	»	»	»	15.115	»	»	»	»	5	2	8
64	Societatea « Regatul Român »	—	13	»	»	8	4	2	95.387	28.148	13	»	»	2	3	2
65	Societatea « Româno-Americană »	—	»	»	»	»	22	3	29.544	8.889	»	»	»	»	»	»
	TOTAL du chantier de Moreni		18	»	»	9	26	6	162.806	47.243	13	»	»	8	7	13
66	Ambrose Congreve	Băicoi	3	»	»	»	2	2	688	1.002	3	»	»	»	»	»
67	Inginer I. Gheorghiu	—	3	»	2	»	»	»	298	338	3	»	»	1	»	»
68	Societatea « Olandeză Română »	—	»	»	»	»	»	1	44	179	»	»	»	»	»	»

1. La production de la *Steaua Romana* de Doftanetz en 1905 est comprise dans le chiffre de Bousthenari.

2. Passé le 5 août 1906 à la raison sociale C. M. Pleyte.

NUMÉROS COURANTS	NOMS DES EXPLOITANTS	LOCALITÉS	A LA FIN DE 1905 — PUITS À MAIN abandonnés	en œuvre	productifs	SONDES abandonnés	en œuvre	productives	TOTAL GÉNÉRAL en 1906 (tonnes)	TOTAL GÉNÉRAL en 1905 (tonnes)	A LA FIN DE 1906 — PUITS À MAIN abandonnés	en œuvre	productifs	SONDES abandonnés	en œuvre	productives
	DISTRICT DE PRAHOVA (Suite)															
69	Societatea « Steaua Română »	Băicoi	3	»	»	3	2	2	36.125	90	2	1	»	4	7	3
70	G. Stoenescu et C°	—	1	»	2	»	»	»	307	340	»	»	1	»	2	»
71	Societatea « Trajan »	—	»	»	»	»	»	»	116	»	»	»	»	»	2	»
72	Societatea « Regatul Român »	—	»	»	»	»	»	»	7.783	»	»	»	»	»	6	3
	TOTAL du chantier de Baïcoiu		10	»	4	3	4	5	45.331	1.949	8	1	3	5	17	6
73	Societatea « Olandeză Română »	Tintea	»	»	»	3	»	4	8.061	4.922	»	»	»	4	2	3
74	— « Neerlandeză Română »	—	19	»	»	1	1	3	1.542	1.566	19	»	»	1	»	3
75	— « Prahova », O. Jaumotte et C°	—	»	»	»	5	»	3	888	924	»	»	»	4	1	4
76	H. F. Drader	—	»	»	»	»	»	»	328	»	»	»	1	»	»	»
77	C. Popovici Costi	—	»	»	»	»	»	»	275	»	»	1	1	»	»	»
	TOTAL du chantier de Tsintea		19	»	»	9	1	10	11.094	7.412	19	1	1	9	3	8
78	A. Löwenbach et C°	Păcureți	9	1	6	1	»	»	354	258	5	2	3	1	»	»
79	Societatea « Româno-Americană »	—	16	»	1	1	1	1	51	89	16	»	1	2	1	1
80	— « Matitza »	—	4	1	8	»	3	»	797	521	6	2	5	»	3	»
81	C. N. Steriade	—	»	»	»	»	»	»	129	»	1	»	2	»	»	»
	TOTAL du chantier de Pacuretz		29	2	15	2	4	1	1.328	868	28	4	11	3	4	1
82	Mărgăritescu și Nedelcovici	Podeni-Noui	8	3	4	»	»	»	317	427	9	2	5	»	»	»
83	Vasile N. Predescu	—	2	1	1	»	»	»	56	45	2	1	1	»	»	»
84	V. V. Ciocârdel	—	2	1	1	»	»	»	22	28	2	»	1	»	»	»
	TOTAL du chantier de Podeni-Noui		12	5	6	»	»	»	395	500	13	3	7	»	»	»
85	Societatea « Steaua Română »	Ochișor	2	»	2	»	»	»	92	121	2	»	2	»	»	»
86	Eberhard, Marchena et C°	Apostolache	72	»	16	»	1	1	2.506	449	88	»	2	»	2	2
87	K. Ozinga	Bord Pârșani	6	»	3	»	»	2	498	307	6	»	3	»	»	3
88	Gh. Visin et C°	Poiana Vârb.	5	»	1	1	»	»	2	1	5	»	1	1	»	»
89	G. Gr. Cantacuzino	Gura Drăgăn.	9	»	6	»	»	»	994	218	14	1	5	»	»	»
90	Steaua Română	Vălcănești	3	1	»	»	1	»	»	100	4	»	»	1	1	»
91	Arnhemsche Petroleum Maatschappij	Recca	2	»	»	11	1	3	1.347	2.690	2	»	»	11	1	3
92	Em. I. Saridachi	Opărții-Cop.	»	1	2	»	»	»	201	180	1	4	2	»	»	»
93	Schapira, Ionescu et Dobrescu	Gornetu-Cr.	»	»	1	»	»	»	27	4	1	1	1	»	»	»
94	Vasiliu și Rădulescu	Chiojdeanca	»	»	1	»	»	»	44	21	1	»	»	»	1	»
95	I. Ionescu Surăneanu	Aricești	»	»	»	»	»	»	12	»	»	2	1	»	»	»
	TOTAL GÉNÉRAL du district de Prahova		521	67	257	186	222	267	846.489	568.209	620	95	197	186	273	370

NUMÉROS COURANTS	NOMS DES EXPLOITANTS	LOCALITÉS	A LA FIN DE 1905 — PUITS À MAIN abandonnés	en œuvre	productifs	SONDES abandonnés	en œuvre	productives	TOTAL GÉNÉRAL en 1906	TOTAL GÉNÉRAL en 1905	A LA FIN DE 1906 — PUITS À MAIN abandonnés	en œuvre	productifs	SONDES abandonnés	en œuvre	productives
	DISTRICT DE DAMBOVITZA															
96	Societatea Internațională Română	Gura Ocniței	»	3	16	3	4	5	10.643	15.745	»	3	22	4	4	7
97	N. St. Cesianu și N. N. Filodor	—	12	6	3	»	»	2	1.354	864	12	6	3	»	»	2
98	Amedeu Lăzărescu	—	2	»	1	1	»	»	397	89	2	»	1	1	»	»
99	Societatea « Dâmbovița »	—	3	»	3	1	1	»	181	219	3	»	3	1	1	»
100	H. Van Saanen fost Scorțescu	—	3	1	1	»	»	»	203	407	7	»	»	»	»	1
101	A. Raky fost H. van Saanen	—	»	»	»	»	»	»	391	»	»	»	1	»	2	»
	TOTAL du chantier de Gura-Ocniței		20	10	24	5	5	7	13.369	17.294	24	9	30	6	7	10
102	Ion Grigorescu	Colibași	38	4	13	3	1	3	3.209	4.084	87	»	13	5	1	1
103	Societatea Franco-Română	—	10	2	4	»	6	»	338	132	»	»	»	»	»	»
104	C. M. Plüyte fost Franco-Română	—	»	»	»	»	»	»	255	»	»	»	4	5	1	3
	TOTAL du chantier de Colibashi		48	6	17	3	7	3	3.802	4.216	37	1	17	10	2	4
105	Ion Grigorescu	Reșca	9	1	4	»	»	»	58	104	4	1	»	»	»	»
106	Tomescu și Cezianu	Malu-Roșu	4	2	4	»	»	»	118	134	4	3	3	»	»	»
107	I. D. Georgescu (fost Frații Ionescu)	Bădisl.-Glodeni	»	»	9	»	»	»	576	425	»	»	9	»	»	»
108	Ion N. Drăgan și Th. C. Ionescu	—	»	»	2	»	»	»	70	147	»	»	2	»	»	»
109	N. Pârvan și Dumitru Petrescu	—	»	»	1	»	»	»	13	16	7	»	1	»	»	»
110	Florea Petrescu	—	6	1	2	»	»	»	286	220	»	»	9	»	»	»
111	Grigore G. Gravilescu	—	2	»	1	»	»	»	55	160	6	1	2	»	»	»
112	Dumitru I. Georgescu et C°	—	8	»	9	»	»	»	406	553	9	»	12	»	»	»
113	Ion D. Georgescu et Z. Pantu	—	»	»	13	»	»	»	574	669	»	»	15	»	»	»
114	Alex. Stematiu	—	»	»	1	»	»	»	279	114	»	»	1	»	»	»
115	I. I. Stematiu	—	2	»	1	»	»	»	322	651	2	»	1	»	»	»
116	Ghiță Tabacu	—	»	»	»	»	»	»	14	»	»	2	»	1	»	»
	TOTAL du chantier de Bădislăvoaia-Glod.		31	4	47	»	»	»	2.974	3.193	32	5	56	»	»	»
	TOTAL du district de Dambovitza		99	20	88	8	12	10	20.142	24.703	93	15	103	16	9	14
	DISTRICT DE BUZAU															
117	Societatea Steaua Română	Sărata	13	20	56	2	»	1	11.542	12.254	16	14	59	3	1	1
118	Prince et Johnston	Berca	8	»	8	7	»	7	38	602	8	»	8	7	»	7
119	Vlădescu et Grigorescu	Tega	2	1	1	»	»	»	38	13	2	1	1	»	»	»
120	Societatea Steaua Română	Policiori	5	2	5	»	2	»	62	35	10	»	3	1	3	»
	TOTAL du district de Buzau		28	23	69	10	2	8	11.680	12.904	36	15	71	11	4	8
	DISTRICT DE BACAU															
121	Societatea « Steaua Română »	Moinești-Sol	42	1	»	39	1	39	3.776	4.597	42	»	1	36	3	31
122	— « Româno-Americană »	Tetcani	30	1	41	»	3	»	522	122	30	»	42	3	10	1
123	— « Italo-Română »	Câmp-Bacău	»	15	15	»	1	2	1.152	1.246	7	16	23	»	6	2
124	Divers exploitants	Divers chantiers	62	7	185	3	2	5	3.630	3.008	311	11	256	2	4	7
	TOTAL du district de Bacau		134	24	241	42	7	46	9.080	8.974	390	27	322	41	23	41

Les gisements pétrolifères de la Roumanie s'étendent le long de la chaîne des Carpathes (voir planche XII et *fig.* 229) depuis la Bucovine au nord, jusque vers le Danube, non loin de Turn Sévérin; ils sont concentrés sur une zone qui, dans sa plus grande largeur, atteinte vers Buzeu, ne dépasse pas une cinquantaine de kilomètres. En dehors de cette zone, il n'y a que de rares manifestations actuellement connues, ce qui n'exclue pas toutefois pour l'avenir la découverte possible de gisements exploitables dans des régions plus éloignées de l'axe de soulèvement des Carpathes.

Le centre de la chaîne est formé par les terrains crétacés, situés en majeure partie en Transylvanie et qui n'apparaissent en Roumanie que dans le nord de la Moldavie, dans les districts de Neamtzu, Susceawa et Bacau et, en Valachie (Muntenie), dans le nord des districts de Prahova et Muscelu, avec quelques enclaves dans le district de Buzeau.

Aux deux extrémités de cette ossature crétacée, se trouvent les massifs de terrains cristallins anciens du district de Sucava, au nord de la Moldavie et de l'ouest de la Yalomitza en Muntenie où il occupe tout le nord de cette province depuis cette vallée jusqu'au Danube. Sur les flancs de cette arête dorsale viennent s'étager les terrains tertiaires : éocène, miocène et pliocène.

Bien que l'on connaisse des gisements pétrolifères dans le crétacé (Aturien et Emschérien ou Sénonien), notamment à Slonu dans le nord du district de Prahova, a Bertea, à l'ouest de Slanic (Prahova), à Occina et à Cucutei (Dambovitza), la majeure partie se trouve répartie dans les terrains tertiaires et principalement dans l'oligocène et le miocène.

Tous les terrains inférieurs au miocène appartiennent en Roumanie à la formation dite du Flysh si développé dans l'Europe orientale, dont le type est le grès de Vienne, suite de grès, d'argile, de marne, dont on retrouve les représentants depuis le Rhin jusqu'aux Carpathes et dont les premières manifestations sont contemporaines de l'époque aptienne.

Le Flysh roumain est principalement constitué par des grès micacés à grains très variables avec interformation schisto-argileuse, surmontés par des argiles à hiéroglyphes et des conglomérats ; il se termine par des schistes gréseux (schistes ménilithiques) que surmontent les grès de Kliva de l'oligocène supérieur.

Les terrains du miocène inférieur (Burdigaliens) ne sont bien caractérisés qu'en Muntenie, dans le district de Rimnicu Vulcea; les étages supérieurs sont, au contraire, largement représentés tout le long de la chaîne des Carpathes.

Dans toute la succession de ces terrains, deux zones attirent spécialement l'attention, par l'ampleur que les manifestations salines y ont prises et cela à tel point que les géologues roumains les ont caractérisées sous le nom de formation salifère éogène et formation salifère néogène ou miocène, ou subcarpathique.

Ces zones méritent encore une attention spéciale à un autre titre, car ce

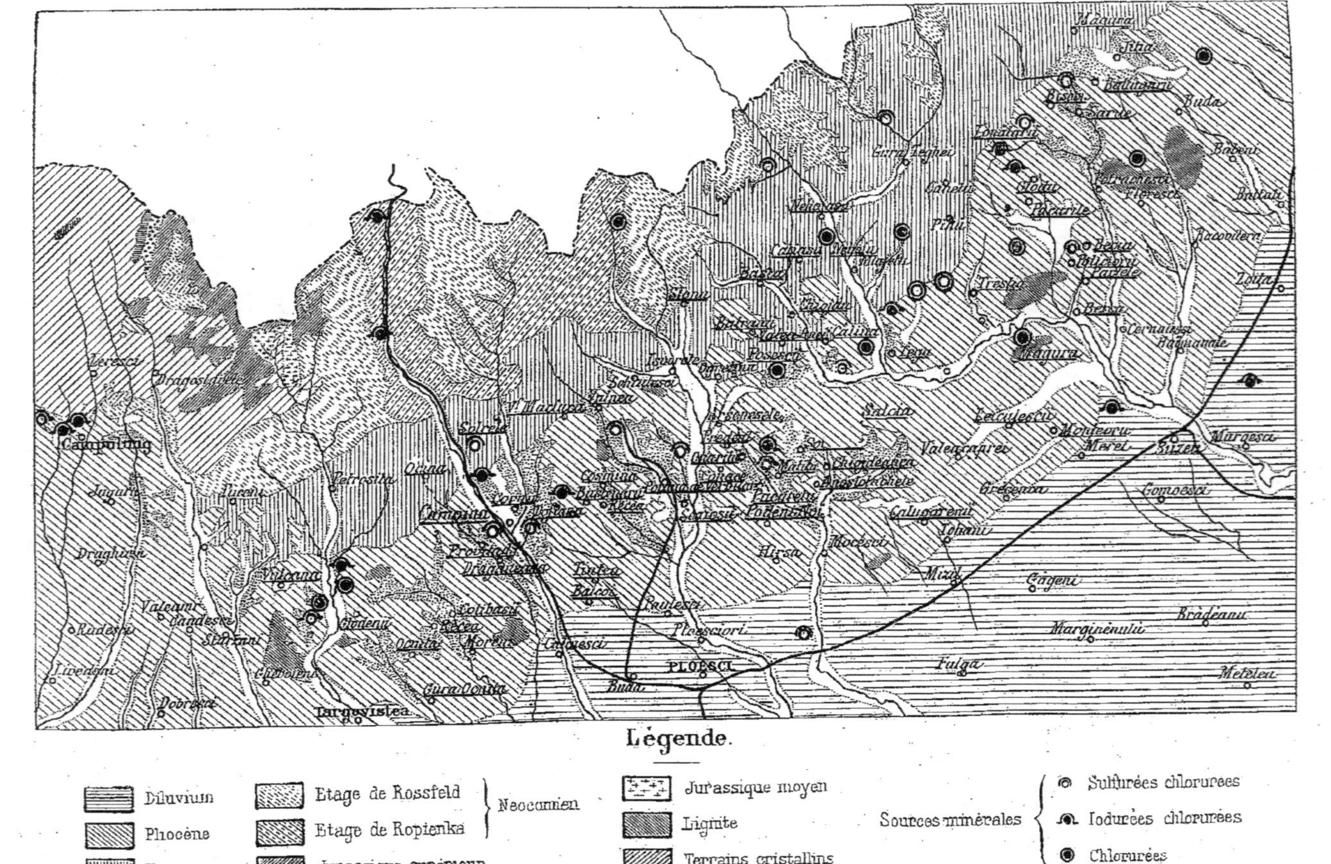

Fig. 229. — Carte de détail de la région pétrolifère Roumaine des districts de Prahova et Buzeu.

sont elles qui fournissent presque exclusivement l'habitat des gisements pétrolifères de la contrée.

La formation salifère du tertiaire inférieur, ou salifère éogène, apparaît avec les derniers termes de l'éocène supérieur, se caractérise surtout dans l'oligocène inférieur et se termine dans l'oligocène supérieur aux schistes ménilithiques ; elle est constituée par des grès argilo-calcaires, des calcaires, des marnes, des marnes argileuses où se trouvent les gisements de sel ; et l'on doit remarquer que le gypse y fait presque complètement défaut.

Le salifère néogène commence avec la période helvétienne et s'étend jusqu'à l'époque sarmatienne ; à la base, se trouvent des conglomérats que surmontent des grès, des marnes, des tufs dacitiques ; et le gypse y est très fréquent.

Dans ces deux étages salifères, les sources salées et les massifs de sel, de dimensions parfois énormes (jusqu'à 400.000.000 mètres cubes), sont très répandus.

On peut citer les massifs de sel reconnus de Targu-Ocna, Grozesti, Slanic (Tirgu Ocna), La Ciardak, Bisoca, vallée de Purcel, Lopotari, Fundata, Campuri, Valea Sarei, Nereju, Ardreassu, Jitia, Meledic, Pacurile (Vallée du Buzeu), Blestemale dans la vallée du Buzeu, à l'ouest de Berca, Trestia au nord du précédent, Sibiciu, Naeni, Salcia, Tatarul, Apostolache, Podeni Novi, Opariti Surani, Poiana de Verbileau, Vulcanesti, Reccea, Tintea, Baicoi, Cernesti, Teisani, Slanic, Bertea Telega, Doftana, Poiana, Ocnitza, Glodeni, Laculette, Sotinga, Campulung (sources salées seulement), Ocnelé Mari.

Les dépôts de sel coïncident pour la plupart avec des anticlinaux pétrolifères, et les localités citées précédemment se retrouveront presque toutes dans l'examen des gisements de pétrole : toutefois les massifs de sel ne contiennent pas de pétrole, et c'est à peine si l'on pourrait citer quelques suintements dans les massifs exploités ; l'anhydride et le gypse y sont également très rares ; mais, par contre, ils sont toujours accompagnés d'hydrocarbures gazeux en quantités parfois considérables, pouvant, lors de l'exploitation des massifs de sels, provoquer des catastrophes souvent meurtrières.

Si le pétrole ne se trouve pas dans les massifs de sel il se trouve très fréquemment à leur contact immédiat Gura Ocnitza, Moreni, Baicoi, Campina, Recca, Tazlau Sarat, etc.

Tous ces gisements de sel ne sont pas également répartis le long des Carpathes et, bien que les régions de Susceawa, Neamtzu et du nord du district de Putna n'aient pas été complètement explorées et qu'il puisse de ce chef y avoir quelques lacunes dans les données du problème, il ne semble pas que les conclusions qu'on peut tirer de la répartition des massifs, le long des Carpathes, puissent être beaucoup modifiées.

Les massifs de sel se répartissent en quatre groupes d'inégale importance : un premier groupe se trouve dans la région de Tirgu Ocna, un autre a son centre sur le haut cours du Rimnic-Sarat; un troisième a pour axe principal la vallée du Verbileau; et le quatrième se trouve sur les rives de l'Oltu.

Le deuxième et le troisième groupe, qui tendent du reste à se fondre ensemble, sont de beaucoup les plus importants et se trouvent situés au coude des Carpathes, au point où la direction de nord-sud des Carpathes de Moldavie se raccorde avec la direction est-ouest des Carpathes de Muntenie.

Chose remarquable, les gisements pétrolifères se répartissent très sensiblement de la même façon: premier groupe important, dans la région Tirgu Ocna Bacau : deuxième groupe, vers le Rimicu Sarat ; troisième groupe, vers le Teleagean ; quatrième groupe, vers Rimnic-Vulcea.

Le deuxième groupe des gisements pétrolifères n'a pas une importance équivalente aux gisements de sel correspondants ; mais il ne faut pas oublier que la région qu'ils occupent n'a pas été explorée d'une façon très complète, et que les indices pétrolifères sont beaucoup plus fugaces que ceux qui caractérisent les dépôts de sel. Mais il n'en est pas moins frappant de voir simultanément apparaître et disparaître les deux espèces de gisements.

C'est surtout dans la lacune qui existe entre la vallée de la Yalomitza et de l'Oltu que cette concordance est frappante, quand après un vide de près de 100 kilomètres, viennent soudainement apparaître un gisement de sel très important, accompagné d'hydrocarbures gazeux en masse considérable et de nombreuses traces de pétrole.

De même, la concentration des gisements pétrolifères, comme celle des gisements de sel, se fait vers la courbure des Carpathes et M. Mrazec, qui s'est livré à une étude aprofondie de la question, a fort judicieusement attiré l'attention sur ce fait, qu'il semble y avoir là une concentration résultant de faits localisés par l'influence simultanée de l'espace et du temps. Un phénomène orographique, nettement accusé et localisé, ayant amené les manifestations caractéristiques de deux étages géologiques à s'accoler avec le maximum d'intensité dans la même région.

Au troisième massif si important des gisements de sel qui a son centre sur le Teleagean correspondent des exploitations pétrolifères très importantes, puisqu'elles fournissent à elles seules la majeure partie de la production roumaine (Campina, Bustenari, Baicoi, Moreni); rien de comparable n'existe pour le deuxième groupe qui a son centre vers la vallée du Rimnic Sarat, mais cela n'est peut-être pas aussi surprenant qu'il peut le sembler, car, en fait, au point de vue du pétrole, il n'y existe rien du tout en fait d'exploitation et fort peu de chose en fait d'exploration ou simplement de reconnaissance, en sorte qu'il faut attendre une étude plus détaillée de la région avant de porter sur elle un jugement définitif, que toutes les apparences connues font, au contraire, présager comme devant être favorable aux possibilités de développement de l'industrie pétrolifère.

TABLEAU DE CONCORDANCES DES FORMATIONS GÉOLOGIQUES EN ROUMANIE

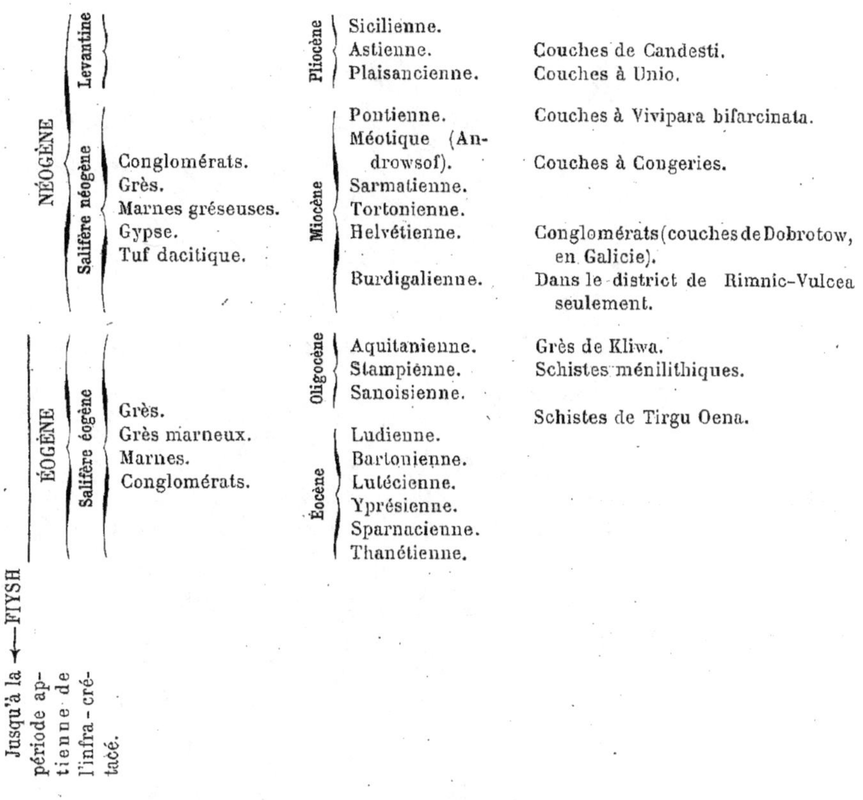

I. — CAMPINA BUSTENARI

La région Campina Bustenari (*fig.* 230 et 231) est actuellement la plus productive de toute la Roumanie puisqu'à elle seule elle fournit les 5/6 de la production totale du pays; les principaux centres d'exploitation de cette zone sont, de l'ouest à l'est : le chantier de Poiana Vragitorea, sur la rive droite de la Prahova, le chantier de Campina entre la rivière Prahova et la rivière Doftana; ces localités formant ensemble ce qu'on appelle le groupe de Campina; puis, sur la rive gauche de la Doftana, se trouve le groupe des exploitations de Bustenari qui comprend, de l'ouest à l'est, les chantiers de Calinet, Grausor, Mislishoara, Bustenari (vieux Bustenari), Faget, Doftanet, Recea.

Toutes ces exploitations se développent à peu près en ligne droite, sur une longueur d'une quinzaine de kilomètres dans une direction E.17°N.

A Campina, il n'y avait, en 1880, que quelques puits à main dont la profondeur ne dépassait pas une quinzaine de mètres d'où l'on extrayait de

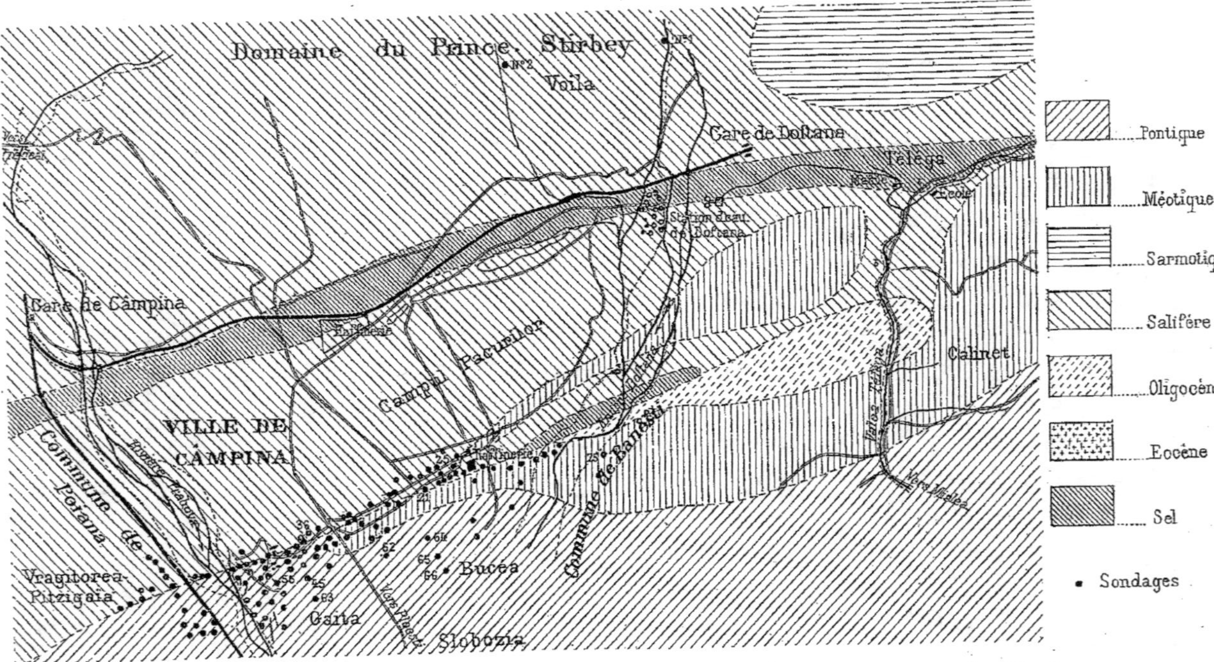

FIG. 230. — Plan des exploitations Campina Bustenari. — Partie Ouest : Vragitorea, Pitzigaïa, Campina, Calinet.

petites quantités de pétrole; à cette époque, M. Hernia acheta une grande
partie du terrain de Campina au prince Stirbey, avec l'intention d'exploiter

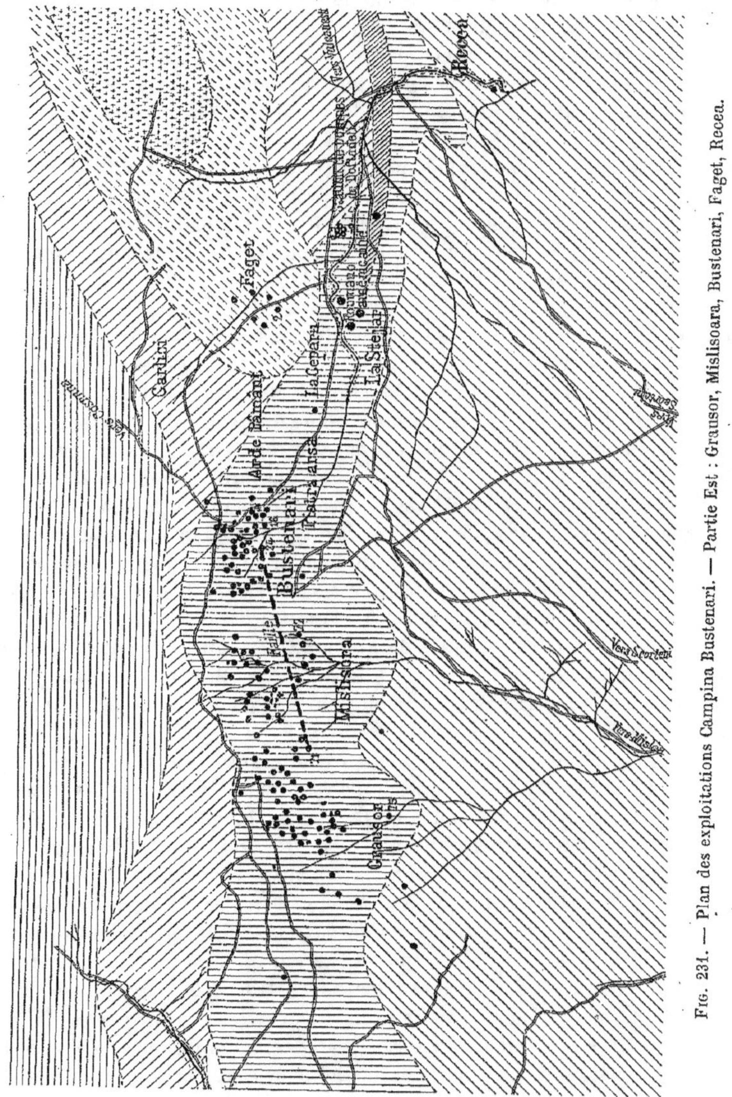

Fig. 231. — Plan des exploitations Campina Bustenari. — Partie Est : Grausor, Mislisoara, Bustenari, Faget, Recea.

l'Ozokérite dont il avait constaté la présence sur les rives de la Prahova et
de la Doftana ; mais le premier puits creusé pour rechercher ce minéral,
sur le bord même de la Doftana, ne donna que du pétrole, en quantité toutefois assez abondante, pour déterminer la continuation du creusage d'autres

puits à main et, en 1885, à la mort de M. Hernia, il y avait 35 puits à main sur le bord de la Doftana et 3 sur le bord de la Prahova, dont la profondeur maximum atteignait 130 mètres.

Les travaux furent continués par M. Georghiu qui, en 1886, construisit une raffinerie et entreprit le premier sondage sur les bords de la Doftana, la chaudière employée pour donner la force motrice étant alimentée par les gaz captés dans le voisinage ; ce sondage donna, au début, 300 tonnes par jour, mais son débit baissa rapidement à 10 tonnes et se maintint à ce taux pendant plusieurs années. Vers 1891, la production du chantier de Campina était de 16.000 tonnes avec 2 sondages et 70 puits à main.

En 1893, cette exploitation fut offerte pour 2.000.000 francs à une maison française qui refusa d'en faire l'acquisition.

En 1897, il y avait 4 sondages, 2 sur les bords de la Doftana et 2 sur les bords de la Prahova ; la société Steaua Romana racheta alors le chantier ; les travaux furent poussés avec activité et, en 1898, un sondage donna à 390 mètres de profondeur une production évaluée à 700 tonnes par jour ; en 1900, le sondage n° 32 donna 20 tonnes à l'heure. D'autres exploitants vinrent prendre des concessions dans le voisinage et, en 1901, M. Tack trouva du pétrole dans le lit même de la Prahova à une profondeur de 150 mètres.

En 1903, le sondage n° 62 de la Steaua Romana donna à 263 mètres 30 wagons ou 300 tonnes par jour au début, production qui baissa rapidement à 100 tonnes ; commencé avec un diamètre de 640 millimètres, il avait rencontré plusieurs couches pétrolifères à 180, 188, 215 et 242 mètres ; à 263 mètres, le diamètre était réduit à 400 millimètres ; l'eau avait été isolée par cimentage entre les colonnes de 640 et 530 et entre celles de 530 et 400. Dans la même année, le sondage n° 45 eut un jaillissement à 432 mètres dans une région que la stérilité de plusieurs sondages avait fait considérer comme épuisée.

En 1904, le sondage n° 65 donna en trois éruptions à 380 mètres de profondeur une quantité considérable de pétrole qu'on évalue à 10.000 tonnes ; ce sondage, commencé au mois de février de la même année, atteignit la profondeur de 380 mètres au mois d'octobre suivant, le diamètre initial était de 530 millimètres, les colonnes suivantes avaient 450, 406, 355 millimètres ; le numéro 61 donna du pétrole à 488 mètres ; le numéro 64 donna à 286 mètres 150 wagons (1.500 tonnes ou 10.000 barils) par jour au début, après avoir déjà été exploité pendant un an au niveau de 266 mètres ; il avait d'ailleurs donné antérieurement du pétrole aux niveaux de 243 et 255 mètres ; son tubage est constitué par deux colonnes rivées de 530 et 450 millimètres et 2 colonnes vissées de 405 et 355 millimètres. Le numéro 75 qui se trouve sur le bord même de la Doftana, à peu près sur le même alignement que le numéro 64, n'a rien donné jusqu'à 513 mètres ; il serait, paraît-il, dans le salifère qu'il aurait rencontré après avoir traversé le méotique.

Tous les travaux cités précédemment ont été exécutés dans la presqu'île formée par le confluent des deux rivières Prahova et Doftana ; mais d'autres exploitations se sont développées vers l'ouest sur la rive droite de la Prahova, dans les localités de Poiana, Vragitorea, Pitzigaia.

Dès l'année 1898, des travaux avaient été entrepris dans ces localités, et MM. Hagienoff et Campeanu, dont les sondages, fait digne de remarque, ont été pour la plupart exécutés par le système à la corde, obtinrent, en 1899, de fortes éruptions avec leur sondage n° 3, à la profondeur de 295 mètres ; la production se régularisa ensuite à 50 tonnes par jour donnant pendant quatre ans une production de 50.000 tonnes environ ; le sondage n° 4 de la même firme rencontra le pétrole à 553 mètres, 578 mètres et 623 mètres, mais en quantités trop faibles pour être exploitables, bien que de très forts dégagements gazeux aient souvent fait concevoir des illusions sur la richesse de ce sondage.

Le sondage n° 7 ne donna de même que de petites quantités de pétrole à 585 et 620 mètres, avec de forts dégagements gazeux ; le sondage n° 8 donna à 385 mètres, en 1902, de petites quantités de pétrole et beaucoup de gaz ; il fut abandonné à la suite d'éruptions gazeuses qui tordirent le tubage ; le numéro 9 subit le même accident, après avoir donné du pétrole à 470 mètres.

M. Economos, travaillant dans la même région, obtint, après plusieurs années d'efforts, 30 tonnes de pétrole par jour, avec un sondage qui, en 1902, avait atteint la profondeur de 493 mètres ; ce débit baissa à 5 tonnes au bout de quelques jours ; après approfondissement et ayant traversé à 570 mètres une couche faiblement pétrolifère, il donna, à 590 mètres, 1.000 tonnes en un premier jaillissement, en mars 1903, puis le débit baissa à 100 tonnes en quelques jours.

Le sondage n° 8 de la Société Campina-Moreni à Vragitorea (*fig*. 234) a donné à 657 mètres des éruptions pétrolifères très puissantes qui se continuaient encore en juillet 1906.

La production du chantier de Campina a été la suivante :

Années	Tonnes
1903	80.000
1904	109.000
1905	95.000
1906	102.000

Le développement des travaux de la région de Campina a été le suivant :

ANNÉES	PUITS			SONDAGES		
	ABANDONNÉS	EN TRAVAIL	PRODUCTIFS	ABANDONNÉS	EN TRAVAIL	PRODUCTIFS
1898	3	»	42	15	»	11
1903	73	»	16	86	»	34
1904	96	»	9	64	22	40
1905	100	5	9	52	32	46

Le pétrole de Campina a une densité comprise entre 822 et 870 et contient une assez grande quantité de paraffine ; certains échantillons en sont cependant dépourvus.

Sur la rive gauche de la Doftana s'étendent l'ensemble des exploitations qui forment le centre dit de Bustenari, du nom de l'ancien chantier qui se trouvait situé dans la localité de ce nom et qui porte aujourd'hui le nom de Vieux Bustenari pour le distinguer des autres centres d'exploitation plus récente.

Jusque dans ces dernières années, cet ensemble de localités fut surtout exploité par des puits creusés à la main, et c'est peut-être un fait unique dans l'histoire de la production du pétrole, d'avoir pu, avec un moyen aussi primitif, fournir une production aussi considérable.

La statistique, pour 1904, relève en effet l'existence de 895 puits à main et, en tenant compte de l'inexactitude inévitable, il est à peu près certain que plus de 1.000 puits ont été creusés dans la région.

En 1898, avec 226 puits à main productifs, la quantité de pétrole extraite a été de 57.000 tonnes, soit 256 tonnes par puits et par an, ou 0,7 tonne ou 5 barils par jour, production que beaucoup de sondages américains ne donnent pas; il y avait bien à cette époque 2 sondages productifs, mais ils n'avaient donné qu'une faible portion de la production totale. La puissance de production des puits à main de Bustenari a été vraiment remarquable, certains d'entre eux ayant fourni au début jusqu'à 10.000 kilogrammes par jour. La profondeur maximum des puits à main était de 200 mètres, mais ceux qui avaient atteint cette profondeur étaient en petit nombre, la majeure partie avait une profondeur comprise entre 60 et 120 mètres et quelques-uns commençaient même à donner du pétrole en quantité exploitable dès la profondeur de 20 mètres.

Ce n'est que dans ces dernières années que les sondages se sont développés dans les divers chantiers de Bustenari, mais ils tendent maintenant à se substituer complètement aux puits à main dont le creusage est à peu près complètement abandonné.

Le développement des travaux de la région de Bustenari a été le suivant :

ANNÉES	PUITS			SONDAGES		
	ABANDONNÉS	EN TRAVAIL	PRODUCTIFS	ABANDONNÉS	EN TRAVAIL	PRODUCTIFS
1898...............	233	»	226	6	»	2
1903...............	612	»	278	63	»	23
1904...............	524	88	283	26	70	114
1905...............	446	57	211	56	128	193

PRODUCTION

Années	Tonnes
1898..	57.000
1903..	237.000
1904..	332.000
1905..	411.000
1906..	510.000

En 1898, il n'y avait que peu de travaux d'exécutés en dehors du vieux Bustenari (*fig.* 232)[1] ; à Faget, à Mislishoara, à Grausor, il n'y avait que quelques rares puits à main, et ceux de Mislishoara ne donnaient pas de production, à Recea, où des sondages avaient été commencés en 1896 ; il y

Fig. 232. — Vue du chantier du Vieux Bustenari.

avait 10 sondages dont 6 productifs, ne dépassant pas 300 mètres avec une production de 5.000 tonnes environ.

1. Cette vue a été prise en regardant vers l'ouest à peu près à la place de la lettre A de Arde Pamant (*fig.* 231).

Depuis cette époque, les chantiers de Mislishoara (*fig.* 233)[1] et Grausor

FIG. 233. — Vue du chantier de Mislisoara (Bustenari).

se sont considérablement développés et fournissent une bonne partie de la production citée plus haut.

1. Cette vue a été prise en regardant le sud d'un point situé un peu au nord de la route qui limite au nord le champ de Mislisoara (*fig.* 231).

En comparant les exploitations de Campina et de Bustenari, on voit qu'à Campina les sondages débutent souvent par une très forte production, baissant ensuite assez rapidement pour se maintenir plus ou moins longtemps à un taux très inférieur à la production initiale ; souvent des éruptions de pétrole mélangé d'une quantité considérable de sable, où des dégagements gazeux très violents provoquent des accidents au tubage ou des obs-

Fig. 234. — Sondage n° 8 de la Société Campina Moreni, à Vragitovea (Campina).

tructions qui abrègent considérablement la vie du sondage ; accidents qu'il serait très désirable de voir ou supprimés, ou réparés, par une méthode préventive rationnelle, ou une intervention éclairée et énergique.

A Bustenari, au contraire, la production se maintient plus longtemps, d'une façon plus constante, et les accidents y sont moins souvent sans recours possible ; la moyenne de production des sondages de Bustenari dans les régions bien reconnues comme productives est d'environ 9.000 tonnes par sondage obtenue en trois années environ, jusqu'au troisième niveau vers 300 mètres.

Il y a peu de sondages éruptifs à Bustenari, et leur production initiale est très inférieure à celle des sondages de Campina. On peut cependant citer les sondages 56 et 67 de la Société Bustenari, qui donnèrent jusqu'à 250 tonnes par jour et, plus récemment, le sondage de la société Columbai qui donna, en août 1906, 400 tonnes par jour lors des éruptions et dont le débit tomba à 60 tonnes.

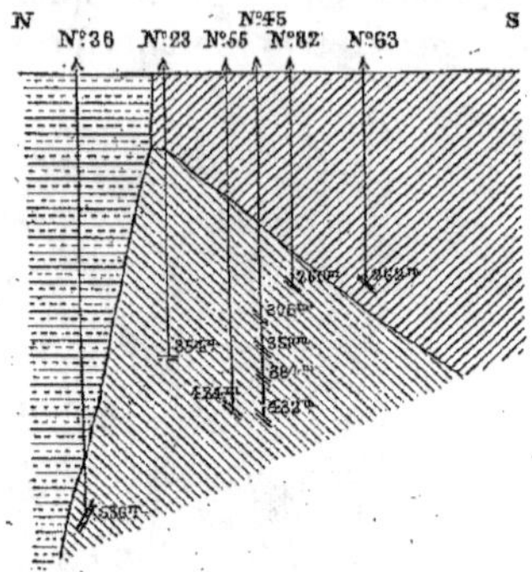

Fic. 235. — Coupe des terrains pétrolifères de Campina. Région de Gaitha.

Bien que ne donnant que rarement des jaillissements, certains sondages de Bustenari ont cependant quelquefois, au début, des productions assez considérables : le sondage n° 34 de la Steaua Romana a donné, par exemple, 120 tonnes par jour au début, et il serait facile d'en citer certains autres, qui ont donné de 50 à 100 tonnes. Mais ce qui caractérise surtout le chantier de Bustenari, ce sont les hautes productions obtenues par les puits à main. Ainsi la moyenne maximum pour une production consécutive de trente jours a été, pour ce chantier, de 120 barils par jour.

Toute la zone qui constitue l'ensemble des exploitations de Campina et de Bustenari est loin de présenter dans toutes ses parties la même constitution géologique et la même orientation de stratification.

Dans la partie du chantier de Campina comprise entre la Prahova et la Doftana existe un anticlinal à noyau méotique sensiblement déversé vers le nord, mais ayant une texture différente du côté de la Prahova, zone de Gaitha et du côté de la Doftana, zone de Buccea.

Vers Gaitha (*fig.* 235), l'anticlinal est dissymétrique, le flanc nord du noyau méotique ayant une pente de 70°, tandis que la pente sud n'a que 40°; le flanc nord du méotique est recouvert par le salifère, et son flanc sud par le Pontique ; la direction des couches diffère également sur ces deux flancs : elle est de N. 65° E. sur le flanc nord et de N. 80° E. sur le flanc sud ; la direction moyenne de l'anticlinal est N. 70° E., et il plonge légèrement

Fic. 236. — Coupe des terrains pétrolifères de Campina. Région de Bucéa.

vers l'ouest, ainsi que le prouvent les affleurements du méotique dans la vallée de la Doftana, et les affleurements du Pontique dans la Prahova.

Vers Buccea (*fig.* 236), l'anticlinal semble déversé, car le salifère a été recoupé dans la partie nord après avoir traversé le méotique.

Sur la rive droite de la Prahova, l'anticlinal est plus régulier et les pentes nord et sud sont également abruptes. Dans le sondage n° 5 de M. Économos situé sur le flanc sud, des pentes de 78° ont été reconnues qui rendaient les opérations de tubage et de forage très délicates. Les résultats fournis par les sondages sur les deux flancs de l'anticlinal sont à peu près équivalents, le flanc sud étant cependant plus facile à exploiter.

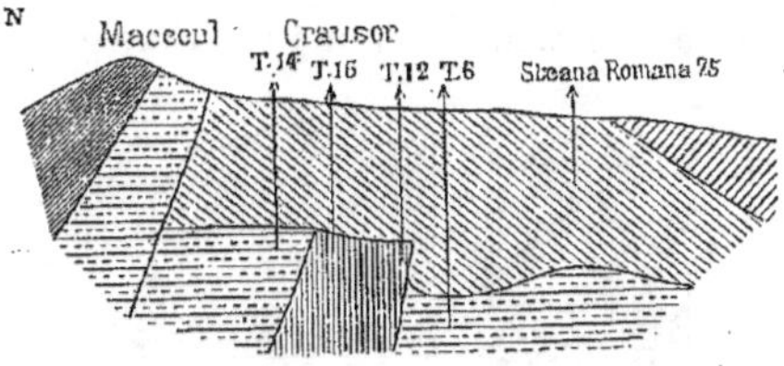

Dans la vallée de la Doftana, le méotique contient des massifs de sel, et il doit y avoir là une dislocation locale, particulière, ainsi que semble le démontrer le sondage n° 75 de la Steaua Romana.

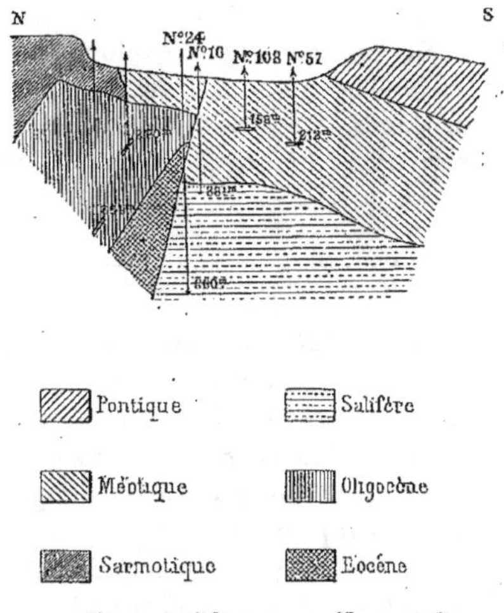

Fig. 237. — Coupe des terrains pétrolifères de Bustenari. Région de Gransor.

Dans la région de Bustenari, c'est-à-dire sur la rive gauche de la Doftana, la texture du mouvement orogénique n'est pas moins compliquée. Près de la Doftana, se trouve un massif de sel compris dans le salifère, recouvert vers le nord par le sarmatique et appuyé au sud à l'oligocène, qui est recouvert lui-même par le méotique; plus à l'est vers Grausor (*fig.* 237), l'oligocène est compris entre deux couches salifères, et le tout est recouvert par le méotique, recouvert lui-même vers le sud par le Pontique; à Mislishoara, l'oligocène est toujours compris entre deux couches salifères et recouvert par le méotique, et il existe à la séparation de l'oligocène et du salifère vers le sud une faille d'une centaine de mètres de largeur, comblée par des éboulis et où les sondes qui l'ont recoupée sont restées stériles. Cette faille est située sous les sondages 24 de la Steaua Romana à Bustenari et 71 de la même Société à Grausor; certains sondages de la société Ialomitra l'ont aussi recoupée entre ces deux points. La discordance de stratification entre l'oligocène et le méotique, qui le recouvre, se constate facilement à Mislishoara, les stratifications du méotique

Fig. 238. — Coupe des terrains pétrolifères de Bustenari. Village de Bustenari [1].

sont dirigées est-ouest avec pente de 20° vers le sud, tandis que l'oligocène est dirigé nord-ouest-sud-est avec pente de 40° vers le nord-est.

1. Dans la légende, lire : Sarmatique, au lieu de : Sarmotique.

Au vieux Bustenari (*fig.* 238), l'oligocène est compris entre le sarmatique et le salifère avec couverture méotique, et un noyau éocénique apparaît le long de la faille limitant au sud l'oligocène; à Faget, la même distribution se retrouve (*fig.* 239).

Jusqu'à présent, c'est l'oligocène qui, à Bustenari, a donné la production la plus régulière et si, dans ces derniers temps, quelques sondages, comme celui de la Columbia, ont donné des jaillissements importants dans le méotique du sud, ce terrain s'est montré assez capricieux; les quelques sondages qui ont recoupé l'éocène n'ont pas donné jusqu'ici de résultats satisfaisants et, bien qu'il soit prématuré de condamner cet horizon, il semble

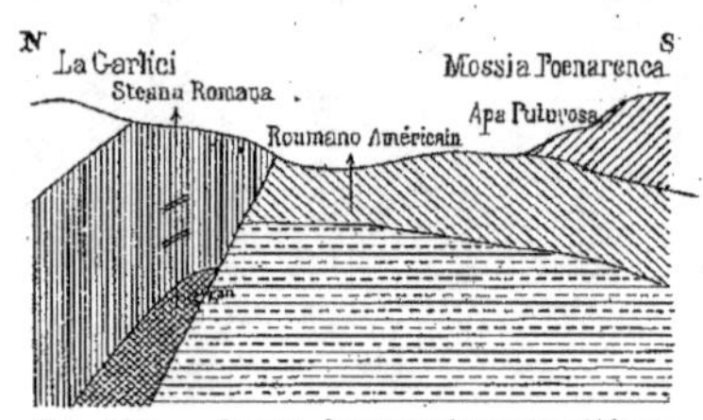

FIG. 239. — Coupe des terrains pétrolifères de Bustenari. Région de Faget.

que les grès très durs et très compacts qui y ont été rencontrés ne sont pas favorables à la formation d'un gisement pétrolifère.

II. — MORENI GURA OCNITZA BAICOI TINTEA

Moreni, quoique d'exploitation relativement récente, puisque le premier sondage productif date du mois de juillet 1904, tend à prendre, comme importance, la seconde place parmi les chantiers pétrolifères de Roumanie, car sa production s'est rapidement accrue pendant ces dernières années :

Années	Tonnes
1904	4.000
1905	47.000
Six premiers mois 1906	62.000[1]

Le chantier de Moreni se trouve sur un anticlinal partant de Gura Ocnitza, pour aboutir à la région de Baicoi Tintea et ayant une direction générale approximative E.18 à 22°N.; le sommet de l'anticlinal s'élève plus ou moins sur cette direction, il plonge vers le nord-ouest, à Gura Ocnitza et vers le nord-est à Filepsei de Paduré, où les couches plus jeunes sont seules apparentes.

Tout le long de cet alignement, il y a des travaux : à Gura Ocnitza, sur le Plaiul Veveritei, au pied de Pleasa, à l'ouest de Stavropolos, sur la rive droite du Cricov; sur la rive gauche au sud de Moreni; à Baicoi et à Tintea.

A Gura Ocnitza, la structure de l'anticlinal est assez compliquée; vers son sommet se trouvent plusieurs lentilles de sel, séparées par des lambeaux des couches les plus récentes du miocène supérieur, indiquant une structure

1. Pour l'année complète de 1906, la production de Moreni a été de 163.000 tonnes, et Moreni est devenu de ce chef le second centre producteur de la Roumanie.

très accidentée pour cette partie du mouvement orogénique. Les flancs ont une texture plus régulière.

A cause même de la variabilité extrême de la structure de l'anticlinal, les travaux de Gura Ocnitza ont été assez difficiles à conduire, et aujourd'hui même les zones productives ne sont pas déterminées avec une certitude absolue.

Commencés en 1899 par la Société internationale, le premier sondage donna, à 158 mètres, 100 tonnes par jour au début, mais ce débit baissa bientôt à 1 tonnes; en novembre 1900, le sondage n° 2 donna des éruptions à 351 mètres, avec une production de 60 tonnes par jour environ.

A la fin de 1900, il y avait 2 sondages productifs, 2 en travail, 28 puits à main productifs, 8 en travail et 12 abandonnés.

En 1904, 2 sondages abandonnés, 5 en travail et 7 productifs; en 1905, 7 sondages abandonnés, 6 en travail et 7 productifs.

En 1905, il y avait, en outre, 60 puits à main abandonnés, 11 en œuvre, et 29 productifs; en 1904, le nombre des puits à main était à peu près le même.

Quelques-uns des sondages faits à Gura Ocnitza ont traversé une couche épaisse de lignite.

La production a été :

Années	Tonnes
1903	17.000
1904	19.000
1905	17.000
1906	14.000

Ce chantier maintient donc difficilement sa production; les travaux de forage y sont difficiles, ainsi le forage n° 7, qui est le plus éloigné de l'axe de l'anticlinal a été poussé jusqu'à 560 mètres et abandonné sans avoir rencontré de pétrole exploitable, parce que les tubes étaient courbés; il avait encore traversé des couches très inclinées. Le sondage n° 11 n'a donné que des gaz; le sondage n° 8 a été abandonné à 200 mètres, le tubage étant aplati par la poussée des terrains, le puits n° 14 a traversé 400 mètres de sel avant de donner les premières traces de pétrole.

Le sondage n° 4 a donné du pétrole en assez grande quantité à la profondeur de 268 mètres et un sondage placé à 160 mètres du précédent, dans une situation à peu près analogue n'a rien donné jusqu'à 300 mètres.

Au nord-ouest de la concession de la Société Internationale se trouvent d'autres concessions, notamment celle de la Société Draganeasa-Dambovitza, où deux sondages poussés à 455 mètres et 332 mètres ont donné de petites quantités de pétrole et des quantités considérables de gaz; le n° 1 à 455 mètres aurait débité 11.000 mètres cubes de gaz par 24 heures.

A 500 mètres à l'est, sur le Pisc Stroila, se trouve un sondage poussé jusqu'à 315 mètres dans le sel; au pied de cette colline, dans la vallée du Pariul Puturosul, sur le versant sud de laquelle se trouve l'exploitation de la Société Internationale, ainsi que le sondage précité, il y a quelques suintements de pétrole. De l'autre côté de la vallée qui s'incurve pour contourner le Pisc Stroila et en s'éloignant toujours à l'est de Gura Ocnitza, il y a, sur le Plaiul Veveritéi, 4 sondages; le plus méridional est dans le sel et les trois autres placés plus au nord et qui n'ont pas, du reste, atteint une grande profondeur ne donnent que de petites quantités de pétrole. La densité du pétrole de Gura Ocnitza est très variable, peut-être à cause de l'irrégularité du gîte : elle est comprise entre 824 et 938.

Vers le nord-est, à 1 kilomètre environ des derniers sondages cités, commence la zone Pleasa-Stavropoleos-Moreni, qui constitue, à proprement parler, la région de Moreni.

Au pied de la colline de Pleasa, il y a un sondage qui a été poussé à 478 mètres, sans avoir pu traverser complètement le massif de sel qu'il avait rencontré; il se trouve sur le flanc nord de l'anticlinal et les couches y sont très inclinées, la pente, qui est dirigée vers le nord, atteignant une valeur de 65° et même 75°.

Non loin de ce sondage se trouvent plusieurs puits à main, de faible profondeur qui ont donné de petites quantités de pétrole, sans qu'il soit bien certain, malgré cette indication, que le massif de sel n'ait pas encore, en cet endroit, une épaisseur considérable.

A 2 kilomètres à l'est de ce sondage, se trouve le chantier de Stavropoleos, où sont concentrés les sondages dont la production importante a amené en si peu de temps Moreni à occuper une situation prépondérante pour la production du pétrole.

La première sonde forée par la Compagnie Campina-Moreni, qui a donné des résultats si remarquables, est situé à peu de distance de la rive droite du Cricov Dulcé; le premier jaillissement de cette sonde date de juillet 1904. On évalue à 5.000 tonnes, à peu près, la quantité de pétrole rejetée par cette éruption, pétrole qui fut perdu pour la plus grande partie et qui s'écoula à la rivière, faute de réservoirs pour le recevoir.

Ce sondage donne encore maintenant 6 wagons par jour.

La concession où se trouve ce sondage fut prise vers 1900 par le Syndicat Économos, qui travaillait à cette époque à Campina-Poiana. Lorsque M. Mircea devint directeur de la Société, il fit commencer ce sondage pour la Société devenue Société Campina-Moreni.

La Société Sperantza avait pris des concessions antérieurement au Syndicat Economos, mais aucun travail n'avait été entrepris. Depuis, tout le terrain avoisinant a été acquis et de nombreux forages ont été exécutés, aussi bien sur la rive droite que sur la rive gauche du Cricov Dulce.

Sur la rive droite, c'est-à-dire à Stavropocoleos, les principales Sociétés qui y travaillent sont la Société Campina-Moreni, et la Société Roumano-Américaine. Tous les sondages sont concentrés sur une surface de 50 hectares, ceux qui sont le plus au nord ont rencontré un massif de sel.

Outre le sondage n° 1 de la Société Campina-Moreni, cette même

Société a encore eu un sondage éruptif, le numéro 14, qui a donné du pétrole à 230 mètres; la Compagnie Roumano-Américaine, avec 3 sondages productifs, obtient 150 tonnes par jour; et la Compagnie Moreni tire des siens la même production; l'un de ses sondages a donné, en 1905, jusqu'à 15 wagons par jour, dans des jaillissements intermittents.

Sur la rive gauche du Cricov Dulcé, le long de la route qui va de Moreni à Didesti par le sud, se trouvent répartis 6 sondages, sur une longueur de 1.500 mètres environ et à peu près régulièrement espacés. Le premier de ces sondages, celui qui est le plus rapproché de la rivière, a traversé 470 mètres de sel; tous les suivants ont rencontré le même massif de sel et seul le dernier a commencé à donner un peu de pétrole, après avoir traversé 345 mètres de sel.

Ce massif de sel ne semble pas être la continuation directe de celui dont la présence a été constatée entre Gura-Ocnitza et Stavropoleos, et il doit y avoir soit une inflexion brusque de l'anticlinal, soit un rejet, dans la région Stavropoleos-Moreni.

Dans le voisinage de ces sondages se trouvent d'anciens puits à main situés dans la vallée de Pacura qui ont donné du pétrole, et quelques-uns d'entre eux ayant rencontré le même massif de sel que les sondages.

Non loin de là, se trouve un ancien puits à main qui ne donne plus de pétrole, mais où les gaz inflammables bouillonnent continuellement dans l'eau qui le remplit; tout le terrain du voisinage donne, du reste, facilement du gaz, et il suffit d'enfoncer un tuyau dans le sol à quelques mètres de profondeur pour avoir un dégagement d'hydrocarbures qu'il est facile d'enflammer.

Entre Stavropoleos et Moreni, se trouve une couche de lignite passant par place au sable bitumineux, ayant environ 1 mètre à 1^m,50 d'épaisseur et dont les affleurements sont très apparents sur les flancs du Plaiul Pistenina et dans la vallée au sud du Dealu Dobrescilor.

Sans parler des puits à main qui, pour la plupart, n'ont été exécutés à Moreni que dans un simple but de reconnaissance, il y avait, à la fin de 1905, 9 sondages abandonnés, 26 sondages en travail et 6 productifs.

La densité du pétrole de Moreni est d'environ 870; un échantillon pris au sondage n° 14 de la Société Campina-Moreni a donné une densité de 864,4 à 16° (appareil de Mohr).

Les chantiers de Baicoi et Tintea sont situés à l'extrémité est de l'anticlinal qui prend naissance à Gura-Ocnitza.

Dans cette région, le sommet de l'anticlinal est formé de deux plis successifs au centre desquels se trouvent des masses de sel recouvertes par les terrains salifères pontique et levantin.

Les sondages y ont été très difficiles à cause de la poussée des terrains, et ce n'est qu'en 1906 qu'on a réellement obtenu à Baicoi un résultat intéressant, quand la sonde n° 6 de la Société Steaua-Romana a donné, pendant le mois de mars, 200 tonnes par jour à la profondeur de 234 mètres; elle avait donné des traces de pétrole à 180 et 225 mètres.

Les sondages de la région Tintea-Baicoi ont été commencés vers 1897. La production de ces deux chantiers a été la suivante :

	1898	1903	1904	1905	1906
	tonnes	tonnes	tonnes	tonnes	tonnes
Tintea.............	10.000	6.000	4.000	7.000	11.000
Baicoi.............	9.000	3.000	2.000	2.000	45.000

La densité des pétroles qu'on a trouvés dans cette région a varié entre 769 et 870 pour Baicoi et 860 à 910 pour Tintea.

En 1905, il y avait à Tintea et Baicoi, les puits et sondages suivants :

	PUITS		SONDAGES		
	ABANDONNÉS	PRODUCTIFS	ABANDONNÉS	EN TRAVAIL	PRODUCTIFS
Tintea.................	19	»	9	1	9
Baicoi.................	7	4	3	4	5

A l'ouest de Gura-Ocnitza, dans la région Puciosa-Vulcana se trouve un anticlinal pétrolifère constitué par les terrains sarmatiques et pontiens, quelques travaux ont été entrepris dans cette région qui ont donné de petites quantités de pétrole. En 1860, des puits à main furent exécutés à Versatiorei, et le pétrole qui en était extrait était raffiné à Targoviste.

Dans les environs de ces puits se trouvent, à la surface du sol, des suintements de pétrole; dans la même région se trouvent une dizaine de salces dégageant des gaz combustibles, ainsi qu'un puits à main creusé en 1865 par un moine du monastère de Buzeu dans lequel se trouve encore du pétrole. A Puciosa, il y a des sources sulfureuses.

Un sondage fut exécuté, vers 1900, dans cette région par M. Toreceano; mais, commencé avec un trop petit diamètre, il ne put être poussé assez profondément pour donner une idée suffisante de la valeur de la région au point de vue de l'exploitation du pétrole.

Il fut arrêté à 128 mètres, après avoir donné constamment pendant son approfondissement de petites quantités de pétrole et d'abondants dégagements gazeux, accompagnés de projection d'eau salée fortement iodurée.

A Vulcana de Jos, dans la même région, se trouvent un certain nombre de puits à main qui furent exploités autrefois pour le pétrole qu'ils produisaient, mais peu à peu, le pétrole fut remplacé par une eau salée fortement iodurée (0^{gr},135 d'iodure de magnésium par litre), et l'exploitation pétrolifère se transforma en une exploitation balnéaire aujourd'hui assez fréquentée.

III. — COLIBASH, OCNITZA, MALU, ROSU, OCHIURI, GLODENI

Au nord de la région, Gura-Ocnitza-Moreni, se trouvent un certain nombre de chantiers qui, jusqu'ici, n'ont donné qu'une faible production, bien que, en outre des anciens puits à main exploités, plusieurs tentatives de sondages aient été faites.

Toutes ces localités sont situées sur des anticlinaux constitués à peu près de la même façon par un noyau de sel recouvert par la formation salifère sub-carpathique, qui, ici, n'a qu'une faible épaisseur, surmontée elle-même par les formations du pontien et du levantin.

La production du chantier de Colibash a été la suivante :

	PUITS A MAIN		SONDAGES		PRODUCTION EN TONNES
	PRODUCTIFS	NON PRODUCTIFS	PRODUCTIFS	NON PRODUCTIFS	
1898	3	8	»	»	2.000
1903	23	23	1	2	6.000
1904	22	42	1	2	5.000
1905	25	70	3	10	4.500
1906 (six premiers mois)..	»	»	»	»	3.800

L'exploitation de Colibash est située sur le sommet de la colline Pacurei à 1.500 mètres ouest-sud-ouest du village de Colibash. Des traces de pétrole ont été constatées dans la Valea Glodului, dans la Valea Tissa, près de Gura-Vai; au contraire, deux puits à main creusés dans la Valea Bivovului à 2 kilomètres à l'ouest du chantier de Colibash et poussés à 185 mètres et 225 mètres n'ont donné aucune trace de pétrole.

La densité du pétrole de Colibash varie de 830 à 905.

A Ocnitza, le massif de sel qui forme le noyau de l'anticlinal se trouve sous le village même; les seuls puits qui aient donné un peu de pétrole se trouvent dans la Valea Olanului. Plus au sud, à 3 kilomètres environ de Ocnitza, dans la Vallée Rescha, à Ochiuri, se trouvent d'anciens puits abandonnés au voisinage d'un massif de sel.

Glodeni, dont la production par puits à main était autrefois importante, n'a pas donné les résultats qu'on attendait, quand des sondages ont été entrepris dans cette localité.

C'est vers 1893 que les premiers sondages ont été exécutés; à la fin de l'année, il y avait 4 sondages ayant atteint respectivement les profondeurs de 350, 300, 300, 265 mètres. Les trois premiers sondages n'ont donné que des traces de pétrole ; le troisième a donné un jaillissement dans lequel la presque totalité du pétrole a été perdue, faute de réservoir ; 6.000 tonnes ont cependant pu être sauvées. Sept autres sondages entrepris subséquemment n'ont pas donné de meilleurs résultats.

En 1898, il y avait 61 puits productifs et 11 non productifs ; la production était de 5.000 tonnes ; en 1904, 1.500 tonnes ; en 1905, 3.000 tonnes ; et 2.700 tonnes pour 1905.

La densité du pétrole de Glodeni varie de 828 à 850[1].

IV. — APOSTOLACHE, PACURETI, MATITA, PODENI-NOI, GORNETU-CUIB,
CALUGARENI, TATARU

De toutes ces localités pétrolifères, situées dans la partie orientale du district de Prahova, aucun n'a encore donné de résultats bien remarquables, quoique un certain nombre de sondages aient été exécutés dans une partie d'entre elles.

A Apostolache où l'extraction se faisait autrefois exclusivement par des puits à main, des sondages ont été entrepris depuis 1904 ; le chantier se trouve sur un anticlinal du miocène inférieur dirigé est-sud-est sur la rive droite de la rivière Chiodjenca, tandis que sa direction devient est-nord-est sur la rive gauche ; il y a donc là une inflexion peut-être accompagnée d'un rejet.

L'ancienne exploitation d'Apostolache était concentrée vers la partie haute de la Valea Pacurei qui est le prolongement de la Valea Buzuta, où une centaine de puits à main avaient été creusés, quelques-uns ayant, paraît-il, donné une production remarquable ; d'autres puits avaient également été creusés sur le Dealu-Popesti à 1 kilomètre environ à l'ouest du chantier principal ; entre l'ancienne exploitation et la rivière de Chiodjenca, des puits d'essai ont également donné du pétrole, en sorte que la zone pétrolifère semble assez étendue.

Dans la vallée même de la rivière Chiodjenca, il y a des suintements de pétrole, et un puits creusé sur la rive droite de la rivière près de la rive a donné de petites quantités de pétrole ; de nombreuses sources salées se trouvent également dans la région.

Quatre sondages ont été commencés sur le vieux chantier d'Apostolache ; ils ont atteint les profondeurs de 240, 170, 145 et 130 mètres ; le sondage à 240 mètres a donné à cette profondeur 70 tonnes en douze heures ; le second jour, 60 tonnes en dix heures ; l'extraction a été suspendue faute de réservoirs[2].

Les puits à main ont une profondeur comprise entre 136 et 208 mètres ; l'un d'eux, 150 mètres de profondeur donne 200 litres par jour.

---

1. Deux nouveaux sondages ont été commencés récemment à Glodeni.
2. Un cinquième sondage a été mis en œuvre par le système hydraulique américain « Rotary » ; c'est le premier de ce genre exécuté en Roumanie.

La production d'Apostolache, dans ces dernières années, a été la suivante :

	PUITS		SONDAGES		PRODUCTION EN TONNES
	PRODUCTIFS	NON PRODUCTIFS	PRODUCTIFS	NON PRODUCTIFS	
1898	15	73	»	»	372
1902	15	72	»	»	160
1903	16	72	»	»	123
1904	16	72	»	»	179
1905	16	72	1	1	479
1906	»	»	»	»	2.500

La densité du pétrole d'Apostolache était de 800 à 820 pour les puits à main et elle n'atteignait 835 qu'exceptionnellement ; le sondage le plus productif a donné du pétrole à 845 de densité ; un échantillon pris en juillet 1906 a donné 834.

A l'ouest d'Apostolache se trouve la région Pacureti — Matita, constituée par un anticlinal dont l'axe est incurvé.

Le long de cet anticlinal se trouvent les chantiers de Delnitza, Pacureti Ochisor, Matita, Magura, Piscul Hotzilor qui ont tous été plus ou moins exploités à l'aide de puits à main ; des sondages ont été entrepris à Pacureti et à Matita.

A Pacureti, les sondages ont tous donné de petites quantités de pétrole, mais jusqu'ici il n'y a pas eu de production importante ; un sondage pratiqué à l'ouest de Pacureti près d'un affleurement bitumineux où les couches sont très redressées a donné 2.000 kilogrammes de pétrole à 285 mètres ; l'approfondissement a été continué ; le pétrole avait une densité de 816.

A Matita, les sondages n'ont pas encore donné de résultats ; au chantier de Magura le sondage pratiqué près de l'emplacement des puits à main a donné du pétrole en petite quantité à la profondeur de 226 mètres, un sondage foré au nord du précédent à 500 mètres environ comptés sur la perpendiculaire à l'anticlinal est arrivé à 300 mètres, sans donner du pétrole en quantité notable.

La production du chantier de Pacureti est de 1.000 tonnes environ ; celle de Matita est de 500 tonnes.

La densité du pétrole de Pacureti varie de 800 à 900 ; celle de Matita est comprise entre 840 et 890.

Au sud de la zone précédente, il y a des traces de pétrole à Podeni Noi et à Gornetu-Cuib.

Au nord, à Opariti, il y a des puits abandonnés qui donnent encore de petites quantités de pétrole.

A l'ouest d'Apostolache se trouve un anticlinal pétrolifère qui passe par Calugareni et Tataru et se prolonge jusqu'au Cricov ; sa direction est approxi-

mativement O. 10° N. Il y a des suintements de pétrole à l'ouest de Calugareni, au nord et au sud de Tatarul où plusieurs puits à main ont donné de
petites quantités de pétrole ; tout le long de la Valea Seaca, il y a de nombreuses indications pétrolifères, couches de gypse, sources salées et sulfureuses, souvent accompagnées de traces de pétrole.

Au nord de la région Apostolache Chiodjenca, des traces de pétrole ont
été relevées dans les localités suivantes : Catias, Valea Pacura et Balbaitorea.

Dans la Valea Basca fara Calè, à Isvore Lacului, à Isvore Cobacului, où
se trouvent d'anciens puits abandonnés, qui continuent à donner de petites
quantités de pétrole, à Isvore Bradel, à Valea Molesti, toutes ces localités sont
au nord de Star Chiojd et les affleurements viennent de l'éocène.

Au Varful Zamura où il y a des puits abandonnés à Batrani, à Ogretin, à
Posesti, à Valea d'Anei où le sol laisse dégager facilement du gaz que l'on
peut enflammer, à Valea Gantelor.

Toutes ces manifestations viennent de l'oligocène ou de l'éocène, à Catina,
dans la Valea Seaca, à Carbunesti, à Salcia, Arsenesele, Predeal, Surani.

V. — DISTRICT DE BUZEU

Parmi les centres pétrolifères du district de Buzeu, celui de Berca est
certainement le plus intéressant, car c'est dans cette région que les dégagements d'hydrocarbures gazeux, manifestés sous la forme de volcans de boues,
prennent en Roumanie la plus grande extension. Il ne manque pas de localités où les dégagements spontanés de gaz inflammables peuvent être constatés comme à Draganeasa, au Monté Ardei, près de Bustenais, avant
l'exploitation intensive du pétrole, à Campurilé (Putna), au mont Clocotish,
près de Rumic Sarat, à la colline de Smolenu, près Lopotari et Meledic ;
mais en aucun autre point l'intensité des dégagements, la forme spéciale
qu'ils revêtent, et la surface qu'ils occupent ne méritent plus d'attention.

Ces curieuses manifestations commencent immédiatement au-dessus du
village de Berca, à peu de distance de la vallée du Buzeu : là, deux groupes
de volcans occupent un espace d'une trentaine d'hectares, où toute végétation
est absente et où s'élèvent une série de cônes de grandeur variable surmontés
pour la plupart d'un minuscule cratère, rempli d'un petit lac de boue pâteuse
à la surface duquel viennent constamment crever de nombreuses bulles de
gaz inflammable, entraînant avec elles de petites quantités de pétrole. La
boue que ces salces rejettent constamment déborde de temps à autre et se
répand sur les flancs du cône dont elle tend constamment à augmenter les
dimensions. Ces cratères ne sont pas immuables et, tandis que certains se
bouchent, d'autres s'ouvrent dans le voisinage, parfois sur le flanc même des
petits cônes éruptifs.

A 1.500 mètres au nord se trouve la partie principale du chantier de
Berca ; à 5 kilomètres du chantier, toujours dans la même direction, à 3 kilo-

mètres au nord du village de Paclele que la route longe, se trouve le groupe
des volcans de boue de Policiori (*fig.* 240) qui porte aussi le nom de Paclele
Mari. Là, les volcans forment un groupe unique, répartis sur un cercle de
800 mètres de diamètre environ, et toute la région avoisinante est formée de
la boue rejetée par les nombreux cratères disséminés vers le sommet d'une
colline en pente douce formée par leur accumulation. La dimension des cratères est plus considérable qu'à Berca, et il n'est pas rare d'en trouver dont le
sommet est occupé par une mare de boue de 6 à 8 mètres de diamètre ; là
encore, la boue, les gaz et de petites quantités de pétrole affluent constamment
au sein du cratère.

Enfin, à 3 kilomètres au nord, se trouvent les volcans de boue de Beciu,

Fig. 240. — Vue des volcans de boues de Policiori.

situés à 2 kilomètres au sud de ce village et qui couvrent une surface de
1.200 mètres de diamètre environ ; les cônes des cratères y ont encore des
dimensions plus grandes que dans les deux premiers groupes, et le gaz, la
boue et le pétrole y sont rejetés de la même façon. Au nord du village de
Beciu, dans la vallée Arbanasu, il y a encore des suintements de pétrole.

Toutes ces manifestations pétrolifères réparties sur une longueur de
12 kilomètres, à peu près sur une ligne droite, le long d'un anticlinal parfaitement dessiné, formé par les terrains du miocène supérieur, ne pouvaient
manquer d'attirer l'attention et de provoquer des recherches. Dès 1880, une
vingtaine de puits à main furent creusés à l'est de Paclele jusque vers
150 mètres, et sept d'entre eux donnèrent du pétrole et maintinrent leur
production pendant une vingtaine d'années.

Vers 1892, une nouvelle entreprise vint s'établir dans le voisinage et commença à creuser des puits à main qui donnèrent du pétrole.

Le puits n° 2 atteignit, à 139 mètres, une couche qui produisit une assez grande quantité de pétrole, mais la production cessa ensuite subitement, il fut alors approfondi à 153 mètres; puis, en 1895, on y installa un appareil de sondage à vapeur qui permit d'atteindre la profondeur de 317 mètres.

Le pétrole que ce puits avait donné avait les densités suivantes :

A 139 mètres... 767
    210   — 786
    317   — 802

Ce sondage subit différents accidents et fut définitivement perdu; il avait produit en tout environ 200 tonnes de pétrole.

En 1897, il y avait 6 sondages : 2 placés le long du Buzeu, poussés jusqu'à 350 mètres, l'un donnant des gaz et de l'eau salée, l'autre ne donnant rien ; 3 sondages, les numéros 1, 3, 6, donnant de petites quantités de pétrole ayant respectivement les densités de 811, 823, 802; ils étaient situés au sud de Paclele. Quelques puits à main donnaient un peu de pétrole ayant une densité variant de 802 à 828.

La profondeur de 350 mètres n'avait pas été dépassée. Les sondages furent continués, et, en 1900, il y avait 8 sondages ayant donné les résultats suivants : le numéro 1 était à 240 mètres de profondeur; il avait donné de petites quantités de pétrole à 210 et 220 mètres; — le numéro 2 dont il a été question plus haut; — le numéro 3 ayant donné des traces de pétrole à différents niveaux; à 230 mètres, il donnait 200 litres par jour d'un pétrole ayant une densité de 890; — le numéro 4 ayant donné du pétrole à 180, 186 et 204 mètres; à cette dernière profondeur, il avait produit 3.000 kilogrammes par jour pendant quelque temps; à 227 mètres, il donnait 1.000 kilogrammes par jour ; — le numéro 5 ayant donné du pétrole à 162 et 185 mètres ; à 455 mètres, il avait donné 6.000 kilogrammes par jour pendant quatre mois ; — le numéro 6 ayant donné, à 210 mètres, 600 kilogrammes par jour ; — le numéro 7 avait donné 1.000 kilogrammes par jour à 92 mètres; à 300 mètres, il donnait un mélange de pétrole et d'eau salée; — le numéro 8 donnait, à 227 mètres, des gaz et des traces de pétrole.

Depuis cette époque, d'autres forages ont encore été exécutés, et, en 1905, 14 forages avaient été entrepris dont le plus profond a atteint 625 mètres.

La production du chantier de Berca a été la suivante :

| | PUITS | | SONDAGES | | PRODUCTION |
	PRODUCTIFS	NON PRODUCTIFS	PRODUCTIFS	NON PRODUCTIFS	EN TONNES
1898....................	8	2	1	3	1.200
1903....................	8	8	7	7	328
1904....................	8	8	7	7	853
1905....................	8	8	7	7	602

Faut-il conclure des faibles résultats obtenus que la région de Berca doit être définitivement condamnée? On ne saurait le faire sans un pessimisme exagéré. Mais il semble qu'on doive en retenir que le voisinage de volcans de boues, même lorsqu'ils sont très développés, s'ils ne rejettent pas, comme ceux de Bakou, des quantités très importantes de pétrole, ne sont pas à eux seuls une garantie de succès pour les recherches des gîtes pétrolifères.

Sarata Monteoru est un lieu d'exploitation important du district de Buzeu, le chantier se trouve à 1.500 mètres environ du village, vers le nord.

On y a fait un nombre considérable de puits à main puisque, actuellement, il y en a eu plus de 500 d'entrepris, ainsi qu'un nombre assez grand de sondages, 24, dont un seul est actuellement productif.

Les sondages ont été très difficiles à exécuter et donnaient lieu à des obstructions fréquentes et à des accidents nombreux. Les puits à main, au contraire, y ont donné des résultats remarquables, et l'un d'eux a donné, pendant cinquante ans, une moyenne de 400 kilogrammes par jour ; un sondage placé près de ce puits a donné 40 tonnes par jour pendant six mois (230 barils), tandis qu'un autre sondage non loin de là, poussé à 400 mètres, n'a donné que des traces de pétrole.

Les terrains qui forment l'anticlinal à noyau sarmatique et à couverture pontique sont très disloqués, ce qui rend difficile la détermination de l'anticlinal qui semble avoir une direction approximative N. 40° E.

Indépendamment de l'exploitation principale, il y en a une autre au nord, à 800 mètres environ ; en se dirigeant au nord-ouest, vers Lesculesci, à travers la forêt, il y a des travaux abandonnés en plusieurs points où des traces de pétrole ont été constatées.

Les travaux de recherche par puits à main ont commencé en 1855 ; abandonnés pendant un certain temps, ils furent repris avec succès en 1866, et l'exploitation passa ensuite entre les mains de la Steaua Romana, en 1897.

PRODUCTION DE SARATA MONTEORU

	PUITS		SONDAGES		PRODUCTION EN TONNES
	PRODUCTIFS	NON PRODUCTIFS	PRODUCTIFS	NON PRODUCTIFS	
1898	»	»	»	6	7.000
1902	»	»	»	»	3.400
1903	33	472	4	18	5.000
1904	35	469	2	22	8.000
1905	80	434	1	23	12.000
1906 (six premiers mois)	»	»	»	»	6.000

La densité du pétrole de Monteoru est de 850 à 890, avec une moyenne de 870.

Indépendamment de Berca et Monteoru, la présence du pétrole a été reconnue dans le district de Buzeu, à Trestia, à Tega, à Magura, à Lopatari, à Lunca, à Coltii, à Glodu Pacurilé, Nehoiu, Nehoiasu.

Non loin de Lopatari, près du mont Brazau, les terrains de la colline Smolence laissent dégager facilement des gaz inflammables, il suffit de creuser un trou de faible profondeur pour pouvoir obtenir un dégagement gazeux qui s'enflamme au contact d'une allumette.

VI. — DISTRICTS DE RIMNIC SARAT ET PUTNA

Dans ces districts, depuis le Dealu Dragan, au nord, à la limite du district de Bacau jusqu'à la vallée du Slanic au sud dans le district de Buzeu se trouve toute une zone pétrolifère assez peu connue où existent un grand nombre d'affleurements de pétrole et beaucoup de puits à main, qui sont à peu près tous abandonnés.

Les principales localités à citer sont, du nord au sud : le Paruil Miraores, le Dealu Istrati, le Dealu Flamanda, le Paruil Alb, la Valea Pacurei, la Valea Slatinei ; toutes localités comprises dans la vallée Susita.

Plus au sud, dans la vallée de la Putna, il y a des traces de pétrole à Valea Sarei. Aux environs de Andreassu, on en trouve dans le Paruil Milcoov, à Dealu Sarei, à Fata Oraci, à Poiana Andrei, enfin dans la vallée du Rimnic Sarat, dans la région Magura-Bisoca, le pétrole a été signalé à Poiana Pacurele et à Valea Rea. Sur le haut cours de la Putna dans la partie Transylvanienne, et non loin de la frontière roumaine se trouvent des traces assez importantes de pétrole; il y en a également non loin de là, sur le territoire roumain, dans la vallée de la Sepea, affluent de gauche de la Putna, sur les flancs du Tuia Golase.

VII. — DISTRICT DE BACAU

Dans le nord du district de Bacau se trouve le chantier de Campeni Parjol sur le versant est de la vallée du Tazlau. Cette localité était exploitée depuis 1830 à l'aide de puits creusés à la main, dont le plus grand nombre se trouvaient sur les deux flancs d'un vallon immédiatement au nord du village de Campeni ; d'autres puits se trouvaient dans la forêt de l'État, un peu à l'est, d'autres un peu plus loin au lieu dit Magura.

Le pétrole extrait par les puits à main qui le rencontraient dès la profondeur de 20 mètres dans certaines parties du chantier est remarquable par sa faible densité variant de 763 à 820; certains échantillons étaient à peine colorés en jaune pâle.

Le pétrole se trouve ici dans le salfière miocénique dont les plis sont très serrés, l'axe des anticlinaux étant sensiblement nord-est, et il semble que les différentes exploitations de Campeni appartiennent à trois anticlinaux voisins.

Depuis quelques années, l'exploitation par sondage a été entreprise et, si dans les couches les plus superficielles ils ont donné du pétrole léger, ils ont, au contraire, donné en profondeur du pétrole beaucoup plus lourd.

PRODUCTION

	PUITS		SONDAGES		PRODUCTION EN TONNES
	PRODUCTIFS	NON PRODUCTIFS	PRODUCTIFS	NON PRODUCTIFS	
1898	23	74	»	»	230
1903	16	77	2	0	418
1904	15	78	0	2	1.184
1905	17	70	2	1	1.200

Sur la rive droite du Tazlau, en face de Campeni, il y a des puits abandonnés à Bahnaseni, Sarata et Ludasi.

A 10 kilomètres au sud sur le versant est de la vallée du Tazlau se trouve l'exploitation de Tetzcani dont les puits sont répartis en trois centres distincts, le long de la route de Nadisa, dans la vallée du Pariul Autal et près de Sarbii. Une centaine de puits à main ont été creusés en cet endroit, mais la production n'a guère dépassé 500 tonnes par an; récemment des sondages y ont été entrepris, qui n'ont pas encore donné de résultats.

Le pétrole extrait dans ce chantier est comme celui de Campeni-Parjol, un pétrole léger; sa densité est comprise entre 780 et 800.

Le pétrole de Sarbii est beaucoup plus lourd : il a une densité de 830 environ.

En remontant la vallée du Tazlau Sarat qui vient se jeter dans le Tazlau à Tetzcani, il y a à Marzanesti et un peu au sud vers Leontinesti quelques puits abandonnés.

Plus en amont sur le Tazlau Sarat se trouvent les chantiers de Lucacesti, la vallée du Tazlau dans cette partie de son cours est une vallée d'érosion suivant l'axe d'un anticlinal dirigé sensiblement N.10°E., formé par les terrains oligocènes qui affleurent sur les deux flancs de la vallée.

Un grand nombre de puits à main ont été creusés dans ce chantier et quelques-uns, prétend-on, produisent depuis plus de deux-cents ans; ils sont situés à flanc de coteau sur la rive droite du Tazlau Sarat sur les terrains appartenant à l'État.

En 1899, il y avait 286 puits, dont 85 productifs et 8 en approfondissement et 193 abandonnés.

Les productions de ces puits sont assez remarquables, puisque la production du chantier a été de 1.400 tonnes, en 1898 ; 1.000 tonnes, en 1899 ; 2.000 tonnes, en 1903 ; et 1.200 tonnes, en 1904. La production maximum constatée pour un puits à main est de 30.000 kilogrammes par an. Mais, dans cette région, il y a à lutter contre des pressions considérables des terrains encaissants ; ainsi, dans un puits creusé vers 1882, un ouvrier fut enseveli dans une venue subite de sable qui envahit un puits arrivé à 140 mètres de profondeur et qui, remontant de 40 mètres, réduisit la profondeur du puits à 100 mètres. Ces phénomènes gênants se reproduisent dans la région avoisinante aussi bien pour les puits que pour les sondages.

La profondeur des puits à main de Lucacesti est souvent considérable : elle atteint 240 mètres, chiffre énorme, si l'on envisage les dangers et les difficultés du travail.

Depuis quelques années, plusieurs sondages (6) ont été entrepris ; mais, comme ils n'ont pas dépassé la profondeur de 340 mètres, ils ont peu modifié la production du chantier. La densité du pétrole varie entre 860 et 890.

Dans les environs, il existe de nombreux puits abandonnés, notamment au Nord de Lucacesti dans la vallée Coacaza, sur le Plaiul de la Ulmi et à l'est en tirant vers le chantier de Solontz, à Poiana Usure, Pariul Viorei, et au nord de Valea Arinilor.

A 3 kilomètres à l'est du chantier de Lucacesti, se trouve le chantier de Solontz, situé sur un anticlinal formé par les terrains du tertiaire inférieur ; l'exploitation se fait dans la vallée du Clopot et à côté se trouve le chantier dit le Stanesti qui lui est contigu.

L'ozokérite a été exploité autrefois, à Solontz, mais sans grand succès ; pour le pétrole un effort considérable a été fait, puisque 200 puits à main et 66 sondages, dont le plus profond a 560 mètres, ont été creusés. Les résultats n'ont pas répondu à ce travail, car le chantier de Solontz n'a jamais produit beaucoup plus de 6.000 tonnes par an, et les travaux y sont actuellement un peu délaissés.

La densité du pétrole est comprise entre 830 et 890.

Le sondage le plus productif de Solntz a été le numéro 11 qui a donné une moyenne de 12 tonnes (100 barils) par jour, pendant un an, à la profondeur de 125 mètres ; les sondages exécutés dans le voisinage n'ont pas donné à une profondeur correspondante plus de 2 à 3 tonnes pendant six mois.

Dans tout le voisinage il y a de nombreuses traces de pétrole et des sources ferrugineuses.

A 4 kilomètres au sud de Lucacesti, se trouve l'exploitation de Moinesti sur une colline dominant à l'ouest le village.

Un grand nombre de puits à main ont été creusés, et la statistique n'a pas dû en tenir compte, car les vestiges qu'il en reste en indiquent un nombre bien supérieur à ceux qui sont indiqués : 12 sondages ont été entrepris, le plus profond allant à 600 mètres ; malgré cela, la production n'a pas dépassé 3.000 tonnes par an.

Au sud de Moinesti, dans la vallée du Trotush, se trouve le chantier de Comanesti, exploité depuis longtemps avec des puits à main et où des sondages commencés depuis quelques années ont atteint récemment le pétrole vers 500 mètres, avec une production satisfaisante. Plus au sud à Doftana, se trouve un anticlinal dirigé N. 30° E. qui passe par le chantier de Doftana, celui de Nineeasa et la Valea Tudorache où se trouve de l'ozokérite. Tout le long de cet alignement se trouvent d'anciens puits dont certains donnaient encore du pétrole vers 1900, ainsi que l'un des deux petits sondages (150 mètres) qui y avaient été pratiqués.

A Cucuietu, non loin de Doftana, se trouvent d'anciens puits et un gise-

Fig. 241. — Vue du champ pétrolifère de Casinul.

ment d'asphalte ; à Pœnile et Pacurile se trouvent encore des vestiges d'anciens travaux.

A Mosoarele, à 2 kilomètres à l'ouest de Targu Ocna, sur le bord du Trotush, se trouve une ancienne exploitation répartie sur les deux bords de la rivière où plus de 150 puits à main ont été creusés.

Le chantier se trouve placé sur un anticlinal à crête devenue très nettement apparente sur les escarpements qui dominent la rivière au nord où les couches repliées de l'oligocène sont très apparentes.

Deux sondages qui sont allés à 163 et 380 mètres ont été entrepris il y a quelques années ; ils ont donné quelques traces de pétrole et le plus profond a même donné une petite éruption de pétrole au moment où l'on retirait le tubage provenant sans doute des niveaux pétrolifères traversés précédemment et dont le pétrole s'était accumulé derrière le tubage pendant l'appro-

fondissement subséquent. La production du chantier est de 3 à 400 tonnes par
an de pétrole, d'une densité de 820 à 840.

A Targu Ocna, il y a des traces de pétrole à l'ouest dans le lit de la rivière
Trotush, et, dans le voisinage de la saline, un grès bitumeux a été reconnu.

Au sud de Targu Ocna, dans la vallée de l'Oituz il y a du pétrole à

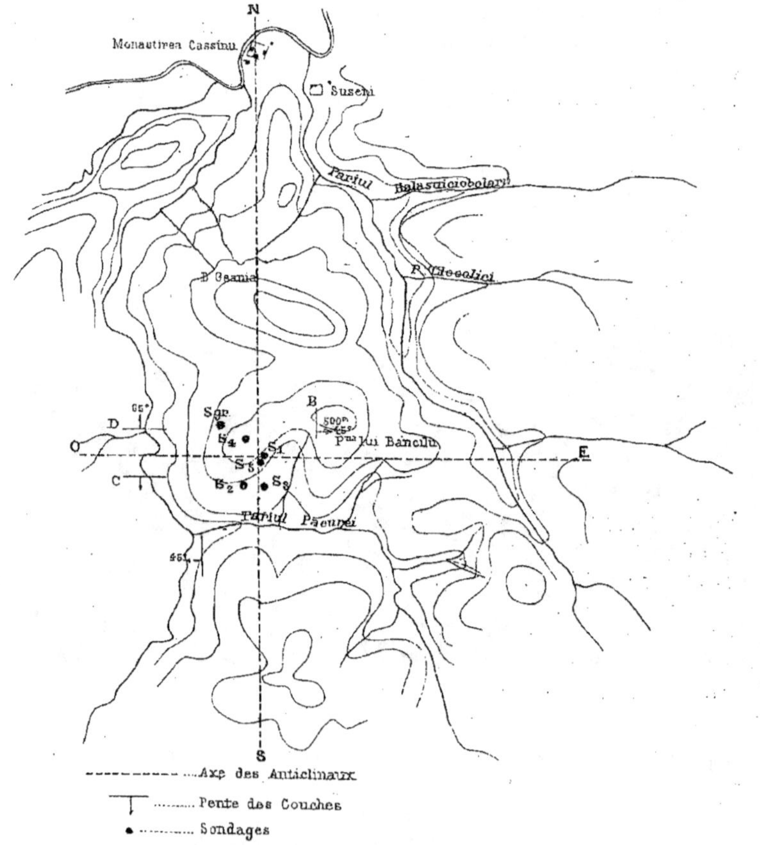

Fig. 242. — Exploitation pétrolifère de Casinul.

Harja et à Grozesti ; 2 sondages ont été entrepris à Harja où se trouvent aussi
quelques puits à main, à Grozesti, entre le Mont Albert et la Fabrica de Sti-
clari se trouve un massif de sel important affleurant en plusieurs points et
atteint par un petit sondage.

Au sud de Targu Ocna, dans la vallée du Casinul, à 2 kilomètres au sud
du Monastirea Casinul sur le Poiana lui Branciliu, se trouve une exploitation
de pétrole (fig. 244) entreprise par le Gouvernement roumain. Elle se trouve

sur un anticlinal nord-sud des couches sarmatiques et salifères miocéniques, en un point où celui-ci est recoupé par un anticlinal secondaire dirigé est-ouest (*fig.*242 et 243). L'exploitation est principalement concentrée sur le versant qui regarde le confluent du Pariul Pacurci et du Pariul Halosu Mare; 6 sondages ont été exécutés.

Le sondage Grant, le plus au nord, n'a pas donné grand résultat, il n'a d'ailleurs pas dépassé la profondeur de 112 mètres; au sud viennent ensuite le sondage n° 4 qui, vers 100 mètres, a donné 3 tonnes par jour; approfondi à 305 mètres, aucun nouveau niveau pétrolifère n'a été rencontré. Le son-

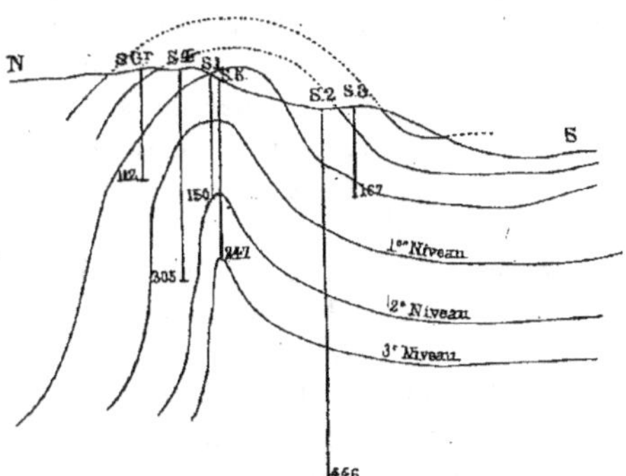

Fig. 243. — Coupe de l'exploitation de Casinul.

dage n° 1, à 150 mètres, a donné 5 tonnes de pétrole par jour; le sondage n° 5 a donné du pétrole à 247 mètres et a produit 10 tonnes par jour; le sondage n° 2, poussé jusqu'à 446 mètres, n'a donne que peu de pétrole, beaucoup d'eau et de sel.

Outre les sondages, il y a une vingtaine de puits à main dont quelques-uns sont productifs.

Dans le voisinage il y a des affleurements pétrolifères à l'ouest du Piscu Ursului et vers le bas du cours du Halosu Mare.

La densité du pétrole de Casin varie entre 790 et 810.

La production se maintient à un millier de tonnes par an environ.

VIII. — DISTRICT DE SUSCEAVA ET NEAMZU

Bien que la présence du pétrole ait été constatée en plusieurs points de ces deux districts, l'importance des affleurements pétrolifères n'a pas été complètement déterminée. Il existe en plusieurs régions des puits pour la plupart abandonnés et l'exploitation est à peu près nulle.

Les principales localités à citer sont : du nord au sud, Gainesti, Pipiri-gul, Buhalnita, Varatic et la Valea Doamnei.

Vers la séparation des districts de Neamzu et de Bacau, à hauteur du village de Tazlau, entre les cours supérieurs du Tazlau et du Tazlau Sarat, il y a un assez grand nombre d'affleurements pétrolifères et, en certains points, des puits à pétrole, notamment dans la vallée Statiorei, Pariul Argentaria, Valea Gemeana, Valea Gropilor.

IX. — DISTRICTS DE GORJU ET VULCEA

Dans cette partie de la Roumanie, située dans la partie la plus occidentale du territoire, il n'y a pas, à proprement parler, d'exploitation pétrolifère ; mais aux environs de Rimnicu-Vulcea, d'une part, et de Tirgu Jiu, d'autre part, des indices assez sérieux de la présence du pétrole ont été constatés.

Quelques travaux ont été entrepris, mais ils sont peu importants et insuffisants pour pouvoir éclairer d'une façon certaine sur la valeur éventuelle des gisements pétrolifères.

En 1882, à quelques kilomètres à l'ouest de Rimnic-Vulcea, 2 puits furent creusés, l'un à Gatejesti, l'autre à Hentza, tous deux donnèrent du pétrole ; mais, en même temps, celui de Hentza donna une eau fortement iodurée ; cette découverte fut le point de départ de la station balnéaire de Govora.

A Ocnele Mari, aux environs de la saline, des émanations importantes de gaz inflammables ont été contatées ; au Dealu Muretu, un puits a donné des traces de pétrole et une grande quantité de gaz ; à Banesci, il y a aussi des dégagements de gaz. A Pausesti, un sondage a été poussé jusqu'à 327 mètres et a donné de grandes quantités de gaz.

Dans le district de Gorju, des traces de pétrole ont été constatées à Statioara, à Marginesti, à Balteni et en quelques autres points.

III

FRANCE

Depuis que l'Alsace a été séparée de la France, il n'y a plus d'exploitation pétrolifère sur le sol français [1].

Il existe différentes exploitations d'asphalte, et celle des environs de Seyssel est universellement connue, mais les traces de bitume et même les gisements asphaltiques sont relativement rares. Est-ce à dire qu'il faille absolument renoncer à trouver du pétrole en France, ce serait peut-être aller un peu loin, mais les recherches y seront certainement délicates et difficiles.

---

1. Il y a quelques petites exploitations de bitume sans importance, et il n'est pas question, ici, de l'exploitation des schistes bitumineux malgré leur parenté étroite avec les gites pétrolifères.

Les régions où les indices pétrolifères sont le plus nombreux sont :

La région des Basses-Pyrénées, la région de la Limagne, la région du Gard, la région du Jura.

C'est peut-être la région du Jura qui offrirait le plus de chance de réussite pour des recherches qui néanmoins seraient délicates.

Quelques sondages ont été faits dans les différentes régions précédemment citées et bien que l'un d'eux aux environs de Riom, ait été poussé, assez profondément, aucun n'a donné quoique ce soit qui, de près ou de loin, puisse ressembler à une production industrielle.

I. — RÉGION DES DÉPARTEMENTS DES LANDES ET DES BASSES-PYRÉNÉES

Des traces de bitume et de pétrole ont été signalées à Brassempouy, Gaujac, Bastennes, Caupenne, Orthez (*fig.* 244).

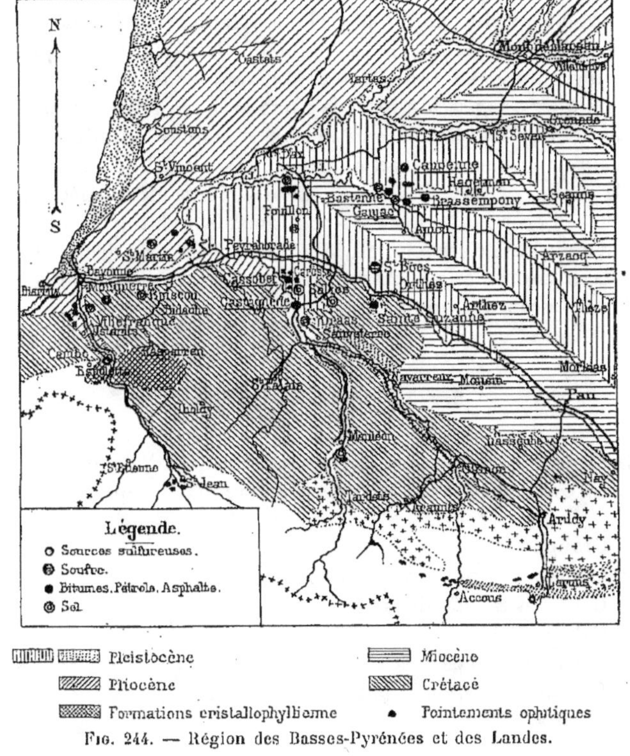

Fig. 244. — Région des Basses-Pyrénées et des Landes.

La présence du sel et de sources salées a été constatée à Salies, Bioudos, Gaujac, Arzet, Pouillon, Leu, Caresse, Cassaber, Oraas, Saint-Pandelon,

Amable, Pouy-d'Arcet, Camon, Briscou, Monguerre, Lahonce, Mauléon, vallée de la Soule, Les Couarre, Donzacq, Villefranque.

Le gypse existe à Barleix, Loubajac, Ossun, le soufre à Saint-Boez (Saint-
Boes).

Les gisements de bitume de Bastennes et de Gaujac sont épuisés depuis
1850 environ. Le bitume était mélangé au sable dit Falun à *Cardita Jouanetti*,
les assises imprégnées de bitume se trouvaient dans le voisinage presque
immédiat de pointements ophitiques, elles avaient peu de régularité, leur
épaisseur était en moyenne de 2 mètres.

Il y a également du bitume à Saint-Martin de Hinx, à Sainte-Suzanne
(Thore et du Boucher), à Orthez, dans le crétacé (E. Frossard), dans l'eau de
Saint-Bois (Thoré).

Des recherches entreprises, en 1888, à 1 kilomètre au sud de Bastennes
ont mis au jour une des cheminées par lesquelles les sources de bitume se
sont épanchées; les parois formées de calcaire nummulitique, presque au
contact de la faille terminale du pointement triassique, étaient tapissées de
bitume qui avait en partie pénétré la roche ambiante, sous forme de veinules.

Jacquot et Raulin, parlant de la région de Gaujac, pensent qu'une semblable agglomération des terrains d'âges si divers, dans un aussi petit espace,
ne peut s'expliquer que par la présence d'une série de failles mettant en évidence les fissures qui ont donné naissance aux sources bitumineuses.

Le terrain de Bastennes serait dans les mêmes conditions.

Dans la région de Dax, Bastennes, Gaujac, les sources salées sortent des
argiles bigarrées en relation avec les pointements ophitiques; à Dax même,
un gisement de sel a été reconnu en 1864 et concédé par décret du 31 juillet 1865. Aux environs de Dax, 9 sondages ont été pratiqués pour la recherche
du sel, 5 l'ont rencontré à une profondeur variant de 29 à 60 mètres.

II. — RÉGION DE LA LIMAGNE

Les terrains de la Limagne entre Vic-le-Comte et Pont-du-Château sont
constitués, en commençant par les couches les plus anciennes, par :

1° Granite ;
2° Arkoses et argiles sableuses ;
3° Calcaires à Potamides ;
4° Calcaire à Limnées ;
5° Calcaire et pépérites ;
6° Calcaire à *Mélama aquitanica ;*
7° Basalte.

Le bitume imprègne les arkoses de Chamaillère près Royat ; les calcaires
à *Helix Ramondi* de Pont-du-Château, de Lempdes, des Roys ; les sables arko-

siques de Lussat, ces sables contiennent 10 0/0 de bitume; on trouve du bitume dans les mêmes conditions à l'Escourchade.

Il y a des exsudations bitumineuses et gazeuses au puy de la Poix ; à La Bourrière, on a trouvé des masses bitumineuses disséminées au milieu des argiles ; au puy de Crouelle se trouvent des bitumes et des émanations gazeuses ; à Malintrat, le bitume est exploité par une sorte de méthode de drainage souterrain ; en ce point, il affecte d'une façon très nette la forme d'un filon presque vertical ayant 1 mètre d'épaisseur.

A Macholle, près de Riom, un forage a été fait en 1896 ; les terrains traversés ont été les suivants :

	Mètres
Calcaires argileux et argiles avec quelques couches de sables......	400
Couches de schistes et calcaires argileux, et couches de grès, avec inclusions pyriteuses..................................	699
Schistes, calcaires argileux durs, avec beaucoup d'inclusions pyriteuses.................................	894
Schistes, argiles, et quelques lits d'argiles très sableuses..........	975
Calcaires siliceux, schistes et grès et quelques couches de sel.....	1.131
Schistes et calcaires siliceux.................................	1.134

Tous ces terrains appartiennent à l'époque tertiaire, depuis le miocène jusqu'à l'oligocène.

Des gaz combustibles ont été rencontrés à 30, 189, 630 et 1.080 mètres. Ces gaz étaient très chargés en hydrogène sulfuré et en acide carbonique. De nombreuses traces de bitumes furent rencontrées dans les argiles; à 630 mètres on obtint un peu de pétrole liquide. A 1.100 mètres on obtint de l'eau salée, entraînant des traces de pétrole ; le pétrole ainsi obtenu avait une densité de 950 environ.

Au fond du sondage la température était d'environ 90° C.

III. — DÉPARTEMENT DU GARD

Dans la région des Fumades et de Saint-Jean-de-Marvejol, il existe des exploitations d'asphalte de l'époque éocène ; dans cette même région, il existe des marnes calcaires imprégnées de bitume qui est disséminé dans le sens des stratifications.

Les eaux des Fumades sont bitumineuses et sulfureuses; elles déposent une boue pyriteuse ; les sources d'Hyeuset sont les plus chargées en bitume.

Dans les fouilles faites aux environs du Mas Chalbert, coupant le ruisseau d'Alauzenne entre Servas et Auzon on a trouvé un amas asphaltique de 8 à 10 mètres d'épaisseur non loin d'une faille. Des sondages faits récemment dans cette région ont recoupé des couches de charbon et des couches d'asphalte.

IV. — RÉGION DU JURA

Au Crédo, sur la frontière suisse, on a trouvé des sables bitumineux et de l'asphalte (calcaire asphaltique) (*fig.* 245).

Il est intéressant de connaître le processus des recherches, et voici com-

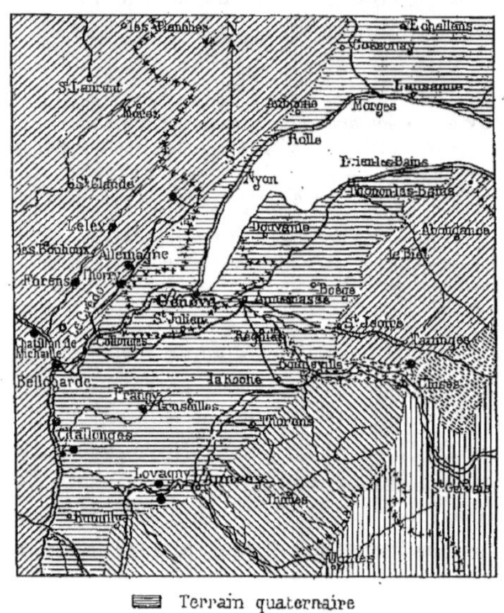

Terrain quaternaire
Jurassique supérieur
Jurassique inférieur et terrains plus anciens

Fig. 245. — Région du Jura.

ment s'exprime, à ce sujet, dans un rapport, M. Boulanger, auteur de ces travaux entrepris vers 1893 :

« Ce qu'il importait de connaître, c'était la nature des roches composant l'ossature de cette partie de la chaîne de Pontarlier au Crédo, et du Crédo à Seyssel.

« On y constate d'une manière continue la formation urgonienne, qui, dans le parcours de Pontarlier à Seyssel, décrit un arc allongé dont le Crédo occupe le point de courbure.

« Cet arc a été signalé par l'ingénieur géologue, M. Renaud, dans un intéressant rapport sur le territoire génevois ; j'ajoute que l'oxfordien accompagne l'urgonien sur toute la ligne de Pontarlier au Crédo.

« Quand j'ai connu, à l'extrémité nord de cette ligne continue, l'urgonien avec le gisement asphaltique considérable du Val-de-Travers et connaissant déjà à l'extrémité sud de la même ligne le gisement important de Seyssel, d'autre part, la montagne du Crédo paraissant être le centre d'un dépôt et et les formations qui le composent ayant une plus grande épaisseur et aussi étant plus développées dans leurs détails, j'ai eu tout lieu d'espérer que dans la montagne de Crédo, situation médiane, la formation urgonienne serait complète et contiendrait l'urgonien asphaltique. J'ai alors été de l'avant et j'ai poussé un travers banc qui part de nos sables miocéniques naphtalifères et qui, marchant vers l'est, a successivement traversé une partie de formation de grès vert, des couches aptiennes et est entré dans l'urgonien En atteignant ce dernier, les espérances que m'avait fait concevoir mon étude du grand arc urgonien de Neuchâtel à Seyssel se sont réalisées, et je suis heureux de dire que nous sommes dans une zone asphaltique possédant d'excellents indices. »

Les couches de sable bitumineux qui affleurent sur le flanc occidental du Crédo à une altitude de 900 mètres, au lieu dit Bogé[1], au-dessus du village de Confort, sont constituées par trois couches ayant respectivement : 1 mètre, $1^m,30$ et $0^m,30$ d'épaisseur ; leur inclinaison varie de 60 à 70° ; elles sont séparées par des couches argileuses.

.   Les couches pétrolifères plongent sous la vallée de la Valsérine, sans que les études qui ont été faites permettent de préciser à quelle profondeur il serait possible de les recouper par un sondage placé plus bas sur le coteau ouest du Crédo ; on a cependant constaté que la richesse de la couche augmente en profondeur.

La densité du pétrole recueilli du suintement des couches sableuses est d'environ 975.

Le Crédo fait partie de la première ride du Jura avoisinant immédiatement le lac de Genève ; tout le long de cette crête depuis Neuchâtel au nord jusqu'à Belley, au sud, on trouve de nombreuses traces de bitume et des gisements d'asphalte (calcaires asphaltiques) assez importants.

Cette région pourrait s'appeler la région franco-suisse ou région du Jura.

Au nord on rencontre d'abord la région du Val-de-Travers où l'on exploite l'asphalte. Jusqu'en 1812, on avait exploité le gisement de Bois-de-Croix, sur la rive gauche de la Reuse ; ensuite on exploita sur la rive droite le gisement dit de La Presta. En 1858, par sondage, on connut l'extension du gisement vers le nord-est.

Le gisement du Val-de-Travers est situé dans un pli synclinal, dont l'enveloppe, le jurassique supérieur affleure des deux côtés ; on trouve à l'intérieur du synclinal et de bas en haut, à partir du jurassique supérieur : le valangien, l'hautérivien, l'urgonien, l'aptien, le gault et la molasse.

Tous ces terrains ont été érodés au centre de la vallée jusqu'au valangien, qui est en partie attaqué.

____

1. La Boge d'en haut.

Sur les côtés et dans les couches urgoniennes restées intactes se trouvent les gisements d'asphalte.

Les asphaltes du Val-de-Travers contiennent de 7 à 12 0/0 de bitume.

A propos de ce gisement Jacquart, qui l'a étudié attentivement dit :

« On a dit et répété autrefois que le banc d'asphalte du Val-de-Travers était caractérisé par la multitude de coquilles de Caprotines qu'il renfermait. Cela n'est pas exact. Je n'ai jamais vu une seule coquille de ce genre dans le bon banc exploité. En revanche, il en existe une certaine quantité dans la partie est de l'ancienne mine de la Presta, mais ici la roche, pauvre en bitume n'a pas été exploitée et se présente à l'état de *Crappe* (roche pauvre). »

On trouve encore de l'asphalte le long du bord du lac de Neuchâtel à Auvernier, Bevaix, Saint-Aubin. Plus au sud, on en trouve au Mormait, près de La Sarraz. On en trouve également à Thoiry, Allemagne, Bellegarde ; en ce dernier point, on a trouvé du bitume dans les fissures des roches qui avoisinent la perte du Rhône ; on en trouve aussi au sud du lac de Neuchâtel, à Chavornay ; Orbe, Mathod. On a exploité de l'asphalte aux Epoisats (pierre de Poix) sur la route de Valorbe à la vallée de Joux.

Dans la vallée de la Valserine on connaît également des gisements d'asphalte à Lelex et Forens.

Plus au sud, on exploite l'asphalte dans la vallée du Rhône à Challonge.

On signale aussi le bitume et de petites couches d'asphalte à Mussiege, Tangy, Lovagny, Bourbonges, Chavaroche.

Plus au sud, et dans le prolongement des plissements du Jura, il y a des émanations gazeuses aux environs de Grenoble (Fontaine-Ardente), à Châtillon (Hautes-Alpes).

A Châtillon (Haute-Savoie), au milieu de la vallée de l'Arve qui sépare Genève du Mont-Blanc, les habitants pensant d'après la présence de gaz inflammables à la surface du sol qu'il y avait de la houille en profondeur, firent des recherches pour trouver ce combustible vers 1855. Ils ne trouvèrent rien d'autre que des dégagements gazeux qui s'enflammaient facilement au fond du puits qu'ils avaient creusé. Certains habitants s'éclairèrent alors à l'aide de tiges de sureau enfoncées dans le sol à une faible profondeur qui donnaient du gaz en quantité suffisante pour être enflammé à l'extrémité du tube.

Plus au sud, dans la région des Basses-Alpes, il y a des asphaltes non exploitées à Manosque et à Forcalquier ; dans le Vaucluse, près d'Apt ; à Roque-Salière, il y a des schistes bitumineux.

V. — LA FONTAINE-ARDENTE (ENVIRONS DE GRENOBLE)

Sur la rive gauche de la Gresse, affluent du Drac, non loin de Grenoble, se trouve la Fontaine-Ardente ; elle est située à flanc de coteau, à l'est du hameau de La Pierre, au sud de Saint-Barthélemy, non loin de la route de Miribel à Vif ; actuellement encore, on peut enflammer les gaz qui sortent du sol.

Ces émanations gazeuses étaient connues des Romains.

En 1885, on entreprit un sondage en cet endroit, mais les travaux furent arrêtés à cause de la nature très ébouleuse des terrains traversés.

M. Raoult, alors à la Faculté de Grenoble, a fait une analyse de gaz de la Fontaine-Ardente ; ceux-ci contiennent :

Acide carbonique	0,58
Azote	0,48
Oxygène	0,10
Méthane	98,81
TOTAL	99,97

On entreprit aussi de capter les gaz en creusant des galeries, mais des accidents se produisirent nombreux, et, à la suite d'une explosion particulièrement forte et qui détruisit une partie du matériel, les travaux furent abandonnés. Les galeries creusées horizontalement avaient un développement de plus de 100 mètres.

En parlant de la Fontaine-Ardente, Fuchs et de Launay disent :

« Quelques ingénieurs avaient cru pouvoir en conclure que le pétrole liquide se trouvait là en profondeur. En réalité, dans les sondages d'Amérique et du Caucase, c'est plutôt une superposition inverse que l'on constate : en Pensylvanie, plus on s'enfonce, plus le pétrole devient léger, et c'est le troisième niveau, le niveau inférieur, qui donne la majeure partie des gaz naturels ; au Caucase, c'est la zone inférieure qui produit surtout l'huile lampante. »

Sans discuter ici la question de variation de la densité du pétrole avec la profondeur, nous ferons remarquer qu'il y a de très grandes étendues de territoire en Amérique où, après avoir exploité le gaz naturel pendant un certain temps à la surface, on a, par approfondissement des puits, recueilli du pétrole.

L'État d'Indiana, pour empêcher le gaspillage du gaz, a même interdit de forer pour rechercher le pétrole dans les terrains reconnus capables de fournir du gaz.

Les exploitants qui recherchaient du pétrole laissaient en effet perdre le gaz des couches qu'ils traversaient pour atteindre les niveaux inférieurs où se trouvait le pétrole. De plus, dans presque toutes les recherches de pétrole les premières manifestations qu'on rencontre dans les sondages sont des émanations gazeuses.

VI. — GABIAN

Gabian (Hérault) se trouve à peu près à égale distance de Béziers et de Bédarieux, et un peu à l'est de la ligne qui joint ces deux points dans cette localité du pétrole suinte d'un conglomérat rouge.

Deux sondages ont été faits : l'un poussé jusqu'à 200 mètres, l'autre à 400 mètres. Ces deux sondages n'ont donné que des indications assez vagues.

Le pétrole de Gabian semble connu depuis le XVIIe siècle ; l'eau qui sort du sol en entraînant le pétrole a été utilisée pour des bains ; on a même construit une piscine aujourd'hui abandonnée.

Le pétrole de Gabian a une densité de 894.

IV

ALSACE-LORRAINE. — VALLÉE DU RHIN

Bien qu'il n'y ait dans toute la vallée du Rhin qu'un seul centre pétrolifère exploité, celui de Péchelbronn en Alsace, les points où les indices pétrolifères se manifestent sont extrêmement nombreux et jalonnent à peu près toutes les grandes lignes de dislocation de la contrée.

Au Bernsberg, à l'est de Cologne, se trouve de l'asphalte ainsi qu'au sud de Duren (Stockheim) et dans le massif dit des Sept Montagnes, qui s'élève sur le bord du Rhin au sud de Bonn, près de Konigswinter. Sur la droite du Rhin, à hauteur de Mayence, existe une région assez étendue où se trouvent de nombreux gîtes de lignites, laissant facilement suinter des produits bitumineux plus ou moins fluides ; ils ont été signalés dans la vallée de la Lahn qui rejoint le Rhin à hauteur de Coblentz, à Messel, au nord de Darmstdat et plus vers l'intérieur des terres, toujours sur la rive droite du Rhin, dans les régions connues sous les noms de Westerwald, Die Hohe, Wetterau et Vogelsberg.

Sur la rive gauche du Rhin, l'asphalte se trouve à Aussen près de Sarrelouis ; à Brockscheid, au nord de Wittlich, se trouvent des lignites bitumineux.

Dans la région du mont Tonnerre, il y a des traces de bitume dans les mélaphires de Bastenhaus et dans le cinabre de Stalberg, et de Kriegsfeld.

Dans la région de la Sarre, de la Nahe, de la Lauter et de l'Alsenz, les mélaphyres contiennent souvent du bitume.

Au pied des Vosges entre Worms et Landau il y a, à Offstein, Bohl, Frankweiler, des suintements de pétrole qui se retrouvent aussi à Ramsen, dans les premiers contreforts des montagnes.

Un peu plus au sud, dans la forêt de Bienwald, un forage exécuté à Buckelberg donna du gaz et des traces de pétrole.

En face de cette région, sur la rive droite du Rhin, des traces de pétrole ont été signalées à Langenbrucken, au sud de Heidelberg. Sur la rive gauche du Rhin, au nord de Bitche, des traces de pétrole existent à Walschbronn et à l'est vers Sturzelbronn. Dans la région de Wissembourg, à Niederbronn se trouvent des calcaires souvent asphaltisés, cette transformation étant surtout apparente à Lobsann où l'asphalte est exploitée, non loin du champ pétrolifère de Pechelbronn. Dans toute cette région, jusqu'à Saverne, les traces de bitume sont très fréquentes : elles se trouvent souvent dans les failles qui séparent les grès des Vosges de Muschelkalk comme à Rothbach, Weiterwyler, Rauchenburg. Plus au sud, il y a, à Molsheim, des traces de bitume imprégnant le Muschelkalk.

A l'ouest de Villé (Lalaye), il y a dans les gneiss des intercalations de galène argentifère avec bitume.

Des suintements de bitume assez abondants ont été relevés aux environs de Sainte-Marie-aux-Mines. A 5 kilomètres au sud de Schlestadt, à Saint-Hippolyte, existent des veines de baryte bitumineuse dans le granite. Un peu à l'ouest, à Roderen, le bitume se trouve dans le terrain carbonifère.

Dans la vallée de la Thur, vers Husseren, le terrain carbonifère traversé par des veines de granite, donne facilement des dégagements gazeux dans les travaux de mines de cette région.

A Sentheim dans le calcaire oolithique se trouvent de fréquentes inclusions bitumineuses.

Dans toute la partie avoisinant Altkirch vers le sud-sud-ouest, de nombreux suintements de pétrole ont été relevés, notamment dans le ruisseau de Hirtzbach, à Ruederbach, à Bisel, à Ueberstrass, à Seppois-le-Haut, à Koestbach. Un peu plus au sud, à Winckel, dans les mines de fer, il y a d'abondants dégagements d'hydrocarbures.

Sur la rive droite du Rhin en face de la région de Mulhouse, il y a des traces de pétrole aux environs de Mulheim, à Badenweiler et Eggenen.

A Pechelbronn, le bitume était connu dès 1498 ; ayant été découvert sur quelques sources de la région, il fut employé par les paysans de la contrée pour graisser les roues des voitures ainsi que pour l'éclairage dans des lampes rudimentaires. En 1745, le baron de Sablonière obtint une concession pour son exploitation ; plus tard, en 1768, les droits furent cédés à Le Bell. Le bitume de Pechelbronn fut d'abord extrait des sables qu'il imprégnait, par ébullition avec de l'eau ; des puits et galeries avaient été creusées pour atteindre les gîtes ; en 1880, des forages furent entrepris, qui donnèrent de bons résultats et l'exploitation par puits et galeries fut abandonnée.

Quatre niveaux pétrolifères ont été reconnus jusqu'à 375 mètres.

De 1880 à 1897, près de 600 forages furent exécutés, et, à la fin de cette période 50 étaient productifs ; un grand nombre de ces forages furent jaillissant et produisirent spontanément pendant des périodes variables, atteignant quelquefois cinq années.

Les couches pétrolifères appartiennent à l'oligocène ; des forages de recherche ont été poussés jusqu'à 700 mètres sans sortir des terrains tertiaires et sans procurer d'avantages appréciables au point de vue de l'exploitation.

Lorsque les forages ne jaillissaient pas spontanément, ils étaient élargis, tubés et une pompe était installée.

Les premiers forages furent exécutés par le système Fauvel ; plus tard, le système canadien fut employé et donna de bons résultats, le système rapide fut aussi employé avec succès.

Des sondages ont été exécutés dans un assez grand nombre de localités de la région à Oberstritten, Ohlungen, Biblisheim, Schwabwieler.

Le rendement des sondages est quelquefois de 30 barils par jour mais le plus souvent il n'excède pas 5 barils.

En 1900, la production de l'Alsace était de 23.000 tonnes.

En 1903, elle était de 25.000 tonnes ; elle est restée à peu près la même depuis cette époque. La densité du pétrole de Pechelbronn varie de 875 à 890.

Les asphaltes de Lobsann sont constitués par un calcaire d'eau douce imprégné de bitume et contenant du lignite subordonné à des sables bitumineux qui sont un prolongement des sables bitumineux de Pechelbronn situé vers le sud à 3 kilomètres environ. Le calcaire bitumineux forme trois couches dont l'épaisseur varie de 1 mètre à $2^m,50$ alternant avec un calcaire gris clair très friable, les parties bituminisées forment des veines et des îlots dans le calcaire ordinaire. La teneur en bitume est variable : elle va de 10 à 20 0/0. Vers l'ouest, à Lamperloch, ce même calcaire se retrouve avec ses imprégnations bitumineuses localisées dans la partie inférieure, au-dessus du calcaire, se trouvent des lits alternatifs de marnes et de grès calcaires.

V

ALLEMAGNE

La mention la plus ancienne de l'exploitation du pétrole en Allemagne date de 1436, époque à laquelle le pétrole des environs du lac de Tegernsee était vendu pour des emplois médicinaux, il était recueilli principalement sur la rive ouest bien qu'il existe également sur la rive opposée, il est contenu dans les marnes et les grès éocènes qui forment une partie du terrain de cette région.

La présence du pétrole aux environs de la Tegernsee n'est, du reste, pas un fait isolé dans cette contrée ; sans parler des manifestations pétrolifères de la vallée de l'Inn qui sont mentionnées ailleurs, il existe dans la vallée de l'Isar et de la Weissach des affleurements nombreux.

Dans la vallée de la Weissach qui aboutit au sud de la Tegernsee, il existe des roches asphaltisées aux environs de Kreuth. Dans la vallée de l'Isar, les schistes et les dolomies du Trias contiennent souvent des traces de bitume plus ou moins fluides ou des parties asphaltisées, comme à Vorder-Riss, au confluent de l'Isar et de la Riss, à Wallgau et Krun, au confluent du Finsbach et de l'Isar, à Mittenwald, au point où l'Aschenbach se jette dans l'Isar.

Plus à l'ouest dans la vallée de la Loisach, ces mêmes phénomènes se retrouvent aux environs de Garmisch.

Plus au nord-ouest, dans le Jura Souabe, les traces de pétrole se retrouvent sur les deux versants à Ehingen, sur le Danube, au sud-ouest d'Ulm et sur le versant nord depuis le point où le chemin de fer d'Ulm à Stuttgard franchit la ligne des hauteurs, jusque vers le point où le Danube traverse le Jura souabe à Donaueschingen. Tout le long de ce versant existent des schistes bitumineux du Trias exploités en plusieurs points et signalés à Gross-Eislingen, Boll, Ohmden, Reutlingen, Dusslingen, Ofterdingen, Hechingen, Erlahem, Rosenfeld, Spaichingen.

Sur le flanc est du Hohe Rhon, existent d'importants gisements de lignites plus ou moins bitumineux, notamment à Bischofseihn, Weissbach, Hadungen, Kulten-Nordheim, et dans les environs de Wacha.

Vers l'ouest, aux environs de Saalfeld, existent des dépôts d'asphalte.

Vers le nord existent les gisements bien connus de schistes bitumineux cuprifères du Mansfeld qui se trouve sur les versants sud et nord-est du Bas Harz et qui peuvent contenir jusqu'à 20 0/0 de bitume. Ces gîtes sont recouverts, par une circonstance, qui n'est probablement pas simplement fortuite, d'épaisses couches de gypse.

Dans la région du Mansfeld, il y a de l'ozokérite à Wettin. Dans les environs de Halle existent d'importants gisements de lignite dont l'épaisseur atteint quelquefois plus de 20 mètres.

Plus au nord, vers Stassfurt, les terrains salifères sont fortement imprégnés de carbures d'hydrogène.

Dans la Westphalie, aux environs de Rheine, le terrain contient des gaz combustibles, et il y a des traces de pétrole aux environs de Ahaus, à Walstede, à l'ouest de Ahlen. Dans la région comprise entre Cœsfeld et Munster, le crétacé supérieur est fortement bituminisé à Darfeld, Appelhusen Hangenan, Buldern.

Depuis le nord du Schleswig jusqu'aux montagnes du Harz, il y a toute une zone où les manifestations pétrolifères sont assez fréquentes, où de nombreuses recherches ont été entreprises et où plusieurs centres ont été et sont encore exploités avec succès.

Les principales localités où le pétrole a été signalé sont :

Apenrade, au fond d'un golfe du Petit-Belt, où un forage exécuté pour rechercher de l'eau, a donné lieu à un abondant dégagement de gaz;

Heide dont les environs montrent de nombreux points où le sable de la surface est saturé de bitume, notamment au sud, vers Holle et Dithmarschen ;

des forages entrepris dans cette région ont donné lieu à des écoulements spontanés de pétrole venant d'un calcaire fissuré appartenant au tertiaire ;

Bienebuttel, à 10 kilomètres au sud de Luneburg, Verden et à l'est Soltau, Reispingen Barrl, Wintermoor.

Les environs de Celle où se trouvent des exploitations assez importantes et où les principales localités pétrolifères sont : Steinforde, Wietze, Hornbostel, Winsen, Sulze ;

Au sud de Celle, à Hanigsen et Obershagen ;

La région comprise entre Hanovre et Brunswick ; à Wealden, Horst, Wipshausen, Oedesse, Grand Edesse, Gretenberg, Oberg, Ollsburg, Therbeg, Schude, Hœneggelsen, où le pétrole se trouve dans le Rhetien et le Trias inférieur.

La région à l'est de Brunswick où le pétrole se trouve dans le néocomien et le jurassique, à Essehof, Dibbesdorf, Hordorf, Klein Schoppenstedt, Monche Schoppenstedt, Kremlingen, Hotgum, Sickte ;

A Schoningen, dans la même région, où le pétrole se trouve dans le Trias et au nord de Schoningen à Velpke, où il y a de l'asphalte ;

A l'ouest de Hanovre à Vahrenwald, Harenberg, Ahlen, Limner, Velber, Linden, Wulfel ; où se trouvent des traces de pétrole dans le Trias et le Jurassique, ainsi que des calcaires asphaltiques ;

Au sud-ouest de Hanovre, dans les Deister Gebirge, où se trouvent des calcaires asphaltiques, notamment à Springe à Bennigsen, où les roches du terrain voisin ont une forte odeur de pétrole ;

Holzen, au sud de Hanovre, où il y a des asphaltes calcaires ;

Enfin, dans le Harz, aux environs de Goslar et de Grund, où les roches dévoniennes contiennent du bitume dans leurs fissures.

Dans une région plus à l'ouest, vers Osnabruk, il y a des bitumes et de l'asphalte dans le néocomien à Bentheim.

Les bitumes de cette région avaient été signalés, en 1546, par Agricola (Georges Landman), dans son ouvrage *Re Metallica* ; mais, bien que la présence du pétrole pût être soupçonnée d'après les nombreux indices superficiels de la région, on ne fit guère de travaux de recherches sérieux.

Vers 1860, le Gouvernement Allemand fit faire un forage d'essai aux environs de Wietze, qui ne donna pas de résultats satisfaisants. En 1875, d'autres forages entrepris dans la même contrée révélèrent la présence d'une couche de sel de 200 mètres d'épaisseur. Aux environs de OEdesse, quelques sondages donnèrent un peu de pétrole ; à OElheim, les résultats ne furent pas beaucoup plus satisfaisants.

Les recherches d'OElheim, aux environs de Peina furent commencées vers 1880 et furent l'occasion de la fondation du village d'OElheim ; en 1881, la production était de 180 barils par jour sur une surface de 12 hectares ; en 1886, la production tombait à 60 barils par jour, l'eau ayant envahi la couche pétrolifère et tendant à augmenter de plus en plus.

Les recherches aux environs de Wietze furent recommencées en 1889, et, les résultats ayant été cette fois assez satisfaisants, les forages furent continués; en 1894, la production était de 40 barils par jour et, en 1895, un puits donna à 80 mètres de profondeur 250 barils par jour pendant quelques jours; la densité du pétrole était 951. En 1897, il y avait 80 forages donnant ensemble 1.600 barils par jour.

En 1899, les forages furent poussés plus profondément et rencontrèrent une nouvelle couche de pétrole de qualité supérieure dont la densité était 930.

Le puits qui a produit la plus grande quantité de pétrole a donné 700 barils par jour.

En 1900, la production de Wietze était de 27.000 tonnes; en 1901, elle baissa à 23.000 tonnes, puis se releva en 1902, à 29.000 tonnes; en 1903, à 40.000 tonnes; en 1904, à 70.000 tonnes, et en 1905, à 60.000 tonnes.

Le gisement de Wietze appartient au Jurassique; le pétrole se trouve au milieu de schistes argileux et de grès tendres avec pyrites; les deux niveaux principaux sont à 200 et 300 mètres; les sondages poussés à 600 mètres n'ont rien donné. Il y a si peu d'émanations gazeuses que les chaudières sont placées dans les derricks.

Différents systèmes de sondage ont été employés concurremment; notamment, les appareils à chute libre avec ou sans curage hydraulique et le système Rapide.

Les sondages ont généralement 250 mètres de profondeur et coûtent environ 20.000 francs; ils sont commencés avec un diamètre de 300 à 355 millimètres et sont terminés au diamètre de 130 millimètres; et le tube de la pompe qui sert à extraire le pétrole a 50 millimètres.

L'extraction est généralement de 200 kilogrammes par jour et par puits; certains puits sont munis de treuils pour l'extraction à la cuillère, et souvent la puissance est fournie par un moteur électrique.

Comme le pétrole de Wietze est très lourd et que l'eau s'en sépare difficilement; il est chauffé dans des réservoirs munis de serpentins de vapeur, pour faciliter la décantation.

La production de l'OElheim était de 3.000 barils en 1903 et de 6.000 barils en 1904.

Des recherches ont été faites à Hanigsen où plusieurs puits sont restés improductifs à cause de l'absence de précautions pour isoler les niveaux aquifères supérieurs. Certains forages ont cependant donné jusqu'à 500 barils par jour. Dans le district de Winsen, des recherches ont été faites à Thœren sur l'alignement OElheim, Hanigsen, Wietze, Werden; des recherches ont été également faites à Jeversen sur la rive gauche de l'Aller et à Rosenthal dans les environs de Peina.

Le pétrole de Wietze est brun avec une légère odeur[1], sa densité est de 0,9373[2]; son degré d'inflammabilité à l'appareil Abel est de 40° C.; à l'air libre, il donne 80° C.; le point d'inflammation est de 110° C.

1. Dr J.-H. Sachse, *Chemische Revue.*
2. Certains puits profonds ont donné du pétrole à 890.

A la distillation il donne :

	0/0 en volume
Jusqu'à 150°	1,1
150 à 270°	13,85
270 à 300°	7,9

Le pétrole d'OElheim est brun foncé avec une fluorescence verte, sa densité est 0,909, son point d'inflammabilité à l'appareil Abel est 15° C., à l'air libre, 38° C.; son point d'inflammation, 70° C.

A la distillation, il donne :

	0/0 en volume
Jusqu'à 150°	2,5
150 à 270°	20,0
270 à 300°	10,9

L'huile de Hanigsen est brun noir avec une fluorescence verte; son poids spécifique est de 0,938; son point d'inflammabilité en vase ouvert est de 77°, et son point d'inflammation est de 105°.

A la distillation, il donne :

	0/0 en volume
Jusqu'à 150°	1
150 à 270°	13,3
270 à 300°	8,7

Vers la frontière russo-allemande, l'asphalte a été signalé aux environs de Strasburg et des traces de pétrole ont été relevées aux environs de Mariewender et de Bunzlau.

VI

ITALIE

L'Italie a toujours plus ou moins exploité le pétrole dans quelques-unes des nombreuses localités où existent des manifestations pétrolifères d'ordre divers.

Sans parler du pétrole d'Agrigente, que les Anciens connaissaient, une concession fut accordée en 1400 pour l'exploitation du pétrole de Miano di Medesano, à 20 kilomètres au sud-ouest de Parme. En 1640, à 20 kilomètres de Modène, à Monte Festino, le pétrole était recueilli ; mais cette exploitation ne dura guère, le gisement s'étant rapidement épuisé ; puis vinrent les exploitations de Montechino, Ozano, Rico di Fornovo.

Enfin, à une époque plus récente, le pétrole d'Amiano était exploité vers le commencement du xix° siècle et servait à l'éclairage de Gênes et de Parme.

La seule exploitation donnant de nos jours un résultat important est celle des environs de Veleya qui produit à elle seule la presque totalité du pétrole extrait en Italie.

Mais il existe de nombreux indices pétrolifères :

1° Le long de la frontière autrichienne, dans la région des lacs italiens ;

2° Vers Parme, Bologne et Florence, dans la région dite de l'Émilie ;

3° Entre Rome et Naples, et à la même hauteur sur les côtes de l'Adriatique ;

4° En Sicile.

PRODUCTION DU PÉTROLE BRUT EN ITALIE (EN TONNES)

Années	Tonnes	Années	Tonnes
1860	5	1883	225
1861	4	1884	397
1862	4	1885	270
1863	8	1886	219
1864	10	1887	208
1865	315	1888	174
1866	138	1889	177
1867	110	1890	447
1868	51	1891	1.155
1869	20	1892	2.548
1870	12	1893	2.652
1871	38	1894	2.854
1872	46	1895	3.594
1873	65	1896	2.524
1874	84	1897	1.932
1875	113	1898	2.015
1876	402	1899	2.242
1877	408	1900	1.683
1878	602	1901	2.246
1879	402	1902	2.633
1880	283	1903	2.486
1881	172	1904	3.543
1882	183	1905	4.768

1. — RÉGION NORD DE L'ITALIE

Depuis le lac Majeure jusqu'au lac de Garde, au pied des Alpes, se trouvent fréquemment des roches bitumineuses ou asphaltiques constituées principalement par les schistes et les dolomies du trias.

Les principales localités à citer sont, de l'ouest à l'est : Laveno et Porto Lavello, sur le lac Majeure ; dans la région comprise entre Arcicati et le sud du lac de Lugano, Bisuschio, Viggia, Besano ; Melide et Aragno, près du point où le chemin de fer de Côme à Lugano traverse le lac ; Velo, sur le lac d'Iseo ; Brontino, près de Pergame ; Storo, au nord du lac d'Idro ; Tignale et Benaco, sur le lac de Garde.

II. — RÉGION DE L'ÉMILIE

La région pétrolifère de l'Émilie s'étend sur les provinces de Pavie, de Plaisance, de Parme, de l'Émilie, de Modène, de Bologne, de Ravenne et de Florence (voir planche XIII).

Province de Pavie. — A Rivanazzano, on a fait un forage vers 1874 qui a donné 1.600 kilogrammes de pétrole par an.

D'autres recherches se sont étendues au sud, le long de la vallée du Staffora, où, vers 1886, on a foré quelques puits ; on y a trouvé des eaux minérales, bromo-iodurées.

Province de Plaisance. — A Montechiaro, on a fait des recherches vers 1888.

Dans la vallée du Riglio, à Bétola, Ponte dell Olio et Groparello, on a fait plusieurs puits vers 1887 qui ont donné jusqu'à 900 litres de pétrole par jour ; un sondage avait déjà été poussé à 240 mètres en 1866.

Dans la vallée du Chero, à Velleïa, on trouve des émanations gazeuses et des suintements pétrolifères ; des travaux de recherches sérieux ont été entrepris en ce point, et une raffinerie a été installée à Fiorenzuola d'Arda pour le traitement du pétrole de cette localité.

La Société française des Pétroles a foré environ 150 puits ; une autre Compagnie en a foré une dizaine à Monactro. La profondeur des puits varie de 90 à 700 mètres, la majeure partie ayant de 250 à 300 mètres de profondeur. Deux puits ont été entrepris pour pousser les recherches jusqu'à 1.000 mètres.

La production moyenne est de 100 litres par jour et par puits pour 60 puits productifs.

Le pétrole vient des grès éocènes qui sont recouverts par des terrains oligocènes ; les terrains sont très disloqués, ce qui provoque de nombreuses ruptures de tubage par glissement des couches ; le pétrole a une teinte très claire analogue à celle du vin rosé de la Moselle.

La densité du pétrole de Veleïa est de 786 ; il donne à la distillation :

	0/0 en volume
Jusqu'à 140° c.	40
140 à 250°	49
Résidu	11
Total	100

Province de Parme. — A Salsomagioré, surtout connu par son établissement balnéaire, on a fait des recherches pour le pétrole ; plusieurs sondages ont été exécutés sans résultats ; les profondeurs atteintes étaient de 500, 600 et 700 mètres.

A 2 kilomètres environ, à Salsominoré, il y a deux puits productifs donnant ensemble une centaine de litres de pétrole par jour.

La profondeur des sondages est de 300 et 600 mètres ; ils ont donné un peu de pétrole dont la densité est d'environ 31° B. ; un volcan de boue qui était en activité avant le forage des puits a cessé d'émettre des gaz ; le terrain est moins disloqué qu'à Salsomagioré.

On trouve aussi plus au sud, à Fornovo di Taro, des émissions gazeuses et pétrolifères ; à Ozzano, on a fait des travaux de sondage qui ont été conduits jusqu'à 400 mètres, et sont abandonnés ; ils continuent à donner un peu d'huile.

Sur les bords du Taro à Felegara on voit des traces de pétrole et des émissions gazeuses ; un forage a été fait et poussé jusqu'à 200 mètres sans donner de production importante.

Les argiles sableuses reconnues dans les sondages de Salso Magiore apparaissent au jour à Saint-Andra, au nord de Felagara ; à cet endroit se trouve une station thermale d'eau iodurée.

Dans la même région, à Miano, où l'on avait constaté des suintements pétrolifères, quelques sondages ont été entrepris et poussés jusqu'à la profondeur de 160 mètres ; l'un d'eux a produit quelques litres de pétrole par jour avec une grande quantité d'eau et de gaz.

La densité du pétrole de cette contrée est de 29° B.

A Respiéco, au sud de Fornovo di Taro, un puits a été foré jusqu'à 400 mètres, sans donner de traces de pétrole.

A Nerviano de Rossi, un puits a été foré jusqu'à 130 mètres et a produit quelques litres de pétrole.

Le long de la rivière Parma, à Corniglio et à Rivolta, il existe des émanations gazeuses ; on en trouve aussi à Torre di Traversetolo dans la vallée de la Termina.

A Traversetolo, il y a des volcans de boue, mais sans traces de pétrole.

A Torre, on trouve aussi des volcans de boue avec un peu de pétrole ; en ce point, les terrains miocéniques sont peu épais et le Flysh est à une faible profondeur.

Province de l'Emilie. — On trouve des suintements pétrolifères à : Ospedaletto, Montalto, Casal Grande ; à Scandiano, il existe même un puits ordinaire fournissant des traces très appréciables de pétrole.

Il y a des émanations de gaz inflammables à Canossa, Casola Canossa, Querzola.

On trouve des sources minérales à Onfiano, Carpineti, Monte Gesso, Ventoso.

Province de Modène. — On a constaté des suintements pétrolifères aux environs de Sasuolo.

Quelques recherches ont été faites à l'aide de puits ordinaires, et on a obtenu une production de quelques centaines de kilogrammes par an.

Il existe des émanations gazeuses à Romanaro, Boccasuolo, Monte Gibio, Pieve Pelago, Barigazo, Sasso Storno, Monte Creto, Monte Puranello, Castelvetro.

Les sources minérales assez nombreuses qu'on rencontre dans la région sont situées : à Medole, Rubbiano, Salvarola, Rio Lunato, Brandola, Renno, Ranocchio, Monteforte, Monte Ombraro, Monte Albano, Monte Corone, Guiglia.

Province de Bologne. — Les suintements pétrolifères qu'on trouve dans cette province sont situés : à Sasso Gurlino, Sasso Negro, Rio Canei, Tombe di Sassatella, San Martino in Pedriolo, Sassuno, Monterenzio, Vallone degli Specchi.

On trouve des émanations gazeuses à : Bazzano, Marzabotto, Riola, Mulinaccio, Casale, Gaggio, Montano, Grecchia, Poretta, Bisano, Bergullo.

Les sources minérales de la province sont : Monteveglio, Monte San Pietro, Vergato, Poretta, Mogne, Baragazza, Creda, Boschetto, Paduro e Sasso, Bologne, Pianoro, Castel San Pietro, Monte Castellaccio, Imola.

Province de Ravène. — Il n'y a que des sources minérales à Riolto et Casola Valsemo qui donnent quelques traces de pétrole.

Province de Florence. — On trouve des émanations gazeuses à Fellegare et Pietramala.

III. — RÉGION DES ABRUZZES

Le long des Apennins, entre Rome et Naples, on trouve de nombreux affleurements bitumineux. Notamment à Chieti, Velletri, Pepoli, Lanciano, Venofro, Ponté-Corvo.

Entre Ceprano et Casino, à Giovani Incarico, et à Pico, il y avait autrefois des puits, d'où l'on tirait du pétrole pour les besoins locaux ; sa densité était 927.

Sur les pentes des Abruzzes à Toco-Casauria, on a fait quelques recherches qui ont donné de petites quantités de pétrole ayant une densité de 983.

Dans la baie de Naples, entre Pausilipe et Sorrente, on est souvent frappé par une forte odeur de pétrole qui semble venir d'une émission sous-marine ; en outre, il existait autrefois une source de pétrole à Bagno del Petroleo (*Balneum olii Petrolii*), près de Stufe di Nerone ; la dernière mention connue remonte à la fin du xviie siècle.

IV. — PROVINCE DE CHIETI

Dans la province de Chieti, on trouve sur le versant, des Apennins qui regarde l'Adriatique, à la hauteur du Mont Amaro, des gisements de bitume et des traces de pétrole.

Les calcaires bitumineux se trouvent depuis la Maiella sur le versant est du mont Amaro jusqu'à Manopello.

Les suintements de pétrole se trouvent surtout dans les environs de Tocco sur le versant de la chaîne du Morrone ; on le trouve soit complètement desséché en couches épaisses de 15 à 20 millimètres, dur ou demi-solide ; soit à l'état demi-solide, plus ou moins mélangé de terre coulant à travers les fissures de certaines roches, et cela d'une façon intermittente, surtout après chaque grande pluie (une de ces sources donne ainsi de 15 à 20 tonnes de pétrole brut, lorsque la saison est pluvieuse) ; soit à l'état de suintement généralement accompagné de petites sources d'eau qui lui servent de véhicule, le pétrole est alors blond et très pur.

Un puits en donnait autrefois ; il fut foncé et muraillé jusqu'à 33 mètres et ensuite foré et tubé. Un accident arrivé au tubage le fit abandonner.

La coupe des terrains traversés était la suivante :

	Épaisseur	Profondeur
Terrain d'alluvions	9	»
Gypse blanc	5,50	»
— tacheté	6	»
— avec pétrole, traces	8,70	29,20
— avec pétrole plus abondant	3,20	»
Argile marneuse	1,70	»
Marne gypseuse	2,09	»
Gypse dur avec pétrole	3,91	44
Marne argileuse	2,23	»
Argile et gypse feuilleté	7,82	»
— et marne pétrolifère	3,43	53,58
Gypse blanc pur	2,79	»
Argile bleue	0,94	»
Gypse dur	0,80	»
Argile molle	0,56	»
Gypse dur avec soufre	1,92	»
Marne argileuse pétrolifère	5,02	»
Gypse dur	6,06	»
Argile et gypse	17,69	»
Gypse dur	12,20	»
Argile et pétrole	1,88	»
Gypse dur avec pétrole		103,47

Un autre gisement pétrolifère se trouve sur le versant du mont Focalone, aux environs de Polombaro.

Des recherches dans différents points de la province (peu importantes d'ailleurs à ce qu'il semble) n'ont pas donné de résultat commercial.

Le soufre abonde dans les gypses pétrolifères de toute cette région.

Les schistes bitumineux se trouvent sur une largeur de 20 kilomètres dans les argiles qui forment le périmètre des monts de la Maeilla (Mayella).

Le gypse se rencontre dans tous les points où l'on trouve du pétrole, du bitume ou du soufre.

De nombreux gisements bitumineux qui se trouvent probablement dans la même formation ou dans des formations voisines existent dans la province de Caserte et dans la province de Frosinone, des deux côtés de la rivière Savio, sur une longueur de 40 kilomètres environ depuis Rocca Secca jusqu'à Frosinone ; les gisements sont plus riches vers le milieu de cette chaîne qu'aux deux extrémités.

Aux environs de Castro, le gisement bitumineux est constitué par un banc calcaire, ayant plus de 60 mètres d'épaisseur, qui a été soulevé et métamorphisé par un soulèvement récent de basaltes ; les couches imprégnées ont environ 1ᵐ,50 d'épaisseur ; leur inclinaison est voisine de la verticale ; cette roche contient plus de 10 0/0 de bitume.

Sur les bords de l'Amaseno, aux environs de Frata, de Santi et de Colle Colano, on trouve des calcaires pétrolifères et même des sables qui laissent suinter du pétrole pendant l'été.

Un forage exécuté aux environs de Ripi a donné 10 litres de pétrole par vingt-quatre heures.

Dans la province de Chieti, l'asphalte est exploité à Lotomanopello, à Rocamonce ; et le bitume est extrait à Abatteggio, Manopello, Rocamorice.

V. — SICILE

Les Anciens connaissaient le pétrole d'Agrigenti (Gergenti).

Au sud de Raguse, à 20 kilomètres du port de Mazarelli, on exploite de l'asphalte au lieu dit Rinazza ou Contrada a pece, ce gisement est à 15 kilomètres environ des épanchements basaltiques de Militello, Franco Conte, Bucheri.

Des traces de pétrole ont été constatées en de nombreux points de l'île notamment à Minco au nord de Raguse, à Patemo, au sud-ouest et au pied de l'Etna, à Nicona, à Petralia, Polizi, Liccara.

Les asphaltes des îles Lipari étaient connus des Carthaginois.

Aux environs de Nicosia (Province de Catane), la société Française des pétroles a fait trois sondages en 1901-1902.

Le sondage n° 1 (Monte Bauda) a traversé les couches suivantes :

	Mètres
Sables aquifères donnant du pétrole en quantité importante ; 300 litres ont été recueillis	35
Grès aquifères	47
Argiles et traces de gaz	90
Calcaires aquifères donnant du gaz	93
Argiles donnant des gaz	125
Schistes	135
Argiles	145

Sondage n° 2 (Santa Agrippina) :

	Mètres
Argiles	7
Schistes aquifères	20
Argiles	32
Schistes	37
Argiles	47
Gypse	49
Schistes	53
Argiles (traces de gaz)	62
Schistes et gaz	78
Argiles —	108
Gypse —	110
Argiles	122
Schistes aquifères donnant du gaz	137
Sables et gaz	148
Grès	150
Schistes	160
Sables	175
Grès et gaz	185
Schistes	197
Grès	207
Schistes	210
Grès, dégagements gazeux importants	250
Schistes	260
Grès	283
Sables, hydrogène sulfuré et gaz carburés	284
Argiles et gaz en quantité, odeur de pétrole	390
Sables aquifères	400
Schistes	425

VII

ESPAGNE

Un grand nombre de tentatives d'exploitation de pétrole, d'asphalte et de bitume ont été faites en Espagne, le tableau suivant indique les superficies des concessions accordées pour ces différents genres d'exploitation :

Provinces	Nature de l'exploitation	Superficie en hectares
Alvala	Asphalte.	507
Barcelone	Roche asphaltique.	511
Burgos	Roche bitumineuse.	55
Cadix	Pétrole.	199
Gerone	Roches bitumineuses.	560
Grenade	—	72
Jaën	—	20
Malaga	—	390
Navarre	Asphalte.	93
Oviedo	Roches bitumineuses.	615
Soria	Pétrole.	2.826
—	Roches asphaltiques.	25
Teruel	—	24
Saragosse	—	12

Les résultats de tous ces travaux n'ont pas été jusqu'ici très satisfaisants, mais la multiplicité des affleurements doit faire espérer que l'avenir améliorera la situation.

Dans le nord de la Catalogne, au pied des Pyrénées, il y a des affleurements de bitume et d'asphalte. A Pont-de-Molins, à 6 kilomètres au nord de Figueras, sur la route de Figueras à Perpignan, il y a des traces de pétrole qui se retrouvent plus à l'ouest, à San-Lorenzo de la Muga, au sud de la sierra de Mandera. Plus loin, dans la même direction, à San-Juan de las Abodesas, à 10 kilomètres au sud-ouest de Camprodon, il y a des traces de pétrole; à Campdevanol, à 8 kilomètres au sud de Ribas, sur la route de Puycerda, se trouvent des schistes bitumineux avec de petites quantités d'ozokérite; à Pabla de Lilet, à 16 kilomètres au sud-ouest de Ribas, il y a des traces de pétrole, et des travaux de recherche y ont été entrepris; à quelques kilomètres vers l'ouest, à Braca et Baga, se trouvent des couches importantes de schistes bitumineux, qui se retrouvent aussi à Vilada, un peu plus au sud.

Au sud-ouest de Gerone, dans la sierra de Monsemy, il y a des marnes bitumineuses, ainsi qu'à Santa Catalina, vers l'ouest.

A l'ouest de Pampelune, s'étend une autre région où les indications pétrolifères sont fréquentes; elles se rencontrent à Bacaicoa, sur les pentes nord-ouest de la sierra de Urbasa, où existe de l'asphalte; un peu plus à l'ouest, sur le même versant, à Salavatiera, à 25 kilomètres est de Vitoria, il y a des veines de spath et des sables imprégnés de bitume, et plusieurs sondages à faible profondeur ont été exécutés; des gisements importants d'asphalte existent à Maetsu et Ataury, à 25 kilomètres sud-est de Vitoria; à Panacerda, à mi-chemin entre Logrono et Vitoria, des grès bitumineux ont été distillés autrefois pour obtenir de l'huile d'éclairage.

Dans les environs de Santander, à 10 kilomètres à l'ouest le long de la côte; à Suances, il y a des traces de pétrole et de l'asphalte; ces mêmes manifestations se retrouvent à Parboym, au sud de Santander. Sur la route de Santander à Burgos, vers le Puerto de Magdalena, existe une région où les traces de pétrole sont fréquentes, notamment à Rescanorio, Rozas, Areba, Santa-Godea; sur la même route, un peu plus au sud, à Houdobro, il y a des grès pétrolifères. Des recherches ont été faites en ces derniers points, deux forages ont été faits et l'un d'eux a même été poussé à 500 mètres, donnant un peu de pétrole.

Dans les provinces de Soria et Saragosse, il y a de fréquentes traces de pétrole, à Torrelapaya, Casarejos, Villaverde, San Leonardo, Toledillo.

Sur la côte sud de l'Espagne, des traces de bitume et de l'asphalte se rencontrent à Cadix, à San-Lucar de Barameda au nord de Cadix; quelques forages ont été faits dans cette région, sans résultats, ainsi qu'à Algar, au nord-est de Cadix, où se trouvent des schistes bitumineux. Non loin de Algar, vers l'est, à Grazamela, des grès bitumineux sont exploités; et à Ronda, un peu plus à l'est, on extrait des schistes bitumineux.

Au sud de Cadix, il y a des traces de pétrole à Conil, sur le bord de la mer. Sur la côte, au nord de Gibraltar, à Manilva, se trouve de l'asphalte, et un peu au nord de ce dernier point, à Ganeni, existent des grès bitumineux.

L'asphalte est très répandu tout le long de la côte sud, dans la sierra Alhamilla, spécialement au nord de Nijar, et un peu plus loin au nord, vers Lorca; il en existe également dans l'intérieur des terres, au nord, vers Hellin.

<h1 style="text-align:center">VIII</h1>

<h2 style="text-align:center">PORTUGAL</h2>

Des recherches pour le pétrole ont récemment été entreprises dans la presqu'île de Torres Vedras.

Des traces de pétrole sont également signalées à Cintra, Alcobaca, Monte Real.

<h1 style="text-align:center">IX</h1>

<h2 style="text-align:center">ILES BRITANNIQUES</h2>

Des traces de pétrole et des émanations gazeuses ont été observées dans beaucoup de localités des Iles Britanniques sans donner lieu à aucune exploitation. Une tentative d'exploitation de gaz naturel a cependant été faite, dans ces dernières années, à Heathfield, comté de Sussex.

Les principaux endroits où des indications pétrolifères ont été relevées sont :

<h3 style="text-align:center">1. — ANGLETERRE</h3>

Comté de Northumberland. — Urperth, où le terrain carbonifère contient de petites quantités d'ozokérite.

Comté de Cumberland. — White Haven, sur les côtes de la mer d'Irlande, où le terrain carbonifère contient des traces de pétrole; et Cleator

Moor, au sud-ouest de la précédente localité, où des veines d'oxyde de fer, situées dans le calcaire carbonifère, contiennent des hydrocarbures gazeux.

Comté d'York. — Le Cleveland, où les veines d'oxyde de fer contiennent souvent des traces de pétrole et des hydrocarbures gazeux; Middlesbrough, où les terrains du Trias contiennent des hydrocarbures; les montagnes de West Riding, où le calcaire carbonifère contient des schistes bitumineux; Yoredale, où le carbonifère et le permien contiennent des gaz.

Comté de Lancaster. — La partie sud du comté de Lancaster est particulièrement riche en exsudations pétrolifères, et la présence des gaz naturels a été constatée, dès 1647, par Thomas Shirley, à Wigan, où existent aussi, dans le carbonifère, des suintements de pétrole, qui se retrouvent également à West Leigh, Swinton, Down Holland Moss, au nord de Liverpool, sur la rive nord de la Mersey, près de son embouchure, à Worsley, dans le tunnel du duc de Bridgewater.

A Formby, sur la côte, des dégagements gazeux ont aussi été relevés.

Comté de Derby. — Dans les mines de charbon, près de Clowne (non loin de Chesterfield), où existent des suintements de pétrole assez abondants, qui se retrouvent à Alfreton; Castleton, où se trouvent de petites quantités de bitume.

Comté de Flint. — Dans les filons plombifères de cette région, où se trouvent des gaz et du bitume.

Comté de Stafford. — Longton, Burton sur Trent, où le carbonifère contient des traces de pétrole.

Comté de Chester. — Anderton, où existent des traces de gaz.

Comté de Denbigh. — Ruabon, plusieurs puits de la région donnent des traces de pétrole dans le permien.

Comté de Salop. — Wellington, Coalbrookdale, Coalport, Pitchford. Le bitume de Pitchford avait été signalé, dès 1684, par De Plot, qui l'avait observé flottant sur les sources de la contrée. A Coalport, le pétrole suinte du grès. Dans toutes les localités précédentes, le terrain appartient à l'époque carbonifère. Dans la même région que Pitchford, au sud de Shrewsbury, à Hautmont et dans les collines de Pontesford, le cambrien contient du bitume, ainsi que les veines plombifères du silurien de Snailbeach.

Comté de Somerset. — Bristol, les environs montrent quelques traces de pétrole; Ashwick, où les traces de pétrole se trouvent dans le calcaire carbonifère et le vieux grès rouge.

Comté de Devon. — Barnstaple, au fond d'une baie, à l'entrée du canal de Bristol, où les schistes du dévonien contiennent des traces de pétrole.

Comté de Cornwall. — Gwennap et Sainte-Agnès, à l'extrémité ouest de la presqu'île de Cornwall, où se trouvent des traces de bitume ; à Sainte-Agnès, dans les granits, et près de Gwennap, dans les mines de cuivre.

Comté de Dorset. — Dans plusieurs régions, existent des argiles bitumineuses.

Comté de Buckingham. — Calvert, au sud de Buckingham, où un forage a donné d'abondants dégagements de gaz.

Comté de Sussex. — Batle, au nord d'Hastings, où existent des argiles bitumineuses ; Heathfield, au nord de Eastbourne, où un forage, exécuté près du chemin de fer, donna de forts dégagements de gaz, à 70 mètres de profondeur ; ce forage avait été exécuté en 1893, pour rechercher de l'eau ; un autre forage, fait dans le voisinage, pour le même objet, et poussé à 100 mètres, donna encore du gaz et pas d'eau. Le premier forage débitait 30 mètres cubes de gaz par vingt-quatre heures, à la pression de 10 kilogrammes par centimètre carré. Une société a entrepris d'exploiter le gaz naturel de cette région. La composition du gaz de Heathfield est la suivante :

Méthane	93,16
Éthane	2,94
Azote	2,90
Oxyde de carbone	1,00
Total	100,00

II. — ÉCOSSE

Région du Nord de l'Écosse, îles Orcades, îles Shetland, comtés de Caithness et Sutherland. — Dans cette région, le vieux grès rouge du dévonien a 5.000 mètres d'épaisseur (A. Greikie) ; il contient de nombreuses inclusions bitumineuses.

Les îles de Mainland et Hoy, au sud de la précédente, sont celles où les traces bitumineuses sont les plus nombreuses ; dans cette dernière, certains bitumes ressemblent à l'albertite.

Comté de Ross et Cromarty. — Dingwall, à l'extrémité du Cromarty Firth, où les fissures des grès et autres roches contiennent souvent du bitume.

Comté de Fife. — La région au nord du Firth of Forth contient de nombreuses traces pétrolifères ; à Dysart, elles ont été signalées dès 1607, et reconnues ensuite à Crail, Markinch, Kinglassie, Cupar ; elles sont dans le carbonifère.

Comté de Linlithgow. — Les schistes bitumineux du terrain carbonifère de Boxburn contiennent des traces de pétrole.

Comté d'Édimburg. — Liberton, où le carbonifère contient des traces de pétrole.

III. — IRLANDE

Chaussée des Géants, sur la côte nord de l'Irlande, dans le canal du Nord, Newry, au nord de Dundalk ; dans ces localités, les roches éruptives renferment dans leurs cavités de petites quantités de bitume.

X

TURQUIE

I. — TURQUIE D'EUROPE

Sur la côte nord de la mer de Marmara, entre Kizyldradère et Ganos, les indications pétrolifères sont particulièrement abondantes, le terrain de cette région appartient principalement à l'époque tertiaire et les trois étages, pliocène, miocène, éocène, y sont représentés.

Au sud de Ganos, sur la rive droite du ruisseau qui se jette dans la mer de Marmara, non loin de la ville, on a creusé autrefois un puits jusqu'à 90 mètres, qui rencontra des couches abondamment imprégnées d'un bitume très liquide, et où les gaz se dégagaient en quantité suffisante pour déterminer l'abandon de l'approfondissement.

Plus au sud, le long d'une grande partie du cours de la rivière Deli Osman, d'importantes exsudations pétrolifères ont été relevées.

Un peu à l'ouest de Hora, ville près de laquelle le Deli Osman se jette dans la mer de Marmara, à peu de distance de la rive gauche, deux puits ont été creusés et ont donné une certaine quantité de pétrole.

En remontant le cours du Deli Osman, au point où s'embranche le ruisseau qui descend de Milos, un forage a été exécuté vers 1902 et a donné jusqu'à 2.000 kilogrammes de pétrole par vingt-quatre heures.

Les terrains traversés étaient les suivants :

	Épaisseur en mètres.
Alluvions et galets	10
Marnes grises	1,30
Calcaire gris sableux	0,30
Marnes bleues et rouges	3,60
Calcaire gris, dur	0,20
Marnes grises	1,30
Calcaire tendre	0,20
Argile	0,20
Calcaire	0,25
Marnes	3,40
Conglomérat	0,60
Marnes	5,50
Marnes sableuses	1,20
Calcaire dur	0,10
Marnes sableuses	3,40
— bleues et rouges	9,50
Sable boulant donnant de l'eau salée	0,90
Argile jaune	1,20
Marnes bleues, rouges, jaunes	9
Calcaire jaunâtre	0,10
Marnes bleues et jaunes	14
Calcaire avec pétrole	0,18
Marnes	4,60
Calcaire dur	0,18
Marnes	4,50
Marnes sableuses (pétrole)	8,40
Argile jaune	0,18
Argile	»
TOTAL EN MÈTRES	84,21

En remontant le ruisseau de Milos, depuis le forage presque jusqu'au village, on trouve des affleurements de sable et de marne d'où le pétrole suinte par place.

Plus à l'ouest, dans la même région, aux environs de Chingerlu, existent des affleurements de marnes ayant une forte odeur de pétrole ; il y a aussi des couches de lignite en assez grand nombre dans cette région, elles sont principalement abondantes à l'ouest de Surkoi.

A Keschan, il y a une exploitation de charbon bitumineux ; les terrains qui recouvrent la couche exploitée sont les suivants :

	Mètres
Argile rouge caillouteuse	10
Cendres volcaniques et conglomérats (Rhyolithe)	12
Grès et petits lits charbonneux	2,20
Charbon terreux	0,50
Schistes et argile	1,80
Grès	0,40
Schistes et argile	1,60
Charbon terreux	0,30
Schistes et argile	3,30
Grès	0,20
Schistes et argile	1,60
Charbon	1,50
Grès	0,50

Le charbon a une densité de 1,37 et donne 2,37 0/0 de cendres.

Sur l'autre rive de la mer de Marmara, entre Brussa et Gemlik, à

Cherkose Deli, un puits, qui donnait autrefois du pétrole, a cessé de produire depuis le tremblement de terre de 1898 ; non loin de là, se trouvent des couches de charbon assez importantes.

Des suintements pétrolifères ont été relevés également au lac Backal (Arménie), aux environs de Trébizonde, à Alexandrette où un forage a été entrepris.

Entre Avlona et Selenica (Selenitza), se trouvent des asphaltes de l'époque pliocène ; le terrain, dans cette région, est constitué de haut en bas par :

Des argiles bleues, avec couches sableuses et couches de calcaire grossier coquiller ;

Des grès et des poudingues peu épais, où se trouvent des amas bitumineux ;

Des argiles bleues, dont l'épaisseur atteint 60 mètres ;

Des couches gypseuses avec intercalation d'argile.

Le bitume donne à la distillation :

Huile.. 43
Matière charbonneuse 57

Entre Selenitza et la Voluca (Volutza ou Voloutsa), s'étendent des collines renfermant des gîtes de bitume ; dans la plaine, au pied des collines, il y a des débris bitumineux que les eaux entraînent jusqu'aux rivages de l'Adriatique. Au bord de la Volutza, se trouvent des volcans de boue, à émissions intermittentes, rejetant de l'eau, du gaz et du bitume. Sur le territoire de Rompzi, se trouvent aussi des volcans de boue.

II. — TURQUIE D'ASIE [1]

En Palestine, toute la région de la vallée du Jourdain mérite d'arrêter l'attention par l'abondance des indications pétrolifères qu'on y trouve.

Jusqu'ici, cependant, aucun suintement pétrolifère proprement dit n'a été signalé, mais les gisements d'asphalte et de bitume y sont très fréquents, et de nombreuses sources de gaz naturel y ont été signalées, ainsi que des sources thermales.

La vallée du Jourdain et celle de l'Ouadi el Araba qui la prolonge vers le sud, jusqu'à la mer Rouge, appartiennent à une même ligne de dislocation parcourue par une série de failles qui se sont produites vraisemblablement vers l'époque miocène.

Les dépressions de la mer Morte et de la mer Rouge sont deux fosses d'effondrement, qui se rencontrent, à angle aigu, à la pointe sud de la presqu'île du Sinaï. La faille principale de la vallée du Jourdain se trouve sur le bord oriental de la dépression et, tandis que la partie est de cette faille s'est maintenue à son niveau primitif, la partie ouest située entre le

1. Les gisements de la Turquie d'Asie ont été mis à la suite de la Turquie d'Europe pour ne pas séparer les deux parties de cet état.

Jourdain et la Méditerranée s'est affaissée en bloc, l'affaissement étant néanmoins plus marqué sur le bord de la Méditerranée, d'une part, et, d'autre part, dans la vallée du Jourdain, où l'effet atteint son ampleur maximum ; dans ces deux parties, une série de failles à peu près parallèles à la faille principale, ont été le résultat de l'accentuation du mouvement d'affaissement.

Tandis que, de part et d'autre de la dépression de la mer Morte, la surface du sol est formée par le terrain crétacé, les terrains qui affleurent sur le bord oriental de la dépression sont plus anciens que ceux qui se trouvent sur le bord occidental, et c'est ainsi que dans les escarpements est de la vallée du Jourdain, se trouvent, sur un espace assez étendu, des couches du grès de Nubie qui apparaissent sous le crétacé, tandis que sur le bord ouest, il n'existe qu'en un très petit nombre de points. Le calcaire de Nubie est une formation de l'époque permo-carbonifère, tandis que les calcaires qui le surmontent appartiennent au cénomanien et au sénonien.

La dépression de la mer Morte n'a pas été formée par érosion, car, à aucun moment depuis sa formation, elle n'a communiqué avec la mer Rouge par la vallée de l'Arabah.

La mer Morte, elle-même, est un ancien lac d'eau douce, dont le niveau était autrefois notablement plus élevé, mais que l'évaporation a abaissé à 394 mètres au-dessous du niveau de la Méditerranée, tandis que son fond est à 800 mètres au-dessous de ce même niveau ; la mer Morte devait autrefois s'étendre depuis le lac de Houleh, au nord, jusqu'à la vallée de l'Arabah, au sud, sur une longueur de plus de 300 kilomètres, et depuis 2.000 ans, les rivages ont même dû reculer, dans la partie nord, de plusieurs kilomètres. L'apport constant de matières minérales des sources thermales de la contrée, et même très probablement de sources importantes se dégageant directement en profondeur, a produit une minéralisation intense des eaux de ce lac. La composition de l'eau de la mer Morte varie considérablement avec la profondeur à laquelle elle a été puisée, ainsi que le montrent les analyses suivantes :

COMPOSITION DE L'EAU DE LA MER MORTE

(D'après Terreil, *Comptes rendus*, t. LXII, p. 1320)

COMPOSITION POUR UN LITRE

	A la surface	A 300 mètres de profondeur
Sodium	0,885	14,300
Chlore	17,628	174,985
Magnésium	4,177	41,428
Calcium	2,150	17,269
Potassium	0,474	4,386
SO^4	0,2424	0,6276
CO^3	traces	traces
Fer	—	—
Manganèse	—	—
Aluminium	—	—
Silice	0,006	—
Rendu fixe	27,078	278,135
Densité à 15°	1,021	1,256

Le bitume de cette contrée avait été signalé dès le commencement des temps historiques, et Strabon dit à ce sujet :

« Le lac se remplit d'asphalte qui jaillit du fond à des époques irrégulières ; au milieu du lac, l'eau semble bouillir par l'arrivée de bulles de gaz à la surface ; les masses d'asphalte se bombent au-dessus de l'eau et présentent l'aspect de collines. Il se dégage en même temps des vapeurs qui, bien qu'invisibles, ternissent le cuivre, l'argent et, en général, tous les métaux polis, l'or lui-même n'échappe pas à cette action.

« Les habitants jugent que l'asphalte est sur le point d'apparaître, quand leurs ustensiles commencent à se ternir ; ils se préparent alors à recueillir le bitume au moyen de radeaux qu'ils construisent avec des joncs assemblés. »

Vers le nord, près des sources du Jourdain, entre Raschaja et Hasbaja, sur le flanc occidental de l'Anti-Liban à Chalwet el Kufeir, se trouve un gisement de bitume que les Égyptiens ont exploité au point dit Bir el Houmar ; il se trouve dans un banc de craie à inocérames. D'autres gisements semblables se rencontrent, non loin de Damas, sur le versant oriental de l'Anti-Liban.

Au sud-ouest du lac de Tibériade, se trouvent des sources thermales, contenant du brome et, près d'elles, des salines et des calcaires imprégnés de bitume.

Les sources de Hammam (Emmaüs), près de Tibériade, sortent à une température de 62° C. d'un calcaire bitumineux brun, elles dégagent de l'hydrogène sulfuré, déposent du soufre, du carbonate de chaux et de magnésie.

Vers l'est du lac de Tibériade, dans la vallée du Yarmuk, près du village de Mrani, se trouve un gisement de calcaire extrêmement riche en bitume, que les habitants emploient pour fabriquer de la chaux, par la combustion même de la roche bitumineuse.

Tout le long de la vallée du Jourdain, en descendant du lac Tibériade vers la mer Morte, il y a des sources chaudes et des émanations de gaz inflammables naturels.

A Nebi Mussa, au nord-ouest de la mer Morte, le calcaire est imprégné de 25 0/0 de bitume ; ce calcaire est recoupé par de nombreuses couches de gypse.

Les calcaires de Nebi Mussa renferment de nombreuses empreintes de petits peignes, de baguettes de très petits oursins, des débris de petites huîtres qui rappellent celles des calcaires bitumineux de Hasbeya ; la cassure de ce calcaire est noire, mais quand elle a été exposée au soleil, elle devient grisâtre.

Le long de la côte occidentale de la mer Morte, il y a des dégagements de gaz inflammables et d'hydrogène sulfuré, notamment à Ras Fesha, non loin de Nebi Mussa et, plus au sud, vers Ras Merched.

L'eau de la mer Morte, recueillie à 42 mètres de profondeur, en face du Ras Merched, a l'odeur d'hydrogène sulfuré, non loin de traces bitumineuses, sur le rivage.

En descendant plus bas encore, le long de la côte, à Messa, se trouvent des calcaires imprégnés de bitume, qui sont probablement ceux que Strabon a décrits.

Au sud de la mer Morte, au pied du Djebel Usdum et le long de la vallée de l'oued el Muhauva, un conglomérat dont les éléments sont soudés par de l'asphalte, affleure à la surface du sol.

La base du Djebel Usdum est formée par une couche de sel de 20 mètres d'épaisseur, surmontée d'argiles rouges et vertes, avec cristaux de gypses, et il est bien peu de points du même horizon géologique qui, sur la rive orientale de la mer Morte, ne contienne pas de veinules de gypse et de chlorure de sodium.

Le sel du Djebel Usdum donne à l'analyse :

Chlore	59,30
Sodium	38,47
Acide sulfurique	0,92
Chaux	0,60
Magnésie	0,09
Silice, etc.	0,15
Total	100,00

Il ne contient ni brome, ni iode, et au microscope, il ne montre aucun débris organique.

En remontant la côte est de la mer Morte, les points où se trouve encore du bitume sont :

La côte El Lisan, où les habitants ramassent souvent des morceaux de bitume cassant qu'ils donnent aux voyageurs; entre les rivières Kerak et Dreah, sur les pentes de Bel Kaa, non loin d'un pointement doleritique.

Des sources chaudes bromurées se trouvent à Gallirohe et Zereth Fahar.

Le bitume de la mer Morte donne à l'analyse[1] :

	Kayser	Boussingault
C	80	77,84
H	9	8,92
O		11,53
S	10	
Az	0,40	1,71
Cendres	0,60	0,70

Le Dr Anderson a analysé un tuf situé sous une couche bitumineuse, et il a trouvé :

Carbonate de chaux	92,15
— de magnésie	1,86
Fer et alumine	0,57
Chlorure de sodium	1,82
Insoluble	1,08
Eau et perte	2,14
Total	100,00

1. M. Delachanal n'a trouvé que 3,14 0/0 de soufre.

D'après lui, il y a une connexion frappante entre le bitume, le sel marin, le gypse et la magnésie.

L'arrivée du bitume à la surface de la mer Morte, coïncide souvent avec les phénomènes sismiques; ainsi, en 1834, après un tremblement de terre, plus de 20 tonnes de bitume flottèrent à la surface du lac, et les Arabes s'en emparèrent; en 1837, à la suite du même phénomène, on recueillit 15 tonnes de bitume.

On a signalé des dégagements de gaz inflammables sur la côte de Karamanie, près de Derabund; à Iscardo et Cashmire, il y a des dépôts d'asphalte.

XI

GRÈCE

Bien que des recherches aient été entreprises en différents points de la Grèce, pour trouver du pétrole en quantité exploitable, aucune d'elles n'a encore abouti à un résultat satisfaisant; il y a, cependant, en de nombreuses régions, des indices pétrolifères assez importants, et presque tous les calcaires de la Grèce, même les plus anciens, ont une odeur fétide très caractérisée, quoique pour la plupart, entièrement dépourvus de fossiles. Tels sont ceux des environs de Nauplie et d'autres points de l'Argolide, les calcaires brun noirâtre des collines entre Navarin et Nisi, où le bitume suinte par des crevasses et où il n'existe pas de fossiles.

Hérodote avait déjà signalé le pétrole de l'île de Zante, et Pausanias indique des sources bitumineuses à Modon, sur la côte sud-ouest du Péloponèse, et à Karytaiana, à l'ouest de Tripoli.

Des suintements plus ou moins nombreux existent également à Galaxeidon, sur la rive nord du golfe de Corinthe, et aussi dans les environs de Delphes, qui se trouve dans les mêmes parages; en face de l'île de Zante, sur la côte du Péloponèse, il y en a à Kyllène (Lintzi) et aussi dans les îles de Milos et d'Antipaxos.

Dans l'île de Zante, les exsudations sont assez importantes et s'étendent sur la côte sud, entre la baie de Keri et le cap Hierakas, il y en a également sur la côte est, non loin de la ville de Zante elle-même.

Jusqu'en 1890, aucune recherche n'avait été faite dans l'île de Zante; à cette époque, le gouvernement grec fit forer un puits, mais le travail fut abandonné à la suite d'un accident de forage survenu à la profondeur de 100 mètres. Une concession pour l'exploitation du pétrole dans l'île de Zante et les îlots circonvoisins, a été accordée à la London Oil Developement Cᵒ; les travaux ont été commencés vers la fin de 1904.

XII

RUSSIE [1]

I. — HISTORIQUE DES PREMIERS DÉVELOPPEMENTS DE L'INDUSTRIE PÉTROLIFÈRE EN RUSSIE

Bien que ce soit l'Amérique qui ait principalement attiré l'attention du monde civilisé sur le pétrole, c'est néanmoins en Russie qu'il fut extrait tout d'abord en quantité notable [2]. Déjà Pallas, en 1793, parle de la région pétrolifère du Kouban, où le pétrole employé comme combustible était récolté sur les eaux salées de la région.

Reinipp indique, à Balakhani, la présence de 25 sources de pétrole, produisant chacune en moyenne 1.000 kilogrammes par jour. Cette exploitation se faisait, à cette époque, au profit du Khan de Bakou, qui en tirait un revenu annuel d'environ 40.000 roubles (98.000 francs).

Le colonel Yule estime que les puits de Bakou produisaient, vers 1819, 4.000 tonnes environ de pétrole par an.

La présence du pétrole dans l'île de Tcheleken est indiquée, vers 1743, par le capitaine Woodroffe. En 1723, Bakou fut annexé par Pierre le Grand, et l'on commença à exporter le pétrole par la voie du Volga; mais, en 1735, Bakou ayant fait retour à la Perse, ce n'est qu'après que la région fût redevenue russe, en 1806, que l'exploitation prit une certaine extension. Le monopole de l'exploitation du pétrole fut alors donné à un certain Mirzoef, et il dura jusqu'en 1872, époque à laquelle l'extraction était de 24.000.000 de kilogrammes. En 1872, le monopole fut aboli et remplacé par une taxe en faveur du Gouvernement. Notons, en passant, que les frères Boubinine raffinaient le pétrole, dès 1823, et en tiraient du pétrole d'éclairage ; l'industrie russe du raffinage est donc bien antérieure à l'industrie américaine.

Les puits qu'on creusait à la main à cette époque avaient, au plus, 20 mètres de profondeur, et jusque vers 1870, les résidus des raffineries étaient brûlés ; ce n'est que vers cette époque, que l'emploi du combustible liquide commença à se répandre.

En 1875, les frères Nobels, ingénieurs suédois, vinrent jeter à Bakou les bases de l'établissement aujourd'hui universellement connu ; ils établirent un

---

1. Bien que le principal champ pétrolifère russe se trouve en réalité en Asie (Bakou), tous les champs pétrolifères qui avoisinent le Caucase ont été décrits en un seul groupe et rattachés à l'Europe.

2. Comme nous l'avons vu précédemment, Marco Polo parle de son exploitation d'une façon relativement intense, vers l'an 1300, dans la région de Bakou.

3. Brûlés sur place, sans utilisation ; on y mettait le feu pour s'en débarrasser.

pipe-line pour amener le pétrole à leur raffinerie, et, en 1879, afin d'obvier aux difficultés de transport de leurs produits, ils construisirent le premier tank steamer qui navigua sur la Caspienne, pour alimenter le trafic par le Volga.

LES CENTRES DE PRODUCTION DU PÉTOLE EN RUSSIE

C'est encore la presqu'île d'Apscheron qui, de beaucoup, tient la tête de la production du pétrole en Russie ; cependant, d'autres centres de productions se sont peu à peu développés, notamment la région de Ilski, dans le Kouban, qui, après des débuts difficiles, arrivera peut-être à donner, dans l'avenir, des résultats plus rémunérateurs ; Grosny, sur le flanc nord du Caucase, que de nombreuses difficultés locales ont empêché de prendre le développement que cette région semble susceptible d'atteindre ; la côte de la mer Caspienne, au nord de Bakou, où des recherches entreprises en différents points semblent indiquer, malgré des fortunes diverses, la possibilité d'établir un centre de production assez important ; l'île de Tcheleken, sur la côte est de la mer Caspienne ; et, enfin, dans ces derniers temps, la région du Ferghana, où des sondages continués avec persévérance ont commencé à donner des résultats, retardés cependant par la difficulté des communications.

Outre les localités précédentes, qui sont plus ou moins en période d'exploitation, le pétrole est signalé dans l'Empire russe, en de nombreux points, et des recherches ont été entreprises à différentes époques, avec plus ou moins de succès, dans un certain nombre d'entre eux.

La Russie semble donc appelée à devenir, à mesure que ses moyens de communications et de transports se perfectionneront, un producteur de plus en plus important et, après avoir pendant longtemps occupé la seconde place, elle pourrait peut-être arriver à prendre la première, si une meilleure organisation commerciale lui permettait d'écouler ses produits avec toute l'économie désirable.

II. — LA PRESQU'ILE D'APSCHERON (BAKOU)

Les principaux centres d'exploitation du pétrole, dans la péninsule d'Apscheron, sont : Balakhany, Sabountchy, Romany, Zabrat, Bibi-Eibat.

PRODUCTION DE LA PRESQU'ILE D'APSCHERON, DEPUIS 1863

Années	En poods	En tonnes
1863	310.000	4.720
1864	539.400	8.820
1865	554.800	9.000
1866	688.200	11.450
1867	998.200	16.200

PRODUCTION DE LA PRESQU'ILE D'APSCHERON, DEPUIS 1863 (*suite*)

Années	En poods	En tonnes
1868	737.800	12.070
1869	1.680.200	27.700
1870	1.413.600	23.000
1871	1.407.400	23.000
1872	1.537.600	25.600
1873	4.030.000	65.500
1874	4.960.000	81.000
1875	5.890.000	86.500
1876	12.090.000	198.000
1877	15.500.000	251.500
1878	20.646.000	335.000
1879	23.560.000	284.000
1880	24.800.000	405.000
1881	40.920.000	670.000
1882	51.646.000	835.000
1883	59.800.000	977.000
1884	89.000.000	1.457.000
1885	115.000.000	1.880.000
1886	123.000.000	2.010.000
1887	160.000.000	2.620.000
1888	182.000.000	2.987.000
1889	192.000.000	3.143.000
1890	226.000.000	3.699.000
1891	274.000.000	4.490.000
1892	286.500.000	4.680.000
1893	324.763.000	5.310.000
1894	297.551.000	4.960.000
1895	377.427.000	6.190.000
1896	386.265.000	6.400.000
1897	422.461.000	6.900.000
1898	485.943.000	7.930.000
1899	525.247.000	8.590.000
1900	600.764.000	9.850.000
1901	671.276.000	10.900.000
1902	636.529.000	10.410.000
1903	596.921.422	9.750.000
1904	614.971.766	10.560.000
1905	615.344.821	7.600.000
1906	»	8.000.000

Région Balakhany, Sabounchy, Romany, Zabrat. — La région Balakhany, Sabounchy, Romany, Zabrat (voir planche XIV), est située à 12 kilomètres au nord de Bakou, sur un plateau dont l'altitude au-dessus du niveau de la mer Caspienne est de 76 mètres environ[1]; à l'est et à l'ouest, le terrain se relève à une altitude de 130 mètres vers Sourakany, et à 300 mètres au sud de l'embranchement de Derbent.

Le périmètre qui entoure les champs de production situés sur ce plateau, circonscrit une surface de 10 kilomètres carrés, mais en réalité, il n'y a que 700 hectares qui soient exploités d'une façon intensive.

C'est à Balakhany, par le moyen primitif de puits creusés à la main, que l'ex-

[1]. Le niveau de la mer Caspienne est à 26 mètres au-dessous de celui de l'Océan.

ploitation a débuté; puis, elle s'est progressivement étendue à Romany et Zabrat.

A Zabrat, ce fut une Compagnie française, qui obtint le premier puits réellement productif, à une profondeur de 200 mètres environ; il était situé dans le voisinage immédiat d'autres puits qui n'avaient donné que des résultats insignifiants, et on ne pensait pas, étant donné les conditions géologiques de la région connues à cette époque, qu'il fût possible d'obtenir, à cette profondeur, une production intéressante.

On doit cependant dire que les puits, dans cette partie, sont très irréguliers et que, tandis que certains maintiennent une production régulière de 16.000 kilogrammes par jour (100 barils), d'autres, au contraire, ne donnent que des quantités insignifiantes, ou se tarissent très rapidement.

Entre les champs d'exploitation de Romany, Sabounchy et Balakany, au fond d'une dépression du plateau, se trouve le lac de Romany, qui, pendant longtemps, servit d'exutoires pour les eaux des exploitations et des habitations avoisinantes. Peu à peu, l'importance du lac ayant augmenté par l'afflux incessant des eaux et plusieurs exploitations ayant été envahies, il a été décidé, dans ces dernières années, après l'emploi de différents palliatifs reconnus insuffisants, d'en opérer le dessèchement complet, afin de rendre disponibles les terrains pétrolifères que son lit recouvre.

Cette entreprise de dessèchement a été concédée à une compagnie, moyennant la faculté de pouvoir choisir 30 déciatines[1] sur les terrains rendus ainsi accessibles, la redevance à payer étant de 25 0/0 du pétrole à extraire, comptée sur une production minimum de 400.000 pounds par déciatine et par an.

De plus, pour déterminer la puissance de production des terrains de la partie sud-est du lac, sur laquelle on a des doutes, la Compagnie doit forer 7 puits dans cette partie, et pour ce travail supplémentaire, elle pourra encore choisir dans cette région, 7 déciatines aux mêmes conditions que les 30 qui lui sont concédées pour le dessèchement du lac.

Binigadi. — A l'ouest du champ pétrolifère de Balakhany Sabounchy, à 5 kilomètres environ, près du village de Binagadi (Banagadi), on a commencé à extraire du pétrole d'une façon industrielle vers 1895.

Les traces abondantes de pétrole avaient indiqué depuis longtemps la présence de couches pétrolifères importantes, mais jusqu'à cette époque, aucune tentative sérieuse n'avait été faite.

Le premier puits ayant donné des résultats satisfaisants, l'exploitation s'étendit peu à peu, jusqu'à couvrir aujourd'hui une surface de $1^{km2},500$.

Le pétrole est exploité à une profondeur restreinte, 170 mètres environ. Des essais de forage à grande profondeur, qui ont même atteint 300 mètres, n'ont pas donné de résultats satisfaisants.

Les couches sont très inclinées dans cette partie de la presqu'île d'Apscheron, et les recherches y sont, par suite, plus délicates.

1. On peut compter que 1 déciatine vaut 1 hectare ; pour la valeur exacte, voir à la fin du second volume, le tableau des mesures étrangères.

La production de Binigadi, pour 20 puits, est de 500.000 poods par an, environ 8.000.000 de kilogrammes.

Dile-Sarai. — Les terrains qui s'étendent entre Dile et Sarai, où se rencontrent de fréquents affleurements pétrolifères, ont été, en grande partie, loués par les entreprises de la région de Bakou.

Dans la partie sud de ce district, aux environs du village de Kourdalan, qui se trouve sur l'alignement Balakhany-Binigadi, mais plus à l'ouest, des recherches ont été commencées en 1903, et quelques bons résultats y ont été obtenus.

Bibi-Eibat. — A 5 kilomètres environ au sud de Bakou, le long de la mer Caspienne, se trouve le champ d'exploitation de Bibi-Eibat (*fig.* 246), dont la production menace de surpasser celle des anciennes exploitations cependant si réputées du nord de Bakou.

Il y avait eu autrefois, en ce point un rudiment d'exploitation qui semble avoir duré jusqu'en 1850 ; puis cette région tomba dans l'oubli ; les travaux furent repris plus tard, et, en 1884, Bibi-Eibat produisait 80.000 tonnes.

Le premier forage ayant donné un jaillissement important fut celui de Taguief, qui commença à jaillir le 5 octobre 1886, quoique la première éruption fut déjà très forte, le débit alla en augmentant rapidement dans les premiers jours et atteignit 11.000 tonnes par jour. A partir de ce moment le champ pétrolifère de Bibi-Eibat se développpa rapidement. En 1887, le puits Zoubalof donna 5.000 tonnes par jour.

La région exploitée se trouve étroitement enserrée entre de hautes falaises et la mer, et sa surface n'est guère que de 500 hectares. Comme on a tout lieu de croire que la zone pétrolifère s'étend au-dessous de la mer Caspienne dont la profondeur n'est pas considérable au voisinage immédiat du rivage, on a formé le projet de dessécher une surface de 300 hectares environ.

Afin de se procurer les fonds nécessaires à l'opération de l'assèchement le gouvernement a mis en adjudication des lots de 4 déciatines.

Les adjudicataires avancent au gouvernement 120.000 roubles par concession qui serviront aux travaux ; cette somme est portée à leur avoir en déduction des redevances à payer, celles-ci seront calculées à raison d'une production minimum de 300.000 pounds [1] par déciatine et par an.

A l'extrémité de la presqu'île d'Apscheron se trouve une île longue et étroite, appelée Ile sainte, parcourue dans toute sa longueur par un anticlinal très marqué. On y trouve de nombreuses exsudations pétrolifères et quelques recherches y ont été faites. On a obtenu un certain nombre de puits produisant du pétrole par écoulement naturel.

---

1. Il y a 61 pounds à la tonne à $\frac{13}{10.000}$ près ; voir la valeur exacte à la fin du volume II.

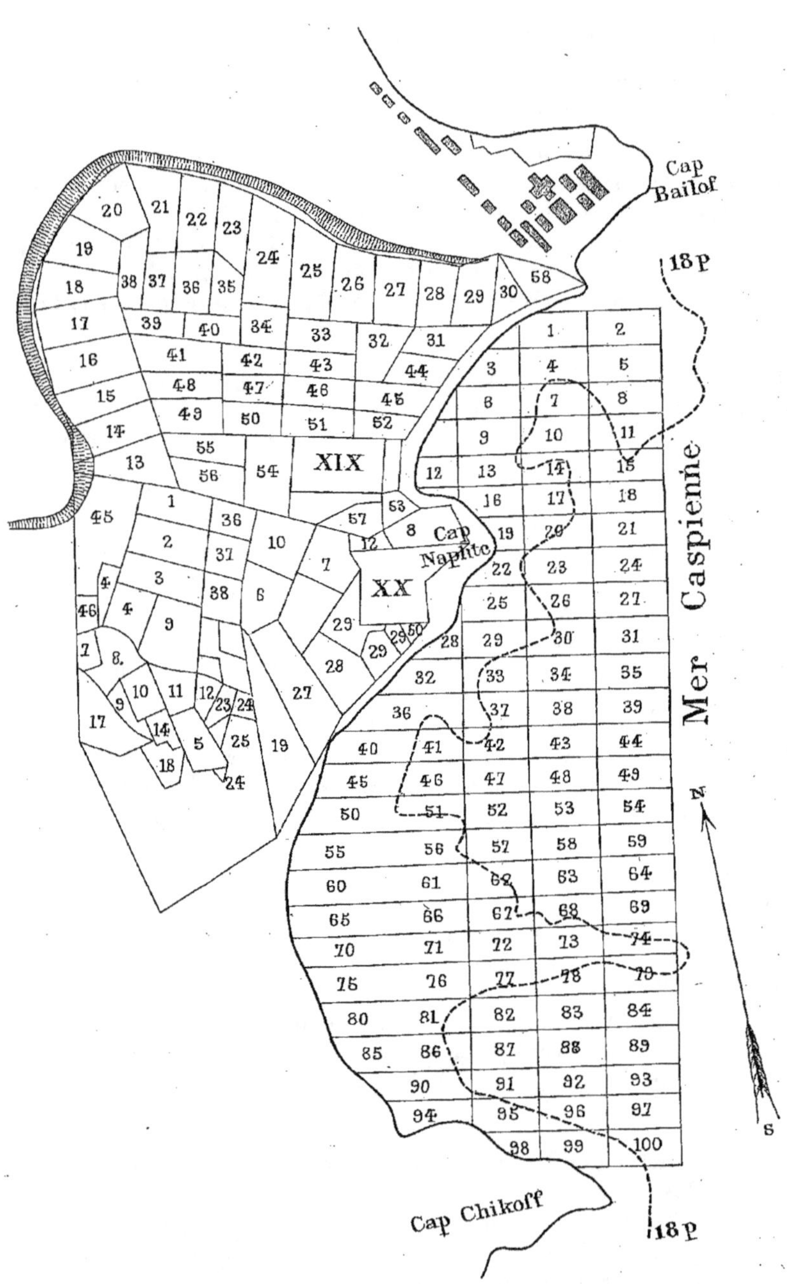

Cap Bailof
18 P
Cap Naphte
Mer Caspienne
XIX
XX
N
S
Cap Chikoff
18 P

FIG. 246. — Plan de la région pétrolifère de Bibi-Eibat, indiquant les concessions actuellement exploitées et celles qui doivent être reprises, par assèchement, sur la mer Caspienne.

Quoique les gaz naturels inflammables se trouvent en grande abondance dans toute la région de Bakou, leur utilisation n'a pas donné lieu à la naissance d'une industrie comparable à celle qu'on rencontre aux États-Unis.

Les paysans de la contrée, surtout au voisinage de Surakhany, avaient cependant l'habitude de cuire la chaux à l'aide de ces gaz naturels. A cet effet, ils creusaient une excavation destinée à amener à la surface, en quantité suffisante, les gaz contenus par les couches profondes ; puis des canaux creusés dans le sol conduisaient le gaz sous les tas de calcaire à cuire ; les canaux et l'excavation initiale étaient recouverts de pierres plates et de terre pour former des conduits hermétiques.

Depuis l'exploitation intensive de la région pour l'extraction du pétrole, la pression des gaz a diminué et l'utilisation des gaz naturels pour la cuisson de la chaux par le mode primitif indiqué plus haut devient de plus en plus difficile ; il faut aller chercher les gaz de plus en plus profondément pour en obtenir une quantité suffisante.

C'est dans cette région de Surachany que se trouvent les restes plus ou moins mutilés du temple des adorateurs du feu où, pendant de nombreux siècles, d'innombrables pèlerins Guèbres ou Parsis venaient en pèlerinage ; les feux sacrés, disséminés en différentes parties de l'édifice, étaient alimentés par le gaz naturel provenant du sous-sol, à l'aide de canaux dissimulés dans la maçonnerie. En 1880, le Gouvernement Russe a mis un terme à ces pèlerinages en fermant le temple.

Récemment, on a commencé à exploiter industriellement le gaz naturel de Surakhany pour l'utiliser comme combustible dans les exploitations avoisinantes.

TABLEAU DES NOMBRES DE PUITS PRODUCTIFS DANS LES DIFFÉRENTS CENTRES D'EXPLOITATION DE LA PRESQU'ILE D'APSCHERON, DE 1891 A 1904

DISTRICTS	1892	1893	1894	1895	1896	1897	1898	1899	1900	1901	1902	1903	1904
Balakhany..	169	175	193	230	290	387	485	610	736	775	720	693	732
Sabounchy.	230	224	260	281	325	386	457	543	665	780	751	747	732
Romany	29	33	52	62	84	103	113	138	485	213	219	221	253
Bibi Eibat..	20	26	27	31	35	38	48	58	112	143	135	174	222

PRODUCTION MOYENNE PAR PUITS ET PAR JOUR, EN KILOGRAMMES

DISTRICTS	1892	1893	1894	1895	1896	1897	1898	1899	1900	1901	1902	1903	1904
Balakhany..	15.000	14.500	13.600	13.000	13.100	12.800	9.900	8.300	7.500	6.800	6.200	5.600	5.000
Sabounchy.	29.900	28.900	24.400	23.800	20.800	19.200	17.500	20.000	16.800	16.800	15.800	13.700	12.200
Romany ...	63.500	99.000	52.000	80.000	41.000	40.500	38.500	31.700	28.500	25.900	28.400	24.000	23.400
Bibi Eibat..	72.500	81.000	55.600	67.500	88.500	73.500	88.500	62.500	43.000	41.500	42.000	40.000	36.200

PRODUCTION MOYENNE PAR PUITS ET PAR JOUR, EN BARILS

DISTRICTS	1892	1893	1894	1895	1896	1897	1898	1899	1900	1901	1902	1903	1904
Balakhany..	115	112	104	100	100	99	76	64	58	51	48	43	38
Sabounchy.	229	220	188	184	160	147	134	154	129	129	121	105	94
Romany ...	480	760	440	625	318	312	304	241	219	199	218	186	180
Bibi Eibat..	557	625	428	520	682	564	682	480	330	320	322	304	279

PRODUCTION MOYENNE DES PUITS DANS LEUR PREMIÈRE ANNÉE D'EXPLOITATION,
EN KILOGRAMMES ET EN BARILS, PAR PUITS ET PAR JOUR

	1892	1893	1894	1895	1896	1897	1898	1899	1900	1901	1902	1903	1904
En kilogr...	33.500	43.500	22.400	57.000	38.400	22.000	26.200	12.400	16.200	21.000	21.000	18.500	
En barils...	254	338	172	440	293	158	201	94	124	162	162	142	

PROFONDEUR MOYENNE DES PUITS, EN MÈTRES

	1892	1893	1894	1895	1896	1897	1898	1899	1900	1901	1902	1903	1904
Balakhany..	198	204	207	210	216	218	224	232	242	248	253	264	264
Sabounchy.	256	262	274	278	296	292	300	306	313	332	354	360	362
Bibi Eibat..	259	277	299	313	349	378	415	426	364	379	425	455	490
Romany ...	232	272	308	328	349	364	380	394	410	422	410	450	445

STATISTIQUE DE LA PRODUCTION A BINIGADI

ANNÉES	NOMBRE DE PUITS	PROFONDEUR MOYENNE EN MÈTRES	PRODUCTION TOTALE EN TONNES	PRODUCTION MOYENNE JOURNALIÈRE	
				EN KILOGRAMMES	EN BARILS
1896	1	112	460	1.260	9
1897	3	128	3.230	2.960	23
1898	4	112	3.720	2.600	20
1899	8	128	3.490	1.430	8
1900	12	132	6.650	1.482	11
1901	13	140	7.650	1.630	12
1902	15	159	8.000	1.470	11
1903	15	149	4.130	770	5
1904	13	134	4.850	1.070	8

Les troubles qui ont éclaté dans la région de Bakou, durant l'année 1905, ont profondément modifié, par les ruines qu'ils ont causées, l'assiette de l'exploitation, et le développement naturel des champs pétrolifères a été enrayé pour un certain temps.

Avant cette période critique la situation des puits à pétrole dans la région de Bakou était la suivante :

DISTRICTS	PUITS PRODUCTIFS	PUITS EN FORAGE	PUITS IMPRODUCTIFS
Balakhany.........................	541	100	330
Sabountchy.........................	506	215	452
Romany.........................	187	138	71
Bibi-Eibat.........................	194	195	27
Zabrat.........................	1		22
Totaux...............	1.429	648	911

Après la crise, il restait comme puits intacts :

DISTRICTS	PUITS PRODUCTIFS	PUITS EN FORAGE	PUITS INACTIFS
Balakhany.........................	174	38	164
Sabountchy.......................	167	55	178
Romany...........................	107	94	44
Bibi-Eibat........................	77	95	11
Zabrat............................			15
Totaux..............	525	282	412

Les puits jaillissants de la presqu'île d'Apscheron. — Les fontaines jaillissantes de pétrole, qui se produisent souvent à Bakou au début de la période de production d'un forage et quelquefois même soudainement, à une période quelconque de sa vie, sont partout connues, et quelques exemples suffisent à rappeler l'énergie de ces phénomènes.

Le premier jaillissement important eut lieu à Balakhany et donna 6.500 tonnes par jour au début, soit 45.000 barils.

A Bibi-Eibat, le premier puits jaillissant qu'on y obtint, en 1883, se trouvait sur la propriété Taguief ; le premier jaillissement donna une quantité de pétrole évaluée approximativement à 80.000 tonnes (610.000 barils) qui furent presque entièrement perdues et qui s'écoulèrent à la mer, faute de réservoirs pour les contenir. Le pétrole chassé par le vent alla en pluie fine jusqu'à la ville de Bakou elle-même.

En 1902, un jaillissement sur la propriété Pitoef donna 8000 tonnes par jour le premier jour, soit 60.000 barils ; dans la même année, un puits de Romany donna 164.000 tonnes en dix jours soit 16.400 tonnes en moyenne par jour ou 125.000 barils.

En juillet 1904, sur la propriété Yagubof, un puits foré à 300 mètres de profondeur donna en deux jours 1.800.000 kilogrammes, soit 6.000 barils par jour.

En 1904, sur la propriété Tumaief, un puits qui avait été exploité depuis longtemps et qui donnait 32.000 kilogrammes par jour (220 barils) commença soudainement à jaillir, produisant 32.000 tonnes en trois jours, soit 70.000 barils par jour ; sa production tomba ensuite soudainement à 320 tonnes par jour ou 2.200 barils.

A Bibi-Eibat, un puits donna, en une heure, 320 tonnes de pétrole ; puis il se boucha.

L'examen de la statistique de la production des puits de la région de Bakou pourrait, à première vue, susciter quelques craintes sur l'avenir de cette contrée. En effet, la production moyenne journalière, par puits, baisse d'une façon régulière. Mais, en tenant compte de ce fait que les puits forés successivement viennent tirer leur pétrole de couches déjà appauvries par les forages précédents, dont le nombre va sans cesse croissant d'année en année, il faut plutôt remarquer que la baisse moyenne est beaucoup plus

lente que l'accroissement du nombre de puits ; ce qui témoigne d'une force
de production capable d'assurer pendant de nombreuses années l'alimentation
des forages, malgré l'énorme augmentation de leur nombre. Si l'on prend,
par exemple, la région de Bibi-Eibat, dont l'histoire est parfaitement connue
et qui n'a pas, comme les autres, fourni des quantités inconnues de pétrole
aux exploitations des époques éloignées, on voit que la moyenne de production
qui, au début, était de 72.000 kilogrammes par puits et par jour, quand il
n'y avait que 20 forages d'exécutés, est encore, après douze ans d'exploitation, et l'alimentation simultanée de 222 forages, de 36.000 kilogrammes,
c'est-à-dire que cette moyenne de production journalière n'a baissé que de
moitié, quand le nombre des forages faisait plus que décupler.

De même, la statistique de production initiale journalière des puits
nouveaux montre une décroissance qui pourrait peut-être inquiéter encore
davantage, mais beaucoup de ces puits, dits nouveaux, viennent recouper des
couches où de multiples prédécesseurs ont, pendant de nombreuses années,
emprunté leurs productions ; ce sont donc bien des puits nouveaux, mais qui,
pour la plupart, n'atteignent pas de réserves nouvelles et qui, par conséquent,
n'ont pas beaucoup de raisons de donner une production supérieure à celle
de leurs voisins plus anciens.

Ce qui doit plutôt retenir l'attention, et mieux faire apprécier la mer-
veilleuse fécondité de cette terre privilégiée au point de vue de la production
pétrolifère, est le débit toujours aussi considérable des puits jaillissants qui
rencontrent des couches encore inexploitées ; les jaillissements qui ont eu
lieu récemment dans ces conditions, sont, en effet, tout aussi intenses que
ceux qui ont signalé le début de l'industrie pétrolifère. Et, si l'on tient
compte, de plus, qu'il existe dans toute la Transcaucasie, des espaces considérables de terrains pétrolifères où aucune recherche n'a encore été tentée,
et qui sont susceptibles de donner une production rémunératrice, comme en
témoignent les résultats obtenus au sud de Bibi-Eibat et dans d'autres régions,
il faut reconnaître qu'il y a là tous les éléments nécessaires pour calmer
les craintes qui auraient pu être conçues.

Géologie de la presqu'ile d'Apscheron. — Les terrains de la
presqu'ile d'Apscheron sont constitués par des roches de l'époque tertiaire.
MM. Sarokine et Simonovitch y ont reconnu l'éocène, l'oligocène et le
miocène (*fig.* 247).

Ces terrains sont recouverts par les calcaires coquilliers de la formation
aralo-caspienne de l'époque quaternaire, qui forment, sur les bords du plateau
de la région de Sabounchy Romany, des collines qui dominent les exploitations pétrolifères, principalement au nord-est, à l'est et au sud.

La presqu'ile d'Apscheron est sillonnée par de nombreux plissements,
mais on reconnaît cependant les directions principales de certains anticlinaux
plus nettement accusés, qui ont une direction à peu près nord-ouest
sud-est (*fig.* 248, 249, 250).

Ceux qui apparaissent avec le plus de netteté, sont ceux qui passent par l'île Sainte, par Kula, par Balakany-Sabounchy, et par Bibi-Eibat.

D'autres plissements contournent le plateau de Gozdec, pour aller se perdre dans la direction de Sabounchy.

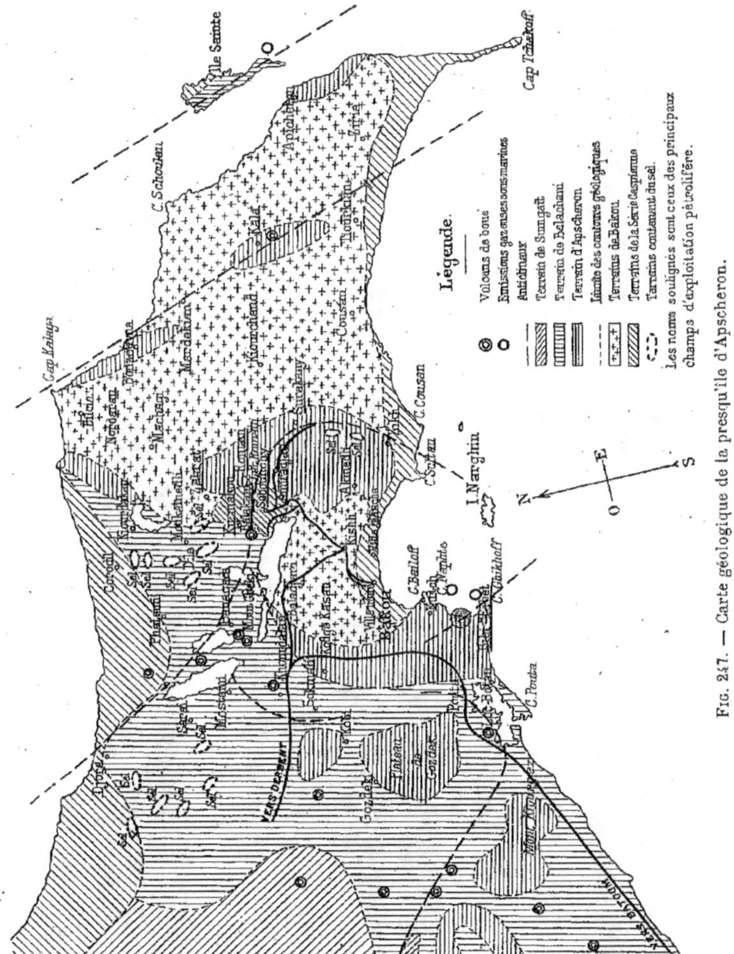

Fig. 247. — Carte géologique de la presqu'île d'Apscheron.

On trouve également en abondance des sources sulfureuses, et les forages donnent toujours des émanations d'hydrogène sulfuré. Il n'est pas rare, non plus, de trouver dans les crevasses du sol, des dépôts de soufre natif.

Dans toute la presqu'île d'Apscheron, il y a de nombreux volcans de boue, qui semblent jalonner les sommets des divers anticlinaux. On y constate les mêmes phénomènes que dans tous les autres volcans analogues ;

cependant, les émissions gazeuses sont ici très considérables, et, de plus, leur surface est souvent recouverte sur une épaisseur de plusieurs mètres de

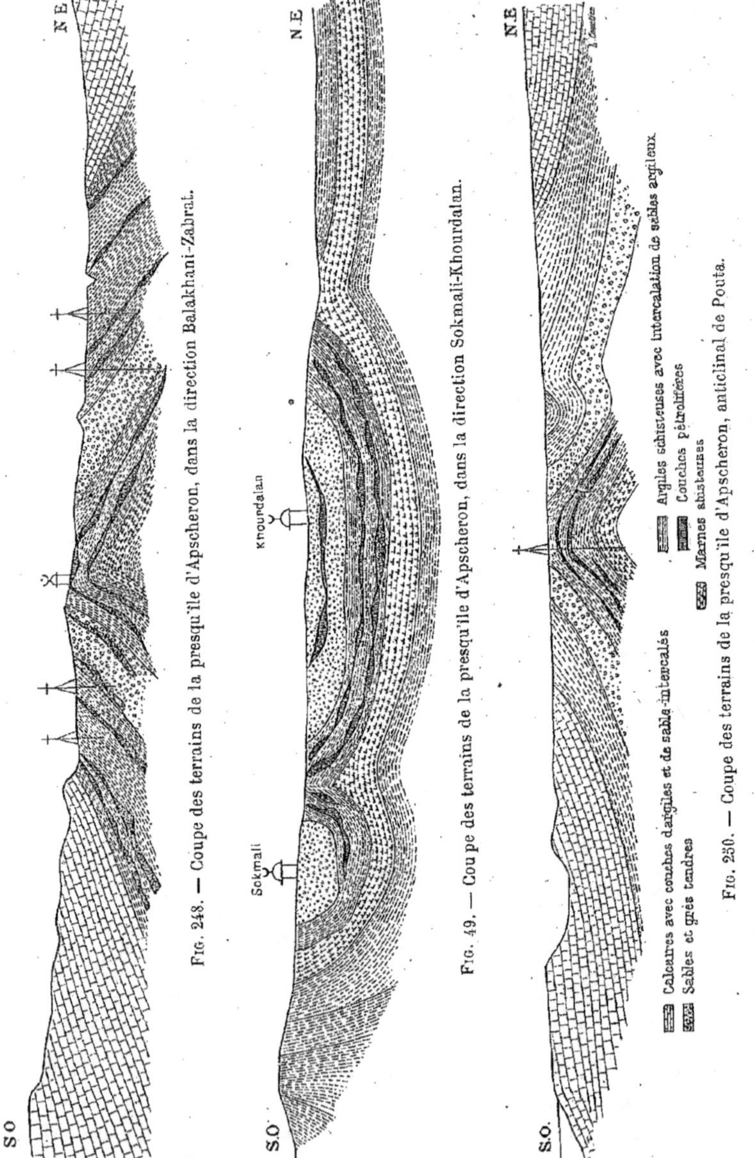

Fig. 248. — Coupe des terrains de la presqu'île d'Apscheron, dans la direction Balakhani-Zabrat.

Fig. 49. — Coupe des terrains de la presqu'île d'Apscheron, dans la direction Sokmali-Khourdalan.

Fig. 250. — Coupe des terrains de la presqu'île d'Apscheron, anticlinal de Pouta.

bitume, mélangé de sable, provenant de l'évaporation et de l'oxydation du pétrole, émis en même temps que les boues, indiquant ainsi quelque chose de plus que les émissions de la plupart des autres volcans de boue qui ne contiennent, la plupart du temps, que des quantités relativement faibles de pétrole.

On cite des cas d'éruptions suivies de l'inflammation des gaz, probablement par suite du choc des pierres rejetées qui ont bouleversé, en grande partie, le corps même du volcan. A Kir Maku, près de Zabra, un troupeau a été détruit, par suite de l'inflammation des gaz sortant des fissures du sol, aux environs d'un volcan de boue.

Entre les volcans de boue de Kourouki et Kirmaku, non loin de Binigadi, un forage a donné du pétrole jaillissant, quand la sonde eut atteint une profondeur de 80 mètres.

Dans la direction de Pouta, le long de la vallée du Iamakal, il y a de nombreux points d'émissions gazeuses et pétrolifères.

Contrairement à ce que l'on constate dans beaucoup d'autres régions pétrolifères, les couches de sel et de gypse sont rares dans la région de Bakou. Les eaux salées y sont fréquentes et contiennent jusqu'à 15 0/0 de sel; beaucoup de terrains sont imprégnés de sel, mais les couches de sel étendues et puissantes, dont on a constaté la présence près d'autres gisements pétrolifères, semblent ici faire défaut. Cependant, près du mont Kiourgez, où se trouve le volcan de boue de Lok-Botan, on trouve, indépendamment du bitume provenant du volcan, du soufre et du gypse en assez grande quantité.

Vers l'ouest et le nord-ouest du plateau de Balakhani, on voit très nettement les affleurements des terrains pétrolifères.

Les couches aralo-caspiennes qui recouvrent les terrains pétrolifères tertiaires, sont très visibles aux environs de Romany, où leur pente est de 30°.

Sur le versant opposé de l'anticlinal, la pente est beaucoup moins accusée, et le gisement dè Balakhany semble donc être situé sur un anticlinal à assez large allure dont les pentes sont dissymétriques (*fig.* 248).

Les couches pétrolifères sont très irrégulières et difficiles à identifier; cependant, à Romany, on a reconnu huit horizons pétrolifères et cinq à Bibi-Eibat.

Les sables producteurs ont des épaisseurs très variables, passant facilement sur une courte distance de l'épaisseur de 20 mètres à celle d'un mince feuillet.

La formation pétrolifère est constituée par une succession de sables et d'argiles de teinte et de texture plus ou moins différentes; la teinte des argiles allant du gris au gris-bleu et au gris-verdâtre; les sables étant généralement gris, quand on les a lavés à l'essence, la teinte primitivement jaunâtre qu'ils possèdent étant due à la présence du pétrole qui les teinte; des cristaux de pyrite de fer sont disséminés dans la masse de sables, en assez grande abondance. Beaucoup d'argiles sont dépourvues de pétrole; mais quelques-unes, du genre fissile, contiennent dans leurs fentes des traces de ce produit; on y trouve aussi des traces de matières végétales, mais en fort petite quantité.

Les différentes couches de sable offrent les aspects les plus variés, on es a classés en sables aquifères, sables pétrolifères et sables à gaz.

Les sables aquifères à gros éléments ne contiennent presque jamais de pétrole ; cependant, certaines portions des couches de sables productives possèdent ce faciès ; ils semblent être des sables de rivage ; une de ces couches de sables aquifères s'étend avec une remarquable régularité, sous tout le plateau de Romany-Sabounchy, et peut aisément servir de point de repère dans le fonçage des puits. Pendant longtemps, on avait pensé qu'il n'y avait plus de pétrole au-dessous de ce niveau aquifère important ; mais, en forant au travers de cette couche, on a trouvé un niveau pétrolifère inférieur. Cependant, il faut avoir soin, quand on exploite au-dessous de ce niveau, de bien isoler cette couche aquifère dans les puits, afin d'éviter l'envahissement par l'eau des couches pétrolifères inférieures.

Les sables les plus fins produisent du gaz ; cependant, certains puits donnent, dans ces couches, du pétrole en quantité encore assez abondante (jusqu'à 350 barils par jour).

Les sables pétrolifères ont une grosseur intermédiaire entre les sables à gros éléments, dits aquifères, et les sables les plus fins, dits sables à gaz.

Suivant leur texture, les couches pétrolifères peuvent contenir plus ou moins de pétrole. Les grès durs en contiennent 3 0/0 au plus ; les sables compacts, 10 à 20 0/0 ; les gros sables, 25 à 50 0/0[1].

En examinant des échantillons des sables de Bakou, on constate qu'ils ont une grande ressemblance avec les sables éoliens. Du reste, de nos jours encore, les tempêtes de sable ne sont pas rares dans la région de Bakou, et elles prennent quelquefois un développement tel, qu'elles y rendent la vie extérieure impossible pendant leur durée.

Les grès qu'on trouve dans les terrains de Bakou sont à ciment calcaire, ainsi qu'on peut s'en assurer en les attaquant par de l'acide chlorhydrique dilué, et le résidu de l'opération offre la plus frappante ressemblance avec les sables des couches avoisinantes.

Les manifestations pétrolifères ne sont pas exclusivement concentrées sur la terre ferme : au sein même de la mer Caspienne, on constate, par temps calme, des émanations gazeuses et, bien que ces phénomènes tendent à disparaître depuis l'exploitation intensive des régions avoisinant Bakou, on peut encore les constater aisément. Deux points où les émanations gazeuses sont particulièrement apparentes, sont les environs du cap Bailof et ceux de l'île Sainte, et l'on raconte même que, dans cette dernière région, des barques ont été autrefois chavirées par des émissions gazeuses violentes et imprévues. En outre, la zone pétrolifère s'étend certainement sous la mer, et à Bibi-

---

1. Si les grains étaient parfaitement ronds et de mêmes dimensions, les vides représenteraient 47,64 0/0 du volume total :

$$V = \frac{\varpi d^3}{6},$$

$$V^1 = d^3,$$

$$\frac{V^1 - V}{V^1} = 1 - \frac{\varpi}{6} = 1 - 0,5236 = 0,4764.$$

Eibat, le dessèchement et l'exploitation de la région marine avoisinant le rivage sont en voie d'exécution.

Au-dessous de Bibi-Eibat, le long de la côte, se trouvent un certain nombre d'îles formées par des émissions de boue de gaz et de pétrole ; elles sont connues sous le nom d'îles de Glinyani ou îles Boueuses ; l'une d'elles, celle de Kumani, a disparu en 1861 ; les principales sont celles de Kurmsk, Obliwnoi, Swinoi, Bulla.

Dans le nord de la presqu'île d'Apscheron, entre les caps de Kalaga et Schoulan, en face de Bouzourna, une île formée par ces émanations boueuses fit son apparition en 1892, et, après quelques mois, elle disparut ; mais le fond de la mer resta notablement relevé, et le long de la côte, vers l'est, les fonds marins se relevèrent également. A une trentaine de kilomètres, à l'est de l'extrémité de la presqu'île d'Apscheron, existe, dans la mer Caspienne, le Napha Bank, qui donne lieu à des émissions sous-marines dont on retrouve encore la trace plus à l'est.

Régions limitrophes de la presqu'île d'Apscheron. — Au sud-ouest de Bakou, plus loin que Bibi-Eibat, s'étend tout une région où l'on peut étudier facilement la nature et la succession des couches qui forment le terrain pétrolifère de la contrée. Complètement dénudée, sans végétation, sans culture, brûlée par le soleil et balayée par le vent, elle montre son ossature à nu, dépouillée qu'elle est du plus mince épiderme de sol friable.

A chaque affleurement de couche, on voit soit des efflorescences salines, soit des taches noirâtres, qu'on reconnaît immédiatement pour du goudron de pétrole, soit des volcans de boue, qui indiquent immédiatement que les gaz inflammables naturels et le pétrole sont contenus en plus ou moins grande quantité dans les strates qu'ils jalonnent. Dans certaines parties on voit des masses plus considérables d'asphalte pâteuse, traversées par des émissions gazeuses et des suintements de pétrole.

Près de la station d'Aliat qui est située à 80 kilomètres au sud de Bakou, près du coude que fait le chemin de fer de Bakou à Tiflis quand il abandonne le rivage de la mer pour pénétrer dans l'intérieur des terres dans la direction de l'ouest, se trouve un volcan de boue qui a fait éruption en 1882, rejetant avec violence des gaz, de l'eau, du sable et du pétrole ; non loin de là, entre le chemin de fer et le rivage de la mer, il y a plusieurs points où les émissions gazeuses sont assez intenses.

En s'éloignant plus au sud, on rencontre encore fréquemment des imprégnations bitumineuses et des émissions gazeuses, notamment au mont Gotourdag, à 7 kilomètres d'Aliate, puis dans la région qui s'étend entre le fleuve Kura (Kur ou Koura) et la mer Caspienne ; au sud de la voie ferrée, près du mont Kourov. Dag, situé dans le voisinage immédiat du fleuve où les émissions de gaz et de pétrole se font jour au fond d'un petit lac salé ; puis, enfin, au nord du bourg de Sabani, sur le fleuve Kura, où se trouvent les collines du Kaba-Zanan où une source sulfureuse chaude accompagne les émissions de gaz et de pétrole ; entre ces collines et le bourg lui-même se trouve une saline. Dans le pays qui s'étend sur la rive droite de la Kura on retrouve encore des suintements pétrolifères, et, dans certaines parties, les Tartares exploitent cet affleurement à l'aide de puits creusés à la main.

Toute cette région pétrolifère s'étend encore beaucoup plus loin et contient sans doute de nombreux points où des recherches pourraient être tentées avec succès. Mais, ces points resteront longtemps inconnus, perdus qu'ils sont dans une contrée dépourvue de logements possibles et de nourriture acceptable, qu'on ne peut parcourir sans être exposé, soit aux ardeurs du soleil, soit aux rigueurs du froid, ou à des averses torrentielles qui tendent parfois sous vos pas de boueuses oubliettes où hommes et bêtes risquent de s'enliser sans merci, toutes conditions qui forment l'apanage naturel d'une contrée soumise à des alternatives extrêmes de climat allant d'un froid rigoureux à une chaleur excessive.

Cependant, dans la région avoisinant Bibi-Eibat, un puits de recherche a été foré jusqu'à une trentaine de mètres et a donné du pétrole lourd en quantités assez abondantes, mais le gouvernement a fait suspendre toute recherche subséquente, voulant conserver cette région comme réserve pour l'avenir.

Beaucoup d'autres régions pétrolifères analogues à celles des steppes du nord de Bakou existent dans la Transcaucasie.

Dans la province même de Bakou, des émissions gazeuses ont été signalées à Kinalugi, sur les pentes nord du Schachdag, à Bokscha dans la vallée de Kerdiman, au sud-est du Babadag, le pétrole est connu à Schemacha, à Khimil, à 15 kilomètres à l'est de Schemacha, à Marasy à 20 kilomètres à l'est de Schemacha, à Dschewad, sur la Koura.

Régime administratif des concessions pétrolifères. — Les terres sur lesquelles on fait les forages pour la recherche du pétrole, aux environs de Bakou, sont détenues par les exploitants à des titres différents et à des conditions extrêmement variables.

La propriété foncière est constituée par :

Les terres du gouvernement ; les terres provenant de dons du gouvernement, en récompense de services rendus à la couronne ; les terres franches appartenant à des particuliers ; les terres contestées, dont le gouvernement ne veut pas reconnaître les droits de propriété et pour lesquels des instances sont pendantes.

Les terres du gouvernement peuvent être exploitées à différents titres :

1° Location par adjudication publique sur la base d'une redevance en argent, par pood de pétrole extrait, cette redevance devant être calculée sur un minimum de production par déciatine et par an.

2° Location sous le régime de la loi du 1ᵉʳ février 1872.

Cette loi permet la location de certaines catégories de terres gouvernementales, aux conditions suivantes :

Paiement de 10 roubles par déciatine et par an pour les vingt-quatre premières années ; 100 roubles par déciatine et par an, pour les vingt-quatre suivantes ;

3° Location à termes débattus avec le gouvernement.

Dans cette catégorie, il y a deux classes :

La première correspond aux terres anciennement louées à des paysans et qui devaient faire retour au Gouvernement, en 1901 ; le Gouvernement les a laissées aux exploitants, moyennant une redevance uniforme de 35 0/0 de la production.

La seconde est constituée par des layons restant après lotissement et qui n'ont pas la surface minimum de 1 déciatine nécessaire pour faire l'objet d'une adjudication et d'une exploitation séparées. Elles sont louées aux propriétaires ou locataires des portions voisines.

La surface des terres dotales est de 95 déciatines ; elles sont situées dans le territoire de Balakhany.

Les terres franches ont une surface de 240 déciatines.

La surface des terres contestées est de 59 déciatines ; elles sont situées dans la région de Romany.

La surface des terres louées par adjudication publique est de 294 déciatines.

La surface des terres louées en vertu de la loi de 1872 est de 193 déciatines.

La surface des anciennes terres de paysans est de 64 déciatines ; elles sont situées à Bibi-Eibat.

Les terres de layons ont une surface de 22 déciatines.

III. — RÉGION TRANSCAUCASIENNE

Dans le district de Gouri qui s'étend le long de la mer Noire, au nord de Batoum, à l'embouchure de la rivière Supsa, existent de nombreux indices pétrolifères ; des émissions de gaz inflammables, des suintements de pétrole s'écoulant des marnes et des grès forment des gisements de bitume et d'asphalte que les habitants exploitent d'une façon rudimentaire (*fig.* 251).

Les localités où les manifestations pétrolifères sont les plus intenses se trouvent non loin de la station de Supsa sur le chemin de fer de Bakou à Batoum ; ce sont : Jacobi, Naradja, Gouliani, Gouramti, Magelé, Omparelé, Samkto, Michel Gabriel.

Des recherches ont été commencées, en 1896, dans cette région, et trois forages ont été exécutés, deux à Omparelé allant à 200 et 350 mètres, ayant donné lieu à d'abondants dégagements de gaz ; à la profondeur de 120 mètres l'un des forages a donné 5 barils de pétrole par jour ; mais, en approfondissant, aucune nouvelle couche pétrolifère n'a été rencontrée ; le troisième

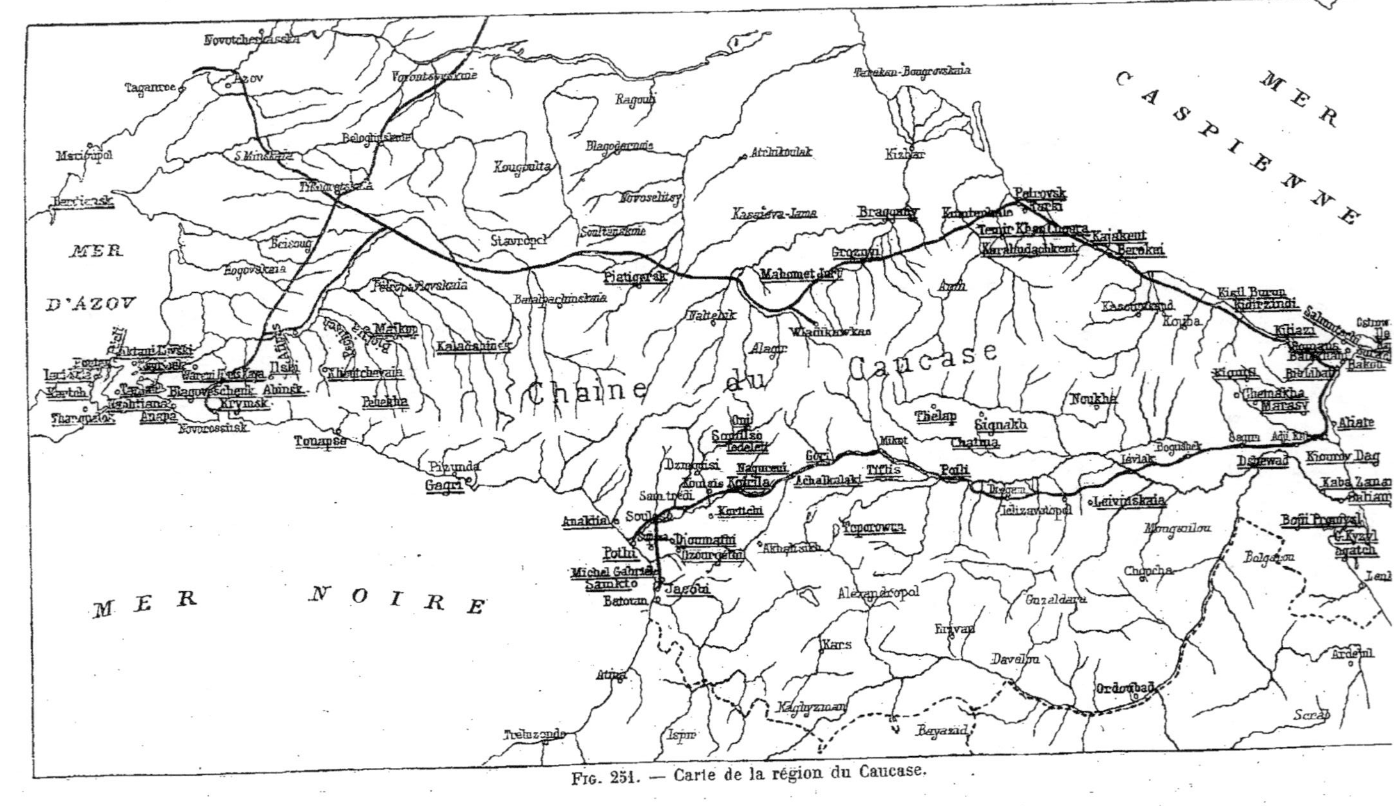

Fig. 251. — Carte de la région du Caucase.

sondage a été fait à Gura Gelé, à 1 kilomètre et demi des précédents, et poussé à 165 mètres.

En remontant vers le nord, le long du rivage de la Mer Noire, on trouve des suintements de pétrole à Anaklia, plus au nord, vers Gagri, se trouve de l'asphalte et encore plus loin, à Tuapse, il y a des traces de pétrole.

Dans la région de Gori les suintements de pétrole se trouvent à Nagarevi, à l'ouest de Koutais, où existent d'importants dépôts d'asphalte, à Dzmouisi, à 30 kilomètres nord-ouest de Koutais, et encore plus au nord dans la région Ratscha à Somitzo ; Kourkomis et Khéiti.

Au sud de Koutais, sur le cours du Laitschoura, à Korenchi, se trouvent des suintements de pétrole ; beaucoup plus au sud, on en retrouve encore aux environs du lac Topirowan.

Dans la province d'Imiréti, à 50 kilomètres au nord-est de la station de Kvirili, à Tedeleti, existent de nombreux suintements de pétrole dans la vallée du Syrch Leberto où des puits creusés à la main ont donné jusqu'à 200 kilogrammes de pétrole par jour et beaucoup de gaz qui ont arrêté l'approfondissement de la plupart d'entre eux.

Dans les environs, se trouve aussi de l'ozokérite. Non loin de Tédéléti à l'est et dans la province de Tiflis se trouvent des traces de pétrole Tsona.

On a fait des recherches à Zemachodascheni, à 11 kilomètres du poste militaire de Gambori et à 80 kilomètres au nord-est de Tiflis. Cette région est très boisée, et sur les rives des ruisseaux se rencontrent souvent des traces de pétrole sur plusieurs centaines de mètres, et dans certaines parties le pétrole remplit naturellement les excavations du sol.

Un forage commencé en 1902, donna du pétrole d'une densité de 850, mais en petite quantité.

A Matau-Marély, à 20 kilomètres au sud-ouest de Tioneti, un forage, commencé en 1903, a donné 400 kilogrammes de pétrole par jour, dont la densité était de 880 ; la profondeur était 100 mètres environ.

La région pétrolifère de Chatma se trouve à l'est de Tiflis, à environ 80 kilomètres de cette ville ; la station de Poili, sur la ligne Tiflis-Bakou, en est distante d'environ 20 kilomètres.

Cette région est constituée par un plateau formé par un anticlinal dont le sommet a été érodé et dont les côtés, plongeant d'une façon très accentuée, dominent le niveau du sol de la partie centrale, le plateau a environ 13 kilomètres de long, sur 5 de large ; on y trouve plusieurs petits volcans de boue et de nombreuses traces pétrolifères ; on y a même creusé à la main, vers 1880, une vingtaine de puits qui produisent une petite quantité de pétrole lourd, d'une densité d'environ 900.

Une Compagnie a été constituée en 1903, pour y faire des recherches.

On trouve du pétrole en différents points du cours de la rivière Yora, qui coule approximativement de l'ouest à l'est, dans une direction à peu près parallèle au chemin de fer transcaucasien ; elle se jette dans la Kura ; les principales localités où l'on trouve des traces de pétrole sont : Chatma,

Verchni-Kapichi, Nijni-Kapichi, Taklia ; sur l'Eldar, affluent gauche de la Yora, près de Kirich ; dans la steppe de Shirak ; dans la vallée de Malie Shiraki.

Les pétroles qu'on trouve dans cette région ont une densité variant entre 920-950.

Dans les environs d'Elizavetpol, à Geran, il y a du pétrole, ainsi que dans les districts de Alexandropol et Nakhoutschvan.

IV. — RIVAGES DE LA MER CASPIENNE, AU NORD DE BAKOU

Non loin des bords de la mer Caspienne, entre Petrovsk et la presqu'île d'Apscheron, le pétrole a été signalé en de nombreuses localités.

Aux environs de Petrovsk, il y a du pétrole à 20 kilomètres, au sud de Tchir-Jut; à Kumterkalé, à Temir Kanchura ; à Atlibuyun, à 10 kilomètres à l'est de Kumterkalé ; Gük Salgan, Karabudachkent, Kayajent, Berekei ; à Khouch Menzel, au sud de Derbent, où se trouvent des volcans de boue ; à Kizil-Burun et Kidirzindi.

Les recherches les plus importantes ont été faites à Berekei et Kidirzindi.

Berekei se trouve sur la ligne de chemin de fer de Petrovsk à Bakou, à 100 kilomètres au sud de Petrovsk, à 27 kilomètres au nord de Derbent et à 5 kilomètres du rivage de la mer Caspienne. Un anticlinal dirigé nord-est-sud-ouest traverse cette région.

Le terrain, en cet endroit, est principalement constitué par des argiles, des sables, des grès et des marnes ; d'une façon générale, toutes ces formations sont beaucoup plus compactes que celles de Bakou, et moins sujettes aux éboulements.

Les recherches ont commencé vers 1890, mais ce n'est guère qu'à partir de la fin de 1902, que l'attention fut particulièrement attirée sur ce point, à la suite du jaillissement d'un forage exécuté par la Maison Nobel Ce forage, en jaillissant d'une façon intermittente, produisit environ 80.000 kilogrammes par jour.

La densité du pétrole de Berekei est de 865 ; il donne à la distillation :

Jusqu'à 100° C.	2,2 0/0
100 à 140	6,5
140 à 150	28,9
250 à 270	6,8
Total	44,4 0/0

Depuis les bons résultats des recherches de la Maison Nobel, de nombreuses concessions ont été accordées dans la région; beaucoup ont été prises pour 2.000 francs par déciatine, et une redevance de 20 0/0 du pétrole brut.

La zone pétrolifère de Berekei semble s'étendre vers le nord, en suivant le rivage de la mer Caspienne ; une Société anglaise a commencé des recherches à 12 kilomètres au nord de Berekei, à Kara Kent (Kaiakend), sur un territoire de 3.000 hectares environ, dont la redevance est de 1 et 1/4 copeck par pound.

Sur le chemin de fer de Bakou à Petrovsk, non loin de la mer Caspienne, on a fait des recherches à Khidirzindi ; ces recherches n'ont pas été couronnées de succès. On y a trouvé de l'huile en petite quantité, mais surtout du gaz.

V. — RÉGION DE LA PRESQU'ILE DE KERTCH ET DU KOUBAN

On trouve, dans la presqu'île de Kertch, où la présence du pétrole a été signalée depuis longtemps, de nombreuses indications superficielles.

Les habitants du pays ont exploité, à l'aide de puits à main, un certain nombre de localités parmi lesquelles on peut citer : Becheoli, Kouschouk, Sart, Kodjalar, Namat, Kineget, Djermai-Kachik, Bourel-Ganak, Temash, Koulipe, Ieni-Kalé, Kara-Sidjeout, Djorelek, Kop Kotchegen.

En certains endroits, on a même fait de petits sondages superficiels, grossièrement tubés avec des planches ; en l'un de ces points, on ne compte pas moins de 119 de ces petits puits.

On a signalé des sources sulfureuses à Dourmen, Chek Eli, Dorandi, Djenjara, Kernel, Takil, Opouk ; il y a aussi de nombreux volcans de boues, parmi lesquels on peut citer ceux de Dourmen, d'Ieni-Kale, Kernel.

On trouve aussi un gisement d'asphalte, le long de la mer, au nord d'Ienikalé.

Des indications superficielles aussi nombreuses devaient attirer l'attention sur cette région et, en fait, Daubrée signale des recherches faites par des Américains, jusqu'à la profondeur de 160 mètres ; le pétrole fut trouvé en petites quantités.

Postérieurement, plusieurs Compagnies y ont fait des recherches, et de nombreux sondages ont été exécutés, parmi lesquels on peut citer, à Sart, 2 sondages allant à 39 et 86 mètres ; à Djerjava, 310 mètres ; à Djorelek, 296 mètres ; à Tchongelek, 10 sondages allant à diverses profondeurs, depuis 47 mètres jusqu'à 400 mètres ; à Karamich, 243 mètres ; à Becherely, 2 sondages de 160 et 190 mètres ; à Chek Eli, 420 mètres ; à Tamesh, 322 mètres ; à Kop Kotchegen, 3 sondages allant à 200, 220, 504 mètres.

Bien que les recherches soient constamment reprises, il n'y a pas encore d'exploitations sérieuses ; cependant, le pétrole recueilli dans les recherches, a dépassé la quantité assez importante de 1.500 tonnes.

Les sondages sont assez difficiles à exécuter, à cause des éruptions gazeuses, des éboulements et des glissements des couches ; dans un de ces forages, une colonne de 5 pouces n'a pas été courbée moins de 10 fois.

Les terrains qu'a rencontré un des sondages de Tchongelek, sont les suivants :

Mètres

Terrains de surface	10
Argile sableuse	23
— — et gaz	28
— noire	39
— sableuse	45
— noire schisteuse	52
— bleue	55
— brune sableuse	65
— avec rognons de silex	75
— schisteuse et gaz	81
— — et rognons de silex	88
— et couches minces de sable donnant de fortes venues de gaz	108
— noire schisteuse, avec rognons de silex et gaz	120
— compacte	133
— brune sableuse et gaz	144
— schisteuse et gaz	180
— brune fragmentée	212
— noire fragmentée, traces de pétrole	223
— — — , gaz	238
— — — , traces de pétrole	254
— noire	258
— schisteuse dure	268
— tendre	276
Grès dur	276,50
Argile tendre sableuse, éboulant facilement	285
Couche gréseuse	286
Argile fortement imprégnée de pétrole et donnant aussi des émissions gazeuses	332
Grès et fortes éruptions gazeuses	332,50
Argile compacte	339
Grès	339,50
Argile imprégnée de pétrole	355
— schisto-sableuse, gaz et pétrole	372
— bleue tendre	376
— marneuse, avec venues d'eau	384
— sableuse tendre et gaz	398
Grès dur	398,30
Argile sableuse, fortes éruptions gazeuses et pétrole	404
— très sableuse	410

Ce sondage a donné, dans ses différentes éruptions, 400 barils de pétrole.

La densité du pétrole recueilli dans les différents sondages, varie beaucoup d'un sondage à l'autre et avec la profondeur.

On a recueilli du pétrole à 775, près de la surface, et, en allant plus profondément, la densité a passé à 854, 870, 882 et même 900.

Les gaz ont donné à l'analyse :

Méthane	92
Éthylène	5
Acide carbonique	3
TOTAL	100

De toutes ces recherches, il semble résulter qu'à moins que des études ne permettent de déterminer de nouveaux points où les couches pétrolifères sont plus près de la surface, il ne faut guère s'attendre à trouver dans la presqu'île de Kertch, du pétrole en quantité exploitable, à moins de 500 mètres, et encore est-il à craindre que le pétrole n'ait une densité supérieure à 900.

Les terrains de la presqu'île de Kertch appartiennent aux époques quaternaire, pliocène et miocène.

Les terrains du pliocène et du miocène qui sont représentés, sont le pliocène supérieur et inférieur, et le miocène supérieur et moyen. Les couches éocènes qu'on trouve dans d'autres parties de la Crimée, n'apparaissent pas à la surface, dans la presqu'île de Kertch.

Le long de la côte de la mer d'Azof, au-dessous de Berdiansk, tout le terrain de régions importantes donne des dégagements gazeux, au point qu'il est très difficile pour les habitants de la contrée, de se procurer de l'eau potable, presque tous les puits donnant des eaux ayant une forte odeur de naphte. Au village de Gueorgewski, en 1889, les habitants furent obligés d'abandonner un puits à 75 mètres, à la suite d'une explosion ; d'autres puits creusés dans les environs, donnèrent lieu au même accident.

En 1899, à 7 kilomètres de Gueorgewski, un puits, à 28 mètres, donna des traces de pétrole. A Minach et Maukowski, il y a des suintements de pétrole à la surface, de même, à Desk et à Koutaistinowka.

Dans le golfe de Iklowski à At Manoi, un puits creusé à 128 mètres, donne de l'eau fortement chargée de gaz inflammables.

La presqu'île de Taman, qui se trouve en face de la presqu'île de Kertch, dont elle est séparée par un détroit portant successivement les noms de détroit de Kertch et détroit d'Ienikalé, est constituée par une côte généralement basse et marécageuse, d'où émergent de nombreux volcans de boue qui rejettent beaucoup de gaz et d'eau boueuse, mais peu de pétrole.

Indépendamment des volcans de boue, il y a encore d'autres indices pétrolifères : suintements, couches bitumineuses et asphaltisées.

Les points où les indices sont les plus apparents sont à la falaise de Pecli, sur la mer d'Azof, près du détroit d'Ienikalé ; à Gorieli et Fontan, au sud de Pecli, aux deux extrémités d'une petite élévation située entre la côte de la mer d'Azof et la baie de Taman ; à Timbali, à l'est et contre la baie de Taman ; à Karabetof, sur la côte sud de la baie de Taman ; enfin, sur la côte de la mer Noire, à Zelenskiago, Bougas, Neftiana et Blagoveschenk. Les premiers travaux entrepris dans la presqu'île de Taman datent de 1864, mais les couches sont très inclinées, et les forages, difficiles, n'ont donné jusqu'ici que des résultats médiocres.

Aux environs de Neftiana, le pétrole est exploité à l'aide de puits creusés à la main ; le pétrole recueilli est très lourd et sert au graissage des roues de voiture.

Le long de la côte de la mer Noire, le pétrole se trouve à Anapa, où une Société a commencé des recherches ; au nord d'Anapa, il y a des affleurements pétrolifères, à Souvorof. Non loin de Krimsky, à Koudako, des travaux ont été entrepris ; en 1886, un sondage donna un jaillissement assez important ; le pétrole avait une densité de 865.

Tout le long des pentes nord du Caucase, le pétrole affleure en de nombreuses localités, et des exsudations nombreuses se rencontrent dans les vallées des rivières qui coulent entre Varemkof et Maikop.

A l'est de Maikop, on en retrouve encore à Kalatshinsk et vers Piatigorsk. Mais, dans toute cette région, il n'y a guère eu qu'une partie sérieusement exploitée, celle d'Ilsky, où les travaux, commencés en 1873, furent continués en 1880, par la Compagnie française du Standard russe, qui fora plus de 200 puits. Des recherches ont aussi été faites, en 1893, au nord d'Ilsky, à Glinoj Balka. Mais les forages n'ont donné, en cet endroit, que du pétrole très lourd, ayant une densité de 970.

Dans la région d'Ilsky, il y a deux niveaux pétrolifères :

L'un, à 90 mètres, donne du pétrole très lourd, 920-990, dont on a essayé vainement de tirer une quantité un peu importante de produits lampants, bien qu'on ait employé des moyens énergiques de traitements, vapeur surchauffée, pulvérisation, etc.

La couche qui produit ce pétrole lourd est une dolomie, souvent aquifère, qui donne presque toujours, avec le pétrole, de grandes quantités d'eau.

Au-dessous de ce premier niveau pétrolifère, on en a trouvé deux autres, à 250 et 370 mètres, qui donnent un pétrole beaucoup plus léger.

VI. — CHAMP PÉTROLIFÈRE DE GROSNY

Le pétrole était exploité, à Grosny, à l'aide de puits creusés à la main, depuis 1823, mais les forages ne furent commencés que vers 1890.

Le champ pétrolifère est à 10 kilomètres à l'ouest de la ville de Grosny, qui est sur le chemin de fer de Petrovsk à Bellan[1], embranchement de la ligne de Vladikavkas, qui se trouve à 99 kilomètres à l'ouest.

La direction de l'anticlinal est à peu près celle de la crête des collines sur laquelle sont situées les exploitations, c'est-à-dire O. 20° N. ; la pente est plus accentuée sur le flanc nord que sur le flanc sud. Le terrain est constitué par des schistes argileux jaunâtres, avec lits de marnes dures et lits de grès jaunes et gris, d'épaisseur variable, qui appartiennent à l'oligocène et au miocène.

Le premier puits, foré par M. Akverdof, donna, en 1893, un premier jaillissement, à 120 mètres de profondeur, produisant 16.000 tonnes en quinze jours, d'un pétrole ayant une densité de 870 ; après approfondissement, à 130 mètres, un nouveau jaillissement donna 1.600 tonnes par jour ; le pétrole avait une densité de 885.

Un second puits fut foré en 1893, et il donna, à 60 mètres, un jaillissement de 8.000 tonnes par jour ou 61.000 barils ; 7 forages furent exécutés jusqu'en 1895 : le dernier de cette série donna 19.200 tonnes par jour, au

1. Ou Besslane.

début, ou 147.000 barils ; puis la production tomba à 1.600 tonnes, ou 12.300 barils ; en même temps que se produisait ce jaillissement extraordinaire, les autres puits du voisinage eurent un redoublement d'activité ; le puits n° 7 a produit, à lui seul, plus de 500.000 tonnes.

La densité du pétrole de Grosny varie de 850 à 910, suivant la profondeur des puits, et leur situation, les nouvelles concessions du nord-ouest du champ, donnent du pétrole léger. Les forages, à Grosny, ont une production plus faible et plus irrégulière que ceux de Bakou, et une plus courte durée.

Le champ de Grosny s'est développé rapidement et, en 1904, il y avait 32 concessions.

Au nord-est de Grosny, se trouve la région de Brägouny, où existent de nombreux affleurements pétrolifères, et où des travaux ont été entrepris ; le pétrole a été aussi trouvé à Gouriatchevodsk.

Depuis Vladikavkaz, jusqu'à la mer Caspienne, le long du pied du Caucase, le pétrole affleure en plusieurs localités : au nord de Vladikavkas, à Mahomet-Jurt, Voznechsenk, Atschoulouk, Arkhon ; plus à l'est, le pétrole se retrouve à Karaboulak et Michailovsk.

PRODUCTION DE GROSNY

Années	Tonnes	Années	Tonnes
1893	54.000	1900	503.000
1894	84.000	1901	565.000
1895	134.000	1902	568.000
1896	280.000	1903	532.000
1897	450.000	1904	652.000
1898	290.000	1905	670.000
1899	442.000		

VII. — RUSSIE SEPTENTRIONALE

Plusieurs régions pétrolifères ont été signalées dans la partie nord de la Russie d'Europe :

1° Aux environs de la ville de Syzran, sur la rive droite du Volga, à 100 kilomètres à l'ouest de Samara, où se trouvent des exploitations d'asphalte, qui se trouve répartie en plusieurs couches, dans des calcaires dolomitiques du carbonifère inférieur ; la couche la plus basse et en même temps la plus riche contient jusqu'à 35 0/0 de bitume ; ces gisements s'étendent sur une vingtaine de kilomètres ;

2° Plus à l'ouest, sur les rives de la Syzranka, de la Kunza et de l'Usa, où se trouvent des gisements analogues ;

3° A Michailovs et près des eaux minérales de Scleptzow, où se trouve encore de l'asphalte en assez grande quantité ;

4° Sur la ligne de Moscou à Arkangel, dans la région de Vologda, près de la station de Sukhona, où des suintements pétrolifères nombreux ont été relevés ;

5° Dans la région de l'Uchta.

L'Uchta est un affluent de gauche de l'Ishma, qui se jette elle-même dans le Petchora, rivière qui déverse ses eaux dans l'Océan Glacial du nord, au point latitude 68° N., longitude 50° O. (Paris).

Le long des rives de l'Uchta, on avait constaté des suintements de pétrole depuis fort longtemps, et le comte Kaiserling avait, dès le xv° siècle, appelé l'attention sur cette région ; Pierre le Grand fit commencer un rudiment d'exploitation, et un nommé Nabatof construisit une petite raffinerie qui fut détruite par un incendie.

En 1871, un nommé Sidoroff tenta sans succès de reprendre les exploitations de l'Uchta.

En 1889, Tchernicheff, professeur de l'Ecole des mines de Saint-Pétersbourg, fut chargé par le Gouvernement d'étudier la région ; il fit faire plusieurs petits sondages de 50 millimètres de diamètre, allant à la profondeur de 12 mètres, et il obtint ainsi de petites quantités de pétrole.

Les terrains de la région pétrolifère appartiennent surtout au dévonien supérieur. La couche qui semble produire le plus de pétrole est un calcaire marneux très poreux dont presque tous les affleurements donnent lieu à des suintements pétrolifères.

En de nombreux points du cours de l'Uchta, on voit des gouttes de pétrole venir s'étaler à la surface de l'eau, avec accompagnement de bouillonnement gazeux, et les mêmes phénomènes se reproduisent dans un grand nombre de ravins tributaires de l'Uchta.

En 1895, on fit faire des recherches en pratiquant des sondages qui allèrent jusqu'à 180 mètres, et les plus profonds furent exécutés sur les rives de la rivière Tschout ; on obtint ainsi, dans certains sondages, 1/2 baril par vingt-quatre heures ; ils n'avaient cependant traversé aucune couche capable de servir réellement de réceptacle au pétrole, et celui qu'on recueillit devait venir par infiltration d'un niveau inférieur plus riche.

Le champ pétrolifère de l'Uchta est à 750 kilomètres de la mer, en suivant le cours de l'Uchta, de l'Ishma, et de la Petchora ; la navigation est ouverte du 15 mai au 15 septembre ; le climat est rude, mais sain, dans cette contrée couverte de bois de pins.

L'Uchta est aussi en communication par des voies navigables avec Saint-Pétersbourg et Arkangel.

Malgré les avantages de cette situation, la rigueur du climat et les difficultés de communications ont jusqu'ici empêché la mise en exploitation de cette région.

Le pétrole qu'on a extrait dans les différentes recherches qu'on a faites a une densité de 884.

Il donne à la distillation :

	0/0	Densité	Couleur
Jusqu'à 150° C.	12	745	incolore
150 à 200	27	815	jaunâtre
Résidu	61	940	»
Total	100		

VIII. — RÉGION TRANSCASPIENNE

Le pétrole existe en quantité importante dans toute cette région et tous les points d'affleurements ne sont certainement pas encore connus.

Les points les plus importants à citer sont : l'île de Tcheleken, la région nord de la mer Caspienne, la région est de la mer Caspienne, au sud des lagunes de Karabugas, la région de Ferghana.

ILE DE TCHÉLÉKEN

L'île de Tchéléken, qui se trouve près du rivage est de la mer Caspienne, en face de Bakou, est remarquable par les nombreuses traces pétrolifères de sa surface ; on y trouve un grand nombre de volcans de boue des bancs d'asphalte, et, dans de nombreux puits creusés à la main, on recueuille des quantités assez importantes de pétrole lourd et épais.

Des recherches ont été faites depuis de nombreuses années, mais la plupart ont été entreprises avec des moyens insuffisants. Cependant la Maison Nobel a foré un puits qui est arrivé à 300 mètres de profondeur, avec un diamètre de 14 pouces et qui donna lieu à plusieurs jaillissements importants suivis d'obstructions.

Les couches superficielles de l'île de Tcheleken sont très disloquées, mais il semble que vers 300 mètres elles deviennent plus régulières et ressemblent assez, comme nature et comme succession, à celles de Bibi-Eibat. Le pétrole trouvé dans les couches supérieures diffère de celui de Bakou en ce qu'il contient plus de paraffine, mais dans les parties profondes il s'en rapproche davantage. On trouve aussi des veines d'ozobérite, et plusieurs personnes, après avoir cherché du pétrole, se sont rabattues sur l'exploitation de ce dernier produit.

Sur la côte de la mer Caspienne, en face de l'île de Tchéléken, il y a tout un territoire où les manifestations pétrolifères sont nombreuses ; les plus connues sont celles qui se trouvent à Nephtianaja, au sud-ouest de la station de Bala Ischen, sur le chemin de fer transcaspien, où se trouvent de nombreux volcans de boue. Le pétrole y était exploité depuis longtemps à l'aide de puits creusés à la main ; des forages d'essais furent entrepris par le gouvernement qui donnèrent de petites quantités de pétrole et ont donné lieu à un commencement d'exploitation.

Vers l'intérieur des terres, le long du chemin de fer transcaspien, le pétrole a été signalé aussi à Mérv, Kauka, Duschak, Derbent-Nefte.

Au nord de la mer Caspienne, le long du rivage, dans la région arrosée par les rivières Sagis, Emba, Uil, se trouvent de nombreuses traces de pétrole qui s'étendent assez loin dans l'intérieur des terres. Sur le bord de la mer, on retrouve des indices de la présence du pétrole jusque vers l'île de Prorwa.

Des travaux ont été entrepris dans cette région, vers 1900, et des forages, furent exécutés dans les environs de Malaili-Sari, à Karachungul et Karatou, ils ont été abandonnés, bien qu'ayant donné du pétrole ayant une densité de 850.

Plus vers l'intérieur, une deuxième région pétrolifère est signalée à Uilsk et dans les environs.

FERGHANA

La Province de Ferghana est située au nord-est du territoire de Bouchara et à la limite des pentes nord des montagnes du Pamir. Elle est entourée presque entièrement par les montagnes, sauf vers l'ouest où le Syr Daria s'écoule pour aller se jeter dans la mer d'Aral.

La présence du pétrole dans cette contrée avait été signalée depuis longtemps ; dans un grand nombre de localités, on trouve des suintements de pétrole accompagnés d'émissions gazeuses ; on a même exploité des dépôts d'asphalte qu'on emploie au revêtement du sol.

Les principales régions où l'on constate des traces pétrolifères importantes sont : les bords de la rivière Maili Sir, dans le district d'Andischan ; Tchimion, dans le district de Marglan (Margelan).

A Tchimion, après la conquête de cette région par les Russes, on entreprit l'exploitation à l'aide de puits creusés à la main allant à 30 mètres de profondeur et donnant 500 kilogrammes par jour, mais cette entreprise fut bientôt abandonnée, et les recherches n'ont commencé sérieusement qu'en 1898.

Les affleurements pétrolifères les plus importants de la province se tiennent à Maili-Sai (district de Mamangan) ; ces affleurements s'étendent vers l'est sur une étendue assez considérable de terrain, jusqu'à la rivière de Maili Sir, après avoir traversé la rivière de Naryn. Un puits a été foré par le Gouvernement et, après avoir failli plusieurs fois être abandonné, il a donné, à 210 mètres, à la fin de 1903, une importante production de pétrole.

Tchimion est à 28 kilomètres du nouveau Margelan et à 20 kilomètres de Vanovskaia, station du chemin de fer de l'Asie centrale ; les indications pétrolifères s'étendent sur une distance de 4 kilomètres entre Tchimion et Yamissck-Boston. A Tchimion, la Ferghana Petroleum C° a entrepris des sondages dont on a atteint la profondeur de 300 mètres environ.

D'autres recherches sont aussi entreprises à Karin-Duvan, dans le district de Kokan ; un puits a donné, dans cette localité, 5.000 kilogrammes par jour.

Un pipe line raccordant le champ pétrolifère de Tchimion au chemin de fer est en construction, la distance étant d'environ 8 kilomètres. Sept forages sont en approfondissements, et l'un d'eux a déjà donné un jaillissement important.

La région pétrolifère du Fergbana s'étend dans le district de Syr Daria, dans les environs de Kostakoz et Chanibadam ; il y en a également plus à l'est, dans le Seraftshan.

RÉGION SIBÉRIENNE

Bien que toute cette région soit fort peu connue, le pétrole y a cependant été signalé dans les régions de Minusinsk, du lac Baïkal et de l'île Sakhaline.

Minusinsk se trouve sur l'Ulu Kem, qui prend sa source en Mongolie et se jette dans l'Iénissei et entre le chemin de fer transsibérien et la frontière de Mongolie.

Dans la région du lac Baïkal, il y a d'assez nombreuses traces de pétrole : on en signale à Sukhinsky, où les puits du village contiennent fréquemment du pétrole et aux environs de Fofanovo, le long des flancs des collines de la contrée, où les suintements changent souvent de place à la suite des tremblements de terre assez fréquents dans cette partie de la Sibérie ; sur le lac lui-même, les paysans recueillent du bitume, qui a une densité de 973 à 17° C.

Des recherches avaient été commencées, puis abandonnées en 1900, lors de la guerre russo-chinoise ; elles ont ensuite été reprises entre la station de Kultuchin et la rivière Tcheremshanka ; il y a aussi des traces de pétrole dans l'Angara, au-dessous d'Irkoutsk.

Dans l'île de Sakhaline, c'est dans la partie nord-est, près de la baie de Nabil, que se trouvent les affleurements pétrolifères, sur les pentes des montagnes qui avoisinent le rivage ; les terrains de cette contrée sont sans doute de l'époque tertiaire. Sur les bords de la rivière Ninta, les suintements sont particulièrement abondants.

La densité du pétrole recueilli à la surface est d'environ 900.

Des traces de pétrole ont aussi été constatées dans les environs du lac salé de Alagul, dans le district de Semipalatinsk et, dans la même région, le long de la rivière Djousie.

Le long de la rivière Amour, il y a des suintements de pétrole à Koltsova.

Au Kamchatka, sur la rivière Schemjek, des affleurements pétrolifères ont été constatés.

TROISIÈME PARTIE. — **ASIE**

Les régions pétrolifères de la Transcaucasie, de la Transcaspienne et de la Sibérie, ont été précédemment décrites, pour ne pas les séparer des autres régions pétrolifères russes; il en est de même de la région pétrolifère de la Palestine, qui a été rattachée à la Turquie.

I

PERSE, MÉSOPOTAMIE ET KURDISTAN

Depuis l'Arménie, au nord, jusqu'au détroit d'Hormus, à l'embouchure du golfe Persique, au sud, sur une longueur de 1.500 kilomètres et dans la zone qui borde les chaînes de montagnes qui forment la transition entre le plateau de l'Iran et les plaines de la Mésopotamie, on a constaté de nombreuses traces superficielles de pétrole.

Toute cette région pétrolifère semble appartenir à un même bassin [1], dont la largeur est d'environ 200 kilomètres.

Au nord de Mosoul, on constate déjà des suintements pétrolifères; on en trouve à Tekrit, sur le Tigre, et à Kata, sur l'Euphrate.

Les autres points les plus importants à signaler sont :

Les environs de Kerkuk (Turquie) ; la région entre Sohab (Zohab) et, Seripul (Ser-i-Poul), appelée souvent région de Kirmanchan ou d'Ardelan ; elle est en effet à 120 kilomètres ouest de Kirmanchan.

La zone des rivages nord et nord-est du golfe Persique où quelques explorateurs ont signalé un certain nombre de localités comme possédant des suintements pétrolifères et où ces suintements doivent être extrêmement nombreux, si l'on en croit les indigènes dont les rapports doivent être en partie exacts.

Outre cette zone que borde la frontière ouest de l'Etat Persan, le pétrole est également signalé sur les bords de la mer Caspienne.

---

1. L'expression bassin pétrolifère n'implique pas la continuité des couches contenant du pétrole ; elle indique une région parsemée d'îlots plus ou moins riches répartis en zones plus ou moins espacées et dont la distribution dépend de la constitution géologique du sous-sol.

I. — RÉGION DU NORD DE MOSSOUL ET BAGDAD

Cette région où se trouvent les suintements pétrolifères reconnus de Kerkuk, des rives de la Petite Zab, affluent du Tigre, de la frontière turco-persane où le pétrole est signalé à 120 kilomètres au nord-est de Bagdad entre Mendeli et Kanikin, semble devoir être exploitée par la compagnie des chemins de fer d'Anatolie, qui a obtenu pour la région une concession de quarante années.

II. — RÉGION DE KIRMANCHAN (ARDELAN)

Dans la région de Zohab et Ser-i-Poul, les montagnes forment des rides parallèles, dirigées nord-est-sud-est, qui se prolongent au nord, dans le Kurdistan turc, et au sud dans la province persane du Louristan.

Du côté de l'Iran [1], les rides sont nombreuses et étroites et, à mesure qu'on descend de l'altitude de 1.870 mètres (Hamadan) vers celles de 40 mètres (plaines de la Mésopotamie), elles deviennent plus rares et moins hautes.

Vers Hamadan les roches qui constituent le sol sont d'origine éruptive ; puis en se dirigeant vers Zohab, on trouve des terrains jurassique, crétacé et tertiaire.

Les principaux gisements pétrolifères sont au pied du Kou-i-Ahengheran sur la rivière Tchan-i-Tchiasorkh ; les suintements se produisent au sommet d'un anticlinal, et le pétrole semble se trouver dans une couche marneuse qui n'affleure pas et qu'on ne trouve qu'en creusant des puits. Ces marnes poreuses rougeâtres sont recouvertes par des marnes compactes du grès et des marnes sableuses, qui ont été, en grande partie enlevées au sommet de l'anticlinal.

Dans les marnes qui recouvrent les marnes pétrolifères, on trouve des veines d'ozokérite dont l'épaisseur varie de quelques millimètres à plusieurs centimètres.

Les indigènes exploitent le pétrole en creusant des puits, où ils recueillent un mélange d'eau salée et de pétrole ; tout le terrain avoisinant est fortement imprégné de pétrole.

III. — RÉGION DES RIVAGES DU GOLFE PERSIQUE

Au nord du Golfe Persique, se trouve une première région pétrolifère, vers Schuster et Romez ou Ram Hormus (Khouzistan, Chuchistan ou Arabistan).

1. *Annales des mines*, 1892 (J. de Morgan).

A Schuster, le pétrole receuilli est transparent, jaune clair ; il a une densité de 0,773 ; celui qu'on recueille à Ram Hormus et ses environs a une densité de 927 ; en ces deux points les indigènes exploitent à l'aide de puits creusés à la main.

Des recherches ont été successivement faites en différents points de cette zone, puis ont été abandonnées ; il semble que les difficultés du climat et des moyens de communication, ont été pour une grande part dans la non-réussite de ces recherches.

Un peu plus au Sud, à Daliki[1], à 80 kilomètres au nord-est de Bushire, (sur les bords du golfe Persique par 29° de latitude), il y a des suintements de pétrole qui donnent jusqu'à 50 kilogrammes de pétrole par jour, ce pétrole est recueilli par les natifs pour les usages domestiques; il a une couleur jaune, une densité de 0,810 et peut s'employer directement dans les lampes, il a une odeur aromatique agréable.

Des essais de sondage entrepris malgré la chaleur du climat ont été péniblement poussés jusqu'à 180 mètres; mais ni les sondeurs galiciens, ni même ceux de Bakou, n'ont pu résister au climat et les travaux ont été abandonnés.

Les terrains traversés sont les suivants :

	Pieds	Mètres
Alluvions récentes	9	2,70
Marne bleue	47	14,40
Calcaire avec silex cornés (traces de pétrole)	50	15,30
— à silex très dur	57	17,40
— avec veines de quartz	95	25
— — de gypse	185	56,50
Grès (bitume épais)	187	57,10
Calcaire et gypse (traces de pétrole)	284	87
— —	467	142
Bitume très épais	470	143,50
Calcaire et gypse	559	170
Bitume épais	561	171
Calcaire	621	189

On trouve des traces de pétrole à Shanawallah (Kanawallah), près de Bender Abbas, à l'embouchure du Golfe Persique ; les indigènes prétendent qu'il y a, dans cette région, de nombreuses sources sulfureuses contenant des traces de pétrole.

L'une de ces sources a été visitée par H. Winklehner ; elle sort d'une faille dans un calcaire gris et compact, qui est traversé par de nombreuses veines de calcite; elle a donné une production de pétrole plus abondante, après un tremblement de terre, il y a quelques années ; elle est à 120 kilomètres environ de la côte.

En face de Bender Abbas, on trouve du pétrole dans l'île de Kishin (Kichim ou Tawilah), dans une vallée à 4 kilomètres de la côte et à 14 kilomètres des couches de sel de Namakdan ; le pétrole vient, au jour avec une source chaude sulfurée, qui traverse du muschelkalk, avoisinant des couches de calcaire et de gypse ; le pétrole qu'on recueille est très visqueux.

1. *Oestereischishe Zeischrift* (H. Winklehner).

On a fait une tentative de forage qui n'eut pas de résultats.

Le pétrole de Kichim (Kishim) a une densité de 840.

Non loin du rivage sud du Golfe Persique se trouve l'île de Bahrains où il existe une assez grande quantité d'asphalte, et il y a tout lieu de croire, d'après les rapports des indigènes, qu'il existe sur la côte même de nombreux suintements de pétrole.

IV. — RÉGION DES BORDS DE LA MER CASPIENNE

Il y avait autrefois, près du village de Talish, près de Enzebi, sur le bord de la mer Caspienne, une exploitation de pétrole conduite par les natifs; pendant la guerre russo-persane, cette exploitation fut arrêtée et même probablement dissimulée en recouvrant les puits de terre; l'un d'eux, retrouvé à la suite de travaux récents, allait à 20 mètres de profondeur, et produisait 200 kilogrammes de pétrole par jour.

Des essais de sondages faits en ce point ont été infructueux, et l'exploitation fut reprise avec des puits creusés à la main.

II

INDE

PRODUCTION DE L'INDE

Années	Tonnes	Années	Tonnes
1889	12.000	1898	69.000
1890	15.000	1899	120.000
1891	24.200	1900	137.000
1892	30.800	1901	181.000
1893	32.400	1902	200.000
1894	40.700	1903	281.000
1895	47.000	1904	450.000
1896	54.500	1905	493.000
1897	69.000	1906	510.000

Liste des localités de l'Inde où la présence du pétrole a été signalée. — *Province de Madras.* — District de Malabar : Calicut ; District de Travancore : Allepy.

Baluchistan. — Kattan, Kindra, Spintangi, Pir, Kipar Maud, Kirta, Sulgi.

Province de Bengale. — Chittagong.

Province de Punjab. — Gunda, Chota, Bara-Kala, Sud-Kal.

Province de Bombay. — District de Northern Division : Cutch Agency (bitume).

Province de Burmah. — Iles Arakan : Ramri, Cheduba, Baranga ;

District de Henzada : Yaynandoung ;

District de Pégu : Thayetmyo, Prome.

District du Burmah supérieur : Yenan Young, Pagan, Yenang Yat, Bandoung, Yébu, Indin, Yenang Village.

Province d'Asam. — District de Cachar : Vallée de la rivière Barak, vallée rivière Saring, de la Siltez ;

District de Sibsagar et Naga Hills : Vallée de la rivière Bari-Dihing, vallée de la rivière Disai, vallée de la rivière Disang, Hil Jan, Jaipur, Makum, Namchik Pathar, vallée de la rivière Saffray, vallée de la rivière Sarang, Supkong, vallée de la rivière Dikbu, Tiru Nadi ;

District de Singho Hills : Tirugaon, Upper Dehing.

I. — BURMAH

Les régions pétrolifères du Burmah (*fig.* 252) peuvent être divisées, pour la commodité de la description, en deux groupes principaux : celui des îles de la côte ouest, et celui de la vallée de l'Irawadi.

ILES DE LA COTE OUEST DU BURMAH

(ILES ARAKAN, GOLFE DU BENGALE, ILES BARANGA, RAMRI, CHEDUBA)

Ces îles situées, au voisinage immédiat de la côte du Burmah, sont comprises entre les parallèles N 18° 20′ et 20° 10′ et entre les méridiens 92° 20′ et 94° 10′ à l'est de Greenwich. Ce groupe d'îles est désigné sous le nom générique d'îles Arakan, mais cette appellation n'est pas portée sur toutes les cartes.

Ces îles dont la surface moyennement ondulée a une altitude moyenne de 150 mètres avec quelques points d'altitude supérieure ne dépassant pas 450 mètres au nord de Cheduba et 900 mètres au sud de Ramri, ont été soumises à des époques récentes, à des mouvements orogéniques dont les traces sont surtout évidentes à l'île Ronde (Round Island), où une partie du

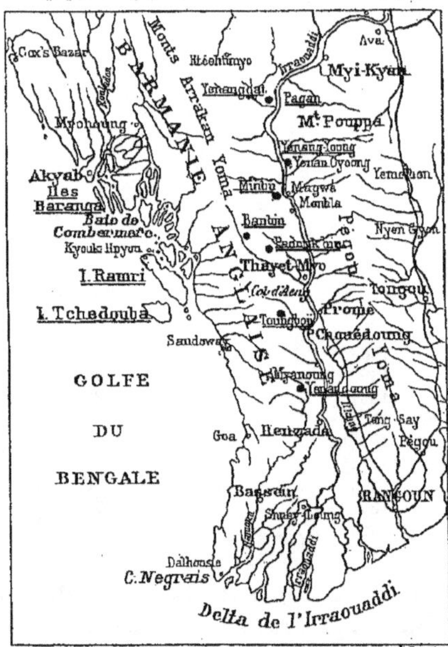

Fig. 252. — Localités pétrolifères de la région de Burmah.

littoral est manifestement le fond d'une ancienne baie émergée. La tradition locale conserve d'ailleurs le souvenir de la dernière élévation qui s'est

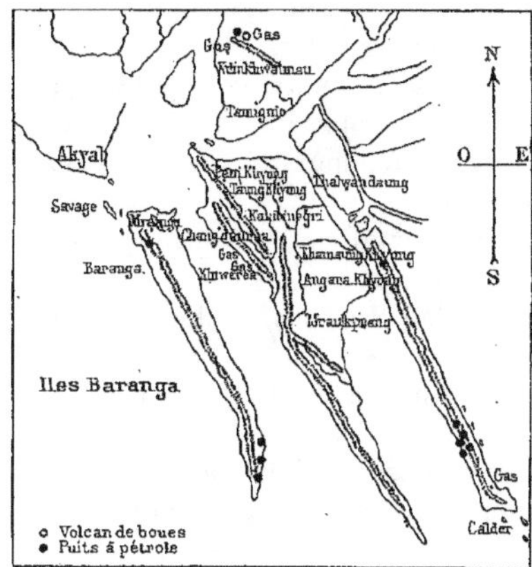

Fig. 253. — Carte des îles Baranga.

produite, probablement à la suite du tremblement de terre de 1762 (certains prétendent à la suite de celui de 1757) ; en cette circonstance la mer balaya le rivage avec violence à plusieurs reprises et, après s'être retirée, laissa sur le sol de nombreux poissons qui fournirent aux natifs les éléments d'un festin dont le souvenir est resté légendaire.

La constitution géologique des îles Arakan offre une uniformité remarquable, le sol étant principalement constitué de schistes et de grès avec des nodules ou même des parties calcaires assez étendues. Les grès varient en couleur, du gris au gris vert, et plus rarement passent au jaunâtre et au blanc ; d'une texture moyennement fine, ils sont souvent assez durs.

Les schistes et les grès contiennent fréquemment du lignite.

Mais le fait caractéristique de la géologie de ces îles est le grand nombre et l'importance des manifestations pétrolifères qu'on y rencontre ; il y a non seulement beaucoup d'exsudations pétrolifères, mais encore de nombreuses exploitations qui, quoique entreprises par les indigènes avec des moyens primitifs, ne laissent pas que d'avoir dans leur ensemble une certaine importance ; de plus, un grand nombre de volcans de boue se trouvent disséminés à peu près dans toutes les parties de ces îles. On en compte plus de 12 dans l'île de Ramri, au moins 6 à Chéduba, 3 au moins dans l'île de Amherst, et 2 dans l'île Plate (Flat Island). On en signale encore d'autres sur la côte avoisinante (voir *fig.* 253 et 254).

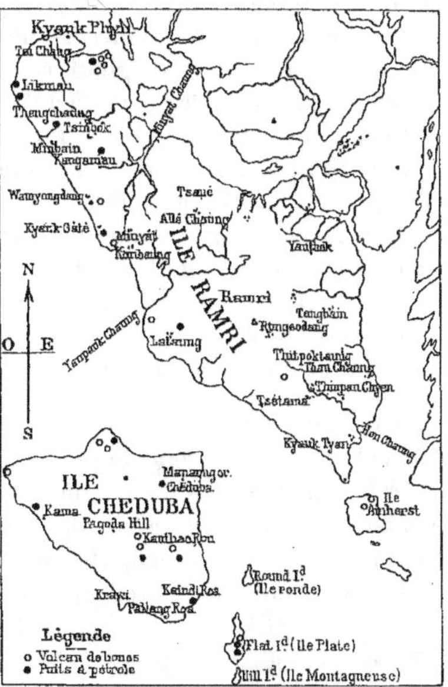

Fig. 254. — Carte des îles Ramri et Chéduba.

L'extraction du pétrole semble avoir été faite par les habitants depuis une époque fort éloignée ; ils y consacrent en général le temps qui leur reste libre après la récolte du riz, et commencent à creuser des puits vers décembre ou janvier, et ils extraient du pétrole jusqu'à la saison des pluies, à la suite desquelles les puits sont souvent entièrement bouchés.

La production des puits n'est guère que d'une vingtaine de litres par jour, mais elle est remarquablement constante pour les puits que leur situation met à l'abri des inondations ; leur profondeur ne dépasse guère 12 mètres avec une section carrée de 1^m,20 de côté.

Dans la partie est de l'île Baranga, une tentative de forage poussée jusqu'à 21 mètres a donné 3.000 kilogrammes par jour.

Les localités où l'on exploite le pétrole dans les îles Arakan sont les suivantes :

Ile Ramri. — Tsi-Chang, Likmau, Minbain, Kangautau, Ryauk-Galé, Létaung.

Ile Chéduba. — A l'ouest de Kanthao Roa, ouest de Chéduba Town, nord de Pagoda Hill, à l'extrémité nord de l'île, nord-ouest de Kama, Kaindi Roa au sud-est de Pagoda Hill.

Ile Ronde (Round Island). — Pas d'exploitation, mais traces de pétrole au centre de l'île.

Ile Plate (Flat Island). — Entre 1 kilomètre et 2 kilomètres au sud-est des volcans de boue.

Iles Baranga. — 1° Ile de l'est (East Baranga) : à l'ouest de Kamangdoeh, partie supérieure de Ahongjukh Naddi, au sud de Raung Nadi, sur le littoral entre Raung et Prukach Naddi, rive nord de Prukach Naddi ; 2° Ile du milieu (Middle Baranga) : à l'extrémité nord de l'île au nord-ouest et au nord-est de Kuveroa ; 3° Ile de l'ouest (Western Baranga) : au sud-ouest de Mramgu, à l'extrémité sud-est de l'île.

Sur la côte voisine des Iles Baranga, près de Krinkwaimau Hills, à Nagadaweng, et près de Prairoa.

Le nombre total de puits creusés dans toutes ces localités approche d'une centaine et, si l'on tient compte de tous ceux qui ont été bouchés accidentellement, on en a creusé un bien plus grand nombre.

Les volcans de boues. — Les volcans de boues des îles Arakan méritent, à cause de leur importance, une mention spéciale ; ils affectent généralement la forme d'un cône (*voir fig.* 255), ayant de 50 à 100 mètres de diamètre et 4 à 5 mètres de hauteur ; en temps ordinaire la boue coule lentement du sommet, mais ils sont parfois sujets à des paroxysmes, et des éruptions violentes avec projection de pierres se produisent alors.

Le Dr Mac Cléland rapporte que les habitants de Kyauk Phyu, virent sortir d'un des volcans de boue des flammes et des vapeurs s'élevant à plus de 100 mètres lors du tremblement de terre du 26 août 1833.

M. Howe, *marine assistant* à Kyauk Phyu, décrit ainsi une éruption qui eut lieu le 6 février 1843 [1] :

---

1. *Journal As. Soc. Bengal*, XII, 256.

« Nous avons eu, la nuit dernière, une magnifique éruption volcanique. La montagne qui a une hauteur modérée et a la forme d'une pyramide, est à 5 ou 6 kilomètres de la station, qui était alors éclairée comme en plein jour, quoi qu'il fût minuit passé. L'éruption commença un peu après onze heures du soir, sans accompagnement d'aucun bruit, mais avec des projections violentes de laves (*sic ?*) à une immense hauteur, et présentant un magnifique spectacle visible de toute la contrée avoisinante. Le temps avait été depuis quelques soirs menaçant, et l'atmosphère lourde, quoique le baromètre fût relativement haut, étant resté entre 30° 12″ et 29° 98″ pendant les cinq ou six jours précédents. Le feu s'éteignit graduellement et tout fut de nouveau tranquille vers minuit et demie. »

Le 27 juillet 1843, une éruption eut lieu au sud de l'île Plate ; des flammes jaillirent de la mer avec un bruit formidable et, pendant quelques

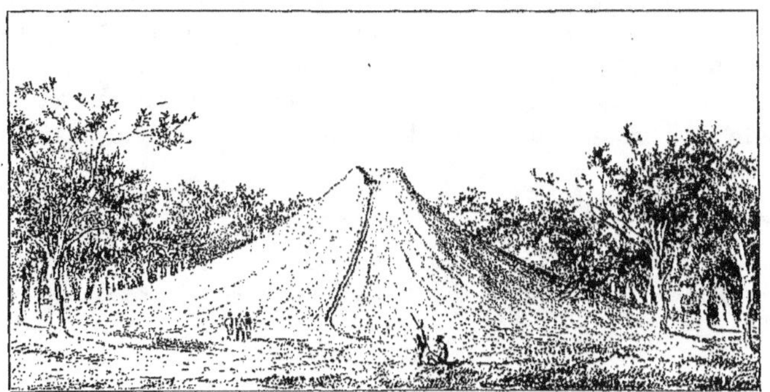

FIG. 255. — Un volcan de boue à l'île Cheduba.

jours, on vit une petite île émerger des flots ; elle disparut ensuite ; des sondages effectués ultérieurement sur le fond rocheux entre les deux récifs de Flat Rock et Round Rock, emplacement de l'île éphémère, n'indiquèrent aucune modification dans les fonds.

Une autre éruption qui eut lieu le 25 octobre 1846 est ainsi décrite par le major Williams : « Environ à neuf heures et quart, la nuit dernière, nous avons eu une éruption de l'un de nos volcans, près du village de Chein Krong, à 4 ou 5 kilomètres de cette station sur l'île de Ramri. Il éclata soudainement avec un bruit modéré et une flamme brillante qui s'éteignit immédiatement et se ralluma de nouveau ; ce phénomène d'extinction et d'inflammation se produisit quinze ou vingt fois, les flammes diminuant d'importance à chaque nouvelle inflammation et s'éteignant complètement à la pointe du jour. Pendant toute la durée du phénomène la pluie tomba avec abondance. »

En 1878, M. Malet, qui fit une enquête sur le groupe des volcans de boue de Kyauk Phyu, estime ainsi qu'il suit la dernière époque des éruptions pour chacun des six volcans de la contrée. Les numéros sont donnés en partant du volcan le plus méridional :

```
N° 1, date de la dernière éruption................. 17 ou 18 ans
    2............................................... 10 ans
    3............................................... toutes les heures
    4............................................... éteint
    5............................................... 3 ou 4 ans
    6............................................... ?
```

Les éruptions ne sont que rarement accompagnées de flammes ; lors de l'une des éruptions du numéro 3, suivie d'inflammation, la chaleur était si intense qu'il était impossible d'approcher.

Le pétrole qu'on trouve dans les différentes parties des îles Arakan offre des propriétés assez variables : transparent et à peine plus coloré que du pétrole raffiné, comme à Tsichang, Kangantan, Létang ; transparent et rougeâtre comme à Roung Naddi ; il est, au contraire, brun et opaque à Minbai.

Des tentatives de forages ont été faites en différents points de ces régions, mais jusqu'ici la production est restée faible.

Les travaux semblent se concentrer dans l'île de Ramri et sur la côte avoisinante ; la production réunie de ces deux centres a été la suivante pour les dernières années :

Années	Tonnes	Années	Tonnes
1898	550	1901	400
1899	600	1902	500
1900	580	1903	550

VALLÉE DE L'IRAWADY

Yenang Young. — Le premier rapport concernant les pétroles de Yenang Young est celui du capitaine George Baker[1] (1755) ; puis, en 1782, W. Hunter mentionne que le pétrole de cette région est employé comme combustible et pour peindre les navires. En 1795, Symes en parlant des puits indique que leur profondeur est de 37 fathoms (67m80) et signale qu'ils sont approfondis quand la production baisse. En 1797, un rapport très intéressant du capitaine Cox[2] donne une idée très exacte de l'exploitation à cette époque Il commence ainsi :

Samedi 7 janvier 1797.

« Vent est, aigu et froid ; brouillard épais sur la rivière jusqu'à l'aube, ensuite il s'évapore comme à l'ordinaire, mais il reparaît ensuite et continue à s'épaissir tellement qu'à 8h30 on voit à peine l'avant du bateau. »

1. *Oriental Repertory*, 1794, p. 172.
2. *Asiatic Researches*, vol. VI.

Ce début indique avec quel scrupule d'exactitude les observations sont faites ; le resumé du rapport est le suivant :

Les puits sont à 3 miles (4.830 mètres) de la rivière (Irawaddy) ; ils sont distants de 30 à 40 mètres les uns des autres ; il y a deux groupes de puits comprenant l'un 180 puits et un autre 540, à une distance de 5 miles (8.050 mètres) du premier ; les puits sont carrés et garnis de bois ; les cadres sont ajoutés en haut et s'enfoncent en suivant le travail d'approfondissement[1]. Le bois employé pour la confection des cadres est du bois de Cassia.

Les couches traversées sont un blanc sableux contenant des fragments de quartz, puis un grès tendre contenant du minerai martial, du talc, et de l'argile fissurée.

A 60 cubits de profondeur, on trouve une argile bleue imprégnée de pétrole, devenant de plus en plus dure à mesure qu'on s'enfonce, la partie inférieure devenant schisteuse. A 130 cubits on trouve du charbon.

La mort des mineurs causée par l'air méphitique n'empêche pas la continuation du travail. Deux jours avant l'arrivée du narrateur, un accident avait eu lieu.

Le pétrole, qui est liquide quand il sort du puits, se prend en masse dans la saison froide.

Le pétrole est employé dans les lampes, et comme moyen curatif pour guérir les éruptions cutanées et les rhumatismes.

Le prix d'un puits est de 2.500 sicca roupies, et le bénéfice moyen de 1.250 sicca roupies.

La production moyenne journalière d'un puits est de 500 vis ou 1.825 lbs. « avoirdupois ».

Les ouvriers du puits reçoivent 1/6 de la production ; 1/10 est payé en redevance au roi de Burmah.

La production totale est de 90.000 tonnes environ de 1.560 livres.

Le rapport précédent est la première constatation détaillée et officielle de l'exploitation d'un champ pétrolifère.

M. Crawford donne également une monographie de cette exploitation pour l'année 1826. Il indique la profondeur des puits comme atteignant 200 cubits au maximum. Un puits dont il a mesuré la profondeur atteignait 210 pieds anglais correspondant à 140 cubits (65 mètres). La température de l'huile à la sortie du puits était de 99° F. (37°,22 C.). Dans les puits les plus profonds on trouve un charbon brun en petite quantité. L'huile extraite est employée dans des lampes pour l'éclairage. La production annuelle est de

22 millions de vis (1 vis $= 3 \frac{65}{100}$ lbs. avoirdupois $= 1^{kgr},690$).

Le capitaine Hannay visita les sources de pétrole en 1835, et son estimation de la production à 93.000 tonnes semble exagérée.

Le capitaine Yule donne une monographie du champ d'huile de Yenang

---

1. Ceci est une erreur manifeste étonnante chez un observateur aussi attentif.

Young pour 1865. Il estime la surface du champ d'huile à un 1/2 mille carré (1^k,300). L'huile semble se trouver dans une couche impure de lignite contenant pas mal de soufre.

Il y a un second groupe de puits situé à un mile vers le sud-ouest.

Le creusage d'un puits de 150 cubits de profondeur coûte de 1.500 à 2.000 tecals.

District de Prome et Tayetmyo. — D'après le rapport de M. Théobald [1], les localités contenant du pétrole sont les suivantes :

Yenan-Doung : latitude 18° 9′ ; longitude 95° 12′ (Greenwich) à 26 kilomètres au sud-ouest de Myanoung (Myah-oung);

Toungboji, à 18 kilomètres à l'ouest de Prome : latitude, 18° 20″ longitude, 95° 6′ ;

Padouk bin (Padouk-ben): latitude 19° 21″ ; longitude, 95° 11″ ; à 11 kilomètres ouest-nord-ouest de Tayetmyo ;

Bambyn (Pan-pyen) : latitude, 19° 21″, longitude, 95° 10″ ; à 18 kilomètres nord-ouest de Tayetmyo.

Toutes ces localités sont situées sur la rive droite (ouest) de l'Irawaddy ; on ne trouve pas de manifestations pétrolifères sur la rive gauche.

Ces localités sont situées sur un terrain tertiaire récent, constitué en partie par un grès argileux bleuâtre et par des schistes; les fossiles rencontrés appartiennent au miocène (*Ostrea, Pecten, Conus, Cyproæa Arca, Solen, Turitella*).

A Padouc-bin le pétrole apparaît au sommet d'un anticlinal asymétrique ; il en est de même à Banbyen ; à Yenan Doung, un puits creusé à la main a donné du pétrole en petite quantité, mais surtout du gaz.

Toutes ces localités sont à peu près abandonnées, aussi bien par les natifs que par la société Burmah Oil C° qui a foré plusieurs puits à Padouk bin.

District de Mimbu. — Les localités où l'on trouve du pétrole sont : Mimbu, latitude 20° 10″; longitude 94° 56″; les monts Leit-taung ; Nagabwettaung (volcans de boue), sur la rive nord du Sabwet-Choung, un petit tributaire de l'Irawaddy.

Palangon et Nandawgon, à 8 kilomètres au sud de la localité précédente.

Mimbu se trouve sur la rive droite de l'Irawaddy, à 685 kilomètres, au-dessus de Rangoon, à l'extrémité nord d'une chaîne de collines peu élevées; le pétrole a été trouvé en différents points du voisinage de la ville.

Sur les flancs des collines de Leit-taung, il y a des vestiges d'anciens puits à pétrole.

Nagabwet-taung est surtout remarquable par ses volcans de boue, et les autres localités n'offrent que des traces insignifiantes de pétrole.

Bien que le pétrole se trouve en tous ces points à une très faible profondeur, aucune tentative sérieuse d'exploitation n'a été faite.

---

1. *Memoirs of the geological Survey of india*, vol. X.

Constitution géologique. — Le terrain de cette région est constitué par : 1° le pliocène de l'Irawaddy comprenant des grès jaunâtres plus ou moins

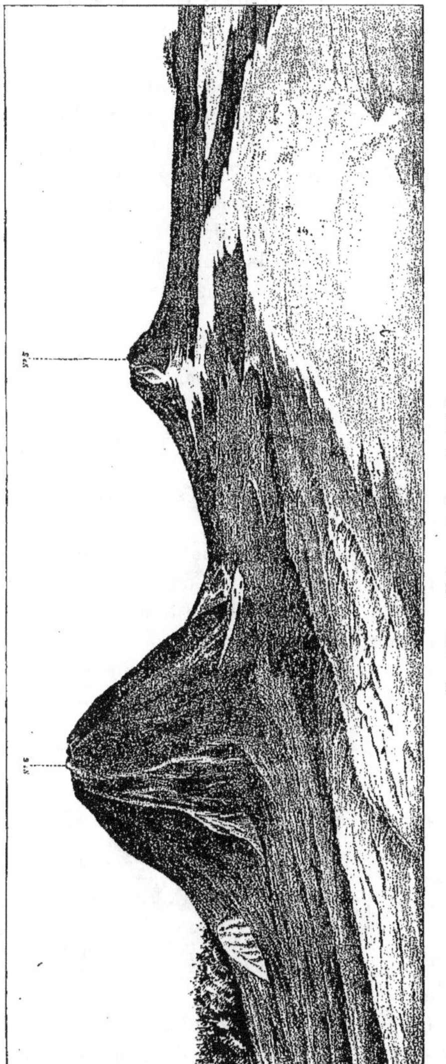

FIG. 256. — Volcans de boue de Minbu.

durs avec des conglomérats subordonnés ; des concrétions quartzeuses y sont fréquentes, et l'on y trouve des restes de Trionyx. Cette série comprend au moins 1.500 mètres de grès alternant avec des conglomérats et des bancs argileux.

2° Le miocène de Pégu, qui apparaît sur l'axe de l'anticlinal de Mimbu, mais sur une petite surface seulement ; la faune de cette région[1] place l'âge de ces terrains entre ceux de Singu et ceux de Yenang Yat.

Une section de ces terrains partant de la rivière (Irawaddy) et allant vers l'ouest indique un anticlinal asymétrique, dont les côtés appartiennent à la série de l'Irawaddy, tandis que le centre est formé par l'étage de Pégu. Les couches sont très inclinées le long de la rivière, et elles sont même renversées en quelques points ; à 180 mètres du bord, l'inclinaison n'est plus que de 15° vers l'est ; elles deviennent horizontales vers le centre au point où se trouvent situés les volcans de boue, et la pente de l'autre flanc de l'anticlinal dirigée vers l'ouest n'est guère que de 12° à 15°.

Il suit de ce qui précède qu'il y a là un véritable pli au haut duquel se trouvent les volcans de boue et les exsudations pétrolifères.

Les volcans de boue. — Ceux-ci ont été mentionnés pour la première fois,

---

1. Voir *Records of the Geolojical Survey of India*, vol. XXVIII, p. 59 ; 1895.

en 1855, par Oldham, et ont été depuis le sujet d'une étude très détaillée du Dr Noetling[1] (*fig.* 256).

Ils sont situés à 1 kilomètre environ de Mimbu, dans une vallée étroite dirigée du nord au sud.

Il y a trois groupes de volcans de boue : d'abord le groupe du sud s'étend sur une surface de 350ᵐ × 75 mètres ; dans ce groupe se trouvent 7 volcans de boue ; puis le groupe du milieu, peu important ; enfin le groupe du nord situé à 500 mètres du groupement sud, comprenant plusieurs évents, le plus grand ayant 15 mètres de long sur 6 de large. Tous ces volcans produisent une boue bleuâtre, plus ou moins saturée de pétrole et émettant des gaz inflammables en quantité plus ou moins grande ; ils sont en connexion avec les gisements pétrolifères souterrains, car la boue qu'ils émettent ressemble beaucoup aux produits retirés des puits à pétrole pendant leur fonçage.

La température moyenne relativement basse de la boue (30° C.) semble indiquer que la provenance n'en est pas très profondément située, la température maximum de la boue a été trouvée de 35° C.

La période d'activité de ces volcans semble coïncider avec celle des hautes eaux du fleuve.

Ils affectent deux formes différentes et sont conformés soit comme des bassins, soit profilés comme des cônes éruptifs.

Les bassins sont plus ou moins elliptiques ; quand ils sont en activité, la boue qui les remplit semble bouillir sous l'influence du dégagement de nombreuses bulles de gaz, et du pétrole amené en même temps que le gaz, forme une couche à la surface de la boue.

Les cônes, quand il y en a, sont composés de la boue même émise par les éruptions ; leurs parois sont abruptes et conservent toujours à peu près le même profil. Il est à remarquer que ces volcans de boue sont situés dans une vallée affectant la forme d'un cirque remplie, par des alluvions récentes : il a donc dû y avoir une érosion des terrains miocéniques qui forment les environs. Le processus des émissions est sans doute le suivant : les gaz venant du terrain tertiaire sont arrêtés par les alluvions supérieures, et leur

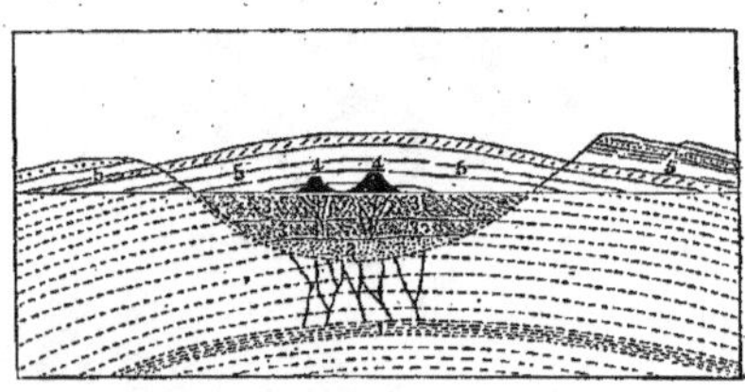

Fig. 257. — Coupe théorique des volcans de boue de Minbu.

mouvement est retardé jusqu'à ce que la pression devienne suffisante pour les traverser, il doit arriver en même temps de l'eau le long de la paroi de séparation entre les alluvions modernes et les terrains plus anciens, et cette eau agitée par les gaz ascendants délaie l'argile supérieure produisant ainsi la boue qu'ils déversent (*fig.* 257).

<hr>

1. *Memoirs of the geological Survey of India,* vol. XXVII, part. II, p. 35 ; 1897.

Champ pétrolifère de Yenang Young[1]. — On trouve le pétrole aux

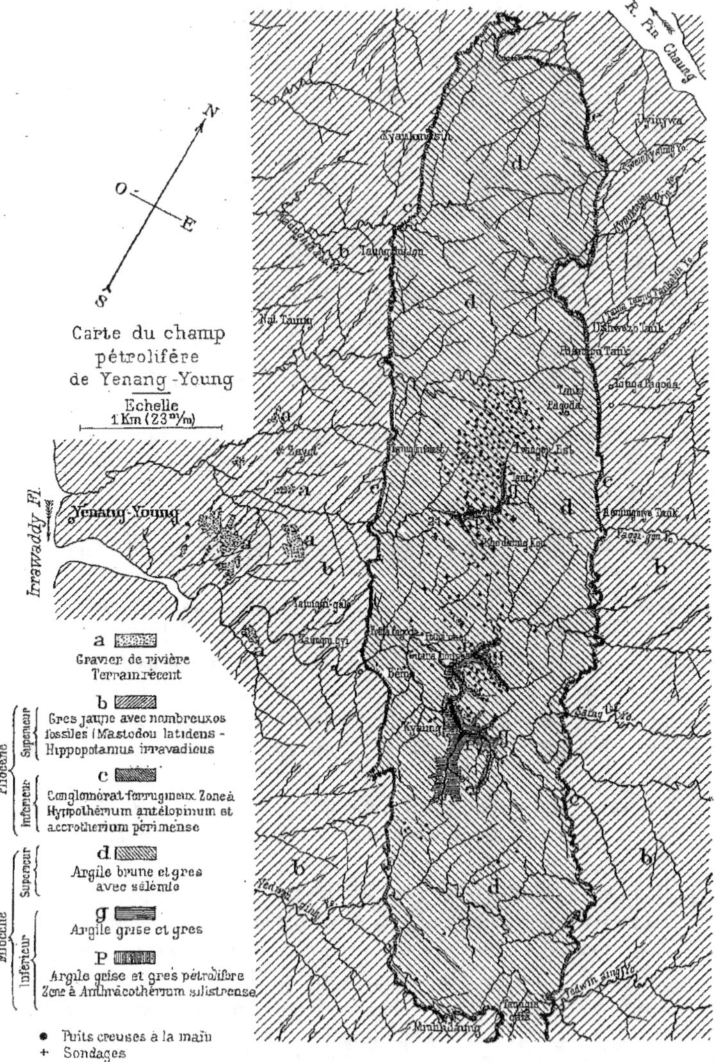

Fig. 258. — Carte du champ pétrolifère de Yenang Young.

environs de Yenang Young, qui est situé sur la rive gauche de l'Irawaddy,
par 20° 29″ de latitude nord et 94° 56″ de longitude est (Greenwich) (*fig.* 258).

1. Crique de l'huile.

L'exploitation se fait à 3^{km}500 de Yenang Young ; elle était autrefois surtout développée en deux points Bémé, et Twingon[1], séparés par un intervalle de 1 kilomètre; mais, depuis 1887, des forages ont été exécutés à Kodoung entre les deux anciennes exploitations. L'exploitation de Bémé couvre une surface d'environ 40 hectares et, outre les anciens puits, on y a exécuté aussi des sondages.

L'exploitation de Kodoung couvre une surface de 60 hectares environ, et l'on n'y trouve que les sondages exécutés depuis 1887 ; il y en a environ 80.

L'exploitation de Twingon a une surface de 180 hectares à peu près, et l'on y trouve surtout des puits à main qui donnent 7 barils par mois chacun ; il y en a environ 600.

La région où s'étendent ces trois centres d'exploitation est constituée par un plateau s'élevant légèrement vers l'intérieur des terres et coupé par de nombreux ravins, sa plus grande altitude est de 162 mètres ; son altitude moyenne étant de 146 mètres, soit 75 mètres au-dessus des hautes eaux de l'Irawaddy.

Sans parler des terrains récents formant les alluvions le long de l'Irawaddy, les environs de Yenang Young sont constitués par les terrains les plus récents de l'époque tertiaire.

Le **pliocène** (série de l'Irawaddy) est composé de grès friables d'une teinte jaunâtre presque blanche, avec des nodules de grés silicieux durs et des concrétions calcaires dans les parties supérieures, subordonnés à ces bancs de grès se trouvent des conglomérats ferrugineux et des couches, généralement minces, d'argile de couleur vert brun plus ou moins foncée.

Au point de vue paléontologique, les fossiles reconnus sont : *Crocodilis* s. p. (cf. *biporcatus*), *Gavialis* (cf. *gangeticus*), *Trionyx* s. p., *Hippopotamus irravadicus*, *Acerotherium perimense*, *mastodon cliftii*, *Cyréna* (*Batisa*), *Crawfurdi*, *Cyrena* (*Batisa*) *pétrolei*.

L'épaisseur du pliocène est d'environ 1.400 mètres comptés à partir des rives de l'Irawaddy. Ces terrains sont constitués en suivant l'ordre descendant par :

1° Des grès contenant des bois fossiles ;

2° La zone du *Mastodon latidens* et *Hippopotamus irravadicus ;*

3° Zone de l'*Hippotherium antelopinum* et *Acerothériums perimense.*

La zone inférieure n'a pas plus de 8 mètres d'épaisseur, elle est constituée par un conglomérat ferrugineux ; la deuxième zone est formée par des grès fiables et des conglomérats subordonnés.

Le **miocène** (série de Pégu) comprend :

Le miocène supérieur (étage de Yenang Young), principalement composé d'argile couleur olive et de grès de même couleur ; l'argile contient une

---

1. Montagne des puits.

grande quantité d'inclusions gypseuses ; l'épaisseur de cet étage est d'environ 300 mètres.

Le miocène inférieur (étage de Prome) est d'une teinte généralement bleuâtre tirant vers le gris ; il contient des bancs argileux et des bancs de grès. Le grès est d'un grain très fin, mais quelquefois il contient un ciment siliceux, formant ainsi des parties dures incluses au milieu de parties molles.

Les parties dures des grès gênent considérablement les natifs pour le creusage des puits faits à la main. Quand le grès est imprégné de pétrole, sa cassure fraîche est verdâtre, mais elle tourne rapidement au brun sale sous l'influence atmosphérique.

Les couches d'argiles sont dures et tenaces et ont des épaisseurs très différentes ; elles alternent avec les couches de grès.

Dans le périmètre de Yenang Young, une très faible partie de l'étage de Prome vient au jour et la nature de ces couches n'est guère reconnue que par les débris qu'on retire des puits.

Le pétrole à Yenang Young se trouve dans les grès et pas du tout dans les argiles. La transition se fait par des couches de grès diminuant de plus en plus d'épaisseur jusqu'à disparaître complètement au milieu des couches d'argile.

Dans l'étage de Prome, 6 couches pétrolifères ont été déterminées ; elles varient beaucoup dans leurs dimensions horizontales :

La première couche est située à 24 mètres de profondeur ; elle a une épaisseur de 6 à 9 mètres.

Cette première couche pétrolifère dans la partie, exploitée à Kodoung (Kho-doung-Kon sur la carte), ne contient que peu de pétrole et seulement dans la partie nord de ce champ au puits 21 ; dans les autres parties de cette région le sable de cette couche est ou sec ou aquifère. Mais, dans les périmètres de Twingon au nord et Bémé au sud, cette couche a produit autrefois des quantités considérables de pétrole ; des puits forés dans ces dernières années dans la partie sud-ouest de Twingon ont encore donné du pétrole dans cet horizon. Le pétrole de cette première couche est plus lourd que celui des niveaux inférieurs.

La deuxième couche est située à 45 mètres de la surface ; elle a une épaisseur d'environ 15 mètres, et elle ne donne du pétrole, dans le périmètre de Kodoung, que dans un seul puits (n° 40) où le pétrole a été trouvé à un niveau qu'il y a toute raison de supposer correspondre à cet horizon. Le pétrole de cette couche est plus léger que celui de la première. Il est probable que, dans certaines parties du champ pétrolifère, cette seconde couche se relie à la première.

La troisième couche n'est probablement qu'une bifurcation locale de la quatrième couche, car cet horizon n'a été reconnu que dans un petit nombre de puits (n° 6 et 8), et la couche d'argile qui le séparait de l'horizon inférieur n'avait que peu d'épaisseur ; il a fourni de grandes quantités de pétrole.

La quatrième couche est très productive ; elle se trouve à une profondeur variant de 60 à 75 mètres de la surface. Son épaisseur est extrêmement variable (6 à 90 mètres) et il y a à peine deux farages donnant la même épaisseur ; la densité du pétrole varie de 877 à 892.

Les cinquièmes et sixièmes couches n'ont pas été déterminées avec exactitude.

Le D[r] Nœtling[1], par une observation attentive du rendement des puits aux différentes époques de l'année, arrive à cette conclusion que la production est plus forte à l'époque des hautes eaux de l'Irawaddy qu'à celle des basses eaux.

La variation de production est plus sensible dans les puits à la main qui ont une plus grande section que dans les forages.

Certains faits reconnus en observant le champ pétrolifère de Yenang Young ne sont pas d'accord avec cette théorie que l'on doit rencontrer le gaz à la partie supérieure, le pétrole au milieu, et l'eau à la partie inférieure des gisements.

Dans une même couche, le pétrole a une tendance à s'élever vers la partie supérieure : ce fait est corroboré par l'observation que les puits les plus riches atteignent la couche productive à un niveau plus élevé que leurs voisins moins productifs ; mais il y a des exceptions, et dans certains puits, on a trouvé de l'eau immédiatement au-dessus du pétrole, dans la même couche, sans aucune interposition d'argile.

Dans le puits n° 48 par exemple, il y a successivement :

		Mètres
Argile bleue	épaisseur	12,20
Sable aqueux	—	10,60
— pétrolifère	—	35

Dans le numéro 54 :

Argile bleue	épaisseur	7,60
Sable gris aqueux	—	23,80
— brun	—	54,50
— légèrement pétrolifère	—	15
Argile bleue	—	4,50

Dans le numéro 61 :

Sable blanc aquifère	épaisseur	18
— pétrolifère	—	30
— aquifère	—	1,50

La distribution des couches aquifères et celle des couches pétrolifères sont tout à fait indépendantes les unes des autres[2].

Dans le puits n° 13, les couches traversées sont les suivantes :

		Mètres
Sable	épaisseur	35,50
— et argile	—	14,90
— aquifère	—	14,60	1
Argile	—	29

1. *Loc. cit.*
2. On peut rapprocher cette constatation de celle faite à Bakou où l'on a retrouvé du pétrole au-dessous d'une couche aquifère importante.

		Mètres	
Sable pétrolifère	épaisseur	26,80	a
— aquifère	—	8,55	2
Schiste et argile	—	19,50	
Sable aquifère	—	0,90	3
Schiste et argile	—	12,60	
Sable aquifère	—	37	4
Schiste et argile	—	4,20	
Sable aquifère	—	1,52	5
Argile	—	21	
Sable aquifère	—	4,60	6
Schiste et argile	—	10,70	
Sable pétrolifère	—	3,90	b
Schiste	—	0,90	

Des 6 niveaux aquifères traversés, 5 d'entre eux, les numéros 2, 3, 4, 5, 6 sont intercalés entre les deux niveaux pétrolifères *a* et *b*.

Pour le numéro 54, les terrains sont :

		Mètres	
Sable de surface	épaisseur	24,38	
Argile bleue	—	6,09	
Sable noir	—	18,20	1
— gris aquifère	—	4,50	2
Argile bleue	—	30,50	
Sable foncé, avec traces de pétrole et d'eau	—	38,20	a
Argile bleue	—	7,65	
Sable gris aquifère	—	23,90	3
— foncé	—	54,50	4
— légèrement pétrolifère	—	15,25	b
Argile bleue	—	4,80	
Sable gris aquifère	—	6,09	5
Argile bleue	—	12,19	
Sable légèrement pétrolifère	—	7,60	c
Argile bleue	—	7,60	
Sable gris aquifère	—	6,09	6
Argile bleue compacte	—	9,14	
Sable blanc	—	9,14	7
Argile bleue	—	6,09	
Sable noir	—	3,05	8

Il y a 8 couches de sable dont 4 de sable sec, 1, 4, 7, 8, et 4 de sable aquifère, 2, 3, 5, 6, et 3 niveaux pétrolifères *a, b, c*, entre lesquels se trouvent des niveaux aquifères.

Stratigraphie du champ pétrolifère de Yenang Young. — La stratigraphie est assez irrégulière quant à la nature des strates, l'amincissement des couches allant souvent jusqu'à la disparition, ainsi qu'il est facile de le constater dans les affleurements. Bien qu'il y ait eu des érosions contemporaines des couches en formation, ce qu'indiquent de légères discordances de stratification, que les plissements soient nombreux et que certaines couches de grès soient fissurées, on rencontre peu de failles. Certaines fissures intéressent plusieurs couches consécutives, mais sans avoir entraîné de décrochage entre les stratifications.

Ces fissures sont souvent remplies par du gypse dont les couches sont parallèles aux parois; elles ont une couleur foncée et, comme elles sont plus dures que les parois avoisinantes, elles forment des saillies très évidentes.

Un certain nombre de fissures sont remplies de boue, offrant tous les caractères des boues des volcans de la région; elles sont par places telle-

ment minéralisées qu'à première vue elles pourraient être confondues avec du gypse. La boue de remplissage s'épanouit en certains points dans la direction même des stratifications du terrain encaissant, et il y a aussi des couches de cette boue d'éruption exactement interstratifiée entre les couches voisines.

Un examen attentif fait reconnaître en certains endroits que la boue qui a rempli les fissures proprement dites a traversé celle qui est en stratification concordante avec le terrain, et, bien que dans certaines parties il ne soit pas possible de distinguer ce qu'il y a de plus ancien, de la couche régulièrement stratifiée, ou de la boue qui remplit les fissures, il semble logique d'admettre que la loi est générale, et que la boue des strates est plus ancienne que la boue des fissures.

Il y a donc eu des éruptions de boue pendant la formation du terrain de Prome; les veines se rencontrent en effet dans l'étage supérieur de Prome et dans l'étage inférieur du terrain de Yenang Young; mais il n'y en a pas dans le terrain de l'étage supérieur de Yenang Young.

La structure générale de la stratigraphie des couches de Yenang Young est celle d'un dôme allongé dans le sens nord-nord-ouest sud-sud-est; l'étude est, du reste, facilitée par les affleurements très marqués de la couche à *Hippotherium antelopinum* (c sur la carte) qui contournent tout le bassin. L'anticlinal ainsi formé est large et comparativement plat du côté de l'Irawaddy, c'est-à-dire du côté ouest, la pente des couches est dirigée vers l'ouest et plonge de 37° environ; sur le côté opposé,

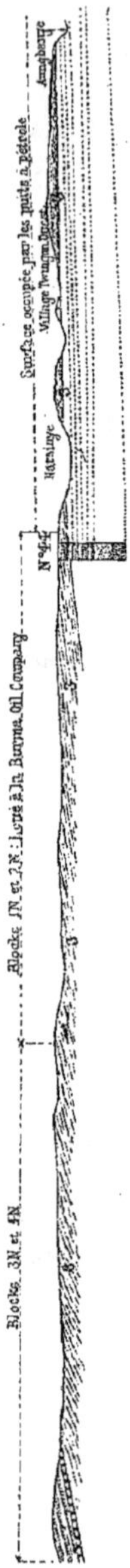

Fig. 259. — Section longitudinale du champ pétrolifère de Yenang Young (partie sud).

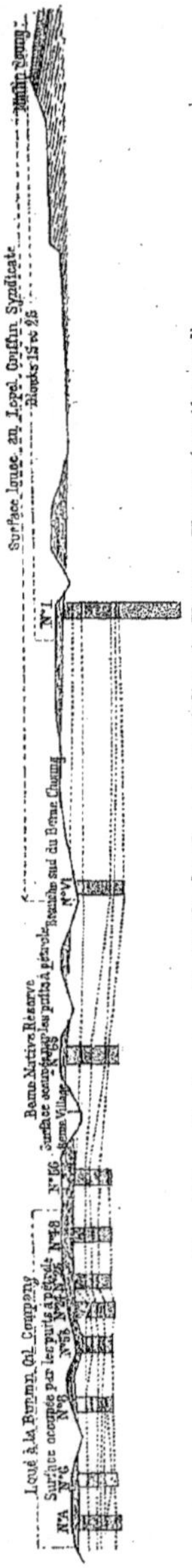

Fig. 260. — Section longitudinale du champ pétrolifère de Yenang Young (partie nord).

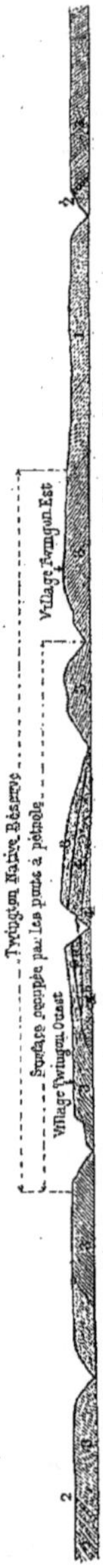

Fig. 261. — Section transversale est-ouest du champ pétrolifère de Yenang Young.

c'est-à-dire sur le côté est la pente est dirigée vers l'est, elle est de 40°. La direction des pentes varie très peu étant comprise entre 60 et 68°, comptés à partir du méridien magnétique, soit vers l'est en partant du nord, soit vers l'ouest en partant du sud.

Suivant l'axe de l'anticlinal, les pentes aux deux extrémités du champ de Yenang Young sont peu accusées.

La section longitudinale (*fig*. 259 et 260) et la section transversale (*fig*. 261) donnent une idée de la disposition des couches géologiques du champ de Yenang Young.

En étudiant les puits qui ont été forés dans le champ de Kodoung (Khodoung Kon sur la carte) et mettant en ligne de compte leurs productivités relatives, le D[r] Nœtling, en reliant par un trait :

1° les puits les plus productifs ;

2° les puits d'une production moyenne ;

3° les puits pauvres ; arrive à constituer la carte que nous reproduisons sur la figure 262.

Les traits pleins correspondent aux parties où les puits sont assez nombreux pour que la ligne qui les joint soit bien déterminée et les traits ponctués aux parties qui ont été tracées de sentiment.

Le nombre des observations n'est évidemment pas assez grand pour donner à ces déductions une valeur de certitude absolue, mais les résultats n'en sont pas moins intéressants.

Il y aurait ainsi (Voir la *fig*. 262), dans cette partie du champ pétrolifère de Yenang Young, une partie centrale riche, et la richesse irait en décroissant à mesure qu'on s'éloigne des bords de ce noyau ; et le gisement présente dans son ensemble la forme d'une tache allongée et contournée.

Les points les plus riches sont, du nord au sud, les numéros 47, 22, 7, 53, 43, 13, 25, 27, 28, 26, 48, 32, 35, 56.

Les puits à main. — Le genre de travail tout particulier auquel les indigènes de Yenang Young ont recours pour creuser leurs puits mérite d'être signalé.

Les puits sont rectangulaires et ont une section de $1^m,80 \times 1^m,50$; ils sont garnis de cadres en bois posés jointifs, ayant 15 centimètres de haut et 5 centimètres d'épaisseur, mais, comme il faut les renouveler souvent, il semble que cette épaisseur est insuffisante.

Les pièces de bois destinées à ce travail sont payées 10 roupies par 100 pièces, et les mineurs reçoivent par chaque cubit (48 centimètres) foré une rémunération fixée par le tarif suivant :

Cubits	Roupies	Annas [1]
0 à 80	1	5
80 à 90	3	8
90 à 100	5	8
100 à 110	6	8
110 à 120	7	8
120 à 130	12	»

1. Une roupie ou 16 annas, vaut 2 fr. 38.

Il n'y a pas de tarif fixe pour les profondeurs plus grandes.

D'après ce tarif, la profondeur de 60 mètres est donc habituellement atteinte, et ce qu'il y a de remarquable, c'est que ce travail est effectué sans

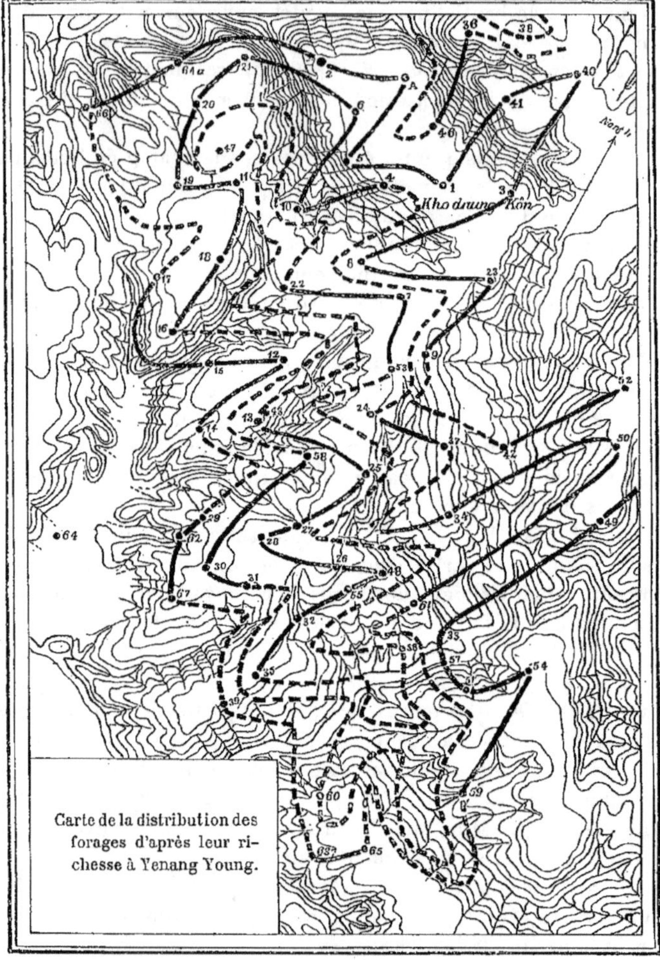

Fig. 262.

aucun moyen de ventilation artificielle et, par suite, non sans un très grand danger.

Le moyen, très extraordinaire, que les naturels emploient pour tourner cette difficulté est de se faire descendre très rapidement au fond du puits à l'aide d'une corde, d'y effectuer un travail de très courte durée et de se faire remonter très rapidement. Mais ce séjour si court au fond du puits, qui n'est éclairé que très faiblement, demande que leur acuité visuelle ait toute leur sensibilité ; aussi, quand ils sont au jour, ont-ils les yeux bandés, et ils ne retirent leurs bandeaux que pendant la descente dans le puits (voir *fig.* 263).

A 60 mètres de profondeur, il faut 25 à 40 secondes pour effectuer la descente ; la période de travail est de 18 à 20 secondes, et la montée dure de 80 à 176 secondes. Ce mode de travail n'est employé que lorsqu'on approche des couches pétrolifères.

Les accidents, contrairement à ce qu'on pourrait penser, sont extrêmement rares ; mais, lorsque les mineurs remontent après leur court travail, ils semblent néanmoins épuisés et ils sont couverts d'une sueur abondante.

L'appareil de levage, qui sert aussi bien à extraire les déblais qu'à

Fig. 263. — Indigènes de Yenang Young attendant leur tour de travail
avant de descendre au fond des puits.

monter et descendre l'ouvrier pendant son travail, et, plus tard, à extraire le pétrole, doit nécessairement être combiné de telle sorte qu'il permette de descendre et de remonter rapidement l'ouvrier, puisque, à 60 mètres de profondeur la montée et la descente doivent être exécutées en trois minutes [1].

Le dispositif adopté par les indigents pour satisfaire à cette obligation est le suivant : de chaque côté du puits sont placés deux poteaux constitués par deux troncs d'arbres non équarris, l'un d'eux se termine en haut par une fourche à la partie supérieure, l'autre est droit. Un arbre est placé horizontalement en travers des deux poteaux, il repose sur la fourche d'un côté et est chevillé sur l'autre de façon à ne pas pouvoir tourner. Au milieu de cette traverse horizontale sont plantées deux fourches en bois qui supportent les extrémités de l'axe d'un tambour de faible longueur, portant une rainure sur laquelle passe le câble.

---

1. On peut se faire une idée de la rapidité nécessaire au mouvement de montée et de descente, en se rappelant que les tours Notre-Dame ont 68 mètres ; il s'agit donc de descendre et de remonter d'une profondeur équivalente en 3 minutes au plus.

Du puits part une piste en pente assez accentuée que parcourent les hommes qui tirent sur le câble pour la montée et qui le retiennent simplement lors de la descente, il y a quelquefois jusqu'à onze hommes attelés au câble[1].

Un puits de 58 mètres coûte :

		Roupies
Gages	.....	400
Bois	.....	180
Accessoires	.....	30
TOTAL	.....	610

Pour 72 mètres, le coût total est de :

		Roupies
Gages	.....	920
Bois	.....	240
Accessoires	.....	30
TOTAL	.....	1.190

Le classement des puits creusés à la main, au point de vue de la production est la suivante (pour 1895) :

Produisant moins de 30 kilogrammes par jour		192
— de 30 à 80 —	...	140
— de 80 à 250 —	...	54
— de 250 à 300 —	...	28
— plus de 500 —	...	2
NOMBRE TOTAL de puits creusés à la main	...	519

L'exploitation du champ de Yenang Young par forage date de 1887 ; et les premiers résultats, peu encourageants ne laissaient pas prévoir, à première vue, l'extension que devait prendre l'exploitation.

En 1888, sur 2 forages exécutés, un seul donnait des traces de pétrole.

En 1890, le Burmah Oil Syndicate fit 2 forages au sud de Bémé sans succès, et, bien que celui qui était le plus près de Bémé donnât des quantités considérables de gaz, la Société abandonna ses recherches et vendit ses outils. La Société des pétroles de Burmah[1], qui avait été la première à entreprendre les forages, continuait ses travaux, et, bien que l'amélioration des résultats fût lente, la production se mit cependant à croître régulièrement, et le succès finit par couronner ses persévérants efforts.

Le résumé des opérations de forage du début de l'exploitation est le suivant :

1887	...	2 forages abandonnés
1888	...	2 — —
1889	...	2 — —
1890	...	3 — exécutés ; l'un d'eux donne une petite production.
1890-1892	...	2 forages de la Burmah Oil Cᵒ, abandonnés.

<hr>

1. Lorsque les ouvriers ont à percer une couche de roche dure ils suspendent au-dessus de l'orifice du puits une masse de fer de 80 kilogrammes environ ; la corde étant coupée le poids tombe au fond du puits et casse la roche, un homme descend et rattache le câble pour remonter le mouton.

2. Burmah Oil Cᵒ.

En 1896, il y avait 80 forages exécutés :

Dans la région de Kodoung 70
Au nord de Twingou... 2
A l'est de   —   1
Au sud de Bémé.. 7

En prenant les densités des échantillons de pétrole provenant de puits ayant à peu près la même profondeur, le Dʳ Nœtling a obtenu les résultats suivants :

NOMBRE D'ÉCHANTILLONS	PROFONDEURS EXTRÊMES EN MÈTRES	DENSITÉS EXTRÊMES A 15°,56	DENSITÉS MOYENNES A 15°,56
5 puits à main	27 à 40	922-949	920
13 —	47 à 61	881-976	947
17 —	62 à 76	860-956	901
24 —	76 à 91	869-942	892
3 —	91 à 95	869-895	886
10 forages	99 à 220	860-907	882

La densité moyenne diminue donc avec la profondeur ; il y a, d'ailleurs, de nombreuses irrégularités dues en partie à ce que dans les puits creusés à la main et même dans les forages, les différentes couches productives ne sont pas complètement isolées les unes des autres.

PRODUCTION DE YENANG YOUNG

Années	Tonnes	Années	Tonnes
1886	4.450	1896	49.200
1887	7.290	1897	69.000
1888	7.950	1898	66.000
1889	8.850	1899	72.000
1890	11.700	1900	89.000
1891	24.200	1901	123.000
1892	26.000	1902	134.000
1893	33 500	1903	187.000
1894	32.400	1904	450.000
1895	46.400		

District de Yenang Yat. — Yenang Yat ou Yénangchit est situé par 21° 6″ de latitude nord et 94° 15″, de longitude est (Greenwich), le long et sur la rive droite de l'Irawaddy, presque en face des ruines du vieux Pagan, d'où le nom de champ pétrolifère de Pagan, qui est quelquefois appliqué aux exploitations de cette région (*fig.* 264).

La première mention de ces exploitations se trouve dans la *Relation de voyage de Crawfort à Ava.*

Les puits sont situés dans trois ravins étroits et parallèles, situés au nord

du village de Yenang Yat ; ils portent le nom de Yenang Chaung, Ok-
Kiang-Chang, Ywaya-Chaung.

La région est constituée par une chaîne de collines parallèles aux rives de l'Irawaddy qui en baigne les pentes du côté de l'est. Plus au sud, vers Singu, elle est coupée par l'Irawaddy, et son prolongement se trouve par suite, sur la rive gauche ; elle s'étend dans cette direction sur une longueur de 25 kilomètres : bien que portant des noms différents au nord et au sud du fleuve, c'est bien, en réalité, la même chaîne qui se continue, et elle fait partie d'une série de plissements anticlinaux parallèles qui forment une grande partie de la contrée avoisinante. Les terrains au point de vue géologique sont les mêmes que ceux de Yenang Young.

Dans le miocène, l'argile domine davantage qu'à Yenang Young ; elle a une couleur olive ou bleue ; les grès jaune ou jaune verdâtre ont un grain fin et sont généralement friables, avec des strates plus dures ; les argiles contiennent de nombreuses inclusions gypseuses.

Comme dans le champ de Yenang Young, le pétrole est confiné dans les bancs gréseux dont l'épaisseur est très variable et dont la richesse est loin de correspondre à l'épaisseur.

Il semble y avoir un très grand nombre de couches pétrolifères ; une quinzaine ont été reconnues plus ou moins exactement, un petit nombre d'entre elles seulement étant réellement riches.

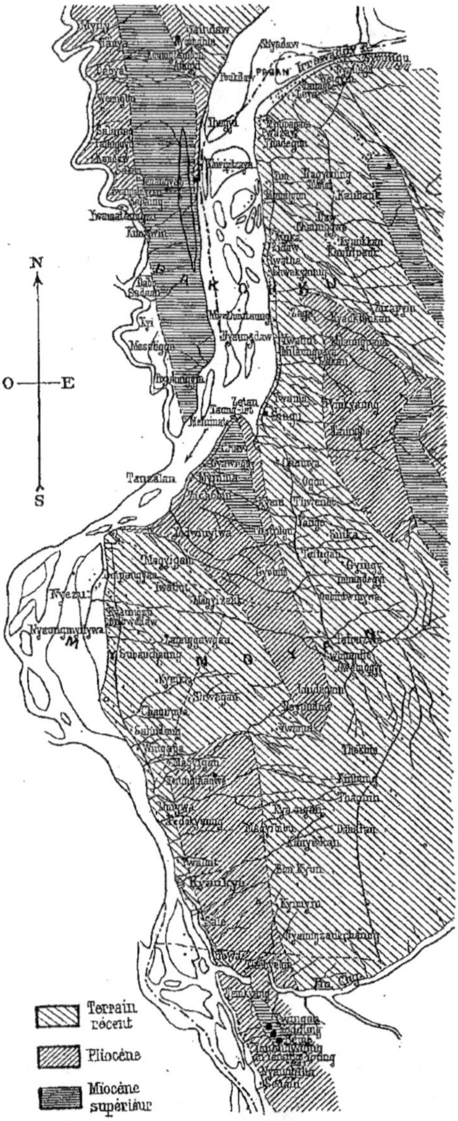

Les couches sont assez irrégulières, et il est assez difficile d'établir exac-

Fig. 264. — La vallée de l'Irawady, entre Yenang Young et Yenang Yat.

tement la stratigraphie de la région (*fig.* 265) ; dans une même couche, il y a de fréquents changements de facies, le grès se transformant en argile, et réciproquement.

La succession des couches est à peu près la suivante :

			Mètres					Mètres
1re	Sable pétrolifère.	épaisseur	9		8e	Sable pétrolifère.	épaisseur	6
	Argile............	—	15			Argile...........	—	13
2e	Sable pétrolifère.	—	6		9e	Sable pétrolifère.	—	7
	Argile...........	—	8			Argile...........	—	9
3e	Sable pétrolifère.	—	5		10e	Sable pétrolifère.	—	2
	Argile...........	—	7			Argile...........	—	6
4e	Sable pétrolifère.	—	3		11e	Sable pétrolifère.	—	6
	Argile...........	—	16			Argile...........	—	3
5e	Sable pétrolifère.	—	6			Sable	—	4
	Argile...........	—	22			Argile...........	—	3
6e	Sable pétrolifère.	—	12		12e	Sable pétrolifère.	—	15
	Argile...........	—	18			Argile...........	—	4
7e	Sable pétrolifère.	—	23			Sable	—	15
	Argile...........	—	9					

1er Sable pétrolifère : son épaisseur varie de $4^m,50$ à 15 mètres ; il y a des points où on ne l'a pas rencontré : à sa place se trouvait une argile très sableuse renfermant quelques traces de pétrole ;

2e Sable pétrolifère : épaisseur variant de 1 à 12 mètres ; ce niveau donne du pétrole s'écoulant naturellement sans pompage ;

3e Sable pétrolifère : il est souvent réuni au suivant ;

4e Sable pétrolifère : ne contient pas de pétrole dans tous les points où il a été rencontré ;

5e Épaisseur variant de $1^m,50$ à 8 mètres : même remarque que précédemment ; de plus, en certains points, il est aquifère : quand il produit du pétrole, celui-ci coule quelquefois naturellement.

Les autres niveaux pétrolifères donneraient lieu à des remarques analogues. D'après Grimes, les affleurements de grès pétrolifères, quand ils contiennent du pétrole, ont une température supérieure à celle des couches environnantes et à celle de l'air ambiant.

Les efflorescences salines sont nombreuses dans cette région ; elles donnent à l'analyse les résultats suivants :

Na^2O...	34,89
K^2O...	0,24
CaO...	1,25
MgO...	1,80
Cl...	0,32
SO^3...	48,09
Perte à la calcination...	4,65
Insoluble...	10,00
TOTAL...............................	101,24

D'après cette analyse les efflorescences salines sont donc conftituées par 78 0/0 de SO^4Na^2 ; elles donnent au tournesol une réaction alcaline ;

Comme à Yenang Young, le pétrole se rencontre vers le haut des anticlinaux, mais il faut remarquer que les puits qui sont à une certaine distance

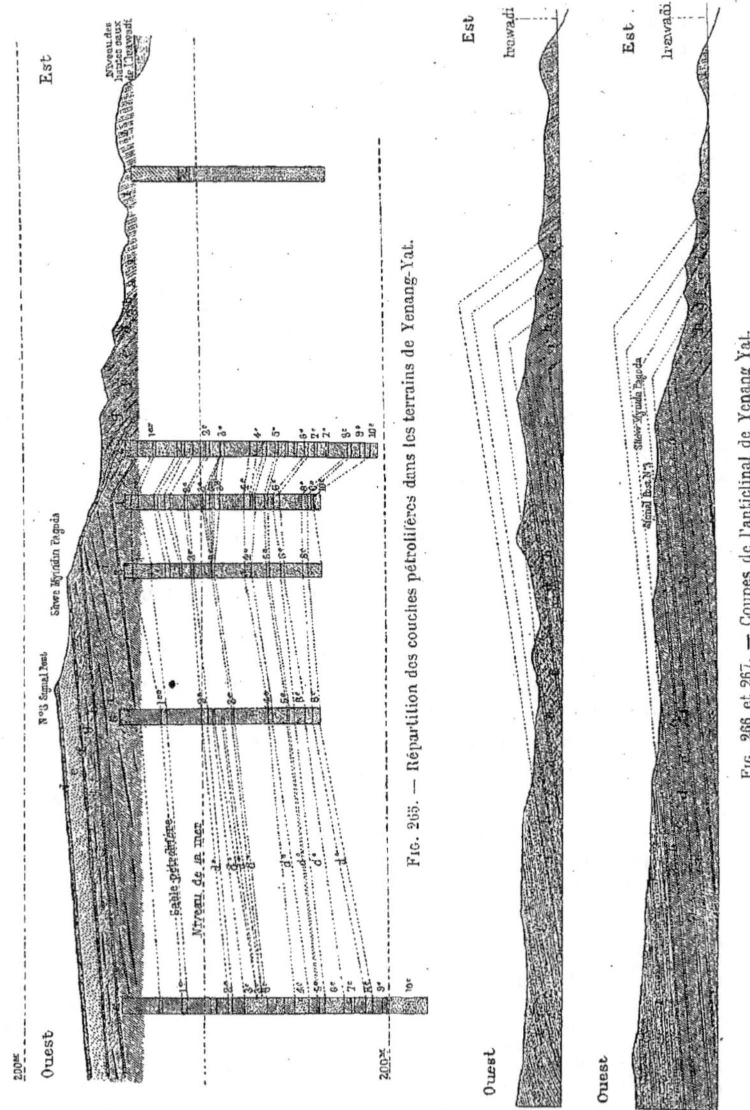

Fig. 265. — Répartition des couches pétrolifères dans les terrains de Yenang-Yat.

Fig. 266 et 267. — Coupes de l'anticlinal de Yenang Yat.

de l'axe vers l'est (environ 130 mètres) donnent une plus grande production que ceux qui sont situés sur l'axe même.

L'anticlinal de Yenang Yat est fortement dissymétrique (*fig.* 266 et 267), les strates qui plongent vers la rivière étant presque perpendiculaires sur les bords même du cours d'eau ; en s'éloignant un peu du fleuve, la pente est encore de 70° vers l'est ; à 400 mètres de la rivière, la pente est encore de 45° ; puis soudainement, ayant franchi la ligne de faite de l'anticlinal, elles plongent vers l'ouest sous un angle qui ne dépasse pas 7° ; la direction de l'axe de l'anticlinal est presque exactement nord-sud dans les environs de Yenang Yat.

Le pétrole dans le Burmah ne semble donc pas se rencontrer dans le pliocène et, partout où ces terrains ont une épaisseur suffisante pour empêcher de rencontrer le miocène, il n'y a pas grande chance d'obtenir des puits productifs ; les boues stratifiées de Yenang Young trouvées dans le miocène supérieur paraissent indiquer que la venue du pétrole a eu lieu vers cette époque et, par conséquent, le pliocène doit être stérile dans cette contrée.

Sur l'anticlinal de Yenang Yat, il y a trois points où les couches du miocène, intéressantes au point de vue pétrolifère, viennent à la surface ou près d'elle : Moksoma Kon près de Singu ; Yenang Yat et dans les collines des environs de Sabé, non loin de Yenang Yat. En ce dernier point, sur l'affleurement des couches pétrolifères, il y a, sur le sol, autour d'un certain nombre d'excavations, des traces d'incendie qui sont dues à la combustion des gaz naturels qui s'est prolongée pendant plusieurs mois ; les habitants de la contrée appellent cet endroit Yenang Daung (montagne de l'huile de terre).

L'exploitation du champ pétrolifère de Yenang Yat semble avoir été commencée vers 1864 ; en 1891, il y avait 18 puits creusés à la main productifs et 120 qui ne produisaient rien ; la production la plus considérable qui ait été enregistrée pour ces puits est de 1.700 tonnes en 1894.

En 1891, on commença à faire des sondages ; en 1898, il y en avait 7 d'exécutés, dont 6 productifs ; la production était alors de 900 tonnes. Elle a augmenté depuis et est devenue :

Années	Tonnes	Années	Tonnes
1898	20.000	1901	39.000
1899	33.000	1902	45.000
1900	32.000	1903	75.000

Le pétrole de Yenang Yat est brun vert par transparence et vert par réflexion ; sa densité varie de 824 à 830 à 30° C. ; il se prend en masse à 26° C.

AUTRES LOCALITÉS DE LA VALLÉE DE L'IRAWADDY OU L'ON A CONSTATÉ LA PRÉSENCE DU PÉTROLE

Bondoung : latitude, 22°30 ; longitude, 94°45. Les couches d'où proviennent les suintements de pétrole semblent appartenir à l'étage de Prome ; elles forment un anticlinal non loin des points d'exudation.

Yebu : latitude, 21°35 ; longitude, 94°19 ; à environ 32 kilomètres nord-ouest du village de Pouk. Les natifs extraient le pétrole en plusieurs points ;

Indin : latitude, 23° ; longitude, 94° 10 ; sur la rive droite du ruisseau Mitha ;

Yenan-Village ; latitude, 24° ; longitude, 94° 30 ; il y a quelques puits donnant du pétrole et sur l'axe de l'anticlinal un puits donnant du gaz.

RÉSUMÉ CONCERNANT LA VALLÉE DE L'IRAWADDY

Sur une étendue de terrain allant du 18° au 24° de latitude, comprenant environ 650 kilomètres de long sur 50 kilomètres de large, tout le long des pentes orientales des montagnes de l'Arakan Yoma, le pétrole a été rencontré dans une vingtaine de localités.

En tous ces points, dans le voisinage des exsudations pétrolifères, les couches géologiques affectent la forme d'anticlinaux, et les points reconnus semblent former deux bandes parallèles, celle de l'anticlinal de Yenang Young et celle de l'anticlinal de Mimbu.

Propriétés des pétroles de Burmah. — Les renseignements qui ont été publiés sur les pétroles du Burmah concernent principalement ceux de Yenang Young.

Le pétrole de Yenang Young, vu par transparence, a une couleur brune plus ou moins foncée ; vu par réflexion, la teinte est vert foncé.

Les poids spécifiques déterminés par différents observateurs sont les suivants :

ANNÉES	AUTEURS	LOCALITÉS		POIDS SPÉCIFIQUE	TEMPÉRATURE DE L'OBSERVATION
1830	Christison	Yenang Young		880	15°,56 C.
1830	H. Vohl	—		885-890	
1865	Warren et Hofer	—		875	29° C.
1891	Holland	Kodoung, puits n°	1	875	29°,5 C.
—	—	—	16	887	—
—	—	—	13	879	—
—	—	Twingon,	310	863	—
—	—	—	306	865	—
—	—	—	374	872	—
—	—	Berne,	504	887	—
—	—	—	516	892	—
1894	Engler	Kodoung,	26	873	31°,7 C.
—	—	Twingon,	62	865	—
—	—	Yenang Yat,	15	821	—
—	—	— moyenne		816	—
—	—	Mimbu,	—	1.002	30° C.

II. — ASSAM

Le pétrole a été signalé dans la région d'Assam, en 1825, par le lieutenant Wilcox, à Supkong sur la rivière Buri Dihing ; en 1837, par le major White, sur la rivière Namrup ; en 1838, par le capitaine Hannay, qui fit des recherches, en 1845, sur la rivière Namtchuk où existent de petits volcans de boue ; en 1865, par Medlicott à Makum.

En 1866, un forage à Nahor Pung donna des traces de pétrole à Makum ; en 1867, d'autres forages donnèrent de meilleurs résultats.

Les travaux ont été continués depuis par l'Assam Railways and Trading C° L^td et l'Assam Oil Syndicate L^td.

Les régions exploitées sont Digboi et Makum ; à Digboi, les travaux commencèrent en 1888, et, au début, sur 15 forages, un seul fut productif.

Tout le terrain de l'exploitation est constitué par des jungles ; le pétrole se trouve dans le miocène, la pente des couches est de 33°.

A Makum, le pétrole fournit surtout de l'huile de graissage ; les terrains les plus anciens en affleurements appartiennent au crétacé, et le pétrole se trouve surtout dans l'éocène où existent quelques couches de charbon ; le pétrole se trouve entièrement sur l'un des flancs d'un anticlinal.

PRODUCTION DE L'ASSAM (EN TONNES)

Années	Tonnes	Années	Tonnes
1894	620	1900	2.870
1895	138	1901	2.390
1896	885	1902	6.650
1897	805	1903	9.500
1898	2.080	1904	9.750
1899	2.372		

III. — BALUCHISTAN

Dans la région montagneuse du nord du Baluchistan, qui se développe sur la rive droite de l'Indus, de nombreuses localités ont été signalées comme renfermant des indications pétrolifères, et, bien que jusqu'ici, malgré un certain nombre de tentatives de sondages, on ne soit pas arrivé à une exploitation régulière, les résultats obtenus peuvent faire espérer que, dans l'avenir, il sera peut-être possible d'établir dans cette contrée une exploitation régulière. Les difficultés des communications et la rareté de l'eau dans cette contrée rendent du reste les premières recherches fort difficiles.

La région montagneuse où les suintements pétrolifères ont été reconnus, comprend principalement les Mari Hills et les Suleiman Range et s'étend

presque entièrement au nord du chemin de fer Sind-Pishin, et c'est principalement aux environs même du chemin de fer qu'ils ont été relevés en
plus grand nombre. Cela conduit à penser, ainsi, du reste, que des découvertes faites dans des régions plus éloignées le confirment, que cette région
doit être particulièrement riche en indications de ce genre, et qu'il faut
s'attendre à ce que les points signalés s'accroissent au fur et à mesure que
la région sera mieux connue.

Dans les Mari Hills, les habitants recueillent le pétrole pour l'appliquer
à des usages médicinaux.

Le centre le plus important des suintements pétrolifères dans les Mari
Hills est la vallée de Kattan, et, suivant l'anticlinal qui passe en ce point, il
y a de nombreux points d'exsudations, notamment dans la vallée de Des.

Au voisinage des affleurements de pétrole, de nombreuses sources sulfureuses viennent au jour, la température de leurs eaux se tenant en moyenne
aux environs de 42° C., et tout autour de ces sources le long d'un conglomérat qui affleure dans la vallée il y a d'importants lits bitumineux.

Trois forages ont été exécutés à Kattan, de 1887 à 1888 ; l'un d'eux est
allé jusqu'à la profondeur de 156 mètres, donnant du pétrole à différents
niveaux situés à 8, 19, 28, 35, 38, 41 et 116 mètres.

Les terrains traversés étaient les suivants :

		Mètres
Graviers, galets et bitume	jusqu'à	3,80
Calcaire bleu fissuré	—	9
Conglomérat marin dur ; lits alternatifs de schistes bleus tendres et de calcaire dur avec quartz et pyrite de fer.	—	80
Calcaire gris foncé	—	146
Schistes gris tendre	—	156

Pendant l'année 1889, 900.000 kilogrammes de pétrole furent extraits.
Mais, en juin et juillet, les pluies noyèrent les puits, et la production fut, de
ce fait, réduite au 1/10 ; à force de pomper, on réussit à faire remonter le
débit, mais, l'année suivante, les pluies vinrent de nouveau réduire la production. On essaya un nouveau forage à Siah Kach, à 7 kilomètres de Katan,
sans résultats, et les travaux furent abandonnés.

Dans la région comprise entre Kattan et le chemin de fer allant de Spin
Tangi à Shang, il y a de nombreuses traces de pétrole, notamment dans des
veines de calcite où il se présente en veinules de dimensions variables allant
de 10 millimètres à une épaisseur si faible qu'il faut une forte loupe pour les
distinguer.

Non loin du chemin de fer lui-même, on retrouve le pétrole à Spin Tangi,
Pir Kipar Mand, dans la région de la vallée de Harnay, non loin de Babian
(Baban).

Plus au sud, dans la vallée de Bolan, près de Kirta, le travertin de la
base des collines est imprégné de bitume ; un forage exécuté en 1889 a donné
vers 110 mètres des eaux sulfureuses avec un peu de pétrole.

A Sukkur, un forage fut exécuté de 1893 à 1895 sans résultats.

PRODUCTION DU BALUCHISTAN

Années	Tonnes	Années	Tonnes
1890	11.500	1893	1.800
1891	1.400	1894	»
1892	110		

IV. — PROVINCE DU PUNJAB

Non loin de la région pétrolifère du Baluchistan, il y a dans le Punjab une autre région assez étendue où le pétrole a été signalé en plusieurs points ; elle est comprise dans le district de Rawalpendi situé dans la partie Nord de la province et est localisée sur les pentes du Salt Range qui borde la rive nord de la rivière Jehlam.

Toute cette contrée salirère renferme de nombreuses sources salées, notamment celles de Kalra près Domély, qui, presque saturée, dépose un tufa-calcaire donnant naissance à un conglomérat sur les rives d'un torrent voisin, celle de la vallée de Bunhar, près de la passe de Ghoragali, et de Kalar Kabar ; de plus, presque tous les cours d'eau des parties nord et est du Salt Range déposent des matières salines. Il y a aussi un assez grand nombre de sources sulfureuses chaudes, comme par exemple dans le ravin de Bakh où quelques-unes jaillissant avec force bouillonnent sous l'action des gaz qui se dégagent, donnant naissance à de petits courants d'eau dont la surface est recouverte d'une mince pellicule de sulfate de chaux.

Un phénomène curieux de cette région est l'existence de lacs salés dans la partie ouest du Salt Range (plateau de Son), situés à une assez grande distance de la région salifère et à un niveau notablement plus élevé. La salure de ce lac sans écoulement sauf par débordement lors des grandes pluies, ne semble pas avoir été jusqu'ici expliqué d'une façon complètement satisfaisante, l'hypothèse d'abord formée d'un relèvement des marnes salifères dans une faille jusqu'au contact des lacs, ayant dû être abandonnée après un examen attentif de la région.

Plus de vingt localités ont été signalées comme renfermant des indices pétrolifères, entre autres : les ravins de Chota et Bara Kata près de Jaba, sur les pentes nord du Salt Range où le pétrole vient au jour en même temps que l'eau sulfureuse, donnant un débit journalier d'environ 5 litres. Un dépôt de gypse s'est formé aux environs probablement par l'action des eaux sulfureuses sur le calcaire et l'on y a exploité autrefois du soufre natif.

Une concession fut accordée, en 1887, pour la recherche du pétrole et un certain nombre de forages furent entrepris. L'un d'eux aux environs de Gunda donna, à 30 mètres de profondeur, 200 litres environ de pétrole par jour ; les autres ne donnèrent que des quantités insignifiantes. Il semble que ces forages n'ont pas atteint une profondeur suffisante pour permettre un jugement certain sur la puissance productive de cette contrée[1].

III

ILES DE LA SONDE

(SUMATRA, JAVA, BORNÉO, TIMOR, PHILIPPINES, FORMOSE)

L'étude de la manière d'être des manifestations pétrolifères dans les îles de la Sonde, est particulièrement intéressante, à cause du développement

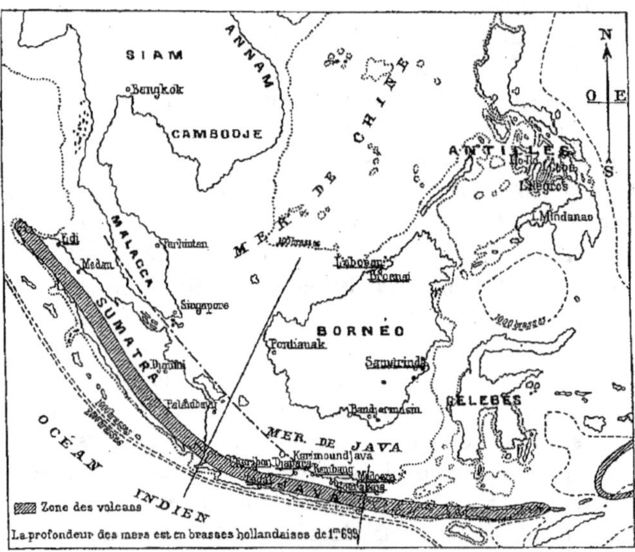

Fig. 268. — Les îles de la Sonde.

inusité que les terrains éruptifs prennent dans ces îles, en particulier dans les îles de Sumatra et Java et spécialement dans celle de Java, ainsi qu'on peut le voir sur les figures 268, 269 et 270, qui permettent de se rendre compte de l'importance des formations éruptives dans ces régions, les zones volcaniques y ayant été indiquées d'une façon spéciale.

La mer qui sépare les Iles de la Sonde de l'extrémité sud-est du

1. Le pétrole a été signalé sur les bords du Hc-Khok, aux environs de Kiang-Haï, dans le nord du Siam.

continent asiatique, est de formation relativement récente, puisqu'elle n'existait pas encore au commencement de l'époque quaternaire ; elle n'a qu'une faible profondeur et un abaissement du niveau des eaux de peu d'importance suffirait pour réunir à nouveau les îles au continent (Voir sur la carte les courbes de niveau des fonds sous-marins) ; au contraire, le long de la côte extérieure de Java et de Sumatra, c'est-à-dire vers le sud, la mer a une profondeur considérable à une petite distance de la côte puisqu'on y relève des côtes de fonds de 1.600 et 3.000 mètres, indiquant une faille importante, probablement très ancienne, provoquée par l'affaissement du fond de l'Océan Indien.

L'activité éruptive sur les terrains émergés au nord-est de la faille s'est prolongée jusqu'à l'époque contemporaine à travers une longue suite de siècles, puisqu'elle remonte au moins à l'époque dévonienne et que très probablement elle a pris naissance dès la formation même des terrains azoïques.

Bien que la dénivellation profonde entre les terrains des Îles de la Sonde et le fond de l'Océan Indien ait dû persister à travers les âges, les îles actuelles ont subi à différentes époques des affaissements partiels ou totaux, ainsi qu'en témoignent les formations permiennes, triassiques et jurassiques

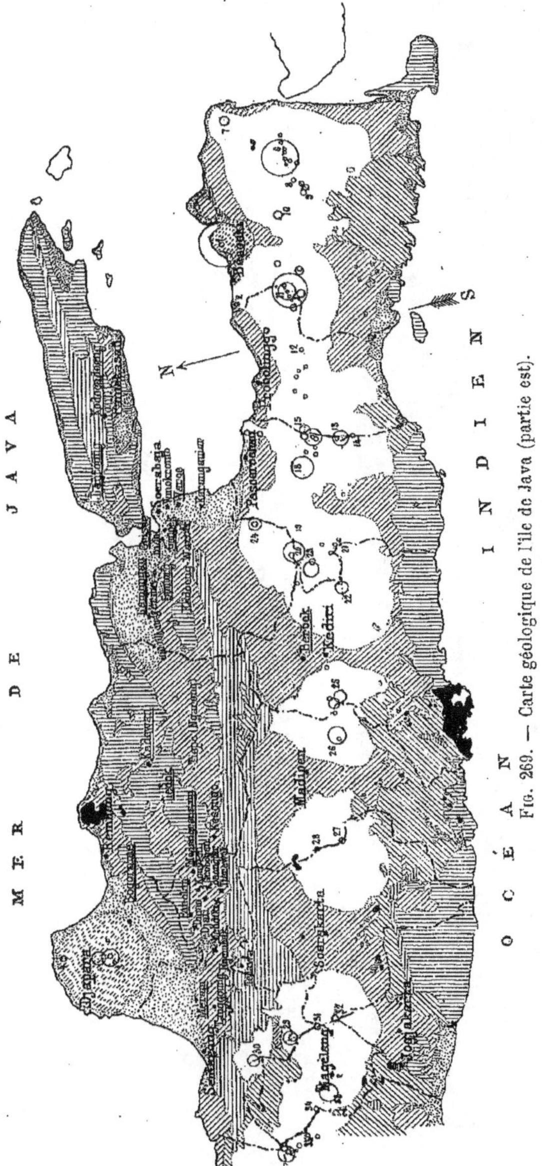

FIG. 269. — Carte géologique de l'île de Java (partie est).

des îles Timor et Rioti, les formations crétacées, éocènes et oligocènes de

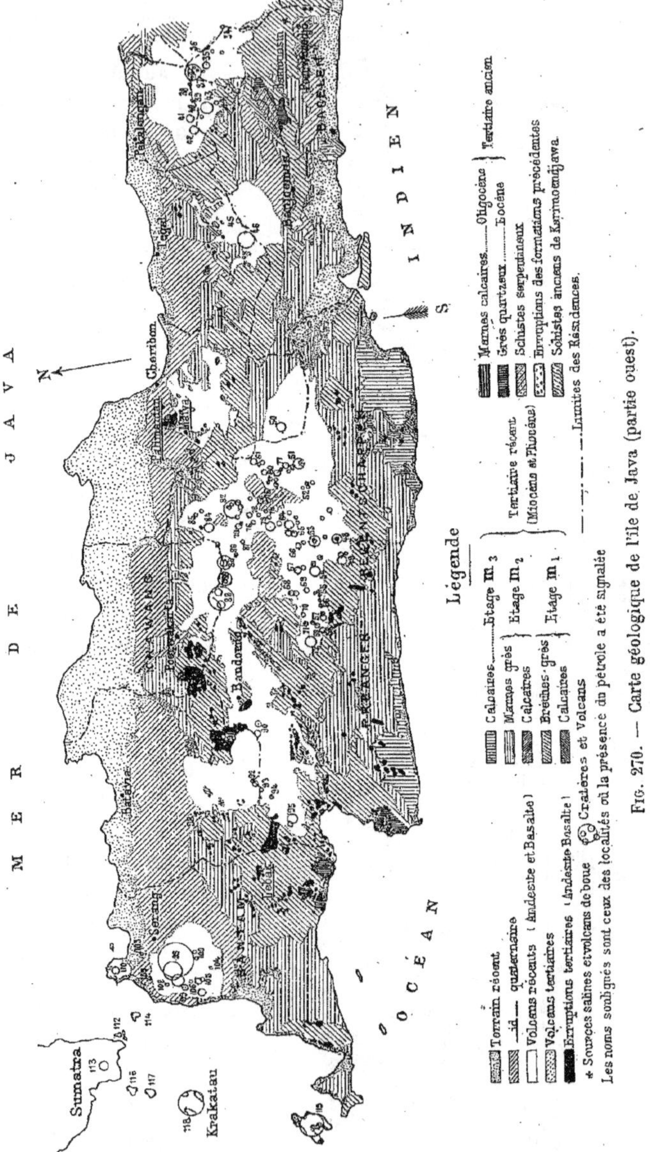

Fig. 270. — Carte géologique de l'île de Java (partie ouest).

Java et Sumatra, ainsi que les formations de l'époque miocénique qui ont atteint en particulier une importance extrêmement considérable.

Mais, antérieurement au miocène moyen, Java et Sumatra devaient être réunies et la faille qui a provoqué leur séparation, et qui est indiquée sur la figure 268 a dû prendre naissance à peu près vers l'époque miocène, ainsi que celle qui se trouve au sud-est de Java. C'est après cette séparation et pendant l'époque quaternaire, quand les îles prenaient leur configuration définitive, au moment même où la mer venait de les séparer définitivement de l'Asie, que l'activité éruptive subit le dernier paroxysme très marqué, qui est allé en s'éteignant graduellement jusqu'à nos jours.

Les îles de Java et de Sumatra offrent une grande analogie de constitution, quoique à Sumatra les affleurements de terrains anciens soient plus développés qu'à Java et que les affleurements crétacés n'aient pas été rencontrés à Sumatra comme ils l'ont été à Java et à Bornéo, et ce sont par excellence des îles de manifestations volcaniques intenses, puisque de l'extrémité nord de Sumatra jusqu'à l'île Saroua[1] vers l'est, sur une longueur de 4.500 kilomètres qui correspond à la distance séparant Gibraltar d'Arkangel, se trouve une suite à peu près ininterrompue de volcans ; mais c'est à Java surtout que se sont développés avec le plus d'intensité ces phénomènes volcaniques bien que de nos jours ils se soient considérablement amortis, il est donc intéressant d'entrer dans quelques détails sur la constitution géologique de cette île, afin d'examiner si ces manifestations d'une nature exceptionnelle n'ont pas influé dans un sens quelconque sur les apparences ou la genèse des manifestations pétrolifères qu'on y rencontre.

En classant par ordre d'ancienneté les surfaces des affleurements des terrains des différents âges, on obtient le tableau suivant :

SURFACES OCCUPÉES PAR LES TERRAINS DES DIFFÉRENTES ÉPOQUES
QUI CONSTITUENT LE SOL DE JAVA[2]

	0/0	
Schistes les plus anciens (Ile Karimoundiawa, seulement).	0,046	
Terrain crétacé (avec roches éruptives, gabro, diabase, porphyrite quartzeuse).	0,152	
Eocène (avec roches éruptives).	0,252	1,157
Oligocène (— —).	0,004	
Andésite et basalte anciens.	0,723	
Néo-tertiaire m_1.	14,419	
— m_2.	13,526	37,752
— m_3.	9,807	
Roches leucitiques et phonolithiques.	1,590	27,621
Volcans.	26,031	
Terrains quaternaires.	21,024	33,470
— récents.	12,446	
TOTAL.	100,000	

D'après ce tableau, la surface des terrains éruptifs représente 28 0/0 de la surface totale ; si l'on y ajoute les terrains post-tertiaires, qui ont une importance de 33 0/0, on voit que plus de la moitié du sol de l'île est

1. L'île Saroua est à l'est de Java en dehors des limites de la carte.
2. Verbeek et Fennema, *Description géologique de Java et Madoura.*

constituée par ces deux terrains, et si l'on prend en considération les terrains miocènes, il ne reste plus que 1 0/0 pour les terrains plus anciens. C'est là une constitution tout à fait particulière qui ne peut manquer d'influer sur la physionomie générale de la contrée.

Les roches qui constituent les terrains des différents âges reconnus à Java sont :

Schistes argileux, quartzites avec filons de quartz (Ile de Karimoundiawa)	(?)
Schistes à serpentine, micacés, choriteux et argileux. Quartzites, couches calcaires et couches interposées de roches éruptives (diabase, gabro, porphyre quartzeux)	Crétacé
Grès quartzeux, argilolithes avec couches de houille, brèches de diabase, quartzite, quartz, conglomérats de quartz et de granite, marnes à alvéolines et calcaires à nummulites. Roches éruptives, andésites avec caractère de diorites et de diabase	Tertiaire inférieur Eocène
Terrains de Nanggoulan	Tertiaire inférieur Oligocène
Roches éruptives à la base. Etage brécheux à éléments éruptifs, argileux, gréseux, rarement marneux. Bancs calcaires	Miocène inférieur
Marnes, grès marneux, grès, argiles, quelques bancs calcaires	Miocène moyen
Roches éruptives. Calcaires, calcaires marneux, marnes. Roches volcaniques	Miocène supérieur et pliocène
Sédiments post-tertiaires	Quaternaires
Sédiments	Modernes

Terrains schisteux anciens. — Les schistes les plus anciens se rencontrent dans les îles de Karimoundiawa, au nord de la côte de Java, et aussi à Bangka, Biliton, Bornéo. Ils existent aussi aux îles Linga, en sorte que l'alignement Linga, Bangka, Biliton, Karimoundiawa, semble représenter un plissement ancien parallèle à ceux de Java et de Sumatra.

Terrain crétacé. — Les couches crétacées de Java sont constituées par des schistes quartzeux, des schistes à serpentine, des schistes chloriteux, des schistes micacés, des argiles, des calcaires ; les schistes argileux sont rares. Les argiles sont le plus souvent dures et compactes, de teintes foncées et quelquefois marneuses, tournant au calcaire.

Les bancs calcaires sont presque partout à pâte cristalline, avec veines de calcaire spathique.

Les roches éruptives sont des diabases, des gabros, des porphyrites quartzeuses ; souvent les diabases sont en lits concordants avec les schistes.

Le terrain crétacé doit avoir une grande épaisseur: il n'existe en affleurement à Java qu'à la baie de Tiiletou (Preanguer Regentschappen), entre les résidences de Banioumas et Baguelen et dans la chaîne de Diiwo-

Terrain éocène. — Il est principalement constitué par un grès siliceux à ciment argileux, avec un peu de mica; il se retrouve avec une grande constance de constitution à Java, à Bornéo et à Sumatra; le quartz qui constitue son squelette a probablement été emprunté à du granit, quoique aucun affleurement important de cette roche n'ait été reconnu.

Outre le grès, il y a des conglomérats quartzeux, des argiles grises, des schistes carbonifères avec couches de houille; tous ces terrains sont des formations d'eau douce et constituent l'éocène supérieur.

L'éocène inférieur est un étage de formation marine, comprenant des brèches; des conglomérats à éléments granitiques, quartzeux, serpentineux, schisteux ou à fragments de diabase; des grès constitués de fragments de diabase; des argiles schisteuses noires ou foncées, facilement friables; des argiles tendres, des marnes, des calcaires à nummulites. Les bancs de roches éruptives qui se trouvent interstratifiés ressemblent à de la diabase ancienne et à de la diorite.

Le terrain éocène ne forme plus qu'une faible partie des affleurements de Java, et les sondages ne l'ont pas encore rencontré, quoiqu'il doive former une grande partie du sous-sol des terrains miocènes.

Terrain oligocène. — Il n'a qu'une faible étendue; il est constitué par des calcaires, des calcaires marneux, des argiles tendres, des grès, des marnes, des lignites. L'épaisseur totale de ce terrain semble comprise entre 160 et 250 mètres.

Terrain du miocène inférieur. — A la fin de l'époque tertiaire ancienne, après le dépôt du terrain oligocène, il a dû se produire des dislocations considérables, accompagnées de formidables émissions de roches éruptives.

Celles de l'époque crétacée et de l'époque éocène ou oligocène sont négligeables à côté des masses énormes des roches éruptives du commencement du miocène. L'importance de cette venue est indiquée par ce qui en reste actuellement à l'état de roches natives et par l'importance des dépôts détritiques auxquels les parties disparues ont donné naissance et qui correspondent à des quantités de roches beaucoup plus considérables.

Le terrain tertiaire, formé aux dépens de ces érosions, des roches éruptives du commencement du miocène a, dans certains points de Java, jusqu'à 6.000 mètres d'épaisseur et correspond à une émission de matières volcaniques deux mille fois plus importante que celle qui a eu lieu lors de l'éruption pourtant fameuse du Krakatau en 1883.

Ces éruptions si importantes semblent s'être produites par des crevasses et non pas par des cratères, et une partie des roches émises se sont manifestement déposées au-dessous du niveau de la mer; d'autres parties ont l'aspect de gabros, il s'est donc formé à Java des éruptions à facies prétertiaire à une époque relativement récente.

Les roches éruptives mises au jour dans cette formidable évolution, sont principalement des andésites à hornblende, à pyroxène, des basaltes à caractères néo-volcaniques, mais, en général, elles accusent par leur texture un âge plus reculé que leur origine.

Outre ces roches d'origine éruptive, il y a dans le miocène inférieur, des brèches et des conglomérats formés de fragments d'andésite, de basalte, de calcaire, noyés dans une pâte composée des mêmes éléments en débris beaucoup plus fins ; des argiles à éléments volcaniques ; des grès et brèches à éléments ponceux ; des grès gris et verts plus ou moins calcaires constitués en grande partie par des débris d'andésite ; des bancs calcaires peu nombreux (foraminifères), mais épais ; des schistes argileux durs avec interposition de bancs d'andésite ; des marnes mais en petite quantité.

Terrain du miocène moyen. — Il est formé de marnes tendres, de grès marneux, de marnes calcaires, de calcaire, d'argile, de conglomérats et brèches à fragments d'andésite et de basalte, de tuf ponceux, et de bancs interposés d'andésite d'origine éruptive.

Terrain du miocène supérieur. — Il comprend des marnes calcaires et des calcaires marneux, des calcaires contenant des débris d'andésite, de la dolomie, des marnes, des argiles.

L'épaisseur moyenne des différents étages du miocène est :

	Mètres
Miocène inférieur	3.300
— moyen	2.250
— supérieur	600
Total	6.150

Les couches miocènes recouvrent en certains points la largeur totale de l'île de Java, mais au centre elles sont souvent dissimulées par les volcans récents ; presque horizontales sur les rivages nord et sud de l'île, les couches ont des plissements de plus en plus accentués à mesure qu'on se rapproche du centre de l'île, où elles ont quelquefois une direction voisine de la verticale. Le miocène supérieur manque à l'intérieur de l'île de Java.

Les plissements qui se sont produits ont provoqué de nombreuses failles dont les plus importantes sont parallèles à l'axe de l'île, d'autres sont perpendiculaires à cette direction.

Les volcans de Java. — Après l'activité volcanique exceptionnelle qui s'était manifestée au commencement de la période miocène, il y eut une accalmie qui dura jusqu'à la fin de l'époque miocène ; les éruptions reprirent alors une certaine intensité, mais, cette fois, elles eurent lieu par des cratères nettement déterminés, et les volcans récents qui ont ainsi pris naissance sont constitués par des andésites et des basaltes.

Il y a, à Java, 121 cratères, en y comprenant quelques volcans situés dans les petites îles avoisinantes, dont le Krakatan qui porte sur la carte le numéro 118 ; tous ces cratères ont été autant que possible représentés sur la carte (*fig.* 269 et 270) et numérotés, afin de donner une idée aussi exacte que possible de leur répartition.

Il y en a 14 dont l'altitude est comprise entre 3.000 et 3.700 mètres ; 45, entre 2.000 et 3.000 mètres ; 50, de 1.000 à 2.000 mètres : et 22 n'atteignant pas 1.000 mètres, et si l'on cherche à reconstituer le profil des volcans correspondant aux plus grands cratères d'effondrement, aucun ne semble avoir dépassé l'altitude de 4.500 mètres. Douze dégagent encore des gaz, principalement constitués d'acide sulfureux et de vapeur d'eau ; 17 ont eu des éruptions dans les temps historiques.

Terrains quaternaires. — Tous les terrains quaternaires ont leur stratification horizontale, et sont constitués de débris de roches volcaniques.

Terrains récents. — Tous ces dépôts sont constitués en grande partie de débris volcaniques.

Les volcans de boue, les sources thermales et salines, à Java. — Dans un grand nombre de points où affleurent les terrains tertiaires et quaternaires, il y a des sources salées chaudes qui, pour la plupart, contiennent de l'iode.

« Pour beaucoup d'entre elles, il se dégage avec l'eau un peu de pétrole et parfois aussi des gaz hydrocarbonés, en sorte qu'on est tenté de chercher l'origine du sel de l'iode et du pétrole dans les mêmes couches ou du moins dans les mêmes terrains [1]. »

Ces sources salées sont particulièrement abondantes dans les collines qui s'étendent depuis la résidence de Soerabaya, vers celles de Rembang et Semarang. Sur la frontière du Rembang, au lieu dit Kesongo, se trouve une source boueuse de grande étendue. Dans une plaine qui a 1.000 mètres de diamètre environ, se trouvent disséminés un grand nombre de points d'émission ; en 1887, l'un deux rejeta, à la suite d'une violente détonation, de la boue et de l'eau salée pendant plus de trois mois. Non loin de Kesongo, dans la plaine de Grobogan (Semarang), se trouvent aussi de nombreuses sources boueuses donnant aussi un peu de pétrole et des gaz combustibles.

Les principales sources sont :

Medangramsaw, à l'est de Wirosari, où, dans une plaine marécageuse, se trouvent plusieurs sources boueuses ; l'une d'elles ayant formé (depuis 1882) un cône d'une dizaine de mètres de hauteur ;

Diono, où l'eau salée est employée à la fabrication du sel ;

Nguembak, où les sources salées ont une odeur de pétrole très prononcée ;

---

1. Verbeck.

Mélati, non loin de Goubouk, où se trouve le feu sacré de Demack, très anciennement connu ;

Tierewek ; Baudiar lor ; Baudiar Kidoul, où existent plusieurs sources salées.

Kouwou ; Diati ; Mendikil, où il s'échappe de la boue tiède et, en même temps, de la vapeur d'eau et des gaz. La source boueuse la plus importante est celle de Kouwou, qui a formé un cône bas, d'une assez grande étendue, dont le sommet demeuré pâteux ne permet d'approcher du centre qu'avec précaution ; la boue s'enfle périodiquement au centre de cette espèce de cratère et de grosses bulles crèvent avec un bruit sourd, projetant la boue dans tous les sens, avec dégagement de volutes de vapeur d'eau.

A la halte de Tempourang, une source salée donne aussi des traces de pétrole.

Il convient de signaler aussi les sources chloro-iodo-bromo-sodiques de Anisan, Guebangau, Palumanan (avec pétrole). Tii Ouiah, Tegal Warou.

Les sources d'eau salée les plus riches en iode se trouvent aux environs de Sœrabaya, à Kalanganiar, à l'est de Guedangang ; à Guenoukwatou, à Kedoungwarou. Les sources de Kalanganiar et Guenoukwatou donnent, à l'analyse, pour 1.000 parties :

	KALAUGIAR	GUENOUKWATOU	KEDOUNGWAROU
Chlorure de sodium	24,10	23,92	26,251
Carbonate et sulfate de sodium	1,79	1,94	2,739
Iodure de sodium	0,11	0,12	0,171
Bromure de sodium	0,09	0,03	
TOTAL	26,09	26,01	29,161

La source de Kedoungwarou est donc notablement plus riche en iode que les autres.

Les autres sources contiennent, pour 1.000, une proportion notablement plus faible d'iode :

Sources	Asinau I	Asinau II	Guebangau
Iodure de magnésium	0,0625	0,0815	0,05864

Outre les sources principalement sodo-chlorurées citées précédemment, il y a encore à Java des sources thermales qu'on peut diviser en deux classes : 1° celles qui sortent des terrains tertiaires, et qui ont une haute teneur en matières fixes autres que le chlorure de sodium ; 2° les sources naissant des terrains volcaniques qui, généralement, contiennent peu de matière fixe.

Parmi les sources de la première classe, se trouve la source d'Alian qui a une température de 38° et qui donne à l'analyse, pour 1.000 parties :

Chlorure de sodium		5,3078
—	potassium	0,3381
—	calcium	6,0972
—	magnésium	0,0858
Iodure de	—	0,0045
Silice		0,0272
	Total	11,8606

et les sources de Baguelen et Kebondanas : cette dernière source mérite une mention spéciale, car elle contient la plus forte proportion de matière fixe constatée dans les sources de Java, elle donne à l'analyse, pour 1.000 parties (en 1894) :

Chlorure de sodium		62,133
—	potassium	1,569
—	magnésium	3,563
Iodure de	—	0,024
Chlorure de calcium		14,130
Carbonate de	—	0,497
Sulfate de	—	0,011
Silice		0,009
Carbonate de sodium		0,221
Oxyde de fer		0,061
	Total	82,215

Une analyse faite en 1856 donnait 118,29 0/00 de résidu fixe ; sa composition a donc notablement changé ; mais, comme son débit est très faible, il n'y a peut-être là qu'une différence de concentration d'un même liquide originel.

Les sources thermales qui sortent des terrains volcaniques ne contiennent guère que 5 0/00 de matières fixes au maximum. La proportion d'iode est extrêmement faible, quelquefois presque nulle.

Le gypse ne se trouve à Java qu'en fragments dans les marnes tertiaires récentes à proximité de la surface.

Le soufre ne se rencontre qu'à proximité des solfatares des cratères et en petite quantité.

I. — LE PÉTROLE DANS LES ILES DE LA SONDE

La présence du pétrole aux Iles de la Sonde était très anciennement connue et, dès le XVII° siècle, de nombreux navigateurs avaient mentionné sur leur livre de bord, les irisations caractéristiques qu'ils avaient rencontrées à la surface des flots en naviguant dans ces parages.

Il y a maintenant des exploitations importantes à Java, à Bornéo et à Sumatra, et le développement de ces exploitations s'est fait assez rapidement, car le commencement de l'exploitation sérieuse ne date guère que d'une dizaine d'années, et la production atteint aujourd'hui 1.200.000 tonnes par an.

Récemment il y a même eu des exportations de benzine faites jusqu'aux États-Unis, ce qui atteste la puissance de production de ce nouveau centre.

PRODUCTION DU PÉTROLE BRUT A SUMATRA, JAVA, BORNEO (EN TONNES)

ANNÉES	SUMATRA	JAVA	BORNÉO	TOTAL
1890	»	»	»	1.600
1891	»	»	»	5.000
1892	»	»	»	25.000
1893	25.000	15.000	»	40.000
1894	92.000	20.000	»	112.000
1895	96.000	38.000	»	134.000
1896	130.000	60.000	»	190.000
1897	291.000	70.000	»	361.000
1898	343.000	72.000	»	415.000
1899	168.000	79.000	»	248.000
1900	284.000	78.000	64.000	426.000
1901	430.000	80.000	110.000	620.000
1902	540.000	97.000	118.000	755.000
1903	650.000	88.000	134.000	872.000
1904	690.000	102.000	230.000	1.022.000
1905	»	»	»	1.300.000
1906	»	»	»	1.400.000

II. — LE PÉTROLE A SUMATRA

Les exploitations pétrolifères de Sumatra sont jusqu'ici cantonnées en deux groupes, l'un à l'extrémité nord-est de l'île, près de la limite de la résidence d'Atjeh, l'autre au sud de l'île dans le résidence de Palembang.

Groupe du Nord. — Au nord de Sumatra les exploitations sont situées dans la résidence d'Atjeh et la partie nord de la résidence de la côte orientale. Depuis le cap Diamant jusque vers Médan, le long de la côte nord-est et s'étendant à l'intérieur des terres jusqu'au pied des montagnes qui parcourent toute la longueur de Sumatra du nord-ouest au sud-est, il y a toute une région où l'on rencontre de nombreuses traces pétrolifères et où des travaux de recherche importants ont été exécutés.

Les exsudations naturelles de pétrole étaient assez nombreuses sur le bord de cette côte pour qu'on pût constater à la surface de la mer, à plusieurs kilomètres au large, des irisations caractéristiques, produites par le pétrole en couche mince flottant à la surface des flots.

Entre Edi ou Idi et la rivière Perlak, mais plus près des bords de la rivière que de la côte, se trouve le champ de Perlak où les recherches furent commencées en 1900, 3 puits forés à 130, 129 et 104 mètres donnèrent du pétrole jaillissant; en 1901, ces puits donnèrent 150.000 tonnes de pétrole dont le prix de revient ne dépassait pas 7^{fr},50 la tonne.

Le premier puits foré à Perlak donna d'abord du pétrole à la profondeur de 71 mètres jaillissant naturellement; mais ce jaillissement ne dura que quelques jours, et on continua à approfondir jusqu'à 130 mètres où la production se maintient. Au milieu de 1901, les 3 puits donnaient 5.000 barils par jour.

En 1901, la longueur forée à Perlak fut de 400 mètres environ.

Au sud du champ de Perlak se trouve l'exploitation de Langsar où des travaux de recherche ont été commencés en 1900 d'abord sans résultats très satisfaisants; mais, en 1901, on commença à avoir des puits productifs.

Plus au sud, se trouve le champ de Bésitang, sur la rivière du même nom, à une petite distance de la mer, où cette rivière vient déboucher dans la baie d'Aroe.

Un peu au sud de l'exploitation précédente, se trouve le champ d'exploitation de Babalan, qui se jette dans la baie d'Aroe; l'exploitation est située à une petite distance de la mer.

Les travaux y furent commencés en 1900, mais il fallut aller chercher le pétrole à une profondeur relativement grande; à 672 mètres, on eut un jaillissement donnant 10 tonnes par jour (75 barils), mais le débit baissa rapidement; on fora ensuite 7 puits à une profondeur variant de 672 à 714 mètres, sans résultats satisfaisants.

Encore au sud se trouve le champ de Langkat (district de Deli), le plus anciennement exploité, car les premiers travaux de recherche dans cette partie de l'île datent de 1883. M. Zuilker y obtint une concession de 500 hectares au mois d'août 1883. Mais de nombreuses difficultés retardèrent les travaux : le climat, les difficultés de communications, les déboisements nécessaires, ne permirent pas de terminer le premier forage avant l'année 1885; quoique ce premier forage donnât du pétrole, la production fut trouvée trop faible, et l'on dirigea les travaux vers une autre partie de la concession; cependant, la production du premier puits augmentait peu à peu pendant ce temps, et l'avenir semblait s'éclaircir, quand un incendie vint décourager complètement les explorateurs, qui résilièrent leur concession et abandonnèrent leurs travaux.

En 1889, les travaux furent repris par d'autres personnes, et ce fut le commencement de la Société « Koninklijke Nederlandsche Maatschappij tot Exploitatie van Petroleumbronnen in Nederlandsch-Indie », dite Compagnie « royale », qui débuta, en 1890, au capital de 10.550.000 francs; une raffinerie fut construite à Pangkalan Brandan, sur les bords de la baie d'Aroe et, comme le tirant d'eau près de la raffinerie était trop faible pour de grands vapeurs, une station de chargement fut établie à l'île Sembilan.

Les travaux furent continués au voisinage, à Telaga Baroe, où l'on fora un second puits; ces deux puits produisirent ensemble 50.000 kilogrammes par jour ou 350 barils.

En 1896, il y avait 8 puits forés ; un seul n'avait pas donné de résultats ; la production totale était de 850.000 kilogrammes par jour, et l'on construisit une autre raffinerie à Bésitang.

Mais, en 1898, les puits s'épuisèrent ; l'eau les envahit et la Société dut se livrer à de nouvelles recherches qui, d'abord laborieuses, finirent par être couronnées de succès ; ce fut le commencement de l'exploitation du champ de Perlak.

Le champ de Perlak est relié par un pipe-line aux raffineries de Bésitang et Pankalang Mandan ; la longueur de ce pipe-line est d'environ 150 kilomètres.

La Compagnie royale, à son début, en 1890, avait 100 hectares environ de concessions réparties, à Langkat, Bésitang, baie d'Aroe, Bœkit Maas. Depuis, elle a étendu ses travaux aux champs de Perlak, Édi, Pedawa, Langsar, à la région de Palembang et à celle de Kotei à Bornéo. On peut avoir une idée du développement des travaux de la Compagnie royale par la longueur forée dans les différentes concessions d'après le tableau suivant :

LONGUEUR TOTALE DES FORAGES EXÉCUTÉS EN 1901 ET 1902

	1901	1902
	Mètres	Mètres
Langkat.............................	7.200	2.500
Perlak.............................	350	1.300
Langsar.............................	260	360
Palembang.............................	7.500	8.700
Edi et Pedawa.............................	»	750
Borneo Koetei.............................	»	2.200
TOTAL.............	15.310	16.010

Dans la région sud-ouest de Sumatra dans la Résidence de Palembang se trouvent d'autres concessions.

En 1895, la Compagnie d'exploration Néderlandsche Indische avait commencé des recherches le long de la rivière Lématang ; elle obtint plusieurs concessions qui furent cédées, en 1900, à la Compagnie royale.

La Compagnie de Sumatra Palembang, en 1897, exploita une concession au sud de la rivière Lalang, elle fut reliée à la raffinerie établie à Bayou Lantgir sur les rives mêmes de la rivière Lalang ; la surface de la concession était d'environ 25.000 hectares.

Les premières recherches dans cette région furent faites, en 1899, à Melamœn, et en 1900 il y avait plus de 30 puits forés, dont 5 seulement donnèrent du pétrole à la profondeur de 180 mètres ; dans l'année suivante, on fera encore une trentaine de puits, à la profondeur de 520 mètres ; une douzaine furent productifs. En 1901, on alla jusqu'à 300 mètres de profondeur, et les recherches s'étendirent alors à Lama Lului, à 1.200 mètres de Mélamœn où l'on fora 8 puits.

Les deux champs d'exploitation de Mélamœn et Lama Lului appartiennent au même anticlinal qui se trouve relevé aux deux points de Mélamœn et Lama Lului, formant deux espèces de dômes où le pétrole a été trouvé en quantité abondante, tandis que dans la partie qui les sépare et où les couches affectent la forme d'un col, le pétrole ne semble pas se trouver en quantité exploitable.

A Mélamœn, après un tremblement de terre, les puits furent bouchés par les éboulements (janvier 1901) et, quand on en effectua le curage, il fallut approfondir pour retrouver une production rémunératrice.

Le pétrole de Mélamœn a une densité de 765 à 780. En 1896, des recherches furent commencées au point où la rivière Enim se jette dans la rivière Lemalang; on fora d'abord 3 puits qui donnèrent de bons résultats et la société Mœara Enim fut formée pour exploiter cette région.

Le pétrole avait été trouvé à une profondeur variant entre 70 et 190 mètres, et en 1898-1899 on fora à Campong Minjak 15 puits dont la profondeur variait de 150 à 210 mètres, en 1900, on fora 15 autres puits dont la profondeur était un peu supérieure et atteignait 300 mètres. En 1901, on fora encore une vingtaine de puits, et la production, atteignit, 400 tonnes par jour. Il y a trois horizons pétrolifères situés à 80, 200 et 350 mètres de profondeur.

Quelques forages avaient été pratiqués dans une région plus à l'ouest du champ primitif, à Minjak Stam et poussés à une profondeur de 360 mètres; ils donnèrent 450 tonnes par jour pour l'ensemble de la production de ce nouveau champ d'exploitation.

En 1903, il y avait 55 puits à Campong Minjak et 14 à Minjak Stam ; quelques-uns d'entre eux ont donné jusqu'à 500 tonnes par jour. Les forages furent d'abord faits avec un diamètre initial de 152 et 180 millimètres; mais, plus tard, on porta ce diamètre à 254 et 300 millimètres ; de façon à avoir, en terminant, le plus grand diamètre possible, généralement 180 à 203 millimètres.

Les puits de cette région, tout en ayant au début une bonne production ne semblent pas devoir durer très longtemps, car il y en a plus du quart d'épuisés.

La compagnie Mœara Enim fit des recherches dans la région avoisinant la concession de la Société Sumatra Palembang, et elle obtint une concession de 50.000 hectares qui fut réduite à 14.000 par l'abandon d'une partie reconnue improductive; cette concession, située à Rabat, se trouve au sud-est de la concession de la Compagnie Sumatra Palembang et au nord de la rivière Mœssi.

En 1899, on fora en ce point 14 puits, presque tous jaillissants et ayant une profondeur de 60 à 300 mètres.

En 1900, on fora 8 puits; et, en 1901, un puits foré à 720 mètres ne donna pas de résultats; on trouva de l'ozokérite dans l'un des puits à 130 mètres, la veine avait 40 centimètres d'épaisseur.

En 1901, la Compagnie Mœara Enim s'étendit sur la rive gauche de la rivière Enim, par l'acquisition de la concession de Bandjar Sarey, comprise entre la rivière Enim et la rivière Lemalang. Cette concession donna du pétrole très léger.

Dans la même résidence de Palembang, se trouve une autre concession située non loin de celle de Rabat et qui semble appartenir au même anticlinal ; elle se trouve sur la rive droite de la rivière Mœsi ; elle donna lieu à la formation de la société Mœsi Ilir. Le pétrole qu'on y trouve a une densité de 810 à 890. La raffinerie destinée à traiter le pétrole de cette concession fut érigée à Mœara Paladjœ, à proximité de la raffinerie de la Compagnie Mœara Enim. En 1901, on fora sur cette concession 8 puits ayant une profondeur variant de 75 à 120 mètres.

A cause de la diminution de production des puits forés dans le nord de Sumatra par la Compagnie royale, celle-ci entreprit des recherches dans la résidence de Palembang, dans les bassins des rivières Mœsi et Lalang, aux points suivants : Sœban, Bœkit Bajas, Pager Kaja, Grissik Kenawang, Selaro, Kajœ Ara, Bongkœ, Brœnan Brani, Sœnger Balei, Mœara Lakitan, Mambang, Sœnger Bakœl.

La production totale des puits forés en ces différents points fut de 1.000 barils par jour, mais aucun des puits forés dans ces recherches ne donna une production un peu considérable : elle variait entre 25 et 120 barils par puits, aussi le manque de communication empêcha-t-il l'exploitation de la plupart de ces puits, aucun d'eux ne produisant suffisamment pour justifier l'établissement de moyens de transports spéciaux.

Cependant ceux qui avaient été forés à Selaro, Kajœ Aran, Bongkœ, se trouvant à proximité des exploitations de la Compagnie Sumatra Palembang, et, aucun d'eux n'étant à une distance de plus de 17 kilomètres de la tête de station du pipe-line de cette Compagnie, on établit un branchement pour les desservir, et, en 1901, on tira de ces exploitations 2.000 tonnes de pétrole environ.

La résidence de Palembang se présente donc comme un centre important de production de pétrole. Outre les nombreux points où la présence de l'huile a été constatée, on y trouve les exploitations des Compagnies Mœara, Enim, Mœsi Ilir, Sumatra Palembang, Royale; situées à Campong Minjak, Bandjar Sarey Rabat, Toman, Selaro, Kajœ Aran Bongkœ, les raffineries de Mœara Paladjœ (Moeara Enim et Mœsi Ilir) de Bajong Lantjir (Sumatra Palembang).

Plusieurs lignes de pipe-line unissent les champs d'exploitation aux raffineries ; de Campong Minjak à Mœara Paladjœ, sur une longeur de 150 kilomètres divisée en quatre sections par des stations de pompes, ayant chacune une puissance de 150 chevaux environ, le diamètre du tuyau est de 100 millimètres : de la concession Mœsi Ilir aux environs de Toman jusqu'à Mœara Paladjœ, sur une longueur de 170 kilomètres, divisée en quatre sections, le tuyau a 100 millimètres de diamètre ; de Selaro et Kajœ Aran Bongkœ à Bajong Lantjir, en passant par la concession de la Compagnie Sumatra Palembang, sur une longueur de 50 kilomètres environ ; de Rabat à Toman et Kamaru, sur la rivière Mœsi, pour desservir cette concession de la Mœara Enim.

En 1899, des recherches furent entreprises sur la côte ouest de Sumatra dans la résidence de Padang, non loin des charbonnages de Umbilien. On y trouva du pétrole, de densité 889, qui se solidifiait à + 25° C. Mais, après avoir foré plusieurs puits, la Compagnie Mœara Enim, qui avait entrepris les recherches, abandonna la concession.

III. — LE PÉTROLE A JAVA

En 1886, des recherches furent commencées au sud de Sœrabaya (résidense de Sœrabaya), dans le district de Djabacota, près de la halte du chemin de fer de Waroe, à la limite dés divisions de Sœrabaya et de Sidoarjo. A la suite de ces recherches entreprises par M. Stoop, la compagnie Dordtsche, fut formée, en 1887. A la fin de 1889, il y avait 8 puits forés ; en 1890, on en fora 10 ; en 1891, 15 ; en 1892, 13 ; de ces derniers forages : 6 furent improductifs ; la profondeur variait de 60 à 260 mètres. En 1895, il y avait trois appareils de forage en travail et 15 puits furent forés, l'un deux donna de l'eau et les deux autres des quantités peu importantes de pétrole. Les premiers puits, forés sans avoir une production très considérable, ont montré une durée de production remarquable : certains d'entre eux ont donné du pétrole pendant plus de quinze ans.

En 1902, une autre concession fut obtenue, par la même Compagnie, au lieu dit les Douze-Villages, dans le district de Lemongan (résidence de Sœrabaya). En 1895, on fit 10 forages sur cette concession : 4 furent improductifs.

Les autres concessions de la Compagnie sont situées à Ledok, à l'est du poste de Grobogan, qui se trouve sur la route de Blora à Tiépo, dans la résidence de Rembang (district de Panolan) ; on exploite également un peu à l'est à Kadewan, dans la commune de Bogorame (district de Pati, résidence de Djapara), près de Tjermé (Sœrabaya), à Kedœngdœng dans l'île de Madura qui se trouve en face de Sœrabaya, à une petite distance de la côte, et d'autres concessions ont été prises dans cette île en une dizaine de points différents.

Les autres concessions de Java sont situées dans la résidence de Semarang, dans le district de Panolan, où un puits a donné 80.000 kilogrammes par jour ou 640 barils ; à Ledock, où en 1895, 5 puits forés donnèrent du pétrole jaillissant, la production journalière étant d'environ 120 tonnes par jour.

Outre ces concessions où l'exploitation est plus ou moins active, des recherches ont été entreprises : à Paliman, au pied de la chaîne de Kromong où elles ont surtout donné du gaz et de l'eau salée ; à Madia, où un peu de pétrole a été obtenu ; les deux localités précédentes sont dans la résidence de Chéribon ; à Lebak Sial, dans la résidence de Bentam, tout à fait à l'extrémité ouest de l'île, dans la région de Semarang où opèrent les Sociétés

Nederlandsh Indische, Java, Panolan, Rotterdam; dans la résidence de Djapara, où opère la Compagnie Djapara; dans la résidence de Tégal, où opère la Compagnie Tégal ; dans l'île de Madoura, où opère la Compagnie de Madoura; à Sunnorg Sary, où les recherches sont faites par la Société Tan-Kok-Tan.

Indépendamment des points où des recherches sont ou ont été exécutées, la présence du pétrole est signalée en de nombreux points des résidences de Banionnas, Semarang, Pekalougang, Cheribon, et on peut signaler, en particulier, les environs de la station de chemin de fer de Tanggoung, dans la résidence de Semarang, Lantoung au nord du volcan de Batou-Koutiing dans le district de Arosbaia (île de Madoura). Toutes les indications pétrolifères de Java se trouvent dans le terrain miocène.

Bien que l'île de Java soit de toutes les îles de la Sonde celle où les manifestations volcaniques aient été et soient encore de beaucoup les plus intenses, sa production pétrolifère est inférieure à celle de Bornéo et Sumatra. La façon dont les recherches sont conduites, la situation économique des Compagnies qui les entreprennent, les difficultés d'écoulement des produits fabriqués peuvent évidemment influencer le développement de la production; mais, si l'on rapproche la faiblesse relative de cette production du fait que, bien que les traces pétrolifères constatées soient nombreuses, rien dans ce nombre, leur situation ou leur importance n'est comparable à la valeur de la puissance volcanique mise en œuvre, il semble que le phénomène volcanique lui-même, dans son action de mise au jour du magma interne, ne semble pas avoir d'influence directe sur la répartition ou la richesse des gisements pétrolifères.

IV. — BORNÉO

Le pétrole a été signalé en de nombreux points de l'île de Bornéo, notamment :

Dans la partie anglaise de l'île, à l'île de Labuan et sur la côte avoisinante à Bruneï (district de Sarawak) ;

Le long de la rivière Katani ;

Dans la partie nord de la région hollandaise, dans les districts de Tidœng et Bœlœndang ;

A l'île Tarakan, sur la côte est de Bornéo, dans la partie hollandaise de l'île ;

Dans les îles petite et grande Pœlve Miang ; le long de la côte de Bornéo, dans le détroit de Macassar par 1° de latitude nord et sur la côte elle-même entre 1° de latitude nord et 1° de latitude sud ;

Dans la province de Kœtei, dans la partie est de l'île, le long de la rivière Kœtei ou Mahakam ; au sud de l'embouchure de cette rivière, le long de la côte et sur les rives d'un de ses affluents, la Sanga-Sanga, où l'on trouve également de l'asphalte ;

Dans la partie sud de Bornéo, dans la résidence de Martapura (district de Ram Kiwa), au pied des montagnes Pakken, près de Rantan Budjur, et aussi plus au nord dans la région Lampeon Pringiin et Tandjong.

Les différentes sociétés qui opèrent dans ces régions sont :

La Compagnie Bombay Burmah, à l'île Labuan (concession Korszki), à Brunei et à Kœtei Passir, à Tandjoen et Kolœnvar (Balangang) ;

Dans la province de Kœtei, les établissements Samuel, la Compagnie Kœtei, la Compagnie Dordtsche, et la Compagnie royale.

La Compagnie royale a fait des forages dans les îles Petite et Grande Pœlve Miang, et sur la côte avoisinante, plusieurs puits jaillissants ont, paraît-il été obtenus.

Les concessions de la Compagnie Samuel en Nederlandsch Indische Industrie-en-Handels Maatchapiij s'étendent le long de la côte est de Bornéo, depuis l'embouchure de la rivière Kœtei et Samarinda jusqu'aux environs de la baie de Balik Papan ; elles occupent une surface de 80 kilomètres de long, sur 30 kilomètres de large couvrant environ 200.000 hectares.

Les principaux centres d'exploitation de cette entreprise sont. sur un affluent de la rivière Kœtei, la Sanga Sanga, à Mœara Djava et sur les bords mêmes de la baie de Balik Papan.

A Balik Papan, le pétrole trouvé a une densité variant de 870 à 970 ; celui de Sanga Sanga a une densité plus considérable, dépassant même parfois 980.

Les premiers forages de la Compagnie Samuel furent commencés à la fin de 1896 ; on trouva du pétrole à la profondeur de 60 mètres, mais on dut attendre la fin de la construction de la raffinerie pour la mise en exploitation régulière.

Tout le long de la rivière Sanga Sanga, située non loin de la ville de Samarinda, se trouvent de nombreux points d'exsudations pétrolifères ; le pétrole qui en découle flotte à la surface de l'eau et s'arrête le long des bords dans les touffes de plantes qui plongent dans l'eau et sur les cailloux du rivage, teintant en brun uniforme toute la zone d'affleurement des eaux ; au sens même du courant, des bulles de gaz s'élèvent, faisant par place bouillonner les eaux quand elles sont assez nombreuses.

Les exploitations pétrolifères sont principalement situées sur la rive droite de la rivière, où, indépendamment de la Compagnie Samuel, d'autres concessions s'étendent dans son voisinage immédiat.

Les sondages qui ont été exécutés ont fait reconnaître un assez grand nombre de niveaux productifs. La première zone pétrolifère est rencontrée à une profondeur variant de 40 à 60 mètres, puis les niveaux suivants se trouvent approximativement aux profondeurs de 100, 200, 250 et 300 mètres, ce qui fait 5 niveaux reconnus d'une façon à peu près certaine.

La densité du pétrole extrait diminue à mesure que la profondeur atteinte augmente, et, tandis que les couches superficielles donnent un pétrole dont la densité atteint et dépasse même quelquefois 960, les derniers niveaux trouvés et les plus profonds donnent un pétrole d'une densité de 860 et même parfois un peu inférieure.

Les forages sont généralement commencés au diamètre de 300 millimètres pour finir à celui de 130 millimètres ; leur production est assez variable ; elle est généralement comprise entre 5 et 70 tonnes par jour, mais elle a cependant atteint 180 tonnes par jour.

Plus de 100 forages ont été exécutés, les plus profonds allant jusqu'à 500 mètres ; ils sont presque tous jaillissants.

A Balik-Papan, on a foré une cinquantaine de puits qui ont rencontré le pétrole à 200 mètres et 420 mètres ; à la partie supérieure, on a trouvé du pétrole ayant une densité de 970 ; au niveau inférieur, la densité a baissé à 896. La surface du sol est principalement sableuse et les terrains traversés par les forages sont constitués par des couches alternatives minces d'argile et de sable. L'exploitation occupe la partie nord-est de la baie ; sur la baie même se trouve également située la raffinerie.

V. — TIMOR

On a constaté la présence du pétrole à Pualaka, sur la rivière Mota Mutike (royaume de Laclubar) ; à peu de distance de ce point, se trouvent des émanations naturelles de gaz inflammables.

Des schistes bitumineux ont été signalés à Daifavasse, à l'est de Laclubar ; à Okusi, sur le rivage nord, on trouve une couche mince d'asphalte sur une roche porphyrique.

Un petit forage a été exécuté sur la rivière Mota Mutike et a donné de petites quantités de pétrole d'une densité de 825.

VI. — ILES PHILIPPINES

On connaît l'existence du pétrole dans les îles Panay, Leyte, Guimaras, Negros Mindanao, Cebu.

Dans l'île de Mindanao, on exploite le pétrole dans les environs de Chattabatto.

Dans l'île de Cebu, d'importantes manifestations pétrolifères se trouvent sur la côte ouest, aux environs de Toledo ; on trouve à la fois dans cette région des exsudations pétrolifères, des gaz naturels inflammables et du charbon.

Dans l'île de Panay, on trouve du pétrole dans la province de Ilo-Ilo, à Janiway.

Dans l'île de Leyte, on a constaté des affleurements pétrolifères aux environs de la ville de Villaba, sur la côte ouest.

A Isadro, près Manille, une raffinerie a été installée.

VII. — FORMOSE

Des indications pétrolifères ont été signalées dans l'île de Formose depuis longtemps, et les Chinois ont fait quelques recherches ; un forage a même donné du pétrole coulant naturellement.

IV

JAPON

PRODUCTION DU JAPON

(En kokus, unité du pays qui vaut 1,13 baril américain, c'est-à-dire à très peu de chose près le fût à pétrole en bois du commerce courant en France.)

Années	Kokus	Années	Kokus
1868	900	1887	30.304
1869	123	1888	39.605
1870	1.100	1889	55.871
1871	3.200	1890	54.399
1872	8.000 ?	1891	55.983
1873	20.000 ?	1892	72.803
1874	21.000 ?	1893	94.145
1875	4.830	1894	151.986
1876	8.155	1895	149.497
1877	10.114	1896	208.500
1878	18.920	1897	231.221
1879	24.816	1898	280.764
1880	26.974	1899	474.406
1881	17.721	1900	767.092
1882	16.450	1901	1.118.507
1883	21.659	1902	957.588
1884	29.544	1903	1.065.116
1885	30.931	1904	1.300.000
1886	40.113	1905	1.180.000

Le premier puits à pétrole aurait, paraît-il, été creusé, au Japon, en 615, à Kusodzu, dans la province d'Echigo, qui se trouve dans l'île d'Hondo, sur les côtes de la mer du Japon, à hauteur de l'île de Sado ; dans la même province, à Nützu, d'autres tentatives d'extraction auraient été faites en 1613, et même la distillation aurait été essayée.

Toutes ces premières recherches furent faites avec des puits creusés à la main, avec coffrage en bois.

Vers 1850, à Zenkoji (province de Shinano), de nouveaux puits furent creusés, et une petite industrie se développa dans cette région; mais l'extraction ne se développa réellement au Japon qu'à partir de 1886, époque à laquelle le forage américain à la corde fut introduit.

Des traces de pétrole se trouvent tout le long des îles du Japon, depuis Formose au sud jusqu'à l'île de Hokkaido (Yezo ou Ezo), sur une longueur de plus de 2.000 kilomètres.

Dans l'île de Hokkaido, au nord, le long du détroit de la Pérouse (détroit de Soya), à Nukimimura, on a creusé des puits à la main depuis un certain nombre d'années. A cet endroit, le pétrole s'écoule dans la mer.

On trouve également du pétrole à Nigori-Kava, près de Hadokati, à Itai-Betsu sur un affluent de la rivière Usin, à Kotami-Mura, à Tsukisama sur les propriétés impériales des environs de Saporo et à Abashiri.

On a fait des recherches plus ou moins sérieuses en plus de 200 points de cette île, mais les champs pétrolifères les plus importants sont ceux de la rivière Ishikarigawa et des environs et de la rivière Mukawa et des régions avoisinantes. En 1903, à Hachemancho, un forage a donné du pétrole jaillissant, à la profondeur de 400 mètres.

Les principaux centres de production se trouvent dans la grande île du centre dite Honshiu ou Nippon.

Les centres pétrolifères de cette île sont :

Dans la province d'Echigo, les champs de Higashiyama, Nishiyama, Niitsu, Kubiki Ojiya, Amaze ;

Dans la province de Shinano, le champ de Mure ;

Dans la province de Ugo, le champ d'Akita ;

Dans la province de Mutsu, le champ de Tsugaru ;

Dans la province de Fotoni, le champ de Sagara ;

Dans l'île de Formose, le champ de Fainan.

Presque 98 0/0 de la production totale du Japon vient de la province d'Echigo et principalement des champs pétrolifères de Higashiyama, Nishiyama, Niitsu et Kubiki.

Les terrains dans lesquels on trouve le pétrole appartiennent au tertiaire supérieur, excepté dans quelques points de l'île de Hokkaido, où l'on trouve des bitumes dans les terrains crétacés.

Les couches pétrolifères sont surtout constituées par des grès bruns tendres à gros grains de quartz qui deviennent bleus quand on les a lavés à l'essence pour enlever le pétrole qui les teintait; on trouve aussi des schistes et des tufs qui produisent également du pétrole, et on peut même remarquer que, d'une façon générale, les schistes et les tufs donnent un pétrole de densité plus faible que les sables et les grès.

Le pétrole se rencontre d'une façon presque absolue le long des axes des anticlinaux ou sur leurs flancs. Les crêtes de ces anticlinaux sont, le plus souvent, très nettement accusées, quoique de faible longueur, 3 à 6 kilo_mètres en général ; il y en a cependant quelques-unes qui ont jusqu'à 15 kilo_mètres de long. Les pentes des stratifications qui forment les flancs de ces anticlinaux sont, en général, très abruptes.

Les méthodes de forage employées sont d'abord le creusage à la main pour des puits de faible profondeur, puis le système de forage chinois à l'aide de tiges de bambou, le système américain au câble et le système de forage hydraulique.

Le système de forage à la corde semble devoir prendre la prédominance.

La profondeur des puits est en moyenne de 150 à 300 mètres ; mais il n'est pas rare que les puits soient poussés jusqu'à 750 et 900 mètres, à cause de la pente très forte des couches.

La production d'un grand nombre de puits ne dépasse pas 1 et 1/2 koku ou 1,70 baril américain [1]. Il y a cependant quelques puits jaillissants qui produisent 30 kokus (33,9 barils) et même 100 kokus (113 barils) par jour.

Les puits ont souvent une existence très courte, et l'on a remarqué que ceux qui produisent une huile légère, ont une plus courte durée que ceux qui produisent de l'huile lourde.

La densité des pétroles est assez variable : dans la province de Mitsu, elle est de 921. Le pétrole recueilli en d'autres points a les densités sui_vantes :

```
Nagaoka.........................................................  866
Gendoi..........................................................  825
Amaze...........................................................  818
Kitano..........................................................  884
Nagamine........................................................  899
Kurakawa........................................................  927
Miagawa.........................................................  891
```

Le pétrole de Mitsu a une odeur agréable. A Nagano (provine d'Echigo), le pétrole a une densité de 950, et un point d'inflammabilité de 100° C. en_viron. Il ne se congèle pas à + 2.

Il commence à bouillir à 240 et donne à la distillation :

	0/0	Densité
240 à 250° C.	2,5	0,844
250 à 270° C.	6,0	0,860
270 à 290° C.	6,5	0,878
290 à 310° C.	6,5	0,890

Le résidu restant a une densité de 974 ; point éclair (Martin Pinsky), 151° C. ; viscosité (Engler Ragosine), 50° C. — 15 m.

Le pétrole d'Amaze donne à la distillation :

```
Benzine, 150° C.................................................  22
Huile lampante, 150 à 30'......................................  50
Huile lourde...................................................  20
Résidu et pertes...............................................   8
          TOTAL................................................ 100
```

[1]. Un koku égale 1,13 baril américain.

Les résidus de la distillation sont surtout employés comme combustibles.

Les principales Sociétés qui s'occupent de l'industrie de pétrole sont : la Holden Oil Cᵒ, la Japan Oil Cᵒ, l'International Oil Cᵒ ; cette dernière est une filiale de la Standard Oil Cᵒ des États-Unis.

V

NOUVELLE-ZÉLANDE

Les points où l'on a constaté la présence du pétrole sont, en allant, du nord au sud :

La côte comprise entre Horoea Point (près de East Cap) et le cap de la Table, dans la partie est de l'île du nord (Te-Ika-A-Maoni), où la mer est souvent couverte de taches de pétrole ; dans les environs de Poverty bay ; dans la partie sud de cette portion de côte, on trouve, dans la partie élevée du rivage (400 mètres d'altitude), une région parsemée de flaques d'eau dont la surface est souvent couverte de pétrole ; à Poutu, non loin de la route allant de Gisborne à Opotiki, il y a des dégagements de gaz, non loin d'un anticlinal dirigé ouest-nord-ouest ; dans la même partie près de Hutchinson's Range entre Oil Spring Creek et la rivière Waitangi, il y a du pétrole sur un certain nombre de mares : non loin de Oil Creek, dans une vallée voisine, il y a des grès et des schistes imprégnés de bitume ; dans ces couches se trouvent de nombreuses concrétions sphériques d'une nature calcaire.

Vers 1880, on a fait 2 forages : 1 près de la rivière Waiporoa, et 1 autre plus au nord-ouest ; en 1881, on entreprit d'autres puits, une dizaine en tout, qui donnèrent du gaz et des traces de pétrole ; les profondeurs atteintes variaient entre 50 et 650 mètres.

Le terrain était constitué de schistes, de grès de duretés variables et d'un peu de marne schisteuse vers la surface.

La province de Taranaki, qui occupe la partie sud-ouest de l'île du nord est diagonalement opposée à la région précédente. Dans cette province, aux environs de New-Plymouth, il y a des exsudations de pétrole, tout le long de la côte, qu'il est plus aisé de constater à marée basse, aux endroits où le sable ferrugineux a été enlevé par la mer ; presque tous les galets de cette partie du rivage cachent des taches de pétrole. Des dragages effectués dans le port de New-Plymouth ont souvent ramené des boues pétrolifères. Par temps calme, un peu au large, entre les îles Mikotahi au Matuora, la mer est souvent couverte d'irisations.

Un forage fait dans ces parages, tout près du rivage, traversa des argiles et des sables trachytiques et donna 4 barils de pétrole par jour.

Le pétrole du rivage de New-Plymouth a une densité de 971.

Dans une autre partie du promontoire, au nord-est de New-Plymouth, sur le rivage voisin de Sugar Loaf et à Sugar Loaf même, plusieurs forages entrepris vers 1864 n'ont donné que des traces de pétrole ; un des puits du rivage donna, à une profondeur d'une soixantaine de mètres, une vingtaine de litres par jour et, en même temps, beaucoup d'eau et du gaz.

Dans l'île du sud (Te-Vahi-Pounamou), au pied des pentes ouest des montagnes qui parcourent l'île dans toute sa longueur, à Brunner qui se trouve à 33 kilomètres de la côte, en partant de Grey-Mouth, des recherches ont été entreprises près de suintements pétrolifères assez importants, 5 puits ont été faits qui ont tous donné des traces de pétrole à une faible profondeur ; l'un d'eux donnait des jaillissements périodiques d'eau et de pétrole et des quantités importantes de gaz.

Sur la côte sud, à Orepuki, des schistes bitumineux sont exploités.

VI

CHINE

Dans un grand nombre de localités où des forages ont été exécutés pour rechercher le sel et les eaux salées, du pétrole ou des gaz ont souvent été obtenus simultanément, qui ont été employés pour l'évaporation des saumures.

C'est principalement dans le Se-Tchouen, que les manifestations pétrolifères accompagnant les gîtes de sel sont surtout développées.

Les sondages traversent successivement des grès tertiaires, les terrains du jurassique, les grès du lias, les marnes irisées, le calcaire permien, le grès houiller, le silurien et le cambrien. C'est à ce dernier niveau, dans les schistes du cambrien, que les sources salées les plus importantes et les plus riches, ainsi que les venues de gaz les plus violentes, sont rencontrées.

Il y a, du reste, au-dessus, d'autres niveaux salifères et des traces de bitume et de gaz.

Les principales localités du Se-Tchouen où se trouvent des traces de pétrole ou des gaz combustibles, sont : Tschung-King, Tse-lin-Tchin, Kong-Tsin, Fu-Tschau, Tong-Tchuang.

Dans le Kouang-Si : à Fou-Tchou, Kou, Tai, Li, Cheu, Ahita, le pétrole a une densité variant de 860 à 880 ; dans le Kouang-Toung, il y a du pétrole à Kyao-Tchao ; dans le Chan-Si, à Kiang-Tcheou et Tai-Tong-Fou.

Dans le Turkestan oriental, il y a des traces de pétrole dans la région nord-est, le long des montagnes du Thian-Chang, aux environs de Barkul et Urumtchi, et vers le sud-est, dans la région des montagnes du Nau-Chang.

QUATRIÈME PARTIE. — **AFRIQUE**

I

ALGÉRIE

Sur la côte de la Méditerranée, au fond du golfe de Mostaganem, à l'embouchure de la Macta (*fig.* 271), il y a des traces de pétrole, et, sur le rivage même, existent des émanations de gaz naturel sulfuré; la mer elle-même

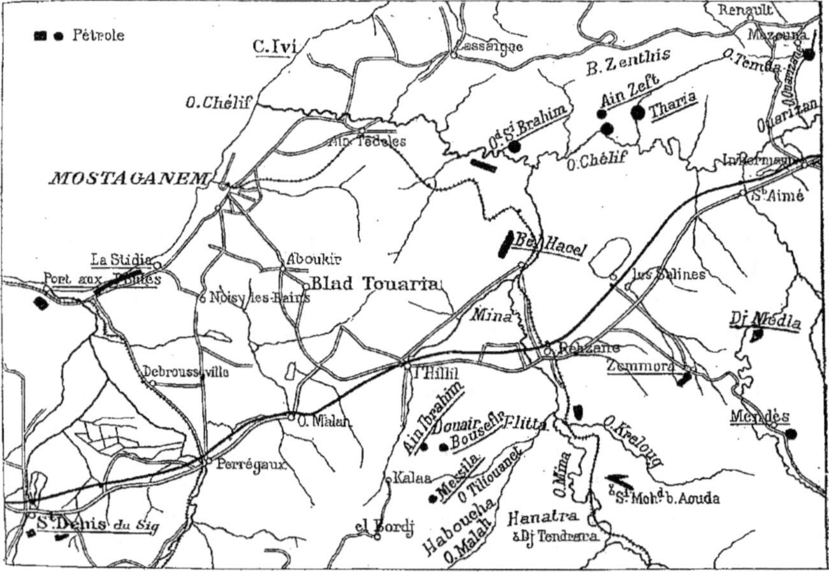

Fig. 271. — Districts pétrolifères de la région d'Oran.

est quelquefois couverte d'irisations dues à une mince pellicule de pétrole; dans cette région, les suintements de pétrole sont particulièrement apparents au pied du marabout de Sidi-Mansour, à 2 kilomètres à l'est de la station du pont de la Macta, où existe une couche de sable bitumineux.

Sur le plateau situé au sud-ouest de Port-aux-Poules, 5 forages ont été exécutés vers 1891-1892.

Le numéro 1 a atteint la profondeur de 160 mètres, où, après avoir tra versé des marnes plus ou moins sableuses, il rencontra un lit de calcaire; à plusieurs profondeurs, il y eut des émissions gazeuses assez violentes pour rejeter l'eau hors du forage.

Le numéro 2 donna, dès le début du forage, des dégagements gazeux ayant une forte odeur d'hydrogène sulfuré. Il fut arrêté à 50 mètres.

Le numéro 3, poussé à 100 mètres, a donné des dégagements gazeux à deux niveaux différents : au niveau supérieur l'odeur était franchement sulfurée, tandis qu'au niveau inférieur, l'odeur était celle des gaz pétrolifères.

En remontant la côte vers le nord-est, au-dessus de l'embouchure du Chelif au cap Ivi, il y a de faibles traces de pétrole.

Dans la vallée du Chelif, aux environs de Sidi-Brahim, des suintements pétrolifères existent dans le Chabet-el-Habria, sur la rive droite du Chelif et au pied des collines situées en face, sur la rive opposée; quelques travaux de recherche, sans grande importance, ont été exécutés. Une galerie a été poussée jusqu'à 5 mètres de profondeur dans les schistes et les marnes gypseuses du plaisancien, où se produisent les suintements bitumineux; le bitume ainsi recueilli avait une densité de 980, il était très visqueux, la quantité obtenue a atteint, à certains moments, plusieurs décalitres par jour. Deux sondages ont été poussés à 212 et 228 mètres; ils ont tous deux donné des traces de pétrole : le numéro 2, notamment, a donné du pétrole à 50 mètres, 54 mètres, 92 mètres, 131 mètres et 228 mètres; à 180 mètres, il y a eu un dégagement gazeux assez violent. Le bitume recueilli à la surface du sol, à Sidi-Brahim, a une densité de 980. A 10 kilomètres environ sud-sud-est de Sidi-Brahim et à 4 kilomètres nord-nord-ouest de Bel-Acel, le long des collines qui dominent le cours de la Mina, il y a des traces de bitume.

Non loin de Sidi-Brahim, vers l'est, et toujours sur les coteaux qui bornent au nord la plaine où coule le Chelif, existent à Aïn-Zeft plusieurs points où des exsudations pétrolifères étaient depuis longtemps connues.

La région où apparaissent ces manifestations est située à peu près exactement dans une direction nord, passant par la station des Salines sur la ligne de chemin de fer d'Alger à Oran. Les points où la présence du bitume avait été constatée sont Aïn-Zeft, Aïn-Dellah, Aaïn-Louise et, un peu plus à l'est, dans la vallée de l'oued Tharia, au lieu dit Kt-el-Drazza.

Le bitume qui coulait de la source d'Aïn-Zeft était, paraît-il, employé par les pirates barbaresques pour calfater leurs barques, et des vestiges d'anciens travaux indiquent qu'à différentes époques des fosses ont été creusées pour recueillir le bitume. En 1892, une tranchée fut ouverte au lieu dit le Vieux-Jardin, puis prolongée par une galerie d'une centaine de mètres de longueur, dirigée sud-est-nord-ouest, qui traversa les marnes de la base du pliocène, dont les couches avaient une inclinaison de 20°. A l'extrémité de cette galerie, les couches recoupées donnèrent un écoulement assez abondant d'eau mélangée de bitume. Trois forages furent alors exécutés qui allèrent à 300 mètres, 276 mètres et 215 mètres; ils donnèrent un peu de bitume et des gaz.

A Aïn-Zeft même, une galerie fut creusée jusqu'à 180 mètres, et l'on obtint plusieurs centaines de litres de bitume par jour pendant quelque temps. En 1895, un forage poussé à 416 mètres donna 7.000 litres par jour.

Une nouvelle Société fut fondée en 1901, elle obtint une concession (20 mars 1903), et les travaux furent activement poussés sous la direction de M. Goldberg. Cette Société approfondit un des anciens forages, et à 105 mètres elle obtint un débit de plusieurs milliers de litres par jour. Un autre sondage fut commencé, qui donna 1.000 litres par jour, à 82 mètres de profondeur; à 150 mètres, de petites quantités de pétrole avaient été rencontrées ainsi qu'à 210 mètres.

Les premiers échantillons de pétrole qui avaient été obtenus à Aïn-Zeft avaient une densité de 910; celui obtenu dans les derniers forages a une densité de 886.

Au confluent de l'oued Temda et de l'oued Ouarizane, affluent du Chelif, existaient des dégagements gazeux, connus depuis longtemps. Vers 1894, des forages furent entrepris : le premier, de faible profondeur, placé près de la source naturelle de gaz, donna des éruptions d'eau salée et des dégagements gazeux assez abondants; un deuxième forage fut entrepris plus au sud, mais il dut être arrêté à 164 mètres, à la suite d'accidents; le troisième sondage fut placé près du premier et poussé jusqu'à 368 mètres : il donna assez de gaz pour qu'il fût possible de l'employer comme combustible sous la chaudière du forage. Un quatrième forage, placé à une petite distance, vers le nord, ne rencontra le gaz qu'à la profondeur de 301 mètres et fut arrêté.

Les travaux n'ont pas été continués.

Toutes les localités que nous venons de passer en revue se trouvent sur un même alignement à peu près ouest-est, le long des derniers contreforts des montagnes du Dahra, qui plongent au sud vers la plaine du Chelif; il existe une autre zone de manifestations pétrolifères assez nombreuses qui s'étend plus au sud, de l'autre côté de la vallée du Chelif et dans une direction à peu près parallèle à la première.

Les localités de cette zone où la présence du pétrole a été constatée sont :

Saint-Denis-du-Sig, où il existe des suintements bitumineux venant des grès du miocène inférieur, non loin du moulin Tardieu, dans la vallée de l'oued Mebtouh ;

Boulenni, dans la vallée du Chabet-Yalou, au pied du djebel Saharidj-Ben-Lebda, à 6 kilomètres sud-est du village ;

Kaala : il y a des suintements sur le flanc de la colline que surmonte le marabout Sidi-Abd-el-Kader-ben-Yssad ;

Tiliouanet : dans les environs de ce village, les indications pétrolifères sont nombreuses, et des recherches y ont été faites sans grand résultat, mais aussi sans grande persévérance. Il y a des traces de pétrole à Aïn-Ibrahim, à 2 kilomètres au nord du village, dans la vallée de l'oued Tiliouanet, non loin du village, dans la vallée de l'oued el Messila ou M'slila ; au nord-est du village, à 4 kilomètres environ, existe une autre région où les suintements sont aussi fréquents; il en existe dans le Chabet-Matrani, le Chabet-bou-Sefir.

Les premiers travaux exécutés dans cette région datent de 1896 : un Arabe de Tiliouanet creusa un puits à 2 kilomètres environ à l'est du village, au fond d'un ravin communiquant avec l'oued Messila, affluent de l'oued Tiliouanet; il y trouva une petite quantité de pétrole. Quelques habitants de Relizane formèrent alors une Société de recherches.

Excités par le succès du premier puits creusé dans l'oued Messila, les Mebareck, habitants du voisinage, creusèrent des puits à 2ᵏ,500 environ plus au nord, dans une dépression située un peu plus au nord de la branche septentrionale du Chabet-bou-Safir, près de Haouita de Sidi-el-Merk; il y eut une demi-douzaine de puits exécutés; il se produisit dans tous soit des suintements plus ou moins abondants de pétrole, soit des dégagements gazeux.

L'attention se trouvant ainsi attirée sur cette région, plusieurs forages furent exécutés.

Le premier fut entrepris près des puits creusés par les Mebareck; il n'alla qu'à une faible profondeur, mais donna néanmoins de petites quantités de pétrole; un autre fut ensuite entrepris par la Société de Sidi-Brahim, à 2 kilomètres environ à l'est du village de Tiliouanet, sur le promontoire formé par la rencontre de la vallée de l'oued Messila et de l'oued Tiliouanet, près du bord de ce dernier cours d'eau, il fut poussé jusqu'à 100 mètres et donna lieu à un afflux assez considérable d'eau fortement salée et à des émissions de gaz inflammable; un autre sondage fut ensuite entrepris dans son voisinage sans donner de résultats plus concluants.

En 1899, un sondage fut commencé dans le haut du ravin du Chabet-bou-Adada et poussé jusqu'à 300 mètres sans résultats; à la même époque, un autre sondage fut entrepris un peu au sud des puits des Mebareck; il fut abandonné à la suite d'un accident.

Le pétrole obtenu dans ces différents travaux, puits à mains et forages, avait pour densité : 855 pour le pétrole trouvé dans les puits des Mebarek, 797 pour le pétrole du forage exécuté dans leur voisinage à la profondeur de 60 mètres, 845 pour le pétrole trouvé à Messila dans les puits à main, et 830 pour le pétrole d'un des forages. Partout le gaz s'était manifesté sinon avec abondance, du moins avec une constance remarquable.

Sidi-Mohamed-ben-Aouda : dans la vallée de l'oued Kreloug, à 2 kilomètres au sud-ouest du pont du chemin de fer et à 4 kilomètres au nord de la station de Sidi-Mohamed-ben-Aouda, il y a des suintements de pétrole qui se retrouvent également le long de la Mina, sur la rive droite, à mi-distance entre Sidi-Mohamed-ben-Aouda et le confluent de l'oued Maloh, ainsi que le long des coteaux qui se développent en face de ce point sur la rive gauche de l'oued Maloh, et aussi à 4 kilomètres en amont le long de ce dernier cours d'eau.

Zemmora : il y a des suintements de pétrole dans plusieurs des ravins qui descendent des coteaux qui dominent Zemmora au sud, dans un rayon ne dépassant pas 2 kilomètres, ainsi qu'à 7 kilomètres à l'ouest le long du cours de la Djidjouia, au pied du djebel Medla.

Mendes : des suintements de pétrole existent en plusieurs points dans les environs immédiats du village.

Toutes les localités que nous venons de passer en revue sont situées sur les deux flancs de la vallée du Chelif, en étendant cette dénomination à la grande dépression quaternaire qui commence à la Grande-Sebkra, au sud d'Oran, et finit à l'est, vers Orléansville.

Les terrains au nord et au sud de cette dépression appartiennent aux époques les plus récentes, jusques et y compris le crétacé; au sud, certains sommets de plis ont été rattachés au trias, mais ils ont peu d'étendue.

Dans les mêmes zones où se manifeste le bitume, existent d'importantes formations gypseuses souvent interstratifiées dans les couches de la base du miocène supérieur. Dans la même région, on voit les gypses accompagner les pointements ophitiques, comme à Aïn-Nouissy, à 12 kilomètres au sud de Mostaganem, et aussi dans la région au sud de Relizane.

Il semble donc que ces gypses aient été formés par l'afflux de sources minéralisantes, accompagnant les venues ophitiques, et ce phénomène est tellement frappant que, pour une partie d'entre eux (et peut-être tous), M. Pouyanne a cru devoir les qualifier de gypses éruptifs.

Ces formations gypseuses existent à Aïn-Tedeles, au djebel Merry, au djebel Iakbouch, au djebel Setfoora; ils sont très développés sur le territoire des Oulad-Mallah, et des Beni-Zentis, où se trouve Aïn-Zeft, dans la vallée de l'oued Tharia, au Kt-Djaza, où se trouvent des suintements de bitume. En s'éloignant vers l'est, l'importance de ces formations diminue et ne forme plus que de petits îlots, dont l'un coïncide justement avec les manifestations gazeuses du confluent de l'oued Ouarizane et de l'oued Temda. Outre la présence du gypse, celle du soufre a été reconnue également en ce point, où il a même été exploité ; de plus, il semble qu'il y ait eu là, autrefois, un volcan de boue, dont la naissance aurait été favorisée par le croisement de deux plis ou fractures, l'un dirigé suivant l'axe général de plissement du Dahra, c'est-à-dire N. 74° E. environ, et un autre dirigé N. 42° E. Dans l'oued Ouarizane, il y a, en effet, le long de l'escarpement situé entre les deux oueds, une sorte de section d'un cône formé d'un nombre infini de couches très minces d'argile, qui rappellent parfaitement la texture des cônes de déjections formées dans les volcans de boues par les afflux successifs de la masse pâteuse, périodiquement déversée.

Le soufre se retrouve, d'ailleurs, également dans l'oued Tharia, au point d'affleurement des bitumes, et aussi à Aïn-Zeft; il y a donc bien dans cette région, non seulement la présence du bitume, mais aussi les manifestations subsidiaires qui accompagnent presque toujours le pétrole : le gypse et le soufre.

Le gypse se retrouve aussi dans la zone pétrolifère des environs de Relizane, principalement au voisinage d'une faille, dirigée à peu près dans la direction qui va de Kalaa au confluent de l'oued Malah et de la Mina. Dans cette région existent trois anticlinaux, l'un au nord de la faille et deux au sud ; la faille sépare un lambeau de terrain sénonien des terrains cartennien, helvétien et tortonien.

La direction générale des anticlinaux est à peu près N. 72° E., soit à peu près celle des plissements principaux du Dahra. L'anticlinal du sud de la faille laisse percer une partie triassique.

Dans l'oued Messila, l'anticlinal principal miocénique est recoupé par un anticlinal secondaire ayant à peu près la direction N. 40° E., et il est curieux de remarquer que les manifestations pétrolifères qui sont surtout manifestes au point de jonction de ces anticlinaux, se trouvent venir au jour dans une situation analogue à celle des afflux gazeux de l'oued Ouarizane, où se recoupent deux anticlinaux respectivement parallèles à ceux de l'oued Messila.

Une autre particularité commune à ces deux régions est que les manifestations pétrolifères et gazeuses de Messila ont lieu sur le territoire des Ouled-Ennehar (Enfants-du-Feu), et que, au point d'émission gazeuse de l'oued Ouarizane, existe une colline qui porte le nom de El-Nehar (Montagne-de-Feu). Il doit y avoir dans ces deux faits autre chose qu'une simple coïncidence, et cela semblerait indiquer que les émissions gazeuses étaient connues des habitants de ces deux régions depuis fort longtemps, et que peut-être même, à une époque reculée, elles avaient une intensité plus grande qui est allée peu à peu en s'atténuant.

Jusqu'ici l'Algérie (et, au point de vue pétrolifère, la région de la vallée du Chelif est la seule où des recherches quelque peu sérieuses aient été faites), n'a pas donné de production pétrolifère importante ; il est donc intéressant d'examiner si la région de la vallée du Chelif réunit les conditions nécessaires pour permettre d'espérer rencontrer, en profondeur, un gisement important.

Les deux régions où les recherches ont été entreprises, celle de Relizane et celle de Aïn-Zeft, quoique appartenant sensiblement aux mêmes époques géologiques, diffèrent sensiblement quant à la nature des terrains qui s'y rencontrent, et comme certaines dénominations géologiques sont spéciales à l'Algérie, nous indiquons ci-dessous leurs équivalents :

Trias......................	»	
Lias	»	
Infracrétacé...............	Néocomien.	
	Baremnien.	
	Aptien.	
	Albien	Gault.
	Turonien	Sénonien.
	Emschérien	
Supracrétacé...............	Aturien.	
	Danien.	
	Montien.	
Éocène....................	Suessonien.	
	Parisien.	
Oligocène	»	

Miocène.................. { Burdigalien }
                          { Helvétien } Cartennien.
                          { Tortonien }
                          { Sarmatien } Sahélien (ostrea cochlear).
                          { Pontien   }
Pliocène .... { Plaisancien.
                          { Astien.
                          { Sicilien.

Les terrains qui existent dans le voisinage d'Aïn-Zeft sont, en commençant par le plus ancien : les argiles, les quartzites et le grès quartzeux du crétacé supérieur ; en contact viennent ensuite des poudingues d'une épaisseur assez grande, puis des marnes salifères, qui semblent appartenir à l'oligocène ; ce même horizon vers le nord-ouest, comporte des grès qui semblent manquer dans le voisinage d'Aïn-Zeft. Au-dessus, se trouvent

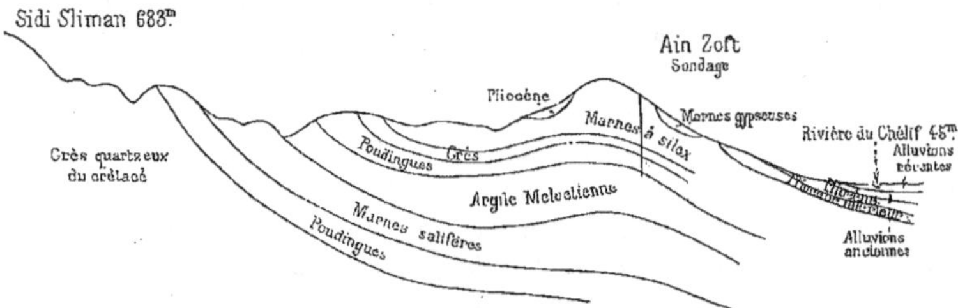

Fig. 272. — Coupe géologique de la région d'Aïn-Zeft.

les grès du cartennien, puis des poudingues, des grès, puis des marnes à ménilites, les marnes gypseuses, et enfin les terrains du pliocène et du quaternaire qui avoisinent immédiatement la vallée du Chelif.

Tous ces terrains s'étagent comme l'indique la figure 272 depuis les bords du Chelif jusqu'au sommet du marabout de Sidi-Slimane en franchissant une différence de niveau de 600 mètres en nombre rond sur une distance de 12 kilomètres à peu près.

Les couches semblent assez constantes pour qu'il soit possible de penser qu'elles se retrouvent à peu près les mêmes au-dessous d'Aïn-Zeft, et comme il ne manque pas de grès et de poudingues, il serait donc possible, en faisant des sondages assez profonds, d'obtenir des rendements en pétrole assez importants, mais étant donné que les manifestations aussi bien d'Aïn-Zeft que celles de l'oued Tharia et de l'oued Ouarizane semblent plutôt se rapporter à la bordure d'un gisement, il faudrait peut-être rechercher le gîte principal un peu plus au sud et peut-être alors sonder à grande profondeur pour pouvoir avoir des chances de recouper les couches poreuses, et cela sans être absolument assuré de les atteindre.

Si nous passons maintenant à la région de Relizane, nous voyons que dans la région à l'est de Tiliouanet où les recherches pour le pétrole ont été entreprises, les différents terrains qui affleurent sont principalement constitués par des marnes plus ou moins sableuses avec intercalation de lits minces de grès calcaires, et rien dans leur texture, ne montre qu'ils puissent fournir un réceptacle à un gisement pétrolifère important.

Le tortonien contient des grès tendres, qui sont particulièrement apparents entre la Mina et l'oued Malah en face de Sidi-Mohamed-ben-Aouda et ils se transforment souvent très rapidement en marnes.

L'helvétien est constitué presque exclusivement par des marnes, quoi, qu'il se trouve parfois des poudingues à la base ; il y a cependant dans le pays des Haboucha (au sud de Tiliouanet) quelques bancs de grès assez épais plongeant vers le nord.

Le carténien est constitué par des marnes et des grès tendres qui reposent sur le suésonien également composé de marnes et de grès, contenant parfois, comme aux environs de Sidi-Mohamed-ben-Aouda, de minces pellicules de sulfure de fer. Ce sont les grès de ce niveau qui semblent le plus développés comme l'indique le lambeau qui recouvre le sommet du djebel Menaouer qui semble bien appartenir à cet étage.

Ce seraient donc les grès de l'éocène qui pourraient offrir le plus d'aptitude à former un important dépôt pétrolifère ; mais aux environs de Kalaa, le tortonien repose directement sur le sénonien, il est donc possible que l'éocène disparaisse en s'avançant vers le nord. Mais, outre que la géologie de la région de Tiliouanet est loin d'être déterminée d'une façon absolument définitive, étant donné la facilité avec laquelle les facies changent dans cette région sur de petites étendues de terrains (comme le montre la transformation des calcaires tortoniens de Kalaa, qui passent à quelques kilomètres au sud, à des marnes très apparentes à el Bordj), il se peut très bien que dans la région même de Tiliouanet, des couches perméables existent en profondeur sans se trahir par leurs affleurements.

Les terrains triassiques rencontrés dans cette région sont jusqu'ici assez peu connus et laissent par conséquent une large part à l'aléa.

Le terrain crétacé des environs de Kalaa ne semble pas contenir de couches perméables importantes, mais comme il a un grand développement au nord du Chelif, il n'est pas impossible qu'il s'en trouve en profondeur. Somme toute, rien de bien positif ne ressort de l'examen de cette région, sauf que probablement les sondages devraient être assez profonds.

Indépendamment des localités citées précédemment, et qui sont dans le département d'Oran où les affleurements pétrolifères ont plus spécialement attiré l'attention, le pétrole est encore signalé en d'autres points de l'Algérie, notamment dans la région de Blidah, à Boghar, au sud de Médéa, sur le territoire des Beni-Siar, dans la vallée de l'oued Djinedjene au sud-ouest de Djidjelli, sur le territoire de Ferdjioua au sud de la région précédente, dans la Chebka-m'ta-Sellaoua au nord d'Aïn-Beida (province de Constantine) et plus à l'est vers Claire-Fontaine.

En Tunisie, le pétrole a été signalé entre le djebel Serba et l'oued el Ksab, dans la vallée de l'oued Cratonna, dans le djebel bou Kourdine et le djebel bou Debboux.

II

AUTRES LOCALITÉS PÉTROLIFÈRES DE L'AFRIQUE

Dans la région de la mer Rouge existent des suintements de bitume, depuis longtemps connus, et qui avaient déjà attiré l'attention lors de l'occupation romaine.

C'est principalement sur la côte ouest du golfe de Suez que les recherches se sont portées, le bitume existe à djebel Alakah à peu de distance de Suez vers le sud-ouest, puis, plus au sud, toujours sur le rivage de la mer Rouge ; à Ras-Zafaran, puis entre Ras-Gharib et Abou-Char-el-Guebi.

Des sondages ont été entrepris à Ras-Zafaran et à Djebel Zeit et Gemsah en ce dernier point, l'un des sondages a été poussé jusqu'à 600 mètres. Tous les sondages entrepris n'ont donné que des quantités relativement faibles d'un pétrole lourd, ayant une densité de 940. Plus vers l'intérieur des terres, à 30 kilomètres environ, il y a encore des suintements de bitume, qui se retrouvent également plus au sud à hauteur de Souakim. Le sud de la péninsule du Sinaï est de même assez riche en suintements pétrolifères, qui existent aussi dans l'Ile de Tirahu à l'embouchure du golfe d'Akabah.

Au large du cap Vert, la mer est souvent couverte de pétrole sur une étendue considérable.

Dans le territoire des Achanti, entre la côte et la rivière Tuno, existent des traces de bitume ; plusieurs sondages ont été exécutés dans cette région et ont donné quelques barils de pétrole lourd (980), plus à l'est, dans le bassin de la rivière Busum Prah, dans la région nord-est de Lagos, il y a également des traces de bitume.

En face de la côte du Congo français, dans l'Ile de Saint-Thomas, existent quelques faibles traces de pétrole ; au Congo français lui-même, la présence du pétrole a été constatée dans le district de Kama et aussi vers l'est, à l'intérieur des terres.

Au Kameroun, à l'est des monts Kameroun, il y a quelques traces de pétrole ; on en retrouve encore sur le territoire d'Angola dans le bassin de la rivière Cuanza.

Dans la colonie anglaise du Cap, des dégagements gazeux ont été constatés à Ceres, à 100 kilomètres environ au nord-est de Capetown, ainsi qu'à Mossel-Bay sur la côte sud et le long de la rivière Gouritz qui se jette dans la mer à 40 kilomètres ouest de Aliwal-South, où les fractures des schistes sont remplis de bitume. Les traces de pétrole sont particulièrement apparentes à Wagersboom Farm et à Bailies où un forage a été poussé à 40 mètres sans grands résultats vu sa faible profondeur.

Des traces de pétrole ont été relevées dans les régions de Calvinia, Carnarvon, Fraserburg, Hanover.

Dans l'état d'Orange, des suintements de pétrole ont été constatés dans la vallée du Calédon aux environs de Ladybrand et Fraserburg; à 25 kilomètres au nord de Fricksburg, un dike de diabase a ses joints imprégnés de pétrole; dans la vallée du Vaal à Boshof et Heilbron, dans les vallées du Libenberg et du Wilge, à Lundley, Bethléem et Harrismith. A Christiania sur le Vaal, se trouvent de petites quantités d'ozokérite; à Kronstad, il y a des dégagements de gaz.

Au Transwaal, il y a du pétrole au sud du Witewaters-Rand. Dans la région des Randberge à Piet Rief, Makkerstrom, Ermelo; et même plus au nord-ouest jusque vers Middelburg, les schistes bitumineux sont fréquents. Tout près de la frontière nord du Transvaal, mais sur le territoire des Matabelé au confluent du Linipopo et du Minzingwani, il y a des traces de pétrole.

A Ermelo, un sondage poussé à 535 mètres, a rencontré la couche de schistes bitumeux qui avait 1 mètre d'épaisseur et qui donnait 200 litres d'huile à la tonne.

Dans la région de Gaza, des recherches ont été faites à Nhangella-Valley, à 80 kilomètres au sud-ouest de Inhambane; les travaux ont commencé en 1904.

A Madagascar, il y a des traces de pétrole à Betafo, Ankavandra et le long des rivières Ranobe et Manambolo.

CINQUIÈME PARTIE. — **AUSTRALIE**

Jusqu'à présent, il n'y a, en Australie, que des exploitations de schistes bitumineux qui existent en assez grande abondance, surtout dans la région est. Quelques forages ont donné des dégagements de gaz assez importants, mais sans qu'aucune application industrielle ait été la conséquence de cette découverte. Il y a cependant des indices pétrolifères assez nombreux.

Australie occidentale. — Le long des rivières Donnelly et Warren, entre les caps d'Entrecasteaux et Leenvin, il y a des exsudations pétrolifères dans le terrain carbonifère et ces manifestations se retrouvent dans l'intérieur des terres jusque vers le lac Jasper.

Australie méridionale. — A l'est du lac Torren, le long du chemin de fer près de Leigh's Creek, il y a des suintements de pétrole; sur la côte sud, il en existe dans la presqu'île d'York, entre le cap Spencer et Yorketown, dans l'île des Kangourous, principalement vers la baie d'Estrée. En face de l'île de Kangaroo, sur la côte de la baie de la Rencontre; dans les lagunes de Coorong, il y a sur l'eau des matières bitumeuses (que certains explorateurs attribuent à la décomposition d'algues marines). Des forages ont été faits entre le littoral et le chemin de fer, à Bordertown et Salt Creek, qui ont donné de petites quantités de pétrole et de gaz. Au nord de cette région, sur la côte est du golfe de Saint-Vincent, au nord d'Adélaïde, dans le district de Gawler, il y a également des suintements de pétrole.

Nouvelle Galle du sud. — Sur la côte est, à Twofold bay, il y a des lignites bitumineux; il en existe aussi à l'intérieur des terres, vers Kiandra. Un important gisement de schistes bitumineux existe plus au nord, s'étendant depuis Jeroys bay, sur la côte, jusque vers Hartley, dans l'intérieur des terres, dans la région de Hartley, près de Wallewarang, ces schistes contiennent de l'ozokérite; il en existe également à Coolah, district de Napier, sur le versant sud-ouest de Liverpool Range. Dans la même région, tout à fait à l'extrémité ouest de Liverpool Range, à Coonabarrobran, il y a des grès bitumineux. A Groffon, sur la rivière Clarence, près de la côte nord-est, un forage a donné des quantités de gaz importantes.

Queensland. — Le long des Macpherson-Range qui séparent la Nouvelle-Galle du sud du Queensland, sur le versant nord, il y a des schistes bitumineux. A Roma, dans l'intérieur des terres, un forage a donné du gaz. Dans le nord-est, aux environs de Duaringa, vers le confluent des rivières Makenzie et Dawson, il y a des schistes bitumineux.

Tasmanie. — Le long de la côte nord, à hauteur du cap de la Table, il y a des schistes bitumineux; à l'ouest de la rivière Tamar, ces schistes sont exploités pour produire de l'huile d'éclairage.

CHAPITRE IV

RECHERCHES DES GITES PÉTROLIFÈRES

La recherche d'un gîte pétrolifère doit normalement passer par les étapes suivantes : reconnaissance générale préalable, étude géologique des régions reconnues intéressantes, étude économique, établissement des sondages de recherche.

La reconnaissance préalable n'a pour but que d'indiquer, dans la contrée rapidement parcourue, les points où, à première vue, il semble possible, qu'il existe, en profondeur, des gisements pétrolifères suffisamment importants, pour mériter d'être exploités. Ce premier examen sert la plupart du temps, à vérifier, soit les bruits de la rumeur publique, les affirmations d'explorateurs insufisamment familiarisés avec les questions géologiques, ou les déductions que des analogies, de situation ou de la techtonique ont conduit à admettre. Généralement, elle n'a de raison d'être que dans les régions peu connues soit au point de vue général, soit au point de vue particulier des exploitations pétrolifères.

Souvent dans ces contrées, les cartes seront ou très incomplètes, ou très inexactes et l'on peut même admettre le cas, qui ne se présentera d'ailleurs que d'une façon absolument exceptionnelle, où elles feraient complètement défaut. Il est donc nécessaire que l'ingénieur qui s'intéresse à ces recherches, ait une idée, au moins générale, de l'établissement des cartes et des plans topographiques ; les conditions mêmes, dans lesquelles se font le plus habituellement les recherches de pétrole, simplifiant d'ailleurs notablement les notions indispensables.

Il est clair que le croquis à établir pour rendre compte d'un examen général, qui concluerait à l'inutilité d'études subséquentes, peut être fait d'une façon très sommaire, en admettant même qu'il y eut lieu d'en établir un, aussi ne semble-t-il nécessaire d'examiner que le cas où le premier examen serait suffisamment satisfaisant pour provoquer de nouvelles études.

Dans cette dernière hypothèse, il y aura lieu d'établir un croquis général suffisamment détaillé pour pouvoir y préciser les points où les observations auront été faites, sans qu'il soit besoin de rechercher une très grande exactitude, ce croquis général étant complété par un mémoire descriptif accompagné de croquis de détails, suffisamment développés, pour permettre de retrouver facilement les points intéressants. Une boussole, avec éclimètre, un compte-pas sont les seuls instruments nécessaires à l'établissement de croquis de ce genre[1].

Lorsqu'il s'agira de l'étude géologique détaillée, il faudra nécessairement établir des documents plus précis, et, si les cartes font absolument défaut, sont trop incomplètes ou trop inexactes, prendre le travail dès le début; certaines considérations permettent, d'ailleurs, de simplifier considérablement le travail exécuté habituellement dans l'établissement des cartes géographiques et topographiques proprement dites.

D'abord il sera rare qu'on ait en tout plus d'une centaine de kilomètres carrés, à explorer d'une façon sérieuse, cette surface pouvant être ou continue, ou répartie en plusieurs masses distinctes; et, dans ces surfaces, les seules parties à étudier avec précision, sont celles où la disposition du terrain permettra une étude facile des accidents géologiques et des stratifications.

L'étude des 100 kilomètres carrés se réduira ainsi, généralement, au relevé soigneux d'une vingtaine de régions, n'ayant souvent au plus, qu'un kilomètre carré de surface, plus ou moins irrégulièrement réparties sur la surface totale; il suffira donc de relier ces points entre eux par une triangulation sommaire, quoique suffisamment précise. Les détails de la planimétrie, habitations, culture, n'ont aucune importance; les chemins eux-mêmes ne seront figurés qu'approximativement et à vue, et lorsque, de plus, sur un croquis général, on aura figuré les cours d'eau, qui, seuls dans la planimétrie présentent de l'importance, parce qu'ils sont le canevas du nivellement et du modelé du terrain, et les points culminants, on aura tout ce qu'il faut pour commencer son travail.

Le canevas de la triangulation générale n'a pas besoin d'être établi avec la précision qu'on recherche dans les opérations géodésiques importantes; la seule chose nécessaire est de les établir avec une approximation telle que les erreurs commises n'entraînent pas une confusion dans l'interprétation des éléments d'information géologique qu'on aura relevés; et à cet effet, il est nécessaire de savoir, étant donnée la méthode adoptée, quelles sont les limites entre lesquelles ces erreurs sont certainement comprises. Il faut, en effet, qu'on ne soit pas exposé, par exemple à confondre deux anticlinaux voisins, deux failles voisines.

Lorsque la triangulation aura été établie de façon que l'erreur sur toute l'étendue à relever ne dépasse pas 2 mètres par kilomètre, on aura tout ce qu'on peut désirer comme base pour un travail sérieux.

Quels instruments doit-on employer à cet effet?

---

1. Partout où peut passer une bicyclette les longueurs peuvent être mesurées à l'aide d'un compteur adapté à la roue d'avant, et cette méthode de mesure est beaucoup plus exacte qu'on ne pourrait le supposer. Ainsi, sur bonne route, une base mesurée de 1000 mètres indique au compteur 1002 mètres; une longueur de 470 mètres mesurée au compteur et vérifiée à la chaîne indique 469^m,20. Une méthode analogue a été employée en Albanie en employant un compteur monté sur une roue légère en fer poussée par un homme comme un cerceau d'enfant.

Le tachéomètre (*fig*. 273) nous semble devoir être préféré pour les opérations de levé de terrain, concernant les recherches dans les régions pétrolifères, pour de nombreuses raisons.

Outre les raisons générales qui le font adopter couramment aujourd'hui

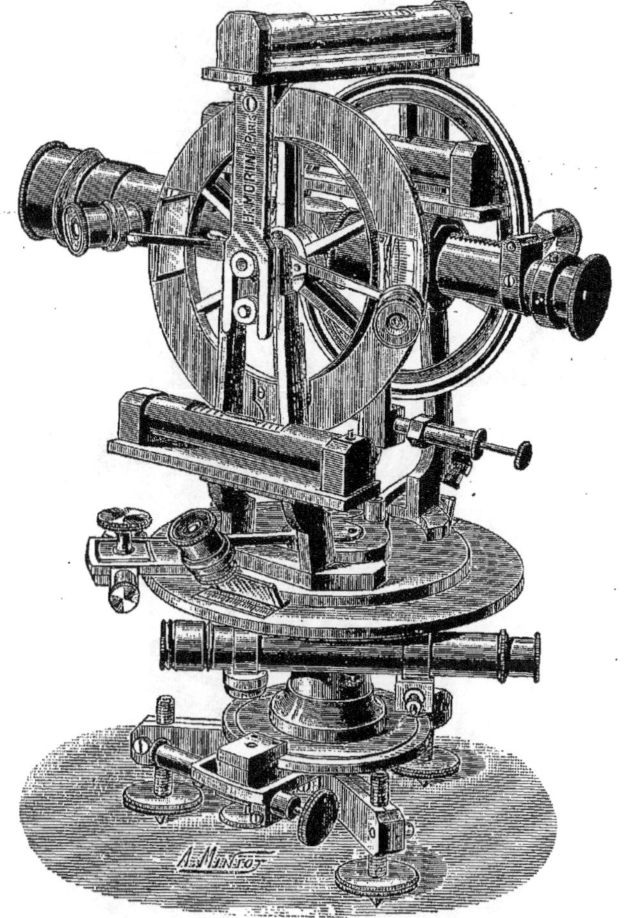

Fig. 273. — Tachéomètre.

dans presque toutes les opérations géodésiques et topographiques, il faut remarquer que sa faculté de mesurer simultanément les distances, les pentes et les angles sans qu'il soit nécessaire de parcourir le terrain entre deux stations dont on détermine la situation réciproque, est ici précieuse; il ne manque pas, en effet, dans les régions pétrolifères, de parties difficilement parcourables.

La précision qu'on obtient avec le tachéomètre, précision devenue très

considérable dans ces dernières années, avec les perfectionnements apportés
à la construction des instruments, est plus que suffisante, pour les opérations
de levé qu'on peut avoir à faire ; mais c'est surtout la rapidité qu'on obtient
avec cet instrument qui le rend intéressant pour ce genre d'explorations, qui

Fig. 274. — Tachéomètre avec chambre noire, agencée pour la métrophotographie.

doivent être faites dans un temps aussi restreint que possible, tout en fournissant des documents ayant une précision assez grande.

Toutes les fois que cela sera possible, il faut bien le reconnaître, il y
aura avantage à recourir pour l'établissement des cartes à un topographe
spécialiste qui mettra trois ou quatre fois moins de temps à exécuter le tra-

vail, que ne pourrait le faire une personne, même familiarisée avec l'emploi des instruments délicats mais qui ne fait pas de la topographie son occupation constante.

Cela pourrait même conduire à penser que l'ingénieur chargé de l'étude d'une région pétrolifère peut se désintéresser des études topographiques. Mais il n'est pas toujours possible de s'assurer le concours d'un topographe de métier pour les expéditions lointaines ; la dépense de son déplacement peut devenir trop importante, étant donné que sa tâche, pour le levé de la carte

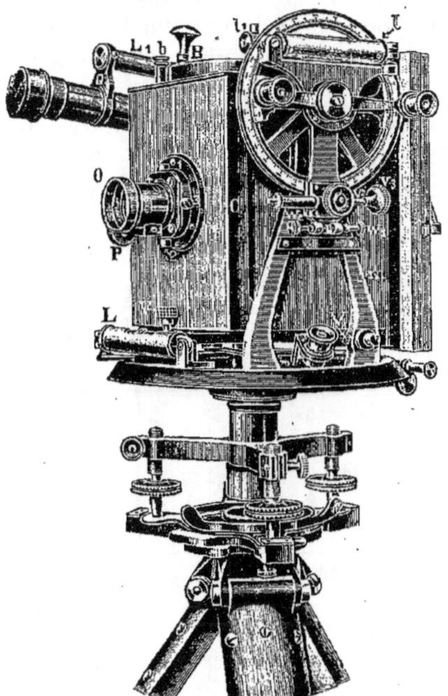

Fig. 275. — Tachéomètre photographique de Salmoiraghi de Milan.

et des plans d'une région qui est rarement très étendue, ne demande qu'un temps assez court. De plus, même si l'on a le concours d'un topographe, pendant que celui-ci établit la triangulation générale et exécute la carte proprement dite l'ingénieur peut, tout en relevant les particularités géologiques, qu'il juge intéressantes de noter, les rattacher au canevas trigonométrique, avant même que ces opérations ne soient terminées, et, dès que les stations de triangulation générale ont été choisies.

Pour toutes ces raisons, il semble donc que l'ingénieur doit être familiarisé avec l'emploi du tachéomètre, qui permet de n'employer qu'un seul genre d'instruments pour toutes les opérations concernant les plans [1].

Il ne faut pas, du reste, s'effrayer de la complication apparente du tachéomètre dont l'emploi peut devenir familier en une quinzaine de jours d'étude : les ouvrages du colonel Laussedat, du colonel Goulier, de Lucien Henry, d'Eugène Prévôt, de Joseph Orlandi [2] donnent, d'ailleurs, tous les détails utiles, aussi bien sur le tachéomètre, que sur les opérations les plus diverses de la topographie. La lecture des ouvrages d'Eugène Prévôt et de Lucien Henry, et surtout celui de Joseph

---

1. Indépendamment de l'établissement des cartes géologiques, il peut y avoir à vérifier des limites de propriétés pour établir les titres de concession et là, surtout, l'emploi du tachéomètre simplifiera considérablement la tâche.

2. *Recherches sur les instruments, les méthodes et le dessin topographique*, par A. Laussedat ; — *Études théoriques et pratiques sur les levés topométriques*, par le colonel Goulier ; — *Topographie*, par Eugène Prévôt ; — *Tachéométrie*, par Joseph Orlandi ; — *Traité de géodésie tachéométrique*, par L. Henry.

Le lecteur pourra également consulter avec fruit : *Les levés photographiques et la Photographie en voyage*, par le Dr Gustave Le Bon ; — *Le tachéomètre*, par J. d'Angelo ; — *Recherches minières*, par Félix Colomer ; — *Manuel de l'Explorateur*, par Blin et Rollet de l'Isle.

Orlandi étant même suffisante pour le but restreint auquel l'ingénieur a besoin de viser.

En complétant le tachéomètre par l'adjonction d'une chambre photographique, montée sur le même instrument, il sera possible de se donner en même temps l'appoint des ressources de la métrophotographie, ressources précieuses dans les terrains très accidentés.

La figure 274 représente un tachéomètre sur lequel est agencée une chambre photographique pour les applications métrophotographiques ; la figure 275 représente un tachéomètre photographique construit spécialement pour l'emploi de la méthode métrophotographique ; ce dernier modèle est à recommander, si la méthode métrophotographique doit être plus spécialement appliquée d'une façon courante.

Comme instruments, un tachéomètre grand modèle de 22 centimètres de limbe, pour la triangulation et les opérations précises, et un autre de 10 centimètres de limbe, pour les petites opérations de détail, sont ce qui convient le mieux.

Afin qu'on puisse se faire une idée de la précision que peuvent atteindre les opérations topographiques par l'emploi du tachéomètre, nous reproduisons ci-dessous le tableau des erreurs maxima pour les déterminations par rayonnement emprunté à l'ouvrage du colonel Goulier :

INSTRUMENTS	ANGLES STADIMÉTRIQUES	GROSSISSEMENT DES LUNETTES	PUISSANCE DES LUNETTES	PORTÉES MAXIMA pour les chiffraisons exprimées en mètres	ERREURS RELATIVES des distances	DISTANCES MAXIMA lues sur la hauteur totale de la stadia	ERREURS LONGITUDINALES en mètres, pour la distance maximum correspondant à la haut' totale de la stadia	ERREURS LATÉRALES pour $i = \frac{1}{1200}$	ÉCHELLES DES PLANS	ERREURS GRAPHIQUES résultant des deux erreurs longitudinale et latérale
						mètres				millim.
Boussole nivelante du génie et stadia.....	$\frac{1}{50}$	12	12	220	$\frac{1}{1200}$	120	0,10	0,10	$\frac{1}{1000}$	0,14
									$\frac{1}{2000}$	0,07
Tachéomètre du génie et euthymètre......	$\frac{1}{70}$	14	14	200	$\frac{1}{1000}$	88	0,09	0,07	$\frac{1}{1000}$	0,11
									$\frac{1}{2000}$	0,06
Tachéomètre Goulier et stadia..............	$\frac{1}{100}$	20	18	210	$\frac{1}{900}$	200	0,22	0,17	$\frac{1}{2000}$	0,14
									$\frac{1}{2000}$	0,14
Tachéomètre Tavernier et euthymètre......	$\frac{1}{100}$	20	18	210	$\frac{1}{900}$	200	0,22	0,17	$\frac{1}{5000}$	0,06
									$\frac{1}{10000}$	0,03
Tachéomètre et stadia à grande portée.....	$\frac{1}{200}$	30	26	600	$\frac{1}{650}$	900	1,4	0,75	$\frac{1}{10000}$	0,16
									$\frac{1}{20000}$	0,08

Nous donnons également, d'après le colonel Goulier, les quatre tableaux suivants, qui indiquent pour les nivellements les équidistances graphiques admises, les tolérances dans les erreurs de nivellement, les tableaux des distances auxquelles on peut employer le tachéomètre pour ne pas dépasser ces erreurs.

On verra, d'après ces tableaux, que le nivellement exact, de surfaces même restreintes, demande un travail considérable ; il vaudra donc mieux se limiter aux erreurs et aux procédés admis pour les levés rapides, qui sont très suffisants pour le but qu'on se propose dans les études de régions pétrolifères, les levés précis, étant réservés au moment où l'on fait l'installation des sondages, et à la zone du terrain avoisinant immédiatement ces points.

Plus que dans toutes les autres opérations de la topographie, on peut économiser du temps et augmenter la précision des résultats par le choix judicieux de la méthode employée ; on fera donc bien de consulter les ouvrages spéciaux sur la matière.

Pour les nivellements, les équidistances à adopter sont les suivantes :

	ÉCHELLES				
	$\frac{1}{1000}$	$\frac{1}{2000}$	$\frac{1}{5000}$	$\frac{1}{10000}$	$\frac{1}{20000}$
Équidistances métriques..	mètre 1	mètres 1 ou 2	mètres 2 ou 5	mètres 5 ou 10	mètres 5 ou 10
— graphiques correspondantes........	millim. 1	millim. 0,5 ou 1	millim. 0,4 ou 1	millim. 0,5 ou 1	millim. 0,25 ou 0,5

TOLÉRANCES ADMISES POUR LES ALTITUDES

		LEVERS PRÉCIS			LEVERS EXPÉDIÉS		
		$\frac{1}{1000}$	$\frac{1}{2000}$	$\frac{1}{5000}$	$\frac{1}{5000}$	$\frac{1}{10000}$	$\frac{1}{20000}$
		millim.	millim.	millim.	millim.	millim.	millim.
	0,0	32	45	71	100	141	200
Inclinaisons du sol	0,05	32	46	75	112	176	283
ou Tangente T..	0,2	37	60	122	224	424	825
	0,5	59	110	260	510	1.010	2.010
	1,0	105	205	505	1.005	2.005	4.005

	INCLINAISON DU SOL TgT	LEVERS DE PRÉCISION			LEVERS EXPÉDIÉS		
		$\frac{1}{1000}$	$\frac{1}{2000}$	$\frac{1}{5000}$	$\frac{1}{5000}$	$\frac{1}{10000}$	$\frac{1}{20000}$
	$\frac{1}{1}$	1.000	5.000	2.000	800	400	200
	$\frac{1}{4}$	5.000	2.500	1.000	400	200	100
Nombres de points à déterminer par kilomètre carré.........	$\frac{1}{16}$	2.500	1.250	500	200	100	50
	$\frac{1}{64}$	1.250	625	250	100	50	25
	0	800	400	200	100	50	25

TABLEAU DES PLUS GRANDES DISTANCES COMPATIBLES AVEC LES ERREURS DE NIVELLEMENT INDIQUÉES AU TABLEAU PRÉCÉDENT

ERREURS RELATIVES SUR LES DISTANCES lues sur la Stadia		LEVERS PRÉCIS					LEVERS EXPÉDIÉS								
		$\frac{1}{1000}$	$\frac{1}{2000}$		$\frac{1}{5000}$		$\frac{1}{5000}$			$\frac{1}{10000}$			$\frac{1}{20000}$		
Tang. T	Tang. I	$\frac{1}{1000}$	$\frac{1}{1200}$	$\frac{1}{900}$	$\frac{1}{900}$	$\frac{1}{600}$	$\frac{1}{600}$	$\frac{1}{300}$	$\frac{1}{100}$	$\frac{1}{600}$	$\frac{1}{300}$	$\frac{1}{100}$	$\frac{1}{600}$	$\frac{1}{300}$	$\frac{1}{100}$
		mètres	mètres	mètres	mètres	mètres	mètres	mètres	mètres	mètres	mètres	mètres	mètres	mètres	mètres
0,00	0,00...	38	54	54	85	85	120	120	120	170	170	170	240	240	240
0,20	0,60...	45	72	72	146	146	269	269	269	509	509	509	991	991	991
	0,20...	44	71	70	142	137	251	250	111	478	473	210	930	920	408
0,50	0,00...	71	131	131	311	311	613	613	613	1.213	1.213	1.213	2.413	2.413	2.413
	0,25...	69	128	125	298	282	555	447	204	1.095	885	405	2.180	1.935	805
	0,50...	66	122	117	275	244	477	325	125	945	645	245	1.880	1.275	492
1,00	0,00...	126	246	246	606	606	1.207	1.207	1.207	2.410	2.410	2.410	4.805	4.805	4.805
	0,50...	117	229	215	535	473	945	640	244	1.875	1.275	487	3.750	2.550	975
	1,00...	113	220	205	505	430	855	540	200	1.705	1.075	396	3.400	2.155	792

Même en appliquant les procédés admis pour les levers expédiés, il faudra se borner à les employer seulement dans le voisinage des points où des particularités géologiques devront être reportées sur la carte; le modelé du reste du terrain étant fait à vue en déterminant seulement quelques points pour servir de guide.

Pour les levers rapides d'itinéraire qui servent à établir le premier croquis général de la contrée, et qui permettra de déterminer les points de triangulation à relever exactement, le tachéomètre petit modèle peut être employé aussi bien que la boussole.

Comme boussole, un instrument ayant une aiguille de 7 centimètres de long est très suffisant, le modèle dit boussole topographique de Sanguet étant particulièrement bien adapté à cet objet; les points situés latéralement à l'itinéraire suivi, dont il peut être utile de relever approximativement la position sans être obligé de quitter le chemin parcouru, peuvent être déterminés à l'aide d'un télémètre, le télémètre Souchiez par exemple, dont on peut augmenter notablement la précision en prenant comme point de repère des jalons plantés dans le sol et qui peuvent n'être constitués que par de simples baguettes avec un petit voyant en papier fixé dans une fente faite à l'extrémité opposée à la pointe enfoncée dans le sol.

Une fois les cartes faites et même tout en procédant à leur exécution, il faudra relever soigneusement les particularités géologiques de la contrée. Les anticlinaux, les synclinaux, la nature des terrains, leurs stratifications, les points d'émissions gazeuses, de suintement, de pétrole, de sources salées, sulfurées, thermales, la direction des axes des anticlinaux et des synclinaux ; les pentes des couches, leur direction, leur épaisseur, leur nature doivent être notés avec la plus grande précision.

Pour le relèvement de la pente des couches, on multipliera les observations de façon à bien déterminer leur allure; on fera de même pour la direction de la pente et celle des lignes de niveau géologiques.

Pour les pentes des couches, on peut employer soit le clissimètre de la boussole de Sanguet, soit un éclimètre à talon.

Le tachéomètre et le niveau de pente à cercle gradué peuvent aussi être employés avec avantage.

Toutes ces observations seront soigneusement notées et serviront à établir la pente moyenne et la direction moyenne qu'on reportera sur la carte.

Les points où l'on fera ces observations devront être judicieusement choisis de façon à éviter d'être obligé de faire un trop grand nombre d'observations. Pour toutes ces constatations on sera souvent obligé de faire exécuter quelques travaux de terrassement, et, si l'on dispose d'un appareil de sondage portatif, on augmentera dans une grande proportion la valeur et le nombre des renseignements recueillis.

Tous ces éléments serviront à établir une carte géologique aussi complète que possible de la région, et dont les détails seront d'autant mieux étudiés, et d'autant plus nombreux, qu'ils se rapporteront aux régions où seront situées le plus probablement les exploitations futures.

L'examen et la discussion des renseignements qu'on aura recueillis, conduiront, la plupart du temps, à choisir plusieurs régions où les travaux ont le plus de chance d'être fructueux. On complètera alors, par tous les moyens possibles, les plans de ces régions en s'attachant à établir avec toute la précision possible la succession des couches et leur épaisseur.

On s'efforcera de donner dans leurs moindres détails tous les accidents qui affectent cette région.

La détermination de la nature des couches situées au-dessous de la région où l'on devra établir l'exploitation entraînera souvent à explorer des régions fort éloignées si les affleurements avoisinants ne fournissent pas de renseignements suffisants; ces explorations dans les régions voisines devront être faites avec le plus grand soin et la plus grande prudence, en n'oubliant pas que des faciès identiques peuvent appartenir à des couches différentes et les mêmes couches avoir des faciès différents.

Les cartes au 1/200000, 1/100000 ne peuvent servir qu'à l'orientation générale et à l'indication des grandes lignes géologiques de la contrée.

Il faudra, pour les régions pétrolifères étudiées, établir une carte générale au 1/20000, sur laquelle on pourra déjà indiquer avec plus de détails, les différents mouvements des couches sous-jacentes, d'après les renseignements recueillis.

Mais, pour les points particulièrement intéressants, lorsque les stratifications seront d'une étude plus facile, il faudra établir des plans au 1/5000.

Pour les régions où l'on se propose d'exploiter, il faudra des plans au 1/1000; comme plan général et comme plan de détail, on pourra être conduit à adopter des échelles allant jusqu'au 1/200.

Il ne faut pas oublier, en effet, que si l'on a affaire à des stratifications très inclinées voisines de 85° par exemple, une distance horizontale de 10 mètres correspond à un accroissement de profondeur de 143 mètres. Il est donc nécessaire de pouvoir placer un puits sur la carte avec la certitude qu'on ne commettra pas une erreur supérieure à 2 ou 3 mètres, ce qui, au 1/200, représente 1 à $1^{cm},500$.

Si les données suivant lesquelles sont établies les cartes et les plans, étaient absolument exactes, il ne serait pas nécessaire d'avoir des échelles aussi grandes ; mais comme ces données sont toujours elles-mêmes entachées d'erreurs et le dessin des cartes ou des plans ajoutant encore aux erreurs d'estimation ou de calcul, les erreurs graphiques, il est donc bon d'avoir de grandes échelles.

Sur ces cartes et sur ces plans, certains points et certaines parties auront été déterminées avec toute la précision possible, d'autres, au contraire, présentant actuellement moins d'importance auront été estimées par des procédés plus ou moins rapides ; il est utile que sur les cartes, et sur les plans, on adopte des tracés différents (de couleur ou de nature de trait) pour ces différentes parties, de façon à les distinguer nettement. Si les éléments auxquels on a recours pour établir un nouveau projet de travail n'ont pas été déterminés avec une précision jugée suffisante, on complètera la partie du plan dont on a besoin en s'appuyant sur les parties déterminées avec plus d'exactitude.

Il est également important de conserver sur un carnet régulièrement tenu à jour, le relevé de toutes les opérations qui auront servi à établir les détails topographiques ou géologiques des cartes et des plans ; toute détermination nouvelle devant donner lieu à une inscription spéciale. On aura là, avec toute la précision possible, les éléments dont les cartes et les plans ne représentent en réalité qu'un canevas mnémotechnique, et il vaudra toujours mieux faire le calcul des lignes et des angles, puis les reporter sur la carte plutôt que de faire une construction graphique ; si cependant les éléments à déterminer n'ont qu'une importance secondaire, la construction graphique donnera généralement une solution plus rapide de la question.

Sur les cartes, sur les plans et sur les carnets, lors même que l'exploitation sera en marche, on reportera tous les détails géologiques ou topographiques au fur et à mesure de leur connaissance. Les puits forés notamment fournissent des indications d'une valeur très considérable, qui pourraient même conduire à modifier plus ou moins profondément les premières cartes géologiques qui auraient été établies.

Même si l'entreprise est dans une période prospère, il ne faudra pas négliger ces soins qui, à un moment donné, peuvent avoir une influence primordiale sur le développement de l'exploitation.

Les plans et les carnets peuvent, du reste, être tenus à jour sans très grande dépense ; si les premières cartes ont été établies avec soin, un simple géomètre pourra très facilement se charger de cette partie du travail.

En dehors des études purement géologiques, et si par elles-mêmes elles ne sont pas de nature à faire rejeter toute idée d'exploitation, il faudra se préoccuper de reconnaître les facilités de communications au point de vue des transports et d'une manière générale se renseigner sur la plus ou moins grande facilité que trouvera le chantier à s'approvisionner en matériaux de toutes sortes. On aura également à se préoccuper des facilités d'écoulement commercial du pétrole extrait et de la valeur marchande probable du produit ; car il se peut très bien qu'une région devienne inexploitable simplement parce qu'il sera impossible d'approvisionner le chantier d'une façon économique, ou par manque de débouché immédiat pour la vente du pétrole extrait.

On peut voir, par les figures 276 et 277, que les difficultés de transport peuvent entraîner des dépenses parfois considérables.

Il faudra terminer cette étude par l'examen et l'analyse des échantillons de pétrole qu'on aura pu se procurer tout en ayant égard aux conditions dans lesquelles ils ont été recueillis, en tenant compte des probabilités de modification de qualité qu'on peut rencontrer en profondeur.

Tous les éléments recueillis dans l'étude d'une région pétrolifère serviront à examiner s'il y a lieu ou non, de se livrer à des recherches par sondage qui constituent par eux-mêmes une tentative et un commencement d'exploitation.

Si nous supposons que l'on conclue à l'établissement de sondages, il faudra alors se préoccuper d'une étude plus détaillée des voies d'accès qu'on pourra être obligé d'améliorer en certaines parties ; les plans qu'on aura déjà dressés seront, en général, suffisants pour ce travail. En même temps que son emplacement, on devra faire choix du système à employer pour faire le premier sondage.

Si l'étude géologique a indiqué la nature des terrains qu'on aura à traverser avec suffisamment de précision, ce choix sera relativement facile ; il ne faut pas, en effet, penser que tous les systèmes de sondages sont également bons dans tous les terrains, et du choix judicieux du système de sondage dépendra en grande partie la réussite des recherches et leur prix de revient.

Nous pensons que, tout au moins au début, il n'est pas nécessaire de mettre plusieurs sondages en route ; car quelques soins qu'on ait apportés à l'étude géologique, elle est forcément incomplète : seuls les sondages peuvent y ajouter une confirmation définitive et des renseignements qui font défaut jusque-là. Dans une région absolument nouvelle, il serait même plutôt surprenant que le premier sondage ait été placé dans l'endroit le plus favorable ; avant de mettre d'autres sondages en route, il est donc prudent d'attendre les résultats du premier.

Si même l'on pense devoir aller à grande profondeur, il nous paraîtrait expédient de commencer par un sondage de plus modestes proportions qui aura beaucoup de chance, il est vrai, de rester improductif, mais qui permettra de former le personnel, de l'accoutumer au pays, à ses ressources, et fournira, en même temps, un complément de renseignements précieux ; l'argent ainsi dépensé sera loin d'être complètement perdu.

Ces précautions ne sont, bien entendu, à prendre que dans les contrées

Fig. 276. — Chaudière transportée par 19 paires de bœufs, en pays accidenté.

nouvelles, où les sondeurs viennent de contrées quelquefois très éloignées ; dans les territoires où l'on a à proximité des exploitations déjà en fonctionnement, on pourra abréger beaucoup tous les travaux préliminaires et arriver

Fig. 277. — Un accident de transport.

à placer avec moins de travail le premier sondage, tout en ayant une plus grande certitude de succès. Mais, dans les régions non encore reconnues, on ne saurait prendre trop de précautions ; un grand nombre de sociétés de recherches de pétrole ont dépensé inutilement des sommes très importantes, par la trop grande hâte avec laquelle elles ont conduit leurs travaux.

En matière de recherches de pétrole rien ne remplace le temps.

Combien doit-on prévoir de sondages pour une recherche de pétrole ?

Cela dépend de l'étendue du terrain à explorer, des difficultés qu'on peut craindre de rencontrer et des bénéfices que l'on peut espérer de la réussite de l'opération.

Mais, en tout cas, il n'est pas prudent de commencer les recherches si l'on n'a pas les moyens de faire plusieurs sondages ; ne prévoir qu'un sondage, et ne pouvoir en faire qu'un seul, c'est faire une opération peut-être plus hasardeuse que d'exposer son argent à la roulette ; car, outre que le sondage bien réussi et placé dans une région susceptible de donner une bonne production peut ne donner que des traces insignifiantes de pétrole, un accident peut vous arrêter à une profondeur où toute espérance est superflue.

Sans doute, on peut arriver à réparer un accident et à continuer l'approfondissement du forage ; mais il ne faut pas oublier que, souvent, l'on est dans une région éloignée de tout centre important, où les ressources naturelles sont nulles et qu'on ne peut avoir tout l'assortiment des outils de secours, qu'il serait nécessaire d'avoir, pour faire face à toutes les éventualités.

Donc, même si l'on n'a qu'une seule région de peu d'étendue à explorer, il sera sage de prévoir qu'on exécutera trois sondages [1] ; c'est là un minimum,

1. Si l'on se reporte aux tableaux des puits productifs et secs forés dans les différentes régions pétrolifères des Etats-Unis, on voit, par exemple, que, dans la région des Appalaches, il a été foré, en 1892, 1.968 puits sur lesquels 462 étaient secs, soit 23 0/0 d'insuccès ; en 1904, sur 8.859 forages 2.383 sont improductifs, ou 27 0/0. Cette moyenne générale étant d'ailleurs assez variable avec les localités, puisque dans la région de Clarion et Venango, sur 1.540 forages, il n'y a que 216 puits secs, ou 14 0/0.

Dans la Virginie, sur 596 forages exécutés en 1892, 75 sont secs, ou 13 0/0, et dans la région de Sistersville, la proportion des insuccès s'abaisse à 9 0/0, puisque sur 465 forages, 40 seulement sont secs ; en 1904, sur 2.294 forages, 742 sont secs, ou 32 0/0, et à Sistersville, la proportion des puits secs remonte à 23 0/0, 33 forages secs sur 139 ; dans le comté de Wood, sur 92 forages, 32 sont secs, ou 35 0/0 d'insuccès ; dans le comté de Cabel, sur 33 forages, 20 sont secs, ou 60 0/0 d'insuccès ; dans le comté de Marshall, sur 84 forages exécutés, 52 sont secs, ou 60 0/0 d'insuccès ; dans le comté de Hancock, sur 50 forages, 22 sont secs, ou 44 0/0 d'insuccès.

Si nous passons maintenant à l'Ohio, en 1904, sur 2.308 forages exécutés, 809 sont secs, ou 35 0/0 d'insuccès ; dans la région de Barnesville, cette proportion s'élève à 57 0/0, 14 puits secs sur 24 ; dans la région de Macksburg, en 1891, sur 14 puits, 8 sont secs, ou 56 0/0 d'insuccès ; en 1898, sur 92 forages, 55 sont secs, ou 60 0/0 d'insuccès ; en 1904, sur 325 forages, 97 sont secs, ou 33 0/0 d'insuccès.

En comparant tous ces chiffres, on peut d'abord, en passant, constater que, dans la vie d'un champ pétrolifère, après la période des premières recherches où les insuccès sont naturellement nombreux, il vient une période qu'on peut appeler de prospérité, où les insuccès diminuent notablement, mais conservent, néanmoins, une valeur qui descend rarement au-dessous de 20 0/0, puis que, le champ vieillissant, les insuccès augmentent. Mais, d'une façon générale, on peut dire qu'en travail courant, dans une région reconnue, les insuccès sont voisins de 30 0/0, et dans des régions difficiles ou non complètement explorées, les insuccès sont voisins de 60 0/0.

Donc, dans une recherche, surtout dans une région absolument nouvelle, le chiffre de 3 sondages à prévoir est bien strictement un minimum.

Il est vrai qu'aux Etats-Unis, il est rare que la mise en place d'un sondage soit précédée d'une étude géologique, les sondeurs se fiant, la plupart du temps, à leur expérience personnelle, qui peut se trouver en défaut si la région diffère de celles où ils ont eu l'habitude de travailler, mais, d'autre part, les gisements des Etats-Unis sont plutôt réguliers, en sorte qu'il s'établit là une sorte de compensation qui fait que les moyennes des Etats-Unis semblent bien être des moyennes qu'on peut appliquer d'une façon générale.

Si, laissant de côté des moyennes générales, nous examinons un certain nombre de cas partiet il vaudra mieux en faire cinq, car on peut admettre que les accidents peuvent vous en faire perdre deux.

Il est utile de se rappeler qu'il y a des régions pétrolifères où l'on est exposé à rencontrer des difficultés autres que celles inhérentes au sondage dans des couches régulières. Les éruptions gazeuses, les glissements de terrain, les éboulements, naturellement plus fréquents dans les terrains poreux qui servent le plus souvent de réceptacle au pétrole, ajoutant aux difficultés du sondage, déjà grandes par elles-mêmes, des difficultés nouvelles.

Il est préférable de ne faire les sondages de recherche que successivement, d'abord, pour profiter du contingent de renseignements, que chaque sondage nouveau apportera avec lui, et ensuite par économie ; le même outillage servant alors à exécuter plusieurs sondages et une partie des tubes après leur enlèvement du premier sondage, s'il est improductif, pouvant servir pour les autres.

En procédant de cette façon, l'économie ainsi réalisée n'est pas négligeable et peut représenter dans certaines contrées une économie de 40 à 50.000 francs par sondage, par rapport à la dépense nécessaire pour mettre en œuvre à la fois tous les sondages prévus.

Pendant l'exécution des sondages, il sera parfois utile de continuer l'étude géologique de la région avoisinant le point en travail.

Si la région où l'on fait les recherches a une certaine étendue, le premier sondage sera établi au point jugé le plus favorable ; mais comme, en général, il y aura plusieurs points représentant à peu près les mêmes avantages, au point de vue des recherches, on pourra, le premier sondage terminé, et tout en en établissant un second dans le voisinage du premier, en commencer un autre dans une partie différente, mais à condition, bien entendu, que ces deux points appartiennent à deux parties qui, par la suite, formeront deux exploitations distinctes.

Si, pour l'étude d'une région restreinte, il nous paraît sage de prévoir cinq sondages, pour des régions étendues, devant posséder plusieurs parties productives bien distinctes, mais ayant cependant une certaine relation de parenté par les terrains qui les constituent, il sera suffisant de prévoir pour chaque nouvelle partie à explorer trois sondages ; et, si le nombre en est assez considérable, deux sondages pourront encore suffire.

culiers, nous verrons également, par ces exemples, qu'il n'est pas sage de commencer des recherches si l'on ne peut faire qu'un seul sondage, même si l'étude géologique de la région a été consciencieusement faite.

Ainsi, par exemple, on peut voir, page 198, l'exemple de la Kansas and Texas Oil Cᵒ, dont un puits stérile a été entouré par une série de puits productifs.

Dans le même ordre d'idées, on peut mentionner l'exemple cité page 242, où MM. Chancelor et Caufield, après un premier forage qui donne une production insuffisante, louent leur terrain à une autre société qui y obtient de bons résultats.

Dans le comté de Marion, un puits abandonné est repris en 1902, et donne une bonne production (p. 163). A Scio (p. 169), un forage, en 1872, ne donne pas de résultats, parce qu'il n'est pas assez profond ; en 1898, un autre forage donne de bons résultats et, chose surprenante, il est entrepris par la même personne qui a échoué en 1872.

Voir aussi l'exemple du forage Wilkins, nᵒ 2, p. 227.

Donc, en résumé, il ne faut pas faire qu'un seul forage, parce qu'il y a des raisons physiques qui peuvent faire que ce forage soit improductif, même au milieu d'une région riche, et ensuite parce qu'il y a des raisons humaines à faire entrer en ligne de compte.

Ce que nous disons précédemment ne s'applique pas, bien entendu, au cas où l'on a simplement à essayer, la productivité d'un lot de terrain situé dans une région déjà exploitée d'une façon rémunératrice ou à des recherches dans une partie de territoire où d'autres recherches ont déjà été effectuées et ont apporté des renseignements en quantité importante.

Le nombre des forages indiqués précédemment comme nécessaires est plutôt un minimum ; la fortune des recherches pétrolifères est d'ailleurs très variable ; par exemple : sur 29 puits qui ont servi à déterminer une zone productive de 50 hectares de surface, les 18 premiers n'avaient, pour ainsi dire, rien donné ; mais, par contre, le premier sondage judicieusement placé peut être heureux. La South Pen Oil C°, en cherchant l'extension du champ pétrolifère de Yellow Creek (comté de Calhoun W. Va-U.S.A.) plaça un puits à 1.800 mètres de tout forage productif et obtint un bon résultat.

Mais il est plutôt rare que le premier forage dans une région inconnue donne de bons résultats.

A l'ouest de Weston (comté de Lewis, W. Va-U.S.A.), sur 3 puits de recherche, le troisième seul donne un résultat ; dans le comté de Harisson (U.S.A.), la South Pen Oil C° fore plusieurs sondages : les premiers ne donnent rien, le dernier donne 700 barils par jour ; à Pine Grove (comté de Wetzel, W. Va-U.S.A.), un puits foré à 3 kilomètres à l'est de l'ancien champ pétrolifère donne 300 barils par jour.

La région de Puente est intéressante à étudier au point de vue de son développement (Voir *fig.* 000).

D'abord un puits est foré non loin de la région aujourd'hui productive de Brea Canon, juste sur la limite entre le comté d'Orange et le comté de Los Angeles ; ce puits, foré pour la recherche de l'eau, traverse plusieurs couches de sables bitumineux qui donnent un peu d'huile, on passe au travers et l'on va chercher de l'eau à un niveau plus profond.

A quelque temps de là, vers 1890, on fore un puits pour la recherche du pétrole, sur le bord ouest de Puente Hills, près d'un point où des strates de sables pétrolifères sont exposées.

Ce puits traverse les couches suivantes :

	Profondeur totale en mètres
Schistes bruns noirs.	36
Sable blanc aquifère.	55
Schistes tendres aquifères.	120
Sable.	134
— et schistes.	285
— et eau salée.	300
— et schistes.	360

Le puits est abandonné parce qu'il donne trop d'eau (il y a eu là un défaut technique qu'il eût été facile d'éviter).

En 1891, tout à fait à l'autre extrémité de la chaîne de Puente Hills, à 3 kilomètres à l'est de Whittier, la Chandler Oil Well C° fore un puits dans le périmètre même du terrain qui deviendra le champ pétrolifère de Whittier.

Les terrains traversés sont les suivants :

	Profondeur totale en mètres
Conglomérats	60
Argile bleue	75
Sable fin pétrolifère	81
Argile bleue et sable pétrolifère	100

La densité du pétrole est 18° B.

Le puits donne 3 barils par jour, et cette production s'est continuée jusqu'après 1897 (la profondeur atteinte était évidemment trop faible et, eu égard au résultat obtenu, il eût été naturel de pousser plus profondément).

Un autre puits foré par la même Compagnie, non loin de là, ne donne pas de meilleurs résultats.

En 1897, on fait un puits de recherche sur la limite séparant le comté d'Orange du comté de Los Angeles dans la partie ouest de Puentes Hills, à 300 mètres environ d'un affleurement de sable pétrolifère ; il va à 300 mètres ; il est abandonné sans résultat ; un autre est foré au nord-est du précédent ; il donne beaucoup de gaz et un peu de pétrole très lourd : il traverse plusieurs couches de sable imprégné de pétrole et, finalement, est abandonné à 300 mètres.

A l'autre extrémité des Puente Hills on continue également les recherches.

La Central Oil Cᵒ et la Withier Oil Cᵒ forent des puits.

La Withier fore 2 puits à l'embouchure du Savage Canon, à 800 mètres au sud-est de Withier. Ces puits traversent des couches pétrolifères, mais la production est insignifiante ; ils sont abandonnés à 200 mètres et 330 mètres. Ces puits sont trop au sud de la région productive ; mais, néanmoins, avec les puits faits par la Chandler Oil Well, ils commencent à indiquer la présence continue des couches pétrolifères à l'est de Withier.

La Central Oil Cᵒ fore des puits à la fin de 1897, au sud-est des puits de la Chandler Oil Well.

Son premier puits donne d'abord, à 90 mètres, une grosse venue d'eau, puis, à 135 mètres, on trouve un premier niveau donnant 5 barils le premier jour ; on pompe pendant 10 jours, et on obtient 70 barils de pétrole. On continue à approfondir en traversant des schistes et des sables ; à 220 mètres, on passe un deuxième niveau pétrolifère de peu d'importance, la production journalière par pompage monte à 10 barils. On passe ensuite un autre niveau aquifère, puis des schistes durs à 222 mètres, puis des sables et des schistes jusqu'à 258 mètres où l'on a des traces de pétrole à 21° B. On va jusqu'à 270 mètres : la totalité de l'épaisseur de sable traversé est de 27 mètres ; on obtient, en pompant, 60 barils en 10 jours ; la production a donc un peu diminué, mais, en continuant à pomper, elle se relèvera et, en juillet 1898, on a 25 barils par jour. C'est le commencement du champ de Withier où, au commencement de 1904, on comptait 80 puits productifs.

La dernière partie des recherches effectuées par la Central Oil Cᵒ est bien conduite et ses puits sont bien placés, eu égard aux renseignements fournis par les forages précédents, mais il faut reconnaître que la Chandler Oil Well Cᵒ, avec un peu plus de persévérance, eût obtenu, dès 1891, les mêmes résultats, si ses efforts avaient été dirigés d'une façon plus rationnelle.

Bien que nous ayons déjà parlé avec assez de détails du champ pétrolifère de Kern River, il n'est peut-être pas hors de propos d'insister ici plus spécialement sur l'histoire de son développement. Peu de régions pétrolifères ont une histoire aussi simple et des résultats plus satisfaisants.

Tout ce qu'on signalait vers 1894 était la présence, dans cette région, d'émanations gazeuses, de grès bitumineux, et une source sulfureuse amenant du pétrole qui avait formé un petit dépôt de brai ; on avait, en 1891, foré un puits pour la recherche du gaz sans grands résultats.

En juin 1899, MM. J. Elwood et fils creusèrent un puits près d'un affleurement pétrolifère : à 10 mètres, ils rencontrèrent un peu de pétrole ; on continua alors à appronfondir en forant avec une cuillère actionnée à bras, à 18 mètres ils eurent une production de 1/2 baril par jour de pétrole lourd.

Immédiatement ces messieurs firent un contrat pour le forage d'un puits ; à 105 mètres, ils obtinrent 20 barils.

Le mois suivant, MM. E. R. Doheny et Butler organisèrent la Petroleum Development Cᵒ et achetèrent le terrain.

Cette Compagnie fora un puits qui, à 150 mètres, donna 40 barils par jour.

M. J.-B. Treadwell, à la fin du même mois fora un puits un peu au sud et obtint du pétrole à 135 mètres.

Le branle était donné et, en août 1900, juste un an après le commencement du premier travail, cette région, dont la valeur productive était restée si longtemps ignorée, était couverte de nombreux derriks : 130 puits étaient creusés et d'autres étaient entrepris ; et, à fin décembre 1903, trois ans après, il y avait 976 puits productifs ; sur une surface de 23 kilomètres carrés, la production était de 17 millions de barils.

Dans le district de la Coalinga, les recherches ont débuté d'une façon moins heureuse.

En se reportant à ce que nous avons dit (p. 240), on peut voir que, en 1893, 5 puits avaient été forés sans grands résultats.

En 1895, 2 puits sont forés à 210 mètres et produisent 20 barils par jour.

En 1896, une nouvelle entreprise fore 3 puits qui donnent une production extrêmement faible. Cette nouvelle entreprise rachète les terrains où se trouvent les 2 puits forés en 1895 ; elle en fore un autre à 100 mètres à l'est des précédents, et, à 270 mètres, elle obtient un puits coulant naturellement à 300 barils par jour. C'est le premier beau résultat des recherches, c'est le 11ᵉ puits foré. Mais les améliorations ne devaient pas s'arrêter là. La Home Oil Cᵒ fore plus loin, sur la pente des strates, pour atteindre le niveau pétrolifère à une plus grande profondeur : le 3ᵉ puits qu'elle fait est le fameux « Blue Goose », qui donne 700 barils par jour.

L'histoire du développement du champ de Sunset est également intéressante : en se reportant à la page 146 et à la planche V, on peut voir que tous les premiers forages ont été faits trop au sud, pour ainsi dire en paquets, juste à l'extrémité de ce qui devait devenir le champ futur. Ces puits étaient cependant dans le voisinage d'affleurements pétrolifères[1]. C'est un nouveau venu qui, chose curieuse, fait forer à l'entreprise, par des personnes occupant la région depuis plusieurs années et auteurs des premiers puits improductifs, le premier puits qui déterminera le succès du champ de Sunset.

Ceci montre qu'il faut se préoccuper non seulement de la présence des indices de surfaces, mais du chemin probable qui les a amenés au jour et ne pas placer ses premiers sondages trop les uns sur les autres, à moins de raisons bien concluantes d'en agir ainsi. Il semble que, par une étude un peu attentive de la région, les travaux de recherche à Sunset auraient pu être abrégés.

Tout en présentant un aléa assez sérieux, les recherches de pétrole peuvent devenir beaucoup moins hasardeuses, si elles sont conduites avec prudence.

Il faut les conduire avec persévérance, mais non avec entêtement et, si l'on s'intéresse à ce genre de recherche, il faut prévoir qu'on continuera ce genre d'opération pendant un certain temps. Constituer une société de recherche avec un capital assez considérable et prévoir même les sommes nécessaires à la mise en exploitation, est plutôt une erreur, car, si le terrain est mal choisi, on s'entêtera souvent, et l'on dépensera sans succès tout le capital souscrit, en un point qui, peut-être, n'en vaut pas la peine, ou qu'on aura mal attaqué.

Il est plus sage, quand une région se montre rebelle à vos efforts, de ne pas s'entêter sur place et d'aller chercher ailleurs un nouveau champ d'action, quand on a fait raisonnablement et rationnellement ce qu'il était convenable de faire.

Il ne manque pas de terrains inexploités et susceptibles d'être mis en valeur, et ce serait et c'est une erreur que d'abandonner et de liquider toute une organisation sur un insuccès subi en un point déterminé. Pour faire des recherches, il a fallu se procurer un matériel coûteux et délicat, rassembler un personnel qui s'est entraîné peu à peu à travailler de concert, qui s'est accoutumé au pays, ceux qui dirigent aussi bien administrativement que techniquement ont pu apprécier le fort et le faible de leur organisation, toute cette somme d'efforts et d'expérience acquise ne doit donc pas être sacrifiée à la légère, et il semble naturel de ne pas avoir surmonté tant de difficultés pour ne faire de tentative qu'en un seul point ; la seconde recherche qu'on

---

1. Il faut remarquer ainsi du reste que cela est indiqué page 200 à propos du Kansas que les parties les plus riches peuvent correspondre à des territoires ou à des portions de territoire où il n'y a pas d'indications superficielles et cela est peut-être moins surprenant qu'il ne semble au premier abord. Les traces superficielles peuvent n'être en effet que la manifestation éloignée d'un gîte ou même elles peuvent, si les suintements qui les constituent ont duré pendant de longues périodes, avoir appauvri le gîte dans leur voisinage si celui-ci n'est pas naturellement riche.

entreprendra devant naturellement s'exécuter avec des chances de succès incomparablement plus nombreuses que la première.

Il est donc prudent et sage de prévoir, au lieu d'une recherche en un seul point, plusieurs recherches en deux ou trois régions nettement différentes, qui seront entreprises successivement.

Ces points d'attaque peuvent être choisis de prime abord ou préférablement, s'il n'y a pas une trop grande compétition pour l'acquisition des concessions territoriales, pendant les premières recherches elles-mêmes [1].

1. Voir au chapitre origine ce qui a trait à la répartition des zones pétrolifères.

CHAPITRE V

EXPLOITATION DES GISEMENTS PÉTROLIFÈRES

PREMIÈRE PARTIE

SURVEILLANCE DES FORAGES EN APPROFONDISSEMENT

La rencontre par un forage d'une couche pétrolifère ne se traduit pas toujours par des signes très apparents à première vue ; il est inutile de s'étendre sur le cas où le puits se met à jaillir ou bien sur celui où l'on recueille de suite en arrivant dans un niveau pétrolifère des quantités notables de pétrole ; mais ce à quoi il faut faire attention, c'est aux moindres indications qui montrent qu'on arrive dans un niveau pétrolifère. Il y faut d'autant plus de soin que, le plus souvent, les échantillons de roches ou de sable arrivent à la surface à l'état d'une fine poussière désagrégée par les outils et lavée par l'eau qui est dans le trou du forage ; et dès qu'on a une indication, si légère soit-elle, de la présence du pétrole, il faut examiner attentivement la couche où l'on se trouve[1].

Il ne manque pas d'exemples (surtout à Bakou) où des couches qui ne donnaient que des traces insignifiantes d'huile pendant le forage ont produit des quantités d'huile très importantes après avoir convenablement étanché les venues d'eau supérieures et pompé pendant un certain temps.

On cite des cas où l'examen des couches semblait très douteux au premier abord, et où l'on a cependant obtenu avec de la patience des productions dépassant 1.000 barils par jour (à Bakou).

C'est surtout quand on a affaire à des couches sableuses enfermées dans des couches d'argile qu'il faut exercer une grande vigilance ; dans les roches, il y a moins de chances de passer un niveau pérolifère sans s'en apercevoir, quoique cependant cela puisse encore arriver.

---

1. Voir, page 242, par exemple, le cas du puits de California Monach C° Coalinga.

Quand on a acquis l'expérience d'une région par de nombreux forages, les indices les plus divers peuvent servir de guides pour reconnaître si le forage atteint une couche pétrolifère : la profondeur à laquelle on est parvenu, la succession des couches qu'on a traversées, la nature du sable, ou du grès qu'on rencontre, sont autant d'indices précieux dont on doit tenir compte. L'examen microscopique des sables et des roches est aussi un moyen fort utile d'investigation.

Et, quand dans une région pétrolifère on arrive dans une couche où l'on trouve habituellement du pétrole, avant de la négliger comme improductive, il faut essayer avec soin et persévérance si réellement on ne peut espérer trouver dans cet horizon une production rémunératrice. Comme exemple de la circonspection qu'il faut apporter à décider l'abandon d'un puits, nous citerons ce fait qu'au Texas à Humble, sur la concession Cherry Track, le puits n° 7, qui avait été abandonné en septembre 1905 comme improductif ayant été soumis à un essai de pompage au commencement de décembre 1905, donna 150 barils par jour (*Oil Investor's Journal*).

Il ne faut pas oublier, en effet, que les couches de sable, surtout dans les argiles, sont distribuées d'une façon très irrégulière ; les nombreuses observations faites à Bakou ne laissent aucun doute à cet égard.

Non seulement dans une même couche sableuse la compacité peut varier dans une grande mesure d'un point à un autre, et l'imprégnation de la couche par le pétrole est naturellement aussi variable, mais encore certains points de la couche, à cause de faits de natures très diverses, peuvent ne pas contenir de pétrole alors qu'à une distance relativement faible il y en a des quantités importantes ; le sondage peut, par conséquent, passer relativement très près d'une portion de couches contenant de grandes quantités de pétrole sans qu'on ait autre chose que des traces qui pourraient paraître insignifiantes à un observateur superficiel.

Il faut aussi penser que l'eau qui se trouve dans le forage pendant le travail s'oppose, par sa pression, à la venue du pétrole dans le trou de forage.

Mais si, ayant l'attention éveillée sur un niveau que vous pensez pétrolifère, vous enlevez d'abord l'eau du forage et que vous continuez à pomper soit l'eau, qui vient naturellement dans le puits, soit de l'eau que vous aurez rajoutée et que vous retirerez à nouveau, — car il est des cas où il faut supprimer les venues d'eau superficielles, — les canaux imperceptibles qui vous amènent du pétrole s'agrandissent peu à peu par l'entraînement des poussières fines, puis de poussières de plus en plus grosses à mesure que l'importance du courant d'afflux augmente, et finissent par permettre au pétrole de gagner le forage en plus grande quantité.

Vous arrivez finalement à produire des conduits de drainage qui vous amènent le pétrole des régions plus riches vers la partie moins riche où votre forage avait passé.

L'eau, dans ce début de l'opération n'a pas toujours un rôle nuisible, au contraire ; et l'on peut citer des cas où, arrivé à un niveau habituellement pétrolifère et qui semblait stérile, on est parvenu à avoir du pétrole en pompant patiemment de l'eau pendant une période assez longue[1].

Dans d'autres cas, il a suffi d'isoler les couches d'eau superficielles et de pomper pendant un certain temps le pétrole dont la quantité va progressivement en augmentant pour arriver à de belles productions. On connaît des cas de ce genre où on a obtenu 1.000 barils par jour dans des couches dont la productivité semblait douteuse à première vue ; c'est pour cette raison que certains vieux maîtres sondeurs insistent pour qu'on laisse toujours venir une petite quantité d'eau avec le pétrole.

Cet établissement de canaux de drainage dans les couches pétrolifères est établie par de nombreux faits ; un des plus significatifs est l'abandon à Bakou des appareils de captage des puits jaillissants si employés en Amérique.

Il semblait naturel, en effet, et conforme à une bonne économie de munir d'un robinet l'extrémité des tubes des forages et de ne laisser couler l'huile qu'au fur et à mesure des besoins. Mais, outre que cette opération demandait à être faite avec soins, pour éviter les dangers de rupture de tubage par excès de pression intérieure, ou l'écoulement par l'extérieur du tubage, il arrivait encore souvent qu'un puits qui avait été jaillissant refusait de jaillir à nouveau quand on rouvrait les robinets après les avoir laissés fermés un certain temps.

Ceci n'aurait encore été que demi-mal si l'on avait pu espérer retrouver ce pétrole par un forage voisin ; mais ce qui arrivait souvent dans des terrains aussi morcelés que ceux de Bakou, c'est qu'un voisin qui arrivait dans la couche pétrolifère pendant que le premier puits était fermé, obtenait un puits jaillissant et que celui qu'on avait fermé refusait alors de jaillir à nouveau ; on s'était littéralement ôté le pain de la bouche, au profit du voisin.

Ces inconvénients seraient moins sensibles dans des régions où la surface des concessions aurait une grande étendue, ou bien où les couches pétrolifères seraient surtout des grès ou des graviers à gros éléments comme en Amérique.

Pour éviter ces désagréments de diminution et même de suppression de production qui sont surtout à craindre dans les sables très fins de Bakou, on a renoncé dans ce champ pétrolifère à l'emploi des robinets de captage pour les puits jaillissants ; c'est pour ces mêmes raisons que, dans les territoires pétrolifères où il y a un grand nombre de concessions voisines de peu d'étendue et en dehors des considérations géologiques qui déterminent l'emplacement des puits, on commence toujours à forer de préférence à la périphérie du terrain concédé ; on peut en voir des exemples sur la planche VI du champ pétrolifère de Kern River.

Tout en continuant l'exploitation, il faut tenir compte des renseignements que vous apportent tous les jours les sondages entrepris, afin de reconnaître

1. Voir l'exemple du sondage de Pole Cat (Sistersville), page 169.

si le champ pétrolifère qu'on exploite est susceptible d'extension et dans quelle direction.

Il arrive souvent, en effet, que les premières concessions accordées ou les premières surfaces louées ou achetées ne couvrent pas entièrement la surface pétrolifère productive; il faut alors faire diligence pour louer, acheter ou affermer les terrains qui seraient encore disponibles et qui seraient dans une bonne situation présumée.

On peut voir, par exemple, que les concessions primitives du district de Sunset, que nous avons figuré sur la carte par un tracé particulier (planche V), étaient loin d'occuper le champ pétrolifère entier et que de nouvelles concessions ont dû être prises sur ses extensions découvertes progressivement.

Dans une entreprise d'extraction de pétrole un peu importante, il est prudent d'avoir plusieurs chantiers dans des régions différentes, car la première portion qu'on a attaquée peut, à un moment donné, se trouver aux prises avec des difficultés permanentes, ou passagères, qui diminuent ou annulent sa faculté productive :

Épuisement rapide du gîte, dont on ne peut guère fixer la durée que par l'expérience même, invasion des couches pétrolifères par les eaux des couches superficielles, ou des niveaux aquifères supérieurs, causée par sa négligence propre, ou par la faute d'autrui, incendie, insuffisance d'études géologiques, etc., etc.

En ayant plusieurs centres d'exploitation, il sera possible de reporter l'activité nécessaire au maintien de la production, sur les chantiers qui n'auront pas été éprouvés ou qui seront mieux connus.

DEUXIÈME PARTIE

EXTRACTION DU PÉTROLE DES FORAGES

Pour extraire le pétrole d'un forage, quand il ne jaillit pas naturellement, on se sert de pompes à piston, de pompes à sable (bailler, ballers ou Zelonka) ou d'appareils à air comprimé.

Pendant le cours du forage, pour essayer le débit des différentes couches qu'on traverse, c'est tout naturellement la pompe à sable ou la cuillère que l'on emploie, car, en plus du pétrole qu'on remonte au début, on a toujours de plus ou moins grandes quantités de sable ou de débris de roche à extraire. C'est l'une des soupapes qu'on a employées au curage qui sert alors à faire ces essais de débit; on a soin naturellement de surveiller plus spécialement l'état d'entretien du clapet qui ferme la partie inférieure de la cuillère.

Quand on se décide à exploiter une zone reconnue suffisamment productive, on peut ensuite installer une pompe.

Emploi des pompes. — Les pompes que l'on emploie pour extraire le pétrole des forages, quand il ne jaillit pas naturellement, sont des pompes élévatoires dont le cylindre est situé au-dessous du niveau où le pétrole se tient naturellement dans le puits.

A l'intérieur du tubage (casing), on descend le tube de pompe (tubing) qui est constitué par un tube de fer avec raccords à vis, dont le diamètre varie de 1 pouce (25^{mm},4) à 6 pouces

(152^{mm},4). Au bout de ce tubage est vissé le cylindre (working barrel), qui peut être du même diamètre que le tubing ou d'un diamètre un peu différent.

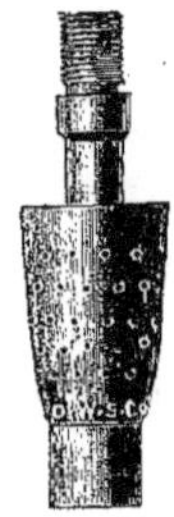

Dans ce cylindre travaille le piston (plunger) et au bas du cylindre se trouve la soupape d'aspiration ; au-dessous de cet ensemble se trouve vissé un tube plus ou moins long dont la partie inférieure percée de trous forme crépine et sert à l'arrivée du pétrole.

La garniture du piston est faite de façons différentes, mais le piston lui-même est toujours perforé suivant son axe pour laisser passer le liquide pendant la course descendante, pendant laquelle la valve qu'il porte se soulève ; elle se ferme pendant la course ascendante et élève le pétrole à la partie supérieure pendant que la valve du pied du cylindre se soulève pour admettre une nouvelle cylindrée de liquide.

Les valves que l'on emploie sont presque toujours des soupapes à boulet, celle de la partie inférieure est presque toujours unique, mais le piston en porte souvent deux, placées à la suite l'une de l'autre ; les billes qui ferment les orifices sont renfermées dans des chapelles.

La garniture du piston et du cylindre est souvent constituée par des cuirs emboutis placés les uns au-dessus des autres en plus ou moins grand nombre.

La tige qui commande le piston (sucker rod) est ou en fer ou en bois. Quand les tiges sont en bois, elles sont réunies par des ferrures à vis fixées aux tiges de bois par des rivets. Pour que les rivets qui se détachent ne tombent pas dans les valves des pompes, les tiges sont terminées à la partie inférieure par une sorte de panier qui les retient (*fig.* 278).

La figure 279 montre une pompe du type le plus ordinaire, le cylindre est fait soit en acier, soit en fonte, soit en bronze, on y voit la soupape inférieure, le cylindre, le piston avec quatre cuirs

Fig. 278.
Rivet
Catcher.

Fig. 279.
Corps
de pompe,
piston
et clapet
d'une pompe
à pétrole.

emboutis et la soupape supérieure unique ou soupape du piston

Le système de la figure 280 est constitué par un piston tourné portant plusieurs rainures qui forment joint et ayant deux soupapes successives.

Le tube de la pompe (tubing) dépasse le casing à la partie supérieure.

Le tubage du puits est terminé au haut par une tête en fonte sur lequel repose le tube de pompe qui est suspendu dans le puits.

On met des guides à certains points du tube de pompe pour empêcher les vibrations. S'il y a à capter des gaz, tout en extrayant le pétrole, la tête du tubage est munie d'orifices pour ménager la sortie des gaz, afin de les envoyer aux points d'utilisation (*fig.* 281); des boulons maintiennent le tube de pompe si la pression du gaz est suffisante pour le soulever. Le tube de

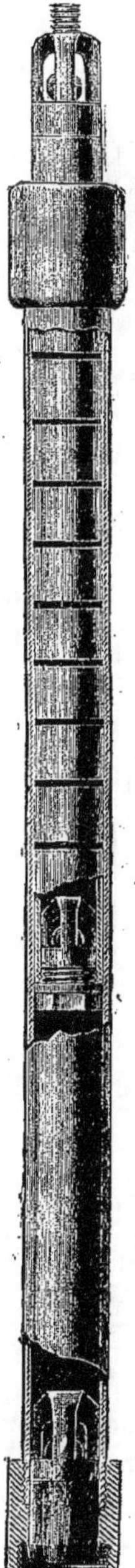

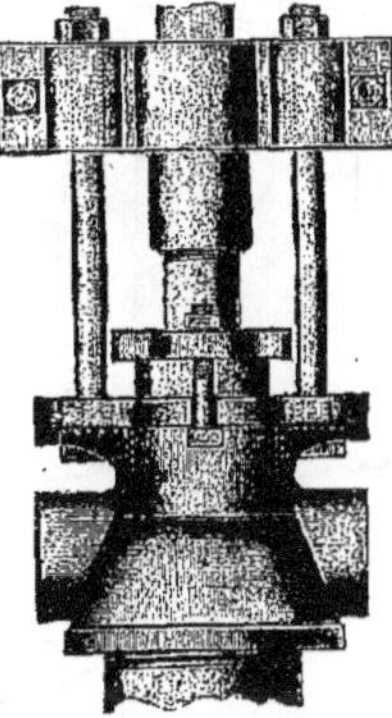

Fig. 281.
Tête de tubage avec orifices
latéraux, pour la sortie des gaz.

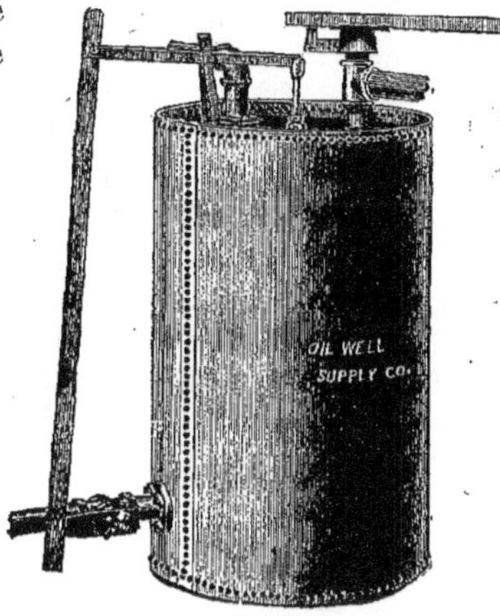

Fig. 282.
Réservoir de séparation
des gaz.

la pompe se termine à sa partie supérieure par un presse-étoupe au travers duquel passe la tige de pompe qui peut être attachée comme l'indique la figure 284 à l'extrémité du levier de battage qui a servi pour le forage.

Les installations de la surface varient considérablement d'un point à un autre, suivant la nature du gisement et le genre des concessions.

Depuis le puits isolé foré et pompé avec la même machine jusqu'aux agglomérations compactes de derricks qu'on rencontre à Bakou et au Texas, il y a place pour tous les intermédiaires.

Quand le pétrole s'écoule naturellement (Flowing well), il est amené dans un récipient où le gaz et le pétrole se séparent.

Ces appareils sont construits de façon différente, suivant qu'ils ont à supporter une pression plus ou moins grande; la figure 282

Fig. 280.
Pompe
à pétrole.

représente un séparateur pour faible pression. Le gaz est conduit par un
tuyau partant du haut du séparateur (gas tank) pour aller à son point d'uti-

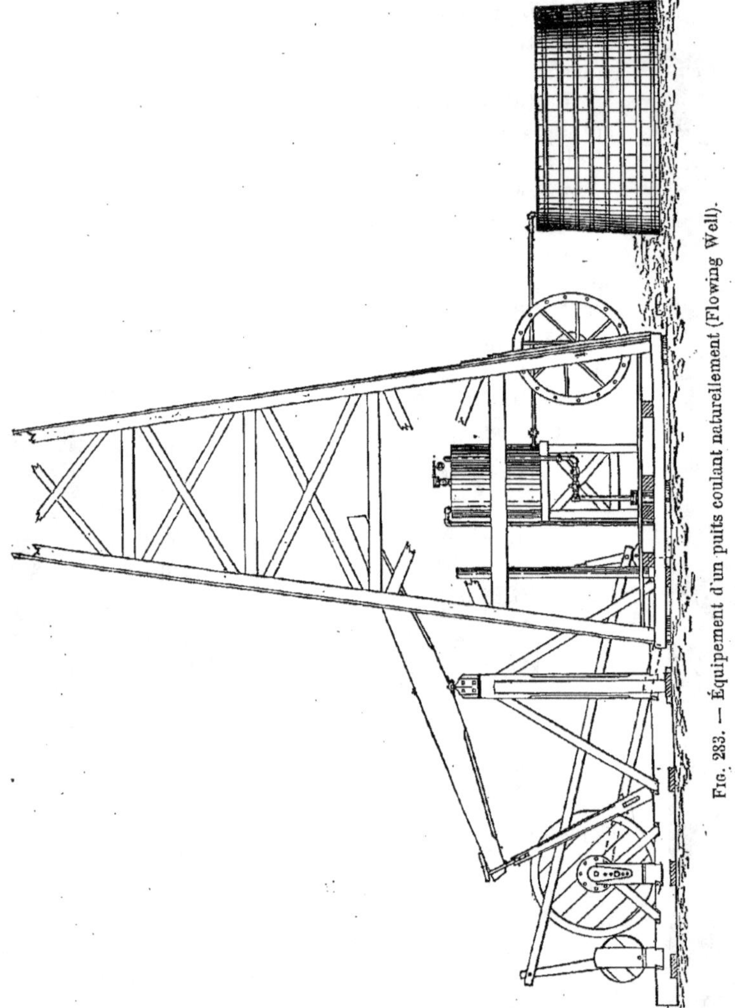

Fig. 283. — Équipement d'un puits coulant naturellement (Flowing Well).

lisation, le pétrole coule par un tuyau placé à la partie inférieure, des flotteurs
convenablement disposés assurent le fonctionnement du système.

La figure 283 indique la disposition adoptée souvent pour un flowing
well[1]. On y voit le gas tank au milieu près de la sortie de pétrole, à droite le
réservoir de pétrole « oil tank ».

1. Puits coulant naturellement.

Quand le pétrole doit être pompé, il est toujours envoyé dans un gas tank pour séparer le pétrole des gaz qui se dégagent, et en même temps le gaz est évacué de la partie annulaire comprise entre le tubing et le casing.

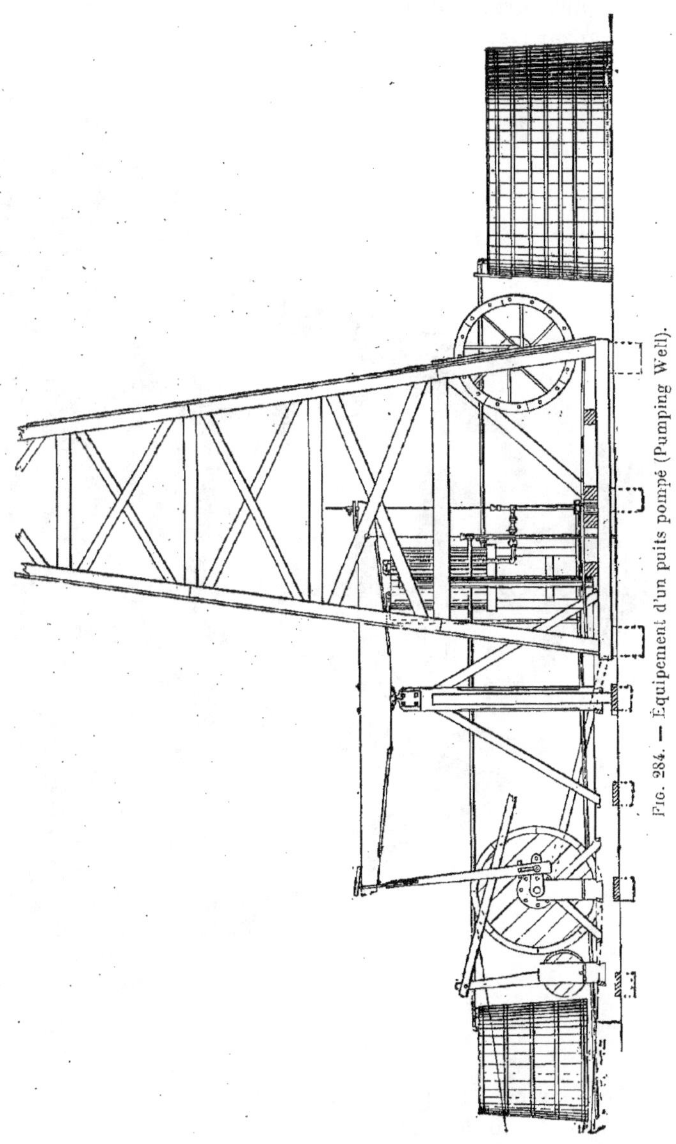

Fig. 284. — Équipement d'un puits pompé (Pumping Well).

La figure 284 montre la disposition adoptée pour un puits isolé, pompé par la même machine qui a servi au forage.

On a attelé sur le levier de battage la tige de la pompe à pétrole, et on

voit aussi une deuxième tige qui est celle d'un petit forage destiné à fournir
de l'eau pour la chaudière ; à droite est, le réservoir à pétrole ; à gauche, le
réservoir à eau.

Lorsque plusieurs sondages sont voisins, afin d'éviter d'avoir plusieurs
machines à vapeur à surveiller, une seule machine commande le mouvement

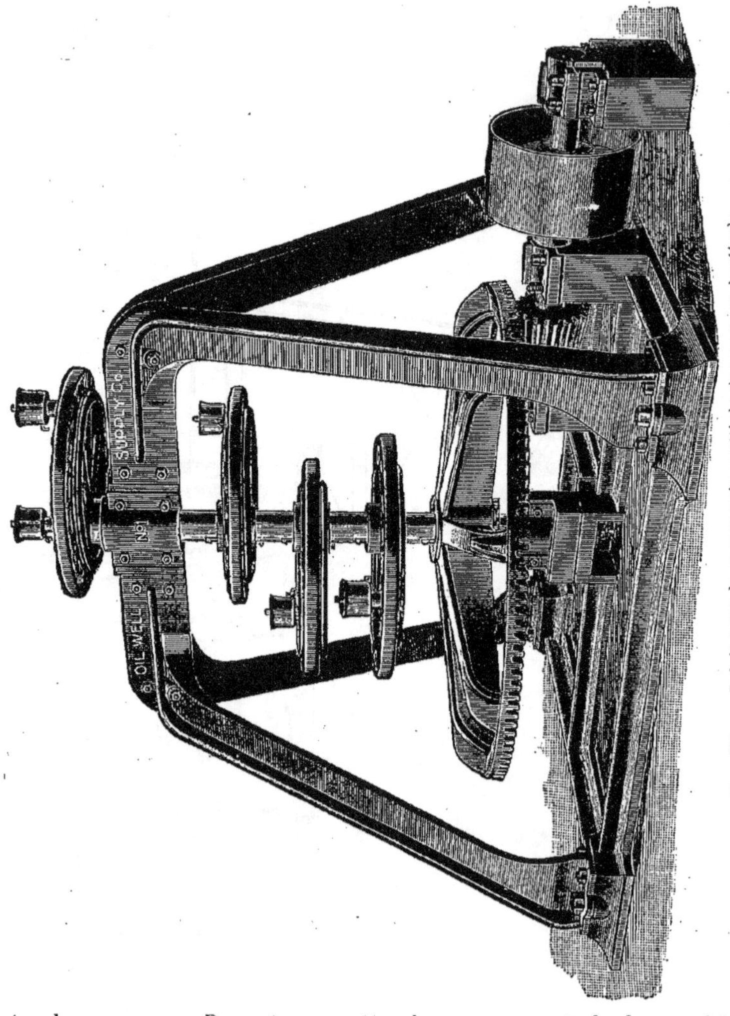

Fig. 285. — Relais pour la commande multiple des pompes à pétrole.

de toutes les pompes. Pour transmettre le mouvement de la machine aux
forages voisins on emploie un relais.

Ce relais peut être constitué à l'aide de deux bielles et de deux manivelles
diamétralement opposées, placées aux extrémités de l'arbre d'une poulie
commandée par courroie. Les deux bielles attaquent les deux extrémités d'un
diamètre d'une poulie dont le plan est perpendiculaire à celui de la poulie de

commande ; ce plan passant par l'arbre de cette première poulie, la poulie commandée est donc animée d'un mouvement de va-et-vient qu'on transmet aux pompes voisines à l'aide de tiges de fer, de bois, ou à l'aide de cordes.

Un autre procédé consiste à prendre le mouvement sur des colliers d'excentriques calés sur un arbre vertical mis en mouvement par un engrenage d'angle. Le pignon horizontal ayant une poulie sur son axe qui est attaqué par la courroie venant de la machine à vapeur (*fig.* 285).

Pour multiplier encore le nombre de puits qu'on peut actionner par une seule machine, on prend le mouvement en différents points d'une même ligne de transmission, si les puits ne s'écartent pas trop d'une direction commune.

S'ils sont irrégulièrement placés, on établit un relais secondaire d'où rayonnent en étoile de nouvelles tiges ou de nouveaux câbles.

Ce mode de transmission se prête à toutes les variations de directions nécessitées par les mouvements du terrain.

On conçoit que par ce système on puisse multiplier considérablement le nombre des forages pompés par une seule machine.

Mais, au lieu de laisser les balanciers de battage en place, on commande, à la tête du puits, la tige de la pompe à l'aide d'un dispositif spécial représenté par la figure 286 ; le mécanisme de commande de la tige de pompe

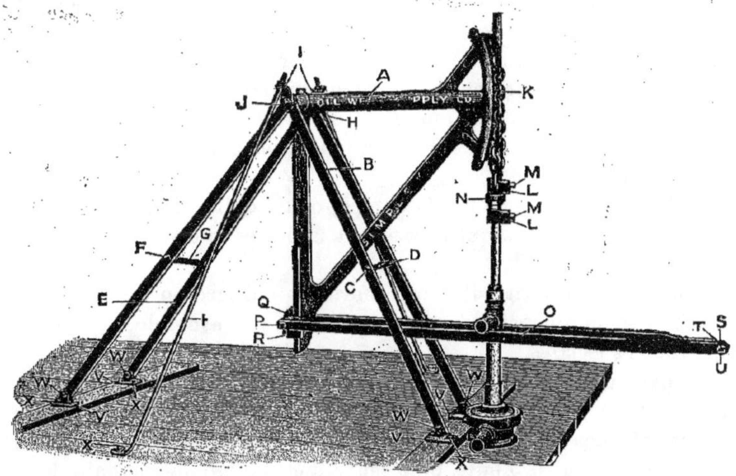

Fig. 286. — Appareil léger pour la commande des tiges de pompes de chaque forage.

est ainsi plus léger, plus facile à mettre en mouvement que le levier de battage et consomme par suite moins de force.

Quand le régime du puits est bien établi, il est, en effet, inutile de laisser en place tout l'équipage qui constitue le derrick et qui peut être plus utilement employé ailleurs.

Par ces moyens on arrive à pomper plus de 200 puits avec la même machine.

Les puits ne sont pas toujours pompés d'une façon continue : quand on arrête le pompage, on se contente de supprimer la connection des tiges de rappel qui partent des différents relais, transmettant le mouvement depuis la station centrale jusqu'aux pompes.

A Bakou, où les derricks sont très serrés sur des concessions de peu de surface, on installe souvent des batteries de générateurs qui fournissent la vapeur aux différents moteurs qui actionnent les tambours pour le pompage à l'aide des zelonka et les treuils de battage, qui ont servi pour le forage des puits.

Emploi de Bailers ou cuillères et pompes à sable. — Mais, quand on a de grandes quantités de sable à extraire, qu'on craint des jaillisements périodiques, ou des obstructions fréquentes, il faut avoir recours à l'emploi continu de la pompe à sable ou de la cuillère, car les pompe sne peuvent évacuer simultanément avec le pétrole que de très petites quantités de sable.

Lorsque le sable vient avec le pétrole un peu plus abondamment, on use rapidement les clapets, et l'on risque des obstructions dans le tubage par les dépôts sableux.

En Californie, un moyen, qui a été employé avec efficacité dans certains puits où l'on avait pas mal de sable, consiste à employer au bas de l'aspiration de la pompe une crépine de grande hauteur munie d'un grand nombre de trous d'un fort diamètre et d'enrouler jointif sur la partie perforée un fil de fer de $1^{mm},50$ environ de diamètre ; on est arrivé ainsi à pouvoir employer la pompe, dans des puits où, sans ce disposif, on eût été obligé de renoncer à son emploi (*fig.* 151).

Si l'on ne peut employer la pompe, on est obligé d'employer les pompes à sable ou les cuillères qui nécessitent la présence continuelle d'un homme à chaque puits.

Lorsqu'on est obligé d'avoir recours à la cuillère ou à la pompe à sable, pour l'extraction du pétrole, comme à Bakou, par exemple, on lui donne des dispositions spéciales.

A Bakou, en effet, presque tous les essais d'emploi de pompe pour l'extraction du pétrole, même dans les puits qui donnent le moins de sable, ont échoué. Les soupapes en cuir ou en métal s'usent trop rapidement, et dans les essais qu'on a faits, on a souvent été obligé de remonter les pompes toutes les vingt-quatre heures pour les regarnir à nouveau ; on a même trouvé des inconvénients particuliers, quand on pompait du pétrole donnant de fortes émissions gazeuses. Les gaz mis en liberté par l'agitation du liquide dans la pompe provoquaient des coups de bélier qui compromettaient la solidité du matériel.

La longueur et le diamètre qu'on donne aux pompes à sable (cuillères ou zelonka) sont extrêmement variables.

Le diamètre est, bien entendu, limité par le diamètre du puits lui-même, mais il est des cas où l'on n'a pas intérêt à employer le diamètre maximum possible.

Les diamètres les plus employés sont compris entre 100 et 350 millimètres, les longueurs entre 2 et 13 mètres.

La longueur maximum à employer pour les pompes à sable d'extraction est limitée par la hauteur du derrick ; il faut, en effet, outre la longueur de la pompe à sable avoir une certaine liberté de manœuvre aussi bien au haut qu'au bas, pour éviter d'envoyer trop souvent la pompe à sable se briser contre la poulie, du fait du manque d'attention des ouvriers, et aussi pour pouvoir disposer à la bouche du puits les appareils d'écoulement du pétrole.

Les capacités, d'après les dimensions que nous avons données, varient entre 15 litres et 1.250 litres.

Les cuillères employées sont constituées par des cylindres en tôle rivés dont les deux extrémités ont des formes légèrement tronc-coniques pour faciliter le mouvement ; au bas, se trouve une soupape dont la tige fait saillie, en sorte que la soupape est soulevée quand la pompe à sable touche une partie solide par son extrémité inférieure. Les deux extrémités du cylindre sont terminées par deux robustes collerettes rendues solidaires par une entretoise qui parcourt de haut en bas toute la longueur du cylindre.

Cette disposition a pour but d'empêcher la chute d'une partie de la soupape si des rivets réunissant deux anneaux consécutifs venaient à s'user par suite des frottements.

On peut aussi employer, pour faire ces pompes à sable, des tuyaux en fer soudés à recouvrement.

Si les forages où l'on emploie la cuillère sont déviés, il faut à la fois restreindre le diamètre et la longueur des cylindres, pour qu'ils puissent passer dans les parties courbées des tubages. On peut alors être conduit à employer des dimensions trop restreintes, pour que le volume de liquide remonté soit suffisant ; on constitue alors les pompes à sable par un certain nombre de cylindres d'une longueur plus petite, réunis entre eux par des articulations à calottes sphériques.

On peut aussi employer des tuyaux flexibles en métal qui, malgré leur prix élevé, rendent encore de très bons services.

Quand on emploie les cuillères pour extraire le pétrole, lorsque celle-ci est remontée de façon que sa partie inférieure soit dégagée du tube du forage, on glisse au-dessous une trémie faite d'une feuille de tôle courbée sur laquelle on la laisse descendre ; la tige de la soupape, qui fait saillie à la partie inférieure, provoque l'ouverture de la soupape, et le liquide s'écoule dans les canaux où la trémie le dirige.

La manœuvre de cette trémie, qui est guidée par des tringles, peut se faire par l'homme qui est au treuil sans qu'il ait besoin de se déranger.

Dans d'autres cas, on dispose une caisse en bois sur le sol à côté du trou de forage, et à l'aide d'un crochet on amène la partie inférieure de la cuillère dans cette caisse où s'opère la vidange ; des canaux partant de cette caisse conduisent le pétrole aux réservoirs.

Cette seconde manière de procéder, qui est souvent employée pendant le cours du forage, est moins expéditive que la précédente, car il faut monter la pompe à sable, la descendre un peu, pour arriver dans la caisse, la remonter un peu pour la dégager et la redescendre ensuite dans le forage. De plus elle nécessite la présence de deux hommes. Mais elle a l'avantage de laisser libre de tout dispositif accessoire, l'orifice du puits ; ce qui est une commodité quand on n'est pas en exploitation régulière et qu'on a à faire usage à de fréquents intervalles des appareils de forage ; soit pour approfondir, soit pour nettoyer des obstructions tenaces, que la pompe à sable ne peut faire disparaître.

Ce serait une erreur de croire que cette opération de l'extraction du pétrole par la pompe à sable ne demande aucune attention particulière et qu'on peut, par ce moyen, tirer le pétrole du forage, comme on tire de l'eau d'un puits ordinaire et sans autres préoccupations.

D'abord on a affaire généralement à un mélange de pétrole et d'eau qui se sépare dans le forage en deux nappes nettement distinctes, le pétrole à la partie supérieure, l'eau à la partie inférieure, et suivant qu'on descend la pompe à sable dans l'une ou dans l'autre, on extrait presque exclusivement l'un ou l'autre liquide.

De plus, en enlevant l'huile de la surface, on laisse s'accumuler le sable au fond du forage, et il faut, de temps à autre, l'enlever pour qu'il ne prenne pas une consistance trop grande, bouchant les interstices par lesquels vient le pétrole et facilitant dans certains cas l'afflux de l'eau ; pour chaque puits, il y a donc un régime de pompage qui procure le meilleur rendement en pétrole et le moindre danger de le voir envahir par l'eau. Si l'on a laissé le sable s'accumuler d'une façon dangereuse au fond du forage on a recours à une pompe à sable portant à sa partie inférieure une sorte de lame de trépan qui, à chaque descente, attaquera énergiquement le dépôt pour le mettre en suspension et faciliter son enlèvement (*fig.* 84).

La hauteur d'eau qu'il y a dans un tube de forage n'est pas indifférente, car sa densité, étant supérieure à celle du pétrole, fait varier le régime d'écoulement du pétrole au fond du puits. On conçoit donc qu'il y ait dans cette opération, qui paraît si simple, une foule de nuances, qui influent plus ou moins sur le débit d'un puits et sur la durée de son existence.

On doit donc veiller avec soin à employer le régime reconnu le plus profitable pour un puits déterminé :

Un des meilleurs moyens est de ne laisser entre les mains de l'ouvrier chargé du travail que des pompes à sable d'une certaine dimension lui rendant plus difficile la variation du régime de l'extraction.

Suivant la vitesse de l'extraction, on peut dans les puits qui y ont une disposition provoquer des éruptions périodiques. Il faut alors un surcroît de précautions quand on extrait du pétrole de ce genre de puits, afin d'éviter les nombreux accidents qu'il peut provoquer : pompe à sable envoyée contre le haut du derrick, ou immobilisée au fond du puits par le sable qui se dépose dans la colonne au moment où l'éruption cesse, etc.

Quelques-uns de ces puits jaillissants périodiques peuvent demander des semaines de nettoyage après des éruptions qui ont entraîné des quantités importantes de sable.

La vitesse d'ascension des pompes à sable est parfois très grande ; on est allé, dans certaines exploitations, jusqu'à 10 mètres à la seconde ; mais il ne semble pas qu'il soit très prudent de dépasser beaucoup cette limite.

Pendant le cours du forage, la pompe à sable est commandée par le treuil ordinaire de curage, mais en exploitation courante on a avantage à employer des treuils disposés spécialement pour ce travail, les grandes vitesses que l'on atteint souvent nécessitant des freins puissants et des dispositions spéciales.

Les freins ont souvent des colliers en bois, et il faut les arroser souvent pour les refroidir ; il faut aussi faire attention qu'ils ne soient pas trop gras, leur action, dans ce cas, devenant tout à fait incertaine.

Les treuils de pompage sont souvent munis de contrôleurs graphiques qui inscrivent automatiquement le nombre de manœuvres et les profondeurs auxquelles la pompe à sable est descendue.

Il importe que ce travail soit fait, comme nous l'avons dit, avec beaucoup de méthode, et ces appareils permettent la surveillance du régime de l'extraction.

Il faut aussi éviter les arrêts trop prolongés qui pourraient modifier considérablement la puissance productrice du forage.

Le diamètre des pompes à sable doit être tel, qu'il laisse un jeu suffisant dans le tube de forage pour éviter les frottements trop grands, surtout avec les grandes vitesses qu'on tend de plus en plus à adopter. Il faut avoir autour de la pompe à sable un jeu annulaire d'au moins 25 millimètres de large.

Même avec un jeu assez grand, les grandes vitesses demandent une puissance assez considérable pour la manœuvre, et il n'est pas extraordinaire d'employer des engins qui développent jusqu'à plus de 70 chevaux, quand on a affaire à des forages de grande profondeur.

Emploi de l'air comprimé. — On a appliqué aussi aux puits à pétrole le système d'extraction par l'air comprimé.

En principe, ce système consiste à envoyer dans un tube de l'air qui se mélange au pétrole au bas de ce tube et diminue le poids de la colonne à liquide ; l'extérieur, le pétrole, étant à son état naturel, fait équilibre à une colonne d'une hauteur plus grande à l'intérieur du tube ; on arrive ainsi à faire que le niveau supérieur dans le tube de mélange gagne la surface du sol ; il y a alors écoulement successif de pétrole et d'air.

L'arrivée de l'air par le tube central et l'ascension de l'huile dans l'espace annulaire qui entoure ce tube a surtout été appliqué en Amérique.

Cela devait être, étant donné le petit diamètre relatif des tubages qui permettait d'introduire tout simplement dans le puits tubé un tube d'arrivée d'air pour avoir un appareil élévatoire complet.

L'un des genres les plus courants d'installation de pompage par l'air comprimé consiste à descendre dans un puits tubé à 125 millimètres un tube de 50 millimètres qui doit servir à amener l'air, le mélange de pétrole et d'air devant monter dans l'espace compris entre le tube de 50 millimètres et le tube de 125 millimètres, c'est-à-dire dans un espace ayant une moyenne de 35 millimètres d'épaisseur.

Pour des puits ayant 240 mètres de profondeur, on a employé de l'air comprimé à 24 kilogrammes.

Pour les puits qui ont une petite production, on pompe à intervalles réguliers : pour une production de 4 barils, 1 fois par vingt-quatre heures ; pour 40 barils, 6 fois par vingt-quatre heures ; pour ces puits, on ne semble pas augmenter la production par l'emploi de l'air comprimé.

Mais l'ascension du liquide dans un espace annulaire donne lieu à des frottements plus considérables qu'il n'est nécessaire, étant donné le développement de la surface mouillée ; on devait donc tout naturellement être conduit à renverser le sens du mouvement et à faire arriver l'air par l'espace annulaire en faisant monter le mélange par le tube central.

Si l'on rapproche cette idée du fait que, à Bakou, on était toujours obligé de descendre deux tubes à cause du grand diamètre des puits et aussi de l'inétanchéité presque générale des tubages, il était tout naturel que le second système fût employé à Bakou.

On a beaucoup discuté sur la valeur relative des méthodes de pompage par l'air comprimé et par l'emploi de pompe à sable, sans qu'on soit arrivé à des conclusions bien nettement évidentes.

Les deux modes d'extraction ont, en effet, des qualités très différentes.

L'extraction par l'air comprimé a l'avantage de permettre de tirer d'un puits de petit diamètre beaucoup plus de pétrole qu'on ne pourrait le faire avec l'autre méthode.

Bien installé, il offre peu de chance d'arrêt, ce qui est important quand on a des puits qui s'obstruent facilement à l'arrêt ; il permet d'utiliser les gaz des puits qui sont perdus par l'autre méthode.

On peut, en effet, recueillir les gaz soit dans l'espace annulaire qui sépare le tube extérieur de l'élévateur à air, du tubage du puits (si ce dernier est étanche), soit à la sortie du mélange en faisant arriver le pétrole et l'air à séparer dans un vase de séparation où l'on recueille les gaz à la partie supérieure et le liquide à la partie inférieure.

On recueille ainsi, il est vrai, un mélange d'air et de gaz, mais ce mélange est susceptible d'emploi, il peut bien arriver qu'il soit fait en proportions telles qu'il soit détonant mais ce surcroît de danger ne semble pas de nature à faire reculer devant son emploi, dans une exploitation où tout le personnel est accoutumé à apprécier ce danger, et à faire ce qu'il faut pour éviter les accidents qui pourraient en résulter.

Il permet, si l'on ne craint pas d'être obligé d'avoir recours aux appareils de sondage, de supprimer le derrick, une fois le forage terminé, ce qui diminue les chances d'incendie et les installations de la superficie occupent considérablement moins de place que ceux qu'il faut, quand on emploie la pompe à sable.

Il faut reconnaître que, jusqu'ici, il semble notablement plus cher que l'emploi de l'ancien système et qu'il nécessite une installation première assez importante.

Mais ce système est un système nouveau qui peut être susceptible de nombreux perfectionnements.

On n'a pas, en effet, jusqu'ici, fait une étude systématique du procédé, et l'on voit bien, à première vue, qu'il possède certains défauts qui, s'ils étaient corrigés, accroîtraient notablement son efficacité.

La colonne, liquide et air, qui monte dans le tuyau ou dans l'espace annulaire n'est généralement pas un mélange de petites bulles d'air séparées par de petits espaces liquides ; c'est, au contraire, une succession de pistons d'air et de pistons liquides, qui se succèdent les uns derrière les autres, la longueur des pistons d'air allant en augmentant à mesure qu'ils montent dans le tube, la pression qu'ils supportent allant en diminuant.

Mais en arrivant à la partie supérieure, ils sont encore à une pression notable, ainsi qu'on peut s'en convaincre en regardant fonctionner un de ces appareils, il y a donc une perte de puissance assez considérable, du fait de la détente brusque de ces gaz comprimés.

Il est, en outre, évident que le mode de fonctionnement dépend de la nature du liquide monté, de sa viscosité, de sa tension superficielle et que pour chaque densité et chaque nature de pétrole, il doit y avoir un diamètre de tube, une quantité d'air et une pression qui, à une profondeur déterminée donnent les meilleurs résultats.

On a même proposé de mettre à la partie inférieure un appareil genre injecteur pour améliorer le rendement, mais dans des puits donnant constamment des quantités de sable importantes, comme les puits de Bakou ; il serait à craindre que ces appareils ne nécessitent une surveillance attentive.

Sans pouvoir encore affirmer que l'élévateur à air est destiné à remplacer complètement l'ancien système d'extraction, on voit très bien qu'il est des cas où il peut rendre de très grands services.

Un de ses avantages, et non point un des moindres, est de ne nécessiter qu'une surveillance très restreinte pour conserver un régime régulier, ce qui est un avantage bien marqué qui entraîne en même temps une diminution du personnel.

Il y a même certains cas où on l'a appliqué à des puits d'où l'on ne tirait presque que de l'eau et qui, soumis à cet agent puissant de pompage, ont donné, avec des quantités plus grandes d'eau, une quantité proportionnellement beaucoup plus grande de pétrole et on a rendu ainsi exploitables des puits qui ne l'étaient pas.

Appliqué à des puits d'une production moyenne, on est arrivé à augmenter dans la proportion de 1 à 8 la production journalière de pétrole.

Ces puits ont été épuisés ou envahis par l'eau au bout de peu de temps, il est vrai, mais ils avaient fourni une quantité de pétrole qui pouvait bien être la même que celle qu'on eût obtenue en prolongeant leur existence par un moyen d'extraction moins énergique.

Il y aurait intérêt à voir si, en augmentant la vitesse d'extraction, la proportion d'eau va en croissant comme la vitesse; dans l'affirmative, il y aurait, il semble, intérêt à rester dans une vitesse moyenne, mais si la proportion d'eau reste stationnaire ou même si elle diminue, il est clair que la faculté d'augmenter la rapidité d'extraction peut bien valoir, dans certains cas, le surcroît de dépense; si l'on craint, en outre, que les voisins épuisent la couche où l'on est, l'augmentation de vitesse permettra de parer à cette éventualité.

Si la proportion d'eau n'augmente pas avec la vitesse ou même si elle diminue, il est bien probable, d'après ce que l'on sait du régime des puits jaillissants, que la quantité totale de pétrole recueilli par le puits dans son existence doit être supérieure à celle qu'on obtiendrait par un moyen d'extraction plus lent.

Le point où se fait le mélange d'air et de pétrole doit, bien entendu, être à un niveau inférieur au niveau d'équilibre du liquide dans le puits qui correspond au débit de pétrole que donne l'appareil.

La meilleure profondeur d'immersion est de 60 0/0 de la hauteur totale, ce qui veut dire que, si l'on appelle 100, la hauteur qui sépare le point de mélange de l'air et de pétrole de l'orifice de sortie, le niveau d'équilibre du pétrole à l'extérieur de l'élévateur à air doit être à la distance 60 comptée depuis le point de mélange.

Le point de mélange, tout en se trouvant placé à la profondeur ainsi déterminée, peut ne pas se trouver tout au fond du puits; aussi, comme on préfère prendre le liquide au fond du forage, il faut prolonger vers le bas l'appareil par un tube qui a généralement le même diamètre que le tube d'ascension du mélange proprement dit.

L'appareil se présente donc de la façon suivante : à partir de la surface, deux tubes, l'un dans l'autre, le tube intérieur devant servir à l'ascension du mélange, l'espace annulaire étant réservé à l'arrivée d'air. Ces deux tubes descendent simultanément jusqu'au point reconnu convenable pour le mélange; à ce point, le tube extérieur continue seul en se rétrécissant au diamètre du tube intérieur.

On a souvent terminé le tube intérieur par une couronne dentée épanouie qui repose sur le rétrécissement du tube extérieur au point de mélange ; mais cette disposition ne semble pas avoir donné une amélioration notable dans le fonctionnement.

Au bas du forage, le tuyau de prise de liquide est terminé par une crépine dont les trous peuvent avoir un diamètre assez considérable, car l'appareil est susceptible d'élever les parties sableuses d'une assez grande dimension; tout ce qui obstrue l'arrivée du pétrole au fond du trou de forage se trouve ainsi enlevé au fur et à mesure.

Le tubage du puits dans ce système n'est pas soumis à l'usure que provoque l'emploi de pompes à sable qui râclent constamment leur surface en montant et en descendant.

A Bakou, la pression qu'on emploie pour des puits de 550 mètres est de 40 kilogrammes. Il ne faut pas que le tube de prise de liquide soit à une très grande profondeur au-dessous de l'extrémité inférieure du tubage, sans quoi on pourrait provoquer des éboulements qui compromettraient l'existence du forage lui-même.

La pression de départ est égale à la pression déterminée par la hauteur d'immersion.

Un tube de 50 millimètres peut débiter 6.000 litres à l'heure ; un tube de 75 millimètres peut débiter 16.000 litres à l'heure.

On constate quelquefois la formation d'une émulsion butyreuse qui résulte d'un mélange de pétrole, d'eau et de sable quand les proportions convenables de ces différents produits se trouvent accidentellement réalisées ; cette mixture se décante quelquefois assez facilement, mais il est des cas où il lui faut plusieurs semaines pour se décanter.

Le système d'extraction par l'air comprimé, quoi qu'on en ait dit tout d'abord, est capable d'extraire du puits une quantité de sable assez importante, sans que son fonctionnement en soit sérieusement gêné: tant que la proportion de sable n'atteint pas plus de 20 0/0 de la quantité de pétrole, la marche est satisfaisante; l'argile, au contraire, est beaucoup plus dangereuse.

On est arrivé à extraire avec les élévateurs à air jusqu'à 400.000 kilogrammes par vingt-quatre heures d'un seul forage.

Si la profondeur d'immersion est inférieure de 60 0/0 de la hauteur totale d'élévation, le fonctionnement est moins satisfaisant; à 45 0/0, il devient intermittent.

Il est très difficile d'indiquer une consommation d'air correspondant à un débit déterminé; la nature du pétrole, la quantité d'eau qu'il contient, le sable qui est entraîné et aussi, dans une large mesure, la quantité de gaz qu'il émet, font varier dans une très large mesure ces proportions.

Comme moyenne, on peut dire que, à 60 0/0 d'immersion, on consomme 12 volumes d'air pour 1 volume de liquide ; à 50 0/0, on consomme 15 volumes d'air pour 1 de liquide ; et à 30 0/0, le fonctionnement devient tout à fait défectueux, pour cesser complètement à une immersion un peu inférieure.

Étant donné le mode de fonctionnement de l'élévateur à air comprimé, surtout sous sa dernière forme, arrivée de l'air dans un espace annulaire compris entre deux tubes et ascension dans le tube central, il devait tout naturellement venir à l'esprit d'utiliser les gaz que le pétrole émet pour provoquer naturellement l'écoulement du pétrole à l'extérieur.

Cette méthode a, en effet, été employée en Russie et en Amérique.

Mais, tandis qu'en Russie elle a été essayée comme une évolution naturelle de l'élévateur à air comprimé, il semble qu'en Amérique son emploi a précédé celui de l'air comprimé.

Le dispositif à employer est très simple : étant donné un forage tubé d'une façon hermétique, on descend à l'intérieur le tube par lequel le pétrole devra monter ; on ferme à la partie supérieure l'espace annulaire, le gaz s'accumule dans cet espace, et la pression augmente jusqu'à ce que le gaz atteigne l'orifice inférieur du tube central ; le gaz se mélange alors au pétrole et l'ascension du mélange pétrole et gaz s'effectue par le même procédé que par l'élévateur à air comprimé.

Il est clair que ce fonctionnement doit être intermittent. L'appareil entre en action d'autant plus facilement que l'origine de la prise de liquide est plus près de la surface libre du pétrole, puisqu'il faut une moindre dénivellation pour que le gaz atteigne l'orifice inférieur du tube d'ascension. A ce moment, le mélange s'opère et l'ascension commence. A partir du moment où l'écoulement a commencé, la pression dans le puits diminue, provoquant un dégagement plus actif du gaz qui forme une masse plus ou moins bouillonnante, qui s'élève plus facilement dans le tuyau d'ascension, jusqu'au moment où, la plus grande partie du liquide étant expulsé, le gaz s'échappe librement dans l'atmosphère. Il faut attendre alors que le niveau du pétrole soit remonté jusqu'à arrêter le libre échappement des gaz, et ensuite que la pression des gaz qui s'accumulent peu à peu soit devenue suffisante pour provoquer à nouveau l'éjection.

En Russie, ce système n'a donné que de médiocres résultats sans doute parce que les tubages employés ne sont pas complètement étanches ; en Amérique, il a été employé dans certains cas avec succès ; il est vrai que les tubages employés, étant constitués par des tuyaux vissés, sont plus facilement rendus étanches.

Pour réaliser en Amérique ce dispositif, on place un packer (obturateur) entre le tubing et le casing et, comme la hauteur à laquelle on met cet obturateur n'est pas sans influence sur le fonctionnement, on le place à l'endroit qui convient le mieux au régime du puits sur lequel on opère.

La nature résistante des couches traversées permet même, dans certains cas, de se dispenser de descendre le casing jusqu'au point d'obturation ; celle-ci se faisant directement entre le tuyau d'ascension du liquide (tubing) et la paroi elle-même du forage, c'est le cas de la figure 163, où l'on voit, à la partie inférieure du tubing, le tuyau perforé qui est destiné à empêcher les particules sableuses trop volumineuses d'entrer dans le tuyau, puis une valve que l'expérience a démontré améliorer le fonctionnement et, plus haut, à l'extérieur du tubing, l'obturateur qui s'appuie sur la paroi elle-même du forage.

S'il y avait des venues de sable importantes, il serait préférable de supprimer la valve du bas en plaçant le point d'admission du liquide le plus haut possible.

Ce dispositif est même placé sur des puits qui, produisant de grandes quantités de gaz et de pétrole, fonctionnent alors d'une façon continue; il permet, somme toute, de reculer le moment où, la production de pétrole et gaz ayant baissé, on sera obligé de recourir au pompage.

TROISIÈME PARTIE

ISOLEMENT DES COUCHES AQUIFÈRES

Au commencement de l'exploitation des couches pétrolifères par forage, on ne s'était que médiocrement inquiété de l'influence que peut avoir l'irruption des eaux supérieures dans les couches pétrolifères.

Quand on opérait à faible profondeur, comme ce fut le cas tout d'abord dans les champs encore inexploités, où les couches pétrolifères étaient riches, comme on était le plus souvent obligé de mettre un tubage pour arrêter l'éboulement des terrains meubles de la surface, ce tubage se trouvait en même temps empêcher l'arrivée des eaux de surface dans les couches pétrolifères.

Plus tard, en approfondissant, on traversa des niveaux aquifères, et l'on s'aperçut que les arrivées d'eau diminuaient les rendements des puits en pétrole et obligeaient, en outre, à pomper un liquide sans valeur; on chercha donc à arrêter les niveaux aquifères supérieurs rencontrés. Quand on connaissait exactement le niveau auquel la première couche pétrolifère à exploiter devait être rencontrée, on descendait un autre tube dans le forage, le casing, qui arrêtait les eaux sur une couche imperméable résistante.

Mais, afin d'éviter l'emploi de casing d'une trop grande longueur comme généralement en Amérique, où l'on se préoccupa tout d'abord de cette question, les terrains se tenaient bien et n'avaient pas besoin de tubage pour les consolider ; quand, après avoir étanché un premier niveau, on en rencontrait un second, il vint à l'idée de se servir du tube de la pompe lui-même pour opérer l'obturation [1].

---

1. L'influence que peut avoir sur la production des puits, le soin plus ou moins grand apporté à l'exclusion de l'eau des forages, est bien démontré par l'exemple de ce qui s'est passé dans le champ pétrolifère de Macksburg (comté de Washington-Ohio) :
Les premiers forages qui furent exécutés pour atteindre le pétrole dans le Berea Grit, furent forés par la méthode dite humide, c'est-à-dire que le tubage Casing, qui allait ordinairement

A cet effet, quand on voulait exploiter un niveau pétrolifère déterminé, on descendait le tube de pompe muni au-dessus du point où l'on exploitait la couche pétrolifère d'un obturateur qui s'appuyait sur les parois mêmes du puits ; ces obturateurs peuvent alors jouer un double rôle : arrêter l'eau qui vient de la surface et les gaz qui tendent à s'échapper autour du tubing en facilitant l'écoulement spontané du liquide par le tube central.

Le premier obturateur employé était constitué par une enveloppe de cuir étroitement liée autour du tube vers le bas ; la poche annulaire ainsi constituée entre l'extérieur du tube et l'intérieur de l'enveloppe de cuir était emplie avec de la graine de lin mélangée parfois de gomme ; on liait alors la partie supérieure avec une ficelle peu résistante. On descendait le tout, et la graine de lin, se gonflant au contact de l'eau formait obturation.

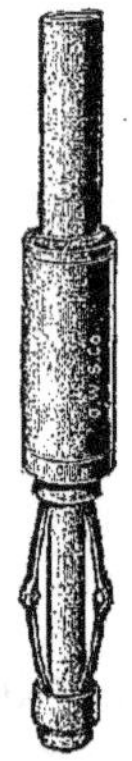

Si l'on était obligé de retirer le tubage, en forçant sur le tube vers le haut, on déterminait la rupture du lien supérieur de faible résistance, et le sac de cuir se vidait naturellement, détruisant ainsi l'obturateur, et permettant de remonter le tube avec facilité.

Plus tard, on constitua ces obturateurs avec des anneaux en caoutchouc ou plusieurs cuirs emboutis successifs.

Les dispositifs sont très variables : les uns provoquent le serrage de l'anneau de caoutchouc par le serrage d'un chapeau à vis qui est maintenu immobile par des griffes pendant que le tube tourne (*fig.* 287) ; d'autres fois, c'est le poids du tubage qui force un cône dans l'anneau de caoutchouc, soit directement, soit par l'intermédiaire de pinces (*fig.* 288).

Fig. 287.
Packer.

Fig. 288.
Packer.

Dans les champs pétrolifères du sud du Texas, les exploitants emploient des joints spéciaux en plomb, pour fermer l'intervalle entre le casing et le tube-crépine, qui est alors recoupé au-dessus du joint, afin d'économiser une certaine longueur de tuyau. L'un des joints de ce système le mieux étudié, est celui construit par le Southern Wells Works Cᵒ, de Beaumont Texas, il permet, en effet, en une seule opération, de faire la mise en place de la crépine, le

jusqu'à 20 mètres au-dessous du sable de 140 pieds, et quelquefois jusqu'au sable de 100 pieds, n'avait pour but que d'empêcher les éboulements et non pas d'arrêter l'eau salée des niveaux supérieurs. Quand le forage était terminé, l'eau était exclue par un packer placé autour du tubing, à quelques pieds au-dessus du niveau pétrolifère du Berea Grit. Ce dispositif, une fois mis en place, ne devait plus ensuite être déplacé, car l'afflux de l'eau salée dans la couche pétrolifère, provoquait un dépôt de paraffine qui bouchait les interstices du sable et arrêtait le pétrole, et dès que le sable avait obstrué les crépines, la production cessait, quoique la couche fût loin d'être épuisée.

Pour pouvoir alors enlever le pétrole qui restait dans la couche, il fallut refaire à nouveau les forages de tout le district par une méthode mieux appropriée aux conditions locales et qui fut appelée la méthode sèche.

Le premier de ces forages (dits forages de la deuxième coupe), fut foré en 1895 et donna 75 barils par jour, et il en produisait encore 5 en 1900. Dans cette nouvelle méthode, dite méthode sèche, le tubage (casing) était poussé jusqu'au Salt Sand et servait à arrêter l'eau. Les nouveaux forages ne donnèrent pas une production aussi grande que les premiers (4 à 50 barils par jour, au lieu de 10 à 400), et ils durent, de plus, être pompés, tandis que les premiers coulaient naturellement.

lavage du puits, la mise en place du joint en plomb, et de retirer ensuite le tuyau excédent au-dessus du joint en plomb.

La disposition adoptée est représentée par la figure 289. Pour bien comprendre l'économie du système, il faut se rappeler que les forages du sud du Texas sont forés au système hydraulique, en employant pour le curage, une eau boueuse qui a pour but de colmater les terrains ébouleux et de

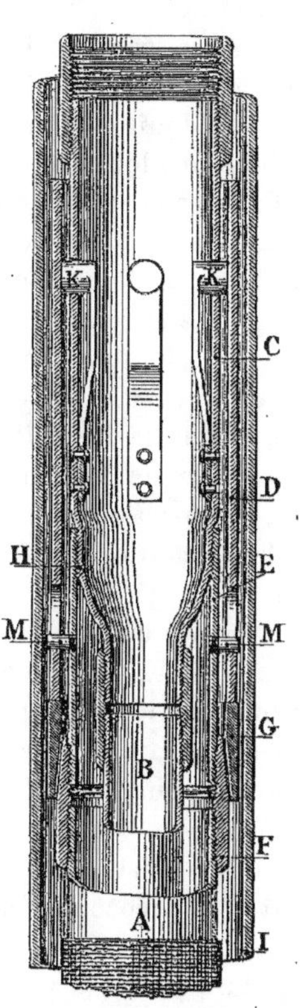

Fig. 289. — Joint système Jennings, pour isoler le gaz, dans un forage à pétrole, construit par la Southern Well Works Cᵒ, de Beaumont. T U S.

boucher les couches de sable pouvant amener du gaz susceptible de provoquer des éruptions dangereuses pour la sécurité du forage. Il faut donc laver le forage quand il est fini, pour nettoyer les couches pétrolifères qui sont elles-mêmes obstruées par la boue qui s'y est déposée et cette opération doit être faite avant la mise en place du joint en plomb pour qu'elle soit bien efficace.

Dans le système « Jennings », la crépine destinée à être mise en place se termine, à sa partie supérieure, par une forte bague en fer à laquelle elle est reliée par un pas de vis à droite F la partie supérieure de cette bague est intérieurement filetée à gauche, tandis qu'à l'extérieur se trouve emboîtée la bague en plomb qui, après matage, fera joint G. Sur le taraud gauche est fixée une douille dont le filetage supérieur est droit et sert à fixer un ajutage qui permet de passer d'un tube de même diamètre que la crépine à un tube plus petit B, destiné à amener l'eau de lavage au fond de la crépine, fermée par une soupape pouvant s'ouvrir à l'extérieur et surmontée d'une couronne en bois sur laquelle le bout du tuyau B vient faire un joint plus ou moins hermétique ; le bas de la crépine peut être, en outre, muni de lames pour pouvoir, par rotation remuer la boue du fond du forage, si celle-ci arrêtait la descente de la crépine.

Autour de la douille C, se trouve un bout de tuyau de même diamètre que la couronne en plomb et qui servira à la mater à la fin de l'opération. Quand tout l'équipage est descendu au fond du forage, un courant d'eau est envoyé par le tube B, pour laver les couches pétrolifères, puis, en tournant à droite, les tubes, le filet gauche supérieur de F se dévisse, les tubes B et C montent, la douille D reste appuyée sur le joint en plomb pendant la course, correspondant à la hauteur des fentes qui correspon dent aux goujons M ; à la fin de cette course, les goujons supérieurs K font prise sur le bord supérieur de la douille D, et il est alors possible de battre avec tout le poids de la colonne, puisque la douille D qui forme mouton est maintenue par les griffes M, à la partie inférieure, et les griffes K de la partie supérieure et si l'on a eu la précaution de fermer l'arrivée d'eau, toute cette opération se fait sans que le forage communique avec l'extérieur et, par conséquent, en évitant toute chance d'éruption. Le matage étant terminé, on remonte à la fois les tubes C, B, E, D et l'opération est terminée.

Quand on exploite des puits à gaz naturel, il arrive assez souvent qu'on est conduit à exploiter une couche à gaz comprise entre deux niveaux aquifères ; on adopte alors pour les obturateurs (packers) le dispositif indiqué par la figure 164.

A Bakou, ce n'est que dans ces dernières années, qu'on a commencé sérieusement à se préoccuper de l'exclusion des eaux de surface.

Au commencement, on avait presque toujours des puits jaillissants, et l'abondance du pétrole, les fortes pressions qu'on rencontrait, empêchaient tout naturellement l'eau d'être un agent dangereux ; plus tard, quand la pression baissa, on s'aperçut que l'invasion de l'eau dans les couches pétrolifères était un mal redoutable et qu'il fallait penser à remédier à cet inconvénient.

On peut même dire que les pertes causées par l'arrivée de l'eau dans une couche pétrolifère, sont plus grandes encore que l'importance de la cause qui les provoque. Chaque puits, après un certain nombre de temps de fonctionnement, donne naissance dans les couches pétrolifères à de petits canaux de drainage par l'entraînement naturel des particules les plus légères de sable ; dans ces petits canaux, le pétrole s'égoutte peu à peu et est ensuite appelé vers le puits. Dès que l'eau en arrivant au contact d'une des couches pétrolifères a gagné le contact avec eux, c'est elle qui s'écoule dans les

canaux de drainage et va alimenter le forage; comme il arrive souvent que
ces veines de drainage communiquent d'un puits à un autre, un seul forage
défectueux, qui laisse arriver les eaux superficielles en quantité assez abondante, peut suffire pour noyer plusieurs puits voisins, il n'est donc pas nécessaire que l'eau ait envahi toute la couche pétrolifère pour que les forages
ne tirent plus que des quantités très faibles de pétrole avec de grandes quantités d'eau.

Si l'on peut parer au mal à temps, en arrêtant les eaux superficielles, il
arrive souvent que l'on peut rendre en partie aux puits leurs facultés productives.

Dans les couches très appauvries, au contraire, il arrive parfois qu'une
petite quantité d'eau facilite l'entraînement du pétrole.

Lorsqu'à Bakou on voulut arrêter les eaux des couches aquifères et qu'on
essaya les systèmes américains, les résultats ne furent pas toujours satisfaisants; les grands diamètres des puits et l'inétanchéité de la plupart des
tubages doivent en être la principale cause ; on chercha donc à employer un
autre système, et le cimentage des forages semble être celui qui donna les
meilleurs résultats.

Le cimentage des forages était, du reste, employé depuis longtemps
dans les puits artésiens pour isoler la nappe jaillissante des couches aquifères supérieures, mais dans le cimentage des puits à pétrole il faut employer
des précautions spéciales pour que le cimentage soit efficace.

La disposition adoptée pour le tubage dans les forages de Bakou est le
système télescopique, où la partie supérieure de chaque colonne amenée à son
terme d'enfoncement est recoupée à un niveau un peu supérieur au sabot
inférieur de la colonne précédente.

Si, au lieu de recouper toutes les colonnes, on laisse la dernière remonter jusqu'au sol, on obtient un espace annulaire où l'on peut couler du
ciment.

Si on laisse remonter deux colonnes, on peut avoir une double enveloppe de ciment, il faut toutefois que l'espace entre les deux parois qui
limitent l'épaisseur du cimentage soit assez grand pour pouvoir permettre
d'introduire les tubes par lesquels on fera couler le ciment.

Avant de couler le ciment dans le forage et pour éviter que celui-ci ne
vienne dans le tube central, on l'emplit avec de l'argile, du sable
de couche pétrolifère, ou un mélange de sable et d'argile; comme il faudra
enlever ces matériaux après la prise du ciment, il y a intérêt à les choisir de
telle nature qu'ils soient faciles à curer; on choisira donc, parmi ceux qu'on
a sous la main, ceux qui répondent le mieux à ce desideratum.

On nettoie l'espace où le ciment devra être coulé par un lavage énergique
par injection d'eau, et l'on coule la boue liquide de ciment et de sable fin
préparé dans des cuves où on l'agite constamment.

On peut procéder par couches successives ou en une seule fois. Le mieux,
en tout cas, est de mettre au fond où la résistance de l'enveloppe de ciment

doit être la plus convenable, une bouillie de ciment pur; on remonte les tubes qui servent à descendre la bouillie de ciment au fur et à mesure de l'emplissage.

Dans quelle couche doit-on arrêter la dernière colonne que l'on a placée avant d'effectuer le cimentage ?

Les uns préfèrent l'arrêter dans une couche d'argile solide ; les autres, dans une couche de sable. Si on l'arrête dans une couche de sable, on doit nécessairement faire la première coulée en ciment pur, et l'on obtient ainsi une obturation beaucoup plus efficace qu'on ne pourrait le penser à première vue, car le ciment pénètre assez loin dans la couche de sable et forme ainsi à la base du tubage une espèce d'enrochement très solide. qui maintient la base du tubage, arrête l'eau d'une façon très efficace et résiste assez bien aux affaissements, qui sont généralement la conséquence d'une exploitation intensive d'une couche pétrolifère un peu importante.

Mais il faut alors employer une grande quantité de ciment et dans la première coulée ne pas laisser d'interruption pour gagner aussi loin que possible dans la couche de sable qui ne doit pas être trop poreuse, ce qui entraînerait à des dépenses considérables.

Pour délayer le ciment, on doit employer de l'eau aussi pure que possible et si l'on a rien d'autre sous la main, comme à Bakou, employer de l'eau de mer; mais ce n'est là qu'un pis-aller.

L'importance de l'emploi du ciment à Bakou, pour empêcher les venues d'eau dans les forages, peut se déduire des chiffres suivants de la consommation annuelle :

		Barils
1898		787
1899		11.152
1900		15.782
1901		82.111
1902		79.000
1903		94.000

QUATRIÈME PARTIE

TORPILLAGE DES PUITS

Quand le puits a un débit qui baisse, cela peut être dû à plusieurs causes : ou bien le tube de la pompe est encrassé par des dépôts graisseux, on passe alors un appareil spécial pour nettoyer ce tube; ou bien, le sable entraîné par le pétrole obstrue le fond du puits, on enlève alors le tube de

la pompe et on descend des pompes à sable de formes variées pour enlever
ces dépôts.

Quelquefois, comme en Californie, le pétrole est tellement épais qu'il
s'écoule difficilement de la roche qui le contient, on peut alors faciliter son
écoulement en injectant dans le puits un mélange de vapeur et d'air. On peut
aussi descendre dans le forage deux tubes concentriques qui servent à chauffer le forage par circulation de vapeur. Enfin, si la pression n'est plus
suffisante, étant donné le débouché de la couche pétrolifère dans le puits,
pour assurer un débit convenable on a alors recours au torpillage.

Ce procédé fut breveté en 1862 par le colonel Roberts qui pensait que
l'huile était contenue dans des crevasses, et qui se proposait, par un déchi-
rement de la roche encaissante, de permettre à ces crevasses de se vider

Fig. 290. — Transport de la nitroglycérine et des torpilles.

dans le forage, en faisant exploser une charge détonante au fond du puits ;
bien que l'idée théorique ne fût pas exacte, les résultats pratiques n'en furent
pas moins excellents.

D'abord les exploitants se refusèrent à employer un moyen aussi dangereux ; mais cependant, en 1865, l'inventeur put essayer son procédé sur
un puits qui ne donnait rien, et il obtint un rendement de 20 barils par
jour, qui fut porté à 80 barils, par un second torpillage. Un puits, considéré
comme sec, torpillé en 1884, donna 500 barils pendant la première heure.

Dans les puits peu profonds la poudre donne de meilleurs résultats que
la nitroglycérine.

Quand on commença à employer le torpillage, les charges de nitrogly-

rine employée ne dépassèrent guère une dizaine de kilogrammes ; aujourd'hui
il n'est pas rare d'employer jusqu'à 500 kilogrammes de nitroglycérine.

On peut considérer qu'on emploie environ 20.000 kilogrammes de nitroglycérine par an pour le torpillage des puits à pétrole en Amérique.

L'emploi de quantités aussi considérables de nitroglycérine oblige à

Fig. 291. — Jaillissement après torpillage.

employer des précautions spéciales, et encore les opérateurs qui entreprennent ce genre de travail sont-ils souvent victimes d'accidents funestes.

Le transport de la nitroglycérine depuis la gare la plus proche se fait
souvent dans un tonneau traîné à bras d'homme ou dans une charrette (*fig.* 290);
à côté du conducteur sont les enveloppes métalliques des torpilles. Les torpilles employées dans les puits ne sont emplies qu'au moment même de leur
descente. La figure 291 montre le jaillissement obtenu après le torpillage
d'un puits.

Les enveloppes métalliques qui constituent les torpilles ont la forme d'un cylindre terminé par une partie conique vers le bas (*fig.* 292). La torpille est maintenue dans le puits à la hauteur où doit se produire son action par une tige métallique qui prolonge la partie inférieure, la longueur de cette tige est réglée à la demande.

Si la partie où doit s'effectuer le torpillage est trop près du fond du forage pour que les débris provenant de l'explosion puissent se loger, il faut approfondir légèrement le forage.

La torpille est terminée à sa partie supérieure par un cône rentrant, dans l'intérieur duquel se trouvent placées deux tiges verticales en contact par leur pointe qui forment le détonateur.

Une ligne qui se prolonge jusqu'au jour peut servir de guide à un poids percé d'un trou qui glisse le long d'elle et vient frapper la tige supérieure.

Dans le cône rentrant on a placé un peu de nitroglycérine et quelquefois entre les pointes des deux tiges une capsule.

Lorsqu'on veut employer une grande quantité de nitroglycérine, on emploie plusieurs torpilles qu'on descend dans le puits les unes après les autres et qui se superposent les unes aux autres.

L'inflammation des torpilles peut aussi être produite par un Go-Devil (passe-diable), poids en fonte assez considérable. On retire alors la ligne qui a été employée à descendre la torpille pour ne pas gêner la course du Go-Devil (*fig.* 293).

L'emploi de ce moyen permet de faire passer l'anneau qui sert à suspendre la torpille pendant sa descente par-dessus l'appareil d'inflammation qui se trouve ainsi protégé pendant la descente ; on évite ainsi les détonations prématurées (*fig.* 294). Le Go-Devil, dont le poids est assez considérable, n'a pas de peine à aplatir cet anneau pour atteindre l'appareil de détonation.

Lorsque les torpilles refusent de faire explosion, on descend une petite torpille (*fig.* 295), munie elle-même d'un détonateur, et on en détermine l'explosion par un poids glissant le long de la ligne qui a servi à la descendre.

Si ce moyen refuse encore de réussir, on descend une torpille munie d'un inflammateur (*fig.* 296) formé d'une mèche terminée par une capsule; on allume la mèche avant de descendre cette torpille.

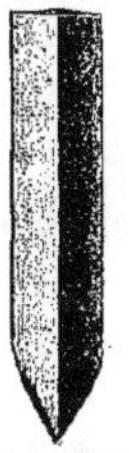

Fig. 293. Go-Devil (Passe-Diable).

Fig. 295. Torpille d'allumage.

Fig. 292. Torpille.

Fig. 294. Torpille.

Fig. 296. Torpille d'allumage.

L'explosion de ces torpilles auxiliaires est destinée à déterminer par influence la détonation des torpilles déjà
descendues dans le forage.

Un petit treuil spécial très sensible
est employé pour la descente des torpilles (*fig.* 297).

La figure 298 indique la disposition
des torpilles superposées dans le forage,
et on voit le Go-Devil arriver pour provoquer la détonation.

Fig. 297. — Treuil pour la
descente des torpilles.

Le torpillage semble produire plus d'effet dans les couches pétrolifères formées de grès durs et compacts; mais il faut se garder
d'en conclure que le torpillage ne puisse pas produire de bons
effets dans les autres terrains.

Les explosifs n'ont pour ainsi dire pas été employés à Bakou
dans les forages, la permission nécessaire pour ces opérations
étant difficilement donnée par le Gouvernement; cependant, on
a quelquefois employé la dynamite pour réparer des accidents de
forage, quand il y avait des parties métalliques à détruire.

La dynamite est alors enfermée dans une enveloppe métallique, solidement construite pour résister à la pression de l'eau,
assez considérable aux profondeurs auxquelles on peut être obligé
de la descendre, et le feu est mis à l'aide de l'électricité. Il faut
employer de fortes charges pour produire des résultats suffisants
et on peut considérer le poids de 10 kilogrammes de dynamite
comme le minimum à employer.

De nombreux accidents, dont l'importance a souvent été aug-
mentée par l'imprudence des curieux, sont arrivés pendant les
opérations du torpillage, surtout lors du remplissage des torpilles
ou de leur descente dans le forage. S'il est à peu près sans danger
de provoquer la chute du Go-Devil en coupant le fil qui le retient,
et d'avoir ainsi l'honneur de faire partir la torpille, aucun spec-
tateur ne doit être à portée du forage tant que les torpilles ne sont pas placées
à leur poste d'explosion[1].

Fig. 298.
Disposition
des torpilles
dans
le forage.

<hr>

1. *Findlay* (O.) *sept. 4.* — « Five are dead and an equal number seriously injured as a result of a
premature explosion of a quantity of nitroglycerine near Upper Sandusky to day. The dead are :
Malen Lookabaugh, Findlay, Lofe Mac Kay, Findlay, Joseph Fox, Lima, Corrine Wise, aged eleventh,
Upper Sandusky, Emmanuel Urcan, Cincinnati. The injured are Ernest Wise, leg badly mangled and
internaly injured, will probably die ; Louis Lookabaugh aged fifteenth, ear blown off and leg broken,
not expected to recover ; Alice Wise, badly injured about the head, condition critical ; Marry Guiliford,
bruised about the body ; Claire Lookabaugh face and limbs badly cut. The accident occured while
Mac Kay was engaged in lowering the nitroglycerine. At the time his assistants, the Lookabaugh
and Fox together with others, were grouped about the well. The cause of the explosion is unknown. »
(*The Petroleum Gazette.*)

Findlay (*Ohio*) *4 septembre.* — « Une explosion prématurée de nitroglycérine a provoqué
aujourd'hui à Upper Sandusky la mort de cinq personnes et causé des blessures sérieuses à plusieurs
autres. Les morts sont : Malen Lookabaugh, de Findlay, Lofe Mac Kay, de Findlay, Joseh Fox, de
Lima ; Corrine Wise, âgée de onze ans, de Upper Sandusky ; Emmanuel Urcan, de Cincinnati. Les

CINQUIÈME PARTIE

DISPOSITIONS DES TUBES EMPLOYÉS DANS LES FORAGES A PÉTROLE

Les tubes, soudés à recouvrement, avec joints à vis, sont très employés pour le tubage (drive pipe, casing, tubing) des forages américains ; ils donnent généralement toute satisfaction, dans ces terrains où les couches ne sont pas ébouleuses, et où l'on n'est pas obligé de les soumettre à des efforts très considérables pour les mettre en place.

Les tubes sont filetés à leurs deux extrémités et assemblés entre eux par un manchon, les filets de vis sont faits sur une surface cylindrique comme dans un boulon (*fig.* 299) ; dans ce cas, les deux tubes sont vissés jusqu'à ce que leurs extrémités viennent en contact à l'intérieur du manchon.

C'est le joint surtout employé pour le drive pipe qui doit être la plupart du temps enfoncé à coups de mouton. Le contact des bouts de tube évite aux taraudages une fatigue dangereuse résultant des chocs.

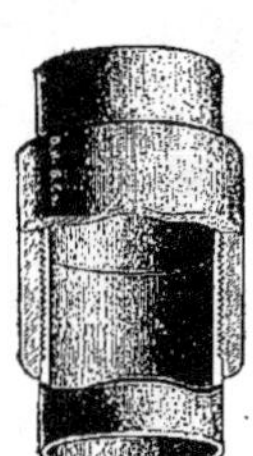

Fig. 299.
Joint à vis
cylindique.

Fig. 300.
Joint à vis
conique.

Un autre genre d'accouplement plus étanche que le précédent est représenté sur la figure 300. Dans cet assemblage, les arêtes des filets, au lieu d'avoir pour enveloppe une surface cylindrique, sont comprises dans une surface légèrement conique ; l'angle au sommet du cône étant d'environ 3°30′(Sg).

Quand on emploie ce mode de joint, il faut bien veiller que les deux extrémités des tubes ne se touchent pas à l'intérieur du manchon ; sans quoi le joint au point de vue de l'étanchéité, serait encore beaucoup plus mauvais que dans le cas de pas de vis cylindriques.

Bien exécuté, quand le jeu entre le sommet d'un filet et le creux du filet correspondant est faible, ce joint donne une étanchéité absolue, sous toutes les pressions auxquelles le tuyau peut résister.

On comprend aisément que les filets font office de coins et que, vers la fin du serrage, toutes les surfaces viennent en contact, même les sommets des filets et les creux correspondants si le profil a été convenablement tracé.

blessés sont : Ernest Wise, jambe mutilée et blessures internes, mourra probablement; Louis Lookabaugh, âgée de quinze ans, oreille arrachée, jambe cassée, ne survivra probablement pas; Alice Wise, blessée sérieusement à la tête, condition critique; Claire Lookabaugh, coupures profondes à la figure et aux membres. L'accident arriva pendant que Mac Kay, un torpilleur de puits, descendoit la nitroglycérine. A ce moment, ses aides, les Lookabaugh et Fox étaient groupés avec d'autres personnes à proximité du puits. La cause de l'explosion est inconnue. »

Il n'en est pas de même avec les filets cylindriques où un excès de serrage ne remédie nullement à une défectuosité du joint, et peut même souvent l'aggraver.

Pour soustraire les filets aux vibrations, on termine souvent les taraudages du tube et les bagues par des parties coniques tournées qui, vers la fin du serrage, doivent venir en contact. Mais ce dispositif n'est bon que si son exécution est irréprochable.

Pour éviter les saillies que font les bagues sur le corps extérieur des tuyaux, on peut employer soit le joint lisse (*fig*. 301), soit le joint à insertion (*fig*. 302). Le joint à insertion est un peu plus robuste que le joint lisse, mais tous deux demandent à être traités avec ménagements quand on emploie un mouton.

Lorsqu'on emploie des tuyaux à joints vissés dans les terrains difficiles où l'on est obligé d'employer successivement le mouton et les vérins, ou les vérins seuls, pour faire monter et descendre alternativement les tubes pour les dégager quand ils descendent avec peine; il faut les choisir avec beaucoup d'attention.

Dans ce cas, il ne faut pas employer de tubes ayant moins de 6 millimètres d'épaisseur et, si l'on doit employer le mouton, n'employer que des joints à filetage cylindrique; la longueur des bagues doit être d'au moins 22 fois l'épaisseur du tube au fond des filets; le pas de vis doit être bien régulier et bien exécuté.

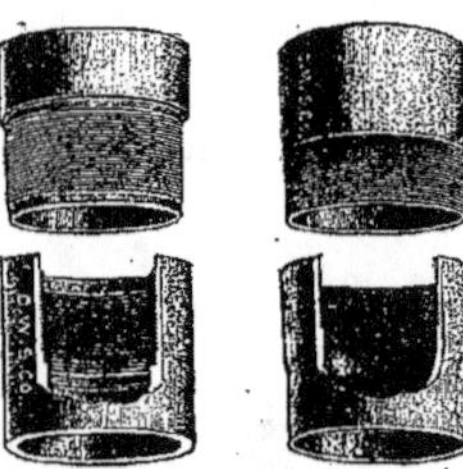

Fig. 301.
Joint
lisse.

Fig. 302.
Joint
à insertion.

Il ne faut pas employer de filets de moins de 2 millimètres de longueur et les proportionner convenablement à l'épaisseur du tube.

Dans les expéditions, les parties filetées, devront être revêtues de manchons, ou de tampons filetés, pour éviter les déformations; ces accessoires pourront, après réception, être renvoyés à l'usine expéditrice. Mais il vaudra mieux, toutes les fois qu'on le pourra, effectuer les filetages soi-même.

Dans les terrains particulièrement difficiles, afin d'éviter de fatiguer les joints à vis, on pourra goujonner ces joints par des goujons taraudés.

On pourrait même, si l'on veut avoir une solidité complète, prendre des joints à longues manches (long sleeve coupling), et l'on ferait le goujonnage dans la partie lisse du joint en matant les goujons extérieurement; on aurait ainsi l'étanchéité et la solidité.

Quand on emploie des tubes vissés pour le tubage des puits, on peut ne pas se préoccuper de leur fabrication. Ils arrivent directement des fabriques, prêts à l'emploi. Cependant, si l'exploitation est assez importante, il est bon de posséder les moyens de refaire des taraudages, si ceux-ci ont été endommagés. Mais, quand on emploie des tubes rivés, et bien que dans certains centres importants, comme ceux de Bakou on trouve des ateliers qui fabriquent spécialement ce genre de tubage, il est préférable, si l'on en consomme une quantité importante, de fabriquer soi-même ses tubes.

Le tubage d'un forage est une partie importante du travail, et des qualités des tubes employés dépendent souvent la réussite d'un forage quand on a à traverser des terrains difficiles, où les tuyaux seront soumis à des efforts violents et répétés de compression et d'extension.

Pour les tubages des forages ordinaires, on emploie parfois des tôles de 2 millimètres d'épaisseur, mais pour les recherches de pétrole, comme on a souvent affaire à des terrains difficiles, il est prudent de ne pas descendre au-dessous de 3 millimètres ; on va même pour les grands diamètres jusqu'à 9 et 10 millimètres d'épaisseur. Il n'est pas rare en effet, en Russie de, commencer les forages avec un diamètre de 34 pouces (863 millimètres); avec de tels diamètres, il faut une tôle épaisse pour obtenir une rigidité suffisante.

La longueur des viroles successives varie de 1 à 3 mètres.

Les manchons d'assemblage ont entre 20 et 45 centimètres de haut; cette hauteur, supérieure à celle qui est employée ordinairement dans les forages ordinaires, a pour but de donner un surcroît de solidité.

Les deux bords des viroles sont assemblés à joints croisés, ou à couvre-joints; on met souvent, aussi bien aux viroles qu'aux manchons, deux et trois rangs de rivets.

La fabrication de ces tubages a besoin d'être soignée pour qu'ils puissent résister aux efforts considérables auxquels ils sont soumis ; ils doivent donc être exécutés comme de véritables pièces de chaudronnerie.

Les tôles commandées à dimensions sont tracées pour repérer les trous des rivets ; ce traçage qui s'opère à l'aide de gabarit doit être exécuté avec le plus grand soin. Une fois le traçage effectué, les tôles sont cintrées à la machine ; puis on fait le rivetage de la couture longitudinale en laissant quelques trous de libres aux extrémités pour faciliter l'emmanchement dans les manchons; on chanfreine et on mate la couture longitudinale, et la virole est mise sur le tour pour tourner les extrémités. Cette opération doit être faite avec soin, car il faut qu'après tournage et mise en place dans les manchons les deux bouts, de deux viroles contiguës, viennent en contact au milieu du manchon.

En employant cette disposition, on évite aux rivets d'assemblage des manchons, les efforts de cisaillement pendant qu'on enfonce les tubes, soit aux moutons, soit avec des vérins.

Le rivetage est souvent fait à tête fraisées.

Afin d'éviter toute saillie, tout en ayant une grande résistance, les tubes de forage sont parfois constitués à l'aide d'une double épaisseur de tôle.

Ce sont des viroles ayant toutes la même longueur et assemblées en croisant les joints; en employant des rivets à tête fraisés, on obtient ainsi une surface absolument lisse aussi bien à l'intérieur qu'à l'extérieur.

SIXIÈME PARTIE

CAPTATION DES PUITS JAILLISSANTS

Comme nous l'avons dit, on a renoncé à Bakou à l'emploi de robinets pour capter les puits jaillissants, on se contente d'écraser le jet par une plaque de fonte ayant, comme dimensions, $1^m \times 1^m \times 0^m,25$. Cette plaque de fonte est boulonnée sur deux longs madriers qui servent à l'arc-bouter contre la charpente du derrick.

On prépare généralement ce dispositif d'avance afin de n'avoir, pour le mettre en place, qu'à le faire pivoter ; ce à quoi on arrive à l'aide de treuil et de palans.

Mais, si le jaillissement entraîne beaucoup de sable, la plaque de fonte, malgré son épaisseur, finit pas se perforer, et il faut la remplacer.

Pour remplacer la plaque de fonte, même pendant le jaillissement, on construit un échafaudage à la hauteur nécessaire ; sur cet échafaudage, auquel on accède par un plan incliné ; on dispose la nouvelle plaque fixe sur les madriers qui doivent la maintenir en place, et on glisse le tout par une ouverture pratiqué dans la paroi du derrick.

Le pétrole, qui retombe en gerbes à l'intérieur du derrick, est dirigé vers des réservoirs creusés aux environs où il dépose le sable qu'il a entraîné, puis de là il est pompé dans d'autres réservoirs.

L'enlèvement du sable est souvent un travail considérable.

Nous trouvons un autre exemple de maîtrisation d'un puits jaillissant au Texas dans le cas du puits Lucas.

Aucune disposition n'avait été prise pour parer à l'éventualité d'un jaillissement aussi considérable se produisant par un tuyau de 6 pouces ; extérieurement se trouvait un tubage de 8 pouces mis en place précédemment.

On approcha une valve de 8 pouces munie d'un **T** de 8 pouces qu'on parvint, malgré la violence du jet, à faire coiffer le tube de 8 pouces sur lequel elle fut vissée non sans difficulté.

On consolida l'assemblage autant que possible par des moyens de fortune ; puis dans la branche horizontale du **T** on vissa un tube de 6 pouces muni d'une valve. On ferma alors graduellement la valve de 8 pouces et le liquide s'écoula par le tubage horizontal. On pratiqua des ouvertures dans le tube de 8 pouces et on bourra vers le haut de l'étoupe pour empêcher le pétrole de redescendre entre le tube de 8 pouces et celui de 6 pouces. Un collier en fer fut placé sur le tube de 8 pouces à hauteur des ouvertures qui avaient servi à bourrer l'étoupe et, par ces ouvertures, des boulons traversant le collier en fer vinrent serrer le tube de 6 pouces assurant la solidarité des deux tubes.

On assura encore la solidité du tout en amarrant l'ensemble à l'aide d'un cadre en bois placé au-dessus d'une valve de 6 pouces qu'on avait placé au-dessus de la valve de 8 pouces qui fut relié par de forts boulons ayant une longueur suffisante pour être fixé à un fort cadre de madriers noyés dans le sol. La figure 303 indique l'ensemble des dispositions prises.

Dans les opérations de captage de puits jaillissants, opérées par des

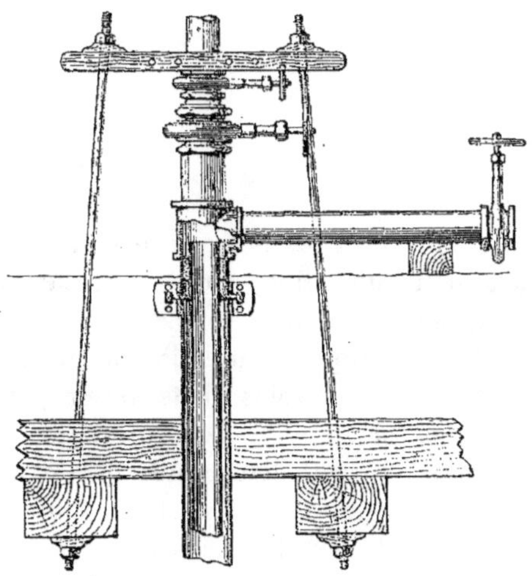

Fig. 303. — Équipement de captage du puits Lucas, au Texas.

procédés analogues à celui qui vient d'être cité, il est nécessaire d'approcher de l'orifice du tubage, ce qui peut devenir impossible, sous peine d'asphyxie, si les gaz dégagés en même temps que le pétrole se trouvent en grande abondance. Aussi est-il prudent, dans un chantier un peu important, où les jaillissements sont fréquents et intenses d'avoir des appareils respirateurs permettant d'évoluer dans une atmosphère irrespirable. Au Texas, à maintes reprises, on dut avoir recours aux scaphandriers des ports voisins pour mettre en place des valves à la tête des tubages des puits, pendant leur jaillissement; mais le scaphandre destiné aux opérations aquatiques n'est pas des mieux disposé pour les opérations à terre, et il vaut mieux avoir des appareils spéciaux et des ouvriers familiarisés avec leur emploi.

CHAPITRE VI

LA CHIMIE DES PÉTROLES

Le pétrole brut, ou plutôt les pétroles bruts, car ils diffèrent sensiblement suivant leurs lieux d'origine, sont principalement constitués par des carbures d'hydrogène appartenant à la série grasse, à la série des polyméthylènes, et à la série aromatique ; toutefois les carbures de la série aromatique ne se trouvent dans les pétroles bruts qu'en quantités peu importantes.

Les proportions des carbures de ces différentes séries qui entrent dans la constitution d'un pétrole brut déterminé sont extrêmement variables, en sorte que, en dehors des propriétés communes à tous les carbures en général, les divers pétroles bruts ont des propriétés assez différentes ; ces différences de propriétés sont dues à la prédominance de tels ou tels carbures dans le pétrole examiné.

Il nous a donc semblé convenable, avant d'examiner les propriétés physiques et chimiques des pétroles, de passer rapidement en revue les différents carbures qui peuvent entrer dans leur composition ; car, s'il est facile de trouver, en ce qui concerne les propriétés des carbures aromatiques des renseignements suffisants dans n'importe quel traité de chimie organique, il n'en est pas de même en ce qui concerne les carbures de la série grasse et surtout ceux de la série polyméthylénique.

Pour les carbures de la série grasse, les traités de chimie se bornent en général à examiner surtout les termes les plus simples de cette série, et ce sont surtout ceux d'un ordre plus élevé qui entrent dans la composition des pétroles ; pour la série polyméthylénique, dont l'étude est récente, les renseignements sont encore plus rares et ne se trouvent guère d'une façon un peu complète que dans les publications étrangères. Le résumé que nous donnons servira donc à éviter au lecteur des recherches quelquefois longues pour retrouver les propriétés des carbures signalés dans la constitution des pétroles.

En ce qui concerne la série aromatique, nous nous bornerons à un très court résumé, les renseignements en ce qui concerne cette série pouvant se trouver aisément.

En dehors des carbures d'hydrogène, les pétroles contiennent encore de composés oxygénés, sulfurés et azotés, mais ils sont en minime proportion, et seuls les composés sulfurés présenteraient une réelle importance par l'influence fâcheuse qu'ils ont sur les propriétés des pétroles, même lorsqu'ils ne s'y trouvent qu'en minime proportion.

PREMIÈRE PARTIE

LES CARBURES D'HYDROGÈNE

Le carbone est un élément tétravalent, c'est-à-dire que l'atome de carbone est susceptible de se combiner chimiquement à 4 atomes monovalents qui, eux, ne peuvent se combiner qu'atome à atome.

Ainsi le carbone se combine à 4 atomes de chlore, élément monovalent, pour donner le tétrachlorure de carbone (méthane tétrachloré) CCl^4.

Ce composé peut être obtenu par l'action du chlore sur le méthane CH^4, où l'atome de carbone tétravalent est combiné à 4 atomes d'hydrogène monovalents; mais, en variant les conditions de l'expérience, il est possible d'obtenir les combinaisons intermédiaires CH^3Cl, CH^2Cl^2, $CHCl^3$ où l'atome de carbone tétravalent se combine toujours à 4 atomes monovalents, ces atomes étant ici de deux natures différentes, chlore et hydrogène.

En représentant le corps CH^2Cl^2 par le schéma géométrique :

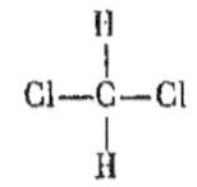

$$\begin{array}{c} H \\ | \\ Cl-C-Cl \\ | \\ H \end{array}$$

il serait possible, en faisant permuter un Cl et un H, d'obtenir un autre schéma :

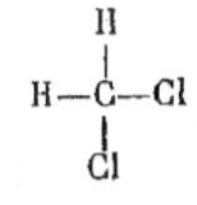

$$\begin{array}{c} H \\ | \\ H-C-Cl \\ | \\ Cl \end{array}$$

qui correspondrait encore à la formule CH^2Cl^2 et qui ne serait pas identique au premier.

Or il n'existe qu'un seul corps répondant à la formule CH^2Cl^2; ce mode de représentation est donc insuffisant.

De toutes les expérience faites sur les combinaisons du carbone, il résulte que la faculté que le carbone a de se combiner avec 4 atomes monovalents est le résultat de quatre affinités identiques; il faut donc les représenter par quatre expressions géométriques identiques elles-mêmes, et il semble naturel d'admettre que les actions de l'atome de carbone sont dirigées suivant quatre directions également réparties dans l'espace autour de l'élément carbone :

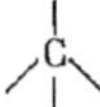

Ces quatre directions couperaient une sphère décrite du centre de gravité de l'atome comme centre en quatre points, formant les sommets d'un polyèdre qui doit être régulier pour que les quatre directions représentant les affinités du carbone soient identiques; ce polyèdre est donc un tétraèdre régulier.

Et les quatre affinités libres de 1 atome de carbone seront représentées par les sommets d'un tétraèdre, qui indique plus aisément l'identité des quatre sommets. Correspondant aux affinités, plutôt que quatre droites dont il est assez difficile sur un croquis d'indiquer l'égale distribution dans l'espace.

Les droites partant du centre de gravité de l'atome et aboutissant aux quatre sommets feraient entre elles des angles de 190° 28',3.

L'atome de carbone sera ainsi représenté par la figure suivante :

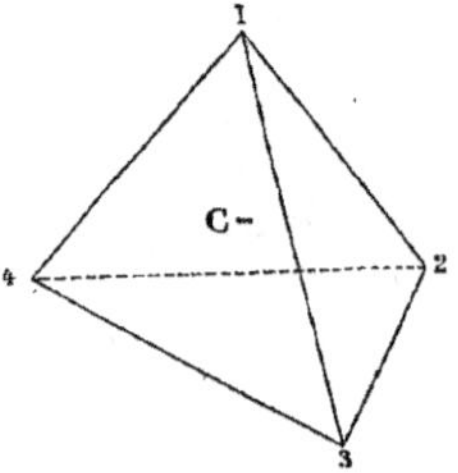

Cette représentation géométrique n'implique d'ailleurs aucune hypothèse quant à la forme de l'atome de carbone.

Le composé CH^2Cl^2 est alors représenté par le symbole géométrique :

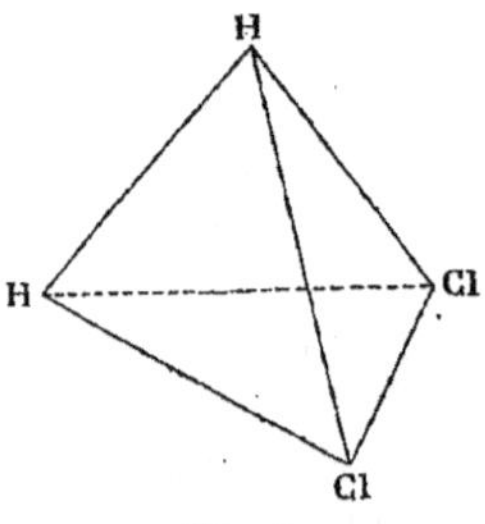

Fig. a.

et il est aisé de voir que 2 atomes occupant nécessairement les extrémités d'une arête et toutes les arêtes étant identiques, quels que soient les sommets,

1, 2, 3, 4, où les 2 atomes Cl se trouveront fixés, la figure qui représentera le composé sera toujours identique à la figure (*a*).

Mais le carbone jouit de cette propriété qu'une ou plusieurs de ses quatre facultés de combinaison peuvent être exercées vis-à-vis de 1 ou plusieurs autres atomes de carbone, et de cette propriété résulte le nombre considérable d'hydrocarbures (et d'ailleurs d'autres composés), qui peuvent prendre naissance.

Si 2 atomes de carbone échangent une affinité, la liaison sera représentée par :

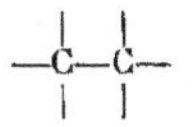

$$-\overset{\displaystyle |}{\underset{\displaystyle |}{C}}-\overset{\displaystyle |}{\underset{\displaystyle |}{C}}-$$

il reste 6 atomicités libres [1]. A l'une de ces atomicités libres, 1 autre atome de carbone peut venir se souder, puis 1 autre, et former une chaîne comme ci-dessous :

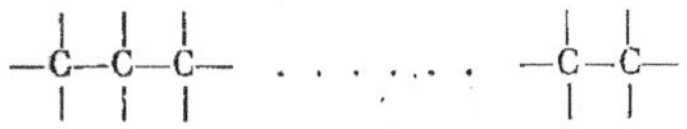

$$-\overset{|}{\underset{|}{C}}-\overset{|}{\underset{|}{C}}-\overset{|}{\underset{|}{C}}- \quad \ldots\ldots \quad -\overset{|}{\underset{|}{C}}-\overset{|}{\underset{|}{C}}-$$

Mais, au lieu de former une chaîne où aux deux extrémités se trouvent 1 atome de carbone avec 3 atomicités libres, ces 2 atomes peuvent se souder entre eux, et la suite des atomes de carbone forme une chaîne fermée :

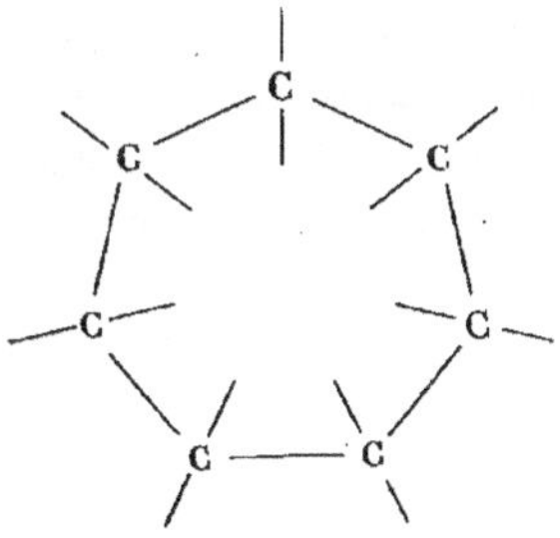

Le nombre des atomes réunis en chaîne pouvant être très variable.

De ces deux formes, en chaîne ouverte et en chaîne fermée, résulte, pour les composés du carbone, une classification en deux groupes principaux :

Les composés du carbone à chaîne ouverte ou acyclique et les composés du carbone à chaîne fermée ou cycliques.

Et cette division n'est pas purement artificielle, car, suivant que les corps appartiennent à l'une ou l'autre des deux classes, les propriétés diffèrent notablement, beaucoup plus que ne diffèrent entre elles les propriétés de deux corps appartenant à la même classe.

---

1. La figure en plan est substituée à la figure tétraédrique, mais c'est à cette dernière qu'il faut, en réalité se reporter, et la figuration en plan n'est employée que pour simplifier l'impression.

Mais, au lieu de n'échanger qu'une atomicité avec le carbone voisin, 1 atome de carbone peut en échanger 2 ou 3 donnant les schémas suivants :

$$\rangle C = C \langle$$
$$- C \equiv C -$$

Ces doubles ou triples liaisons peuvent se former soit dans les chaînes ouvertes d'atome de carbone, soit dans les chaînes fermées apportant aux propriétés des corps des modifications très marquées.

Parmi les chaînes cycliques dans lesquelles se trouvent entré les atomes de carbone des doubles liaisons, il en est une à signaler particulièrement, c'est celle formée par 6 atomes de carbone réunis alternativement par une simple et une double liaison :

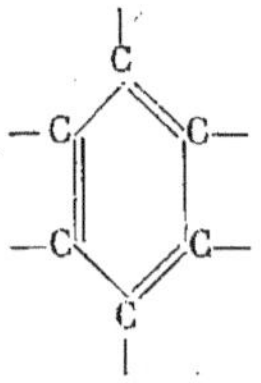

Aucun corps de même formation, et ayant moins de 6 atomes de carbones en chaîne, n'a encore été isolé, et ce cycle à 6 atomes de carbone ainsi réunis donne aux corps qui le renferment des propriétés suffisamment spéciales pour qu'ils aient été classés en un groupe particulier connu sous le nom de *série aromatique*.

Un atome de carbone peut échanger également 3 ou 4 atomicités avec 3 ou 4 atomes de carbone :

Un tel genre de liaison peut aussi se trouver intercalé dans une chaîne, provoquant des arborescences dans le schéma de la composition du corps.

Les valences[1] autres que celles reliées aux carbones voisins peuvent être reliées à de l'hydrogène, et les corps ainsi formés sont des carbures d'hydrogène; ou à du chlore, et les dérivés formés sont des dérivés chlorés, etc.

La formation de ces formules montre quelle multiplicité de corps peuvent

---

1. Valence ou liaisons atomiques, expressions équivalentes.

y répondre : pour 5 atomes de carbone en chaîne ouverte, il est possible de former les schémas suivants :

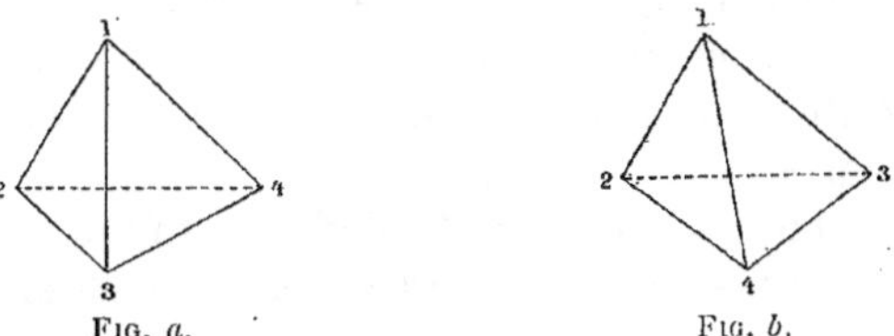

Si les atomicités ne correspondant pas à la liaison de 2 atomes de carbones correspondent à des atomes d'hydrogène, ces trois formules correspondront à trois carbures d'hydrogène, qui sont connus ; ce sont :

1° Le pentane normal ;

2° Le méthylbutane ;

3° Le diméthylpropane.

Avec 13 atomes de carbone, il serait possible de former 800 schémas différents, et avec 26 atomes de carbone le nombre possible de schéma à *chaîne ouverte* serait voisin de 700.000.

Tous ces corps géométriquement possibles, ne sont peut-être pas tous chimiquement réalisables ; mais, néanmoins, il en reste certainement suffisamment pour rendre la chimie du carbone extrêmement compliquée, chacun des schémas précités pouvant donner lui-même naissance à des corps différents suivant que l'hydrogène ou le chlore, ou d'autres radicaux monovalents, viennent s'unir aux atomes de carbone, par les liaisons qui ne sont pas occupées par un carbone voisin.

D'autres causes de dissemblances, pour des corps qui, à première vue, peuvent paraître identiques, viennent encore compliquer le nombre des composés possibles.

Un atome de carbone par exemple, lié à 4 autres atomes de corps différents, peut se présenter sous deux formes non identiques :

Fig. *a.*   Fig. *b.*

Un observateur couché suivant l'arête 1-2, ayant la tête en 1 et les pieds en 2, verra dans la figure *a*, le corps 3 à sa droite, et le corps 4, à sa gauche; dans la figure *b*, il verra le corps 4 à sa droite et le corps 3 à sa gauche.

La présence dans un corps d'un atome de carbone de cette nature peut donner lieu à des composés qui ont des pouvoirs rotatoires[1] différents.

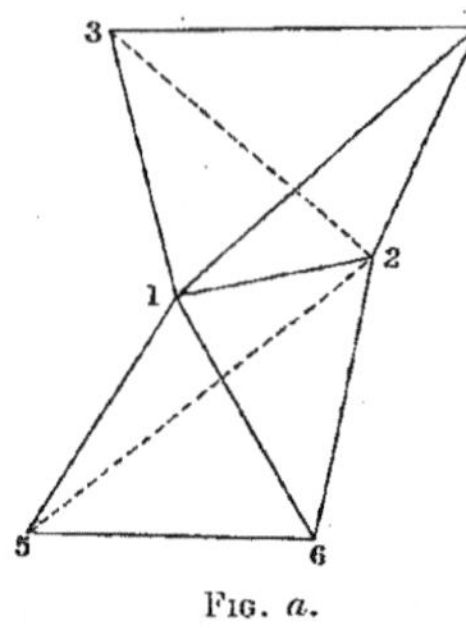

Fig. *a*.

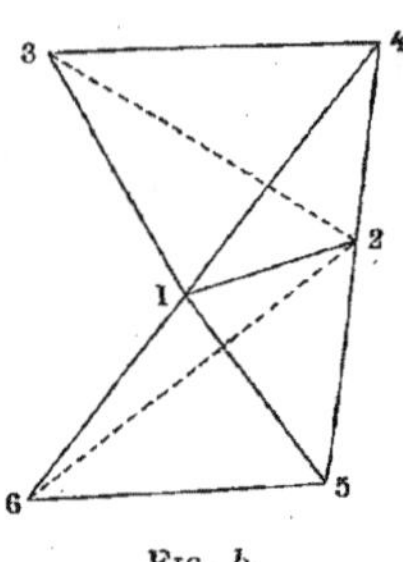

Fig. *b*.

Lorsque 2 atomes de carbone sont liés par 2 atomicités, comme dans les figures *a* et *b*, et que les 4 autres atomicités restantes sont saturées par 4 atomes différents 3, 4, 5, 6, ces 4 atomes peuvent occuper deux arrangements différents, suivant que 5 ou 6 sont du même côté que 3.

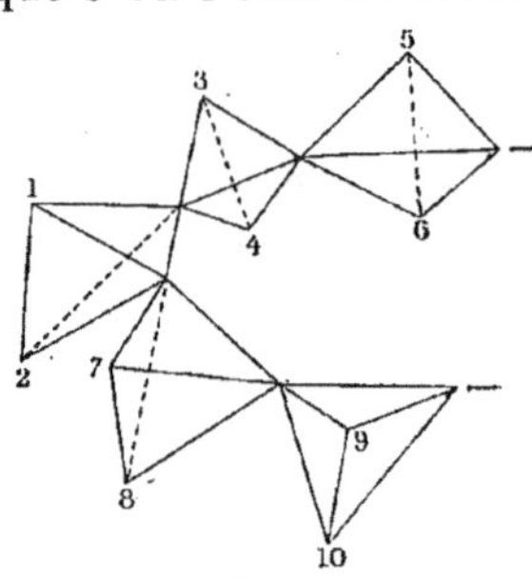

Fig. *c*.

Si la figure *c* représente une partie d'une chaîne fermée d'atomes de carbone réunis par des liaisons simples, si 2 atomes ou radicaux de même nature sont liés à 7 et à 3 ou à 7 et à 4, ces deux corps auront une structure différente; dans le premier cas, les deux substitutions sont faites d'un même côté du plan contenant la chaîne des liaisons simples; dans le second cas, les deux substitutions sont faites de part et d'autre de ce plan; ces deux composés de composition centésimale identique sont dit le premier « cis » et le deuxième « trans ».

Bien que dans les carbures d'hydrogène un certain nombre de cas de diversité des composés formés avec les chaînes des atomes de carbone soient éliminés, puisque toutes les atomicités qui ne sont pas saturées par liaison avec un carbone voisin le sont par un seul et même corps l'hydrogène, il n'en reste pas moins qu'il en peut exister un nombre immense, et, bien qu'il soit

____

1. Action sur la lumière polarisée.

probable que les pétroles bruts ou les produits qui en dérivent ne les contiennent pas tous, les études faites sur le pétrole, et qui sont loin d'avoir isolé tous les composés qui forment ce produit, laissent cependant soupçonner qu'ils en renferment un grand nombre.

Nous donnerons rapidement, dans ce qui va suivre, les propriétés générales des principaux carbures d'hydrogène connus, afin de fournir une base d'appréciation précise pour les propriétés qui peuvent résulter de mélanges contenant un plus ou un moins grand nombre de ces carbures.

Toutefois, pour les carbures de la série aromatique qui ont été étudiés beaucoup plus complètement que ceux des autres séries, et qui ne se trouvent d'ailleurs dans les pétroles qu'en faible quantité, nous nous bornerons à en donner la nomenclature; le lecteur désireux de trouver de plus grands développements sur leurs propriétés pourrait facilement consulter les traités spéciaux sur la série aromatique ou un traité de chimie organique [1].

CARBURES D'HYDROGÈNE ACYCLIQUES

Les carbures d'hydrogène acycliques se divisent en carbures saturés et carbures non saturés.

CARBURES SATURÉS OU FORMÉNIQUES

Leur formule générale est C^nH^{2n+2}, où n peut avoir une valeur quelconque.

Ils sont facilement attaqués par le chlore en donnant des produits de substitution.

$$C^nH^{2n+2} + 2Cl = C^nH^{2n+1}Cl + HCl,$$

cette substitution pouvant se faire sur plusieurs atomes d'hydrogène à la fois.

L'action du chlore est d'autant moins énergique que la molécule du carbure contient un plus grand nombre d'atomes de carbone.

Le brome réagit d'une façon analogue.

L'iode ne réagit pas.

Les carbures saturés résistent énergiquement à l'action de l'acide azotique, mais l'acide azotique fumant, et même celui ayant une densité de 1,15

1. Voir *Traités de Chimie organique* de MM. Berthelot et Jungfleish ; — de MM. Armand Gauthier et Delepine ; — de M. Behal ; — *Chemie der Alicyklischen Verbindungen*, de M. Ossian Aschan. Ce dernier ouvrage pour la série alicyclique.

à 1,32 transforme complètement les carbures paraffiniques en dérivés nitrés, lorsqu'on soumet le mélange à une ébullition suffisamment prolongée; ainsi l'hexane normal donne : un nitrohéxane primaire bouillant à 180°-183° ($C^6H^{13}AzO^2$), un dinitrohexane $C^6H^{12}(AzO^2)^2$; l'heptane donne un nitroheptane primaire $C^7H^{15}AzO^2$ et un dinitroheptane $C^6H^{14}(AzO^2)^2$; l'octane donne un nitro-octane primaire $C^8H^{17}AzO^2$ et un dinitro-octane $C^7H^{13}CH(AzO^2)^2$.

L'acide sulfurique fumant réagit sur les carbures normaux avec l'aide de la chaleur, donnant des dérivés monosulfonés :

$$C^nH^{2n+2} + SO^4H^2 = C^nH^{2n+1}SO^3H + H^2O ;$$

en même temps il se forme de l'oxyde de carbone et de l'acide sulfureux.

L'anhydride sulfurique forme dans les mêmes conditions des dérivés disulfonés.

CARBURES NON SATURÉS

Ces carbures contiennent une ou plusieurs doubles liaisons entre 2 atomes de carbone voisins ou des triples liaisons.

Ceux qui renferment le groupement :

$$\overset{|}{\underset{|}{C}}=\overset{|}{\underset{|}{C}},$$

sont dits éthyléniques.

Ceux qui renferment le groupement :

$$\overset{|}{\underset{|}{C}}=\overset{|}{C}- \quad \ldots \ldots \quad -\overset{|}{C}=\overset{|}{\underset{|}{C}},$$

sont dits diéthyléniques.

Ceux qui renferment le groupement :

$$\overset{|}{C}=C=\overset{|}{\underset{|}{C}},$$

sont dits alléniques.

Ceux qui renferment le groupement :

$$-C\equiv C-,$$

sont dits acétyléniques.

Ceux qui renferment le groupement :

$$-C\equiv C- \quad \ldots \ldots \quad -C\equiv C-,$$

sont dits diacétyléniques, etc.

Les formules des carbures non saturés correspondent aux expressions :

$$C^nH^{2n}, \quad C^nH^{2n-2}, \quad C^nH^{2n-4}, \text{ etc.}$$

Ils forment avec le chlore, le brome et même avec l'iode dans certaines conditions des composés d'addition :

$$C^nH^{2n} + Cl^2 = C^nH^{2n}Cl^2.$$

Par oxydation ménagée, ils donnent des glycols (dialcools) :

$$C^nH^{2n} + H^2O + O = C^nH^{2n}(OH)^2 ;$$

une oxydation plus énergique provoque la scission de la molécule et la formation de deux acides :

$$CH^3—CH^2—CH = CH—CH^2—CH^2—CH^3 + 2\,O^2,$$

donne :

$$CH^3—CH^2—COOH + COOH—CH^2—CH^2—CH^2.$$

Les acides chlorhydrique, bromhydrique, iodhydrique se fixent sur les carbures non saturés :

$$C^nH^{2n} + HCl = C^nH^{2n+1}Cl,$$

donnant un chlorure, un bromure ou un iodure de carbure saturé correspondant.

L'acide hypochloreux, en réagissant sur les carbures non saturés, donne des composés à la fois chlorure et alcool :

$$C^nH^{2n} + ClOH = ClC^nH^{2n}OH.$$

Le chlorure de nitrosyle donne des oximes chlorés :

$$C^nH^{2n} + AzOCl = Cl.C^nH^{2n-1}AzOH.$$

L'acide azoteux donne des nitrosites :

$$C^nH^{2n} + Az^2O^3 = OAzOC^nH^{2n-1}AzOH.$$

L'acide hypoazotique donne des nitrosates :

$$C^nH^{2n} + Az^2O^4 = O^2AzOC^nH^{2n-1}AzOH.$$

L'acide sulfurique concentré forme un éther sulfurique :

$$C^nH^{2n} + SO^4H^2 = C^nH^{2n+1}SO^4H,$$

qui, en présence de l'eau, donne un alcool et régénère l'acide sulfurique :

$$C^nH^{2n+1}SO^4H + H^2O = C^nH^{2n+1}OH + SO^4H^2.$$

Les carbures non saturés se polymérisent facilement.

CARBURES FORMÉNIQUES

$$\text{MÉTHANE } CH^4 \qquad \begin{array}{c} H \\ | \\ H{-}C{-}H. \\ | \\ H \end{array}$$

(SYN. : *Formène, Quadrihydrure de carbone, Hydrure de méthyle, Gaz des marais*)

Le méthane se rencontre dans les gaz qui se dégagent dans les mines de houille et connus sous le nom de grisou ; il constitue la plus grande partie des gaz inflammables qui se dégagent naturellement du sol, en un grand nombre de localités, et qui sont exploités industriellement aux États-Unis.

Il se forme dans la fermentation tourbeuse, d'où son nom de gaz des Marais.

Il se forme par l'action du carbure d'aluminium sur l'eau :

$$Al{\equiv}C{-}Al{=}C{=}Al{-}C{\equiv}Al + 6\,H^2O = 3\,CH^4 + 2\,Al^2O^3.$$

L'action de l'eau sur les carbures de magnésium, de thorium et de glucinium donne aussi du méthane, ainsi que l'action de l'acide chlorhydrique sur les carbures de chrome et de tungstène ; il se produit également par l'action de l'hydrogène sur l'oxyde de carbone et l'acide carbonique, en présence du nickel réduit.

Vers 1.200°, le carbone se combinerait avec l'hydrogène, pour donner du méthane ; cependant, d'après des recherches plus récentes (M. Berthelot), cette réaction semble douteuse.

Sous l'influence de l'arc électrique dans une atmosphère d'hydrogène, le méthane se forme en même temps que l'éthine.

Le méthane est un gaz incolore, d'une odeur faible, dont la densité est 0,559, sa température critique est — 82° C., et la pression critique 55 atmosphères, il bout à — 164° sous la pression de 760 millimètres ; à la pression de $0^m,08$, il bout à — 186° et se solidifie.

Il est soluble dans 20 fois son poids d'eau, et encore moins soluble dans l'eau salée ; l'alcool en dissout la moitié de son volume. Au rouge sombre, le méthane se combine à l'oxygène avec explosion, en donnant de la vapeur d'eau et de l'acide carbonique :

$$CH^4 + 2O^2 = CO^2 + 2\,H^2O.$$

Il brûle dans l'air avec une flamme peu éclairante.

En présence du palladium, le méthane commence à brûler à 450°.

Sous l'influence de la lumière solaire, il se combine au chlore avec explosion donnant un dépôt de carbone, du perchlorure de carbone, et de l'acide chlorhydrique :

$$CH^4 + 2\,Cl^2 = 4\,HCl + C,$$
$$CH^4 + 4\,Cl^2 = CCl^4 + 4\,HCl.$$

Par l'action de la lumière solaire, réfléchie sur un mur et n'arrivant pas directement sur le flacon, où se fait la réaction, et, en la ralentissant, au besoin en ajoutant au mélange de méthane et de chlore une certaine quantité d'acide carbonique, il est possible d'obtenir tous les composés chlorés du méthane :

	POINT DE FUSION	POINT D'ÉBULLITION	DENSITÉ
CH^3Cl (chlorure de méthyle)...............	— 103°	— 23°,7	»
CH^2Cl^2..	»	+ 41	»
$CHCl^3$ (chloroforme)........................	— 62	61 ,5	1,497 à 17°,75
CCl^4..	— 30	78 ,5	1,632 à 0

Le brome réagit d'une façon analogue ; l'iode est sans action.

Soit par action directe, soit par des réactions détournées, les composés bromés, iodés et fluorés du méthane ont été obtenus :

CH^3Fl.................................. gazeux
CH^2Fl^2................................ gazeux
$CHFl^3$................................. bout à — 60°
CFl^4.................................. bout à — 15°; densité, 3,09

Le composé CFl^4 attaque le verre et la silice.

	POINT DE FUSION	POINT D'ÉBULLITION	DENSITÉ
CH^3Br	»	4°,5	1,73
CH^2Br^2..	»	97 ,5	2,54
$CHBr^3$	7°,8	152	2,83
CBr^4...	92 ,5	189	»
CH^3I...	»	43	2,33
CH^2I^2...	4	180	3,28 à 15°
CHI^3...	129	»	»
CI^4	»	»	4,32

ÉTHANE C^2H^6, CH^3—CH^3

(Syn. : *Hydrure d'éthyle, Diméthyle, Trihydrure de carbone*)

L'action de la chaleur rouge sur le formène donne de l'éthane :

$$2\,CH^4 = CH^3\text{—}CH^3 + H^2.$$

Il existe dans les gaz inflammables naturels.

C'est un gaz incolore, presque insoluble dans l'eau, soluble dans l'alcool. L'alcool en dissout 1,22 volume à 8°,8 et 665 millimètres de pression.

Sa densité est 1,036. La densité de l'éthane liquide à 0° est 0,466 et 0,396 à 10°.

Le chlore agit à la lumière solaire sur l'éthane pour donner des dérivés chlorés.

L'éthane forme un hydrate avec l'eau (Villard) qui se détruit vers 12°.

Sa température critique est 35°; la pression critique, 50,2 atmosphères.

Il bout à —93° à la pression de 768 millimètres (84,1 à 749); il fond à —172°,1. Sa température d'explosion obtenue en le mélangeant à la quantité nécessaire d'oxygène pour une combustion complète est 605°; en vase clos 518°.

La chaleur de combustion (Berthelot et Matignon) est 370,9 calories[1] pour la molécule ou 30 grammes, soit 12.363 calories par kilogramme.

Les propriétés physiques des dérivés chlorés sont :

	POINT D'ÉBULLITION	DENSITÉ
Éthane monochloré $CH^3—CH^2Cl$	12°,5	0,921
— dichloré $\{ CH^2Cl—CHCl^2$	58	1,204
$\phantom{— dichloré \{} CH^3—CHCl^2$	146	1,144
— trichloré $CH^3—CCl^3$	74,5	1,366
— tétrachloré $CH^2Cl—CCl^3$	135	1,582
— pentachloré $CHCl^2—CCl^3$	159	1,709
— perchloré $CCl^3—CCl^3$	187	2,011

L'éthane n'est absorbé ni par le brome ni par l'acide sulfurique fumant, l'acide nitrique, etc.

Les tensions de vapeur de l'éthane aux différentes températures sont les suivantes :

Températures	Tensions de vapeur en atmosphères
— 80°	0,95
— 20	14,5
0	23,3
+ 15	32,3
34 ,5	50

PROPANE C^3H^8, $CH^3—CH^2—CH^3$

(SYN. : *Hydrure de propyle*)

Le propane est un gaz se liquéfiant à — 37° sous la pression normale ; sa chaleur de combustion moléculaire est 528,4 calories, soit 12.009 calories par kilogramme.

Ses réactions sont analogues à celles de l'éthane.

Il est à peine soluble dans l'eau ; l'alcool en dissout 6 volumes.

La densité du propane liquide, à 0°, est 0,536.

---

1. 372,9 calories, suivant d'autres expériences, ou 12.430 calories par kilogramme.

La température critique est $102°$ [1] ; la pression critique, 48,5 atmosphères.

Températures	Tensions de vapeur en athmosphères
— 34°	1
— 15	3,1
+ 1	5,1
+ 22	9
+ 53	17
+ 102	48,5

BUTANES C^4H^{10}

Les butanes existent sous deux formes isomériques.
1° Le butane normal :

$$CH^3—CH^2—CH^2—CH^3 ;$$

2° L'isobutane ou méthylpropane ayant pour formule :

$$CH^3—CH—CH^3$$
$$|$$
$$CH^3$$

1° **Butane normal** $CH^3—CH^2—CH^2—CH^3$ (SYN : *Propylméthane, ab-Diméthyléthane, Propylformène, Hydrure de butyle, Biéthyle, Méthylpropyle*). — Le butane normal bout à $+ 1°$, à la pression ordinaire ; sa densité gazeuse est 2,046 par rapport à l'air ; à l'état liquide, sa densité à $0°$ est 0,600.

Il est insoluble dans l'eau, mais l'alcool absolu en dissout 18,13 volumes à $14°,2$ à la pression de 744 millimètres.

2° **Isobutane** $(CH^3)^2=CH—CH^3$ (SYN : *Isopropylméthane, a-Diméthyléthane, Isobutane, Triméthylformène, Triméthylméthane, Hydrure d'isobutyle*). — C'est un gaz qui se liquéfie à $— 17°$, sous la pression ordinaire.

Le chlore à la lumière diffuse donne les chlorures $C^4H^8Cl^2$ bouillant à $105°$-$107°$:

$$C^4H^7Cl^3 \quad \text{et} \quad C^4H^5Cl^5.$$

Au soleil, on obtient $C^4H^4Cl^6$, bouillant dans le vide vers $115°$, et aussi deux chlorures répondant à la formule $C^4H^3Cl^7$.

Le chlorure d'isobutyle primaire $(CH^3)^2=CH—CH^2Cl$ traité par l'acide nitrique dilué de densité 1,075, à une température de $70°$-$80°$, pendant seize heures, donne un dérivé nitré $(CH^3)^2CAzO^2CH^2Cl$, bouillant à $181°$-$185°$ dont la densité à $20°$ est 1,187 par rapport à l'eau à $0°$ (Konovalof).

---

1. $97°,5$, d'après M. Lebeau.

$$PENTANES\ C^5H^{12}$$

(Syn. : *Hydrures d'amylènes*)

La théorie prévoit trois isomères tous connus et répondant aux formules

$$CH^3—CH^2—CH^2—CH^2—CH^3 \text{ (Pentane normal)},$$

$$CH^3—CH^2—CH\Big\langle {CH^3 \atop CH^3} \text{ (Pentane secondaire)},$$

$$CH^3—\underset{\underset{CH^3}{|}}{\overset{\overset{CH^3}{|}}{C}}—CH^3 \text{ (Pentane tertiaire)}.$$

Ces trois isomères se détruisent au rouge pour donner des carbures inférieurs.

Pentane normal. — Il existe dans les goudrons et les huiles de résine.

Il bout à 16°, sa densité à 15° est 0,6337, densité à 0°,645,4 (Young, d'après *Pétrole Américain*).

Température critique 197,2 ; pression critique $33^{kg},3$.

Température	0	10	20	30	36,3
Volume	1,000	1,0148	1,0305	1,0471	1,0584

Pentane secondaire (*Méthyl-2-butane*). — On l'obtient en partant de l'alcool isoamylique.

Il bout à 31° ; sa densité est 0,6285 à 13°,7.

Il est soluble dans l'alcool et dans l'éther.

Pentane tertiaire (Syn : *Tétraméthylméthane*, *Diméthyl-2-propane*). — On obtient en partant du zinc-méthyle et de l'éther butyliodhydrique tertiaire.

Il bout à + 9°,5 et se solidifie à — 20°.

Le dérivé chloré tertiaire est attaqué par l'acide azotique de densité 1,075 à 110° en tubes scellés.

Ces carbures sont inattaquables par l'acide nitrique monohydraté et l'acide sulfurique fumant.

$$HEXANES\ C^6H^{14}$$

On peut prévoir cinq isomères tous connus.

1° Hexane normal (Syn. : *Dipropyle*) $CH^3—CH^2—CH^2—CH^2—CH^2—CH^3$. — On l'obtient en partant de l'éther propyliodhydrique normal ou du diallyle.

Il bout à 68°,9 sous la pression normale ; sa densité est 0,663 à 17°.

Son indice de réfraction pour la raie α est $n\ \alpha = 1,3734$.

Sa pression critique est $30^{atm},0$; la température critique est $234°,5$.

Sa chaleur de combustion $991,2$ calories par molécule soit 10.362 calories par kilogramme.

Sa chaleur latente de vaporisation $89,2$ calories.

Chauffé au rouge, il donne : du méthane, de l'éthylène, du propylène, de l'érythrène, de l'amylène, de l'hexylène, du benzène et des gaz non déterminés.

Par l'action du chlorure d'aluminium, il se forme du pentane, du butane et d'autres carbures non déterminés.

Le chlorure $C^6H^{11}Cl$ bout à $70°$-$71°$; il est plus léger que l'eau et insoluble dans ce liquide.

Le dichlorure 2-3 bout à $162°$-$165°$; sa densité est $1,0527$.

Le dichlorure 2-5 bout vers $170°$.

L'hexachlorure bout à $180°$-$185°$ sous 38 millimètres; cristallise et fond à $137°,5$.

L'hexane normal est attaqué lentement par l'acide azotique, d'une densité de $1,16$.

Chauffé à $130°$ en tubes scellés avec de l'acide azotique, de densité $1,075$, on obtient un dérivé nitré qui bout à $176°$ $d° = 0,9509 : d\ 20 = 0,9357$, l'acide azoteux colore sa solution potassique en bleu sa formule est : $CH^3CHAzO^2(CH^2)^3$—CH^3.

2° **Méthylpentane** $\begin{matrix}CH^3\\CH^3\end{matrix}\!\!>\!\!CH$—$CH^2$—$CH^2$—$CH^3$ (Syn. : *Éthylisobutyle*). — On l'obtient en partant des éthers éthyliodhydrique et isobutyliodhydrique.

Il bout à $62°$; sa densité est $0,6766$ à $0°$.

Traité par l'acide nitrique de densité $1,53$, il donne un dérivé trinitré fusible à $95°$.

3° **Méthyl-3-pentane**
$$CH^3\text{—}CH^2\text{—}\underset{\underset{CH^3}{|}}{CH}\text{—}CH^2\text{—}CH^3$$
(*Méthyldiéthylméthane*). — On l'obtient en partant des éthers méthyliodhydrique et amyliodhydrique.

Il bout à $64°$; sa densité à $20°,5$ est $0,6765$.

4° **Diméthyl-2-3-butane** $\begin{matrix}CH^3\\CH^3\end{matrix}\!\!>\!\!CH$—$CH\!\!<\!\!\begin{matrix}CH^3\\CH^3\end{matrix}$ (*Diisopropyle*). — Tiré du pétrole de Bakou, par Markownikoff. On l'obtient en partant de l'éther propyliodhydrique secondaire.

Il bout à $58°$; sa densité est de $0,668$ à $17°,5$, sa chaleur de combustion est de $999,2$ calories ou 11.610 calories par kilogramme.

Soumis à l'action ménagée du chlore, il fournit deux monochlorures : l'un, bouillant à $117°$-$119°$, l'autre, bouillant à $123°$-$125°$.

L'acide nitrique de densité 1,075 l'attaque à 125°, en donnant un dérivé nitré tertiaire, fondant à 5-7° et bouillant à 174° ; sa densité est 0,9614 à 20°.

M. Denianoff a aussi obtenu les nitrates du nitroso et nitrodiméthylisopropylcarbinol en faisant agir l'anhydride azotique et le bioxyde d'azote :

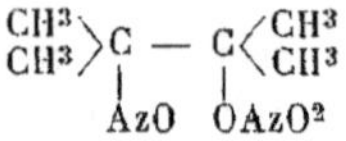

$$\begin{matrix} CH^3 \\ CH^3 \end{matrix}\!\!>\!\!\underset{\underset{AzO}{|}}{C} - \underset{\underset{OAzO^2}{|}}{C}\!\!<\!\!\begin{matrix} CH^3 \\ CH^3 \end{matrix}$$

se sublime à 170°-180° ;

$$\begin{matrix} CH^3 \\ CH^3 \end{matrix}\!\!>\!\!\underset{\underset{AzO^2}{|}}{C} - \underset{\underset{OAzO^2}{|}}{C}\!\!<\!\!\begin{matrix} CH^3 \\ CH^3 \end{matrix}$$

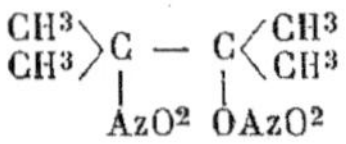

fond à 88°-89°.

5° Diméthyl-2-2-butane $CH^3\!\!-\!\!\underset{\underset{CH^3}{|}}{\overset{\overset{CH^3}{|}}{C}}\!\!-\!\!CH^2\!\!-\!\!CH^3$ (Syn. : *Triméthyléthylméthane*). — On l'obtient en partant du zinc éthyle et de l'éther butyliodhydrique tertiaire.

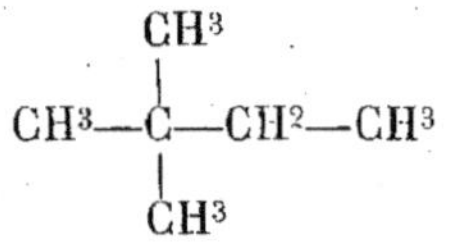

Il existe dans le pétrole de Bakou.

Il bout à 48°,5 sous 739 millimètres ; sa densité est 0,6646 à 0°.

Il est attaqué par l'acide azotique de densité 1,236 à 125°.

HEPTANES

Il y a neuf isomères possibles, dont les atomes de carbone peuvent être groupés des diverses façons suivantes :

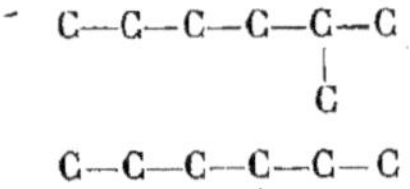

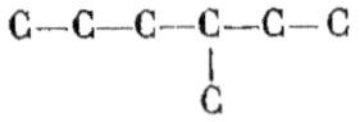

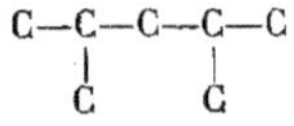

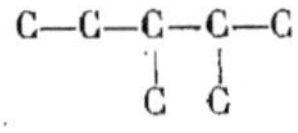

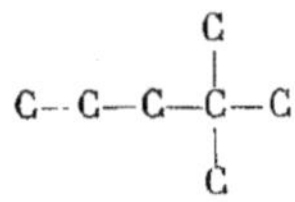

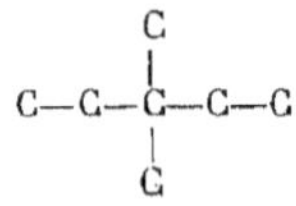

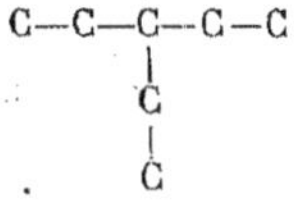

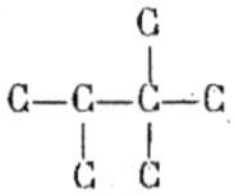

Les carbures qui correspondent aux groupements (*a*) et (*b*) sont inconnus ; ceux qui correspondent aux numéros 1 à 7 sont connus et décrits sous le
numéro correspondant.

1° **Heptane normal** $CH^3—CH^2—CH^2—CH^2—CH^2—CH^2—CH^3$. — Il
bout à 98°,5-99°,5 ; sa densité, à 19°, est 0,6967.

Son odeur rappelle celle de l'essence d'orange (?).

D'après M. Sydney Joung, l'heptane normal tiré des pétroles américains
bout à 98°,4.

Sa température critique est de 266°,9 ; la pression critique est 20.415 millimètres.

Son indice de réfraction pour la raie D est 1,3879 ; son pouvoir rotatoire,
6°,9 pour 20 centimètres.

L'acide sulfurique fumant donne à chaud un dérivé monosulfoné
$C^7H^{15}SO^3H$ sirupeux, soluble dans l'eau et l'alcool, insoluble dans l'éther.

Les vapeurs d'heptane donnent avec l'anhydride sulfurique un dérivé
disulfoné sirupeux.

L'acide azotique fournit des dérivés nitrés $C^7H^5AzO^2$ bouillant à 193°-195° ;
$d = 0,9476$ à 17°.

L'acide azotique de densité 1,075 donne un composé mononitré secondaire.

2° **Éthylisoamyle** $CH^3—CH^2—CH^2—CH^2—CH \big\langle {}^{CH^3}_{CH^3}$ (*Méthyl 2-hexane*).
— Il bout à 89°-90° ; sa densité, à 0°, est 0,7067.

Il est attaqué par l'acide azotique fumant et donne un dérivé trinitré
fusible à 194°.

3° **Triéthylméthane** $\begin{matrix} C^2H^5—CH—C^2H^5 \\ | \\ C^2H^5 \end{matrix}$ (*Éthyl 3-pentane*). — Obtenu
par l'action du sodium et du zinc éthyle sur l'éther orthoformique
$CH(OC^2H^5)^3$.

Il bout à 96° ; sa densité à 27° est 0,689 ; il possède une odeur de pétrole.

Par traitement par l'acide azotique de densité, 1,075, on obtient le
dérivé tertiaire $(C^2H^5)C—AzO^2$ bouillant à 190°, à la pression de 743 millimètres, $d = 0,962$, on obtient en même temps le dérivé secondaire
$(C^2H^5)^2CH—CHAzO^2—CH^3$ bouillant à 195° à la pression de 750 millimètres,
$d = 960$ à 0°.

Le composé dinitré $(C^2H^5)^2CHC(AzO^2)^2CH^3$ bout à 214°, il est obtenu par
oxydation de la diéthylpropyl pseudonitrol $(C^2H^5)^2CHC(AzO)(AzO^2)CH^3$.

4° **Méthyléthylpropylméthane** $\begin{matrix} CH^3—CH—CH^2—CH^2—CH^3 \\ | \\ C^2H^5 \end{matrix}$ (*Éthyl
2-pentane*). — Obtenu en traitant par le sodium un mélange d'iodure d'éthyle

et d'iodure d'amyle actif; il bout à 91°; sa densité est 0,689 à 20°; il a un pouvoir rotatoire de 3°,93 (88°; 0,780; 5°,22, suivant un autre expérimentateur).

5° **Triméthylpropylméthane**

$$CH^3-\underset{\underset{CH^3}{|}}{\overset{\overset{CH^3}{|}}{C}}-CH^2-CH^2-CH^3$$

(*Diméthyl 2-2-pentane*). — Obtenu par traitement de l'iodure de butyle tertiaire par le zinc propyle en excès.

Il bout à 78°-79°; sa densité à 0° est 0,691.

Il est attaqué à 110°-115° par l'acide azotique de densité 1,235, en donnant un dérivé mononitré bouillant à 89°-90°, sous une pression de 40 millimètres dont la densité est 0,952 à 0°.

6° **Diéthyldiméthylméthane** $\genfrac{}{}{0pt}{}{CH^3}{CH^3}\!\!>\!C\!<\!\!\genfrac{}{}{0pt}{}{C^2H^5}{C^2H^5}$ (*Diméthyl 3-3-pentane*).
— Il bout à 86°-87°; sa densité est 0,7111 à 0°; à 20°, 0,6958.

Il n'est pas attaqué par le brome, ni par l'acide sulfurique, ni par l'acide azotique fumant.

7° **Diisopropylméthane** (*Diméthyl-2-4-pentane*). — Inconnu.
Dérivé dichloré :

$$\genfrac{}{}{0pt}{}{CH^3}{CH^3}\!\!>\!CH-CCl^2-CH\!<\!\!\genfrac{}{}{0pt}{}{CH^3}{CH^3}$$

Obtenu en traitant l'isobutyrone par le perchlorure de phosphore, il bout à 118°-120°, en perdant de l'acide chlorhydrique; sa densité à 9° est 0,9513.

Le dérivé dinitré $[(CH^3)^2CH]^2-C(AzO^2)^2$ est obtenu par oxydation du tétraméthylpseudonitrol symétrique par l'acide chromique.

OCTANES C^8H^{18}

1° **Octane normal** $CH^3(CH^2)^6CH^3$. — Il bout à 125°; sa densité est 703 à 17°;

Chaleur latente de vaporisation, 70,92 calories.

Traité en tubes scellés, à 130°, par l'acide nitrique de densité 1,075, il donne un dérivé nitré.

2° **Hexaméthyléthane** (*L. Henry*) $(CH^3)^3\equiv C-C\equiv(CH^3)^3$. — Il cristallise dans l'éther en lames barbelées; il a une odeur piquante, fond à 103°-104°, bout à 106°-107° à la pression de 765 millimètres.

3° **Diisobutyle** $(CH^3)^2=CH^2-CH^2-CH^2-CH=(CH^3)^2$. — Obtenu en partant de l'iodure isobutylique ou du valérate de potassium.

Il bout à 108°, sa densité est de 0,694 à 18°.

L'acide azotique fumant l'attaque lentement.

4° **Méthylheptane-3** C^2H^5—CH (CH^3)—CH^2—CH^2—C^2H^5. — Il bout à 115°; sa densité, à 16°, est 708; son pouvoir rotatoire, à 16°, est, pour la raie D, 6,28.

5° **Diméthylhexane-3-5** $\begin{array}{c}C^2H^5\\CH^3\end{array}\!\!>CH—CH<\!\!\begin{array}{c}C^2H^5\\CH^3\end{array}$. — Il bout à 116°, sous une pression de 750 millimètres; sa densité, à 0°, par rapport à l'eau, à 4°, est 733.

Deux octanes de constitutions inconnues ont été retirés des pétroles de l'Ohio; l'un a une densité de 724 à 20°, et bout à 119°; l'autre bout à 124° et a une densité de 713.

NONANES C^9H^{20}

1° **Nonane normal.** — Il bout à 149°,5; il fond à — 51°; sa densité est, à 0°,733; à 15°,722; à 99°,1, 654.

2° **Dipropylméthyléthane** $\begin{array}{c}CH^3CH^2CH^2\\CH^3CH^2CH^2\end{array}\!\!>CH—CH^2—CH^3$. — Il bout à 138°, sa densité, à 20°, est 741.

3° **Diméthyldiisopropylméthane.** — Il bout à 130°.

4° **Diméthylheptane-2-5** CH^3—CH—CH^2—CH^2—CH—CH^2—CH^3. —
avec CH^3 en position sur chaque carbone ramifié

Il bout à 130°; sa densité est 881 (?); son pouvoir rotatoire, pour la raie D, est 5,64 à 20°.

Deux nonanes ont été retirés du pétrole; l'un bout à 136° et a pour densité 742 à 12°,4; l'autre bout à 130° et a une densité de 734.

DÉCANES $C^{10}H^{22}$

Le décane normal est un liquide presque inodore; il bout à 173° à 760 millimètres; il se sodifie à —32°; sa densité à 0° est 0,7456.

Le diisoamyle (diméthyl-2-7-octane), préparé par l'iodure d'amyle de fermentation inactif, bout à 160° sous 751 millimètres.

Son chlorure $C^{10}H^{21}Cl$ bout de 198° à 213°.

Le diamyle actif (diméthyl-3-6-octane), préparé par l'action du sodium sur l'iodure d'amyle actif, bout à 160° ; sa densité à 22° est 0,7463 ; son pouvoir rotatoire spécifique est $\alpha = +8,69$.

Chaleur latente de vaporisation, 60,83 calories.

L'isobutylhexane (méthyl-2-nonane) bout vers 156° ; sa densité, à 0°, est 0,753 ; son chlorure bout à 190°-200°.

Dans les produits de l'action de l'acide iodhydrique sur l'essence de térébenthine à 275°, M. Berthelot a signalé la présence d'un carbure bouillant à 155°-162° (*Bull. Soc. ch.*, (2), 11, 15 et 187).

Jacobsen (*Ann. de chim.*, 184, 202) a extrait du pétrole un décane bouillant à 171°, ayant pour densité 0,7562 à 15°.

UNDÉCANE $C^{11}H^{24}$

(Extrait du pétrole d'Amérique par Pelouze et Cahours)

Il bout à 181° ; sa densité est 765 à 16°.

Le chlore donne le chlorure $C^{11}H^{23}Cl$, bouillant à 220°-224°.

Le carbure $C^{11}H^{24}$, dérivé de l'essence de Rue, bout à 194° et fond à —26°,5.

DODÉCANES $C^{12}H^{26}$

Le dodécane normal $C^{12}H^{26}$, dérivé de l'acide laurique, fond à — 12° ; il bout à 98°, sous 15 millimètres ; à 113° sous 30 millimètres ; à 214°,5 sous la pression ordinaire ; sa densité, à 0°, est 0,7665 ; à 20°, 0,7511.

L'iodure d'hexyle traité par le sodium donne un dodécane bouillant à 198° ; ce carbure est facilement attaqué par le brome.

TRIDÉCANE $C^{13}H^{28}$

Dérivée de la laurylméthylacétone $C^{18}H^{23}COCH^{3}$, il fond à — 6° et bout à 106°,5 sous 11 millimètres et 234° sous 760 millimètres ; sa densité à 0° est 771,3.

Pelouze et Cahours ont tiré des pétroles américains un carbure de formule $C^{13}H^{28}$, bouillant à 218°, dont la densité, à 20°, est 796, avec lequel le chlore donne un chlorure bouillant 258°-260°.

TÉTRADÉCANE (HYDRURE DE MYRISTYLE) $C^{14}H^{30}$

Dérivé de l'acétone tridécylméthylique, il fond à 4°,5, il bout à 122°,5 sous 11 millimètres ; à 252°, sous 760 millimètres ; sa densité à 5° est 775 ; à 20°, 764,5.

Pelouze et Cahours ont tiré du pétrole américain un carbure $C^{14}H^{30}$, ayant une odeur de térébenthine bouillant à 238°, qui n'est attaqué à froid ni par l'acide nitrique fumant, ni par l'acide sulfurique ; le chlore donne des produits de substitution ; le brome ne l'attaque pas à froid.

PENTADÉCANE $C^{15}H^{32}$ (NORMAL)

On l'obtient par hydrogénation soit de l'acide pentadécylique, soit de l'acétone obtenue par distillation d'un mélange d'acétate et de myristate de baryum.

Il fond à + 10°, bout à 137°,5 sous 11 millimètres de pression ; à 270° sous 760. Sa densité, à 20°, est 0,7689.

HEXADÉCANES $C^{16}H^{34}$

1° **Hexadécane normal** $CH^3(CH^2)^{14}CH^3$ (*Bioctyle*). — Il fond à 18°,3 ; il bout à 157°,5 sous la pression de 15 millimètres à 287°,5 sous la pression de 760 millimètres.

Sa densité, à 18°, est 770,7 ; à 99°, 719,7 par rapport à l'eau à 4°.

Il est soluble en toutes proportions dans l'alcool et dans l'éther.

2° **Dyméthyl-7-8-tétradécane**, C^6H^{13}—CH(CH^3)—(CH^3)CH—C^6H^{13}. — Il bout à 268,5 (262?).

Sa densité est 802,2 à 0° ; 792,3, à 14°.

HEPTADÉCANE $C^{17}H^{36}$

Il fond à 22°,5.

Il bout à 303°, à la pression de 760, et à 81° dans le vide cathodique.

Sa densité est 776,7, à son point de fusion ; 771,4, à 30° ; 724,5 à 99°.

OCTODÉCANE $C^{18}H^{38}$ (BINONYLE)

Il fond à 28° et bout à 181°,5 sous 15 millimètres.

NONANEDÉCANE $C^{19}H^{40}$

Il fond à 32°, bout à 330°.

Sa densité à 32° est de 777 ; à 40°, 772 ; à 97°,3, 732.

EICOSANE

Bidécyle $C^{20}H^{42}$. — Dérivé de l'iodure de décyle.

Il fond à 36°,7 et distille à 205° sous une pression de 15 millimètres ; sa densité à 36°,7 est de 0,7776 par rapport à l'eau à 4°.

HENEICOSANE $C^{21}H^{44}$ (NORMAL)

Obtenu en partant de la cétone $(C^{10}H^{21})^2CO$, il fond à 40°,4 ; à 15°, sa densité est 0,8048.

Il bout à 215°, à 15 millimètres de pression ; à 129°, dans le vide cathodique.

Sa densité est 778,4 à son point de fusion ; 775,7, à 74°,7 ; 740,0 à 98°,9.

DOCOSANE $C^{22}H^{46}$

Dérivé du palmitate de baryum, il fond à 44°,4 et bout à 224, sous une pression de 15 millimètres : sa densité à son point de fusion est 778,2.

TRICOSANE $C^{23}H^{48}$

Dérivé de la laurone, il fond à 47°,7 et bout à 234° sous 15 millimètres ; sa densité à l'état liquide est 778,5 à 47°,7.

HEPTACOSANE $C^{27}H^{56}$

Obtenu en partant de la myristone, il fond à 59°,5 ; il bout à 270 sous 15 millimètres, à 172 dans le vide cathodique.

Sa densité est 779,6 à son point de fusion ; 765,9, à 80°,8 ; 754,5, à 99°.

Un autre heptacosane a été trouvé dans l'essence de néroli fondant à 54-56°.

HENTRIACONTANE $C^{31}H^{64}$ (NORMAL)

Obtenu en partant du palmitate de baryum, il fond à 68°,1 ; il bout à 302° sous 15 millimètres de pression, en s'altérant légèrement ; à 199° dans le vide cathodique, sa densité est 788, à son point de fusion ; 773, à 80° ; 761,9 à 98°,8.

BICÉTYLE $C^{32}H^{66}$

Obtenu en partant de l'iodure de cétyle, il fond à 70° et bout à 310° à 15 millimètres, et au-dessus de 360° à la pression ordinaire, sans se décomposer; son poids spécifique à l'état liquide est 0,781 à 70°.

L'acide sulfurique ne l'attaque pas à 150°.

HEXACONTANE $C^{60}H^{122}$

A été obtenu par l'action du sodium sur l'iodure de myricyle; il fond à 102°.

CARBURES ÉTHYLÉNIQUES

ÉTHYLÈNE $C^{2}H^{4}$

$$H^2=C=C=H^2$$

(Syn. : Gaz oléfiant, Bicarbure d'hydrogène, Hydrogène bicarboné, Éthène, Éthylidène, Diméthylène)

Par l'action de la chaleur, le méthane se décompose au rouge sombre en éthylène et hydrogène :

$$2\,CH^4 = C^2H^4 + 2\,H^2.$$

L'éthane dans les mêmes conditions donne de l'éthylène et de l'hydrogène.

$$C^2H^6 = C^2H^4 + H^2.$$

L'acétylène et l'hydrogène au rouge sombre donne de l'éthylène :

$$C^2H^2 + H^2 = C^2H^4;$$

cette dernière réaction se fait à une température plus basse, en présence du nickel réduit.

Vers 400°, le chlorure d'éthyle produit par décomposition, de l'éthylène et de l'acide chlorhydrique :

$$CH^3—CH^2Cl = C^2H^4 + HCl.$$

L'éthane dichloré et le sodium produisent de l'éthylène :

$$C^2H^4Cl^2 + Na^2 = C^2H^4 + 2\,NaCl.$$

L'éthylène est gazeux à la température ordinaire ; il sent la marée ; sa densité par rapport à l'air est 0,97 ; il se liquéfie à — 1° sous une pression de 42 atmosphères ou à — 110° sous 1 atmosphère ; sa température critique est + 9°,3 (13° suivant d'autres expérimentateurs), sa pression critique 58 atmosphères ; cristallisé par évaporation dans le vide, il fond à — 169° ; la densité de l'éthylène liquide est 0,386 à 3°.

Il est peu soluble dans l'eau, plus soluble dans l'alcool qui en absorbe 2 volumes ; il se dissout facilement dans le chlorure de cuivre ammoniacal.

Sa chaleur de combustion moléculaire est 341 calories (333,4 Thomsen) ou 12.170 calories par kilogramme.

Au rouge, il se décompose en hydrogène et acétylène :

$$C^2H^4 = C^2H^2 + H^2.$$

Le soufre bouillant réagissant sur l'éthylène donne du thiophène C^4H^4S.

L'éthylène est absorbé lentement à froid par l'acide sulfurique en produisant l'acide éthylsulfurique :

$$C^2H^4 + SO^4H^2 = C^2H^5—SO^4H.$$

L'acide sulfurique fumant produit les acides éthionique et iséthionique :

$$SO^3H—CH^2—CH^2—O—SO^3H$$
$$SO^3H—CH^2—CH^2OH.$$

L'acide hypochloreux en solution étendue donne l'éther monochlorhydrique du glycol éthylénique :

$$CH^2=CH^2 + ClOH = ClCH^2—CH^2OH.$$

L'acide azotique fumant et refroidi absorbe l'éthylène en donnant un azoto-azotite de glycol.

L'éthylène se combine à froid avec les hydracides.

La température d'explosion pour un mélange d'oxygène et d'éthylène en proportions voulues pour la combustion complète est de 577°, la combustion de l'éthylène en présence de l'air sous l'action de l'étincelle électrique ne se produit que s'il y a au moins de 1/5 de l'air nécessaire à la combustion complète.

En présence du palladium, la combustion de l'éthylène commence à 300°.

L'éthylène se combine à froid à l'hydrogène, en présence de la mousse de platine, pour donner de l'éthane.

Sous l'influence de l'effluve électrique, l'éthylène se condense en donnant un liquide d'autant plus visqueux que l'action se prolonge davantage.

L'éthylène est absorbé par un grand nombre de perchlorures.

Mélangé au chlore et enflammé, il donne du carbone et de l'acide chlorhydrique.

A la lumière diffuse, l'éthylène se combine au chlore et donne le chlorure d'éthylène $C^2H^4Cl^2$.

L'action de la lumière solaire permet d'obtenir successivement,les composés chlorés $CH^2Cl—CHCl^2$, $CH^2Cl—CCl^3$, $CHCl^2—CCl^3$, $CCl^3—CCl^3$.

Le brome agit sur l'éthylène en donnant des composés bromés, l'action commence à froid.

L'iode, quoiqu'un peu plus difficilement, se combine aussi directement à l'éthylène.

$$\text{PROPYLÈNE } C^3H^6$$

$$CH^3—CH=CH^2$$

(Syn. : *Propène*)

Le méthane au rouge donne naissance à du propylène :

$$3\ CH^4 = CH^3—CH=CH^2 + H^2.$$

La fonte dissoute dans les acides étendus produit du gaz contenant du propylène.

Le propylène est gazeux à la température ordinaire; il a une odeur alliacée; sa densité est 1,498; il bout à — 40 sous la pression ordinaire.

Il est peu soluble dans l'eau, très soluble dans l'alcool absolu.

Sa chaleur de combustion moléculaire est 499,3, calories soit 11.888 par kilogramme.

L'hydrogène naissant et le propylène donnent le propane.

Le chlore, le brome, l'iode, s'unissent facilement au propylène.

Les hydracides s'unissent directement au propylène en donnant des éthers identiques à ceux qui sont dérivés de l'alcool isopropylique :

$$CH^3—CH=CH^2 + HCl = CH^3—CHCl—CH^3.$$

L'acide sulfurique concentré absorbe très rapidement le propylène en formant l'acide isopropylsulfurique $CH^3—CH(SO^4H)—CH^3$ qui, décomposé par l'eau, donne de l'acide sulfurique et de l'alcool isopropylique.

Quand le carbure est en excès, il se forme un éther sulfureux neutre :

$$(C^3H^7)^2SO^4,$$

$$\begin{matrix} CH^3 \\ CH^3 \end{matrix} \Big\rangle CH—SO^4—CH \Big\langle \begin{matrix} CH^3 \\ CH^3 \end{matrix}$$

qui, décomposé par la chaleur, donne des polymères du propylène :

Le propylène gazeux passant dans une solution d'acide iodhydrique saturée à 0° dans l'acide acétique n'est pas altéré.

Les vapeurs nitreuses donnent avec le propylène le corps $C^6H^6Az^2O^3$, qui est un nitrosite, qui, par réduction donne le propylène diamine.

BUTYLÈNES C^4H^8

Butylène normal CH^3—CH^2—CH—CH^2 (Syn. : *α-Butylène, Éthyléthy-lène, Éthylvinyle, Butène-3*). — Obtenu en partant de l'éther butyliodhydrique normal.

On le trouve dans les huiles du gaz comprimé.

Il se forme en grande quantité, pendant la distillation des résidus de pétrole, et les produits de la distillation en contiennent une notable proportion qui se dégage facilement par une légère élévation de température.

Il est gazeux à la température ordinaire ; liquéfié par refroidissement, il bout à — 5° ; il est peu soluble dans l'eau, plus soluble dans l'alcool, très soluble dans les essences et le pétrole raffiné, ainsi que dans les huiles lourdes de pétrole.

Il se combine énergiquement au brome, au chlore, à l'acide bromhy-drique, à l'acide iodhydrique, qui l'absorbent à froid en formant des éthers secondaires ; l'acide chlorhydrique ne s'y combine qu'à 100°.

L'acide sulfurique concentré l'attaque et le polymérise ; s'il est étendu d'eau, il n'agit pas.

Pseudobutylène CH^3—CH=CH—CH^3 (Syn. : *β-Butylène ; Diméthyl-éthylène symétrique ; Butène-2*). — Obtenu en partant de l'éther butyliodhy-drique secondaire, on le trouve dans les huiles de gaz comprimé.

Il bout à + 1° sous $741^{mm},4$.

Sa densité à l'état liquide est 0,635 à — 3°,5.

Isobutylène $(CH^3)^2$=C=CH^2 (Syn. : *Butylène, Dyméthyléthylène asymé-trique, Ditétryle, Méthyl-2-propène*). — Obtenu en partant de l'éther butyl-iodhydrique tertiaire, on le trouve dans les huiles de gaz comprimé.

Il est gazeux, liquéfiable par le froid et bout à — 6° ; sa densité est 0,635 à — 10°.

L'acide nitrique donne du butylène nitré et de l'isobutane dinitré.

Il se combine facilement à froid avec les hydracides. L'acide sulfurique, même étendu à son volume d'eau, l'attaque, et le polymérise à la tempéra-ture ordinaire ; si l'acide étendu est refroidi énergiquement, il se forme seu-lement un dérivé sulfoconjugué. L'isobutylène se combine énergiquement au chlore et au brome.

Les hydracides se fixent sur l'isobutylène en donnant des composés ter-tiaires.

AMYLÈNES C^5H^{10}

Tous ces carbures se transposent facilement les uns dans les autres et les produits d'où on les a tirés n'étant pas toujours très purs les résultats d'expérience ne sont pas toujours concluants, ils se trouvent probablement tous dans les produits de distillation des résidus de pétrole.

1° **Amylène normal** CH^3—CH^2—CH^2—CH=CH^3 (Syn. : *Propyléthylène*, *Amylène-γ*, *Pentène-4*). — Obtenu en partant de l'éther amylchlorhydrique normal. Il existe dans les produits de la distillation des résidus de pétrole.

L'amylène normal bout à 40°.

L'acide sulfurique étendu de son volume d'eau ne le dissout pas.

Il n'est pas attaqué à froid par l'acide chlorhydrique.

Il se combine à l'acide iodhydrique pour donner l'éther iodhydrique du méthylisopropyl carbinol :

$$(CH^3)^2=CH—CHI—CH^3,$$

et l'éther du méthylpropylcarbinol suivant d'autres auteurs :

$$CH^3—CH^2—CH^2—CHI—CH^3.$$

2° **Amylène-β** CH^3—CH^2—CH=CH—CH^3 (Syn. : *Méthyléthyléthylène symétrique*, *Pentène-3*). — On l'obtient en partant de l'éther iodhydrique du méthylpropylcarbinol.

Il bout vers 36°.

3° **Amylène-γ** $\begin{matrix} CH^3—CH^2—C=CH^2 \\ | \\ CH^3 \end{matrix}$. — Syn. : *Méthyléthyléthylène asymétrique; méthyl-3-butène-3*). — Obtenu en partant de l'éther iodhydrique de l'alcool isoamylique actif.

Il bout à 31° 32°; sa densité à 0° est 0,670.

Il se combine facilement aux hydracides.

4° **Isoamylène-α** $(CH^3)^2=CH—CH=CH^2$ (Syn. : *Isopropyléthylène; Méthyl-2-butène-3*). — Obtenu en partant de l'éther iodhydrique de l'alcool isoamylique actif par l'action de la potasse.

$(CH^3)^2=CH—CH^2—CH^2I$ donne surtout $\begin{matrix} CH^3—CH^2—C=CH^2 \\ | \\ CH^3 \end{matrix}$, et le corps $(CH^3)^2=CH—CH=CH^2$ ne se forme qu'en petite quantité.

Il bout à 21°,3 (?).

Il n'est pas attaqué à la température ordinaire par l'acide chlorhydrique, ni par l'acide iodhydrique à — 15° ; à la température ordinaire, il forme à la longue avec l'acide iodhydrique un iodure secondaire, bouillant à 138°, l'acide bromhydrique se combine également à froid avec lenteur.

Amylène ordinaire $(CH^3)^2=C=CH—CH^3$ (Syn. : *Triméthyléthylène; isoamylène; Méthyl-2-butène-2*). — Obtenu en partant de l'alcool amylique inactif, qu'on traite par le chlorure de zinc, par la suite de réactions suivantes :

$$(CH^3)^2=CHCH^2CH^2OH = H^2O + (CH^3)^2=CH-CH=CH^2,$$
$$(CH^3)^2=CH-CH=CH^2 + HCl = (CH^3)^2=CH-CHCl-CH^2,$$
$$(CH^3)^2=CH-CHCl-CH^3 = (CH^3)^2=C=CH-CH^3+HCl.$$

C'est un liquide incolore, à odeur alliacée, insoluble dans l'eau, soluble dans l'alcool ; sa densité à 0° est 0,6783 ; il bout à 36°,8.

L'acide sulfurique concentré le dissout en donnant de l'acide amylsulfurique presque aussitôt le carbure reparaît sous forme condensée.

Diamylène $(C^5H^{10})^2$, liquide, bouillant à 160° ;

Triamylène bouillant à 270° $(C^5H^{10})^3$;

Tétramylène $(C^5H^{10})^4$.

Avec les hydracides il donne directement des éthers.

HEXYLÈNES (HEXÈNES) C^6H^{12}

1° Hexylène normal $CH^3-CH^2-CH^2-CH^2-CH=CH^2$ (*Butyléthylène* ou *Hexène-5*). — Préparé en partant de l'huile de boghead.

Il bout à 67°, sa densité est de 0,7241 à 0° et de 0,7148 à 10°.

Son indice de réfraction à 10° est 1,407.

Il donne avec le chlore et le brome des produits d'addition ; le bichlorure d'hexylène bouillant à 173, dont la densité est 1,085 à 15° ; le bibromure, bouillant à 98° à la pression de 15 millimètres ; à 150°, l'iode le polymérise.

Il n'est pas attaqué par l'acide sulfurique.

2° β-Hexylène $CH^3-(CH^2)^2-CH=CH-CH^3$. — (*Méthylpropyléthylène* ou *Hexène-4*) — Dérivé de la mannite.

Il bout à 68°-70°.

Il se combine à l'acide chlorhydrique fumant, à la température de 100°, pour donner le chlorure d'hexyle, $C^6H^{13}Cl$, bouillant à 123°.

L'hexylène monochloré, dérivé du β-hexylène bout à 122° ; densité, 0,9036.

3° Diméthyléthylythylène $CH^3-CH=C\diagup_{\substack{CH^3 \\ C^2H^5}}$. — Obtenu en partant du diéthylméthylcarbinol.

Il bout à 69°-70°.

4° Éthyldiméthyléthylène $C^2H^5-CH=C\diagup_{\substack{CH^3 \\ CH^3}}$. — Il bout à 65°-67°.

L'acide sulfurique le convertit en un produit de condensation bouillant à 193°.

5° Tétraméthyléthylène $\begin{matrix}CH^3\\CH^3\end{matrix}\!\!>\!C\!=\!C\!<\!\!\begin{matrix}CH^3\\CH^3\end{matrix}$. — Obtenu en partant du diméthylisopropylcarbinol.

Il bout à 73°.

L'acide sulfurique dilué le transforme à 100° en un produit de condensation, possédant l'odeur de pétrole.

HEPTYLÈNES (HEPTÈNES) C⁷H¹⁴

1° Heptylène normal $CH^3—CH^2—CH^2—CH^2—CH^2—CH\!=\!CH^2$. — S'obtient dans la préparation de l'acétate d'hexyle. Il se forme aussi quand on fait passer des vapeurs d'heptane chloré sur la chaux vive chauffée.

Il bout à 95°; sa densité, à 19°,5 est 0,7026.

Il se combine avec l'acide chlorhydrique à 120°; il ne se combine pas à froid avec l'acide chlorhydrique mais il se combine avec l'acide iodhydrique.

Le brome se combine facilement avec l'heptylène normal, pour donner un dibromure, bouillant à 106°, sous la pression de 17 millimètres.

2° Méthylbutyléthylène $CH^3—CH^2—CH^3—CH^2—CH\!=\!CH—CH^3$ (β-*heptylène*). — Il bout à 98"; il se combine à froid avec l'acide chlorhydrique.

3° Éthylpropyléthylène. — Inconnu.

On connaît son dérivé monochloré :

$$CH^3—CH^2—CH\!=\!C—CH^2—CH^2—CH$$
$$\overset{|}{Cl}$$

qui bout à 141°.

4° Méthylisobutyléthylène $\begin{matrix}CH^3\\CH^3\end{matrix}\!\!>\!CH—CH^2—CH\!=\!CH—CH^3$. — Sa constitution n'est pas établie d'une façon certaine.

5° αα-Diméthyl-β-isopropyléthylène $\begin{matrix}CH^3\\CH^3\end{matrix}\!\!>\!C\!=\!CH—CH\!<\!\!\begin{matrix}CH^3\\CH^3\end{matrix}$ (*Diméthyl-2-4-pentène-3*, ou *Pseudo-heptylène*). — Obtenu en partant de l'acide oxyisocaprylique.

Il bout à 83°-84°; sa densité est 0,7144, à 0°, et 0,6985, à 14°.

Il se combine facilement à froid à l'acide iodhydrique.

6° Méthyldiéthyléthylène $CH^3—CH\!=\!C\!<\!\!\begin{matrix}CH^2—CH^3\\CH^2—CH^3\end{matrix}$. — Obtenu par déshydratation du triéthylcarbinol.

Il bout à 97°-98°; sa densité, à 15°, est 0,72544.

7° Triméthyléthyléthylène $\dfrac{CH^3}{CH^3}\!\!>\!\!C\!\!=\!\!C\!\!<\!\!\dfrac{CH^3}{CH^2\!-\!CH^3}$. — Il bout à 75°-80°.

8° $\alpha\alpha$-Méthylpseudobutylène $CH^3\!-\!\overset{\displaystyle CH^3\diagdown}{\underset{\displaystyle CH^3\diagup}{C}}\!-\!\overset{}{\underset{\displaystyle CH^3}{C}}\!=\!CH^2$. — Il bout à 78°-80° ;

il se combine facilement à l'acide bromhydrique.

Heptilènes de constitutions inconnues. — Un provenant de
l'éthylpropylcétone bout à 97°,4 ; sa densité, à 20°, est 0,7182 ; un autre qui
vient, de la distillation de la colophane, bout à 103°-106° ; sa densité, à 20°,
est 0,8831.

OCTYLÈNES C⁸H¹⁶ (OCTÈNES)

1° Octylène normal $CH^3\!-\!CH^2\!-\!CH^2\!-\!CH^2\!-\!CH^2\!-\!CH^2\!-\!CH\!=\!CH^2$. —
Il bout à 122°.

2° Diisopropyléthylène $\dfrac{CH^3}{CH^3}\!\!>\!\!CH\!-\!CH\!=\!CH\!-\!CH\!<\!\!\dfrac{CH^3}{CH^3}$. — Il bout
à 118°.

3° Méthyl-4-heptène-4 $CH^3\!-\!CH^2\!-\!CH^2\!-\!\overset{\displaystyle CH^3}{\overset{|}{C}}\!=\!CH\!-\!CH^2\!-\!CH^3$. — Il
bout à 120°.

4° Isobutylbutylène $\dfrac{CH^3\!-\!CH^2}{CH^3}\!\!>\!\!C\!-\!CH^2\!-\!CH^2\!-\!CH\!=\!CH^2$. — Il bout
à 112°.

5° Méthyl-2-heptène-6 $CH^3\!-\!\overset{}{\underset{\displaystyle\overset{|}{CH^3}}{CH}}\!-\!CH^2\!-\!CH^2\!-\!CH^2\!-\!CH\!=\!CH^2$. — Il
bout à 110°, à la pression de 750, la densité, à 0°, est 730.

6° Méthyléthylpropyléthylène $\overset{\displaystyle CH^3\diagdown}{\underset{\displaystyle CH^3\!-\!CH^2\!-\!CH^2\diagup}{CH^3\!-\!CH^2\!-\!C}}\!=\!CH^2$.

7° Diisobutylène $(CH^3)^2C\!=\!CH\!-\!C(CH^3)^3$. — Obtenu par l'action de l'acide
sulfurique sur le triméthylcarbinol $(CH^3)^3COH$ et aussi par l'action de
l'acide sulfurique sur l'isobutylène.

Il bout à 103° (101°, d'après Kondakow).

Sa densité à 0° est 732,6 ; à 20°, 715,8 par rapport à l'eau à la même
température.

Il se combine au brome, à l'acide chlorhydrique et à l'acide iodhydrique.

Avec l'acide chlorhydrique, il donne le chlorure d'octyle, bouillant à 40°
sous 13 millimètres sans décomposition, mais qui se décompose par distillation à la pression ordinaire, densité à 0°, 889,1 ; à 18°, 875,9, par rapport à
l'eau à la même température.

Le bromure d'octyle bout à 62° sous 18 millimètres de pression.

Sa densité est 1,0624 à 0°, et 1,0471 à 20° ; eau à la même température.

L'iodure d'octyle bout à 108°-109° à la pression de 15 millimètres, sa
densité est 1,1122 à 0° et 1,0955 à 17° ; eau à la même température.

On connaît d'autres octylènes.

NONYLÈNES C^9H^{18}

(Syn. : Elaène ; Pelargonène)

L'un est un produit de la distillation de l'acide hydroléique ou de l'acide
métaoléique.

Il bout à 110° ou 140°(?)

Il est soluble dans l'alcool et l'éther.

Il se combine au brome à la température ordinaire, en donnant le
bromure $C^9H^{18}B^{12}$, dont l'odeur ressemble à celle de l'anis.

Un nonylène tiré de l'huile de hareng, bout à 153 et a une densité
de 761,8 à 0°.

Le nonylène obtenu en partant de la nonylamine $\begin{array}{c} CH^3\!-\!CH\!-\!C^6H^{13} \\ | \\ CH^2AzH^2 \end{array}$ a pour

formule $\begin{array}{c} CH^3\!-\!C\!-\!C^6H^{13} \\ \| \\ CH^2 \end{array}$; il bout à 142°.

On connaît beaucoup d'autres nonylènes de constitution inconnue.

DÉCYLÈNES (DÉCÈNES) $C^{10}H^{20}$

1° Décylène normal. — Dérivé de l'acide undécylique venant de la
distillation de l'huile de ricin.

Odeur douceâtre ; insoluble dans l'eau ; il bout à 61°,5 sous 15 millimètres, à 87°-88° sous 50 millimètres, à 106°-107° sous 100 millimètres
à 178° sans décomposition sous la pression ordinaire.

Sa densité est à 0°,7630 ; à 15°, 7512.

Son dibromure obtenu par combinaison directe bout à 135° sous 9 millimètres et à 145° sous 15 millimètres ; sa densité est : à 0°, 1,3841 ; à 15°,
1,3677 ; à 30°, 1,3512.

2° Hexylbutylène. — Se trouve dans les produits de distillation de
l'acide α-méthylhexylparaconique ; il bout à 160°-161°.

Il s'unit directement au brome.

Un carbure dérivé du diisoamyle par traitement par le brome bout à 163°,7 sous 744 ; sa densité, à 20°, est 0,7387 ; l'odeur est aromatique.

L'acide sulfurique étendu de son poids d'eau le dissout complètement.

Il fixe facilement le brome.

Le méthyléthyléthylène dissymétrique :

$$\begin{matrix}CH^2\\CH^3\end{matrix}\Big\rangle C{-}CH^2{-}CH^3,$$

bouillant à 31°-32°, traité par le chlorure amylique tertiaire :

$$\overset{\displaystyle CH^3}{\underset{\displaystyle Cl}{CH^3{-}\overset{|}{\underset{|}{C}}{-}CH^2{-}CH^3,}}$$

en présence du chlorure de zinc (Kondakow) donne un décylène :

$$\begin{matrix}CH^3{-}CH^2\\CH^3\end{matrix}\Big\rangle C{=}CH{-}\overset{\displaystyle CH^3}{\underset{\displaystyle CH^2{-}CH^3}{\overset{|}{\underset{|}{C}}{-}CH^3}} .$$

Il bout à 157° ; sa densité est 787,8 à 0°, et 772,9 à 20°, par rapport à l'eau à la même température.

Un autre carbure est aussi dérivé du dérivé bromé du diisoamyle ; il bout à 159°-164° et semble posséder l'odeur de l'essence de citron.

La distillation de la paraffine sous pression fournit un carbure $C^{10}H^{20}$.

Le pétrole de Burmah fournit un décylène bouillant à 175°,8 et dont la densité est 0,823 à 0°.

De l'huile de hareng on a tiré un décylène bouillant à 174°,6 et dont la densité est 0,7912 à 0°.

Le camphre traité par l'iode donne un carbure $C^{10}H^{20}$, qui se comporte comme un carbure saturé (probablement cyclique).

UNDÉCYLÈNE $C^{11}H^{22}$

$$C^9H^{19}{-}CH{=}CH^2$$

Dérivé de l'essence de rue, il bout à 192°-193°.

DODÉCYLÈNES $C^{12}H^{24}$

1° **Dodécylène normal** $CH^3(CH^2)^9{-}CH{=}CH^2$. — Obtenu par distillation sèche de l'éther palmitique de l'éther dodécylique.

Ce carbure fond à — 31°,5 et bout à 96° sous 15 millimètres ; sa densité est à 0°, 0,7732.

2° Diméthyldipseudobuthyléthylène $\dfrac{CH^3}{CH^3}{>}C{=}C{<}$
$$\begin{array}{c} CH^3 \\ | \\ CH^3{-}C{-}CH^3 \\ \diagup \\ \diagdown \\ CH^3{-}C{-}CH^3 \\ | \\ CH^3 \end{array}$$
. — Obtenu par polymérisation de l'isobutylène, sous l'influence de l'acide sulfurique refroidi.

Il bout à 177°,5-179° sous 749 millimètres ; sa densité (à 4°) égale 0,774 ; il ne se solidifie pas à — 30°. Il absorbe lentement l'oxygène de l'air à la température ordinaire.

Le brome s'y combine énergiquement, puis donne un dégagement d'acide bromhydrique. Les acides chlorhydrique et iodhydrique ne réagissent que difficilement.

Le chlore l'attaque à 16° et à l'abri de la lumière pour donner $C^{12}H^{22}Cl^2Cl^2$.

TRIDÉCYLÈNES $C^{13}H^{26}$

Cocinylène. — Extrait du pétrole de Burmah, il bout à 230°-231° ; sa densité (0-4) égale 0,8445.

TÉTRADÉCYLÈNE $C^{14}H^{28}$

Obtenu dans la distillation sèche du palmitate tétradécylique. Il bout à 127° sous 15 millimètres.

Il fond à — 12° ; sa densité est 774,5 à 15°.

HEXADÉCYLÈNE (CÉTÈNE) $C^{16}H^{32}$

Obtenu en partant du blanc de baleine, il se solidifie a +4° ; il bout à 154°-155°, sous la pression de 15 millimètres ; sa densité à l'état liquide est 179,5 à 4°, 783,9 à 15°, 768,6 à 37°.

Par hydrogénation à l'aide de l'iode et du phosphore, on obtient l'hexadécane normal.

D'après Cahours, le cétène a une densité de 789 à 15° ; il bout à 275°-280° sans décomposition ; il est insoluble dans l'eau et soluble dans l'alcool et l'éther.

Il s'unit à l'acide chlorhydrique et bromhydrique à la température ordinaire ; l'action est rapide à 100°.

Il s'unit aussi au brome.

Un autre hexadécylène a été obtenu par distillation de l'acide azélaïque sur la baryte ; il forme des aiguilles solubles dans l'alcool et l'éther, fusibles à 44°, bouillant à 284°.

HEPTADÉCYLÈNE $C^{17}H^{34}$

Un carbure de cette formule se produit par la distillation sèche de l'élaidate de baryum et de méthylate de sodium ; il bout à 160° sous $9^{mm},5$; sa densité, à 10°, est 0,798.

CÉROTÈNE $C^{27}H^{34}$

Provient de la distillation sèche de la cire de Chine (cérotate de céryle) Il fond à 57°-58°.

Par distillation sous pression, il se décompose.

Le cérotène absorbe le chlore à la température de fusion, donnant les chlorures $C^{27}H^{36}Cl^{18}$, $C^{27}H^{32}Cl^{24}C^{27}H^{32}Cl^{22}$.

CARBURES ACÉTYLÉNIQUES ET DIÉTHYLÉNIQUES

CARBURES ACÉTYLÉNIQUES

Les carbures acétylénique sont pour formule générale $C^{n}H^{2n-2}$; ils sont soit des carbures acétyléniques vrais, ayant la composition :

$$R—C\equiv CH ;$$

soit des carbures acétyléniques substitués, et leur formule est alors [1] :

$$R—C\equiv C—R'.$$

Les premiers donnent avec l'azotate d'argent en solution ammoniacale, ou en solution alcoolique, et avec le chlorure cuivreux ammoniacal, des précipités qui détonent facilement ; avec les sels mercuriques, ils donnent des précipités qui, traités par l'eau bouillante, donnent des acétones.

Les carbures acétyléniques substitués ne s'unissent qu'aux sels mercuriques pour donner des composés qui, comme les précédents, produisent des acétones par hydratation.

Les carbures acétyléniques vrais ou monosubstitués ont un point de fusion, une densité et un point d'ébullition moins élevés que leurs isomères.

---

1. R et R' représentent une chaîne hydrocarbonée à une valence libre par exemple $CH^{3}—CH^{2}—$.

CARBURES DIÉTHYLÉNIQUES

Les carbures diéthyléniques répondent aussi à la formule :

$$C^nH^{2n-2}.$$

Mais ils ne comportent point de triple liaison entre deux atomes de carbone, mais bien deux doubles liaisons :

$$-C{=}C{-}\ldots-C{=}C-.$$

Lorsque les deux doubles liaisons sont voisines :

$$\overset{\displaystyle H}{\underset{}{R-C}}{=}C{=}\overset{\displaystyle H}{\underset{}{C}}-R,$$

ces carbures sont dits alléniques ; ils donnent des précipités avec les sels mercuriques et en s'hydratant sous l'influence de l'acide sulfurique des acétones.

Les carbures diéthyléniques vrais où les deux doubles liaisons ne sont pas liées au même carbone ne donnent pas de précipité avec les sels mercuriques et par hydratation ils produisent des glycols.

ÉTHINE C^2H^2

CH≡CH

Syn. : Acétylène.

Le carbure de calcium, traité par l'eau, donne de l'acétylène (Wœhler) :

$$CaC^2 + 2\,H^2O = Ca(OH)^2 + C^2H^2.$$

Il en est de même du carbure de lithium (Moissan).

Le résidu de la préparation du potassium à l'aide de la potasse et du charbon fournit de l'éthine.

L'acétylène, qui provient du traitement du carbure de calcium par l'eau, n'est pas pur ; il contient de l'hydrogène sulfuré et de l'hydrogène phosphoré ; on le purifie facilement en le faisant passer dans de l'eau de brome.

Il se liquéfie à 1° sous la pression de 48 atmosphères, il bout à — 85, sa densité est 0,91.

Sa température critique est 37° ; sa pression critique, 86 atmosphères.

Avec le nitrate d'argent ammoniacal, on obtient le composé :

$$Ag-C{\equiv}C-Ag$$

de couleur jaune.

Avec le nitrate d'argent en solution aqueuse concentrée, on obtient un précipité blanc :

$$Ag—C\equiv C—AgAgAz^3O.$$

Ce produit est dissociable par l'eau et tend à donner finalement :

$$Ag—C\equiv C—Ag.$$

En présence de l'acide sulfurique, il se fait du buténal :

$$CH^3—CH=CH—CHO.$$

L'acétylène donne avec les métaux alcalins et alcalino-terreux des acétylures :

$$C^2HNa \quad H—C\equiv C—Na,$$
$$C^2Na^2 \quad Na—C\equiv C—Na,$$

$$C^2Ba \quad Ba\Big\langle\begin{matrix}C\\ \| \\ C\end{matrix},$$

$$C^2Ca \quad Ca\Big\langle\begin{matrix}C\\ \| \\ C\end{matrix}.$$

L'oxyde cuprosacétyle est une poudre rouge brunâtre formée par la réaction de l'acétylène sur le chlorure cuivreux ammoniacal :

$$Cu^2 = Cl^2 + 2\,AzH^3 + H^2O + C^2H^2 = H — C \equiv C — Cu^2OH + 2AzH^4Cl.$$

Il est décomposé par l'acide chlorhydrique en régénérant l'acétylène et le chlorure cuivreux.

Le précipité qui se forme au commencement de la réaction est un oxychlorure de cuprosacétyle.

Desséché à 100°, l'oxyde de cuprosacétyle détone, à une température de 120°, et sous l'influence du choc il en est de même de l'oxychlorure.

L'or, le mercure, etc., donnent des corps détonants analogues.

A la température ordinaire l'acétylène s'oxyde à l'air en présence d'une solution alcaline pour donner de l'acide acétique.

Le chlore à la lumière diffuse se combine à l'acétylène et quelquefois il se produit une explosion.

Le brome agit à la température ordinaire et donne deux bromures $C^2H^2Br^2$ et $C^2H^2Br^4$.

L'iode se combine à 100°.

L'acide sulfurique absorbe lentement l'acétylène, donnant l'acide acétyl-sulfurique $C^2H^3—SO^4H$.

L'acide sulfurique fumant donne un acide sulfoné $C^2H^4O^2S^2O^6H^2$.

L'acétylène se combine directement aux hydracides

L'acétylène chauffé au rouge sombre se condense, pour donner de la benzine :

$$3\,(C^2H^2) = C^6H^6.$$

En présence de l'hydrogène au rouge, il donne de l'éthane :

$$C^2H^2 + 2\,H^2 = C^2H^6.$$

Mais l'éthane à cette température peut également se décomposer en donnant du formène, de l'acétylène et de l'hydrogène :

$$2\,C^2H^6 = 2\,CH^4 + C^2H^2 + H^2.$$

Le méthane au rouge sombre peut aussi donner de l'éthylène et de l'hydrogène :

$$2\,CH^4 = C^2H^4 + 4H.$$

L'acétylène et l'éthylène donnent l'éthylacétylène :

$$C^2H^2 + C^2H^4 = C^4H^6,$$
$$H—C\equiv C—H + H^2=C=C=H^2 = H—C\equiv C—CH^2—C\equiv H^3.$$

L'acétylène se combine à la benzine pour donner le styrolène C^8H^8, l'hydrure de naphtaline $C^{10}H^{10}$, puis la naphtaline par perte de H^2.

La naphtaline et l'acétylène donnent l'acénaphtène.

Un courant d'acétylène dans le soufre maintenu en ébullition donne du thiophène :

$$2\,CH\equiv CH + S = \begin{array}{c} CH=CH \\ | \qquad\quad \\ CH=CH \end{array}\!\!\!\!\Big\rangle S.$$

PROPINES

Allylène $CH^3—C\equiv CH$ (Syn. : *Méthylacéthylène, Allylène asymétrique ; Propine*). — S'obtient en partant du bromure de propylène :

$$CH^3—CHBr—CH^2Br + 2\,KOH = CH^3—C\equiv CH + 2\,KBr + 2\,H^2O.$$

C'est un gaz incolore, à odeur alliacée, assez soluble dans l'eau ; il se liquéfie sous une pression de 3 atmosphères environ.

Sa chaleur de combustion moléculaire est 473,6 calories, soit 11.340 par kilogramme.

L'acide chromique le transforme en oxyde d'allylène C^3H^4O, puis en acide propionique.

Le permanganate de potasse donne l'acide malonique $C^3H^4O^4$.

Les hydracides donnent directement deux combinaisons : l'une avec 1 molécule, l'autre avec 2.

Le brome se combine facilement à l'allylène ; au soleil, la combinaison est très énergique ; à l'ombre, on obtient les corps $C^3H^4Br^2$ et $C^3H^4Br^4$.

L'iode se combine beaucoup plus difficilement.

L'acide sulfurique concentré absorbe l'allylène plus facilement que l'acétylène, en formant un acide allyléno-sulfurique que l'eau décompose avec production d'acétone C^3H^6O.

L'acide sulfurique peut également provoquer une polymérisation formant du mésitylène :

$$3\,(CH^3\!\!-\!\!C\!\!\equiv\!\!CH) =$$

L'allylène précipite en jaune le chlorure cuivreux ammoniacal, et en blanc le nitrate d'argent ammoniacal ; avec les sels mercuriques, il donne des combinaisons de formes différentes, suivant que la liqueur est acide ou alcaline.

Avec les solutions mercureuses, il donne un précipité qui détonne.

L'hyposulfite double de sodium et d'or en solution ammoniacale donne un précipité.

Allène $CH^2\!\!=\!\!C\!\!=\!\!CH^2$ (Syn. : *Allylène symétrique*, *Propadiène*). — Obtenu en partant de l'épibromhydrine α :

$$CHBr\!\!=\!\!CH\!\!-\!\!CH^2Br + Zn = ZnBr^2 + CH^2\!\!=\!\!C\!\!=\!\!CH^2.$$

Ce gaz n'agit pas sur les réactifs cuivreux ou argentiques ; avec le bichlorure de mercure, il donne un précipité blanc ; cette combinaison chauffée avec de l'eau donne de l'acétone.

Avec le brome il donne un tétrabromopropane $C^3H^4Br^4$ qui fond aux environs de 0°, et distillé à 215°-220° ; en se décomposant partiellement.

En chauffant la solution d'allène dans l'éther avec du sodium en tubes scellés à 100°, on obtient une propine sodée $CH^3\!\!-\!\!C\!\!\equiv\!\!CNa$ (allylène sodé), qui, en présence de l'eau, donne de l'allylène.

Il réagit sur la potasse alcoolique pour donner l'éthoxypropène $C^3H^5OC^2H^5$.

L'acide sulfurique le dissout en se colorant en jaune, puis en brun ; si on dilue l'acide immédiatement et qu'on distille, on obtient l'acétone ordinaire $CH^3\!\!-\!\!CO\!\!-\!\!CH^3$.

BUTINES C^4H^6

1° **Éthylacétylène** $CH^3\!\!-\!\!CH^2\!\!-\!\!C\!\!\equiv\!\!CH$ (Syn. : *Isocrotonylène*, *Butine*-3). — On l'obtient en partant de la méthyléthylacétone :

$$CH^3\!\!-\!\!CH^2\!\!-\!\!CCl^2\!\!-\!\!CH^3 + 2\,KOH = 2\,KCl + 2\,H^2O + CH^3\!\!-\!\!CH^2\!\!\equiv\!\!CH.$$

C'est un liquide bouillant à 18° (14°, Reboul), réagissant sur le chlorure cuivreux ammoniacal et le nitrate d'argent ammoniacal :

Par réaction avec le chlorure mercurique, puis l'eau, il donne la méthyléthylacétone.

2° **Méthylallène** CH^3—CH=C=CH^2. — Obtenu en partant de l'alcool butylique.

C'est un liquide incolore, d'odeur alliacée, bouillant à 18°.

Il ne précipite pas la solution de chlorure de cuivre ammoniacale.

3° **Diméthylacétylène** CH^3—C≡C—CH^3 (Syn. : *Butine-2*). — Obtenu en partant de l'alcool sodé et du butylène bromé, bouillant à 88°.

C'est un liquide bouillant à 28°.

L'action de l'acide sulfurique provoque par hydratation, la production de la méthyléthylacétone, comme le carbure précédent, mais il se forme en même temps l'hexaméthylbenzène :

$$3(CH^3—C≡C—CH^3)=$$

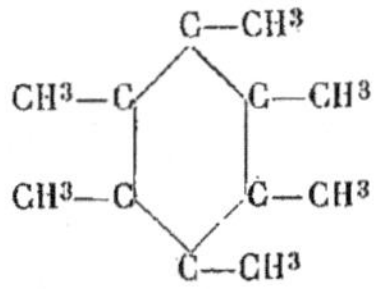

$$\begin{array}{c}
C—CH^3 \\
CH^3—C \qquad C—CH^3 \\
CH^3—C \qquad C—CH^3 \\
C—CH^3
\end{array}$$

4° **Érythrène** CH^2=CH—CH=CH^2 (Syn. : *Crotonylène ; Divynile ; Pyrollylène, Butadiène-1.3*). — Trouvé dans les produits de décomposition pyrogénés de l'alcool amylique, et dans les produits liquides de compression du gaz.

Il se forme par l'action de l'acétylène et de l'éthylène au rouge :

$$CH≡CH + CH^2=CH^2 = CH^2=CH^2—CH=CH^2.$$

C'est un liquide mobile bouillant à 18°; chauffé à 170°, il donne le diméthylacétylène.

Il ne réagit pas sur le chlorure cuivreux ammoniacal.

PENTINES C^5H^8

1° **Pentine-1** CH^3—CH^2—CH^2—C≡CH. — Obtenu en traitant le dichloropentane-2-2 à chaud par la potasse alcoolique.

Il bout à 48° à chaud (170°) en présence de la potasse alcoolique il se transforme en pentine-2.

2° **Valérylène** CH^3—C≡C—CH^2—CH^3 (Syn. : *Pentine-2 ; Méthyléthylacétylène*). — Obtenu en partant du bromure d'amylène ordinaire.

Il bout à 56°.

Il n'a pas d'action sur le chlorure cuivreux ammoniacal.

Chauffé en vase clos, il donne le camphène inactif $C^{10}H^{16}$ $(C^5H^8)^2$ et d'autres produits plus condensés.

Oxydé par l'acide chromique, il donne de l'acide acétique et de l'acide propionique $C^3H^6O^2$.

Les hydracides donnent des combinaisons contenant 1 ou 2 molécules d'acide.

3° **Pipérylène** $CH^2=CH-CH^2-CH=CH^2$ (Syn. : *Pentadiène*-1-4). — Obtenu en partant de l'oxyde de triméthylpipéridine.

C'est un liquide bouillant à 44°.

Il n'agit pas sur le chlorure cuivreux ammoniacal.

4° **Isopropylacétylène** $(CH^3)^2=CH-C\equiv CH$. — La chaleur transforme le diméthylallène en isopropylacétylène.

Il bout à 29° (40° suivant d'autres auteurs).

Il fournit des dérivés cuivreux et argentiques.

5° **Diméthylallène** $\genfrac{}{}{0pt}{}{CH^3}{CH^3}\!\!>\!C=C=CH^2$. — Obtenu en partant du triméthyléthylène ; il s'obtient aussi par transformation de l'isopropylacétylène.

Il bout à 39° ; il ne précipite pas les sels cuivreux ou argentiques, mais il précipite les sels mercuriques.

Par l'action de l'acide chlorhydrique fumant on obtient les chlorures $(CH^3)^2C.Cl-CH=CH^2$ et $(CH^3)^2.C.Cl-CH^2CH^2-Cl$, bouillant à 152°, qui se transforme facilement en glycol.

L'acide sulfurique polymérise le diméthylallène.

6° **Isoprène** $\genfrac{}{}{0pt}{}{CH^3}{CH^2}\!\!>\!C-CH=CH^2$ (Ipatieff et Wittorf). — Se forme dans la distillation sèche du caoutchouc et de la gutta-percha et dans la décomposition pyrogénée des thérébenthènes.

C'est un liquide bouillant à 38° ; sa densité est 0,6823.

Si on le chauffe à 280° sous pression, il donne le terpilène $(C^5H^8)^2$.

Il donne avec les hydracides des composés à 1 ou 2 molécules d'acide.

HEXINES C^6H^{10}

1° **Hexine-5** $CH^3-CH^2-CH^2-CH^2-C\equiv CH$ (*Butylacétylène*). — Obtenu par l'action de la potasse alcoolique sur le dibromure de β-hexylène, et par isomérisation du méthylpropylacétylène.

Il bout à 70°,5 (Welt) ou à 69° (Faworsky).

2° Diméthyl-3-3-Butine-1 CH^3—C—$C\equiv CH$ (*Triméthylallène*). — Obtenu en partant de la pinacoline.

Il bout à 39°.

3° Hexine-4 (*Méthylpropylacétylène*) CH^3—CH^2—CH^2—$C\equiv C$—CH^3. — Il
est incolore, a une odeur désagréable ; il bout à 83°-84° ; sa densité à 0° est 0,749.

Par contact prolongé avec une solution sulfurique à 80 0/0 SO^4H^2, il se
forme une hexanone (Méthylbutylcétone).

4° Méthyl-2-pentine-3 CH^3C—$C\equiv C$—CH^3 avec CH^3 (*Méthylisopropylacétylène*).

— Sa densité est, à 0°, de 0,7321 ; il bout à 71°-72°.

Méthyl-2-pentadiène-2-3 $CH^3\!\!>\!\!C\!=\!C\!=\!CH$—$CH^3$ (*Triméthylallène*).
— Il bout à 72° ou 77° (?) ; sa densité, à 0°, est 0,73033.

Méthyl-3-pentadiène-1-2 $C^2H^5\!\!>\!\!C\!=\!C\!=\!CH^2$ (*Méthyléthylallène dissymétrique*). — Il bout à 70°-71° ; sa densité, à 0°, est 0,731.

5° Diméthyl-2-3-Butadiène-1-3 $CH^2\!=\!C$—$C\!=\!CH^2$ avec CH^3, CH^3 (β-*Dipropylène*,
β-*Bipropynyle diisopropynyle*). — Il bout à 68°-69°.

Il ne se combine ni au chlorure cuivreux ammoniacal, ni au nitrate
d'argent ammoniacal, chauffé en tubes scellés avec l'acide sulfurique étendu,
il donne de la pinacoline.

L'hypoazotide donne un dérivé dinitré. Exposé à la lumière en vase
scellé, il se transforme en une masse blanche insoluble dans tous les dissol-
vants.

Méthyl-4-pentadiène-1-3 CH^3—$C\!=\!CH$—$CH\!=\!CH^2$ avec CH^3. — Obtenu en
partant du monochlorohexène ; il bout à 80° et se combine facilement au
brome.

7° Méthyl-2-pentadiène-1-4 $CH^2\!=\!CH$—CH^2—$CH\!=\!CH^2$ avec CH^3. — Obtenu
en partant du diméthylallylcarbinol ; il bout à 73°-76°, et présente une légère
fluorescence bleu violet.

Sa densité à 20° est 0,714.

Il absorbe facilement l'oxygène de l'air en se transformant en une huile épaisse et jaunâtre.

8° **Méthène-3-Pentène-4** $\begin{array}{c} CH^2\!\!=\!\!C\!-\!CH\!\!=\!\!CH^2 \\ | \\ C^2H^5 \end{array}$ (β-*Ethyldivinyle*). — Il bout à 72°-74°.

9° **Hexadiène-1-3**, $CH^3\!-\!CH^2\!-\!CH\!\!=\!\!CH\!-\!CH\!\!=\!\!CH^2$. — Obtenu en partant de l'éthylallycarbinol il bout à 72°-74°; sa densité est de 0,714 à 20°.

10° **Hexadiène-1-5** (*Diallyle, Biallyle*) $CH^2\!\!=\!\!CH\!-\!CH^2\!-\!CH^2\!-\!CH\!\!=\!\!CH^2$. — Obtenu en partant de l'éther allyliodhydrique; il bout à 59°;

Sa densité à 11° est 0,708, à 14° elle est 0,684, suivant d'autres auteurs. Il s'oxyde à l'air, et se combine énergiquement à l'acide sulfurique.

Il se combine à 2 molécules d'hydracide.

Oxydé par une solution de permanganate de potasse, il donne l'hexylérythrite $C^6H^{10}(OH)^4$, dont les cristaux fondent à 95°,5, et probablement aussi un isomère de ce corps.

11° **Hexadiène-2-4** $CH^3\!-\!CH\!\!=\!\!CH\!-\!CH\!\!=\!\!CH\!-\!CH^3$ (*Dipropényle*). — Il y a deux carbures stéréoisomères de cette formule, dont les densités sont 0,727 et 0,739.

Le premier bout à 87°-89°; le second, vers 80°, le brome fournit 3 stéréoisomères, dont les points de fusion sont 182°-183°; 95-97°; 64°-65°; ces trois tétrabromures traités par la potasse, donnent un seul et même carbure, l'hexadiène-2-4, fusible à 64°, $CH^3\!-\!C\!\!\equiv\!\!C\!-\!C\!\!\equiv\!\!C\!-\!CH^3$.

Il peut y avoir trois isomères stéréochimiques du carbure auxquels correspondent les trois bromures.

12° **Hexoylène**. — Dérivé de l'α-hexylène bromé, il bout à 78°; sa densité à 13° est 0,710.

Hexines diverses. — Un carbure extrait par Schorlemmer de l'huile légère de houille, bouillant à 80°-82°.

M. Renard a isolé des produits de décomposition pyrogénés de l'huile de résine un corps C^6H^{10}, bouillant à 70°-75°, qui absorbe facilement l'oxygène, qui est attaqué violemment par le brome et l'acide azotique ordinaire.

Le gaz chlorhydrique le colore en bleu foncé. L'acide sulfurique le transforme en dihexène $C^{12}H^{20}$, bouillant à 210°-215°.

HEPTINES C^7H^{12}

1° **Éthylpropylacétylène** $CH^3\!-\!CH^2\!-\!CH^2\!-\!C\!\!\equiv\!\!C\!-\!C^2H^5$. — Obtenu en partant de la butyrone; il bout à 105°-106°; sa densité est 760 à 0°.

Il régénère la butyrone par action de l'acide sulfurique et de l'eau.

2° **Méthylbutylacétylène** (C^4H^9—C≡C—CH^3). — Se forme par transposition de l'œnanthylidène en le chauffant à 140°-150° avec la potasse alcoolique.

Il bout à 111°-113°. Sous $750^{mm},4$, sa densité, à 0°, est de 0,7632.

Il ne donne pas de précipité avec l'azotate d'argent en solution alcoolique ou ammoniacale.

L'acide sulfurique l'hydrate en formant une cétone.

L'eau, seule, à 325°, l'hydrate également et donne un mélange de deux cétones.

$$C^4H^9—CO—CH^2—CH^3 \quad \text{et} \quad C^4H^9—CH^2—CO—CH^3.$$

3° **Amylacétylène** CH^3—CH^2—CH^2—CH^2—CH^2—C≡CH (*Œnanthylidène*). — Il a une odeur alliacée prononcée, il bout à 107° (103°) ; sa densité est 735 à 20°.

Il donne un précipité jaune avec le chlorure cuivreux ammoniacal et un précipité blanc avec le nitrate d'argent ammoniacal.

4° **Tétraméthylallène** $\begin{matrix} CH^3 \\ CH^3 \end{matrix}$>C=C=C<$\begin{matrix} CH^3 \\ CH^3 \end{matrix}$. — C'est un liquide incolore, à odeur désagréable, bouillant à 70°.

Il ne se combine pas aux sels cuivreux ou argentiques.

5° **Diéthylallène** $\begin{matrix} C^2H^5 \\ C^2H^5 \end{matrix}$>C=CH=$CH^2$. — Il est obtenu en partant de l'éther diéthylacétylacétique.

Il bout à 96°-98° ; sa densité à 0° est 745 (bouillant à 88° ; densité, 747,5, d'après Ipatief).

Il ne donne pas de précipité avec le chlorure de cuivre ammoniacal, ou avec l'azotate d'argent ammoniacal, ou alcoolique.

OCTINES C^8H^{14}

1° **Octine-1** C^6H^{13}—C≡CH (*Caprylidène*). — Obtenu en partant de la méthylhexylcétone ; il bout à 132°, à la pression de 763 ; chauffé à 160° avec une solution concentrée de potasse alcoolique en tubes scellés il se transforme dans le carbure suivant.

2° **Octine-2** CH^3—C≡C—C^5H^{11} (*Méthylamylacétylène*). — Obtenu en partant de l'alcool caprylique, il bout à 134° ; hydraté par l'acide sulfurique il donne une cétone C^2H^5—CO—C^5H^{11} ; chauffé en tube scellé avec du sodium, il donne le carbure précédent. Sa densité est 770.

3° **Éthyl-4-hexadiène-1-4** $CH^2=CH—CH^2—C(C^2H^5)=CH—CH^3$. — Il bout à 123°.

4° **Diméthyl-2-5-hexadiène-1-5**
$$CH^2=\overset{\overset{\textstyle CH^3}{|}}{C}H—CH^2—CH^2—\overset{\overset{\textstyle CH^3}{|}}{C}H=CH^2$$
(*Diisobutenyle*). — Il bout à 113°-114°.

5° **Octadiène-2-6** $CH^3—CH=CH—CH^2—CH^2—CH=CH^2$. — Il bout à 117°-119°.

6° **Méthyl-2-heptadiène-4-6**
$$CH^3—\overset{\overset{\textstyle CH^3}{|}}{C}H—CH^2—CH=CH—CH=CH^2.$$
— Il bout à 117° ; sa densité est 741 à 22°.

7° **Conylène** $CH^2=CH—CH^2—CH=CH—CH^2—CH^2—CH^3$ (Syn. : Octadiène-1-4). — Obtenu en partant de la triméthylconicine.

C'est un liquide bouillant à 126° ; sa densité est de 0,7607 à 15° ; son odeur rappelle celle du cyanure d'amyle ; il absorbe lentement l'oxygène ; il est soluble dans l'alcool et dans l'éther.

8° **Biisocrotyle**
$$\begin{array}{c}CH^3\\CH^3\end{array}\!\!\!>\!\!C=CH—CH=C\!\!<\!\!\!\begin{array}{c}CH^3\\CH^3\end{array}$$
— Obtenu en partant du bromure de diisocrotyle, ce carbure se polymérise très facilement; aussi son point d'ébullition est-il très incertain.

Il bout à 125°-130° et fond à 4°,5 ; mais, au bout de quelque temps, il fond à 12°, plus tard à 22°.

Le point d'ébullition, 125°-130°, semble bien être celui qui lui est propre, car sa densité de vapeur s'accorde avec sa constitution ; sa densité est 0,7726.

Il s'oxyde rapidement à l'air.

DÉCINES $C^{10}H^{18}$

Décénylène. — Obtenu en chauffant en vase clos le décylène bromé $C^{10}H^{19}Br$ avec de la potasse alcoolique, bout à 165°, à 741 millimètres ; la densité à 10° est 0,784 ; sa densité de vapeur, 4,615 ; il a une légère odeur qui rappelle celle de l'oignon.

Propyl-4-heptadiène-1-4
$$CH^2=CH—CH^2—C\!\!<\!\!\!\begin{array}{c}CH^2—CH^2—CH^3\\CH—CH^2—CH^3\end{array}$$
— Obtenu en chauffant un tube scellé, à 130°, l'allyldipropylcarbinol (propyl-4-heptène-1-ol-4), avec de l'acide sulfurique étendu de son poids d'eau.

Il bout à 158°-160° ; son odeur est caractéristique ; il est insoluble dans l'eau, soluble dans l'alcool, l'éther, le benzène ; sa densité à 0° est 0,7825 ; à

16°, elle est 0,7705 ; l'acide sulfurique concentré le polymérise ; il absorbe l'oxygène.

Il fixe le brome en solution éthérée à froid.

Les indices de réfraction du carbure correspondant aux raies α, β et γ du spectre de l'hydrogène sont, à 21° :

$$n_\alpha = 1,444, \qquad n_\beta = 1,45603, \qquad n_\gamma = 1,4922.$$

En chauffant à 200° pendant six heures du camphre, avec une solution d'acide iodhydrique concentré, bouillant à 127°, on a trois carbures C^9H^{16}, $C^{10}H^{20}$, $C^{10}H^{18}$; le dernier bout à 163°.

La distillation de l'essence de résine provenant de la colophane donne un carbure $C^{10}H^{18}$, bouillant à 154°-157°, inattaquable par l'acide chlorhydrique, par le brome même à chaud, dans l'obscurité, et par l'acide nitrique ordinaire ; il est attaqué par l'acide concentré.

DODÉCYLIDÈNE $C^{12}H^{22}$, $C^9H^{19}{-}C{\equiv}C{-}CH^3$

(Syn. : *Méthylnonylacétylène*)

Obtenu en partant du bromure de dodécylène.

Il fond à — 9° et bout à 105°, sous la pression de 15 millimètres ; il ne réagit pas sur le nitrate d'argent alcoolique ; chauffé à 180°-220°, avec du sodium, il se transforme en un isomère le *décylacétylène* $C^{10}H^{21}{-}C{\equiv}CH$, qui bout à 95°-97°, sous la pression de 15 millimètres, et se combine avec le nitrate d'argent alcoolique en fournissant un composé explosif.

TÉTRADÉCYLIDÈNE $C^{14}H^{28}$, $C^{11}H^{23}{-}C{\equiv}C{-}CH^3$

Obtenu en partant du bromure de tétradécylène ; chauffé avec la potasse, il donne le *dodécylacétylène* $C^{12}H^{25}{-}C{\equiv}CH$; celui-ci donne une combinaison avec le nitrate d'argent alcoolique.

Le tétradécylidène fond à 6°,5, et bout à 134°, sous la pression de 15 millimètres. Le dodécylacétylène bout à 128°, sous la pression de 15 millimètres.

HEXADÉCYLIDÈNE $C^{16}H^{32}$

(Syn. : *Cétylène* $C^{13}H^{27}{-}C{\equiv}C{-}CH^3$)

Dérivé du bromure de cétène.

Il fond à 20° ; il bout à 160° sous la pression de 15 millimètres ; sa densité à l'état liquide est 803,9 à 20°, 796,9 à 30°.

Il ne donne pas de précipité avec le nitrate d'argent alcoolique.

Le sodium le transforme en *tétradécylacétylène* $C^{14}H^{29}$—C≡CH, qui bout à 156° sous la pression de 15 millimètres qui fournit avec le nitrate d'argent alcoolique un précipité $C^{16}H^{29}Ag^2AzO^3$. La densité du tétradécylacétylène est 799,9 à 15°, 796, 5 à 20°.

Il fond à 15°.

Chauffé avec la potasse alcoolique à 160°-180°, il donne le *méthyltridécylacétylène* fusible à 20°.

OCTODÉCYLIDÈNE $C^{18}H^{34}$, $C^{15}H^{34}$—C≡C—CH^3

(Syn. : *Méthylentadécylacétylène*)

Obtenu en partant du bromure d'octodécylène qu'on traite par la potasse alcoolique ; il bout à 174°, à la pression de 15 millimètres, et ne donne pas de combinaison avec le nitrate d'argent alcoolique.

Chauffé sous pression réduite, avec la potasse caustique fondue, il donne l'isomère acétylène monosubstitué $C^{16}H^{33}C$≡CH *hexadécylacétylène*, qui fond à 26° et bout à 180° sous 15 millimètres de pression ; la densité de ce corps est 798,3 à 26°, et 795,5 à 38° ; il fournit avec le nitrate d'argent alcoolique la combinaison $C^{18}H^{33}Ag^2AzO^3$.

CARBURES TRIÉTHYLÉNIQUES C^nH^{2n-4}

Valylène C^5H^6, CH^3—CH=C≡CH. — Dérivé de l'éthylate de sodium et de l'amylène bibromé ; il bout à 50° ; il a une odeur aliacée ; il précipite les solutions d'argent et de cuivre ammoniacales.

Anhydrogéraniol $C^{10}H^{16}$, $(CH^3)^2$=C=CH—CH^2—CH^2—$C(CH^3)$=C=CH^2. — Obtenu en déshydratant le géraniol par le bisulfate de potasse.

Il bout à 172°-176° ; sa densité à 20° est 0,832 ; son pouvoir réfringent est N_v=1,4835 à 20°.

Myrcène $C^{10}H^{16}$, $(CH^3)^2$=C=CH—CH^2—CH=$C(CH^3)$—CH=CH^2. — Existe dans les feuilles de *Myrcia acris* (MM. Mittmann, Power et Kleber).

Il bout à 68° sous la pression de 0,02 ; sa densité, à 15°, est 0,8023 ; son pouvoir réfringent N_v = 1,4673.

Dihexène $C^{12}H^{20}$. — Obtenu par polymérisation de l'hexène (hexine) de Renard, par l'action de l'acide sulfurique ; il bout à 210°-215°.

Biheptène $C^{14}H^{24}$. — Obtenu par polymérisation de l'heptène.

Bioctène $C^{16}H^{28}$.

Bidédène $C^{20}H^{36}$. — Il bout à 333° ; sa densité à 12° est 0,936.

CARBURES DIACÉTYLÉNIQUES C^nH^{2n-6}

Butadiine C^4H^2, $H—C\equiv C—C\equiv C—H$. — Obtenu en partant de l'acide diacétylène dicarbonique; il précipite en rouge violet le réactif cuivreux ammoniacal.

Dipropargyle $CH\equiv C—CH^2—CH^2—C\equiv CH$ [Syn. : *Hexadiine* (1-5)]. — Obtenu à l'aide d'un des tétrabromures du diallyle ; il fond à — 6° ; il bout à 86°-87°, à la pression de 760 millimètres ; sa densité, à 0°, est 0,8191.

A la température ordinaire et à l'abri de l'air, il ne se polymérise pas.

Sous l'action de la potasse alcoolique vers 100°, il se transforme en son isomère $CH^3—C\equiv C—CH^2—C\equiv CH$.

Il précipite en jaune le chlorure cuivreux ammoniacal; il donne un dérivé argentique $C^6H^4Ag^2.2AgAzO^3$.

Hexadiine-1-4 $CH^3—C\equiv C—CH^2—C\equiv CH$ (*Allylénylallylène*). — Obtenue en même temps que le dipropargyle et aussi par l'action de la potasse sur le bromure d'allylpropényle $CH^3—CHBr—CHBr—CH^2—CHBr—CH^2Br$.

Il bout vers 80°, il donne avec le chlorure cuivreux ammoniacal un précipité jaune, et avec les réactifs argentiques des précipités blancs.

Hexadiine-2-4 $CH^3—C\equiv C—C\equiv C—CH^3$ (Syn. : *Diméthylbiacétylène*). — Obtenu en partant de la combinaison cuivreuse de l'allylène ou du tétrabromure de dipropényle; il fond à 64° et bout sans décomposition à 129°-130°, sous la pression ordinaire.

Il se sublime facilement.

Il est très peu soluble dans l'eau, très soluble dans l'alcool et l'éther.

Il est remarquablement stable, et ne fuse qu'à une température voisine du rouge.

Il ne donne pas de précipité avec les réactifs cuivreux et argentiques.

La chaleur de combustion est 847, soit 10.858 calories par kilogramme.

CARBURES EN C^nH^{2n-14}

Carottine $C^{26}H^{38}$. — Extrait de la carotte. Il cristallise de la solution benzénique en cristaux, bleus par réflexion et rouges orangés par transparence, il est très oxydable.

Dissous dans l'acide sulfurique concentré, il donne une solution bleue très foncée; cette coloration disparaît par dilution.

CARBURES D'HYDROGÈNE CYCLIQUES

CARBURES D'HYDROGÈNE ALICYCLIQUES

Cette classe de carbures est très importante, les terpènes en font partie, et elle renferme un grand nombre de composés odorants qui existent dans les essences naturelles.

Comme les carbures à chaîne ouverte, ceux-ci peuvent être ou non saturés, mais les carbures cycliques saturés correspondent à la formule C^nH^{2n}.

Les carbures alicycliques se combinent plus difficilement aux hydracides et aux éléments halogénés que les carbures non cycliques de même formule; et plus le nombre d'atomes de carbone est grand, plus la stabilité est grande; ainsi le pentaméthylène et l'hexaméthylène s'unissent difficilement au brome; tandis que le triméthylène, le méthyltriméthylène, le diméthyltriméthylène, le triméthyltriméthylène, s'unissent facilement au brome.

Avec le méthyltriméthylène il se produit les corps suivants :

$$CH^3—CHBr—CH^2—CH^2Br,$$
$$CH^3—CBr^2—CH^2—CH^2Br,$$

$$CH^3—CBr\diagdown\begin{array}{c}CH^2\\ |\\ CH^2\end{array} \cdot$$

L'acide nitrosulfurique est sans action à froid sur les hydrocarbures alicycliques, et la température à laquelle il agit varie avec les corps considérés.

Le méthylcyclopentane n'est pas attaqué à l'ébullition; le méthylcyclohexane n'est attaqué qu'à 85°; le dihexanaphtène, le diméthyl, l'éthyl et le propylnaphtène ainsi que l'éthylmenthane ne sont pas attaqués.

CARBURES ALICYCLIQUES SATURÉS [1]

CYCLOPROPANES

Triméthylène C^3H^6, $CH^2\diagdown\begin{array}{c}CH^2\\ |\\ CH^2\end{array}$ (Syn. : *Cyclopropane*). — Il s'obtient par l'action de la poudre de zinc sur le bromure de tryméthylène.

Il se liquéfie à — 34°; son point de fusion est de —126°.

Le chlore et le triméthylène explosent à la lumière solaire; à la lumière diffuse, il se produit des composés chlorés substitués du propane.

---

1. Relativement.

Il se combine au brome et à l'acide iodhydrique, mais plus difficilement que le propylène; il n'est pas attaqué par le permanganate de potasse ; l'acide sulfurique concentré et froid donne un sulfate de triméthylène $CH^3—CH^2—CH^2—SO^4—CH^2—CH^2—CH^3$ qui, par l'action de l'eau, engendre l'alcool propylique normal.

Méthyltriméthylène $CH^3—CH\left\langle\begin{matrix}CH^2\\ |\\ CH^2\end{matrix}\right.$ (Syn. : *Méthylcyclopropane*). — Il bout à 4°; sa densité à —20° est 0,6912; elle est de 0,676 à —8°.

Diméthytriméthylène-1-1 (Syn. : *Diméthylcyclopropane*). — Il bout à 21°; sa densité à 20° est 0,6604 ; l'acide bromhydrique donne avec lui du bromure triméthyléthylène.

Triméthyltriméthylène-1-1-2 (Syn. : *Triméthylcyclopropane*). — Il bout à 56°; sa densité est 0,6822 à 19,5, par rapport à l'eau à 4°.
Il s'oxyde difficilement par le permanganate de potasse.

Triméthyltriméthylène-1-2-3. — Il bout à 65°; sa densité est 0,6921 à 22° par rapport à l'eau à 4°.
Il s'oxyde difficilement par le permanganate de potasse.

CYCLOBUTANES

Tétraméthylène (Syn. : *Cyclobutane*). — Le tétraméthylène est inconnu.
Mais il existe un oxytétraméthylène C^4H^7OH bouillant à 123°; un chlorure C^4H^7Cl, bouillant à 85° ; un bromure C^4H^7Br, bouillant à 104°; et un iodure C^4H^7I bouillant à 138°.

Méthyltétraméthylène (Syn. : *Méthylcyclobutane-b*. — Il bout à 39°-40°.
Il ne se combine pas à froid à l'acide iodhydrique.
H. Perkin a obtenu le tétraméthylène carbinol :

$$CH^2—CH^2$$
$$|\qquad\quad|$$
$$CH^2—CH—CH^2OH,$$

en réduisant le chlorure de l'acide tétraméthylènecarboxylique par le sodium; il bout à 143°-144° à 760 millimètres; odeur semblable à celle de l'alcool amylique ; sa densité, à 4°, est 0,9162 ; rotation moléculaire magnétique à 16°,7 $= 5,314$.

CYCLOPENTANES

Pentaméthylène $CH^2\Big\langle\begin{smallmatrix}CH^2-CH^2\\ |\\ CH^2-CH^2\end{smallmatrix}$ (Syn. : *Cyclopentane*). — Obtenu au moyen du pentane dibromé ; il bout à 50° ; sa densité est de 0,7506 à 20°, par rapport à l'eau à 4°.

Le pentaméthylène n'est pas attaqué par un mélange d'acide sulfurique et d'acide nitrique concentrés, ni par le brome.

Le dérivé bromé C^5H^9Br bout à 137° ; le dérivé iodé bout à 167°.

Méthylpentaméthylène $CH^3-CH\Big\langle\begin{smallmatrix}CH^2-CH^2\\ |\\ CH^2-CH^2\end{smallmatrix}$ (Syn. : *Méthylcyclopentane*). — A été obtenu en partant de l'acide β-méthyladipique.

$$CO^2H-CH^2-CH^2-CH\,(CH^3)\,CH^2-CO^2H,$$

qui donne la méthylpentaméthylènecétone bouillant à 143°,5, à 738^{mm},5 de pression et ayant une densité de 931,4 par rapport à l'eau à 0° ; l'alcool obtenu par réduction bout à 150°-151° et a une densité de 927,8.

Le méthylpentaméthylène a une odeur de benzène, il bout à 70°-71° ; il a une densité de 768,3 par rapport à l'eau à 0°, 760,8 à 20° (bouillant à 72°,5 ; densité, 0, 747 à 20°,4, suivant d'autres expériences).

L'acide azotique fumant l'attaque énergiquement en donnant de l'acide acétique.

L'acide, d'une densité 1,075 à 120°, donne un dérivé nitré tertiaire et des acides bibasiques.

Le brome en présence du bromure d'aluminium donne un bromure $C^6H^5Br^7$, instable, fondant à 121°-124°.

La méthylcyclopentanone-3 bout à 142°.et a une odeur ressemblant à la phlorone du camphre.

La méthylcyclopentanone-2 (dérivé de l'acide γ-méthyladipique) a une odeur de menthe ; elle bout à 144° ; sa semicarbozone fond à 171° (184).

Le chlorométhylpentaméthylène-1-1 bout à 97° à la pression de 350 millimètres.

Diméthylpentaméthylène (1,3) (Syn. : *Diméthylcyclopentane*). — Obtenu en traitant par l'acide iodhydrique vers 300° le méthylhexaméthylène ; il bout à 91°,5 ; sa densité est de 0,741 (24-4).

Méthyléthylpentaméthylène-1-2 (Syn. : *Méthylcyclopentane*-1-2).
— Il bout à 121°.

Triméthylpentaméthylène-1-2-3 (*Triméthylcyclopentane*). — Est obtenu en partant de la diméthyl-1-3-cyclopentanone ; il bout à 105°-107° sous 742 millimètres ; sa densité à 18° est 750,4.

L'acide azotique concentré l'oxyde facilement de même que le méthyl et diméthylcyclopentane.

On a extrait du pétrole russe un acide $C^7H^7O^2$:

$$CH^2 \Big\langle \begin{matrix} CH^2\!-\!CH\!-\!CO^2H \\ CH(CH^3)\!-\!CH^2 \end{matrix} .$$

Il bout à 215°-216° ; sa densité à 0° est 971,2 par rapport à l'eau à 0° ; son éther éthylique bout à 163°-154° et a pour densité à 0°, par rapport à l'eau à 0°, 922,9 ; l'amide fond à 121°-123° ; l'amine à 120°-126° ; densité, 818,9 ; son odeur rappelle celle de la conicine.

CYCLOHEXANES

Hexaméthylène $CH^2 \Big\langle \begin{matrix} CH^2\ \ CH^2 \\ \\ CH^2\ \ CH^2 \end{matrix} \Big\rangle CH^2$ (Syn. : *Hexahydrobenzène, Cyclohexane, Naphtène*). — Il est obtenu en traitant par l'acide iodhydrique le cycloiodohéxane.

On l'obtient aussi par réduction de la benzine par la méthode de MM. Sabatier et Sandérens à l'aide du nickel réduit et de l'hydrogène.

C'est un liquide d'odeur agréable, tenant du chloroforme et de l'essence de roses, bouillant à 81° ; il fond à 6°,5 ; sa densité est de 0,7788 (19°4), 0,7808 à 0° (Sabatier et Sanderens).

Il n'est pas attaqué à froid par un mélange d'acide sulfurique et d'acide azotique concentré ; l'acide azotique, de densité 1,5, l'oxyde à 100°, donnant de l'acide adipique.

Le chlore l'attaque à la température ordinaire ; le brome, à 100° ; chauffé à 300°, avec l'acide iodhydrique, il donne le méthylcyclopentane et le carbure résultant de l'action de l'acide iodhydrique sur le benzène n'est autre que le méthylcyclopentane.

L'acide nitrique de densité 1,075 donne un dérivé mononitré.

Le dérivé monochloré bout à 142° ; sa densité est 1,0164 à 0° par rapport à l'eau à 0° ; le dérivé dichloré, bout à 189° ; densité, 1,206 ; le dérivé dichloré-1-2 bout à 196° ; densité, 1,222 ; le dérivé trichloré-1-3-5 bout à 233° ; densité, 1,510 ; la densité du dérivé tétrachloré est 1,640.

$$CH^2 \quad CH^2$$

Méthylhexaméthylène $CH^3—CH\big<\big>CH^2$ (Syn. : *Hexahydro-*

$$CH^2 \quad CH^2$$

toluène, Heptanaphtène, Méthylcyclohexane. — Il est obtenu en chauffant à 140° l'acide iodhydrique et le cycloheptane, l'alcool ou la cétone correspondants (alcool subérylique et subérone), la cétone obtenue par la distillation sèche de l'α-pimélate de calcium ou la perséite (heptane heptol).

La méthode d'hydrogénation de MM. Sabatier et Sauderens appliquée au toluène donne le cycloheptane.

Il bout à 100° (103° à 751 millimètres).

Sa densité à 0° est 785,9, par rapport à l'eau à 4° (0,7662 à 18°,5 par rapport à l'eau à 4°).

Le brome n'agit sur le méthylhexaméthylène qu'en présence du bromure d'aluminium; l'acide azotique fumant, s'il est dépourvu d'hypoazotide, ne l'attaque pas. Le composé nitré tertiaire bout à 109°-110° sous 40 millimètres de pression; sa densité à 0°, par rapport à l'eau à 0° est 1,037. Le chlorure tertiaire bout à 53°-55° sous 40 millimètres de pression.

DIMÉTHYL HEXAMÉTHYLÈNES

(Syn. : *Diméthylcyclohexanes*)

Diméthyl-1-1. — Il bout à 114°; sa densité D (18-4) = 0,7728.

Diméthyl-1-2. — Dérivé de l'orthoxylène; il bout à 126°; sa densité à 0° est 0,8008; son odeur rappelle celle du camphre.

Diméthyl-1-3. — Obtenu par hydrogénation du métaxylène; il bout à 120°; sa densité à 0° est 0,7874 à (18-4)=0,7736; son odeur rappelle le moisi; chauffé avec un mélange d'acide sulfurique et d'acide azotique, il donne le trinitrométaxylène.

L'acide sulfurique fumant donne après un très long contact des dérivés sulfonés du métaxylène. Il existe une variété active : $[\alpha]_D = +0,69$.

Diméthyl-1-4. — Obtenu par hydrogénation du paraxylène; son odeur rappelle le fenouil; il bout à 120°; sa densité est $D_0 = 0,7866$; D (20-4) = 0,769.

Il se dissout facilement dans un mélange d'acides sulfurique et azotique en chauffant légèrement; il est facilement attaqué par l'acide azotique en donnant le trinitroparaxylène.

ÉTHYL HEXAMÉTHYLÈNE

(Syn. : *Éthylcyclohexane*)

Obtenu par réduction du styrolène; il bout à 130°; sa densité est D (0-4) = 0,8025.

TRIMÉTHYL HEXAMÉTHYLÈNES

(Syn. : *Triméthylcyclohexanes*)

Triméthyl-1-3-4 (*hexahydropseudocumène*). — Il bout à 143°-144° ; sa densité est : D (0-4) = 0,8052 ; D (18-4) = 0,7807.

Triméthyl-1-3-5. — Obtenu par hydrogénation du mésithylène ; il bout à 138° ; sa densité D (0-4) = 0,7884 ; l'acide azotique fumant ne l'attaque qu'à chaud donnant le trinitromésithylène ; le chlore l'attaque facilement.

Triméthyl-1-2-3. — Il bout à 138° ; sa densité est D (15-4) = 0,7848.

AUTRES DÉRIVÉS DU CYCLOHEXANE

Méthyléthylhexaméthylènes (Syn. : *Méthyléthylcyclohexane*). — *Méthyléthyl*-1-2. — Il bout à 153.

   Méthyléthyl-1-3. — Il bout à 148° ; D (17-4) = 0,7896.

   Méthyléthyl-1-4. — Il bout à 150° ; D (0-4) = 0,804.

Propylhexaméthylène (Syn. : *Propylcyclohexane*). — Il bout à 153° ; sa densité est D (0-4) = 0,809 ; *le dérivé isopropylique* bout à 148° ; sa densité D (20-4) = 0,787.

Hexahydroparacymène $CH^3-C^6H^{10}-CH(CH^3)^2$ (*Menthane*). — Il bout à 180° ; sa densité est D (0-4) = 0,813 ;

Hexahydrométacymène (*Métamenthane*). — Il bout à 167° ; sa densité est D (14-4) = 0,803 ; son odeur rappelle celle de l'essence de pétrole.

Éthylmenthane-3. — Il bout à 207° ; sa densité est D (0-0) = 0,827.

Diéthylhéxaméthylène-1-3 (Syn. : *Diéthylcyclohexane*). — Bout à 170° ; sa densité est D (22-4) — 0,796 ; son indice de réfraction $nD = 1,4388$; il a une odeur de pétrole.

Décanaphtène-α $C^{10}H^{20}$. — Tiré du pétrole de Bakou, il bout à 169° ; sa densité est D (0-0) = 0,795.

Le chlore agit sur les vapeurs de décanaphtène à la lumière solaire.

Décanaphtène-β $C^{10}H^{20}$. — Tiré du pétrole de Bakou, il bout à 161° ; sa densité est D (20-4) = 0,7929.

Il est attaqué à froid par le brome en présence du bromure d'aluminium ; l'acide azotique l'attaque à chaud. Le chlore réagit à froid ; l'iode, à la température d'ébullition du carbure. L'acide sulfurique produit un dérivé sulfoné.

Endécanaphtène $C^{11}H^{22}$. — Provient du pétrole de Bakou ; il bout à 180° ; sa densité est D (0-4) = 0,812.

Dodécanaphtène $C^{12}H^{24}$. — Provient du pétrole de Bakou ; il bout à 197° ; sa densité est D (20-4) = 0,811.

Tétradécanaphtène $C^{14}H^{28}$. — Tiré du pétrole de Bakou ; il bout 240° ; sa densité est D (0-4) = 0,839.

Pentadécanaphtène $C^{15}H^{30}$. — Tiré du pétrole de Bakou ; il bout à 247° ; sa densité est D (20-4) = 0,829.

Phénylhexaméthylène (Syn. : *Phénylcyclohexane*). — Il bout à 239° ; il fond à 17° ; sa densité est D (20-4) = 0,9446.

Le brome, l'acide azotique, l'acide sulfurique l'attaquent.

Diphényl-1-2-hexaméthylène (Syn. : 1-2-*Diphénylcyclohexane*). — Il fond à 170°, il bout à 188°.

Dicyclohexyle $C^{12}H^{22}$. — Il bout à 235° ; sa densité est D (0-0) = 0,8777.

Diméthyl-1-1-dicyclohexyle-3-3. — Il bout à 264° ; sa densité est D (0-0) = 0,8924.

CYCLOHEPTANES

Cycloheptane $CH^2\begin{cases} CH^2-CH^2-CH^2 \\ \qquad\qquad\qquad | \\ CH^2-CH^2-CH^2 \end{cases}$ (Syn. : *Subérane, Heptaméthy-lène*). — On l'obtient en partant de la subérone $CO(CH^2)^6$. Il a une odeur de benzène, il distille à 117-117,3, sous 736 millimètres de pression ; sa densité est D (0-0) = 0,8253.

Le brome ne l'attaque pas à froid.

L'acide sulfurique ou l'acide azotique fumant le dissolvent difficilement.

L'acide iodhydrique à 180° le transforme en méthylhexaméthylène.

Éthylcycloheptane. — Il bout à 168°, sa densité est D (20-0) = 0,8152.

Disubéryle $\begin{matrix} CH^2-CH^2-CH^2 \\ | \qquad\qquad\qquad | \\ CH^2-CH^2-CH^2 \end{matrix} CH-CH \begin{matrix} CH^2-CH^2-CH^2 \\ | \qquad\qquad\qquad | \\ CH^2-CH^2-CH^2 \end{matrix}$ · — Obtenu en traitant le bromure de subéryle par le sodium et l'alcool absolu ; c'est un liquide sirupeux, bouillant à 290°-291°, sous 728 millimètres ; sa densité, à 0°, est 919,5 ; à 20°, 906,9.

L'acide sulfurique concentré ne l'attaque pas même à 100° ; l'acide fumant le noircit.

Le permanganate en présence de CO^3Na^2 n'agit que lentement.

Le brome en présence du bromure d'aluminium réagit facilement.

Du caoutchouc et de la gutta-percha on a retiré des carbures donnant par décomposition des carbures très voisins des terpènes.

Aux terpènes se rattachent un grand nombre de produits qu'on rencontre dans les essences naturelles.

On a retiré du *Cascara Amaga* un carbure $(C^{11}H^{18})^x$, fondant à 196°; il se décompose à une température plus élevée, en répandant une odeur de bois de Santal; il est soluble dans l'éther de pétrole, l'éther, la benzine, le chloroforme, l'alcool, l'acide acétique, l'huile de lin.

Penta-allylène $(C^3H^4)^5$, $C^{15}H^{20}$, C^nH^{2n-10}. — Se produit par l'action de l'acide sulfurique sur l'acétone ordinaire; il bout à 280°-282°.

Tricyclotriméthylène benzène. — La pentanone cyclique donne par condensation le carbure $C^{15}H^{18}$, ayant probablement pour formule:

$$\text{(formule développée)}$$

Il résiste à l'action du permanganate étendu.

Il est attaqué énergiquement par l'acide azotique étendu et l'acide chromique en solution acétique.

CARBURES ALICYCLIQUES NON SATURÉS

Vinylcyclopropane C^5H^8, $\begin{array}{c}CH^2\\ \;\;\;\;\;\; \rangle CH-CH=CH^2\\ CH^2\end{array}$. — Il bout à 40°; sa densité est $D(0\text{-}4)=0,743$.

Éthylidènecyclopropane C^5H^8, $\begin{array}{c}CH^2\\ \;\;\;\;\;\; \rangle C=CH-CH^3\\ CH^2\end{array}$. — Il bout à 35°,5, et sa densité est $D(4\text{-}0)=0,7235$.

En traitant le chlorhydrate de tétraméthylénylméthylamine par le nitrite de sodium il se produit deux carbures cycliques non saturés correspondant au tétraméthylène et au pentaméthylène :

$$\begin{array}{ccc}
CH^2-C=CH^2 & & CH^2-CH\\
\;|\;\;\;\;\;\;\;\;\;| & & \;|\;\;\;\;\;\;\;\;\;\;\rangle CH.\\
CH^2-CH^2 & & CH^2-CH^2
\end{array}$$

Les deux alcools correspondants se forment en même temps.

Méthylcyclopentène-1-1. — Il bout à 72°; sa densité est $D(0\text{-}0) = 0,7879$.

Méthylcyclopentène-1-2. — Il bout à 69°; sa densité est $D(18\text{-}4) = 0,7663$.

Méthylméthylènecyclopentène-1-3, $\begin{matrix} CH^2-CH^2 \\ | \qquad\quad \\ CH^3-CH-CH^2 \end{matrix}\!\!\Big\rangle C=CH^2$. — Il bout à 93°,5; sa densité $D(19\text{-}4) = 0,7734$.

Cyclopentadiène, $\begin{matrix} CH=CH \\ | \qquad\quad \\ CH=CH \end{matrix}\!\!\Big\rangle CH^2$. — Il existe dans le goudron de houille.

Il bout à 41°; sa densité est $D(15\text{-}15) = 0,815$.

Le cyclopentadiène se polymérise facilement en formant le corps $(C^5H^6)^2$, qui se solidifie à 32,5 bout à 170° et dont la densité est $D(34\text{-}4) = 0,9766$.

Laurolène C^8H^{14}. — Il bout à 119°; sa densité est $D(18\text{-}4) = 0,8019$.

Isolaurolène C^8H^{14}. — Il bout à 108°,5 ; sa densité est $D(15\text{-}4) = 0,7946$:

$$\begin{matrix} CH\!\!-\!\!-\!\!-\!\!CH \\ | \qquad\qquad\quad \\ \quad CH^3-C-CH^3 \\ | \qquad\qquad\quad \\ CH^2\!\!-\!\!-\!\!-CH \\ | \\ CH^3 \end{matrix} \qquad\qquad \begin{matrix} CH\!\!-\!\!-\!\!-\!\!CH^2 \\ \| \qquad\qquad\quad \\ \quad CH^3-C-CH^3 \\ | \qquad\qquad\quad \\ CH\!\!-\!\!-\!\!-CH \\ | \\ CH^3 \end{matrix}$$

Campholène $\begin{matrix} CH^2-CH-CH^3 \\ | \qquad\qquad\quad \\ \quad CH^3-C-CH^3 \\ | \qquad\qquad\quad \\ CH=C \\ | \\ CH^3 \end{matrix}$. — Il bout à 134°; sa densité est $D(20\text{-}0) = 0,8034$.

Pulegen $\begin{matrix} CH^2-CH-CH^3 \\ | \qquad\qquad\quad \\ CH^2-C-CH(CH^3)^2 \end{matrix}\!\!\Big\rangle CH$. — Il bout à 138°; sa densité est $D(22\text{-}4) = 0,790$.

Cyclohexènes. — Les cyclohexènes ont une odeur de térébenthine ; ils fixent les hydracides en faisant retour aux cyclohexanes ; ils s'oxydent à l'air en donnant de l'acide carbonique et des produits résineux ; l'acide azotique les attaque et les résinifie, même si l'acide est étendu ; il y a, de plus, réaction et transformation en acide.

$$\begin{array}{c}\text{CH}\\ \text{H}^2\text{C} \diagup \diagdown \text{CH}\\ | \qquad | \\ \text{H}^2\text{C} \diagdown \diagup \text{CH}^2\\ \text{CH}^2\end{array}$$

Tétrahydrobenzol   (*Cyclohexène*). — Il bout à 82°,3 sous la pression de 746 millimètres; sa densité est D (0-4) = 0,8083.

Dérivés méthylés du cyclohexène (tétrahydrotoluènes) :

	Point d'ébullition	Densité
Méthyl-1-cyclohexène 1	107,5	0,8095 (20—0)
1 3	103	0,8041 (15—0)
1 2	103	0,7937 (27—4)
Méthylènehexahydrobenzène	110 (?)	

Diméthylcyclohexènes (*Tétrahydroxylène*). — Le diméthyl-1-3-cyclohexane-4 bout à 124° et a pour densité 0,8005 (18-4).

Il existe d'autres diméthylcyclohexènes de constitution indéterminés.

Triméthylcyclohexènes. — Le triméthyl-1-3-3-cyclohexène a une odeur d'essence de pétrole; il s'oxyde à l'air très rapidement, en se résinifiant; il bout à 140°; sa densité est D (23-4) = 0,7981.

Nononaphtylènes. — Ils sont tirés du nononaphtène du pétrole de Bakou. L'un bout à 136° et a pour densité, à 0°, 0,8038 ; l'autre bout à 132°.

Tétrahydrocymènes (*Méthyl-1-isopropyl-4-cyclohexène*).—*Menthène*-1. — Il bout à 175°-176°.

Menthène-2. —Il bout à 170°; sa densité est D (18-4) = 0,811 ; α (D) = 89,37.

Menthène-3. — Il bout à 167°,9 sous 751 millimètres ; sa densité est D (20-4) = 0,8122 ; [α]$_\text{D}$ = 116,74.

Menthène-4. — Il bout à 167° ; sa densité est D (20-4) = 0,8063.

Décanaphtylènes. — Il existe deux décanaphtylènes dérivés du décanaphtène tiré du pétrole de Bakou et dont les points d'ébullition sont 168° et 170°.

Méthyl-1, *isobutyl-3-cyclohexène*. — Il bout à 185° ; sa densité, à 21°, est 0,808.

Méthyl-1-hexyl-3-cyclohexène. — Il bout à 229°; sa densité à 21° est 0,8216.

CYCLOHEXADIÈNES

(SYN.: *Carbures dihydroaromatiques*)

Dihydrobenzènes. — Il existe deux isomères :

Le cyclohexadiène-1-3 bout à 81°,5 ; sa densité est D (19-4) = 0,849 ; il teint en rouge un mélange en parties égales d'alcool et d'acide sulfurique.

Le cyclo-hexadiène-1-4 bout à 81°,5 ; sa densité D (25-4) = 0,833 ; il teint en violet un mélange en parties égales d'alcool et d'acide sulfurique.

Les cyclohexadiènes fixent facilement le brome, l'acide bromhydrique ; l'acide sulfurique s'y combine énergiquement en formant des résines et provoquant une forte élévation de température ; l'acide azotique provoque l'inflammation de ce carbure.

Dihydrotoluènes (*Méthylcyclohexadiènes*).— *Méthyl-1-cyclohexadiène-1-3.* — Obtenu en distillant le phosphate de la diamine correspondante (Harries), il bout à 111° ; sa densité est D (18-4) = 0,8478.

Il donne une résine rougeâtre avec l'acide sulfurique concentré.

Diméthyl-11-Cyclohexadiène-2-5. — Il bout à 136° ; sa densité est D (18-4) = 8,8421. Il colore en rouge l'acide sulfurique concentré et en orangé le mélange d'acide sulfurique et d'alcool.

Diméthyl-1-1-Cyclohexadiène-2-4. — Il bout à 111° ; sa densité est D (18-18) = 0,814. — L'acide sulfurique concentré se colore en violet rouge avec ce dérivé.

Dihydroorthoxylène (Cantharène). — Il bout à 135°.

Son odeur est celle de la térébenthine, il s'oxyde facilement à l'air et se résinifie, il colore en orangé l'acide sulfurique concentré, et en brun rouge un mélange d'acide sulfurique et d'acide acétique concentrés.

Dihydrométaxylène (Diméthyl-1-3-cyclohexadiène-1-3). — Il bout à 120° ; sa densité est D (10-4) = 0,838.

Diméthyl-1-5-Cyclohexadiène-1-3. — Il bout à 129° ; sa densité est D (18-18) = 0,8203.

Il colore en rouge le mélange d'anhydride acétique et d'acide sulfurique ; en jaune le mélange d'acide sulfurique et d'alcool ; en orange l'acide sulfurique concentré ; l'acide azotique fumant le transforme en trinitrométaxylène.

Dihydroparaxylène. — Dérivé de la diméthylquinite. Il bout à 133° sous la pression de 720 millimètres ; il colore en rouge jaunâtre un mélange d'acide sulfurique et d'alcool.

Dihydrométa-éthyltoluène (?). — Extrait des huiles animales. Il bout à 153° sous 748^{mm},7.

Dihydromésitylène. — Il bout à 147°, sa densité D (18-4) = 0,826.

Isopropényl-1-Cyclohexen-3. — Il bout à 140° ; sa densité D (20-4) = 0,8142.

Dihydroparacymènes-paramenthadiènes.— *Paramenthadiène-2-5.* — Il bout à 174°.

Paramenthadiène-1-4 (Terpinen). — Il bout à 179° ; sa densité est D (20-4) = 0,847.

Il se produit par ébullition des pinène, cinène, terpinolène, etc., avec l'acide sulfurique dilué d'alcool ; son nitrosite avec l'alcool et le sodium donne du cymol et le dipentène normal :

$$
\begin{array}{c}
CH \quad CH^2 \\
CH \diagup \diagdown \\
CH^2 \quad CH^2
\end{array}
\!\!\! CH - CH \diagup\!\!\!\diagdown \begin{array}{c} CH^2 \\ CH^3 \end{array}.
$$

Paramenthadiène-1-5 (*Phellandrène*). — Il existe deux phellandrènes, dont les densités sont : D (19-4) = 0,844, et D (20-4) = 0,852 et α_D = 61,21 et + 18,54.

Paramenthadiènes. — *Paramenthadiène*-2-4. — Il bout à 177°.

Paramenthadiène-1-3. — Il bout à 175°. D (27-27) = 0,8441.

Paramenthadiène (*Terpinolène*). — Il bout à 184°.

Paramenthadiène-1-8 (9) (*Limonène*) (*Cinène*). — Il existe dans les essences de cédrat, d'orange, etc. C'est un liquide d'odeur agréable. Il y a deux variétés de Limonène actifs : l'un, lévogyre ; l'autre, dextrogyre ; les points d'ébullition varient de 105° à 107° ; α = + 107°, = α — 105° ; D (20-4) = 0,8425. Une variété inactive (dipentène) a une odeur de citron ; elle bout à 175° ; D (20-0) = 0, 844.

Métamenthadiènes. — *Sylvestrène*. — Dissous dans l'acide sulfurique il produit une coloration bleue intense ; il bout à 175°-176° ; D (20-4) = 0,848 ; $[\alpha]_D$ = + 66, 3 (en solution chloroformique).

Métamenthadiène-1-5 (*Carvestène*). — Il bout à 172°-176° ; D (18-4) = 0,841. Avec l'acide sulfurique il donne une coloration rouge jaunâtre, et avec un mélange d'acide acétique et d'acide sulfurique une coloration bleu violet.

Méthylène-3-*Menthène*-4-8. — Il bout à 195°.

Cycloheptène. — Obtenu en traitant l'iodure de subéryle par la potasse ; il bout à 115° ; D (0-0) = 0,8407 ; il s'unit facilement à brome.

1-3-*Cycloheptadiène* (*Hydrotropidine*). — Il bout à 120° ; son odeur rappelle celle du pétrole ; D (0-4) = 0,8809.

Cycloheptadiène (*Tropidine*). — Il bout à 116° ; D (0-4) = 0,908.

Cycloheptadiène-1-3. — Il bout à 39°,5 sous 11 millimètres de pression ; D (0-4) = 0,889. Il donne une coloration rouge avec un mélange d'acide sulfurique et d'alcool et décolore instantanément le permanganate de potassium ; il se résinifie en absorbant l'oxygène.

Cyclooctadiène-3-7. — Il bout à 51° sous 17 millimètres de pression ; D (20,7-4) = 0,8504.

Diméthyl-1-2-*cyclyoctadiène*-3-7. — Il bout à 69° sous 15 millimètres de pression ; D (13-4) = 0,8623.

Diphényl-1-2-*Cyclooctadiène*-3-7. — Il bout à 204°-205°, sous 10 millimètres de pression ; D (15-4) = 1,018.

MÉTHODE D'HYDROGÉNATION DE MM. SABATIER ET SANDERENS

Bien que les résultats obtenus par cette méthode aient été indiqués précédemment à différentes reprises, pour différents corps qu'elle permet de préparer, il est intéressant de réunir en un seul chapitre, les principaux résultats qu'elle a fournis, car elle offre, comme nous le verrons par la suite, une confirmation assez intéressante de différentes théories sur les origines du pétrole.

Le principe de la méthode est le suivant :

Les molécules organiques incomplètes dont la formule développée possède des doubles ou triples liaisons, peuvent presque toutes fixer de l'hydrogène et passer au type saturé, lorsque leurs vapeurs sont amenées avec un excès d'hydrogène, au contact du nickel réduit, chauffé à température peu élevée.

L'action tout à fait générale s'étend à des molécules de nature très variées, la condition nécessaire qu'elles doivent remplir est d'être volatiles à une température inférieure à 250°.

Les mêmes réactions se produisent également, quoiqu'avec une énergie différente et généralement moindre, en présence du cobalt, du cuivre et du fer réduits à basse température du platine divisé et de la mousse de platine.

L'action hydrogénante peut s'exercer sur les composés éthyléniques, les composés acétyléniques, les composés aromatiques, tels que : la benzine et ses homologues, le phénol et ses homologues, l'aniline et ses homologues, les composés hydroaromatiques, les aldéhydes forméniques ou cycloforméniques, les acétones forméniques ou cycloforméniques, les nitriles forméniques, l'oxyde de carbone, les amides, les oximes, etc.

L'ordre d'activité décroissante des métaux susceptibles de provoquer ces actions d'hydrogénation est : nickel, cobalt, fer, cuivre, ils doivent être préparés par réduction, par l'hydrogène d'un oxyde bien exempt de soufre et de chlore, sans quoi leur activité pourrait être considérablement diminuée ou annulée. Le mieux est de calciner les nitrates au rouge sombre et de réduire les oxydes ainsi obtenus par un courant d'hydrogène bien purifié; la réduction doit être faite à une température inférieure au rouge.

Le nickel obtenu par réduction de son oxyde par l'hydrogène au rouge, n'agit presque pas; si, au contraire, il n'a été réduit qu'à la température de 300°, il possède une activité extrême et il s'use très vite ; le mieux est de faire la réduction à une température voisine de 350°.

Pour le cuivre, la température la mieux appropriée est 300°; pour le cobalt, 400° et, pour le fer, 450°; pour ce dernier métal, la réduction est beaucoup plus difficile et il faut prolonger l'action de l'hydrogène pendant 6 à 7 heures.

Le nickel et le cuivre réduits sont non seulement beaucoup plus aisés à préparer que le fer et le cobalt, mais ils présentent en outre cet avantage que leurs oxydes étant nettement réduits au-dessous de 200°, il n'y aura pas, dans les hydrogénations réalisées au-dessus de cette température, à tenir compte des traces d'oxygène introduites par la matière qu'on hydrogène.

Avec l'*éthylène*, l'action commence de 30 à 45° et elle se continue sans chauffer ; son maximum d'activité a lieu de 130 à 150° et il se produit de l'éthane :

$$C^2H^4 + H^2 = C^2H^6 ;$$

si la température dépasse 300°, il se fait un dépôt de charbon ; il y a production de méthane et de carbures forméniques supérieurs, qui se condensent à l'état liquide.

Avec le *propylène* à basse température, il se produit du propane :

$$CH^2 = CH—CH^3 + H^2 = CH^3—CH^2—CH^3$$

au-dessus de 200°, il y a production de méthane, d'éthane, de carbures condensables et de carbone.

Avec l'*acétylène*, l'action commence à froid ; s'il y a excès d'hydrogène, il se produit de l'éthane :

$$C^2H^2 + 2 H^2 = C^2H^6 ;$$

au-dessus de 150°, il se produit des carbures condensables.

Quand la proportion d'acétylène augmente et que le mélange gazeux agit sur le nickel fraîchement réduit, celui-ci se trouve porté à l'incandescence, et il y a production de carbures condensés qui sont d'autant plus volatils que la température d'obtention a été plus basse et leur odeur ressemble à celle des pétroles de Pensylvanie ; ce sont surtout des carbures forméniques supérieurs inattaquables à froid par l'acide nitrique, avec une petite quantité de carbures éthyléniques, de carbures aromatiques et de cabures hydroaromatiques.

Avec le cobalt, l'action ne commence qu'à 180°.

Avec le fer, l'action ne commence qu'au-dessus de 180°, et elle donne toujours lieu à une formation abondante de liquides jaunâtres ou bruns, contenant du benzène, des carbures aromatiques homologues, solubles dans l'acide nitrique, et une petite quantité de carbures forméniques inattaquables à froid, par l'acide azotique.

Avec le cuivre, l'action débute entre 130 et 180°, et la température est d'autant plus basse que la réduction elle-même a eu lieu à plus basse température ; il se forme, en même temps, des carbures liquides. Si l'acétylène n'est mélangé que d'une petite quantité d'hydrogène, il se forme surtout du cuprène et des carbures liquides.

Avec le *benzène*, à une température inférieure à 180°, il y a formation de cyclohexane :

$$C^6H^6 + 3 H^2 = C^6H^{12} ;$$

le cyclohexane ainsi obtenu bout à 81°, sous la pression de 755 millimètres ; sa densité, à 0°, par rapport à l'eau à 4°, [est 0,784 ; il fond à 6°,5. Les divers carbures homologues du benzène, toluène, xylène, triméthylbenzène, éthylbenzène, cumène, cymène, etc., fixent l'hydrogène, en présence du nickel, avec la même facilité.

Avec le *nitrométhane*, il se produit, vers 150-180°, de la méthylamine ; à partir de 200°, et surtout vers 300°, il y a production de méthane et d'ammoniaque :

$$CH^3—NO^2 + 3\,H^2 = CH^3—NH^2 + 2\,H^2O,$$
$$CH^3NO^2 + 4\,H^2 = CH^4 + NH^3 + 2\,H^2O.$$

Avec l'*oxyde de carbone*, il se produit, au-dessus de 180°, de l'eau et du méthane :

$$CO + 3\,H^2 = CH^4 + H^2O.$$

L'*anhydride carbonique* donne lieu à une réaction analogue, vers 300°, il y a production de méthane et de vapeur d'eau.

Outre son action, favorisant l'hydrogénation des combinaisons non saturées, le nickel peut, à plus haute température, provoquer des dédoublements ; ces actions sont, toutefois, peu importantes au-dessous de 400°.

Avec le méthane, elle commence à se faire sentir vers 320-350°, avec l'éthane, vers 325° ; avec ce dernier gaz, la réaction est la suivante :

$$C^2H^6 = CH^4 + H^2 + C ;$$

avec le pentane, l'action de dédoublement commence à 350°.

L'action désorganisante du nickel est beaucoup plus importante avec les carbures éthyléniques, acétyléniques et cycloforméniques, et elle commence à plus basse température ; ainsi, avec l'éthylène et le nickel, elle commence à 300°, en donnant du méthane, de l'éthane et de l'hydrogène ; avec le propylène, l'action commence à 210°, et elle est très sensible à 350°, et le produit de cette action est un mélange de propylène, d'éthylène, de propane, d'éthane, de méthane et d'hydrogène.

Avec le cobalt, l'action est moins sensible, et avec le fer réduit, la décomposition n'est sensible, pour l'éthylène, qu'à 350°.

Le noir de platine, la mousse de platine et le cuivre réduit ne donnent pas lieu, avec l'éthylène, à une réaction analogue, mais elle se produit avec le propylène, au-dessus de 400°.

Avec l'acétylène, l'action de décomposition est très énergique ; elle se produit, dès la température ordinaire, avec le nickel fraîchement réduit, et cette action avait déjà été constatée par Moissan et Moureu, et le métal arrive même à l'incandescence. Avec le fer réduit à 450°, l'incandescence peut être spontanée et, en tout cas, elle est facilement provoquée par un échauffement local, et il se forme alors un composé brunâtre, constitué à peu près exclusivement de carbures aromatiques ; si tout le tube est maintenu au-dessus de 180°, il y a en même temps hydrogénation d'une partie de l'acétylène et formation de carbures éthyléniques, d'éthane, et des carbures liquides se condensent.

Les carbures cycliques saturés reviennent aux carbures aromatiques, en présence du nickel réduit à la température de 270-280° :

$$3\,C^6H^{12} = 2\,C^6H^6 + 6\,CH^4;$$

pour le méthylcyclohexane, la décomposition commence à 240°.

Le cuivre agit d'une façon analogue, mais la réaction ne se produit qu'au-dessus de 300°.

CARBURES DE LA SÉRIE AROMATIQUE

NOMS ET FORMULES	POINT de fusion	POINT d'ébullition	DENSITÉ
Benzène ou benzine C^6H^6 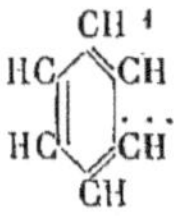 [1]	+6°	80°,39	0,8872
Toluène C^7H^8 (méthylbenzène) 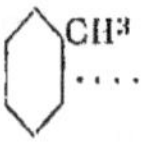	—28	110	à 15° 0,872
XYLÈNES C^7H^{10}			
Diméthylbenzènes :			
— 1, 2 ou ortho 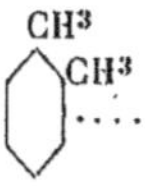	—26	142	»
— 1, 3 ou meta 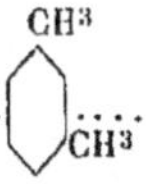	»	139 ,8	à 0° 0,878
— 1, 4 ou para 	+15	136	à 19° 0,869
Éthylbenzène 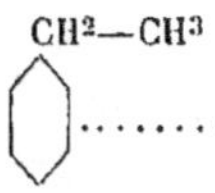	»	135 ,8	à 22° 0,8664
TRIMÉTHYLBENZÈNES			
1, 3, 5, mésitylène 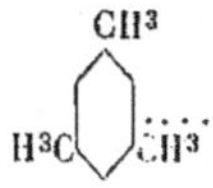	»	163	à 10° 0,869

1. Les doubles liaisons n'ont pas été figurées dans les formules suivantes, afin de faciliter l'impression.

NOMS ET FORMULES	POINT de fusion	POINT d'ébullition	DENSITÉ
TRIMÉTHYLBENZÈNES (*suite*)			
1, 3, 4, pseudocumène	»	169°,8	à 0° 0,864
1, 2, 3, hémimellithène	»	175	»
ÉTHYLMÉTHYLBENZÈNES			
Éthyltoluènes :			
— 1, 2 ou ortho	»	158	à 16° 0,8731
— 1, 3 ou méta	»	»	»
— 1, 4 ou para	—20°	162	à 11° 0,8694
PROPYLBENZÈNES			
Propylnormalbenzène	»	»	»
Isopropylbenzène ou cumène	»	152	à 0° 0,8776
TÉTRAMÉTHYLBENZÈNES, OU DUROLS, OU DURÈNES			
Durène 1, 2, 4, 5	80°	190	»
Isodurène 1, 2, 3, 5	liquide à —20°	196	0,8961
Prehnitène 1, 2, 3, 4	—4°	204	»

NOMS ET FORMULES	POINT de fusion	POINT d'ébullition	DENSITÉ
ÉTHYLDIMÉTHYLBENZÈNES			
Éthylorthoxylène 4, 1, 2 — CH^3 / CH^3 / CH^2CH^3	liquide à —20°	188°	»
Éthylmétaxylène 4, 1, 3 — CH^3 / CH^3 / CH^2—CH^3	liquide à —15°	185	à 20° 0,8783
Éthylparaxylène 3, 1, 4 — CH^3 / CH^2CH^3 / CH^3	liquide à —20°	185	à 20° 0,861
DIÉTHYLBENZÈNES			
Dérivé 1, 2 ou ortho — CH^3—CH^3 / CH^2—CH^3	liquide à —20°	184	à 18° 0,8662
— 1, 3 ou méta — C^2H—CH^3 / CH^2—CH^3	liquide à —20°	181	à 20° 0,8602
— 1, 4 ou para — CH^2—CH^3 / CH^2—CH^3	—35°	182	à 18° 0,8622
ÉTHYLPROPYLBENZÈNES			
Cymènes :			
Dérivé 1, 2 ou ortho — CH^2—CH^3 / CH^2—CH^2—CH^3	»	181	à 14° 0,867(?)
— 1, 3 ou méta — CH^2—CH^3 / CH^2—CH^2—CH^3	»	177	à 16° 0,863
— 1, 4 ou para — CH^2—CH^3 / CH^2—CH^2—CH^3	»	183	à 15° 0,8682

NOMS ET FORMULES	POINT de fusion	POINT d'ébullition	DENSITÉ
ÉTHYLISOPROPYLBENZÈNES			
Cymènes :			
Dérivé 1, 3 ou méta $CH^2—CH^3$ ... $—CH{<}^{CH^3}_{CH^3}$	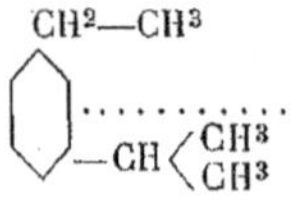 liquide à —25°	175	0,865
— 1, 4 ou para $CH^2—CH^3$ ... $CH{<}^{CH^3}_{CH^3}$	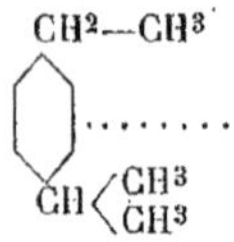 »	176	0,8602
BUTYLBENZÈNES			
Dérivé normal $CH^2—CH^2—CH^2—CH^3$ 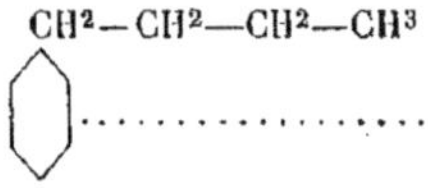	»	»	»
α-Isobutylbenzène $CH^2—CH{<}^{CH^3}_{CH^3}$	»	»	»
β-Isobutylbenzène $CH{<}^{CH^3}_{CH^2—CH^3}$	»	»	»
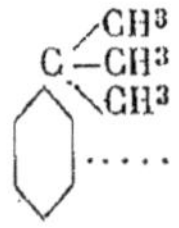 Triméthylphénylméthane $C{<}^{CH^3}_{CH^3}$ avec CH^3	liquide à —20°	167	à 15° 0,8718
Pentaméthylbenzène CH^3, CH^3, H^3C, CH^3, CH^3	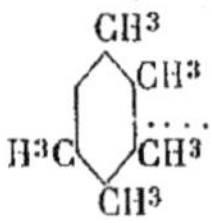 53°	231	»
Hexaméthylbenzène CH^3, H^3C, CH^3, H^3C, CH^3, CH^3	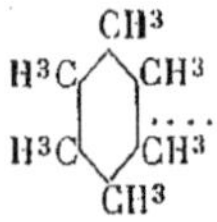 164	264	»
Hexaéthylbenzène $CH^2—CH^3$, $CH^3—H^2C$, $CH^2—CH^3$, $CH^3—H^2C$, $CH^2—CH^3$, $CH^2—CH^3$ 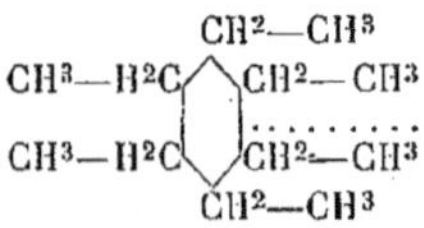	126	305	»

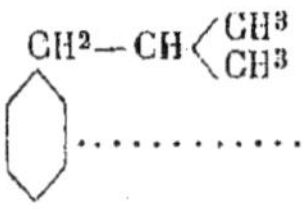

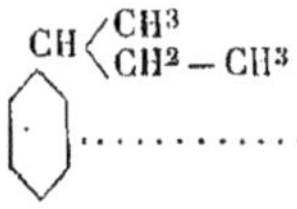

NOMS ET FORMULES		POINT de fusion	POINT d'ébullition	DENSITÉ
Diphényle (phénylbenzine)	$C^6H^5—C^6H^5$	70°,5	254	»
Diphénylbenzines	$C^6H^4=(C^6H^5)^2$	»	»	»
Triphénylbenzines	$C^6H^3=(C^6H^5)^3$	»	»	»
Diphénylméthane	$CH^2=(C^6H^5)^2$	27	261	»
Triphénylméthane	$CH=(C^6H^5)^3$	92	359	»
Diphényléthane symétrique	$C^6H^5—CH^2—CH^2—C^6H^5$	52,5	284	»
Diphényléthane asymétrique	$CH^3—CH=(C^6H^5)^2$	»	270	»
Diphényléthylène	$C^6H^5—CH=CH—C^6H^5$	40	»	»
Phénylacétylène	$C^6H^5—C=CH$	»	142	»
Diphénylacétylène	$C^6H^5—C=C—C^6H^5$	60	»	»
Stirolène ou Cinnamène	$C^6H^5—CH=CH^2$	»	144	à 0° 0,7926
Naphtaline $C^{10}H^8$		80	218	»
Acénaphtène	$C^{10}H^6$	93	285	»
Anthracène $C^{14}H^{10}$		204	351	»
Phénanthrène		96	340	»
Rétène		98	396	»
Fluorène		113	205	»
Diphényldiacétylène	$C^6H^5—C≡C—C≡C—C^6H^5$	88	»	»
Indène	C^6H^4	98	180	»
Pyrène	$C^{16}H^{10}$	148	»	»
Chrysène		250	»	»
Naphtantracène	$C^{10}H^6=CH^2=C^6H^4$	141	»	»

DEUXIÈME PARTIE

PROPRIÉTÉS PHYSIQUES ET CHIMIQUES DES PÉTROLES BRUTS

L'aspect et l'odeur des pétroles bruts sont extrêmement variables ; on peut en trouver qui soient légers, mobiles, à peine teintés en rose jaunâtre, comme certains pétroles du comté de Parme, et certains échantillons trouvés à Surachani et dans d'autres régions, ayant une odeur plutôt agréable et éthérée et même aromatique comme le pétrole de Sandalwood Spring (voir p. 312) ; d'autres, au contraire, sont épais, visqueux, noirs, opaques, même en couche mince, et ont une odeur sulfurée, repoussante.

Entre ces deux extrêmes il y a place pour une foule de variétés. La couleur peut prendre toute une gamme de teintes plus ou moins brunes, avec reflets verdâtres, en sorte que, vu par transparence, le pétrole est brun et vert foncé quand on le regarde par réflexion ; d'autres pétroles, au contraire, sont franchement bruns sans aucun reflet. L'odeur varie, sans relation aucune avec la teinte ; certains pétroles peu teintés ont une odeur désagréable, tandis que d'autres d'une nuance très accentuée ont une odeur qui n'a rien de repoussant.

Cela tient à ce que l'odeur du pétrole qui n'est pas très accentuée, est facilement masquée par celle des corps qu'il contient en petites quantités et qu'on peut considérer comme des impuretés.

La densité varie dans des limites assez étendues : on connaît des pétroles très légers comme ceux de Harmony, dans le comté de Butler (Pensylvanie) dont la densité ne dépasse pas 770, ou certains pétroles exceptionnels de Californie, dont la densité ne dépasse pas 740 ; et d'autres qui ont une densité supérieure à celle de l'eau, comme ceux de Zante, 1,020 ; de Sunset (Californie), 1,060 ; et de Mimbu (Inde), 1,002.

PÉTROLES DE CALIFORNIE

La couleur des pétroles de Californie varie d'un brun noir très foncé à une coloration à peine sensible (à peine plus teintés que l'eau : Water White, blanc d'eau). La couleur foncée est due aux produits asphaltiques que ce pétrole renferme et qui masque la coloration verdâtre qu'on reconnaît quand ces produits ont été éliminés.

La fluorescence verte n'est d'ailleurs jamais très prononcée.

PROPRIÉTÉS DES PÉTROLES DE CALIFORNIE

CHAMP D'EXPLOITATION	COULEUR	DENSITÉ 0° BAUMÉ	POINT ÉCLAIR 0° centigrade	POINT DE COMBUSTION 0° centigrade	VISCOSITÉ A 15°,56	VISCOSITÉ A 85·
Colusa	Brun	14,3			4,88	1,28
Napa............	Brun rouge	15,5			10,35	1,34
Humboldt	Jaunâtre	29,0			1,57	1,05
—	—	37,5			1,10	0,95
—	—	26,1	109	114	3,00	1,15
—	—	48,6	17	18	1,17	0,96
Santa Clara.....	—	34,4				
San Mateo......	Brun	22,1	89	101	10,96	1,50
Coalinga	—	20,3	69	112	11,19	1,54
Mc Kittrick	—	17,7			63,15	2,12
—	Noir	15,1			282,03	3,57
Sunset	—	16,0				
Kern River	—	13,4				
—	—	13,2			1.759,13	7,51
—	—	14,7			274,35	3,35
—	—	16,0			373,11	8,67
—	—	16,3			299,59	4,70
—	—	17,0			142,66	2,85
—	—	14,7	90	105	347,77	3,37
—	—	28,0				
Summerland ...	—	12,1			1.462,83	8,35
Ventura........	—	23,0	29	35	34,28	1,84
Los Angeles (ville)	—	15,2			63,40 à 22°C.	
—	—	13,5	126		730,44	24
—	—	13,0	127	173	1.004,35	16
Ojai	Brun	11,8	152	155	1.728,33	21
Ex Mission	Noir, à reflets verdâtres	25,4	49	59	6,96	18
Bardsdale	Brun	28,0			13,56	16
Fullerton.......	Brun noir	20,2	49	88	28,70	17
—	—	20,6	59	89	62,61	17
—	Brun	33,0			2,82	10
Whithier	Noir	19,0	42		32,80	17
—	—	20,4	68	109	258,26	16
—	—	21,0	52	81	35,20	16
Puente.........	Brun noir	20,1	16	36	4,22	21
—	Brun	27,2	26	49	7,30	21
Newhall........	Noir	14,0	127	137	782,60	18
—	Incolore	42,7			0,92	21
Santa Maria	Noir	16,9	54		156,00	20
Bitter Water....	Brun verdâtre	42,7			1,29	21
Panoche	Brun	32,9			3,02	16
San Mateo......	Verdâtre	41,7			1,08	16
—	Brun verdâtre	48,8			1,10	16
Colusa	Vert	15,2	100	148	3,74	22
Napa...........	Brun verdâtre	15,2			6,97	14
Bolinas Bay	Brun noir	21,5	55	82	46,52	17
Coalinga	Noir	28,5	16	20	3,06	16
—	Brun noir	21,9	65	81	8,40	18
—	Noir	19,8	61	75	29,20	16
—	—	16,8	119		158,00	16
—	—	12,6	162			
—	—	11,9			1.513,00	24
Sunset	—	9,9	131		15,00	
—	—	14,4	127		716,00	24
—	—	16,5	100			
Midway	—	13,0	146	187	1.565,22	18
—	Brun noir	20,2	71		26,50	20
Mc Kittrick	Noir	11,9	151	179	pâteux à 16°	
—	Brun	13,6	134	158	866,00	16
—	Noir	15,1	130	159	338,30	19
—	Brun noir	19,0	80	89	21,90	18
Kern River	Noir	10,4	176		pâteux à 16°	
—	—	13,9	131		249,50	29
—	—	15,6	122	238	341,70	16

Leur odeur est très caractéristique, mais plutôt douce et très rarement sulfureuse.

La densité varie de 1,025 à 740, mais la moyenne s'écarte peu de 955.

Les huiles de Californie sont généralement très visqueuses; cependant certains échantillons ont une viscosité inférieure à celle de l'eau.

En général la viscosité est à peu près de 1,000 pour les huiles, d'une densité de 972; 400, pour celles d'une densité de 960 ; 75, pour celles de 946 ; 15, pour celle de 934, la viscosité de l'eau étant représentée par 1 ; mais la viscosité est loin d'être toujours constante pour la même densité.

La viscosité relativement élevée des huiles de Californie peut devenir un facteur très gênant pour leur transport par pipe line ; car, si les pétroles, dont la densité avoisine 934, peuvent être refoulés assez aisément dans les conduites, il n'en est pas de même de ceux qui ont une densité notablement supérieure.

PÉTROLES BRUTS DE LA RÉGION ORIENTALE DES ÉTATS-UNIS

Le tableau suivant indique, d'après leur provenance, la densité et la couleur des principaux pétroles bruts de la région orientale des États-Unis :

ÉTAT DE PENSYLVANIE

Comtés	Densité	Couleur
Comté de Washington :		
Gordon Farm, puits n° 6, pétrole du Gordon Sand	798	Brun rougeâtre clair
Comté de Greene :		
Puits n° 1, Dunkar Sand	816	Brun rougeâtre
Comté de Butler :		
Halenbold farm, sable de 100 pieds	791	Légèrement jaunâtre
Sable de 100 pieds	788	Brun rouge foncé
Comté d'Allegheny :		
Troisième sable		Brun jaunâtre
Sable de 100 pieds	782	Jaunâtre
Comté de Mac Kean	859	Jaune foncé
Sable de Kinzua	799	Brun
Comté de Forest :		
Bultown Sand	801	Jaune foncé
Comté de Armstrong	783	Presque blanc
	703	Jaune
Comté de Venango	791	Noir
1er sable	880	Noir
3e sable	790	Brun foncé
Comté de Warren :		
Sable de Clarendon	784	Jaune foncé

PÉTROLES DE L'ÉTAT DE NEW-YORK

Comtés	Densité	Couleur
Comté de Cataraugus :		
Sable de Bradford....................		Brun foncé
Sable de Chipmunk...................	805	Brun rouge
Comté d'Allegany :		
Sable de Portes.....................		Brun foncé

PÉTROLES DE LA VIRGINIE OCCIDENTALE

Comtés	Densité	Couleur
Comté de Monongalia :		
Sable de Gordon		Rouge
Comté de Tyler......................	778	Verdâtre
—	778	Brun rouge
—	778	Jaune verdâtre
Comté de Hancock :		
Berea Grit	782	Jaunâtre
Comté de Wood :		
Sable de Cow Run	796	Noir
Comté de Marion :		
Sable du Big Injun..................		Noir

PÉTROLES DE L'ÉTAT DU KANSAS

Comtés	Densité	Couleur
Comté de Allen......................		Noir
Comté de Wilson.....................		Noir

PÉTROLES DE L'ÉTAT DE KENTUCKY

Comtés	Densité	Couleur
Comté de Wayne......................	849	Noir

PÉTROLES DE L'ÉTAT D'OHIO

Comtés	Densité	Couleur
Comté de Lorain :		
Sable de Berea Grit.................		Noir
Comté de Hancock :		
Sable du Trenton....................	835	Noir
Comté de Columbiana :		
Sable du Berea Grit.................	773	Jaunâtre
Comté de Sandusky :		
Sable du Trenton....................	819	Noir
Comté de Wood :		
Sable du Trenton....................	828	Noir
Comté de Mercer :		
Sable du Trenton....................	838	Noir
Comté de Wyandot :		
Sable du Trenton....................	831	Noir

PÉTROLES DE L'ÉTAT D'OHIO (*suite*)

Comtés	Densité	Couleur
Comté de Auglaize : Sable du Trenton	838	Noir
Comté de Lucas : Sable du Trenton	848	Noir
Comté de Jefferson : Sable du Berea Grit	789	Brun jaunâtre
Comté de Monroé	790	Brun rouge
Comté de Allen	848	Noir
Comté de Perry : Sable du Berea Grit	833	Noir

PÉTROLES DE L'ÉTAT D'INDIANA

Comtés	Densité	Couleur
Comté de Miami : Sable du Trenton	854	Noir
Comté de Adams : Sable du Trenton	842	Noir
Comté de Delaware : Sable du Trenton	834	Noir
Comté de Blackford : Sable du Trenton	839	Noir
Comté de Jasper : Sable de Stray	918	Noir
Comté de Grant : Sable du Trenton	846	Noir
Comté de Vigo		Noir

PÉTROLES DE L'ÉTAT DE WYOMING

Salt Creek	907
Bonanza	860
Puits Iba	890
Arapaœ	860

PÉTROLE DU TEXAS

Spindle Top	876
—	920
Sour Lake	960
Saratoga	940

PÉTROLE DES TERRITOIRES INDIENS

Chelsea	855
Bartlesville	859
Ossages	850 à 890
Muscogoe	825

PÉTROLES DU MEXIQUE

Densité variant de 810 à 1,06

PÉTROLE DE LA COLOMBIE

Densité variant de 920 à 970

PÉTROLE DE L'ÉQUATEUR

Densité variant de 925 à 960

PÉTROLE DU PÉROU

Densité variant de 855 à 945

PÉTROLES ROUMAINS

La couleur varie du brun olivâtre au brun noir ; on a cependant trouvé, à Prédeal (Valea Gardului), du pétrole rougeâtre et, à Campeni Parjol, du pétrole très peu teinté en jaune ; tous les pétroles roumains ont une fluorescence légèrement verdâtre.

L'odeur est généralement agréable et éthérée ; cependant on en trouve qui ont une odeur désagréable et alliacée, comme à Sarata Monteoru, Glodeni Apostolache.

Le pétrole le plus léger qu'on ait rencontré est celui de Campeni-Parjol, qui a une densité de 763 ; à Gura Ocnitza, on a trouvé le pétrole le plus lourd avec une densité de 935 (on en a même trouvé à 944).

POIDS SPÉCIFIQUE, COULEUR ET ODEUR D'UN CERTAIN NOMBRE D'ÉCHANTILLONS DE PÉTROLE DE ROUMANIE (D'APRÈS LE Dr EDELEANU)

NOM du CHANTIER	NOM OU NUMÉRO DU PUITS ou de la sonde	PROFONDEUR en MÈTRES	POIDS spécifique à 15° C.	COULEUR	ODEUR
			DISTRICT DE BACAU		
Câmpeni Parjol........	Avrămóia	170	0,7730	jaune verdâtre noir	éthérique
Solonţ.............	Sonde 86	317	0,8400	brun	faible éthér.
Stănești.............	Ungurónca	130	0,8460	—	agréable
Lucăcești-Dealu.......	Hanălóia	245	0,8725	olivâtre	éthérique
Lucăcești-Cilióia......	Puits du jar.	89	0,8450	—	—
Moinești	Sonde 15	499	0,8820	noir	agréable
Teţcani-Vatra.........	Corneanca	134	0,7915	olivâtre	éthérique
— Antal	Jităriţa	123	0,7905	—	—
— Sârbi........	Viitura	89	0,8315	noir brun	—
	Ilinca nouă	90	0,8385	noir	agréable
Mosórele.............	Sonde 1	385	0,8360	noir brun	faible éthér.
Dofteana-Păcuriţa.....	Iuscuţa	118	0,8470	noir	—
Caşin..............	Bosoiu		0,8000	noir verdâtre	éthérique

POIDS SPÉCIFIQUE, COULEUR ET ODEUR DU PÉTROLE DE ROUMANIE (*suite*)

NOM du CHANTIER	NOM OU NUMÉRO DU PUITS ou de la sonde	PROFONDEUR en MÈTRES	PROPRIÉTÉS PHYSIQUES		
			POIDS spécifique à 15° C.	COULEUR	ODEUR
DISTRICT DE PUTNA					
Câmpuri............	Puits	petite	0,8390	noir brun	faible
DISTRICT R. SĂRAT					
Bisoca.............	Puits 1	.	0,8765	brun	faible éthér.
DISTRICT DE BUZEU					
Berca..............	Sonde 4	227	0,8012	olivâtre	éthér. agr.
Sarata-Monteoru.....	Puits 17	182	0,8755	—	—
Tega...............	— 4	104	0,8930	verdâtre	—
DISTRICT DE PRAHOVA					
Cîmpina (M. Camp)....	Sonde 1	480	0,8480	olivâtre	éthérique
— (Steaua-Romana).	— 62	263	0,874	—	—
Poiana–Câmpina......	— 8	396	0,8245	—	éthér. agr.
Buştenari	— 18	180	0,8420	—	éthérique
—	— 32	134	0,8460	—	—
—	— 11	197	0,8550	—	—
— Grâuşor......	— 15	238	0,8445	—	—
Băicoi	— 1	287	0,7730	—	éthér. agr.
—	— 2	400	0,8165	—	—
Tintea	— 3		0,8890	—	—
Poiana-Verbilău.......	Puits 3	128	0,8040	verdâtre	—
Păcureţi	— 2	424	0,8110	noir brun	éthérique
—	— 15	85	0,8975	—	—
Apostolache	— 84	168	0,8280	olivâtre	—
Recea..............	Sonde 8	320	0,8750	—	—
—	Puits Alex.	80	0,8290	—	—
Matiţa-Măgura	Puits 4	188	0,8780		
DISTRICT DE DAMBOVITZA					
Gura-Ocniţei	Sonde 1	156	0,8700	noir	faible éthér.
—	— 3	378	0,9230	—	—
Glodeni.............	Puits 6	122	0,8330	—	éthérique
Colibaşi............	— 19		0,8390	—	—

PÉTROLE RUSSE

(Densités de certains échantillons)

Pétrole léger de Surachany.................................	781
— de Saboontchy.................................	874
— de Balachany.................................	898
— —	873
— de Romani.................................	868
— de Bibi-Eibat.................................	823
— de Tcheleken.................................	856

En général, les densités sont comprises entre les limites suivantes :

Balakhany.................................	863–872
Saboontchy.................................	863–872
Ilsky.................................	850–942
Grosny.................................	875–890 (On a trouvé du pétrole à 925)

La couleur est brun noir, sauf pour les pétroles très légers trouvés exceptionnellement.

GALICIE

	Densité	Couleur
Wielopole	865	Brun foncé
Kleczany	779	Brun rouge clair
Ropianka	750	Très clair
Ropa	805	Brun clair
Sloboda	840	Brun
—	880	Brun foncé
Bobika	»	»
Libusza	850	Brun verdâtre
Harklova	900	Brun
Harklowa	910	Brun noir
Boryslaw	870	»

PÉTROLE D'ALLEMAGNE

	Densité
Alsace	915
Oelheim	951
Wietze	940
»	945
»	947
»	870
Horst	915
»	855

ANGLETERRE

Comté de Derby	816
Comté de Sommerset	816

PÉTROLES DU BURMAH

PROVENANCE	DENSITÉ	COULEUR		SE PREND A
		TRANSMISE	RÉFLÉCHIE	
Yenangyat	821 à 30°C	brun vert	vert	26°C.
—	816			27°,5
Kodoung	872 à 32°C	brun rouge	vert	31°
Twingon	865 à 32°	brun rouge	vert	31°
Minbu	1002 à 30°C	brun rouge	(sans fluorescence)	visqueux
Makum	971	noir		
Digboi	835 à 845°			

PÉTROLES DES ILES DE LA SONDE

Bornéo-Labuan	965
Sarawak	924
Kutei	856
—	860
Java	880
—	845
Sumatra Langkat	770
—	790
—	860
Palembang	920
—	930
—	990
Moera Enim (Palembang)	815
—	830
—	925
Timor	830

Coefficient de dilatation des pétroles bruts. — Sainte-Claire Deville, Engler, Markownikof, Ogloblin, le Dr Holde et d'autres opérateurs, ont fait un certain nombre de déterminations du coefficient de dilatation pour plusieurs échantillons de pétrole.

Les résultats de ces recherches sont les suivants :

PROVENANCE	DENSITÉ A 0°C.	COEFFICIENT DE DILATATION
Schwabweiler (Alsace)	829	0,000843
— —	861	0,000858
Pechelbronn (Alsace)	968	0,000697
— —	892	0,000793
Rangoon (Inde)	875	0,000774
Pechelbronn	892	0,000792
Hanovre	892	0,000772
— Wiese	955	0,000641
— Oberq	944	0,000662
Java (Dandang-Ho)	923	0,000769
— (Cheribon)	823	0,000923
Galicie	870	0,000813
Gabian (Hérault-France)	894	0,000687
Roumanie (Valachie)	901	0,000748
Piémont	919	0,000752
Canada	828	0,000883
Canada (Bothwel)	857	0,000868
Virginie occidentale (White Oak)	873	0,000720
— (Burning Spring)	841	0,000839
Pensylvanie (Oil Creek)	816	0,000840
— (Franklin)	886	0,000721
Parme (Salo)	786	0,001060
Virginie Occidentale	857	0,000788
Russie (Balakhany)	882	0,000817
—	884	0,000724
—	938	0,000681
Zante	952	0,000670
Roumanie	862	0,000808
—	901	0,000730
Russie	954	0,000710
Bakou	890	0,000784
Hydrocarbure C^{5}H^{12} bouillant à + 30°C	640	0,001589
— C^{16}H^{34} bouillant de 278 à 282°	828,7	0,0008045
Virginie occidentale (White Oak)	873	0,00046
— (Burning Spring)	841	0,00081
Pensylvanie (Oil Creek)	816	0,00082
Canada	870	0,00044
Burmah	892	0,00072
Bakou	954	0,00071
Roumanie	862	0,00080
Parme	809	0,00096
Gabian	894	0,00069
Zante	952	0,00067

Les coefficients de dilatation ainsi déterminés correspondent à la formule :

$$V = V_0(1 + at);$$

elle n'est pas complètement exacte; aussi faut-il n'employer les coefficients précédents qu'entre des limites de températures assez restreintes; les nombres du tableau peuvent être appliqués entre 0 et 50° C.

La formule complète serait :

$$V = V_0(1 + at + bt^2 + ct^3);$$

pour un pétrole de densité 847, les coefficients sont, entre les températures de 24 et 120° C. :

$$a = 0,0008994; \quad b = 0,000001396; \quad c = \text{n'a pas été déterminé.}$$

D'après Mendeleef, le coefficient de variation de la densité du pétrole russe avec la température peut être considéré comme constant; pour un hydrocarbure déterminé, il serait donné par la formule :

$$d = -[0,00635\,D - 0,0000045\,D^2 - 1,44]$$

D étant la densité de l'hydrocarbure prise à 10° et étant comprise entre 750 et 900.

La variation du coefficient de dilatation, d'après la densité des produits tirés des pétroles de Bakou est indiquée ci-dessous, ces coefficients peuvent s'appliquer entre 20° et 50° C.

Poids spécifique	Coefficient de dilatation
0,700 à 0,720	0,000820
0,720 à 0,740	0,000810
0,740 à 0,760	0,000800
0,760 à 0,780	0,000790
0,780 à 0,800	0,000780
0,800 à 0,810	0,000770
0,810 à 0,820	0,000760
0,820 à 0,830	0,000750
0,830 à 0,840	0,000740
0,840 à 0,850	0,000720
0,850 à 0,860	0,000710
0,860 à 0,865	0,000700
0,865 à 0,870	0,000692
0,870 à 0,875	0,000685
0,875 à 0,880	0,000677
0,880 à 0,885	0,000670
0,885 à 0,890	0,000660
0,890 à 0,895	0,000650
0,895 à 0,900	0,000640
0,900 à 0,905	0,000630
0,905 à 0,910	0,000620
0,910 à 0,920	0,000600

Le coefficient de dilatation pour le pétrole brut varie avec la température; les résultats suivants ont été obtenus sur un pétrole brut de Bakou :

Température	Densité	Coefficient de dilatation
— 6,8	0,8873	0,000614
+ 0,4	0,8833	0,000627
+15	0,8737	0,000627
+50	0,8506	0,000670
+75	0,8333	0,000700

Les coefficients suivants sont ceux qui sont admis par la Commission de Bakou, pour les pétroles bruts et les produits qui en dérivent.

PÉTROLE BRUT

Limites de température en C°	Coefficient de dilatation
0° à + 15°	0,00063
+ 15° à + 50°	0,00065

KÉROSÈNE ET BENZINE

0° à + 15°.. 0,00071
+ 15° à + 50°.. 0,00072

HUILE SOLAIRE

0° à + 15°.. 0,00069
+ 15° à + 50°.. 0,00070

HUILE DE GRAISSAGE

0° à + 15°.. 0,00063
+ 15° à + 50°.. 0,00064

RÉSIDU

0° à + 15°.. 0,00063
+ 15° à + 50°.. 0,000632

D'après Markownikov et Oglobin, les coefficients de dilatation pour les différents fractionnements d'un pétrole de Pensylvanie entre 0 et 40° C. sont les suivants :

Densité à 15° C.

Inférieur à 700.. 0,0009
700 à 750 0,00085
750 à 800 0,0008
800 à 815 0,0007
Au-dessus de 815 0,00065

Pour les huiles de graissage de densité supérieure 900, le coefficient de dilatation entre 20° et 78° C. varie entre 0,0007 et 0,00072.

Pour une densité inférieure à 908, le coefficient varie pour les mêmes températures entre 0,00072 et 0,00076.

En France, dans la pratique des transactions de l'industrie du pétrole, il est d'usage d'admettre une variation de densité de 0,00072 par degré centigrade pour les pétroles d'une densité voisine de 800, une variation de 0,0008 pour les essences d'une densité voisine de 700, une variation de 0,00087 pour les essences d'une densité voisine de 650 et une variation de 0,00063 pour les huiles lourdes d'une densité voisine de 900.

Lorsqu'il est nécessaire d'avoir une densité aussi exacte que possible, il est préférable, à cause de l'incertitude qui règne toujours sur la valeur du coefficient de dilatation, de prendre la densité sur le liquide amené préalablement à la température de 15° C., ou, tout au moins, à n'avoir à faire de correction que sur une fraction de degré centigrade.

INDICES DE RÉFRACTION DES PRODUITS DE LA DISTILLATION DE PÉTROLES BRUTS
DE PENSYLVANIE ET D'OHIO

TEMPÉRATURES	OHIO		PENSYLVANIE	
	DENSITÉ	INDICE DE RÉFRACTION	DENSITÉ	INDICE DE RÉFRACTION
Au-dessous de 150°...	730	1,442	719	1,445
150 à 300..........	801	1,442	798	1,437
300 à 350..........	840	1,468	834	1,462
350 à 400..........	864	1,481	paraffine	1,470
APRÈS TRAITEMENT PAR L'ACIDE SULFURIQUE				
150 à 300..........	800	1,443	799	1,438

INDICES DE RÉFRACTION DES PRODUITS DE LA DISTILLATION DE DIFFÉRENTS
PÉTROLES BRUTS (ENGLER)

TEMPÉRATURE DE DISTILLATION	TEGERNSEE (BAVIÈRE)		PECHELBRONN (ALSACE)		OELHEIM (HANOVRE)		PENSYLVANIE (ÉTATS-UNIS)		BAKOU (RUSSIE)	
	DENSITÉ	INDICE	DENSITÉ	INDICE	DENSITÉ	INDICE	DENSITÉ	INDICE	DENSITÉ	INDICE
140 à 160° C.	0,7405	1,427	0,755	1,421	0,783	1,435	0,755	1,422	0,782	1,436
190 à 210° C.	0,7840	1,437	0,790	1,440	0,8155	1,450	0,7860	1,439	0,8195	1,454
240 à 260° C.	0,8130	1,451	0,8155	1,454	0,8420	1,468	0,8120	1,454	0,8445	1,467
290 à 310° C.	0,8370	1,465	0,8390	1,462	0,8625	1,480	0,8325	1,463	0,8640	1,475

L'action de différents pétroles sur la lumière polarisée est résumée dans le tableau suivant :

PRODUITS DU PÉTROLE DE BAKOU

	Densité à +15°	Pouvoir rotatoire pour 200 millimètres
Kérosène	0,8252	+0°,8
Astraline	0,8323	+0 ,2
Pyronaphte	0,8622	+0 ,5
Huile de vaseline	0,8685	+1 ,0
Huile à broche	0,8985	+2 ,3
Huile à machine	0,9077	+3 ,6

PRODUITS DU PÉTROLE DE GOSNY

Kérosène	0,8041	+0°,2

PRODUITS DE PÉTROLES AMÉRICAINS

Bouillant de 110 à 200	0,7744	+0°,2
Huile de graissage	0,9025	+0 ,4

Chaleur spécifique et chaleur latente de vaporisation de quelques pétroles. — Chaleur spécifique :

Huile américaine D = 820 à 0°	0,48
Pétrole de Parme (commune de Salo) D = 786 à 0°	0,49
Essence bouillant entre 65 et 90° C	0,45
Pétrole bouillant entre 150 et 280° C	0,50

Chaleur latente de vaporisation :

Entre 125 et 240°	115 cal.
Entre 65 et 90° C	93 —
Entre 150 et 280	110 —

Composition élémentaire des pétroles bruts. — Les pétroles bruts sont surtout constitués de carbone et d'hydrogène ; et accessoirement, on y constate la présence de soufre, d'azote et d'oxygène.

La proportion de carbone varie de 79,5 à 88,7 0/0 ; celle de l'hydrogène oscille de 9,6 à 16 0/0.

L'oxygène, l'azote et le soufre y sont en faibles proportions.

COMPOSITION ÉLÉMENTAIRE DES PÉTROLES BRUTS D'APRÈS SAINTE-CLAIRE DEVILLE ET D'AUTRES AUTEURS

NUMÉRO DE L'échantillon	PROVENANCE	DENSITÉ À C°	C	H	O	POUVOIR CALORIFIQUE
1	Virginie Occidentale............	873	83,5	13,3	3,2	10.180
2	—	841	84,3	14,1	1,6	10.223
3	Pensylvanie..................	816	82,0	14,8	3,2	9.963
4	Ohio.......................	887	84,2	13,1	2,7	10.339
5	Pensylvanie..................	886	84,9	13,7	1,4	10.672
6	Parme......................	786	84,0	13,4	1,8	10.121
7	Java (Daudang Ilo)............	923	87,1	12,0	0,9	10.831
8	Java (Tjibodas Franggah).......	827	83,6	14,0	2,4	9.593
9	Java (Gogor).................	972	85,0	11,2	2,8	10.183
10	Pechelbronn	912	86,9	11,8	1,3	9.708
11	Pechelbronn [1]	968	85,6	9,6	4,5	10.120
12	—	892	85,7	12,0	2,3	10.020
13	Gabian.....................	894	86,1	12,7	1,2	
14	Hanovre (Odesse).............	892	80,4	12,7	6,9	
15	Galicie.....................	870	82,2	12,1	5,7	10.085
16	—	885	85,3	12,6	2,1	10.231
17	Parme......................	809	81,9	12,5	5,6	
18	Zante......................	952	82,6	11,8	5,6	
19	Canada.....................	828	83,2	14,6	2,4	
20	Birmanie (Burmah)............	875[3] à 28°	83,8	12,7	3,5	
21	Chine	860	83,5	12,9	3,6	
	Balakhany	882	87,4	12,5	0,1	11.700
	Bakou.....................	884	86,3	13,6	0,1	11.400
	—	938	86,6	12,3	1,1	10.800
	—	861				
	Grosny [2].................	906	86,37	12,97	0,4	

COMPOSITION ÉLÉMENTAIRE DES PÉTROLES BRUTS DE ROUMANIE
(D'APRÈS LE Dr EDELEAU)

PROVENANCE	C	H	S
Campeni Parjol..................	85,29	14,21	0,03
Soloniz.......................	86,47	13,16	0,17
Stanesti......................	86,03	13,04	0,06
Lucacesti	85,92	13,28	0,28
Manesti......................	86,63	12,52	0,20
Tetzcani Vatra.................	85,17	14,03	
Tetzcani Antal.................	85,91	13,38	0,14
Tetzcani Sarbi.................	85,65	13,32	
Comanesti	85,22	14,20	
Mosoarele....................	85,46	13,36	
Doftana......................	86,11	12,98	0,21
Casinul	85,05	13,78	0,14
Bisoca	85,18	13,94	
Berca.......................	85,60	14,01	
Sarata Monteoru...............	85,07	13,28	0,33
Tega........................	85,56	12,86	
Campina.....................	86,03	13,26	0,13
Bustenari....................	86,30	13,32	0,18
Baicoi	84,11	14,81	0,09
Poiana Verbilau...............	85,44	13,88	0,07
Pacureti.....................	85,88	13,29	0,08
Apostolache..................	85,51	14,10	0,19
Recea.......................	86,23	12,81	0,16
Matita.......................	85,52	13,90	0,05
Gura Ocnitza.................	85,87	13,08	
Glodeni......................	85,59	13,94	

1. Az = 0,25, Cendres = 0,05.
2. Az = 0,07, S = 0,1, Cendres 0,3 à 0,12.
3. À 28° C.

Soufre dans les pétroles de Californie. — Le soufre a été dosé à l'état d'acide sulfurique produit dans la combustion par la bombe calorimétrique.

Les gaz de la combustion ne contenaient pas d'acide sulfureux ; en fait, ils contenaient AzO^3H.

Pratiquement, tout SO^4H^2 et AzO^3H reste dans la bombe :

Nos	COMTÉS	LOCALITÉS	S	POUVOIR CALORIFIQUE	DENSITÉ à 15° C.
0	Santa Clara........	Sargent Ranch	0,83	10.393	942
1	Santa Barbara.....	Western Union	2,08	10.369	934
61	—	Careaga	0,60	10.825	851
2	—		1,56	10.543	888
3	—	Lompoc	4,43	10.258	957
4	—	Summerland	0,44	10.348	966
6	—	—	0,48	10.647	881
7	Ventura..........	Adams Cañon	0,32	10.604	932
9	—	Salt Marsh Cañon	1,74	10.484	888
10	—	Whides Cañon	0,72	10.645	876
14	—	Ojai	1,48	9.112	975
17	—	Sulphur Mountain	1,46	10.306	949
19	—	Torrey Cañon	0,71	10.611	876
21	Los Angeles.......	Middle Field	0,85	10.437	955
23	—	Est End Field	0,49	10.091	977
28	—	Middle Field	1,18	10.073	971
29	—	—	1,30	9.387	974
31	—	Whithier	0,93	10.064	970
35	—	Puenté	0,36	9.389	878
38	Orange	Fullerton	0,79	9.606	914
49	Los Angeles.......	Elsmere Cañon	0,69	10.139	987
50	—	San Fernando	0,49	9.911	947
55	—	Elsmere Cañon	0,72	10.044	969
57	—	Pico Cañon	0,28	9.322	837
58	—	Elsmere Cañon	0,62	10.042	967
40	Orange..........	Fullerton	1,09	9.813	940
33	—	—	0,41	9.220	854
34	—	—	0,94	9.678	914
46	Fresno	Coalinga	0,06	9.040	853
47	—	—	0,45	9.726	915
48	—	—	0,38	9.321	868
41	—	—	0,78	10.088	976
51	Kern.............	Kern River	0,94	9.989	961
53	—	Sunset	0,90	10.173	981
42	—	Mac Kittrick	0,77	9.804	943
43	—	—	0,76	9.817	940
60	—	Tremblor	1,08	10.092	974

Mabery et Smith ont trouvé dans les pétroles du Canada 0,47 à 0,6 0/0 de soufre, en employant la méthode de Carius.

Le pétrole de Beaumont, au Texas, contient de 1,63 à 1,75 de soufre.

MM. Mabery et Smith ont trouvé dans les pétroles de l'Ohio de 0,5 à 0,6 0/0 de soufre ; ils faisaient cette détermination par la méthode de Carius.

En traitant les huiles par le chlorure mercurique, ils ont isolé les composés sulfurés. Ces combinaisons cristallisent facilement et régénèrent le composé sulfuré quand on les traite par l'hydrogène sulfuré.

Le soufre peut être éliminé de ces pétroles sans que l'odeur désagréable disparaisse, ce qui doit être attribué à la présence de carbures non saturés.

Dans différents pétroles du Canada, ils ont trouvé de 0,47 à 0,52 0/0 de soufre pour les portions distillant entre 150 et 300°, sous 250 millimètres de pression le résidu en renferme 0,98.

Entre 110° et 170°, en distillant à la vapeur, on a trouvé des fractions contenant jusqu'à 11 à 14 0/0 de soufre.

Le résidu de l'entraînement renferme de 9 à 12 0/0 de soufre et donne avec le chlorure mercurique des précipités cristallins ou huileux; ces huiles retiennent l'eau avec avidité et se décomposent probablement en partie à la distillation.

Pouvoir calorifique. — Le pouvoir calorifique du pétrole est un facteur extrêmement intéressant eu égard à son utilisation comme combustible, il varie entre des limites restreintes; étant généralement compris entre 9.000 et 11.700[1].

Dans les tableaux précédents se trouvent un certain nombre de déterminations de pouvoirs calorifiques pour différents pétroles bruts.

Comme terme de comparaison il est intéressant de rappeler les pouvoirs calorifiques des principaux combustibles employés.

	A L'ÉTAT PUR ET SEC	A L'ÉTAT ORDINAIRE
Bois..........................	3.600 à 3.800	2.400 à 2.500
Tourbe........................	4.800 à 5.600	3.000 à 3.700
Lignite.......................	4.800 à 7.500	4.000 à 6.600
Houille maigre................	8.000 à 8.500	7.200 à 7.800
Houille à gaz.................	8.500 à 8.800	7.500 à 8.000
Houille 1/2 grasse............	9.300 à 9.600	8.300 à 8.600
Anthracite....................	9.000 à 9.400	7.800 à 8.300

Deux formules, celle de Dulong et celle de Mendeleef, ont surtout été appliquées pour déterminer par le calcul le pouvoir calorifique d'un combustible, connaissant sa composition centésimale.

Ces deux formules sont :

Formule de Dulong :

$$Q = 345 \left(H - \frac{1}{8} O \right) + 80\,C + 24\,S,$$

Formule de Mendeleef :

$$Q = 300 H + 81 C + 26 (S - O).$$

[1]. Le pouvoir calorique des essences de pétrole est plus considérable pour une essence de densité voisine de 700, le pouvoir calorique est d'environ 12.200 calories.

Si on les applique au calcul du pouvoir calorifique de certains échantillons de pétrole et qu'on compare avec les résultats obtenus, on trouve :

PROVENANCE	DULONG	MENDELEEF	TROUVÉ
Pétrole de Virginie occidentale	11.540	11.027	10.223
Pétrole lourd de l'Ohio	11.152	10.680	10.399
Pétrole lourd de Pensylvanie	11.490	10.981	10.672
Pétrole de Java	11.064	10.732	10.831
Galicie occidentale	10.519	10.288	10.005
Galicie orientale	11.168	10.625	10.231
Résidu Bakou	10.960	10.562	10.700
Pétrole brut de Bakou léger	11.594	11.098	11.064
Pétrole brut de Bakou lourd	11.347	10.702	10.800

CORPS DONT L'EXISTENCE A ÉTÉ CONSTATÉE DANS DIFFÉRENTS PÉTROLES BRUTS

CARBURES D'HYDROGÈNE FORMÉNIQUES C^nH^{2n+2}

Méthane	Gaz naturels.
Éthane	» »
Propane	» »
Butane normal (Diéthyle)	Pétrole de Pensylvanie (Mabery).
Pentane normal	» »
Diméthylpropane	» »
Tétraméthylméthane	Pétrole russe (Kossatkin).
Hexane normal	Pétrole de Roumanie (Poni).
Méthyl-2-pentane (Isohexane, Ethylisobutyle)	Pétrole de Roumanie (Poni).
Méthyl-3-pentane (méthyldiéthylméthane)	» »
Diméthyl-2-3-Butane (diisopropyle)	Pétrole russe (Markownikoff).
— -2-2- — (hexane tertiaire)	Pétrole de Roumanie (Poni).
Heptane normal	Pétrole russe (Charitchskoff); pétrole de Roumanie (Poni); pétrole de Pensylvanie (Sydney Young).
Méthyl-2-hexane (isoheptane, éthylisoamyle	Pétrole de Pensylvanie (Sydney Young).
Ethyl-3-pentane (Triéthylméthane)	Pétrole russe (Markownikoff).
Diméthyl-2-4-pentane (Diméthyldiéthylméthane)	» »
Diméthyl-2-2-pentane (Triméthylpropylméthane	Pétrole russe (Markownikoff).
Octane normal	Pétrole de Pensylvanie (Mabery); pétrole russe (Markownikoff).
Diisobutyle	» »
Nonane normal	» »
Décane normal	» »
Undécane normal	» »
Dodécane normal	» »
Tridécane normal	» »
Tétradécane normal	Pétrole de Pensylvanie (Mabery)
Pentadécane normal	— —
Hexadécane normal	— —
Heptadécane normal	— —
Octodécane normal	— — paraffine (Kraff).
Nonodécane normal	— — — —

CARBURES D'HYDROGÈNE FORMÉNIQUES (*suite*)

Éicosane normal	Pétrole de Pensylvanie (Mabery); paraffine (Kraff).			
Hénéicosane normal	—	—	—	—
Docosane normal	—	—	—	—
Tricosane normal	—	—	—	—
Tétracosane normal	—	—	—	—
Pentacosane normal	—	—	—	—
Hexacosane normal	—	—	—	—
Octocosane normal	—	—	—	—
Nonocosane normal	—	—		
Hentricontane	—	—		
Dotricontane	—	—		
Tétratricontane	—	—		
Pentatricontane	—	—		

CARBURES ÉTHYLÉNIQUES C^nH^{2n}

Éthylène	»	»
Propylène	»	»
Butylène	»	»
Amylène	»	»
Hexylène	»	»
Heptylène	»	»
Octylène	»	»
Nonylène	»	»
Décylène	»	»
Undécylène	»	»
Dodécylène	»	»
Tridécylène	»	»
Tétradécylène	»	»
Cétène	»	»
Cérotène	»	»
Mélène	»	»
C^nH^{2n}	Pétroles du Japon (Tanako).	
$C^{12}H^{24}$	Pétroles de l'Ohio et du Canada (Mabery).	
$C^{13}H^{26}$	—	—
$C^{14}H^{28}$	—	—
$C^{15}H^{30}$	—	—
$C^{16}H^{32}$	—	»
$C^{17}H^{34}$	—	»

COMPOSÉS OXYGÉNÉS

Acétaldéhyde	Pétrole de Pensylvanie (Robinson).
Acide formique	Pétrole russe (Schridoff).
Acide oxalique	—

CARBURES C^nH^{2n-2}

Groupe de l'acétylène, pétroles russes (Markownikoff, Oglobin, Mendeleef) :

$C^{13}H^{24}$	Pétrole de Californie (Mabery).
$C^{16}H^{30}$	—
$C^{19}H^{36}$	Pétrole de l'Ohio (Mabery).
$C^{21}H^{40}$	—
$C^{22}H^{44}$	—
$C^{24}H^{46}$	—

CARBURES C^nH^{2n-4}

$C^{17}H^{30}$............................. Pétrole de Californie (Mabery)
$C^{18}H^{32}$.............................   —   —   —
$C^{22}H^{42}$.............................   — de l'Ohio   —
$C^{24}H^{44}$............................. $\{$ — de Californie   —
                                             — de l'Ohio   —
$C^{25}H^{46}$.............................   — de l'Ohio   —

CARBURES C^nH^{2n-8}

$C^{27}H^{66}$.............................   »
$C^{29}H^{50}$.............................   »

CARBURES ALICYCLIQUES

Méthylpentaméthylène................ Pétrole russe (Aschan).
Hexanaphtène (78-80)................   —   —   (Markownikoff).
    —   (80-82).................   —   —   (Charitchkoff).
Hexaméthylène.....................   — de Californie (Mabery et Siéplein); pétrole
                                              russe (Markownikoff).
Heptaméthylène...................   — russe (Markownikoff); pétrole de Califor-
                                              nie (Mabery et Siéplein).
Diméthylcyclohexane...............   — de Californie (Mabery et Siéplein).
Hexahydrométaxylène..............   — américain (Beilstein et Kourbatoff).
Nononaphtène.....................   — russe (Markownikoff, Oglobin, Konovaloff).
Triméthylcyclohexane..............   — de Californie (Mabery et Siéplein).
Décanaphtène....................   —   —   —   —
Undécanaphtène..................   —   —   —   —
Tridécanaphtène..................   —   —   —   —
Tétradécanaphtène................   —   —   —   —
Pentadécanaphtène...............   —   —   —   —

Camphènes C^nH^{2n-2} (asphaltes des Pechlbronn, du Val de Travers) :

$C^{19}H^{36}$............................. Pétrole russe (Charitchskoff).
$C^{21}H^{40}$.............................   —   —
$C^{22}H^{42}$.............................   —   —
$C^{24}H^{46}$.............................   —   —
$C^{35}H^{68}$.............................   —   —

ACIDES DE LA SÉRIE ALICYCLIQUE

Acide hexanaphtène carbonique..... Pétrole russe (Aschan).
  — heptanaphtène   —   .....   —   —
  — octonaphtène   —   .....   —   —

CARBURES DE LA SÉRIE AROMATIQUE

Benzène........................... Pétrole de Pensylvanie (Norman Tate, Chandler,
                                      Boley, Schorlemner Scharzenbach).
  —   .... Pétrole de Galicie (Pawlewsky, Pebal, Freud, La-
                                      kowicz).

CARBURES DE LA SÉRIE AROMATIQUE (*suite*)

Benzène.......................... Pétrole de Californie (Mabery).
— .... — russe (Markownikoff, Beilstein, Kurbatof).
— .... — de Burmah (De la Rue, Hugo Muller).
Toluène.......................... Pétrole de Californie (Mabery et Siéplein).
— .... — de Roumanie (Poni).
Xylènes.......................... Pétrole de Burmah (De la Rue, Hugo Muller).
— .... — . de Pensylvanie (Schorlemner).
— .... — de Roumanie (Poni).
— .... — russe (Zelinsky).
Orthoxylène...................... Pétrole de Galicie (Pawlewsky, Lakowitz).
— .... — russe (Kramer, Markownikoff).
Métaxylène....................... Pétrole de Californie (Mabery et Siéplein).
— .... — russe (Zelinsky).
Paraxylène (137)................. Pétrole de Galicie (Pawlewsky).
Cumène........................... Pétrole de Burmah (De la Rue, Hugo Muller, Engler,
                                    Bock).
Pseudocumène..................... Pétrole russe (Markownikoff, Oglobin, Zelinsky).
— .... — de l'Ohio.
Mésitylène....................... Pétrole de Galicie (Lakowitz).
— .... — de Pensylvanie, de Hanovre, de Galicie,
                                    d'Italie, d'Alsace.
— .... Pétrole russe (Markownikoff).
— .... — de Roumanie (Poni).
Durène........................... — de l'Ohio.
Isodurène........................ —
Cymène........................... — —
Isocymène........................ — —
Naphtaline....................... Pétrole russe (Zélinsky).
Pseudopropylnaphtaline........... »   »
Anthracène....................... Pétrole russe (Zélinsky).
Phenanthrène..................... »   (Prunier).
Chrysène......................... »   —
Picène........................... Pétrole russe (Klandy et Fink).
Crakène.......................... — —
Pétrocène........................ »   (Prunier).
Carbopétrocène................... »   —
Thalène.......................... »   »

COMPOSÉS AZOTÉS

Bases $C^nH^{2n-15}Az$.................. Pétrole russe (Chlopin).
— $C^{12}H^{17}Az$.................... »   »
— $C^{17}H^{29}Az$.................... »   »
Hydrocorridine................... Pétrole russe (Zalociesky).

COMPOSÉS SULFURÉS

Sulfure de carbone ; — de méthyle ; — d'étyle ; — de propyle ; — de butyle ;	Sulfure d'isobutyle ; — de pentyle ; — d'éthylpentyle ; — de butylpentyle ; — d'hexyle.

Thiophène, pétrole russe (Charitchskoff) :

Hexylthiophane ;	Undécylthiophane ;
Heptylthiophane ;	Quartdécylthiophane ;
Octylthiophane ;	Sexdécylthiophane ;
Nonylthiophane ;	Octodécylthiophane.
Décylthiophane ;	

Les pétroles bruts, quelles que soient leurs origines, sont constitués principalement par des carbures d'hydrogène, qui appartiennent soit à la série des carbures forméniques, à celle des carbures éthyléniques, ou acétyléniques, à celle des carbures alicycliques, ou aromatiques; toutes les familles des carbures d'hydrogène s'y trouvent donc représentées.

Pelouze et Cahours déterminèrent la nature d'un certain nombre de carbures d'hydrogène qu'ils avaient retirés des pétroles américains.

Les constantes qu'ils établirent sont résumées dans le tableau suivant, où se trouvent également reportées les constantes actuellement admises pour les corps correspondants de la détermination de Cahours; il y a d'assez notables écarts surtout pour les termes les plus élevés.

CONSTANTES DÉTERMINÉES PAR CAHOURS				CONSTANTES ACTUELLEMENT ADMISES		
NOM DU COMPOSÉ	FORMULE	DENSITÉ A L'ÉTAT LIQUIDE	POINT D'ÉBULLITION	NOM DU COMPOSÉ	POINT d'ébullition	DENSITÉ
Hydrure de butyle.....	C^4H^{10}	0,600 à 0°	0	Butane normal	+1	0,600 à 0°
— d'amyle	C^5H^{12}	0,628 à 18°	30	Diméthylpropane (secondaire).	31	0,628 à 13
— de caproyle...	C^6H^{14}	0,669 —	68	Hexane normal.............	71	0,663 à 17
— d'œnanthyle ..	C^7H^{16}	0,690 —	92 à 94	Heptane —	98	0,705 à 0
— de capryle....	C^8H^{18}	0,726 —	116 à 118	Octane —	124	0,719 à 0
— de pélargyle ..	C^9H^{20}	0,741 —	136 à 138	Nonane —	149,5	0,7083 à 12°,5
— de rutyle	$C^{10}H^{22}$	0,757 —	158 à 162	Décane —	173	0,733 à 0
— d'undécyle ...	$C^{11}H^{24}$	0,766 —	180 à 182	Undécane normal.............	194	0,746 à 0
— de lauryle....	$C^{12}H^{26}$	0,778 —	198 à 200	Dodécane —	214	0,775 à 0
— de cocynyle ..	$C^{13}H^{28}$	0,797 —	218 à 220	Tridécane —	234	0,751 à 20
— de myristyle..	$C^{14}H^{30}$	0,809 —	234 à 240	Tétradécane —	252	0,775 à 9
— de bényle	$C^{15}H^{32}$	0,825 —	258 à 262	»	270	0,764 à 20
— de palmityle..	»	»	vers 299	»	287	0,768 à 20

Schorlemner étudia également la constitution des pétroles américains et y trouva : le pentane normal bouillant à 37-39°; — le diméthylpropane bouillant à 30°; densité, 0,626; — l'hexane normal, bouillant à 71°,5; densité, 0,633 à 17°; — l'heptane normal, bouillant à 98°; densité, 0,712 à 16°; — le diméthyldiéthylméthane, bouillant à 86°,5; densité, 744 à 0°; — l'octane normal, bouillant à 124°; densité, 0,703 à 17°.

Francis et Young déterminèrent les constantes de l'heptane normal, tiré du pétrole de Pensylvanie et trouvèrent un point d'ébullition de 98,34; une densité de 0,7048 à 0°, 0,6665 à 50°; une température critique de 266°, correspondant à une pression de 20.415 millimètres.

Mabery et Hudson trouvèrent pour le butane tiré du pétrole une densité de 0,6029 à 0° le point d'ébullition étant de 0°, le dérivé monochloré C^4H^9Cl, ayant un point d'ébullition de 69° et une densité de 0,869 à 24°; l'acétate bout à 116° et l'alcool à 108°; pour l'isopentane, le dérivé monochloré $C^{10}H^{21}Cl$ avait une densité de 0,8750 et l'acétate bouillait à 134°-135°; ils trouvèrent deux octanes : l'un bouillant à 124° dont la densité était 0,713, et son dérivé monochloré $C^8H^{17}Cl$ bouillant à 174°; l'autre, bouillant à 175°,5, dont la densité à 30° était 0,7243 et dont le chlorure $C^8H^{17}Cl$ bouillait à 166°.

Beilstein et Kourbatoff trouvèrent aussi dans le pétrole américain l'hexahydrométaxylène indiquant ainsi qu'il s'y trouvait également des carbures alicycliques.

Warren a isolé un certain nombre de carbures, qui, d'après leurs constantes, sont probablement :

CARBURES	POINT D'ÉBULLITION	DENSITÉ A 0°
Butane normal		0,600
Isobutane (?)	8-9	0,611
Pentane normal	37	0,645
Méthyl-2-butane	30,2	0,640
Hexane normal	68,5	0,689
Diméthyl-2-3-butane	61,3	0,676
Heptane normal	98,1	0,730
Diméthyldiéthylméthane	90.4	0,718
Octane normal	127,6	0,752
Octane (?)	119	0,737
Nonane	150,8	0,756

et d'autres carbures C^nH^{2n} appartenant à la série éthylénique, mais qui, d'après Markownikoff, seraient des naphtènes. Morgan a signalé dans les pétroles américains la présence d'un troisième heptane.

Mabery a séparé, soit par des distillations fractionnées nombreuses, soit par précipitation fractionnée à l'aide de l'alcool dans les dissolutions des carbures dans l'alcool amylique ou l'éther, les carbures de poids moléculaires élevés contenus dans le pétrole de Pensylvanie. Pour certains d'entre eux, il a étudié les dérivés mono ou dichlorés dont il a déterminé les constantes. Le résultat de cette étude est contenu dans le tableau suivant :

CARBURES D'HYDROGÈNE DE POIDS MOLÉCULAIRES ÉLEVÉS CONTENUS DANS LES PÉTROLES DE PENSYLVANIE

| | | PROPRIÉTÉS DES CARBURES | | | | PROPRIÉTÉS DES DÉRIVÉS CHLORÉS | | |
DÉSIGNATION DES CARBURES	FORMULES	POINT D'ÉBULLITION SOUS 760 MILLIMÈTRES OU POINT DE FUSION	POINT D'ÉBULLITION A PRESSION RÉDUITE	DENSITÉS A DIFFÉRENTES TEMPÉRATURES	INDICES DE RÉFRACTION	TEMPÉRATURES D'ÉBULLITION SOUS PRESSION RÉDUITE	DENSITÉ A 20°	INDICES DE RÉFRACTION
			millimètres			millimètres		
Tridécane	$C^{13}H^{28}$	221-222	124-126 à 50^{mm}	$d_{20} = 0,7834$	$n_D = 1,4354$ à 20°	(1) 135-140 à 12	$d_{20} = 0,8973$	$n_D = 1,451$
Tétradécane	$C^{14}H^{30}$	236-238	142-143 —	0,7814	1,436 —	(1) 150-153 à 20	0,9185	»
Pentadécane	$C^{15}H^{32}$	256-257	158-159 —	0,7896	1,4413 —	(2) 175-180 à 13	1,0045	»
Hexadécane	$C^{16}H^{34}$	275-276	174-175 —	0,7911	1,4413 —	(2) 205-210 à 16	1,0314	»
Heptadécane	$C^{17}H^{36}$	288-289	188-190 —	0,800	»	(1) 175-177 à 15	0,8962	»
Octodécane	$C^{18}H^{38}$	300-301	199-200 —	0,8017	»	(1) 185-190 à 15	0,9041	1,440
Nonadécane	$C^{19}H^{40}$	»	210-212 —	0,8122	1,4522 —	»	»	»

(Presque tous les carbures précédents renferment de petites quantités de carbures éthyléniques).

Unéicosane	$C^{21}H^{44}$	Fusion 40-41	»	$d_{20} = 0,823$	»	»	»	»
Unéicosène	$C^{21}H^{42}$	»	»	0,824	»	»	»	»
Docosane	$C^{22}H^{46}$	— 44	»	$d_{60} = 0,7796$	»	»	»	»
Docosène	$C^{22}H^{44}$	»	»	$d_{20} = 0,8296$	»	»	»	»
Tricosane	$C^{23}H^{48}$	— 47,7	»	$d_{60} = 0,7894$	»	»	»	»
Tricosène	»	»	»	$d_{20} = 0,8569$	$n_D = 1,4714$ —	»	»	»
Tétracosane	$C^{24}H^{50}$	— 51°	»	$d_{60} = 0,7902$	»	»	»	»
Tétracosène	$C^{24}H^{48}$	»	»	$d_{80} = 0,7875$	»	»	»	»
Pentacosane	$C^{25}H^{52}$	— 53-54	»	$d_{20} = 0,8582$	1,4726 —	»	»	»
Hexacosène	$C^{26}H^{52}$	»	»	$d_{20} = 0,858$	$n_\varphi = 1,4725$ —	»	»	»
Hexacosane	$C^{26}H^{54}$	— 58	»	$d_{60} = 0,7977$	»	»	»	»
Heptacosène	$C^{27}H^{52}$	»	»	$d_{26} = 0,8688$	1,4722 —	»	»	»
Octosane	$C^{28}H^{58}$	— 60	»	$d_{70} = 0,7945$	»	»	»	»
Octosine	$C^{28}H^{54}$	»	»	$d_{20} = 0,8694$	1,480 —	»	»	»
Hentricontane	$C^{31}H^{64}$	— 66	»	$d_{70} = 0,7997$	»	»	»	»
Dotricontane	$C^{32}H^{66}$	— 67-68	»	$d_{75} = 0,8005$	»	»	»	»
Tétratricontane	$C^{34}H^{66}$	— 71-72	»	$d_{80} = 0,8009$	»	»	»	»
Pentatricontane	$C^{35}H^{72}$	— 76	»	$d_{80} = 0,8052$	»	»	»	»

(1) Indique les dérivés monochlorés.
(2) Indique les dérivés bichlorés.

En résumé, les pétroles de Pensylvanie contiennent, à côté de carbures appartenant à d'autres séries, mais en petite quantité, à peu près tous les carbures de la série C^nH^{2n+2} depuis le butane jusqu'au pentatricontane, les carbures autres que ceux de la série C^nH^{2n+2} appartiennent à la série alicyclique à la série éthylénique[1] et à des séries moins riches en hydrogène notamment ceux de la série C^nH^{2n-2} qui sont probablement des carbures cycliques.

Les carbures des différentes séries reconnus dans le pétrole de Pensylvanie sont indiqués dans le tableau suivant :

TABLEAU DES CARBURES D'HYDROGÈNE DONT LA PRÉSENCE A ÉTÉ RECONNUE DANS LE PÉTROLE DE PENSYLVANIE

DÉSIGNATION	FORMULE	DENSITÉ	TEMPÉRATURE du carbone	PAR RAPPORT à la densité de l'eau à la température de	INDICE de RÉFRACTION	POINT D'ÉBULLITION	À LA PRESSION DE
CARBURES FORMÉNIQUES C^nH^{2n+2}							
Butane normal	»	»	»	»	»	»	»
Isobutane	»	»	»	»	»	»	»
Pentane normal	C^5H^{12}	0,6454	0°	4°	»	36°,3	760
Diméthylpropane	C^5H^{12}	0,6392	0	4	»	27 ,95	711
Hexane normal	C^6H^{14}	0,6771	0	4	»	68 ,95	711
Diisopropyle	C^6H^{14}	0,6730	0	4	»	61 ,00	711
Heptane normal	C^7H^{16}	»	»	»	»	98 ,40	711
Ethylamyle	C^7H^{16}	0,6969	0	4	»	90 ,30	711
Octane normal	C^8H^{18}	0,7188	20	20	»	125 ,00	7.0
Diisobutyle	C^8H^{18}	0,7190	20	20	»	119 ,00	760
Nonane normal	C^9H^{20}	»	»	»	»	151 ,00	760
Décane normal	$C^{10}H^{22}$	0,7479	20	20	»	163-164	760
Décane secondaire	$C^{10}H^{22}$	0,7467	20	20	»	173-174	760
Undécane normal	$C^{11}H^{24}$	0,7576	20	20	»	196-197	760
Dodécane normal	$C^{12}H^{26}$	0,7676	20	0	»	214-216	760
Tridécane normal	$C^{13}H^{28}$	0,7834	20	20	1,451	226	760
Tétradécane normal	$C^{14}H^{30}$	0,7814	20	20	1,436	236-238	760
Pentadécane normal	$C^{15}H^{32}$	0,7896	20	20	1,4413	256-257	760
Hexadécane normal	$C^{16}H^{34}$	0,7911	20	0	1,4413	274-275	760
Heptadécane normal	$C^{17}H^{36}$	0,800	20	20	1,4435	288-289	760
Octodécane normal	$C^{18}H^{38}$	0,8017	20	20	1,4400	300-301	760
Nonodécane normal	$C^{19}H^{40}$	0,8122	20	20	1,4522	210-212	0
Unéicosane	$C^{21}H^{44}$	»	»	»	»	230-231	50
Duoéicosane	$C^{22}H^{46}$	0,7796	60	»	»	240-242	50
Triéicosane	$C^{23}H^{48}$	0,7900	60	»	»	258-261	50
Tétraéicosane	$C^{24}H^{50}$	0,7902	60	»	»	272-274	50
Pentaéicosane	$C^{25}H^{52}$	0,7941	60	»	»	280-282	50
Hexaéicosane	$C^{26}H^{54}$	0,7977	60	»	»	292-294	50
Octoéicosane	$C^{28}H^{58}$	0,7945	70	»	»	310-312	50
Hentricontane	$C^{31}H^{64}$	0,7992	70	»	»	328-330	50
Dotricontane	$C^{32}H^{66}$	0,8005	75	»	»	342-345	50
Tétratricontane	$C^{34}H^{70}$	0,8009	80	»	»	366-368	50
Pentatricontane	$C^{35}H^{72}$	0,80052	80	»	»	380-384	50

[1]. La présence, dans le pétrole brut américain, de carbures non saturés, n'a été réellement bien établie que récemment, par Mabery.

TABLEAU DES CARBURES D'HYDROGÈNE, ETC. (*suite*)

DÉSIGNATION	FORMULE	DENSITÉ	TEMPÉRATURE du carbone	PAR RAPPORT à la densité de l'eau à la température de	INDICE de RÉFRACTION	POINT D'ÉBULLITION	À LA PRESSION DE
CARBURES ÉTHYLÉNIQUES C^nH^{2n-2}							
Hexylène	»	»	»	»	»	$C^6H^{13}Br = 64$	50
Heptylène...............	»	»	»	»	»	$C^7H^{15}Br = 77$	50
Octylène................	»	»	»	»	»	$C^8H^{17}Br = 94$	50
Nonylène...............	»	»	»	»	»	$C^9H^{19}Br = 112$	50
Unéicosène	$C^{21}H^{42}$	0,8424	20	20	»	»	50
Duoéicosène............	$C^{22}H^{44}$	0,8262	20	20	1,454	240–242	50
Triéicosène	$C^{23}H^{46}$	0,8569	20	20	1,4714	258–260	50
Tétraéicosène	$C^{24}H^{48}$	0,8582	20	20	1,4726	272–274	50
Hexacosène............	$C^{26}H^{52}$	0,858	20	20	1,4725	280–282	50
HYDROCARBURES C^nH^{2n-2}							
	$C^{27}H^{52}$	0,8688	20	20	1,4722	290–294	50
	$C^{28}H^{54}$	0,8694	20	20	1,4800	310–312	50
CARBURES ALICYCLIQUES							
Pentaméthylène	C^5H^{10}	0,7000	0	4	»	50	760
Méthylpentaméthylène...	C^6H^{12}	0,7660	0	4	»	72	760
Hexaméthylène........	C^6H^{12}	0,7722	0	4	»	80,6	760
Diméthylpentaméthylène	C^7H^{14}	0,7543	20	4	»	94	760
Méthylhexaméthylène ...	C^7H^{14}	0,7964	20	4	»	102	760

Le pétrole de Welker (Ohio) a été étudié par Mabcry : il a comme densité, à 20°, 0,8367.

Sa composition est la suivante :

$$C = 85,46$$
$$H = 13,91$$
$$S = 0,48$$

Après dix distillations les portions obtenues furent considérées comme représentant des carbures définis.

Les portions bouillant jusqu'à 200° furent distillées à la pression atmosphérique, puis on continua dans le vide à la pression de 30 millimètres, afin d'éviter la décomposition.

Les portions séparées bouillaient dans les limites de :

111–113	198–202
129–130	213–216
138–140	224–227
152–154	237–240
164–168	253–255
177–179	263–265
187–190	275–278

Dans les parties bouillant aux plus basses températures, se trouvent les carbures de la série forménique, depuis le butane jusqu'au décane bouillant à 173°; au-dessus de ce point d'ébullition, les carbures ont une composition correspondant aux formules C^nH^{2n}, C^nH^{2n-2}, C^nH^{2n-4}.

		POINT D'ÉBULLITION	DENSITÉ A 20°	INDICE DE RÉFRACTION
C^nH^{2n}	$C^{12}H^{24}$..............	211-213 à 760^{mm}	0,797	1,4350
—	$C^{13}H^{26}$..............	223-225 —	0,8055	1,1440
—	$C^{14}H^{28}$..............	138-140 à 30	0,8129	1,4437
—	$C^{15}H^{30}$..............	152-154 —	0,8204	1,4800
—	$C^{16}H^{32}$..............	164-168 —	0,8254	1,4514
—	$C^{17}H^{34}$..............	177-179 —	0,8335	1,4545
C^nH^{2n-2}	$C^{19}H^{36}$..............	198-202 —	0,8364	1,4614
—	$C^{21}H^{40}$..............	213-217 —	0,8417	1,4650
—	$C^{22}H^{42}$..............	224-227 —	0,8614	1,4690
—	$C^{24}H^{46}$..............	237-240 —	0,8639	1,4715
C^nH^{2n-4}	$C^{23}H^{42}$..............	253-255 —	0,8842	1,4797
—	$C^{24}H^{44}$..............	263-265 —	0,8864	1,4802
—	$C^{23}H^{46}$..............	275-278 —	0,8912	1,4810

Le pétrole de l'Ohio contient donc des carbures des séries C^nH^{2n+2}, C^nH^{2n}, C^nH^{2n-2}, C^nH^{2n-4}.

Il est probable que les parties distillant à une plus haute température contiennent des carbures encore moins riches en hydrogène, mais ces portions ne peuvent être distillées sans décomposition.

Le pétrole de l'Ohio contient aussi du benzène, du toluène, du mésitylène (point d'ébullition, 168°), du cumène, du pseudo-cumène, du durène, de l'isodurène, du cymène, de l'isocymène.

La présence des carbures alicycliques a aussi été constatée sans qu'un examen détaillé ait permis de les classer exactement.

Mabery a également étudié les pétroles du Canada tirés du *Corniferous Limestone;* il a trouvé que les parties qui bouillent au-dessous de 216° contiennent à peu près exclusivement des carbures forméniques (C^nH^{2n+2}), bien qu'à 196° la présence du carbure $C^{11}H^{22}$ ait été facilement constatée. Dans les parties bouillant au-dessus de 216° il a principalement constaté la présence de carbures éthyléniques C^nH^{2n}. Les carbures trouvés et leurs chlorures sont :

	INDICE DE RÉFRACTION	ÉBULLITION	DENSITÉ A 20°	CHLORURE	ÉBULLITION A 15 MILLIM.	DENSITÉ
$C^{12}H^{24}$.....	»	216°	»	$C^{12}H^{23}Cl$	160	0,9145
$C^{13}H^{26}$.....	1,444	228-230	0,8087	$C^{13}H^{25}Cl$	165	0,9221
$C^{14}H^{28}$.....	1,449	141-143 à 50^{mm}	0,809	$C^{14}H^{27}Cl$	180	0,9288
$C^{15}H^{30}$.....	1,452	159-169 —	0,8192	$C^{15}H^{29}Cl$	190	0,9358

La question de savoir si les péroles bruts contenaient à l'état naturel des oléfines a été fort controversée. S'il n'est pas douteux, en effet, que les produits de la distillation des fractions à points d'ébullition élevés, donnent de notable proportions d'oléfines, il n'en est pas de même en ce qui concerne la présence dans les pétroles bruts eux-mêmes de ces composés.

Les oléfines venant des pétroles à haute densité sont très probablement, pour la plupart, des produits de décomposition pyrogénée; c'est ainsi que Le Bell a trouvé dans les produits de la distillation des résidus de pétrole, le butylène normal, l'isobutylène, le crotonilène, ainsi que plusieurs amylènes isomères, notamment le triméthyléthylène et l'amylène normal; mais, pour les produits légers qui viennent au début de la distillation des pétroles, ils ne présentent pas d'une façon aussi évidente l'indication de la présence des oléfines. Adam, en traitant par le brome ces produits a obtenu une absorption de 0,6 0/0 de brome, tandis qu'il se dégageait de l'acide bromhydrique et qu'il se formait un précipité blanc cristallin, les produits de la distillation des produits lourds absorbent, au contraire, 60 0/0 de brome avant qu'il y ait un dégagement d'acide bromhydrique, et l'acide sulfurique absorbe 21,15 0/0 de ces produits.

Mabery, afin d'élucider cette question, de la présence des oléfines dans les pétroles bruts a entrepris une série de recherches dont les résultats sont les suivants :

Le coefficient d'absorption du brome fut déterminé sur deux échantillons de pétrole brut naturel; puis sur ces échantillons soumis successivement à des traitements par le bichlorure de mercure, l'acide sulfurique ordinaire, l'acide sulfurique fumant, et pour différents fractionnements par distillation à la pression ordinaire et dans le vide à 50 millimètres, les résultats furent :

	ABSORPTION DE BROME 0/0	
	ÉCHANTILLON N° 1	ÉCHANTILLON N° 2
Pétrole brut..	8,43	8,73
Après traitement par HgCl²	9,27	9,38
Le produit précédent, traité par l'acide sulfurique ordinaire	5,91	5,94
— — — — fumant..	3,47	3,72
— — distillé à la pression ordinaire :		
100-125°...	4,65	4,75
125-200	4,63	4,58
200-230	5,61	5,17
Le produit précédent, distillé à 50 millimètres de pression :		
130-160°...	1,73	2
160-190...	3,96	2,01
190-260	8,28	3,15

Cette première série d'expériences rend évidente l'influence de la température de distillation sur la quantité de brome absorbé, dès que la température atteint 100°.

Dans une deuxième série d'expériences des distillats bouillant au-dessous de 100° furent traités par l'acide sulfurique ordinaire pour absorber les carbures non saturés, l'auteur s'étant assuré par des expériences préliminaires que l'acide sulfurique employé enlevait sans modification les carbures non saturés et les composés sulfurés. Les carbures absorbés ayant été mis en liberté furent distillés jusqu'à 100° à la pression ordinaire et au-dessus de cette température dans le vide. Les fractions furent formées par dix distillations successives.

Les fractionnements abandonnés à eux-mêmes pendant trois ans changent d'aspect de façon très différente ; tandis que certaines portions se teintaient légèrement en jaune, d'autres déposaient abondamment une matière résineuse épaisse.

Certaines de ces résines contenaient jusqu'à 8 0/0 de soufre, tandis que le produit qui leur avait donné naissance n'en contenait que 1,5 0/0.

Toutes les fractions ainsi séparées sont attaquées par le brome avec explosion, et les produits obtenus étaient d'une instabilité telle, que toute détermination de composition était impossible. La difficulté fut tournée en étudiant les produits résultant de l'action de l'acide bromhydrique à 120°, et les produits obtenus, fractionnés dans le vide.

Ces produits se décomposent par distillation à la pression ordinaire, cependant celui qui correspond à l'hexylène doit avoir une température d'ébullition de 135° à 760, 63° à 50 millimètres; à l'analyse, il a donné :

	Calculé pour $C^6H^{13}Br$	Trouvé
C	43,63	43,73
H	7,88	7,41
Br	48,51	47,64

Par le même procédé la présence de l'heptylène, de l'octylène et du nonylène fut déterminée.

Dans une autre série d'expériences l'heptylène fut trouvé dans les pétroles de l'Ohio.

En comparant les indices de réfraction des différents carbures extraits des pétroles de Pensylvanie, de l'Ohio et du Canada, ainsi que de certains de leurs dérivés chlorés, Mabery a constaté de légères différences qui sont indiquées dans le tableau suivant :

INDICES DE RÉFRACTION

	PENSYLVANIE	OHIO	CANADA
Décane secondaire	1,4146	1,4113	1,4127
— normal	1,4093	1,4118	1,4138
Undécane normal	1,4163	1,4209	1,4231
Dodécane normal	1,4209	1,4241	1,4212
DÉRIVÉS MONOCHLORÉS			
$C^{10}H^{21}Cl$ secondaire, ébullition 125-130.	1,4424	1,4470	»
$C^{10}H^{21}Cl$ normal, — 130-140.	1,4445	1,4437	»
$C^{11}H^{23}Cl$ normal, — 146-150.	1,4443	1,4457	»
$C^{11}H^{21}Cl$ — 146-150.	»	»	1,4461
$C^{12}H^{25}Cl$ — 140-145.	1,4456	»	»
$C^{12}H^{23}Cl$ — 140-145.	»	»	0,4521
DÉRIVÉS DICHLORÉS			
$C^{10}H^{20}Cl^2$ secondaire, ébullition 160-170.	1,4639	1,4770	»
$C^{10}H^{20}Cl^2$ normal, — 170-180.	1,4604	1,4647	1,4676
$C^{12}H^{24}Cl^2$ — 190-200.	»	1,4650	»
$C^{12}H^{22}Cl^2$ — 190-200.	»	»	1,4747

Les pétroles de Californie se distinguent par leur altérabilité à l'air et à la chaleur; leur distillation fractionnée a donc dû être faite sous pression réduite; dans le pétrole de Fresno, on a trouvé de l'hexaméthylène, de l'heptanaphtène, du benzène, du toluène, de l'octonaphtène, du métaxylène, du nonane normal, de l'undécanaphtène et du dodécanaphtène; d'autres échantillons ont donné une composition analogue.

La quantité de carbure forménique contenue dans les pétroles de Californie semble donc faible.

Les résultats des recherches sur la nature des carbures contenus dans les pétroles bruts de Californie sont résumés dans le tableau suivant[1] :

POINT D'ÉBULLITION du PÉTROLE EMPLOYÉ	DENSITÉ À 20°	DÉRIVÉ CHLORÉ OBTENU	POINTS D'ÉBULLITION des dérivés chlorés sous différentes pressions	DENSITÉ DES dérivés chlorés à 20°	INDICES DE RÉFRACTION des dérivés chlorés à 20°
68-70° ..	»	Chlorohexaméthylène $C^6H^{11}Cl$	125-126 mil.	$d_{20} = 0,9255$	$n_D = 1,416$ à 20°
89-90 ..	0,7295	Chloroheptanaphtène $C^7H^{13}Cl$	147	0,9332	1,441 [2]
118-120° ..	0,7615	Chlorodiméthylcyclohexane $C^8H^{15}Cl$	168	0,0358	1,455
134-135 ..	0,8175	Chlorotriméthylcyclohexane $C^9H^{17}Cl$	186-188	0,938	1,412
160-161 ..	0,8272	Chlorodécanaphtène	105-110 à 50	0,9470	1,468
Undécanaphtène : 190-192° ..	0,801	»	125-130 à 35	0,9583	1,476
Dodécanaphtène : 208-210° ..	»	»	130-135 à 17	0,9616	1,480
230-232 ..	0,814	Chlorotridécanaphtène	140-145 à 17	0,9747	
144-146° à 50ᵐᵐ ..	0,815	Chlorotétradécanaphtène	150-155 à 13	0,9748	1,493
160-162 à 50ᵐᵐ ..	0,817	Chloropentadécanaphtène	170-175 à 14	0,9771	1,493

Mabery a examiné le pétrole brut de Santa-Barbara (Californie).

Ce pétrole provient de puits forés sur les bords de l'Océan Pacifique, dans l'eau même.

Sa densité est $D_{20} = 0,9845$; il contient :

```
                                                          P. 100
Soufre.................................................... 0,84
Azote.................................................... 1,25
```

à l'analyse, il donne :

```
C....................................................... 86,32
H....................................................... 11,70
```

Il commence à distiller à 200°; on trouve les carbures suivants :

FORMULES		INDICE DE RÉFRACTION	POINT D'ÉBULLITION	DENSITÉ À 20°
C^nH^{2n-2}	$C^{13}H^{24}$	1,4687	150-155 à 60ᵐᵐ	0,8621
—	$C^{16}H^{30}$	1,470	175-180 —	0,8808
C^nH^{2n-4}	$C^{17}H^{30}$	1,4778	190-195 —	0,8919
—	$C^{18}H^{32}$	1,4814	210-215 —	0,8996
—	$C^{24}H^{44}$	»	250-255 —	0,9299
C^nH^{2n-8}	$C^{27}H^{46}$	»	310-315 —	0,9451
—	$C^{29}H^{50}$	1,5146	340-345 —	0,9778

1. *Clin. Journ.*, 1901, t. XXV, 253-284 : Mabery et Siéplein.
2. Identique au chlorométhylcyclohexane.

Dans le pétrole du Texas, Mabery et Buck ont trouvé les carbures de la série C^nH^{2n-2}, depuis $C^{14}H^{26}$ jusqu'à $C^{10}H^{36}$, et d'autres de la série C^nH^{2n-4} depuis $C^{21}H^{38}$ jusqu'à $C^{25}H^{46}$; les points d'ébullition étaient compris entre 125 et 175, et la densité entre 0,8711 et 0,9410.

Les pétroles de Caucase sont formés en grande partie par des carbures naphténiques ou cyclopolyméthyléniques qui constituent à peu près 80 0/0 de la masse totale.

Les parties qui bouillent au-dessous de 60 sont principalement constituées par des carbures forméniques; c'est ainsi que Kossatkin a caractérisé le tétraméthylméthane $C(CH^3)^4$ dans les portions bouillant à 9°.

Le triméthyléthylméthane $(CH^3)^3C—CH^2CH^3$ y a été déterminé par Markownikoff; il bout à 48°, et sa densité est 0,6646.

Dans les portions bouillant à 57°-59°, Aschan a caractérisé le tétraméthylène éthane $(CH^3)^2CH—CH(CH^3)^2$.

Dans ces premiers produits de la distillation, il y a déjà pourtant des carbures cyclométhyléniques; c'est ainsi qu'on observe que le poids spécifique s'abaisse quand la température d'ébullition croît, puis, qu'il se relève. Les poids spécifiques obtenus sont supérieurs à ceux des carbures paraffiniques bouillant aux températures correspondantes.

Dans les fractions bouillant à 48°-50° et 50°-51°, le cyclopentane a été reconnu par la formation d'un dérivé nitré qui fut ultérieurement transformé en amide correspondant à l'amido-cyclopentane de Wislicenius (point de fusion, 157°-158°).

Concurremment à la production des dérivés nitrés, il s'était formé des acides cristallisés constitués principalement par de l'acide glutarique $CO^2H—CH^2—CH^2—CH^2—CO^2H$, indiquant également la présence originelle du pentaméthylène.

Dans les portions bouillant à 70°-72°, Aschan a caractérisé le méthylpentaméthylène; par l'action de l'acide nitrique fumant, il a obtenu quantitativement de l'acide succinique et de l'acide acétique :

$$\begin{array}{l} CH^2—CH^2 \\ \quad\quad\;\;\rangle CH—CH^3 + 70 = \\ CH^2—CH^2 \end{array} \begin{array}{l} CH^2—CO^2H \\ \quad\quad\quad\quad + CH^3—CO^2H + H^2O; \\ CH^2—CO^2H \end{array}$$

dans cette réaction, il a obtenu un peu de nitrobenzène.

Markownikoff, en provoquant la cristallisation des fractions bouillant à 78°-80°, par l'air liquide, isolant les cristaux obtenus, et traitant par l'acide sulfurique fumant, puis par l'acide azotique de densité 1,15, puis 1,4 à la température de 110°-115°, a obtenu comme résidu le triméthylpropylméthane :

$$(CH^3)^3C—CH^2—CH^2—CH^3.$$

Markownikoff a caractérisé l'hexanaphtène (cyclohexane ou hexahydrobenzène), bouillant à 79°, dont le dérivé nitré $C^6H^5AzO^2$ bout à 197°-200°.

Dans les portions bouillant à 114°-116°, il a trouvé du triméthylbutylméthane $(CH^3)^3$—C—CH^2—CH^2—CH^2—CH^3, de l'octane normal et de la subérane (cycloheptaméthylène); ces carbures restent après attaque de ces portions par l'acide azotique.

DÉRIVÉS ALICYCLIQUES DU PÉTROLE DE BAKOU

	POINT D'ÉBULLITION	DENSITÉ
Cyclopentane de Wislicenius..............	50-50	D (20,5-4) = 0,7506
— du pétrole de Bakou (Markownikoff).	50-51	D (20,5-20,5) = 0,751
Méthylcyclopentane du pétrole de Bakou (Markownikoff..............	69-70-72	D (21-4) = 0,7474
Diméthylcyclopentane-1-3-(Zelinsky).........	90,5-91	D (18-4) = 0,7497
— du pétrole de Bakou.	91-91,5	D (24-4) = 0,7410
Cyclohexane......................	80,8-80,9	D (19,5-4) = 0,7788
— du pétrole de Bakou...........	80-82	» »
Méthylcyclohexane du pétrole de Bakou (Milkowsky)..................	103	D (18,5-4) = 0,7662
$C^7H^{13}Cl$ (heptanaphtène)..............	157-159	D (0-4) = 0,9586
Diméthylcyclohexane-1-3 du pétrole de Bakou (Markownikoff)..............	120 (744)	D (18-4) = 0,7736
Octonaphtène..................	122-124	0,7835
Octonaphtène..................	119	D (0-4) = 0,7714
Nononaphtène (Triméthyl-1-2-4-Cyclohexane).	143-144	D (0-0) = 0,805
— du pétrole de Bakou (Konowalo.	135-137	D (20-0) = 0,7681
α-décanaphtène, pétrole de Bakou (Markownikoff..................	162-164	D (0-4) = 0,795
β-décanaphtène (Diméthyl-1-3-éthyl-5-cyclohexane) du pétrole de Bakou (Rudesvitsch Subkoff).................	168,5-170	D (20-0) = 0,7929
Undécanaphtène, pétrole de Bakou..........	179-181	D (0-4) = 0,8119
Dodécanaphtène »	196,9-197	D (14-4) = 0,8055
Tétradécanaphtène »	240-241	D (0-4) = 0,8390
Pentadécanaphtène »	246-248	D (20-4) = 0,8294

Charitchkoff, en dissolvant le pétrole de Grosny dans l'alcool amylique et précipitant par des quantités croissantes d'alcool éthylique, a séparé les carbures suivants :

	Points de fusion	Densité à 15° par rapport à l'eau à 15°
$C^{19}H^{36}$	20°	0,8935
$C^{24}H^{50}$	12	0,905
$C^{24}H^{46}$	12	0,913
$C^{35}H^{68}$	6	0,916

ce sont des dinaphtènes.

Le même auteur a trouvé du thiophène C^4H^4S dans le pétrole de Grosny.

Indépendamment du benzène précédemment cité, les pétroles du Caucase renferment du toluène de l'isoxylène (Kramer, Markownikoff), du pseudocumène (Markownikoff et Oglobin), du mésitylène (Markownikoff).

Dans les graisses de distillation, Klandy et Fink ont isolé le picène $C^{22}H^{14}$ et un nouveau carbure de crakène ($C^{24}H^{18}$), qui forme de grands cristaux jaunes à fluorescence verte (point de fusion, 308), se décomposant vers 500°; il est plus soluble que le piscène; son dérivé dibromé fond à 141°; il donne une orthoquinone par l'action de l'acide chromique $C^{24}H^{16}O^2$, donnant de petits cristaux rouges.

Warren de la Rue et Hugo Muller, en examinant le pétrole de Burmah y ont trouvé :

Benzène	C^6H^6
Toluène	C^7H^8
Xylène	C^8H^{10}
Cumène	C^9H^{12}

Warren et Storer y ont déterminé les carbures suivants :

$C^{10}H^{10}$ Rutylène	bouillant à	170–180
C^nH^{2n}	—	180–184
$C^{11}H^{22}$ Margarilène	—	186–193
$C^{12}H^{24}$ Laurylène	—	200–214
$C^{13}H^{26}$ Cocinylène	—	226–234
$C^{10}H^8$ Naphtaline	—	» »
C^9H^{18} Pelargone (?)	—	155

État du soufre dans les pétroles bruts. — Le soufre contenu dans les pétroles s'y trouve à différents états.

C'est ainsi que, dans les pétroles de l'Ohio, Marbery et Smith ont trouvé du sulfure de méthyle $(CH^3)^2S$, du sulfure d'éthyle $(C^2H^5)^2S$, du sulfure de propyle $(C^3H^7)^2S$ et du sulfure de butyle $(C^4H^9)^2S$.

Ces sulfures ont été extraits de la façon suivante : les produits de la distillation du pétrole ont été traités par l'acide sulfurique concentré après avoir été agité énergiquement avec le distillat à traiter, et après séparation, l'acide sulfurique a été neutralisé par du carbonate de plomb ; en distillant à la vapeur d'eau, il passe une huile contenant près de 5 0/0 de soufre, qui, fractionnée dans le vide, a donné les sulfures des radicaux alcooliques, qui ont été caractérisés par les précipités qu'ils donnent avec le bichlorure de mercure $(CH^3)^2S\ HgCl^2$, etc.

Dans les pétroles du Canada, le soufre se trouve certainement engagé dans des combinaisons de formes différentes, mais il s'y trouve surtout sous une forme, à laquelle M. Mabéry propose de donner le nom de thiophanes.

Ces corps seraient aux composés du genre thiophénique ce que les carbures hexaméthyléniques (cyclohexanes) sont au benzène et à ses homologues ; ce seraient donc des hydrothiophènes.

Leur formule en effet correspond à $C^nH^{2n}S$; ils devraient donc être ou des sulfures de carbures non saturés, ou des sulfocarbures cycliques où le soufre est dans la chaîne fermée. Ils sont liquides, tandis que les sulfures de la série éthylénique sont solides, et ils émettent de l'acide bromhydrique, dès qu'ils absorbent du brome.

Leurs propriétés sont cependant très voisines des sulfures de radicaux alcooliques, car ils se combinent au bichlorure de mercure, et ils forment des sulfones et des produits d'addition avec les iodures alcooliques et les hydrates alcalins.

Ils ont été extraits comme les sulfures de radicaux alcooliques précédemment cités par traitement à l'acide sulfurique, des distillats provenant du pétrole brut et fractionnés par des distillations dans le vide à 50 millimètres de pression; leurs formules ont été déterminées en oxydant les produits obtenus à la distillation par le permanganate de potasse, pour former les sulfones correspondant aux sulfures et traitant à la vapeur d'eau.

Pour le corps correspondant au undécylthiophane, par exemple, la densité de la sulfone obtenue est 1,1123 à 26° et les résultats de l'analyse ont été les suivants :

	CALCULÉ POUR $C^{11}H^{22}SO^2$	TROUVÉ
C	60,54	59,84
H	10,09	9,53
S	14,68	14,75

Les thiophanes qui ont été ainsi reconnus sont :

	POINTS D'ÉBULLITION A 760mm	DENSITÉ A 20°	INDICE DE RÉFRACTION
Hexylthiophane $C^6H^{12}S$	158-159	0,8878	1,468
Heptylthiophane $C^7H^{14}S$	167-169	0,8920	1,486
— $C^8H^{16}S$	183-185	0,8937	»
— $C^9H^{18}S$	193-195	0,8997	1,4746
— $C^{10}H^{20}S$	207-209 à 50mm	0,9074	1,4766
— $C^{11}H^{21}S$	128-130	0,9147	1,480
— $C^{14}H^{28}S$	160-170	0,9208	1,4892
— $C^{16}H^{28}S$	170-180	0,9222	1,4903
Octodécylthiophane $C^{18}H^{36}S$	190-210	0,9235	»

Les formules de ces corps peuvent être du type (1) ou (2) :

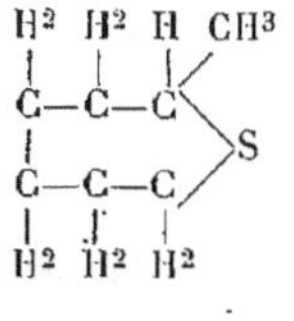

$$\begin{array}{ccc}
H^2 & H^2 & H \quad CH^3 \\
| & | & | \;\diagup \\
C\!-\!C\!-\!C & & \\
| & & \diagdown S \qquad (1) \\
C\!-\!C\!-\!C & & \diagup \\
| & | & | \\
H^2 & H^2 & H^2
\end{array}$$

$$\begin{array}{ccc}
& H^2 \quad H^2 \quad H^2 & \\
& | \quad | \quad | & \\
\diagup\, C\!-\!C\!-\!C \,\diagdown & & \\
H^2C & & S \qquad (2) \\
\diagdown\, C\!-\!C\!-\!C \,\diagup & & \\
& | \quad | \quad | & \\
& H^2 \quad H^2 \quad H^2 &
\end{array}$$

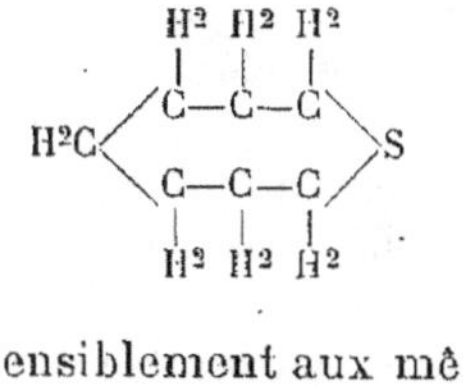

Charitchkoff arrive sensiblement aux mêmes conclusions, en ce qui concerne la nature des composés sulfurés que le pétrole renferme. D'après l'examen des pétroles de Grosny, il conclut à la présence de sulfures de radicaux alcooliques saturés et de sulfures de la série naphténique.

C'est ce qui résulte de l'examen de produits légers provenant de la distillation de ces pétroles qui contiennent 0,08 0/0 de soufre qu'on ne peut enlever par traitement à l'acide sulfurique et à la potasse caustique que très difficilement.

Traitées par le bichlorure de mercure à 1 0/0, il a obtenu des précipités contenant 60,22 à 63,56 de mercure et 7,54 à 8,5 0/0 de soufre dont la composition est voisine de $(CH^3)^2SHgCl^2$.

Mais, cependant, il est peu soluble dans l'alcool et se décompose par l'acide chlorhydrique à chaud.

Le soufre contenu dans les produits de la distillation d'un pétrole aussi bien que dans le résidu, varie en quantité avec le procédé de distillation employé. C'est ainsi que Mabery, en distillant un pétrole du Canada ayant une densité de 860, a trouvé 0,47 à 0,52 0/0 de soufre dans les portions bouillant entre 150° et 300°, sous une pression de 250 millimètres; le résidu renfermait 0,98 0/0 de soufre. Le pétrole se décompose légèrement à la distillation, et il y a dégagement d'acide sulfureux et d'acide sulfhydrique.

En distillant le même pétrole à la vapeur d'eau, les parties légères ayant une densité moyenne de 820 bouillent sans décomposition jusque vers 200°; entre 110° et 170°, plusieurs fractions contenaient jusqu'à 11 0/0 de soufre, les portions qui passent ensuite contiennent de 0,43 à 0,65 0/0 de soufre et contiennent beaucoup de carbures non saturés; le résidu d'entraînement à la vapeur d'eau contient de 9 à 12 0/0 de soufre.

Les portions passant au-dessus de 120° ne contiennent plus de S absorbable par le bichlorure de mercure.

Combinaisons azotées dans les pétroles bruts. — En ce qui concerne la présence de l'azote dans le pétrole, Mabery a isolé, à l'aide de lavages des produits distillés, par de l'acide sulfurique étendu, des bases azotées qui semblent correspondre à des hydroquinoléines.

La composition de ces bases et leurs points d'ébullition sont :

$C^{12}H^{17}Az$	bouillant à	130-134
$C^{13}H^{18}Az$	—	197-199
$C^{14}H^{19}Az$	—	215-217
$C^{15}H^{19}Az$	—	223-225
$C^{16}H^{19}Az$	—	243-245
$C^{17}H^{19}Az$	—	270-275

Klopin a trouvé dans les pétroles russes 0,005 0/0 de bases azotées appartenant à la série $C^nH^{2n-15}Az$ dont le poids moléculaire variait de 104 à 308; par cristallisation fractionnée des chloroplatinates, il a obtenu le composé $(C^{22}H^{29}AzH)^2PtCl^4$.

Ces bases azotées sont très toxiques et provoquent la mort des poissons dans les cours d'eau où les eaux résiduelles des raffineries sont écoulées.

Zaloziecki a isolé des goudrons acides venant des pétroles de Galicie, des bases pyridiques. Il a obtenu un chloroplatinate de formule $(C^{10}H^{17}AzCl)^2PtCl^2$ correspondant à celle d'une dihydrocoridine.

Aschau, en saturant par de la chaux, les goudrons sulfuriques provenant du raffinage du pétrole de Boryslaw, et en soumettant le produit à la
distillation par un courant de vapeur d'eau, a obtenu des produits basiques
qui semblent appartenir aux séries bihydroquinoléiques, tétrahydroquino-
léique et hexahydroquinoléique.

Combinaisons oxygénées dans les pétroles bruts. — Aschan, en
traitant par l'acide chlorhydrique les lessives de soude venant de l'épuration
du pétrole de Bakou, a obtenu un liquide ayant une odeur participant à
la fois à celle du pétrole et à celle de l'acide acétique, qui contiendrait un
acide hexaméthylène carbonique, un acide heptanaphtène carbonique et un
acide octonaphtène carbonique.

Le mélange fut transformé en éther méthylique qui, par rectification
donna trois fractions bouillant à 162°-164°, 186°-189°, 205°-210°.

La première fraction donna l'acide hexaméthylène carbonique formant
une huile épaisse bouillant à 215°-217°, D = 0,95025, dont le chlorure bout
à 167°-169°, l'amide fond à 123°,5, l'anilide fond à 93°-94°.

La deuxième portion donna l'acide heptanaphtène carbonique bouillant
à 237°-239°, D = 0,9982; à 0°, l'éther méthylique bout à 190°-192°, D = 0,9357;
à 18°, il a une odeur de fruit.

Le chlorure de cet acide bout à 193°-195°; l'amide fond à 133°.

Par réduction de l'acide, un octonaphtène bouillant à 117°-118° fut obtenu.

La troisième portion donna l'acide octonaphtène carbonique, bouillant
à 251°-253°, D = 0,9893 à 0°, l'éther méthylique bout à 211°-213°; le chlorure
bout à 206°-208°.

Ces acides déplacent à froid l'acide chlorhydrique du chlorure de calcium[1].

La paraffine dans les pétroles bruts. — La paraffine extraite du
pétrole contient des carbures forméniques; c'est ainsi que Kraff, en distillant
sous une pression de 15 millimètres une paraffine ayant un point de fusion
de 30°-35°, a obtenu :

	TEMPÉRATURE DE FUSION	TEMPÉRATURE D'ÉBULLITION SOUS 15 mm	DENSITÉ À LA TEMPÉRATURE DE FUSION
Heptadécane	22,5	170	776,7
Octodécane	28	181	776,8
Nonodécane	32	193	777,4
Éicosane	36,7	205	777,9
Unéicosane	40,4	215	778,3
Docosane	44,4	224,5	778,2
Tricosane	47,7	234	778,5

1. Les constantes données pour les différents acides ne concordent pas complètement avec les
constantes admises actuellement; ainsi l'acide hexaméthylène-carbonique bout à 232°-233°, D = 1,034;
son éther méthylique bout à 183° et l'amide fond à 184°; mais néanmoins les résultats indiqués
sont intéressants.

Mabery a distillé sous 40 millimètres de pression de la paraffine ; la distillation commençait à 250° pour aller jusqu'à 350°, température à laquelle il ne restait plus que 30 grammes de résidu sur 1.500 grammes traités.

Les portions examinées bouillaient entre 256°-258°, 272°-274°, 282°-284°, 292°-294°, 316°-318°, 332°-334°, 346°-348°.

Les carbures qui y ont été trouvés sont :

			Densité
Tricosane $C^{23}H^{48}$ fondant à......	48		Densité : 0,7886 à 60°
Tétracosane $C^{24}H^{50}$ —	50-51		» »
Pentacosane $C^{25}H^{52}$ —	53-54		— 0,7941 à 60°
Hexacosane $C^{26}H^{54}$ —	55-56		— 0,7968 à 60°
Octocosane $C^{28}H^{60}$ —	60		» »
Nonocosane $C^{29}H^{60}$ —	62-63		» »

Le tricosane obtenu, fondant à 48°, différait sensiblement du tricosane obtenu par Kraff, en traitant la kétone du laurone.

Tricosane de Mabery		Tricosane de Kraff	
Densité à 60°.....	0,7836	Densité à 47°,7...	0,7785
Fusion	48	Fusion	47,7
Densité à 80°.....	0,7807	Densité..........	0,7570

Mabery a remarqué pendant ce travail que, s'il n'y a pas de rentrée d'air pendant la distillation de la paraffine, elle peut être distillée sans décomposition, mais que la moindre rentrée d'air provoque une décomposition active qui se manifeste immédiatement par une coloration accentuée et une odeur désagréable[1].

Thorpe et Young, en distillant à plusieurs reprises de la paraffine sous pression, ont reconnu qu'il se faisait une décomposition notable. Ils ont trouvé à la fin de l'opération les carbures suivants :

$$C^5H^{12} - C^{14}H^{24} \text{ de la série } C^nH^{2n+2},$$
$$C^5H^{10} - C^{14}H^{22} \quad - \quad C^nH^{2n}.$$

La paraffine préexiste-t-elle dans le pétrole brut telle qu'elle est obtenue dans sa fabrication, par cristallisation par le froid, des produits lourds de la distillation du pétrole ?

C'est une question qui a été fort discutée. Engler et Bohm ont distillé dans le vide une vaseline provenant des pétroles de Galicie et ils ont obtenu de la paraffine dans le produit distillé sans trouver de carbures éthyléniques, et ils concluent qu'il est peu probable qu'il y ait eu décomposition chimique.

Adam a remarqué qu'avant la distillation de la vaseline, il n'y avait pas trace de cristallisation au microscope polarisant ; mais après la distillation, il y a cristallisation manifeste. D'après lui, la paraffine ne préexisterait pas dans le pétrole d'Amérique et prendrait naissance pendant la distillation, la

---

1. Cette observation est à rapprocher du fait qu'une paraffine distillée rapidement au laboratoire passe à peu près sans décomposition, tandis qu'une distillation lente au black-pot peut donner facilement une décomposition telle que 50 0/0 de la paraffine seulement se retrouve à la cristallisation à — 10°.

vaseline distillée fixe en effet le brome, tandis que le résidu contenu dans la cornue ne le fixe pas.

Mabery, au contraire, après une série d'essais relatés ci-dessous, conclut que la paraffine existe dans le pétrole.

A. Trois kilogrammes de pétrole de Pensylvanie ont été exposés à un courant d'air en couche mince pendant trente jours.

L'augmentation de densité fut la suivante :

```
Densité primitive.....................................   0,800
Au bout de 3 jours....................................   0,840
Au bout de 30 jours...................................   0,862
```

Le poids était réduit à 1 kilogramme, soit une perte de 66,67 0/0. La distillation de l'huile employée donnait :

```
                                                        0/0
50°  à 150°...........................................   21  ⎫
150  à 200 ...........................................   11  ⎪
200  à 250 ...........................................   11  ⎬  56 0/0
250  à 300 ...........................................   13  ⎪
Au-dessus de 300°....................................   42  ⎭
```

Le résidu, au-dessus de 300° est à peu près le même que celui par évaporation spontanée dans un courant d'air.

Au bout d'un mois, la perte par évaporation dans un courant d'air cesse à peu près complètement, car, en laissant le résidu pendant un an dans les mêmes conditions, il n'y a pas de changement apparent dans le poids ou dans la densité.

La composition de l'huile brute est :

```
C ...................................................   85,51
H ...................................................   14,18
```

La composition du résidu d'évaporation est :

```
C ...................................................   86,16
H ...................................................   13,69
```

En refroidissant le résidu d'évaporation, il devient complètement solide ; à la distillation, il donne 30,6 0/0 de 305° à 360°.

Le résidu fut traité par la méthode de Zalioziecki.

Cinquante grammes furent dissous dans l'huile de fusel constituée prinpalement d'alcool isoamylique ; on ajouta ensuite 250 grammes d'alcool, et le précipité fut recueilli et lavé avec un mélange d'huile de fusel et d'alcool ; puis la partie solide ainsi obtenue fut épuisée dans un appareil à benzine.

Après évaporation de la benzine, on chauffa une heure à 140° pour chasser les dernières traces de dissolvant et on obtient ainsi 19^{gr},8 d'un solide gris noirâtre qui fondait à 32°.

Le traitement de précipitation à l'alcool après dissolution fut recommencé, et l'on obtint un solide fondant à 45°.

En répétant encore une fois le traitement, le point de fusion devint 57°.

On fit une dissolution dans l'éther et une précipitation par l'alcool ; ce traitement, répété deux fois, donna un solide blanc fondant à 61°, la densité à 70° étant 0,7966, correspondait bien à celle de la paraffine. La composition à l'analyse était la suivante :

	Trouvé	Calculé pour le tétracosane
C	85,37	85,21
H	14,69	14,79

La paraffine préexiste donc dans le pétrole naturel.

B. Dans certains puits de la Pensylvanie et spécialement à Coraopolis, on recueille une matière pâteuse légèrement jaunâtre que le pétrole dépose qui sert à faire de la vaseline et dont le poids spécifique est, à 60°, 0,8345.

En distillant dans une cornue de porcelaine sous 50 millimètres de pression, 9.380 grammes de ce produit ont donné :

	Grammes
Jusqu'à 195°	905
— 195-200°	865
— 200-245	895
— 245-265	850
— 265-285	830
— 285-315	200
— 315-330	790
— 330-342	885
Résidu	3.000

Après six distillations, on isole les portions bouillant entre les points suivants : 242-244°, 268°-270°, 280°-282°, 308°-310°, 328°-330°, 340°-342°, 352°-354°, 368°-370°, 382°-384.

Au-dessous de 268°, il n'y a que peu de produits solides.

La fraction 272°-274° a une densité de $D_{20} = 0,816$.

Son analyse donne :

	Calculé pour $C^{25}H^{48}$	Trouvé
C	86,21	86,22
H	13,79	13,73

C'est un carbure de la série C^nH^{2n+2}.

En refroidissant, on obtient une sorte d'émulsion de laquelle on ne peut rien séparer par filtration.

En dissolvant dans un mélange d'éther et d'alcool la partie distillant entre 272°-274° sous 30 millimètres, puis refroidissant et filtrant, on obtient une partie solide qui, soumise à plusieurs cristallisations successives, donne un hydrocarbure parfaitement blanc dont le point de fusion est 50°-51°, dont la densité est $D_{60} = 0,790$.

	Calculé pour tétracosane $C^{24}H^{50}$	Trouvé
C	85,21	85,06
H	14,79	14,56

Le tétracosane obtenu par Krafft par réduction de la kétone dérivée du stéarate de baryum et de l'heptylate de baryum, fondait à 51°; mais la densité était un peu inférieure à celle trouvée précédemment.

La partie distillant entre 316°-318° sous 50 millimètres donna, par les mêmes procédés, un hydrocarbure cristallisant et ayant un point de fusion de 66°.

Le produit liquide d'où l'on avait séparé la partie solide avait une densité de $D_{20} = 0,8212$. Son analyse donne :

	Calculé pour hentricosane $C^{28}H^{54}$	Trouvé
C	86,15	86,05
H	13,85	13,80

La partie solide a pour densité $D_{70} = 0,7997$.
L'analyse donne :

	Calculé pour $C^{31}H^{64}$	Trouvé
C	85,31	85,45
H	14,69	14,69

La formule de cet hydrocarbure fut vérifié par son poids moléculaire. $0^{gr},3648$ de cette substance et $12^{gr},12$ de naphtaline donnerait une dépression de 0,471 :

Calculé pour $C^{31}H^{64}$	Trouvé
436	441

De la kétone palmitique, Kraft a préparé l'hentricontane $C^{31}H^{64}$ fondant à 68°.

La partie bouillant de 328 à 330 sous 50 millimètres après séparation de la partie solide donne comme densité $D_{70} = 8217$ et à l'analyse :

	Calculé pour $C^{29}H^{56}$	Trouvé
C	86,14	85,86
H	13,86	13,57

La partie solide : point de fusion, 67°-68°; $D_{70} = 0,792$.

	Calculé pour $C^{32}H^{66}$	Trouvé
C	85,53	85,25
H	14,67	14,98

Son poids moléculaire déduit du point d'ébullition du benzol et du point de fusion avec la naphtaline indique le dotricontane.

La portion distillant entre 342°-344° sous 50 millimètres donne pour la partie liquide $D_{73} = 0,8005$.

Pour la partie solide, fusion à 68°-70°.

La partie liquide donne à l'analyse :

	Calculé pour $C^{30}H^{58}$	Trouvé
C	86,12	86,06
H	13,88	13,64

La partie solide :

	Calculé pour $C^{32}H^{66}$	Trouvé
C	85,33	85,06
H	14,67	14,92

Le poids moléculaire par le point d'ébullition indique $C^{32}H^{66}$.
La partie bouillant entre 366°-368°, à 50°, partie liquide :

	Calculé pour $C^{31}H^{60}$	Trouvé
C	86,11	85,96
H	13,89	13,94

La partie solide semble être le même carbure que précédemment.

Les carbures liquides sont évidemment en grande partie de la série $C^{2n}H^{2n-2}$.

Cependant la faible teneur en hydrogène semble indiquer qu'il y a des carbures appartenant à des séries plus pauvres en hydrogène.

La partie bouillant entre 380 et 384 sous 50 millimètres; partie liquide :

	Calculé pour $C^{34}H^{66}$	Trouvé
C	86,08	85,82
H	13,92	13,93

La partie solide, formée à 76° ; $D_{80} = 0,8052$.

	Calculé pour $C^{35}H^{72}$	Trouvé
C	85,37	85,33
H	14,63	14,71

Le poids moléculaire déterminé par la méthode du point d'ébullition correspond à la même formule.

Carbures à poids moléculaires élevés contenus dans les pétroles bruts. — Des produits les plus lourds de la distillation du pétrole, différents carbures ont été extraits, ce sont :

L'anthracène, le phénanthrène, le chrysène le chrysogène, le pyrène, le benzerythrène, le fluoranthène, le parachrysène ; un isomère de l'acénaphtylène $C^{12}H^{8}$, contenant 94,7 de carbone ; un autre, contenant 95,3 de carbone qui donne, quand on le chauffe à 200°-250°, une certaine quantité de benzine, un carbure de formule $C^{25}H^{10}$.

Ces produits lourds contiennent, en outre, des quinones, des carbures à formule indéterminée $(C^{4}H^{2})^{n}$, $(C^{5}H^{2})^{n}$, $(C^{6}H^{2})^{n}$, $(C^{7}H^{2})^{n}$.

Ce que l'on appelle coke de pétrole et qui n'est, en réalité, pour la plus grande partie qu'un brai sec, contenant 97 0/0 de carbone, traité par le sulfure de carbone laisse dissoudre une masse carburée qui, après évaporation, est noire par réflexion et rouge par transparence. Ce résidu abandonne à l'alcool bouillant un corps jaune clair contenant 60 à 70 0/0 de carbone et 25 0/0 environ d'oxygène.

En distillant le produit dissous du coke par le sulfure de carbone, il se produit, à 250°, des vapeurs jaunâtres qui forment par sublimation et cristallisation des aiguilles brillantes.

Tous les produits qui distillent jusqu'à 400° contiennent de l'oxygène et sont plus ou moins colorés.

Le résidu de cette distillation contient 98 0/0 environ de carbone.

Composition des gaz combustibles naturels. — Les gaz combustibles naturels contiennent du méthane, de l'éthane, du propane, du butane et même de l'éthylène, et probablement des vapeurs de carbures à points d'ébullition plus élevés. Outre les carbures, il y a de l'acide carbonique, de l'oxyde de carbone, de l'azote, de l'hydrogène et de l'oxygène, et parfois de l'hydrogène sulfuré.

Outre la vapeur d'eau que les gaz naturels contiennent, ils peuvent entraîner une certaine quantité d'eau et de pétrole.

L'hydrogène sulfuré et l'ammoniaque n'ont été rencontrés qu'exceptionnellement ; certains puits à gaz ont cependant, paraît-il, rejeté du carbonate d'ammoniaque solide.

La densité des gaz naturels approche de 0,600.

La constitution des gaz d'un certain nombre de localités est indiquée dans le tableau suivant :

NOMS ET FORMULES	CHERRY TREE (PENSYLVANIE)	BEREKEI (CAUCASE)	GAZ qui se dégagent de la mer Caspienne	SALSO-MAGIORÉ (ITALIE)	STOCKTON (CALIFORNIE)	PECHELBRONN (ALSACE)
Méthane CH^4........	60,27	65,84	95	68 à 77	60 à 63	76,9 à 79,8
Ethane C^2H^6........	6,30	19,92	»	15 à 21	»	»
Ethylène C^2H^4........	»	»	»	»	»	3,7 à 2,9
Oxyde de carbone.....	»	»	»	»	traces	»
Acide carbonique CO^2.	2,28	12,82	»	0 à 1	»	»
Azote................	»	»	5	5 à 10	24,4 à 26,7	14,4 à 14,6
Hydrogène............	22,5	»	»	»	11,5 à 11,87	»
Oxygène.............	»	»	»	»	0,7 à 1	2,3 à 2,7

M. S.-A. Ford, ayant analysé à différents moments les gaz fournis par un même puits de la région de Pensylvanie, a trouvé dans la composition des gaz émis des variations considérables consignées dans le tableau suivant :

ANALYSES DE GAZ NATURELS DE LA RÉGION DE PENSYLVANIE

PAR S.-A. FORD (D'UN MÊME PUITS)

CO^2 Acide carbonique	CO Oxyde de carbone	O OXYGÈNE	C^2H^4 ÉTHYLÈNE	C^2H^6 ÉTHANE	CH^4 MÉTHANE	H^2 HYDROGÈNE	Az^2 AZOTE
0,8	1,00	1,10	0,7	3,6	72,18	20,02	0
0,6	0,8	0,8	0,8	5,5	65,25	20,16	0
0	0,58	0,78	0,98	7,92	60,70	29,03	0
0,4	0,4	0,8	0,6	9,3	49,58	35,92	0
0	0,.	2,10	0,8	5,20	57,85	9,64	23,41
0,3	6	1,2	0,6	4,8	75,16	14,45	2,89

CHAPITRE VII

LES THÉORIES SUR L'ORIGINE DU PÉTROLE

Les différentes théories qui ont été formulées pour expliquer la formation du pétrole peuvent être classées en deux grandes catégories : les théories organiques et les théories inorganiques ou chimiques.

Dans la première classe, peuvent se ranger toutes les théories qui admettent que le pétrole a pris naissance par la décomposition de matières végétales ou animales contemporaines ou non des couches où se trouve actuellement le pétrole.

Dans la deuxième classe, il y a lieu de ranger toutes les théories qui font provenir le pétrole de réactions chimiques dues, pour les unes, à l'action de l'eau superficielle ayant pénétré jusque dans les couches profondes, et pour les autres, à des réactions entre corps excitants tous à l'intérieur de la terre, la venue au jour du pétrole ayant été ou non concomitante des phénomènes volcaniques.

PREMIÈRE PARTIE

FORMATION ORGANIQUE DU PÉTROLE

Dérivation du pétrole des débris animaux. — Pour Léopold de Buch qui examina, vers 1800, les gisements d'asphalte du val de Travers, leur origine est animale à l'exclusion des végétaux : « Il n'y a pas, dans le « voisinage de ce bitume, d'empreintes ou de pétrifications de végétaux, point « de feuilles, point de roseaux, et il est plus que probable que ces masses « tirent leur origine du règne animal plutôt que d'arbres et de plantes. La « quantité de coquillages des environs le ferait présumer, quand même on ne

« ferait pas attention à la nature du bitume et à l'alcali volatil qu'il paraît
« contenir. »

Fraas parlant du pétrole qui imbibe par places le corail des rivages de la
mer Rouge dit : « Il ne m'est jamais venu à l'idée d'attribuer à ces huiles
« une autre origine que la décomposition des corps organiques contenus
« dans le récif et dans la lagune. Il n'y a rien là que de très naturel, attendu
« que ces lagunes sont de véritables viviers dont le fond pullule d'animaux,
« si bien que l'œil ne peut s'arrêter sur un point sans y apercevoir les mou-
« vements et les contractions de la vie. Autant la côte est aride et la plage
« déserte, autant la mer est animée comme si la nature eût voulu se dédom-
« mager de la vie terrestre par une exubérance de la vie marine. Quoi de
« plus naturel que la mort aussi moissonne amplement dans ces grands
« viviers. La meilleure preuve en est fournie par la quantité de crabes qui vivent
« dans ces parages et que les Arabes appellent à bon droit les fossoyeurs de la
« mer. On conçoit aussi que, dans les eaux tièdes et peu profondes, la décom-
« position soit très active et qu'une partie seulement des gaz dégagés par
« la putréfaction parviennent à s'échapper, tandis que le reste se condense
« pour former des carbures d'hydrogène qui filtrent dans les interstices du
« récif probablement pour y subir une condensation ultérieure. En ma
« qualité de géologue, j'en conclus qu'une transformation analogue des
« substances animales a dû se faire de la même manière dans les temps
« géologiques. »

L'opinion formulée par Knab, en 1869, après examen de la région du
val de Travers, où il avait exécuté des sondages est que le bitume est d'origine animale; il pense que :

1° L'asphalte est dû à la décomposition de bancs de mollusques ou de
crustacés à une haute température et dans les mers profondes, et par conséquent, sous une forte pression;

2° Le bitume s'est formé aussi par la décomposition de bancs d'animaux
semblables à une température élevée, mais dans une mer peu profonde et,
par conséquent, à une pression insuffisante pour forcer le bitume à impré-
gner les coquilles d'huîtres;

3° Les pétroles sont dus à la décomposition de mollusques et de crustacés
plus riches en matières organiques, décomposition opérée à une température
trop faible pour donner du bitume, mais sous forte pression;

4° Que les bancs de calcaires blancs non imprégnés sont également formés par la décomposition des mollusques, sous une forte pression liquide,
mais à basse température, et les matières provenant de la putréfaction se
sont évaporées;

5° Les pyrochistes seuls ou les combustibles, ont été formés par la décomposition des plantes, tous les autres produits bitumeux provenant de la décomposition des animaux.

C. Zinken, parlant de l'origine des pétroles, dit : « Les schistes bitumi-
« neux, les calcaires et les marnes bitumineuses, qui doivent être considérées

« comme les centres de production du pétrole, contiennent, outre les restes des
« poissons et des mollusques, les matières grasses provenant des organismes
« animaux non fossilisables, que les mers actuelles contiennent en si grandes
« quantités et que les mers anciennes devaient contenir en quantités plus
« grandes encore. D'après une communication du géologue R. Leuckart, parmi
« les formes animales non fossilisables pouvant laisser derrière elles de telles
« matières grasses, il y a lieu de classer : les infusoires, notamment
« les Noctiluques, les actinies, les polipiers mous, les méduses, les vers,
« notamment les Gephyrœs, les céphalopodes sans coquilles et peut-être
« aussi les crustacés à écailles tendres, tels que les daphnies, les cyclopes.
« Les débris de ces animaux susceptibles de donner des corps gras accu-
« mulés, en immenses quantités au fond de la mer ont été couverts et préser-
« vés par des dépôts d'argile et de boue calcaire.

« Les coquilles calcaires de beaucoup de mollusques ont probablement
« été dissoutes par l'acide carbonique de l'eau, de telle sorte que la matière
« charnue seule restait, contribuant ainsi au dépôt de matière grasse ani-
« male qui a donné naissance au pétrole. »

D'après Sterry Hunt, le pétrole proviendrait principalement de matières
animales ; ainsi dans le calcaire du Trenton à Pakenham (Canada), il y a des
Orthocératites qui contiennent quelquefois près d'un quart de litre de pétrole.

Le pétrole suinte des coraux du calcaire de Bird's eye à la Rivière à la
Pose (Montmorency, Canada). Dans le calcaire cornifère, principal niveau
producteur de pétrole du Canada, les coraux fossiles, aussi bien que les cellules des Heliophylum et des Favosites sont remplies de pétrole, dans certaines
couches aux environs de Bertie, en face de Buffalo.

Engler distilla sous pression 492 kilogrammes d'huile de poisson à Webau,
dans les ateliers Riebeck, et obtint un produit ressemblant au pétrole.

La distillation commença à 320° sous 10 atmosphères de pression et se
termina à 400° sous 4 atmosphères ; le distillat obtenu représentait 60 0/0 de
la matière mise en œuvre ; la densité était de 810 ; le gaz produit représentait 9 0/0 de la matière première, et le reste contenait 50 0/0 de matière
saponifiable.

Le distillat était brun, avait une fluorescence verte et une odeur d'acroléine ; il y avait du pentane, de l'hexane normal, un heptane secondaire, du
nonane, de l'octane du benzène et quelques autres carbures aromatiques,
ainsi que du naphtène.

La perte du distillat par traitement à l'acide sulfurique ordinaire, puis
par l'acide sulfurique concentré, était de 37 0/0.

Pour préparer à l'aide du distillat obtenu un produit lampant, celui-ci
fut distillé, et les produits condensés entre 140 et 300° C. furent recueillis,
puis raffinés suivant les procédés ordinaires employés pour le traitement du
pétrole brut ; le résultat fut un produit ressemblant en tout point à du
pétrole raffiné ordinaire ; sa densité était de 803 et son point éclair 27° C.

Comme confirmation de cette expérience, Engler distilla des mollusques, des poissons desséchés, à une pression de 16 atmosphères.

Le distillat obtenu différait tellement du pétrole brut qu'il ne pouvait faire de douté que le pétrole n'avait pu être formé par cette méthode et qu'il fallait admettre que les restes animaux avaient dû subir préablement l'action de la putréfaction avant d'avoir pu être distillés dans la nature, de façon qu'il ne resta plus que la matière grasse pour être convertie par l'action de la chaleur et de la pression.

Engler admet donc que le pétrole se forme par la putréfaction des corps d'animaux marins, toute la substance azotée étant détruite et disparaissant sous forme de sels ammoniacaux ; les matières grasses, consistant principalement en trioléate, tristéarate, tripalmitate de glycérine, restant seules après cette action.

Par la pression des terrains sédimentaires, des gaz formés et de la chaleur, la saponification pouvait se produire, la glycérine étant enlevée par l'eau et ce qui pouvait en rester convertie en acroléine par l'action de la chaleur provoquant la transformation des acides gras en hydrocarbures. L'acroléine pouvant d'ailleurs former aussi des carbures aromatiques avec formation d'eau.

Mais pendant ces diverses réactions il se produit de l'acide carbonique et de l'oxyde de carbone se forme, et il faut admettre que leur absence dans des gaz naturels est due à leur transformation en carbonate par les masse des roches avoisinant le pétrole.

De ces expériences faites par Engler on peut rapprocher celles que Cahours fit dès 1875[1] pour déterminer la nature des produits obtenus par la distillation des acides gras par la vapeur d'eau surchauffée.

Il y détermina la présence de :

	POINT D'ÉBULLITION	DENSITÉ	DENSITÉ DE VAPEUR	AU LIEU DE
Hydrure d'amyle.................	32-35	626 à 14°	2,563	2,561
— d'hexyle.................	68-70	667 à 13°	3,06	3,038
— d'heptyle..............	96-98	693 à 12°	3,54	3,52
— d'octyle................	118-120	723 à 13°	3,994	4,015
— de nonyle..............	138-140	744 à 13°	4,475	4,508
— de décyle..............	158-160	758 à 14°	4,978	5,001
— de undécyle...........	176-178	770 à 14°	5,488	5,514
— de duodécyle...........	»	784 à 14°	»	»

Pour Oschenius, la transformation des matières animales en pétrole ne peut se faire que dans les eaux contenant, outre le sel, des quantités importantes de bromure et d'iodure, comme il s'en trouve dans les eaux mères des marais salants ; ces eaux peuvent, par leur irruption subite dans

1. *Comptes rendus*, 1875, t. LXXX, p. 1368.

des lagunes, entraîner la mort immédiate de toute la faune vivante, qui peut être ensevelie par l'arrivée simultanée de limon. Le sulfate de magnésie fournirait le soufre dont la présence a été constatée.

M. Androusoff a constaté, dans le golfe de Karabougas, sur la côte de la mer Caspienne, non loin de l'île de Tcheleken, qui est une lagune peu profonde. en communication avec la mer par une passe fort étroite et dont le seuil est à un niveau plus élevé que le fond de la lagune, que l'évaporation a tellement concentré ces eaux, que les poissons qui y pénètrent y meurent, et qu'à l'époque des chaleurs, les côtes sont couvertes de poissons morts qui s'ensevelissent peu à peu dans la vase. On estime à plus de 300.000 les tonnes de sel amenées chaque année, de la mer, dans cette lagune.

M. Charles Morrey[1] attribue aux bactéries la part prépondérante dans la formation du pétrole :

« En expliquant la formation du pétrole et du gaz par la transformation « des matières organiques, les géologues n'ont pu indiquer l'agent de cette « décomposition particulière, puisqu'il n'y a aucune indication de l'action « de la chaleur sur les matières végétales ou animales des champs pétro- « lifères, tout au moins pour ceux de l'Ohio.

« Mais le seul autre agent que nous connaissions et qui puisse produire « des décompositions analogues à une distillation, c'est la bactérie. Cet « organisme agissant hors de la présence de l'air, par exemple sous l'eau, « produit à l'aide des matières végétales du gaz des marais, du gaz olé- « fiant et d'autres hydrocarbures, phénomènes qui se produisent encore de « nos jours dans les marais et les tourbières. Les produits ainsi formés se « diffusent en partie dans l'atmosphère et sont en partie retenus dans la « boue où ils se sont produits, et une simple agitation permet de les mettre « en évidence, et il est probable que ces phénomènes de décomposition se « sont produits à toutes les époques ; B. Renault a trouvé des bactéries dans « les débris fossiles de toutes les époques, jurassique, permienne, carbo- « nifère, dévonienne.

« Dans la formation des schistes, il s'est accumulé, sous l'action des « courants, de grandes quantités de matières organiques et des nombres « énormes de bactéries. »

« Ces bactéries agissant en dehors de la présence de l'air ont dû pro- « duire du gaz des marais et des hydrocarbures plus condensés ; cette « décomposition a pu se produire aussi bien dans les eaux peu profondes « que dans les grandes profondeurs océaniennes car les expériences ont « prouvé qu'une pression de 600 atmosphères n'arrête pas l'action des bac- « téries, et l'action bactérienne a dû se continuer jusqu'à la formation de « composés, indifférents à l'action des bactéries, les hydrocarbures entre « autres, ou jusqu'à ce qu'elles aient été tuées par l'action des produits « qu'elles avaient engendrés. Et, dans ce dernier cas, la proportion de car-

1. Charles B. Morrey, professeur de bactériologie de l'Université de l'Ohio.

« bone doit être plus considérable, comme cela a lieu pour la houille par
« rapport au pétrole. L'assèchement des couches a pu également arrêter
« l'action des bactéries qui ont besoin d'eau pour se développer, et où l'action
« des bactéries s'est exercée il doit y avoir une certaine quantité de com-
« posés sulfurés et azotés comme cela a lieu dans les calcaires qui con-
« tiennent du pétrole.

« Les pétroles de Pensylvanie se sont formés dans la boue composant
« les schistes jusqu'à l'arrêt de l'action des bactéries.

« Dans le cas des calcaires à pétrole, la décomposition bactérienne s'est
« produite dès que les premiers organismes se sont déposés après leur
« mort. »

En résumé, les raisons qui militent en faveur de l'origine bactérienne
du pétrole sont :

1° Les bactéries produisent une décomposition analogue quand elles
agissent en l'absence de l'air ;

2° Les bactéries se déposent en même temps que les autres débris organiques ;

3° Les bactéries sont en dehors de la chaleur les seuls agents pouvant
produire de semblables décompositions ;

4° L'action de la chaleur (au moins pour l'Ohio) est exclue par l'évidence géologique.

George I Adams (*Oil and Gas Fields of the Western Interior and Northern Texas Cool Measures*) expose ainsi les conclusions de ses observations :

Les schistes du terrain houiller sont très bitumineux et devaient évidemment contenir une grande abondance de matières organiques au moment
de leur dépôt. L'enfouissement de ces matières et leur décomposition subséquente sous la couverture des sédiments et de la mer continentale sont
considérés comme ayant donné naissance au pétrole et au gaz. Les réservoirs qui reçurent ensuite ces produits sont les grès et les couches poreuses.
Dans les régions où ces couches affleurent, il n'est pas rare qu'elles aient
une odeur rappelant celle du pétrole, et les gaz, les suintements, les goudrons furent notés par les premiers explorateurs comme une indication de la
présence du pétrole.

M. Mrazec, le distingué géologue roumain, a exposé récemment à l'Aca-
démie de Bucarest ses idées sur la formation du pétrole. Nous les résumons
ci-dessous :

« Autour des gisements de sel (du salifère subcarpathique) se forme
« une véritable auréole d'hydrocarbures qui imprègnent irrégulièrement les
« roches de la zone. Le salifère subcarpathique est généralement pauvre en
« fossiles, l'hypothèse que les hydrocarbures, c'est-à-dire le pétrole des
« roches mères du méditerranéen, sont dus à des massacres en masse de la
« faune marine supérieure, ne trouve pas d'appui dans les résultats des
« recherches faites dans le salifère de Roumanie. »

« Puisque en Roumanie on ne constate le pétrole en gisement primaire
« que dans le paléogène et le salifère miocénique et puisque les gisements
« exploités les plus riches se trouvent dans le méotique et le pliocène supé-
« rieur (couches à Viviparia bifarcinata et lignite), il faut admettre que le
« pétrole de ces étages géologiques se trouve en général dans des gisements
« secondaires. »

« Cobalesco se basant sur l'interprétation de Tietze que les gisements
« de sel de Baicoi et Tintea se trouvent dans des terrains d'eau douce
« ainsi que sur ses observations que le massif de sel de Collbash se trouve dans
« les terrains à paludines conclut que la présence du sel doit être attribuée
« aux émanations issues du sein de la terre. »

« Rappelons que les hypothèses les plus accréditées de la théorie anor-
« ganique du pétrole supposent, d'une part, un noyau incandescent du globe
« terrestre et, d'autre part, des dislocations très profondes dans l'écorce ter-
« restre, dislocations qui auraient permis à l'eau d'arriver à ce noyau incan-
« descent. »

« En concordance avec ces faits, nous trouvons un manque complet
« d'hydrocarbure d'origine interne dans les roches sédimentaires poreuses
« ou non qui se trouvent dans les régions de manifestations post-volcaniques.
« Ainsi par exemple les régions volcaniques qui entourent comme une
« chaîne la dépression pannonique (plaine hongroise) sont généralement
« dépourvues de gîtes de pétrole, qui, au contraire, se trouvent accumulés
« précisément sur la bordure extérieure de l'arc carpathique où l'on ne
« connaît pas de phénomènes éruptifs. »

« Nous arrivons par suite à la conclusion que, dans toutes les phases des
« phénomènes volcaniques, nous pouvons trouver des hydrocarbures mais
« on n'a pu observer jusqu'aujourd'hui dans les régions éruptives soit
« anciennes soit nouvelles des phénomènes qui permettaient d'affirmer que
« les gîtes de pétrole pourraient avoir quelque relation génétique avec les
« phénomènes éruptifs. »

« Examinons maintenant la même question au point de vue tecto-
« nique, c'est-à-dire recherchons s'il peut exister quelque liaison entre les
« gisements de pétrole et les lignes grandes et surtout profondes de dislo-
« cation.

« Si nous explorons les régions qui sont sillonnées de failles très pro-
« fondes ou dans lesquelles les plissements se montrent comme étant produits
« à de très grandes profondeurs affectant des ensembles complexes de systèmes
« géologiques complets, de sorte que, dans le cas de la présence d'un noyau
« incandescent, les dislocations pourraient même s'étendre jusque dans les
« régions où l'existence de corps gazeux est possible, même dans ce cas, il
« résulte des recherches géologiques que nous ne pouvons découvrir aucun
« argument qui parlerait en faveur d'une origine profonde interne du
« pétrole. »

« Dans le paléogène des Carpathes roumaines, le pétrole en gisement

« primaire est limité d'après les recherches de Teysseyre, de Sava Atanasiu
« et les miennes (Mrazec) aux couches de l'éocène supérieur et de l'oligocène
« inférieur; couches de Tirgu Ocna, couches à fucoïdes et couches ménili-
« thiques proprement dites. Dans les couches de Tirgu Ocna, il n'y a pas de
« traces de restes d'animaux supérieurs ou de grandes tailles qui devraient
« s'y trouver au même titre que les spicules d'éponges les nummulites, etc.,
« s'ils avaient été nécessaires à la production du pétrole ; il faut donc en con-
« clure que le pétrole des Carpathes n'est pas dû à l'accumulation de
« cadavres d'une faune marine d'ordre supérieur, mais, au contraire, qu'il
« provient de microorganismes végétaux ou animaux. »

« Il n'est pas encore démontré que les algues marines ont joué un rôle
« prépondérant dans la formation du pétrole; mais il reste, en tout cas, à
« expliquer la coïncidence curieuse qui existe entre le pétrole primaire et le
« grand développement des couches à fucoïdes où l'on rencontre parfois de
« petites intercalations tourbeuses. »

« On observe souvent que, dans les impressions de poissons, le corps de
« l'animal est remplacé par une substance bitumineuse séchée. »

La conclusion des principes exposés précédemment se trouve résumée
de la façon suivante :

« Le pétrole des gisements roumains est d'origine organique.

« La roche mère du pétrole est presque toujours une roche sédi-
« mentaire argileuse qui se développe surtout dans les régions d'effon-
« drement, c'est-à-dire dans les régions où se produit un alluvionnement
« puissant. »

« Les hydrocarbures des roches mères du pétrole sont surtout dus à la
« bituminisation des microorganismes, soit animaux, soit végétaux.

« Les formations dans lesquelles se trouvent les gisements primaires de
« pétrole sont caractérisées par un facies spécial appelé par Zuber et Sthal
« facies du pétrole. »

En Roumanie, ce facies se rencontre dans le paléogène, couche de
Tirgu Ocna ou dans les couches à fucoïdes.

Dérivation du pétrole des débris végétaux. — Pour Lesquereux
la formation du pétrole dérive des végétaux.

Il fait remarquer la liaison qui existe entre les charbons qui, aux Etats-
Unis, dérivent de plantes flottantes, et les bitumes qui les imprègnent. Ces
charbons sont surtout des cannel coal où l'on voit très nettement dominer
les plantes flottantes, principalement les stigmaria. Là où les stigmaria ont
seuls existé ou seulement avec d'autres plantes aquatiques comme à Breken-
ridge (Kentucky, le pétrole tend à prédominer, imprégnant la couche de
charbon et les grès du niveau inférieur. La matière bitumeuse dont les
schistes sont imprégnés s'est formée aux dépens de la végétation et des plantes
flottantes qui se sont accumulées sur des plages basses. Si ces débris se sont
entièrement décomposés, il n'en reste pas de trace.

D'après J.-P. Lesley[1], le conglomérat du carbonifère inférieur du Kentucky, où apparaît le pétrole, contient de nombreux fossiles végétaux, il pense donc que, dans cette région, le pétrole en dérive ; il admet toutefois que dans d'autres régions le pétrole a pu tirer son origine de débris animaux.

Pour Peckam, les différentes variétés de pétrole sont le produit de distillations fractionnées de matières carburées situées à un niveau bien inférieur à celui des couches où il se trouve actuellement. Si la pression a été très considérable, il se produit plus de paraffine comme dans le pétrole de Bradford. Mais la distillation a dû se faire à une température relativement basse, surtout pour les pétroles des États de New-York, de Pensylvanie, de l'Ohio et de la Virginie occidentale. La chaleur nécessaire a été empruntée au métamorphisme ; les pétroles qui sont exempts d'azote comme ceux de Pensylvanie ayant principalement tiré leur origine du règne végétal, tandis que d'autres provenaient de débris animaux.

Pour Kobell, l'origine du pétrole est la distillation de la houille, et l'anthracite est le résidu de cette distillation.

D'après Kraemer, l'origine du pétrole serait franchement végétale. Le pétrole de l'Amérique du Nord se trouvant dans son point de condensation primitif et, comme il est peu résinifié, on doit admettre qu'il y est dans son état originel.

« Ce sont les organismes de ces époques (dévonien), pendant lesquelles
« la vie végétale offrait un développement qu'elle n'a jamais atteint plus tard,
« qui ont fourni la matière première des gisements de houille et des réserves
« de pétrole qui sont exploitées de nos jours.

« Sous l'influence d'actions éminemment favorables, les plantes se déve-
« loppent avec une intensité et une rapidité dont la végétation actuelle ne
« peut donner qu'une idée lointaine.

« Les mers sont peuplées de mollusques en quantités considérables. Les
« cataclysmes ont enfoui ces matières organiques en formant des réserves
« qui sont exploitées aujourd'hui sous forme de pétrole et de houille. »

Kraemer et Spilker, en examinant le terrain situé au-dessous d'une couche de tourbe de 6 mètres d'épaisseur aux environs de Berlin, y trouvèrent des diatomées, des desmidiées et des plantes d'une organisation supérieure. Par traitement à la benzine et à l'alcool, ils obtinrent un résidu ressemblant à la paraffine et par traitement à l'acide chlorhydrique le résidu avait l'apparence de l'ozokérite.

Wall et Kruger, après avoir examiné, en 1860, le bitume de la Trinité pensent que son origine est végétale. « En place, il est confiné dans des
« strates particulières qui, originairement étaient, des schistes contenant des
« débris végétaux. La matière organique a subi une minéralisation particu-
« lière donnant du pétrole au lieu de substances anthraciteuses. Cette action
« n'est pas attribuable à la chaleur ni à une sorte de distillation mais elle a

____

1. *The existence of petroleum in the Eastern Coal-field of Kentucky*, 1865.

« été produite par des réactions chimiques à température ordinaire dans les
« conditions normales du climat. La preuve que ceci est la véritable géné-
« ration de l'asphalte repose non seulement sur la manière partielle dont
« il est distribué dans les strates mais encore d'après de nombreux spéci-
« mens de matières végétales en progrès de transformation ayant une struc-
« ture plus ou moins oblitérée. Après enlèvement des matières bitumineuses
« solubles, une remarquable altération des cellules devient visible sous le
« microscope avec une apparence qui ne se retrouve dans aucune autre
« forme de minéralisation du bois. »

L'une des théories les plus complètes sur la formation du pétrole par
transformation des matières végétales a été formulée par Cooper[1]; nous
la résumons ci-dessous car elle présente d'une façon fort judicieuse les éléments qui militent en sa faveur.

On peut admettre l'hypothèse que les bitumes fossiles sont dérivés principalement des végétaux terrestres et marins déposés dans les terrains sédimentaires puis changés en matières carbonées et subséquemment distillés par
la chaleur du métamorphisme; en d'autres termes, les bitumes sont des dérivés naturels des charbons et des goudrons distillés dans les alambics de la
nature, généralement avec une lenteur infinie quand on la compare à la
distillation faite dans un alambic ou une cornue moderne. Quoique certains
hydrocarbures puissent être produits synthétiquement dans les laboratoires
il n'en est pas moins permis de croire que presque toutes les accumulations
d'hydrocarbures fossiles, sinon toutes, doivent leur existence au principe
vital et qu'ils sont dérivés directement ou indirectement d'êtres organisés,
animaux ou végétaux, et plus probablement de ces derniers pour les raisons
données ci-dessous.

Dans la décomposition des tissus végétaux, quand l'air est partiellement
ou totalement exclu, par exemple quand ils sont ensevelis dans le sol, les
éléments des tissus végétaux se recombinent mutuellement en de nouveaux
produits avec ou sans la coopération des éléments de l'eau, l'oxygène s'unis-
sant graduellement avec le carbone pour former de l'acide carbonique qui se
sépare et laisse comme résidu une substance riche en carbone et en hydrogène. C'est par ce moyen que les charbons bitumineux, la tourbe et le lignite
ont été formés en partant des matières végétales.

Les matières carbonées dans le même gisement, la même série de couches
ou la même couche peuvent avoir des compositions différentes, leurs nombreuses variétés pouvant dériver de plantes différentes (comme pour les
houilles) suivant les conditions particulières du district où les plantes se
sont développées durant leur existence et avant leur submersion ou leur
ensevelissement. Les changements qui se sont produits dans les plantes pendant la transformation des fibres ligneuses en matières carbonées sont dus
à la disparition d'une partie de leur hydrogène et de leur oxygène car il y a

1. Cooper, *The Genesis of Petroleum and Asphaltum in California.*

moins de ces éléments dans le charbon que dans le bois, ainsi que le montre le tableau suivant :

		C	H	O
Bois..................	Récent	52,65	5,25	42,10
Tourbe................	—	60,44	5,96	33,60
Lignite...............	Crétacé et tertiaire	66,96	5,27	27,76
Charbon brun..........	—	74,20	5,89	19,90
Houille...............	Secondaire	76,18	5,64	18,07
—	Plus ancienne	90,50	5,05	4,40
Anthracite............	Cristallin	92,85	3,96	3,16
Graphite..............	Cristallin et archéen	100	»	»

Plus la formation est ancienne, plus la quantité de carbone contenue dans la matière carbonée est considérable, l'hydrogène et l'oxygène ayant diminué d'une façon correspondante ; ce qui peut être attribué partiellement ou totalement à la température et à la pression auxquels les formations anciennes ont été et sont encore soumises. Le graphite et l'anthracite sont des charbons métamorphiques produits par la chaleur et dont la matière volatile a été vaporisée et probablement condensée plus tard dans les fissures et les roches poreuses supérieures sous la forme de bitume et de pétrole.

Dans le terrain archéen il y a du graphite et pas d'autre genre de charbon, ni de bitume ni de pétrole, mais on rencontre ces derniers minéraux dans toutes les formations plus récentes que l'archéen d'après cela, il semble que le pétrole et les bitumes ont pris naissance dans le laurentien ou au-dessus. L'absence des bitumes et du pétrole dans les formations de l'archéen, montre évidemment que la théorie d'après laquelle le pétrole a pris naissance par l'action à haute température de l'eau sur le carbure de fer n'est pas exacte ou tout au moins que ce procédé de formation n'existe pas de nos jours.

Le graphite est probablement la forme ultime des transformations de la matière végétale sous l'action de la chaleur, les états intermédiaires étant le lignite et la houille.

A mesure que les formations deviennent moins métamorphisées, le charbon devient de plus en plus bitumineux. Le graphite est disséminé en filaments, en veines et en couches dans des épaisseurs considérables du laurentien et la quantité résultante est au moins égale à la houille contenue dans le carbonifère.

Dans le centre de l'Écosse, où le terrain houiller a été si fréquemment percé par des roches ignées, le pétrole et l'asphalte se rencontrent fréquemment dans les fentes et les veines du grès et autres roches sédimentaires et dans les cavités des roches ignées elles-mêmes; et dans l'ouest du Lotian les roches intrusives traversant les couches de houille et de schistes bitumineux ont une odeur bitumineuse très sensible, quand elles sont fraîchement cassées et de petits globules de pétrole peuvent être reconnus dans leurs cavités.

Dans le même district un grès massif a ses veines remplies d'un asphalte brun.

Le graphite a probablement la même origine que la houille, et il est généralement admis qu'il vient de la distillation de produits végétaux ; dans sa distribution générale il correspond fréquemment avec les couches de charbons ou de roches bitumineuses.

La plupart des mines de houille de la Californie se trouvent dans les terrains crétacés et le tertiaire inférieur, les roches situées au-dessous du tertiaire et même du tertiaire inférieur sont souvent métamorphisées, le crétacé et les roches tertiaires ayant subi une action métamorphique par les eaux thermales et si elles contenaient des matières carbonées, le pétrole a été distillé et les vapeurs, condensées dans les roches inaltérées pour se répandre ensuite sous l'action de pressions hydostatique ou gazeuse, ou même sous l'influence de la pression des terrains situés au-dessus.

La présence de l'azote dans le pétrole de la Californie a été invoquée comme une preuve de l'origine animale de ce produit; mais cela n'est pas concluant, car la plupart des houilles et des schistes bitumineux donnent par distillation des produits azotés.

Comme une preuve de l'origine animale du pétrole, il a été affirmé que les mares de pétrole avaient été trouvées contenant des insectes vivants. Plusieurs centaines de mares de pétrole ont été examinées en Californie sans y trouver trace d'insectes, quoique le voisinage en fût rempli, et il est facile de se convaincre que le pétrole est un excellent insecticide[1].

A notre époque, la fin inévitable de l'animal après sa mort est de servir de nourriture à d'autres organismes de la terre ou des mers ou de se putréfier et il n'y a pas de raison pour supposer qu'il n'en a pas été toujours ainsi.

Les fossiles des formations californiennes indiquent qu'ils ont vécu, sont morts et ont été enfouis de la même manière que les mollusques de notre époque, et, en fait, un grand nombre des fossiles de ces formations sont les prototypes des mollusques existant encore de nos jours, et rien ne montre qu'ils soient quelque part conservés pour la préparation future du pétrole.

Aucun reste fossile ne présente un état de transition entre la matière animale et le pétrole, il y a dans les formations de la Californie un grand nombre de coquilles fossiles qui sont habituellement remplies de boue ou indurées par la silice; elles ne contiennent du pétrole que lorsque le terrain encaissant en contient. Il n'y a pas plus de fossiles dans les roches qui con-

1. Il est possible que cette légende se soit formée du fait de la présence de certains insectes tombés accidentellement dans des mares de pétrole. Un fait qui peut être constaté dans les raffineries situées en pleine campagne loin de toute exploitation pétrolifère, est que, vers le printemps, les surfaces mouillées de pétrole et principalement les surfaces verticales sont couvertes d'une multitude de petits insectes dont la plupart sont morts. mais dont quelques-uns sont encore vivants. Il est à remarquer que ces insectes de fort petite taille semblent appartenir à une même espèce qui ne semble pas posséder des qualités d'aviation très puissantes et qui ont dû simplement être entraînés par le vent contre les parois mouillées.

tiennent du pétrole que dans celles de la même nature qui n'en contiennent pas.

Si le pétrole avait pris naissance dans les coquilles qui en contiennent, chacune d'elle ne devait en contenir qu'une petite quantité, tandis qu'elles sont ou complètement pleines ou complètement vides et, de plus, on ne peut soutenir que les fossiles des anticlinaux produisent du pétrole, tandis que les fossiles des synclinaux n'en produisent pas.

Les fossiles voisins, quand ils contiennent du pétrole, sont remplis par un liquide de même constitution ; si dans une coquille se trouve du pétrole contenant 6 0/0 de soufre, la coquille voisine contient également du pétrole à 6 0/0 de soufre, et cette grande quantité de soufre ne peut dériver de la matière animale primitivement contenue dans la coquille.

Un phénomène qui mérite d'attirer l'attention est la fréquence de la présence des schistes rouges dans le voisinage des gisements de bitume de la Californie.

En Californie, le crétacé supérieur, l'éocène, le miocène, le pliocène et le quaternaire, quand ils ne sont pas métamorphisés, sont constitués par des schistes tendres, des grès, des conglomérats et des calcaires, la majeure partie étant des grès et des schistes, et toutes les couches quel que soit leur âge ont de grandes analogies.

Les schistes, quand ils sont à l'état naturel, sont gris ; mais par métamorphisme ils donnent, sous l'action de la chaleur, des roches de teintes variables du jaune au rouge foncé. Quand il n'y a que 1 0/0 de fer, le schiste devient jaune ; de 2 à 10 0/0, il donne des teintes variant du rose au rouge. Outre les schistes rouges, il y a également des jaspes et des parties de texture vésiculaire dont la teinte est brune ou quelquefois irisée.

Souvent le métamorphisme donne aussi naissance à des schistes blanchâtres qui ont pris naissance sous l'action de la chaleur provoquée par un métamorphisme chimique qui a donné naissance à de l'acide carbonique de l'hydrogène sulfuré, et des vapeurs aqueuses qui ont profondément modifié la nature du schiste. Ces vapeurs ont presque transformé les schistes en argile blanche, l'alcali, la magnésie, la chaux, les oxydes métalliques ont disparu, la silice et l'alumine augmentant d'une façon correspondante. L'absence des bases telles que la chaux et l'oxyde de fer ne permet sur ces terrains que le développement d'une flore très particulière très différente de celle du voisinage et qui peut servir de guides dans les recherches des zones pétrolifères[1].

Il est à remarquer que ces argiles blanchâtres suivent assez fidèlement les anticlinaux dans le voisinage des gîtes pétrolifères.

Les schistes rouges qui ont pris naissance par un métamorphisme un peu différent se révèlent par leurs brillantes couleurs, par la chaleur du sol dans leur voisinage et quelquefois par des fumées. Des vapeurs sulfureuses s'en

---

1. Cet indice qui se répète dans un grand nombre de localités pétrolifères en dehors de la Californie est loin d'avoir une valeur absolue ; il semble même n'indiquer que les manifestations concomitantes de la venue du pétrole ou des bitumes.

échappent souvent et provoquent des incrustations à la surface du sol et dans les fissures; des sources minérales chaudes et froides sortent du sol dans le voisinage des schistes rouges, et les dépôts salins qui se sont produits dans le sol ont été quelquefois fondus par la chaleur. Il y a également des émissions carburées gazeuses chaudes et froides et des suintements de bitume.

Lorsque des fragments de ces schistes non métamorphisés sont exposés aux intempéries en tas un peu important, ils s'échauffent graduellement au point de permettre la vitrification de certaines parties, comme cela s'est produit pour les débris des excavations faites pour le passage de la voie du Southern Pacific Rail Road.

Près de la mine d'asphalte de La Patera (comté de Santa Barbara), se trouve un lac qui semble devoir sa formation à la contraction des schistes sous-jacents à la suite du métamorphisme analogue; à 30 mètres de profondeur, la chaleur dans la mine est de 41° C.; tout autour du lac se trouvent des fissures remplies d'asphalte contenant des débris de schistes et de l'eau minérale, sur le bord de la mer, à proximité de la mine de La Patera, du pétrole s'élève de sources sous-marines formant des irisations à la surface des flots et répandant une odeur facilement discernable à une grande distance; de plus, le fond de l'Océan parallèlement à la côte et au niveau des basses mers est couvert d'une couche de bitume.

A 10 kilomètres de Santa Barbara (ville) au Calea Rancho et près de l'Océan se trouve une surface d'une vingtaine d'hectares qui s'enfonce graduellement, la profondeur totale est de 7 mètres environ et l'accroissement de profondeur a été de 1^m,50 en cinq ans. La surface du sol est fissurée, et il s'échappe des vapeurs sulfureuses; le sol est chaud. Au bord de la mer les falaises sont formées de schistes rouges et des sources salines sortent de leur pied. Autour du point d'affaissement il y a des suintements de bitume et de pétrole lourd.

En résumé, en Californie, les schistes rouges, les sources minérales chaudes et froides, les schistes et les grès lavés, les schistes silicifiés, les grès indurés, les accumulations de bitumes s'accompagnent et se relient d'une façon évidente à des actions métamorphiques.

DEUXIÈME PARTIE

FORMATION INORGANIQUE DU PÉTROLE (THÉORIES CHIMIQUES)

Pour Humboldt (1804), on ne peut douter que le pétrole soit le produit d'une distillation à une grande profondeur provenant des roches primitives au-dessous desquelles se trouve emprisonnée l'énergie volcanique.

Virlet d'Aoust (1834) formule ainsi son opinion sur la genèse du pétrole:

« Mais, lorsqu'on vient à examiner le phénomène dans son ensemble et
« qu'on étudie attentivement toutes les circonstances qui accompagnent d'or-
« dinaire le gisement du bitume, qu'on examine ses rapports fréquents avec
« les terrains salifères et gypseux, avec les salces, les sources thermales et
« minérales, on ne peut guère lui assigner une origine différente de celle
« de ces substances. Les bitumes sont donc pour moi des produits éruptifs
« des substances natives, qui peuvent devoir leur origine à un certain
« nombre de causes qui nous sont encore inconnues. »

D'après Chancourtois :

« Les produits hydrocarbonés sont en général des résultats plus ou moins
« directs d'émanations, c'est-à-dire de phénomènes éruptifs; ce qui ressort
« des phénomènes d'alignement qui n'ont évidemment de raison d'être que
« dans les fissures de l'écorce terrestre.

« Les dégagements successifs dans le même point du globe, des émana-
« tions oxycarboniques, ou hydrocarbonées ne proviennent sans doute pas
« tous du dégagement du magma fluide interne. Les plus récents ont pu ré-
« sulter souvent d'une sorte de remaniement, d'une action physique exercée
« sur les dépôts anciens ; mais, dans tous les cas, leur apparition se rat-
« tache aux phénomènes de ridement, et par suite la distribution des gîtes
« de combustibles doit se trouver subordonnée aux principes de régularité
« que met en lumière la théorie des soulèvements. »

Daubrée a fait à propos du pétrole les remarques suivantes :

« Un fait remarquable, et qui peut jeter du jour sur le mode d'arrivée
« du bitume, c'est que le calcaire bitumineux de Lobsann est souvent saccha-
« roïde ou lamellaire comme le calcaire des terrains cristallisés ; il contient,
« en outre, de petites cavités tapissées de cristaux rhomboédriques de chaux
« carbonatée. Quoique disposé en amas stratiformes, le bitume des environs
« de Soulz-sous-Forêts paraît aussi se lier aux dislocations de la contrée. En
« effet, ces gîtes avoisinent la faille terminale du grès des Vosges et il y a
« à Gundershoffen, à 8 kilomètres de Lobsann, un épanchement de basalte.
« Les divers gisements où est exploité le pétrole appartiennent aux terrains
« stratifiés depuis les couches tertiaires comme dans les Carpathes jus-
« qu'aux terrains les plus anciens, dévonien et silurien de l'Amérique du
« Nord.

« L'origine de cette substance n'est pas encore déterminée avec certi-
« tude. On la fait généralement dériver de substances organisées, végétales
« ou animales, par une transformation analogue à celle qui produit la
« houille. Cependant deux ordres de considérations ont conduit à penser que
« les pétroles pouvaient avoir une origine franchement minérale : d'une
« part, l'association des gîtes de bitume avec les phénomènes éruptifs
« comme en Auvergne, ou au moins avec des dislocations qui dérivent des
« phénomènes internes, aussi bien que les sources thermales qui les
« accompagnent souvent; d'autre part, la possibilité de reproduire des hydro-

« carbures liquides par synthèse directe et sans le secours de corps ayant
« passé par la vie. »

M. Lartet[1] résume ainsi les observations qu'il a faites dans les régions de
la mer Morte :

« En résumé, nous croyons que l'arrivée du bitume au milieu de la mer
« Morte et sur son rivage occidental ainsi que le long de son bassin se rat-
« tache à l'existence d'un système de sources thermales, salines et bitumi-
« neuses, réparties le long de l'axe de dislocation du bassin. Cette conviction
« s'appuierait : 1° sur l'alignement des gîtes bitumineux, le long du même axe
« qui relie encore aujourd'hui les rares représentants de ces sources,
« lesquels durent être en rapport avec les phénomènes volcaniques aujour-
« d'hui éteints de cette contrée; 2° sur la présence, vérifiée par M. Hébrard,
« du bitume dans les calcaires d'où émergent les sources thermales et sa-
« lines de Tibériade, dans lesquelles le Dʳ Anderson a trouvé le brome asso-
« cié à une matière organique; 3° enfin, sur les analyses mêmes de l'eau de
« la mer Morte, qui, d'après M. Terreil, renferme une matière organique
« fournissant l'odeur caractéristique des bitumes, et surtout abondante dans
« le voisinage du Ras Mersed, en un point où se font sentir les émanations
« fétides signalées par Strabon comme accompagnant l'apparition de l'as-
« phalte. En cet endroit il paraît exister encore une de ces sources sous-
« marines, auxquelles fut due sans doute autrefois l'émission de ces masses
« d'asphalte, et qui se bornerait aujourd'hui à entretenir dans son voisinage
« une richesse exceptionnelle en bitume, en chlorures et en bromures. »

Le processus de la théorie de la formation chimique des pétroles a été
formulée pour la première fois par Berthelot, en 1866.

En admettant qu'il existe à l'intérieur de la terre des métaux alcalins libres,
l'acide carbonique peut donner à leur contact à la température élevée à laquelle ils sont soumis des carbures alcalins (acétylures), ceux-ci pouvant
d'ailleurs résulter également de l'attaque par les métaux alcalins des carbonates alcalinoterreux qui se produit avant le rouge sombre.

En présence de la vapeur d'eau, les acétylures alcalins donnent de l'acétylène en même temps que de l'hydrogène se produit par l'action de cette
même vapeur d'eau sur les métaux alcalins libres :

$$C^2Na^2 + 2\,H^2O = C^2H^2 + Ca\,(OH)^2$$
$$Na^2 + 2\,H^2O = 2\,NaOH + H^2$$

Mais cette réaction se produisant à haute température, il se produit du
méthane en présence de l'hydrogène libre :

$$C^2H^2 + 3\,H^2 = 2\,CH^4,$$

réaction qui est limitée par la réaction inverse :

$$2\,CH^4 = C^2H^2 + 3\,H^2;$$

____
1. Lartet, *Voyage d'exploration à la mer Morte.*

il se produit également de l'éthylène :

$$C^2H^2 + H^2 = C^2H^4,$$

l'éthylène ainsi produit pouvant donner également, par hydrogénation de l'éthane :

$$C^2H^4 + H^2 = C^2H^6,$$

réaction qui est limitée par la réaction inverse :

$$C^2H^6 = C^2H^4 + H^2.$$

L'action de la chaleur seule sur l'acétylène peut donner de la benzine :

$$3\,C^2H^2 = C^6H^6.$$

L'acétylène peut aussi se combiner à l'éthylène et donner l'éthylacétylène :

$$C^2H^2 + C^2H^4 = C^4H^6 ;$$

il peut se combiner à la benzine en donnant le styrolène :

$$C^2H^2 + C^6H^6 = C^8H^8.$$

On conçoit donc que, par condensations successives, un mélange de carbures analogues au pétrole puisse se former.

L'hydrure de naphtaline :

$$C^2H^2 + C^8H^8 = C^{10}H^{10},$$

et la naphtaline :

$$C^{10}H^{10} = C^{10}H^8 + H^2$$

peuvent aussi prendre naissance, et la présence des carbures aromatiques dans le pétrole se trouverait aussi expliquée.

Mendeleef admet que, lors des dislocations survenues à la suite du refroidissement de l'écorce terrestre, l'eau a pu pénétrer jusqu'aux régions où existent des métaux carburés donnant naissance à des hydrocarbures volatils ; de plus, avec une pression considérable et l'hydrogène en excès, des carbures plus condensés se sont produits. Ces carbures à points d'ébullition plus ou moins élevés ont été entraînés par la vapeur d'eau en excès et se sont condensés dans les couches perméables subjacentes.

« D'abord on est obligé d'admettre que le pétrole ne s'est formé ni à la « surface de la terre ni au fond des eaux, car, dans le premier cas, il se serait « évaporé en ne laissant qu'un résidu bitumineux et, dans le second cas, en « vertu de sa plus faible densité, il se serait élevé à la surface des eaux et se « serait encore évaporé.

« Nulle part il n'existe de résidu charbonneux représentant le résidu des

« matières organiques qui auraient pu donner naissance aux quantités
« énormes de pétrole qui existent en Pensylvanie et au Caucase, et les fos-
« siles même qu'on rencontre dans ces régions n'indiquent pas un développe-
« ment exceptionnel du règne organique.

« En Amérique, comme au Caucase, les parties riches en pétrole se
« trouvent au pied des montagnes. Les chaînes de montagnes ont été soulevées
« par l'action lente, mais continue, des forces internes de la terre. A leur
« sommet, peut correspondre une fente des terrains sédimentaires ouverte
« vers le haut, et, à la base, une autre fente analogue ouverte vers le bas a dû
« se produire : et cette grande fissure du pied des montagnes a livré passage
« au pétrole. »

Byasson, en 1871, en faisant réagir de la vapeur d'eau, de l'hydrogène
sulfuré, de l'acide carbonique sur le fer chauffé à haute température, obtint
des carbures liquides qui ressemblaient au pétrole; il en tirait la conclusion
que l'eau de mer pénétrant la croûte terrestre venant en contact au sein de
la terre avec des sulfures de fer et du fer métallique pouvait donner naissance au pétrole.

Clœz, en 1877, faisant réagir de l'acide sulfurique dilué sur de la
fonte manganésifère (spiegeleisen) obtint des hydrocarbures ressemblant à
certains constituants du pétrole; l'année suivante, il obtint les mêmes
résultats par action de l'eau bouillante sur un carbure de fer plus riche en
manganèse.

En 1891, Ross émit l'opinion que le pétrole résultait de l'action des gaz
volcaniques sur les calcaires, la suite des réactions ayant été la suivante :

$$2\,CO^3Ca + 2\,SO^2 + 4\,H^2S = 2\,(SO^4CaH^2O) + S + C^2H^4,$$
$$CO^3Ca + SO^2 + H^2S = SO^4CaH^2O + 3\,S + CH^4,$$
$$2\,CO^3Ca + 2\,H^2S + 2\,H^2O = 2\,SO^4CaH^2O + CH^4,$$
$$H^2S + SO^2 = H^2O^2 + S.$$

Maquenne, en 1892, prépara le carbure de baryum en faisant agir le
magnésium en poudre sur le carbonate de baryum :

$$2\,CO^3Ba + 6\,Mg = 6\,MgO + Ba + C^2Ba.$$

Le carbure ainsi obtenu, traité par l'eau, donnait de l'acétylène avec un
peu d'hydrogène.

Moissan, en 1892, en faisant agir le charbon sur l'oxyde de calcium à la
température de l'arc électrique, obtint du carbure de calcium qui pouvait
également être obtenu en faisant agir le charbon sur le carbonate de chaux :

$$CaO + 3\,C = CaC^2 + CO,$$
$$CaCO^3 + 4\,C = CaC^2 + 3\,CO.$$

Ceci fut le point de départ de l'étude des carbures métalliques dont les propriétés au point de vue qui nous occupe sont les suivantes :

Les carbures de lithium, sodium, potassium, calcium, baryum, strontium, donnent avec l'eau principalement de l'acétylène.

Les carbures d'argent, de cuivre, de mercure, d'or, sous l'action de l'acide chlorhydrique, donnent de l'acétylène.

Les carbures d'aluminium, manganèse, thorium, glucinium, et de béryllium agissant sur l'eau donnent du méthane :

$$Al^4C^3 + 6\,H^2O = 3\,CH^4 + 2\,Al^2O^3.$$

Les carbures de chrome et de tungstène donnent également du méthane, quand ils sont traités par l'acide chlorhydrique.

Les carbures d'yttrium, de lanthane, sont décomposés par l'eau en donnant un mélange d'acétylène, d'éthylène, de méthane et d'hydrogène.

Les carbures de lanthane, de cérium et d'uranium donnent avec l'eau en plus des carbures gazeux des carbures non volatils.

M. de Lapparent (*Traité de Géologie*) formule ainsi son opinion sur le pétrole des États-Unis :

« Les sources minérales sont très répandues en Amérique où les imprégnations de pétrole ont dans la profondeur une importance considérable. « Les gisements sont en rapport avec les dislocations du sol et les principaux « d'entre eux sont concentrés sur les lignes de soulèvement dans les fractures « desquelles l'huile minérale paraît s'être accumulée. Beaucoup de ces gisements « sont d'ailleurs situés dans des terrains, tels que le silurien et le « dévonien, au-dessous desquels il ne peut y avoir aucun combustible à « distiller. »

Fuchs et de Launay[1], dans leur remarquable *Traité des gîtes minéraux*, donnent sur la formation du pétrole et des bitumes un exposé qui mérite d'être cité *in extenso*.

1° Le pétrole se trouve dans presque toute l'échelle des terrains géologiques : de Humboldt en a signalé dans le micaschiste à la Punta de Araya (Vénézuéla); au Canada, on hésite entre le cambrien et le silurien; dans l'Ohio et la Pensylvanie, le terrain encaissant est le dévonien; au sud de Pittsburg, l'anthracifère; à Samara (Russie), le permien; en Virginie et dans le Connecticut, le trias; à la Fontaine-Ardente de Grenoble et à Gabian (Hérault), le lias; au Colorado et dans l'Utah, le crétacé; au Caucase, en Galicie, Roumanie, Italie, en Perse; dans l'Inde, le Japon, etc., le tertiaire.

2° Dans une région déterminée, les gisements pétrolifères suivent généralement une chaîne de montagne, de préférence sur la courbure externe de ses plissements et se présente à peu près indifféremment dans les divers terrains qui viennent affleurer le long de cette chaîne à la condition qu'ils renferment

---

1. Fuchs et de Launay, *Traité des gîtes minéraux*.

des niveaux de grès ou de sable perméable. Les gisements pétrolifères et généralement hydrocarburés se trouvent presque uniquement dans les régions plissées : ce qui force à conclure que le plissement même a dû jouer un rôle dans leur formation.

3° On doit admettre que l'imprégnation des niveaux perméables échelonnés dans l'épaisseur des terrains en un point donné s'est produite postérieurement au dépôt imprégné le plus récent; il serait en effet fort extraordinaire qu'on eût affaire à une série d'imprégnations contemporaines du dépôt des couches. s'étant produites uniquement quand il se déposait des sables ou des grès et point quand il se déposait des couches imperméables. Par suite, les pétroles de Pensylvanie et du Canada ont dû se concentrer aux points où on les rencontre postérieurement au carbonifère au moment du plissement des Alleghanys, plissement qui, d'après les observations des géologues américains, a produit des failles de plus de 7.000 mètres, tout en donnant à la Pensylvanie, et à la Virginie une allure comparable, d'après les travaux d'Henri Rogers, à celle du Jura.

Ceux de la Californie, du Colorado, du Mexique et du Pérou ont fait leur apparition au moment du soulèvement des Montagnes Rocheuses et des Andes ; de même, ceux de Bakou et de Taman, au moment du soulèvement du Caucase ; ceux de Galicie et Roumanie, au moment de celui des Carpathes ; ceux d'Italie, au moment de celui des Apennins : ç'est-à-dire tous à une période assez récente de l'époque tertiaire caractérisée par la formation des Alpes.

4° Le pétrole existe à l'intérieur du sol sous pression (fait constaté par les puits jaillissants) avec une tendance à profiter de toutes les fractures qui peuvent s'ouvrir au-dessus de lui pour s'élever. Il est évident que tout plissement du sol postérieurement à son dépôt par la compression qu'il a exercée sur lui en même temps que les gaz qu'il a pu dégager en développant de la chaleur, a dû contribuer à rendre son équilibre encore plus instable. Par suite il peut arriver qu'au-dessus d'un gisement de pétrole plus ou moins ancien, des couches postérieurement déposées, souvent même presque actuelles, se trouvent néanmoins imprégnées de carbures : en sorte qu'on pourrait, si l'on ne se livrait pas à une discussion des faits suffisamment minutieuse, en déduire des conclusions fausses relativement à l'âge de l'épanchement principal.

5° Le pétrole, aussi bien que les autres hydrocarbures, peut — de même qu'une source thermale à laquelle il est, à bien des rapports, comparable, — se présenter sous deux formes distinctes : soit dans la fracture même dans laquelle il s'est élevé, soit beaucoup plus tôt — puisque ce phénomène d'élévation est depuis longtemps terminé et que les fractures ont pu souvent se refermer — dans les strates perméables qu'il a rencontrées en s'élevant.

Il est assez de mode aujourd'hui d'admettre *a priori* que tous les hydrocarbures ont nécessairement une origine organique et, pour les pétroles, il est des géologues qui hésitent seulement entre l'hypothèse de la distillation de combustibles fossiles (contredite par les relations stratigraphiques) ou celle de

décomposition d'organismes contemporains des roches encaissantes, c'est-à-
dire dévoniens en Pensylvanie. On peut citer, parmi les défenseurs de cette
idée, le Dʳ Hunt, le Dʳ Kroemer, de Berlin, M. Engler, etc.

Les arguments sur lesquels on appuie la théorie organique sont les
suivants :

1° Présence fréquente des restes organiques dans les gisements hydrocarburés : poissons dans la plupart des schistes bitumineux ; restes de mollusques et de plantes marines dans les pétroles du Canada ; existence au
Caucase de coquilles remplies d'huile, etc. ;

2° Proximité de gisements de houille et grisou (de composition analogue
au gaz des marais) dégagé par la houille ;

3° Association fréquente avec le sel et le gypse considérés comme provenant des eaux marines où se seraient décomposées les matières organiques
avec le soufre résultant de la réduction du gypse par ces matières ;

4° Possibilité d'obtenir un corps analogue au pétrole en distillant sous
pression des matières grasses.

Le premier argument a une certaine valeur surtout pour les couches de
schistes bitumineux. Il est certain que les couches étendues de schistes
bitumineux contenant de nombreuses empreintes de poisson ont dû, contrairement à ce que nous avons dit pour la plupart des gisements de
pétrole, subir une imprégnation contemporaine de leur dépôt. Dès lors l'idée
la plus simple a dû être en se rappelant le mode de formation actuel du
gaz des marais, d'imaginer que ces bitumes s'étaient concentrés de même
par la putréfaction des poissons accumulés dans des estuaires vaseux aux
basses, subissant par quelques phénomènes de remous et de courants, l'apport des dépouilles des animaux tombés au fond de la mer même. Il est parfaitement possible que dans le cas des schistes bitumineux, peut-être aussi
dans le cas des pétroles riches en restes organiques comme ceux du Canada,
cette hypothèse soit fondée et que ces pétroles du Canada, les plus anciens
de la région est-américaine, soient des dépôts primitifs et contemporains de
la sédimentation, d'où, lors du plissement des Alleghanys, les pétroles se
seraient élevés au-dessus pour se répandre dans les niveaux perméables du
dévonien et de l'anthracifère. Mais il ne nous semble en aucune façon permis
de l'affirmer péremptoirement et surtout d'étendre la conclusion à l'ensemble
des gîtes pétrolifères, comme le font volontiers les géologues américains et
allemands.

Il faut, en effet, se rappeler que, si l'on a renoncé jadis à la théorie
simple de la formation des hydrocarbures par putréfaction, reprise aujour-
d'hui comme nouvelle, c'est en présence d'objections comme celles résultant
de la présence du carbone (graphite ou diamant) dans les roches primitives,
d'accumulation d'acide carbonique dans les massifs éruptifs, de sources
hydrocarburées ou de suintements bitumineux dans des gneiss, granits, tra-
chytes, etc., au-dessous desquels on ne saurait supposer la présence de gisements organisés. L'association des restes organiques et des hydrocarbures

peut fort bien tenir, non à ce que les hydrocarbures proviennent de ces restes, mais, au contraire, à ce qu'ils ont été conservés, préservés contre la destruction sous les influences atmosphériques et, en quelque sorte, embaumés. D'ailleurs, quand on rencontre une coquille remplie d'huile, cette quantité d'huile est si incomparablement supérieure à celle qu'avait pu fournir le mollusque en se décomposant qu'on doit la supposer arrivée d'ailleurs et après coup. Enfin, le pétrole qui a une composition sensiblement différente de celle de l'huile de poisson (beaucoup moins d'oxygène) est plus léger que l'eau : en sorte que, se formant en mer libre, il aurait dû monter à la surface et détruire les microorganismes, en sorte qu'il aurait arrêté aussitôt la fermentation putride qui le produisait.

Le second argument n'a, à notre avis, aucune valeur ; car le point de départ même en est erroné. Ce qui a pu y donner naissance, c'est la notion sommaire que le pétrole existait en Pensylvanie, dans la région où se trouvent aussi de grandes couches de houille ; mais le pétrole (qui tend toujours à s'élever), s'y trouve au-dessous de toutes les couches houillères et, par suite, n'en provient pas. Dans d'autres pays, il peut se trouver accidentellement quelques lignites au voisinage des hydrocarbures ; mais ce n'est le cas ni dans le Caucase, ni dans les Apennins, ni en Auvergne, etc. Cependant sur ce point encore les schistes bitumineux semblent, en quelque sorte, se séparer des autres produits hydrocarburés ; les schistes bitumineux de Buxières et d'Autun sont à faible distance des couches de houille ; la houille de Commentry contient des schistes bitumineux, etc. ; il est possible que bitume et houille se soient formés là dans les mêmes conditions par apport des matières organiques ; mais il n'est nullement démontré que, réciproquement, les hydrocarbures disséminés pour une raison quelconque dans l'eau des lacs n'aient pas joué un rôle dans la transformation des végétaux en houille.

Enfin, l'argument fondé sur l'association du pétrole avec le sel et le gypse semble souvent exact ; il n'est guère de gisement de sel qui ne contienne des gaz grisouteux disséminés ; les salces et volcans de boue rejettent du chlorure de sodium en même temps que les hydrocarbures ; les pétroles de Galicie et de Roumanie se trouvent fréquemment (quoique nullement d'une façon constante) dans le Salzthongruppé salifère, etc. Il est possible que le plissement qui amenait la concentration par isolement des lagunes salées ait en même temps ouvert les fractures où s'est élevé le pétrole[1].

En contradiction avec la théorie organique, les autres théories chimiques ou volcaniques préconisées par MM. Berthelot, Daubrée, Mendeleef, supposent tout différemment que le pétrole s'est formé et se forme peut-être encore, sans l'intervention de la vie, par une simple opération de synthèse minérale. M. Berthelot a fait intervenir les métaux alcalins libres, dont M. Dau-

---

1. Pour M. Fuchs, l'origine de tous les hydrocarbures était exclusivement interne et en relation, suivant la théorie de M. de Chancourtois, avec les grands cercles du réseau pentagonal.

brée admet l'existence dans le noyau igné. Les métaux agissant sur l'acide carbonique venant de la surface donneraient, d'après lui, des acétylures alcalins qui, en présence de la vapeur d'eau et de l'hydrogène résultant de la réaction de cette eau sur les métaux libres, produiraient les pétroles, bitumes, goudrons, etc.

Quelques curieuses expériences de MM. Byasson (1871), Friedel et Crafts (1877), Cloez (1877), Landolph (1878), ont montré la possibilité de la formation des hydrocarbures par voie minérale au moins dans le laboratoire. M. Mendeleef a, plus simplement, admis à la suite des phénomènes de plissement du globe l'introduction de l'eau de la surface jusqu'aux métaux carburés du noyau central : ce qui, à haute température et à haute pression, donnerait, suivant lui, des carbures saturés analogues à ceux du pétrole. Enfin, M. Daubrée a rapproché les pétroles des hydrocarbures dégagés par les volcans à la fin de leur éruption : cette théorie ne préjuge d'ailleurs rien sur l'origine première de ces hydrocarbures, liés aux idées d'ensemble qu'on peut se faire sur le volcanisme.

Nous ne dissimulons pas que cette manière de voir est celle qui nous paraît la plus vraisemblable et que les réservoirs de pétrole ou d'hydrocarbures quelconques accumulés à divers niveaux de l'écorce terrestre nous semblent pour la plupart le résultat de phénomènes anciens d'origine minérale ; mais la nature arrive souvent au même effet par des moyens divers, la théorie organique peut être également vraie localement. En tout cas, il nous semble qu'il y a là un de ces problèmes complexes et encore irrésolus pour lesquels il est tout au moins prudent de ne pas émettre d'opinions trop absolues.

L'existence du bitume dans de véritables filons métallifères n'a rien d'anormal[1].

C'est ainsi qu'aux mines d'argent de Kongsberg (Norvège), on en a rencontré dans des filons de calcite et d'argent natif traversant le terrain primitif. Également dans le terrain primitif, zone des leptynites, nous avons pu constater nous-même à Norberg (Suède) ; dans un gisement de fer oligiste et de magnétite, la présence d'un filon de quartz contenant de nombreuses poches remplies de bitume soit liquide, soit solidifié en perles. Il est difficile de nier que, dans ce cas, le bitume ait été apporté par des sources contenant de la silice (par exemple à l'état de silicate de soude en dissolution), et il nous semble que c'est un fait de nature à expliquer l'abondance, dans le permien du nord du Plateau Central, de nappes siliceuses chargées d'hydrocarbures qui leur donnent une odeur fétide.

S'il est un produit hydrocarburé pour lequel l'hypothèse d'une origine organique soit soutenable et appuyé sur des raisonnements sérieux, ce sont à coup sûr les schistes bitumineux.

D'une part, l'imprégnation est contemporaine du dépôt, contrairement à

1. Fuchs et de Launay.

ce qui se passe pour la plupart des pétroles, bitumes, asphaltes, etc. ; elle s'étend à de grandes distances avec une homogénéité telle qu'il faut admettre une dissémination préalable des produits hydrocarburés dans l'étendue du bassin marin, et elle semble caractéristique d'une condition de dépôt déterminé (de schistes, c'est-à-dire de dépôts vaseux formés dans des estuaires à mer calme et peu profonde), à des époques déterminées, permien, lias, etc.

En outre, les débris organiques y sont réellement d'une abondance extrême ; par exemple, les poissons à Buxière, à Autun, au Mansfeld, les poissons et les plantes à Menat ; enfin, il existe fréquemment, parmi les schistes, des formations houillères, des bancs plus ou moins bitumineux établissant par les cannelcoals et les bogheads une sorte de transition de la houille au pyroschiste, et dans les gisements de schistes bitumineux eux-mêmes, Autun, Buxières, des couches de houille sont souvent à proximité immédiate.

En sorte qu'on a pu soutenir avec beaucoup de vraisemblance, et probablement, dans certains cas, avec raison, que l'huile des pyroschistes n'était, comme la houille voisine, qu'un produit de décomposition de matières végétales ou animales ayant, par suite de circonstances différentes, pris une forme distincte.

Cette opinion, nous le répétons, est admissible et a le mérite pour bien des esprits d'être très simple ; on peut cependant lui faire quelques objections que nous croyons devoir résumer :

Tout d'abord on remarquera l'association fréquente avec les schistes bitumineux, de sulfures métallifères (pyrites de fer, cuivreuses, etc., dans le Mansfeld ; cinabre à Idria) et, là même où ces sulfures manquent, l'abondance fréquente des précipitations siliceuses.

Nous savons bien qu'on a essayé de l'expliquer en supposant que le cuivre dans un cas (et probablement aussi le mercure dans l'autre) provenait de la destruction des roches formant le pourtour du bassin et de la concentration des infiniment petites fractions de métaux empruntées à ces roches dans une eau en train de s'évaporer ; puis, qu'il y avait eu réaction sur ce cuivre du sulfure de calcium provenant de l'action des matières organiques (poissons) en décomposition sur le gypse de l'eau de mer, et précipitation du sulfure métallique. C'est là, à notre avis, une jolie imagination de chimiste qui tient difficilement devant le calcul des quantités de roches à dissoudre pour obtenir le cuivre du Mansfeld et devant le manque absolu de pyrite de cuivre dans tant d'autres dépôts schisteux formés par des mers qui avaient dû ronger tout autant de roches semblables et où il devait mourir autant de poissons. Nous croyons que les métaux ont été déversés dans le bassin par des sources thermales ; nous estimons de même que la plupart des nappes siliceuses compactes du permien et du trias ne se sont pas formées directement dans les eaux superficielles, mais ont commencé par être apportées souterrainement à l'état de dissolutions chaudes chargées de carbonates alcalins et, par conséquent il n'y aurait rien d'impossible à ce que les hydrocarbures qui leur sont si fréquemment associés, soient le résultat d'une venue semblable : ce qui d'ailleurs ne préjuge rien sur l'origine première de ces hydrocarbures.

En second lieu, il nous semble qu'on est trop vite porté à conclure, de ce qu'un dépôt contient des restes organiques, que ces restes organiques ont produit ce dépôt. On l'a dit pour les pétroles et pour les schistes bitumineux, on le répète pour les phosphates qui contiennent souvent en abondance des dents de squale ; le dira-t-on aussi pour l'oolithe ferrugineuse qui est en France si remarquablement fossilifère, où encore pour la pyrite qui incruste les fossiles de tous les terrains ? Dans ces derniers cas, il est évident, au contraire, que le rôle des matières organiques a été de produire sur des matières en dissolution dans l'eau, une réduction et une précipitation, de servir de centre à leur agglomération.

Le fait que les schistes bitumineux renferment, tantôt des plantes, tantôt des poissons dont la décomposition donne pourtant des produits si différents, contribuerait à faire penser que leur conservation peut résulter de la présence d'hydrocarbures dans l'eau plutôt qu'elle ne l'a produite.

Lorsqu'on cherche à se rendre compte des conditions dans lesquelles végétaux et poissons ont pu s'accumuler et se convertir en produits bitumineux, on se heurte à des difficultés très grandes. Les poissons qui meurent remontent à la surface au bout de quelque temps, toutes les fois que leur vessie natatoire est assez grande, et, là, sont dévorés par les oiseaux ; les autres restent où ils sont morts, dans la vase du fond et y sont, en général, détruits par d'autres animaux. Il conviendrait, pour expliquer ce qui a pu se passer dans les temps anciens, d'examiner aujourd'hui quelles conditions spéciales peuvent amener leur conservation, leur emprisonnement dans les argiles et quelle proportion exacte d'hydrocarbures il peut en résulter ; c'est un travail qui n'a pas encore été entrepris à notre connaissance.

Enfin, récemment, MM. Sabatier et Senderens, à la suite de leurs recherches (citées page 617) pensèrent pouvoir par leur procédé reproduire des corps sensiblement identiques aux différents pétroles bruts trouvés dans la nature. Les expériences qu'ils entreprirent à cet effet donnèrent les résultats suivants :

Vers 200°, l'acétylène et l'hydrogène, en présence du nickel réduit donnent lieu à la production de carbures liquides ; en vingt-huit heures, ils ont produit 20 centimètres cubes d'un liquide jaune clair fluorescent, ayant une odeur semblable à celle du pétrole rectifié, il commence à bouillir à 45° et à 150°, la moitié du liquide a distillé ; à 250° il ne reste plus qu'une petite quantité de liquide jaune orangé, très fluorescent et qui, en dissolution a une fluorescence bleue.

La densité du liquide à 0° par rapport à l'eau à 0° est 791 ; il est faiblement attaqué par le mélange nitro-sulfurique, et, dans les produits de l'attaque, on peut constater la présence de petites doses de nitro-benzène et des homologues le résidu de l'attaque a une densité de 753, et il est formé à peu près exclusivement de carbures forméniques : pentane, hexane, heptane, octane, nonane, décane, undécane. Le cobalt et le fer réduits donnent une réaction analogue, mais les produits liquides condensés ont une odeur plus désagréable et, quand on emploie le fer, l'odeur des produits obtenus rappelle celle de certains pétroles du Canada.

Si l'on fait passer l'acétylène seul sans hydrogène sur le nickel réduit et qu'on maintienne la température entre 200 et 300°, la réaction se produit avec incandescence du métal, et il se condense des hydrocarbures verdâtres par réflexion et rouges par transparence ; en plusieurs opérations réitérées, il est possible d'obtenir 250 centimètres cubes d'un liquide vert à odeur pénétrante. Il commence à bouillir à 60° ; en ne recueillant que ce qui se passe au-dessous de 260°, on obtient un liquide rougeâtre à odeur forte, ayant une densité à 0° par rapport à l'eau à 0° de 879, et il reste un goudron rougeâtre, très fluorescent. Le liquide est très attaquable par l'acide sulfurique concentré et surtout par le mélange nitrosulfurique et l'emploi de ce dernier réactif y décèle la présence de carbures aromatiques (benzène et homologues) et on peut y constater la présence du styrolène qui se change peu à peu en métastyrolène solide. Ce liquide a été soumis à une hydrogénation directe sur le nickel réduit, à 200° on obtient ainsi un liquide incolore, d'odeur non désagréable à peu près inactif sur le réactif nitrosulfurique ; à la distillation il donne :

Températures.	Densités à 0° par rapport à l'eau à 0°.
75-100	751
100-125	762
125-150	781
150-175	800
175-200	835
200-225	864

Les seuls hydrocarbures qui ne soient pas attaquables par le mélange nitrosulfurique sont les carbures forméniques et les carbures cycloforméniques ou naphtènes.

Les points d'ébullition et les densités de ces carbures sont :

CARBURES FORMÉNIQUES	TEMPÉRATURES	DENSITÉS à 0° par rapport à l'eau à 0°
Heptane	98	708
Octane	125	719
Nonane	149	733
Décane	173	745
Undécane	196	756
Tridécane	234	771

CARBURES CYCLOFORMÉNIQUES

C^7	100	786
C^8	120-130	787-802
C^9	138-154	788-809
C^{10}	160-170	795-813
C^{11}	180	812
C^{12}	240	839

Par comparaison, le liquide obtenu doit donc être un mélange de carbures cycloforméniques et forméniques; les carbures cycloforméniques se forment pendant l'incandescence du nickel, tandis qu'il se forme en même temps du benzène et autres carbures aromatiques, ces derniers étant transformés en carbures cycloforméniques par l'hydrogénation complète réalisée ultérieurement; les carbures forméniques proviennent de l'acétylène qui a échappé à l'action du métal incandescent et qui, un peu plus loin, a été hydrogéné. La composition de ces liquides se rapproche beaucoup de celle des pétroles du Caucase. Dans un pétrole russe la partie bouillant à 150°-175° avait une densité à 0° par rapport à l'eau à 0° de 803, très voisine de celle de 800, trouvée pour les produits de décomposition de l'acétylène.

Des expériences précédemment citées, MM. Sabatier et Senderens concluent que : « Il devient facile de trouver pour la genèse des pétroles « une théorie minérale simple capable de s'adapter à toutes les variétés « d'huiles minérales. Il suffit de reprendre les idées de Berthelot et de Men- « delejeff, mais en les complétant par le rôle catalytique du nickel, du colbalt, « du fer divisé, métaux que d'ailleurs la pétrographie indique comme dif- « fusés très abondamment dans les roches profondes. Il existe sans doute « dans les régions profondes de la croûte terrestre de grandes masses de « métaux alcalins et alcalino-terreux ainsi que des carbures de ces métaux. « L'eau arrivant par les fissures du sol au contact de ces matières dégage de « l'hydrogène et de l'acétylène. Mais les proportions relatives de ces deux « gaz peuvent varier beaucoup. Si l'hydrogène est en grand excès, le mélange « gazeux arrivant sur du nickel, du cobalt ou du fer disséminés dans les « roches subjacentes à des températures qui peuvent être inférieures à 200°, « donne lieu à du pétrole américain en même temps qu'à de très grandes « quantités de gaz combustibles, où comme dans les gaz naturels de Pittsburg « existent beaucoup de méthane, d'éthane et aussi d'hydrogène libre. Si « l'acétylène seul arrive sur les métaux divisés, il fournit surtout des car- « bures aromatiques que l'action immédiate ou consécutive de l'hydrogène « au contact des mêmes métaux transforme en pétrole du Caucase.

« Des conditions intermédiaires, telles que l'association de l'acétylène « avec des doses modérées d'hydrogène peuvent fournir des pétroles de « Galicie et de Roumanie.

« Une simple modification dans la succession des phénomènes et dans la « composition des mélanges gazeux réagissant suffit pour changer la nature « du produit, et la variété si remarquable des pétroles naturels qui paraissait « devoir exclure la possibilité de leur formation par un mécanisme unique « est, au contraire, un puissant argument en faveur de cette théorie.

« D'ailleurs elle n'a pas la prétention d'exclure toutes les explications « antérieures. Il se peut très bien que les pétroles du type américain aient été « engendrés par la décomposition lente des matières animales exceptionnel- « lement abondantes dans certains étages géologiques.

« Mais il convient de remarquer, qu'aucune théorie avant celle-ci
« n'avait pu rendre compte de la formation naturelle des pétroles de Bakou,
« et il devait en être ainsi, puisque, avant les travaux précédemment
« cités, on ne connaissait pour atteindre les carbures cyclorforméniques
« aucun procédé par une voie qui ait pu être naturelle. Les amas
« énormes de pétrole qui sont depuis un demi-siècle l'objet d'exploitations
« de plus en plus actives, proviennent sans doute de réactions très
« anciennes dont il serait bien difficile de préciser l'âge géologique. Mais,
« contrairement à la théorie animale qui limite absolument au passé les for-
« mations d'huile minérale, la présente théorie autorise à penser qu'il peut
« s'en produire encore aujourd'hui dans les entrailles de la terre. Malheu-
« reusement cette dernière hypothèse ne peut encore être appuyée sur aucune
« observation précise. »

TROISIÈME PARTIE

REMARQUES SUR LES THÉORIES PRÉCÉDENTES

Parmi les théories exposées précédemment quant à la formation du
pétrole il en est qui admettent qu'il s'est formé *in situ*, dans les couches
mêmes où il est exploité. Ces théories invoquent, bien entendu, comme origine
les débris végétaux ou animaux, et quelquefois les deux, emprisonnés lors de
la sédimentation de la couche ; ce point de vue est assez difficile à défendre,
et il est à peu près impossible de ne pas admettre que, même en invoquant
la théorie de formation organique, le pétrole n'a pas émigré fort souvent
des couches productrices dans celles où il est exploité.

Voici en effet ce que dit à ce sujet un des géologues américains les plus
compétents sur la matière :

« En attribuant au pétrole du calcaire du Trenton une origine organique[1],
« il n'est pas difficile de trouver les vestiges des organismes qui lui auraient
« donné naissance, car les travaux de forage ramènent à chaque instant au
« jour de nombreuses coquilles fossiles ; mais, lorsqu'il faut retrouver dans
« d'autres formations les traces d'organismes ayant pu être transformés en
« pétrole, cela n'est pas toujours une tâche aisée. Ainsi la grande production
« des puits à gaz du centre de l'Ohio provient d'une couche mince de grès de
« la formation de Clinton et, quoiqu'il soit assez difficile d'en avoir des échan-
« tillons, il y a peu d'évidence qu'ils aient contenu de grandes quantités
« de matières organiques. Au-dessous se trouvent des schistes foncés sur
« lesquels il y a peu de renseignements et les quelques échantillons recueillis
« ne montrent pas une abondance particulière soit de la faune soit de la

1. John Adam Bownocker.

« flore de cet étage. Au-dessous sont les schistes de Medina qui, d'après
« Orton, ont une épaisseur de 15 à 50 mètres et qui sont généralement de
« couleur rouge, et elles sont considérées comme non fossilifères; elles
« n'ont donc pu être l'origine de la grande quantité de gaz trouvée dans la
« formation de Clinton. Au-dessous se trouve la série des terrains de Cincin-
« nati, consistant en schistes et en lits minces de calcaires, ils sont riches
« en fossiles animaux mais il ne semble pas que le gaz en question en
« dérive, car il est exempt de soufre. Mais, s'il n'y avait pas cette objection
« qui doit être considérée comme sérieuse, il resterait encore à expliquer
« comment le gaz formé dans les couches de Cincinnati a gagné les couches
« de Clinton, quand il y avait à traverser une épaisseur assez considérable
« de schistes. Les géologues ont toujours considéré que, pour qu'une accumu-
« lation de gaz ou de pétrole ait pu se produire, il fallait qu'il y eût une
« couverture imperméable qui ordinairement est un schiste et, si une cou-
« verture de schiste empêche le gaz ou le pétrole de s'échapper, il est juste
« d'admettre également que, placé au-dessous d'une couche poreuse, les
« schistes doivent empêcher le gaz et le pétrole d'y arriver.

« L'origine du gaz des couches de Clinton est donc difficile à établir,
« mais il ne faut pas oublier que, fût-il démontré que les couches de Clinton
« ne contiennent pas de fossiles, il ne s'en suit pas qu'il n'y ait jamais eu
« de matières organiques qui ont pu disparaître.

« La même difficulté se retrouve pour expliquer l'origine du gaz et du
« pétrole, du carbonifère inférieur et du terrain houiller. Si l'on prend comme
« exemple le Berea Grit, le Dr Orton le caractérise ainsi : Il est pauvre en
« fossiles, quoiqu'il n'en soit pas complètement exempt, les poissons fossiles y
« sont ceux attirant le plus l'attention, mais aussi les plus rares, les débris de
« plantes y sont peu fréquents quoique dans ce Nord de l'Ohio il y ait cer-
« taines couches où ils abondent. Au-dessous du Berea Grit sont les schistes
« de Bedford, ayant une épaisseur de 15 à 50 mètres et, d'après Orton,
« elles sont peu fossilifères, puis viennent les schistes de l'Ohio qui ont une
« épaisseur de 750 mètres qui sont riches en matières organiques, et ce sont
« ces schistes que Orton, Newberry et d'autres ont regardé comme la source
« du pétrole et du gaz dans les couches de Berea et de Big Injun. Mais il
« reste toujours à résoudre la vieille question de savoir comment le pétrole
« et le gaz ont traversé les schistes qui les séparaient du Berea.

« La constitution même des schistes de l'Ohio témoigne contre cette
« théorie, leurs affleurements le long du lac Erié et en d'autres points de
« l'État auraient dû, si elles étaient perméables au gaz et au pétrole, provo-
« quer la dispersion de ces minéraux, tandis que, le long du lac même, des
« forages ont donné de petites quantités de pétrole et de gaz.

« Le Dr Orton indique de la façon suivante la manière d'être des com-
« posés organiques contenues dans les schistes de l'Ohio :

« Quoiqu'il n'y ait pas dans ces schistes de grandes accumulations de
« pétrole, il ne faudrait pas en inférer qu'elles n'en contiennent pas des quan-

« tités importantes ; au contraire, dans leur ensemble, elles en contiennent
« beaucoup plus que toutes les formations voisines, sans en excepter le grand
« réservoir du grès, mais il s'y trouve disséminé dans toute la masse. L'en-
« semble des couches en contient un pourcentage à peu près constant mais
« peu élevé cependant, au mille carré, cela représente une quantité beaucoup
« plus considérable que le champ de pétrole le plus prolifique n'en a fourni
« sous l'action du trépan. Le professeur N.-W. Lord, chimiste du Service
« géologique, a déterminé la quantité de pétrole qui se trouve dans les
« échantillons normaux des schistes noirs de l'Ohio et, d'après lui, elle se
« monte à un peu moins de un cinquième de 1 0/0, et plus la division des
« schistes est accentuée, plus la quantité de pétrole est considérable. En
« admettant une épaisseur de 1.000 pieds, cela représente plus de 10.000.000
« de barils au mille carré[1].

« Ces schistes sont pour la plupart pauvres en fossiles, sauf pour ceux
« qui ne peuvent être discernés que par le microscope ; et sur une tranche
« d'une vingtaine de pieds d'épaisseur, il faut quelquefois une recherche
« attentive pour trouver un seul spécimen de vertébré, de mollusque ou d'ar-
« ticulé, et, autant qu'on en peut juger à l'œil nu, elles sont presque aussi
« pauvres en débris végétaux. Accidentellement cependant certaines tranches
« contiennent assez de fossiles pour permettre la détermination des horizons.

La théorie de formation chimique a subi beaucoup de critiques, et voici
notamment ce que dit à son sujet un géologue des États-Unis :

« Les théories chimiques exigent l'action à un certain moment d'une
« température élevée qui ne peut provenir que de l'intrusion de roches vol-
« caniques ou de la profondeur du gîte. La grande région pétrolifère du
« bassin du Mississipi est exempte de telles intrusions, et il en est de même
« pour les gîtes du Golfe du Mexique.

« Les couches où le pétrole se trouve n'ont jamais été à une tempé-
« rature élevée et si une température très élevée a joué un rôle dans la for-
« mation du pétrole, il faut admettre que le pétrole et les gaz ont été pro-
« duits à grande profondeur et qu'ils ont peu à peu gagné les points où ils se
« trouvent actuellement. Cette solution présente pour le géologue une diffi-
« culté insurmontable, car il y a à franchir pour venir des grandes profon-
« deurs une grande épaisseur de schistes compacts et d'autres roches à
« grains fins ; qui sont imperméables ; par exemple, dans le sud-est de l'Ohio,
« au-dessous du Berea Grit, il y a une grande épaisseur de schistes à grains
« fins ; à Lancaster l'épaisseur de ces schistes est de 240 mètres, à Junction
« City 340 mètres, à Mac Connesville 520 mètres, et le long de la rivière Ohio
« probablement 1.000 mètres.

« Si le pétrole et les gaz avaient pu franchir cette grande épaisseur, ils
« auraient continué leur mouvement et se seraient répandus et évanouis à la
« surface bien avant l'apparition de l'homme.

---

1. Il ne nous semble pas nécessaire de citer les champs pétrolifères qui ont dépassé ce taux de
production ; le lecteur les a certainement présents à la mémoire.

« Si la théorie inorganique était vraie, il devrait y avoir du pétrole et des
« gaz naturels dans les roches ignées puisqu'elles se sont trouvées à une cer-
« taine époque à une température élevée et, par suite, dans des conditions favo-
« rables pour la production de ces combustibles naturels, et l'expérience a néan-
« moins montré qu'il n'y a ni gaz ni pétrole dans les roches de cette nature. »

Un certain nombre des critiques indiquées ci-dessus contre la théorie
chimique du pétrole ne sont pas complètement exactes. Nous avons vu
d'abord que, si l'on admet le point de vue de MM. Sabatier et Senderens, la
température de formation des pétroles n'a rien d'excessif et, de plus, comme
ces réactions ont dû se produire au voisinage même du magna interne dans
les couches immédiatement contiguës, il n'y a rien d'extraordinaire que les
traces de la température peu élevée à laquelle ces réactions se sont produites
ne se retrouvent pas dans les couches pétrolifères exploitées, qui sont toutes
à une distance suffisante du point de réaction pour que toute trace d'échauffement ait disparu.

Certains ont prétendu que, si la théorie chimique était vraie, le pétrole
devait toujours arriver à une température plus élevée que celle qui correspond
à la profondeur d'où il est extrait. Il faut d'abord remarquer que cela n'est
pas nécessaire, car le pétrole a pu se condenser d'abord dans les couches les
plus profondes et ne gagner que graduellement les couches supérieures ayant
eu le temps de prendre la même température que les terrains encaissants.
Mais il y a plus : il est des cas où le pétrole arrive au jour à une température notablement supérieure à celle qu'il devrait avoir d'après la profondeur
dont il provient.

Cela a lieu, par exemple, dans le champ pétrolifère de Santa-Maria
(Californie)[1].

Mais Daubrée avait même remarqué, à Pechelbronn, que le degré géother-
mique[2] était très faible d'après la température fournie par le pétrole des
sondages. Le sondage n° 445, près de Soultz-sous-Forêt, lui a donné une température de 24° pour une profondeur de 175 mètres, soit un degré géother-
mique de 12^m,7, très inférieur à la moyenne; à Hagueneau, à 620 mètres, il
a trouvé 60°,6 :

305 mètres	47°,5
330 —	52 ,5
360 —	53 ,7
400 —	57 ,5
420 —	58 ,7
480 —	58 ,7
510 —	60
540 —	59 ,4
580 —	59 ,4
600 —	60 ,6
620 —	60 ,6

1. Voir ce que nous avons dit à ce sujet.
2. Profondeur dont il faut s'enfoncer pour que la température s'élève de 1° ; elle est généralement
d'une trentaine de mètres.

A Kutzenhausen, un sondage à 457 mètres accusait un accroissement de 1° par 17 mètres.

Cela, d'ailleurs, ne prouve rien ni pour ni contre aucune théorie de génération et tendrait tout au plus à montrer, si le fait était général que, la chaleur n'est pas étrangère à la formation du pétrole et que les réactions qui lui donnent naissance se poursuivent encore de nos jours.

Il serait intéressant que ces mesures de température fussent prises dans un plus grand nombre de forages, principalement dans les forages jaillissants.

Souvent, pour prouver que le pétrole avait été formé dans les couches mêmes d'où il était extrait, on a invoqué le fait que, parfois, il se rencontrait dans des couches de sables de forme lenticulaire complètement isolées au milieu de l'argile. D'abord, il est très difficile d'affirmer qu'une couche sableuse recoupée par des forages a bien réellement la forme lenticulaire et est complètement isolée et, comme l'a fort bien fait remarquer M. Le Bel : « Si cette communication n'existe plus, elle a fort bien pu exister à une époque antérieure ; il existe dans le sol des surfaces de glissement en quantité innombrable et dont quelques-unes indiquent des mouvements de terrain importants. Si donc il existait primitivement des canaux de dimensions restreintes, ils ont dû nécessairement disparaître quand tous ces tassements se sont produits. »

Un fait qui vient à l'appui de cette manière de voir est que lorsqu'après une période de pluie on parcourt les ruisseaux d'une région pétrolifère, quand leur lit est taillé dans l'argile, il arrive souvent qu'on voie sur le bord du ruisseau des taches fraîches de pétrole et, si l'on en cherche la provenance, il est souvent difficile de la trouver ; néanmoins, avec de la patience, on arrive souvent à en trouver le point d'émergence un peu au-dessus, entre deux feuillets d'argile à peine distincts, et qui existent, bien que l'argile soit plastique à l'état mouillé, en écartant les feuillets, on voit la mince pellicule de pétrole qui laisse faiblement écouler le liquide et qui eût complètement disparu au bout de un ou deux jours.

On dit aussi (pages 675 et 695) que si la théorie chimique était vraie les roches ignées devaient contenir du gaz et du pétrole, mais lorsqu'on observe ces roches, il faut reconnaître qu'elles en contiennent autant que cela leur est possible, étant donné leur structure massive.

Il y a nombre d'exemples de roches éruptives contenant du bitume ou même du pétrole en petite quantité et la présence de ces corps a toujours été expliquée par les partisans de la théorie organique en admettant que ces roches avaient traversé sur leur parcours des couches sédimentaires, contenant des restes organiques.

A Palerno, au pied de l'Etna, une lave ancienne doléritique contient, dans ses cavités, des matières bitumineuses, qui à l'analyse donnent :

$$
\begin{array}{lr}
\text{C} & 82,48 \\
\text{H} & 11,62 \\
\text{S} & 3,33 \\
\text{O} & 2,58 \\
\end{array}
$$

desquelles on a pu isoler des huiles dont le point d'ébullition est compris entre 79 et 400°, ainsi que de la paraffine ayant pour point de fusion 25° à 57° C.

Brun, en essayant patiemment de dissoudre par le chloroforme les hydrocarbures qui pouvaient être contenus dans les roches ignées, en a trouvé dans l'obsidienne de Lipari, dans les cendres volcaniques du val d'Inferno (Vésuve, 1904), dans l'obsidienne du plomb du Cantal, dans la lave de l'Hécla, dans celle de l'Etna, etc.

De plus, Armand Gauthier a montré que toutes les roches cristallines contenaient des carbures gazeux ; voici ce qu'il dit à ce sujet :

Quelle que soit l'origine locale d'un granit, d'un gneis, d'un trapp, etc., on y trouve toujours, quand on en examine une coupe mince au microscope, des cavités globulaires où se trouvent inclus en partie à l'état liquide, en partie à l'état gazeux de l'eau, de l'acide carbonique, des traces d'hydrocarbures quelquefois de l'oxyde de carbone, mais surtout de l'hydrogène [1].

MM. Dewar et Ansdell y ont signalé la présence du méthane, de l'hydrogène, de l'oxyde de carbone et surtout de l'acide carbonique mêlé d'un peu d'azote. A. Tilden y a trouvé jusqu'à 88 0/0 d'hydrogène.

Encore actuellement l'eau peut par réaction sur des roches depuis longtemps formées, donner, naissance à des gaz. L'eau à des températures variant de 100 à 300°, donne des gaz riches en hydrogène contenant de l'acide carbonique, de l'ammoniaque, de l'hydrogène sulfuré, de l'azote libre, de l'argon et des traces de pétrolène.

Le granit de Vire traité par l'acide phosphorique sirupeux mêlé de son volume d'eau a donné par kilogramme :

Acide chlorhydrique et fluosilicique............	traces	traces
Hydrogène sulfuré.	$1^{cc},33$	$22^{cc},7$
Acide carbonique.	272 ,60	237 ,5
Hydrocarbures absorbés par le brome...........	12 ,3	5 ,3
Formène.	traces	traces
Azote libre et argon.........................	$232^{cc},5$	$102^{cc},5$
Hydrogène libre..............................	53 ,5	191 ,48
Total.................	$572^{cc},88$	$559^{cc},48$

Il suit de ces observations qu'un ensemble de gaz de la nature de ceux qui sortent des évents volcaniques tend à se former dans les roches profondes et particulièrement dans les granits partout où la température de ces roches peut s'élever à 300°. Il suffit que l'eau intervienne. Il n'est même pas nécessaire que cette eau vienne de la surface, eau de pluie ou eau de mer, car les roches contiennent toujours de l'eau sous forme d'eau de constitution, qui ne disparaît complètement qu'au rouge.

On peut en trouver jusqu'à 20 grammes par kilogramme.

Les régions moyennement profondes du globe deviennent ainsi une source continue d'hydrogène sulfuré, d'acide carbonique, d'azote. Ces gaz s'échappent par toutes les fissures et évents volcaniques ou sortent avec les eaux thermales.

---

1. A. Gauthier, *Bull. soc. chim.*, Paris, 1901.

S'ils ne trouvent pas d'issue immédiate, ils imprègnent les roches sous forte pression et s'unissent comme la vapeur d'eau, l'hydrogène sulfuré, les acides carbonique et chlorhydrique à leurs matériaux, formant aussi des zéolithes, sulfures, chlorures, etc.

Si ces gaz sont, comme l'hydrogène, le méthane, l'azote, chimiquement inertes, du moins à froid, ils pénètrent dans les moindres fissures et, directement ou par diffusion, arrivent jusqu'à la surface du sol, où ils s'échappent lentement et continuellement dans l'atmosphère.

Même en soumettant simplement les roches ignées à l'action de la chaleur on recueille des gaz contenant des hydrocarbures.

Le granit de Vire a donné[1] :

Volume de gaz à 0° et 760 fournis par 1.000 grammes de roche...	2.709^{cm3}		4.209^{cm3}		2.570^{cm3}	
Composition 0/0 :						
CO^2	14	,80	8	,98	14	,42
H^2S	trace		1	,71	0	,69
CO	4	,93	5	,12	5	,50
CH^4	2	,24	1	,09	1	,99
H	77	,30	82	,80	76	,80
Az riche en argon	0	,83	0	,42	0	,40

Ces gaz sont exempts d'acétylène, d'éthylène et d'oxysulfure de carbone. On y a reconnu des traces de benzène, de pétrolène et de sulfocyanure d'ammonium.

Les eaux condensées dans un tube à acide sulfurique contiennent un peu d'ammoniaque et une matière goudronneuse qui les rend opalescentes et rosit ou brunit par la présence de corps en C^nH^2 ou C^nH^{2n-2}.

PORPHYRE D'AGAY PRÈS CANNES. — $2.822^{cc},37$ DE GAZ PAR KILOGRAMME DE ROCHE
(COMPOSITION EN POUR 100)

CO^2	59,25
H^2S	0,00
CO	4,20
CH^4	2,53
H	31,09
Az	2,10
CAzHS	traces

OPHYTE DE VILLEFRANQUE PRÈS BAYONNE. — 2.617 ET 2.320 CENTIMÈTRES CUBES DE GAZ PAR KILOGRAMME DE ROCHE (COMPOSITION EN POUR 100)

CO^2	28,60	30,66	35,71
H^2S	3,44	5,56	0,45
CO	3,91	4,45	4,85
CH^4	1,40	0,66	1,99
H	63,28	58,90	56,29
Az	0,55	0,13	0,68

Ces gaz ne doivent pas préexister dans les roches, car ils n'ont pas la même composition suivant le moment de la distillation où on les examine.

L'acide carbonique provient en totalité ou en partie de la dissociation des

1. A Gauthier, *Soc. chim.*, Paris.

carbonates et, en présence de traces de méthane, d'hydrures, de carbures ou d'azotures il donne de l'oxyde de carbone.

L'hydrogène est produit en partie par les azotures et les argonures contenus dans les roches en présence de l'eau. Mais la majeure partie est formée par l'action de la vapeur d'eau sur les sels ferreux.

Le sulfure ferreux donne par exemple :

$$3\,FeS + 4\,H^2O = Fe^3O^4 + 3\,H^2S + H^2$$

Si le milieu devient plus réducteur et si la température s'élève, le fer métallique apparaît, d'où les météorites.

Un grand nombre d'autres sels de fer non complètement oxydés donnent des résultats analogues.

La majeure partie de l'hydrogène sulfuré provient de sulfosilicates préexistant dans les roches ignées.

L'oxyde de carbone provient de l'action des sels ferreux sur l'acide carbonique.

Le méthane et les autres hydrocarbures proviennent de l'action de l'eau sur les carbures métalliques, ainsi que l'avaient déjà dit Cloez, Mendeleef et Moissan.

L'azote, l'argon et l'ammoniaque proviennent de la décomposition des azotures et des argonures.

Donc les roches ignées contiennent toujours des hydrocarbures. De plus, le magma interne en contient aussi, ainsi que cela a été constaté lors des éruptions volcaniques, car les gaz dégagés par les volcans contiennent aussi des hydrocarbures, ainsi que le montrent les analyses ci-dessous :

GAZ RECUEILLIS A LA SURFACE DE L'EAU, EN 1866, A SANTORIN

	A Nea Kameni	Dans le canal entre Aphroesa et la pointe sud-ouest de Nea Kameni
Acide sulfhydrique	traces	traces
Acide carbonique	37,04	35,60
Hydrogène	27,10	30,09
Protocarbure d'hydrogène	0,43	0,81
Oxygène	0,41	1,46
Azote	35,02	32,04
Total	100,00	100,00

GAZ RECUEILLI EN 1867

Acide carbonique	0,00
Oxygène	25,94
Azote	72,12
Hydrogène	1,94
Gaz des marais	1,00

FUMEROLLE DE SAINT-PIERRE (MONTAGNE PELÉE)

O	13,67
Az	54,94

```
Argon .....................................................   0,71
CO²  ......................................................  15,38
CO ........................................................   1,60
Méthane ..................................................   5,46
H .........................................................   8,12
HCl .......................................................  traces
S .........................................................  traces
H²O .......................................................    »
```

Doit-on toujours attribuer au chlorure de sodium une origine marine
provient-il toujours de l'évaporation des eaux de la mer dans un bassin plus
ou moins fermé, lagune ou mer intérieure? Comme ce minéral accompagne
à peu près toujours le pétrole, cette question a son importance.

Le sel de Lorraine[1], qui correspond au Keuper gypsifère, forme au milieu des marnes des couches lenticulaires allongées, A Dieuze, entre la surface et 199 mètres de profondeur, il existe 13 couches, dont la plus puissante a 13 mètres, et qui forment ensemble une épaisseur de 58^m,30 de sel
gemme. Ce minéral offre des cavités avec bulles mobiles; il est mélangé
d'argile bitumineuse, de sulfate de chaux et de soude, d'un peu de sulfate
de magnésie, mais il ne contient ni chlorure de magnésium, ni trace d'iode
ou de boue. Aussi Élie de Beaumont regardait-il comme peu probable que
ce sel résultât d'une évaporation naturelle survenue dans des lagunes marines; en revanche, il signalait l'analogie que présentent ces gisements avec
certains produits immédiatement dérivés de l'activité éruptive.

En ce qui concerne le Salt Range, la possibilité de la formation des dépôts de sel par évaporation est loin d'avoir été démontrée ou même d'avoir
provoqué l'assentiment général.

Suivant Mac Culloch, il est plus aisé de montrer que les hypothèses les
plus évidentes sont fausses ou imparfaites, que d'en trouver une plus probable, aucune explication rationnelle n'a été trouvée.

La quantité de sel reconnue dans le Salt Range est considérable, l'épaisseur moyenne étant de 40 mètres sur une surface ayant 210 kilomètres de
long et 5 kilomètres de large, le volume serait de 41 kilomètres cubes[2], sans
tenir compte des masses considérables qui ont été certainement errodées.

La régularité des couches qui surmontent la formation salifère est en
faveur de l'origine par évaporation, mais la quantité énorme d'eau de mer[3]
nécessaire pour donner une telle quantité de sel et l'absence de lits stratifiés
dans la formation salifère peuvent aussi laisser douter que telle en soit l'origine.

Middlemiss conclut, d'une laborieuse étude de la formation salifère du
Salt Range de la façon suivante[1] :

« Nous est-il possible de voir dans la composition et la structure homo-

---

1. De Lapparent, *Traité de géologie*.
2. Wynne, *Memoirs of the Geological Survey of India*, vol. XIV, 1877.
3. Il faudrait une épaisseur d'eau de mer de 6 kilomètres, sur toute la surface de la formation
salifère, existant originellement ou successivement amenée dans une lagune, pour former par évaporation cette quantité de sel.

« gènes des marnes rouges, dans l'absence de toute sédimentation, dans les
« apparences de dérivation d'un lit primitivement dolomitique, dans ses
« inclusions de sel et de gypse, dans son association avec le trapp de Khewa,
« dans son apparence quasi intrusive, pouvons-nous voir dans toutes ces
« manifestations, l'indication d'une action plutonique. Pouvons-nous voir
« dans ces phénomènes quelque chose ressemblant à la sécrétion naturelle
« d'un magma igné voisin venant altérer les dolomites préexistantes. S'il en
« est ainsi, ce phénomène a pu se produire quelque part vers l'époque ter-
« tiaire, et ainsi serait expliqué les apparences autrement inexplicables de la
« formation salifère du Salt Range. »

Holland[2], après avoir examiné des échantillons de quartz avec inclusions
d'anhydride provenant des mêmes terrains, conclut : « Il n'y a pas de doutes
« que le gypse qui se manifeste sur des territoires aussi séparés que ceux de
« Khewa, Mari, Kalabogh sont le résultat de l'altération de l'anhydrite, et la
« production d'un semblable minéral dans des eaux à température naturelle
« est inadmissible. Il ne semble donc pas que le gypse ait pris naissance
« dans des eaux chargées de sulfate de chaux. Les échantillons examinés
« n'ont pas été pris en tous les points du Salt Range, mais néanmoins en des
« points largement espacés, et mes conclusions coïncident avec celles de
« M. Middlemiss qui, déniant l'origine aqueuse des marnes salifères, suppose
« qu'elle peut être attribuée à des forces souterraines dont la nature précise
« ne peut encore être déterminée. »

En même temps que le sel le gypse accompagne souvent le pétrole, et il
est intéressant d'examiner si l'on peut attribuer son origine à l'influence
d'émissions profondes.

C'est l'avis de M. Pouyanne pour les gypses du Dahra (*Algérie*, p. 497), et
il est très probable que, dans la majeure partie des cas, il en est de même
pour le gypse qui se montre si souvent dans le voisinage des gîtes pétrolifères.

Il est à remarquer que le gypse est presque toujours la première manifestation superficielle qui apparaît dans les zones pétrolifères, très souvent au-
dessus du sel, quelquefois avec lui, plus rarement en-dessous, ainsi que cela
devait être le cas courant dans le cas où il proviendrait de l'évaporation
d'une eau mère. On a dit que si le gypse apparaissait à la surface, c'est que
le sel qui le surmontait primitivement avait disparu par lévigation. Mais
quand on voit la résistance qu'offrent les roches compactes de sel à l'action
des agents atmosphériques, même quand elles y sont directement exposées,
il ne peut manquer de paraître étrange qu'il ne reste pas des témoins des
couches puissantes de sel qui auraient dû correspondre aux dépôts souvent
importants de gypse dont on constate la présence.

Dans le voisinage de la mer Morte, c'est au-dessus d'une couche de sel de
20 mètres d'épaisseur que se trouvent des argiles imprégnées simultanément
de gypse et de sel.

1. *Records of the Geological Survey of India*, 1891.
2. *Records of the Geological Survey of India*, 1891.

Au Texas certains forages ont indiqué la succession des couches suivantes en ordre descendant :

A Big Hills dolomie et gypse interstatifié, de 100 à 400 mètres ; au-dessous, gypse avec soufre et dégagement de 150.000 mètres cubes de gaz par 24 heures, principalement constitués d'acide sulfureux et d'hydrogène sulfuré ;

A Bryan Heights, à 150 mètres gypse, avec nombreuses inclusions de soufre ; à 200 mètres, dégagement d'hydrogène sulfuré et d'acide sulfureux ;

A Diamonds Mounds, gypse à 100 mètres avec soufre; à 150 mètres, sable et sel ;

A Dayton Hill, dolomie pétrolifère, puis gypse, puis sel ;

A Batson prairie; dolomie poreuse, pétrolifère, puis gypse ;

A High Island, gypse à 270 mètres ; de 390 à 780 mètres, sel (n'a pas été traversé complètement).

A Sulphur, dolomie, puis sable avec gypse et soufre, puis soufre et gypse, puis soufre pur, puis soufre et gypse ;

Et, en passant, il n'est peut-être pas inutile de faire remarquer que les immenses dépôts de soufre de Sulphur (36 mètres d'épaisseur au minimum à 90 0/0), ne sauraient en aucune façon correspondre au soufre qu'auraient pu contenir les organismes animaux ayant dû donner naissance au pétrole[1].

Il semble bien, là, qu'on se trouve en présence des manifestations d'une usine cyclopéenne de produits chimiques situés en profondeur et dont le pétrole serait un des produits.

Une autre question fort importante quant à la formation du pétrole est de savoir si le noyau central peut contenir du carbone en quantité assez importante.

Il faut reconnaître que, s'il était démontré qu'il ne peut y avoir en profondeur que des quantités minimes de carbone, la théorie organique de la formation du pétrole se trouverait, par cela même, démontrée indirectement.

En ce qui concerne cette présence du carbone en profondeur, M. de Launay, dans son ouvrage sur *la Science géologique*, a énoncé un certain nombre de propositions qui nous semblent fort exactes ; d'abord il énonce comme loi de la répartition des éléments chimiques avant le refroidissement de la terre la proposition suivante :

« *Dans la terre incandescente, avant sa solidification, les éléments* « *chimiques se sont écartés du centre en raison inverse de leur poids atomique,* « *comme si les atomes dissociés et libres de toute combinaison chimique à de* « *très hautes températures avaient été uniquement et individuellement soumis* « *à l'attraction universelle et à la force centrifuge.* »

Puis, en examinant la quantité de carbone représentée par le monde organique et celle contenue dans l'air, il dit :

« Même en ajoutant à ce carbone de l'air tout celui qui est fixé dans le

___
[1]. Voir, pour plus de détails, ce qui a été dit précédemment des gîtes du Texas.

« monde organique, et que l'on peut imaginer emprunté originellement à
« l'air, on reste encore dans des chiffres très faibles, puisque tous les élé-
« ments organiques supposés répartis uniformément sur la terre y consti-
« tueraient évidemment une imperceptible pellicule.

« On peut donc se demander — et c'est un grand sujet de discussion
« entre les géologues — s'il faut placer le carbone primitif dans l'atmosphère
« et admettre alors que le monde minéral l'a puisé ensuite dans les roches
« profondes par l'intermédiaire ordinaire de la vie ou si le carbone est, au
« contraire, un élément géologiquement profond apporté par des émana-
« tions à la surface et recueilli par les organismes. La première solution
« qui est peut-être la plus communément adoptée, aurait l'avantage de faire
« rentrer le carbone dans la loi générale[1] que je me propose de démontrer.
« Malgré la tentation de l'admettre qui pourrait en résulter, elle me paraît
« cependant peu vraisemblable, tant à cause des venues carburées pro-
« fondes dont maints gisements géologiques montrent la trace que par la
« considération de la répartition actuelle du carbone entre les roches profondes
« et la superficie : les roches cristallines en contenant au moins 20 fois plus
« que l'air.

« Les métalloïdes qu'on rencontre dans l'eau de mer (chlore, soufre,
« iode, brome, fluor, etc.) se trouvaient-ils originellement au-dessus de
« l'écorce terrestre, ou auraient-ils existé et existeraient-ils encore au-dessous
« de la zone silicatée superficielle au voisinage du bain métallique?

« De ces deux hypothèses, la seconde m'a toujours paru la plus plausible
« et même, en supposant que l'eau des volcans vienne en tout ou partie
« d'infiltrations superficielles, j'ai essayé autrefois de faire voir que les
« métalloïdes apportés au jour par le volcanisme, chlore, soufre, bore, arse-
« nic, carbone, etc., ont, comme les métaux filoniens, des chances pour être
« empruntés au moins partiellement à une réserve profonde.

« Il faut qu'il ait existé, au moment où ces filons se sont remplis, un
« milieu métallique interne, mis en contact accidentellement avec les métal-
« loïdes, tels que le chlore et le soufre : milieu dans lequel les métaux
« n'étaient pas en moyenne mélangés tous ensemble, mais où l'un ou l'autre
« dominaient suivant les points, peut-être suivant la profondeur.

TABLEAU DE LA RÉPARTITION NATURELLE DES ÉLÉMENTS CHIMIQUES

1º Hydrogène. — Atmosphère primitive et protubérance solaires.
2º Oxygène, azote (argon neon). — Atmosphère.
3º Silicium, aluminium, sodium, potassium, (lithium, glucinium), magné-
      sium, calcium (baryum, strontium). — Écorce silicatée.
4º Chlore, soufre, phosphore (bore, fluor), carbone. — Minéralisateurs.
5º Fer, manganèse, nickel, cobalt, chrome, titane, vanadium. — Segré-
      gations basiques en profondeur.

1. Loi énoncée p. 702.

6°   Cuivre. — Gîtes filoniens reliés aux segrégations basiques.
7°   Zinc et plomb ; antimoine et argent ; mercure, bismuth, tungstène, et
       or ; uranium et radium. — Gîtes filoniens.

TABLEAU DE LA RÉPARTITION DES ÉLÉMENTS CHIMIQUES
D'APRÈS LEUR POIDS ATOMIQUE

		Poids atomiques.
1°	Hydrogène	1
2°	Azote	14
	Oxygène	16
3°	Sodium	23
	Magnésium	24
	Aluminium	27
	Silicium	28
4°	Phosphore	31
	Soufre	32
	Chlore	35
5°	Titane	48
	Vanadium	51
	Chrome	52
	Manganèse	55
	Fer	56
	Nickel, Cobalt	59
6°	Cuivre	64
7°	Zinc	65
	Argent	108
	Antimoine	120
	Tungstène	184
	Or	197
	Mercure	200
	Plomb	207
	Bismuth	208
	Radium	225
	Uranium	239

D'après son poids atomique 12, le carbone devrait donc être dans
l'atmosphère, mais le carbone prendrait sa place normale si on triplait son
poids atomique $12 \times 3 = 36$ et viendrait se placer à côté du chlore.

Mais, en ce qui concerne la place du carbone, il faut bien remarquer
que c'est le corps le plus réfractaire de la nature et qu'il a peut-être échappé
le premier et même d'une façon tout individuelle à la loi de répartition, en
sorte qu'il se pourrait très bien qu'il se fût trouvé ainsi soustrait en grande
partie à l'action de l'oxygène formant à peu près exclusivement des carbures
métalliques, tandis que son congénère, le silicium, beaucoup plus volatil formait de l'acide silicique et des silicates, parce qu'il était resté dans les
parties hautes de l'atmosphère où dominait l'oxygène tandis que le carbone
se condensant lors du refroidissement se précipitait vers les parties profondes.

Ainsi se trouverait expliquée la présence en profondeur de quantités
importantes de carbone.

---

1. On pourrait exprimer autrement la même idée sous une autre forme qui ne contiendrait pas
l'énoncé d'un sens de poussé que tous les géologues n'admettent pas. La proposition visée revient
en effet à la suivante : Le pétrole ne se trouve pas dans la partie la plus disloquée d'une chaîne, et,
par suite, si la chaîne est inégalement plissée sur ces deux versants, il se trouve d'un seul côté, qui
est celui le moins disloqué.

On voit donc d'après ce qui précède qu'aucune des théories mises en avant pour expliquer la formation du pétrole n'est exempte de critique.

Mais, quelle que soit la façon dont le pétrole ait pris naissance, il semble que, dans un grand nombre de cas, il y a une loi générale qui lie la distribution des gîtes pétrolifères aux grandes dislocations du globe; et qu'on puisse les considérer pour la plupart comme répartis le long et d'un seul côté des principales lignes de plissements en opposition à la région d'où la poussée est venue[1].

Ainsi la région pétrolifère des Appalaches se trouve du côté ouest des Alleghanis, tandis que la poussée qui a donné naissance à cette chaîne venait de la région de l'océan Atlantique, la région pétrolifère de la Californie se trouve à l'ouest de la Sierra Nevada, qui a pris naissance sous l'action d'une poussée venant du continent; la région pétrolifère de l'Équateur et du Pérou se trouve à l'ouest de la chaîne des Andes qui a été poussée vers l'ouest; la région pétrolifère qui entoure les Carpathes se trouve à l'extérieur de l'arc formé par ces montagnes, tandis que la poussée qui les a engendrées est venue de l'intérieur.

Pour le Caucase, cette règle est moins évidente quoique cette chaîne soit dans son ensemble constituée par un ploiement isoclinal vers le nord et le nord-est et que les principaux gîtes pétrolifères se trouvent au nord de la ligne principale de fracture. Dans les Iles de la Sonde, les gisements se trouvent bien d'un seul côté de la chaîne dont le sommet est représenté par la ligne de rivage ouest de Sumatra et Java qui limitent la fosse profonde de l'océan Indien qui les côtoie. Cette particularité de répartition unilatérale, qui semble assez générale, pourrait s'expliquer assez aisément en prenant pour point de départ la théorie chimique de l'origine du pétrole.

Nous avons vu que l'analyse des gaz des fumeroles volcaniques, ainsi que celle des gaz que Armand Gauthier a extraits d'un grand nombre de roches ignées, ne renferment qu'une quantité relativement peu importante de carbures d'hydrogène. Donc, tout en faisant des réserves sur l'identité possible de ces gaz et de ceux que le magma interne est capable d'émettre, il semble naturel d'admettre que les carbures d'hydrogène ne forment qu'une fraction relativement faible de leur composition et que, pour donner naissance à des gîtes pétrolifères, il faille que les couches où ils se sont formés soient restées pendant longtemps en communication avec les nivaux inférieurs. Les produits contenus en quantités plus considérables dans des fumeroles, chlorure de sodium, etc., s'étant condensés à un niveau inférieur.

On aurait ainsi, chemin faisant, l'explication de ce fait que les éruptions volcaniques, quelque importante qu'elles aient pu être, n'aient pu donner

---

1. On pourrait exprimer autrement la même idée sous une autre forme qui ne contiendrait pas l'énoncé d'un sens de poussée que tous les géologues n'admettent pas. La proposition visée revient en effet à la suivante : le pétrole ne se trouve pas dans la partie la plus disloquée d'une chaîne, et, par suite, si la chaîne est inégalement plissée sur ses deux versants, il se trouve d'un seul côté, qui est celui le moins disloqué.

lieu à la formation de gîtes pétrolifères, d'abord parce que pour les roches arrivées à l'air libre, le gaz qui en provenait a eu ses carbures brûlés au contact de l'atmosphère et ensuite pour celles qui sont restées emprisonnées dans les couches sédimentaires, les gaz et vapeurs qu'elles étaient capables de leur céder ne représentaient pas une quantité de carbure, suffisante pour donner lieu à la formation d'autre chose que des traces de pétrole ou de bitume dont on constate souvent la présence aussi bien dans les roches ignées que dans les couches immédiatement voisines.

Il devient alors naturel que les gisements pétrolifères se soient formés du côté des chaînes de plissements où les couches étaient le moins comprimées, c'est-à-dire du côté opposé à celui où s'est produit la poussée ; cette région en effet soumise à un effort plus violent a eu ses cassures plus facilement oblitérées par les débris des broyages énergiques qui s'y sont produits.

Ce ne sont donc pas les régions à grands bouleversements qui ont pu donner naissance à des gisements pétrolifères, les cassures y ayant une forme trop tourmentée et les compressions y ayant été trop énergiques pour permettre la formation de canaux ayant une continuité suffisante.

De plus, dans les régions même les moins comprimées ce ne sont pas les grandes cassures même parfaitement continues qui ont pu servir de cheminement aux émanations nécessaires à la formation des gîtes pétrolifères car elles ont dû être oblitérées par la venue de masses pâteuses ; ce qu'il a fallu, ce sont des réouvertures fréquentes qui ont permis aux vapeurs de s'y élever pendant une longue période, pendant que de proche en proche dans la masse pâteuse, par une sorte de ségrégation gazeuse les éléments qui s'échappaient par les évents périodiquement formés étaient peu à peu remplacés à mesure de leur départ.

Donc postérieurement même à la fin des grands mouvements de plissements, les gisements pétrolifères ont pu continuer à se former, à condition que le sol ait continué à n'avoir pas une stabilité définitive et à être secoué par des frémissements qui, même minimes, pouvaient encore suffire à rafraîchir les cassures qui laissaient passer les vapeurs.

On en vient donc à pouvoir penser que pour les gisements exploités dans les terrains relativement récents, le tertiaire par exemple (comme ces mouvements de tressaillement ont pu ne pas encore prendre fin), qu'ils doivent se trouver au moins en partie dans les régions qui sont encore animées de troubles sismiques d'une fréquence et d'une intensité relativement importants. Si l'on compare alors une carte indiquant la répartition des gîtes pétrolifères et une carte indiquant les régions à troubles sismiques maximum (nous prendrons celle publiée par M. de Montessus de Ballore)[1] on voit que tous les gisements pétrolifères exploités dans les terrains tertiaires se trouvent situés dans les régions à troubles sismiques si non maximum, du moins relativement fréquents.

____

1. Nous reproduisons, grâce à l'obligeance de M. Colin, éditeur, de M. de Montessus de Ballore les deux cartes pl. XVI et XVII publiées dans l'ouvrage *Les Tremblements de Terre*.

Si l'on compare les cartes de M. Montessus de Ballore et la carte planisphère que nous donnons des gîtes pétrolifères, on voit que, en commençant par les îles de la Sonde, il y a une coïncidence frappante entre les régions pétrolifères de Java et Sumatra et les régions à troubles sismiques de ces îles.

Dans les îles Philippines les zones pétrolifères coïncident également avec les zones sismiques, cette coïncidence n'est pas moins frappante pour la Nouvelle-Guinée, où près du Cap d'Urville se trouve à la fois signalée une région sismique et des indications pétrolifères. Si l'on continue l'examen de la zone sismique qui s'étend le long des îles qui bordent la côte est de l'Asie, on voit que les exploitations du Japon sont dans la zone sismique de ces îles ainsi que les zones pétrolifères signalées à Formose.

Les exploitations de la Birmanie sont dans la zone sismique, et les exploitations de l'Asam et celles du Sé-Tchouen en Chine en sont très voisines, si elles n'y sont pas comprises et, de même, pour les exploitations pétrolifères des îles Arakan. Les zones pétrolifères du voisinage de l'Himalaya se trouvent également dans les zones sismiques.

En continuant de suivre vers l'ouest les zones sismiques tracées sur la carte de M. de Montessus de Ballore, on voit qu'il y a une bifurcation et que les zones sismiques se partagent en deux pour passer au nord et au sud de la Perse en même temps qu'un éperon se détache vers les sources de l'Obi, et il semble remarquable de trouver dans la répartition des zones pétrolifères connues de cette région une répartition qui semble absolument identique avec les zones pétrolifères des bords du golfe Persique de la vallée de l'Euphrate et de celle du Tigre, ainsi que celle du sud de la mer Caspienne du Ferghana et du haut Obi.

Les régions pétrolifères du Caucase de la Crimée (de la vallée du Jourdan aussi, bien qu'appartenant au terrain crétacé) se trouvent également dans les zones sismiques et il en est de même de celles des côtes de la Grèce, de la Dalmatie, de l'Apennin et des Alpes.

En dehors de cette grande zone continue de la région sismique qui s'étend depuis les îles de la Sonde jusqu'au Jura et à la Sicile, il y a certaines régions sismiques isolées où la coïncidence n'est pas moins fréquente, mais où les terrains où elles se produisent ne sont pas toujours des terrains tertiaires, c'est-à-dire relativement récents.

Il faut bien remarquer que, si en confirmation de la remarque précédente, les terrains tertiaires où se trouve du pétrole doivent s'inscrire dans les zones sismiques, les terrains plus anciens qui affleurent dans cette zone peuvent également donner lieu à la formation de gisements pétrolifères si les conditions de perméabilité de couches nécessaires s'y sont trouvées réalisées.

Mais la réciproque ne serait pas vraie, et un gisement pétrolifère situé dans les terrains anciens ne se trouve pas nécessairement dans une zone sismique, car il a pu se consolider définitivement depuis que les phénomènes de formation du gîte ont eu lieu, et nous en verrons tout à l'heure des exemples.

Si nous revenons à l'Asie et que nous examinons les régions sismiques isolées, nous voyons qu'elles existent aux environs du lac Baïkal et dans le coude du Hohan-ho, c'est-à-dire en deux points où des indices pétrolifères importants ont été constatés, et pour le Baïkal, il ne semble guère possible, malgré la présence de lambeaux de terrains récents vers le sud du lac où se trouvent justement concentrées les zones sismiques et les manifestations pétrolifères, de considérer cette région comme correspondant aux gîtes formés dans les terrains récents.

Vers l'ouest de la Méditerranée, les zones sismiques isolées des Pyrénées, de la côte sud de l'Espagne et de la côte nord de l'Algérie, correspondent également à des régions pétrolifères connues.

Si nous passons à l'Amérique, nous voyons que les régions pétrolifères du Chili, de la Bolivie, du Pérou, de l'Équateur, de la Colombie, du Vénézuéla, des Antilles, du Mexique, de la Californie et de l'Alasca, coïncident avec les régions particulièrement sismiques; il est même curieux de voir des régions sismiques isolées comme celles de la Californie et de l'Alasca, correspondre précisément à des régions pétrolifères également isolées.

Nous arrivons maintenant à la grande zone pétrolifère des Appalaches qui se trouve franchement en dehors des zones sismiques ; mais les gisements pétrolifères de cette région se trouvent dans les terrains anciens, carbonifère dévonien, silurien, et cette exception n'a rien d'anormal puisque ces terrains se sont consolidés depuis que les gîtes ont pu prendre naissance.

Il est même à remarquer que cette région des Appalaches coïncide avec un ancien géosynclinal et, si l'on tient compte de ce fait que les régions sismiques actuelles se trouvent précisément sur les géosynclinaux récents, on doit admettre qu'elle a été à une époque antérieure, le siège de troubles sismiques qui sont allés en s'atténuant et dont les quelques secousses qu'on y constate encore ne sont que les échos très affaiblis.

Comme nous l'avons dit précédemment, les zones sismiques se trouvent sur des géosynclinaux, et M. de Montessus de Ballore a formulé à ce sujet la loi suivante :

L'écorce terrestre tremble à peu près également et presque uniquement le long de deux étroites zones, qui se couchent suivant deux grands cercles : le cercle méditerranéen ou alpino-caucasien-himalayen et le cercle circum-pacifique ou ando-japonais-malais. Ces deux zones coïncident avec les deux plus grandes lignes de relief, de la surface terrestre.

Les zones renfermant les régions sismiques coïncident exactement avec les géosynclinaux de l'époque secondaire.

Donc toutes les zones pétrolifères récentes se trouveraient sur les géosynclinaux secondaires, et la région des Appalaches à terrains anciens et à gîtes d'ancienne formation se trouverait sur un géosynclinal primaire.

Ainsi donc se trouverait confirmée, avec de légers changements dans l'énoncé, la théorie de Chancourtois : il y aurait bien alignement des gîtes pétrolifères, mais alignement dans une autre direction que celle qu'il avait indiquée.

Il y a plus : si l'on considère le tracé des géosynclinaux, une coïncidence curieuse ne peut manquer de frapper l'observateur : Bakou qui, au point de vue de l'industrie pétrolifère, occupe une situation unique par sa productivité exceptionnelle, occupe également par rapport aux géosynclinaux secondaires une situation exceptionnelle. La région pétrolifère de Bakou se trouve en effet en un point où les deux géosynclinaux (voir la carte planche XVI, de M. de Montessus de Ballore), se coupent à angle droit, et cette circonstance est absolument unique, ne se trouvant répétée en nul autre point des deux géosynclinaux.

Ainsi se trouverait expliquée la productivité particulièrement exceptionnelle de la zone pétrolifère qui s'étend aux environs de Bakou.

Nous venons de voir que les différentes régions pétrolifères du globe se trouvaient en relation avec les grandes dislocations de l'écorce terrestre; que chaque région pétrolifère se trouvait liée étroitement à une région à mouvement orogénique nettement déterminé et en concordance également nette avec les grandes lignes d'orientation de ce mouvement; il y a plus : chaque gîte pétrolifère est étroitement lié quant à sa distribution, à l'accident orogénique local qui l'avoisine immédiatement, et on pourrait même dire : qui lui a donné naissance.

Si nous prenons, par exemple, la carte du gisement de Sunset (Pl. V), les puits productifs ont une direction très nettement nord-ouest (exactement N. 43° O.); or les formations du Téhachapai range qui limitent le champ de Sunset ont une direction nord-ouest[1], et la zone pétrolifère s'étend parallèlement aux accidents géologiques qui sont des plissements ou des failles parallèles à cette direction.

Si l'on considère, au contraire, la carte du gisement pétrolifère de Kern River (planche VI), nous le voyons former une tache sensiblement circulaire et nous savons que la figure affectée par les couches sous-jacentes est très sensiblement celle d'un dôme.

Pour le gisement de los Angeles (planche IX) où sur la même carte sont indiqués les forages et les lignes de niveaux des stratifications, toute explication serait superflue, tant la coïncidence est frappante.

Si nous examinons, au contraire, la carte (planche VIII), nous voyons que les gîtes pétrolifères, tout en étant orientés principalement dans une direction à peu près parallèle aux principales lignes de perturbations, sont un peu capricieusement répartis, et nous savons justement que les stratifications sont très disloquées et que les accidents orogéniques élémentaires, généralement

---

1. *The strike of his formation in a general way is northwesterly.* (*Bull.,* n° 19, *Cal. State Mining Bureau.*)

de peu d'étendue, sont orientés un peu de toutes les façons d'où une répartition capricieuse des gîtes pétrolifères dans cette région.

Dans la carte du gisement de Yenang Young où les couches ont été relevées en forme d'une calotte ellipsoïdale, nous voyons le gisement s'orienter d'une façon générale vers le centre et parallèlement au grand axe de l'ellipse ; et même il y a plus : d'après les travaux de Nœtling, nous savons que la richesse des puits se répartit également en zones qu'on peut très suffisamment qualifier de concentriques et parallèles aux lignes-enveloppes des stratifications.

Si nous examinons la carte (*fig.* 195) de l'Oklohoma et des Territoires Indiens, nous voyons les gisements se répartir entre les courbes de niveaux de 300 mètres et de 150 mètres du terrain de Fort Scott, c'est-à-dire justement dans la partie où cette couche a la pente la plus accusée (cela n'est pas évident sur la figure où il n'y a que deux courbes tracées, mais est très bien mis en évidence par les travaux du U. S. geological Survey).

Mais il y a quelque chose de plus, qui est facilement contrôlable sur la carte : les deux courbes de niveau se rapprochant vers le sud, la couche de Fort Scott y a une pente de plus en plus accusée dans cette direction, et les gîtes pétrolifères sont d'autant plus riches que l'on s'avance davantage vers le sud.

Ceux du nord, dans l'État de Kansas, où les deux courbes sont largement espacées n'ont qu'une productivité moyenne, tandis que ceux des Territoires Indiens situés plus au sud, où les couches sont plus inclinées, ont une productivité notablement plus considérable, et le dernier champ pétrolifère découvert tout à fait au sud où les deux courbes sont le plus rapprochées : celui de Glenn, à côté de la ville de Kiefer (indiqué sur la carte) a une productivité qui sort tout à fait de l'ordinaire [1].

Est-ce à dire qu'en poussant encore plus au sud il y aurait chance de trouver des gisements encore plus riches ; il faudrait se méfier, car il se pourrait que, le plissement s'accentuant, n'amène à une région trop bouleversée, d'autant plus que les plissements plus nombreux du calcaire du Missisipi vers le sud, à l'ouest de Muscogœ, semblent indiquer que cette région pourrait bien avoir une allure de couche assez irrégulière pour ne plus être aussi favorable à la formation d'un gîte important et étendu.

Les exemples que nous venons de citer nous semblent indiquer nettement que dans l'exploitation des gîtes pétrolifères, il y a lieu de se préoccuper très sérieusement de reconnaître aussi exactement que possible l'allure générale et particulière des accidents orogéniques de la couche exploitée.

Cette subordination des gîtes pétrolifères aux accidents géologiques locaux ne semble pas comporter beaucoup d'exceptions, car, si l'on considère la

---

1. Le champ pétrolifère de Glenn avait une production estimée à 113.000 barils par jour au 1ᵉʳ août 1907.

région pétrolifère du calcaire du Trenton qui est certainement une des plus favorables à la théorie de l'indépendance de la formation des gîtes pétrolifères et des mouvements orogéniques, on voit que, entre Bryan (comté de William) et Bucyrus (comté de Crawford) dans une direction S. 60° E., le calcaire du Trenton forme une arche dont les pentes sont très peu sensibles.

En effet, à Bryan, la surface supérieure du calcaire du Trenton est à 610 mètres au-dessous du sol et à 378 mètres au-dessous du niveau de la mer, et à Bucyrus elle est à 650 mètres au-dessous du sol et 377 mètres au-dessous du niveau de la mer, c'est-à-dire pratiquement au même niveau, tandis qu'à Findlay cette même surface est à 328 mètres au-dessous du sol et 92 mètres au-dessous du niveau de la mer ; la distance qui sépare Bryan de Findlay est de 98 kilomètres, et celle qui sépare Bucyrus de Findlay est de 40 kilomètres ; la pente est donc fort peu accusée. On trouve en pour 100, 0,29 entre Bryan et Findlay et 0,44 entre Findlay et Bucyrus ; on pourrait donc être tenté de croire qu'une pente aussi faible n'a pas eu d'influence sur la distribution des zones pétrolifères. Mais si l'on regarde les choses de plus près, on voit que les deux zones pétrolifères du comté de Wood, dirigées à peu près nord-sud coïncident avec deux accidents très sensibles que présente cette surface. Immédiatement à l'ouest de Findlay sur une partie qui a 800 mètres de long le calcaire s'enfonce de 45 mètres, soit une pente de 5,5 0/0, et à l'est de cette région, dans le district de Cass ce même calcaire du Trenton forme un plis le « Hog-back », dont le sommet est à 306 mètres au-dessous du sol, tandis qu'à 400 mètres à l'ouest il est à 338 mètres et à 120 mètres à l'est, il est à 358 mètres, soit une pente vers l'ouest de 8 0/0 et une pente vers l'est de 43 0/0 ; il y a donc là un anticlinal très nettement accusé ; à Findlay, au contraire, l'accident orogénique est une modification de pente brusque ressemblant plutôt à l'amorce d'un synclinal à l'ouest de laquelle se trouve la zone pétrolifère ; il côtoie d'ailleurs toute la zone pétrolifère qui s'étend depuis Findlay jusqu'au delà de Bowling-Green vers le nord. Donc même dans cette région orogéniquement peu accidentée, une étude attentive de la topographie souterraine dénote une coïncidence curieuse entre la situation des zones pétrolifères et les mouvements orogéniques.

Influence des théories pétroléogéniques sur les recherches et l'exploitation des gîtes pétrolifères. — Toutes les théories concernant la genèse du pétrole que nous venons de passer en revue sont plutôt des explications que des théories proprement dites, car il faut bien reconnaître que, si l'une ou l'autre peut paraître plus probable, aucune ne donne une démonstration rigoureuse et irréfutable des principes et des éléments qui entrent dans son énoncé.

Ce dont il faut donc se préoccuper, c'est de l'influence que peut avoir le point de vue théorique auquel on se place sur la recherche et l'exploitation des gîtes pétrolifères.

Les deux points de vue extrêmes sont donnés par la théorie chimique sous forme d'émanations profondes par exemple et celle de la formation organique *in situ* du pétrole dans la couche où il est exploité. Autrement dit, la première théorie conduit à ne voir partout que des gisements secondaires, tandis que la seconde conduit à n'admettre que des gisements primaires.

Il faut bien reconnaître, d'ailleurs, que la plupart des partisans de la formation organique du pétrole ont été conduits à admettre la possibilité de la diffusion du pétrole pendant ou après sa formation, en sorte que la différence pratique entre les deux théories tend à s'atténuer considérablement.

D'abord il est un point qu'il importe, pour la bonne direction des recherches et de l'exploitation, de mettre hors de cause : qu'il soit primaire ou qu'il soit secondaire, tout gisement pétrolifère est lié, pour ainsi dire géométriquement, à la stratigraphie locale. Cette constatation d'un fait dont les exemples sont innombrables est plus ou moins facile à expliquer, suivant la théorie invoquée, mais il est prudent de le considérer comme un fait parfaitement établi ; et c'est cette relation géométrique qu'en toute exploitation il faut s'attacher à déterminer. Certains esprits, peut-être un peu trop pressés de conclure, ont posé en principe que le pétrole se trouvait toujours au sommet des anticlinaux et jamais dans les synclinaux ; présentée ainsi, la règle est trop absolue et, s'il est vrai que dans un très grand nombre de cas elle s'est trouvée vérifiée, il n'en est pas moins vrai que dans un nombre de cas, certainement moins nombreux, mais encore assez considérable, le pétrole s'est également trouvé dans les synclinaux (p. 158, le champ de Shannopin est dans un synclinal ; p. 159, l'extrémité nord du champ de Washington est dans un synclinal; p. 274 et 275, le champ de Florence et celui de Boulders sont dans des cuvettes à plissements secondaires, etc.) et dans un champ pétrolifère riche, assez étendu et où les plissements ne seraient pas trop accentués ; il y aurait à peu près autant de chances de trouver du pétrole dans les synclinaux que dans les anticlinaux ; les exemples de gisements de pétrole sur un flanc monoclinal sont également nombreux.

Il ne faudrait pas croire, néanmoins, que les gisements pétrolifères doivent, sans interruption ni modification de richesse ou de qualité, se poursuivre sur une zone régulière. De multiples causes, quelques-unes peu apparentes, peuvent facilement modifier le gisement d'un corps aussi mobile que le pétrole, différence de perméabilité des couches, fractures secondaires, etc. ; et de la disparition du pétrole en un point, il faudrait se garder de conclure à la disparition définitive du gîte.

La relation d'un gîte pétrolifère et de la tectonique locale étant admise, il y a à examiner jusqu'à quel niveau géologique les recherches devront être poursuivies, la théorie de la formation organique tend à arrêter les recherches à un niveau déterminé, même si elle admet les gisements secondaires. La théorie chimique, au contraire, supprime toute limite inférieure et tant qu'il reste possible d'atteindre une couche perméable fissurée ou caverneuse, elle indique qu'il faut continuer les recherches.

Dans l'état actuel de la question, il nous semble prudent de s'en tenir à cette dernière façon de procéder et de pousser les forages de recherche aussi profondément que les engins employés le permettent, à moins qu'une étude approfondie de la région n'indique qu'il n'y a absolument aucune chance de rencontrer une couche perméable à un niveau inférieur[1].

Il ne faudrait même pas s'arrêter parce qu'on aurait recoupé par exemple une couche de sable stérile au-dessous d'une autre couche productive; les couches perméables n'étant pas productives à tous les niveaux, il se pourrait très bien qu'une couche particulièrement riche fût recoupée après avoir traversé plusieurs couches perméables stériles ou même aqueuses[2]. Il ne manque pas d'exemples, et nous en avons cité un certain nombre, où les recherches ont été abandonnées prématurément et où des explorateurs plus entreprenants ou plus persévérants ont réussi où d'autres avaient échoué simplement parce que les premiers forages n'avaient pas été poussés assez profondément.

Même il ne faudra jamais abandonner une région pétrolifère qui paraîtra épuisée, sans avoir poussé plusieurs sondages aussi profondément que possible et, en ce cas, bien se persuader qu'une seule tentative à grande profondeur est insuffisante, les couches pétrolifères productives étant très loin, dans la plupart des cas, de se projeter les unes sur les autres en un même point. Les anciens travaux de Pechelbronn poussés par galerie dans les couches de sable bitumineuses, ont bien montré que la répartition de ces couches en projection horizontale était souvent assez capricieuse.

Il faut aussi se rappeler que, d'une façon générale et toutes choses égales d'ailleurs, les gîtes pétrolifères sont d'autant plus riches qu'ils sont plus profondément situés. Nous avons cité nombre d'exemples qui confirment cette règle.

Nous avons vu, dans nombre d'exemples de recherches et d'exploitations pétrolifères précédemment cités, que le pétrole et le gaz naturels sont presque toujours rencontrés dans les mêmes régions, et l'on peut même dire que, partout où il y a du pétrole, il y a du gaz en plus ou moins grande quantité, mais il faut remarquer, toutefois, que la réciproque n'est pas toujours vraie; et souvent dans les régions où il y a beaucoup de gaz, il n'y a que fort peu de pétrole et parfois même pas du tout. C'est une circonstance sur laquelle il n'est pas inutile d'insister, car il ne manque pas de cas où des recherches ont été entreprises pour trouver du pétrole sur la simple constatation de dégagements gazeux, avec la ferme conviction qu'il ne pouvait pas se faire qu'il n'y eût pas de pétrole là où la présence du gaz avait été constatée.

1. On peut voir, par exemple, à la page 171 que, dans le champ de Maksburg, 9 niveaux pétrolifères ont été reconnus.
2. Voir, notamment, page 453 et 454, les exemples cités où les couches aqueuses et les couches pétrolifères sont mélangées sans ordre régulier.

Voici, du reste, ce que dit à ce sujet un des spécialistes américains les plus autorisés :

« Le pétrole et le gaz naturel sont intimement associés[1], partout où il se « trouve du pétrole il y aussi du gaz. Généralement, où il y a du gaz en grande « quantité, il a également du pétrole, toutefois, le pétrole n'est pas toujours « associé au gaz et ainsi dans le grand champ à gaz du centre de l'Ohio, « le pétrole n'est ni directement ni indirectement associé au gaz, la forma- « tion de Clinton n'ayant été nulle part productive du pétrole. Il y a eu, « cependant, une petite production de pétrole dans la partie Nord du comté « de Vinton et un puits a donné du pétrole dans le comté de Perry, mais « ces puits sont à une très grande distance du champ à gaz et leur produc- « tion est insignifiante. Dans le champ à gaz de Homer, aucun forage n'a « donné de pétrole en quantité rémunératrice. Au point de vue chimique, « le pétrole et le gaz sont en relation étroite et, quand le pétrole est carac- « térisé par un composant anormal, il se trouve souvent dans le gaz qui « l'accompagne, et c'est ainsi que pour le pétrole du calcaire du Trenton le « pétrole est sulfuré en même temps que le gaz et, quand le soufre est ab- « sent dans le pétrole, il l'est également dans le gaz. »

Et cette constatation de la non-coexistence obligatoire du pétrole à côté des gaz combustibles naturels nous amène tout naturellement à dire quelques mots des volcans de boue. La dénomination de volcans qui a été appliquée à ces centres restreints d'émissions, surtout gazeuses, venait de ce qu'on leur attribuait une connection avec les phénomènes volcaniques dont on voyait là les derniers vestiges; il faut reconnaître qu'il y a eu là une erreur, et que ce phénomène est tout simplement dû à une émission gazeuse se faisant jour dans une argile fissurée plus ou moins aquifère, et il faut même dire qu'il peut se produire un volcan de boue même avec un débit relativement faible de gaz.

Il en est de nombreux qui, de toute mémoire d'homme, ont continué à donner leur même petite émission gazeuse faisant légèrement bouillonner la boue de la cuvette considérée comme leur cratère sans aucune variation sensible. D'autres, au contraire, sont sujets à des paroxysmes comme ceux des îles Arakan, par exemple[2], et dans ces recrudescences d'émissions gazeuses qui projettent quelquefois la boue à une assez grande hauteur, il y a parfois inflammation des gaz émis, même quand cette émission a lieu au sein de la mer. Certains observateurs ont expliqué l'inflammation de ces gaz par le choc de pierres rejetées par le volcan ; mais cela nous semble assez impro- bable, et nous pensons que les observateurs de la côte du Mexique (voir p. 308) qui ont attribué l'inflammation périodique des gaz naturels de ces parages à une cause spontanée sont plutôt dans le vrai, et il serait

---

1. *The occurence and exploitation of petroleum and natural gas in Ohio*, par John Adams Bow- nocker.

2. Nous avons donné dans le cours de cet ouvrage plusieurs descriptions de régions à volcans de boue.

facile de trouver des causes nombreuses, physiques ou chimiques, à invoquer[1].

Donc les volcans de boue sont des émissions gazeuses qui ont revêtu une forme spéciale, mais dont l'importance est tout à fait secondaire, et il existe beaucoup de points où des émissions gazeuses sèches tout aussi importantes que certains volcans de boues existent sans qu'on y accorde beaucoup d'attention et, par exemple, si la nature des terrains s'y fût prêtée, la Fontaine-Ardente des environs de Grenoble eût certainement formé un volcan de boue qui serait universellement connu.

Il est certain que les volcans de boue, comme les émanations gazeuses, sont surtout situés dans les régions pétrolifères, mais il faudrait se garder de penser que la présence seule d'un volcan de boue garantit le succès certain d'une recherche pétrolifère, et l'on pourrait presque dire qu'au contraire sa présence indique que les recherches seront laborieuses.

Et en effet, si l'on fore de façon à atteindre exactement la même couche que celle qui donne naissance au volcan de boue et dans son voisinage, tout ce qu'on peut espérer en tirer c'est de l'eau et du gaz en plus ou moins grande quantité de même que le volcan de boue ; il faudra donc aller chercher le pétrole soit à un niveau plus profond, soit latéralement à une distance plus ou moins grande ; il n'y a que le cas où le volcan de boue rejetterait, avec la boue du pétrole en quantité importante (comme cela a lieu à Bakou) qu'on pourrait espérer trouver facilement du pétrole en grande quantité.

Fait digne de remarque, beaucoup de recherches dans les régions à volcans de boue ont échoué, et celles qui ont réussi ont presque toujours été très laborieuses, justement parce que les explorateurs éprouvent une certaine répugnance à s'éloigner des émissions gazeuses.

Un des derniers exemples très typique est donné par les recherches des environs de Caddo (Louisiane) (Voir p. 229). Cette région s'est surtout signalée, au début, par l'énergie des éruptions gazeuses qui se sont produites dans les forages et, bien que les recherches aient été commencées en 1905, le champ de Caddo n'a produit, en juillet 1907, que 6.500 barils, soit à peu près 200 barils par jour, ce qui est un maigre résultat, étant donné l'énergie que les Américains mettent à ces sortes de recherches en général et, en particulier, par celle qui a été développée à Caddo.

Après avoir passé en revue les moyens employés pour l'extraction du pétrole, les principaux centres de production, les soins à apporter dans les recherches et l'exploitation des gîtes pétrolifères, il resterait à examiner les prix de revient et les prix de vente du produit obtenu, ainsi que les bénéfices qui en résultent.

Mais une partie seulement du pétrole extrait est employé à l'état brut,

---

1. Il convient de signaler également que certains volcans de boue de Java jouissent du privilège de dégager des quantités assez considérables de vapeur d'eau, contrairement à la plupart des volcans de boue qui n'émettent que de la boue froide.

principalement comme combustible, la plus grande partie est raffinée avant son emploi, souvent par les propriétaires eux-mêmes, et la question des bénéfices à réaliser est liée intimement à la forme sous laquelle le pétrole sera vendu, au point où cette vente sera effectuée et aux modes de transport de raffinage et de distribution qui seront employés.

L'étude du pétrole, au point de vue économique, trouvera donc mieux sa place à la fin du second volume de cet ouvrage, après l'examen des moyens de transport, qui peuvent pour le pétrole avoir une nature toute particulière, et après l'exposé des méthodes de raffinage variables avec les produits à obtenir, les exigences fiscales, et les différents débouchés que les principaux produits dérivés du pétrole peuvent trouver.

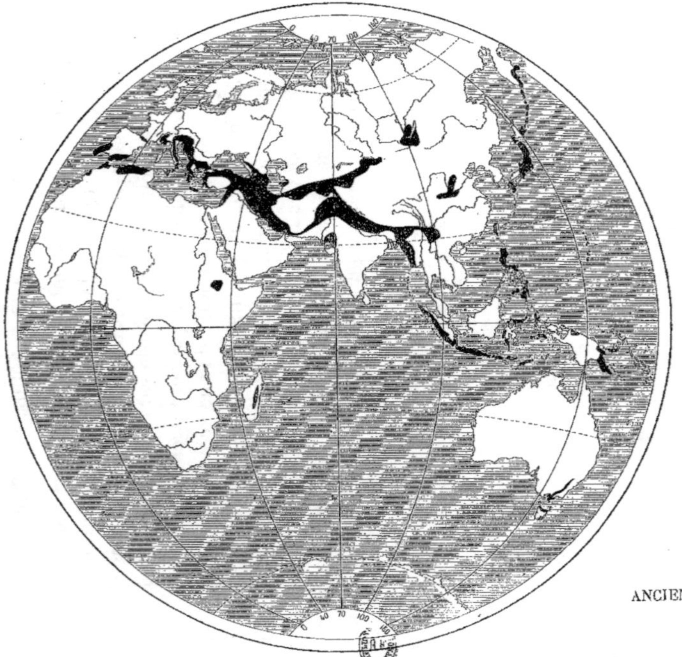

ANCIEN MONDE

RÉGIONS SÉISMIQUES

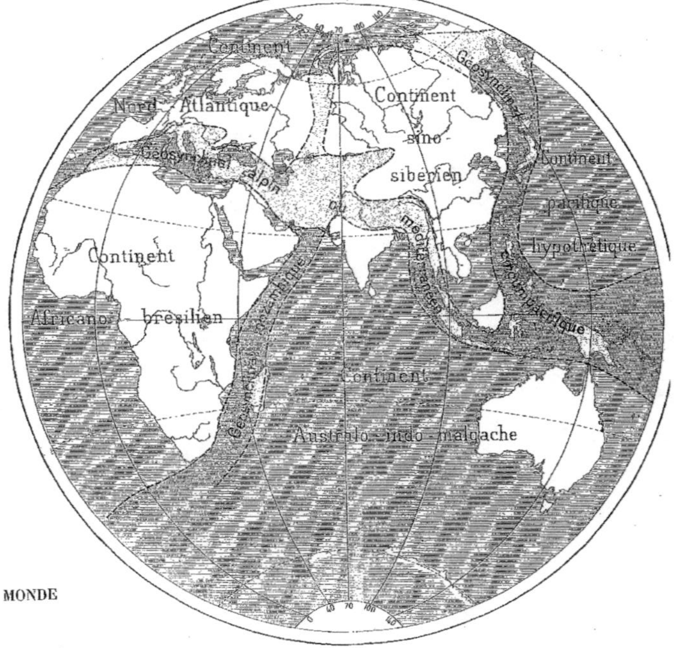

GÉOSYNCLINAUX

(Figures extraites de F. DE MONTESSUS DE BALLORE, *les Tremblements de Terre*.
Géographie séismologique. Librairie Armaud COLIN, éditeur.)

TASSART. — Exploitation du pétrole.

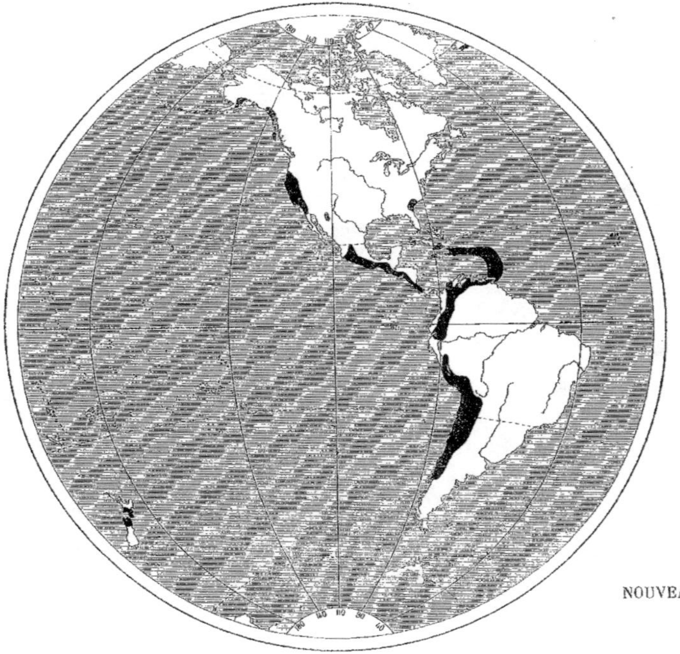

(Figures extraites de F. de Montessus de Ballore, les Tremblements de Terre.
Géographie séismologique. Librairie Armand Colin, éditeur.)

Tassart. — Exploitation du pétrole.

TABLE DES MATIÈRES

TROISIÈME PARTIE. — **Tubage des trous de sonde**

QUATRIÈME PARTIE. — **Vitesse d'approfondissement et prix de revient
des forages avec les différents systèmes de sondage**

CHAPITRE III

DISTRIBUTION GÉOGRAPHIQUE ET GÉOLOGIQUE DU PÉTROLE

PREMIÈRE PARTIE. — **Amérique**

I. ÉTATS-UNIS :

DEUXIÈME PARTIE. — Europe

Quatrième partie. — Afrique

Cinquième partie. — Australie

CHAPITRE IV

RECHERCHES DES GITES PÉTROLIFÈRES

CHAPITRE V

EXPLOITATION DES GISEMENTS PÉTROLIFÈRES

Première partie. — Surveillance des sondages en approfondissement

Deuxième partie. — Extraction du pétrole des forages

CHAPITRE VI

LA CHIMIE DES PÉTROLES

Première partie. — Les Carbures d'hydrogène   558

CHAPITRE VII

LES THÉORIES SUR L'ORIGINE DU PÉTROLE

PREMIÈRE PARTIE. — Formation organique du pétrole   665

DEUXIÈME PARTIE. — Formation inorganique du pétrole (théories chimiques)

TROISIÈME PARTIE. — Remarques sur les théories précédentes